JN300812

接着大百科

HANDBOOK OF ADHESIVES

水町　　浩
福沢　敬司
若林　一民
杉井　新治
監訳

朝倉書店

HANDBOOK OF ADHESIVES
Third Edition

Edited by

Irving Skeist, Ph.D.

Consultant to the Polymer Industries
Skeist Incorporated
Whippany, New Jersey

VNR VAN NOSTRAND REINHOLD
———————— *New York*

序

　デパートの日用品売場やDIYショップなどへ行くといろいろな種類の接着剤，粘着製品，あるいはシーリング材などが氾濫していて，我々はこれらのものを使って，壊れ物の修理や工芸品の制作など，かなりのことを自分でやれるようになっている．便利な時代になったものである．これらの材料は単に日常の家庭生活において使われているばかりでなく，その何百倍，何千倍もの量がさまざまな産業分野において使われているのである．

　例えば，住宅や家具の材料として大量に使われている合板，集成材などの木質材料は，木材の薄板や小片を接着剤で固めたものである．ピアノやギターなどの楽器類，スキーやラケットなどのスポーツ用品類，履き物や衣類に至るまで，その製造に接着剤は欠かせない．電話帳の製本もホットメルト接着剤のおかげできわめて迅速に行われるようになった．自動車，車輌，航空機などでは接着剤がその軽量化に寄与している．エレクトロニクス分野における各種デバイスの製造やそのアセンブル過程においても，接着剤や粘着剤が重要な役割を担っているケースが多い．中には，ある製品が組み立てられたり，それが運搬される段階でのみ，しかるべき機能を発揮し，その製品が最終的に完成するときにはもうその役割を終えてしまって，廃棄されるようなものもある．異なった材料が幾重にも積層された食品包装用の容器においては，それらの接着性が基本的に重要である．また，最近では医療用の接着剤や粘着剤も種類が豊富になってきており，歯の治療はもとより，外科手術においてもある種の接着剤が使われるというし，薬を皮膚から供給するための粘着製品も盛んに研究されている．

　このように，最終製品を見ただけでは目立たない存在であるかも知れないが，それらの製品は，接着剤や粘着剤がなければこの世に存在し得ないものばかりであり，接着が現代文明を支える縁の下の力持ちの一つであることは間違いない．

　高分子科学の発展にともなって多種多様な接着剤，粘着剤，シーリング材が開発されてきた．それらはそれぞれ特有の性能をもっている．一方，これらの材料に対する実用面からの要求性能は最近ますます複雑化し，厳しくなっている．目的に応じ，適切な材料を選択し，これを適切な条件で使用するためにはそれなりの基本的知識が必要である．

序

　Skeistのハンドブックは1962年に初版が出されて以来，世界の接着技術者のバイブルとして機能してきた．わが国の指導的な接着関係者の中にも，若い時にこのハンドブックのお世話になった方が少なくないと思われる．このたびその第3版がより充実した形で出版されたのを機会に，日本接着学会の研究者や技術者の手でこれを翻訳し，これを「接着大百科」として刊行することになったことは誠に喜ばしい限りである．

　本書は，「接着の基礎」，「接着剤各論」，「被着材と接着技術」と，大きく3部に分かれており，全体として基礎から応用に至る包括的な接着科学技術の解説書となっている．今後，本書が接着関連の技術者の座右の書として，また若い技術者のための教育用テキストとしても活用して頂けるものと期待している．

　訳者のほとんどがそれぞれの分野において実務経験のある第一線の研究者や技術者であり，できる限り正確にわかりやすく翻訳したつもりであるが，なにぶん大勢で分担したために，文章表現や訳語が若干不統一になったり，思わぬ誤りがあるかも知れない．読者の忌憚のないご教示を頂ければ幸いである．

　最後に，この翻訳を勧めて下さった朝倉書店に心から謝意を表したい．

　1993年8月

日本接着学会会長　水　町　　　浩

原著序

　接着剤は必要不可欠なものである．航空機，研磨材，自動車，箱，靴，安全ガラス，テープ，タイヤ，その他数々の製品をつくるのに接着剤が必要である．この Handbook of Adhesives 第3版は，1962年版，1977年版と同様に，接着剤やシーリング材の最適の選択法，調製法ならびに利用法を提供している．ここに含まれている情報は，数百の代表的な配合とともに，詳細かつ明確である．専門的な情報を70人もの企業，大学の専門家やコンサルタントが47章にわたって記述している．基礎についての5つの章は，なぜ接着剤が機能するのか，どのようにそれらは選択されるべきか，表面を如何に処理するか，接着剤をどのように使うのか，どのように硬化させるのか，硬化した接着系をどのように試験するのかといった問題に対して理論的で，かつ経済的な指針を与えている．接着剤を使用する工業における経済的な重要性，とくに建築，包装，自動車，航空宇宙，繊維，履き物，研磨材，エレクトロニクスあるいは日用品における接着剤の役割について記述されている．つづく28章では接着剤―熱硬化性樹脂，熱可塑性樹脂，エラストマー，天然高分子，カップリング剤，その他の重要な成分―について解説している．とくにアクリル系接着剤，嫌気性接着剤，シアノアクリレート接着剤，ウレタン系接着剤，ホットメルト接着剤，シリコーンあるいはシラン樹脂のような華やかな分野については重点をおいた記述をした．被着材と接着技術に関する最後の14章は，自動車工業，航空機，エレクトロニクス，木材接着，繊維，ゴムとプラスチック，建築，研磨材，粘着剤，不織布，シーリング材などを含んでいる．二成分系の機械的な取扱い方についても解説を試みた．最後の章では，接着剤の使用にロボットを利用するという，自動車組立の分野では既に十分に発展している技術のすばらしい進歩に焦点をあてた．

　長年にわたる私のコンサルタント活動の協力者である Skeist Incorporated の Jerry Miron と Arnold Brief の私に対するはかり知れない支援に対し，心から謝意を表するものである．

Irving Skeist
Whippany, New Jersey

監訳者

水町　　浩
福沢　敬司
若林　一民
杉井　新治

訳　者

水町　　浩	東京大学農学部
秦野　恭典	農林水産省森林総合研究所
梶山　幹夫	東京大学農学部
森村　正博	新田ゼラチン㈱接着剤事業部
吉田　享義	トーネックス㈱開発部
佐久間　暢	シェルジャパン㈱事業開発部
本山　卓彦	昭和電工㈱特殊化学品開発部
本山　信之	ダイニック㈱応用技術グループ
武田　　力	日本チバガイギー㈱ポリマー事業部
中島　常雄	コニシ㈱ワックス研究所
寺山　栄一	コニシ㈱浦和研究所
山崎　一昭	コニシ㈱浦和研究所
荒木　保明	コニシ㈱浦和研究所
井上　雅雄	コニシ㈱浦和研究所
宮本　禮次	三井・デュポンポリケミカル㈱テクニカルセンター
柳田　良之	日本合成化学工業㈱機能品化学事業部
木村　　馨	東亜合成化学工業㈱新材料研究所
藤本　嘉明	東亜合成化学工業㈱高岡工場
浜田　裕司	東レ・ダウコーニングシリコーン㈱研究開発部
永田　宏二	セメダイン㈱マーケティング部
倉地　啓介	理化ハーキュレス㈱営業部
若林　一民	ノガワケミカル㈱技術本部
滝　　欽二	静岡大学農学部
広石　真孝	横浜ゴム㈱ハマタイト技術部
福沢　敬司	福沢技術士事務所
大和　育子	住友スリーエム㈱接着剤製品事業部
本橋　健司	建設省建築研究所
柳原　栄一	㈱スリオンテック　設計部
杉井　新治	住友スリーエム㈱接着剤製品事業部

(執筆順)

目　　次

I．接着剤序説

1. 序　　論 ……………………〔Irving Skeist and Jerry Miron／水町　浩〕… 2
    接着接合の利点／歴　史／情報源／接着剤のタイプ／接着剤と被着
    材とのマッチング／接着剤用のポリマーのデザイン／新しい動向／
    参考文献

2. 産業における接着剤の役割 ………………〔Arnold Brief／水町　浩〕…16
    急成長した接着のビッグ 7／接着剤を使う工業／略記号

3. 接着の基礎 ……………〔A. N. Gent and G. R. Hamed／秦野恭典〕…31
    接着接合／表面とその特性／界　面／表面処理／接着性能の評価／
    接着強さ／結　論／参考文献

4. 接着のための表面処理 ………………〔C. Lynn Mahoney／梶山幹夫〕…56
    専門的背景／表面処理／参考文献

5. 接着剤の選択と適格検査 …………………〔James T. Rice／梶山幹夫〕…69
    接着剤選択の一般的考察／接着剤選択の基礎／接着剤で接合した継
    手の製作に関する一般的注意／規格の明細の範囲での接着剤の選
    択／接着接合部の強度試験／接着剤接合継手の耐久性の試験／接着
    剤の物理的，実用的性質の試験／付録 1：接着剤習熟，選択，適格検
    査のために選択した文献／付録 2：ASTM 接着剤規格の使用志向
    分類

II．接着剤各論

6. 膠 …………………………………〔Robert L. Brandis／森村正博〕…88
    化　学／製　造／特　性／品質の分類／試　験／膠溶液の調整／液
    状膠／柔軟で反りをおこさない膠／用　途／研磨材／回転研磨器／

バフ研磨／ガムテープ／ガラス細工／サイジングとコーティング／紙加工／ゴムへの配合／ガスケット／マッチ／金属精錬工業／その他の用途／参考文献

7. カゼインおよび蛋白系接着剤 ……………………〔Carolyn N. Bye／森村正博〕…96
歴　史／原材料としてのカゼイン／球状蛋白質の化学特性と物理特性／カゼインの化学特性／カゼインの物理特性／ライムフリーのカゼイン系接着剤／カゼインの応用／木材用接着剤としてのカゼインと蛋白質系接着剤／参考文献

8. スターチ ………〔Leo Kruger and Norman Lacourse／森村正博〕…109
スターチの改質／添加剤の効果／スターチ系接着剤／応用分野／政府規制：添付書類／参考文献

9. 天然ゴム接着剤……………〔K. F. Gazeley and W. C. Wake／吉田享義〕…120
原材料／ラテックス接着剤配合／天然ゴム溶剤型接着剤／グラフトコポリマー，ヘベアプラスMG／参考文献

10. ブチルゴム/ポリイソブチレン接着剤 ……………………〔J. J. Higgins, Frank C. Jagisch and N. E. Stucker／吉田享義〕…133
基本物性／配合およびプロセス／応用および配合／配合剤の商標名およびメーカー名／参考文献

11. ニトリルゴム接着剤
　　　　　　　………………〔Donald E. Mackey and Charles E. Weil／吉田享義〕…148
ニトリルゴムの製法／ニトリルゴムセメントの製造／応　用／参考文献

12. スチレン-ブタジエンゴム接着剤
　　　　　　　……………………………〔C. A. Midgley and J. B. Rea／佐久間　暢〕…163
はじめに／接着剤用SBRラテックス／接着剤用SBR（固形品）

13. 接着剤用熱可塑性ゴム ………………〔J. T. Harlan, L. A. Petershagen, E. E. Ewins, Jr. and G. A. Davies／佐久間　暢〕…172
熱可塑性ゴムとは何か／基本的な概念—ドメインの形態と相溶性／熱可塑性ゴム（単独および単純な混合物）の物理的性質／配合用の成分／混合と塗付／劣化の保護／用途別の配合／熱可塑性ゴムの永久架橋／付録：溶解度パラメーター δ—強力な手段／参考文献

目次

14. 接着剤用カルボキシル化ポリマー
    ……………〔C. D. Weber, L. A. Fox and M. E. Gross／佐久間　暢〕…195
    歴　史／カルボキシル化ポリマーの製造／カルボキシル化エラストマーの接着剤への利用／金属とゴムの接着剤としてのカルボキシル化エラストマー／非金属被着材用接着剤へのカルボキシル化エラストマー／金属-金属接着剤としてのカルボキシル化エラストマー／構造用接着剤と複合材としてのカルボキシル反応性液状エラストマー／カルボキシル化ゴムを使った構造用接着剤／粘着剤としてのカルボキシル化エラストマー／非弾性カルボキシル化オレフィン共重合物による接着／ホットメルト接着剤へのカルボキシル化ポリマー／接着用途でのカルボキシル化ビニル共重合樹脂／コンタクト型接着剤としてのカルボキシル化ネオプレン／カルボキシル化エラストマーの他の利用／参考文献

15. ネオプレン（ポリクロロプレン）ベースの溶剤型およびラテックス型接着剤　………………………〔Sandra K. Guggenberger／本山卓彦〕…206
    歴　史／ポリマー構造の影響／溶剤型ネオプレン接着セメント／ネオプレンラテックス接着剤／参考文献

16. ポリサルファイドシーリング材と接着剤
    …………………………〔Julian R. Panek／本山信之〕…222
    ポリサルファイドシーリング材／ポリサルファイド液体ポリマーとエポキシ樹脂との反応による接着剤／他のメルカプタンを末端にもつポリマー／参考文献

17. フェノール樹脂接着剤 ……………〔Frederick L. Tobiason／本山卓彦〕…229
    化　学／製　造／研磨材／コーティング／鋳物用／摩擦複合材／成形材料／フォトレジストおよびカーボンレスペーパー／ラミネート／木材接着／断熱材料と発泡体／一般的な接着剤／環境問題および毒性の考察／フェノール樹脂のメーカー／参考文献

18. アミノ樹脂接着剤 …………………〔Ivor H. Updegraff／本山信之〕…247
    歴　史／原　料／化　学／最終製品／毒　性／アミノ樹脂の製造会社／参考文献

19. エポキシ樹脂接着剤 ………………………〔Allan R. Meath／武田　力〕…251
    接着剤に使用されるエポキシ樹脂／接着剤に使用される硬化剤／希釈剤／充填剤／エラストマー系改質剤／典型的な接着剤処方／追

補／応用とまとめ／参考文献

20. ポリウレタン接着剤とイソシアネートベース接着剤
　　　　　　　　　　　　……………〔C. S. Schollenberger／武田　力〕…260
　　接着におけるポリウレタンとイソシアネートの用途開発／ポリウレ
　　タン接着剤およびイソシアネートベース接着剤の有効性について／
　　ポリウレタン接着剤およびイソシアネートベース接着剤のタイプと
　　使用法／ポリウレタンの安定化／イソシアネートベース接着剤の取
　　扱い／接着剤組成の同定／参考文献

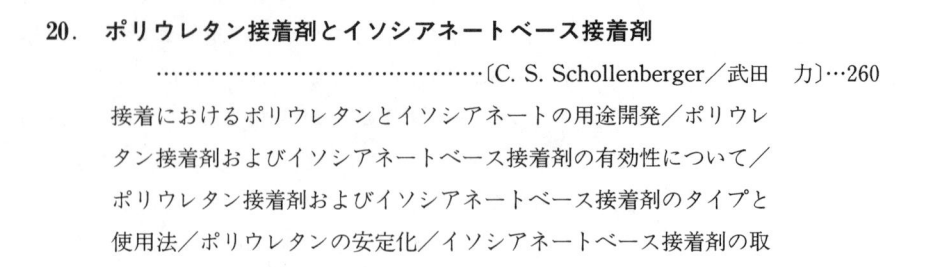

21. 接着剤用ポリ酢酸ビニルエマルジョン ………………〔Harold L. Jaffe,
　　　　　　　　　Franklin M. Rosenblum and Wiley Daniels
　　　　　　　　　／中島常雄・寺山栄一・山崎一昭・荒木保明〕…276
　　ポリ酢酸ビニルエマルジョンの利点／ホモポリマーとコポリマー／
　　ポリマーの構造と性質／配　合／商標と供給者／参考文献

22. 接着剤用ポリビニルアルコール ………………〔Harold L. Jaffe and
　　　　　　　　Franklin M. Rosenblum／中島常雄・井上雅雄〕…291
　　物理的性質／溶解性／溶液粘度／製造法／ポリ酢酸ビニルエマルジ
　　ョン型接着剤中のポリビニルアルコール／架　橋／ゲル化／生
　　産／規格と規制／参考文献

23. ポリオレフィンおよびエチレンコポリマーベースホットメルト接着剤
　　　　　………〔Ernest F. Eastman and Lawrence Fullhart, Jr.／宮本禮次〕…296
　　接着の配合／ホットメルト接着剤の用途／ホットメルトアプリケー
　　ター／新しいポリマーの動向／ホットメルト接着剤の将来／参考文
　　献

24. ポリビニルアセタール接着剤
　　　　　　　……………………〔P. H. Farmer and B. A. Jemmott／柳田良之〕…307
　　化学的性質／健康，毒性，安全性／物理的性質／接着剤用途／基礎
　　研究／参考文献

25. アクリル接着剤 ……………………〔David R. Gehman／柳田良之〕…318
　　工業技術／接着過程／構造用接着剤／参考文献

26. 嫌気性接着剤………………………………〔John M. Rooney and
　　　　　　　　Bernard M. Malofsky／木村　馨・藤本嘉明〕…328

嫌気性接着剤の化学／応用のための構成／市販嫌気性接着剤／嫌気性接着剤の取扱い方法／用途と性能／最近の進歩／参考文献

27. シアノアクリレート系接着剤 ……………………〔H. W. Coover, D. W. Dreifus and J. T. O'Connor／木村　馨・藤本嘉明〕…336

アルキル-2-シアノアクリレートの合成／安定剤と重合禁止剤／重合の化学／充填剤と添加剤／硬化した接着剤の性質／長所と問題点／シアノアクリレート接着剤の代表的な用途／うまく使いこなすための条件／毒　性／最近の進歩／参考文献

28. ポリアミドおよびポリエステル高性能ホットメルト接着剤
　　　　　　　　……………………………………〔Conrad Rossitto／宮本禮次〕…346

ポリアミド／ポリエステル／ポリエステルポリアミド／参考文献

29. 高温用有機接着剤 …………………〔Paul M. Hergenrother／浜田裕司〕…362

高温用有機接着剤の歴史／ベンズイミダゾール／キノキサリン／アリレンエーテル／参考文献

30. シリコーンシーリング材とはく離剤 ……〔John W. Dean／浜田裕司〕…379

室温硬化システム／製品と特性／シリコーンシーリング材の用途／はく離性シリコーン／参考文献

31. 有機多官能性シランカップリング剤
　　　　　　　　……………………………………〔James G. Marsden／永田宏二〕…388

理　論／応　用／参考文献

32. 非シランカップリング剤………………………〔Harry S. Katz／永田宏二〕…398

チタネートとジルコネート／ジルコアルミネート／その他のカップリング剤／参考文献

33. エラストマー系粘着剤，接着剤用樹脂
　　　　　　　　………………〔John S. Autenrieth and Kendall F. Foley／倉地啓介〕…404

歴史的背景／粘着剤，接着剤の構成成分／エラストマー系粘着剤，接着剤の種類／エラストマー系接着剤での樹脂の機能／ラテックス系感圧接着剤／感圧接着剤試験方法／参考文献

III. 被着材と接着技術

34. プラスチックの接着 ……………〔Richard T. Thompson／若林一民〕…418
    接着接合の利点／接着表面の相互作用／接合方法／接着技術／プラスチックの接着設計／接合方法の選定／接着剤の試験方法／参考文献

35. 繊維とゴムの接着 ………………〔Thomas S. Solomon／若林一民〕…425
    レゾルシノール-ホルムアルデヒド樹脂／ラテックスの種類／接着の評価／接着に影響を与えるファクター／ポリエステルタイヤコードの接着／ガラスタイヤコードとゴムの接着／アラミド繊維の接着／タイヤコードとゴムのRFLによる接着での大気汚染の影響／真ちゅうめっきスチールワイヤとゴムの接着／参考文献

36. 木材の接着 ……〔Lawrence Gollob and J. D. Wellons／滝　欽二〕…436
    木材の接着／接着剤システム／合板，木材複合材の製造／ボードの製造／将来展望／参考文献

37. シーリング材とコーキング材……………………〔Joseph W. Prane, Michael Elias and Russell Redman／広石真孝〕…445
    形状，タイプ，性能／シーリング材，コーキング材，グレージングコンパウンドに使用するポリマー／シーリング材の選定，目地設計，施工／バックアップ材／規格類／参考文献

38. テープとラベルの粘着剤 …………〔Samuel C. Temin／福沢敬司〕…470
    構　成／粘着剤の分類／理　論／試験方法／応　用／参考文献

39. 研　磨　砥　石 ………………〔William F. Zimmer, Jr.／大和育子〕…488
    結合剤の役割／実用例／有機結合剤製品／ビトリファイド製品／メタル結合剤製品／その他の接着剤の用途／参考文献

40. 塗　付　研　磨　材 ………………〔Anthony C. Gaeta／大和育子〕…493
    歴　史／バッキング／研磨粒子／接着剤／実用例／参考文献

41. 建築用接着剤 ………………………〔Robert S. Miller／本橋健司〕…499
    接着剤の選定に関する考察／適　用／接着剤の性能／コストの検討／建築産業における接着剤の利用／床／壁および天井／天井材の

接着／水平表面材の接着／特殊な接着剤／接着のトラブルと対策／
参考文献

42. 電気産業における接着剤 ……………〔Leonard S. Buchoff／柳原栄一〕…513
    マイクロエレクトロニクス／プリント配線板／大型装置／表面実装
    用接着剤／利用できる接着剤の形状

43. 伝導性接着剤 ………………………〔Justin C. Bolger／柳原栄一〕…518
    電気伝導性／熱伝導性／ダイボンド用接着剤

44. 航空宇宙工業における構造用接着剤……〔Robert E. Politi／杉井新治〕…524
    航空宇宙工業における接着接合の発展／接着構造のタイプと利点／
    接着構造例／接着剤の構造／接着剤の化学組成／プロセスでの考
    察／参考文献

45. 自動車工業における接着剤 ………〔Gerald L. Schneberger／杉井新治〕…535
    自動車における特殊な要求項目／構造接着剤／保持用接着剤／シー
    ル用接着剤（シーリング材とガスケット）／将来の方向

46. 計量，混合，吐出装置：基本設計 …〔Harold W. Koehler／永田宏二〕…541
    ギヤポンプシステム／計量シリンダーシステム／アクセサリー類／
    装置供給業者

47. シーリング材および接着剤のロボット塗付装置
    ………………………………………〔Herb Turner／永田宏二〕…547
    ロボット塗付装置／吐出技術の進歩／応　用／ロボットシステムの
    開発

索　　引………………………………………………………………………559

資　料　編……………………………………………………………………571

I

接着剤序説

1. 序　　論

　接着剤は社会的な物質ということができる．なぜならば，材料を結合して，それぞれの構成要素の単なる寄せ集めよりもすばらしいものをつくりだしてしまうからである．それは接合される側の金属，ガラス，木材，紙，繊維，ゴムあるいはプラスチックよりも量的には少ないが，ちょうど人が生きていくために酵素やホルモンやビタミンが必要であるのと同じように，接着剤はわれわれの工業社会の健康を保つのに，欠くことのできないものと認識されている．

接着接合の利点

　接着剤工業の急速な成長は，接着接合が他の接合方法に比べて多くの利点をもっているからである．
　(1)　薄いフィルム，繊維，微粒子は他の方法ではほとんど，あるいはまったく接合できないが，接着剤を使えば容易に接合できる．例をあげると次のようになる．
　a．プラスチックフィルム，アルミ箔，織物，紙のラミネート
　b．ガラスウール・インシュレーション，ファイバーグラス-マット複合材
　c．砥石車，サンドペーパー，エメリー布，ブレーキライニング
　d．レーヨン，ナイロン，ポリエステル，グラスファイバーおよびスチールなどで強化したタイヤ
　e．ダンボール，ペーパーバッグ，ラベル，テープ，切手，封筒
　f．安全ガラス
　g．不織布，植毛布，房つきカーペット
　h．印刷用クレイコート紙
　i．パーティクルボード
　j．木製家具
　(2)　応力が広い範囲に分布するので，機械的接合よりも軽くて強い組立が可能になる．例えば，航空機の主翼，尾翼および機体はハニカムコアを薄いアルミニウムあるいはマグネシウムの間にはさんで接合したサンドイッチ構造のパネルでできている．こうすることによって疲労破壊の確率を低くすることができる．接着剤を使った床，木構造物，部屋全体のモジュール，経済性のために工場で半製品化される構造体は，輸送やつり上げのときの厳しい条件にも耐えられるだけの引張り，曲げおよび衝撃強さをもっている．強化プラスチックや高強化プラスチックでは官能性シランカップリング剤やその他のカップリング剤の助けをかりて，ファイバーグラスが不飽和ポリエステルのマトリックスに，あるいはグラファイトファイバーがエポキシのマトリックスに接着している．
　(3)　異方性材料の強度対重量比および寸法安定性は直交接着によって改善される．本質的に不均一で水分に敏感な木材はこのようにして反りがなく，耐水性のある合板に変えられる．不織布はすべての方向に同じ性質をもっているが，これは繊維がランダムになったウェブを軽く接着することによってつくられる．
　(4)　接着層はコンデンサーの絶縁層，プリント配線，モーター，埋込み抵抗などになる．
　(5)　接着層はカーテンウォール建築におけるウインドパネルをシールする水分バリヤーにもなりうる．包装用のラミネートでは接着層が水分と気体のバリヤー性を大いに高めている．
　(6)　異種材料の接合が可能である．例えばアルミニウムと紙，鉄と銅などを接着することができる．二つの金属が接着されると，接着剤はそれらを分かち，腐食を妨げる．二つの材料の熱膨張係数が著しく異なる場合には，屈曲性のある接着剤が温度変化にともなって発生する応力を減少させる．異種材料のラミネーションではいずれか一方だけよりも優れた材料が得られる．例えば，ポリエチレン-セロファン複合系では前者のヒートシール性や耐水性に後者の耐グリース性と印刷適性が加わっている．
　(7)　しばしばキーポイントと考えられる点は，接着接合が布の縫製，金属のはんだ付けや溶接，あるいはリベット，ボルト，くぎによる機械的接合よりも速くて安いということである．

歴　史

接着剤は古代においてさえも精巧な方法で使われていた．3300年も昔のテーベの彫刻は薄いいちじくの板と思われるものに単板の小片を接着しているところを描写している．クレタ島クノッソスの宮殿ではもっと以前に，漆喰が，壁に塗るためのチョーク，鉄黄土，銅青フリット顔料のためのバインダーとして利用されていた．エジプト人はアカシヤの木から採ったアラビヤゴム，卵，膠，半液状のバルサム，樹木から採れる樹脂などを使っていた．木製の棺はチョークと膠の混合物である彫刻絵画用石こうで装飾されていた．

パピルスは古代の不織布である．高さ12～20フィート，直径3インチの葦を薄いスライスに切り，これを横に並べて木槌で叩く．これに小麦粉糊を軽く塗ってから，新しい葦のスライスを直交させるように置いて，叩解を繰り返す．こうしてできたパピルスは明るい褐色になる．創世記の中には，泥鉱（ビチューメン）がバベルの塔の建築用の優れたモルタルであると書いてある．これをつくった人たちが最初の接着技術者である．ビチューメンや樹木のやには地中海の人々が生活に使用した容器のためのシーリング材であった．予言者の時代には，現在と同じように，接着剤は被着材別に特有のものでなければならなかった．「馬鹿げたことを教える人は陶器の破片をくっつける人と同じようなものだ」と旧約聖書の経外書（Jesus ben Sirach, 伝道書，第22章）に書いてある．教育者は前者の問題については今でも苦労しているが，後者の問題はエポキシ樹脂接着剤によってすでに解決されている．

Plinyによれば，ローマ人は船を松やにや蜜蠟で目詰めをした．ラミネートやプリント配線を予期するかのように，Plinyは金箔を卵白で紙に貼る技術を記述している．また，ローマ人は古代中国人と同様にやどり木の樹液からできる接着剤でとりもちをつくっていた．これを小枝の先にぬって小鳥を捕まえていたのである．

魚，牡鹿の角，チーズからつくられる接着剤はTheophilusの時代に木材を固定させるものとして知られていた．ここにカゼイン接着剤についての9世紀の処方がある．"やわらかいチーズを細かく切って，小さな乳鉢の中に入れ，温水を加えて乳棒でかき混ぜる．ときどき水を加えて，あふれる水がきれいになるまで混ぜ続ける．次にこのチーズを手でかためて，それを冷水の中に固まるまで浸す．そのあと，これを平滑な木のテーブルの上におき，もう一つの木を使って細かく砕く．この状態で再びこれを乳鉢に入れ，乳棒を使って注意深くすりつぶし，石灰を溶かした水を葡萄酒の渣滓程度の濃さになるまで加える．祭壇のタブレットはこの接着剤でつけられると，乾燥したあと互いに接着して，熱や湿気がかかっても離れることはない．"

100年前にゴムと綿火薬がつくりだされたほかは，接着剤工業は20世紀になるまでほとんど進展しなかった．最近の数十年間に天然系接着剤は改良され，合成接着剤がいろいろな研究室から集中豪雨のごとく開発された．

情　報　源

本書の第2版（1977）には1947年以後の約40の接着，接着剤関係の本を示していた．もっと最近の出版物はこの章の文献の項に示してある．6カ国の8種の雑誌もあげたが，この中ではAdhesives Ageが最も広く知られている．Gordon Research Conference, アメリカ化学会あるいは多くの大学が接着，接着剤に関するシンポジウムをスポンサーしている．

接着剤工業に関する技術的，経済的調査，研究はSkeist Incorporatedのような種々のコンサルタント会社によって行われている．

接着剤のタイプ

接着剤はいろいろな方法で分類される．例えば，用途や硬化の様式，化学組成，コスト，種々の被着材や最終製品に対する適合性などによる分類がある．

用途と硬化

接着剤は被着材の表面がたとえ粗くてもそれを完全にぬらし，空隙を残さないようにしなければならないので，液状で塗付しなければならない．したがって，塗付の段階で接着剤は低粘度でなければならない．しかし，接着剤が高い凝集力を発揮するためにはそれが固化する必要がある．有機接着剤で完全な接着が行われた場合，接着剤層は可溶で通常熱可塑性があり，きわめて高粘度の可融の材料であるか，あるいは架橋して不溶不融の熱硬化性樹脂またはゴムであるか，いずれかである．

液体から固体への転移はいくつかの様式でおこる．

（1）熱可塑性樹脂の冷却　熱可塑性樹脂は熱すると軟化し，冷却すると再び固くなる．加熱すれば，十分な流動性が得られるので，ぬれが容易に進行する．熱可塑性樹脂は，さまざまなテクニックによって被着材の上に塗付することができる．例えば，次のように――．

　ホットメルトから
　粉末として
　押出機によって
　溶媒またはラテックスから（そのあと乾燥と冷却）

通常ホットメルト接着剤は一般の熱可塑性樹脂よりは低分子量，低粘度の材料であることが多い．塗付された接着剤が冷却後互いにくっつきあわないならば，接着剤を塗付したものを積み重ねて貯蔵しておき，あとで必要に応じてこれを加熱して接着剤を再び活性化させることができる．これとは対照的に，ホットメルト，粉末，押出しコーティングなどで接着剤を塗付した直後に接合させることもしばしば行われる．ホットメルトの冷却は溶

媒の蒸発や化学的な硬化と比べて速いので，この方式にすれば生産速度が最大になる．

食品包装用の紙，板紙，セロファンなどは熱可塑性接着剤を適用するときのいくつかの例を提供している．パン包装の基材は，ウェブを溶融ワックスでキスロールコートすることによって，ヒートシーラブル性と湿気バリヤー性を付与され，保護されている．牛乳カートンやラミネートバッグの場合にはポリエチレンの押出しコーティングが行われる．あるいは，サランの溶液かラテックスを塗付して溶媒や水を蒸発させる方法がとられる．缶を入れるカートンのシーリングのように湿気抵抗性が要求されない場合には，ヒートシーラブルな接着剤を粉末で使うことによって，これを連続フィルムの形で使うよりはコストの低減をはかることができる．アクリルやビニルコポリマー系の粉末樹脂がいくつかの不織布の生産性を上げてきた．

ホットメルトの強さを決める二つの重要な因子は分子量と極性である．パラフィンワックスとポリエチレンは両方とも脂肪族の炭化水素であるが，ポリエチレンの分子量がはるかに大きいから十分に高い引張り強さ，引裂き強さおよび耐熱性が得られる．

いくつかの系統のホットメルトについては現在ではさらに大きな強度が得られている．EVAはエチレン-酢酸ビニルコポリマーにワックスや粘着付与剤などを配合したもので，包装用，製本用，家具の縁貼り用などに使われる．ポリアミドやポリエステルは靴底の取付け，家具の縁貼り，缶のサイドシーミングなどに採用されている．

普通ホットメルトについては速硬化が望まれるが，少なくとも一つの例外がある．瓶や缶用のラベルにはしばしばタックの遅いディレードタック接着剤が塗付されている．例えばポリ酢酸ビニルに可塑剤を配合したものがそれで，室温では固体であり，それが熱で再活性化されるとラベルは1分間も粘着性を発揮するので，これが高速の包装ラインを容易にしている．自動車の安全ガラスは熱可塑性樹脂であるポリビニルブチラール（PVB）を2枚の板ガラスの間にはさんだサンドイッチ構造になっている．配合されたPVBは光学的に透明で，光に対して安定であり，また揮発成分を含んでいない．しかし何といってもそれは，ガラスが割れるような事故がおこった場合にガラスの破片を執拗に接着し続けるような，強靱性に優れた接着剤でなければならない．

おそらく量的に最も多いホットメルトはアスファルトであろう．これは道路の表面や砂や砂利を結合する．

（2）溶媒やキャリヤーの放散　溶液やラテックス系の接着剤では接着剤成分が水や溶媒と混合された形になっている．これらの液体は被着材の表面を十分にぬらせるように粘度を低くしてある．しかし，いったんぬれが完了すれば水や溶媒は除去されなければならない．紙のような多孔質の材料の場合には接着剤層から液体が容易に抜けていくが，もしも両方の被着材が非透過性であるならば，二つの面を合わせる前に水や溶媒を蒸発させなければならないので，生産性が低くなる．溶液やラテックスを接着剤に応用するときにこのことが大きな欠点になっている．それに加えて，溶媒はコスト高，品不足，可燃性，毒性あるいは環境汚染などの問題もあり，好ましいものではない．最近，ロスアンゼルスのCounty's Rule 66のような規制ができて，工場からの有機溶媒の最大排出量に制限が設けられている．

このように3E，つまり，Economy（経済），Energy（エネルギー），Environment（環境）が溶媒系の接着剤の障害になっている．それにもかかわらず，このタイプの接着剤は，すばらしいぬれ特性，低温での使いやすさ，広い適用範囲などの利点をもっているので，今後も重要な役割を果たし続けるだろう．

溶液では不揮発分，すなわち最終的に接着層に残る物質の濃度は有機溶媒の場合には通常30％以下であるが，水系，特にラテックスの場合にはそれよりも高い．

溶液では固形分の含量が多すぎると粘度が高くなりすぎて，そのドープは十分なぬれ特性をもたなくなる．溶けているポリマーの分子量が高ければ高いほど最大許容濃度が低くなる．そのため，溶剤型接着剤の製造ではプラスチックやエラストマーよりはるかに分子量の低い樹脂を使っている．セルロース中間体やニトロセルロースは，接着剤としては十分だがプラスチックとしては弱すぎる短鎖高分子の例である．

水はラテックスに対するキャリヤーであるばかりでなく，重要な溶媒でもある．でんぷん，デキストリン，蛋白質系の接着剤，ポリビニルアルコールなどは大切な水溶性の有機接着剤である．また，最も重要な無機接着剤の一群をなす水ガラスも水溶性である．

濃度を50％以上にするためには少なくとも一部のポリマーはコロイド粒子以上の凝集体として存在しなければならない．ラテックスの中ではポリマーは水の相の中で球形の分散相として存在している．天然ゴム，合成ゴム，ビニル樹脂，アクリル樹脂などはいずれもラテックス接着剤の最も重要なものである．粘度は分散粒子の内部に何が含まれているかということには関係がないので，ポリマーの分子量には制限はない．ラテックスは普通35〜55％の範囲のものが使われるが，ある場合には過濃度に達する前にかなり高濃度になることもありうる．

多くの実用分野，例えば機械による紙の高速コーティングにおいては水分の除去が一つの隘路である．クレイや顔料のためのバインダーの選択についてはでんぷん溶液をやめて，カゼインや大豆蛋白と合成ラテックスとの組合せをとる傾向が増している．オルガノゾルは二相からなっている点はラテックスに類似しているが，この場合には連続相が水ではなく，有機溶媒である．オルガノゾルは塩化ビニル樹脂を可塑剤と揮発性の有機溶媒の中に分散させたものである．これも紙，布，金属などの基材のぬれを容易にするだけの流動性をもっている．塗付したあと加熱して溶媒をとばし，樹脂を溶融させる．

（3）重合による硬化　このグループの接着剤につ

いては技術的進歩が最も速かった．熱硬化性樹脂は，初め溶液の形で塗付されるものも含めて，すべてこの項目に入る．凝集力を高めるために後で架橋をするエラストマーもこれに含められる．さらに，ある種のビニルタイプのモノマー，例えばメチルメタクリレート，シアノアクリレート，ジメタクリレートなども容易に重合により硬化する．

溶媒系接着剤と比べて，これらの接着剤の利点は二つの被着材を一体化したあと接着剤層の中で強度を発現させることができることである．溶媒を含まないために，生産性は上がり，コストは下がり，接着強さは高くなる．

反応型接着剤は二つのグループに分けられる．

① 縮合反応でできるもの．この場合，通常反応副生成物として水を生じる．このグループには合成接着剤として最も古いフェノール樹脂やアミノ樹脂が含まれる．

② 付加重合でできるもの．この場合，反応副生成物はない．このグループにはいくつかのきわめて興味深い新しい接着剤，例えばポリエステル樹脂，エポキシ樹脂，ウレタン樹脂，シアノアクリレート樹脂，嫌気性接着剤，放射線硬化接着剤などが含まれる．通常のアクリル樹脂や加硫ゴムもこのカテゴリーに入る．

グループ①の接着剤でコンポジットをつくる場合には，水やその他の揮発性の反応副生成物の有害な影響に打ち勝つために圧力をかけなければならない．これに対して，グループ②の接着剤は単純な接触圧をかけただけで硬化させることができる．このことはプレスしにくいような大きなものをつくるときには特に便利である．

硬化性の接着剤のいくつかは熱を必要とするが，そのほかに触媒の助けをかりるか，あるいは光による活性化によって室温で硬化するものもあり，これらについても炉を使わないで接着できることが利点になる．適当な配合にすれば低温でのプロセスが可能である接着剤としては，レゾルシノールホルムアルデヒド樹脂，不飽和ポリエステル樹脂，エポキシ樹脂，ウレタン樹脂などがある．重合は通常発熱反応であるから，特に被着材が熱の不良導体である場合には，接着層はまわりよりもいくらか温度が高くなる．

数十年の間，歯科医は，ポリメチルメタクリレート（PMMA）をモノマーMMA（メチルメタクリレート）に溶かしたペーストで空隙を充填してきた．現在では接着剤メーカーが工業的な製品として類似の配合物を提供している．

近年開発された嫌気性接着剤はジメタクリレートで，これは適当な配合にすれば，酸素が存在する限り液体のままであり，空気が除かれると速やかに硬化する．これらは金属のアセンブリーの分野で急速に広い用途を開拓した．本書ではこれについて一つの章を設けている．

好気性接着剤という用語は酸素の反応禁止効果の感度を抑制した一連の二成分系の構造用アクリル接着剤にも拡張されつつある．これは嫌気性接着剤と違って，多孔質の材料にも使えるし，60milまでの広いギャップを埋めることもできる．

放射線硬化接着剤はほとんどアクリレート側鎖をもったポリマーかあるいは不飽和ポリエステルである．これらは紫外線かあるいは透過性は大きいがコストの高い電子線によって硬化できる．アクリルタイプの紫外線硬化性塗料はスチールやアルミニウムのコイルコーティングで重要な位置を占めるようになっている．この技術は接着剤についてはそれほど有効ではない．ただし，電球のシーリングには使われている．また，不織布のウェブをつくる巧妙な方法には紫外線照射による凍結モノマーの低温重合の過程を含んでいる．

（4）**粘着剤** これらの接着剤は他のクラスと違って，徐々に粘度が上昇するということがない．いつまでも中間的なタックの状態にとどまる．事実ある種の用途に対するこれらの接着剤の主要なメリットの一つは，むしろぬれが十分ではなくて，大きな抵抗なしにこれを被着材からはがせること，つまりその表面に接着剤の残渣を残さないことである．粘着技術の初期の発展の一つはわずかにゲル化した接着剤がこの要請を満たすという事実の発見であった．接着強さは故意に低くしてあるが，接着剤の凝集力が低くなるのは好ましくない．粘着剤は接着強さが高くないので大きな荷重のかかる使い方はできない．永久的にタックを発揮する材料が簡単に変形したり破壊したりするのは避けられない．

ほとんどの粘着剤は，エラストマー（天然ゴム，再生ゴム，SBR）と低分子量あるいは中程度の分子量の粘着付与剤，酸化防止剤などの混合物である．これらはウェブ状テープまたはラベル基材に溶液として塗付される．しかし，比較的新しい熱可塑性エラストマー（スチレンとイソプレンまたはブタジエンとのブロックコポリマー）は溶融状態で塗付できる．良い色や光および酸化に対する抵抗性が必要な場合には比較的高価なアクリレートコポリマーが好まれる．ポリイソブチレンも紫外線劣化に対する抵抗性があるので，再はく離性ラベルに使われている．

両面粘着テープは，ほとんどの粘着ラベルと同様に，使用する前に互いにくっつかないように離型紙ではさんだ形になっている．離型性が発現するためには，離型ウェブの表面エネルギーが粘着剤の表面張力よりも十分低くなければならない．シリコーンコーティングはこの条件に合っている．

原 材 料

有機および無機接着剤を原材料によって次のように分類できる．

（1） 天然：でんぷん，デキストリン，アスファルト，動物性および植物性蛋白質，天然ゴム，シェラック

（2） 半合成：ニトロセルロースおよびその他のセルロース誘導体，ダイマー酸から誘導されるポリアミド，ひまし油をベースとするポリウレタン

（3） 合成：

a. ビニルタイプの付加ポリマー，樹脂とエラストマー：ポリ酢酸ビニル，ポリビニルアルコール，アクリル，不飽和ポリエステル，ブタジエン-アクリロニトリル，ネオプレン，ブチルゴム，ポリイソブチレン
b. 縮合または付加縮合でできるポリマー：エポキシ，ポリウレタン，ポリサルファイドゴムおよびホルムアルデヒドとフェノール，レゾルシノール，尿素，メラミンなどとの反応生成物

硬化，溶解性，架橋

上とは別に，接着剤は最終的な接着剤層の溶解性や溶融性にもとづいて分類することもできる．

（1）溶解するもの，熱可塑性（溶解，溶融する）のものも含む：でんぷんとその誘導体，アスファルト，ある種の蛋白質，セルロース系，ビニル系，ある種のアクリル系

（2）架橋するもの（溶解，溶融しない）：フェノール-およびレゾルシノール-ホルムアルデヒド系，ユリア-およびメラミン-ホルムアルデヒド系，エポキシ系，ポリウレタン系，加硫した天然および合成ゴム，嫌気性樹脂，不飽和ポリエステル系

"熱硬化性樹脂"という用語は伝統的に，たとえ硬化反応をおこすために熱を加える必要がなくても，架橋できる組成物に対して使われてきた．

架橋は下記のように二つの化学的に異なる中間体の反応を含む．

a. フェノール，レゾルシノールと縮合するホルムアルデヒド
b. 尿素，メラミンと縮合するホルムアルデヒド
c. ポリオールと反応してポリウレタンを生成するイソシアネート
d. 第一級アミンやポリアミドアミンと反応するエポキシ
e. スチレンと共重合する不飽和ポリエステル
f. 硫黄で架橋（加硫）するジエンゴム

架橋は単一成分の分子同士でもおこる．例えば，

a. 第三級アミン触媒で反応するエポキシ
b. 空気がなくなれば重合するように（嫌気性接着剤として）配合したジメタクリレート
c. 過酸化物で架橋（加硫）するゴム

室温で硬化する接着剤の多くは二つの容器に包装され使用直前に混合される．しかし，湿気硬化の接着剤やシーリング材は一成分系であり，これは密閉された容器の中にある限りは長い保存性をもっているが，これが外へ出されて，空気中の湿気にさらされると反応する．湿気硬化系の中で成長しているのは三つのタイプのシーリング材や接着剤である．

a. イソシアネートプレポリマー．これは例えばポリエーテルポリオールと過剰のジイソシアネートとの反応でつくられるが，湿気と反応するとポリウレタン-ウレアを生成する．付随して炭酸ガスを発生するのが欠点である．
b. シリコーンは，末端の水酸基を加水分解しやすいアセテート基でブロックすることによって湿気硬化性をもたせることができる．このタイプのシーリング材は初めに塗ったときに酢酸の匂いがするので識別できる．
c. ポリサルファイドシーリング材は過酸化カルシウムや過酸化バリウムと配合すると，これが湿気と反応して過酸化水素を放出するので，ポリサルファイドが硬化する．硬化は二成分系の二酸化鉛硬化よりも遅い．
d. 不飽和ポリエステルも同様に過酸化バリウムとコバルト塩を潜在触媒系として使うと湿気硬化性になる．
e. シアノアクリレートは塩の触媒が存在すれば，たとえそれが水のように非常に弱い塩基であっても，自動的に重合する．硬化は空気中にさらしたあと数秒でおこる．
f. エポキシ樹脂をケチミンと配合すると，これを湿気にさらしたときに内部でアミン硬化剤が放出される．この技術はすでに塗料で使われているが，多孔質材料用の接着剤にも使えるだろう．

ハイブリッドとカップリング剤

多くの接着剤の組成は二つのタイプのグループを組み合わせたハイブリッドである．ハイブリッドの一つの重要な利点は，フックの法則にしたがわない（非線形の）応力-ひずみ曲線が得られて，曲線の下の面積（破断に至るまでの仕事）が増え，したがって強靱性や衝撃強さが向上するとともに，はく離強さも高くなるということである．典型的にはそれらは二つの T_g（ガラス転移温度）をもっており，そのうちの一つはエラストマー成分に対応するもので室温以下にあり，これは伸びを与える．もう一方は固い成分に対応するもので，室温よりも十分高いところにあり，これは優れた引張り強さや圧縮強さを与える．ハイブリッドのサイズは広範囲にわたっている．

コンポジット	$10^4 \sim 10^5$Å またはそれ以上
分子間	$10^2 \sim 10^3$Å
ポリマーブレンド	
分子内	$10 \sim 10^2$Å
ランダムコポリマー	
グラフトおよびブロックコポリマー	
その他のハイブリッド	

ハイブリッド接着剤としては次のようなものが重要である．

（1）ネオプレン（ポリクロロプレン）-フェノリック：グリーン強度が高い．オープンタイムを調節できる．硬化物の強度が高い．

（2）ニトリル-フェノリック：高温ですばらしい強度を示す（しかし水蒸気を発生するので，加圧が必要で

ある）．

（3）RFL（レゾルシノール-ホルムアルデヒド樹脂とラテックス）：タイヤコードとゴムの接着に用いる．

（4）エポキシ-ニトリル：高いはく離強さの金属接着

（5）EVA-ワックス-低分子量樹脂：包装用，製本用，家具の縁貼り用などに使われるホットメルト

カップリング剤はコンポジットやブレンドの中の相同士の接着性を改良するようにデザインされたハイブリッドである．通常分散相は無機物であるので，カップリング剤は有機の官能基と無機の基からできている．有機の活性サイトは有機のマトリックスと化学結合を形成するか，あるいは少なくともそれに強い親和性を発揮するように工夫される．一方，無機の部分は強化材と反応するか，その上に吸着する．近年最もポピュラーになったカップリング材はシランタイプ X-R-Si(R')$_3$ である．R'-Si 結合は加水分解する．R' はアルコキシ塩基，塩素，あるいはアセトキシでも良い．有機の官能サイト"X"はポリマーに合うようにデザインされる．例えば，エポキシやその他のポリマーを結合するためのアミノ基やエポキシ基，あるいは不飽和ポリエステルを結合させるためのビニル基などである．

強い関心がもたれ，今なお完全には解決していない重要な接着の問題は高強化複合材料の中の熱硬化性あるいは熱可塑性マトリックスとある種の強化充填剤とのカップリングである．シランはガラスには良く効くが，グラファイトやアラミド繊維の結合にはなお改良の余地がある．チタネートカップリング剤はアラミドに対してはシランよりも良く効くように思われる．しかし，高強化複合材料における新しいトレンドは耐熱性の熱可塑性マトリックスの方向に向かっており，これについては繊維との結合がさらに困難になるだろう．

フィルム型接着剤

熱硬化性接着剤も熱可塑性接着剤のどちらもフィルムの形で使用することができる．フィルムには多くの利点がある．それは組成も厚さも均一であり，また揮発性成分がない．しかし，これをつくるのは難しく，したがって高価である．また，十分良く接着するためには熱や圧力をかけなければならない．

フィルム型接着剤として最も多いのは安全ガラス用のポリビニルブチラールであり，これについては熱可塑性樹脂の項で議論した．その他の熱可塑性樹脂，粘着剤などは最も急速に伸びているフィルム材料である．これはネームプレートやトリムを器具や金属製の事務用家具，機械などの上に接着するのに使われる．

熱硬化性フィルムは比較的要求の少ない器具類や電気，自動車などと同じように，航空機における金属-金属の接着にも使われている．これらの接着剤は，せん断強さ，伸びおよび耐熱性の最適の組合せを与えるように設計されたハイブリッドである．ニトリル-フェノリックと

エポキシ-ニトリルが主流で，それに続いてビニルブチラール-フェノリック，エポキシ-ナイロンおよびエポキシ-フェノリックがある．エポキシ-フェノリック系の中のニトリルゴムは末端をカルボキシル基にしたブタジエン-ニトリルコポリマーで，これは高温でエポキシ基と反応する．

耐熱性，難燃性

航空宇宙用ならびに電気電子用のある種の接着剤には高温長時間暴露に対する抵抗性が必要である．例えば，鋳造用の金型や心型，研磨材，ブレーキライニング，その他の摩擦材料あるいは断熱材なども耐熱性の良いバインダーを必要とする．

最も古い合成接着剤であるフェノリックは高温で良い性能を発揮する．また，コストが安い．このことは汎用用途では必要なことである．芳香環，高い架橋密度，共鳴で活性化された水酸基などがすべて耐熱性と高いせん断強さの発現に寄与している．しかし，硬化したフェノリックはまだメチレン結合を含んでいるので，これが熱分解のもととなっている．

もっと高い耐熱性が必要なときには現在はポリイミド，ポリベンズイミダゾール，ポリキノキサリンやその他メチレン含量を減らすか，なくしたポリマーがある．共役不飽和結合はこれらの耐熱性を高めている．残念ながら，縮合の程度が最良の耐熱性を与える"ラダーポリマー"ピロン (pyrrone) のそれに近づくにつれてポリマーは扱いにくくなる．芳香族ポリアミドとポリアミンとの縮合でつくられるタイプのポリマーは反応物の官能数に依存する．

アミンの官能数	酸の官能数	ポリマー
2	2	ポリアミド（ナイロン）
2	3	ポリアミド-イミド
2	4	ポリイミド
4	2	ポリベンズイミダゾール
4	4	ピロン (pyrrone)

難燃性は現在アメリカ政府が可燃性織物法 (Flammable Fabric Act) によって，カーペット，マットレス，自動車の内装，子供の寝間着など最近生産量の増えているものについて要求している性質である．最も低コストの有機の難燃性接着剤はリン酸エステルで可塑化した塩化ビニルポリマーであって，これらは現にカーペットの裏打ちや自動車の中の織物の接着に使われている．皮肉なことに，政府の難燃規制に対する答えとして 1970 年代の初期に喜んで迎えられたコポリマーのいくつかは，その後別の政府機関の OSHA の低塩化ビニルや発癌物質についての要求に合わない理由で撤退した．

その他の難燃性接着剤は塩化ビニリデンラテックス，ハロゲン化エポキシ化合物あるいはリン酸アンモニウムまたは硫酸アンモニウムなどの添加物を含んでいる．テトラブロモ-あるいはテトラクロロ-ビスフェノール A から誘導されたエポキシ樹脂は特殊な航空機用接着剤と

して使われている．

接着剤と被着材とのマッチング

接着剤と被着材とは，もしもその接合が永続しなければならないのであれば，互いに親和性のあるものでなければならない．二つの材料が接着すると，それによってできたコンポジットには五つの要素，すなわち被着材No.1/界面/接着剤/界面/被着材No.2が生じる．接着系の強さはそのうちの最も弱いメンバーの強さと等しい．一方の被着材が紙であれば通常過剰な応力が紙の引裂き強さにあらわれるが，基材が強くなればなるほど破壊は接着界面あるいは接着剤内部でおこるようになる．被着材に適切な表面処理を施し，接着剤が被着材をよくぬらすようにすれば界面破壊はおこらなくなる．言い換えると，接着剤と被着材との界面の接着力は接着剤層内部の凝集力よりも大きくなければならない．このことは，接着剤と被着材とを組み合わせることが自由エネルギーの低下をもたらし，さらに接着剤が硬化したときに過剰のひずみが発生しないならば，実現可能である．

まず，収縮応力の問題を考えてみよう．接着剤は通常硬化するときに収縮する（無機のセメントは例外である）．重合，溶媒除去，あるいはホットメルトの冷却ですらも接着層の収縮をもたらす．発生するひずみによって破壊が生ずることもある．また，接着系が屈曲しているときにひずみは発生しやすい．これらの原因による破損の危険性を少なくするために接着剤の処方が工夫されている．

（1） 低収縮性樹脂，例えば不飽和ポリエステルよりもむしろエポキシ樹脂を選ぶ．

（2） 被着材よりも固くない接着剤を選ぶ．そうしないと，接着系が屈曲したときに接着剤層に応力集中がおこる（しかし，接着剤の屈曲性が過剰になると凝集力が低下する可能性がある）．

（3） 応力が主に引張りであるならば，被着材の表面の平滑さに応じて接着剤層をなるべく薄くする．しかし，多孔質の材料の場合には欠膠を避けるために十分な量の接着剤を塗付する必要がある．接着系にかなりの程度のせん断応力が加わる場合には接着剤層をいくぶん厚めにしなければならない．

（4） 無機の不活性充填剤を混合する．

（5） 滲み込みのない材料同士を接着する場合には，接着剤を塗付したあと，あらかじめ水や溶媒を完全に除去してから重ねる．

このハンドブックの第3章にGentとHamedが接着理論の包括的な解説を与えている．表面処理についてはMahoneyが第4章で議論している．接着評価法はRieが第5章で記述している．この序章ではそれぞれの被着材に対して接着剤を選択する際に考えなければならない二つの重要な因子，臨界表面張力と溶解度パラメーターに焦点をあてたい．

接着剤と被着材との間におこりうる結合のタイプを調べてみよう．これらの結合は一次結合か二次結合である．

一次結合は電子結合，共有結合および金属結合である．電子結合，すなわち極性の異なる結合は蛋白質系接着剤における一つの因子である．共有結合，すなわち極性の等しい結合はファイバーグラスのある種の最終処理で重要な役割を演じている．金属結合は溶接，はんだ付け，ろう付けなどによって形成される．金属や合金は本質的には高温熱可塑性接着剤であるが，これはこの本の範囲外である．

接着接合で何よりも重要なものは二次結合，あるいはファンデルワールス結合であって，これは分子同士の引力を生じさせているものである．これらの中で最も大きいのはロンドン力あるいは分散力である．これらが実質上ポリエチレン，天然ゴム，SBR，ブチルゴムなどのような無極性ポリマーの分子凝集力そのものである．これらの力は約4Åの距離まで働き，これは原子間距離の−6乗で効くので，その先は急激に低下する．したがって，ロンドン力が有効に働くためには分子同士がそれだけ近接していなければならない．屈曲性に富んだ天然ゴムのような分子が中くらいの屈曲性をもつポリスチレンのような分子よりも良い接着性を示すのはこのような理由によると考えてよいだろう．弾性率が低いということは分子内の回転運動の自由度が高いことであり，このことは接着剤分子が被着材表面に適切に配位しやすいことにもなるので，接着には有利である．

永久双極子の相互作用は，特に正の双極子が水素原子のときには，強い接着強さをもたらす．極性の基材に対して，でんぷん，デキストリン，ポリビニルアルコール，ポリビニルアセタール，ニトロセルロース，フェノリック，エポキシなど多くの接着剤が良くつくのは次式で典型的に示されるような水素結合が形成されるためであると考えることができる．

$$>N^- - H^+ \cdots O^- = C^+<$$

これらの接着剤はすべて芳香族あるいは脂肪族の水酸基をもっている．多くのビニルタイプのポリマーの中に少量のカルボキシル基を導入するとさらに接着性が良くなる．この本では一つの章を全部使ってカルボキシル基含有エラストマーをとりあげている．水素結合性の接着剤を用いる被着材としては木材，紙，皮革，ガラス，金属などがある．

ある特定の被着材を接着するために接着剤を選択するのに二つのアプローチが有効であることを述べた．これらは見かけ上違っているが，実質上互いに関連している．本書の第2版ではZismanが接着性に及ぼす組成の影響を調べ，どの接着剤が表面をぬらすかを決めるのに臨界表面張力が役に立つことを示した．この章では溶解度パラメーターが接着剤と被着材との親和性を予測するための手段として議論された．Gardonはこの二つの間に相関関係があることを示した．表1.1では，GardonとBurrelが集めた溶解度パラメーターの値とShafrinが本書

1. 序論

表 1.1 溶解度パラメーターと臨界表面張力

	溶解度 パラメーター δ (hildebrand)	臨界表面張力 γ_c (dyne/cm)
ポリ（1H，1H-ペンタデカフルオロオクチルアクリレート）	—	10.4
ポリテトラフルオロエチレン	6.2	18.5
ポリジメチルシリコーン	7.6	24
ブチルゴム	7.7	27
ポリエチレン	7.9	31
天然ゴム	7.9〜8.3	—
天然ゴム-ロジン接着剤	—	36
cis-ポリイソプレン	7.9〜8.3	31
cis-ポリブタジエン	8.1〜8.6	32
ブタジエン-スチレンゴム	8.1〜8.5	—
ポリイソブチレン	8.0	—
ポリスチレン	9.1	32.8
ポリサルファイドゴム	9.0〜9.4	—
ネオプレン（クロロプレン）	8.2〜9.4	38
ブタジエン-アクリロニトリルゴム	9.4〜9.5	—
ポリ酢酸ビニル	9.4	—
ポリメチルメタクリレート	9.3	39
ポリ塩化ビニル	9.5〜9.7	39
ユリア-ホルムアルデヒド樹脂	9.5〜12.7	61
エポキシ	9.7〜10.9	—
ポリアミド-エピクロロヒドリン樹脂	—	52
エチルセルロース	10.3	—
塩化ビニル-酢酸ビニル共重合体	10.4	—
ポリエチレンテレフタレート	10.7	43
酢酸セルロース	10.9	39
硝酸セルロース	10.6〜11.5	—
フェノール樹脂	11.5	—
レゾルシノール接着剤	—	51
ポリ塩化ビニリデン（サラン）	12.2	40
ナイロン 6,6	13.6	43
ポリアクリロニトリル	15.4	44
木材パルプからのセルロース	—	35.5, 42
コットンリンターからのセルロース	—	41.5
再生セルロース	—	44
でんぷん	—	39
カゼイン	—	43
羊毛	—	45

第2版の中で表示した臨界表面張力の値を比較することができる．**図 1.1** は極性と水素結合性が増すにつれて，溶解度パラメーターは臨界表面張力よりも急速に上昇することを示している（訳者註：$\gamma \propto \delta^{4/3}$，野瀬）．

臨界表面張力

Zisman と海軍研究所における彼の協同研究者達は25年以上にわたる一連の古典的研究を通じて，接着性と化学組成との間の相関関係を明らかにした．彼らは100以上のポリマーについて，ぬれ広がりに対する臨界表面張力を，表面張力既知の種々の液体の接触角を精密に測定することにより決定した．臨界表面張力は固体表面のぬれ特性をあらわしており，これはそれぞれの被着材に対する望ましい最大の表面張力である．

Zisman は長いフロロアルキル側鎖のついた櫛形ポリマーが低い臨界表面張力をもち，一方ユリア-ホルムアル

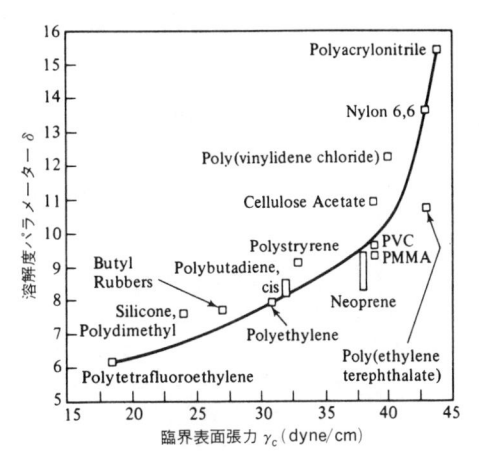

図 1.1 臨界表面張力と溶解度パラメーター

デヒド，蛋白質，セルロースなど水素結合性のポリマーは高い臨界表面張力をもつことを示した．ぬれや拡張ぬれを良くするためには，接着剤は液体状態で被着材固体の臨界表面張力よりも低い表面張力をもつようにしなければならない．

溶解度パラメーター

被着材が有機物であって極端に極性が強くない場合には，接着剤の選択に際して溶解度パラメーターが参考になる．

もしも接着剤と被着材との接着強さが大きくなければならないのであれば，両者を一体化することによって自由エネルギーが低下しなければならない．二つの物質を混合するときの自由エネルギー変化は

$$\Delta F = \Delta H - T\Delta S$$

ここで，ΔH は混合熱，ΔS はエントロピー変化である．一般に二つの物質が混合されるとエントロピーが増加するので，上式右辺の第2項は負になる．もしも混合熱の項が無視できるならば自由エネルギーも負になる．このことは，物質同士は，混合熱がプラスの側で非常に大きくない限り，互いに混合し合う傾向をもっていることを意味している．また，温度を上げるとエントロピー項はもっと負になり，混合がより容易になることがわかる．このことは，混合したり組み合わせたりする物質の少なくとも一方が高分子である場合に特によく成り立つ．

混合熱は接着剤と被着材との間の引力に依存する．これらの力は一次結合あるいは二次結合である．もしも混合熱がゼロであるか，あるいは接着剤と被着材の間の水素結合やそのための化学結合の結果として負の値になるならば，ぬれが確実におこる．しかし，多くの非極性あるいは中程度に極性の物質の組合せについては混合熱が正であるので，自由エネルギーはこの正の項があまり高すぎない場合にのみ減少することになる．

Hildebrandや他の研究者らは，なぜ物質のある組合せが他の組合せよりも容易に混合するのかということを示すために，溶解度パラメーター δ という概念を使った．溶解度パラメーターは内部圧または凝集エネルギー密度と関係づけられる．

$$\delta = (\Delta E/V)^{1/2}$$

ここで，ΔE＝蒸発エネルギー，V はモル容積である．$\Delta E/V$ という項は単位容積（cm³）当りの蒸発エネルギーで，内部圧あるいは凝集エネルギー密度と呼ばれる．それの平方根である溶解度パラメーターは"hildebrand"と名づけられている．

炭化フッ素や炭化水素のような液体についてはこのエネルギーは非常に低い．ゆえに，これらの組成の低分子量物質は非常に低い沸点をもっている．低分子量炭化フッ素は，オゾン層に悪影響を与えることが認識されるようになるまで，エアロゾルの分散剤として使われてきた．また，低分子量炭化水素は天然ガスの主成分である．

極性基を導入すればすぐに，一つの分子を蒸発させるのに，つまりそれをその仲間から分離するのに，より多くのエネルギーが必要になることがわかる．ほぼ同じ分子サイズで比較すると，アセトンはブタンよりも沸点が高く，イソプロピルアルコールの沸点はさらに高い．

Hildebrandは二つの物質の溶解度パラメーターの差が大きければ大きいほど混合熱は（正で，好ましくない方向へ）大きくなることを示した．

$$\Delta H = V(\delta_1 - \delta_2)^2 \phi_1 \phi_2$$

ここで，V は全容積，ϕ_1 と ϕ_2 はそれぞれの成分の体積分率である．したがって，接着剤と被着材の溶解度パラメーターがほぼ等しいときに最も良好な結合がおこることになる．さらに，コンポジットは成分の溶解度パラメーターが近いときには，他の物質（例えば，水）の侵入に対して抵抗を示しやすい．

溶解度パラメーター理論は初めHildebrandやScottが発展させた．Smallは分子内の官能基の寄与からパラメーターを計算する方法を発展させた．Burrell, Hansen, およびCrowleyはこの概念を溶媒ベースの塗料の配合に応用して大いに成功した．またSkeistはこれをプラスチック用接着剤の選択に応用した．Gardonは膨大な文献を包括したレビューを著した．熱可塑性ゴム（13章），ネオプレン（15章），プラスチックの接着（34章）などの章も参照されたい．

Burrellは理論と実際との間にある程度の不一致がみられるのは水素結合が存在するためであると考えた．HansenとCrowleyはこれに，第三のパラメーターとして，双極子モーメントを加えた．このパラメーターも二つの物質が一体化するためには互いにほぼ等しくなければならない．これらの二つの特性は必ずしも平行的に作用しなくてもよい．例えば，ジオキサンは水素結合性が強いがほとんど双極子をもたない．一方，エチレンカーボネートはその高い双極子モーメントのために中程度の水素結合性の物質と溶け合う．

	溶解度パラメーター	水素結合	双極子モーメント
ジオキサン(1,4)	9.9	9.7	0.4
エチレンカーボネート	14.7	4.9	4.9

ポリマーの溶解度パラメーターは，ポリマーが揮発しないので直接測定することはできない．Smallの分子引力定数から計算することができるが，ポリマーを最も良く溶かす溶媒あるいは最も良く膨潤させる溶媒の溶解度パラメーターで決める方が望ましい．

表1.1には，溶解度パラメーターと臨界表面張力との間には，両者の値が低い領域において相関関係があることが示されている．しかし，値が大きくなると異常な点があらわれる．アミノ樹脂，ユリア-ホルムアルデヒド樹脂，ポリエチレンテレフタレート，原料（source）の異なるセルロースなどがその例である．このずれの原因としては，少なくとも部分的には，結晶化度の違い，配合組成の一部，バルクと表面の化学組成の違いなどが考えられる．ポリエチレンの表面処理としては，火炎処理，

1. 序論

表 1.2 接着剤の選択[12]

被着材	皮革	紙	木材	フェルト	布	ビニール系プラスチック	フェノール系プラスチック	ゴム	タイルなど	硬質繊維板	ガラス	金属
金属	1,4,21,24,25	1,21,22	1,4,11,13,21,31,32,33,35,36	1,5,22	1,21,22,24	25,36	3,13,21,31,32,33,35,36	13,21,22,31,32,33,35,36	5,6,13,22,35,36	5,6,13,22	13,32,33,34,35	11,13,31,32,33,36
ガラス、セラミックス、タイル等	1,4,13,24	1,21,22	1,13,21,31,32,33,35,36	1,5,6,21,22	1,21,22,24	25,36	3,13,21,31,35,36	21,22,31,35,36	4,22		4,13,32,35,36	
硬質繊維板	1,4,21,24	1,21,22	1,5,6,21,22	5,6,21,22	5,6,21,22,24	25,36	3,13,36	21,22,31,35,36	4,5,6,22	5,8,13		
ゴム	1,21,24	1,21,22	1,5,6,21,22	5,6,21,22	5,6,21,22,24	25,36	3,13,36	21,22,31,35,36	5,6,22			
フェノール系プラスチック	21,24	21,22	21,22,33,35,36	21,22	21,22,23	25,36	21,22,36	21,22,31,35,36				
ビニール系プラスチック	21,24,25	21,22	11,13,21,24,32,33,36	21,22,25,36	21,22,24,25	36	13,32,33,36					
布	21	21	21	21	21	25,36						
フェルト	21,22,23,24	21,22,23	21,22,23	5,21,22,23	1,21,22,23							
木材	21,22,23,24	21,22,23	21,22,23	5,22								
紙	21,22,23,24	2,21,22	1,11,12,14,15,36									
皮革	21,22,23,24	2,4,21										
	1,4,21,22,23,24											

熱可塑性樹脂
1: ポリ酢酸ビニール
2: ポリビニルアルコール
3: アクリル
4: 硝酸セルロース
5: アスファルト
6: オルコレジン

熱硬化性樹脂
11: フェノール-ホルムアルデヒド(フェノリック)
12: レゾルシノール、フェノール-レゾルシノール
13: エポキシ
14: ユリア-ホルムアルデヒド
15: メラミン、メラミン-ユリア-ホルムアルデヒド
16: アルキド

エラストマー
21: 天然ゴム
22: 再生ゴム
23: ブタジエン-スチレンゴム
24: ネオプレン
25: ブナ-N
26: シリコーン

樹脂ブレンド
31: フェノリック-ビニール
32: フェノリック-ポリビニルブチラール
33: フェノリック-ポリビニルホルマール
34: フェノリック-ナイロン
35: フェノリック-ネオプレン
36: フェノリック-アクジエン-アクリロニトリルゴム

液体酸化剤処理，電子線処理，放電処理などがあるが，これによってカルボキシル基や他の酸素含有基が生成し，このために表面エネルギーが上昇するので，表面処理をする前にはこれをぬらすことのできないような印刷インキや極性の接着剤などもつくようになる．したがって，溶解度パラメーターと接触角の測定値が合わない場合には，後者の方が，もしもそれが実際に接着するために準備された材料について測定されるならば，接着剤の選択に関してより良い指針を与えることになろう．

溶解度パラメーターがまったく違い，同様に弾性率も違う材料同士を組み合わせなければならないことがしばしばある．その重要な例は 35 章 "繊維とゴムの接着" の章で議論したタイヤの製造である．ここではハイブリッド接着剤 RFL が使われている．これは主に極性で高弾性率のファイバーに対する接着性をねらった対熱性レゾルシノール-ホルムアルデヒドと，主にゴムの接着のための中程度の溶解度パラメーターをもったブタジエン-スチレン-ビニルピリジン三元コポリマーラテックスを含んでいる．

ReinhartとCallomonがつくった**表1.2**は類似あるいは異なった基材を接合するのに適した接着剤の簡潔な表である．

接着剤用のポリマーのデザイン

高分子の化学やテクノロジーの進歩によって多くの種類の新しいポリマー，ハイブリッド，コポリマーなどが生まれ，接着剤の配合者に広い範囲で材料を選ぶ自由を与えた．合成については多くのアプローチがある．

　　グラフトコポリマー
　　ブロックコポリマー
　　反応性オリゴマー
　　IPN
　　官能性モノマーとのコポリマー

接着剤が硬化剤によって架橋する場合のデザインは架橋剤や架橋促進剤のタイプも含む．ポリマーベースと変性用樹脂とが分子間反応をおこせば，例えばネオプレンとフェノリック樹脂とが反応すれば，安定性は増すし，相分離しにくくなる．そして，無機物の充塡剤や強化材を含む組成にすれば，カップリング剤によって化学反応がおこり，ポリマーと無機物の表面とが結合する．

グラフト

ポリオレフィンの接着性を改良するために，極性モノマーがグラフトされる．この技術は例えばポリエチレンやポリプロピレンについて，押出しコーティング用，ホットメルト接着剤用，ガラス強化樹脂グレード用などに利用される．グラフトモノマーは通常アクリル酸か無水マレイン酸である．このようにして導入されたカルボキシル基は成形樹脂の中でガラスや無機充塡剤との接着性を良くするばかりでなく，アルミホイル，紙，その他の被着材への押出しコーティングにおいてもカップリングが良くなる．

反応性オリゴマーとポリマー

このアプローチはすでに放射線硬化接着剤，ウレタン接着剤，エポキシ接着剤，その他の分子で広く利用されている．ここでは，特殊なタイプのオリゴマー，例えばポリウレタンの末端に官能基をつけ，あとでこれをポリマー鎖を伸張したり系を架橋したりするのに利用する．市販の材料としては次のようなものがある．

ポリマー骨格	末端官能基	用　途
ウレタン	アクリレート	放射線硬化
エポキシ	アクリレート	放射線硬化
シリコーン	アクリレート	放射線硬化
ポリエーテル	イソシアネート	ウレタン接着剤
ポリエステル	イソシアネート	ウレタン接着剤
ポリブタジエン	カルボキシル	ロケット燃料バインダー
ポリイミド	エチニル	耐熱性接着剤
ポリイミド	ナディック（Nadic）	耐熱性接着剤
ポリブタジエン	水酸基	ウレタン接着剤
ブタジエン-アクリロニトリル	アミン	エポキシ接着剤硬化剤
ポリスチレン（マクロマー）	メタクリレート	ホットメルト粘着剤

コポリマー

いろいろな種類の官能性モノマーを，通常ランダムに高分子鎖の中に比較的少量分布させることによって，種々の特性を付与することができる．これらの官能性モノマーのポンド当りの価格はそのコポリマーの主成分モノマーよりは高いが，コストに比べて効果が高い．多くの例をあげることができる．アリルウレイドモノマーは建築用ラテックス塗料の中に接着性改良成分としてせいぜい1%程度加えられるが，これによって被着材に対するぬれが実際に改良される．似たような利点がジメチル-t-ブチルアミノエチルメタクリレート，アミノアルキルメタクリレート，エチレンイミンなどのモノマーについても得られている．このうちエチレンイミンは発癌性が問題となり，アメリカでは現在生産されていない．アクリル酸や他の有機酸（メタクリル酸，フマル酸，クロトン酸）をエチレンやプロピレンの重合に導入すると，金属や他の極性材料への接着性が付与されることになる．

興味ある展開が膨張性（非収縮性）モノマーについて試みられている．Maryland 大学の Dr. Williams J. Bailey とその協同研究者によって合成されたこの材料はスピロモノマーである．重合に際して二重環が開環して膨張する．これは構造用アクリルや放射線効果アクリレートのようなポリマー/モノマー溶液をベースとする接着剤に有効である．これらのモノマーは接着に害になる硬化収縮を相殺することになる．

コモノマーのもう一つの役目は架橋である．N-メチロールアクリルアミドは繊維結合用のアクリル，酢酸ビニル，スチレン-ブタジエンラテックスにおいてその役割を

果たす．グリシジルメタクリレートはそのエポキシ基とカルボキシル基やアミノ基との反応を通じて架橋反応をおこすことができる．イソシアネートエチルメタクリレートは反応性のイソシアネート基をもっているし，他にも多くの例がある．

ブロックコポリマー

ブロックコポリマーの合成によって，特にホットメルト粘着剤として有効な熱可塑性エラストマーが発展した．これらは二つのガラス転移温度をもち，常温ではゴム状であるが，高温になると流動性を示す．典型的な例はスチレン-イソプレン-スチレンまたはスチレン-ブタジエン-スチレンのブロックコポリマーである．やわらかい中間ブロック（低 T_g）とかたい末端ブロック（高 T_g）からできている．これを水添してスチレン-エチレン-ブチレン-スチレンにしたものもある．

IPN

IPN はポリマー合成の新しいアプローチである．現在は工業生産の段階というよりもまだ研究段階であるが，IPN は接着剤の設計の重要な手段になるだろう．IPN は通常二つのタイプのポリマーが三次元的に互いにからみあって，その一方または両方が架橋した構造になっている．これはガラス転移温度，溶解度パラメーター，極性などが大きく異なった二つの高分子同士を組み合わせることを可能にする．このタイプで二つのガラス転移温度をもった系は接着剤としてだけでなく，室温と高温で異なった弾性的性質が必要な用途にも使えるだろう．ガラス転移温度が二つあるパターンは高いエネルギー吸収性につながる．したがって，このタイプのポリマーをベースとする接着剤は吸音材，衝撃吸収材などのエネルギー吸収デバイスとして重要になるだろう．もう一つの狙いは高ガラス転移温度，高弾性率，低伸度のポリマーを，例えばシリコーンのような低弾性率のエラストマーと"結婚"させたときにみられる強靱性の改良である．

新しい動向

高分子合成における新しい動向は一般にそのまま接着剤にも応用されてきたし，将来も応用されていくだろう．耐熱性に特に優れているポリマーを合成する動きは今も続いている．これを達成するためには，例えば分子内環化（ポリイミド，ポリベンズイミダゾール）あるいは末端アセチレン基またはニトリル基の三量化などによってヘテロ環と芳香族構造をポリマーに導入しなければならない．もう一つのルートは安定性の高いパーフルオロ化したユニットをポリマーに導入することである．耐熱性ポリマーの主な用途はラミネート樹脂であるが，耐熱性接着剤としても要望が多い．

接着剤を目的としない発展が接着剤の開発に役立つこともある．例えば，水を大量に吸収するポリマーがそれであり，これはぬれた表面にも使える接着剤の開発の基礎になった．そのほか，油に対して類似の親和性を示すポリマーも開発され，これらは油面接着剤として利用できるようになった．

導電性ポリマーは多くの大学や企業の研究センターで盛んに研究されてきた．これが企業化できるようになれば，それは導電性接着剤配合の出発点となり，現在使われている高価な銀フィラーがいらなくなるだろう．これらのポリマーは共役二重結合，完全な芳香族ポリマーあるいはそれに類した構造をもったもので，非局在化電子を有するものになるだろう．

架橋剤と促進剤：ポリマー自身もさることながら，架橋剤，触媒，ポリマー変性剤によって改質，改良ができることも事実である．例えば，もしエポキシ接着剤の耐熱性の改良が必要であれば硬化剤はベンゾフェノンテトラカルボキシリックアンハイドライド，ピロメリットアンハイドライド，ジアミノジフェニルスルホンのような芳香族酸無水物やアミンを使うべきである．硬化速度を高めるためなら，エポキシ系はメルカプタン硬化剤を使えばよい．一方，アクリルモノマー/ポリマーブレンドにはアミン/アルデヒド触媒とベンゾサルファイド（サッカリン）促進剤を使う．放射線硬化系は将来とも可視光線とレーザービームを使うだろう．

毒性：多くの新しい材料が接着化学者の頭の中に加えられたが，そのうちのいくつかは取り除かれた．健康や環境に関して問題をおこす化合物には，エチレンイミン，メチレン-ビス-(o-クロロアニリン)（MOCA），ヘキサメチレンジイソシアネート，ホルムアルデヒドなどが含まれる．ある系はもう使われていない．別の系では変性がなされた．放射線硬化技術が，あるタイプの多官能性アクリレートモノマーをアルコキシレート化合物に置き換えている．これは，後者の方が刺激性や毒性が少ないからである．一つの例としてトリメチロールプロパントリエトキシアクリレートがある．

理論的発展：高分子にかかわる理論は接着現象の研究にも適用される．界面でのポリマーの吸着，拡散，その他接着関連の問題がスケーリング則にもとづくアプローチで研究された．スケーリング則は高分子のランダムウォークの挙動を説明するために物理学からもってきた数学的モデルである．ぬれの速度論については de Gennes や Cazabat の論文がある．接着の静電気理論は 1970 年代に Deryagin が発展させた．

接着特性を調べる分析手段も発展した．動力学的分析手段が特にエポキシ樹脂の硬化過程や粘着剤の配合の研究に有効に利用されている．TBA が広く使われている．表面の研究は ESCA を使って行われる．エポキシの硬化を追跡するその他の研究アプローチとしては，誘電スペクトロメーター，粘度に依存する蛍光プローブなどがある．

[Irving Skeist and Jerry Miron／水町　浩訳]

参考文献

1. Laurie, A. P., "Materials of the Painters Craft," London, Poulis, 1910.
2. Gettens, R. J., and Stout, G. L., "Painting Materials," New York, Van Nostrand Reinhold, 1942.

接着，接着剤に関する単行本

3. Cagle, Charles V., Lee, Henry, and Neville, Kris, "Handbook of Adhesive Bonding," New York, McGraw-Hill, 1973.
4. Flick, Ernest W., "Adhesives, Sealants and Coatings for the Electronics Industry," Park Ridge, New Jersey, Noyes Publications, 1986.
5. Gillespie, Robert H., et al., "Adhesives in Building Construction," Washington, D.C., U.S. Government Printing Office, 1987.
6. Hartshorn, S. R. (ed.), Structural Adhesives: Chemistry and Technology," New York, Plenum Publishing Co., 1986.
7. Houwink, R. (ed.) "Adhesion and Adhesives, 2nd Ed., New York, Elsevier Science Publishing Co.; Vol. 1, "Adhesives," 1965; Vol. 2, "Applications," 1967.
8. Kinloch, A. J., "Adhesion and Adhesives: Science and Technology," New York, Methuen, Inc. (for Chapman and Hall), 1987.
9. Kinloch, A. J., "Structural Adhesives: Developments in Resins and Primers," New York, Elsevier Science Publishing Co., 1986.
10. Lee, Lieng-Huang (Ed.), "Adhesive Chemistry: Developments and Trends," New York, Plenum Publishing Co., 1985.
11. Lees, W. A., "Adhesives in Engineering Design," Deerfield Beach, Florida, Springer-Verlag, 1985.
12. Miller, Robert S., "Energy Conservation with Adhesives and Sealants," Columbus, Ohio, Franklin International, 1986.
13. Moskovitin, N. I., "Physiochemical Principles of Gluing and Adhesion Processes," Philadelphia, Coronet Books (for Keter Publishing Co., Jerusalem), 1968.
14. Panek, Julian R., and Cook, John P., "Construction Sealants and Adhesives," 2nd Ed., New York, John Wiley and Sons, 1984.
15. Patrick, Robert L., "Treatise on Adhesion and Adhesives," Vol. 5, New York, Marcel Dekker, 1981.
16. Satas, Donastas (ed.), "Handbook of Pressure-Sensitive Adhesive Technology," New York, Van Nostrand Reinhold, 1982.
17. Schneberger, G. L. "Adhesives in Manufacturing," New York, Marcel Dekker, 1983.
18. Shields, J., "Adhesives Handbook," 3rd Ed., Stoneham, Massachusetts, Butterworth, 1984.
19. Skeist, Irving (ed.), "Handbook of Adhesives," 2nd Ed., New York, Van Nostrand Reinhold, 1977.
20. Wake, William C., "Adhesion and the Formulation of Adhesives," 2nd Ed., Applied Science Publishers, London and New York, 1982.
21. Weiner, Jack, and Roth, Lillian, "Adhesives," 4 volumes, Appleton, Wisconsin, Institute of Paper Chemistry, 1974.

雑誌

22. *Adhaesion* (in German), since 1957, Bertelsmann Fachzeitschriften GmbH, Postfach 800345, Neumarkter Str. 18, 8000 Munich 80, W. Germany.
23. *Adhesion and Adhesives/Setchaku* (Text in Japanese), since 1957, High Polymer Publishing Association, Kobunshi Kankokai, Chiekoin-Sagaru, Marutamachi, Kamikyoku, Kyoto 602, Japan.
24. *Adhesives Age*, since 1958, Communications Channels, Inc., 6255 Barfield Road, Atlanta, GA 30328.
25. *Assemblages Adhesifs* (Text in French), since 1976, EDIREP, 30 rue Turbigo, 75003 Paris, France.
26. *Journal of Adhesion*, since 1969, Gordon and Breach Science Publishers Ltd., P.O. Box 197, London WC2E 9PX, England.
27. *Journal of Adhesion Science and Technology* (International), since 1987, VSP, P.O. Box 346, 3700 AH Zeist, The Netherlands.
28. *Journal of the Adhesion Society of Japan* (Text in Japanese, some English), since 1965, The Adhesion Society of Japan, 5-8-29 Nishinakajima, Yodogawaku, Osaka 532, Japan.
29. *International Journal of Adhesion and Adhesives*, since 1980, Butterworth Scientific Ltd., Westbury House, Bury St., Guildford, Surrey GU2 5BH, England.

溶解度パラメーターに関する文献

30. Hildebrand, J. H., and Scott, R. L., "The Solubility of Nonelectrolytes," 3rd Ed., New York, Van Nostrand Reinhold Co., 1950; "Regular Solutions," Prentice-Hall, Inc., Englewood Cliffs, N.J., 1962.
31. Small, P. A., *J. Appl. Chem.*, **3**, 71 (1953).
32. Burrell, H., "Solubility Parameters for Film Formers," *Federation of Paint and Varnish Production Official Digest*, **27**, 726 (Oct. 1955); "A Solvent Formulating Chart," *Federation of Paint and Varnish Production Official Digest*, **29**, 1973-74 (Nov. 1957).
33. Skeist, I., "Choosing Adhesives for Plastics," *Modern Plastics,*, **33**, 121, 130 (May 1956).
34. Gardon, J. L., "Relationship between Cohesive Energy Densities of Polymers and Zisman Critical Surface Tensions," *J. Phys. Chem.*, **67**, 1935 (1963).
35. Gardon, J. L., "Cohesive-Energy Density," in "Encyclopedia of Polymer Science and Technology," N. M. Bikales, Ed., **3**, 833, New York, John Wiley and Sons, 1965.
36. Hansen, C. M., "The Three Dimensional Solubility Parameter—Key to Paint Component Affinities: II and III. II. Dyes, Emulsifiers, Mutual Solubility and Compatibility and Pigments," *J. Paint Technol.*, **39**, (511), 505, (Aug. 1967).

37. Crowley, J. D., Teague, G. S., and Low, J. W., "A Three Dimensional Approach to Solubility," *J. Paint Technol.*, **38,** (496), 269, (1966) and **39,** (504), 19, p. 27, ref. 1 (1967).
38. Hansen, C. M., and Beerbower, A., in "Kirk-Othmer Encyclopedia of Chemical Technology," *Supplementary Vol.*, 2nd Ed., p. 889, New York, John Wiley and Sons, 1971.

最近の発展

39. de Gennes, P. G., "Scaling Concepts in Polymer Physics," Ithaca, New York, Cornell University Press, 1975.
40. de Gennes, P. G., *Macromolecules*, **14,** 1637 (1981).
41. de Gennes, P. G., *Macromolecules*, **15,** 492 (1981).
42. de Gennes, P. G., *Rev. Mod. Phys.*, **57**(3), Part 1, 827 (1985).
43. Carzabat, A. M., *Contemporary Physics*, **28**(4), 374 (1987).
44. Deryagin, B. V., Krotova, N. A., and Smilga, V. P., "Adhesion of Solids," New York, Consultants Bureau, 1978.
45. Papas, S. P., "UV Curing: Science and Technology," Technology Marketing Corp., 1978.
46. Hartshorn, S. R., "Structural Adhesive Chemistry and Technology," New York, Plenum Publishing Co., 1986.
47. Hauser, M., and Haviland, G. S., "Adhesives in Manufacturing," New York, Marcel Dekker, 1983.
48. Lee, W. A., and Oliver, M. J., "Study of Cure of Epoxy Resins by Torsional Braid Analysis," *Brit. Polym. J.*, **15,** 40 (1983).
49a. Gilliam, J. K., *A.I.Ch.E. J.*, **20,** 1066 (1974).
49b. Hazony, Y., Stadnicki, S. J., and Gilliam, J. K., *Polymer Preprints*, **15**(2), 549 (1974).
50. Briggs, D., "New Applications of ESCA," in "Adhesive Chemistry," L. H. Lee, ed., p. 175, New York, Plenum Publishing Co., 1983.
51. Hedrig, P., "Dielectric Spectroscopy of Polymers," New York, John Wiley and Sons, Inc., 1977.
52. Levy, R. L., and Ames, D. P., "Monitoring Epoxy Cure Kinetics with a Viscosity-Dependent Fluorescent Probe," in "Adhesive Chemistry," L. H. Lee, ed., p. 245, New York, Plenum Publishing Co., 1983.
53. Hergenrother, P. M., "States of Adhesives," in "Adhesive Chemistry," L. H. Lee, ed., p. 447, New York, Plenum Publishing Co., Inc., 1983.
54. Thomas, M. R., "Isocyanatoethyl Methacrylate: A Heterofunctional Monomer for Polyurethane and Vinyl Polymer Systems," ACS Meeting, Las Vegas, Nevada, March 1982.
55. Sperling, L. H., "Interpenetrating Polymer Materials and Related Materials," New York, Plenum Publishing Co., 1981.
56. U.S. Pat. 3,300,429 (1967) Frank J. Glavis, William J. Keighley, and Thomas H. Haag to Rohm and Haas.
57. U.S. Pat. 4,111,877 (1978) Dale D. Dixon, and Frederick L. Herman to Air Products & Chemicals.
58. Monte, S. J., "Titanates," Chapter 4 in "Handbook of Fillers and Plastics," H. A. Katz and J. V. Milewski, eds., See also the chapter in this volume, "Non-silane Coupling Agents." New York, Van Nostrand Reinhold, 1987.
59. Reinhart, F. W., and Callomon, I. G., "Survey of Adhesion and Adhesives," WADC Technical Report, 58-450, 1959.
60. U. S. Pats. 4,348,503 (1982) and 4,429,088 (1984), Andrew G. Bachmann to American Chemical and Engineering Co. (later Dymax Corp.).
61. U. S. Pat. 4,387,215 (1983), William J. Bailey (later assigned to Epolin Inc., Morristown, New Jersey).
62. ACS Symposium Series #59, "Ring Opening Polymerization," Takeo Saegusa and Eric Goethals, eds., 1977; Paper #4, p. 38, William J. Bailey et al.

2. 産業における接着剤の役割

Handbook of Adhesives の第1版と第3版が出版された四半世紀のうちに，接着剤工業は著しく発展し，また広がってきた．それは1962年の30億ポンド（6億5千万ドルに相当）から1987年の100億ポンド（55億ドルに相当）に至るまで成長した．この章では，第2版の出版以後のアメリカにおける工業の成長に対する接着剤の寄与を，接着剤の種類ならびに接着剤を利用する工業における応用面を概観しつつ述べる．

1975年にこれらの工業は約70億ポンドの接着剤（22億ドルに相当）を消費していた．12年後これが105億ポンド（55億ドルに相当）にまで成長した（**表2.1**参照）．

接着剤の全消費量はこの25年間に250%増えたが，合成高分子（熱可塑性樹脂，熱硬化性樹脂，エラストマー）は600%以上成長している．1975年には接着剤全量の約75%が合成高分子系であり，この割合は1987年には83%まで上がった．合成高分子は種々の材料に対して接着性を示し，高速で使用できるし，新規な製品の開発に貢献してきた（**表2.2〜2.6**参照）．

急成長した接着剤のビッグ7

接着剤全体の1975〜87年の伸びは5%であるが，この中で少なくとも100%の成長をとげた接着剤が七つある．これらの高性能接着剤はアクリル系接着剤，シアノアクリレート系接着剤，嫌気性接着剤，ポリ酢酸ビニル系接着剤，エチレン-酢酸ビニルコポリマー系接着剤，スチレン系ブロックコポリマーおよびポリウレタン接着剤である（**表2.7**および**2.8**参照）．

アクリル

これらはさまざまな用途に種々の形（すなわち，エマルジョン，溶液，100%反応系，放射線硬化系，フィルムなど）で使われる多面的ポリマーである．最近の12年間にアクリル接着剤の消費は175%の成長をとげた．建築

表2.1 接着剤の成長

	MM (lb)	($) MM	平均年間成長率(%)	
			(lb)	($)
1975	7000	2200		
1987	10500	5500	3.5	8

表2.2 接着剤のタイプごとのマーケットシェア

	1975		1987	
	% (lb)	% ($)	% (lb)	% ($)
熱可塑性樹脂	37	35	44	40
熱硬化性樹脂	35	35	33	27
エラストマー	7	18	8	24
天然ゴムその他	21	12	15	9

表2.3 熱可塑性接着剤

主要なマーケット	接着剤	応用分野
建設	PVAC	石こうボード
布	C-SB	カーペットの裏打ち
包装	PVAC, EVA	箱もののシーリング，組立等

表2.4 熱硬化性接着剤

主要なマーケット	接着剤	応用分野
木材接着	UF, PF	パーティクルボード，合板
建設	PF, VF, エポキシ	ガラスファイバー，アスファルトルーフィング，コンクリート
鋳造	フェノリック	
自動車のアフターケア	不飽和ポリエステル	車体の修理

表2.5 エラストマー接着剤

建設	SBR	カーペット取りつけ，ビニルフローリング取りつけ，セラミックタイル
粘着剤	天然ゴム，SISブロック共重合体，ブチル	テープ，ラベル

2. 産業における接着剤の役割

表 2.6 天然系接着剤その他

	接着剤	応用分野
建 設	でんぷん, アスファルト	石こうボードのバインダー, ルーフィングタイル
包 装	でんぷん	ダンボール

表 2.7 成長率の高い接着剤

	% 増加量 1975-89 (lb)
アクリル	175
シアノアクリレート	500
嫌気性	250
ポリ酢酸ビニル	100
エチレン-酢酸ビニル	150
スチレン系ブロック共重合体	450
ポリウレタン	450

表 2.8 成長率の高い接着剤の全体に対する%

	1975		1987	
	% (lb)	% ($)	% (lb)	% ($)
表2.7中の7種	18	24	27	33

用と粘着剤用がこの増加分の内容である。前者ではアクリルラテックスがSBR接着剤が占めていた領分に食い込みつつある。粘着剤ではアクリル（ラテックス，溶液，放射線硬化）はポリマーの需要の1/3を占めている。この分野ではアクリルラテックスが最近の12年間に10倍も伸びた。アクリル溶液はテープやラベルの製造に使われ，通常フィルム基材の上に塗付される。

アクリルの第三の供給先は，織物，特に不織布やフロック加工用の接着剤である。その他のマーケットとしては，包装，自動車，電気/電子，研磨材，家具などがある。建築分野ではアクリル接着剤は15～20倍という飛躍的な伸びをみせた。1975年には主な供給先がコンクリートバインダーだったが，1987年までにはセラミックタイル，装飾用れんがや石の固定用，カーペット用，セルロース絶縁体のバインダー用，それにコンクリートバインダー用および接着剤用としてかなりな量が使われるようになった。これらの用途が建築用のアクリル接着剤の約90%を占める。

アクリルの織物用接着剤は不織布や繊維用のバインダーとしては今でも主流であるが，より低価格の酢酸ビニルコポリマーにかなりの基盤を奪われている。フロック加工は依然としてアクリルに対する確固たるマーケットである。

アクリル系粘着剤は過去に年間3.5倍伸びた。エマルジョンと溶液が主流であり，放射線硬化も少量ある。テープの場合は，アクリル系粘着剤は紙以外の基材，例えばポリプロピレン，アセテート，ポリエステルなどに主に応用されてきた。ラベルでは永久粘着紙ラベルやプラスチックラベルの製造に使われる。

包装ではアクリルがフィルムラミネートの分野へ浸透し始めた。水系のアクリルは最も成長の速いフィルム-フィルムのラミネート接着剤である。しかし，これらの水系の接着剤は乾燥がおそく，溶媒ベースや100%ソリッドの系よりも魅力が乏しい。

少量のアクリル系接着剤が自動車工業で使われている。そのうちの最も多い用途はヘッドライナーである。それはスチレンボードをアクリル接着剤で接着したものであるが，これはSBRアクリルで接着したファイバーグラスヘッドライナーに置き換わりつつある。その他のアクリルの用途は真空成形部品の接着である。

電気/電子マーケットでは，アクリルフィルム接着剤がフレキシブル印刷回路に応用されている。放射線硬化アクリルはラミネート接着剤（家具）や研磨材のバインダーとして利用されている（**表 2.9**）。

シアノアクリレート

この"奇跡の接着剤"は1959年にあらわれた。この接着剤が急速な成長段階に入るのに約10～15年はかかった。商品安全委員会（The Consumer Product Safety Commission）は，この物質が皮膚に驚くほど良く接着するので，これが消費者市場へ出回るのを一時見合わせていた。しかし，最終的には危険物法案（Hazardous Substances Act）で要求されている警告ラベルを貼っただけで十分であると決定された。

1975年以降消費量は6倍に成長し，家庭用接着剤としての用途は全体の20%から40%以上にまでふくらんだ。そのほかの主な需要はエレクトロニクス，玩具，趣味用品などである。シアノアクリレートは現在成熟期に入り，将来の成長はもっとおだやかなものになるだろう（**表 2.10**）。

嫌気性接着剤

初め嫌気性接着剤は主にねじ，ボルト，ナットのねじロック用に使われていた。1975年以降消費量は3.5倍に増加した。しかし，主な用途が成熟してしまったので，将来の成長の可能性はそれほど大きくない。自動車は嫌気性接着剤の最も大きい需要先である。その他の用途は機械の組立，電気製品の組立，メインテナンス，修理などである（**表 2.11**）。

ポリ酢酸ビニル

PVAC（この用語はホモポリマー，コポリマーの両方を包含している）は天然接着剤から合成接着剤への転換の最前線として使われてきた。ホモポリマーとコポリマーの全体の消費量は1975～87年の期間に2倍になったが，このうちコポリマー接着剤は劇的に250%も増えている。好まれるコモノマーはエチレンとアクリル酸であ

表 2.9 アクリル系接着剤

応　用	機能／用途
[建　設]	
セラミックタイル	取りつけ
装飾用れんが	取りつけ
コンクリート	ポリマーセメント，ボンドコート，コンクリート混合剤
セルロースインシュレーション	繊維に対するバインダーと基材に対する接着剤
カーペット	取りつけ
コアベース	取りつけ
アスファルトルーフィング	ユリア-ホルムアルデヒド樹脂への添加剤
スタッドとフレーミング	インテリア
壁のカバーリング	取りつけ
グラスファイバーとロックウールインシュレーション	積層
天井タイル	取りつけ
[布]	
不織布	おむつ，医療用品，衣料品の芯
ファイバーフィル	衣料品
フロッキング	衣料品
積　層	織物/ウレタンフォーム
タイコーツ	ポリウレタンでコートした織物
[粘着剤]	
テープ	包装，事務用品，ネームプレート，医療用品
ラベルとデカール	永久ラベル，リムーバブルラベル，フリーザーラベル，プラスチックラベル
[包　装]	
フィルムとフィルム	
フィルムと紙	
フォイルと紙	
[自動車]	
ヘッドライン	
真空成形部品	
ねじのコンパウンド	
[電気/電子]	
フレキシブルプリンテッドサーキット	
マグネットボンディング	
ダイアタッチメント	
[研磨剤]	
コート研磨剤	
[家　具]	
紙またはビニルフィルムの積層	キッチンキャビネット，住宅用家具

表 2.10 シアノアクリレート接着剤

応　用	機能／用途
家庭用	速硬化
エレクトロニクス	スピーカーマグネットボンディング，プリンテッドサーキットボード
自動車	エンジンのゴムマウント，ショック緩衝，ゴムの接着
玩具と趣味	人形やゴム玩具の接着部分
化粧品容器	口紅容器，コンパクトケースの鏡の接着
機械工具	トリムの取りつけ，内部部品の接着
人工的フィンガーネイル	取りつけ
保守，修理	金属-金属，ゴムの接着，部品のロッキング

る．PVACの三つの利用分野は包装，建設および織物であり，これはポリマーの80％，配合製品の95％にあたる．PVAC接着剤は建設関係に多くの用途を見出すことができる．最も大きいものは石こうボードに対する混和セメントである．これらはポリマー含量がわずか3％という高度に充填材を配合した組成物である．PVACを含むコンクリート接着剤は新しいコンクリートを古いコンクリートに接着するのに役立つ．酢酸ビニル-エチレンはビニルや紙をハードボード，石こうボードあるいは他の材料にラミネートするときに選ばれるものである．ビニルフローリングの取付けはPVACを使って行われる．

包装ではPVACの配合物が25年以上にわたって選ば

れてきたし，最近の12年間に140％増加した．PVACはでんぷんやデキストリンよりも相対的にコストが高いにもかかわらず，強さやセッティングスピード，接着性，配合のしやすさなどのために，多くの分野で好まれている（でんぷんはダンボールの分野で大きなマーケットをもっている）．PVACはケースのシーリング/組立，カートンのシーリング/組立，封筒など，何トンも使われる応用分野が約25もある．

PVACの織物関係の最大の用途は不織布と繊維のバインダーである．ここでの消費量の増加は，酢酸ビニル-エチレンや酢酸ビニル-アクリレートコポリマーの順調

表 2.11 嫌気性接着剤

応　用	機能／用途
自動車	
間隙シーリング材	エンジンブロックの破損防止
ねじフィッティング	
フランジシーリング材	塗付型ガスケット
リテイニングコンパウンド	
ねじロッキング	
バックミラー	取りつけ
保守，修理，オーバーホール	
構造接着	

表 2.12 ポリ酢酸ビニル接着剤

応　用	機能／用途
［建　設］	
石こうボードジョイントセメント	
コンクリート	
紙とフィルムのラミネーション	
ビニルフローリング	
木製ドア	
グラスファイバーインシュレーション	表面化粧材とファイバーの接着
セラミックタイル	取りつけ
モービルホーム	組立
［包　装］	
ケース	組立，シーリング
カートン	組立，シーリング
トレイフォーミング	組立
組立ボックス	組立
バッグ	重袋，特殊用，郵便用
封　筒	
ガム製品（再湿接着剤つき製品）	テープ，紙
ラミネーション	紙-板紙，フィルム-フィルム，フォイル-紙，フィルム-紙
チューブとコア	
コンポジット缶	
ラベル	プラスチックボトル，缶
紙とコップとチューブ	
タバコ製造	
［布］	
不織布	
ファイバーフィル	
カーペット	
タイコート	
フロック	
［家　具］	
一般用	フィルムオーバーレイ，高圧
ラミネーション	
合　板	
エッジグルーイング	
エッジボンディング(縁ばり)	
［家庭用］	
一般用	
［製　本］	
単行本	ケーシングイン
ソフトカバー	
雑　誌	プライマー
事務用書式（伝票類）	
［その他］	
使い捨て	
鉛　筆	
ペイントローラー	

な伸びの結果として8倍以上であった．

家具用接着剤としてPVACは一般の組立の用途，フィルムオーバーレイ，高圧積層，縁貼り，木材ベニア，エッジ接合などに使われている．需要はこの12年間に200％増えた．

家庭用品部門では"白い糊"は家庭用と商店用の両方において依然として主要商品である．

製本のPVAC消費は過去12年間でほぼ倍になったが，ほとんど単行本のケース入れステップ用や連続事務書式の製本用などである（表2.12）．

エチレン-酢酸ビニルコポリマー

EVAホットメルト接着剤の消費量は1975～87年の間に150％増えた．EVA接着剤の全量の半分以上が包装に使われる．そして，ホットメルト接着剤の全需要の2/3がEVAである．1/3の量は三つの分野，つまり織物，使い捨て製品および製本に分布している．

EVAホットメルトには15ほどの包装の応用分野がある．全体の85％ほどがケースやカートンのシーリングである．他にかなりの量のEVAを使うマーケットとしては，自動車カーペット，使い捨ておむつの製造，製本，縁貼り，フィルムオーバーレイ，一般の家具組立などがある（表2.13）．

スチレン系ブロックコポリマー

これらの熱可塑性エラストマーは粘着剤としての用途の多様化のために1975～1987年の間にドラマチックに9倍も伸びた．1970年代以前は粘着剤工業ではSBRまたは天然ゴム系の溶媒ベースの系が使われていた．約20年前にスチレン系ブロックコポリマー（主にスチレン-イソプレン-スチレン）をベースとするホットメルトやアクリル系エマルジョンが導入された．このような技術的展開の理由は溶媒依存度を減少させることであった．全粘着剤に占めるホットメルトの割合は1975年には10％以下であったのに，現在ではそれが約20％にのぼっている．

スチレン系ブロックコポリマーは主にテープ用の粘着剤として多く使用されている．これらは主にホットメルトとして塗付されるが，溶液として使われることもある．その他のスチレン系ブロックコポリマーの用途としては，最近10年間におむつの製造，プラスチックの飲み物ボトル（カップとラベル），自動車のカーペット取付け，製本などの分野があらわれた（表2.14）．

表2.13 エチレン-酢酸ビニル接着剤

応　　用	機能／用途
［包　装］	
ケース	シーリング，組立
カートン	シーリング，組立
トレイ	組立
ラベル	プラスチックボトル，缶，ガラスボトル
ファイバードラム	組立
コンポジット缶	組立
郵　袋	
タバコ製造	
［布］	
カーペット	自動車
［使い捨て］	
おむつ，その他	組立
［製　本］	
単行本	完全接着，ライニング
ソフトカバーブック	完全接着
雑　誌	
名　簿	
カタログ	
［家　具］	
エッジボンディング	
フィルムオーバーレイ	
一般組立	
［家庭用］	
趣　味	
［自動車］	
消音パッド	取りつけ
スポンジと金属	接着
［フィルター］	
エアフィルター	
［建　設］	
カーペット接合テープ	
［はきもの］	
ボックストウ，カウンター	
シャンク取りつけ	

表2.14 スチレンブロック共重合体

応　　用	機能／用途
［粘着剤］	
テープ	
ラベル	
［使い捨て］	
おむつ	製造
［包　装］	
カップのラベリング	プラスチック製飲みものボトル
［自動車］	
カーペット	取りつけ
［製　本］	
単行本	完全接着
雑　誌	

ポリウレタン

ポリウレタン接着剤の主なマーケットは織物，林産物および包装である．はじめの二つはこの10年くらいの間に発展した．ポリウレタン接着剤の消費は1975～1987年の間に450％伸びた．カーペット裏打ち用接着剤がこの顕著な伸びの中の最大の分野である．

ポリウレタン接着剤の約半分が織物関係，主にカーペットに消費される．ポリウレタンで裏打ちされたカーペットは家庭用と工業用の両方がある．

ポリウレタンはつき板用接着剤として使われている．包装関係ではポリウレタンは主にフィルム-フィルム構造のラミネート用接着剤として使われている．

建築関係におけるポリウレタン接着剤の主要な用途は

2. 産業における接着剤の役割　　21

表 2.15　ポリウレタン接着剤

応　用	機能／用途
［布］	
カーペット	
タイコート	
ラベルとエンブレム	
［林産物］	
合板のパッチング	
［包　装］	
フィルムとフィルム	
フィルムとフォイル	
フィルムと紙	
［建　設］	
モービルホーム	石こうボードシーリン
モジュラーホーム	グ，サーマルサンドウ
パネル	ィッチの取りつけ
接着合板フロア	
［自動車］	
FRPパネル接着	
真空成形パネル	
［家　具］	
ビニルオーバーレイラミネーシ	ボード材，金属
ョン	
［はきもの］	
靴底の接着	

モービルホーム（移動住宅），モジュラーホーム（規格化住宅），耐熱サンドイッチパネルなどである．自動車ではポリウレタンはRFP（繊維強化プラスチック）の接着や真空成形したABS/PVCドアパネルの接着などに使われる．

フィルムオーバーレイやラミネーション（家具）や靴の底付けは，ポリウレタン接着剤のその他の用途である（表2.15）．

接着剤を使う工業

接着剤は無数にある組立製品の中で重要な役割を果たしている．コストに占める割合は通常小さいので，エンドユーザーはそれ（接着剤）にはあまり注目しない．しかし，これがうまく働かないときにはダメージは厳しい．

接着剤は自動車，航空機，電気製品，電気/電子部品，家庭用品，木製品，家具，カーペット，本，靴，さらには子供のおむつの製造にまで役に立っている．歴史的には接着剤の大部分が三つの多孔質材料，すなわち木材，紙および織物に使われてきた．しかし将来の成長のチャンスはプラスチック，金属，ゴム，ガラスなどのような多孔質でない材料の接着分野にあるだろう．

建　設

接着剤は建設分野においては多くの構造用および装飾用の用途に使われている．例えばビニルフローリングの取付け，カーペット，セラミックタイル，壁用パネル，ドアの製造，床の接着などがそれである．建築工業は接着剤使用の縮小モデルと考えられ，約40種類の接着剤が約30の異なった用途で必要とされている．その中身の大半は熱可塑性樹脂および水系接着剤である（表2.16）．

林産物

木材の接着は接着剤の最も大きいマーケットの一つである．合板，パーティクルボード，ファイバーボード，その他の木質材料は主に熱硬化性で水系の接着剤，特にフェノール-ホルムアルデヒドとユリア-ホルムアルデヒドが使われている（表2.17）．

家　具

接着剤は家庭や会社で使用される木製ならびに金属製家具，すなわち事務用家具，カウンター天板，ステレオスピーカー，TVキャビネット，キッチンキャビネットなどの製造の分野に入り込んでいる．1ダース以上ものタイプの接着剤が採用されているが，PVACが最も多い（表2.18）．

自動車

約25のタイプの接着剤が車の組立に使われている．典型的な車では約20ポンドの接着剤が使われている．約2/3は構造的な用途に使われる．使用量の多いものとしては，フードやデッキリッド（PVCプラスチゾル），安全ガラス（ポリビニルブチラールフィルム），タイヤ（レゾルシノールホルムアルデヒドラテックス）の接着がある．この12年間に新しい接着剤の応用が開発された．FRPの構成成分間の接着のようなある種の用途が将来明るい（表2.19）．

航空機

この工業では大量の接着剤を使うわけではない．しかし，製品は非常に特殊なものであるし，厳しい基準に合格しなければならないので高価である．この接着剤は構造用と非構造用の両方に使われる．事実，航空機分野は構造用接着剤に対するただ一つの最もはっきりしたマーケットである．エポキシハイブリッドフィルムの最も共通的な用途は金属構造の接着である（表2.20）．

電気/電子

電気/電子分野の用途に対しては種々の高価な材料が少量必要とされる．これらの平均の価格は全接着剤の平均よりほとんど20倍高い．導電性接着剤のコストが最も高い．電気/電子接着剤は優れた電気的特性，接着性ならびに力学的特性を発揮しなければならない（表2.21）．

家庭用品

接着剤は冷凍庫や冷蔵庫関連分野に大きな用途がある．熱や音の絶縁材料が，接着剤を使って，洗濯機，ドライヤー，皿洗い機，レンジ，空調機などにつけられている．その他の主な用途はキャビネットシーリングである（表2.22）．

2. 産業における接着剤の役割

表 2.16 建設用接着剤

応　用	接着剤	機能／用途
石こうボード	PVAC	ジョイントセメント
	でんぷん	バインダー
コンクリート	エポキシ	接着剤
	PVAC	接着剤／添加剤
	アクリル	接着剤／添加剤
	SBR	添加剤
カーペット	SBR	取りつけ
	アクリル	〃
	ネオプレン	〃
	天然ゴム	〃
改質表面	PUR	〃
人工芝	SBR	〃
	PVAC	〃
	アクリル	〃
グラスファイバーとロックウールインシュレーション	フェノール	ガラスファイバー同士の接着
	アスファルト	ファイバーと面材との接着
	ネオプレン	
	PVAC	
	PVDC	
	PE	
	PP	
	EVA	
	PVDC	面材の積層
	ナトリウムシリケート	
	アクリル	
	PVAC	
屋　根	アスファルト	屋根に対する水分バリヤーと断熱ボードの取りつけ
	SBR／アスファルト	
	ネオプレン	単層膜の接着
	ブチル	
天井タイル	ロジン	取りつけ
	アクリル	
セラミックタイル	SBR	モルタルと漆喰い
	アクリル	
	エポキシ	
	フラン	
	シリコーン	
セラミックタイル	アクリル	セメントへの添加剤
	PVAC	
	PVA	
スタッドとフレーム	SBR	壁スタッドの上の石こうボード, 合板, パネルの取りつけ
	ネオプレン	
	アクリル	
ウォールカバリング	デキストリン	取りつけ
	でんぷん	
	アクリル	
	カルボキシメチルセルロース	

2. 産業における接着剤の役割

応 用	接 着 剤	機能 / 用途
ビニルフローリング	アスファルト PVAC エポキシ SBR	ビニルタイル取りつけ
	SBR PVAC リノリウムペースト エポキシ	ビニルシート取りつけ
パイプ接合セメント	PVC ABS CPVC	PVCパイプの接着 ABSパイプの接着 CPVCのパイプの接着
ドア	カゼイン PVAC UF	木材接着
	ネオプレン エポキシ	金属接着
安全ガラス	PVB	積層ガラス
合板フロアー	SBR PUR	合板フロアーの取りつけ
アスファルトのルーフィング	UF SB	モノマー製造に用いられるバインダー
	アクリル	アスファルト屋根板やロール屋材に対するガラスマット
紙やフィルムのラミネーション	PVAC	パネル製造のためのハードボード，合板，石こうボードへの紙やビニルフィルムのラミネーション
熱/サンドイッチパネル	エポキシ ネオプレン PUR フェノリック PVAC	室内室外の間仕切り，冷蔵庫用断熱パネル
モービルホーム	PVAC PUR ネオプレン	
モジュラーホーム	PUR SBR	石こうボードと木材根太，合板とフロアー根太,石こうボードとスタッド，屋外スタッドに対する断熱
セルロースインシュレーション	PVAC	繊維の接着と繊維と基材との接着
寄木細工の床	SBR	取りつけ
装飾れんが	アクリル SBR	〃 〃
天 井	アクリル SBR	〃 〃
スレートタイル	SBR	〃
アスファルトタイル	アスファルト SBR	〃

表 2.17 林産物に対する接着剤

応 用	接 着 剤	機能/用途
合 板	PF	製 造
	UF	〃
	PUR	補 修
パーティクルボード	UF	製 造
	PF	
	MDI	
配向ストランドボード	PF	〃
	MDI	
MDF	UF	〃
ウェハボード	PF	〃
ハードボード	PF	〃
	UF	
LVL	RPF	
	MUF	

包　装

豊かな社会の目印は家庭用品の包装の程度である．アメリカなど，いくつかの国では，ほとんどの商品が包装されている．包装が複雑になり，コートされた材料や高速設備を使うようになればなるほど，接着剤工業は，製造工程上の条件に合っていて，かつ種々の材料を接着できる製品の開発を要求されるようになってきている．

包装産業は接着剤の最も大きな用途の一つである．約35種の接着剤が 35 の異なった用途に採用されている．量的に多いのはダンボール，ケースおよびカートンのシーリング，袋，チューブおよび芯などである（**表 2.23**）．

製　本

接着剤がなければこの百科は製本できなかっただろう．製本用接着剤の約半分が単行本の接着に使われている．その他，ペーパーバックの本，雑誌，商工名鑑，カタログなど，いくつかのタイプの出版物に分布している．

"完全接着"がすべての出版物のタイプに浸透している方法である．このやりかたでは全紙の線とじは省略され，無線とじ製本技術が確立されて，10秒もかからなくなった（**表 2.24**）．

表 2.18 家具用接着剤

応 用	接 着 剤	機 能 / 用 途
高圧ラミネーション	ネオプレン	ラミネーション
	ポリアミド	
	PVAC	
	UF	
フィルムオーバーレイ	PVAC	ラミネーション
	PUR	
	エポキシ	
	EVA	
	ネオプレン	
	UF	
一般組立	PVAC	
	EVA	
	ニカワ	
キャビネット，カウンター	EVA	
	エポキシ	
エッジグルーイング	PVAC	コア材をつくるための木材小片の接着
	UF	
	EVA	
エッジボンディング	EVA	机，テーブルなどの狭いエッジのまわりに単板やビニルの小片を接着
	PVAC	
	UF	
木材単板	PVAC	木材単板を安価な基材に接着
	UF	

2. 産業における接着剤の役割

表 2.19 自動車用接着剤

応用	接着剤	機能／用途
車体		
エクステリア	PVC プラスチゾル SBR エポキシ PUR シリコーン	フードとデッキの蓋，ドアクラッシュバー FRP の接着剤，ヘムフランジの接着
インテリア	SBS ポリエステル EVA ポリアミド PUR SBR アクリル	カーペット，パッケージトレイ，真空成形パーツ，ヘッドライナー，布-フォームシーツ
フードの下	嫌気性 ハロゲン化エラストマー シリコーン エポキシ ポリエステル	ゴムの接着，塗付型ガスケット，ラジエーター部分
ウインドシールド	PUB フィルム	安全ガラス
タイヤ接着剤用	レゾルシノール-ホルムアルデヒド 天然ゴム	

表 2.20 航空機用接着剤

応用	接着剤	機能／用途
構造用フィルム	エポキシ-ニトリル ノボラックエポキシ エポキシ-ナイロン ニトリル-フェノリック	金属-金属接着，ハニカム構造，コンポジット接着
構造用液体	エポキシ	組立
非構造用液体	ネオプレン，ニトリル	インテリア組立
安全ガラス	PVB フィルム	ラミネートガラス

表 2.21 電気／電子用接着剤

応用	接着剤	機能／用途
バッテリー	エポキシ，PP	ゴムバッテリーケースの上下の接着
TV チューブ	エポキシ ポリエステル	内破防止
マイカ組立	シリコーン エポキシ シェラック ポリエステル	
マグネットボンディング	アクリル エポキシ シアノアクリレート	ミキサー，オーディオスピーカー
フレキシブルプリント配線盤	アクリル ポリエステル エポキシ	フォイルのラミネート
コンダクタンス	エポキシ	ダイアタッチメント

表 2.22 家庭機器用接着剤

応 用	接 着 剤	機 能 / 用 途
冷蔵庫, 冷凍庫	PP ポリブデン エポキシ EVA	冷蔵ライナーのためのシール, キャビネット, シールホール
洗濯機とドライヤー	SBR シアノアクリレート 嫌気性	断熱材料の取りつけ コントロールパネルのプラスチック部分の組立 スレッドロッキング
エアコンディショナー	SBR シリコーン	断熱材料の取りつけ アルミチューブの接着
皿洗い機	SBR シリコーン	断熱材料の取りつけ 配管取りつけ具の接着
電子レンジ	シリコーン	のぞき窓の組立
レンジ	SBR シリコーン	断熱材料の取りつけ のぞき窓の組立

表 2.23 包装用接着剤

応 用	接 着 剤	機 能 / 用 途
ダンボール	でんぷん	組立
ファイバーボード	PVOH	ラミネーション
缶組立	PVAC EVA	
缶シーリング	EVA PVAC デキストリン	
カートン	PVAC EVA PE	組立, シーリング
トレイ	EVA PE PVAC	
組立箱	ニカワ PVAC	
バッグ	PE PP PVAC でんぷん 天然ゴム EVA	重袋 重袋 重袋, 郵便用 重袋, 食品雑貨類 重袋 郵便用
ガムテープ/紙	でんぷん デキストリン ニカワ PP PVAC SBR	

2. 産業における接着剤の役割

応 用	接 着 剤	機 能 / 用 途
封 筒	デキストリン	フロントシール, バックガム, ウインドウパッチ
	PVAC	〃
	天然ゴム	フロントシール
	ニカワ	〃
板紙ラミネーション	PVOH	
	PVAC	
	デキストリン	
キャップライナー	PVAC	
	PUR	
強化ウェブ	PP	
	アスファルト	
	PVAC	
ラミネーション	PUR	フィルム-フィルム, フィルム-フォイル, フィルム-紙, フォイル-紙
	アクリル	フィルム-フィルム, フィルム-紙, フォイル-紙
	PVAC	フィルム-フィルム, フィルム-紙
	ブチル	フィルム-フィルム
	ニトリル	フィルム-フィルム
	ネオプレン	フォイル-紙
	シリケート	フォイル-紙
紙筒とコア	シリケート	
	PVOH	
	でんぷん	
	PVAC	
コンポジット缶	PVAC	
	PVA	
	デキストリン	
	シリケート	
	EVA	
	PE	
	ポリアミド	
ファイバードラム	シリケート	
	PVOH	
	EVA	
ラベリング	カゼイン	ガラス
	デキストリン	ガラス, プラスチック, ダンボール
	EVA	ガラス, プラスチック, 缶
	PVAC	プラスチック, 缶, ダンボール
	S-B-S	プラスチック
	ロジン	缶
	でんぷん	缶
紙コップとタブ	PVAC	
	でんぷん	
タバコ	PVAC	
	でんぷん	
	EVA	
金属缶シーリング	SBR	
	ネオプレン	

表 2.24 製本用接着剤

応用	接着剤	機能／用途
単行本		
ケースメーキング	ニカワ	カバー製作
ケーシングイン	PVAC	外側ページのエンドシートをカバーに接着しつつ，本をケースの中にマウントする．
完全接着	EVA スチレン系ブロック共重合体	
グルーイングオフ ライニング	PVAC EVA ニカワ	背丁の上の接着剤 クラッシュ（スクリム布）を背丁に接着する．クラフト紙をクラッシュに接着する．
ソフトカバーブック	EVA	完全接着
雑誌	EVA S-B-S	完全接着
名簿	ニカワ EVA	完全接着
カタログ	EVA ニカワ	完全接着
事務書式（伝票類）	PVAC デキストリン EVA	

粘着製品

粘着剤はテープ，ラベル，デカールを製造するために紙，ポリエステルフィルム，PVC，アセテート，ポリプロピレン，ポリエチレン，フォーム，布などの基材の上に塗付される．

この粘着剤はエラストマーである．1975 年には粘着剤のほとんど 2/3 は溶媒系だった．12 年後にはそのシェアは約 1/3 に低下した．溶媒系のほか，粘着剤は 100% 固形，エマルジョンおよび放射線硬化がある（表 2.25）．

織物

接着剤は多くの織物分野に採用されている．芝生のようなカーペットでは接着が製造工程のほとんどを占めている．接着は不織布や芝生繊維に付加的な強度と耐久性を与える．フロック加工用の接着剤は織物にスエードに似た感触を与える（表 2.26）．

使い捨て製品の製造

いくつかのタイプの接着剤（主にホットメルト接着剤）がおむつ，衛生品，医療品，外科用製品の製造に採用されている．いままでこれらの用途ではもっぱらポリオレフィン系ホットメルトが支えていた．しかし，スチレン系ホットメルトがこのマーケットに急速に浸透している．これらはエラストマー的であり，伸びが良いのが利点である．主な接着操作は吸水性ウェブをポリスチレン製の耐水シールドに接着することである（表 2.27）．

家庭用接着剤

何十種類もの接着剤が家庭，オフィス，商店などで使われている．応用は多岐にわたっている．"白い糊"は紙，木材などの接着に依然としてなくてはならないものである．エポキシやシアノアクリレートは接着困難なものを接着する"奇跡の接着剤"である（表 2.28）．

表 2.25 粘着剤

応用	接着剤	機能／用途
テープ	天然ゴム ブチル スチレン系ブロック共重合体 アクリル シリコーン	小売り，広告，包装，電気用ダクト，パイプラップ，医療用，その他
ラベルとデカール	スチレン系ブロック共重合体 SBR アクリル SBR PIB	紙 パーマネント，リムーバブル，フリーザー，プラスチックラベル，デカール

表 2.26 布用接着剤

応 用	接着剤	機能 / 用途
カーペット	C-SB VDC/SB PUR PVC EVA PE PVAC	住居, コントラクト, 自動車
不織布	アクリル PVAC C-SB PVC	おむつ, 衛生用品, 医療用品, ふきん, タオル, 衣料品, その他
ファイバーフィルと再生羊毛パッド	PVAC アクリル PVC C-SB	家具, 家庭調度品, フィルター, 自動車用品, カーペット, その他
フロック	アクリル	家庭調度品, 衣料品, その他
タイコート	PUR アクリル PVC	はきもの, ハンドバッグ, 衣料品, 室内装飾材料, 自動車用品, その他
ラミネート	PVC アクリル	衣料品 自動車用防水シート, その他
可融性芯	PA PE ポリエステル PVC	衣料品
ラベルとエンブレム	ポリエステル PA PUR PVC	

表 2.27 使い捨て材料製造用接着剤

応 用	接着剤	機能 / 用途
構成要素	EVA スチレン系ブロック共重合体 PE PP PVAC	おむつ, 衛生用品, 医療用品, 外科用品

表 2.28 家庭用接着剤

応 用	接着剤
ホワイトグルー	PVAC
コンタクトセメント	ネオプレン
ゴムセメント	天然ゴム
家庭用接着剤	ニトロセルロース シアノアクリレート エポキシ
スティック糊	ワックス
ホットメルト	EVA
ライブラリー用ペースト	でんぷん デキストリン
ゴム糊	でんぷん ニカワ シリコーン 嫌気性

靴

アメリカ国内で売られている靴の約80%が現在では輸入されている. しかし, 国内の靴生産では"接着剤"に何らかの機能を要求している. これらの接着剤は種々の靴の部品 (component) を製造し, 靴底を永久 (接着靴) にまたは一時的 (縫製の準備) につけるのに必要である. 高性能のポリエステルおよびポリアミドのホットメルト接着剤が多くの操作においてよく取り入れられている (**表 2.29**).

表 2.29 靴用接着剤

接着剤	機能／用途
PUR	靴底取りつけ
ネオプレン	〃
天然ゴム	靴底の取りつけ，ボックストウのひだ部分との組合せ
ポリアミド	ラスティングトウ，フォールディング，ヒールの取りつけ
ポリエステル	ラスティング
EVA	ボックストウ，シャンクの取りつけ

摩耗材

研磨材は炭化ケイ素，酸化アルミニウムのような硬くて不活性な粒子で，切削，木型，研磨，洗浄などのために使われる．接着剤は接着摩耗材またはコート磨耗材の製造ではバインダーとして使われている．グラインダーのような接着摩耗材は摩耗性粒子とバインダーの混合物を成形したものである．コート摩耗材は，例えばサンドペーパーやエメリー紙のようなもので，粒子がフレキシブルな基材の上に接着される．主に使われるバインダーはフェノール樹脂である（表 2.30）．

表 2.30 摩耗材料のバインダー

用途	接着剤	機能／用途
コート摩耗材	フェノリック	サンドペーパー
	ニカワ	
	UF	
接着摩耗材	フェノリック	グラインダー
	エポキシ	
	アルキド	
	天然ゴム	
	SBR	
	シェラック	
	ポリイミド	

摩擦材料

摩擦材料は主にアスベストや他の繊維と有機のバインダーとからつくられる．これらの材料は自動車のブレーキやクラッチ，建築備品，エレベーターのブレーキ，自動洗浄機などで使用される．フェノール樹脂や変性フェノール樹脂が主なバインダーであるが，それに次いでオレオレジンとゴム（ニトリルゴム，天然ゴム）が使われる．これらは耐熱性が一般に低く，主に自動車の補修のための製品に使われている．アスベストは発癌性があるので，種々の非アスベスト系の代替材料が導入されている．例えばガラスファイバー，アラミドファイバー（Kevlar），カーボンファイバーなどがそれである．よく見る組合せはガラスファイバー／フェノリックである（表 2.31）．

表 2.31 摩擦材料のバインダー

接着剤	機能／用途
フェノリック	ブレーキ，クラッチ
ゴム	
オレオレジン	

鋳造用の砂のバインダー

もう一つのバインダーの用途は鋳造の成形における砂の結合である．鉄鋼の鋳造は少なくなっているが，非鉄金属，主にアルミニウムベースの金属の鋳造は伸びている．自動車工業が鋳造品の主なユーザーである．フェノリック樹脂が最もよくみられるバインダーである（表 2.32）．

表 2.32 鋳造用砂のバインダー

接着剤
フェノリック
アルキド-イソシアネート
フランシリカ
オイルベース

略記号

ABS	アクリロニトリル-ブタジエン-スチレン
CPVC	塩素化ポリ塩化ビニル
C-SB	カルボキシル化スチレン-ブタジエン
EVA	エチレン-酢酸ビニル
MDI	メチレンジフェニレンジイソシアネート
MUF	メラミン-ユリア-ホルムアルデヒド
PE	ポリエチレン
PF	フェノール-ホルムアルデヒド
PP	ポリプロピレン
PUR	ポリウレタン
PVAC	ポリ酢酸ビニル
PVB	ポリビニルブチラール
PVC	ポリ塩化ビニル
PVDC	ポリ塩化ビニリデン
PVOH	ポリビニルアルコール
RPF	レゾルシノール-フェノール-ホルムアルデヒド
SBR	スチレン-ブタジエン ゴム
SBS	スチレン-ブタジエン ブロックコポリマー
SIS	スチレン-イソプレン ブロックコポリマー
UF	ユリア-ホルムアルデヒド

[**Arnold Brief**／水町　浩訳]

3. 接着の基礎

　接着とは，異なる二つの物体が接触するときにそれらの間におこる相互作用のことである．ゆえに，接着には表面，界面の化学，物理学と接着系の変形あるいは破壊力学の二つの科学が関与する．そこで，ここではさまざまな方面から接着について言及する．まず，接着接合のタイプについての一般的な記述から始め，続いて固体表面とそのキャラクタリゼーション，界面特性，表面処理について述べ，最後に接着の力学について論ずる．

接着接合

接着のタイプ

　非相溶平滑基材　まず，最も単純なケース，つまり分子レベルで平滑な固体表面に液状の接着剤が存在し，それらが非相溶である場合について考えてみよう．接着と基材が接触していく過程を「ぬれ (wetting)」と呼ぶ．界面とは液体と固体の間に存在する引き合う力に対して，すなわち「本質的な接着」が作用する方向に対して垂直な面である．これらの引き合う力は強力な共有結合，イオン結合から弱い物理吸着，例えば水素結合，ダイポール-ダイポール，ファンデルワールス力に分けられる．

　界面の力を評価する一つの方法として接着剤と基材の間に働く特殊なドナー-アクセプター（酸-塩基）の相互作用にもとづくものがある[1]．これによると，それぞれの材料の官能基の酸と塩基の強さを評価し，それから予期される結合強さを計算する．このアプローチに関する詳細については後のセクションで行う．

　いくつかの報告では本質的な接着は材料間の電子帯構造の差によっておこる静電気力によると提案されている[2～4]．これらの力は互いに引き合う電気的な正負のチャージをひきおこす界面での電子の授受に起因する．しかし，他の物理的な力に対して静電気張力の大きさには疑問がある．静電気は接着にはほとんど寄与しないという報告[5]もあるが，これらの力は最も有力であるという支持もある[6,7]．

　非相溶凸凹表面　前述の通り基材と接着剤がまったく非相溶であると仮定すると，接着剤-基材の相互作用は表面に限られてしまう．基材表面には図3.1に模式的に示すように複雑な凹凸がある．孔，くぼみ，凹凸のために接着剤との相互作用をもちうる表面積が平滑な基材に比べ大きい．そこで，接着剤の運動性が高く，十分なぬれが行われれば，本質的な接着が関与する範囲も表面の粗さにしたがって増加することになる．一方，ぬれが悪く，高粘度の接着剤の場合はたとえ基材の表面が粗くても相互作用はほとんどない．特に接着剤の塗付から固化までの時間が短い場合にはその傾向が強い．

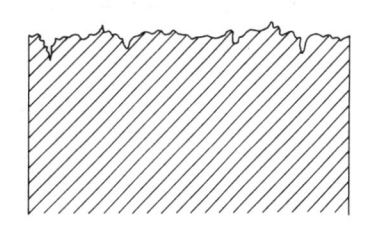

図 3.1　固体表面のミクロな凹凸

　図3.1に示す固体表面の凹凸のもう一つの重要な役割は接着剤と基材の間の機械的な結合（投錨）である．これは界面の形に依存する．たとえ本質的な相互作用が低くてもこのために高い接着強さが得られることがある．木材や織物，紙は細かい隙間や孔を有するので機械的な投錨効果はこれらの接着に重要な役割を果たす．このために，多くの金属やプラスチックを接着する場合には，接着剤が浸透し，投錨が行われるように接着前にエッチング処理を行う．機械的な投錨効果が高いときには界面周辺の領域では二つのバルクな材料がカップリングしたものと見られうる複合層を形成している．

　部分相溶または完全相溶基材　接着剤と被着材が部分相溶あるいは完全相溶する場合はそれぞれの材料から分子が拡散し，インターフェイズ (interphase) を形成する．この層の厚さは材料の熱力学的相溶性と分子の拡散速度に依存する．分子の内部拡散効果は機械的な投錨効果とはまったく異なる．前者は分子レベルの浸透を含むのに対して後者は分子レベルに比べると非常に大きい基材表面の凹凸等に接着剤が流れ込むことになる．

　二つのポリマーを接着するときには内部拡散が重要である．すなわち，もしタイプの異なる分子の間に強い親

和力があればインターフェイズは比較的厚くなり，本質的接着が関与する範囲が大きくなる．

いくつかの場合には接触した二つの材料は互いに内部拡散するだけでなく，それらの間で化学反応も行われる．ここでは，インターフェイズは物理的なブレンド物ではなくて新しい化学物質になる．

化学反応によるインターフェイズ構造を有する非相溶基材 これはかなりまれなケースであるが，テクノロジー的には重要である．接触している材料は互いに非相溶であるが，界面まで拡散して化学反応する構成物を有しており，そこで二つの物質が一緒になり新しいインターフェイズを形成するケースである．

硫黄と微量の薬品を含むゴムが真ちゅう（銅70%，スズ30%の合金）に圧着されると，真ちゅう表面まで拡散した銅イオンが硫黄と反応し，硫化第一銅のインターフェイズが形成される[9]．接合強さはこの層の特性によって制御される．この接着は真ちゅうめっき鉄コードで強化したタイヤに非常に重要な問題であり，広く研究がなされている[10~12]．

固　化

接着剤は固体基材をぬらした後，硬い状態に変化する（セッティングする）必要がある．これによってこの接合部にかかる荷重に耐えうる．セッティングは物理的あるいは化学的手法によっておこる．接合における内部応力を小さくするためには，接着剤の固化にともなう体積変化を小さくすべきであるし，接着剤と被着材の熱膨張率をそろえるべきである．固化した接着剤が高い弾性率を有する場合には特に重要な問題である．さらに，平滑な界面の接合は，複雑で，表面積の大きい被着材の接合に比べ接着剤の収縮の影響を受けやすい[13]．溶剤タイプの接着剤は冷却固化（ホットメルト）タイプや化学反応固化（通常熱硬化性樹脂）タイプに比べ，セッティングにともなう収縮が最も大きい．エポキシ樹脂のセッティングにおける収縮率は約3%と低く，これがこの樹脂の利点の一つである．他の多くの縮合型高分子に比べ，エポキシ樹脂の固化反応のもう一つの利点は接着を阻害する水などの低分子物がセッティングの間に生成されないことである．このことについてはポリウレタン樹脂も同様に有利である．

いくつかの無機物は凍結する際の膨張により例外的に良くくっつく．例えば，氷はその表面が水でよくぬれていなくてもほとんどのものに良くくっつくであろう．水が固体の凹の中で凍るとき，その膨張による凹凸側面に氷が固着し，強い接合が形成される．セッティングの際に膨張するような開環重合型有機接着剤の開発もいくつか試みられている[15,16]．

接着接合強さ

接着接合では二つ，またはそれ以上の被着材が接着によって一つに保たれている．一般に，接着の評価には実際にそれを破壊して得られる破壊応力や破壊エネルギーの平均値が用いられる[17~20]．たとえその破壊が完全に界面でおこる場合であってもそれらの平均値が用いられるが，それらは本質的な接着の評価を行っていることにはならない．その一つの理由として接着強さへの投錨効果の寄与が見積れないことがあげられる．投錨効果の寄与がない場合であっても次のようなもう一つの理由が考えられる．すなわち，接着系が破壊される場合，加えられる力は接着剤と被着材の変形にも費やされる．すべての材料は完全な弾性体ではなく，ある程度塑性変形するのでそれにもエネルギーは費やされる．一般に，破壊の間に加えられたエネルギーは結合を引き裂いて新しい表面を造るために消費されるだけでなく，接着系バルク内からも発散される．このために，接着試験で得られる破壊エネルギーは，界面で分裂する結合のタイプや数にのみ依存する本質的な接着エネルギーを上回る．よって，接着試験によって得られる機械的な強度から本質的な接着を判断することは過ちをおかすことになるかもしれない．例えば，接着剤が充填剤や粘着付与剤の添加によって変性され，この接着強さが変性されていないものより高い場合にはよく本質的な接着強さが高くなったと結論されがちである．しかし，接着剤自体の性質も充填剤の添加によって変質されており，単に接着層のエネルギー散逸性能が改善されたに過ぎない．接着性能を考えるにあたって，接着強さの決定には二つの要素，すなわち接着系の構成材料の特性と界面エネルギーが関与していることを認めなければならない．

応力解析とエネルギー散逸の働きについては表面特性の考察の後に記述する．

表面とその特性

固　体

雲母を注意深くはがしたようなごくわずかな例外を除き，すべての固体表面は数Åオーダーの粗さを有している．それらは製造される過程でその性質と方法に依存した凹凸，孔，くぼみや突起などができる．例えば，機械で製造される金属表面の平均粗さは3~6 μm であり，研磨した場合でも 0.02~0.25 μm である[14]．小さなスケールで見ると，金属表面の酸化物は複雑で大きい表面積をもつ構造をとっている．さらに細かくみると，それは成長段階にあったり，粒界のへこみなどがあり不均一である．

表面酸化物と不純物　大気中にさらされたすべての金属には酸化物の層がある[21]．鉄には種々の形態の酸化物（Fe_2O_3, Fe_3O_4, FeO）がある．銅については最上層は CuO でその下の層が Cu_2O である．ステンレスや真ちゅうなどの合金はそれぞれの構成金属の酸化物の層が混在する．酸化皮膜の厚さは金属の種類とさらされる環境によって異なる．例えばアルミニウムやチタンのようにいくつかの金属では表面に薄くて強い酸化皮膜を形成し，

3. 接着の基礎

それが表面を不動態化し，それ以上の酸化を防止する．鉄などのような金属は特に高湿の環境化では酸化が進み続ける．酸化物の形成はまず初めに金属表面に酸素の化学吸着がおこり，続いて酸化反応がおこると考えられる．化学吸着と化学反応の区別は相互作用する分子種がそれぞれの化学的な特性を保持するか否かであり，化学吸着の場合には脱離エネルギーを供給することによって完全に回復するのに対して，化学反応の場合には一般的に不可能である．

実際には金属酸化物は空気中から吸着される有機分子と水分子に覆われている[22]．また，金属表面にはその製造工程で用いられるオイルや機械油が不純物として残存する．このような吸着は相互作用の強さにより物理吸着と化学吸着に分けられる．いくらか独断的であるが，10 kcal/molまでの相互作用は物理吸着であり，10 kcal/mol以上の場合は化学吸着であると見なされている[23]．

表面の不純物のもう一つの源はバルクそのものから出てくる[21]．例えば，百万分の10部しか炭素を含んでいない鉄でも加熱，延伸工程によって表面に炭素リッチ構造を形成する．炭素に加えて，硫黄，窒素，ホウ素，酸素を含む他の分子が金属内部からその表面に拡散することも示されている．最近の報告[24]によると金属表面の特性を調べる方法がいくつか論じられている．

いくつかの合成高分子に関しては，構成物の選択的拡散によってそのバルクなものとは異なる組成の表面領域を形成することも知られている．このような現象を表面層が固体の場合には「ブルーミング(blooming)」と呼び，表面層が液体の場合には「ブリーディング(bleeding)」と呼ぶ．硫酸や脂肪酸のブルーミングはゴムの積層接着を妨げることがある[25]．高分子の表面解析に関してはGillbergの総説[26]がある．

表面形状の特性評価

（i）Profilometry：表面形状の研究に用いられる一般的な方法の一つにエレクトロメカニカルプロフィロメーターがある．これは，ダイヤモンド針が一定速度で表面に沿って移動し，その輪郭をなぞり，固体表面の凹凸を電気的に拡大してプロットするものである．種々の方向の凹凸を測定し，固体表面の地形図をつくることが可能である[28]．これは有益な手段であるが，この精度はダイヤモンド針の太さによるので自ずと限界がある．ゆえに，シャープな凹凸を有する固体表面の本当の形状をとらえることは非常に難しく，$0.1\mu m$以下の表面粗さに関する情報は表面プロフィル解析からは得られない．

（ii）顕微鏡：詳しい表面形状を観察するには光学顕微鏡や走査型電子顕微鏡（SEM）を用いる方法が最良であろう．光学顕微鏡は焦点深度が浅く，解像度の限界が2000Åであるが，SEMの場合にはこれらのことは問題ではない．焦点深度は光学顕微鏡の300倍以上で，解像度は数Åである[29]．

構造および化学分析

（i）低速電子線回折（Low Energy Electron Diffraction；LEED）：この方法[30]では低エネルギー電子ビーム（<2000eV）を直接結晶表面に入射し，回折図形を得る．電子は表面の数原子層に入り込み，そのうちのいくつかは蛍光スクリーンに回折図形をつくる．これから最表層の原子配列構造の特徴的なパターンが得られる．LEEDの一次電子ビームは一つか二つの格子内の狭い領域に入射するので，大きな格子からなる単結晶や多結晶サンプルの表面構造を調べるのに最も有効な手段である．この方法は鉄表面の不純物を明らかにするだけではなく，鉄表面の不純物を取り除くアルゴンビーム照射の衝撃による表面ひずみを見るときにも用いられる[31]．

（ii）ATR法（Attenuated Total Reflectance Spectroscopy；減衰全反射法）：内反射法とも呼ばれるATR法は高分子の表面構造解析の一つの手段である[32]．試料表面を適切な結晶に密着させ，その結晶に赤外線を入射して密着させた試料面で全反射を繰り返させる．物質の反射率の波長依存性を利用し，ビームの減衰から物質を同定する．この方法は$0.3〜3.0\mu m$の深さを調べるので分子スケールの表面構造解析には適さないが，高分子表面の構成要素の移行や拡散の研究には有効である[33,34]．例えば，天然ゴム/ロジン系粘着剤には内部よりロジン粘着付与剤の多い表面領域の存在がATR解析により示されている[35]．

（iii）電子線マイクロプローブ（Electron Microprobe）：SEMに電子線マイクロプローブがよく取り付けられる[36]．この装置では細く絞られた電子線をサンプル表面の微小領域に照射し，数μmの深さのところで電離をおこす．脱励起中に発せられるX線のエネルギーと波長は固体中の元素に特有であるので，このX線の強さを測定し，純粋な標準元素のそれとを比較することにより，サンプル中のその元素を定量できる．電子線マイクロプローブは全体の表面分析を行うものではなく，ごく一部分の表面分析を行うものである．

SEMと電子線マイクロプローブを組み合わせることにより次のような利点がある．まず，SEMによってサンプル表面のトポグラフィー（地形図）を調べ，次に興味ある表面，例えば破壊表面の一点に焦点を絞り，電子線マイクロプローブによりその場所の構成物を同定することができる．

（iv）オージェ電子分光法（Auger Electron Spectroscopy；AES）：固体表面に電子を衝突させると電離がおこり，脱励起によって発生するエネルギーは一部電磁波放射線（X線）として放出される．これは前述した手法にも共通する基礎である．ここでは，脱励起によって緩和されるエネルギーの一部は二次電子（オージェ電子）の放出に消費されるが，AESではそのオージェ電子を検出する[37]．その放出は2段階である．まず，励起した電子が内殻軌道の空孔に入り，次にオージェ電子が脱出する．オージェ電子のエネルギーは電子が脱出してくる

元素の化学結合状態に依存する．X線とは異なり，オージェ電子の最高脱出深さは多くの材料について約 0.3～0.6 nm しかなく，金属の脱出深さが最も短く，絶縁体のそれが最大である．オージェ電子分光法はこのように脱出深さが短いので，まさに表面分析法である．側面分析は $1\mu m$ のオーダーである．

AESでは表面加熱を最小に留めるために 1～5 keV の低エネルギー電子ビームガンが用いられるが，表面材料を少量はぎ取ることや，吸着した有機物を分解することが可能である．シグナルを強くするために低角度入射が用いられる．そうすることにより表面原子との相互作用が強くなる．放出されるオージェ電子のエネルギーと数をエネルギーアナライザーとカウンターを用いて検出することにより，元素の同定と定量を行うことが可能である．

（v）X線光電子分光法（Electron Sectroscopy for Chemical Analysis (ESCA) またはX‐ray Photo-electron Spectroscopy (XPS)）：XPS では，軟X線を表面に照射することにより電離をおこし，内殻軌道の電子（photoelectron；光電子）を直接放出させ[38,39]，その光電子の数とエネルギーを検出する．次のような単純な関係式が成り立つ．

光電子の結合エネルギー＝照射X線エネルギー
　　　　　　　　　　　－放出光電子の運動エネルギー
　　　　　　　　　　　＋分光器の仕事関数　　　　（1）

右辺の最後の項は分光器の較正によって決定され，その値は一般的に 5 eV である．光電子の結合エネルギーはそれが放出される元素の種類とその元素が化学的に結合している状態に特有である．負電価に縛られた原子は高結合エネルギーの光電子を放射する．水素とヘリウムはX線の吸収が非常に低いので，検出することが難しい．ほとんどの元素の XPS による最大感度はおおよそ 0.01 原子層であり，典型的なサンプリング深さは 15～50 Å の範囲である．XPS は AES より感度が低いが，単純な線形状であらわされ，結合エネルギーを直接測ることができる．

ポリマーの接着では表面処理することが多いが，そのキャラクタリゼーションに XPS がよく用いられる[40]．また，表面の不純物[22]の研究や接着接合の破壊箇所の鑑定に用いられる[41～48]．アルミニウムとエポキシ樹脂の接着接合の研究で，Dillingham と Boerio は XPS 解析により，高湿度状態で養生した場合には金属酸化物の部分で破壊がおこることを証明した[42]．彼らはまた，酸性水酸基により固化する場合には，酸化物の触媒作用によりバルクのエポキシ樹脂に比べ酸化物近傍のエポキシ樹脂の方が架橋密度が高くなることを提唱している．また，この手法により，ポリフッ化ビニリデン-ナイロンの破壊は界面の弱い層（weak boundary layer）で進行することが示されている[48]．

XPS と AES 装置はよくアルゴンイオンガンを取り付けて使用される．これはイオンの衝突により材料をはぎ取ること（スパッタリング）と表面分析とを交互に行うことにより，深さ方向の構成物の同定を可能にする．

（vi）イオン散乱分光法（Ion-Scattering Spectroscopy; ISS）：ISS は照射ビームとして低エネルギー（0.1～3 keV）の不活性ガスイオンを用いている[49]．これらのイオンの一部分は表面原子に衝突し，いくらかのエネルギーロスをともなってバック散乱をおこす．第1層を越えて浸透する照射イオンは中和されるので，バック散乱は表面の原子からのみにおこる．照射イオンのエネルギーを E_0，質量を M_i とすると，M_s の表面原子から散乱されるイオンの反発エネルギー E は

$$E=\frac{E_0}{(1+X^2)}[\cos\theta+(X^2-\sin^2\theta)^{1/2}]^2 \quad (2)$$

ここで，θ は散乱角度，$X=M_s/M_i$ である．ISS スペクトルはサンプルから跳ね返るイオンのエネルギー分布で，E の特性値でピークを示す．（2）式から表面原子の質量を計算できる．

ISS の特徴は，測定中は常に表面のスッパタリング（はぎ取り）が行われるので，表面下の構成物の割合が連続的に変化していれば，それに応じて変化するスペクトルが得られることである．もう一つの特徴としては，濃度が 10^{-3} から 10^{-4} と低くても元素分析が可能である．

（vii）二次イオン質量分析（Secondary Ion Mass Spectroscopy; SIMS）：SIMS の照射ビームは ISS のそれと同じであるが，バック散乱一次ビームイオンではなく，ターゲットから出る二次イオンを分析する[50,51]．これらの二次イオンを質量分析することにより，表面構成物を同定することができる．これは ISS 同様非常に高感度であり，ある元素について百万分の数個を検出できる．加えて，水素も検出でき，また，ある場合には化学構造も XPS や AES よりもさらにダイレクトに決定することができる．SIMS の検出深さは 2 から 4 原子層である．得られるスペクトルは E/E_0 に対する二次イオンの強度である．SIMS を一般的に利用する上で一つの問題点は元素の種類により，あるいは同一の元素でもそのマトリックスが異なれば，二次イオンが数オーダーの大きさで変化することである．このために，適切な標準物質がなければ定量分析が難しくなる．一般的には，SIMS はほとんど無機物の表面分析に利用されているが，Braiggs はポリマーへの適用を検討している．

液　体

空気と接触している液体について考えてみよう．液体表面の分子は，液体内部の隣接する分子同士が有する相互作用と同じ作用を有するわけではない．空気との界面での相互作用は液体内部とは異なり，かなり弱い[53]．ゆえに表面の分子は内側から引張られ，バルク分子より大きいエネルギーを有することになる．まったく外力が作用しない液滴は自然に球形になり，表面積と自由エネルギーを最小にしている．内側から表面へ分子の移動を必要とするような変形に対しては抵抗し，まるで弾性体の表

皮に包まれているように挙動する．一定温度，一定圧力下では液体表面の増加にともなう単位面積当りのギブス自由エネルギーの増加量は，その定義により表面張力 γ である．γ は表面を小さくしようとする表面上の単位長さ当りの応力であらわされ，液体が広がることに抵抗している．

界　　面

固体表面に液体が存在する場合の相互作用について考えてみよう．二つの物質が直接相互作用をもつためにはそれぞれの分子が数Å内の距離に近づかなければならない．換言すれば，液体が固体表面に吸着されなければならない．これは発熱作用であり，これは簡単な熱力学で示される．吸着の自由エネルギー ΔG_{AD} はよく知られた次式で得られる．

$$\Delta G_{AD} = \Delta H_{AD} - T\Delta S_{AD} \qquad (3)$$

ここで，ΔH_{AD} と ΔS_{AD} は吸着のエンタルピーとエントロピー変化である．もし，ここで吸着が自発的におこれば，ΔG_{AD} は負である．さらに液体の吸着は液体の自由度によるので，ΔS_{AD} は常に負である．その結果 ΔH_{AD} は負となる．

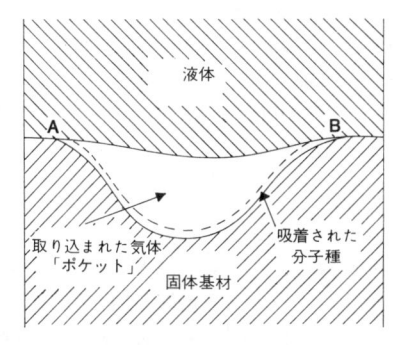

図 3.2 粘性液体の接触直後の固体表面の一部分．液体が固体表面をぬらしているが，気体がくぼみに取り込まれた．このミクロな泡の両端（図中 A と B）の液体と固体の分子間の引き合う力が接触面積を増加させる傾向がある．

図 3.2 は液体（接着剤）が固体基材に接触している界面の一部分の拡大図である．接着を妨げる因子と促進する因子がある．阻害する因子としては ① 表面のしわ，② 接着前に吸着される分子種，③ 液体と固体との間のミクロポケットに取り込まれた空気，④ 液体の表面張力および液体分子間の凝集力による粘度上昇がある．促進因子としては ① 圧縮圧力，② 液体と固体の固有の分子間引力がある．原則的には液体が基材との間に強い分子間力を有し，同時に液体分子の間に強い相互作用がないことが重要である．例えば，液体分子が基材と水素結合をすることが可能で，液体分子同士の間にそれがない場合には液体は基材をよくぬらすことが予想される．エステル結合はそれ自体では水素結合を形成することはできないが，原則的にはガラス表面のシラノール基との水素結合

は可能である．

表面不純物によるぬれ障害についても考えなければならない．吸着物あるいは取り込まれた気体が接着剤に容易に溶解すれば，ぬれは促進される．図 3.2 に図示するように空気を取り込んだミクロな泡について考えてみよう．泡の周囲の接着剤と基材との間の引き合う力は真の界面接触面積を増加させる傾向にある．そのときミクロな泡のサイズが小さくなるので，気体が接着剤にかなりの速度で吸収されなければその泡内の圧力は上昇する．泡内の圧力上昇がおこればぬれの進行が妨げられる．この過程がぬれの動力学に重要な影響を与えるか否かは取り込まれた不純物が接着剤に吸収される速度に依存する．

ガラスや金属のような多くの有極性基材が大気中にさらされるとその表面に数分子層の水が吸着されることが良く知られている．接着剤がその表面の水を吸収するか否かはぬれ進行速度に非常に重要な因子である．これは典型的な接着剤によくみられる有極性基の重要な働きの一つである．表面の水分子を取り除いたり，吸収する能力をまったく有しない接着剤の分子が基材と迅速に接触することは非常に困難なことである．

接着の動力学

接触角　前述の接着形成（ぬれ）はまったく定性的な話であった．ぬれや接着への熱力学の適用はこれらの現象の定量化の一つの方法である．液体が固体をぬらす尺度としては接触角（θ）が用いられる．平滑な固体表面上に存在する液滴を図 3.3 に図示した．θ が大きいときは液体は固体との接触面積を最小にしようとする．これは液体分子が固体と相互作用をもつよりも，むしろ液体分子同士が相互作用をもつことを示している．一方，$\theta = 0$ のときは，液体は自由に固体表面をぬれ広がり，完全に表面をぬらすことになる．このようなことは液体分子と固体分子の親和力が液体同士のそれよりも大きいときにおこる[56]．その結果，液体-液体間の相互作用は壊れて新しい液体-固体間相互作用が形成される．換言すると，接触角がゼロの状態は固体-液体間の相互作用が最大になっている．

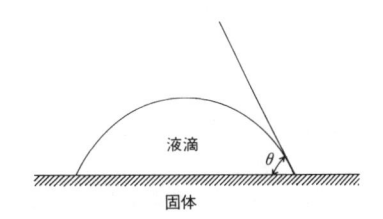

図 3.3　平らな固体表面の液滴の接触角

ある液体の飽和蒸気中で固体表面にその液滴が存在する場合，接触角と表面張力（または自由エネルギー）との間にはヤングの式[57]が成立する．

$$\gamma_{sv} = \gamma_{sl} + \gamma_{lv} \cdot \cos\theta \qquad (4)$$

ここで，γ_{sv} は固体-気体間の界面張力，γ_{sl} は固体-液体間の界面張力，γ_{lv} は液体-気体間の界面張力である．

固体の表面張力に近いものを求める方法としては接触角(θ)の測定が広く用いられている[58]．均一で表面張力 γ の異なる一連の液体を用いて θ を測定し，γ に対して $\cos\theta$ の値をプロットし，$\cos\theta=1$ に外挿したときの液体の表面張力の値を固体の臨界表面張力 γ_c とする．図3.4 にその例を二つ示す．

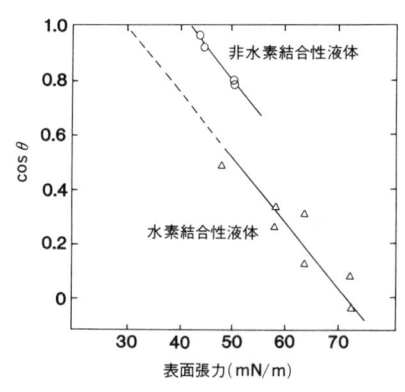

図 3.4 ポリスチレン上の水素結合性液体と非水素結合性液体の Zisman プロットの比較（文献 59 から引用）

γ_c より低い表面張力を有する液体は固体表面を完全にぬらす．臨界表面張力 γ_c は固体の表面自由エネルギー γ_{sv} に近い値である．正確な γ_c の値はその測定に用いた液体系列に依存する．例えば，水素結合性液体系列で得られる γ_c は表面と強い相互作用をもたない単純な炭化水素系列で得られる値より低い．

ポリオレフィンやフッ化炭素高分子の γ_c の値は低く，低エネルギー表面と呼ばれている．これらの材料はぬれにくく，接着が難しい．金属やセラミックあるいは有極性ポリマーは高い γ_c をもち（高エネルギー表面），多くの有機溶剤によってよくぬらされ，良好な接着性を示す．

Good は界面張力 γ_{sl} と液体および固体のそれぞれの表面張力との関係に関して次式を提案している[60]．

$$\gamma_{sl}=\gamma_{sv}+\gamma_{lv}-2\phi(\gamma_{sv}\cdot\gamma_{lv})^{1/2} \quad (5)$$

最後の項は液体と固体の間の分子の引き合う力による界面張力減少分をあらわしている．ϕ は次のように定義される．

$$\phi=\frac{W_a}{(W_{cl}\cdot W_{cs})^{1/2}} \quad (6)$$

ここで，W_{cl} と W_{cs} はそれぞれ液体と固体の凝集仕事，すなわち，それぞれの材料の新しい表面をつくるのに必要な単位面積当りの仕事で熱力学的に可逆である．W_a は熱力学的な接着仕事である（後述）．単純な界面に関しては ϕ はほぼ1であるが，二つの物質の分子間力が異なるタイプの系では ϕ は1より小さい．

(4)と(5)式から γ_{sv} に関する次式が得られる．

$$\gamma_{sv}=\frac{\gamma_{lv}(1+\cos\theta)^2}{4\phi^2} \quad (7)$$

前述のように $\theta\to 0$ になると，$\gamma_{lv}\to\gamma_c$ (Zisman plot)となる．(7)式にこの条件を代入すると，

$$\gamma_c=\phi^2\gamma_s \quad (8)$$

となる．ゆえに，ぬれに関する臨界表面張力 γ_c は $\phi=1$，すなわち $W_a=(W_{cl}\cdot W_{cs})^{1/2}$ となる単純な界面の場合のみに固体の表面張力または表面エネルギー γ_{sv} にほぼ等しいということができる．

接着仕事 ある液体がそれとはまったく相互作用を有しない固体表面上に存在すれば，$\theta=180°$ で(4)式は次のように単純になる．

$$\gamma_{sl}=\gamma_{sv}+\gamma_{lv} \quad (9)$$

すなわち，界面張力は液体と固体の表面張力の単純な和である．しかしながら，実際のすべての系では液体分子と固体分子の間には少なくとも最小限の引き合う力が存在する．この相互作用は界面張力を小さくするので，$\gamma_{sl}<\gamma_{sv}+\gamma_{lv}$ となる．この減少の程度は界面の引き合う力の強さとして直接測定され，熱力学的な接着仕事 W_a としてあらわされる．

$$W_a=\gamma_{lv}+\gamma_{sv}-\gamma_{sl} \quad (10)$$

これは Dupre によって初めて提案され，液体と固体を引き離す可逆的な仕事 W_a はその自由エネルギー変化に等しくなければならない．

(4)式と(10)式および(5)式と(10)式から熱力学的な接着仕事に関する二つの異なる関係式が得られる．前者の場合は

$$W_a=\gamma_{lv}(1+\cos\theta) \quad (11)$$

となり，後者の場合は

$$W_a=2\phi(\gamma_{sv}\cdot\gamma_{lv})^{1/2} \quad (12)$$

となる．

単純な無極性基材の γ_{sv} と γ_{lv} の適切な値として 25 mJ/m^2 を用いると，(11)，(12)式から得られる W_a の値は単に 50 mJ/m^2 あるいはそれ以下の値である．接着したものを基材から実際に引きはがす仕事量はこの値に比べ非常に大きく，1 J/m^2 から 10 kJ/m^2 のオーダーであることが知られている．機械的接着から被着材の散逸過程に至る寄与が本質的な接着の寄与より勝っていることになる．それにもかかわらず，これらの寄与は本質的な接着が存在することに依存しており，いくつかのケースではその大きさに直接比例している[62,63]．被着材同士にまったく親和力がなければ機械的な接着接合強さもあらわれない．

酸-塩基説

酸-塩基間の相互作用の評価法にもとづく固体-液体界面の相互作用をあらわすアプローチが提案されている[64,65]．酸すなわち電子対受容体と塩基すなわち電子対供与体とを混合するときの混合のエンタルピー ΔH_{AB} には次のような経験則がある．

$$\Delta H_{AB}=C_AC_B+E_AE_B \quad (13)$$

Drago は酸と塩基に関して二つの経験的なパラメーター（酸（C_A と E_A)，塩基（C_B と E_B））を指定し，(13)

式から酸-塩基に関して正しい ΔH_{AB} を得た．混合熱は熱量測定によって求められ，また，それは酸-塩基相互作用による官能基の赤外スペクトルのシフトと関係づけられた．C と E の値から他の酸-塩基の ΔH_{AB} を予想することができる．このような方法で計算された ΔH_{AB} の値はいろいろな有機液体に関して実験的に求められたものと非常に良く一致した．その誤差は 5% かそれ以下であった．酸と塩基の溶液混合では ΔH_{AB} は相互作用を示す．

Fowkes と共同研究者たちは Drago の方法を高分子と固体表面に拡張し，その C と E の値を決定した[69,70]．さらに，Fowkes は酸-塩基の相互作用はしばしば液体と固体間でおこる引き合う力を支配することを示唆した．彼は熱力学的な接着仕事に関して次式を提案している．

$$W_a = 2(\gamma_s^d \gamma_l^d)^{1/2} + f(C_A C_B + E_A E_B)x + W_a^p \quad (14)$$

(14)式右辺の三つの項は (1) 分散力の相互作用，(2) 酸-塩基あるいはドナー-アクセプターの相互作用，(3) 第2項以外の静電的な相互作用である．

f : 単位面積当りのエンタルピーを表面自由エネルギーに変換するための 1 に近い定数

x : 界面の単位面積当りの相互作用に関与する酸-塩基のモル数

γ_s^d, γ_l^d : それぞれ固体と液体の表面張力の分散成分

Fowkes は第1項と第3項はしばしば無視できる程度に小さいと述べている．

表 面 処 理

固体の被着材表面には強くて，耐久性のある接着の形成を阻害するような特性を有するものがある．このために表面処理が発展してきた．これには物理構造の改質，表面凹凸状態の改変，表面の化学的特性の改質，weak boundary layer の除去などの方法またはこれを併用する方法がある．

接着のために常に表面処理を必要とするものは金属と表面エネルギーの低い高分子の二つである．これらについて順に記述する．

金　属

金属の加工工程で切断やローリングなどさまざまな処理をうけた金属表面は高い応力のため，異常降伏部分や塑性変形がおこることがある．このために，ひずみのない表面に比べて不安定な，均一でない酸化物が形成される．加えて，この酸化物の層は本質的に弱いか，あるいは下の金属との接着が弱く，酸化皮膜が厚すぎる場合には問題になる．

金属の接着に関しては，表面の不純物を取り除いたり，酸化皮膜を形成させたり，逆に金属表面を露出させたりする技術が発展してきた．均一性があり強くて新しい酸化物はコントロールされた条件下で形成される．図3.5 に入手したばかりの何も処理しないアルミニウム合金（タイプ 6061）のオージェスペクトルを示す[71]．有機の不

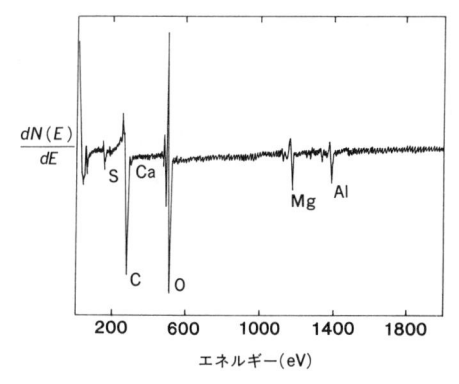

図 3.5　入手したばかりの何も処理していないアルミニウム合金（タイプ 6061）のオージェスペクトル（文献 71 より引用）

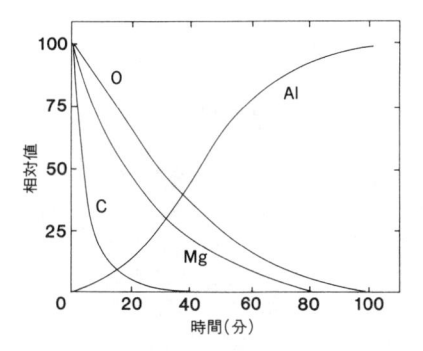

図 3.6　イオンビームスパッタリングによる図3.5のアルミ合金の元素深さ解析．縦軸は無処理表面の各元素のピークの大きさに対するスパッタリング処理表面のそれの相対的な大きさ．（文献 71 より引用）

純物を示す炭素のシグナルがある．また，合金に対して重量比で 1% しかマグネシウムを含んでいなくても表面は酸化マグネシウムに富んでいることがわかる．スパッタリングによる深さ方向の断面解析では酸化物厚さは約 1000 Å あり，有機物はスパッタリング中に急激に取り除かれる（図 3.6）[71]．

表面不純物は接着接合にとって必ずしも不利益であるとは限らない．最近の研究[72] によると，アルミニウムをエポキシ樹脂で接着する前にわざと被着材にシリコーンオイルまたはステアリン酸を不純物としてつけ，接着強さを測定した．その結果，ステアリン酸の場合には接着強さは低下したが，シリコーンオイルの場合にはほとんど何も影響があらわれなかった．

塩素化溶剤による蒸気脱脂，超音波洗浄，高温処理などの方法が表面の不純物除去に用いられてきた．また，化学エッチングや機械的研磨が酸化物表面の改質に用いられてきた．吸着不純物の除去に関して重要なことは表面濃度が低いほど結合エネルギーが大きいということである[73,74]．その結果として，吸着不純物を取り除いた後に残る不純物を取り除くためにはより多くのエネルギーが必要である．この例を図3.7に示す．プラチナ表面からの硫黄の脱離熱は表面の被覆量が低下するほど高くな

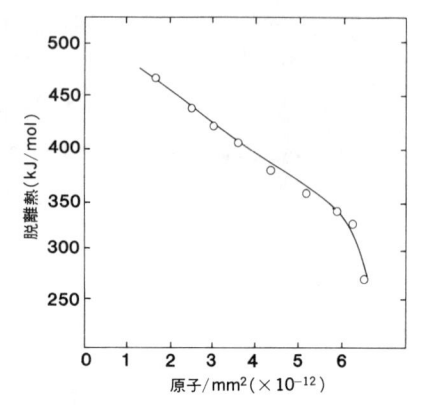

図 3.7 表面被覆量に対する白金からの硫黄の脱離熱（文献 73 より引用）

る[73]．最後の少量の不純物を取り除くことは非常に困難である．

脱脂後さらに金属表面を改質するには，一般的にグリットブラストがよく用いられる[75]．これは，シリカやアルミナのような粒子を高速度で金属表面にぶつけ，その研磨作用によって表面を削り取る方法である．表面の凹凸は粒子の大きさと鋭利さに依存し，接着時に高い投錨効果が期待できるような表面を形成することができる．ダイヤモンド粒末ペーストによる研磨処理と 40 から 50 メッシュの SiO_2 粒子によるグリットブラスト処理を施したアルミニウム（type 6061 T 6）表面のそれぞれのプロフィロメーターによる粗さを図 3.8 に示す．明らかに後者の方が凹凸が激しい[76]．エポキシ樹脂を用いたバットジョイント接着強さに対するこの二つの処理の影響の比較を図 3.9 に示す．接着剤の T_g 以下の温度領域ではグリットブラスト処理を施したものの方が接着強さは高い．化学エッチング処理を追加すれば，上記の二つの処理のいずれの場合も接着強さは高くなる（後述）．

ブラスト直後の新しい金属素地は急速に酸化され，空気中からの不純物の吸着が始まる．このために鉄や銅のようにそのようなことがおこりやすい金属に関しては被着材をすぐにプライマーでコートすることが望まれる．これは表面を保護し，接着性能を損なうことなく接着するまでのある程度の時間被着材を保護することができる[75]．さらに，プライマーは粘度が低いので表面の裂け目や凸凹を簡単に埋めることができる．

次にいくつかの特定な例について考えてみよう．

アルミニウム　飛行機の構造に重要であるアルミニウムとエポキシ樹脂との接着が集中的に研究されてきた[79]．アルミニウム-エポキシ樹脂のラップせん断接着試験で応力がかかったときに接着層で破壊させるためには蒸気脱脂処理とグリットブラスト処理が非常に重要である[78]．しかしながら，湿度の高い状態にさらされると接着強さは著しく低下し，破壊は界面領域でおこる．高湿状態で応力がかかるとさらに急速に接着強さは低下する[79]．図 3.10 にこの影響を図示する[80]．高温多湿状態でのアルミニウム-エポキシ樹脂のせん断接着強さは，破壊強さの 10% の荷重をかけた状態では 3 年後には低下してしまうが，荷重をかけないものはそれほど急激に低下しない．アルミニウム被着材の接着耐久性を高めるためには安定で，表面積の大きい酸化物を形成する化学処理が必要である[81]．

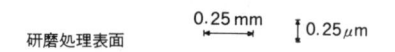

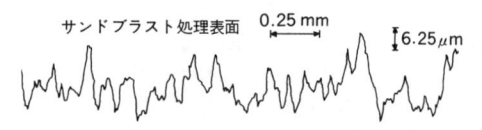

図 3.8　アルミニウム合金（タイプ 6060 T 6）の研磨処理表面とサンドブラスト処理表面のプロフィロメーターによる粗さ（文献 76 より引用）

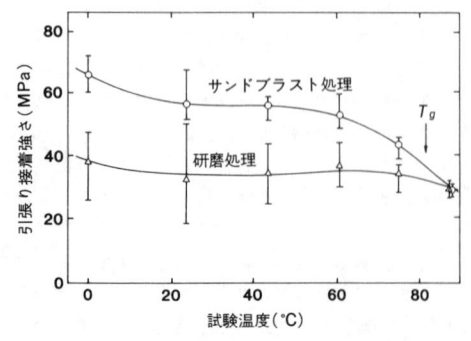

図 3.9　研磨処理またはサンドブラスト処理を施したアルミニウム被着材をエポキシ樹脂で接着したバットジョイント引張り接着強さの温度依存性（文献 76 より引用）

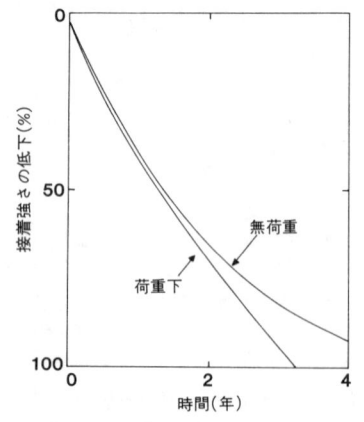

図 3.10　FPL 処理を施したアルミニウム/エポキシ樹脂ラップせん断接着の屋外暴露（高温多湿の熱帯気候）の残存強さに及ぼす応力の影響．低い曲線には暴露中初期接着強さの 10% の応力をかけた．（文献 81 より引用）

広く用いられている処理法として林産研究所法（the Forest Products Laboratory (FPL) 法）がある[82]．これは脱脂，アルカリ洗浄および $Na_2Cr_2O_7 \cdot 2H_2O$, H_2SO_4,

H_2O（重量比で1:10:30）の溶液によるエッチング処理からなる．処理後試験片を十分水洗し，風乾する．接着強さは水洗に用いる水のタイプによってもまた影響をうける．ある研究[83]によると，イオン交換水による水洗は2価のイオンを含む水に比べ接着強さが低下する．水洗後に形成される酸化皮膜の厚さは水道水に比べイオン交換水を用いる場合には厚くなることがAES解析によって示された[84,85]．

エッチングによって酸化皮膜と約1μmの金属素地が取り除かれる．エッチング中に新しいAl_2O_3酸化物が成長を始め，水洗中にいくらか厚くなる[86,88]．SEMによると，表面に向かって突き出た釘状の酸化物（～50Å×400Å）と厚さ約50Åの均一な酸化層とが形成されていることがわかった[89,90]．このようなモルホロジーは表面積を大きくし，本質的な接着を増強する．また接着剤と被着材との機械的な投錨をも形成することになり，この処理により非常に優れた初期接着強さが得られる．

接着耐久性を高めるには，高湿状態にさらされても界面を化学的な変化のないように保つ必要がある．DavisとVenablesは，高湿での養生中にアルミニウム-エポキシ樹脂間の接着が劣化する初期のメカニズムは酸化物がボエマイト（boehmite；$AlOOH$）に変わるためで，これと金属素地との結合が明らかに弱いことを示した[89]．高湿状態で暴露後，破壊した接合面をAESで分析したところ，破壊はボエマイトと金属との界面あるいはその近傍でおこっていることがわかった[89]．

ゆえに，アルミニウム-エポキシ樹脂の接着耐久性を高めるためには水に対して安定な酸化物を形成する必要がある．これはリン酸陽極酸化（phosphoric acid anodization；PAA）によって得られる．PAAによる酸化皮膜はFPL法に比べて非常に厚く[90]，また最上層の$AlPO_4$は開口気泡状（フォーム状）（open cellular structure）になっている[91]．高湿にさらされたときに酸化物が水酸化物へ変化することを防ぐのはリン酸塩層バリヤーの働きによると考えられる．図3.11はFPLおよびPAA処理したアルミニウム表面を高湿状態で養生したもののXPSによる2pピークの位置を比較したものである[92]．FPL処理したものに関しては養生することによってそのピークの位置は低結合エネルギー側へシフトし，これは酸化物からボエマイトに変化したことを示す．PAA処理したものに関してはそのような変化はほとんどみられない．非常に表面積が大きく，安定性の高い酸化物が存在すれば，高くて耐久性のあるアルミニウム-エポキシ樹脂の接着強さが得られる．

エポキシ接着剤を用いた場合のボーイングウェッジ試験（Boeing wedge test）においてPAA処理より高性能な接着性が得られるアルミニウム被着材の表面処理が報告されている[93]．その工程は脱脂，洗剤による洗浄，アルカリエッチング，硝酸浸漬，10%硫酸による陽極酸化，最後にリン酸浸漬である．

銅　ポリエチレンを銅に接着するときにも酸化物の凹凸（地形図）が重要である[94,95]．銅を陰極処理あるいは化学的に磨いてもポリエチレンはほとんどくっつかない．しかしながら，接着前に銅を塩化ナトリウム，水酸化ナトリウム，リン酸ナトリウム溶液による湿式酸化処理を行えばポリエチレンは頑強につく．前者の場合は酸化皮膜が比較的平滑で均一であるのに対して，後者の処理は厚くて黒い樹状突起状の酸化物ができ，投錨効果でポリエチレンと強くくっつく．ポリエチレンの中に埋まった繊維状酸化物とポリエチレンからなる複合層の塑性変形により接着強さは強化される[96]．

鉄　強固で耐久性のある接着強さを得るためにすべての金属において化学的な処理が必要なわけではない．軟鋼（mild steel）に関しては蒸気脱脂と機械的研磨あるいはグリットブラスト処理による可溶不純物の除去が重要である[97]．しかし，新しい鉄の表面は非常に反応性に富み，すぐに酸化される．特に水分が存在する状態では酸化の進行は続き，ついには目に見える「さび」にまで至る．酸化層が厚くなる前に処理した表面にプライマーあるいは接着剤をコートしなければ接着強さや接着耐久性は低くなる[98]．

ポリマー
ポリオレフィンやフッ素樹脂などのような表面エネルギーの低い固体は通常の極性の高い接着剤で接着することは困難である．この問題を打開するためにさまざまな表面処理法が展開されてきた[99]．それらのすべてに共通

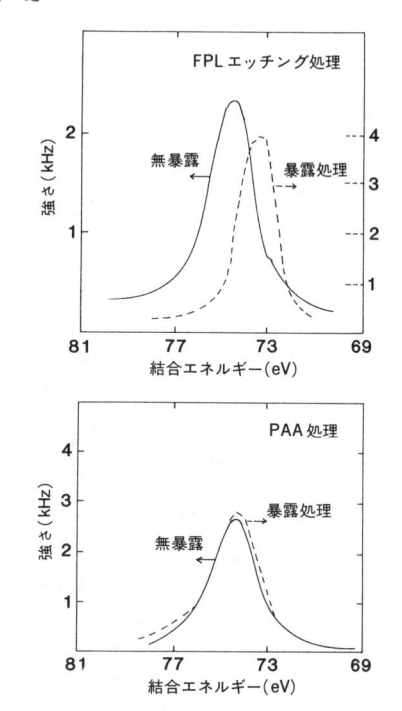

図3.11　(a) FPLエッチング処理と (b) PAA処理したアルミニウムの60℃, 100% R. H., 1時間暴露と暴露しないもののXPSによる2pピークの比較．（文献92より引用）

していることは表面を酸化させることである.

コロナ放電 コロナ処理はプラスチックフィルムに広く使用されている.この放電は通常大気圧の空気中で行われる[100,101].この処理によりポリエチレンの表面は酸化され,不飽和物が増加する[102].この結果表面エネルギーが増加し,エポキシ樹脂などの極性接着剤のぬれが向上する.また,表面を不均一に劣化させるために表面粗さが増加する[103].これは結晶部分に比べ非晶部分の方がアタックをうけやすいという選択的な性質によると考えられる.コロナ処理によりポリエチレンの接着強さが増加するのは表面粗さが大きくなるのと表面の極性基(例えば水酸基,アルデヒド,カルボニル,カルボキシルなど)との本質的な接着が増加することの両方の効果によるものである[104〜106].図3.12はコロナ処理した低密度ポリエチレン表面のXPSスペクトルである[104].Oの1sピークが観察されることから表面に酸素を含む部分が存在することがわかる.典型的なポリエチレンのコロナ放電処理によって,これらの官能基濃度は表面のメチレン基1個当り 4×10^{-3} から 1.4×10^{-2} まで増加する[104].

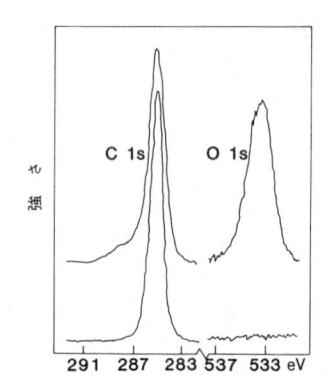

図 3.12 コロナ放電処理前(下の曲線)と処理後(上の曲線)の低密度ポリエチレンのXPSスペクトル(文献104より引用)

コロナ処理を行ったポリエチレンを85℃まで加熱するとぬれが悪くなり,接着性も低下する[107].これは極性基がバルクな材料の内側に向き,炭化水素の性質が表面にあらわれるためである[108].高温になるとポリマー鎖の運動性が高くなるのでこの傾向は顕著にあらわれる.

酸エッチング ポリオレフィンのクロム酸エッチングによる表面の官能基の増加はコロナ処理によるそれと類似している[109].表面粗さも高くなり[110],また表面に少量の$-SO_3H$基の存在も確認された[41].ポリプロピレンについてはエッチング時間と温度を増加しても酸化の程度はほとんど変化しないが,酸化のおこる深さが増加する.一方,ポリエチレンに関してはエッチング時間の増加にともなって酸化の程度もその深さも増加する[41].ポリオレフィンの凝集強さと同程度のポリオレフィン−エポキシ間の接着強さを得るにはわずかなエッチング時間でよい.エッチング時間を長くするとポリオレフィンの劣化が進み,接着強さは低下する.

接着強さに対する化学的な酸化の効果に比べ,表面の粗さ変化の効果はあまり認められなかった.これに関してはさらに研究が必要である.

プラズマ処理 高周波場でつくられる希薄活性ガスプラズマがポリマーの表面処理に用いられる[111].ポリマーにプラズマを作用させると,活性ラジカルとイオンの働きにより表面が酸化される.不活性ガス(例えば,アルゴン,ヘリウムなど)プラズマと活性ガス(例えば酸素)プラズマの両方が用いられてきたが,後者は一般的に強すぎて,高速で広範囲の劣化や炭化はく離(ablation)がおこる(酸素プラズマは金属表面に吸着した有機物の除去に用いられる).無極性のポリオレフィンのみならずナイロンのような極性のプラスチックについてもプラズマ処理によりぬれ性と接着性が向上する.しかし,後者の場合の改善はそれほど大きくない[112,113].ポリエチレンをアンモニアプラズマ処理するとセルロース(紙)への接着性が高まる[114].

プラズマ処理による接着性向上のメカニズムに関してはいくつかの説がある.ある研究[115]によると,プラズマ処理中にポリエチレンの表面で架橋がおこることが示された.これは,まず表面は弱い,低分子量フラクションからなると仮定し,それがプラズマ処理により強化されるという説である.この weak boundary layer を取り除くことにより接着強さが高められる.しかしながら,ポリエチレン表面の weak boundary layer の存在はまったく認められていないし,また,ポリエチレンの接着系に応力をかけたとき破壊はそのような層ではおこらない.これに反して,プラズマ処理をしていないポリエチレンをエポキシ樹脂で接着した場合の破壊はきれいに界面でおこり,ポリエチレンの表面層ではおこらない[41].

他の報告によると,プラズマ処理によって接着強さが高くなるのは極性の増加(酸化)と表面エネルギーの上昇のためであると考えられている.

その他の方法 上述の三つのポリマーの処理法では表面の酸化がおこった.このほかに,ポリマー材料の表面改質に効果的な直接酸化法がある.空気中で行う炎処理[116,117]では酸化炎を表面にごく短時間(〜0.01〜0.1秒)当てる.XPS解析[118]によると典型的な酸化物だけでなく,表面にアミド基が生じている.熱風を吹きつける処理ではその表面に酸素と結合するマクロなラジカルが形成される.

ポリマーにベンゾフェノンなどの増感剤を添加すると,紫外線照射により十分な酸化が容易におこる.この光化学的処理においては,プロトンの引き抜きによる重合ラジカルは高共鳴安定化ジフェニルヒドロメチルラジカルの形成をともない,容易に生成される.

空気中の酸素と結合する化学物質(species)をポリマー表面に形成するよりもむしろ反応性に富むモノマーを用い,表面にグラフトさせることの方が容易である[119,112].ある研究によると,酢酸ビニルモノマーの存在下でγ線照射することによりポリエチレン表面にラジ

3. 接着の基礎

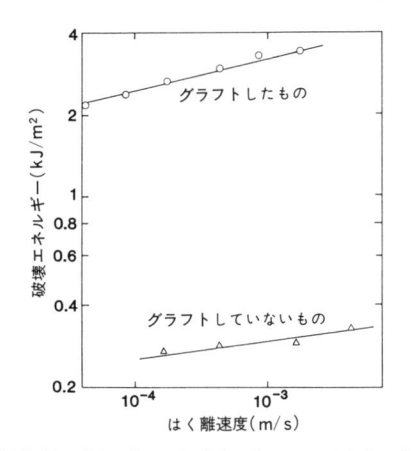

図 3.13 ポリエチレンとポリエチレン-g-アクリル酸のアルミニウムプレートに対する接着の破壊エネルギー（文献 122 より引用）

カルとイオンが生成された．表面に酢酸ビニルをグラフトしたポリエチレンをエポキシ樹脂で接着した結果，非常に高い接着性能が得られた．もう一つの研究では電子線照射によりポリエチレンにアクリル酸をグラフトしたことを報告している[122]．ポリマーの改質によりアルミニウムに対する接着性が大きく改善された例を図 3.13 に示す．

フッ素樹脂　フッ素樹脂を強く接着するには強力なエッチング剤(etchants)で処理する必要がある．ナフタレンとテトラヒドロフランの混合液かあるいはアンモニア溶液に溶かした金属ナトリウムが効果的である[123,124]．これらの薬品は脱フッ素化によりポリマー表面を分解する[125]．初期には表面が脱色されるが，処理を長時間続けると炭素質黒色残留物を形成する．処理後の表面に不飽和，カルボニル基，カルボキシル基が存在することがXPS 分析により認められている[125]．この処理によりぬれ性と接着強さが大きく改善された．

エポキシ樹脂とポリテトラフルオロエチレン (PTFE) との接着性の興味深い改善方法が報告されている[126,127]．二つの被着材を液状接着剤の存在下で擦り合わせる．そうすることにより接触を進ませ，そのままそこで接着剤を固化させる．その接着強さは接着剤の塗付前に空気中で擦り合わせたものに比べ約 7 倍も高い．たぶん，これは接着剤の存在下で擦り合わせることにより PTFE の分子鎖が破壊されて，その表面に活性な分子種が形成され，それが直接接着剤と反応するためであろう．空気中で擦り合わせる場合にはこのような分子種は接着剤を塗付する前に崩壊してしまうのであろう．

接着性能の評価

この節の前半部は接着することについて述べる．まず接着の評価法について考えてみよう．多くの接着試験法が発展してきたが，これらの方法すべてが破壊荷重，構成物の形状と接着剤および被着材の特性との関係を明らかにできるわけではない．最も単純な場合でさえこの問題は非常に解決困難である．本当にごく最近になって一般的な破壊基準が示され，単純な接着接合に応用できるようになった．

破壊のエネルギー基準

まず最初に破壊が始まる場所を特定する必要がある．通常は欠陥部あるいは界面の応力の高い領域でおこる．そこでのエネルギーバランスを組み立ててみよう．そこでは荷重による接合部のひずみエネルギー変化と荷重装置のポテンシャルエネルギーが破壊に必要なエネルギーと一致する．破壊に関するわれわれの基準はこの式により設定される．すなわち，系に蓄えられる機械的なエネルギーが破壊に必要なエネルギーに達するかそれを越えたときに，初期欠陥または破壊が成長することによってそのエネルギーが系から放出され，接合部が破壊に至る．この破壊メカニズムに関する基本的な概念を用いて多くの単純な接着試験による接着強さを以下に論ずる．

接着接合物の強さを解析する他の方法としては，破壊点の応力を評価することとその応力がある臨界値に達したときに破壊がおこると仮定することである．この方法は原則的には破壊のエネルギー基準と同じであるが，エネルギーの計算は容易である．この理由からここではもっぱらこのエネルギー法を用いる．

破壊以外の不可逆的な過程でエネルギーは散逸しないという盲目的な仮定を行ったことについて注意を払わなければならない．構成物を変形させるために用いるエネルギーは，変形が取り除かれたときには完全に回復すると仮定している．この仮定は塑性変形や粘性応答を考慮しなければならないものに対しては成り立たないが，もし構成物が完全な弾性体であればこの解析はもっと単純明快になる．

しかし，この特徴を破壊面そのものまで広げる必要はない．材料がクラック先端のごく近傍で高い応力により，例えば，ミクロクラックがおこったり，部分的に降伏応力を越えるようなエネルギーの散逸があっても，破壊面の周辺で散逸したエネルギーは接合の全体の破壊エネルギーの特性として実際に分子の破壊で消費されるエネルギーと同様に取り扱われる．

これらの仮定が妥当な材料はたとえ部分的に柔軟であっても破壊部では脆いことになる．その強さはクラックが単位面積成長するのに必要なエネルギー G の量であらわされる．接着の界面破壊に関して，これに対応する量は被着材を引き離すのに必要な界面の単位面積当りのエネルギー G_a である．明らかなように，もし接着の G_a が被着材のそれ（G_c）よりも大きい場合は，接着は破壊されずに高荷重によって弱い被着材が破壊される．この破壊形態は被着材の凝集破壊 (cohesive failure) と呼ばれ，接着破壊 (adhesive failure) と呼ばれる単純な界面破壊と区別されている．

エネルギーの考え方を脆い固体の破壊に最初に適用し

たのは Griffith[128] で，それ以来 Rivlin や多くの研究者達によって接着の問題に適用されてきた[129~145]．近年，Williams[132,133,137] と Kendall[138~140] の研究によってこの論議の基礎が確立された．

試験方法

一般論 理想的には試験法は次のような条件を満たしていることが望ましい．まず第一に，試験片の形状がシンプルでその作製が容易であること．第二に，破壊荷重は少なくとも原理的には試験中一定であること．破壊は長い距離にわたって進むので，破壊荷重の変動は接着強さのばらつきを生むことになる．最後に，試験片の寸法，荷重中の弾性率と破壊時の荷重から破壊エネルギー G_a が直接得られること．G_a を計算するためにこれ以上の測定が不要であること．

ここに多くの試験法を紹介する．これらは有益な利点を有しているかもしれないが，上述の要求をすべて満足しているわけではないので注意しなければならない．実際の試験方法の中には感圧テープ（粘着テープ）などのような軟らかい接着層に適したものと硬い構造用接着に適している方法とがある．このことは，次に述べる個々のケースから考えても明らかである．

はく離（peeling） 最も単純で最も広く用いられている接着の測定方法としては，**図 3.14(a)** に示すように硬い基板から接着した薄い層をはく離する方法（180°はく離）と**図 3.14(b)** のように薄い2枚のものを接着し，はく離する方法（T型はく離）とがある．はく離強さは，少なくとも以下にその解析法を示すように直接破壊エネルギーを求めることができる最も簡単な方法である．

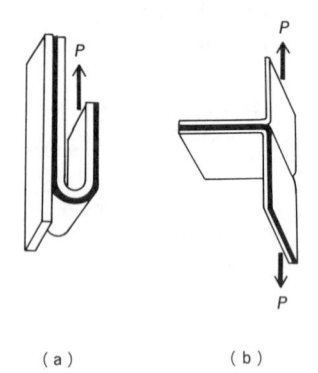

図 3.14 はく離試験：(a) 固い基材からのはく離，(b) 同様のフレキシブルな層からのはく離

安定な状態ではく離が進んでいる間はエネルギー保存の式は次のようになる．

 はく離による仕事＝引きはがし仕事
 ＋はく離によって新しくできた部分の
  ひずみエネルギー   (15)

界面の単位長さ当りのはく離に関しては，**図 3.15** に示すように (15) 式は次のようにあらわせる．

$$P(1+e-\cos\theta) = G_a + tU \quad (16)$$

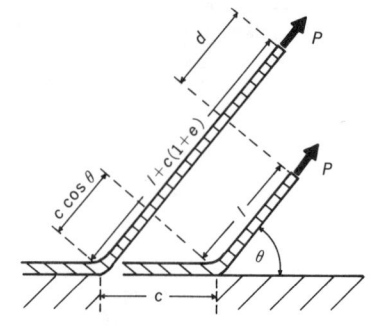

図 3.15 延伸性のある接着層のはく離の力学

ここで，P は単位幅当りのはく離力，t ははく離するものの厚さ，e と U はそれぞれ引張りひずみとはく離された部分のエネルギー密度である．少なくともはく離角が 45°か，それ以上でははく離される部分は一般に大きく伸びることがないほどの十分な厚さであるので，e と tU は比較的小さい．この場合 (16) 式は単純化され，はく離強さは次式のようになる．

$$P = G_a/(1-\cos\theta) \quad (17)$$

(17)式に関してコメントを一つ付け加えておかなければならない．はく離する際に薄い被着材が曲げられるが，その曲げに必要なエネルギーをゼロと仮定していることである．また，すべての材料はある程度不完全な弾性体であり，はく離先端ははく離にともなって移動するが，そこで曲げられる部分のひずみエネルギーのいくらかは戻ってこない．それを引きはがし仕事に加えてしまい，真の破壊エネルギー G_a を過大評価してしまうことになる．はく離角が大きいほど，また接着剤またはバッキング材料のエネルギー散逸が大きいほどこの誤差は大きくなる[146]．ゆえに，はく離角を小さくすることは賢明であるが，あまり小さくし過ぎるとはく離する層のひずみが問題になる．45°が妥協できる角度である[146]．このような制限はあるが，はく離試験はテープやフィルムなどの広範囲なフレキシブル層の接着破壊エネルギーを測定する方法として満足できるものである．

もちろん，引きはがし仕事に加えなければならないものや，はく離角が大きいときに G_a を過大評価させるものを大きくすることによってはく離抵抗を増加させることは可能である．実際に，市販テープのはく離強さについてはそのかなりの部分（1/2 以上）はバッキング材料の塑性変形によるものであろう．

接着破壊のメカニズムを理解することによって，たとえ界面での破壊エネルギーが変わらなくても，接着強さを高くする方法があることを繰り返し明記しておく．

ラップせん断（lap shear） **図 3.16** に示すように，伸びやすい材料を平板に接着し，それを平板に平行に引張る．そのとき，平板からはがされた後にその材料は伸びる．線形弾性を示す接着剤フィルムでは単位幅当りの引きはがし力 P に関して (16) 式より次式が導かれる．

$$P^2 = 2tEG_a \quad (18)$$

3. 接着の基礎

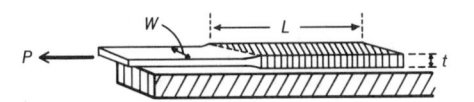

図 3.16 ラップせん断実験：はく離角 0°における延伸性のある接着層の試験

ここで，t ははく離フィルムの厚さ，E は弾性体（はく離フィルム）の引張り弾性率である．tE ははく離フィルムの単位幅当りの引張り剛性率をあらわす．

接着を破壊するのに必要な平均せん断応力 σ_s は (18) 式より

$$\sigma_s^2 = 2tEG_a/L^2 \qquad (19)$$

となる．ここで，L はラップ長である．ラップ長が大きいほど平均せん断応力が小さくなるのは明らかである．

この予想は，平均せん断応力がある臨界値になったときにせん断破壊するという考えと一致しない．そこで，実際にラップ長が大きいときに低い平均せん断応力で破壊するか否かを知る必要がある．その結果，破壊に関する平均せん断応力基準説が誤っており，破壊のエネルギー基準が妥当であることを確認することであろう．実際にエンジニアの分野では破壊基準にもとづいて設計されているので，どちらの基準が正しいか明らかにすることは非常に重要である．

確かめられた限りでは，(18) 式は正当である．ラップ長が短い場合に接着したプレートが伸びるだけでなく，曲がるときには補正が必要である[139]が，それは比較的小さい．さらに，破壊の力および破壊応力の接着層厚さ t の依存性は意外にも (18) 式の通りであることが実験的に確かめられている[139]．

ラップせん断試験により (18) 式から求めた破壊エネルギーの値はこれと異なる試験，例えば (17) 式のはく離試験から求められる値と一致することから，このエネルギーの考え方が妥当であることをさらに確信することができる．このようにラップせん断破壊応力を支配する主な因子を説明するには破壊のエネルギー基準の考え方が適切かつ有効的である．

引張り試験 (tensile detachment)　まず，図 3.17 に示すような固い平板から弾性半空間を引き離す場合を考えてみよう．界面に半径 a の接着していない部分が存在する場合に，それを成長させるための引張り応力は次式で与えられる．

$$\sigma_b^2 = 2\pi EG_a/3a \qquad (20)$$

ここで，E は接着材料の引張り弾性率である．これは棒

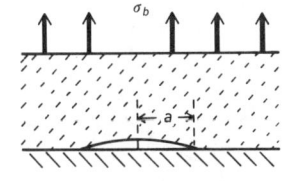

図 3.17 界面に半径 a の円形の未接着部分が存在する厚い弾性体の引張り試験

状の固体材料内に半径 a の小さなコイン状のクラックが存在する場合の引張り破壊応力の関係 (21) 式とまったく同様である[147]．

$$\sigma_b^2 = \pi EG_a/3a \qquad (21)$$

弾性半空間と固い平板との界面に存在する半径 a の接着していない，一定空気圧の領域（気泡）の成長は，少なくとも非圧縮性材料に関しては (20) 式と同様である[137,148]．その場合，限りなく働いている引張り応力 σ_b は気泡内の圧力に正確に一致する．

気泡の半径に比べて接着層が薄い場合には，その層は大きく曲げられ，二軸延伸されるので結果はまったく異なる．この場合については後に述べる．

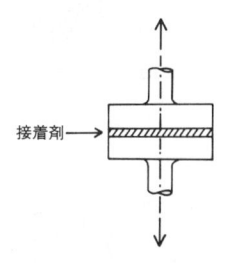

図 3.18 薄い弾性体接着層の引張り試験

もう一つの一般的な引張り試験は図 3.18 に示すような 2 個の固いプレート間に接着層をサンドイッチした形のものである．この実験手法は有限要素法による解析によくしたがう[149]が，破壊エネルギーの関数として得られる破壊荷重は接着層の相対的な厚さ（試験片の形状因子）と応力下での接着剤のダイラタンシーに大きく依存する．接着層の厚さ減少にともなって，破壊の開始点は初期にはエッジから界面中央へ，軟らかくて強い接着層の場合には次に接着剤の中央へ移り，そこで凝集破壊が生じる[150]．このように引張り試験を行うことはかなり容易であるが，その結果の解釈は単純ではない．

それらはまた科学的な欠点を被る．非接着面積が増加すると破壊荷重は小さくなるので，破壊は自触媒的に進む．それゆえに，一度初期欠陥が成長する条件を設定すると，それは破壊に至るまで終始破壊速度を上昇しながら進むであろう．よって，破壊速度が既知で，制御可能な実験はほとんど実行不可能である．加えて，破壊の原点は偶然にできた欠陥部やあるいは大きさが不明である未接着部であり（大きさが既知で再現性のある欠陥をつくり出すために注意を払うほかにない），破壊応力の関係式 (20) 式の中の基本的なパラメーターの一つは未知である．

ねじり破壊（torsional fracture）　構造用接着剤に特に適した試験法が Outwater[134] によって提案されている．それは二つのプレートまたはビームを長いエッジに沿って接着し，ある長さに制御した切欠きを入れ，この試験片を接着層に沿った軸でねじる方法である．これは図 3.19 に図示するように試験片の一端を曲げる方法と図 3.20 に示すようにプーリーを利用してねじりモー

図 3.19 ダブルトーション (DT) 実験：小さなねじり変形に対して直接荷重をかける方法

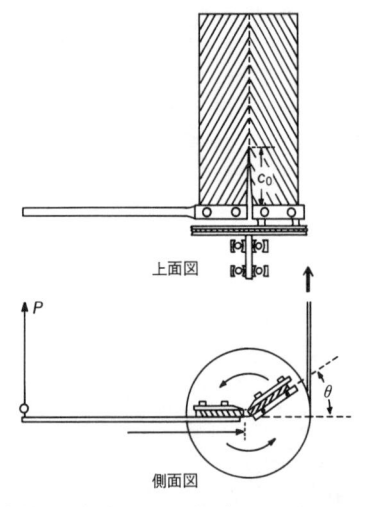

図 3.20 ダブルトーション (DT) 実験：大きなねじり変形に対してプーリーとビームを用いる方法．トルク $M=PL$．(K. Cho and A. N. Gent, *Internatl. J. Fracture*, **28**, 239(1985), Kluwer Academic Publishers より引用)

メント（トルク）をかける方法とがある．後者の方法は実験的に便利であり[145]，原理はまったく同じである．荷重 P が臨界値 P_c に，またはトルク M がその臨界値 M_c になったときに二つの被着材間の初期クラック長さ c は進展する．この時点でねじれた腕に蓄えられた弾性エネルギーは破壊に消費され始める．もし，試験片がねじりに対して線形弾性を示し，その剛性率は c に対して逆比例すると仮定すれば，エネルギーバランスから破壊エネルギー G_a は次式から得られる．

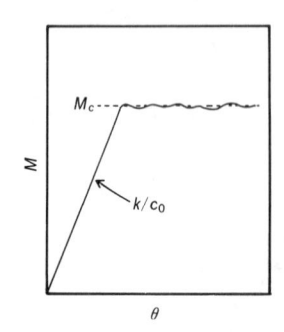

図 3.21 DT 法（図 3.20）によるトルク M とねじれ角 θ との関係．M_c は破壊が進展するときのトルクの臨界値．(K. Cho and A. N. Gent, *Internatl. J. Fracture*, **28**, 239(1985), Kluwer Academic Publishers より引用)

$$G_a = M_c^2/2kt \tag{22}$$

ここで，$k=M_c/\theta$ は単位クラック長の試験片のねじり剛性率をあらわす定数であり，t は試験片の厚さである．k の値は図 3.21 に示すように破壊が始まるまでの回転角 θ とトルク M の関係から実験的に求めることができる．その後は試験片が長ければ長い距離の M_c の平均値が測定される．このようにしてシンプルな形の 1 回の試験で信頼性のある平均破壊荷重エネルギー G_a が測定できる．

割　裂（cleavage）　固い構造用接着剤の試験として広く用いられているもう一つの方法は図 3.22 に示すように 2 本の固いカンチレバービーム（片持ちばり）を薄い接着層で接着した二重片持ちばり法である．この場合，試験片のアームに蓄えられた曲げエネルギーがクラックの進展にともなって解放される．エネルギーの考え方から，試験片を割裂するために加えられた力 P，ビームの寸法および曲げ剛性率，破壊エネルギー G_a との間に次のような関係式が得られる．

$$P^2 = EIG_a/c^2 \tag{23}$$

ここで，I はビームの断面二次モーメント（長方形断面に関しては $I=wt^3/12$）で，c は図 3.22 に示すようにクラック先端と荷重点間の距離である．曲げ剛性率 EI が c に対応して増加するように断面積を変えることによって，少なくとも原理的にはクラックの進展によって破壊荷重が変化しないような特別なビームもデザインされている．

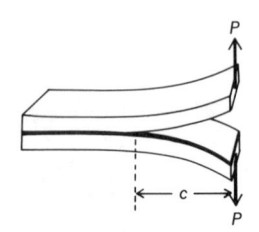

図 3.22 二重片持ちばり実験

引きはがし試験（pull-off test）　図 3.23 にこのシンプルな試験法を示す．固い基材に接着した薄い被着材 (strip) を引きはがし，そのときの単位幅当りの力を P とする．その仕事は被着材のはく離部分の伸張と接着破壊に費やされる．はく離部分が線形弾性を示し，引きはがす角度 θ が小さいと仮定すると，P と θ の関係は

$$P = Et\theta^3 \tag{24}$$

であらわされる．ここで，E ははく離部分の引張り弾性

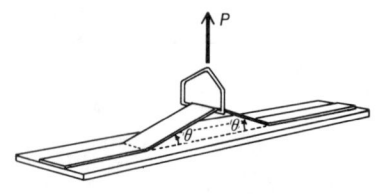

図 3.23 引きはがし試験

率，t はその厚さである．破壊エネルギーの項は

$$P^4 = 19.0 EtG_a^3 \qquad (25)$$

である．よって，引きはがし力 P を測定し，これとは別にはく離部分の弾性率を測定すれば，破壊エネルギーを求めることが可能である．しかしながら，分離（破壊）が進行している間は少なくとも原理的には P も θ も一定であるので，P と θ の積の形で単純な関係が得られる[145]．

$$G_a = \frac{3}{8} P\theta \qquad (26)$$

この試験では破壊エネルギーの連続的な測定が一つの試験片で単純な観察によってできる．

この実験手法で特記すべきことは (24) 式の P と θ とが比例関係にないことである．すなわち，系が弾性を示せば，荷重とたわみが直線関係にしたがわない系にも破壊力学の原理が適用できるということである．他のこのような例については次の項で示す．

ブリスター試験(blister test) ブリスター試験は実際におこる破壊プロセスに似た方法で固い基材と薄い層やフィルム（例えば塗膜）の接着強さを測定するので，よく用いられる．また，この方法は破壊エネルギー G_a の降伏値を理論的に解析できる．しかし，それは条件によっていくつか異なる形態を示す．一定圧力の接着していない部分（ブリスター：泡）の半径がオーバーレイ層の厚さに比べて小さい場合の破壊基準は前述の (20) 式に示す引張り試験の場合とまったく同じである．ブリスターの半径がオーバーレイ層の厚さとほぼ同程度の場合は，その層は主に曲げによって変形し，破壊圧力 Π は次式のようになる[133]．

$$\Pi^2 = 128 E G_a t^3 / 9 a^4 \qquad (27)$$

ここで，t はオーバーレイ層の厚さ，a はブリスターの半径である．

第三のケースは，ブリスターの半径 a が層の厚さ t よりも大きい場合（図 3.24）であり，これが特に重要である．原理的には層の変形は二軸延伸であり，破壊がおこる時点でのブリスター内の圧力 Π とその高さ y の関係は次のようになる．

$$\Pi = 4.75 E t y^3 / a^4 \qquad (28)$$

E は層の有効引張り弾性率である．ブリスターの成長にともなうひずみエネルギーの変化から，破壊がさらに進むときの圧力は界面の破壊エネルギーを含む次式の形で求められる．

$$\Pi^4 = 18.0 E t G_a^3 / a^4 \qquad (29)$$

たとえオーバーレイ層が線形弾性体であると仮定しても，膨らんだ膜の反りが小さい場合には (28) 式に示す

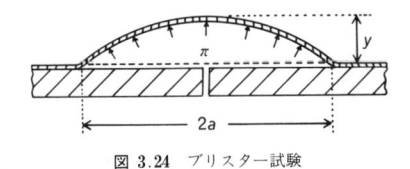

図 3.24 ブリスター試験

ように加圧力と反り高さとの間には 3 乗の関係がある．その結果，(29) 式の破壊圧力は (25) 式と同様に破壊エネルギーの 3/4 乗に比例することになる．そこで，破壊圧力 Π とブリスターの反り高さ y を同時に測定すれば破壊エネルギー G_a を次のような非常に簡単な式から求めることができる．

$$G_a = 0.65 \Pi y \qquad (30)$$

このようにブリスターが成長するときに吹き出す圧力が一定でなくても，その圧力とそれに対応するブリスターの高さを測定すれば，連続的に接着の強さを計算することができる．その他のパラメーターは必要ない．

伸びないロッドおよびファイバーの引抜き試験(pull-out of inextensible rods and fibers) 複合材料の補強構成物として用いられるファイバーやコードにとっては周囲の材料との接着強さは非常に重要なパラメーターである．この特性を測定する一つとして，マトリックス材料のブロックの中にファイバーやロッドの一部分を埋め込み，これを引き抜く力 P を測定する方法がある．図 3.25 にその実験方法を図示する．破壊に関してエネルギー保存の法則を適用することにより，引抜き力 P は界面の破壊エネルギー G_a を含む次式で求められる[153]．

$$P^2 = 4\pi a A E G_a \qquad (31)$$

ここで，a はファイバーの半径，A はファイバーを埋め込んでいるブロックの断面積である．実験の結果，半径の小さいロッドあるいはファイバーに関しては十分この式にしたがうが，半径が大きい場合や，埋込み深さが大きい場合には引抜きの摩擦抵抗の項をこの式に追加しなければならない[154]．

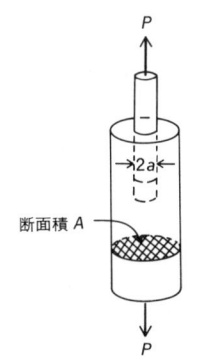

図 3.25 断面積 A の弾性体ブロックからの半径 a の伸びないロッドの引抜き

もしこの項が大きくなければ，引抜き試験には接着強さを測定するための多くの利点がある．破壊は埋め込まれたファイバーの先端から始まり，ファイバーの長さ方向に沿って進むので，引抜き力 P は少なくとも原理的には一定である．さらに，たとえファイバーが強く接着されていようと破壊はファイバーの周囲でおこる傾向がある．なぜなら，(31) 式に示すように破壊先端の半径 a が小さくなると引抜き強さも低下するからである．ゆえに，接着強さが被着材の凝集力に近い場合や，破壊面が界面から接着剤自体にずれる傾向があるときにこの試験方法

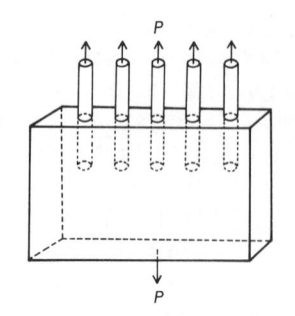

図 3.26 一つのブロックから同時に n 本のファイバーを引き抜く実験

は有効である．

多くのファイバーが一つのブロックに埋め込まれ，すべてが同時に引き抜かれる場合（図 3.26）の分離（破壊）の仕事は明らかに1本のファイバーの n 倍（n：ファイバー数）になる．ブロックに蓄えられるひずみエネルギーも n 倍になり，引き抜き力は $n^{1/2}$ 倍増加する．このようにエネルギーの考え方からは n 個のファイバーを一つの弾性体ブロックから引き抜くとき，その力は $n^{1/2}$ に比例するという意外な結論が導かれる．この予想は図 3.27 に示すように1本から10本のコードをラバーブロックから引き抜く実験から実証された[153]．これは接合物や構造体の接着強さの特徴を単純なエネルギー計算によってうまく説明した例である．

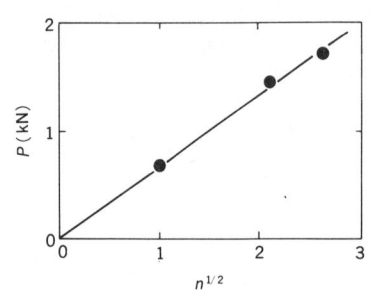

図 3.27 一つのブロックから同時に n 本のファイバーを引き抜く場合の全引抜き力 P の $n^{1/2}$ に対するプロット

繊維破砕試験（fiber fragmentation） 微細なファイバー界面の接着強さを評価する変わった方法として，単繊維引張り試験（the single fiber tensile test）[155] がある．複合材料中の強化構成物として用いられるガラスファイバーやカーボンファイバーの直径は数マイクロメーターしかなく，そのような小さな繊維の引抜き力を測定することは不可能ではないが，きわめて困難である．それに代わって，この試験方法では1本のファイバーをマトリックス材料である引張りバーに引張り軸に沿って埋め込み，このバーを引張ることによって伸張性のないファイバーを二つに切る．さらにバーを引き伸ばすことによってファイバーは切断され，ファイバーが短くなるまでバーを引き伸ばす．しかし，ある限度以上短くなるとそれ以上バーを引き伸ばしてもファイバーは切れなくな

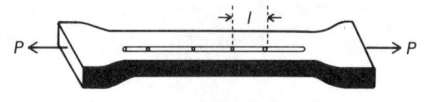

図 3.28 単繊維破砕実験

る．この状態を図 3.28 に図示する．

ファイバーが十分短くなると，せん断応力によってマトリックスから伝達される力はもはやファイバーを切断するために働かない．単純な応力バランスから伝達される最大せん断応力 σ_a により界面の強さを次のようにあらわすことができる．

$$\sigma_a = \sigma_b a / l_c \tag{32}$$

ここで，σ_b はファイバーの引張り強さ，a はファイバーの半径，l_c は切断されたファイバーの平均長さである．

l_c を測定することによって，界面の接着強さ σ_a を推定することが可能であり，このような測定が多く報告されている[155~158]．しかし，破壊に関するこの基準は簡単にはエネルギーの項には転換できない．エネルギー基準は(32)式とは異なる形態をとるようである（シングルラップせん断試験の応力解析とそこで適用した破壊のせん断応力基準を参照）．よく伸びるマトリックス中の固いファイバーの挙動と接着との間の興味深い関係を利用し，(32)式を用いて解析することを推薦しておく．ただし，エネルギーによる解析が成し遂げられたときにはそれを用いるべきである．

必要な試験方法 提案されている接着の測定方法のすべてについて説明することはいとわないが，リストアップすることも不可能である．しかしながら，これまで述べてきた以外にまだまだ必要なことがある．一つは，例えばマイクロ電子工学や生物医学の応用分野における実用的な薄膜の接着強さの測定である．これについてはMittal による詳しい総説[159] があるが，一般的に満足できる方法はまだ確立されていないようである．

もう一つのさしせまった要求は接着の非破壊試験である．界面の小さな欠陥部を見つけ出すには，例えばX線写真を利用するなどさまざまな方法があるが，筆者の知る限りでは，欠点がないにもかかわらず弱い接着を強い接着と区別する方法は現在のところ実際に破壊する以外にない．

結論

接着性の測定に何が最良の方法であろうか？ フレキシブルな材料に関しては，はく離角の浅い，45°前後の，テキストに書かれた予防処置を施したはく離試験が良いであろう．構造用接着剤に関しては割裂試験とねじり試験があるが，後者の方がわずかに多く利用されている．どちらの方法においても，本質的に被着材は弾性限界内になければならない．そうでなければ，定量的な結果を定量的に議論する拠り所となる基本的なエネルギーバランスは無効となる．

フィルムやテープに関しては引きはがし試験が適切で

3. 接着の基礎

あろう．この試験ではフィルムやテープの固さが不十分であったり，引張りに対して可塑的過ぎる場合には補強材として固い弾性体がバッキング（裏打ち）に用いられる．塗膜が可塑的過ぎて弾性体として取り扱えない場合にも同じ方法が用いられる．

接着強さ

破壊エネルギー G_a によってあらわされる実際の接着強さの値は前節に記述したどの方法によっても求めることができる．その値は数 J/m^2 から $10,000 J/m^2$ の範囲あるいはそれ以上である．ある接着剤の配合の接着強さと他のそれとはなぜ異なるのだろうか．この大きな値の差について説明しなければならない．それは接着強さが界面における分子間力と接着剤の変形の両方に関係するためである．

破壊点近傍で可塑的降伏や流動，その他，接着剤内でのエネルギー散逸を行う特性を有するものが本質的に強い接着剤である．しかしながら，この領域から遠ければ変形は小さく事実上弾性体として取り扱うことができるであろう．例えば，構造用接着剤は降伏なしに相当高い荷重を支えることができる．しかし，破壊直前に高い応力がかかった部分は局部的に降伏しているようである．

では，分子レベルの分離の相互作用の影響と不可逆的な局部変形について検討してみよう．

分子の相互作用

材料間に分子レベルでの強い相互作用があると強い接着がなされるということはもっともらしいが，誤解を招くことがよくある．事実，比較的弱い分子間の結合，例えばすべてのものに存在するファンデルワールス結合は強い材料や接合を形成するのに重要である．化学結合の本質的な強さと材料の機械的な強さあるいは界面の強さとの間の相関関係は比較的低いことが多い．

良い相関関係を見出すには，まずその系からすべての散逸メカニズムを取り除かなければならない．分子の分離や界面での破壊に比べ，接着系の破壊はその過程でエネルギーが消費されるので，接着強さは見かけ上本来の強さより高くあらわれる．そこで，軟らかい接着剤に関しては粘性流動の可能性を除去しなければならない．一つの方法は高分子間に軽い架橋を行うことである．この方法では物質との相互作用の性質は保存され，分離（破壊）時の流動の部分は取り除かれる．

次のステップも欠くことができない．架橋されたポリマーであっても，「内部粘性（internal viscosity）」タイプの分子セグメントの内部運動による散逸がある．それゆえに，これらのプロセスでエネルギーの吸収を最小にするために非常に低速で，またガラス転移温度より十分高温でその強さを測定する必要がある．

最後に，接着剤はポリマーそのもの（あるいは，一致した流動特性を示すもの）でできているであろう．もしも，補強するための粒子が存在するならば，エネルギーを他の方法，例えば内部摩擦，粒子とポリマーのぬれ消失あるいは相互にくっついている粒子の分離などによって散逸させるかもしれない．これらの注意すべき点をすべて満足したとき，ポリマーと基材の界面における分子間の相互作用のみをあらわす閾値強さ（threshold strength）と呼ばれる最も低い値に近い接着強さを測定することが可能である．このように非常に厳しい条件であることからわかるように，このような方法で実際に試験された接着材料の数は非常に少ない．

閾値強さ

残念ながら，閾値強さの公表された測定法は矛盾しているようである．ある報告[160]によると，単純で軽く架橋されたポリマーの閾値条件下での接着強さ G_a は約 $0.1 J/m^2$ であり，ファンデルワールス結合エネルギーから予測される値に近いが，他の報告[161]では，同様のポリマーの閾値強さは約 $1 J/m^2$ で非常に大きい．この矛盾の明快な解明が待たれる．今のところ，われわれとしてはその値は非常に小さく，構造用に利用されているものに比べはるかに低いということだけは記憶に留めておこう．例えば，$1 J/m^2$ という強さは幅 $1m$ に対し，たった 1 ニュートン（約 $102 gf$）の 90° はく離抵抗に対応する．重力による力は一般にこれを越えるであろう．閾値条件下での強い接合形成には界面の強い相互作用が必要である．

化学的カップリング

二つの物質を化学的に結合させるために，さまざまな二官能性物質が用いられる．このようなカップリング剤として最も良く用いられるのは

表 3.1 シランカップリング剤

タイプ	構造式	適応ポリマー
ビニルトリエトキシシラン	$CH_2=CHSi(OCH_2CH_3)_3$	架橋ポリエチレン 熱硬化性ポリエステル，ジエンエラストマー
γ-グリシドオキシプロピルトリメトキシシラン	$CH_2OCHCH_2O(CH_2)_3Si(OCH_3)_3$	エポキシ，ウレタン，ポリ塩化ビニル，フェノール樹脂
γ-アミノプロピルトリエトキシシラン	$NH_2CH_2CH_2CH_2Si(OCH_2CH_3)_3$	エポキシ，メラミン，ナイロン，ポリカーボネート，ポリイミド
γ-メルカプトプロピルトリメトキシシラン	$HSCH_2CH_2CH_2Si(OCH_3)_3$	エピクロロヒドリン，ウレタン，ポリ塩化ビニル

(a) 加水分解

$$CH_3-CH_2-O-\underset{\underset{O-CH_2-CH_3}{|}}{\overset{\overset{O-CH_2-CH_3}{|}}{Si}}-CH=CH_2 + 3H_2O \longrightarrow HO-\underset{\underset{OH}{|}}{\overset{\overset{OH}{|}}{Si}}-CH=CH_2 + 3CH_3CH_2OH$$

(b) 縮合

ガラス$-OH + HO-\underset{\underset{OH}{|}}{\overset{\overset{HO}{|}}{Si}}-CH=CH_2 \longrightarrow$ ガラス$-O-\underset{\underset{OH}{|}}{\overset{\overset{HO}{|}}{Si}}-CH=CH_2 + H_2O$

(c) カップリング

ガラス$-O-\underset{\underset{OH}{|}}{\overset{\overset{HO}{|}}{Si}}-CH=CH_2 + \sim C=C\sim \longrightarrow$ ガラス$-O-\underset{\underset{OH}{|}}{\overset{\overset{HO}{|}}{Si}}-CH_2-\underset{|}{\overset{|}{C}}{\begin{matrix}\\ \\\end{matrix}}$

図 3.29 (a) トリエトキシビニルシラン；(b) ガラス上での縮合；(c) ジエン重合体との反応

たぶんシランである．これは，ガラスや金属のような無機材料のOH基および接着剤分子の反応性基の両方に反応するように設計されている[162]．シラン分子はその反応性基の種類により特定の接着剤と選択的に反応する．いくつかの例を表3.1に示す．ガラスファイバーをポリエステルに，カーボンファイバーをエポキシ樹脂に，タルク粒子をナイロンに接着するような特殊なカップリング剤が開発されてきている．ファイバーグラス複合材料に用いられるすべてのガラスファイバーは実際にシラン処理をうけている．この処理によって熱水耐久性が大幅に向上する．

単純なカップリング剤の例としてトリエトキシビニルシランを図3.29に示す．この物質は加水分解をうけてシラノール基をつくる．これが，例えば図3.29(b)に示すガラスのような適切な材料表面のOH基と縮合して強い化学結合を形成すると考えられている．分子内にビニル基を有するポリマーがシラン処理をうけた表面に接触すると図3.29(c)に示すように原則的には二つのビニル基が結合することが可能であり，基材とポリマーの化学結合が行われる．

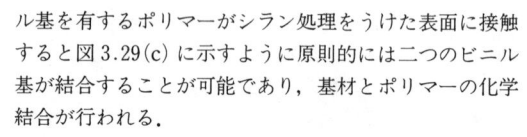

図3.30に示すように，閾値強さはシランによる内部結合の増加にともなってポリマー自体の本質的な閾値強さに近づき，非常に高くなる．しかし，それは20～100 J/m²のオーダーである[161]．実際の接着接合はエネルギー散逸過程によってさらに強化されるはずである．

軟らかい接着剤のレオロジー

速度と温度の影響 軽く架橋したポリマーの固い基材への接着強さは破壊速度の上昇にともなって著しく増加する．その一例を図3.31に示す．また，その強さは温度の低下にしたがって高くなる．ゆえに，閾値条件から高速，低温に移ることにより測定される接着強さはしば

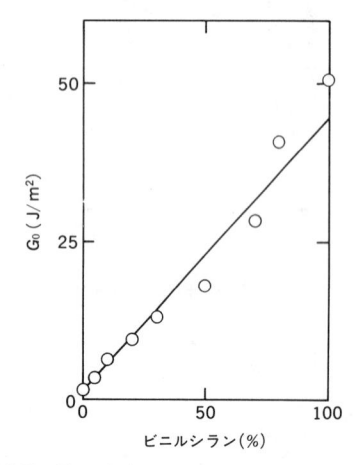

図 3.30 種々の比率のトリエトキシビニルシランで処理したガラスにポリブタジエン層を接着した場合の閾値強さ（文献161より引用）

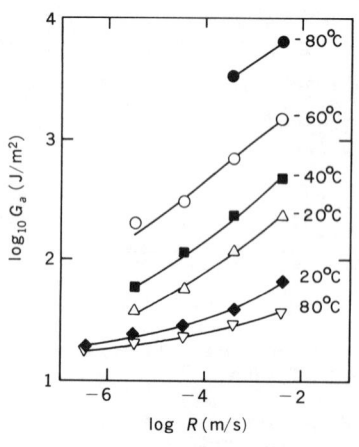

図 3.31 シラン混合物によって処理されたガラスへのポリブタジエンの接着強さのさまざまな温度におけるはく離速度依存性（文献161より引用）

3. 接着の基礎

しば大きく上昇する．このことは，ノーマルな環境下ではポリマーは均等に変形しないので，例えばチューインググムの固有の接着性能がたとえ低くても，いかに強く接着することが可能であるかということの説明となる．

事実，単純な粘弾性体である接着剤が試験速度の上昇にともなってその接着強さが増加するのとまったく同様に，試験温度を適当に下げることによっても接着強さは高くなる．これが速度-温度等価原理と呼ばれるものである．ガラス転移温度 T_g 以上の非晶の高分子 (amorphous glass-forming liquids) に関して，ある温度 T における応答速度と，T_g における応答速度との比 a_T に関する普遍的な関係を Williams, Landel, Ferry (WLF) が提案した[163]．

$$\log_{10} a_T = 17.4(T-T_g)/(51.6+T-T_g) \quad (33)$$

この a_T はまた T と T_g における分子セグメントのブラウン (Brownian) 運動の速度の比でもあり，これが WLF 式の理論の基礎である．

この関係式を利用した例を図 3.31 に示す．ガラスに接着したエラストマー層の破壊エネルギー G_a を温度をパラメーターとしてはく離速度の関数としてプロットしている．図からわかるように，各温度の結果をはく離速度の対数にプロットするとほぼ平行な曲線が得られる．これらのカーブを速度軸に沿ってシフトすると1本の曲線に重なり（図 3.32）[161]，シフトした量 $\log a_T$ は (33) 式によく一致する．これは接着強さの温度依存性が分子セグメントの運動速度に対応して変化することを示している．それはぬれと接着に関する熱力学的なことに関係するのではなく，接着層が基材から引きはがされるときの動力学的なファクター，たぶん粘性損失過程に関係する．

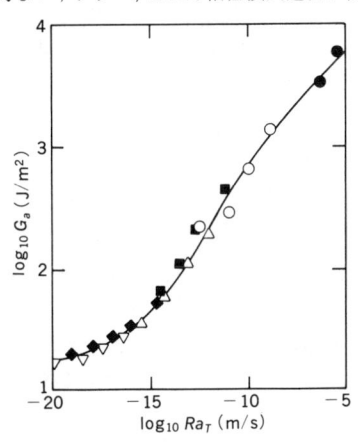

図 3.32 T_g (−95℃) における実効はく離速度に対する接着強さのマスターカーブ（図 3.31 のデータを使用）

重ね合わせた結果，図 3.32 に示すように1本のマスターカーブが得られる．任意の温度（この場合は T_g）における破壊エネルギーがその温度のはく離速度の関数として得られる．このようにして狭いはく離速度範囲であっても，種々の温度における破壊エネルギーを測定することにより広範囲な速度依存性を推論することができる．

WLF 式は単純な粘弾性体のみに適用されることを強調しておく．半結晶性やガラス状態の接着剤には適用できない．それでも，やはり WLF 式は分離の仕事における内部散逸過程の重要性を指摘している．

あるエポキシ樹脂接着剤とゴム変性エポキシ樹脂接着剤の試験速度，温度の関数としての機械的な応答（弾性率や破壊エネルギー）は重ね合わせにより単純なマスターカーブを形成するが，そのシフトファクター a_T は温度の不変な関数ではなく，個々の接着剤のタイプによって経験的に決定されるものであろう．ガラス状態の接着剤に関する接着強さの速度・温度依存性をよく理解するためにはもっと多くの研究が必要である．しかしながら，ガラス転移温度以上の粘着剤に比べると，ガラス状態の接着剤のレオロジカルな影響は一般的に少ない．

接触による接着 ある種の接着剤は軽い力で短時間接触するだけでしっかりと粘着する特別な性質（タック）を有している．それゆえ，それらは流動液体のように被着材表面を素速くぬらし，まるで固体に急速に変化したかのように引きはがされることに対して抵抗する．このような明らかに矛盾した性質は接着剤の性質を微妙にコントロールすることによって達成されるものである．まず第一に，素速いぬれを確実に行うためには接着剤は変形が容易でなければならない．荷重1秒後の圧縮コンプライアンスが約 $10^{-6} m^2/N$ より大きいことが推奨される[164]．顕微鏡スケールではたとえ基材表面が凹凸であっても，接着剤分子と基材分子との引き合う力は接着剤と基材の密接な接触に重要な働きをする．

第二に，接着剤がはがれるとき，その界面の分離先端は相当に高い応力をうける．もし，降伏する固体のように流動することが可能であれば，破壊先端を鈍らせて，応力を小さくし，破壊を防ぐことができる．また，高いひずみレベルにおいて接着剤が強靱な固体に変わって固くなると，接着層そのものが簡単に破壊されなくなる．ゆえに，高ひずみレベルでは固いが，低い応力下では容易に流動する物質は粘着剤として潜在的に有望である．いくつかのエラストマーは分子の対称性のために延伸時に急速に結晶化して，強化される．cis-ポリイソプレン（天然ゴム），$trans$-ポリクロロプレン（ネオプレン），ポリイソブチレンはすべて高ひずみで結晶する特性を有し，このためにこれらは粘着剤の主剤として使用される．

粘着剤の配合に要求されることは小さなひずみに対してはほとんど抵抗を示さず，早急にぬれが進み，かつ容易に流動して壊れることなく大きな変形を維持できることである．これらの特性は特殊な樹脂（粘着付与剤）を添加した高分子量の分子のからみあいによるルーズなネットワークにより得られる．

粘着付与剤 粘着付与剤はエラストマーに添加し，タックを改善するために用いられる材料である．それらは一般に分子量 500〜2000 の範囲で広い分子量分布をもっている．それらの軟化点は 50℃ から 150℃ で，エラストマーに添加すると，相溶限界を有するものがあ

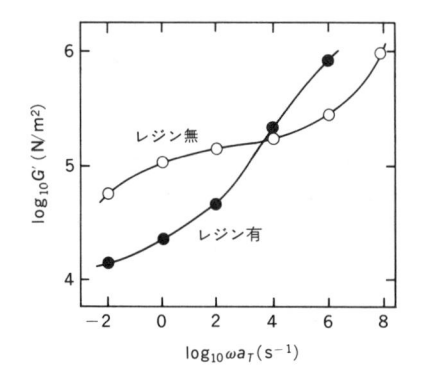

図 3.33 変形周波数 ωa_T の関数としての天然ゴムの動的弾性率 G' に及ぼす粘着付与剤の影響（文献 167 より引用）

る[165,166]．通常の粘着付与剤はロジン誘導体，クマロン-インデン樹脂，テルペンオリゴマー，脂肪族石油樹脂，アルキル変性フェノールなどを含んでいる．

粘着付与剤添加によるエラストマーのレオロジカルな特性の影響を調べることは粘着付与剤の働きを理解する上で有益である．図 3.33 に粘着付与剤を添加した天然ゴムと添加しないもののせん断貯蔵弾性率 G' を示す[167]．粘着付与剤を添加したものは低速（低周波数）域では変形に対する抵抗は低く（G' は粘着付与剤無添加のものより低い），ゆえに接着剤と基材の接触が容易になる．また，接触過程に比べ，接着試験の変形速度は高いが，その速度領域では G' は高く，材料は強い．この挙動は充填剤や可塑剤を添加した場合と対比される．充填剤添加の場合弾性率は高くなるが，接着操作時の接触が容易ではない．また，可塑剤添加の場合は接触は容易に行われるが，接着剤自体の凝集力は低くなってしまう．粘着付与剤は接着時の接触を容易にし，接着破壊時の弾性率を上げて接着強さを高くするという二つの特性をうまく合わせもたせることのできる物質である．

粘着剤に関する速度と温度の影響 粘着剤は軟らかい半固体のエラストマーからなる．図 3.34 に示すように，粘着剤のはく離強さははく離速度と試験温度に強く依存する[168]．低速度域では，はく離強さは速度の上昇にともなって高くなり，破壊は完全に接着層内の粘性流動によりおこる．さらにはく離速度が上昇すると，ある速度で（これは試験温度による）突然界面破壊に転移する．この領域では基材から接着剤がきれいに分離して，はく離強さは非常に低くなる．このような転移ははく離先端の接着層の変形速度が上昇することにより，接着剤分子の絡み合いがほぐれたり，液体のように流動できなくなり，絡み合ったままの状態のときにおこる．低速度域では接着剤分子の絡み合いがほぐれるのに必要な応力は比較的小さいが，延性流動で消費される仕事は大きく，これにともなってはく離強さ（分離の仕事）は高くなる．弾性状態では分離の仕事は主に界面近傍で消費され，その大きさは比較的小さい．

突然の転移がおこるはく離速度や試験温度は分子セグメントのブラウン運動速度に直接関係している．それゆえに，単純な粘弾性体である接着剤の挙動は図 3.35 に示すように WLF の速度（時間）-温度等価則（(30) 式）にしたがう．その臨界速度以上の領域でははく離強さは以前に検討した因子，すなわち界面での引き合う力と被着材内のエネルギー散逸過程に依存する．臨界速度より低速側では粘性液体あるいは粘弾性体の破壊に至るまでの延伸に費やす仕事量をはく離強さとして主に測定していることになる．

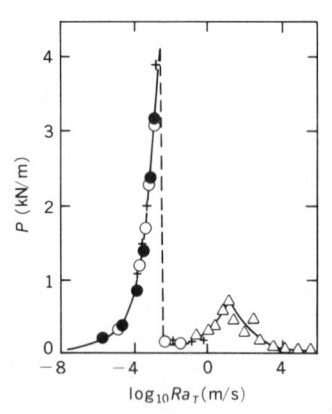

図 3.35 図 3.34 の結果の 23℃ における実効はく離速度に対する再プロット（文献 168 より引用）

軟らかい接着剤のこのような特性はその配合比を変えることによってコントロールすることができる．例えば，液体の粘度については可塑剤で調整することができる．分子セグメントの絡み合いが自由にスリップできなくなる変形速度と温度はポリマーの分子量とガラス転移温度に依存する．分子量が増加するか，ガラス転移温度が上昇すると凝集破壊から界面破壊への転移がおこる臨界変形速度は低速側にシフトする．接着強さを最大にするために，技術的には高分子量のフラクションを含む主ポリマーに粘着付与剤や充填剤，あるいはぬれ性が悪い粒子のような空胞生成剤（vacuole initiator）などを添加し，分子量分布をコントロールすることが有益である．

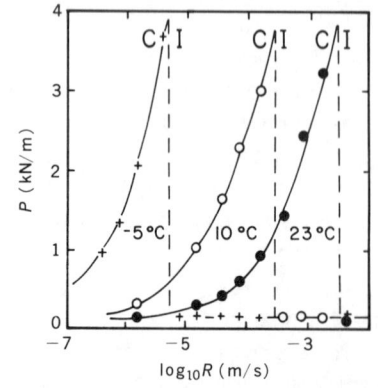

図 3.34 マイラーに接着したエラストマー層のはく離強さの速度依存性．C と I はそれぞれ凝集破壊と界面破壊を意味する．（文献 168 より引用）

しかし，このような接着強さを高くするようなさまざまなメカニズムを利用するためにはある程度の本質的な接着が不可欠であることを強調しておく．もし，本質的な接着がなければ，それを強化することのできる変形やエネルギー散逸も利用できない．

自着（autohesion） 類似しているものが接触したならば接着性は良好であるが，それらは前述の基本的な条件を満たしているからであろう．二つの表面は分子レベルで密接に接触していなければならず，また材料そのものは流動せずに高い応力に抵抗できることが必要である．後者の性質はグリーン強度（green stregth）と呼ばれ，エラストマー化合物の重要な特徴である．強くくっつくエラストマーは単純な液体と区別される．両方とも分子が容易に接触（付着）するが，液体は低い応力で容易に流動し，分離してしまう．適切な配合のエラストマー（接着剤）では破壊に至るまで引張り大変形が行われる．非晶のエラストマー（伸張によって結晶化しないもの）はその分子の絡み合いによって高い凝集力やグリーン強度をもつことができる．これらのエラストマーの分子量が分子の絡み合いがおこりうる分子量より低い場合にはそれらのグリーン強度は低く，また逆にそれよりも十分に大きい分子量の場合にはそれらは液体のように流動せず，接触過程においても容易にはぬれない．

NRのような延伸によって結晶化する材料は非常に良い自着性を示す．これは粘度を比較的低くすることにより接触過程でのぬれを容易にし，なおかつ延伸による結晶化のために高いグリーン強度を示すためである．このほかにいくつかの延伸-結晶性エラストマーが合成されており[169,170]，それらはNRに匹敵するかそれ以上に自着性とグリーン強度を示している．これらには*trans*-ポリペンテナマー，*trans*-ブタジエン-ピペリレンエラストマー，ウラニウム-触媒ポリブタジエンなどがある．

エラストマーの延伸による結晶化は有益であるけれども，ひずみがない状態で部分結晶性であることはまったく必要がない．これは接触過程のぬれと接着形成を抑制するであろう．このことは部分結晶性のEPRやEPDMの自着性が非常に悪いという報告[171]からもわかる．

内部拡散（interdiffusion） 二つの異なる層が接触したとき，それぞれの表面の分子が界面を通して拡散するかもしれない．この過程は分子量が低いときに促進される．強い自着には必要な条件であると提案されている[171]が，一方では良好な接着性能を得るには界面での密接な分子間の接触が重要であり，界面を横切る分子の拡散は必ずしも必要でないと考えられている[173]．粘着剤はポリマー分子がまったく浸透しないガラスのような基材にも強く接着される．

何人かの研究者達によって自着における接触時間と接触圧力の影響が調べられている[174〜176]．一般に，接着強さは図3.36に示すようにある時間までは接着時間の増加にともなって高くなり，その後は一定値になる[176]．一定値に達したときに完全な接触と内部拡散がおこったと考

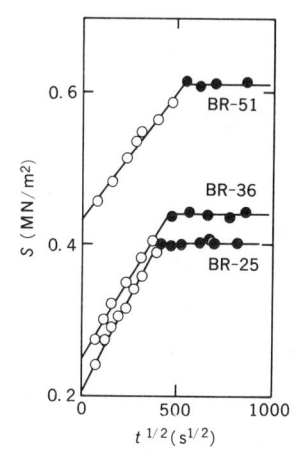

図3.36 タイプの異なるポリブタジエンの接触時間 t における引張り強さの変化（文献176より引用）

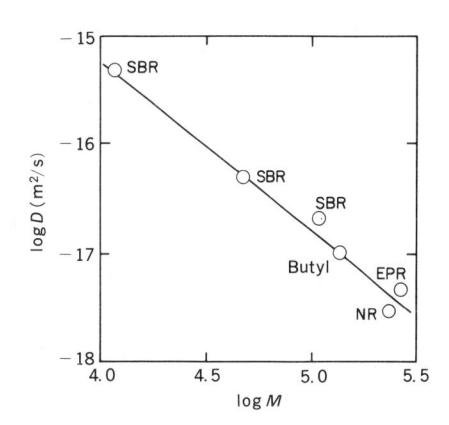

図3.37 分子量 M に対する種々のエラストマーの自己拡散係数 D（文献177より引用）

えられている．さまざまなエラストマーの室温における自己拡散係数 D の分子量に対するプロットを図3.37に示す[177]．データは少ないが，それらは1本の直線上に乗る．このことは，NRとSBRの自己拡散速度の分子量依存性が同じであることを示唆している．典型的な市販のエラストマーで分子量が20万〜30万の場合には $D ≒ 10^{-17} m^2/s$ である．この D の値をもとにしたSkewisの計算によると接触後1秒間に達成される典型的なエラストマー分子の拡散距離は約4.5nmであり，これは実質的な浸透としては十分である．このようにエラストマーに関しては接触過程に問題が残るために自着（タック）の発展には原理的に限界がありそうである．このことは最近の研究[178]によって確かめられている．$t=0$ のときに一定圧力で二つのゴム表面を接触させ，$t=t_1$ のときに解圧した．このとき，$0 < t < t_1$ の範囲ではタックは増加したが，$t > t_1$ では一定値であった．内部拡散は圧力の関数ではなく，解圧後も内部拡散は続いているので，上記の結果からタックを支配している因子は内部拡散ではなく接触の程度であることがわかる．

分子量の影響　NR の自着と強さに対する分子量の影響を図 3.38 に示す[179]．凝集力は分子量の増加にしたがって高くなる．一方，ある一定時間接触させた場合の自着の大きさは分子量の増加にしたがってブロードなピークを示す．

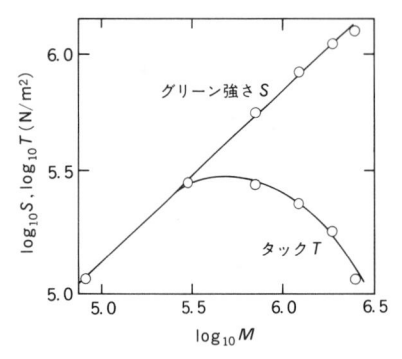

図 3.38　分子量 M に対する自着の引張り強さ（タック T）と凝集力（グリーン強度 S）（文献 179 のデータより）

十分低分子量の領域では接触と拡散が比較的迅速に行われるが，凝集力が低いために（グリーン強度に限界があるので）タックは低い．高分子量領域では，たとえ実質的にグリーン強度が高くなっても分子の運動性が制限されるので接触と拡散が遅い．ゆえに相対的なタックは 1 より十分小さく，タックの絶対的なレベルも（接合形成に問題があるために）低い．中間的な分子量のところでタックは最高になる．

実用的な見地からは，タックと分子量の関係が比較的ブロードなピークを示したことは有益である．このことは，すなわち，グリーン強度またはタックが大きく損なわれることなく，その製造工程においてかなり大きい範囲のバリエーションが考えられる．

結　論

この章で述べた表面，界面，接着，接着強さに関してはかなり理解できたが，実際問題としてまた大きなギャップがある．例えば，接着への破壊力学をさらに適用することは必然である．ある形の接着試験結果から他の形の破壊挙動を予想できず，現在の試験方法では満足できない．結局，破壊力学の原理を広く応用することによりこのような問題は解決されるであろうが，現在の方法に代わってもっとダイレクトに，もっと容易に解決できる方法が要求される．例えば，薄膜の接着強さを基本的なパラメーターであらわすことのできるような，満足できる測定法は現在のところまだないようである．

有限要素法を含む詳細な応力解析を複雑なモデル系についても行っていなかければならない．そこで，接着剤高分子と接着された構成物の両方の非線形，塑性変形，粘弾性的な応答を考慮した取扱いが展開される必要がある．接着科学の基礎的な研究を十分解釈するには，接着剤と被着材内部のエネルギー散逸の重要性を認識し，理解することが必要である．多くの研究者はエネルギー散逸がない状態での力学的な試験から得られる界面での本質的な接着強さに関して誤った結論を導いている．

耐　久　性

接着接合は界面におけるさまざまな化学反応，著しい加水分解，侵食，溶解などにより劣化する．プライマーや防止剤がこの影響を小さくするが，それらの働きはよく理解されていない．現在，接着の耐用年数を予測する可能性を探るためにはまず接着劣化に関するプロセスを十分理解することが必要である．

接着の非破壊試験

現在，最も必要な試験はたぶん実際に破壊せずにその強さを測定する方法である．材料に接触せずに界面における欠点を検出する方法はある．これは非破壊試験では重要なことであるが，筆者らが知る限りでは，ある接着が本来ある接着強さよりも低いか否かを非破壊法によって査定する方法は目下のところ見当らない．

謝　辞　この章は the National Science Foundation と the Office of Naval Reseach の援助による接着科学の研究プログラムの一部として作成された．

[A. N. Gent and G. R. Hamed／秦野恭典 訳]

関　係　書　目

Anderson, G. P., Bennett, S. J., and DeVries, K. L., "Analysis and Testing of Adhesive Bonds," New York, Academic Press, 1977.
Cherry, B. W., "Polymer Surfaces," Cambridge, UK, Cambridge Univ. Press, 1981.
Kinloch, A. J., "Adhesion and Adhesives: Science and Technology," London, Chapman and Hall, 1987.
Mittal, K. L. (ed.), "Adhesive Joints," New York, Plenum Press, 1984.
Wake, W. C., "Adhesion and the Formulation of Adhesives," London, Applied Science Publishers, 1976.
Wu, S., "Polymer Interface and Adhesion," New York, Marcel Dekker, 1982.

参　考　文　献

1. Fowkes, F. M., *J. Adhesion Sci. Technol.* **1** (1), 7 (1987).
2. Deryagin, B. V., *Research*, **8**, 70 (1955).
3. Raff, R. A. V., and Sharan, A. M., *J. Appl. Polym. Sci.*, **13**, 1129, (1969).
4. Deryagin, B. V., Krotova, N. A., and Smilga, V. P., "Adhesion of Solids," New York and London, Consultants Bureau, 1978.
5. Roberts, A. D., in "Adhesion-1," Allen, K. W., ed.,

p. 207, London, Applied Science Publishers, 1977.
6. Weaver, C., *J. Vac. Sci. Technol.* **12**, 18 (1975).
7. Krupp, J. and Schnabel, W., *J. Adhesion*, **5**, 296 (1973).
8. Voyutskii, S., "Autohesion and Adhesion of High Polymers," New York, Wiley-Interscience, 1963.
9. Buchan, S., "Rubber to Metal Bonding," London, Crosby Lockwood and Son, 1959.
10. van Ooij, W. J., *Rubber Chem. Technol.*, **52**, 605 (1979).
11. van Ooij, W. J., *Rubber Chem. Technol.*, **57**, 421 (1984).
12. Donatelli, T., and Hamed, G. R., *Rubber Chem. Technol.*, **56**, 450 (1983).
13. Y. Kobatake, Y. and Inoue, Y., *Appl. Sci. Res.*, **A7**, 53 (1958).
14. Bikerman, J. J., "The Science of Adhesive Joints," New York, Academic Press, 1968.
15. Bailey, W. J., Ni, Z. and Wu, S. R., *J. Polym. Sci., Polym. Chem. Ed.*, **20**, 3021 (1982).
16. W. J. Bailey, *Polymer J.*, **17**, 85 (1985).
17. Anderson, G. P., Bennett, S. J., and DeVries, K. L., "Analysis and Testing of Adhesive Bonds," New York, Academic Press, 1977.
18. Ripling, E. J., Mostovoy, S., and Patrick, R. L., *Mater. Res. Stand.*, **4**, 129 (1964).
19. Malyshev, B. M., and Salganik, R. L., *Int. J. Fract. Mech.*, **1**, 114 (1965).
20. Williams, M. L., *J. Appl. Polym. Sci.*, **13**, 29 (1969).
21. Buckley, D. H., "Surface Effects in Adhesion, Friction, Wear, and Lubrication," New York, Elsevier Scientific Publishing Co., 1981.
22. Mittal, K. L. (ed.), "Surface Contamination: Genesis, Detection, and Control," Vols. 1 and 2, New York and London, Plenum Press, 1979.
23. Laidler, K. J., "Chemical Kinetics," Chapter 6, pp. 256–320, New York, McGraw-Hill, 1965.
24. Dillingham, R. G., Ondrus, D. J., and Boerio, F. J., *J. Adhesion*, **21**, 95 (1987).
25. Hamed, G. R., *Rubber Chem. Technol.*, **54**, 576 (1981).
26. Gillberg, G., *J. Adhesion*, **21**, 129 (1987).
27. Abbott, E. J., and Firestone, F. A., *Mech. Eng.*, **55**, 569 (1933).
28. Williamson, J. B. P., "Topography of Solid Surfaces—An Interdisciplinary Approach to Friction and Wear," pp. 85–142, NASA SP-181, 1978.
29. Buchanan, R., in Lee, L. H., ed.,"Adhesive Chemistry: Developments and Trends," p. 543, New York, Plenum Press, 1984.
30. Farnsworth, H. E., *Phys. Rev.*, **49**, 605 (1936).
31. Bauer, E., in "Interactions on Metal Surfaces," Gomer, R., ed., pp. 227–271, New York, Springer-Verlag, 1975.
32. Ishida, H., *Rubber Chem. Technol.*, **60**, 497 (1987).
33. Paralusz, C. M., *J. Coll. Interface Sci.*, **47**, 719 (1974).
34. Tshmel, A. E., Vettegren, V. I., and Zolotuerv, V. M., *J. Macromol. Sci.—Phys.*, **B21** (2), 243 (1982).
35. Whitehouse, R. S., Counsell, P. J. C., and Lewis, C., *Polymer*, **17**, 699 (1976).
36. Stewart, I. M., in "Microstructural Analysis: Tools and Techniques," J. L. McCall and W. Mueller, eds., pp. 281–285, New York, Plenum Press, 1973.
37. Davis, L. E., MacDonald, N. C., Palmberg, P. W., Riach, G. E., and Weber, R. E., "Handbook of Auger Electron Spectroscopy," 2nd Edition, Eden Prairie, MN, Physical Electronics Industries, 1976.
38. Carlson, T. A., "Photoelectron and Auger Spectroscopy," New York, Plenum Press, 1975.
39. Wagner, C. D., Riggs, W. M., Davis, L. E., Moulder, J. F., and Muilenberg, G. E., "Handbook of X-Ray Photoelectron Spectroscopy," Eden Prairie, MN, Perkin-Elmer Corp., 1979.
40. Spell, H. L. and Christenson, C. P., *TAPPI*, **62**, 77 (1979).
41. Briggs, D., Brewis, D. M., and Konieczo, M. B., *J. Mater. Sci.* **11**, 1270 (1976).
42. Dillingham, R. G., and Boerio, F. J., *J. Adhesion*, **24**, 315 (1987).
43. Boerio, F. J., and Ondrus, D. J., *J. Adhesion*, **22**, 1 (1987).
44. Commercon, P., and Wightman, J. P., *J. Adhesion*, **22**, 13 (1987).
45. Boerio, F. J., and Ho, C. H., *J. Adhesion*, **21**, 25 (1987).
46. Buchwalter, L. P., and Greenblatt, J., *J. Adhesion*, **19**, 257 (1986).
47. Kinloch, A. J., Welch, L. S., and Bishop, H. E., *J. Adhesion*, **16**, 165 (1984).
48. Chan, C.-M., *J. Adhesion*, **15**, 217 (1983).
49. Taglauer, E., and Heiland, W., *Appl. Phys.*, **9**, 261 (1976).
50. Benninghoven, A., Evans, C., Jr., Powell, R., Shimizu, R., and Storms, H. (eds.), "Secondary Ion Mass Spectrometry," New York, Springer-Verlag, 1979.
51. Sickafus, E. N., *Ind. Res. Dev.*, **22**, 126 (1980).
52. Briggs, D., *J. Adhesion*, **21**, 343 (1987).
53. Davies, J. T., and Rideal, E. K., "Interfacial Phenomena," New York, Academic Press, 1963.
54. Gutowski, W., *J. Adhesion*, **19**, 29 (1985).
55. Gutowski, W., *J. Adhesion*, **19**, 51 (1985).
56. Fowkes, F. W., in "Treatise on Adhesion and Adhesives," R. L. Patrick, ed., New York, Marcel Dekker, 1967.
57. Young, T., *Phil. Trans. Roy. Soc., London*, **95**, 65 (1805).
58. Zisman, W. A., and Fox, H. W., *J. Colloid Sci.*, **5** 514 (1950).
59. Dann, J. R., *J. Colloid Interface Sci.*, **32**, 302, 321 (1970).
60. Dupre, A., "Théorie Mécanique de la Chaleur," p. 369, Paris, Gauthier-Villars, 1869.
61. Good, R. J., and Girifalco, L. A., *J. Phys. Chem.*, **64**, 561 (1960).
62. Gent, A. N., and Schultz, J., *J. Adhesion*, **3**, 281 (1972).
63. Andrews, E. H. and Kinloch, A. J., *Proc. Roy. Soc. (London)*, **A332**, 401 (1973).
64. Fowkes, F. M., and Mostafa, M. A., *Ind. Eng. Chem. Prod. Res. Dev.*, **17**, 3 (1978).

65. Fowkes, F. M., *J. Phys. Chem.*, **67**, 2538 (1963).
66. Drago, R. S., Vogel, G. C., and Needham, T. E., *J. Am. Chem. Soc.*, **93**, 6014 (1971).
67. Drago, R. S., Parr, L. B., and Chamberlain, C. S., *J. Am. Chem. Soc.*, **99**, 3203 (1977).
68. Nozari, M. S., and Drago, R. S., *J. Am. Chem. Soc.*, **92**, 7086 (1970).
69. Fowkes, F. M., Tischler, D. O., Wolfe, J. A., Lannigan, L. A., Ademu-John, C. M., and Halliwell, M. J., *J. Polym. Sci., Polym. Chem. Ed.*, **22**, 547 (1984).
70. Fowkes, F. M., McCarthy, D. C., and Tischler, D. O., in "Molecular Characterization of Composite Interfaces," H. Ishida and G. Kumar, eds., pp. 401–411, New York, Plenum Press, 1985.
71. Solomon, J. S., and Baun, W. L., in Ref. 22, Vol. 2, p. 609.
72. Marmur, A., Dodiuk, H., and Pesach, D., *J. Adhesion*, **24**, 139 (1987).
73. Fischer, T. E., and Kelemen, S. R., *Surface Sci.*, **69**, 1 (1977).
74. Roberts, J. K., *Proc. Roy. Soc. (London)*, **A152**, 445 (1935).
75. De Lollis, N. J., "Adhesives, Adherends, Adhesion," Huntington, New York, Robert E. Krieger Publishing Co., 1980.
76. Jennings, C. W., in "Recent Advances in Adhesion," L.-H. Lee, ed., pp. 469–483, London, Gordon and Breach Science Publishers, 1973.
77. Poole, P., in "Industrial Adhesion Problems," D. M. Brewis and D. Briggs, eds., pp. 258–284, New York, John Wiley and Sons, 1985.
78. Kinloch, A. J., *J. Adhesion*, **10**, 193 (1979).
79. Minford, J. D., *J. Appl. Polym. Sci. Appl. Polym. Symp.*, **32**, 91 (1977).
80. Cotter, J. L., in "Developments in Adhesives—1," W. C. Wake, ed., p. 1, London, Applied Science Publishers, 1977.
81. Kinloch, A. J., (ed.), "Durability of Structural Adhesives," London and New York, Applied Science Publishers, 1983.
82. Eickner, H. W., and Schowalter, W. E., "A Study of Methods for Preparing Clad 24S-T3 Aluminum Alloy Sheet Surfaces for Adhesive Bonding," Report No. 1813, Forest Products Laboratory, May, 1950.
83. Wegman, R. F., Bodnar, W. M., Bodnar, M. J., and Barbarisi, M. J., *SAMPE J.*, Oct/Nov, 35 (1967).
84. McCarvill, W. T., and Bell, J. P., *J. Appl. Polym. Sci.*, **18**, 343 (1974).
85. Pattnaik, A., and Meakin, J. D., *J. Appl. Polym. Sci. Appl. Polym. Symp.*, **32**, 145 (1977).
86. Weber, K. E., and Johnston, G. R., *SAMPE*, **6**, 16 (1974).
87. McCarvill, W. T., and Bell, J. P., *J. Adhesion*, **6**, 185 (1974).
88. McCarvill, W. T., and Bell, J. P., *J. Appl. Polym. Sci.*, **18**, 2243 (1974).
89. Davis, G. D., and Venables, J. D., in Ref. 81, p. 43.
90. Venables, J. D., McNamara, D. K., Chen, J. M., Sun, T. S., and Hopping, R. L., *Appl. Surf. Sci.*, **3**, 88 (1979).
91. Davis, G. D., Sun., T. S., Ahearn, J. S., and Venables, J. D., *J. Mater. Sci.*, **17**, 1807 (1982).
92. Noland, J. S., in "Adhesion Science and Technology," L-H. Lee, ed., p. 413, New York, Plenum Press, 1975.
93. Arrowsmith, D. J., and Clifford, A. W., *Int. J. Adhesion Adhesives*, **5**, 40 (1985).
94. Evans, J. R. G., and Packham, D. E., *J. Adhes.*, **10**, 177 (1979).
95. Ibid., 39 (1979).
96. Packham, D. E., in "Adhesion Aspects of Polymeric Coatings," K. L. Mittal, ed., New York, Plenum Press, 1983.
97. Brockmann, W., in Ref. 81, p. 281.
98. Gettings, M., and Kinloch, A. J., *J. Mater. Sci.*, **12**, 2049 (1977).
99. Briggs, D., in "Surface Analysis and Pretreatment of Plastics and Metals," D. M. Brewis, ed., p. 199, London, Applied Science Publishers, 1982.
100. Kruger, R., and Potente, H., *J. Adhesion*, **11**, 113 (1980).
101. U. S. Patent 3,018,189, George W. Traver, to Traver Instruments, Inc., January 23, 1962.
102. Rossman, K., *J. Polym. Sci.*, **19**, 141 (1956).
103. Kim, C. Y., and Goring, D. A. I., *J. Appl. Polym. Sci.*, **15**, 1357 (1971).
104. Briggs, D., *J. Adhesion*, **13**, 287 (1982).
105. Blythe, A. R., Briggs, D., Kendall, C. R., Rance, D. G., and Zichy, V. J. I., *Polymer*, **19**, 1273 (1978).
106. Briggs, D., and Kendall, C. R., *Int. J. Adhesion Adhesives*, **2**, 13 (1982).
107. Baszkin, A., and Ter-Minassian-Saraga, L., *Polymer*, **15**, 759 (1974).
108. Baszkin, A., Nishino, M., and Ter-Minassian-Saraga, L., *J. Colloid Interface Sci.*, **54**, 317 (1976).
109. U. S. Patent 2,668,134, Paul V. Horton, to Plax Corporation, February 2, 1954.
110. Shield, J., "Adhesives Handbook," London, Butterworth Publishers, 1970.
111. Westerdahl, C. A. L., Hall, J. R., Schramm, E. C., and Levi, D. W., *J. Coll. Interf. Sci*, **47**, 610 (1974).
112. DeLollis, N. J., *Rubber Chem. Technol*, **46**, 549 (1973).
113. Malpass, B. W., and Bright, K., in "Aspects of Adhesion—5," D. J. Alner, ed., p. 214, London, University of London Press, 1969.
114. Westerlind, B., Larsson, A., and Rigdahl, M., *Int. J. Adhesion Adhesives*, **7**, 141 (1987).
115. Schonhorn, H., "Adhesion Fundamentals and Practice," p. 12, New York, Gordon and Breach, 1969.
116. Brewis, D. M., and Briggs, D., *Polymer*, **22**, 7 (1981).
117. U. S. Patent 2,632,921, W. H. Kreidl, March 31, 1953.
118. Briggs, D., Brewis, D. M., and Konieczko, M. B., *J. Mat. Sci.*, **14**, 1344 (1979).
119. Yamakawa, S., *J. Appl. Polym. Sci.*, **20**, 3057

(1976).
120. Matsumae, K., and Yamakawa, S., *Wire J.*, **3**, 47 (1970).
121. Yamakawa, S., Yamamoto, F., and Kato, Y., *Macromolecules*, **9**, 754 (1976).
122. Schultz, J., Carré, A., and Mazeau, C., *Int. J. Adhesion Adhesives*, **4**, 163 (1984).
123. Dahm, R. H., Barker, D. J., and Brewis, D. M., in "Adhesion—4," K. W. Allen, ed., p. 215, London, Applied Science Publishers, 1980.
124. Nelson, E. R., Kilduff, T. J., and Benderly, A. A., *Ind. Eng. Chem.*, **50**, 329 (1958).
125. Dwight, D. W., and Riggs, W. M., *J. Colloid Interface Sci.*, **47**, 650 (1974).
126. Lerchenthal, C. H., Brenman, M., and Yitshaq, N., *J. Polym. Sci. Polym. Chem. Ed.*, **13**, 737 (1975).
127. Lerchenthal, C. H., and Brenman, M., *Polym. Eng. Sci.*, **16**, 747 (1976).
128. Griffith, A. A., *Phil. Trans. Roy. Soc. (London)*, **221**, 163 (1920).
129. Rivlin, R. S., *Paint Technol.*, **9**, 215 (1944).
130. Ripling, E. J., Mostovoy, S., and Patrick, R. L., *Materials Res. Stand.*, **4**, 129 (1964).
131. Malyshev, B. M., and Sagalnik, R. L., *Int. J. Fracture Mech.*, **1**, 114, (1965).
132. Williams, M. L., *Proc. 5th U.S. Natl. Congress on Appl. Mech., Minneapolis, June, 1966*, p. 451, New York, ASME, 1966.
133. Williams, M. L., *J. Appl. Polym. Sci.*, **13**, 29 (1969).
134. Outwater, J. O., and Gerry, D. J., *J. Adhesion*, **1**, 290 (1969).
135. Gent, A. N., and Kinloch, A. J., *J. Polym. Sci., Part A-2*, **9**, 659 (1971).
136. Lindley, P. B., *J. Inst. Rubber Industr.*, **5**, 243 (1971).
137. Williams, M. L., *J. Adhesion*, **4**, 307 (1972).
138. Kendall, K., *Proc. Roy. Soc. (London)*, **A344**, 287 (1975).
139. Kendall, K., *J. Phys. D: Appl. Phys.*, **8**, 512 (1975).
140. Kendall, K., *J. Materials Sci.*, **11**, 638 (1976).
141. Maugis, D., *Le Vide*, No. 186, 1 (1977).
142. Kendall, K., in "Adhesion—2," K. Allen, ed., p. 121, London, Applied Science Publishers, 1978.
143. Maugis, D., and Barquins, M., *J. Phys. D: Appl. Phys.*, **11**, 1989 (1978).
144. Gent, A. N., *Rubber Chem. Technol*, **56**, 1011 (1983).
145. Gent, A. N., *J. Adhesion*, **23**, 115 (1987).
146. Gent, A. N., and Kaang, S. Y., *J. Adhesion*, **24**, 173 (1987).
147. Sack, R. A., *Proc. Phys. Soc. (London)*, **58**, 729 (1946).
148. Mossakovskii, V. I., and Rybka, M. T., *PMM*, **28**, 1061 (1964); *J. Appl. Math. Mech*, **28**, 1277 (1964).
149. DeVries, K. L., Gramoll, K. C., and Anderson, G. P., *Polym. Eng. Sci.*, **26**, 962 (1986).
150. Gent, A. N., and Lindley, P. B., *Proc. Roy. Soc. (London)*, **A249**, 195 (1958).
151. Hencky, H., *Z. Math. Phys.*, **63**, 311 (1915).
152. Takashi, M., Yamazaki, K., Natsume, T., and Takebe, T., *Proc. 21st Japan. Congress Materials Res. 1977, March, 1978, Tokyo*, p. 260.
153. Gent, A. N., Fielding-Russell, G. S., Livingston, D. I., and Nicholson, D. W., *J. Materials Sci.*, **16**, 949 (1981).
154. Gent, A. N., and Yeoh, O. H., *J. Materials Sci.*, **17**, 1713 (1982).
155. Kelly, A., and Tyson, W. R., in "High Strength Materials," V. F. Zackay, ed., Chap. 13, p. 578, New York, John Wiley and Sons, 1965.
156. Drzal, L. T., Rich, M. J., Camping, J. D., and Park, W. J., *Proc. 35th Annual Tech. Conf., Soc. Plast. Ind., 1980*, Section 20-C, p. 1.
157. Galiotis, C., Young, R. J., Yeung, P. H. J., and Batchelder, D. N., *J. Materials Sci.*, **19**, 3640 (1984).
158. Bascom, W. D., and Jensen, R. M., *J. Adhesion*, **19**, 219 (1986).
159. Mittal, K. L., *Electrocomponent Sci. Tech.*, **3**, 21 (1976).
160. Johnson, K. L., Kendall, K., and Roberts, A. D., *Proc. Roy. Soc. (London)*, **A324**, 301 (1971).
161. Ahagon, A., and Gent, A. N., *J. Polym. Sci. Polym. Phys. Ed.*, **13**, 1285 (1975).
162. Plueddemann, E. P., "Silane Coupling Agents," New York, Plenum Press, 1982.
163. Williams, M. L., Landel, R. F., and Ferry, J. D., *J. Am. Chem. Soc.*, **77**, 3701, (1955).
164. Dahlquist, C. A., in "Adhesion Fundamentals and Practice," p. 143, New York, Gordon and Breach Science Publishers, 1969.
165. Hock, C. W., *J. Polym. Sci. Part C*, **3**, 139 (1963).
166. Kamagata, K., Kosaka, H., Hino, K., and Toyama, M., *J. Appl. Polym. Sci*, **15**, 483 (1971).
167. Aubrey, D. W., and Sherriff, M., *J. Polym. Sci., Chem. Ed.* **16**, 2631 (1978).
168. Gent, A. N., and Petrich, R. P., *Proc. Roy. Soc. (London)*, **A310**, 433, (1969).
169. Bruzzone, M., Carbonaro, A., and Gargani, L., *Rubber Chem. Technol.*, **51**, 907 (1978).
170. Dall'Asta, G., *Rubber Chem. Technol.*, **47**, 511 (1974).
171. Crowther, B. G., and Melley, R. E., *J. Inst. Rubber Industr.*, **8**, 197 (1974).
172. Voyutskii, S. S., "Autohesion and Adhesion of High Polymers," New York, Interscience Publishers, 1963.
173. Anand, J. N., *J. Adhesion*, **5**, 265 (1973).
174. Skewis, J. D., *Rubber Chem. Technol.*, **38**, 689 (1965).
175. Beckwith, R. K., Welch, L. M., and Nelson, J. F., *Rubber Chem. Technol.*, **23**, 933 (1950).
176. Bothe, L., and Rehage, G., *Rubber Chem. Technol.*, **55**, 1308 (1982).
177. Skewis, J. D., *Rubber Chem. Technol.*, **39**, 217 (1966).
178. Hamed, G. R., *Rubber Chem. Technol.*, **54**, 403 (1981).
179. Forbes, W. G., and McLeod, L. A., *Trans. Inst. Rubber Industr.*, **30**, 154 (1958).

4. 接着のための表面処理

表面や界面の性質が接合形成や接着性能を支配するという点で、接着剤による接合は組立製造法の中で特異的である。汚染物質が単分子層の場合でも接着剤のぬれを妨げ、界面に生じた弱い層が破壊を早める弱い接合の要因となる。このため、多くの接着剤の塗付方法や技術の研究が、接着剤と被着材の界面に焦点を定めている。金属では表面の性質は、たいていの場合表面に存在する金属酸化物の層によって決まる。この層は強く金属に接着し、湿気などに強くなければならない。弱いときは、酸化物の層を取り除くか、より安定な酸化物の層に置き換えなければならない。高分子表面では、離型剤などの汚染を取り除かないと、完全な接着は行われない。結晶化時などに低分子量の成分が表面に押し出されるが、それも取り除かなければならない。

実際には金属表面を含め、接着剤と被着材のエネルギー論でぬれと接着が説明される。多くの高分子では、酸化やプラズマ処理などによって表面の極性を高めないと、固有のぬれや穏当な接着強度は発現しない。

過去数十年にわたって、表面エネルギー論やぬれ、接着などの多くの研究がされており、いくつかの一般論が示されてきた。これらは信頼性が高く、強い接着接合を得るために必要な、接着剤の選択や表面処理の指針となる。これらの有用な情報のいくつかを簡単に紹介するが、詳しくは本百科の3章およびその他の章や、章末の文献を参照されたい。

専門的背景

揮発性や蒸発熱、表面張力、粘度、溶解性などの分子間の物性の多くは、二次原子価力（価電子による二次的な力；secondary valence force）によって決定される[1]。分子間の物性の場合と同様に、二次原子価力が主に、接着接合に必要なぬれや接着といったものにかかわっている。分子間の力とは、①ロンドン力または分散力。すなわち、軌道電子の瞬間的な偏りによる正味の電離や分極で、比較的弱く短期間ではあるが、いかなる物質にも存在するもの。②電気陰性度の相違によって生じる、共有結合上の電荷の偏りによる双極子間力。③水素結合。水素供与体と水素受容体の存在によって生じる、比較的強力な双極子の一種。これらの結合の例を**表4.1**に示す。

溶解、ぬれ、接着といった、物質間の相互作用を効果的に促進させるためには、物質の二次力の構成がある程度の一致をしていなければならない。物質の二次力の構成が大きく異なると、同じ物質同士で凝集してしまう。一例をあげると、強い水素結合性のアルコールは、分散力しか働かない炭化水素には溶けない。同様のことが、エポキシ系接着剤とポリエチレンやポリプロピレンの表面との間におこる。エポキシ系接着剤は強い双極子力と水素結合力をもつのに対し、ポリエチレンやポリプロピレンにはエポキシと共通の二次力は弱い分散力しかない。そのためエポキシ系接着剤はエネルギーを内部で共有しあい、ポリエチレンやポリプロピレンの表面をぬらさない。このような、エネルギーの低いポリエチレンなどの表面を酸化やプラズマ処理すると、双極子や水素結合をもつ官能基が生じ、相互作用をするようになり、処理された表面は、極性の高いエポキシ系接着剤で接着できるようになる。

液体、固体表面とも、物質の相対的なエネルギーを定量的に測定する方法が数多く開発され、ぬれ方を予想する際や効果的な接着接合に必要な表面改質をする際の大

表4.1 分子間力

型	例	相対強度
ロンドンの分散力	瞬間に移動する電子	弱い（すべての材料に存在）
双極子	$H-F, -C-Cl, -C≡N, =C=O$	中ぐらい
水素結合	供与体：$-O-H, -N-H$	強い
	受容体：$O=C=, O\begin{matrix}H\\<\\R\end{matrix}$	

4. 接着のための表面処理

表 4.2 高分子固体の臨界表面張力と溶解度パラメーター

ポリマー	γ_c (dyne/cm)	溶解度パラメーター
ポリヘキサフルオロプロピレン	16	6
ポリフッ化ビニル	28	—
ポリエチレン	31	8
ポリスチレン	33	8.6〜9.1
ポリビニルアルコール	37	
ポリ塩化ビニル	39	9.6
ポリエチレンテレフタレート	43	10.7
ポリヘキサメチレンアジパミド	46	13.6
金　　属	>500	—

いなる手助けとなっている．

溶解度パラメーター[2]

液体では，存在する二次原子価力の相互作用の結果である相対凝集エネルギー密度が，蒸発熱（分子を引き離すのに必要なエネルギー）にもとづく溶解度パラメーターに反映している．各種の低分子や高分子材料の値の一覧は，多くの成書や報告に見られる[2,3]．高分子の値は，溶媒への溶解度や膨潤度から間接的に導かれる．この値はしばしば1桁であるが，分散，極性，水素結合に起因する個々のエネルギー成分が，有用な情報として含まれている．典型的な数値を表 4.2 に示す．この値から，直接的には溶解性や相溶性の関係が予見でき，また間接的には，表面エネルギーやぬれ性が示される．

接触角の測定

固体表面上の液滴の接触角は，液体の二次原子価力が，固体のそれと相互作用する程度を反映している．Young は，図 4.1 に示した界面の力，表面張力，エネルギーのつり合いの式を導いた[4]（γは固体S-気体V，固体S-液体L，液体L-気体V界面の表面張力）：

$$\gamma_{SV} - \gamma_{SL} = \gamma_{LV} \cdot \cos\theta$$

接触角の大きさが小さいことは，固体へのぬれの高い潜在力と良い親和性を示す．

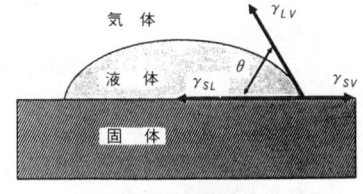

図 4.1 接触角

このエネルギーの関係を進めた式が，Young-Dupreの式[5]，$W_a = \gamma_{LV}(1+\cos\phi)$ で，接着の仕事すなわち結合エネルギーが直接的に，液体の表面張力と固体と液体の接触角で関係づけられている．

固体の臨界表面張力

固体の表面張力は直接的には測定不可能であるが，Zismanによって得られた経験則[6]が，相対表面エネルギーの値を得るのに有効である．この方法は，一連の純粋な液体を用いて図 4.1 に示した接触角を測定し，その結果を図 4.2 に示したように作図することによってなされる．接触角を零度（$\cos\theta = 1$）に外挿し，得られる値を固体の臨界表面張力とする．Kaelble によるさらなる研究[7]の結果，特に水素結合が液体-固体界面に存在する場合，極性の高い力による特別な効果を考慮することによって，臨界表面張力の決定がより容易になることが示された．

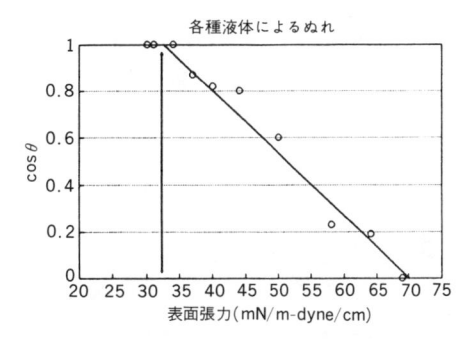

図 4.2 固体表面の臨界表面張力の決定

これらの関係は予想する価値があり，塗付する接着剤の表面張力より，固体表面の臨界表面張力が高いときによくぬれる（粘度，時間なども重要な変数である）．表 4.2 に代表的な値を示す．

表面エネルギー関係の例

前項までにあげたエネルギーの関係および導かれる値を考慮すれば，強固な接着接合を達成すると予見できる接着剤および表面処理の方法の選択が容易となる．いくつかの例を以下に示す．

溶解度パラメーターの値が 8〜13 の一連の接着剤[8]で接着されたポリエステル基材（溶解度パラメーター 10.3）において，図 4.3 に示すように，基材の溶解度パラメーターと選択した接着剤の溶解度パラメーターの値が近づくと，測定されるはく離接着強さの値は急激に上昇する．二つの値が一致すると，相互拡散の度合が最大になり，破壊点が界面から遠ざかる．

表 4.2 と 4.3 から，エポキシ系接着剤（表面張力 45 dyne/cm $= 4.5 \times 10^{-2}$ N·m^{-1}）はポリエチレン（臨界表面張力 31 dyne/cm $= 3.1 \times 10^{-2}$ N·m^{-1}）のようなエネルギ

表 4.3 液体の表面張力と溶解度パラメーターの構造による相関

物質	分子間力	表面張力 (dyne/cm)	溶解度パラメーター			
			トータル[a]	分散力	分極	水素結合
n-ヘキサン	分散力だけ	18.4	7.24	7.23	0.0	0.0
塩化メチレン	分散力と双極子力	26.5	9.93	8.91	3.1	3.0
メタノール	分散力と水素結合	22.6	14.3	7.4	6.0	10.9
水	分散力と水素結合	73	23.5	6.0	15.3	16.7
代表的なエポキシ系接着剤	分散力と水素結合	45	8〜13	(弱い水素結合力)		

a : $\sqrt{d^2+p^2+h^2}$

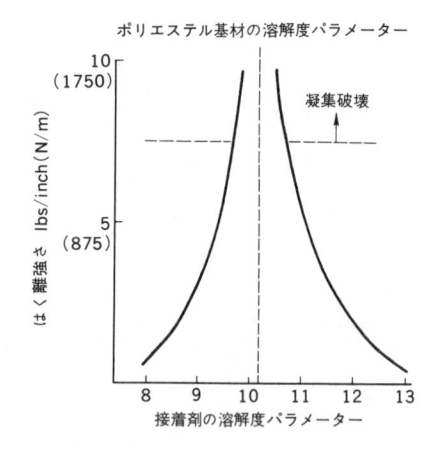

図 4.3 さまざまな接着剤で接着されたポリエステルのはく離強さ

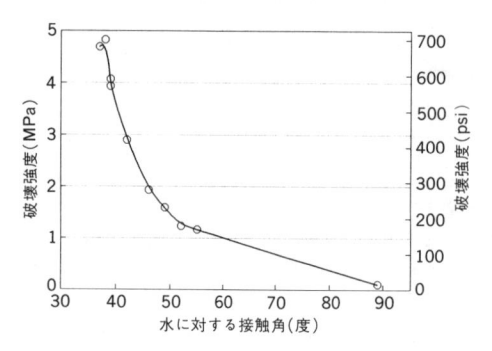

図 4.4 エポキシ系樹脂と表面処理をしたポリエチレンとの接合強さ

一の低い表面にぬれて，効果的に接着するとは予想できない．ポリエチレン表面を硫酸性重クロム酸溶液でエッチングすると接着強度は上昇し，同様に，(極性が上昇し)表面の水に対する接触角は下がる（図4.4)[9]．

がよい．指紋でさえも接着剤のぬれと広がりを妨げる．

堆積物は酸やアルカリなどの薬液で払拭または洗浄して除去するが，有機汚染物質は脱脂によって除去する．金属では通常，トリクロロエタン蒸気によって脱脂し，研磨するが，エッチング処理が望ましい．化学処理を行う範囲は接着部位のみにとどめてもよいが，脱脂は部品全体に対して行うべきである．洗浄した部品は可能な限り速やかに接着するか，プライマーを塗付すべきである．やむをえず保存しなければならないときには，部品が汚染されないような特別の処置をとる必要がある．すべての部品をしっかりと包むか，油気のない，気密性の容器に保存する．エッチングした表面は，決して素手で触ってはいけない．清潔な布での払拭でさえも，接着に影響を与える．取扱い者は，きれいな木綿の手袋を着用し，きれいな器具を使用する．

多孔質でない非金属材料では，洗剤を使用して脱脂し，純水で完全にすすぎ，乾燥する．洗剤を汚染されていない溶媒で置換することもある．次に表面をサンドブラストし，粗い表面をつくる．

金属表面のきれいさを試験するために，しばしば水を用いる．少量の水を表面にたらす．水が均一に広がれば，金属表面は接着剤でもよくぬれる．水玉ができて転がるようだと，もう一度洗浄し直し，試験を繰り返す．

接着は他の生産作業から隔離された部屋で行う．プラスチックやゴムを成形するのと同じ場所で接着を行う場合には，成形潤滑剤の風媒による金属への堆積を避けるため，両者の間に防壁を立てる．同様の危険は，吹付け塗装，電気めっき，エッチング，機械加工の冷媒などに存在する．貯蔵部品置場も囲み，わずかな圧力差を設け，空気を沪過する．

毒物や汚染物質の使用を最少にする，あるいは制限する表面処理法を模索する研究が数多く行われている．いくつかの方法が開発されたが[13,14]，トリクロロエタンなどの脱脂溶剤や重クロム酸塩などの毒物の代替にはまだ時間がかかる．高分子化合物の表面に関しては，プラズマやコロナ放電が注目されている．

表 面 処 理

一般的考察

接合する表面を正しく準備するために，すべての油脂，異物を除去しなければならない．高性能接着剤では，この段階はとても重要である．よくぬれるためには被着材の表面張力の方が，接着剤のそれよりも高い値である方

金属の脱脂

脱脂浴槽で金属表面を脱脂するには，定常状態のトリクロロエタン蒸気浴中に金属を約30秒間吊り下げる．蒸気浴に汚染物質が蓄積しないように頻繁に確認をとる．脱脂浴槽が入手できないときには，白綿布または吸収性

4. 接着のための表面処理

の綿にトリクロロエタンを浸し、表面を清掃する。このとき使用する綿は頻繁に交換する。トリクロロエタンが蒸発するまでしばらくそのままにする。トリクロロエタンは可燃性ではないが、液状、気体状を問わず毒性があるので、作業場をよく換気する必要がある。トリクロロエタンを取り扱うときは、手袋を着用し、蒸気を吸入しないよう注意を要する。

非金属の脱脂

プラスチックからワックスや離型剤を取り除くのに溶剤や洗剤を使用することができる。スプレックス (DuBois Chemical Co., 1120 West Front, Cincinnati, Ohio) のような市販の洗剤が適している。プラスチックによっては、アセトンやメタノールは有効な溶媒である。ある種の高分子材料では溶媒の使用が逆効果になるので、使用前に試験する必要がある。

表面研磨

中砂の紙やすりなどの研磨材を用いて、平滑な表面を粗くすることによって、接着性を改善することができる。必ず研磨に引き続き脱脂を行い、汚染物質や付着物を除去する。

細目の砂の吹付けが、金属の表面付着物——酸化物皮膜、さび、汚れ、ミルスケール (mill scale)、その他の汚染物質——の除去の最良の方法である。本法はねじれに対して十分に厚い材料に限って適用する。薄い材料では蒸気砥石を用いて汚れを除去する。蒸気砥石とは、サンドブラストと類似の方法で、空気のかわりに高速流の水や蒸気を用いる。双方とも不適の場合、砥石盤やベルト、布、中砂の紙やすり、ワイヤブラシの使用が可能である。プラスチックにおいても、砥石盤やベルト、布、紙やすりを使用し、離型剤を除去する。中砂の紙やすりの使用がよい結果をもたらすことが多い。

表面研磨では、高分子が固化または結晶化するときに押し出され、表面に濃縮される脆弱で低分子量の成分[10]も、他の表面汚染物質と同様に除去される。また固化時に、熱可塑性、熱硬化性いずれの材料とも、しばしば極性が低く、エネルギーの低い官能基を表面に残し、極性の官能基は内側へ配向する[11]。したがって、研磨によってよりエネルギーの高い高分子内部に接近することができる。

化学処理

接合表面の化学的、あるいは電気的前処理によって、接合強度を大幅に増大させることができる。前処理によって金属表面は腐食され、強く結合する酸化物をつくる。このような処理によって、耐候性も上昇する。エッチング液は、ガラスや磁器、ポリエチレン、ポリプロピレン、フッ素化炭化水素系高分子（ポリテトラフルオロエチレンなど）の容器に用意し、容器と同じ材質の攪拌棒で攪拌する。エッチングしない金属は、エッチング液に触れてはいけない。フッ化水素酸などのフッ素化合物を含む溶液では、ポリテトラフルオロエチレンの容器を使用しなければならない。プラスチックの容器は湯浴に浸漬することによって加熱する。ガラスや磁器の容器では熱板や赤外線による加熱が可能である。安全な操作のために下記の注意の項を参照すること。

注意

「(米国) 労働省の職業上の安全と健康管理」では、以下に示す薬品を数段階に分けて、健康に対し有害であるとしている。いくつかは非常に危険である。必要とする薬品に精通し、接着表面を準備する安全な取扱い方法を知るべきである。ほとんどの溶媒や脱脂溶剤、エッチング試薬は有毒であり、混合せずに単独で取り扱っても危険である場合が多い。フッ化水素酸やクロム酸のような試薬は慎重な取扱いが必要である。注意を怠ると、混合の割合が異なって、処理をした結合が弱くなる。また試薬は皮膚をも冒すので、特にフッ化水素酸やクロム酸のような試薬の溶液を用意するときは注意が必要である。エッチング試薬の多くは強酸、強塩基である。濃硫酸を希釈するときは、酸を水で希釈するのではなく、水に酸を加えなければならない。濃硫酸に水を加えると激しい発熱反応がおこる。ゴム製の手袋、前掛け、防護面などを着用する。

本章の資料は信頼性が高いと信じるが、表面処理方法は多数の文献の中から選択し、文献によって基材を相当に変え、経験や状況によって接着条件を変えている。よって、すべての推奨条件は保証できるとは限らず、以下に記載する条件は接着接合の一般的な要求に近い。重大な接合構造物の準備を進める前には、固有の材料による対照をつくる必要がある。

表面処理の表

以下の、接合のための表面処理に関する表は、主にデクスターブレチン (Dexter Bulletin) G 1-600 と、その参照文献の数値に基づいている。この表の中では短縮するために多くの略語を用いている。以下に例をあげる。

重量部 (parts by weight)：pbw、蒸留水あるいはイオン交換水：DI、分：min、時間：hr、化合物名→化学記号（例）フッ化水素酸：HF、重クロム酸ナトリウム：$Na_2Cr_2O_7$、水酸化ナトリウム：NaOH など。

[C. Lynn Mahoney／梶山幹夫 訳]

4. 接着のための表面処理

表面処理—金属

被着金属	洗　浄	研磨または化学処理	方　　法
アルミおよびアルミ合金	トリクロロエタンの蒸気で脱脂 (ASTM D 2651 に概論，文献 12 参照)	(A) クロム酸エッチング 　DI　　　　　　　　　　　　　1 l 　H_2SO_4 (conc.)　　　　　　300 g 　$Na_2Cr_2O_7 \cdot 2H_2O$　　　　60 g 　2024 bare aluminum　　　　1.5 g エッチング液中に"たね"として 20 mil のアルミ板を溶かす． (B) リン酸電解 (Boeing 社の特許の応用)(耐候性向上のため) (ASTM D 3932-80) 電解浴の調製： 　H_3PO_4 (75% conc.)　　　　454 g 　DI　　　　　　　　　　　　　3.7 l 水中に攪拌しながら酸を加える． チタンの格子とステンレスの陰極を用いる．	(A) ● 66～71℃ (150～160°F) の浴中で 12～15 分エッチングする． ● すかさず水を流す！ 5 分間流水を流す．次に蒸留水につけておく． ● 49～60℃ (120～145°F) で完全に乾燥する． ● 接着する表面に触れない． ● 16 時間以内に接着あるいはプライマーを塗付． (B) ● (A) のようにエッチングされた金属を用意する． ● 18～30℃ (65～85°F) で電解． ● 20～25 分かけて電圧を 10～11 V に上げる． ● 電流を断ち，直ちに取り上げ流水で 10～15 分流す． ● 最高 71℃ (160°F) で乾燥． ● 表面に触れない． ● 16 時間以内に接着あるいはプライマーを塗付．
アルミハニカムコアベリリウム (猛毒)	トリクロロエタンの蒸気で脱脂 トリクロロエタンの蒸気で脱脂	しない 水酸化ナトリウムを等量の蒸留水に溶解し，20 wt %になるように希釈．	● 脱脂を繰り返す． ● 82℃ (180°F) で 2 時間，室温あるいは 93℃ (200°F) で 15 分間開放置． ● 冷流蒸留水で完全に洗い落とす． ● 最後に 149～177℃ (300～350°F) の乾燥器で 10～15 分乾燥する． ● 脱脂を繰り返す．
カドミウム	脱　脂	耐水紙やすりで研磨，銀カーボンッケルを電気めっきするのが望ましい．	(A) ● 脱脂を繰り返す． (B) ● 25℃ (77°F) で 1～2 分浸す． ● 冷流蒸留水ですすぐ． ● 直ちに 25℃ (77°F) で空気を吹きつけて乾かす．
銅と銅合金 (黄銅，青銅)	トリクロロエタンの蒸気で脱脂	(A) 耐水紙やすりで研磨． (B) 高い接着力を要求されるときは以下に示すエッチング液でエッチング： 　42% 塩化鉄 (II) 水溶液　　15 pbw 　比重 1.41 の濃硝酸　　　　 30 pbw 　DI　　　　　　　　　　　 197 pbw	● 脱脂のみ
金	蒸気浴かふ布で脱脂	なし	● 脱脂を繰り返す．
鉄：鋳鉄	トリクロロエタンの蒸気浴で脱脂	砂の吹きつけまたは耐水紙やすりで研磨．中砂の耐水紙やすりで研磨．	● 脱脂を繰り返す．
鉛とスズ-鉛合金	トリクロロエタンの蒸気浴で脱脂	中砂の耐水紙やすりで研磨．	● 脱脂を繰り返す．
マグネシウムとマグネシウム合金	液体のトリクロロエタンで洗浄後トリクロロエタンの蒸気浴に 30 秒 (注意：30 秒以上入れない)	(A) 高い接着力を求められるときはエッチングする． 第 1 浴： 　メタケイ酸ナトリウム　　　2.5 pbw 　ピロリン酸四ナトリウム　　1.1 pbw 　水酸化ナトリウム　　　　　1.1 pbw	(A) ● 66～93℃ (150～200°F) で通風乾燥． (B) ● 60～71℃ (140～160°F) の第 1 浴に 10 分浸す． ● 水で完全にすすぐ． ● 71～88℃ (160～190°F) の第 2 浴に 10 分浸す．

4. 接着のための表面処理

材料	脱脂	処理	手順
ニッケル	脱脂	Nacconol® NR (Allied Chem. 社) 0.3 pbw DI 95 pbw 第2浴： 三酸化クロム 1 pbw DI 4 pbw (A) 中砂の耐水紙やすりで研磨 (B) 比重 1.41 の濃硝酸	● 冷流蒸留水ですすぐ ● 60°C (140°F) 以下で通風乾燥 ● 冷却後直ちに接着
白金	脱脂	不要	● 脱脂を繰り返す ● 接着直ちに
銀	脱脂	細目の耐水紙やすりで研磨	(A) より強く接着するときは金属を5秒室温の濃硝酸に浸す (B) 冷流蒸留水で完全にすすぐ ● 40°C (104°F) で風乾
鋼鉄と鉄を含む合金 （ステンレス鋼は除く）	トリクロロエタン蒸気浴で脱脂	(A) サンドブラストまたは中砂の耐水紙やすりで研磨 (B) サンドブラストできないとき 酸浴1： オルトリン酸（比重 1.73） 1 pbw 変性エタノール 1 pbw あるいは 酸浴2： 濃塩酸 1 pbw DI 1 pbw	● 脱脂を繰り返す (A) 60°C (140°F) の酸浴1に10分浸すか、20°C (68°F) の酸浴2に10分浸す (B) 冷流蒸留水中で黒いかすをブラシで落とす ● 250°F で1時間乾燥。相対湿度30%以下の所に保存できないときは直ちに接着
	蒸気浴で脱脂	(A) サンドブラスト (B) サンドブラストできないとき 濃塩酸 1 pt/wt DI 1 pt/wt	● 脱脂を繰り返す (A) サンドブラストできないときは 25°C (77°F) の塩酸浴に30分浸す ● 66°C (150°F) で完全にすすぐ ● 66°C (150°F) で10分乾燥
ステンレス鋼	トリクロロエタンで洗浄	表面の汚れをアルミナ紙やすりのような非金属の研磨材で取りのぞく。 (A) 通常の処理 浴1： マグネシウムの項と同じ。 (B) 高温で使用するときは以下の処理をほどこす 浴2： シュウ酸 1 pbw 濃硫酸（比重 1.86） 1 pbw DI 8 pbw 硫酸を加える前にシュウ酸を溶解する。	(A) 浴1に71〜82°C (160〜180°F) で10分間浸す ● 水道水、それから蒸留水で完全にすすぐ ● 93°C (200°F) で10分乾燥 ● できるだけ早く接着 (B) 185-195°F (85-90°C) で浴2に10分間浸す ● 冷水下、黒いカスをブラシで落とす ● 蒸留水ですすぐ ● 93°C (200°F) で10〜15分乾燥

4. 接着のための表面処理

被着金属	洗浄	研磨または化学処理	方法
タングステンとタングステン合金	トリクロロエタンの蒸気浴で脱脂	(C) はく離抵抗を大きくする必要があるときは(A)処理のあとに次の処理をする(BとCを組み合わせてはならない). 浴3: 　$Na_2Cr_2O_7 \cdot 2H_2O$　　3.5 pbw 　濃硫酸　　　　　　　3.5 pbw 　DI　　　　　　　　200 pbw	(C) ● 60〜71℃ (140〜160°F) で15分, 浴3に浸す. ● 冷水下でナイロンブラシでかき落とす. ● 蒸留水ですすぐ. ● 93℃ (200°F) で10〜15分間乾燥する.
		(A) 中砂の耐水紙やすりで研磨. (B) 最大強度を得るためには以下のエッチングを行う. 　濃塩酸　　　　　　　30 pbw 　DI　　　　　　　　15 pbw 　HF　　　　　　　　5 pbw 　濃硫酸　　　　　　50 pbw 　過酸化水素水　　　　数滴 水に塩酸とフッ化水素を加え, かきまぜながら硫酸を加え, 最後に過酸化水素を加える. 中砂の耐水紙やすりで研磨.	(A) ● 脱脂を繰り返す. (B) ● 25℃ (77°F) で1〜5分間浸す. ● 冷流蒸留水で完全に洗い落とす. ● 71〜82℃ (160〜180°F) で10〜15分間乾燥.
スズ チタンとチタン合金	脱脂 トリクロロエタン蒸気で脱脂, 表面の汚れを非金属の研磨剤でおとす.	(A) メタケイ酸ナトリウム水溶液 (マグネシウムの項参照). (B) より強い接着のために: 浴2 (ポリエチレン容器を使用): 　フッ化ナトリウム　　10 pbw 　三酸化クロム　　　　5 pbw 　DI　　　　　　　　250 pbw 　濃硫酸 (最後に撹拌しながら加える) 50 pbw (C) 逐次処理 (ASTM D 2651): 浴3 (アルカリ洗浄): 　Oakite HD 126®　1.5 oz 　DI　　　　　　to 1 gal 浴4 (希薄酸浴): 　HF (70%)　　　　2〜3 oz(fl) 　$NaSO_4$ (無水塩)　3.0 oz 　HNO_3 (70%)　　40〜50 oz 　DI　　　　　　to 1 gal 浴5 (エッチング浴): 　リン酸三ナトリウム　6.5〜7 oz 　フッ化カリウム　　　2.5 oz	(A) ● 脱脂を繰り返す. (B) ● 71〜82℃ (160〜180°F) で10分浸す. ● 冷流蒸留水ですすぐ. ● 66〜93℃ (150〜200°F) で10〜15分間乾燥. ● 室温で浴2に5〜10分浸す. ● 冷流蒸留水ですすぐ. ● 71〜82℃ (160〜180°F) で10〜15分乾燥. (C) ● 66℃ (150°F) で5分, 浴3に浸す. ● 40℃ (105°F) の流水で2分間洗浄. ● 室温で2分, 浴4に浸す. ● 冷水ですすぐ. ● 室温で2分, 浴5に浸す ● 66℃ (150°F) の蒸留水で15分すすぐ. ● すすぎを繰り返す.

4. 接着のための表面処理

材料	処理			備考
亜鉛, 亜鉛合金とチタン	トリクロロエタン蒸気浴で脱脂	HF (70%)	2.2～2.5 oz	● 60°C (140°F) で30分, 通風乾燥.
		DI	to 1 gal	● クラフト紙に包む.
		(D) Pasa Jell 107® (Sem Co Div., PRC) による表面処理も用いられる.		
		(A) 中砂の耐水紙やすりで研磨		(A)
		(B) 最大強度を得るためには：		● 脱脂を繰り返す.
				(B)
		濃塩酸	20 pbw	● 25°C (77°F) で2～4分, 液に浸す.
		DI	80 pbw	● 冷流蒸留水で完全にすすぐ.
				● 66～71°C (150～160°F) で20～30分乾燥.
				● できるだけ早く接着.

表　面　処　理　——　熱可塑性高分子

被着材	洗　浄	研磨または化学処理	方　　法
ABS	アセトンで脱脂（アルコールも使用できる）	(A) 中砂の紙やすりで研磨. (B) エッチング液: 　濃硫酸　　26 pbw 　$K_2Cr_2O_7$　3 pbw 　DI　　　11 pbw （攪拌しながら水に酸を加える）	(A) ●ほこりを払う. ● Dow Corning 社 A-4094 または GE 社 SS-4101 で処理. (B) ●室温で20分エッチング. ●流水で洗浄. ●蒸留水で洗浄. ●温風乾燥.
セルロース系高分子	メタノールまたは2-プロパノールで脱脂	細目の耐水紙やすり、またはグリットブラストを用いて研磨.	●脱脂を繰り返す. ●93℃(200°F)で1時間加熱し、熱いうちに接着.
フタル酸ジアリル	アセトンまたは2-ブタノンで脱脂	中砂の耐水紙やすりで研磨.	●脱脂を繰り返す.
フッ素化炭化水素 ●ポリ(クロロトリフルオロエチレン) ●ポリ(四フッ化エチレン) ●ポリフッ化ビニル	アセトンまたは2-ブタノンで脱脂. 他に文献12参照、火炎処理、コロナ放電などを適用できる.	化学エッチングを用いて: 　金属ナトリウム　　23 g 　ナフタレン　　　128 g 　テトラヒドロフラン　1 l 無水状態で用意（乾燥した溶媒、外気を遮断したフラスコ、スターラー、乾燥した試験管）. テトラヒドロフラン中にナトリウムを加え、撹拌しつつナフタレンを一度に2時間、1/4～1/2立方インチのナトリウムを加えながら、室温で16時間放置したのち、2時間撹拌する. ガラス栓の容器中に貯蔵し、空気や湿気を遮断する. 換気装置のある所で用いる.	●アセトンまたは2-ブタノンで洗浄後冷蒸留水で洗浄. ●完全に乾かす. ●特許溶液が使用される. 　Bondaid　W. S. Shamband 社 　Fluorobond　Joclin Mfg. 社 　Fluoroetch　Acton 社 　Tetraetch　W. L. Gore 社
ナイロン	アセトンまたは2-ブタノンで脱脂 メタノールで脱脂	中砂の耐水紙やすりで研磨. 中砂の耐水紙やすりで研磨.	●脱脂を繰り返す. ●脱脂を繰り返す.
ポリカーボネート、ポリメタクリル酸メチル、ポリスチレン			
ポリエーテル(塩素化ポリエーテル)、ポリエーテル、ポリエチレン、ポリプロピレン、ポリオキシメチレン	アセトンまたは2-ブタノンで脱脂. 交互処理は文献13参照、火炎またはプラズマ処理も適用可(文献12)	化学前処理が必要 　$K_2Cr_2O_7$　　75 pbw 　DI　　　　120 pbw 　Conc. H_2SO_4　1500 pbw 水にニクロム酸カリウムを溶解し、濃硫酸にさらす.	(A) ●クロム酸溶液に浸す. 　塩素化ポリエチレン　　　　71℃(160°F)で5分 　ポリエチレンとポリプロピレン　25℃(77°F)で60分 　ポリオキシメチレン　　　　25℃(77°F)で10秒 ●冷流蒸留水で洗浄. ●室温で乾燥. (B) ●火炎またはプラズマ処理も適用できる.
ポリ塩化ビニル	メタノールで脱脂 プラズマ処理も適用可(文献12参照)	(A) 中砂の耐水紙やすりで研磨. (B) より強度な接着を望むならエッチングを行う: 水酸化ナトリウム水溶液(20 wt%)	●脱脂を繰り返す. ●71～93℃(160～200°F)で2～10分浸す. ●冷流蒸留水で完全に洗浄. ●温風乾燥. ●脱脂を繰り返す.
硬質ポリ塩化ビニル	メタノールまたはトリクロロエタンで脱脂	中砂の耐水紙やすりで研磨.	

4. 接着のための表面処理

表面処理 ―― 熱可塑性エンジニアリングプラスチックス（代表的な商業材料の例）

被着材	洗浄	研磨または化学処理	方法
ポリアリラート (Ardel®, UC社) とポリアリルスルホン (Astrel® 360, 3M社)	(A) アルカリエッチング液中で超音波洗浄	(A) アルカリエッチング液を用いる. 150メッシュのシリカでサンドブラスト. (B) 酸性エッチング 　Na$_2$Cr$_2$O$_7$·2H$_2$O　3.4 wt% 　濃硫酸　96.6 wt% (C) コロナまたはプラズマ処理	(A) ● 水洗 ● アルコール洗浄 ● 乾燥室素下で乾燥. (B) ● 66～71℃ (150～160°F) で15分浸漬. ● 冷水洗浄 ● 66℃ (150°F) で通風乾燥.
ポリエーテルエーテルケトン (PEEK®, ICI社)	トリクロロエタンまたは2-プロパノールで脱脂	(A) 研磨 (B) 火炎処理 (青色酸化炎) (C) クロム酸エッチング (文献12にはエッチング液組成は記載されていない). (D) コロナまたはプラズマ処理	(A) ● 脱脂を繰り返す. (B) ● 研磨 ● 脱脂 ● 火炎処理 (青色酸化炎) (C) ● 研磨 ● 脱脂 ● クロム酸エッチング ● 水洗
ポリフェニレンサルファイド (Ryton®, Phillips社)	(A) アセトンで脱脂 (B) 表面をエタノールをしみ込ませた紙で払拭.	(A) サンドブラスト (B) 120番の紙やすりで研磨. (C) コロナまたはプラズマ処理	(A) ● 脱脂を繰り返す. (B) ● ブラシで埃を払う.
ポリスルホン (Udel®, UC社)	アルコールで脱脂	(A) 27～50μmのアルミナでグリットブラスト. (B) ニクロム酸ナトリウム/硫酸浴でエッチング. (C) コロナまたはプラズマ処理	(A) ● Neutra-Clean (Shiplay社) で超音波洗浄. ● 流水, 引き続き蒸留水で洗浄. ● 2-プロパノールで30秒洗浄. ● 乾燥室素を通風 ● 66℃ (150°F) で乾燥. (B) ポリアリルスルホンの項参照.

4. 接着のための表面処理

表 面 処 理 —— 熱硬化性樹脂

被着材	洗 浄	研磨または化学処理	方 法
エポキシ樹脂	アセトンまたは 2-ブタノンで脱脂	中砂の耐水紙やすりで研磨.	● 脱脂を繰り返す.
フラン樹脂	アセトンまたは 2-ブタノンで脱脂	中砂の耐水紙やすりで研磨.	● 脱脂を繰り返す.
メラミン-ホルムアルデヒド (Formica)	アセトンまたは 2-ブタノンで脱脂	中砂の耐水紙やすりで研磨.	● 脱脂を繰り返す.
フェノール樹脂, ポリエステル-ウレタン樹脂	アセトンまたは 2-ブタノンで脱脂	中砂の耐水紙やすりで研磨.	● 脱脂を繰り返す.
ポリイミド (Vespel®, DuPont 社)	(A) トリクロロエタンで脱脂 (B) アセトンで脱脂	(A) 研磨用砂で研磨. (B) エッチング液: 　水酸ナトリウム　　5 pbw 　水　　　　　　　　95 pbw	(A) ● 脱脂を繰り返す. ● 乾 燥 (B) ● 60～90℃ (140～194°F) で 1 分エッチング. ● 冷水ですすぐ. ● 温風乾燥

表 面 処 理 —— 炭素, 炭素繊維, ガラス繊維複合材料

被着材	洗 浄	研磨または化学処理	方 法
炭素	アセトンまたは 2-ブタノンで脱脂	細目の耐水紙やすりで研磨	● 脱脂を繰り返す.
ガラス強化積層材	アセトンまたは 2-ブタノンで脱脂	中砂の耐水紙やすりで研磨	● 溶剤をとばす. ● 脱脂を繰り返す.
グラファイト	アセトンまたは 2-ブタノンで脱脂	細目の耐水紙やすりで研磨	● 脱脂を繰り返す. ● 溶剤をとばす.
炭素繊維-エポキシ複合材料	(A) 溶剤で拭く (2-ブタノン, トルエン, トリクロロエチレンなど) (B) 初期硬化後に表層をはがす (C) 摩耗の影響について (は文献 15)～17) 参照.	(A) 中砂の耐水紙やすりで軽く研磨. 強化繊維は露出させない.	(A) ● 溶剤で拭く. ● 水のはじき方で表面を試験. 必要ならば処理を繰り返す.
炭素繊維-ポリエーテルエーテルケトン (PEEK®)	2-ブタノンで払拭	Scotch-brite-Bon-Ami® で軽く研磨. 強度を得るために (A) か (B) の処理をする. (A) クロム酸エッチング: 　文献 18 では正確な組成は明らかでない. (B) プラズマ処理も好結果をもたらす.	● 流水, 次に蒸留水で洗浄. ● 空気中で乾かす. (A) ● 室温で 15 分浸漬. ● 流水, 次いで蒸留水ですすぐ. ● 93℃ (200°F) で 30 分乾燥.

4. 接着のための表面処理

被着材	洗浄	表面処理——ゴム	研磨または化学処理	方法
ゴム—天然ゴム，合成ゴム，ネオプレンゴム，クロロプレンゴム	メタノールで脱脂		最大強さを得るために： 化学的エッチング： 浴1，濃硫酸 中和用溶液： 浴2，0.2%水酸化ナトリウム水溶液	● 25°C (77°F) で濃硫酸 (浴1) に5～10分漬す． ● 冷蒸留水で完全にすすぐ． ● 室温で浴2に5～10分浸すことで中和． ● 冷流蒸留水ですすぐ． ● 乾 燥

被着材	洗浄	表面処理——陶磁器，ガラスなど	研磨または化学処理	方法
陶磁器	2-ブタノンで脱脂		耐水紙やすりで研磨またはサンドブラスト．	● 脱脂を繰り返す． ● 溶媒を揮発．
ガラス，水晶—非光学用	2-ブタノンで脱脂		(A) 細目の紙やすりや炭化ケイ素と水を用いて研磨． (B) 最大強さを得るには研磨を続け，化学的エッチングを用いる． 　　三酸化クロム　　1 pbw 　　蒸留水　　　　　4 pbw	(A) ● 脱脂を繰り返す． ● 100°C (210°F) で30分乾燥． (B) ● 25°C (77°F) で10～15分浸す． ● 流水でよく洗う． ● 100°C (210°F) で30分乾燥． ● 冷めないうちに接着． ● 完全にすすぐ． ● 38°C (100°F) 以下で乾燥． ● 室温で乾燥．
ガラス—光学用	洗浄液中で超音波洗浄，脱脂			
宝石	2-ブタノンで脱脂			

被着材	洗浄	表面処理——建材	研磨または化学処理	方法
れんが：うわぐすりをかけていない建築用焼きもの	アセトンまたは2-ブタノンで脱脂		ワイヤブラシで研磨．	● 汚れすべてをとる．
コンクリート	洗浄液で汚れを取り除く		次のいずれかで清浄． (A) 接着表面から1/16″をサンドブラスト． (B) 1/8を機械的に取り去る． (C) 塩酸 (15 wt%) でエッチング．	● 水で完全に清浄． ● ほこりすべてをとる． (C) ● 刷毛のはけブラスから水をふきつけ，リトマス試験紙で酸性度をみる，もし酸性のときは1%アンモニア水ですすぐ． ● 水を流す． ● 乾かす． ● 汚れをすべてとる． ● 汚れをすべてとる．
石材	完全に乾燥		ブラシで研磨． サンダーで汚れを取り除き，紙やすりで平滑にする．	
木材	完全に乾燥			

参 考 文 献

1. Fowkes, F. M., in "Chemistry and Physics of Interfaces; A.C.S. Symposium on Interfaces, June 15, 16, 1964, "Sydney Ross, Chairman. Washington, D.C., American Chemical Society Publications.
2. Burrell, H., in "Polymer Handbook," 2nd Ed., J. Bandrup and E. H. Immergut, eds., Vol. IV, p. 337, New York, John Wiley and Sons, 1975.
3. Barton, A. F. M., "Handbook of Solubility Parameters and Other Cohesion Parameters," Boca Raton, Florida, CRC Press, 1983.
4. Rance, D. G., in "Industrial Adhesion Problems," D. M. Brewis and D. Briggs, eds., pp. 49-62, New York, John Wiley and Sons, 1985.
5. Rance, D. G., Ref. 4, p. 62.
6. Zisman, W. A., in "Handbook of Adhesives," 2nd Ed., Irving Skeist, ed., New York, Van Nostrand Reinhold Company, 1977.
7. Kaelble, D. K., Dynes, P. J., and Cirlin, E. H., *J. Adhesion,* **6,** 23-48 (1974).
8. Iyegar, Y., and Erickson, D. E., *J. Appl. Poly. Sci.,* **11,** 2311 (1967).
9. DeBruyne, N. A., *Nature,* **180** (Aug. 10), 262 (1957).
10. Schonhorn, H., in "Polymer Surfaces," D. T. Clark and W. J. Feast, eds., New York, John Wiley and Sons, 1978.
11. Herczeg, A., Ronay, G. S., and Simpson, W. C., "National SAMPE Technical Conference Proceedings, Azusa, California, 1970," Vol. 2, pp. 221-231, 1970.
12. Landrock, A. H., "Adhesives Technology Handbook," Park Ridge, New Jersey, Noyes Publications, 1985.
13. Rosty, R., Martinelli, D., Devine, A., Bodnar, M. J., and Beetle, J. *SAMPE J.,* (July/August), 34 (1987).
14. Tira, J. S., *SAMPE J.,* (July/August), 18 (1987).
15. Pocius, A. V., and Wenz, R. P., "30th National SAMPE Symposium, March 19-21, 1985," p. 1073.
16. Matienzo, L. J., Venebles, J. D., Fudge, J. D., and Velten, J. J., "30th National SAMPE Symposium, March 19-21, 1985, p. 302.
17. Crane, L. W., Hamermesh, C. H., and Maus, L., *SAMPE J.,* (March/April), 6, (1976).
18. Wu, Szu-Iy, Schuler, A. M., and Keene, D. V., "SAMPE 19th International Technical Conference, Oct. 13-15, 1987," p. 277.

5. 接着剤の選択と適格検査

接着を行うにあたって妥当な接着剤を選択することは，ときとして圧倒される作業となる．本章の目的は，接着剤選択の過程の手助けをすることである．以下の順で話を進める．

(1) 接着剤を選択する際に，鍵となる材料や系の要因をあげ，簡潔に記述する．

(2) 予備的に接着剤を選択する概要を示す．

(3) (2)で選抜され候補となった接着剤を，さらに選別する際に有用な，基本的な試験方法について述べる．

接着剤選択の一般的考察

接着剤は接着する材料（基質／被着材）に適合する必要がある．以下に適合条件を詳しくあげる．

(1) 溶液型の接着剤に対しては，被着材が溶媒を逃し，接着剤本来のフィルムを形成し，硬化する．

(2) 接着剤は被着材を腐食しない．

(3) 接着剤の硬化によるフィルムの収縮をともなうときは，系（接着剤と被着材）がその応力を吸収し，接合部に残留応力を残さない．

(4) 硬化した接着剤のレオロジー，特に弾性率（脆性に対する）と靱性が，被着材や接合部にかかる応力に適合する．

(5) 接着剤が被着材にぬれる．広範囲にわたって（分子スケールでの）本質的な基質と界面の接触を確立する．

接着剤が効果的に働き接着するためには，接合装置（締結や加圧，加熱など）の能力を，圧力や温度などの硬化に必要な条件が越えてはいけない．

接着剤は，意図された用途に対して基礎的な強度をもつ必要があり，この強度は，往々にして短期間の負荷で決定される強度（たいていの標準的強度試験はこの範疇に入る）をもってされるが，長期間の負荷（クリープ試験）や衝撃的負荷（衝撃試験），繰返しの負荷（疲労試験）および，これらの複合的負荷に対する強度も必要である．

これらの基本的な強度に加え接着剤には，周囲の環境に対して，十分に耐久力がなければならない．

上記の条件のみならず，物理的諸性質（例えば色，密度，固形分含有率，充填剤含有率，電気的性質など）や作業上の性質（貯蔵安定性，可使時間，粘度など）もしばしば適格検査にゆだねられ，考慮される必要がある．

最後に使用者が一番気がかりなことであるが，接合に要する費用があげられる．最終的な接着費用には数多くの要因が影響を与えるが，接着剤1単位の価格は重要であり，選択の上で早期に考慮にいれなければならない．

接着剤選択の基礎

第 1 段 階

被着材や接合方法，接合装置に応じた適切な材料，接合部の応力，接合部の環境，工程，使用変数を規定する．以下の点が特に重要である．

A．接着する基材構成と性質：化学構造（金属材料，有機材料，無機材料などの区分，特殊な表面処理など），多孔性や吸収性，湿度や温度による膨張，強度などの因子を含む．

B．接合部の設計とそれに関連する接着層の応力（せん断，引張り，引裂き，クリープ，衝撃，振動など）

C．接合部がうける環境の反因子（極端な温度，湿度，薬品，光など）

D．接着剤取扱い，塗付における装置の加熱，移送，分配能力

E．接着接合装置の締結，加圧，加熱能力

第 2 段 階

第1段階の決定と接着剤供給能力にしたがって，まず候補となる接着剤の一群を選択する．次に，要求（例えば被着材や接合の設計，応力，接着装置，物理特性や作業特性上の要求，費用上限に適合する要求）に合った一定の接着剤を選択する．接着剤に関する刊行物，本，カタログなどによって本調査は助成されるが，なかでも接着剤供給者の推奨条件や資料が最も重要である．さらに，接着剤コンサルタントの助力がうけられ，特に必要とされる適格検査が行われ得ればよい．

一般的な接着剤の資料の出典を本章の付録1にあげる．引用文献のいくつかには，特定の接着剤供給業者の名称，所在地，電話番号，製品の用途をあげた．この一

第 3 段 階

系と材料の性質と，選んだ，あるいは推薦された接着剤の関連する性質とを，慎重に比較する．

接着剤供業者の製品に関して，先にあげた考察事項を熟慮し，議論をする．接着剤の構成や性質の中で最初に興味をひかれるものを以下に示す．

(1) 接着剤の形状（液状のときは含有する溶媒や媒体の性質）：多くの接着剤は液体状で供給され，使用される．しかし，各種形状（例えば塊，錠剤状，紐状，カートリッジなど）の熱可塑性固体や粉体，フィルムでも供給される．液体状の接着剤では100%反応し，ほとんど溶媒は残留しないものもあるが，大多数の接着剤はある程度の，硬化の過程で消失する溶媒（水や他の溶媒）を含有している．

(2) 接着剤の硬化の機構と硬化の化学：接着が行われる間，接着剤は初期には，基質とぬれてよい接触界面を形成するために，流動する必要がある．しかし次には，強度と耐久性をもつために硬化しなければならない．硬化の過程が接着剤の性質の鍵となる．主に生じる硬化の機構はおおよそ以下の通りである．

a. 乾燥：多くの液体状の接着剤では，溶媒や水が大気中に蒸発するか，被着材に吸収されることによって，単に接着剤固体の濃度が上昇し，その結果硬化する．

b. 癒着：エマルジョン系接着剤では初期に，連続相となっている水が蒸発または分散し，エマルジョン粒子同士が接触する癒着によって硬化する．癒着して生成したフィルムはさらに残留水分が蒸発して硬化する．化学反応によって硬化することもある．

c. 化学反応：接着剤の多くは部分的に，あるいは全体的に，接着の過程で化学反応（通常高分子生成反応）をおこして硬化する．

d. 凍結/冷却：ある種の接着剤では加温・加熱して塗付後，被着材上で冷却し，全体的に，あるいは部分的に凍結し硬化する．とりわけホットメルト接着剤は，高温で塗付し，冷却によって迅速に硬化する．ドライフィルム接着剤は，はじめは溶融流動性で冷却によって固化するが，化学反応をともなう．

(3) 環境での接合部の各種応力（引張り，せん断，クリープ，衝撃，疲労など）と変形量（大，中，小）に対する接着剤の強度と耐久性：接着剤の強度と耐久性を語るとき，最終的な関心は，接合部や接着した部品の便利性と信頼性にあることを強調しておく．高性能接着剤を用いて，接着剤に不相応な接着をしたり，貧弱な接合方法でとても弱い接合部をつくることは，少しも困難なことではない．

第 4 段 階

候補となる接着剤を選び，その適格検査を行う．

接着する接着剤として候補を二つ以上選んだら，意図する製品の代表的な試験片を作製し試験する．この試験では強度と耐久性を測定する．物理的性質や作業上の性質も必要である．試験法のうちいくつかは，すべての使用者の研究室で常に入手可能というわけではない装置を要求する．このような場合，独立した試験機関に依頼することを考慮する必要がある．

適切な適格検査方法を選ぶことは必ずしも簡単ではないが，行いうる試験方法とその用途に熟知すれば，ことは簡単になる．本章の付録2に，接着剤に関するASTMのD-14委員会の管轄下にある現在の規格（と，他のASTMの委員会のいくつかの接着剤の規格）の全容を示した．適切な適性検査方法を選択する指針となることを期待する．

付録2の最初にはASTMの接着の仕様を示した．このうち大半は，木材接着の分野であり，基材や適用法によって分けてある．考えうる接着剤や接合方法の仕様が得られるときはいつでも，可能な限り適格検査に用いるべきである．

付録2全体は，（仕様書から独立して）試験方法で構成されている．まず基材（金属，木，プラスチックなど）で分け，その中で次に試験目的（強度か耐久性か）によって分けた．強度試験の項目中では，さらに応力のかかり方（引張り，せん断，引裂きなど）によって分類し，クリープ，衝撃，疲労試験に分けた．

標準試験方法の多くは，はじめに次の事項を測定している．a) 接着剤混合物の構成（特にポリマーや充填剤，増量剤），b) 接着剤のレオロジーや作業上の性質（粘度，密度，タックなど）．これらは，この特性別に付録2にあげた．

D-14委員会の強度と耐久性試験は，各種接着剤とその仕様書に応用されているが，本章の残りの大半は，この試験についての議論，評論にさく．まず最初に，試験片の作製についてのいくつかの一般的注意を順に記す．

接着剤で接合した継手の製作に関する一般的注意

接着試験の成否は，適当な接着剤の使用に始まるだけではなく，次の事項が正しく行われることにある．a) 被着材の準備，b) 接着剤の混合と塗付，c) 接合部の圧着と接着剤の硬化，d) 試験片の作製，e) 試験の実行．特に注意を要するのは次の点である．

被着材の準備

よい結果を得るために被着材は，① 締結や圧着したときに，接合部が均一かつ二つの表面が密着するように精密に，作製または機械加工する．② 接着剤に対し，確実で無欠陥な被着材表面を得るために，洗浄や加工，処理

が必要である．

特に金属材料や有機材料では，被着材表面の化学的前処理をしばしば必要とする．金属の高性能接着の成否は表面処理に大きく左右されるので，次に示す数多くの表面処理や薬品の分析の手順を記したASTMの規格が設定されている．

（1）金属被着材の表面処理に関する規格

D-2651."Practice for Preparation of Metal Surfaces for Adhesive Bonding"の中には，洗浄や蒸気洗浄，溶媒洗浄（脱脂），機械的研磨，化学処理，エッチングが含まれる．

D-2674."Methods of Analysis of Sulfochromate Etch Solution Used in Surface Preparation of Alminum."

D-3933."Practice for Preparation of Alminum Surfaces for Structural Adhesives Bonding（Phosphoric Acid Anodizing）"では，比較的新しい，リン酸溶液中での電気めっき法について概要を示す．

（2）アルミニウム被着材の表面処理の効果の接着耐久性による評価規格

D-3762."Test Method for Adhesive-Bonded Surface Durability of Alminum（Wedge Test）."主に高性能，高耐久性接着接合のための金属表面処理の効果の監視に用いる．接着層を開放するようにくさびを打ち込み，生じる割れ目の長さを測定する．

（3）接着接合を行うプラスチックの表面処理に関する規格

D-2093."Practice for Preparation of Surfaces of Plastics Prior to Adhesive Bonding."効果的な接着接合を行えるように，光沢付与剤や泥，油脂，離型剤などを取り去るための，研磨や溶媒払拭，化学前処理法を示唆する．

接着剤の取扱い，調製，塗付

接着剤供給業者の著作，指示書，使用上の諸注意によると，次のことに細心の注意を払う必要がある．

（1）貯蔵時の最高温度，最低温度と最高湿度：極低温はエマルジョン系接着剤に特に大きな損傷を与え，高温は反応性接着剤の重合をひきおこす．高湿度は，水蒸気を透過する容器に入った接着剤（やその充填剤，増量剤）に対して最もよく問題をひきおこす．

（2）調合と混合手順：混合する接着剤では，正確に秤量し，推奨した方法と速さで混合する．（フォーム形の混合物を必要とするとき以外は）過熱や気体の取込みなしに，均一で塊がなく，せん断力のかけすぎ（特にエマルジョン系のときは注意が必要）で分解していない混合物を得るのが目的である．

（3）接着剤の被着材への正しい塗付：正しい塗付の鍵は，ごく単純に，適量の接着剤で均一な接着剤の広がりを得ることである．

接合堆積と取扱い

接着する接合を，許容堆積時間（最短と最長，特に最長）と状況（特に温度）内で，保持または圧締して形成する．化学的に硬化する接着剤では，長すぎる堆積時間は，特に高温で，前硬化（例えば接合部位を完全に密着する前に硬化すること）をひきおこし，結果として接着不良をひきおこす．同様にホットメルト接着剤では，融点以下に冷却すると急速に固化するため，許容される堆積時間（"開放時間"）は非常に短く，許容堆積時間を尊守しなければならない．

締結/圧着と硬化

圧締圧を過剰にしない．適正な圧力をかける．ボンドラインの温度と圧締の時間は，少なくとも通常の硬化がおこるようでなければならない．

正確な試験片の作製と試験の実行

接着層に応力を正しくかけるために，試験片の寸法と試験の方向に注意を払う．

規格の明細の範囲での接着剤の選択

規格の明細（試験方法だけの規格とは異なって）には適切な試験方法を記載し（または参照記事を載せ），最小許容性能を示してある．多くの企業体は，独自の応用指向の仕様（例えば航空機，自動車，合板，集成材などで，付録1に付記した記事を参照のこと）をもっている．しかしながら本章では，ASTMで開発，あるいは採用したものに限定して議論する．

構造用接着剤

近年，構造用部品の分野（特に床や壁，天井の根太や間柱の，木や石こう板との接着）で，接着剤の使用が増加している．いくつかの仕様と関連する試験方法が開発されている．

C-0557．"Specification for Adhesives for Fastening Gypsum Wallboard to Wood Framing"では試験方法を述べ，各種荷重や性質（強さと耐久性）が要求する最低限度の性能を確立した．

D-1779．"Specification for Adhesive for Acoustical Materials."平均環境下と極端な環境下で暴露し，疑似環境変化を与えた後の引張り接着強さの長期試験を最低限の長さで行う．

D-2851．"Specification for Liquid Optical Adhesive."光学部品のガラスなどの透明な被着材の接着に用いる接着剤．

D-3498．"Specification for Adhesives for Field-Gluing Plywood to Lumber Framing for Floor Systems."構造用接着剤の最低せん断強度と耐久性試験（酸素被曝を含む）．

D-3930．"Specification for Adhesives for Wood-

Based Materials for Construction of Manufactured Homes." 住宅製品（モジュラーホームとモービルホーム）における建築物，半建築物（主に羽目板と枠）に使用される接着剤の最低強度と耐久性試験．D-3632, "Practice for Accelerated Aging of Adhesive Joints by the Oxygen-Pressure Method" と，D-3931, "Test Method for Determining Strength of Gap-Filling Adhesive Bonds in Shear by Compression Loading" も参照すること．

木材接着用接着剤

本規格は各種末端接着（フィンガージョイント）や，はぎ接着，面接着用の接着剤を網羅している．

D-2559. "Specification for Adhesives for Structural Laminated Wood Products for Use Under Exterior (Wet Use) Exposure Conditions." 各種堆積時間でつくられた梁の，a) 基本的な乾燥下での接着層のせん断強度と木部破損，b) 養生促進下での接着層のはく離抵抗強さ．接着剤の乾燥クリープ抵抗試験も要求される．新しい接着剤を屋外集成梁に使用するときの検定に用いる．

D-3024. "Specification for Protein-Based Adhesives for Structural Laminated Wood Products for Use Under Interior (Dry Use) Exposure Conditions" では，屋内用集成梁に用いる，主にカゼイン系接着剤を評価するために，D-0905 のブロックせん断，D-0906 の合板せん断，D-4300 の抗かび試験を行う．

D-3110. "Specification for Adhesives Used in Nonstructural Glued Lumber Products" では，とりわけ工芸，木工細工分野の，末端，はぎ，面接着での，屋内あるいは準屋外用接着剤として評価するために，各種露光を施し，D-0905 のブロックせん断試験とフィンガージョイント試験を行う．使用する接着剤のほとんどはポリ酢酸ビニルを基としている．

D-4317. "Specification for Polyvinyl Acetate-Based Emulsion Adhesives" では D-3110 に類似した観点より，D-0905 ブロックせん断と D-0906 合板せん断試験を行い，ポリ酢酸ビニル系接着剤を一般木工用接着剤として評価する．

D-4690. "Specification for Urea-Formaldehyde Resin Adhesives." 最近の規格では，特有の試験を採用し，木材接着に使用されるユリア-ホルムアルデヒド樹脂系接着剤の最低必要性能を規定した．

紙接着用接着剤

この分野の規格の大半は，TAPPI で発表したものである．ASTM で発表したものはほとんどなく，次の二つである．

D-1580. "Specification for Liquid Adhesives for Automatic Machine Labeling of Glass Bottles." 粘着剤以外に適用．

D-1874. "Specification for Water- or Solvent-Soluble Liquid Adhesives for Automatic Machine Sealing of Top Flaps of Fiberboard Shipping Cases." 粘着剤以外に適用．

接着接合部の強度試験

前節とは異なり，本節で述べる接着剤規格には詳細な記事がない場合が多い．しかし，通常の試験に応用できる多くの規格があり，それらを本節で議論する．

引張り試験

せん断試験が広く採用されているにもかかわらず，ときには接着層に垂直な応力が（接着試験として）要求されることがある．次の二つの汎用引張り（接着）試験の規格は，金属材料や有機材料，木材といった幅広い被着材に対して使用される．

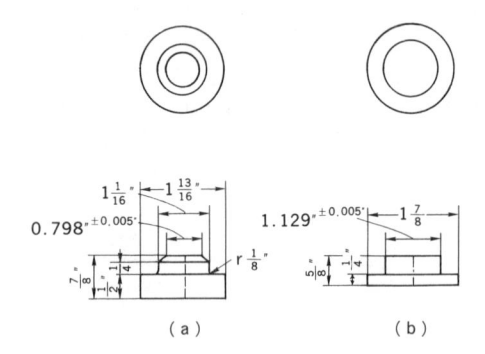

図 5.1　引張り試験片 (a) 木材，(b) 金属

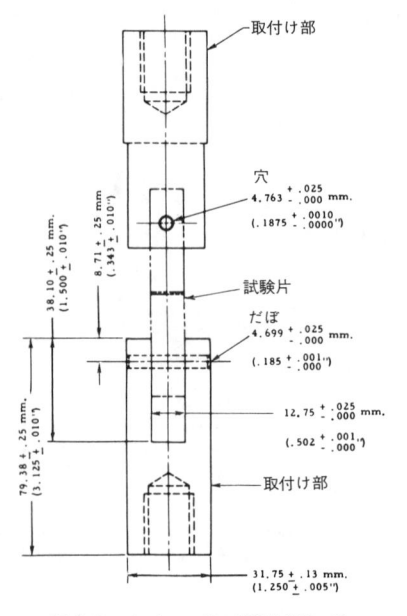

図 5.2　バーとロッドの試験片と取っ手

D-0897. "Test Method for Tensile Properties of Adhesive Bonds." 図 5.1 に木と金属に使用される ASTM の二つの試験片を示す．しかし，この形の突合せ接合の引張り試験では，一般に応力集中が生ずる．接着面積や形態を変えて行う試験の応力の値の外挿では誤りを犯しやすい．"純粋な"引張り応力をかけるならば，よりずっと注意深く設計した試験片と，制御した荷重をかける必要があることが，近年の研究の結果明白になった．

D-2095. "Test Method for Tensile Strength of Adhesives by Means of Bar and Rod Specimens"（および，連れになる規格 D-2094："Practice for Preparation of Bar and Rod Specimens for Adhesion Tests"）．この試験片（図 5.2 に支持部分とともに示す）は，前項の試験片より用意しやすい．今日では一般的になってきており，特に金属やプラスチックの被着材で使いやすい．D-0897 と同様に，応力集中が生じやすく，外挿するときは注意が必要である．

せん断試験

接着によって組み立てる部品の多くは，一般に接着破壊に対して抵抗が大きいという点で有利なせん断応力をうけるように設計される．

破壊時のせん断荷重

[引張りで行う試験]
（1） 金属材料の単純重ねせん断試験

D-1002. "Test Method for Strength Properties of Adhesives in Shear by Tension Loading (Metal-to-Metal)." D-14 の初期の規格であり，金属用接着剤の適格検査に現在でも広く用いられている．応力集中（特にエッジ効果）と，これに関連する試験結果を外挿して解釈する制限の問題は，はっきりと認識され，広く研究されている．図 5.3 に示す試験片は製作しやすく，本試験は有用である．D-2295 と D-2557 は，それぞれ D-1002 の高温と低温の場合の処理である．

D-3165. "Test Method for Strength Properties of Adhesives in Shear by Tension Loading of Laminated Assemblies." 図 5.4 に，積層金属板に機械で切り込みを入れて作製する単純重ねせん断試験片を示す．

（2） 木材の単純重ねせん断試験

D-2339. "Test Method for Strength Properties of Adhesives in Two-Ply Wood Construction in Shear by Tension Loading"（図 5.5）．単板または比較的薄い木の板を積層して用いる．

（3） 金属材料の二重重ねせん断試験

D-3582. "Test Method for Strength Properties of Double Lap Shear Adhesive Joints by Tension Loading." 本試験で用いる試験体は，よりつり合いのとれる二重重ね（例を図 5.6 に示す）設計で，標準的な単純重ねせん断試験片に生じやすいねじれや割裂といった力を軽減する．しかし，二つまたはそれ以上に接着層を一度に

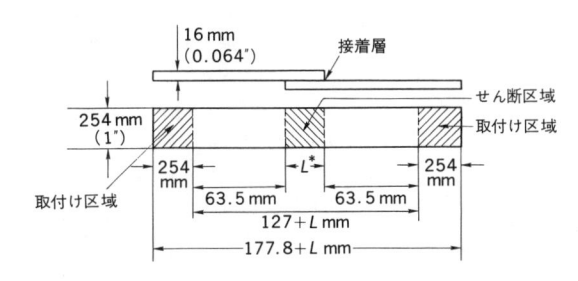

図 5.3 基本的な金属重ねせん断試験片

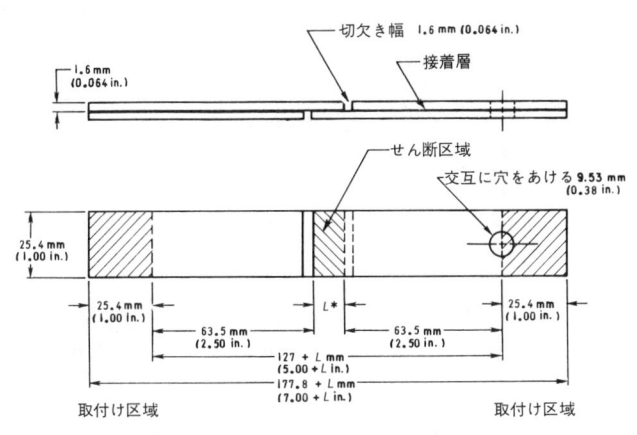

図 5.4 積層板から切り出す金属重ねせん断試験片

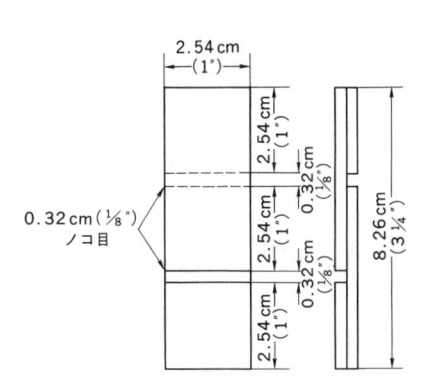

図 5.5 基本的木材重ねせん断試験片

図 5.6 二重重ねせん断試験片 A型

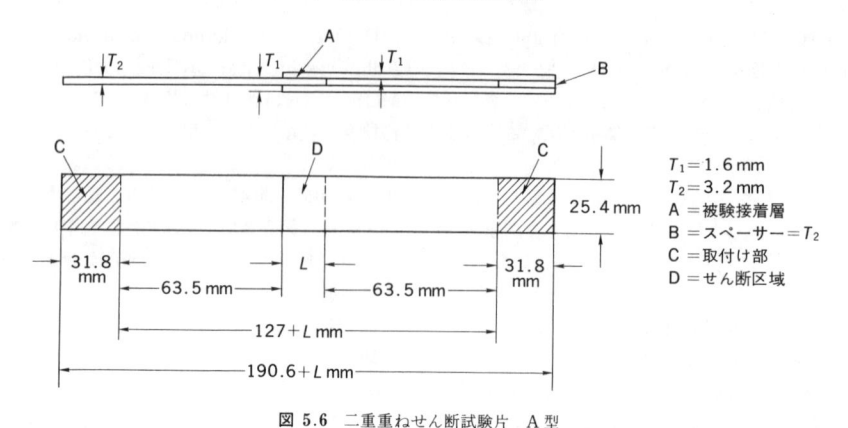

$T_1 = 1.6$ mm
$T_2 = 3.2$ mm
A = 被験接着層
B = スペーサー = T_2
C = 取付け部
D = せん断区域

図 5.7 合板せん断試験片

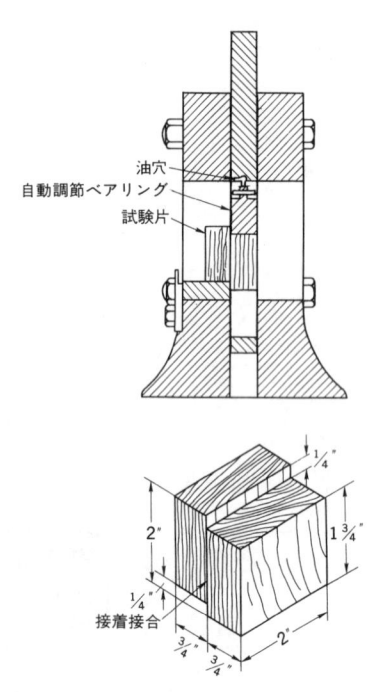

図 5.8 木材ブロックせん断試験ヘッドと試験片

試験することに関連する問題が生じるので，他の試験との比較は困難である．

（4） 合板せん断試験

D-0906. "Test Method for Strength Properties of Adhesives in Plywood Type Construction in Shear by Tension Loading." 図 5.7 に本試験で広く用いられる試験片を示す．通常試験の基準は，(接着剤の破壊に対して)「木部破損」として生じる破壊の割合を目視で定め，接合部の強度は測定しない．

（5） 構造用フィンガージョイントの試験

D-4688. "Test Methods for Evaluating Structural Adhesives for Fingerjointing Lumber." 最近の規格では，構造用接着剤で接着された積層材木の末端接合に使用されるフィンガージョイントの試験方法も扱っている（木材用接着剤の詳細 D-2559 も参照のこと）．

［圧縮で行う試験］

（1） 木材ブロック圧縮せん断

D-0905. "Test Method for Strength Properties of Adhesive Bonds in Shear by Compression Loading"（図 5.8）．木工用接着剤の適格検査として広く用いられている基本的な圧縮せん断試験．D-3110（構造用ではない木材の積層板用接着剤）や D-2559，D-3024（順に，外装と内装用構造用積層板用接着剤），D-4317（ポリ酢酸ビニル系木材用接着剤）も適用される．

（2） ブロック圧縮せん断

D-4501. "Test Method for Shear Strength of Adhesive Bonds Between Rigid Substrates by the Block-Shear Method." 新しく，プラスチック，金属，ガラス，木材やその他の被着材の接着剤に適合する万能圧縮せん断試験の二つの試験片と取付け部を図 5.9 に示す．

（3） ピンとカラーとの圧縮せん断

D-4562. "Test Method for Shear Strength of Adhesives Using Pin-and-Collar Specimen"（図 5.10）．カラー内部に接着したピンの，せん断接着強さの値を得るために設計された．メスねじの固定時などに空隙を充填する接着剤の試験や，充填に関連した応用分野に特に適

応する.

(4) 紫外線硬化性ガラス/金属接着のねじれ強さ

D-3658. "Practice for Determining the Torque Strength of Ultraviolet (UV) Light-Cured Glass/Metal Adhesive Joints." ガラス対金属接合のねじりせん断強さの測定方法. 金属製の六角ナットをガラス表面からはがすときの回転偶力を, 紫外線露光量と硬化時間の関数として測定する. 紫外線硬化性接着剤の"ハンドリング"接着が得られる最小量の時間と紫外線量を決定する"据付け時間"試験などに用いられる.

せん断弾性率

D-3983. "Test Method for Measuring Strength and Shear Modulus of Nonrigid Adhesives by the Thick Adherend Tensile Lap Specimen" (図 5.11). よりゴム的な接着剤の薄膜の, 低い弾性率を測定する. 接着層の厚さは, "かい物"で制御する. 木材向けに開発されたが, 金属や他の被着材にも応用可能である.

D-4027. "Test Method for Measuring Shear Properties of Structural Adhesives by the Modified-Rail Test." 少々複雑な試験方法. 特に装填と測定の方式に関して, より接着剤に関する基礎的な工学変数による情報の開発を指向している. 木材向けに開発されたが金属や他の被着材にも応用可能である.

E-0229, "Test Method for Shear Strength and Shear Modulus of Structural Adhesives." 本法では, "ナプキンリング"試験体にねじりせん断力をかけ, 高弾性率の被着材上の薄い接着層せん断弾性率とせん断接着強さを決定する.

せん断強さの発現速度 規格 D-1144 "Practice for Determining Strength Development of Adhesive Bonds" は, D-1002 の重ねせん断試験片にもとづいている. 硬化時間を区切って接着した金属試験片を試験する.

曲 げ 強 さ

積層材を曲げたときの接着強さに, よく関心が集まる. D-1184 "Test Method for Flexural Strength of Adhesive Bonded Laminated Assemblies" は, 木と金属の被着材に, 基本的に応用できる.

は く 離 抵 抗

接着剤で接着した継手のはく離接着強さを測定することは, a) 堅い被着材から柔らかい被着材をはがす, b) 柔軟な, 少なくとも屈曲性のある二つの被着材から互いを

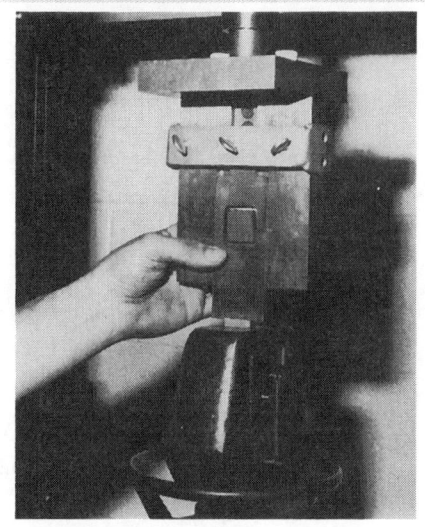

図 5.9 新ブロックせん断試験片(上)と試験ヘッド(下)

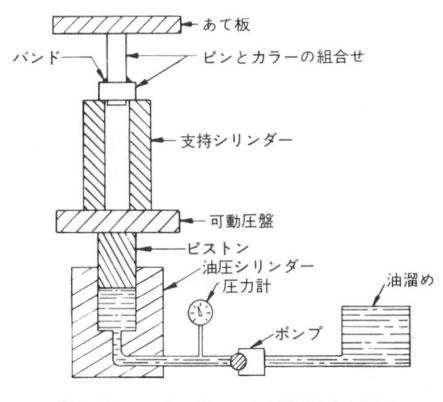

図 5.10 ピンとカラーのせん断試験片と装置

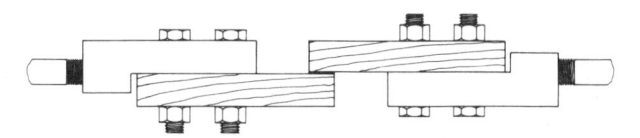

図 5.11 厚い被着材の重ねせん断試験片と取付け部

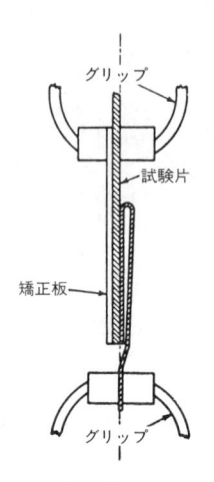

図 5.12 180度はく離試験片と取付け部

引き離すことを意味する．被着材の種類によって以下に示す規格のいずれかで扱う．

D-0903. "Test Method for Peel or Stripping Strength of Adhesive Bonds." 標準的な180度はく離試験（図 5.12）で，一方の被着材が180度折れ曲がることに耐えるほど十分に柔軟性を有するときに適用できる．比較的堅い基盤（金属，木，ガラスなどで，十分な厚みのもの）より，柔軟な箔，膜，テープを引きはがす抵抗を試験する．

D-1781. "Method for Climbing Drum Peel Test for Adhesives." あまり柔軟ではない被着材を，比較的堅い基盤より引きはがす抵抗を試験する．図 5.13 に試験素子を示す．多少複雑ではあるが，他のはく離試験では変形をうけるには堅すぎる被着材の，はく離抵抗値を測定するときに有用である．特に，（例えばハニカムのような）

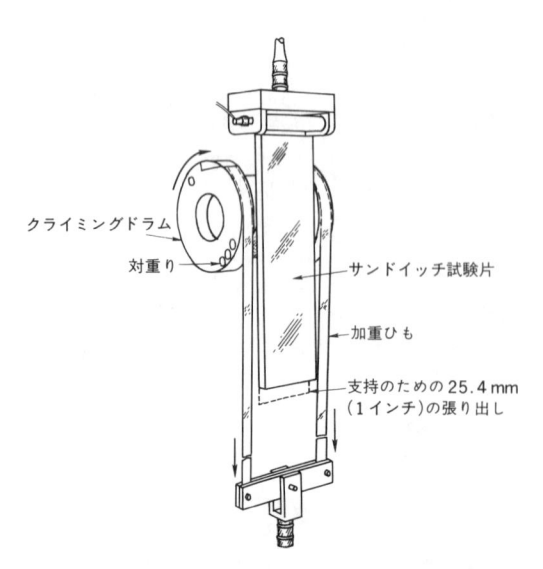

図 5.13 クライミングドラムのはく離試験片と荷重装置

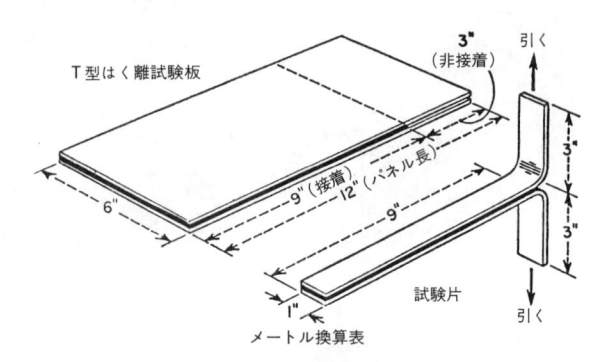

図 5.14 T型はく離試験板と試験片

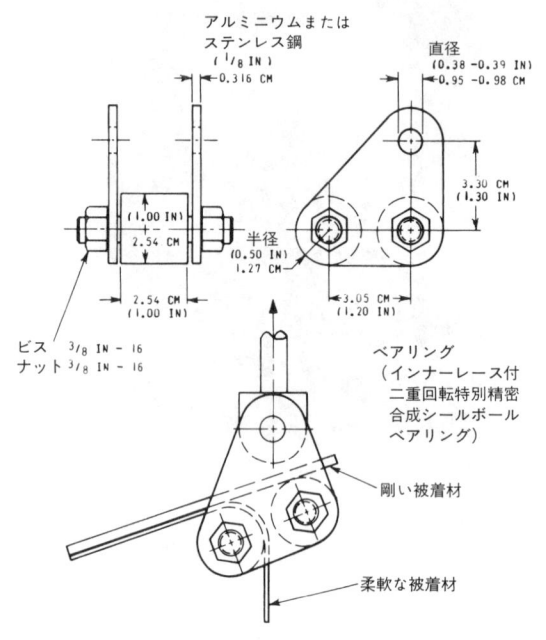

図 5.15 フローティングローラーのはく離試験装置と試験片

サンドイッチパネルの芯から中程度に柔軟な金属の表皮をはがすはく離抵抗の測定に用いる．

D-1876. "Test Method for Peel Resistance of Adhesives (T-Peel Test)." ひび割れや破損なしでT字の形態（図 5.14）をとれるくらい柔軟な二つの被着材（例えば薄い積層アルミニウム板）間のはく離抵抗を試験する．

D-3167. "Test Method for Floating Roller Peel Resistance of Adhesives." 図 5.15 に（本試験に使用する）試験片と装置を示す．はく離は90度以下の角度でおこるが，接着した長さに応じて一定の良い角度が保持される．堅い基盤に接着した柔軟な表層のはく離試験に有用である．特に，堅い金属基礎に積層した柔軟な金属表皮のはく離抵抗試験に適用する．

割 裂 強 さ

接着剤試験の初期の頃より，接着接合に使用時にかかる負荷は，しばしば（接着層に正確に垂直にかかる引張

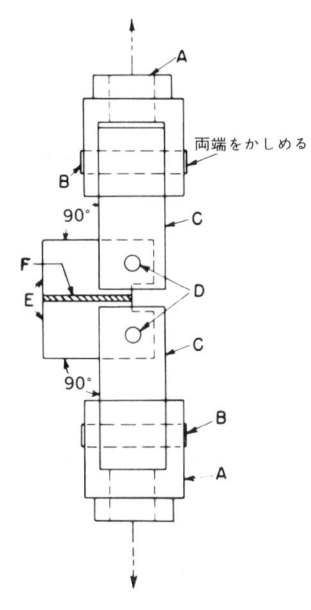

5. 接着剤の選択と適格検査

衝撃強さ

接合部はしばしば, 衝撃（インパクトやショック）をうけ, その反応は被着材と接着剤のレオロジーによって異なる. 初期の規格 D-0905 "Test Method for Impact Strength of Adhesive Bonds" では, 比較的簡素な試験片（**図 5.17**）に, 衝撃せん断力をかけるために, 特製の振子を使用する.

疲労強さ

個々の負荷を, 通常ではまったく破断に至らない程度でも, 加重と抜重とを繰り返すことによって接着接合部は徐々に悪化し, 破断することが実験で示されている. 使用中に振動をうける接合は最も疲労をうけやすい. D-3166 "Test Method for Fatigue Properties of Adhesives in Shear by Tension Loading (Metal/Metal)" では, 試験片（**図 5.18**）は比較的簡素である. しかし, 毎分 1800 回またはそれ以上の荷重の繰返しができる引張り試験機を必要とする.

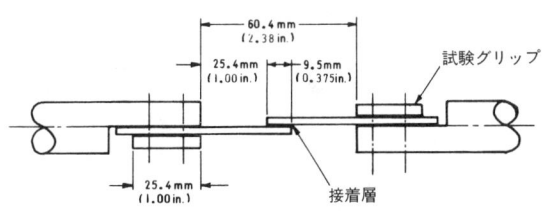

図 5.16 割裂試験片とグリップ (D-1062)

り応力と同等に) 接着層を引き裂く応力が支配的であると認識されてきた. したがって, D-14 の初期の規格は, D-1062 "Test Method for Cleavage Strength of Metal-to-Metal Adhesive Bonds" である. 本法は比較的簡素な試験片（**図 5.16**）と操作で行える.

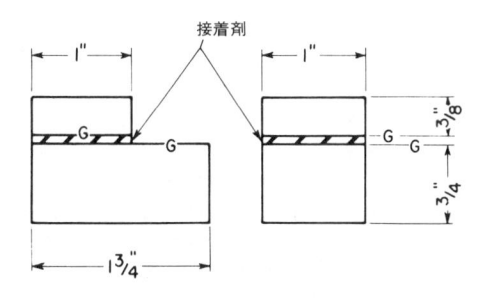

注：グリップ中に最短でも 25.4 mm（1 インチ）試験片をはさむ

図 5.18 引張りせん断疲労試験片とグリップ (D-3166)

クリープ

少ない負荷であっても, 硬くない接着剤では長期の粘弾性的変形が問題となり, 試験が必要になる.

D-1780. "Practice for Conducting Creep Tests of

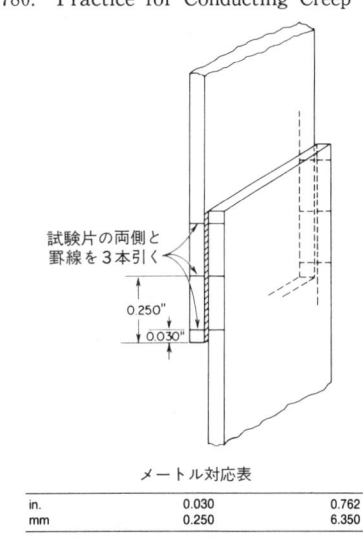

(a) 金属/金属試験片

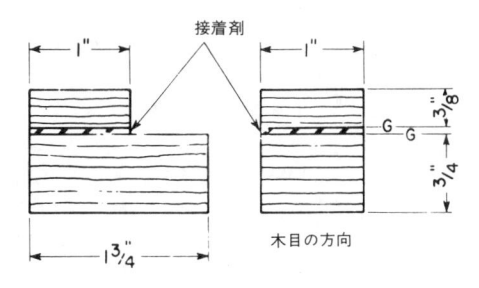

(b) 木材/木材試験片

図 5.17

メートル対応表

| in. | 0.030 | 0.762 |
| mm | 0.250 | 6.350 |

図 5.19 金属接着用引張りせん断クリープ試験片 (D-1780)

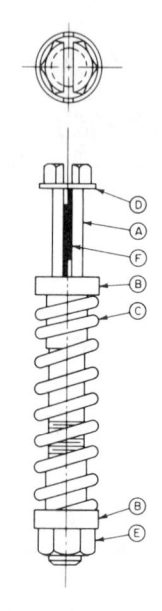

図 5.20 金属接着用圧縮せん断クリープ試験片とスプリング荷重装置（D-2293）

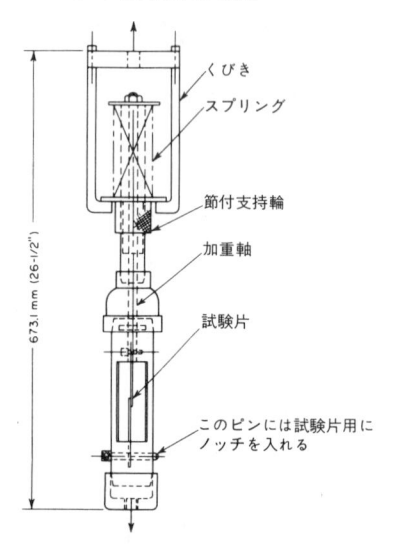

図 5.21 金属接着剤用スプリング加重装置と試験片（D-2294）

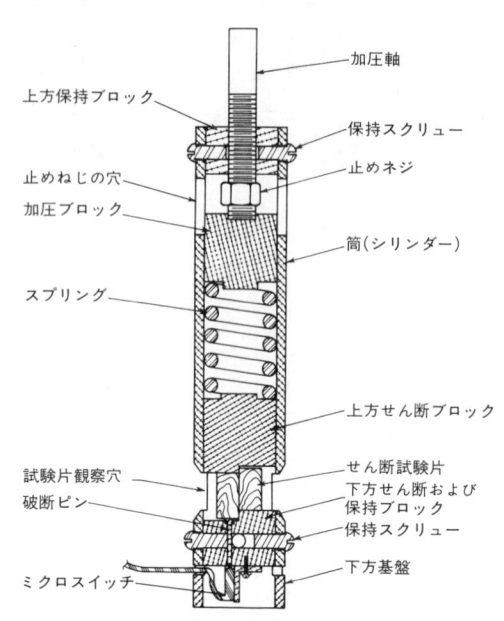

図 5.22 木材接着用スプリング加圧装置と新しい圧縮せん断クリープ試験片（D-4680）

Metal-to-Metal Adhesives." 単純重ねせん断試験片（図 5.19）に一定の引張り荷重をかけ，印をつけた接着層の端の経時変化を顕微鏡で監視する．温度の影響が大きいので，恒温での試験を要求することを強調する．

D-2293. "Test Method for Creep Properties of Adhesives in Shear by Compression Loading（Metal-to-Metal).” 図 5.20 に（D-1780 と同様に），接着層の端に沿ったクリープ変形を測定する本試験に用いる試験片と負荷をかける装置を示す．

D-2294. "Test Method for Creep Properties of Adhesives in Shear by Tension Loading (Metal-to-Metal)（図 5.21）." D-2293 と対になる引張りクリープ試験である．

D-4680. "Test Method for Creep and Time to Failure of Adhesives in Static Shear by Compression Loading（Wood-to-Wood)"（図 5.22）．接着剤は少なくともクリープする傾向があるという考えに基づいて，D-0905 ブロックせん断試験片でクリープ速度と破壊に至る時間を測定するために改良した新しい圧縮せん断クリープ試験である．

破断強さ

欠陥の進展によっておきる材料破断の研究から，D-3433 "Practice for Fracture Strength in Cleavage of Adhesives in Bonded Joints" が開発された．D-3433 には，試験片の作製（図 5.23）から試験，接着剤の割裂時の破壊強度の計算まで記されている．

接着剤接合継手の耐久性の試験

金属用接着剤

劣化環境暴露後の残存接合強さ 初期の強度に加えて，接着剤接合継手はしかるべき耐久性をもち，ある程度の供用期間中，使用環境中の劣化要因にさらされても必要な負荷に耐える強さを保たなければならない．耐久性に関連した D-14 規格のいくつかは，すでに強度試験でとりあげた手順に，（たいていは少し過酷な）選択した環境化に暴露し，強度の低下を測定する．以下の規格では，各種耐久性試験のために記載済みの標準的な強度試験片を用いる，人工と自然，通常と特殊な暴露条件を述べた．

D-0896. "Test Method for Resistance of Adhesive

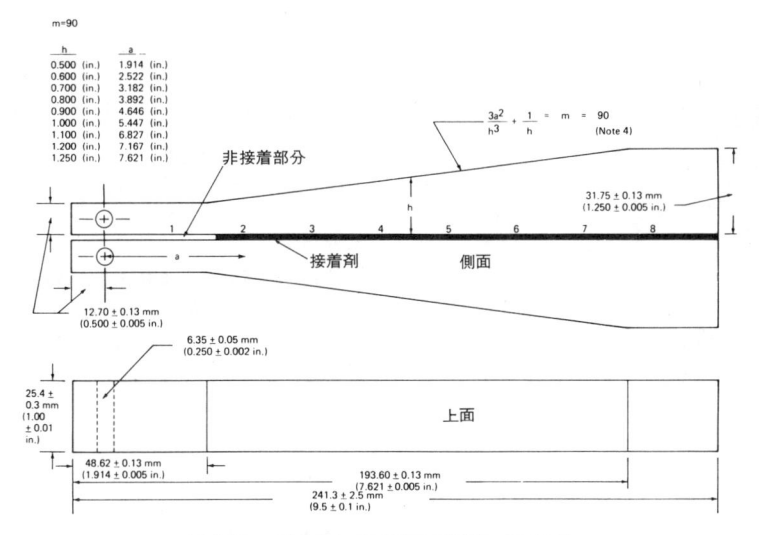

図 5.23 二重片持ちばり割裂強さ試験片 (D-3433)

Bonds to Chemical Reagents." 接着剤が試験中に浴びる可能性のある薬品を示唆し，他の表に参照記事を付した．

D-1151. "Test Method for Effect of Moisture and Temperature on Adhesive Bonds." 前述した基礎的な試験をとり，強度の低下を，決められた温度／湿度の組合せで暴露した時間の関数として測定する．22 組の組合せは，$-57°C$（$-70°F$）から $316°C$（$600°F$），低湿度から高湿度，浸水までにわたって示されている．

D-1183. "Test Method for Resistance of Adhesives to Cyclic Laboratory Aging Conditions." D-1151 では一定の温度湿度条件下である一方，D-1183 では周期的に変化する温度／湿度をかける．四つの環境設定，すなわち二つの設定した"内装"，"地上と空での外装"と"海での外装"を示している．

D-1828. "Practice for Atmospheric Exposure of Adhesive Bonded Joints and Structures." 前三者が実験室的に制御するのに対し，本規格は a) 自然中で暴露し，b) その中での強度低下を時間の関数として測定する耐候試験の概要を定義する．いくつかの，いくらか際だった自然環境と地理的な位置の設定を言及する．

D-1879. "Practice for Exposure of Adhesive Specimens to High Energy Radiation." 試験片に適量の高エネルギー（X 線，γ 線，電子線，β 線など）を照射し，照射前後の強度の変化を記す．

D-2295 と D-2557．低温と高温で接着した金属接合の引張りせん断試験片のせん断強度の測定方法．

D-4299 と D-4300．順にバクテリアとかびによる接合強度劣化効果の測定（詳細は木材の耐候性参照）．

劣化要因の照射下の強さ　理想的には耐久性試験は，接着剤の強さの保持を使用環境と同じ要因をあてている間に測定すべきである．しかし，このような試験の実行は物理的にも手続き的にも大変困難である．以下に

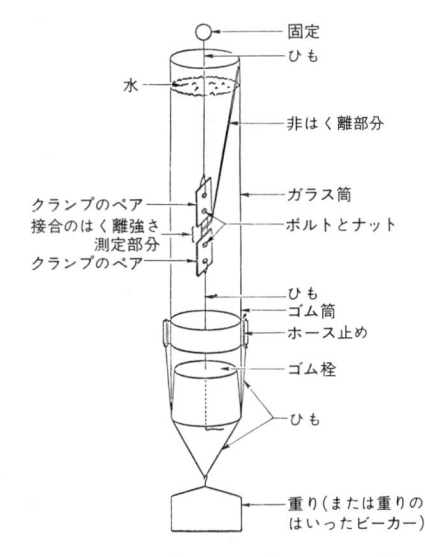

図 5.24 環境暴露下でのはく離強さ試験片と装置

示す二つ（の規格）は，照射下の接合の強度を測定するように設計した D-14 での規格である．

D-2918. "Practice for Determining Durability of Adhesive Joints Stressed in Peel"（図 5.24）．はく離抵抗の水中での影響を測定する死荷重型の試験．他の環境（湿度，温度，塩分など）についての示唆もある．

D-2919. "Test Method for Determining Durability of Adhesive Joints Stressed in Shear by Tension Loading." 図 5.25 に使用する重ね継手せん断試験片と，ばね型試験機を示す．供用する標準的環境も数多く示す．

木材用接着剤

促進風化処理後の接合強さ保持（促進耐候試験）　金属の継手における耐久性試験の考えの多くは，木材にと

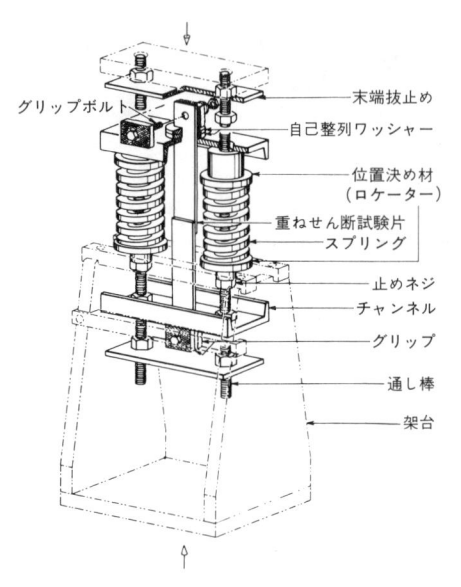

図 5.25 環境暴露下での引張りせん断強さ試験片と装置 (D-2919)

っても有用である．一つ，あるいはそれ以上の基本的な木材継手の強度試験（例えば D-0897, D-0905, D-0906 など）は，ある耐久性の要求を満足する木材用接着剤の選択するために，環境暴露（D-0896, D-1151, D-1183, D-1828, D-4299, D-4300 など）と組み合わせる．

D-3024（木材用接着剤の項参照）で，集成材や合板の試験片を水につける前後のせん断接着強さや木破率から評価する．このような手順は，他の木材用接着剤に適用できる．

D-3110（木材用接着剤の項参照）は，暴露後の残存強さを試験し，性能最低基準を示す．環境として，大気圧下での浸水，減圧浸水，煮沸，炉での加熱があげられる．D-3110 の範疇に入る接着剤を扱うときはいつでも，このようにして耐久性を確認する必要がある．本試験方法は他の有用な木材用接着剤の試験をほぼ含んでいる．

さらに，やや複雑で高価な装置を使用できるものには，D-3434 "Practice for Multiple Cycle Accelerated Aging Test (Automatic Boil Test) for Exterior Wet Use Wood Adhesives" がある．しばしば ABT と省略されるが，非常に貴重な木材用接着剤の耐久性に関する資料を提供する．

環境暴露後の木材用接着接合のはく離 木材は，環境暴露中に乾燥したり湿ったりすると，収縮したり膨脹したりする傾向がある．その結果として，応力が接合部に生じ，耐久性のある接着剤で確実に接合していないとはく離がおこる．加湿，乾燥，蒸らしの繰返しを，D-14 規格ではこの性質に対する試験として用い，接着層がはく離した割合を測定する．これらの試験のいくつかでは，最大許容はく離値も記されている．

D-1101. "Test Methods for Integrity of Glue Joints in Structural Laminated Wood Products for Exterior Use." 本規格は D-2559（下記参照）と酷似しているが，微妙に異なる 2 種類の層間はく離試験を記載している．集成材の品質管理のための評価法の方法 A は 3 日間の試験であるのに対し，方法 B は 12.5 時間の試験である．

D-2559．（外装用集成材向けの接着剤について）小型集成ばりより試験片を切り出し，多段階の促進養生処理を行った後に層間はく離試験をする．木材用接着剤の項の前半を参照．

進行速度評価による木材接着接合の耐熱および耐湿気性 D-4502 "Test Methods for Heat and Moisture Resistance of Wood Adhesive Joints". この最近の規格では，接着の熱や湿気による劣化効果を，古典的な反応速度式で資料を分析する方法によって測定する．結果として環境による効果を長期にわたって外挿することができる．

プラスチックとガラス用接着剤

プラスチックやガラス用の接着剤の耐久性試験を定めた規格は D-14 規格の中にない．しかし，適格検査を行うという目的のために，一つ，あるいはそれ以上の汎用接着剤の強度試験を暴露や強度低下の測定と組み合わせて用いる．

プラスチック用には，D-3929 "Practice for Evaluating the Stress Cracking of Plastics by Adhesives Using the Bent-Beam Method" がある．ある種の接着剤はプラスチックの被着材と相互作用し，応力による欠陥によって脆弱な部分を誘発することが認められる．

ガラスの被着材ではさらに，(接着剤との)界面などで，接着剤への光化学効果の可能性といった，透明な被着材を光が透過することによって生じる問題がある．この効果を取り除くために，（例えば D-4501 に示したブロックせん断のような）標準的な試験片を採用し，太陽光や人工光（例えば D-0904）の照射と組み合わせる．

紙用接着剤

紙用接着剤の規格のほとんどは TAPPI およびその関連委員会の管轄下にある．ASTM の紙用接着剤の耐久性試験には D-1581 と D-1713 の二つがあり，それらは紙用接着剤の詳細の項に載せた．

接着剤の物理的，実用的性質の試験

強度と耐久性をもとに接着剤を選択したら，次は接着剤の構成，物理的，実用的性質の検討が必要になる．これらの試験は比較的簡単で，ここでは議論しないが，付録 2 に付記した．

[James T. Rice／梶山幹夫 訳]

付録1：接着剤習熟，選択，適格検査のために選択した文献

コンピューターで検索できるデーターベース

"Standards and Specifications" は National Standards Association, Inc. が製作し，the Dialog Information Retrieval Service, Palo Alto, CA でオンライン検索可能．113000 を超える米国や外国の記事をもつ．この中には，ASTM や ANSI，米国連邦政府や米軍，SAE の規格を含む．規格の写し（hardcopy）も National Standards Association より入手できる．

"Standards Search" は ASTM と SAE で製作され，Orbit Search Service, McLean, VA を通じてオンラインで検索できる．これには ASTM 規格書や SAE ハンドブック，宇宙・航空インデックス（Aerospace Index），宇宙・航空材料インデックス（Index of Aerospace Materials Specifications）を含む 15000 を超える参照文献（うちいくつかには要旨も）が掲載されている．

"Military and Federal Specifications and Standards" は，Information Handling Services で製作され，BRS Information Technologies, Latham, NY を通じてオンラインで検索できる．クラス分けせずに 80000 を超える米軍と連邦規格，陸軍・海軍共同仕様書，米軍標準図面と有資格製品表を掲載する．

"Combined Industry Standards and Military Specifications" も Information Handling Services により製作され，BRS Information Technologies, Latham, NY を通じてオンラインで検索できる．15 万を超える政府ならびに工業規格を載せ，the American National Standards Institute（ANSI）と the International Standards Organization（ISO），それに 400 程度の委員会の規格にもとづく the National Bureau of Standards Voluntary Engineering Standards Database をはじめとするおよそ 50 の米国機関，他国家，国際規格委員会を網羅する．軍事関係の規格は，"Military and Federal Specifications and Standards" によっても網羅される．

接着剤と接着試験に関する出版物（抜粋）

Adams, R.D., and Wake, W.C., "Structural Adhesive Joints in Engineering," London, Applied Science Publishers, 1984.

ASTM. "Annual Book of Standards," Part 15.06 on Adhesives. American Society for Testing and Materials, 1916 Race Street, Philadelphia, PA 19103-1187.

Anonymous. "Adhesives," 4th Ed., Desk-Top Data Bank. San Diego, CA, D.A.T.A., 1986.

Anonymous. "Adhesives for Industry: Proceedings of a Conference." Pasadena, CA, T-C Publications, 1980.

Anonymous. "Structural Adhesives and Bonding, 1979: Proceedings of a Special Conference." Pasadena, CA, T-C Publications, 1980.

Anonymous. "Adhesives Used on Building Materials," Pasadena, CA, T-C Publications, 1982.

Anonymous. "Adhesive Bonding of Composite Materials." Pasadena, CA, T-C Publications, 1983.

Anonymous. "Adhesives—Structural: Formulations and Applications." Pasadena, CA, T-C Publications, 1983.

Adhesives Age. "Adhesives Age Directory," 21st Ed. Atlanta, GA, Communication Channels, Inc., 1989.

Adhesives Age. "Consult the Experts. A current list of adhesive reference materials." Published each month in Adhesives Age Magazine. Atlanta, GA, Communication Channels, Inc.

Anderson, G., et al. "Analysis and Testing of Adhesive Bonds." New York, Academic Press, 1977.

American Society for Testing and Materials (ASTM). "Book of Standards," Part 15.06, "Adhesives," Philadelphia, ASTM, 1985.

American Society for Testing and Materials (ASTM). "Durability of Adhesive Joints." Special Technical Publication (STP) No. 401. Philadelphia, ASTM, 1966.

Bandel, Alberto, "Glues and Gluing Technology for the Woodworking Industry," Milan, Italy, Ribera Editore, 1985.

Bikales, N.M. (ed.), "Adhesion and Bonding," Melbourne, FL, Robert E. Krieger Publishing Co., 1971.

Blomquist, R.F., et al., "Adhesive Bonding of Wood and Other Structural Materials: Educational Modules for Materials Science and Engineering." University Park, PA, Materials Research Laboratory, Pennsylvania State University, 1983.

Breitenberg, Maureen A., "Directory of International and Regional Organizations Conducting Standards Related Activities," Washington, DC, Supt. of Documents, U.S. Government Printing Office, 1983.

Brewis, D., and Comyn, J., "Advances in Adhesives: Applications, Materials and Safety." Pasadena, CA, T-C Publications, 1983.

Bruno, E.J. (ed), "Adhesives in Modern Manufacturing," Dearborn, MI, Society of Manufacturing Engineers, 1970.

Cagle, Charles V., et al., "Handbook of Adhesive Bonding," Pasadena, CA, T-C Publications, 1973 (reprinted in 1982).

DeLollis, Nicholas J., "Adhesives for Metals: Theory and Technology," New York, Industrial Press, Inc., 1970.

DeLollis, Nicholas J., "Adhesives, Adherends, Adhesion," Melbourne, FL, Robert E. Krieger Publishing Co., 1980.

Department of Defense, "Index of Specifications and Standards," Washington, DC, Supt. of Documents, U.S. Government Printing Office, 1984.

Epstein, George, "Adhesives and Adhesive Bonding: Theoretical and Practical." Pasadena, CA, T-C Publications, 1984.

Gillespie, R.H. (ed.), "Adhesives for Wood: Research, Applications and Needs," Park Ridge, NJ, Noyes Publications, 1984.

Gutcho, Marcia (ed.), "Adhesives Technology Development Since 1979," Park Ridge, NJ, Noyes Publications, 1983.

Houwink, R., and Salomon, G. "Adhesion and adhesives," 2nd Ed.,vols. I and II, New York, Elsevier Publishing Company, 1965.

Jones, Peter, "Fasteners, Joints and Adhesives: A Guide to Engineering Solid Constructions," Englewood Cliffs, NJ, Prentice-Hall, 1983.

Kinloch, A.J. (ed.), "Durability of Structural Adhesives," London, Applied Science Publishers, 1983.

Kinloch, A.J., "Adhesion and Adhesives: Science and Technology," London and New York, Chapman and Hall, 1987.

Landrock, Arthur H., "Adhesives Technology Handbook," Park Ridge, NJ, Noyes Publications, 1985.

Lee, H. (ed.), "Cyanoacrylate Resins: The Instant Adhesives," Pasadena, CA, T-C Publications, 1981.

Meese, R. G., "Testing Adhesives," TAPPI Monograph Series No. 35, Atlanta, GA, Technical Association of the Pulp and Paper Industry (TAPPI), 1974.

Mittal, K.L., "Adhesive Joints: Formation, Characteristics and Testing," New York, Plenum Press, 1984.

Patrick, R.L. (ed.), "Treatise on Adhesion and Adhesives," Vol. 4, "Structural Adhesives With Emphasis on Aerospace Applications," New York, Marcel Dekker, 1981.

Patrick, R.L. (ed.), "Treatise on Adhesion and Adhesives," Vol. 5, New York, Marcel Dekker, 1981.

Pizzi, A., "Wood Adhesives Chemistry and Technology," New York, Marcel Dekker, 1983.

Sadek, M.M., "Industrial Applications of Adhesive Bonding," London and New York, Elsevier Applied Science, 1987.

Satas, Donatas (ed.), "Handbook of Pressure-Sensitive Adhesives Technology," Pasadena, CA, T-C Publications, 1982.

Schneberger, Gerald L., "Adhesives in Manufacturing," New York, Marcel Deker, 1983.

Selbo, M.L., "Adhesive Bonding of Wood," Technical Bulletin No. 1512, Forest Products Laboratory, U.S. Forest Service, U.S. Department of Agriculture, Washington, DC, U.S. Government Printing Office, 1975.

Shields, J., "Adhesives Handbook," 3rd Ed., London, Butterworths, 1984.

Skeist, I. (ed.), "Adhesives Handbook," 2nd Ed., New York, Van Nostrand-Reinhold, 1977.

Thrall, E.W., and Shannon, R.W. Jr., "Adhesive Bonding of Aluminum Alloys," New York, Marcel Dekker, 1985.

Toth, Robert B., "Standards Activities of Organizations in the United States," Washington, DC, Supt. of Documents, U.S. Government Printing Office, 1984.

Wake, W.C., "Adhesion and the Formulation of Adhesives," London, Applied Science Publishers, 1982.

Wake, W.C., "Developments in Adhesives," Vols. 1 and 2, London, Applied Science Publishers, 1977.

Weiner, J., and Roth, L., "Adhesives," Vol. 1 (with supplement), "General Applications, Theory and Testing," Appleton, WI, Institute of Paper Chemistry, 1974.

Weiner, J., and Roth, L., "Adhesives," Vol. 2 (with supplement), "Paper," Appleton, WI, Institute of Paper Chemistry, 1974.

Weiner, J., and Roth, L., "Adhesives," Vol. 3 (with supplement), "Board, Plastics, Textiles," Appleton, WI, Institute of Paper Chemistry, 1974.

Weiner, J., and Roth, L., "Adhesives," Vol. 4 (with supplement), "Tapes and Machinery," Appleton, WI, Institute of Paper Chemistry, 1974.

付録2：ASTM 接着剤規格の使用志向分類

接着剤用語の規格

D-907. "Terminology of Adhesives."

接着剤の標準仕様書

For adhesives used in construction assembly bonding: primarily adhesives for tile or panel-to-frame bonding applications in building construction.

C-557. "Specification for Adhesives for Fastening Gypsum Wallboard to Wood Framing."

D-1779. "Specification for Adhesive for Acoustical Materials."

D-3498. "Specification for Adhesives for Field-Gluing Plywood to Lumber Framing for Floor Systems" (reference D-3632, "Practice for Accelerated Aging of Adhesive Joints by the Oxygen-Pressure Method" and D-3931, "Test Method for Determining Strength of Gap-Filling Adhesive Bonds in Shear by Compression Loading").

D-3930. "Specification for Adhesives for Wood-Based Materials for Construction of Manufactured Homes."

For primary wood bonding adhesives.

D-2559. "Specification for Adhesives for Structural Laminated Wood Products for Use Under Exterior (Wet Use) Exposure Conditions."

D-3024. "Specification for Protein-Base Adhesives for Structural Laminated Wood Products for Use Under Interior (Dry Use) Exposure Conditions."

D-3110. "Specification for Adhesives Used in Nonstructural Glued Lumber Products."

D-4317. "Specification for Polyvinyl Acetate-Based Emulsion Adhesives."

D-4689. "Specification for Adhesives, Casein-Type."

D-4690. "Specification for Urea-Formaldehyde Resin Adhesives."

For paper bonding adhesives.

D-1580. "Specification for Liquid Adhesives for Automatic Machine Labeling of Glass Bottles" (and companion standard D-1584, "Test Method for Water Absorptiveness of Paper Labels").

D-1874. "Specification for Water- or Solvent-Soluble Liquid Adhesives for Automatic Machine Sealing of Top Flaps of Fiberboard Shipping Cases" (and companion standard D-1714, "Test Method for Water Absorptiveness of Fiberboard Specimens for Adhesives").

Pressure-sensitive tape specification.

D-1000. "Pressure-Sensitive Adhesive Coated Tapes Used for Electrical Insulation" (see ASTM Book of Standards, Part 10.01).

Optical adhesive specification.
D-2851. "Specification for Liquid Optical Adhesive."

金属用接着剤の強さ試験

Tensile strength of metal bonding adhesives.
D-0897. "Test Method for Tensile Properties of Adhesive Bonds."
D-2095. "Test Method for Tensile Strength of Adhesives by Means of Bar and Rod Specimens" (and companion D-2094, "Practice for Preparation of Bar and Rod Specimens for Adhesion Tests").

Shear strength of metal bonding adhesives.
D-1002. "Test Method for Strength Properties of Adhesives in Shear by Tension Loading (Metal-to-Metal)."
D-2295. "Test Method for Strength Properties of Adhesives in Shear by Tension Loading at Elevated Temperatures (Metal-to-Metal)."
D-2557. "Test Method for Strength Properties of Adhesives in Shear by Tension Loading in the Temperature Range from -267.8 to $-55°C$ (-450 to $67°F$)."
D-3165. "Test Method for Strength Properties of Adhesives in Shear by Tension Loading of Laminated Assemblies."
D-3528. "Test Method for Strength Properties of Double Lap Shear Adhesive Joints by Tension Loading."
D-3983. "Test Method for Measuring Strength and Shear Modulus of Nonrigid Adhesives by the Thick Adherend Tensile Lap Specimen."
D-4027. "Test Method for Measuring Shear Properties of Structural Adhesives by the Modified-Rail Test."
D-4501. "Test Method for Shear Strength of Adhesive Bonds Between Rigid Substrates by the Block-Shear Method."
D-4562. "Test Method for Shear Strength of Adhesives Using Pin-and-Collar Specimen."
E-0229. "Test Method for Shear Strength and Shear Modulus of Structural Adhesives."

Bending strength of metal bonding adhesives.
D-1184. "Test Method for Flexural Strength of Adhesive Bonded Laminated Assemblies."

Peel strength of metal bonding adhesives.
D-0903. "Test Method for Peel or Stripping Strength of Adhesive Bonds."
D-1781. "Method for Climbing Drum Peel Test for Adhesives."
D-1876. "Test Method for Peel Resistance of Adhesives (T-Peel Test)."
D-3167. "Test Method for Floating Roller Peel Resistance of Adhesives."

Cleavage strength of metal bonding adhesives.
D-1062. "Test Method for Cleavage Strength of Metal-to-Metal Adhesive Bonds."

Impact strength of metal bonding adhesives.
D-0950. "Test Method for Impact Strength of Adhesive Bonds."

Fatigue strength of metal bonding adhesives.
D-3166. "Test Method for Fatigue Properties of Adhesives in Shear by Tension Loading (Metal/Metal)."

Creep of metal bonding adhesives.
D-1780. "Practice for Conducting Creep Tests of Metal-to-Metal Adhesives."
D-2293. "Test Method for Creep Properties of Adhesives in Shear by Compression Loading (Metal-to-Metal)."
D-2294. "Test Method for Creep Properties of Adhesives in Shear by Tension Loading (Metal-to-Metal)."

Fracture strength of metal bonding adhesives.
D-3433. "Practice for Fracture Strength in Cleavage of Adhesives in Bonded Joints."

Rate of strength development for metal bonding adhesives.
D-1144. "Practice for Determining Strength Development of Adhesive Bonds."

金属用接着剤の耐久性試験

D-0896. "Test Method for Resistance of Adhesive Bonds to Chemical Reagents."
D-0904. Light aging (see glass, durability).
D-1151. "Test Method for Effect of Moisture and Temperature on Adhesive Bonds."
D-1183. "Test Methods for Resistance of Adhesives to Cyclic Laboratory Aging Conditions."
D-1828. "Practice for Atmospheric Exposure of Adhesive-Bonded Joints and Structures."
D-1879. "Practice for Exposure of Adhesive Specimens to High-Energy Radiation."
D-2295 and D-2557. Extreme temperature shear testing (see metal, strength, shear).
D-2918. "Practice for Determining Durability of Adhesive Joints Stressed in Peel."
D-2919. "Test Method for Determining Durability of Adhesive Joints Stressed in Shear by Tension Loading."
D-3762. "Test Method for Adhesive-Bonded Surface Durability of Aluminum (Wedge Test)."
D-4299 and D-4300. Mold and bacteria tests (see wood, durability).

接着接合用金属表面処理の規格

D-2651. "Practice for Preparation of Metal Surfaces for Adhesive Bonding."
D-2674. "Methods of Analysis of Sulfochromate Etch Solution Used in Surface Preparation of Aluminum."
D-3933. "Practice for Preparation of Aluminum Surfaces for Structural Adhesives Bonding (Phosphoric Acid Anodizing)."

木材用接着剤の強さ試験

Tensile strength tests for wood bonding adhesives.
D-0897 and D-1344 (See metal, strength, tensile.)

Shear strength tests for wood bonding adhesives.
D-0905. "Test Method for Strength Properties of Adhesive Bonds in Shear by Compression Loading."

D-0906. "Test Method for Strength Properties of Adhesives in Plywood Type Construction in Shear by Tension Loading."

D-1002. (See metal, strength, shear.)

D-2339. "Test Method for Strength Properties of Adhesives in Two-Ply Wood Construction in Shear by Tension Loading."

D-3528, D-4027, and E-0229. (See metal, strength, shear.)

D-4688. "Test Methods for Evaluating Structural Adhesives for Fingerjointing Lumber."

Bending strength test for wood bonding adhesives.
Not often used with wood adhesives, but D-1184 (see metal, strength, bending) should be applicable.

Peel strength tests for wood bonding adhesives.
Not often used for wood but these standards should be applicable with wood as the rigid substrate: D-903, 180° peel; D-1781, climbing drum peel; and D-3167, floating roller peel (see metal, strength, peel).

Cleavage strength test for wood bonding adhesives.
Not commonly done with wood adhesives but D-1062 (see metal, strength, cleavage) should be applicable with possible modifications to assure stressing the glueline.

Impact test for wood bonding adhesives.
D-0950, "Test Method for Impact Strength of Adhesive Bonds."

Fatigue strength test for wood bonding adhesives.
Not clearly applicable to wooden joints, but cyclic tension shear (e.g., D-1002) or bending (e.g., D-1184) test could be tried and strength examined as a function of number of cycles, percent of maximum load, etc.

Creep tests for wood bonding adhesives.
D-3535. "Test Method for Resistance to Deformation Under Static Loading for Structural Wood Laminating Adhesives Used Under Exterior (Wet Use) Exposure Conditions."

D-4680. "Test Method for Creep and Time to Failure of Adhesives in Static Shear by Compression Loading (Wood-to-Wood)."

See also the creep test in D-3930 on adhesives for wood bonding in mobile homes.

Rate of strength development for wood bonding adhesives.
D-1144. Procedure for rate of joint strength development (see metal, strength, miscellaneous).

木材用接着剤の耐久試験

D-0896, D-1151, D-1183, D-1828, D-2919. (See metal, durability.)

D-1101. "Test Methods for Integrity of Glue Joints in Structural Laminated Wood Products for Exterior Use" (previously in ASTM Book of Standards, Part 4.09 on Wood but now to be in Part 15.06 on Adhesives)."

D-2559. "Specification for Adhesives for Structural Laminated Wood Products for Use Under Exterior (Wet Use) Exposure Conditions."

D-3110. "Specification for Adhesives Used in Nonstructural Glued Lumber Products."

D-3434. "Practice for Multiple-Cycle Accelerated Aging Test (Automatic Boil Test) for Exterior Wet Use Wood Adhesives."

D-4299. "Test Methods for Effect of Bacterial Contamination on Permanence of Adhesive Preparations and Adhesive Films."

D-4300. "Test Methods for Effect of Mold Contamination on Permanence of Adhesive Preparations and Adhesive Films."

D-4502. "Test Method for Heat and Moisture Resistance of Wood-Adhesive Joints."

プラスチック用接着剤の強さ試験

Tensile strength tests for plastics bonding adhesives.
D-1344 and D-2095. (See metal, strength, tensile.)

Shear strength tests for plastics bonding adhesives.
D-3163. "Test Method for Determining the Strength of Adhesively Bonded Rigid Plastic Lap-Shear Joints in Shear by Tension Loading."

D-3164. "Test Method for Determining the Strength of Adhesively Bonded Plastic Lap-Shear Sandwich Joints in Shear by Tension Loading."

D-3983. (See metal, strength, shear.)

D-4501. "Test Method for Shear Strength of Adhesive Bonds Between Rigid Substrates by the Block-Shear Method."

Bending strength test for plastics bonding adhesives.
D-1184. (See metal, strength, bending.)

Peel strength tests for plastics bonding adhesives.
Plastic films and rigid plastics could variously use the 180° peel (D-0903), climbing drum peel (D-1781) or floating roller peel (D-3167) (see metal, strength, peel).

Cleavage strength test for plastics bonding adhesives.
D-3807. "Test Method for Strength Properties of Adhesives in Cleavage Peel by Tension Loading (Engineering Plastics-to-Engineering Plastics)."

Impact strength test for plastics bonding adhesives.
Where applicable, perhaps use D-0950, the basic impact test.

Fatigue strength test for plastics bonding adhesives.
Where applicable, perhaps use a cyclic shear or bending test as suggested previously for fatigue testing of wood substrates.

Creep tests for plastics bonding adhesives.
Where applicable, perhaps use long term loading with the new block-shear test (D-4501) or consider the creep test methods now used for construction adhesives in the specification for adhesives used in bonding wood in mobile homes (D-3930).

Miscellaneous tests for strength of plastics bonding adhesives.
D-1144. Rate of joint strength development (see metal, strength, miscellaneous).

D-3808. "Practice for Qualitative Determination of Adhesion of Adhesives to Substrates by Spot Adhesion Test Method."

プラスチック用接着剤の耐久性試験

D-0896, D-1151, D-1183, D-1828, D-1879, D-2295, D-2557, D-2918 and D-2919. (See metal, durability.)
D-4299 and D-4300. Mold and bacteria tests (see wood, durability).
D-904. Light aging test (see glass, durability).
D-3929. ''Practice for Evaluating the Stress Cracking of Plastics by Adhesives Using the Bent-Beam Method.''

接着接合用プラスチック表面処理の規格

D-2093. ''Practice for Preparation of Surfaces of Plastics Prior to Adhesive Bonding.''

ガラス用接着剤の強さ試験

Tensile strength tests for glass bonding adhesives.
D-0897 and D-1344. (See metal, strength, tensile.)

Shear strength tests for glass bonding adhesives.
D-3164. (See plastics, strength, shear.)
D-3658. ''Practice for Determining the Torque Strength of Ultraviolet (UV) Light-Cured Glass/Metal Adhesive Joints.''
D-4501. (See plastics, strength, shear.)

Bending strength test for glass bonding adhesives.
Probably not applicable.

Peel strength tests for glass bonding adhesives.
To test peel adhesion to glass as a rigid substrate, one could use the 180° peel (D-0903), climbing drum peel (D-1781) or floating roller peel (D-3167) tests.

Cleavage strength test for glass bonding adhesives.
Where applicable, perhaps use D-1062 with sandwich construction (see metal, strength, cleavage).

Impact strength test for glass bonding adhesives.
Where applicable perhaps use D-0950, the basic impact test method (see metal, strength, impact).

Fatigue strength test for glass bonding adhesives.
Where applicable, perhaps try D-3164 (tensile shear test for adhesively bonded plastic lap joints) with cyclic stressing.

Creep test for glass bonding adhesives.
Perhaps use D-2293 (see metals, strength, creep).

Miscellaneous tests for glass bonding adhesives.
D-1144. On rate of joint strength development (see metal, strength, miscellaneous).
D-3808. (See plastics, miscellaneous.) Spot adhesion test developed for plastics but may be usable with glass.

ガラス用接着剤の耐久性試験

D-0904. ''Practice for Exposure of Adhesive Specimens to Artificial Light (Carbon-Arc Type) and Natural Light.''
D-0896, D-1151, D-1183, D-1828, D-1879, D-2918, D-4299 and D-4300 (see metal, durability).

紙用接着剤の試験

Most tests for paper bonding adhesives have been developed by TAPPI and published by them in ''Testing Adhesives,'' by R. G. Meese (see Appendix 1).

ASTM tests for strength of paper bonding adhesives.
See tests in specifications D-1580 and D-1874 (under specifications, paper).

ASTM tests for durability of paper bonding adhesives.
D-1581. ''Test Method for Bonding Permanency of Water- or Solvent-Soluble Liquid Adhesives for Labeling Glass Bottles.''
D-1713. ''Test Method for Bonding Permanency of Water- or Solvent-Soluble Liquid Adhesives for Automatic Machine Sealing Top Flaps of Fiberboard Specimens.''

その他の特殊接着剤と応用に関する試験

D-0816. ''Methods of Testing Rubber Cements'' (see ASTM Book of Standards, Part 09.01).
D-2558. ''Test Method for Evaluating Peel Strength of Shoe Sole-Attaching Adhesives.''

接着剤の物理的・実用的性質に関する試験

Tests for adhesive composition and chemical properties.
D-1488. ''Test Method for Amylaceous Matter in Adhesives.''
D-1489. ''Test Method for Nonvolatile Content of Aqueous Adhesives.''
D-1490. ''Test Method for Nonvolatile Content of Urea-Formaldehyde Resin Solutions.''
D-1579. ''Test Method for Filler Content of Phenol, Resorcinol, and Melamine Adhesives.''
D-1582. ''Test Method for Nonvolatile Content of Phenol, Resorcinol, and Melamine Adhesives.''
D-1583. ''Test Method for Hydrogen Ion Concentration of Dry Adhesive Films.''

Tests for applied adhesive weight.
D-0898. ''Test Method for Applied Weight per Unit Area of Dried Adhesive Solids.''
D-0899. ''Test Method for Applied Weight per Unit Area of Liquid Adhesive.''

Tests for rheological and tack properties of adhesives.
D-1084. ''Test Methods for Viscosity of Adhesives.''
D-1146. ''Test Method for Blocking Point of Potentially Adhesive Layers.''
D-1875. ''Test Method for Density of Adhesives in Fluid Form.''
D-1916. ''Test Method for Penetration of Adhesives.''
D-2183. ''Test Method for Flow Properties of Adhesives.''
D-2556. ''Test Method for Apparent Viscosity of Adhesives Having Shear-Rate-Dependent Flow Properties.''

D-2979. "Test Method for Pressure-Sensitive Tack of Adhesives Using an Inverted Probe Machine."
D-3121. "Test Method for Tack of Pressure-Sensitive Adhesives by Rolling Ball."
D-4338. "Test Method for Flexibility Determination of Supported Adhesive Films by Mandrel Bend Test Method."

Tests for properties of hot melt adhesives.
D-3111. "Practice for Flexibility Determination of Hot Melt Adhesives by Mandrel Bend Test Method."
D-3932. "Practice for the Control of the Application of Structural Fasteners when Attached by Hot Melt Adhesives."
D-4497. "Test Method for Determining the Open Time of Hot Melt Adhesives (Manual Method).
D-4498. "Test Method for Heat-Fail Temperature in Shear of Hot Melt Adhesives."
D-4499. "Test Method for Heat Stability of Hot-Melt Adhesives."

Tests for electrical properties of adhesives.
D-1304. "Methods of Testing Adhesives Relative to Their Use As Electrical Insulation."
D-2739. "Test Method for Volume Resistivity of Conductive Adhesives."
D-3482. "Practice for Determining Electrolytic Corrosion of Copper by Adhesives."

Tests for working and storage life properties of adhesives.
D-1337. "Test Method for Storage Life of Adhesives by Consistency and Bond Strength."
D-1338. "Test Method for Working Life of Liquid or Paste Adhesives by Consistency and Bond Strength."
D-1382. "Test Method for Susceptibility of Dry Adhesive Films to Attack by Roaches."
D-1383. "Test Method for Susceptibility of Dry Adhesive Films to Attack by Laboratory Rats."

Miscellaneous adhesive properties tests.
D-1916. "Test Method for Penetration of Adhesives."
D-3310. "Practice for Determining Corrosivity of Adhesive Materials."
D-4339. "Test Method for Determination of the Odor of Adhesives."
D-4500. "Test Method for Determining Grit, Lumps, or Undissolved Matter in Water-Borne Adhesives."

II

接着剤各論

6. 膠

膠（にかわ）は，何千年の間，水溶性接着剤やサイズ剤として使用されてきた．近代に入ってからは，保護コロイド，凝集剤，接着剤用の素材として利用されている．ゼラチン工業を振り返ると，1690年にオランダ，1700年代にイギリス，そして19世紀初頭にはアメリカの順に始まった[1]．1900年までに，アメリカには少なくとも60の膠製造業者があったが，現在ではわずか2社である．

膠はコラーゲンの誘導体である．コラーゲンは腱や骨の蛋白成分だけでなく，動物や魚の主な蛋白成分である．最近の膠の主要原料は，製革場で石灰処理やクロムなめしされた皮革，また屠殺場からのニベ（生皮），皮革，骨である．

ゼラチン，工業用ゼラチン，膠は，処理方法が異なるものの，ほとんど同じ原材料を使用することから，非常によく似た物質となっている．しかし，食用ゼラチンと写真用ゼラチンは，特に厳しい条件下で製造されるため，透明性に優れ，灰分や油脂分が低く，またバクテリア数が少ない．この二つのゼラチンは，製造コストが高くつくため，他の工業用ゼラチンや膠に比べかなり値段が高くなっている．食用ゼラチンと写真用ゼラチンは，市場も安定しており，研究も続けられてきた．

一方，工業用ゼラチンと膠では，市場が，この25年間でかなり減少してきた．つまり，合成ポリマーによる代替によるもので，この合成ポリマーが，合成繊維のサイジングやペーパーバック本の製本用にとってかわられた（しかし，電話帳やカタログなど，低コストで優れた耐久性や柔軟性が必要なものには膠が使用されている）．

西側諸国で膠業者が少なくなってきたために，最近では特に高級グレードを中心に膠が世界的に不足している．現在のところ，アメリカには二つの製造業者しかない．ニューヨーク州のジョンズタウンにあるHudson Industries Corp.のMilligan & Haggins Divisionとミズーリ州にあるSwift Adhesivesの2社である．前者は皮膠，後者は骨膠を製造している．原料は，兎や羊はほとんどなく，牛が中心である．皮膠や骨膠の大半をブラジル，チリ，中国，その他の国々から輸入しており，それらは主にコンパウンドされた接着剤や保護コロイドに利用されている．主な膠の輸入業者は，Hudson Industries Corp., Olympic Adhesives, Inc., Nicholson & Co., Transatlantic By-Products Corp., Swift Adhesives (Reichhold Chemicalの一部門）がある．

アメリカでは，工業用ゼラチンと膠の消費量は，年間2500〜3000万ポンドと推定される[2]．

化　　学

膠は，基本的に動物の皮や骨の主な蛋白成分であるコラーゲンの加水分解物である．コラーゲンは自然の状態では水に不溶で，コラゲナーゼ以外の蛋白分解酵素に対しても弱酸やアルカリに対して同じように強い．VeisとCohenがこのコラーゲンの構造について次のように述べている．

コラーゲン繊維は次のように描かれる，つまり架橋部の分布とペプチドの配列によって長さと交差する部分が異なり，セグメントは酸に安定な結合，すなわちB結合でつながり，全体の形態は酸に不安定なA結合や物理的な力で保たれている[3]．

コラーゲンを水溶性のポリペプチドに変えるには，酸と熱あるいはアルカリと熱のいずれかの方法で共有結合を切断する．酸と熱は，選択的にいくつかの結合を破壊したり，さらにペプチド結合を選択的に加水分解して，きちんと締まったコイル状のペプチド鎖を生成する．アルカリと熱を用いると，より完全に架橋部分を破壊し，その結果ランダムなコイル状のペプチド鎖を生成する．Veisは，コラーゲンからゼラチンへの変換は徐々に段階的に進み，三次元の構造が無定形になり，共有結合部分が引き続いて加水分解をおこす，と説明している[3,4]．

違うサンプルからとるコラーゲンや，同じサンプルでも採取場所が違うと作用が違うため，酸，アルカリや熱に対する安定性も変わってくる．これは，分子内や分子間の組織が違うためである．膠の分子は，処理方法によってアミノ酸がつながった長さの異なるポリペプチド鎖だと考えることができる．Estoeが，アミノ酸分解を行い，他の研究者によって立証された結果では，子牛の皮ゼラチンでは量はさまざまであるが18個のアミノ酸があることがわかった[6]．

6. 膠

表 6.1 膠に含まれるアミノ酸[5]

アミノ酸	全残基の1000当りの残基数	Rラジカルの特徴 官能基	イオン特性
グリシン	335.0	—	中性
プロリン	128.0	ピロリジン	中性
アラニン	113.0	—	中性
ヒドロキシプロリン	94.5	ヒドロキシピロリジン鎖	中性
グルタミン酸	72.0	カルボキシル	酸
アルギニン	47.0	グアンド	塩基
アスパラギン酸	46.5	カルボキシル	酸
セリン	35.0	ヒドロキシル	中性
リジン	27.0	アミン	塩基
ロイシン	23.0	—	中性
バリン	20.0	—	中性
トレオニン	18.0	ヒドロキシル	中性
フェニルアラニン	13.0	フェニル	中性
イソロイシン	12.0	—	中性
メチオニン	5.0	チオメチル	中性
ヒドロキシリジン	5.0	アミン, ヒドロキシル	塩
ヒスチジン	4.5	イシダゾール	塩
チロシン	4.4	p-フェニレン, ヒドロキシル	弱酸
添加アミノ酸[7]			
グルタミン	20	必須アミノ酸	中性
アスパラギン	20	〃	中性

表6.1では，Estoeの分析結果だけではなく，各アミノ酸のRラジカルの特性を示している．子牛の皮コラーゲンの分析から，他の2個のアミノ酸残基があることがわかった．つまり，グルタミン酸とアスパラギン酸がそれぞれ2%の濃度で存在している．これらも表に加えている[7]．

アミノ酸残基はアミノ基とカルボキシル基を含み，両性のため反応したり，イオン化したりする．

アミド基をカルボキシルとアミンに加水分解するには，アルカリ処理法（Bタイプ）と酸処理法（Aタイプ）で行うこともできる．表6.2では，Estoeが研究したアミド基の分解と等電点の関連についてあらわしている．

膠は，両性の性質をもつため，溶液のpHと等電点によって陽イオンとして，また陰イオンとして働く．アルカリ処理で生成すると4.8，酸処理では9の等電点をもっている．前者は陽イオンとして，後者は陰イオンとして働く．

ゼラチン溶液を冷却すると，分子内および分子間で収縮をおこす．コラーゲン層の安定性は溶媒の水素結合に影響するとVeisは結論を出している[9]．晶質構造も測定された．ゲルの生成は一次と二次の結合によるが，ゲルの分子間と網目の形成は，一次の共有結合よりむしろ水素結合のような二次結合に依存している[10]．これらの結合は溶剤や温度によってかなり左右される．水素結合によって融点が明確になる．これは共有結合や水素結合の多さにより違ってくる．個々のポリマー分子は，希釈溶液中ではランダムに配列しており，固有粘度によってポリマー分子の占める平均量を測定できる[11]．

Stainbyは，アルカリ処理したゼラチン溶液をさまざまなpHで粘度を測定した[12]．塩類が存在しなければ，等電点では膠分子の電荷はゼロになり，また普通のpH領域で最も低粘度になるように分子の形状が小さくなる．酸または塩基でpHを変えると，分子の電荷は陽イオンまたは陰イオンになる．イオンの反発で鎖が延び，粘度は高くなる．さらに酸または塩基を添加していくと反イオンが形成され，pH3以下，pH10以上では粘度は再び低くなる．

製　造

膠とは，水に溶けないコラーゲン繊維を加水分解した水溶性の製品である．加水分解物の分子量は非常に幅広く（約1万から25万以上），粘度とゼリー強度といった項目で規定される．膠の平均的な化学組成は下記の通りである．

炭素　　50.7%
水素　　 6.5

表 6.2 等電点とアミド窒素の関係

材料	処理方法	等電点	アミド窒素[a]
子牛革	未知	4.82	1.3
	Eastman Kodak		
皮	石灰	4.9	6.8
皮	〃	4.94	7.9
子牛革	石灰苛性	5.15	14.3
オセイン	酸	7.8	35.6
豚革	〃	9.4	43.7
〃	〃	9.4	42.9

a：mmole/100 g protein

酸素　24.9
窒素　17.9

他の原料や異なる製造工程によって，膠に含まれている上記の組成にごくわずかな違いがあることは知られている[13]．膠は温水中では低分子量に分解していく．その速度はpHや温度によって違いが出てくる．pHが7以上になると加水分解が加速する．膠製造業者は，熱分解をひきおこさないために膠溶液を長時間140～150°F（60～66℃）以上に保持しないよう勧めている．

膠は微生物だけでなく酵素による問題もある．製造工程の管理を厳しく行ったり，防腐剤を使用したりして，これらの影響を減らすため製造時には特別の注意が必要である．近年，好んで用いられる防腐剤としてフェノール系，フェノール誘導体，硫酸亜鉛などがあり，産業によっては特殊なタイプが指定されている．

膠には，皮膠と骨膠の2種類がある．皮膠の原材料はニベや石灰処理または酸処理された床，クロムなめしされた皮がある．皮膠や骨膠のどちらの製造者も高収率とコスト効率に努めて，その結果，粘度，ゼリー強度，pH，水分，発泡性，油脂分，灰分，色，透明性，臭気などの最適な特性を得ている．

ごく最近まで，皮膠の大半がクロムなめしされた皮から抽出されていた．EPA（アメリカ環境局）の指導もあり，クロムを減少する必要があった．なめし剤は，原料が洗浄された後，アルカリや酸によってほとんど除去された．この過程は，一般に24時間かかる．次に，原料を何日もの間水酸化マグネシウムに浸漬した後，水洗いする．このとき，pHはわずかにアルカリである．その結果，色は薄くて透明に近く，油脂分は1％以下のものになる．水酸化マグネシウムが少しでも残っていると，抽出中不溶の水酸化物として沈殿し，皮の中になめし剤が残る．クロムは残るが，膠製品を簡単につくる方法をとると多量の水を使用せずにすみ，排出する薬品を大幅に減らすことができる．膠の収率と特性は低いけれども，排水規制の厳しいところでは，この方法がとられる傾向がある．

前述したように，この方法は水酸化マグネシウムの浸漬から始まり普通どおり抽出する（下記の4段階がある）．この方法でつくった最終製品は，以前の方法からつくった製品とでは多少高い灰分となる（4.5％対3％）以外はよく似ている．

一般に用いられている皮やその塩漬された物は，塩分，酸，肉片，血液などを除去するため何時間も冷水で入念に洗浄する．次に，原料は何日もの間石灰漬けにして，洗い流す．このとき，pHを少量の酸で調整する．使用される酸は，膨張した材料に完全にしみ通るような塩酸，硫酸やリン酸である．ここで，最終製品のpHを6～7にする場合，ここでのpHは5～5.5にしておくとよい．その後，原料を，蒸気を放出できるコイルと水の入った抽出管に移す．徐々に温度を上げながら4時間ごとに4段階の抽出をする．2％から9％の溶液として抽出し沪過する．最終的に粘度によって20～50％まで濃縮される．

ある国では，膠をゼリー状のシートにしてネットにのせ，トンネルドライヤーで乾燥する．近代の乾燥方法は，コンベヤー上にヌードル状，チップ状，ビーズ状にして押し出し，水分が約10～15％になるまでコントロールされた熱風をかけて乾燥する．

経済的に余裕があれば，石灰漬け片をもう一度石灰漬けにし，従来どおり処理してもよい．すぐに抽出すると一番安くつくが製品の品質は低い．

この場合油脂分が多くなるが，肉片についてそれほど問題になることはない．骨膠は，主に骨の有機成分であるコラーゲンマトリックスから抽出したものである．骨膠を二つに分類すると，処理された骨と未処理の骨から製造されたものになる．

処理された骨は，溶剤を使って油脂分を除去した骨から製造され，未処理の骨は，屠殺場からそのまま届いた骨からつくられている．骨を砕いて洗浄し，圧力釜の中で弱酸によって処理する．抽出工程では，スチーム加熱が適しており，温水を散布すると希薄な膠溶液として出てくる．次に，それを沪過し，油脂分を除去するために遠心分離し，最後に濃縮し乾燥する．残った骨粉は，骨粉肥料の添加剤として使用され，大体85％のリン酸カルシウムが含まれている．骨灰磁器（ボーンチャイナ）という呼び名は，精製した骨を製品の中に添加したということから由来している．

特　　性

乾燥した膠は，硬くほとんど臭いもない．色は，淡黄色のものから茶褐色のものまである．膠は，大体260～270℃あたりから膨張，炭化して，煙を出しながら分解する．乾いている間は，膠の特性が変わることはない．比較的短時間に100℃以上で加熱すると不溶化する．普通，乾燥した膠は，冷水を6から8倍吸収し，加熱するまでゼリーの状態を保つ．品質（粘度とグラム）が高くなれば，融点も高くなる．膠溶液の最も役に立つ特性は，ゲルの可逆性にある．この特性は，濃度を変えたり，また添加剤を変えたりすることによって改良できる．

膠の比重は普通約1.27，水分量10～15％，灰分2.0～5.0％，pH 5.5～8.0，油分量0.2～3.0である．

膠は水に可溶であるが，油，ワックス，有機溶剤，無水アルコールには不溶である．しかし乳化では，油系水系のどちらにでもすることができる．膠はカプセル化として利用されている．

無水アルコール，タンニン酸，ピクリン酸，リンタングステン酸，硫酸亜鉛の飽和溶液中の膠は沈殿する．アルミニウム，鉄，クロム，硫酸マグネシウムによって，膠は濃縮，凝固，沈殿する．なめし工程や融点を上げることに，これらの化合物が利用される．

膠の不溶化（架橋，なめし）に関する特許は数多い．ホルムアルデヒドとその供与体は，特に効果がある．

膠は，ビュレット試験とモリッシュ反応では陽性を示

す．膠分は，ケールダール法により全窒素を測定し，定数（6.25）を掛けて算出することができる．

溶液からつくった乾燥膠のフィルムは連続的で弾性があるが，結晶性はない．木片を接着した場合，3000 psi 以上のせん断強度がでる．実際，膠フィルムの引張り強度は 10000 psi くらいもあったことが報告されている[14]．

膠はいろいろな化学反応で改質させることができる．例えば，水酸基をアセチル化したり，アルコール分解してアミノ酸エステルを生成したり，アリルスルホン化にして有機溶剤には溶けるが水には溶けないような複合体を生成したりできる．脂肪族アミンとの反応では耐水性を示す．第四級化ではカチオンを生成する．多くの文献には，この改質についての考えがまとめられている[15]．

膠は，たくさんの材料と配合されてきた．例えば，ブチルカルビトールアセテートのような水溶性の有機溶剤はもちろんのこと，でんぷん，デキストリン，砂糖，塩類，スルホン化されたオイル，オイルのエマルジョン，ポバールポリ酢酸ビニル，またグリコール，グリセリン，ソルビトールといった可塑剤などがある．粘度は，相溶性のナチュラルガム，アルギン酸，またカルボキシメチルセルロースのような合成物によって変化させることができる．酸処理でつくられた膠の等イオン点は約 9.0，ゼリー強度と粘度比は 4～5 対 1 である．一方，アルカリ処理でつくられた膠の等イオン点は 4.8，同比は 2.5～3 対 1 である．膠と膠の混合物の融点は，常温以下から 120°F 以上まで膠の濃度と膠の添加剤を変えることによって変化させることができる．粘度は，膠の物性，濃度，固形分，温度で支配されており，水のような粘度から大体 70000 cP の間が作業性がよいといわれている．

品 質 の 分 類

膠工業では，粘度とゼリー強度によって製品を分類している．アメリカの Peter Cooper Corp. は，膠とゼラチンを最も早くから製品化した最大の製造業者で，1844 年頃に分類方法が開発されている．製造方法や試験方法は永年研究されてきているものの，20 世紀に入った今もまだ十分に標準化はされていない．

表 6.3 では，Peter Cooper と Milligan & Higgins のコードを比較している．この表はアルカリ処理の膠について述べており，そこでは大半の皮膠について説明できる．

骨膠は，皮膠と抽出方法が違うため，皮膠よりゼリー強度と粘度が少し低い．ゼリー強度と粘度の割合には大差があり，特に中品質から高品質のものについては，骨膠はゼリー強度と粘度がほぼ 4 対 1 という割合で高くなる傾向がある（Swift 社の骨膠は例外で，皮膠と割合がよく似ている）．さらに，骨膠は pH 値では皮膠より少し低くなる（皮膠 5.5，骨膠 6.3）．

膠の価格は品質とともに高くなる．品質が高くなればなるほど膠の粘度，吸水度，融点も高くなる．また，ゲル化が早ければ早いほどタックが強くなり，乾燥したフィルムも強くなる．

試　　　験

粘度（mP）は，60°C で 12.5% の膠溶液が，規格化されたピペットの中を流れ落ちる時間（秒）を測定する．ゼリー強度は，12.5% 水溶液を初めに 10°C で 16 時間から 18 時間冷却して測定する．その強度は，ブルームジオメーターや類似器具で測定する．直径 0.5 インチのプレンジャーをゼリー表面から 4 mm へこませたときの強度であらわされる．溶液の pH は 40°C で測定する．水分，起泡度，灰分，油分も重要である．

膠溶液の調整

顧客によっては，膠の混合装置が別のものであったり，保管状態で問題があり，膠の製造業者は頭を痛める場合がある．膠の中には微生物の防腐剤が含まれているが，

表 6.3 膠の品質グレード（皮膠）

Peter Cooper 標準グレード	Milligan & Higgins 標準グレード	ブルームグラム		ミリポアズ値（最近値）
		範　　囲	中間点	
5 A Extra	8 A	495～529	512	191
4 A Extra	6 A	461～494	477	175
3 A Extra	5 A	428～460	444	157
2 A Extra	4 A	395～427	411	145
A Extra	2 A	363～394	379	131
#1 Extra	A	331～362	347	121
#1 Extra Special	X	299～330	315	111
#1	2 XA	267～298	283	101
1 XM	2 X	237～266	251	92
1 X	3 XA	207～236	222	82
$1_{\frac{1}{4}}$	3 X	178～206	192	72
$1_{\frac{3}{8}}$	4 X	150～177	164	62
$1_{\frac{1}{2}}$	5 X	122～149	135	57
$1_{\frac{5}{8}}$	6 X	95～121	108	52
$1_{\frac{3}{4}}$	7 X	70～94	82	42

装置が汚かったりすると制御できなくなる．また，新しい膠溶液は，使用された残りの古い膠と混合されることがある．

膠は，10，20，30 メッシュが都合がよい．この膠を洗浄して前バッチから微生物汚染を防ぐステンレス容器に入れて，150～170°F で予熱した水に溶かす．濃度は 5～10% の範囲でとられる．大きなバッチでは，通常電気で加熱されるオイルジャケットか蒸気を吹き込んで加熱するウォータージャケットを使って加熱する．小さな容器では，通常オイルジャケットを使うか，あるいは低容量の電器ヒーターで直接加熱する．膠と膠の混合物を素早く均一に溶解するには攪拌が重要である．攪拌の方法やスピードは，用途，粘度，泡の状態によって変わってくる．

液状膠

液状膠は，ゲル降下剤で改質させた膠なので，溶液は，常温以下ではまだ液体である．降下剤は，通常，チオ尿素やチオシアン酸で，総量に対して 8～20% の量を配合する．常温で液体の状態を維持するこの製品の特性は，家具産業のように非常に速度のゆっくりとした組立ラインにおいて十分生かされている．膠から水分が徐々に蒸発するので，濃度やタックが上がってゲル降下剤の効果がなくなり，接着し，最後に乾燥して，最終接着性があらわれる．このようなフィルムの引張り強度は高い．粘土，炭酸カルシウム，可塑剤，ぬれの促進剤などを添加して違った製品をつくることができる．配合は，常温で粘度が 3000～5000 cP，固形分が 35～65% の幅がある．

柔軟で反りをおこさない膠

柔軟で反りをおこさない膠は，改質剤が配合されている．改質剤には，砂糖，コーンシロップ，デキストリン，粘土，酸，塩，硫酸マグネシウム，グリセリン，リコール，ソルビトール，水溶性の有機溶剤，界面活性剤，香料と防腐剤などがある．ゼリー状にする場合，さらに水を加える．

装置，用途，最終製品の違いのため，ゼリー膠は，各ユーザーごとに調整されている．また，処方を変えることによって，季節に合わせて温度や湿度を調整できる．重要な特性としては，特に使用温度における粘度（135～155°F），タックの出現速度とタックの強さ，それに接着特性がある．ゼリー状のブロックで供給される膠は，簡単に溶解する利点があり，アプリケーターに直接入れることもできる．

可塑化された膠は，電話帳などのような製本用のほかに鞄のように柔軟性，強度，弾力性のある接着層が必要な製品に使用されている．柔軟性が優れた製品は，膠 2 に対して可塑剤が 1 の割合で含まれている．より高品質の膠を用いると，必要な柔軟性を得るためにはより多くの可塑剤を用いることが必要である．膠の品質は，ゼリー強度で 135～450 グラムまでさまざまである．

貼り合せ物に反りをおこさせないために用いる膠は，それほど柔軟性は良くないが，糖類の添加によって反り防止の特性を付与している．乾燥フィルムは，強靱になるように配合することができる．手作業であれ自動であれ，主な用途として張り箱用，製本産業における本のカバー用，ノートのバインダー用，レコードケース用，鞄用などがある．

貼り合せ物に反りをおこさせないために用いる膠は，ある一点を除けばゼリー膠とほとんど同じであり，その一点とは，形状が粉末であるため使用前に温水で溶かすことである．利点として，貯蔵期間が長く，水分を含んでいない点で運送料も安くなる．M. Konigsberg が特許を取得した可塑化膠の粉末は，8～20% のグリセリンを含んでいるが，べたつきはない．これは，ケイ酸カルシウム（例えば Micro-cel, Johns-Manville 社）のようなシリカや他の特殊なシリカの吸着特性を生かしている[16]．それは製本用で成功を収めている．

粘度は，ブルックフィールド粘度計かジーンカップで測定する．粘度や水分蒸発の指標として固形分を屈折計で測定する．膠や接着剤の製造業者は，粘度と固形分，また粘度と温度の関係を顧客に情報として提供している．

用途

ゼリー膠，配合済みの粉末膠，膠単体は，135～155°F（57～68°C）間で使用される．あまりにも温度が低すぎると，ぬれが悪くて表面の凹凸に十分浸透しないので接着不良がおこる．反対に，温度が高すぎるとオープンタイムが長くなり，それが原因で生産速度が遅くなる．また温度が高くなると，溶解タンクから水分が揮散し，また熱分解もおこす．その結果，膠の強度が落ちる．粉末膠は，通常固形分の 22～55% で使用され，使用するグレードの膠，生産スピード，被着材の種類によって左右される．ゲル化を遅らせるために高品質の膠を希釈するのはよくない．このような方法では，膠による接着が期待できず，作業を妨げるような欠膠部が存在する．その代わりにゼリー降下剤を用いる．被着材は，熱しすぎても冷たすぎてもいけない．被着材を加熱すれば，接着速度が落ち，反対に冷たいものであればゲル化が進み，接着不良がおこる．

木工産業には次の 4 段階がある．
（1）接着界面に膠を薄く塗付する．
（2）塗付された膠が少し粘着になったところで界面同士を合わせて圧力をかける．
（3）均一に加圧する．
（4）所期の強度があらわれるまで加圧しておく．

膠は水溶液のため，間隙を埋める充填材としてではな

表 6.4 各グレードの乾燥膠とミリポアズ値の粘度 (cP, 140°F)[17]

膠濃度 % Concentration	高品位 (155 m.p.)	中高品位 (102 m.p.)	中品位 (63 m.p.)	低品位 (32 m.p.)
5	3.0	2.4	2.0	1.6
10	8.8	5.6	3.6	2.6
12.5	15.5	10.2	6.3	3.2
15	28.0	17.2	8.4	5.0
20	79.2	46.0	22.4	10.0
25	196	112	49.6	19.6
30	524	264	108	37.6
35	1360	612	224	72.0
40	3216	1320	476	133
50	16320	7240	2400	566

く, 薄い層をなして接合を行う. 濃度と物性が粘度に及ぼす関係を**表6.4**に示している.

多孔質の表面に対して高固形分の膠が適しており, 一方, 表面密度の高い非多孔質に対しては不揮発分のものが適している.

研磨材

現在, 皮膠の最大の顧客は研磨工である. 研磨は, 木工や機械, 自動車, 家庭用器具の最終仕上げ工程に利用されている.

研磨材には, 二つの主な分類がある.

(1) ロール状, シート状, ボルト状, ディスク状, コーン状や, その他の特殊な形状の研磨紙および研磨布.

(2) 金属, プラスチック, 木材を研磨したり, バフがけしたりするのに使われる. 研磨材をホイール状, ベルト状, ディスク状, コーン状や振子状にしたもの.

研磨材を生産するには基本段階が五つある.

(1) 必要であれば, 基材を低品質の膠, または膠とでんぷんの混合物を使ってあらかじめサイジングする. 不揮発分を約 35～40% で処理すると基材が強化される.

(2) 前もって処理した布や紙は, 研磨材の大きさによって塗付厚が変えられてコーティングされる. 研磨材の大きさが大きければ膠の塗付量も多くなる. コーティングそのものは, 膠のもっているゲル特性を十分利用している. 膠の濃度は 25～40% で, 炭酸カルシウムのような増量剤が添加される場合もある. 膠のグレードは, 使用方法と研磨材のタイプによって違ってくる. よりグレードの高い膠では炭化ケイ素や酸化アルミニウムに対して使用され, 中間のグレードではエメリーやガーネット用, 低グレードではフリント用に使用されている.

(3) 研磨材は, ホッパーから落として均一に塗付されるが, 膠がゲル化するまでに研磨材を静電気を利用して垂直方向に向くように並べられる. その状態では部分的に乾燥が終わっている.

(4) 研磨材の上に膠やその他のレジンを薄く塗付し, 研磨材を固定する.

(5) 研磨布や研磨紙を熱風乾燥機に通す. 保管のため大きなロールに巻かれ, その後各タイプの大きさにカットされる.

回転研磨器

回転研磨器としてはベルト, ディスクなどがあり, 研磨粒子をベルトやディスクに接着し, コーティングしてつくられている. いくつかの例では, 最上層に希薄な膠溶液がコートされ乾燥されている. さまざまなグレードの膠が最終用途によって使い分けされており, その用途は金属, ガラス, 石, あるいは皮革産業にまで及んでいる.

バフ研磨

油を使わない研磨材として棒状で供給され, 金属の最終加工工程で行われている布研磨の研磨材に使用されている. 棒状の研磨材は回転体に取り付けられて, 摩擦熱で材料が溶け, それが回転体側へ移行する. 研磨材の層は, 約 6～8% の高品質の膠と 24% の水分と研磨粒子が残る.

特に重要な点として, 棒状では製品の保存期間がある. 製品を柔らかくしてしまうバクテリアの発生や薬品に対して注意を十分払う必要がある.

ガムテープ

低品質の皮膠と骨膠はガムテープに広く用いられている. コストを下げるために, 膠は, ある程度まではデキストリンやデキストリンとの混合物に置き換わってきた. 膠は, その品質が作業性, 強いタック, 素早いセット, 最終の接着力と優れた機械特性を持ち合わせているため, ガムテープ用として理想的である. 最終用途によって要求されるオープンタイム, タック力, セットタイム, ぬれ特性, 接着性が変わってくるため, さまざまな物性の膠やデキストリン, 湿潤剤, ゼリー降下剤や可塑剤などの添加剤と調整して改質する.

通常, 約 50% の固形分の処方で用いられる. 1 平方フィート当りの接着剤の塗付量はさまざまであるが, 典型的には, 乾燥後の膠の固形分は基材重量の 25% である.

ガムテープの製造工程では, 大きなペーパーロールから膠のアプリケーターに通される. 接着剤は 140～145°F で塗付される. テープは, 乾燥ロールあるいは乾燥炉を通り, 大きなロールに巻き取られてから商品としての大きさにカットされる.

ガラス細工

膠の独特な用途では, ガラス細工用がある. この工程は, まずきれいなガラスの表面に暖かい膠溶液を流し, 乾燥させる. フィルムが乾燥すると縮み, カールする. 乾燥した膠はガラスより強く, またガラスと接着して離

れないので，均一で花びら模様のデザインを残しながらカットする．低品質の膠の方が，よりきれいに仕上がる．膠を塗付する前に金属の薄膜でガラスをカバーすると模様や文字を描くことができる．

サイジングとコーティング

膠は，特に綿，レーヨン，アセテート，ビスコースのような織物産業のサイズ剤として長年利用されてきた．人工のナイロン，オーロンやダイネルのような繊維も場合によっては膠で処理されてきた．用途によってさまざまな膠が使用されているが，2.5～8％の膠を配合したものが適当である．堅くする場合は，膠単体が使用されている．しかし普通，膠は，グリセリン，ソルビトール，砂糖，スルホン化オイル，ワックスエマルジョンなどの可塑剤と軟化剤で改質される．通常，サイズ剤には20～45％の潤滑油と軟化剤が配合されている．

クレープ織りの工程では，布に織るとき，糸を膠で堅くより合わせて，煮沸時に膠が洗い流される．このようにしてねじれがほどけ，クレーピングや石目模様があらわれる．

サイジングの別用途には，織物の糸をコートしたり強化するために使用されている．膠配合物は，糸が切れたり，痛んだりしないように，糸の潤滑油や保護の役割をする．配合物は，最終工程や染色工程前に洗い流される．

紙加工

膠は，紙や紙加工製品の分野で重要な役割を果たしている．フィルムの成形，コロイダル特性，両性電解質といった性質をもつ膠は，サイズ剤，保護コロイド，コロイド試薬や接着剤として使用されてきた．

硬水が使われると，サイジングのあいだ膠はロジン粒子に対して保護コロイドとして働く．実際の問題としては，膠は，ビーター操業が終わりに近づいたころ添加される．4.5あるいはそれ以下のpHでは，紙繊維はプラスに帯電し，マイナスに帯電している膠と結びついている．その結果，膠/ロジンは紙繊維に結びつく．膠を少量添加すると，内部のサイジング，剛性，密度，消しゴム特性，最終製品の耐摩耗性が改良される．

膠は，紙のぬれ強度を改質し，後で不溶化することができる．つまり，膠の耐水性を上げるために，ある条件下ではアルデヒド供給体を配合する．書き味の良い紙，紙幣用，コピー用の表面サイズ剤としての膠は，引裂き強度，折り曲げ特性，耐湿性，汚れにくさ，インクのにじみ予防特性を付与する．

Yankee乾燥機を用いてつくったティッシュペーパーでは，膠または膠の混合物やポリビニルアルコールが使用されてきた．少量の膠やその混合物がウェットペーパー材料に添加されると，少しべとつきのある層が乾燥した表面にできる．これによって，ドラムから剥がしていくとき，ドクターブレードにもち上げられるのを防ぐ．

長網抄紙機あるいはシリンダーマシーンで製紙する場合，コロイド状の凝集剤として膠を添加している．セルロース繊維と一緒に入れられるものとして充填剤，顔料，染料やロジンがある．pHを酸，アリカリか塩類で調整することによって，両性電解質をもつ膠は，マイナスサイドにもプラスサイドにも荷電する．この系で0.5～1.0％の膠溶液を効率的に反応させると凝集剤となって，その結果，水を除き，紙を成形する．通常，膠の使用量は，だいたい紙1トンにつき，膠が2ポンドであろう．

同じタイプの膠溶液がSaveall工程にも使用されており，それは紙製造から流出する白濁水を凝集して固体にして再生する．

ゴムへの配合

織物工業では，比較的大量の膠を合成ゴムに配合して成功している．この工業では，熱と水分のため繊維の重なりが発生している．例えば操業中ドラフトロール周辺で繊維を巻き込む問題が生じる．合成ゴムに対して重量比で約25～50％の膠を添加すれば，水分が存在する限りうまく操業し，巻き込みを減少させることができる．この挙動は，ゼータ電位で説明できる．膠のような電解質と配合することによって，ゴムと水蒸気の間では電位がほぼゼロになる．ゼータ電位がゼロになれば，結果的に巻の重なりがなくなる[18]．

ガスケット

ガスケットは膠を含浸させた紙製品で，さまざまな厚みや密度のものが長くつくられてきた．利用目的は，その耐水性，耐溶剤性，柔軟性，耐圧性，耐ひずみ性を用いて，カットのしやすい製品を生産することにある．そして，本体とは接着しないように強固にシールする．

この工程では，膠/可塑剤の溶液が入ったタンクに原料である紙を浸し，次に絞りロールに通して過剰分を取り除く．第2工程として，含浸した紙は，必要であれば硬化剤と可塑剤の槽に通す．その後，乾燥して必要な形にカットする．最終製品には柔軟性や防水性などがあり，紙のタイプ，厚さ，膠の品質，処方の違いでさまざまな製品ができる．

マッチ

マッチ産業では，ブックマッチや箱マッチのようなどこででも使えるマッチの製造に膠が使用され，起泡性の膠が特に配合されている．発火剤，可燃性の充填剤や不活性物質に対して，膠はバインダーの働きをしたり，また適度な密度，形，強度をマッチの頭にもたせるための重要な因子になる．

マッチ用の膠は油脂分を正確にコントロールする必要

があり，乾燥重量比で膠の0.3%以下にする．ブレンドの際は，一定の起泡性をもたせるように十分注意する．この特性は，泡の高さ（ミリメートル）を測定し，泡の半減期（分）という泡が消えていくまでの時間を測定する．起泡性は，均一でポーラスの頭の部分をつくり出し，それには酸素が含まれているので発火と可燃を促進する．

金属精錬工業

金，銀，銅，アンチモン，鉛の電気精錬において，膠が利用されている．電解槽で改質剤の働きをもつ膠を添加しなければ，陰極で金属が処理されるとき小さな粒々ができ，粗雑な面になる．そこで，槽に0.03～0.15%の膠を添加することによってこれをなくし，その結果，粒々のないきれいな面に処理される．精錬会社によっては，破泡しないことを要求することもある．つまり，蒸気の発生を抑制するため，槽に泡で蓋をかけたようにすることができるからである．

その他の用途

比較的低物性の工業用ゼラチンは，マイクロカプセル工業用に使われ成功している．ゼラチンと反応しない，あるいはゼラチンのフィルムを犯さないものであれば，多くの材料をカプセルにすることができる．

カーボン紙では，インクをカプセル化するゼラチンの技術を利用している．つまり，加圧によってゼラチンの膜を壊し，コピー用のインクを発色させる．

印刷ロールの工業に使われる膠は，グリセリン/ソルビトール，水，そしてヘキサミンのような硬化剤を配合することにより強靱性，柔軟性，弾力性，耐水性を出したり，長寿命にし，ローラーの使用を滑らかにする．ローラーは印刷工業で使用され，インクの転写に利用されている．この目的に使われる膠は，350～450グラム物性のものである．

中でも低品質で破泡性のない膠は強くて多孔性で，軽量のコンクリート用に使用されている．

また，工業用のゼラチンは，蛋白分解物の工業に使われ，スキンクリーム，ヘアーシャンプー，化粧品などの成分になっている．一般的にゼラチンは酵素などによって分子量を2000未満にされ，さまざまな産業で蛋白材料として添加され有効に活用されている．

[**Robert L. Brandis**／森村正博 訳]

参 考 文 献

1. Bogue, Robert H., ''The Chemistry and Technology of Gelatine and Glue,'' pp. 1-5, New York, McGraw Hill, 1922.
2. Palmer, Arnold (President, Hudson Industries Corp.), Interview, December, 1985.
3. Veis, Arthur, and Cohen, Jerome, ''A Non-random Disaggregation of Intact Skin Collagen,'' *J. Amer. Chem. Soc.* **78,** 244 (1956).
4. Veis, Arthur, ''The Macromolecular Chemistry of Gelatin,'' p. 171, New York, Academic Press, 1964.
5. Hubbard, John R., ''Animal Glues,'' in ''Handbook of Adhesives,'' 2nd Ed., I. Skeist, ed., p. 140, New York, Van Nostrand Reinhold, 1977.
6. Ward, A.G., ''The Present Position in Gelatin and Glue Research,'' *J. Photog. Sci.* **9,** 57 (1961).
7. Piez, K.A., ''Collagen,'' in ''Encyclopedia of Polymer Science and Engineering,'' 2nd Ed., **3,** 699, New York, John Wiley and Sons, 1985.
8. Ward, Ref. 6, p. 58.
9. Veis, Ref. 4, pp. 304, 305-312, 349.
10. Veis, Ref. 4, p. 349.
11. Veis, Ref. 4, p. 72.
12. Ward, Ref. 6, pp. 62, 63.
13. Bogue, Ref. 1, pp. 49-50.
14. Hubbard, Ref. 5, pp. 141-142.
15. Lower, Edgar S., ''Utilizing Gelatine: Some Applications in the Coatings, Adhesives and Allied Industries,'' *Pigment and Resin Technol.* pp. 9-14, July 1983, and pp. 9-15, August 1983.
16. Konigsberg, Moses, to Hudson Industries Corp., ''Dry Flexible Glue Composition and Method of Making Same,'' U.S. Patent 4,095,990 (June 20, 1978).
17. Hubbard, Ref. 5, p. 146.
18. Baymiller, John W., to Armstrong Cork Co., ''Roll Cover for Textile Fiber Drafting,'' U.S. Patent 2,450,409 (October 5, 1948).

7. カゼインおよび蛋白系接着剤

　カゼイン，大豆蛋白，血液系の接着剤は，よく同種の接着剤と見なされている．それは，それらが共通の性質をいくつか兼ね備えているからである．よく似ているが，この3種類の蛋白質の化学構造の違いにより，それぞれの特性が異なっている．この章では，主にカゼイン系の接着剤について述べるが，この3種類の蛋白質に共通する特性や同じ接着剤としてカゼインと大豆蛋白，カゼインと血液，カゼインと大豆蛋白の混合物についても述べることにする．カゼイン系接着剤は，カゼインをベースにした接着剤をすべて含む広い意味で使われているが，カゼイン石灰ナトリウム塩の木工用グルー（糊）については，カゼイン糊という用語を用いている．

歴　史

　接着剤としてカゼインや動物の血液は何世紀も前から使われているが，一方食物としての歴史が長い大豆蛋白の粉や他の大豆製品が接着剤やバインダーとして開発されたのは最近のことである．カゼインと動物の血液は，製品として耐水性があるために接着剤として認められてきた．

　カゼインは主に牛乳蛋白質である．Salzberg[1]によると，カゼインの接着剤としての性質は古代エジプトで発見された，と記述している．カゼインは接着剤として古代の工芸品に使用されたり，またルネッサンス時代でもきわめて重要な絵画のうしろの木材や額縁に使用されてきた．初期の利用方法では，石灰で凝固させて使っていただけであった．1800年初頭には，スイスやドイツでカゼインは糊として生産されていた．1世紀後，カゼイン粉末，石灰，ナトリウム塩の混合物の特許が出され，これが最初のドライ混合された糊である．このカゼイン糊の粉末は使用時に水を加えるだけでよい．数十年の間，カゼインは耐水性が要求される家具や合板に使用する木工用糊として使用された．しかし，フェノール系接着剤（1931～1935），尿素ホルムアルデヒド系接着剤（1937），レゾルシノール系接着剤（1943）や耐水性のあるポリビニル酢酸共重合物（1970年代）がとって替わった．酢ビ系エマルジョン（1960年代）は，耐水性がそれほど重要ではないところでは一般的になった．このように苛酷な競争にもかかわらず，カゼインはいまだに安定した相当の需要がある．例えば，木工用，保護コロイド用，紙のバインダー，ホイルラミネート用材料，ラベル用の接着剤として安定した市場でかなりの需要がある．

　動物の血液もまた古くから使用されてきている．Lambuthによると，アステカインディアン，地中海の古代人やバルト海沿岸に住んでいる人々は，血液を耐水性のある接着剤として使用した．1910年から1925年の間には，接着剤としての血液の使用が増加し，粉体で可溶な血液糊をつくる方法が発見された．偶然にもこれは第一次世界大戦での飛行機産業で耐水性の必要な合板が要求されたのと時を同じくした．加熱で硬化された血液糊は，当時最も優れた耐水性をもつ合板用の接着剤で，1930年代初頭にフェノールホルムアルデヒド系のフィルム接着剤が開発されるまで続いていた．血液糊は本書[2]の第2版第11章でLambuthが詳しく述べている．

　大豆蛋白の粉が初めて接着剤として用いられたのは1920年代のことで，つまり蛋白質の溶解性を変えずに大豆蛋白の粉から油脂分を抽出する方法を開発したときである．第二次世界大戦前まで，大豆粉は接着剤として木工用に広く使用されていた．今でも木工産業においては重要な接着剤であり，カゼインや血液またはその両方を混合して用いたりしている（本書の第2版第10章Lambuth[3]を参照）．

原材料としてのカゼイン

最近の市場におけるカゼインの位置

　アメリカで使用されているカゼインはすべて輸入品である．アメリカでは，酪農製品の生産者が脱脂粉乳の生産に切り替わった1950年代初頭よりカゼインは製造されなくなっている．1949年，乳製品の最低保証価格の決定により脱脂粉乳の価格は保証されたが，カゼインは保証されなかった．1980年代に入って，アメリカ工業でのユーザーは，CAAC（Committee to Assure the Availability of Casein）[4]に働きかけ，議会に対してカゼインがアメリカの経済にとってどれほど重要な意義を

7. カゼインおよび蛋白系接着剤

表 7.1 アメリカで使用されている工業用カゼインの品質（物性）別特性[8]

	高物性	中間	低物性
水分，%	9～13	8～12	8～12
灰分，%	0.75～1.8	1.2～2.0	2.0～2.7
蛋白質（N×6.38），%	83～88	83～86	82～84
酸性度，（%乳酸）	0.1, max	0.2～0.7	0.9～1.8
pH 値	4.0～5.5	4.0～5.0	4.0～5.0
異物混入度（mg/100 g）	0.5～3.0	2～7	8～14
不溶度（ml/100 g）	0.1～0.6	1～2	2～20
粘度（15%固形，NH_4OH 溶液），cP	900～1200	800～1200	700～1000

もっているかを唱え，乳製品の製造業団体によるカゼインの輸入を制限し関税を引き上げる動きに対して抵抗している．カゼインのユーザーは，カゼインの使用が乳製品の製造業者の販売を侵害するものではないと述べている．

1985年，1986年には接着剤工業で重要な役割を演じたカゼインをニュージーランド，オーストラリア，フランス，アイルランド，ウルグアイ，ソビエト，ポーランドから輸入した．1960年代，1970年代に広く供給されていたアルゼンチンからのカゼインは生産がカットされ，1985年ではカゼインの輸入量の1%以下になり，1986年と1987年にはまったく輸入されなかった[5]．

最近の消費者価格は，1985年1ポンド当り90セントであったのが，1988年終りには特別なスペックのカゼインにはプレミアムがついて2.5～2.75ドルに値上りしている．1989年の第2四半期ではいくぶん下がった．

カゼインの製造

汎用のカゼインは牛乳から得られ，その中には約3%の濃度で蛋白質が含まれている．接着剤用のカゼインのほとんどは酸による沈殿法で得られ，レンネットという子牛の胃からつくられる材料でミルクから沈殿する．レンネットカゼインは，接着剤用にはあまり多く使われていないので，ここでは酸カゼインについてのみ述べる．

酸カゼインは，分離沈殿工程で製造される．脱脂乳は，あらかじめ42～45℃まで熱し，希酸で酸性化する．ここで使用される酸は塩酸や硫酸が用いられ，またラクトースから乳酸をつくり出すバクテリアを牛乳に添加したりする．Spellacy[6]によると，世界のある地域では，自然発酵で約1～2%の乳酸の乳清を沈殿剤として利用している．沈殿後，製造工程として次の段階に入る．乳清を取り除き，凝固物を洗浄し，圧力をかける．最後に乾燥し，カゼインとして粉砕する[7]．歴史的に乳酸カゼインは，接着剤用に使用されてきた．しかし，製品の純度と品質は酸の種類よりも凝固物の構造や洗浄の度合によるところである．この10年間では，乳酸カゼイン，硫酸カゼイン，塩酸カゼインの3タイプが接着剤用として利用されている．

カゼインの特性と分析方法

材料としてのカゼインにはまだ一般的な特性はなく，純度，色調，溶解性を基準にして製造している国独自に製品のグレードを付けている．高品質のカゼインとは，高蛋白質で遊離酸，全酸，灰分，脂肪，ラクトースが低く，厳密な管理下で生産されたものである．乾燥し過ぎたカゼイン粒子や牛乳中の蛋白質留分のような不溶解物質はあまりない．カゼイン製造途上の粉砕中や包装中に混入したごみやその他の付着物は除去され，きれいである．カゼインは，白色のクリーム状で新鮮な牛乳の匂いを放ち，バクテリアや菌類の存在は少ない．

上記に述べられているように高品質のカゼインはすべての工業用接着剤に必要ということもない．多くの接着剤にとって重要な点とは，粘度差があまりなく，配合中にあらかじめその特性が予期できればよい．用途によって粒子の大きさが重要であり，それぞれ普通30メッシュのカゼインが要求されたり，溶解に熱を必要としない工程の多くでは60メッシュか80メッシュが使用されている．**表7.1**と**表7.2**では，現在アメリカで使用されている工業用カゼインの典型的な分析値を示している[8]．基本的なカゼインの試験方法は，1970年の"Encyclopedia of Industrial Chemical Analysis"（工業化学分析大百科事典）の第9巻と1974年のTAPPI Monograph（研究論文）35に記載されている[9～10]．

表 7.2 一般的なカゼインシーブ（%，累積）[12]

	30 M (all in)	30 M	60 M	80 M
20 メッシュ	0.1	0	—	—
30 メッシュ	0.5	6.0	0	—
50 メッシュ	60.0	72.0	10.0	0
70 メッシュ				1.5
80 メッシュ	86.0	92.0	73.2	8.9
100 メッシュ	91.0	95.0	87.2	30.9
200 メッシュ	97.0	98.0	98.0	80.4
200 メッシュ以上	3.0	2.0	2.0	19.6

カゼインは，1979年4月1日CFR（Code of Federal Regulation）タイトル21，182.90の中のGRAS（安全とされる添加物の表示）に記載されている．これには，紙や紙産業から食物へ転用できる物質も含まれている．1977年4月1日CFRタイトル21，175.105にはFDAによって認可されている接着剤についても述べられているが，さらにこれらの規定した接着剤には，175.105を規定条件としてGRASとして分類した物質も含まれている[11]．

球状蛋白質の化学特性と物理特性

カゼイン，大豆，血液は球状の蛋白質で，水または酸性溶液，アルカリ溶液，あるいは塩を含んだ水に溶解しうる．分子も球状でアミノ酸がコイル状につながっており，架橋している[13]．水素結合のアミノ酸のような高い極性の反応基は，通常行われているアルカリ処理で分散しなければ利用できない．接着剤としてこの蛋白質の利点とは，分散した状態でも高い極性をもっていることである．

蛋白質は両性である．中和溶液中では，塩基性グループもカルボキシルグループもアミノ酸の両性イオンによって荷電しているのが普通である．酸として解離する等電点では，塩基として解離するものと同じであるため，溶解性と電界中での速度は最低になる[14]．

蛋白質は変性と呼ばれる変化に対して非常に影響をうけやすい．Lambuth は，血液と大豆に関する変性剤の効力について文献 2)と 3)で詳しく述べている．解説の多くはカゼインにもあてはまり，カゼイン糊の製造に関する章で述べられている．

Coco と Scacciaferro が示すように，大豆蛋白質は構造上カゼインと異なっている．大豆蛋白の分子では，親水性部位が疎水性の部位に取り囲まれているため，極性基の多くは有効ではなくなっている．カゼインの場合，親水基と疎水基のある部位はコイルの反対側にあり，極性基はより活性になっている．Coco と Scacciaferro は，大豆の分子の極性基をより効果的にするために熱化学的な方法を使って大豆蛋白分子を再構築している[15]．pH が 6.5 でもカゼインの 90% が溶解するが，pH を 12 まで上げたとしても溶解度は変わらないままである．一方，変性されていない大豆蛋白質では，pH が 6 では 60%，pH が 11.5 では 88% と溶解度は次第に上がることが彼らによって示されている．

水溶性タイプで蛋白質系接着剤に利用される乾燥した血清蛋白製品は，80～90% が水に溶ける．この製品は，大豆蛋白よりも低い pH でアルカリ分散して強い接着性を示す．

カゼインの化学特性

カゼインは，カルシウム塩として牛乳中にあり，リン酸蛋白として分類されている．リン酸が蛋白質のリジン鎖の水酸基とエステル化しているものと考えられている．レンネット酵素でカゼインを沈殿させると組織的に結合したリン酸塩が残り，一方酸で沈殿させるとリン酸カルシウムを分解したカゼインをつくり出す．レンネットカゼインの灰分はカルシウム塩に影響して 7% と高いが，酸カゼインでは比較的 2% と低く，また不純物として炭酸カルシウムを少量含んでいる[16]．

カゼイン分子の蛋白質構造は，Salzberg らによってあらわされている．それは R が $-H$, $-CH_3$, $-C_6H_5(CH_2)NH_2$, $-CH_2COOH$ などのペプチド結合によって鎖状の化合物になっている[17]．

$$RCO-|-NH-CHCO-|-NH-CH-COOH$$
$$\qquad\qquad\quad | \qquad\qquad\quad |$$
$$\qquad\qquad\quad R \qquad\qquad\quad R$$

カゼインは塩基性溶液に溶解する．これらの溶液は乾燥することによって溶解している塩，例えばナトリウム塩，カリウム塩，アンモニウム塩を生成することができる．溶液中のカゼイン塩は，カルシウム，アルミニウム，亜鉛のような重金属とキレートを生成する．キレート生成の機構は pH に依存している．pH が高いほどキレート生成の能力は大きくなる．比較的不溶性のある金属塩を反応させるとカゼインに耐水性を与える．

表7.3 ではカゼインのアミノ酸構成をあらわしている．この分析は 1949 年と 1950 年に Gordon らによって報告された[18]．親水基と疎水基とその他の基のアミノ酸の分類については，N. King がカゼイン分子のアミノ酸と側鎖を明らかにした[19]．

表 7.3 カゼインのアミノ酸組成表[18,19]

親水性・イオン化・酸	
グルタミン酸	22.4
アスパラギン酸	7.1
チロシン酸	6.3
親水性・イオン化・塩	
リジン	8.2
アルギニン	4.1
ヒスチジン	3.1
親水性・非イオン化	
プロリン	10.6
セリン	6.3
トレオニン	4.9
メチオニン	2.8
トリプトファン	1.2
疎水性	
ロイシン	9.2
バリン	7.2
イソロイシン	6.1
フェニルアラニン	5.0
アラニン	3.2
S-ブリッジ	
シスチン	0.34
分類不能	
グリシン	2.0

カゼインの物理特性[20～21]

カゼインは粉体で，色はクリーム色から淡黄色まであり，甘ったるいミルキーな臭いがする．ラフにつくられたカゼインは，褐色で腐ったような匂いがすることもある．通常，カゼインには 8～11% の水分が含まれているが，7～13% の場合もある．カゼインは，水や非水媒体には不溶であるが，酸性，塩基，塩の水溶液ではコロイド溶液を形成する．いくつかの有機材料もカゼインを分散

することができる．実際に使用されているのは尿素とチオシアン酸塩である(dispersion という用語は，カゼイン内部の水素結合を破壊し分子がコイル状でなくなったカゼインに対して正しい用語であるが，solution という用語もよく使用される．この章では，この二つの用語を同じように扱っている)．カゼインは，等電点のpH 4.6では不溶である．この点では溶解性は最低ではあるが，等電点に近いpHで溶液を上手につくるときは，条件を厳しく管理する必要がある．pHが3以下あるいは6以上のとき，溶解性は顕著に増大する．酸性のカゼイン溶液の用途はほとんどなく(pHを3以下で製造するもの)，また工業用途についてもほとんど利用されていない．典型的なアルカリ溶液は，pHが7～9，濃度が10～20%でつくられ，ニュートン流動をあらわす．18%以上の濃度の溶液では，25℃で取り扱うには粘度が高すぎる．強アルカリで製造したカゼイン溶液が25%の不揮発分をもっていれば25℃でゲル化する．

尿素はpH 5.5～6.0でカゼインを分散するときに使用されている．希釈効果があるので高濃度にするのに用いられている．アルカリ溶液は水の添加をしやすいが，尿素を入れていない溶液では水の許容量が最低になる．アルカリ溶液から乾燥したフィルムは水に可溶であるが，尿素溶液から生成したフィルムではアルカリを加えてpHを上げない限り簡単には溶解しない．アルデヒド類と重金属イオンを添加するとカゼインの粘度と耐水性が上がる．アルカリ溶液に用いられているジシアンジアミドは粘度降下剤で，また普通耐水性も下げてしまう．粘度-温度，また粘度-濃度の関係は指数関数的である．粘度と濃度の関係は濃度が15，20，25%であれば，粘度はおのおの 1080, 26000, 160000 cP であると Salzberg は紹介している[22]．25℃の20%溶液ではほとんど流動しないが，60℃ではきれいな流動性を示す．カゼイン溶液の粘度に影響を与える因子として濃度，温度，pH，陽イオンの種類，経時変化，生成方法があり，特に時間，温度，添加順序が大きな因子である．表7.4では，Salzbergらによって発表された粘度，陽イオンの種類，pHの複雑な関係を示している[23]．

他の粘度に及ぼす因子

カゼインそのものの粘度と金属イオンに触れたときの反応性は，直接カゼイン接着剤とその溶液の粘度に影響する．本来の粘度はいくつかの要因によって影響をうけている．例えば，牛の授乳サイクルに関する季節要因，牛の遺伝学的な因子，カゼインの蛋白質濃度と純度があげられる．子牛を生んだ後早い時期に採った牛乳からつくったカゼインは，遅い時期に採った牛乳からつくったカゼインより粘度が2倍も高い．Creamer が行った試験により管理された条件下で，カゼインのpHとカルシウム含有量が高いと粘度の高い製品になることがわかった[24]．製造設備が整っていない国では，しばしば沈殿時の温度やpH管理が不十分であったり，また洗浄工程も適切ではない．その結果，灰分，酸分が高く，しかも低蛋白質のカゼインとなり副生成物の濃度が高くなる．これらのカゼインは，粘度が低く，耐水性を上げるために金属イオンを利用しても反応性は乏しい．この低品質のカゼインと近代的で管理の行き届いた設備で製造されたカゼインをpHが7以下で高濃度の尿素溶液で試験を行うと，その粘度の違いは非常に鋭い．カゼインロットの適合のため基本的には粘度は分散剤，架橋剤を使った配合による実務試験によって決定される．

ライムフリーのカゼイン系接着剤

カゼインは，接着剤，バインダー，保護コロイド，エマルジョン型接着剤の安定剤としてさまざまな分野に使用されている．カゼインは原料として販売もされているし，接着剤としてのカゼインは粉体と液体で販売されている．カルシウム塩やナトリウム塩と配合し，カゼイン糊として知られている木工用接着剤については後述する．この節では，その他のカゼイン用途について述べ，カゼインの溶解性については，一般的には加熱によってなされ，カルシウムを含有している糊では，より低いpHで溶解される．

カゼイン溶液の製造方法

十分な時間があれば，常温でもアルカリやアルカリ塩を用いるとカゼインを可溶化することができる．しかし，普通低温で溶解すると安定性がほとんどない低粘度の製品になってしまう．多くの利点によってライムフリーのカゼインは，熱をかけて製造される．その中でも最も重要な点は，生産速度と品質管理ができるため，製品が均一で，安定するからである．尿素は，一般にカゼインの分散剤として広く使用されている．これは，ラベル用の接着剤の節で述べることにする．分散剤の組合せは，使

表7.4 各pHアルカリで処理されたカゼイン溶液の粘度[a,b,25]

アルカリ	pH						
	6	7	8	9	10	11	12
水酸化ナトリウム (NaOH)	300	700	900	100	900	300	100
水酸化アンモニウム (28.6%, NH_4OH)	—	900	1000	1300	1000	1000	—
炭酸ナトリウム (Na_2CO_3)	—	1400	1700	2400	3600	—	—
第三リン酸ナトリウム ($Na_3PO_4 \cdot 12 H_2O$)	800	1200	3200	5700	8000	10300	—
ホウ酸 ($Na_2B_4O_7 \cdot 10 H_2O$)	700	800	1300	3700	—	—	—

出典：文献 10)
a：室温，　b：カゼイン 14%

表 7.5 カゼイン溶解に必要なアルカリと pH の相関について[a,26]

アルカリ類	カゼイン 100 部に対するアルカリ							
	2.5	5.0	7.5	10	12.5	15	17.5	20
NaOH	7.0	11.0	12.6	—	—	—	—	—
NH₄OH (26°Be)	7.7	9.2	10.0	10.3	10.6	10.7	10.8	—
NaCO₃	—	6.7	7.4	8.3	9.1	9.7	10.0	10.2
Na₃PO₄·12 H₂O	—	—	—	6.8	7.2	7.4	7.7	7.9
Na₂B₄O₇·10 H₂O	—	—	—	6.8	7.3	7.7	7.9	8.1

出典：文献 10)
a：室温

用目的, pH 範囲, その他利用される添加剤という多の要因を考えて決定する. 表 7.5 では, カゼインを溶解するために必要なアルカリの割合をあらわしている[26].

アンモニア水は, 最も広く使用されているアルカリである. 溶解する場合, 通常必要以上の量を添加されるが, これはアンモニアが製造工程中に蒸発してしまうからである. また過剰のアンモニアは, 防腐効果がある. アンモニアはホウ砂と混合されて使用されることが多いが, それはそれぞれの防腐効果を高めるためである. 研究結果によると, ホウ砂でつくったカゼイン溶液は, 優れた殺菌作用をもっているが, pH が 6.9 では, それは 5% のホウ砂と 10% の水酸化アンモニウムで調整された pH 9〜10 の溶液における接着性や粘度特性とは等しくない[27]. アンモニア水は, 製造の最終工程で pH の調整に役立つことがわかっている. 水酸化ナトリウムは例外として, アンモニアカゼイン溶液は他のアルカリカゼインより粘度が低い. ホウ砂は, カゼイン溶液の粘度を高くし, カゼイン重量に対して 12% のホウ砂を加えると, 現在の市場にあるカゼインのほとんどは pH が約 7.0 においても溶解する.

水酸化ナトリウムは強塩基であり, 溶解時の量はさまざまなカゼインに対して必要最小限にすべきである. 溶解するには 2.0〜2.5% で十分であり, その結果 pH 7 になる. 必要なアルカリの量もカゼインによって変わるため, それぞれの場合によって処理する. 表 7.4 では, いくつかのアルカリで処理したカゼイン溶液の粘度への pH の影響をあらわしている[28]. 注意する点として, 水酸化ナトリウムとアンモニアで処理した溶液では, pH が 9 のとき粘度は最大を示し, アルカリ塩を利用した場合, 塩の濃度が増大するにしたがって粘度も増大する. 特に興味深い点として, 水酸化ナトリウムで処理した水溶液の場合, pH が 10 以上になると粘度は低下する. 水酸化カリウムも同じような挙動を示し, pH が 10.8 と 11 の間では粘度は急激に低下する.

防 腐 剤

ミルク製品であるカゼインはバクテリアからの攻撃をうけやすく, そのためカゼイン製品を液状で 1 日以上保存する場合は, 適切な殺菌剤で保護する必要がある. 殺菌剤のレベルは, カゼインだけを基準にするのではなく, カゼインを一部分としてトータルで計算するべきである. カゼイン製品では, o-フェニルフタル酸ナトリウムとペンタクロロフェニル酸ナトリウムが効果のある防腐剤として長く使用されている. それほどきつくない防腐剤では, p-ヒドロキシ安息香酸エステルがある. その他, 使用できるものとしてメチルイソチアゾリンの塩素化物, トリブチルスズ酸化物と塩素化キシレンがある. ホルムルデヒドは効果的であるが, その利用については OSHA の問題もある. また, 架橋をひきおこす傾向があるので粘度を増大させる. カゼインと一緒に使う場合は, 十分取扱いに注意する必要がある. 現在では, 生物学的な進歩により有効となった殺菌剤が数多くある. 最終用途, 廃棄した場合の環境への影響, 政府の基準を考慮して, 適切な殺菌剤を選ぶべきである.

アルカリカゼイン溶液の製造

15% のアルカリカゼイン溶液を製造する配合とその工程は, 下記の通りである.

カゼイン	100 部
水	555
水酸化アンモニウム	9
殺菌剤	＊

＊殺菌剤の量, 処方方法については製造者の指示に従う.

① ジャケット付きのタンクに水を投入し, 攪拌を続けておく. カゼインを投入し, カゼインの粒が完全に浸漬するまで 10 分間浸けておく. ② カゼインの分散液の系を約 43〜49℃ に加熱する. ③ NH₄OH を添加し, 60℃ に達するまで加熱する. その温度で 20 分間放置するか, または溶解するまで放置する. ④ 49℃ に冷却する. この時点で, ほとんどの殺菌剤を添加する. もし溶液を長時間安定させる目的であれば, 20 分から 30 分間溶解時間を延ばし, 71℃ まで溶解温度を上げる. 貯蔵期間中にカゼイン溶液の粘度を上げたり下げたりする働きをもつ蛋白分解酵素を破壊するには, 特別な時間と温度が必要である. カゼインの酵素による分解は殺菌剤で適切に処理された溶液にもおこることがあるので, これは別の問題を提示している.

添 加 剤[29]

用途別に配合や手順が調整されている. カゼイン溶液は粘度が高く泡立っていることが多い. カゼインフィルムは脆くて簡単に水分を吸収してしまう. 多くの添加剤

が使用されてきた．消泡剤や破泡剤として，アミルアルコール，シリコーンオイル，シリコーンエマルジョン，オクチルアルコール，クエン酸トリブチル，パインオイルやリン酸トリブチルがある．減粘剤として多く用いられるのが，尿素，ジシアンジアミド，チオシアン酸アンモニウムである．可塑剤は，ポリマー中に溶解する可塑剤と，溶解しないがブレンドすることで軟化剤として働くレジンやラテックスのような柔軟剤に分けて考えることができる．しかし，それらは単に二つの成分をブレンドする軟化剤のような働きをする．カゼインに使用されている可塑剤は，グリセロール，ソルビトール，ラテックス，グリコール，尿素，スルホン系オイル，水，樹脂エマルジョンがあげられる．耐湿性を上げるための硬化剤には，ホルムアルデヒド，尿素ホルムアルデヒド樹脂，ギ酸アンモニウム，ヘキサメチレンテトラミン，メラミン-ホルムアルデヒド樹脂，石灰，グリオキサール，亜鉛塩，酸化亜鉛，ミョウバンがある．

カゼインの応用

保護コロイドとしてのカゼイン[30~32]

カゼインは，ラテックス系の安定剤と保護コロイドとして広く使用されている．参考文献31)では，ラテックスをコーティングする数多くの用途での安定剤としてのアンモニウムカゼインの配合を紹介している．ネオプレンラテックスを使ってネオプレン手袋や金属のコーティング材料をつくったり，天然ゴムラテックスを使っておもちゃの風船，靴，キャンバス布の手袋，伸び縮みのする雑貨物や柔らかいゴム状のおもちゃがあり，さらにゴムの成形品をつくる．アンモニウムカゼインはスチレン-ブタジエン(SBR)とともに使用し，粉末状の接着剤，タイル用接着剤，じゅうたん，家具の布張り用，リノリウムの裏打ちをつくったり，また天然ゴムラテックスでは靴用の接着剤をつくっている．時には，カリウムとナトリウムカゼインに使用される．ラテックスを安定させるために使用するときには，必要なカゼイン量はラテックスの種類によって変わるが，すべての場合カゼインは粘度を上げる．

また，カゼインは樹脂エマルジョンの安定剤，そして陰イオンのエマルジョンの増粘剤としても適している．樹脂エマルジョンは，ラテックス系では粘着付与剤としても使用されることがある．樹脂エマルジョンを安定させるために必要なカゼインの量は，カゼインを使い過ぎると耐水性やタックが思わぬ方向にいかないようにバランスを保たなければならない．これらの用途については，この本の粘着樹脂と天然および合成ゴムの章で特に詳しく述べることにする．

カゼインを使って樹脂を安定させる秘訣は，材料を混合させるときの次の手順である．それぞれの材料の量は，部数で表記する．レジン(40~43部)をオレイン酸(0.25~0.75部)の存在下で，トルエン(10~14部)で溶解する．レジンがブレンドされるか，粘度が25~30ポイズで適当な粒子径になるまでトルエンを増やす．カゼインを加えたオレイン酸カリウムは，エマルジョンの破壊を遅らせ，乳化系ができる．2~2.5%の水酸化カリウム(0.15~0.2部)溶液をゆっくり加えると，オレイン酸カリウムを形成する．10~15%カゼイン溶液としてアンモニウムカゼイン(1.3~1.5部)が添加される．エステルタイプの樹脂を使用する場合には，カゼイン溶液に少量のアンモニウム水を添加してつくる．この時点では，ウォータインオイルエマルジョンで粘度が高い．次に，初めと同じ量で水酸化カリウム(水酸化カリウムの希釈溶液)を加え，オイルインウォーターエマルジョンに相転換をおこす．粒子は小さく安定している．エマルジョン系の接着剤をつくるために，樹脂エマルジョンはラテックスと混合させる場合がある．樹脂が炭化水素であれば，不揮発分は通常45.7~50%，pHは10.3~10.7である．

ペーパーコーティング

カゼインと大豆蛋白は，紙加工業ではバインダーとして使用されている．それは，普通ラテックス，スチレン-ブタジエン，ブタジエン-アクリロニトリル，またはアクリルエマルジョンのいずれかと混合して用いられる．カゼインと大豆蛋白は，通常互いに相溶性があるが，実際には，それらは同じ配合中では用いることはない．カゼインをコーティングしたものの方が，大豆のものより光沢も良く強度がある．ラテックスの利用や製造工程によって影響をうけるが，大豆蛋白はチクソトロピーな性質を示し，一方カゼインはニュートン流動的である．大豆蛋白のもつチクソトロピーな性質は，高速で塗付する場合有利である．低いpHで大豆蛋白を完全に分散することは困難なため，カゼインを製造する方が大豆蛋白を製造するより簡単である．分散液をつくるためには高いpHが必要であるが，大豆蛋白の製造では溶解した後，pHを低くするため酸を使う必要がある．顔料の凝集を防ぐためにカゼインや蛋白質の溶液を添加するときは，初めに顔料をアルカリ性にして最初の溶液の部分を徐々に加える．ときどき，ボール紙やカートン用コーティングのバインダーとしてカゼインにでんぷんを加える．でんぷんがカゼインと一緒に用いられると，製造時には十分に温度を高くしなければならない．普通，71℃が適切で，カゼインでも許容可能である．

ペーパーコーティング用としてのバインダー(カゼイン，大豆蛋白，またはラテックス)の量は，クレイ100部に対して乾燥重量であらわすことになる．通常，16~20%のバインダーが用いられ，ラテックスに対するカゼイン(または大豆蛋白)の割合はコーティングに要求される特性によって変わる．ラテックスにせん断力をかけ過ぎると泡を発生したり，物理特性を低下させる可能性があるため，ラテックスはカゼインの後で加える．ラテックスがスチレン-ブタジエン(SBR)である場合，カゼイ

ンを増やし，SBRを減らせば，不揮発分が低く高い粘度になる．この逆効果を利用すると，コーティング剤をつくるとき有利になる．例えば，高不揮発分にするため，カゼインに対するラテックスの割合を増やす．高不揮発分では，コーティング剤の塗付量が多いかもしれない．いろいろなラテックスやラテックスとカゼインの比率を変えたものを使用すると，粘度，流動性，タックが変わってくる．SBRのラテックスはカゼインと配合し，顔料の入ったコーティング剤に対して望ましい特性をもたらす．光沢の改良や耐水性を付与している[33]．

ペーパーコーティング用のカゼインや大豆蛋白の使用に関する総合的な内容は，TAPPIモノグラフシリーズのNo.22に記載されている[34]．

表7.6では，SBRとカゼインの割合が50対50の典型的なペーパーコーティングの配合表をあらわしている[35]．また，これらは二つのタイプの塗付機で使用されている．ロールコーターでは，不揮発分を50〜55に水で調整して，塗付量を1000平方フィートにつき3〜4ポンドにする．エアーナイフコーターでは，40〜45％の不揮発分で1平方フィートにつき2〜3ポンドにする．

表7.6 紙コーティング用のカゼイン／ラテックスの配合[35]

	部　数	
	ドライ	ウェット
顔　料		
クレイ	94.0	134.2
TiO$_2$（ルチル型）	6.0	8.6
バインダー		
SBRラテックス	8.0	16.7
カゼイン	8.0	53.3
水	(Sufficient to yield desired % solids)	

出典：文献33)

表7.7では，カゼインの典型的な配合を紹介している[36]．アンモニアは揮発性があるため，アンモニアを用いてカゼインを完全に溶解する場合，Salzbergらは，溶解するカゼインをあらかじめ決められたpH値で溶解することを薦めている．製造段階では，溶解時温度を60℃にする以外は，前述したアルカリカゼイン溶液の方法と同じである．カゼイン溶液は洗浄された貯蔵タンクに入れ，タンクは生産するごとに，または少なくとも1日1回洗浄するべきである．

表7.7 低不揮発カゼイン溶液の一般配合[36]

水	365 gal in clean jacketed kettle
カゼイン	500 lb
NaOH	16.25 lb
NH$_4$OH (26°Be)	5 gal，あるいは
Na$_2$CO$_3$	60 lb,
ホウ砂	75 lb
収量	414.25 gal
カゼイン固形分	14%，air dry basis
1ガロン当りのカゼイン量	1.2 lb
粘度 at 80°F	1000〜3000 cP
pH	8.0〜8.4

出典：文献17)

ラミネート用の接着剤

カゼインを使った最もよく知られている用途の一つとして，ホイルと紙のラミネート用接着剤がある．FDAによるGRASに登録されているので，カゼインは食べ物の包装用やたばこ産業に大変多く用いられている．典型的な接着剤のつくり方は，まず最初に少量のアンモニア水でカゼイン溶液をつくる．その後，pHが約7.0のSBRラテックスと混合する．接着剤のpHが高いと徐々にホイルが腐食する傾向があるため，最終的な接着剤のpHは中性にするべきである．pHが7以下のいくつかは，耐水性を上げるために添加物が含まれている．カゼイン-ラテックス系のホイルラミネーション用接着剤をつくるには，① 分散剤であるアンモニア水1.25部を用いて20部のカゼインを78.75部の水に溶解する．② 20％のアンモニウムカゼイン溶液16部とSBRラテックス52部を混合する．③ 必要であれば消泡剤を2部添加し，またスルホン系にしたぬれ促進剤1部，防腐剤0.5部を添加する．④ 配合が100部になるように水を加える．SBRは，カルボキシル化されていない25〜50％スチレン含有量であり，保護コロイドとしてロジン酸が使用されている．

冷水ラベル用の接着剤

冷水ラベル用の接着剤は，特殊な水溶性カゼイン系であり，主にビールびんのラベル用に使用されている．ラベルは，ビールびんを冷却したときや，その他水に浸けておいてもくっついていなければならないが，びんの再生時には，お湯で簡単に剥がれ落ちなくてはならない．溶融剤であるアンモニウムを使ってカゼインを尿素と50対50の割合で溶かす．尿素は粘度を下げる働きをするので，このタイプの配合では，カゼインの不揮発分を上げることができる．チオシアン酸アンモニウムを添加した尿素は，ときおりゲル抑止剤の働きもする．酸化亜鉛と酢酸亜鉛は架橋剤として用いられ，耐水性を改良する．消泡剤と防腐剤はいつも使用されている．でんぷんは，いくつかある添加剤の一つで，高速ラベル張り機に対しても接着剤の糸曳きを短く改良するために用いられている．

商業的に利用されている配合は，個々によって異なっているため，表7.8では一般的な範囲（％）で示している．配合方法は，処方と同様に重要である．それぞれの原材料投入時期，昇温時間，攪拌時間，降温時間といっ

表7.8 ラベルペースト（糊）の一般配合

水	47〜50
防腐剤	0.3〜0.5
消泡剤	0.5
スターチ	1.5〜3
酢酸亜鉛	0.3〜0.5
酸化亜鉛[a]	0.5〜0.75
尿素 (microprilled)	21〜23
カゼイン	20〜25
水酸化アンモニウム (26°Be)	1.0〜1.6

a：酸化亜鉛は50％分散系で付加

たものの関係を確立しなければならない．薦められている配合の投入順序は次の通りである．水，酸化亜鉛，酢酸亜鉛，防腐剤，消泡剤，でんぷん，尿素，カゼインそして水酸化アンモニウムの順である．主な成分の投入順序をアンモニウム，尿素，カゼインの順にした場合，粘度が数日間鋭く上がり，その後同じように下がるといった大変不安定な製品ができる．攪拌温度は，70～80℃が典型的である．温度を下げる前にこの温度で15～20分保持する．

配合を少し変えただけで特性を大きく変えることができる．酸化亜鉛を増やせば乾燥が早くなるが，シェルフライフが短くなる．普通，乾燥時間を早くしようとすればゲル抑止剤を少なくし，カゼインを増やす．しかし，この方向で配合をシフトするとシェルフライフが短くなる．シェルフライフが短くなることは，工業的ニーズとは逆行し，問題となる．経験的に得られた配合は，物性的に最大公約数として得られたものである．ラベル用接着剤としてうまくいくためには，高速でラベル張りをする機械に適合しなければならない．カゼイングレードや，また同じグレード中でもロットが違えば，性能は違ってくる．これから利用するにあたっては，カゼインごとに試験することが有益である．

顧客によって粘度，セッティング速度，耐水性の性能は違う．表7.9では，ラベル用接着剤の要求される特性を表記している．

表7.9 冷水ラベルペーストの一般物性，特性

粘度	45000～75000 cP@80°F(27℃)
固形分	48～50%
pH	7.5～8.5
セッティング時間	30秒以内に材質破壊
耐水性	35°Fの冷水に24時間浸漬に合格
シェルフライフ（商品寿命）	(2℃)ª 3～6ヵ月

カゼインのその他の用途

ライムカゼイン系接着剤やその他のカゼイン系接着剤は，紙と紙を接着してつくる糸巻きに利用されている．糸巻きは，紡績糸のキャリヤーとして織物産業で使用されている．いろいろな分野にカゼインを販売する業者がいくつかある．

鉄板の上に塗られたカゼインは，カラーテレビのブラウン管の隙間をふさぐ一つの方法として使用されている[37]．カゼインは，コーキング剤のうちのいくつかのタイプの中でバインダーとしても部分的に使用されている．

木材用接着剤としてのカゼインと蛋白質系接着剤

ここで述べる木材用接着剤は，カゼイン-石灰-ナトリウム塩系糊と大豆粉や血液またその両方をカゼインと混合させてつくった接着剤のことである．石灰，水酸化ナトリウム，ナトリウム塩のため，これらの接着剤のpHは11～12である．

カゼインは，pHが7かそれ以上では多くのアルカリで溶解し，またpHが6では尿素，アミドで溶解できる．大豆蛋白はもう少し高めのpHで溶解することができる．しかし，蛋白質をブレンドしてなる糊に利用される大豆の粉は，pHが11～12を必要とする．動物の血液はある程度まで水に溶けるが，完全に溶解するためにはアルカリ性にすることが必要である．pHを高くして，この種の木材用接着剤ではうまく使われてきた．なぜなら，溶解のために添加する石灰は耐水性を付与しているからである．

蛋白質系接着剤

蛋白質系接着剤を配合する鍵は，まずアルカリ溶解の影響で蛋白質がどのようになるか，また変性剤の存在やその条件内で蛋白質がどのようになるかということを理解することである．Lambuthは複雑な化学的過程を報告している[38]．pHが11～12のとき，蛋白質の分子はほとんど完全なコイル状になっておらず，接着のための反応や極性基はフリーな状態になる．ペプトン，ペプチド，アミノ酸へ加水分解するといっそう接着剤としてのポテンシャルは高められるが，それと同時にもし配合者が手を加えなければ耐水性や接着強度が落ちる．アルカリ溶液は素早くつくられるが，加水分解は徐々に進む．このように，粘度は低いところから高いところに素早く上がるが，数時間も経つと再び低いところに落ちる．2～3時間後に安定した粘度に組み立てるのも配合者次第である．これは，大豆粉や血液よりもカゼインの方が簡単である．なぜなら，カゼイン糊は大豆粉や血液のように粘度の上昇をあらわさない．配合を正確に行えば，カゼインが加水分解したり，ゼリー状になる前に粘度を調整することができる．カゼインは優れた耐水性を付与することができる．血液を添加するとさらに耐水性は上がるが，反対に大豆粉では低下させてしまう．

蛋白質は，変性といわれるような変化の影響をうけやすい．変性をひきおこす要素は，化学的な要素または物理的な要素である．重要な化学的な材料としては，①耐水性を付与するため用いられる材料—石灰，金属塩および金属酸化物，ホルムアルデヒド，ホルムアルデヒド供与体，②有機溶剤—アルコールやケトンといった溶剤の極性の減少によって硬化剤の作用を妨げるもの．物理的な作用として重要なものは，熱，熱を発生させる研磨や摩擦のような物理的な状況である[38]．

カゼインライム糊の配合

最も簡単なカゼイン糊の配合には，カゼイン，ミネラルオイル，石灰，ナトリウム塩が含まれている．カルシウム塩は比較的不溶性なので，ナトリウム塩を選ぶ場合，そのカルシウム塩が比較的不溶性になるようなものに限られている．ナトリウム塩は吸湿性がなく，乾燥状態ではカゼインや他の材料と反応することもない．オイルを

添加するのは，完全に溶解するまで反応を遅らせ，また粉体の飛び散りを防止するためである．乾燥した糊を水に加えると，石灰（水酸化カルシウム）とナトリウム塩が溶解して高い塩基性溶液ができる．水酸化ナトリウムは，水酸化カルシウムよりも反応しやすく，基本的にカゼインが溶けてイオン化したナトリウムカゼインができる．ここで，ナトリウムカゼインと過剰の石灰との間で反応がゆっくりおこり，そしてナトリウムカゼインは徐々に不溶解のカルシウムカゼインに変わる．同時に遅い速度でカゼイン分子の加水分解がおこっている．

典型的なナトリウム塩は，フッ素酸ナトリウム，リン酸ナトリウム，ソーダ灰，炭酸ナトリウム，硝酸ナトリウムを含んでいる．石灰とフッ素酸ナトリウムは，糊を液化するには欠かせない基本的なものである．カゼインは，石灰だけにしか溶解しないが，この種の接着剤はゲルになる前に少しの間流動性を示す．よく使用される添加剤には消泡剤，亜鉛混合物があり，また粘土，木粉，貝殻粉などのような充填剤がある．

経験をつんだ配合者は，特定の作業に適応するよう糊をつくり上げている．時には，速いセッティング時間が重要になるが，他の条件下，例えば暑い環境下では糊は長いポットライフが要求されている．最も都合のよい配合は，それぞれのノウハウとして管理されている．ナトリウム塩と石灰の適量のバランスがわかれば作業に都合のよい粘度を管理することができ，また同時に乾燥性も良くなり，ぬれ時の強度も良くすることができる．

BrownとBrouseがカゼイン糊の配合を以下のように述べている[39]．カゼイン100部を定数として，石灰とナトリウム塩が同量であれば，カゼイン糊は耐水性をもたない．ナトリウム塩よりも石灰の量が多くなるにつれて耐水性が出てくる．表7.10の配合1では耐水性があり，配合2ではない．

ナトリウム塩と石灰の量で，糊のゲル化がおこるかおこらないかが調整される．現在ある配合では，糊と水分の割合が同じ量のカゼインを使った場合，ナトリウム塩，石灰またはその両方を増加させるとゲル化しない糊になる．

ゲル化すると粘度は急速に増加する．そのためポットライフは限界に達する．これは望まれる現象ではない．以前は耐水性，加水分解後の使用防止のため，ゲル化が要求特性でもあった．つまり，ゲル化するということは，糊が加水分解する前に利用できないような状態にしてしまう．

耐水性によるカゼイン糊の初期の分類では，ゲル化した糊が耐水性を付与する唯一の例であった[40]．水を除去するだけでゲル化する糊は耐水性がないといわれていた．しかし，今日ではゲル化しない，しかも耐水性のあるカゼイン糊が大いに役立っている．この種の糊では，過剰な石灰は主に耐水性に対しての鍵となる．また水分との混合比は，糊がゲル化の傾向を示すかどうかに影響を与えている．

古い文献によると，カゼイン糊は利用可能な糊になる前は非常に取り扱いにくい状態である．最近の配合では，水分を加えた後の最初の10分か20分間でわずかに扱いにくくなるが，当初の配合でいわれていたような塊になるかどうかは明らかではない．それは，今日使用しているカゼインの品質が良くなったことと，配合が改良されたためである．

いろいろな原産国からつくられるカゼインや，同じ国でもロットが違うと，カゼイン糊の粘度に異なった変化を与える可能性がある．性能を保持するために前もって少し配合の調整をする必要がある．

これらの高アルカリ糊は，pHの低いカゼイン糊ほどバクテリアの攻撃をうけやすくはない．しかし，構造用に用いられている糊には防菌剤の添加が薦められている．ここでSalzbergが警告しているのは，防菌剤が保護するのは糊層と接着部の木材だけで，接着された構造物全体ではなく，またそれは他に保護しなければ，菌類を成長させてしまうということをきちんと認識するべきであるということである．染み込みがあるために，水溶性の防菌剤を利用すると菌類の発生を抑える能力が徐々に失われていくことが予想される[41]．長年有効に使われて

表 7.10 カゼインおよびカゼイン混合糊の配合（乾燥混合タイプ）[42,43]

材　料	配　合 No.1 カゼイン	配　合 No.2 カゼイン	配　合 No.3 カゼイン-大豆液	配　合 No.4 カゼイン-大豆
カゼイン	59.1	70.8	36.0	15.0
軽鉱油	3.6	3.6	2.6	3.0
石灰，水和	17.7	9.4	18.0	12.0
フッ化ナトリウム	2.5	2.8	2.5	3.0
第三リン酸ナトリウム	11.2	9.0	7.6	—
炭酸ナトリウム	—	—	3.8	5.0
硫酸ナトリウム	3.7	4.4	—	—
可溶性血液	—	—	2.0	—
大豆粉	—	—	24.0	57.0
木粉	1.0	—	—	5.0
ベントナイト	1.2	—	3.5	—
全乾燥部数	100.0	100.0	100.0	100.0
水	165.0	200.0	200.0	250.0

きたナトリウムペンタクロロフェノールはカゼイン糊用の防菌剤であり，乾燥糊に対して3％用いられている．近年，菌抑制剤への政府規格に合格する糊が許可されてきた．それは廃棄される防菌剤が環境に与える影響が大きくなってきたためである．最近のEPAにより，カゼイン糊には防菌剤を使用できない．ここで，本章の接着剤の特性の項と参考文献45）を見ていただくとより安全な防菌剤が開発されている．さらに，湿度から保護する他の方法として，ペイントやエポキシコーティングがカゼイン糊の層を生物学的な腐敗から保護するのに用いられている．

カゼイン糊の混合

表7.10の配合は，最近アメリカ国内で使用されているカゼインとその他蛋白質系糊の粉体混合である．数十年前には，溶融混合としてこれらの糊の配合が広く用いられており，幅広い添加剤を使用することができた．しばしばフェノール樹脂やケイ酸ナトリウム溶液が添加される．これらは粉体混合では使用できないような液状である．また，材料が最も便利に連続的に投入できた．しかし，粉体混合でさらに便利で，何年もの間，溶融混合にとって替わった．溶融混合による配合については，本書の第2版，第10章の大豆糊と第11章の血液糊で述べられている．

カゼイン糊の普通の混合比は，水が2部に対し粉体糊が1部である．しかし，いくつかのカゼインと大豆糊は，混合割合が2.5対1とさらに高くなる．2種類の混合機が利用されており，一つは高速の二重プロペラ型と低速のパドルタイプである．都合のよい高速タイプであれば，水を入れ，混合機が材料を分散する速度で粉体を添加する．低速の混合機であれば，水の割合を少なめにし，塊が強い撹拌力によって練り込まれる．そして，残った水を加え，糊が均一にでき上がる．これら両方の混合機では，カゼインが溶解する時間は10分から15分間で，使用前に数分間再度混合してから使用する．カゼインに水を加える場合，発熱反応がおこるため混合後の温度よりも約5〜6℃低い水を使用するべきである．典型的には，18℃の水を使うと24℃の糊ができ上がる．熱水は避けるべきである．

カゼインと蛋白質系接着剤のための添加剤

ラテックス　これらの糊で接着する場合，2種類の添加剤で改良することができる．ラテックスは接着性を改良するのに広く用いられている．この種の問題は多岐にわたり，通常合板をホットプレスの工程でつくる際，高密度の木材，芯材や表面に出てくる樹脂あるいは単板を切断するのに用いるあまり鋭利でないナイフでつくられた切断面によって問題がおこる．接着性を上げるためにカゼイン大豆系糊によく添加される．ラテックスは接着性を上げ，また固化後のカゼイン等の蛋白質系糊の脆さを改善するために可塑性を付与し，張り合わせ時に初期強度を高め，保持する働きをする．

カゼイン系と大豆蛋白質系の糊に薦められるラテックスは，スチレン含量が60〜65％のカルボキシル化スチレン-ブタジエンである．このラテックスのpHが7.5〜8.5のとき，ベースの糊の粘度が上昇し，また時には水でかなり希釈しなければならない．ラテックスのpHが9.0〜9.6であれば粘度に与える影響は最低である．このラテックスは，すでに混合したカゼイン系または蛋白質系の糊に添加させなければならない．糊50ポンド袋1袋に対しラテックスを1ガロン添加するのが一般的である．

フルフリルアルコール　フルフリルアルコールは，酸処理されたある種の難燃性木材の効果を抑制するのに使用されており，アメリカやカナダに特許が記載されている[42]．この種の添加剤は，アルカリカゼイン糊での酸の塩によるゲル化を遅らせ，オープンタイムをできる限り延ばしている．アルコールはアルカリカゼイン糊と難燃剤で処理された木材中の酸塩との反応を抑制し，同時に粘度を押し上げるカルシウムカゼインの生成を抑制する．フルフリルアルコールを使うと，カゼイン糊を混合するときに必要な水の割合が減る．フルフリルアルコールはカゼイン糊に利用するときに薦められ，また大豆粉が少量であればカゼインと大豆粉の混合物に使用できる．大豆粉含有量の多い糊は好ましくない．乾燥カゼイン糊を基本にすると30％のフルフリルアルコールが効果的であることがわかっているが，さらに低い量でもより少ない程度に糊のオープンタイムを延ばすだろう．この目的にジアセトンアルコールが使用されているが，フルフリルアルコールほど効果はない．これらの添加剤は，接着剤会社の名が付けられ販売されている．

カゼイン糊の用途

カゼインの木材用糊は，インテリアの構造用接着剤，パネルとフレーム用接着剤として長い歴史がある．制限はあるが，重要な用途として絶縁接着剤があり，この接着剤は電気産業における変圧器のスペーサーの組立に使用されている．カゼイン蛋白質系糊の最も一般的な用途には，フラッシュドアの製造がある．これらの接着剤が理想的な状態で操作されている．アメリカでつくられるほとんどのドアはこの種の糊を使用している．

フラッシュドアは，合板，ハードボード，またはパーティクルボードといったスキンと呼ばれる表面板と縦横のフレームと接着してつくられている．通常，樅の木のような柔らかい木材や，人工のプレスボードが使われている．ハローコアドアは，アコーデオンタイプの紙コアを使うが，一方ソリッドコアドアは，廃材をつなぎあわせてコアとして安価なカゼイン大豆系糊でつくられている．これらの芯材のいくつかはコルゲートボードで形を整えられる．この表面には同じタイプの蛋白質系糊で接着する．

耐火ドアは，通常合板と難燃剤で処理された縦横のフ

レームを接着させて組み立てたもので、フレームは堅い楓の木またはハードボードのいずれかでつくられ、耐火性の鉱物材の芯で周りを締め付けられている。カゼインおよびカゼイン大豆糊はフルフリルアルコール添加の有無にかかわらず、これらの用途には最近よく使用される接着剤である。

カゼイン糊の規格

カゼイン糊に最も頻繁に利用されている規格は2種類ある。一般的な接着剤として書かれた規格とカゼイン糊が普通使用される最終製品を管理する工業用の規格の2種類である。

接着剤の特性 カゼイン糊をカバーする二つのASTMがある[44]。

(1) ASTM D 3024-84,「インテリアに使われる構造用張り合せ木製品用蛋白質系接着剤の標準特性」。最近、この規格を削除する要求がある。いくつかの理由から最近では、商業的に規格を無視した糊が製造されている。その理由とは、構造用という目的に対しカゼイン糊への要求がなくなってきていること、粉末中のナトリウムペンタクロロフェノールの有効性(もはやビーズでは使用されていない)、またこの分野やその他においてナトリウムペンタクロロフェノールの登録が近年EPAで取り消しになったことなどがあげられる[45]。

(2) ASTM D 4689-87,「接着剤カゼインタイプの標準規格」。この規格は、合衆国連邦規格のMMM-A-125-D「カゼインタイプ接着剤の耐水性および耐かび性」にとって替わっている[46]。

政府の承認により合衆国連邦が、カゼイン糊を購入する場合または政府が契約した企業が使用する場合に、ASTM D 4689-87はカゼインの項目とされている。新しい規格が三つに分類されている。クラスAは水と菌類に対して抵抗性があるもの、クラスBは耐水性があるもの、クラスCでは乾燥状態のみ使われるもの(耐水性試験の必要のない新しい分野)である。最近では、規格を無視した糊は、クラスAに適合するよう製造されるが、ASTM D 4300-88「接着剤フィルムが菌類の成長促進させるか、阻止するかの能力の試験方法」は、耐菌性を要求する場合の新しい防かび剤の試験に用いられる。ASTMの強度規格に適合するためカゼイン糊は、樺材の合板(ASTM D 906)や楓材(ASTM D 906)で試験される。

工業規格 アメリカ合衆国では、ドアの製造はNational Wood Window & Door Association)のNWWDA Industry Standard, IS 1-86により規格化されている(NWWDA 205 W Tough Ave., Park Ridge, IL 60068から「木製のドア」シリーズ8のコピーが入手できる)。最終仕上げの終わったドアはタイプ1の外装仕様で、これは2サイクルの煮沸試験を含んでいる。また、タイプ2の内装仕様で3サイクルの浸漬試験を含み、どちらかで試験される。カゼイン糊は表面材(合板が多い)とフレームを接着させるときに使用されるが、一方その他の接着剤は、合板の各層を接着するのに用いられる。もし剥離が起こると、場所を正確に調べておく必要がある。

カゼイン糊は、簡単にタイプ2の規格をパスする。カゼインと大豆の混合糊では、大豆粉の割合がそれほど多くなければタイプ2にパスする。高い耐水性をもつカゼイン糊のいくつかは、タイプ1規格にパスする。ドアは、耐水性または耐湿性をもつ材料で塗装したり、コートされなければならないと認識されているが、これらの糊のいくつかは外装ドア用に使用されている。ここで、架橋したポリビニル、レゾルシノールやメラミンのようなかなり高い耐水性をもつタイプ1用の接着剤とくっつけたものと同じにしないことが重要である。

カナダ規格 カナダでは、カゼイン糊の規格はCSA Standard For Wood Adhesives No.0112.3-M 1977に述べられている。木材ドア用の接着剤の規格は、CSA Standard 0132.2-M 1977に記載されている(コピーの入手先は、カナダ標準局、178 Rexdale Blud., Rexdale, Ontario, Canada, M 9 W IR 3)。

粘度とポットライフ

接着特性に加えて、カゼイン糊メーカーでは、水と粉体を調整するとき製品の粘度およびポットライフに対してかなり注意を払っている。実験室の状況下で試験する際、4時間のポットライフをもつ糊は、現場では攪拌機を用いて混合するとほぼ2時間になってしまう。大豆粉を添加した糊は、よりチクソトロピーになるので、わずかに高い粘度幅で製造される(表7.11参照)。

表7.11 カゼインおよびカゼイン大豆糊の粘度パターン[47]

時 間	分[b]	粘度 cP@25℃[a]	
		カゼイン糊	カゼイン大豆糊
	20	4500	6500
1		3800	5000
2		3600	4800
3		4000	5500
4		6000	8000

a:ブルックフィールド回転粘度計による試験。
b:糊〜水の時間。

耐火ドアの保証

耐火ドアに使用される接着剤は、認可された製造ラインで試験され、保証されなければならない。最近ではWeyhaueser, Georgia Pacific, Calwood, Masoniteの4社から入手できる。アメリカでの耐火ドアの認可された代理店は、Warnock Hersey (W-H) とUnderwriter's Laboratories (U. L.) の2店があり、そこでは20分、45分、60分、90分用の耐火ドア用の認可済みの接着剤がある。20分用の耐火ドアは、ソリッドコアドアで、他の耐火ドアのように特殊なフレームや鉱物コアを必要としていない。しかし、それらもまだW-HかU.L.の認可が

必要である．

カゼイン糊の特性

カゼイン糊は大変応用範囲の広い糊として知られている．38°Cという高温下や4°Cという低温の条件下でも使用できる．耐水性を改良すると硬化速度に関係するので，低温で接着したものは，適温18°Cから27°Cで接着したものより耐水性が悪くなる．また，環境温度が32°Cから38°Cという暖かい条件下でさえ，硬化速度が速くなるにつれて耐水性も上がるということが知られている[56]．しかし高温下では，水分を急速に乾燥させるためにオープンタイムはさらに短くなる．カゼイン糊は，10分以下から30以上までオープンタイムをうまく調整できる．そのため加圧前に40～50枚のドアを組み立てるようなドア産業では進んで用いられる．18°Cから27°Cの温度で十分な強度に達するので，ドアはわずか25分間の加圧で次のラインに移動でき，わずか2～3時間後には裁断が可能である．低温で接着するには，硬化時間がゆっくりとしているため，もう少し長い加圧が必要になる．

BrowneとBrouseが初期に行った研究のいくつかがSalzbergによって参考文献1）に報告されている[48,49]．

柔らかな木片をカゼイン糊で接着したものは平均90％以上の材質破壊をひきおこす．柔らかな材料としてセコイア，ベイスギ，コロラドモミ，ハンノキ，松がある．堅い木，例えばアカガシ，楓，アメリカトネリコ，キハダカンバ，柿の木では30～50％の材質破壊を示す．

アルカリ性の強いカゼイン-石灰-ナトリウム塩糊は，オーク，楓やその他の基材を汚染する傾向があり，薄いベニヤ板では特に目立ってしまう問題になる．染みのついた材料は，過ホウ酸ナトリウムで拭いたり，色のついた接着剤層はシュウ酸の希釈溶液で漂白するとよい．しかし，染み出しを防ぐことによって汚染を避ける方が好ましい．乾燥促進剤，濃度の高い糊を用いたり，加圧を極力短くしたり，また加圧後すぐ乾燥させることによって染み出しを防ぐことができる[50]．

カゼイン糊の耐久性

Forest Products LaboratoryのSelbとJohnsonの研究によれば，さまざまな10種類の接着剤で張り合わされた六つのジョイントデザインを3年間湿度の違う3タイプの条件にさらした．防腐剤を添加したカゼイン糊で張り合わせた楓のジョイントでは，木目面同士の張合せ部が最も高い接着強度を保有していた[51,52]．乾燥したカゼイン糊は堅く脆かったが，40時間高周波をかけても接着部分の強度に影響しなかった．初期せん断強さは，接着剤層が厚いより薄い方が高いが，接着層の厚さが0.02インチの方が0.002インチのものより良い性能を示している[53]．

カゼイン糊は，梁，けたや柱といったような内装構造物の張り合せに使用されて長い．接着部の耐久性の証明として，1930年代にカゼイン糊でつくられた構造物が今もなお建っている．木材にカゼイン糊を使った場合の耐久性は，熱と水分の存在下では菌類が成長するといった問題があり，接着剤層を守るため防腐剤のペンタクロロフェノールナトリウムを使用し，耐久性を上げている．添加剤なしのカゼイン糊で接着すると，ダグラスモミの木の梁は松の梁よりはるかに長持ちする．きっとこれは，接着時に樅の木の水分保有量が低いからであるとSelboは語っている[54]．

カナダの森林局は，カゼイン糊で張り合わせたものを平衡水分15％またはそれ以上のところで放置した場合，接着強度の低下と被着材である木材の強度の低下の割合が等しいことと決めている．接着剤層の含水分が高ければ，木材よりも早く破壊する．この研究から，カゼインによる接着は，環境条件が木の含水分を15％以上にするようなところでの設備には使うべきではないとカナダ標準局では要求している[55]．Berginによれば，カゼイン糊で接着されたキハダカンバでは，乾燥状態での強度は温度の影響をうけないが，ぬれ強度は放置温度が高くなればなるほど上がる[56]．

［Carolyn N. Bye／森村正博 訳］

参 考 文 献

1. Salzberg, H. K., Casein Glues and Adhesives, in "Handbook of Adhesives," 2nd Ed., I. Skeist, ed., Chapter 9, p. 159, New York, Van Nostrand Reinhold Co., 1977.
2. Lambuth, Alan, Blood Glues, in "Handbook of Adhesives," 2nd Edition, I. Skeist, ed., Chapter 11, p. 181, New York, Van Nostrand Reinhold Co., 1977.
3. Lambuth, Alan, Soybean Glues, in "Handbook of Adhesives," 2nd Ed., I. Skeist, ed., Chapter 10, pp. 172-173, New York, Van Nostrand Reinhold Co., 1977.
4. C.A.A.C., 214 Massachusetts Ave., NE, Suite 520, Washington, DC 20002.
5. Special Foreign Trade Statistics Report, U. S. General Imports, 1985, TSUSA Commodity Number 493.1200, "Casein."
6. Spellacy, John R., "Casein, Dried and Condensed Whey, p. 402, San Francisco, Lithotype Process Co., 1953.
7. Bye, C. N., Casein, in "Encyclopedia of Industrial Chemical Analysis," F. D. Snell and L. Ettre, eds., Vol. 9, p. 1., New York, Interscience Publishers, Div. of John Wiley and Sons, 1970.
8. Data supplied by the laboratory of National Casein of New Jersey, using test methods developed by ASTM Committee D 25, and appearing in ASTM Standards, Part 15, 1970, now out of print. Summaries of the test methods appear in Ref. 7.
9. Ref. 7, pp. 8-14.
10. Salzberg, H. K., Britton, R. K., and Bye, C. N., Casein Adhesives, in "Testing of Adhesives," G. Meese, ed., Tappi Monograph No. 35, Chapter 2, pp. 31-39, Atlanta, GA, Technical Association of the Pulp and

Paper Industry, 1974.
11. The Code of Federal Regulations, Title 21, Parts 100–199, "Food and Drugs," may be obtained from the U. S. Government Printing Office, Washington, D. C.
12. Ref. 8.
13. Fieser, Louis F., and Fieser, Mary, "Advanced Organic Chemistry," p. 1035, New York, Reinhold Publishing Corp., 1961.
14. Ref. 13, p. 1047.
15. Coco, C. E., and Scacciaferro, L. M. (for Ralston Purina), "Soy Polymer Technology as it Applies to the Adhesive Industry," paper presented at the 1984 Spring Seminar, Philadelphia, PA, for The Adhesive and Sealant Council, Arlington, VA 22209.
16. Ref. 7, p. 4.
17. Salzberg, H. K., Georgivits, L. E., and Cobb, R. M. K., Casein in Paper Coating, in "Synthetic and Protein Adhesives for Paper Coating," R. G. Jahn and H. R. Hall, eds., Tappi Monograph Series No. 22, Chapter VII, pp. 106–107, New York, Technical Association of the Pulp and Paper Industry, 1961. (TAPPI is now located in Atlanta, GA.)
18. Gordon, W. G., et al., J. Amer. Chem. Soc., **71**, 3293 (1949); **72**, 4282 (1950).
19. King, N., Austral. J. Dairy Technol., **II**(3), p. 3 (1956).
20. Ref. 7, pp. 3–4.
21. Ref. 10, pp. 40–42.
22. Ref. 10, p. 41.
23. Ref. 10, p. 42.
24. Personal communication, L. K. Creamer, New Zealand Dairy Research Institute, Palmerston North, New Zealand.
25. Ref. 10, p. 42.
26. Ref. 10, p. 41.
27. Ref. 17, p. 127.
28. Ref. 10, p. 42.
29. Taken in part from Ref. 10, p. 43, with permission.
30. Some of the information on the use of casein as a protective colloid was obtained as a personal communication from colleagues, who requested no credit be given.
31. *Vanderbilt News*, Latex and Latex Products, Vol. 34, No. 2, 1972.
32. Hercules Resins for Adhesives in "Say Something in Adhesives," Publication OR-175B, Hercules Co., Wilmington, Del., pp. 15–17 (no date).
33. Jahn, R. G., and Hall, H. R., Styrene-Butadiene Latices for Paper Coatings, in "Synthetic and Protein Adhesives," L. H. Silvernail and W. M. Bain, eds., Tappi Monograph 22, Chapter IV, pp. 49–50, 69–70, New York, Technical Association of the Pulp and Paper Industry, 1961. (TAPPI is now located in Atlanta, GA.)
34. Silvernail, L. H., and Bain, W. M. (ed.), "Synthetic and Protein Adhesives," Tappi Monograph Series No. 22, New York, Technical Association of the Pulp and Paper Industry, 1961. (This publication is out of print. TAPPI is now located in Atlanta, GA.)
35. Ref. 33. p. 70, Table XV.
36. Ref. 17, p. 128.
37. Information from sales literature of Buckbee-Mears Company, St. Paul, MN 55101, 1976.
38. Lambuth, Alan, Blood Glues, in "Handbook of Adhesives," 2nd Edition, I. Skeist, ed., Chapter 11, p. 173, New York, Van Nostrand Reinhold Co., 1977.
39. Browne, F. L., and Brouse, D., Casein Glue, in "Casein and Its Industrial Applications," 2nd Ed., E. Sutermeister and F. L. Brown, eds., Chapter 8, New York, Reinhold Publishing Corp., 1939.
40. Ref. 39, p. 234.
41. Ref. 2, p. 175.
42. Bye, Carolyn N., to National Casein of N. J., "Proteinaceous Adhesive Composition," U.S. patents 4,046,955, (Sept. 6, 1977) and 4,141,745 (1978); and Canadian Patent 1,043,052 (Nov. 28, 1978). (Formulas 1, 2, and 3 in Table 10 were taken in part from examples in these patents.)
43. Formula No. 4 taken from Lambuth, Soybean Glues, in "Handbook of Adhesives," 2nd Ed., I. Skeist, ed., Chapter 10, p. 176, New York, Van Nostrand Reinholds Co., 1977.
44. Copies of the ASTM test methods and specifications appear in the "ASTM Book of Standards," Vol. 15.06, "Adhesives," and may be obtained from the American Society of Testing and Materials, 1916 Race St., Philadelphia, PA 19103.
45. *Federal Register*, Jan. 21, 1987, "Final Determination and Intent to Cancel and Deny Applications for Registrations of Pesticide Products Containing Pentachlorophenol (Including, but not Limited to its Salts and Esters) for Non-Wood Uses"; and Federal Register, Feb. 24, 1988, Pentachlorophenol Products; "Amendment of Notice to Cancel Registration of Products for Non-Wood Use."
46. A copy of MMM-A-125-D is available from General Services Administration Regional Offices in Boston, New York, Washington, D. C., Atlanta, Chicago, Kansas City, MO, Fort Worth, Denver, San Francisco, Los Angeles, and Seattle, WA.
47. Data supplied by National Casein of N. J., Riverton, NJ 08077.
48. Ref 1, p. 163.
49. Ref. 39, Chapter 8, pp. 272–274.
50. Ref. 1, p. 163.
51. Ref. 1, p. 166. [From Selbo and Olson, *J. Forest Products Res. Soc.*, **3**(5), 50 (1953).]
52. Selbo, M. L. "Adhesive Bonding of Wood," Technical Bulletin No. 1512, pp. 72–74. Washington, DC, Forest Products Laboratory, USDA, August, 1975.
53. Ref. 1, p. 166. [From Olsen, W. Z., et al., U. S. Forest Products Lab. Bull. 1539, (1946).]
54. Ref. 1, p. 164. [From Selbo, M. L., *J. Forest Products Res. Soc.*, **3**, 361 (1949).]
55. Ref. 1, p. 164. [From Peterson, R. W., "How Moisture Affects Strength of Casein Bonds," Forest Products Research Branch, Canada, Contribution P-40, 1964.]
56. Ref. 1, p. 164. [From Bergin, E. G., Forest Products, J., April, 1965].

8. スターチ

　スターチは天然高分子で豊富に存在し，値段は比較的安価で安定している．グルコース単位からなり，非還元のポリハイドロキシを生成する．多くの水酸基を有しているので，スターチは水やセルロースのような極性材料との親和性が高い．スターチは，酵素のアミラーゼや酸によって分解され低分子量の砂糖になる．

　接着剤としてスターチが使われ，大きく変化した事柄や分野としては，製紙産業で陽性および両性のスターチがかなり増大したことや，段ボール産業では高アミローススターチの使用がかなり多くなったことである．再生利用の問題が大きくなるにつれてスターチの利用が望まれるようになっている．アミラーゼは，被着材の大部分に影響を与えずにスターチを分解することができるからである．スターチで接着された材料の再生では，アミラーゼをはく離剤として利用する特許がある．

　アメリカ合衆国で使用されているスターチの多くは，とうもろこしからつくられている．接着剤に利用されているスターチは四つの汎用タイプがある．ワックス状コーンスターチ，レギュラーコーンスターチ，高アミロースタイプVのコーンスターチ，そして高アミロースタイプVIIのコーンスターチがある．これらのスターチの最も大きな違いは，アミロースの含量による．それぞれ大体0, 28, 55, 70% のヨード滴定法によって決められている．その他の接着剤に利用できるスターチには，モロコシスターチ，ポテトスターチ，タピオカスターチ，小麦スターチ，ライススターチ，サゴスターチが含まれている．サゴという言葉は，本来メトロキシロン型の椰子の木からのスターチであるが，現在では他の椰子の木のスターチをあらわす言葉として用いられたり，むしろある種のタピオカスターチに用いられている．いくつかの汎用スターチの特徴を表8.1に示している．

　レギュラーコーンスターチは，適当な条件下においてブタノールを用いて沈殿分別される二つの成分からなる．沈殿した成分の一つはアミロースと呼ばれている．アミロースは基本的に直鎖状で，ヨード溶液で青色に変わり，高濃度では高いゲルを形成したり，希釈溶液から沈殿する傾向がある．また，アミロースは十分注意して単離すると β-アミラーゼによって約95%が分解する（ほとんど枝分かれのない直鎖状のもので試験）．アミロースは，溶媒が蒸発すると強くて耐水性のあるフィルムを形成する．

　もう一つの成分は，アミロペクチンと呼ばれている．アミロペクチンは枝分かれの多い分子で（一つの枝のグルコース単位は14から27である），ヨード溶液で茶色から紫に変わり，常温では溶液中に溶解し，また β-アミラーゼによって約55%が分解する．アミロペクチンは脆く耐水性のないフィルムを形成する．

　レギュラーコーンスターチ（注意深く分離されたもの）には，もう一つ中間成分が含まれている．この成分はブタノールによって初期のコーンスターチ溶液で沈殿するが，ジメチルスルホキサイドに溶解したアミロース成分を加えた水とブタノールでは再沈殿しない．中間成分は，さまざまな溶液からヨードによって沈殿し，それはレギュラーコーンスターチ中には5～7%含まれている．レギュラーコーンスターチを分析すると25～27%がアミロース成分で，68%がアミロペクチン，そして5～7%が中間成分となる．

　ワックス状コーンスターチを注意深く分別すると2%の中間成分がある．残りはアミロペクチンである．

　アミロース成分の多いコーンスターチは，レギュラー

表 8.1　汎用スターチの特徴[4]

スターチ	とうもろこし	小麦粉	米	タピオカ	じゃがいも	サゴ
摂取源	種	種	種	根	根	髄
粒子の直径（ミクロン）	5～26	3～35	3～8	5～35	15～100	10～70
ゲル温度（℃）	62～72	58～64	68～78	49～70	59～68	60～67
アミロース（%）	28	25	19	20	25	26
アミロース（DP）	480	—	—	1050	850	—
アミロペクチン（DP）	1450	—	—	1300	2000	—

コーンスターチと違っている。それは、アミロースの成分の多いコーンスターチはレギュラーコーンスターチに比べてアミロースと中間成分が多く、またアミロペクチンが非常に少ないからである。例えば、ヨード滴定法によって、70%のアミロースをもつ高アミロースタイプⅦは、63%がブタノールによる再結晶物（スタンダードアミロース）と31%が中間成分で、アミロペクチンはほんの5%しか含まれていない。中間成分の約半分は、おそらく低分子量のアミロースである（19000ダルトン）。この低分子量のアミロース成分は、アミロースの多いスターチを利用している段ボール用接着剤に見られるような高速接着性に寄与している。アミロースが70%のスタンダードアミロースでは、アミロースを基準に性能のすべてがわかるわけでもない。さらに詳しく分析すると、通常のアミロペクチン5%、低分子量で枝分かれの少ないアミロペクチン約16%、低分子量のアミロース約16%、高分子量のアミロース63%になる。それで、アミロースは約79%とアミロペクチンは約21%になる。

スターチ溶液のいくつかの性質は、アミロースやアミロペクチン成分の分子量に関係あるようだ。例えば、ゼリーガムの粘度はおそらくアミロペクチンの分子量によって変わってくる。スターチの成分の単離方法と分子量を決定する方法が、年とともに精度が改善されているので、文献の中では分子量が増大している傾向がある。ほとんどの文献では、原料によるがアミロースは約100万から200万の分子量をもち、またアミロペクチンでは約4億の分子量をもっているといわれている。この分子量はジメチルスルホキシドに溶解したスターチを用い、光散乱法によって重量平均分子量が測定されている。汎用に用いられているスターチはかなり分子量が少ないずである。例えば、あるジャガイモスターチのアミロペクチンは6500万であると測定され、また違うジャガイモのアミロペクチンは4億4000万であった。ワックス状スターチでは分子量が4億だったが、15%の溶液を煮沸処理するとアミロペクチンの分子量は1000万になること

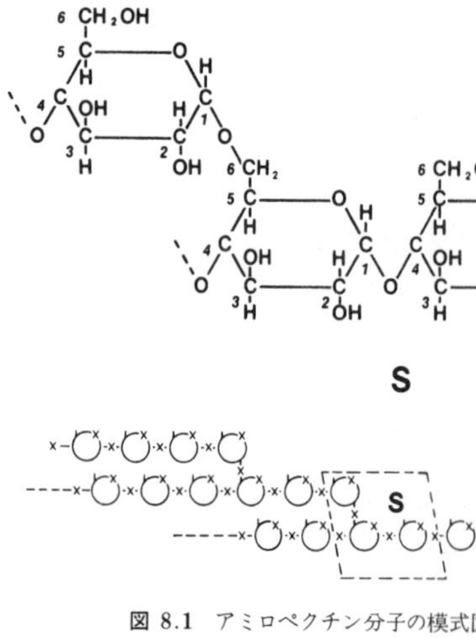

がわかった[2]。分子量が高ければ測定誤差がかなり大きくなる。1億のときの誤差は±10%で、5億では±20%の誤差がある。えんどうスターチのアミロペクチンが最高記録を出したが、その分子量はこの場合15億であると報告されている。

直鎖と枝分かれという言葉は、アミロースとアミロペクチンのところで述べた。図8.1では、グルコース単位がつながりスターチが形成されるところをあらわしている。スターチ中のグルコース単位のほとんどが、1-4-α-D結合でつながっている。アミロースではすべての結合がこのタイプである（少なくとも理論的には）。これは直鎖状高分子である。さらに、アミロペクチンにはこの結合に加えて、25個のグルコース単位中に1つの1-6-α-D結合が含まれている。この1-6結合は枝分かれ点と呼ばれ、この枝分かれ点から伸びる直鎖を枝と呼ぶ。そのためアミロペクチンは枝分かれ高分子と呼ばれる。多くのアミラーゼは1-4と1-6結合の両方を分解することができる。β-アミラーゼは、1-4結合しか分解できない。さらにβ-アミラーゼはスターチ分子の非還元末端のみ攻撃し、そして単位が1-4結合であればグルコース単位2個を一つとして分解していく。このように、β-アミラーゼで消化の度合いが低いと（普通のアミラーゼでは65%）きわめて高純度なもの以外すべて短い枝をもっていることをあらわしている。

スターチを水中に分散すると体積が増え、スターチと同重量の水を吸収する傾向がある。温度を徐々に上げると水分の吸収が急激に上がる点がある。スターチの種類によるが、スターチの粒子がその量の10倍から100倍に大きくなる。もし、スターチの量が水の吸収許容量より大きければ、スターチ溶液の粘度は大きくなる。スターチの種類によるが、この膨張した粒子は攪拌によって部分的に破壊され、粘度は下がる。水中で加熱する場合、スターチが突然膨張するときの温度を糊化温度と呼ぶ。

膨張しないスターチ粒子は、結晶状態であるが異方性である。ほとんどのスターチ粒子は偏光顕微鏡で見ると複屈折であり、"偏光性"を示している。これらは、水中で暖めると糊化温度付近で消える。これは結晶性の消失を示している。さらに加熱を続けると、粒子が少し膨張し、ある程度崩壊して、せん断がかかればばらばらになる。ワックス状スターチ、ポテトスターチ、タピオカスターチ、サゴスターチなどは、加熱するとほとんど透明になるが、スターチは溶液状態ではない。位相差顕微鏡や干渉顕微鏡下でスターチを観察すると、膨潤した粒子や粒子の断片が存在していることが明らかにわかる。ほとんどのスターチは、140～170°F（60～70℃）で膨張しはじめ、203°F（95℃）になると比較的安定な分散状態になる。完全に溶解するためには300～320°F（150～160℃）という高い温度が要求される。高アミロースの粒子では212°F（100℃）以上においても偏光性が残っているが、300～320°F（150～160℃）に達するとこの粒子も完全に溶解する。

図 8.1　アミロペクチン分子の模式図

8. スターチ

表 8.2 スターチ加熱後の挙動（水 15 部中 1 部，中和状態）[4]

スターチ	Hot Cook Body	粘 度	加熱延長後の粘度	冷却中のゲル形成	透明度
とうもろこし	短	中和度	安定	非常に高い	不透明
小麦粉	短	やや低い	〃	〃	〃
アミオカ	粘質・凝集	やや高い	粘度低下	みられない	透明
タピオカ	〃	高い	〃	非常に低い	比較的透明
サゴ	〃	やや高い	〃	普通	透明
じゃがいも	ガム状，凝集性	非常に高い	〃	非常に低い	非常に透明

多くのスターチの加熱直後の物性は成分によって説明することができる．すべてアミロペクチンからなるワックス状コーンスターチは不揮発分8％で加熱すると，粒子が膨潤するにつれて粘度が上がり凝集力も上がる．さらに加熱を続けると粒子が崩壊するので粘度も下がる．冷却すると粘度は増大する．生地は凝集性があり，また溶液は透明性がある．この挙動は，アミロペクチン成分が製造特性を支配する典型的な場合である．同じ不揮発分のレギュラーコーンスターチではかなり粘度が低く，ペースト状で加熱するとかなり白濁する．冷却すると不透明になり，堅いゲルになる．この場合，アミロースがアミロペクチンの加熱時の製造特性を改善し，そして完全に冷却時の溶液特性を支配している．もし，アミロースの分子量が大きすぎると冷却時でのゲル化はおこらないかもしれない．タピオカ，ポテト，サゴスターチは，スターチ中にアミロースを含んでいるが，コーンよりもワックス状コーンのような挙動を示す．スターチに含まれているアミロースは，スターチが酸で分解されればゲルを堅くする（流動スターチ参照）．表8.2に通常使用されているスターチの製造後の挙動をまとめている．

同様に，接着剤の特性の多くも使用されているスターチのアミロースとアミロペクチンの特性に関連して説明がつく．ゼリーガムは，普通ワックス状スターチからつくられており（100％アミロペクチン），何カ月もの間，常温で安定である．それは，このスターチの老化率がゆっくりしていることからも予想がつく．コルゲート用の配合では，短時間で接着し，耐水性が出てこなければならない．アミロースの低分子量の部分が初期接着性に関与することが予想され，高分子量の部分が徐々に耐水性を付与してゆく．

スターチの改質

前節では，主に水に分散された天然スターチの利用について述べてきた．溶液の性質は，添加剤やスターチを改質することで変えることができる．接着剤工業での基本的な改質としては，高い不揮発分にするためにスターチ成分の分子量を小さくすることである．スターチは，通常粒状で取り扱われている．

流動性のあるスターチ

流動性のあるスターチは，スターチの糊化温度以下で

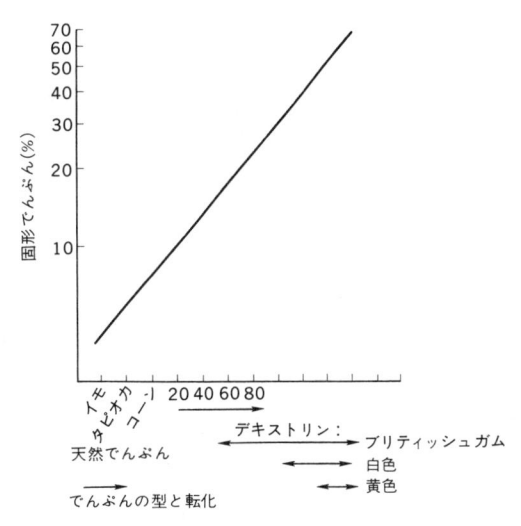

図 8.2 140°F における薄い流下でんぷんの近似濃度

希酸によって加水分解してつくられる．流動性の範囲は20〜90で，90という流動性のあるスターチは，20のものより極端に薄い．図8.2では，加熱時の粘度とその粘度を調節するのに必要な濃度をあらわしている．

酸化スターチ

粘度を低下させるための二つ目の改質方法は，アルカリ下でスターチを塩素と反応させることである．わずかに塩素化されたスターチは，粘度管理をするのに水を利用するが，塩素化率の高い製品はホウ砂を利用する．塩素化されたスターチは，一般に酸化スターチと呼ばれている．また，これは負に荷電しており，陽イオン性の染料によって染色することで証明できる．メチレンブルーは典型的な陽イオン性の染料である．

デキストリン化

粘度を低下させる三つ目の方法は，通常酸の存在下で焙煎する．この工程でデキストリンが生成される．フッ化ホウ素を使ったり，ホウ砂を利用して粘度が調整されている．デキストリンの粘度は，図8.2〜8.4で表示している．他のデキストリンの特性も表8.3で紹介されている．

8. スターチ

表 8.3 デキストリンの特性[4]

デキストリン	乾燥焙煎工程			デキストリンの特性			
	酸度	湿度	温度	重合度 (DPn)	色	冷水吸収度	安定性
ホワイト	高い	高い	低い	20	白	部分的	限界あり
イエロー/カナリー	低い	低い	比較的高い	20〜50	淡色	高い	良好
ブリティッシュガム	非常に低いなし	非常に低い	比較的高いまたは高い	広域	黄色から茶褐色	部分的または全体的	良好

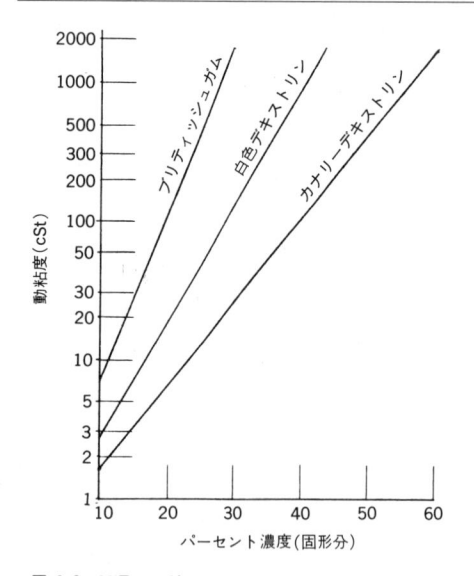

図 8.3 80°F におけるコーンデキストリンの粘度と濃度の関係

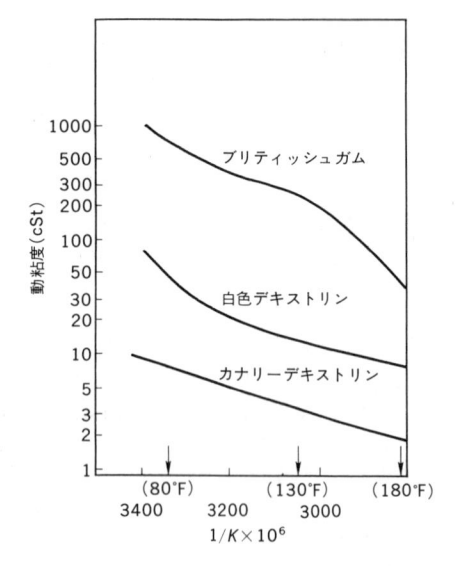

図 8.4 固形分 25% のコーンデキストリンの粘度と温度の関係

ヒドロキシエチル化

スターチを，アルカリ下でエチレンオキサイドと反応させる．主な目的として劣化を遅らせたり，スターチ溶液からのアミロースの沈殿を抑えるためである．これが効果的であるというのは，アミロースはどこででも置換体となる可能性がある一方，アミロペクチンは主な枝分かれ点の付近で置換体を生成するからである[7]．

カチオン性スターチ

スターチは，アルカリ下で第三級または第四級のハロゲン化アミンまたはエポキシと反応する[8]．カチオン性スターチは，アニオンである紙とわずかにイオン結合することでフィルム強度が強くなる．カチオン性のスターチもびんのラベル用接着剤やボール紙用に使用されている．

両性スターチ

カチオン性のスターチをオルトリン酸と加熱することによって，リン酸化し，両性の特性をもったスターチを製造することができる．これらのスターチは，広い pH 範囲で顔料の分散性や乾燥時の強度が改質される[8]．

その他の誘導体

架橋スターチ，ヒドロキシプロピル化スターチ，リン酸化スターチ，スターチのコハク酸エステル，グラフト化スターチ，カルボキシルメチルスターチがある[9]．

スターチ系接着剤の多くの配合は，試行錯誤でつくられてきた．上記に述べた改質方法や文献によれば，接着剤開発の可能性は大いにある．同様の目的として，スターチ溶液に関してアミロースとアミロペクチンの効果に関する議論ができる．

添加剤の効果

水酸化ナトリウム

水酸化ナトリウム（または苛性ソーダ）は，タックを増大させ，溶解性，粘度，凝集力を上げ，そして色調を良くする．通常，水でスターチを溶解した後に，不揮発分の約 0.5% 添加される．pH が上がるとスターチが負の電荷になり，溶解性と高粘度が説明できる．

ホ ウ 砂

ホウ砂（NaB_4OH_{10}）とナトリウムメタボレート（本質的にはホウ砂と水酸化ナトリウムの混合物）は，製造されたスターチの特性を大きく変える．スターチに対して約 15% のホウ砂を添加すると粘度が大きく増大し，タックと凝集力も大きく上がる．ホウ砂をスターチに対して

10%までクッキングする前に添加する．ホウ砂はスターチと混合することによって負の電荷をもつ働きがあり，さらにスターチを架橋する傾向がある．溶液の粘度を増大させているのは架橋の働きである．

尿素

尿素は，スターチやデキストリンに対して固体のままで可塑剤として働く．またスターチやデキストリンが乾燥フィルムになった場合，結晶化を妨げる働きをする．スターチに対して1～10%で用いられている．同じような効果ををもつ他の成分は，硝酸ナトリウム，ジシアンシアナミド，サリチル酸，チオシアン酸塩，ヨウ化物，グアニジニウム塩，ホルムアルデヒドがある（ホルムアルデヒドは酸性の存在下で架橋する．さらに殺菌剤として使用できる）．

グリセリン

グリセリンは，乾燥時間を遅らせる可塑剤として働き，フィルムが過度に乾燥するのを防ぐ．このため，湿潤剤と呼ばれている．その他の湿潤剤には，エチレングリコール，転化糖，d-グルコース，ソルビトールなどがある．

石けん

環境条件にかかわらず，柔軟性を付与するために潤滑剤として石けんが使用されている．あまり潤滑剤が多すぎると接着力が落ちる．他の潤滑剤には，スルホン化ひまし油やスルホン化アルコールなどがある．

尿素ホルムアルデヒド樹脂

この樹脂は，耐水性を付与するのに添加される．その他にレゾルシノールホルムアルデヒド，ポリ酢酸ビニル，アクリル，ポリビニルアルコールがある．

その他の添加物

クレイやベントナイトは，接着剤用の充填剤として利用されている．また，漂白剤として重亜硫酸ソーダ，過酸化水素，過ホウ酸ナトリウムがある．有機溶剤は，水を弾く表面にぬれをおこすために添加される．防腐剤が微生物の成長を防ぎ，泡の抑制剤は製造中の泡の発生を防ぐ．石けんや塩化ナトリウムがコロイド安定剤として時には添加される[10～11]．

スターチ系接着剤

接着剤として利用するために，スターチは水または湯で分散させなければならない．また，スターチ溶液の物性を変えるために多くの他の成分が添加されている．ユーザーサイドで異なったスターチの種類や前述したスターチの改質方法で分散や配合が行われる．またユーザーは，接着剤メーカーから配合した接着剤を購入する場合もある．

ゼリーガム

これは，びんのラベル用に使用されている．高せん断下でワックス状コーンなどを強アルカリで処理して製造する．このスターチは，強アルカリ下で膨潤し，硝酸で中和する．ある配合では，最終的に39%のスターチ（流動性40のワックス状），3%の尿素（添加剤），3%の硝酸ナトリウム（水酸化ナトリウムと硝酸から得る），56%の水からなっている．利用される粘度は10万cPである．ラベルは冷水中で剥がれない．

他の液化

アルカリスターチの配合は（スターチを糊化するため十分アルカリを加えたもの），段ボール用接着剤，金属箔と紙の接着剤，カートン用の接着剤の主成分として使用されている．スターチを糊化させるため用いられた強アルカリを中和するとスターチ分が18～25%の接着剤ができ，壁紙用や金属箔と紙のラミネーション用に使用されている．スターチと水分に塩類を加えた混合物は，最も簡単な接着剤であり，ビラ用，鞄用，タバコ用に利用されている．

ペースト

高粘度のスターチやデキストリンから配合した柔らかくて粘着性のない接着剤をペーストと呼ぶ．図書館用のペーストは，45%の溶解の低いホワイトデキストリン，5%のコーンスターチ，5%のグリセリンと45%の水を混合してつくる．

ホウ酸化デキストリン

デキストリンは，適度な濃度でタックを良くしたり，粘度安定性を良くしたりするため適当な割合でホウ砂，メタホウ酸ナトリウム，ホウ酸または強アルカリと配合することが多い．配合のpHはほとんどの場合，約9である．ホウ酸で改質されたデキストリンは，箱のシールやチューブの巻取り用，ラミネーション用に利用されている．

ホワイトデキストリン

ホワイトデキストリンは，多量の酸を使ってドライスターチを低温（120℃）で短時間（3～7時間）焙煎したものである．色は白からクリーム色で溶解性と粘度はさまざまである．バッグ，チューブ，箱のシール，ラミネーション，粘着シート，ラベル，封筒用に利用されている．

カナリーデキストリン

カナリーデキストリンは，通常の量の酸を含み，普通の温度（149℃）で11時間加熱乾燥したものである．色にも淡い色のものから黄褐色のものまであり，冷水によく溶け，低粘度で安定性があり，再湿性に優れている．用途には，ガムテープ，封筒の口糊，切手，紙箱のシール，ラミネーション，紙缶用などがある．

ブリティッシュガム

ブリティッシュガムは，比較的少量の酸で，高温（166℃）で長時間（17時間）加熱したものである．溶解性と粘度は，低いものから高いものまであり，色は暗色で，初期タック力がある．用途には，布のラミネーション，鞄，紙缶用がある．

ワックス状スターチデキストリン

ワックス状スターチデキストリンは，ワックス状でないスターチからつくったデキストリンとよく似ているが，デキストリンに比べて粘度安定性が優れている．用途には，封筒の口糊，切手，粘着シート用などがある．

デキストリン/シリカの混合物

初期タックが良好で，フィルムが堅く粘度が低く，接着性が良好なものがこの配合で得られる．高速での紙箱の接着や紙缶用とに使用される．

あらかじめ糊化したスターチ

あらかじめ糊化したスターチは，水とスターチの混合物を加熱膨潤させ，乾燥粉砕したものである．固形分40％のスターチを蒸気で加熱したドラムを通すことで糊化させ，乾燥させる．最後に，ブレードでドラムから取り出される．これらのスターチは，一液型で使用される段ボール用，多重紙袋，壁紙，張紙用がその用途である．

応用分野

製　紙

カチオン，アニオン，両性のスターチ誘導体が製造され，そして製紙のウェットエンド工程で紙に対して5〜20％ポンドが利用される．スターチは，顔料と細かいパルプの粒子を凝集させ，なめらかさを保ち，排水をスムーズに行う．また内部強度（スコットボンド）および引裂き強度（ミューレン）を増大させる．パルプはわずかに負に荷電しているので，スターチはその中に残る．つまり，スターチの正電荷のためである．正電荷は，カチオンまたは両性のスターチはその中に存在しており，アニオン性のスターチの場合は明ばんと錯体を生成することで形成される．

特に改質されていないスターチも，パルプ1トン当りにつき20〜40ポンドが利用される．主に捕集することで再利用される．

スターチは，製紙機械のウェットエンド時で添加することが多いが，直接生成したシート上にコートすることもできる．スターチをファイバーにスプレーしたり，泡のように直接ぬれた織物の上に塗付したり，または薄いカーテンのように塗付したりできる．これらの方法にはそれぞれ利点があるが，カチオン性や両性のスターチがもつ凝集力が失われてしまう．

ペーパーコーティング

繊維をそれぞれくっつけるためにウェットエンドの工程でスターチを添加するが，さらにサイズプレス時，顔料と一緒に行うサイズプレス時，カレンダースタック時，あるいは別の工程で顔料入りのコーティング剤としてスターチが添加される．

以上のようなアプリケーションで，スターチは紙繊維同士，顔料同士，繊維と顔料を接着する働きをしている．サイズプレス時には紙は部分的に乾燥する．スターチ溶液の粘度は，サイズプレス時には比較的低くなければならない（50cP）．コーティング時，2〜12％の不揮発分では，粘度が高すぎる．その結果，粘度は常に下げる必要がある．これは，通常スターチの場合なら酵素や熱処理が行われ，また酸化スターチ，水酸化物，酸性処理されたもの，アセチル化スターチが用いられている．酸化スターチはアニオンで，もし再生されるとウェットエンドに顔料や微粒子を運んでくることがある．前もって低粘度に変えたカチオンスターチでは紙の物理特性や紙面強度を改良できる．

スターチは，カールの防止，紙面強度，表面のけば，クレイコート，印刷適性，耐油性のためカレンダースタック時に添加される．不揮発分は2〜24％とさまざまで，これは使用されるスターチの種類と紙に対する要求特性によるもので，低粘度のスターチ，ハイドロキシエチル化スターチ，酸化スターチはこの用途に使用されている．

サイズプレス時に利用されるスターチと同類のスターチは，顔料のバインダーに使用することができるが，このスターチの粘度は低くする必要がある．59％の不揮発分のコーティング用の配合では，0.2％のヘキサメタリン酸ナトリウム，10.1％の炭酸カルシウム，40.5％のクレイ，8.1％の低粘度スターチ，0.05％のパインオイルと0.21％と界面活性剤である．この用途には，軽く煮沸したカチオン系スターチも推薦されている．同じように利用されているスターチは，サイドプレス時に顔料と一緒にスターチを添加するときに使用されている．不揮発分は，通常30〜40％で，スターチと顔料の割合は1対1と高い．粘度は300cP以下である．

段ボール

ほとんどの段ボールは，スタインホールシステムを用いてつくられている．このスタインホールシステムとは，糊化されたスターチと糊化していないスターチからなる．フルートと呼ばれる平芯を波打たせたボール紙に塗付して加熱されたライナーが接着され，もう一方の面に糊が塗付され，ダブルバッカーライナーと呼ばれるライナーが接着される．この表面板が，接着剤で塗付されたフルートと接着すると，糊化されていないスターチがゲル化する．このとき，フルートとライナーの接触時は極度に粘度が上がる．加熱によって水分が蒸発し，そしてさらにフルート-ライナーの結合が進む．このように，段ボールははく離せずに断裁可能となる．配合には水酸化

8. スターチ

ナトリウムとホウ砂が含まれているが，これは生スターチのゲル化温度を低下させ，ゲル化した後フルート時の粘度を上げるためである．

典型的な配合としては，水13部，スターチ3.2部，0.8部の水に溶解した0.54部の苛性ソーダをタンクに入れ（第1タンクまたは上部タンクと呼ばれる）．上記で160°Fまで加熱し，15分間撹拌する．その後，冷水を16部投入する．こうしてスターチが糊化し，接着剤となるスターチができ上がる．別のタンク（第2タンクまたは下部タンクと呼ばれる）では，49部の水を0.54部のホウ砂と混合し，18部のスターチを入れて撹拌する．第1タンクで製造したものを徐々に第2タンクへ加え撹拌する．全工程を第2タンクだけで製造することもできるが，管理がさらに困難になる．

ノーキャリヤーまたはシングルコンポーネントシステムと呼ばれるものは，粉体を正しい割合で混合し，糊化するには注意深い管理が必要である．尿素-ホルムアルデヒドを加え，耐水性を増大する配合として20部のスターチ，77部の水，50%の苛性ソーダ0.8部を混合し，粘度が25スタインホール秒に達するまで101°F（38°C）で撹拌する．その後，0.04部の明ばん，0.4部のホウ酸，60%の尿素-ホルムアルデヒド樹脂3部を添加する．ノーキャリヤーシステムをつくる別の方法として，苛性ソーダを正量添加し，ホウ酸を加えて膨潤を抑え，注意しながら混合物の中に蒸気を吹き込み膨潤をコントロールする．または，水に分散する前に粒子を壊すため，10～40%の水分のスターチを粉にし，粒子を部分的に膨潤させる．ベースのスターチ（キャリヤースターチ）を製造する化学工学的な方法としては，12%のスターチと30%の苛性ソーダの混合物を遠心ポンプへ投入する．最終的にアルカリの量は14.4%で，粘度は76°F（24°C）で4200cPとなった．さまざまな糊化温度のスターチを利用する方法が文献14)で紹介されている．そこでは，350部のタピオカスターチと3000部のコーンスターチを9000部の水に分散させ，500部の20%の苛性ソーダを38°Cで混合し，その後，55部のホウ砂を加える．スタインホール粘度は52秒で，ゲル化は63°Cとなる．タピオカスターチはコーンスターチよりも早く膨潤し，基本的には二成分系を形成する．

高アミローススターチは，耐水性を改善し，段ボールの製造速度を早くする．ベースのスターチ（キャリヤースターチ）の配合としては，1192部の水，424部の高アミローススターチ，6部のホウ砂を混合し，135°F（54°C）にする．そして，撹拌しながら，36.6部の苛性ソーダと47.5部の水の混合物を添加する．スターチは，3480部の水，1600部のコーンスターチ，28部のホウ砂，91.2部の熱硬化性樹脂で混合し，そしてキャリヤーを生スターチへ入れて混合する[15]．

少なくとも高アミロースキャリヤースターチの場合は，キャリヤースターチが基本的に接着性に関与する[16]．生スターチは，糊化するとフルート上で分散した高アミローススターチの濃度を上げるため水分を吸収する．従来のメカニズムは，キャリヤースターチは単に接着性に関与する生スターチの分散剤であるにすぎず，また粒子から移行するアミロースは少なくとも初期タックをひきおこすという考え方であった．

高アミローススターチの利用に関する本が多く出版されている．高アミローススターチの安定性を上げるために無水酢酸や無水コハク酸でエステル化する[17]．また他の特許では，耐水性を改良するためアセトン-ホルムアルデヒドとともにジヒドロキシエチレン尿素の添加が述べられている[18]．

加熱不要の段ボール用接着剤の製造には高アミローススターチの使用が一般になっている．70%のアミロースを含むスターチの酸化物と加水分解の混合物を35%のスターチ溶液にし，140°Cで糊化し蒸気を使わずに段ボール用に用いている．A液という分解物をつくるため，高アミローススターチを4%の次亜塩素酸ナトリウムを用いて初期pH11にする．B液は，高アミローススターチを50°Cで12時間，35%の塩酸溶液を6%加え加水分解してつくった．AとBの両方をpH5に中和し，洗浄，沪過，乾燥した．その次にAを70%とBを30%混合し，35%のつくり，140°Cで処理する．Bの使用については，スピードを毎分90mから230mに改良することが要求されている[19]．ワックス，レギュラー，高アミローススターチのそれぞれの混合物を過硫酸ナトリウム，ホウ酸，苛性ソーダの混合物で分解させ，90°Cで処理する．分解されると冷却後固形分約33%の堅いスターチ接着剤ができ上がる[28]．この加熱しない段ボールの製造プロセスは，他の文献にも述べられている[26～28]．

段ボール用の配合改良について，他にも要求がある．その中には，キャリヤースターチの増大，尿素の添加，キャリヤーの中に架橋スターチの使用，カチオンスターチをキャリヤースターチとして使用するといったものが含まれている．

バッグ用接着剤

紙袋の製造には3種類の接着剤が使われている．サイドシーム用，底張り用，クロス用である．サイドシーム用接着剤は，1枚の紙を筒状に形づくるときに用いる．この接着剤は，次の工程でこの筒をカットできるように素早く強い接着力を出す必要がある．粘度は約3000cPであり，不揮発分は25%である．配合例として，水68%，デキストリン28%を160°F（93°C）まで加熱し，ホウ砂3%を添加，190°F（88°C）で加熱して防腐剤3%を添加する．耐水性をもたせるには，水1700ポンド，ホワイトデキストリン700ポンド，界面活性剤2ポンド，尿素-ホルムアルデヒド70ポンドを200°F（93°C）まで加熱し，260ガロンになるまで冷水で希釈し，塩化アンモニウム14ポンドを添加する．この配合では，すぐに使用すべきである．pHは約6を示す．

底張り用の接着剤は，上記のようにつくった紙のチュ

ーブを閉じるのに使用されている．この糊は，通常生スターチからつくられている．活性剤や塩類，またその組合せでチクソトロピックな性質(せん断下では流れるが，静置すれば流れない)にするために添加してもよい．耐水性のいる配合は，コーンスターチ13%，ポリビニルアルコール4.5%，ポリ酢酸ビニル1%，界面活性剤0.1%，水81%を90℃まで加熱し常温に戻す[10]．

クロス用は，多層袋の筒をつくる前に何層か重ね合わせるために用いられている．これはサイドシーム用と似ているが，浸透性があってはならない[10~11]．クレイやポリ酢酸ビニルが浸透防止用として添加されている．多層袋用のサイドシールの接着剤は，上記のものよりいくぶん粘性が高く，またより分子量の高いホワイトデキストリンが使われている．底張り用の接着剤は，通常流動スターチである[11]．ポテトスターチを紙袋用に利用する機械的な方法も述べられている[29]．

ラミネート用の接着剤

紙と紙，または紙とボール紙の接着やポスターディスプレイの作成，ボール紙同士の接着やロータリーラミネーションには機械的な要求が必要である．真っすぐ仕上がる，つまりカールしないことが，これらの接着剤の重要な特性である．強いタック力と低い浸透性も必要である．配合例として，水43%，高溶解性のホワイトデキストリン21%，コーンスターチ4%，硝酸ナトリウム32%を用い，200°F(93℃)まで加熱し20分間放置，そして防腐剤を添加する．別の配合としては，高溶解性のホワイトデキストリン20%，クレイ13.5%，尿素6.7%，ホウ砂5%，水55%である[10]．

ホイルのラミネーションには普通レジンが利用されているが，ここでも塗付適性のために少量のスターチがよく添加される．例えば，ポリビニルアルコール3，スターチ3，水49，過硫酸カリウム0.1を用い，5部のフタル酸ジブチルと39部の酢酸ビニルの混合物を70℃で滴下し25%の不揮発分に希釈する．次の配合で3~15%のスターチが粒子が粗くなるのを防ぐため使われている．配合は，アクリル酸と酢ビの対比が1対99の共重合物の不揮発分が45%のエマルジョン100とコーンスターチ4，ポリビニルアルコール5，フタル酸ジブチル15である．アルミニウムホイルは粗い粒子が形成されずに毎分300mで紙にコートされたが，一方スターチを入れていないとよく似た配合でも毎分90mで粗い粒子が形成される[31]．

紙　管

紙管は，らせん状または回旋状のいずれかである．スパイラルとは，筒のマンドレルに抱き込まれるときに接

表 8.4　包 装 用 接 着 剤[4]

用途，接着剤の種類	要求性能	使用可能な接着剤のベース	固形分 (%)	要求粘度 (cP) (Brookfield Spindle/RPM/°F)
[袋用接着剤]				
クロスペースティング	粘着タイプ，早いセット	スターチデキストリン鉱化充填剤	25~30	—
シーム接着剤	作業性良好	スターチ，ホウ砂系デキストリン	5~39	2800 (RV 4/20/80)
底張りペースト	重い，短い	生スターチまたは改質ホウ砂	15~30	—
[ラミネーティング]				
マウンティング	早いタッチ，オープンタイムがよい，たわまない	デキストリン低粘度スターチ	50	3800 (RV 4/20/75)
ロータリーラミネーティング	高タック	尿素，亜硫酸ナトリウムのホワイトデキストリン	55	4000 (VR 4/20/80)
ホイルラミネーティング	ホイルへの接着性	アルカリ性グルーレジン (PVAC)[a]	60	2700 (RV 4/20/75)
紙管	強靱，早い接着性	ホウ砂デキストリン	48	2500 (RV 4/20/80)
[段ボール箱用]				
接合接着	早いタック，オープンタイムがよい	PVAC[a]，ホットメルト PVOH[b]	60	2000 (RV 4/20/75)
組立パッド接着	たわまない	デキストリン，ホウ砂デキストリン	35~36	1000 (RV 3/20/75)
ケースシール用接着剤	早い，たわまない	カナリーデキストリン，ホウ砂，ホワイトデキストリンレジン	40~50	—
トレイ用接着剤	早いセッティング	PVAC[a] ホットメルト	59	800/1000 (RV/4/20/80)
[箱の組立]				
マシーンラミネーティング	早いセッティング，たわまない	にかわ，砂糖，カナリーデキストリン	70	
ハンドラミネーティング	見開き性	ホウ砂，ホワイトデキストリン	48	
端部ペースト	流動性，タック	ホウ砂デキストリン	50	400 (RV 3/20/80)
[ラベル用接着剤]				
ポーラス基材用接着剤	淡白色	ホウ砂デキストリン	30	350 (RV 4/70/80)
プラスチックコンテナー	接着性，高タック	PVAC[a] (高改質スターチ)	52	4000 (RV 4/20/80)
缶ラベリング	タック，接着性	改質スターチ	33	4000 (RV 6/20/72)
ガラスラベリング	高タック	ジェリーガムデキストリン	40~50	

a：PVAC＝ポリ酢酸ビニル
b：PVOH＝ポリビニルアルコール

着剤を外側に塗付し巻き取るものである．回旋状とは，マンドレルと同じ幅のシートで，シート自体がマンドレルに巻き込むものである．筒はプッシュアームとマンドレルから外す．回旋状用の接着剤は，通常低温で使用されるが，一方スパイラル用の接着剤は131°F (55°C) で使用される．スターチ製品の多くが利用されているが，不揮発分50%のホウ酸デキストリンが一般的で，**表8.4**で紹介している．

段ボール箱

段ボール箱の上下は，箱張り用の接着剤で接着する．エマルジョンとホットメルトがよく用いられるが，カートン用の接着剤が使用され，ときおり苛性ソーダを加えて利用されている．カートンのシールには，紙箱の上下のフラップの接着も含まれている．カートンの上下用の接着剤は，水51%，ホワイトデキストリン37%，防腐剤1%，ホウ砂6%，消泡剤0.06% で185°F (85°C) で20分間処理し，120°F (49°C) まで冷却し，水5部と50% の苛性ソーダを0.6部添加する．

ガムテープ

再湿性のテープには，シール用のテープや箱用の封函用がある．普通のシールテープの配合は，簡単に煮沸したワックス状スターチ44，尿素6，水50である[10]．さらに強いテープでは，簡単に煮沸したワックス状スターチ39.5，カナリーデキストリン17，ポリアクリルアミド2，分散剤0.4，水41.1 というふうにいわれている[10]．箱用のテープは，通常膠からつくられているが，ある特許では次のように配合したスターチアクリルアミドグラフトコポリマーが膠よりも優れていると述べられている．その配合は，水51%，硝酸ナトリウム7%，ワックス状コーンスターチ33%，硫酸銅0.03%，アクリルアミド10%を混合し，その後0.05%の過硫酸アンモニウムと0.03%の異性重亜硫酸ナトリウムを添加し，急激に200°F (93°C) まで加熱し，15分間放置する．酒石酸ナトリウムを添加し，pHを5.5まで調整する[32]．

酸化された酢酸スターチ180部，尿素20部，水200部がガムテープ用接着剤の配合として特許がとられている[33]．アクリルアミドとグラフトしたスターチの配合もまた述べられている．加水分解された低粘度のアクリルアミドスターチグラフトポリマー67部，カナリーデキストリン20部，膠10部，尿素10部，ワセリン0.25部，ヘキサメタリン酸ナトリウム0.1部を混合し，30分間185〜205°F (85〜96°C) で加熱する[34]．

ラベルと封筒用の接着剤

この用途に使用される接着剤は，表8.4で紹介されている．デキストリン，酵素-変性スターチ，または機械的に分解したスターチが適しており，タピオカ，ワックス状コーン，普通のコーンスターチからつくられるホワイトまたはカナリーデキストリンと一緒に最もよく利用されている．封筒の口糊は再湿性で，55〜65%の不揮発分で，粘度は2000〜10000cPの範囲である．接着剤の乾燥後，高湿度下でもブロッキングがあってはならない．これには非吸湿性の可塑剤が必要である．ポリエチレングリコールを使ったある配合では，高溶解性のワックス状コーンデキストリン63部，重亜硫酸ナトリウム1部，カーボワックス4000 (ユニオンカーバイド) 0.5部，水35.5部である．背張り用の接着剤の粘度は約1000cP，固形分は40〜45%である．

再湿性の接着剤をつくる別の方法に，粒子を溶剤に分散させた溶剤系接着剤がある．冷水に溶ける材料を溶剤に分散し，紙に塗付し乾燥させる．水と接触するとデキストリンは膨潤し，紙同士を接着することができる．使用されるデキストリンは，通常不揮発分40%で粘度は1000cPである．

紙箱

紙箱製品には次の工程がある．エンディング（形の形成），ストリッピング（箱の内外装），タイトラップ（外装のほとんどを糊で機械的に貼り合わせる），ルーズラッピング（外装の境目だけを接着する）である．10〜15%のホウ砂を含むホウ酸デキストリンで30〜50%の不揮発分が使用される．詳しくは表8.4に紹介されている．

織物

スターチは，織物分野で縦糸のサイジングに広く使用されている．それは，織り作業時の糸の強化のためである．一般的な配合は，コーンスターチ8.5%，柔軟剤（獣脂，ロート油）1.5%，ケロシン0.2%を190°F (88°C) で加熱し，2000psiで均一化する．酸化スターチは，最終工程や印刷工程時に用いられ，また低処理のスターチアセテートとポリビニルアルコールをブレンドしたリン酸スターチ，カチオンと両性のスターチも流動性のスターチと同じように最終工程と縦糸のサイジングに用いられている．

壁紙用接着剤

この用途には，良好なウェットタックと適当な滑り性が必要である．可塑剤がスリップ特性を付与し（壁紙をうまくフィットさせるために動かせる性能），ホウ砂はタックを付与し，クレイは後で壁紙を簡単にとれるようにする．配合は，酸であらかじめゲル化したスターチ25，クレイ20，尿素3.75，メタホウ酸ナトリウム1.25，水50である．他の高分子を添加した再湿性の配合では，カルボキシメチルセルロース25，ヒドロキシエチルセルロース8.5，アルギン酸ナトリウム0.5，アニオニックポリアクリルアミド0.3，尿素30，ポテトスターチ27，コロイダルシリカ1，ステアリン酸ナトリウム2.5，ナトリウム石けん3.5，フッ化ナトリウム0.5，4-クロロ-m-クレゾール1をドライブレンドする．この混合物を3部の水に分散し，紙の上にコーティングし，乾燥させる．もう一

つの配合として，スターチ 375，カルボキシメチルセルロース 400，尿素 200，ポリアクリルアミド 5，コロイダルシリカ 5，p-クロロ-m-クレゾール 10，フッ化ナトリウム 5 である．グラフト化されたスターチを含むエマルジョンも壁紙用接着剤として紹介されている．

その他の利用方法

糊化したスターチ 100，デキストリン 100 は，魚の餌を水中で安定させるために使用されている．スターチとポリアクリルアミドが 1 対 1 の割合の混合物は，高電圧用トランス用の接着剤をつくるときに使用されていた．製本用には，酢ビエマルジョン 100，可塑剤 20，スターチ 20 が使用されてきている．

政府規制：添付書類

アメリカ厚生省の FDA では，食べ物に接触する包装材料における潜在的に毒性がある材料に関しての規制がある．ほとんどの規制は，年 1 回発行されている連邦規制のコードのタイトル 21 に掲載されている（「接着剤」は 21 CFR 121.2520）．

[Leo Kruger and Norman Lacourse／森村正博 訳]

参 考 文 献

1. Patent Japan 59/24770, to Yayoi Kagaku Kogyo K.K. (1984). CA101(4):2532x.
2. Young, A. H., Fractionation of Starch, in R. L. Whistler, J. N. Bemiller, and E. F. Pashall, eds. "Starch: Chemistry and Technology," 2nd Ed., especially pp. 261-263, New York, Academic Press Inc., 1984.
3. Banks, W., Greenwood, C. T., and Muir, D. D., *Staerke*, **26**, 289 (1974).
4. Jarawenko, W., Starch Based Adhesives, in "Handbook of Adhesives," I. Skeist, ed., 2nd Ed., pp. 192-211, New York, Van Nostrand Reinhold Co., 1977.
5. Whistler, R. L., and Daniel, J. R., Molecular Structure of Starch, in Ref. 2, p. 164.
6. Kruger, L. H., and Murray, R., Starch Texture, in "Rheology and Texture in Food Quality," J. M. DeMan, P. W. Voisey, V. F. Rasper, and D. W. Stanley, Eds., pp. 427-444, Westport, Conn., AVI Publishing Co., 1976.
7. French, D., Organization of Starch Granules, in Ref. 2, p. 227.
8. Solarek, D. B., Cationic Starches, in "Modified Starches: Properties and Uses," pp. 114, 116, 120, 124, O. B. Wurzburg, ed., Boca Raton, Florida, CRC Press, Inc., 1986.
9. Wurzburg, O. B., Crosslinked Starches, p. 41; Jarawenko, W., Acetylated Starch and Miscellaneous Organic Esters, p. 55; Moser, K. B., Hydroxyethylated Starches, p. 79; Tuschhoff, J. V., Hydroxypropylated Starches, p. 89; Solarek, D. B., Phosphorylated Starches and Miscellaneous Inorganic Esters, p. 113; Trubiano, P. C., Succinate and Substituted Succinate Derivatives of Starch, p. 131; Fanta, G. F., and Doane, W. M., Grafted Starches, p. 149; Hofreiter, B. T., Miscellaneous Modifications, p. 179; all in Ref. 8.
10. Kennedy, H. M., and Fischer, A. C., Starch and Dextrins in Prepared Adhesives, in Ref. 2, pp. 593-610.
11. Williams, R. H., Corrugating and Adhesive Industries, in ref. 8, pp. 255, 256.
12. Mentzer, M. J., Starch in the Paper Industry, in Ref. 2, pp. 543-574.
13. Harvey, R. D., et al., Eur. Pat. Appl. EP 8241 to Grain Processing Corp., (1980), CA92(26):217034y.
14. Allen, L. A., U.S. Pat. 4359341, to Harper-Love Adhesives Corp. (1982), CA98(6):36434g.
15. Ray-Chaudhuri, D. K., Schoenberg, J. E., and Sickafoose, K. E., US Pat. 3,728,141 1973 to National Starch and Chemical Corp., from Ref. 4.
16. Sickafoose, K. E., A New View of the Functionality of Starch Based Corrugated Combining Adhesive, Lecture presented to the National Corrugated Case Association of Japan, November 4, 1974, from Ref. 4.
17. Chui, C. W., and Krieg, W. J., German disclosure DE 3134336 to National Starch and Chemical Corp. (1982), CA96(24):201564t.
18. Silano, M. A., and Featherston, R. D., European pat. appl. EP 66056 A1 To National Starch and Chemical Corp. (1982), CA98(10):74181e.
19. Patent Japan A2 (85/23466), to Oji Cornstarch Co. Ltd. (1985), CA103(4):24041k.
20. Patents Japan A2 (82/131274) (1982), CA98(6):36432e; A2 (82/121074) (1982), CA98(4):18406v; A2 (82/117576) (1982), CA98(4):18408x; A2 (82/115469) (1982), CA98(4):18407w; A2 (82/131273) (1982), CA98(4):18409y; (81/32570) (1981), CA(95):64125p; (81/34775) (1981), CA95(8):64126q; a11 to Hohnen Oil Co., Ltd.
21. Durinda, J., et al., Czech. pat. CS 221869 B (1985), CA104(10):70622u.
22. DiDominicis, A. J., UK Pat. Appl. GB 2026001, To CPC International Inc. (1980), CA93(4):28148y.
23. Japan Pat. JP (80/139474) to Hohnen Oil Co., Ltd. (1980), CA94(16):123496q.
24. Japan Pat. JP (80/89369) to Hohnen Oil Co., Ltd. (1980), CA93(22):206476p.
25. Mochizuki, K., and Yamazaki, T., Japan Pat. JP (87/209180), to Japan Maize Products Co., Ltd. (1987), CA107(22):200802c.
26. Mentzer, J. M., Ref. 12, p. 570.
27. Touzinsky, G. F., and Sprague, C. H., "Fundamentals of the Cold Corrugating Process: Adhesives and Bonding," *Annual Meeting—TAPPI*, 427-432 (1982).
28. Touzinsky, G. F., Sprague, C. H., and Kloth, G. R., "Fundamentals of the Cold Corrugating Process: Adhesives and Bonding," *TAPPI J.*, **65**(10), 86-88 (1982).
29. Kamminga, J., VanderWerff, H. G. A., Eur. Pat. Appl. EP 96935 A1, to Avebe B. A. (1983), CA100(16):123122g.
30. Japan Pat. JP A2(82/165472), to Daicel Chemical In-

dustries, Ltd. (1982), CA98(16)127354x.
31. Japan Pat. A2 (84/142269), to Hoechst Gosei Co. Ltd. (1984), CA101(24):212374d.
32. Kaspar, M. L., and Lowey, J. F., US Patent 4322472 to Alco Standard Corp., (1982), CA96(24)201015q.
33. Bovier, E. M., and Carter, J. A., US Patent 4231803 to Anheuser-Busch, Inc. (1980), CA94(4):17392t.
34. Bomball, W. A., and Swift, T. S., US Patent 4192783, to A. E. Staley Mfg. Co. (1980), CA93(2)9281v.
35. Rutenberg, M. W., and Solarek, D. S., Starch Derivatives, in Ref. 2, pp. 323, 339, 353, 363.
36. Rohwer, R. G., and Klem, R. E., Acid Modified Starch: Production and Uses, in Ref. 2, pp. 537, 538.
37. Gruenberger, E., and Mueller, R. German Patent DE 3018764 to Henkel K. (1981), CA96(8):53459v.
38. Gruenberger, E., and Mueller, R. German Patent DE 3112180 to Henkel K. (1982), CA98(4):17789k.
39. Japan Patent, A2 (87/53366) to National Starch and Chemical Corp. (1987), CA107(12):98532a.
40. Japan Patent JP A2 (85/12939) to Kanegafuchi Chemical Industry Co. Ltd. (1985), CA103(5):36448m.
41. Japan Patent JP A2 (82/202362), to Hohnen Oil Co. Ltd., (1982), CA98(24)200152m.
42. Japan Patent JP A2 (82/198771), to Saiden Chemical Industry Co., Ltd. (1982), CA98(24):200146n.

9. 天然ゴム接着剤

ここでは合成高分子の出現以前より接着剤原料として使われ、現在でも重要な位置を占めている天然ゴム接着剤について技術の変遷も含めて紹介する。この章で紹介する配合例の多くはすでに初版でとり上げられたものであり、一部改訂されたものもある。第2版および本版の改正点は次の通りである。①新たにメチルメタクリレートグラフト天然ゴムを加えた。②通常の天然ゴムをはじめ、化学的に安定化した製品や化学的に解重合した製品にも改訂版等級標準を適応した。再生ゴムは接着剤の先進諸国において、成分が不均一であるなどの理由によりすたれつつあるが、自給自足経済を強いられている国々では依然としてある程度使用されている。

原材料

天然ゴムラテックス

ラテックスとは、Hevea brasiliensis の樹液より採集される不揮発分約35%の乳液である。ラテックスを採集後、バクテリアの攻撃や凝固を防ぐためアンモニアで処理する。各ゴム樹より採集したフィールドラテックスを採集タンクに集め、次にラテックスの使用目的に応じて処理する。ラテックスとして供給する場合、フィールドラテックスを濃縮し濃縮ラテックスにする。一方、乾燥ゴムとして供給する場合、凝固→シートあるいはクラム→乾燥工程を経てベール状で出荷される。等級付けは、天然ゴムラテックスの濃縮方法、ならびに使用する防腐剤のタイプによる。濃縮法には、蒸発法、クリーミング法、遠心分離法、および特殊グレード用としてこれらの濃縮法を組み合わせた方法がある。

蒸発法とは、安定剤として水酸化カリウムや石けんを加え、減圧下、フィールドラテックスを加熱して濃縮する方法である。この方法による濃縮ラテックスの不揮発分濃度は約73%である。また、アンモニアを安定剤として濃縮した蒸発ラテックスの不揮発分濃度は62%とやや低い。濃縮中に残存する蛋白質や非ゴム成分はコロイド安定性に重要な役割を演じる。蒸発ラテックスは、他の濃縮ラテックスと比べ経時安定性に優れている反面、変色しやすく吸水性も大きい。経時安定性に優れる蒸発ラテックスは高充填剤配合の用途で使われる。

フィールドラテックスに脂肪酸石けん、およびアルギン酸塩のようなクリーミング剤を加え、大きなタンクに放置しておくと、漿液は下層へ、ゴム分を濃縮した層は上層へ分離する。この上層のクリームを集めてクリームラテックスをつくる方法をクリーミング法と呼ぶ。この方法では、不揮発分濃度 66〜67% まで濃縮できる。通常、安定剤として 0.7〜0.76% のアンモニアを使用するが、低アンモニアラテックスを製造するには、アンモニア以外の安定剤を使用する。

遠心分離ラテックスは、全ラテックス生産量の約95%を占める最も重要な濃縮ラテックスである。遠心分離法あるいはクリーミング法を用いると、相当量の水溶性非ゴム成分をゴム相より分離除去することができる。特別な記載事項がない限り、天然ゴムラテックス配合には遠心分離ラテックスを使用した方が無難である。

遠心分離ラテックスを希釈し、再び遠心分離法で濃縮したラテックスを二重遠心分離ラテックスと呼ぶ。遠心分離を二度行うと、非ゴム含有量(TSC-DRC：全不揮発分濃度-乾燥ゴム量)は著しく低下するため、二重遠心分離ラテックスは医療用分野に向いている。

フィールドラテックスをクリーミング法で不揮発分濃度50%まで濃縮し、次に遠心分離法で不揮発分濃度を67%としたラテックスをサブステージ遠心分離ラテックスと呼ぶ。

貯蔵時の硬化を防ぐため、ヒドロキシアミンで処理したラテックスをCVラテックスと呼ぶ。

安定化

ラテックスを安定化させるには、いろいろな方法があ

表 9.1 安定剤

ラテックスタイプ	安定剤
蒸発ラテックス	アンモニア, アルカリ
遠心分離ラテックス	
HA	0.7% アンモニア
LA-BA	0.2% アンモニア + 0.2% ホウ酸
LA-TZ	0.2% アンモニア + 0.05% TMTD + 0.05% ZnO

る（**表9.1**参照）．蒸発ラテックスにはアンモニアあるいは水酸化カリウムが，また，遠心分離ラテックスにはアンモニアが通常安定化剤として使われている．アンモニアだけで安定化された遠心分離ラテックスをHAラテックスと呼び，またアンモニアと他の安定化剤との併用系により安定化させた遠心分離ラテックスをLAラテックスと呼ぶ．LAラテックスは併用する安定化剤のタイプにより細分化されているが，実用上，最も重要なグレードはLA-TZラテックスである．天然ゴムラテックスはISOで規格化されている．クリーミングラテックスおよび遠心分離ラテックスはISO 2004：1979で，また蒸発ラテックスはISO 2027：1978でそれぞれ規格化されている．

乾燥ゴム（生ゴム）

国際規格では，目視外観検査のみにより天然ゴムを次の8品種に分類している．

（1）リブドスモークドシート
（2）ペールクレープ
（3）農園産ブラウンクレープ
（4）コンポクレープ
（5）薄手ブラウンクレープ（レミル）
（6）厚手ブラウンクレープ
（7）フラットバーククレープ
（8）純スモークドブランケットクレープ

各種等級品の定義はいわゆる『グリーンブック』に記載されているし，別の文献にも要約されている．これら8品種のうち，リブドスモークドシートとペールクレープのみはフィードラテックスを原料とし，十分時間をかけて凝固/乾燥させ製品化している．純スモークドブランケットクレープとは，スモークドシートを再処理した天然ゴムである．その他の5品種のゴムは，上級ゴム製造時にできる各種屑ゴムを原料とする．これら8品種のうち，溶剤型接着剤用途で通常使用するのはリブドスモークドシート（RSSI）とペールクレープの2品種である．

技術的な規格による天然ゴム格付けシステムが1965年にSMR（Standard Malaysian Rubber）という標識のもとで導入された．SMRは$33^{1}/_{3}$kgに圧搾されたクラム状のゴムで，ポリエチレンで包装されている．SMRの梱包上には原産国，重量，品種，等級を表示し，さら

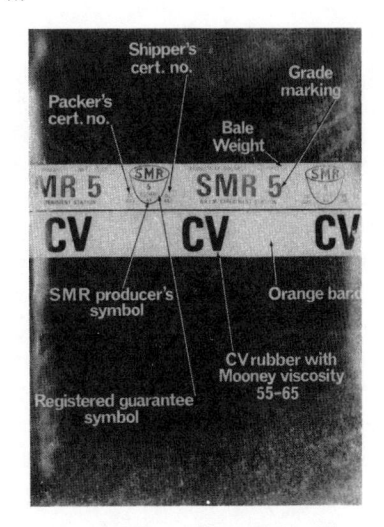

図9.1 標準的なマレーシアのゴム梱包

に粘度安定化ゴムの場合，粘度を記入することになっている．SMRの梱包見本を**図9.1**に示す．SMRの各種等級品の規格は，1979年に改訂された．SMRと同様のシステムが他のゴム生産国でも導入されている．SMRグレード天然ゴムの主要規格値を**表9.2**に示す．これら天然ゴムのうち，CVおよびLグレードは，すべてフィールドラテックスを原料としたラテックスグレードである．SMR 5はRSSのようなシート状ゴムを加工してブロック状にした天然ゴムである．低級グレードであるSMR 10，SMR 20およびSMR 50をつくるには，フィールドゴムを原料とする．数字はゴム含有量の限界許容値を示している．一般用粘度安定化グレードであるSMR GPは，ラテックスグレードゴム，シート状ゴムおよびフィールド凝固ゴムの混合物を原料とする．

生ゴムの酸化しやすさを判断する方法として，可塑度残留率試験（PRI）がある．酸化は銅のような金属の存在下で促進する．すなわち，PRI試験により間接的に酸化促進作用を示す物質の有無を判定できる．

天然ゴムのユーザーは，天然ゴムを貯蔵中，粘度やゲル分が増大することをよく知っている．この現象を貯蔵硬化と呼び，ラテックスグレードの場合顕著である．硬化現象は，ゴム分子鎖中に存在するアルデヒド基による架橋と関係がありそうである．この場合，一官能性反応

表9.2 SMRグレード天然ゴム規格

	SMR CV, 粘度安定化グレード	SMRL, ラテックス	SMR 5, シート状ゴムを加工したグレード	SMR GP, 各種SMRの混合物からなる粘度安定化グレード	SMR 10	SMR 20 フィールドゴムを原料としたグレード
44μmのふるいに残るごみ（最高限度，wt %）	0.03	0.03	0.05	0.10	0.10	0.20
灰分（最高限度，wt %）	0.50	0.50	0.60	0.75	0.75	1.00
窒素含有量（最高限度，wt %）	0.60	0.60	0.60	0.60	0.60	0.60
揮発性物質（最高限度，wt %）	0.80	0.80	0.80	0.80	0.80	0.80
ウォーレス可塑度，初期最低限度（P_0）	—	30	30	—	30	30
PRI（最低限度，wt %）	60	60	60	50	50	40

物質を少量添加すると，アルデヒド基が不活性になり，硬化を防ぐことができる．CV ゴムとは，凝固前にラテックスに対し，約 0.15% のヒドロキシアミン塩を加えて安定化させたグレードである．SMR 規格付け改訂版によると，粘度安定化グレードは 3 グレードに集約され，それに少量の鉱物油を加え粘度を下げた LV グレードを加えると，合計 4 グレードになる．

溶剤型接着剤で天然ゴムを使用する場合，天然ゴムのゲル含有量や粘度をある程度低下させるため素練りを行い，その後，適当な溶剤に溶かす．ゲル含有量のたいへん低い粘度安定化ゴムの場合，素練りをしなくてもよいが，他の理由により，通常溶解前に素練りをする．天然ゴムをシート状にした後溶剤に溶かすと，天然ゴムと溶剤との接触面積が大きくなり，天然ゴムは速く膨潤する．天然ゴムを機械的に粉砕し粒状化したゴムの溶解速度は大きい．

表 9.3 天然ゴム粒径と溶解速度

直径で表示された粒径(mm)		0.8% ゴム濃度に達するまでの時間(hr)
平均	範囲	
6.8	5.6〜8.0	18
4.8	4.0〜5.6	11
2.4	2.0〜2.8	6
1.2	1.0〜1.4	4
0.9	0.7〜1.0	2.5

a : 1% トルエン溶液

SMR 5 ベール状ゴムを粉砕し，ふるいで粒径により分別した各分別ゴムの平均粒径と溶解速度の関係を表 9.3 に示す．それによると平均粒径 1mm のゴムは，平均粒径 7mm のゴムと比べると 5〜10 倍も速く溶解する．スプレー乾燥ラテックスを粉状にしたゴムが上市されたが，商業ベースで製造するには高度な技術を必要とする．通常，ステアリン酸カルシウムのようなアンチブロッキング剤を少量ブロッキング防止のため添加するが，接着剤配合では無視してもよい．CV ラバーの利点は，溶解速度が大きいことである．しかし，同じムーニー粘度を示す未素練り CV ラバーと普通の天然ゴムを素練りしたゴム

表 9.4 溶液粘度（ブルックフィールド LVT）10^5 cP のゴム溶液をつくるために必要な天然ゴム濃度

ゴムのタイプ	ムーニー粘度	ゴム濃度(%)
素練り SMR L	45	17.5
素練り SMR L	70	11.5
未素練り SMR L	95	7
未素練り SMR CV	60	9

とを比べると，未素練り CV ラバーの溶液粘度は素練りゴムのそれより高い（表 9.4 参照）．ゴムのムーニー粘度とゴム溶液粘度の関係は，素練り温度に依存する．一般的に，低温で素練りをするほどゴムの溶液粘度は高くなる（図 9.2）．

MMA グラフト天然ゴム（ヘベアプラス MG）

天然ゴムをベースにメチルメタクリレートをグラフトしたグラフトコポリマー（ヘベアプラス MG）はかなり以前より利用されてきた．接着剤分野へすでに紹介されている合成系ブロックコポリマーと異なり，ヘベアプラス MG は天然ゴムを主鎖とし，ポリメチルメタクリレートを側鎖とした櫛状ポリマーである．

ヘベアプラス MG には，MG 30 と MG 49 の 2 種類があり，30 または 49 という数字はグラフトしているメチルメタクリレートのパーセントをあらわす．ヘベアプラス MG は，ラテックスおよび固形ゴムとしてマレーシアより供給されている．また，ゴム消費国の一部のゴム製造会社でも MMA グラフト天然ゴムを製造している．メチルメタクリレートグラフト天然ゴムには，メチルメタクリレートホモポリマーも若干存在するが，少なくとも 50% 以上のメチルメタクリレートは天然ゴムにグラフト化している．ラテックスの場合，全不揮発分濃度が 50% であり，接着剤工場でも容易にヘベアプラス MG を製造することができる．表 9.5 にラテックス型ヘベアプラス MG 49 の製造処方を示す．

表 9.5 ヘベアプラス MG 49 の製造法

	ウェット部数
天然ゴムラテックス（高アンモニア，ゴム分 60%）	1000
アンモニア溶液（2 wt %）	735
メチルメタクリレートモノマー（安定剤，ヒドロキノン 0.02% 以下）	610
t-ブチルハイドロパーオキサイド（最低 65% 活性）	2.0
オレイン酸	3.0
テトラエチレンペンタアミン水溶液（10 wt %）	8.5

後で例示するように，ラテックス型ヘベアプラスに必要な添加剤を加えると接着剤となる．固形ヘベアプラス MG を溶剤に溶かす前にある程度分子鎖を切断し，またゲル分を低下させるため 2 本ロールで素練りする．この場合，素練りし過ぎるとグラフトが壊れ，メチルメタクリレートホモポリマー含有量が増大するので，素練り回数には十分注意する．ヘベアプラス MG 用推奨溶剤はトルエン-MEK（1 : 1）の混合溶剤である．ゴム溶液を塗付乾燥した後の塗膜硬度は，天然ゴムに適した無極性溶

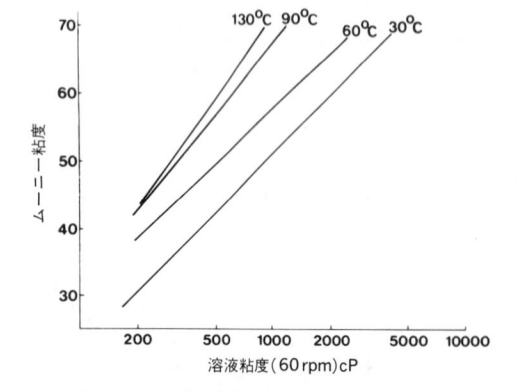

図 9.2 天然ゴム素練り温度の溶液粘度への影響
（SMR 5 グレード，トルエン 7% 溶液）

9. 天然ゴム接着剤

剤とメチルメタクリレートに適した極性溶剤の混合比による．溶液法でヘベアプラスMGを製造する場合，原料ゴムとしてはSMR，または素練りペールクレープが使われる．実験室でのヘベアプラスMG製法については，本書の第2版に記載されている．

解重合ゴム

解重合ゴムは，長年アメリカやイギリスで利用されてきた．解重合ゴムは高温（250°C）空気中でペプタイザーを加え，天然ゴムを過度に素練りすると得られる液状ゴムである．素練り時間により粘度の違う各種グレードがある．解重合ゴムはほとんど有機溶剤に可溶であるが，アルコールやケトンには不溶，またほとんどの乾性油やエステル系可塑剤と相溶する．ごく最近，フランス人がラテックスを化学的に処理して液状天然ゴムを製造する方法を開発した．この特殊な液状天然ゴム製造法にはいくつかの欠点もあるが，象牙海岸にこのプロセス技術を確立するためのパイロットプラントをつくった．液状天然ゴムを通常の天然ゴムに添加すると，グリーンタックが増大するので，タイヤは液状天然ゴムの潜在的用途の一つといえる．

実験によると，化学的に解重合したラテックスは粘着付与剤を添加しなくても高はく離接着力を示し，また天然ゴムの低いガラス転移温度を維持しているので，低温特性も優れている．普通のラテックスと粘着付与剤の混合物はポリエチレンへの接着性が良い．

合成ポリイソプレン

本質的には，後で列挙した接着剤配合で使われている天然ゴムの代わりに合成ポリイソプレンを使用することができる．しかし，分子量，ゲル含有量，トランス異性体の含有量などが，天然ゴムと合成ポリイソプレンでは異なり，さらに天然ゴムに含まれているいろいろな天然の不純物を合成ポリイソプレンは含まない．

合成ポリイソプレンはゲルを含まないので，予備素練りをしなくても溶剤に十分溶解するという長所もあるが，天然ゴムと比べ，タックやグリーン強度が低いという欠点もある．したがって，未架橋ゴム接着剤では接着性能的には劣るが，接着剤の製造が容易であり，また貯蔵中のゲル発生の心配もいらない．

天然ゴムに含まれているラウリル酸が合成ポリイソプレンには含まれていないので，架橋系接着剤の場合，若干の配合変更が必要となる．具体的には，合成ポリイソプレン配合では少量のステアリン酸を添加する．合成ポリイソプレンは窒素化合物を含まない．したがって，硫黄や加硫促進剤添加量が同一の場合，天然ゴムと比べると若干軟らかい配合物ができる．すなわち，同じ加硫系では天然ゴムと比べ，合成ポリイソプレンは加硫がやや遅い．もし加硫前に接着面にストレスがかかりはく離の危険性があるときは，粘着付与剤を添加するとグリーンタックが向上し効果的である．架橋系接着剤配合で天然ゴムの代わりに合成ポリイソプレンを使うと，なぜ同じ性能がでないのかまだ十分解明されていない．

日本の(株)クラレは，イソプレンモノマーより重合した液状合成ポリイソプレンを上市している．粘度の違う各グレードおよび化学的に変性したグレードもある．液状合成ポリイソプレンは純度が高いので，外科用接着剤分野で特に使われている．

ラテックス接着剤配合

接着剤配合を支配する一般的要因については，他の文献で述べられている．ここでは読者が熱力学的ぬれや拡散などの基本的な現象とともに，タックおよびタック性について理解していると仮定して天然ゴム接着剤について述べる．

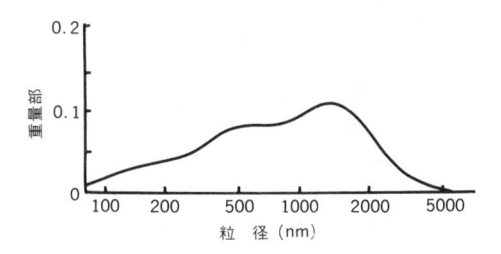

図9.3 天然ゴムラテックスの粒径分布（Malvern 4600プロトンスペクトロメーターで測定）

天然ゴムラテックスは，0.01 μm から 5 μm までのかなり広い粒径分布をもつ多分散系物質である（図9.3参照）．合成ゴムラテックスは，天然ゴムラテックスと比べ粒径分布は狭い．天然ゴムラテックスの数平均粒子径は0.5 μm 以下であるが，質量平均粒子径は 0.6 μm 以上である．天然ゴムラテックスは多分散系であるため，ゴム含有量と粘度で良好な相関性がある．同じゴム含有量で合成ゴムラテックスと比較すると，天然ゴムラテックスの粘度は低い．

他の高分子同様，天然ゴムは分子量が均一でなく，各天然ゴムラテックスはそれぞれ分子量分布をもつ（図9.4参照）．通常，天然ゴムラテックスの平均分子量は約100

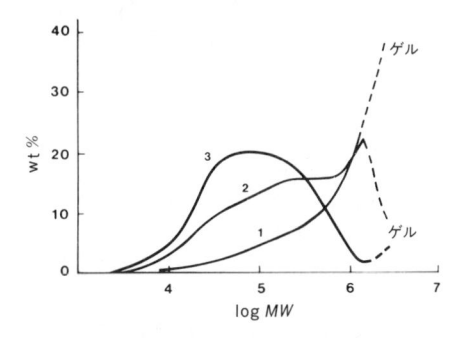

図9.4 天然ゴムラテックスの分子量分布
(1) HAラテックス，(2) CVラテックス，(3) 解重合ラテックス

万．しかし，分子量分布はゲルや溶剤に不溶なゴム分の存在で複雑に変化する．

採取後2週間経た新鮮アンモニアラテックスのゲル含有量は，通常約2%と低い．しかし，消費者がラテックスを手にする2カ月後，4カ月後のゲル含有量はそれぞれ約30%および約40～50%と上昇する．市販天然ゴムラテックスの典型的な分子量分布を図9.4に示す．ゲルの発生が抑制されているCVラテックスのゲル含有量は5～10%と低く，また平均分子量は重量平均で600 000．

天然ゴムラテックスの主な性質は次の通りである．

（1）高いゲル含有量
（2）高分子量
（3）高凝集力
（4）低い固有タック
（5）高自着性
（6）低い石けん含有量
（7）低い非ゴム含有量
（8）高いゴム含有量

上記性質の重要性の順位は用途により異なる．用途によっては上記性質に決定的に支配されることもある．

ラテックス系接着剤は，便宜上ウェットボンディングとドライボンディングに分けられる．ウェットボンディング接着剤とは，流動状態で接着剤を被着材表面に塗付し，乾燥後結合が形成されるタイプの接着剤である．これらの接着剤の重要な性質には，結合過程での物理的性質がある．すなわち，弾性率などのバルク特性が重要で，例えば充填剤を添加すると接着剤は硬くなる．通常，充填剤を添加すると配合コストは低減する．本質的には，接着剤の水分が蒸発した後結合形成がおこる．被着材の一方が紙，皮革，コンクリート，繊維などの多孔質の場合，ウェットタイプラテックスが適している．このタイプの典型的応用例としては，タフトカーペット用アンカーコート，セラミック用接着剤，さらには後述のクイックグラブ接着剤がある．

ドライボンディング接着剤は，水を蒸発分離後被着材と接触し，結合が形成されるタイプである．このタイプの接着剤は，被着材と十分接触するのに圧着を必要とするため，感圧接着剤あるいは粘着剤と呼ばれる．最も簡単な例としては，天然ゴムラテックスを双方の被着材に塗付し，乾燥後粘着フィルム同士を接合させる．他の例としては，各種被着材表面に付着する，通常粘着剤と呼ばれる製品がある．

天然ゴムラテックスの皮膜同士を容易に接合する性質を利用して，部分的に乾燥した天然ゴムラテックスの皮膜同士を接合させる場合もある．この場合，少量の粘着付与剤を添加すると乾燥が速くなる．

大部分の天然ゴムラテックス系接着剤には，粘度を増大させるため増粘剤が必要である．特に増粘剤が必要な接着剤として，間隙充填用接着剤，多孔質被着材用接着剤，溝の深い場所で使用される接着剤などがある．カラヤゴムやカゼインなどの天然物質が増粘剤として使われることもある．これらの天然物質は，安定剤としても使われる．しかし現在では，メチルセルロースおよびその誘導体やポリアクリル酸塩などの合成高分子が増粘剤として使われている．

クイックグラブ接着剤

クイックグラブ接着剤は，靴工業において靴の内底およびラベルの接着剤として使用されている．接着剤をウェットの状態で塗付し，位置決めのための適当な時間を経て指圧で数秒間圧着し固定する．被着材表面が適当に多孔質であるため，この用途にはゴム含有量の高い（約65%）天然ゴムラテックスを使用する．水分が被着材へ移行すると，指でこすっても反応しやすく，コロイドは不安定になる．水相の粘度を調整するため，増粘剤あるいは水を添加する．

この段階では皮膜は依然としてウェットであるが，ゲルの形成により靴の内底を固定することができ，乾燥すると十分結合する．少量でも石けんを加えると，ラテックスが必要以上に安定しクイックグラブ性は損なわれる．この用途には，ハイソリッド遠心分離ラテックスが最も適している．クリームラテックスの場合，ハイソリッドタイプでも残存クリーミング剤のため，ハイソリッド遠心分離ラテックスとは異なった挙動を示す．

ノルマルラテックスにトルエンのような膨張溶剤を3～5部加えると，非水性物質の体積分率が増大し，結果としてハイソリッドラテックスと同じ挙動を示す．蛋白分解酵素，あるいは蛋白分解酵素に少量の石けんを添加しても，ラテックスの安定化は低下する．

自着性封筒

天然ゴムラテックスを塗付し乾燥させると，可溶非ゴム成分が皮膜表面へ移行し，乾燥後表面に残る．この非ゴム成分の影響で，天然ゴムラテックスの乾燥皮膜の表面タックは低下する傾向にある．すなわち，天然ゴムラテックスの乾燥皮膜を被着材表面へ圧着接合するとき，粘着性が乏しい．一方，天然ゴムラテックスの乾燥皮膜同士を圧着接合させると，表面に残っている非ゴム成分が取り除かれるため，皮膜表面では結合形成がおこる．したがって，天然ゴムラテックスの乾燥皮膜は自着性に富んでいる．この良好な自着性を応用した製品が自着性封筒である．天然ゴムは凝集力が高いので，天然ゴム系接着剤を用いると，封筒の一部を破損させることなく開封することは困難となり，機密保護の点で都合がよい．それゆえ，天然ゴムラテックスは自着性封筒に適している．

後で紹介する配合Ⅰは，自着性封筒用接着剤の配合例である．封筒を開封した後，バクテリアの攻撃を防ぐため，殺菌剤や防かび剤を添加する必要がある．配合Ⅰのジエチルジチオカルバミン酸亜鉛は，これらの二つの機能を備えている．天然ゴムラテックスのバッチによっては，自着性が十分でない場合もあるが，天然ゴムラテッ

9. 天然ゴム接着剤

クスに高分子可塑剤を少量添加すると自着性は増大する．液状ポリブテンの50%エマルジョンを10部まで添加すると，自着性を改良することができる．封筒を開封するときに，封筒が破れるほど強力な接着力を必要とする場合は，ポリ酢酸ビニルエマルジョンを10部天然ゴムラテックスへ加えると，自着性を損なうことなく接着力は増大する．

ラテックス系粘着剤

天然ゴムは自着性に優れているが，接着用語として使われている，いわゆる固有のタックは低い．しかし，粘着付与剤を加えると，粘着剤として必要な水準のタックを得ることができる．この技術は，固形ゴム系溶剤型粘着剤で確立されている．固形ゴムの場合，素練りによりゲル分を低下させ，分子量を溶解しやすい水準まで低下させることができるが，天然ゴムラテックスの場合素練りはできないので，改質剤を分散系で添加して物性を調整する．素練りの有無は粘着剤性能へ影響を及ぼす．

一般的に同一配合で比べると，ラテックス粘着剤の方が固形ゴム粘着剤より凝集力が高いが，タックは低いので，固型ゴム粘着剤と同程度の結合力を得るには，結合過程において圧着力を大きくするか，接触時間を長くする必要がある．ラテックスの場合分子量が大きく，またゲル含有率も高いので，粘着剤の弾性が大きくなったためである．したがって，クリープコンプライアンスが小さく，これが被着材表面との接触を阻害する．固形ゴム粘着剤と同様の性能を有するラテックス粘着剤をつくるには，軟らかい粘着付与剤を使用するか，あるいは粘着付与剤配合量を増やす必要がある．ゲル含有量や分子量の小さいCVラテックスゴムは，低圧着力でも良好なタックを示す．CVラテックスとHAラテックスのプローブタック，およびクイックスティックでの比較を**表9.6**に示す．

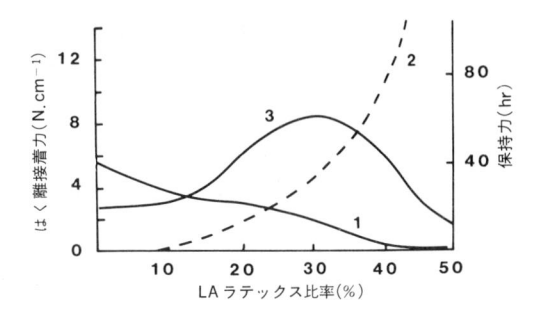

図 9.5 天然ゴムラテックスと解重合ラテックスのブレンド
(1) $M_w = 160000$ のときのガラスに対する180°はく離接着力
(2) $M_w = 160000$ のときの保持力，PSTC 7，500 g荷重
(3) $M_w = 80000$ のときの180°はく離接着力

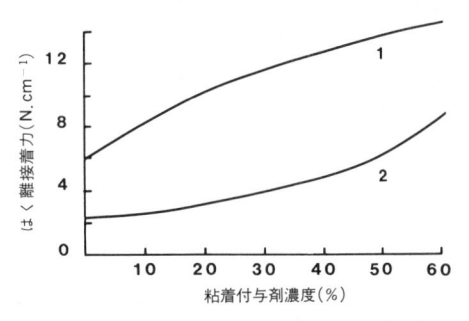

図 9.6 解重合ラテックス（$M_w = 160000$）と脂肪族系炭化水素樹脂のブレンド
(1) ガラスに対する180°はく離接着強さ
(2) ポリエチレンに対する180°はく離接着強さ

表 9.6 ゴム可塑度のタックへの影響

	HAラテックス	CVラテックス
ウォーレス可塑度	95	50
プローブタック (N)	5.4	7.3
クイックスティック (N/cm)	2.9	4.3
90°はく離接着力 (N/cm)	5.4	5.2

酸化的解重合プロセスで変性した分子量の異なるサンプルの分子量分布を図9.4に示す．これらの解重合ラテックスは固有のタックを示すため，粘着付与剤を必要としない（**図9.5参照**）．解重合ラテックスに普通のラテックスを混合すると，凝集力が向上し（図9.5参照），また粘着付与剤を添加するとタックおよびはく離接着力が向上する（**図9.6参照**）．

天然ゴムラテックス粘・接着剤用途で使われる粘着付与剤は水分散型である．ラテックス用粘着付与剤は，固形ゴム用粘着付与剤ほど多くないが，いくつか上市されている．粘着付与剤エマルジョンの粒径はできるだけ小さい方が望ましい（望ましくは1 μm以下）．小さな粒径の粘着付与剤エマルジョンをつくるには，専門技術が必要である．大きな粒径の粘着付与剤エマルジョンを用いるとタックが低下し，またゴム/粘着付与剤が平衡状態に達するのに相当時間がかかり不都合を生じる．最も一般的な天然ゴム用粘着付与剤はロジンエステルである．要求粘着性能により，合成炭化水素樹脂をブレンドして使う場合もある．一般的に安定な分散状態を維持するため界面活性剤を加えるが，界面活性剤が粘着剤表面へ移行し，タック低下の原因となることがあるので，十分注意する必要がある．この件に関しては他の文献ですでにとり上げられている．

タイル用接着剤

セラミックタイル用接着剤のほとんどがポリ酢酸ビニルエマルジョンであるが，天然ゴムラテックスは湿気の多い場所などで依然として使われている．配合IIおよび配合IIIは，セラミックタイル用天然ゴムラテックス系接着剤配合例である．タイル用接着剤は他の接着剤より強靱性が要求される．クレイを充填剤として配合すると強靱性が大きくなり，間隙充填性が高く，さらに配合コストも低減できる．クレイを250部まで増やすと配合コストはさらに低下するが，同時に性能も低下する．粘着付与剤を添加すると結合力や耐水性が向上する．

高充填剤配合ラテックス接着剤では安定剤の選択が重要である．セルロース増粘剤を加えると，コンクリートや他の多孔質物質への水の吸収を遅らせるため，接着剤の展開を促進させる．ジエチルジチオカルバミン酸亜鉛は，酸化防止と殺菌の二つの機能をもつ有効な安定剤であるが，必要に応じて他の殺菌剤を加えることもある．

配合手順は次の通りである．
○粘着付与剤とオレイン酸を溶剤に溶かし冷却する．
○アルカリとカゼイン溶液を加える．
○クレイ懸濁液，ラテックスおよび他の配合剤を加える．

クレイは最初 W/S 分散系を形成し，ラテックスおよび懸濁液を加える過程で反転し，S/W 分散系となる．増粘剤は粘度調整のために使われる．粘着付与剤や充填剤を安定化したラテックスに加える従来の方法では，結合力が低く，また展開性も悪い．ここで紹介した配合 II を用いて，タイルとコンクリートを 50×50 mm ラップジョイントした試験片を水中に 7 日間放置後，せん断力を測定すると 440 N であった．同様の試験を市販 PVA 接着剤を用いて行うと，タイルが水中ではく離，落下した．配合 III は低価格無溶剤型配合例である．ここでは液状クマロン粘着付与剤を撹拌しながら，直接クレイ懸濁液へ分散させている．同じタイプであるが，ビニルタイルをコンクリートに固定するときに使う，ウェットボンディング型接着剤配合例を配合 IV に示す．この配合では接着剤を軟らかくし，はく離抵抗を大きくするため充填剤の配合量を減らし，粘着付与剤の配合量を増やしている．その結果，タックも改良できる．接着剤をさらに軟らかくする必要がある場合はオイルを添加する．この場合，被着材表面の小さな変形にも対応できるよう，間隙充填効果のある充填剤をある程度配合する．

配合 IV の配合手順は基本的に配合 II と同じでよい．
○粘着付与剤，オイル，オレイン酸を溶剤に加熱しながら溶かし冷却する．
○アルカリおよびカゼインの半分を撹拌しながら溶液へ加え，その後水を加える．
○残り半分のカゼインとラテックスを混合し，その混合物を溶液へ加える．
○固形あるいは懸濁液の形で，クレイをある程度の水とともに加える．

ビニル/ビニル 75×75 mm オーバーラップジョイント試験片を用意し，7 日後に接着力を測定したところ，せん断接着力は 300 N，はく離接着力は 19 N であった．

再シール性接着剤

再シール性接着剤とは，封筒のフラップを封筒本体へ何回も剝したり貼ったりできるタイプの接着剤である．このタイプの接着剤に要求される性能は，紙やその他の被着材に対し良く接合し，はく離するときに接着剤が変形しない程度の高い凝集力をもつこと．接着剤を接合面のそれぞれに塗付するので，それほど大きなタックは必要ない．配合 V は，これらの要求性能を満たす．ここでとり上げた粘着付与剤は，芳香族を多量に含む芳香族系レジンで，過度のタックを与えることなく難接着被着材への結合力を高めることができる．クレイおよび予備架橋ラテックスは，凝集力を改善し，さらに表面のタックを調整する役目をもっている．

未架橋ラテックスと予備架橋ラテックスの配合比を変えて，タックおよび凝集力を調整する．予備架橋ラテックスとは，前もってラテックスを架橋し，遠心分離により過剰の加硫剤を除去したものである．予備架橋することにより接着剤塗付後のポスト架橋を防ぎ，接着剤の経時安定性が良くなる．

タフトカーペット用アンカーコート

タフトカーペットは，ヤーンをループ状に織ったパイル状のけばのあるカーペットである．接着剤を用いてパイルをカーペットの裏地へ固定する．これをアンカーコート，または一次バッキングと呼んでいる．二次バッキングのあるカーペットの場合，この接着剤はカーペットの構造安定性改良のため使われる．ヘッセンのような繊維のラミネーション用としても使われる．最近では未架橋型接着剤が使われている．配合 VI は，天然ゴムラテックス系接着剤配合の一例である．接着剤の挙動は物理的であり，充填剤を多量に配合すると硬くなり，弾性率が高くなる．MG 49 を 30 部加えると接着剤の強靱性が大きくなり，結合力も高くなる．軟らかい接着剤が必要な場合，充填剤含有量を約 100 部まで減らす．

低アンモニアラテックス (LA-TZ) は機械的安定性に優れているので，アンカーコート用接着剤のベースとして推奨できる．推奨できる界面活性剤は，8-10 エーテルユニットを含有するアルキルアリルポリエーテルの硫酸塩である．この界面活性剤は多価カチオンに対する抵抗力が大きい．チオウレアと従来より使用されてきた酸化防止剤（例えば p-フェニレンジアミンタイプ：UOP 26 など）を併用すると経時安定性は向上する．ピロリン酸ナトリウム塩を添加すると充填剤の分散が良くなり，機械的安定性も向上する．

配合 VI の配合手順は次の通りである．
○ラテックスの部分的な脱水による凝固を防ぐため，充填剤を撹拌しながら徐々にラテックスに加える．
○増粘剤を加える．増粘剤を加える目的は，粘度調整および撹拌で生じる気泡を少なくすること（気泡は不均一分散の原因となりうる）．

このアンカーコート用接着剤を用いてタフト引抜き試験を行ったところ，60 N 以上という結果を得た．

その他の未架橋ラテックス接着剤

ラテックス接着剤は靴工業で幅広く使われている．一例として，すでに述べたクイックグラブ接着剤がある．他の応用例としてキャンバスシューズがある．キャンバスアッパー（表甲）の基部を天然ゴムラテックス槽に約

9. 天然ゴム接着剤

2cmの深さに浸したのち乾燥する．キャンバスに含浸したゴムの皮膜は物理的結合を形成し，表面はグリーンタックに富んでいる．この表甲と靴底を接合し，オーブンで架橋する．配合Ⅶは代表例である．靴底との界面で靴底より加硫剤が拡散するので，配合Ⅶは加硫剤を含まない．

靴工業での他の応用例として，レザーボンディングがある．革型を縫い合わせる間，仮止めとして使われる．この用途では自着性に優れた接着剤が求められる．革によってはクロムのような重金属を含有する場合があり，これら重金属が酸化を促進し革を過度に軟化させたり，ブリーディングにより革の外観を損なうことがあるので，適当な安定剤が必要である．未架橋ゴム接着剤の場合，EDTAやジエチルジチオカルバミン酸塩を添加すると効果的である．要求性能のきびしい女性用ファッションブーツなどには，予備架橋ラテックスが望ましい（配合Ⅷ）．

自動車の内装用接着剤としても，その便利性によりラテックス系接着剤が使われている．ほとんどの内装材料は繊維であり，接着剤が含浸し過ぎると致命的欠陥に結びつくので，増粘剤や粘着付与剤を添加する．

ラテックス配合物は普通の缶，ドラム缶，加圧エアゾール缶などの各種金属容器のシーリング材としても使われる．ラテックス配合物をウェットな状態でエンドプレートに塗付し，乾燥，架橋させる．エンドプレートと缶の本体とを接合させるとき，ラテックス配合物はシーリング材として働く．缶は食品関係で使われることが多いので，HAラテックスを推奨する．配合Ⅹは代表配合例である．食品と接触する用途であるため，各国で決められた基準にしたがう必要がある．

王冠用接着剤の場合も，缶の場合と同様のことがいえる．王冠用接着剤は，びんの中の液体と接触するワックス紙とコルク，あるいはコルクと金属との接合用として使われる．配合Ⅸは典型的王冠用接着剤の配合例である．王冠用接着剤は充填剤を含まないが，防腐剤を含む．これらの接着剤が直接生物学的に活性な液体と接触することはないが，接着剤の近辺でかびが発生する可能性があるので，防腐剤を添加する．

架橋系ラテックス接着剤

架橋系ラテックス接着剤の主用途は，繊維，敷物，カーペットおよびゴム引き毛織物などである．他のラテックスの用途と同様，超促進剤が使用されている．接着剤配合材料は，アルカリ分散中で安定したものを選ぶ．アルカリがアンモニアの場合は，乾燥/架橋の初期に除去される．硫黄や酸化亜鉛などの加硫剤および不溶性促進剤は，水分散させてから添加する．使いやすさを考慮し，不揮発分濃度は50％，また界面活性剤はアニオン型とする．自分で分散させる場合，適当な機器としてボールミルがあるが，すでに分散系となっている製品を購入する方法もある．可溶性の促進剤は溶液に溶かし，直接ラテックスに加えることができるが，水分散系の促進剤と比べ安定性に欠ける．

室温架橋タイプの場合，促進剤を併用使用することがしばしばある．一般的に最も効果の大きい組合せは，ジブチルジチオカルバミン酸亜鉛（ZBUD）と，メルカプトベンズチアゾール亜鉛（ZMBT）のようなチアゾールとの併用系である．促進剤の配合量は，硫黄1〜1.5部に対し，1部である．ジチオカルバミン酸のナトリウム塩を使用すると活性度は高くなる．いくつかのメーカーは，有機アミンと亜鉛の錯化合物で処理し，活性化したジチオカルバミン酸塩のような低温加硫促進剤を供給している．たいていの場合，乾燥オーブンを通るときに通常の加硫促進剤系でも十分架橋するので，あえて室温架橋させる必要はない．場合によっては，架橋のために乾燥時間を延期することもある．この方法で架橋を行えば，従来から使われているジチオカルバミン酸塩/酸化亜鉛/硫黄系で十分である．具体的には，それぞれ1部ずつ配合する．またZMBTを1部加えると接着剤の弾性率が上昇する．

架橋系ラテックスは，乾燥皮膜状態よりもウェットな状態の方がより反応性に富んでいる．ラテックスの予備架橋は1〜2週間の期間でできる．高温で処理すると期間を短縮できる．予備架橋すると接着剤の性質が変化する．例えば，タックは粘着付与剤を添加しても低い．貯蔵期間が長い場合，硫黄と促進剤を別々にした二液型が必要である．他の方法として，ジベンジルジチオカルバミン酸塩を使用すると，アンモニアラテックスでは反応が遅くなる．

充填剤の配合量が増加すると接着剤の強靱性が増し，同時に配合コストは低くなる．しかし，高い接着性能が求められる用途では充填剤の使用量に制限がある．強靱性が必要で，なおかつ高い接着性能が要求される用途には，架橋系接着剤が適している．配合Ⅻは，洗濯可能な敷物用アンカーコートバッキング用接着剤配合例である．高充填剤配合未架橋配合Ⅵでは洗濯の繰返しには耐えられない．この用途では，経時安定性/洗濯耐久性の高い酸化防止剤を使用する．この配合の場合，乾燥/架橋条件は130℃/15分である．

不織布とは，通常，結合剤をスプレー塗付や含浸させて結合した繊維でできている均一な織布のことである．この用途では，天然ゴムラテックスの代わりに特殊な合成ポリマー分散系が使われているが，機械的性質，特に弾力性が重要な用途では，依然として天然ゴムラテックスが使用されている．これらの例としてカーペット下敷き用フェルト，低密度靴の内底用フェルトなどがある．配合ⅩⅢは，この用途での一般的配合例である．安定剤としては，アルキルアリルポリエーテル硫酸塩が望ましい．不織布は，しばしば廃棄繊維を含んでいるので，銅に対して十分抵抗力のある酸化防止剤が効果的である．五塩化フェニルラウリル酸のような防腐剤，あるいは靴の内底用に脱臭剤を添加することもある．配合ⅩⅢの架橋条

件は，ホットエア中120℃/3～8分である．

天然ゴムラテックスは，ゴム引き毛織物，ゴム引きコイア（ココヤシの実の外皮からとった繊維）製品のバインダーとして用いられる．これらの製品は，包装資材や室内装飾品として使われるので，弾力性が特に必要である．この用途の配合例として，配合XIVおよび配合XV（硫黄の配合量のみ異なる）がある．硫黄の一部分は，動物の毛と結合し，残りはコンプレッションセットを低く，また，弾力性をもたせるための加硫剤として使われる．硫黄を中程度配合した接着剤は，毛／コイア混合物用として使われる．接着剤の使用量は，用途により異なるが，繊維の重量の10～100%である．繊維パッドの場合，スプレー塗付後60～70℃で乾燥し，その後，ホットエアー中100℃で30分間架橋させる．機械的安定性が必要な用途には，低アンモニアラテックス（LA-TZ）が適している．繊維が交差する部分のゴムの薄層を保護するために，酸化防止剤を選択する場合十分注意する必要がある．

充填剤を含まないゴム系接着剤は，テニスボールの芯材と繊維でつくられたカバーとの結合に適している．溶剤型接着剤がこれまで使われてきたが，天然ゴムラテックス系接着剤へ移行すると，溶剤に関係する問題を取り除くことができる．ラテックスと加硫剤の簡単な配合でも接着剤になるが，結合前の乾燥条件により影響をうけやすい．乾燥をあまりに短時間で行うと結合力は小さくなる．このような問題を防ぐため，配合XVIのように粘着付与剤を加える．この場合，粘着付与剤を加えても塗付面は変わらない．接着剤をボールとカバー双方に塗付し，約10分間70℃で乾燥後接合する．乾燥ゴム用の加硫剤を用いるとラテックスの前架橋を防ぐことができ，また芯材の加硫剤とも共通点が多く有利である．

最後の応用例は，ラテックスゴム手袋用フロック接着剤である（配合XVII）．ラテックス手袋は凝固浸漬法でつくられる．型をラテックス中に浸漬するとゲルが形成し，これを乾燥／架橋させた後，型より取り外す．家庭用手袋は，柔らかさやあたたかさ，あるいは手へのはめやすさを考慮し，手袋の内側表面をフロック（毛くずを植毛する）処理する．毛くずを結合させるには，ラテックスゲルは不適当であり，ウェットラテックスの中間層が使われる．また，毛くずを結合させるため，流動性のよい接着剤が求められる．この場合，カルシウムイオンによるゲル形成を防ぐため，ノニオン系界面活性剤を添加する．増粘剤を加えて粘度を200～300cP（ブルックフィールド型粘度計LVTタイプ，スピンドル2，60rpm，23℃）まで増大させ，接着剤のピックアップ量を増やし，フロックをしっかりと固着させる．

天然ゴム溶剤型接着剤

未架橋タイプ

ゴム溶液は，いろいろな目的の接着剤として使える．特に天然ゴムの場合，粘着付与剤を添加しなくてもタック性がある．しかし，実際にはいろいろな添加剤を添加して要求性能を満たしている．今日使われている主な添加剤を下に示す．

粘着付与剤 接着剤乾燥塗膜表面が粘着剤のように永久的にタックを示すか，少なくとも溶剤揮散後，しばらくの間タックを有することは好ましい現象である．粘着付与剤には，ロジン，ロジンエステル，テルペン，クマロン，クマロンインデンなどがあり，また石油系合成樹脂も単独あるいは天然系と併用して使われている．

軟化剤 素練りの少ない天然ゴムは接着剤用としては硬いので，軟化剤で軟らかくする．例として，医療用プラスターで使われるラノリンやポリブテンがある．

補強剤 不飽和ゴムベース接着剤の凝集力を高めるために，カーボンブラックを添加する．ゴムを溶解する前に，バンバリーミキサーやロール上でゴムにカーボンブラックを添加する．カーボンブラックを添加すると硬くなるので，接着性能を若干犠牲にするが，軟化剤を加えてバランスを保つ．従来，再生ゴムを使うことによりカーボンブラックを配合してきたが，冒頭でも述べたように，再生ゴムは現在あまり使われていない．

別のタイプの補強剤として多機能性イソシアネートがある．イソシアネートを用いると，ある程度架橋構造を形成するので，架橋系溶剤型接着剤のところでとり上げた方が良いかもしれない．しかし，配合および物性面で架橋系溶剤型接着剤と異なる．架橋系溶剤型接着剤とは，通常使用直前に2液を混合する二液型である．ここでとり上げるイソシアネート補強型接着剤は，典型的な未架橋系溶剤型接着剤を1液とし，他はイソシアネートのみの溶液である．このタイプは室温で架橋する．よく知られているように，イソシアネートは水および活性水素を含む化合物と容易に反応する．ここで注意すべきことは，①水分を含まない溶剤を使用する，②炭化水素溶剤のタンク残量は使用しない，③混合溶剤の場合，アルコールは使用しない，などである．イソシアネートによる天然ゴムの架橋は，天然ゴムの素練り工程で偶発的に発生する少量の水酸基グループの存在下で進行する．接着剤を塗付した被着材のイソシアネートが反応する場合もある．

塩化ゴムも天然ゴム系接着剤の有力な補強剤の一つである．塩化ゴムを添加すると凝集力が向上し，各種被着材への接着力も向上する．

酸化防止剤 医療用分野以外の天然ゴム接着剤配合では，酸化防止剤を約1部添加する．酸化防止剤の選択にあたっては，被着材への移行について十分注意することが大切である．

充填剤 カーボンブラックは別として，溶剤型接着剤では大量の充填剤は使用しない．クレイやホワイティングを少量添加し，粘度を調整することはときどきあるが，粘度は通常混合溶剤のタイプか，混合比を変えて調整する．例外として，医療用プラスターやテープで使われている酸化亜鉛があり，さらには間隙充填用のクレイ

やホワイティングがある．しかし，本質的に溶剤型接着剤は間隙充填性に欠ける．

配合XVIII～XXは，比較的高樹脂配合量で永久タック性のある粘着剤配合例である．配合XXは高樹脂，高フィラー粘着剤配合であるが，酸化亜鉛を多量使用する方法は現在では一般的でない．

配合XXI～XXIIIは，一時期DIY向けに使われていた天然ゴム系溶剤型接着剤である．現在DIY市場で最も人気がある接着剤は合成系極性基含有接着剤で，木やプラスターボードの装飾ラミネーション用として好んで使われている．しかし，天然ゴム溶剤型接着剤は現在でも紙，耐水ラベル，皮革，履物やゴムブーツの修理用として使われている．

配合XXIIは，一般用黒色接着剤の配合例である．この接着剤は，自動車の外装を修理するとき，あるいは分離したマットと制振板の固定用として使われる．配合XXIIIは，耐熱性黒色接着剤で自動車用途のほか，皮革，履物やゴムブーツの接着剤としても使える．配合XXIIおよび配合XXIIIはタイヤブラック再生ゴムと天然ゴムの併用系で，タイヤブラック再生ゴムの配合比率を高くすると配合コストは下がる．再生ゴムの多量配合では酸価を上昇させ，再生ゴムの溶解性を高めるため，クマロンの代わりにウッドロジンあるいはジンクレジンを使用する．

このような再生ゴムベースの接着剤は，包装，弾薬箱の固定，キャンバスと木の接着，あるいはクラフト紙の製造などに使われている．これらの再生ゴム配合に若干の軟化剤を加えるとガン施工ができ，ウォールパネル固定用として建設現場で使うことができる．

架橋系接着剤

貯蔵期間が数週間の架橋系ラテックス接着剤と異なり，架橋系溶剤型接着剤のポットライフは短く，通常2液に分離して貯蔵し，使用直前に混合する．混合後，ゲル形成までの時間は2～4時間で短い．通常1液にゴム半分と硫黄を，2液に残り半分のゴムと促進剤を配合する．

ここで重要なことは，双方の液の動粘度が同程度であれば混合しやすく，差が大きいと混合しにくい．双方の液の密度と粘度が近ければ動粘度の差は小さい．配合XXIVは，架橋系溶剤型接着剤である．この接着剤は，自己架橋型で耐久性繊維用として使われている．配合XXVも配合XXIVと同様に使える．ホバークラフト外辺用パネルのような強度の大きい耐久型繊維用接着剤は高接着力を必要とするので，粘着付与剤，相当量のカーボンブラック，ポリイソシアネートおよび加硫剤を含む．配合XXVは二液型接着剤であるが，ゴムのゲル化を防ぐためポリイソシアネートは使用直前に混合させるので，実際にはポリイソシアネート溶液を含めた三液型接着剤である．ポットライフを考えた場合，ポリイソシアネートを塩化ゴムの溶液中に溶かす方法もある．

配合XXVIは二液型接着剤で，架橋ゴム同士の接着に適している．7日間室温で架橋させた後，接着力を測定したところ，1.8～2.8N/mmであった．試験条件などの詳細は文献20)を参照．

マスチック，アスファルト，シーリング材

マスチックとは被着材に付着するシーリング材で，金属の間隙充填やレンガ工事などに使われる．マスチックは通常粘度が高く，溶剤や水を蒸発させた後，効力を発揮する．マスチックは主に表面で収縮する．マスチックはしばしば乾性油や歴青質成分を含み，時間とともに硬化し，表面で皮膜を形成する．アスファルトは，建築用途で耐水性向上剤として，また包装分野では不浸透性を利用して，目の粗い紙同士を結合する目的で使われている．さらに，アスファルトは道路や歩道の舗装，および修理に使われている．この用途では，少量のゴムを添加すると接着性が向上する．天然ゴムラテックスや再生ゴムディスパージョンは，アスファルトの添加剤としてコンクリート道路建設にも使われている．ゴムを添加すると，接着力および低温柔軟性が高くなる．配合XXVIIは，アスファルト/再生ゴム分散系の配合例である．PalinchokとYurgenは不揮発分成分を水に分散させ，次にアルカリを加えてゴム連続相から水連続相へと移転させ，最後にアスファルトディスパージョンとクレイ懸濁液を加え，接着剤をつくる方法について詳細に述べている．配合XXVIIは基本配合で，用途，要求性能により配合成分，配合量は変わる．クラフト紙の製造には，アスファルト含有量の低い配合が適しており，マスチックのような使い方には，水分を減らしクレイの配合量を増やす．

どの配合でも，再生ゴム100部に対し2.5部カゼインを配合すると物性が向上する．配合XXVIIIは道路補修用．この場合，粉末状ゴムを加熱してアスファルトと混合する．加熱しすぎるとゴムが劣化するので十分注意する．この用途には分子量の大きいポリマーが有利であり，この点から天然ゴムの方が再生ゴムより望ましいといえる．

グラフトコポリマー，ヘベアプラスMG

天然ゴム接着剤，特に架橋系は本質的に無極性被着材や，接着を促進する機械的要因が強く働く被着材の接着に適している．一方，表面が滑らかな極性被着材には，極性接着剤が適している．しかし，極性被着材の場合でも他の要求性能を考慮し，無極性接着剤を使いたい場合がある．このような場合，一方で極性被着材と，他方で無極性接着剤と相溶するプライマーを被着材表面にコートし，その後接着剤を塗付する．無極性天然ゴム接着剤と極性被着材の間にコートするプライマーとして，前述のヘベアプラスMGがある．

作り方としては2通りある．①溶液中で直接グラフト化，②固形グラフトポリマーを粘度調整のため素練りし，次にロール上で充填剤を加え，最後に溶剤に溶かす．

メチルメタクリレート含有量の高いグラフト天然ゴムと低いグラフト天然ゴムをつくり，これら二つのグラフト天然ゴムを，所定のメチルメタクリレートグラフト化率となるよう混合したものを接着剤原料とする．二酸化チタンは，識別のためのマーカーとして添加する．溶剤としては，MEK/トルエン（1：1）混合溶剤が使われる．靴底が天然ゴム，甲皮が合成ゴムの場合，合成ゴム甲皮用プライマーとしてヘペアプラスMG配合物が使われる．この場合，接着剤溶液に加硫促進剤を加える．モールディング中に硫黄は天然ゴム靴底配合物より界面へ移行し，架橋が進行する．接着剤へ添加する促進剤は，天然ゴム靴底配合物に添加する促進剤と同一のものが望ましく，例としてピペリジンペンタメチレンジチオカルバメートがある．

MGラテックスは，ポリエステルのような合成繊維とEPDMとの結合用接着剤としても使える．この場合，EPDM表面を溶剤またはウール製ワイヤ，あるいは石けん溶液を用いてきれいにする．ウェットボンディング法でMG 10ラテックスを使用すると，EPDMが凝集破壊するほど良好な接着力を示す．

謝辞 広範囲にわたり資材を提供して頂いたMalaysia Rubber Products' Research Associationの方々に感謝します．

配合例 ここで紹介した配合は一般的なもので，実際の用途で使用する場合は，要求性能や使用条件により配合剤ならびに配合量を調整する．すべての配合は部数で表示されているので，重量で秤量する場合は換算が必要である．

I．自着性封筒
60% 天然ゴムラテックス	167
10% 水酸化カリ溶液	0.2
ジエチルジチオカルバミン酸亜鉛の50%水分散液	1.0

II．セラミックタイル用接着剤
炭化水素樹脂（60%トルエン溶液）	167
オレイン酸	3
5% 水酸化カリウム溶液	15
15% カゼイン溶液	20
65% クレイスラリー	232.5
60% 天然ゴムラテックス	167
セルロース増粘剤	3〜4
水	10
50% ZDC	2
10% チオ尿素溶液	10

III．セラミックタイル用接着剤
65% クレイスラリー	232.5
淡色液状クマロン樹脂	100
硫酸エトキシ安定剤（30%活性）	15
60% 天然ゴムラテックス	167
セルロース増粘剤	3〜4
50% ZDC	2
10% チオ尿素溶液	10

IV．ビニルタイル/コンクリート用接着剤
テルペンフェノール樹脂[a]	100
淡色液状クマロン樹脂	50
プロセスオイル[b]	50
オレイン酸	22.5
溶剤[c]	25
10% 水酸化カリウム溶液	40
15% カゼイン溶液	20
水	75
ジエチルジチオカルバミン酸亜鉛の50%水分散液	4
60% 天然ゴムラテックス，HAまたはLA-TZタイプ	167
クレイ	100
セルロース増粘剤[d]	必要量

a．例えば，SP 560（Schenectady社）．
b．アロマティックオイル，例えば，Dutrex 729（Shell社）．
c．ホワイトスピリットまたは他の溶剤
d．高粘度タイプ，例えば，Celacol HPM 5000（British Celanese社）またはMethofas PM 4500（ICI社）．

V．再シール性接着剤
LA-TZ ラテックス（60%）	111
LR Revultex（60%）	56
10% アンモニア性カゼイン	20
Dresinol 902，45% TSC（Hercules社）	220
Devolite クレイ	40

VI．タフトカーペット用アンカコート接着剤
60% 天然ゴムラテックス，LA-SPP	167
25% 界面活性剤溶液	3
ピロリン酸四ナトリウム	1
水（全固形分濃度が72〜75%になるように）	必要に応じて
充填剤，例えばホワイティング	400
10% チオ尿素溶液	10
50% 酸化防止剤分散液	2
消泡剤	必要に応じて
10% 増粘剤溶液（ポリアクリレート）	4

VII．キャンバスシューズ靴底用接着剤
60% 天然ゴムラテックス（LA-TZタイプ）	167
50% 二酸化チタン分散液	10〜20

VIII．レザー用接着剤
60% 天然ゴムラテックス	167
エチレンジアミン四酢酸ナトリウム20%溶液	2.5
酸化防止剤，例えば重合トリメチルヒドロキノリンの50%分散液	1

IX．自動車内装用接着剤
60% 天然ゴムラテックス	167
5% メチルセルロース	40
50% 酸化防止剤（50%分散液）	4
50% クレイ分散液	100
50% クマロンインデン分散液	20
顔料	必要に応じて

X．缶用シーリング材
天然ゴムラテックス，60%ゴム，HAタイプ	167
10% カゼイン溶液	10
50% 食品用酸化防止剤分散液	2
66% クレイスラリー	167
5% 増粘性溶液	5

9. 天然ゴム接着剤

XI. 王冠用接着剤
60% 天然ゴムラテックス	167
殺菌剤	0.2
アンモニア性カゼイン 25% 水溶液	11.2
水酸化ナトリウム 25% 溶液	0.40
ホルマリン 40% 溶液	5.10
ロジンエステル分散液	10

XII. 洗濯可能敷物用アンカーバッキング配合
60% 天然ゴムテックス, LA-TZ タイプ	167
25% 界面活性剤溶液	3
充填剤,例えばホワイティング	50
50% 亜鉛華分散液	6
50% 硫黄分散液	4
ジエチルジチオカルバミン酸ナトリウムの 50% 分散液	2
ジンク 2-メルカプトベンゾチアゾールの 50% 分散液	2
50% 酸化防止剤分散液(例えば 2246)	2
10% 増粘剤溶液	10

または必要に応じて

XIII. 不織布用一般用途接着剤
60% 天然ゴムラテックス	167
20% 安定剤溶液	2
50% 硫黄分散液	4
ジエチルジチオカルバミン酸亜鉛の 50% 分散液	3
ジンク 2-メルカプトベンゾチアゾールの 50% 分散液	1.5
50% 酸化防止剤分散液	2
50% 亜鉛華分散液	6
軟水または蒸留水(固形分濃度調整用)	必要に応じて
ホットエア中 120°C, 3~8 分で加熱	

XIV. と XV. 獣毛およびコイア(ココナツ繊維)用バインダー
	獣毛 XIV	コイア XV
60% 天然ゴムラテックス	167	167
25% 安定剤溶液[a]	4	4
20% 水酸化カリウム溶液	2	2
50% 酸化防止剤分散液[b]	3	3
ジエチルジチオカルバミン酸亜鉛の 50% 分散液	2	2
ジンク 2-メルカプトベンゾチアゾールの 50% 分散液	3	3
50% 硫黄分散液	8	5
50% 亜鉛華分散液	10	10
水(固形分濃度 50~65% になるよう)	必要に応じて	

a. アルキルフェノールエチレンの硫酸塩
b. 重合 2,2,4-トリメチル-1,2-ヒドロキノン.例えば Flcctol H (Monsanto 社)

XVI. テニスボールカバー用接着剤
60% 天然ゴムラテックス (LA-TZ タイプ)	167
20% 非イオン性安定剤	3
Dresinol 303 (Hercules 社)	66
50% 硫黄	4
50% 亜鉛華	2
50% ZMBT	2.4
50% 酸化チタン	8
50% 酸化防止剤 (2246)	2
増粘剤(ポリアクリレート)	必要に応じて

XVII. フロック接着剤配合
60% 天然ゴムラテックス	167
20% 安定剤溶液	2.5
10% 水酸化カリウム溶液	2
50% 硫黄分散液	2
ジエチルジチオカルバミン酸亜鉛の 50% 分散液	2
50% 亜鉛華分散液	2
50% 酸化防止剤分散液	2
消泡剤	0.1
10% 増粘剤溶液	2

または必要に応じて

XVIII. 外科テープ用接着剤
天然ゴム	100
ロジンまたはエステルガム	100
ラノリン	20
亜鉛華	50

XIX. 工業用粘着テープ A
天然ゴム(ペールクレープ)	100
ポリ(β-ピネン)樹脂, mp 70°C	75
無色石油系オイル	5
重合トリメチルジハイドロキノン	2

XX. 工業用粘着テープ B
天然ゴム	100
クマロンインデン樹脂 (35°C)	30~150
酸化防止剤	1.5
炭酸カルシウムまたは亜鉛華	30~150

XXI. 一般用透明接着剤
天然ゴム	100
白色グレードロジン	10
酸化防止剤	1

XXII. 一般用ブラック接着剤
天然ゴム	100
タイヤ再生ゴム	100
クマロン樹脂	50
ホワイティング	50
酸化防止剤	1.5

XXIII. 耐熱性ブラック接着剤
天然ゴム	100
タイヤ再生ゴム	100
ジンクレジネート	50~80
クレイ	50
酸化防止剤(別の溶液として準備する)	1.5
ポリイソシアネート	10

XXIV. 架橋型接着剤
	A 液	B 液
天然ゴム	100	100
硫黄	2	—
ブチルザイメート	—	7
亜鉛華	20	—
酸化防止剤	5	—

XXV. 防水繊維結合用接着剤
	A 液	B 液
天然ゴム	100	100
亜鉛華	10	—
硫黄	8	—
イソプロピルキサントゲン酸亜鉛	—	4

XXVI. 加硫ゴム用二液型接着剤
	1 液	2 液
天然ゴム (SMR 5)	100	100
亜鉛華	5	5
ステアリン酸	0.5	0.5

酸化防止剤[a]	1	1
促進剤[b]	—	1.5
促進剤[c]	—	0.5
硫黄	4	—

a. フェノール縮合製品
b. イソプロピルキサントゲン酸亜鉛
c. ジエチルアンモニウムジエチルジチオカルバメート

XXVII. アスファルト/再生ゴムディスパージョン

タイヤ再生ゴム	100
界面活性剤	2〜5
苛性カリ	1〜2
エステルガム	20〜30
クレイ	30〜40
アスファルトエマルジョン	175〜185
水	70〜80

XXVIII. 道路補修用

天然ゴム（粉状）	1
アスファルト	60
小さい粒径に粉砕した石および砂からなる細かな充填剤	34

XXIX. PVC用ヘベアプラスMGプライマー

Heveaplus MG	5
酸化チタン（場合によって）	0.1
溶剤	最大100部数

[K. F. Gazeley and W. C. Wake／吉田享義 訳]

参考文献

1. Palinchak, S., and Yurgen, W. J., in "Handbook of Adhesives," I. Skeist, ed., pp. 209-220, New York, Van Nostrand Reinhold, 1962.
2. "The International Standards of Quality and Packing for Natural Rubber Grades," The Rubber Manufacturers Assoc. of New York, 1969.
3. Bristow, G. M., and Rose, I. G., "Market Grades of Malaysian Natural Rubber," NR background series No. 4, Hertford, England, Malaysian Rubber Producers' Research Assoc.
4. "Revisions to Standard Malaysian Rubber Scheme 1979," SMR Bulletin No. 9, Kuala Lumpur, Rubber Research Inst. of Malaysia.
5. Bristow, G. M., and Tomkinson, R. B., Viscosity of Solutions of SMR5L and SMR5CV, *NR Technol.*, **6**(part 2), 34-38 (1975).
6. Hales, W. F., and Conte, L. B., *Adhesives Age*, p. 29 (1971).
7. Malaysian Rubber Producers' Research Assoc., Technical Inf. Sheet L14 (1977).
8. H. V. Hardman Co., Inc., 57 Courtland Street, Belleville, NJ.
9. Chloride Lorival Ltd., Little Lever, Bolton, England.
10. Pautrat, R., and Marteau, J., US Patent No. 3,957,737 (May 18, 1976), Anvar, Agence Nationale de Valorisation de la Recherche, Neuilly-sur-Seine, France.
11. Gazeley, K. F., and Mente, P. G., "Pressure-Sensitive Adhesives from Modified Natural Rubber Latex," Adhesive, Sealant and Encapsulants Conference, Kensington, London, 5th November 1985.
12. Kuraray Isoprene Chemical Co. Ltd., 8-2 Nihombashi 3-Chrome, Chuo-Ku, Tokyo, Japan.
13. Wake W. C., Elastomeric Adhesives, in "Treatise on Adhesion and Adhesives," R. L. Patrick, ed., Vol. II, Chap. 4, New York Marcel Dekker, 1969.
14. Gazeley, K. F., "Natural Rubber Latex in Pressure-Sensitive and Wet-Bonding Adhesives," Malaysian Rubber Producers' Research Assoc., Symposium on Natural Rubber Latex, Wurzburg, West Germany, Oct. 1977.
15. Gazeley, K. F., "The Use of Natural Rubber Latex in Pressure-sensitive adhesives," Paper No. 28, International Conference on Polymer Latex, Plastics and Rubber Inst., London, 1978.
16. Oldack, R. C., and Bloss, R. E., Compounding Natural Latex in Water-based PSA's, *Adhesives Age*, pp. 38-44, April 1979.
17. Malaysian Rubber Producers Research Assoc., Technical Inf. Sheet L31.
18. Gorton, A. D. T. G., "The effect of aqueous detergent solutions on dipped natural rubber latex vulcanizates," *NR Technol.*, **8**, 79 (1977).
19. Borroff, E. M., and Wake, W. C., *Trans. Inst. Rubber Ind.*, **25** 140 (1949).
20. Malaysian Rubber Producers' Research Assoc., Technical Inf. Sheet D49.
21. *Rubber Developments*, **37** (part 3), 68 (1984).

10. ブチルゴム／ポリイソブチレン接着剤

ブチルゴムおよびポリイソブチレンは接着剤ならびにシーリング材の分野で，主に弾性バインダーとして，また，粘着付与剤および変性剤として幅広く使われている．ブチルゴムは多量のイソブチレンと少量のイソプレンから成るコポリマーであり，一方，ポリイソブチレンはイソブチレンのホモポリマーである．

図10.1に示したように，ブチルゴムは47000から60000ユニット（98～99％イソブチレン，1～2％イソプレン）からなる比較的長く，また，直線的な炭化水素エラストマーである．ブチルゴム分子中の二重結合はわずかで，分子は規則的に配置されているため，ブチルゴムは耐候性，耐熱性，経時安定性，耐動植物油性，耐化学薬品性に優れている．ブチルゴムは炭化水素だけからなり，吸水性が非常に低く，また，一般的に使われている溶剤に溶ける．側鎖は少なく，また配置は規則的であるため，ブチルゴム分子は密に詰まった状態で存在する．そのため，ブチルゴムの気体ならびに水蒸気透過性は非常に低い．さらに，振動吸収性にも大変優れたポリマーといえる．

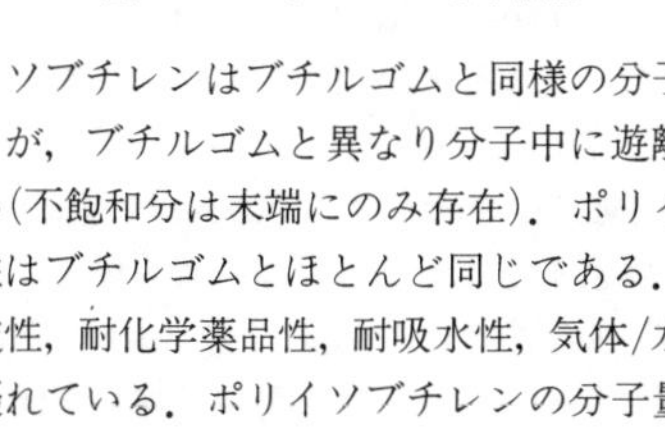

図 10.1 ブチルゴムの分子構造

ポリイソブチレンはブチルゴムと同様の分子骨格をもっているが，ブチルゴムと異なり分子中に遊離の二重結合がない（不飽和分は末端にのみ存在）．ポリイソブチレンの物性はブチルゴムとほとんど同じである．すなわち，経時安定性，耐化学薬品性，耐吸水性，気体/水蒸気不透過性に優れている．ポリイソブチレンの分子量範囲はブチルゴムより広く，低分子量グレードは軟らかく粘着性のある白色粘性液体であり，一方，高分子量グレードは強靭な弾性体である．

イソブチレン系ポリマー，すなわちブチルゴムおよびポリイソブチレンは結晶性が低いので，分子の絡み合いによる束縛あるいは架橋により強度が大きくなる．ポリイソブチレン系ポリマーは無定形高分子であるため，柔軟性，耐衝撃性，永久タック性に優れている．これらポリイソブチレン系ポリマーのガラス転移温度は−60℃付近にあり，そのため，室温以下の低温でも柔軟性を維持できる．分子構造より明らかなように極性が大変低く，それ自身，高い粘着性を示すが被着材表面への結合力は小さい．したがって，ポリイソブチレン系ポリマーを接着剤用途で使用するには，粘着付与剤あるいは極性を付与する添加剤を加えて結合力を大きくすることが必要である．さらに，ポリイソブチレン系ポリマーは電気絶縁性に優れている．

ポリイソブチレン系ポリマーの物理的性質および化学的性質を支配する主要因には，分子量，不飽和含有量，ポリマー中の不純物濃度，さらに，変性グレードの場合，変性成分の性質などがある．未架橋系接着剤の用途では，ブチルゴムとポリイソブチレンは分子量調整を必要とするが，互換性のあるベースポリマーである．

ブチルゴムには，通常のグレードのほか，ハロゲン化ブチルゴム，低分子量液状ブチルゴム，ブチルゴムラテックス，部分架橋ブチルゴムなどがある．Exxon Chemical社製ブチルゴムならびにポリイソブチレンのグレード一覧表を表10.1に示す．他のポリイソブチレン系ポリマーメーカーとしてPolysar社（ハロゲン化ブチルゴム）とBASF社（ポリイソブチレン）がある．

基 本 物 性

ブチルゴム

すべての汎用グレードブチルゴムは3％以下のイソプレンと残りの大部分を占めるイソブチレンとの共重合体で，ゴム性，タック性に優れた淡黄色固体である．イソブチレンの巨大分子中に不飽和二重結合をもつイソプレンを導入することにより加硫が可能になる．ブチルゴムの不飽和分は0.8～2.1モル％（イソプレンモノマー単位/分子鎖中100モノマー単位）で，天然ゴム（100％）およびSBR（60～80％）と比べるとはるかに低い．ブチ

表 10.1 市販ブチルゴムおよびポリイソブチレンポリマー

グレード	粘度平均分子量	イソプレン含有量/100 (モル%, 不飽和分)	備　　　考
Vistanex®LM-MS	44000	0	粘性液体, タック性があり, 主に粘着付与剤
LM-MH	53000	0	として使用する
LM-H	63000	0	
Exxon Butyl 065	350000	0.8	コーキング材・シーリング材用一般グレード
165	350000	1.2	特殊グレード
268	450000	1.6	高凝集力グレード
269	450000	1.6	高粘度/高凝集力グレード
365	350000	2.1	架橋タイプ用グレード
077	425000	0.8	BHT 含有グレード
Chlorobutyl 1065	350000	1.9	約 1.2 wt% 塩素含有
1066	400000	1.9	〃
1068	450000	1.9	〃
Bromobutyl 2222	375000	1.6	約 2.0 wt% 臭素含有
2233	400000	1.6	〃
2244	450000	1.6	〃
2255	450000	1.6	〃
Vistanex MM L-80	900000	0	低粘度グレード
MM L-100	1250000	0	汎用 PSA グレード
MM L-120	1660000	0	汎用 PSA グレード
MM L-140	2110000	0	高粘度グレード

比重：ブロモブチル 0.93, その他のグレードは 0.92.
上記全グレードは Exxon Chemical 社製. Polysar 社はブチルおよびハロゲン化ブチルゴムを, BASF 社はポリイソブチレンを上市している.

ルゴムは不飽和分が低く官能性に欠けている反面, 耐候性に優れている.

ブチルゴムのグレードは分子量および安定剤の種類により分けられる. ブチルゴムを製造するときにブチルゴム同士が塊にならないよう, 少量のステアリン酸金属塩を添加している. Exxon ブチルは非汚染性安定剤であるジブチルジチオカルバミン酸亜鉛を 0.05～0.20 wt% 含有している. FDA で規制されている各用途に適応する BHT (ブチレートヒドロキシトルエン) 含有ブチルゴム, さらに安定剤無添加のブチルゴムも上市されている. 表 10.1 で紹介した Exxon ブチルのほかに Polysar 社より Polysar ブチル 100, Polysar ブチル 301 などが上市されている.

分子量の小さい液状ブチルゴムは Hardman 社より Kalene というブランドで上市されている. この製品は溶剤や増量剤をまったく含まない液状ブチルゴムで, 粘度は 100 万 cP である. 低分子量ブチルゴムの不飽和部分を架橋すると凝集力が高くなる. 低分子量ブチルゴムは液状であるため, 固形分濃度の高いシーリング材, マスチックあるいはコーティング剤を容易につくることができる. 液状ブチルゴムの用途には, シーリング材, 電気ポッティング, カプセル型製品などがあり, また, 高分子量ポリマーの粘着付与剤あるいは可塑剤としても使われる.

ポリイソブチレン

ポリイソブチレン (PIB) は安定したパラフィン系炭化水素からなり, 通常のゴム架橋技術では架橋できない. 分子量でみると, ポリイソブチレンはブチルゴムと同じ領域にあり, また, ブチルゴムと良く相溶するので, 未架橋系接着剤およびシーリング材の用途では, ブチルゴムと同じような挙動を示す. ポリイソブチレンベース接着剤およびシーリング材の性能は, ポリイソブチレンの分子量により変わる.

低分子量ポリイソブチレンである Vistanex LM-MS, LM-MH, LM-H は永久タックがあり, 白色または淡黄色の安定剤を含まない液状ゴムである. Vistanex LM グレードは広範囲の用途で FDA 認可を得ている. Vistanex LM を 150～180℃ まで加熱すると, 流動性が増し, 通常の液体と同じように取り扱うことができる. Vistanex LM を添加すると, 配合物のタック, 軟らかさ, 柔軟性, 難接着被着材へのぬれ性が向上する. コンタクトセメント, 粘着剤, ホットメルト接着剤あるいはシーリング材の用途では, Vistanex LM グレードは粘着付与剤として使われる. 特に顕著な例として, ポリオレフィンプラスチック表面のぬれ性を改善するため Vistanex LM を添加する. Vistanex LM の他の用途には, 複層ガラスがある. Vistanex LM グレードは軟らかく, タック性があるので複層ガラス用 100% 固形シーリング材のバインダーとして使われる.

Vistanex MML-80 から MML-140 までの高分子量グレードは白色または淡黄色のゴム状固体で, 0.1 wt% 以下の BHT を含んでいる. 低分子量グレード同様, 高分子量グレード Vistanex も広範囲の用途で FDA の認可を得ている. 高分子量グレード Vistanex を用いると, 強さ, 耐流動性が向上するのでコンタクトセメント, 粘着ラベルあるいはシーリング材の用途で使われる. 高分子量グレード Vistanex を添加すると, 低温柔軟性, 耐衝撃

性が向上するのでコーティング剤および接着剤分野でも使える．Exxon Chemical 社の Vistanex のほかに BASF 社が Opanol というブランドで分子量の異なる各種グレードを上市している．

ハロゲン化ブチルゴム

汎用ブチルゴムの分子鎖中に存在する二重結合の隣り（アリルの位置）の反応性が高い炭素へ塩素を導入するとクロロブチルゴムになる．市販 Exxon クロロブチルゴムは約 1.2wt% の塩素を含有している．その結果，二重結合の反応性も増し，加硫を容易にする．クロロブチルゴムを加硫する場合，いろいろなタイプの加硫剤が使える．クロロブチルゴムと不飽和分の多い他のエラストマーとブレンドすると共加硫もできる．接着剤およびシーリング材では，クロロブチルゴムを汎用ブチルゴムおよび天然ゴムとブレンドし共加硫すると，強度が増す．クロロブチルゴムを接着剤分野で用いると，塩素の反応性により極性被着材への接着性が向上する．

ブロモブチルゴムの製法はクロロブチルゴムの製法とほぼ同じである．Exxon 製品の場合，ブロモブチルゴムは約 2.0wt% の臭素を含有しているのでクロロブチルゴムより反応性に富み，したがって加硫速度も大きい．

表 10.1 に示した Exxon Chemical 社製ハロゲン化ブチルゴムのほかに Polysar 社もブロモブチルゴムおよびクロロブチルゴムを上市している（例：Polysar クロロブチル 1240）．

ブチルゴムおよびポリイソブチレンラテックス

ブチルゴムのエマルジョン化はアニオン系界面活性剤を用いて行う．典型的なブチルゴムラテックスの性質は
- 不揮発分濃度　　　約 60%
- pH　　　　　　　5.5
- ブルックフィールド粘度　2500cP
- 平均粒径　　　　　0.3 μm

酸化防止剤として BHT を，また，必要に応じて防かび剤あるいは殺菌剤を適量添加する．

ブチルゴムラテックスは機械的安定性，化学的安定性，凍結防止性に優れているので，他の配合剤と混合して幅広く使われている．ブチルゴムラテックスは安定性が高いので，標準的な凝固剤では凝固しない．ブチルゴムラテックスの乾燥塗膜は経時安定性，柔軟性，気体不透過性，タック性に優れ，本質的に固形ブチルゴムの性能とほぼ同等といえる．ブチルゴムラテックスの用途には，包装用接着剤がある．堅くて弾力性のないポリマーベース接着剤にブチルゴムラテックスを添加すると，粘着性および柔軟性を改善することができる．ポリオレフィンフィルムおよび繊維用に配合設計されたブチルゴムラテックスベース接着剤の用途には，ラミネーション，継ぎ目止め，バインダーさらにはポリエチレン／ポリプロピレン表面へのコーティングなどがある．ブチルゴムラテックスおよびポリイソブチレンラテックスは Burke-Palmason Chemical 社より市販されている．

変性ブチルゴム

各種部分架橋ブチルゴムおよび変性ブチルゴムは，特に接着剤およびシーリング材市場を意識して開発された．部分架橋ブチルゴムの例として Polysar 社製，XL-20 および XL-50 がある．これらはターポリマーであり，重合過程で DVB（ジビニルベンゼン）を適量加える．Hardman 社製 Kalar は架橋度の違うペレット状の部分架橋ブチルゴムである．ブチルゴムを部分架橋すると，強靱性および耐フロー性が向上する．架橋度の高い部分架橋ブチルゴムの用途には，100% 固形ブチルゴムシーリングテープおよびブチルゴムマスチックなどがある．一方，低架橋度部分架橋ブチルゴムの用途には，溶剤型粘着剤や保護コーティング剤がある．これらの製品は馬力の小さい混合装置を用いても製造することが可能である．

その他，各種解重合ブチルゴム，ブチルゴム溶液（溶剤カットバック），ブチルゴム／可塑剤ブレンド，可塑化部分架橋ブチルゴムなどが変性ブチルゴムとして使われている．これらは通常のブチルゴムを混合するのに十分な装置をもたないユーザー向けに特別に開発されたものである．これらの変性ブチルゴムのメーカーとして Rubber Research Elastomer 社および A-Line Products 社がある．

配合およびプロセス

ポリマーの選択

接着剤配合設計者がイソブチレン系ポリマーをベースとして配合設計する場合，ポリマーの種類が多いので幅広い要求性能を満たすことができる．ポリイソブチレン系ポリマーをベースポリマーとした接着剤において，タック等の他の物性を維持しつつ凝集力を向上させるには，適切なポリマーを選択することが重要である．いくつかの実用的な方法を次に紹介する．

（1）要求性能ならびにプロセス条件に合致する範囲で最も高い分子量のポリイソブチレンあるいはブチルゴムを選ぶ．

（2）ブチルゴム／ポリイソブチレンブレンド系で，ブチルゴムのみを架橋し，系の凝集力を向上させる．

（3）部分架橋ブチルゴムを使う．入手方法として，a) ブチルゴムを部分架橋させる場合，十分注意して加硫剤／促進剤を選ぶ．重要なのは，与えられた架橋システムの範囲内で十分架橋していること．すなわち，残存の加硫剤がほとんどなく，経時で架橋がさらに進まず安定していること．b) 市販部分架橋ブチルゴムを購入し，それを使う．

（4）ポリイソブチレン／ハロゲン化ブチルゴムあるいはブチルゴム／ハロゲン化ブチルゴムブレンド系を選ぶ．この場合，ハロゲン化ブチルゴムのみ架橋させるた

め加硫剤として亜鉛華を使用する．亜鉛華はハロゲン化ブチルゴムとは反応するが，ブチルゴムとは反応しない．この概念を利用すると，SBR あるいは天然ゴムにハロゲン化ブチルゴムをブレンドし，ハロゲン化ブチルゴムのみ架橋させて凝集力の高い粘着剤を作成することができる．

タックもポリマーの種類により影響をうけやすい．タックの改善法は，

① 低分子量ポリイソブチレンである Vistanex LM を併用する．
② ブチルゴムをタックの出る状態まで解重合する．
③ 各種粘着付与剤を添加する．

通常，接着剤配合設計者にとって興味深いのはブチルゴムの分子量であろう．一般的に，ブチルゴムは不飽和分が大変少ないので，未架橋および部分架橋配合物として使用する場合，不飽和分の多少で性能が大きく変わることはない．しかし，未架橋配合の場合，経時安定性を考慮すると不飽和度の最も低いグレードが適している．

顔料および充填剤

他の種類のゴム配合で使用している顔料および充填剤はブチルゴムあるいはポリイソブチレン配合でも同じような選択基準，使用方法で使える．粒子径の小さい顔料は凝集力，剛さ，耐コールドフロー性を改善するが，タックを損なう．マイカ，グラファイト，タルクのような板状顔料は耐酸性，耐化学薬品性，気体不透過性に優れている．粒子径の大きなある種の顔料はタックを改良する．

亜鉛華はタック改質剤としても重要な役割をもっている充填剤である．水酸化アルミニウム，リトポン，ホワイティングおよびサーマルブラックのような粒子径の大きなカーボンブラックを用いると，凝集力を低下させずにタックを改良することができる．クレイ，水酸化シリカ，ケイ酸カルシウム，アルミン酸シリカおよび粒子径の小さいファーネスブラックあるいはサーマルブラックなどは凝集力および剛さを改善する．粒子径の非常に小さいシリカ，酸化マグネシウムあるいは炭酸マグネシウムなども剛さを改善する．このように，顔料および充填剤は要求性能により適切なものを選ぶ必要がある．

次に，いくつかの例を紹介する．

（1）配合コストが重要な場合，良好な物性を示し，比較的安価な炭酸カルシウムが最も多く使用されている．

（2）電気絶縁テープおよびマスチック配合では，一定時間水に浸した後でも電気特性の良い Mistron Vapor Talc, Satinton W/Whitetex clay が適している．

（3）難燃性あるいは自己消火性が必要な場合，酸化アンチモン/ハロゲン含有難燃剤：10/30～15/45 部を用いると効果的である．

（4）タックと耐コールドフロー性を同時に要求されるシーリングテープ（例えば，自動車用グレージングテープ）には，N 330（HAF）のような補強効果の大きな充填剤が適している．

充填剤の製品性能へ与える影響は大きく，適切な充填剤を選択することは配合設計上重要である．

粘着付与剤，可塑剤，他の添加剤

前述のように，イソブチレン系ポリマーを用いると幅広く性能を出すことができる（特に，粘弾性で評価すると）．各種粘着付与剤および可塑剤は配合物の粘度調整およびタックと凝集力のバランスをとるために使われる．ポリブテンは最も一般的に使われている可塑剤である．ポリブテンには，分子量により各種グレードがあり，用途要求性能に応じてグレードを選択する．他の可塑剤として，パラフィンオイル，ペトロラタム，および DOP のようなフタール酸エステル系などがある．

粘着付与剤はタックの水準を高めるために加える．最も一般的に使われている粘着付与剤は Piccolyte S-115 のようなポリテルペン，Schenectady SP-1068 のようなテルペンフェノール，Escorez® 1102/Escorez 1304/Escorez 1315 のような炭化水素系，Staybelite, Pentalyn のような変性ロジンおよびロジンエステルである．通常，タックと凝集力のバランスを考慮し，粘着付与剤は可塑剤と併用して使われる．

これまで紹介した配合剤以外でブチルゴムおよびポリイソブチレン系接着剤，シーリング材分野で使われている配合剤もここで紹介する．それらのうち最も重要な配合剤は，ファクチス，無定形ポリプロピレン，ワックスなどである．ファクチスはコストを下げ，加工性を改善し，糸引き性を少なくする添加剤である．無定形ポリプロピレンはコストを低減し，加工性ならびに熱可塑性を改善する．各種ワックスの機能は無定形ポリプロピレンのそれとほぼ同じである．アスファルトを添加するとコストは下がる．

特殊な添加剤として有機シランがある．ブチルゴム配合物にエポキシシラン（A-187）のような有機シランを添加すると，ガラスに対する接着性が向上する．A-1100 のようなアミノシランおよび A-174 のようなメタクリロキシシランは効果があるといわれている．繊維の用途でブチルゴム系コンタクトセメントを塗付する前に，イソシアネートプライマーを塗付することがある．

酸化防止剤は紫外線および熱による劣化を防ぐためブチルゴムやポリイソブチレン系接着剤では，しばしば使われる．例えば，Ethanox 702, Butyl Zimate, AgeRite Lwhite, Irganox 1010, BHT などがあり，特殊な場合として，硫黄も酸化防止剤として使うこともある．

加 硫 系

ブチルゴムおよびハロゲン化ブチルゴムベースの接着剤，コーキング材，シーリング材およびコーティング剤で使われている基本的加硫系は次の四つに分けられる．

① キノイド
② 硫黄、または硫黄ドナー
③ 樹脂
④ 亜鉛華（ハロゲン化ブチルゴムのみに適応）

ブチルゴムを加硫すると凝集力ならびに耐コールドフロー性が向上し、一方で、タックならびに炭化水素系溶剤に対する溶解性は低下する。したがって、架橋系ブチルゴムベースシーリング材および接着剤配合では、適性な加硫系を選ぶことが重要である。

これら四つの加硫系の中ではキノイド加硫が最も一般的であり、架橋度を調整しやすい。接着剤では、室温または室温以下の温度でも加硫が可能な二液型が一般的である。キノイド加硫の長所として、1) 加硫が速い、2) 耐オゾン性、耐化学薬品性、耐候性に優れている、3) 電気特性に優れている、などをあげることができる。一方、短所として、反応中着色しやすいので白色または淡色配合物には使いづらい、キノイド加硫系を用いた場合、ブチルゴムの不飽和度の大小による加硫速度への影響はわずかである、などの点がある。

キノイド加硫とは、芳香族ニトロソ化合物のニトロソ基を加硫剤とする加硫方法である。例えば、p-キノンジオキシム（通称 QDO）あるいはジベンゾール p-キノンジオキシム（DBQDO）と二酸化マグネシウム、二酸化鉛四酸化三鉛、あるいはベンゾチアジルジサルファイドとの組合せがある。DBQDO 系は加硫が遅いので高温加硫に適している。実際には、p-ジニトロソベンゼンのような酸化物が加硫を促進させる。p-ジニトロソベンゼンの例としてクレイを用いて酸化させた Poly DNB がある。キノイド加硫系の特徴は、すでに述べたように2液であること。ジオキシムを含む液体Aと二酸化マグネシウムあるいは二酸化鉛のような酸化剤を含む液体Bからなり、使用直前に混合する。

ブチルゴム用硫黄加硫系は硫黄（加硫剤）、チウラムまたはジチオカルバメート（促進剤）およびチアゾールまたはチアジルジサルファイド（活性化剤）からなる。亜鉛華または他の金属酸化物を添加すると加硫は促進する。硫黄加硫の場合、同じ加硫系で比較すると不飽和度の大きなブチルゴムグレードの方が不飽和度の小さいグレードより加硫速度が大きく、また架橋密度も大きい反面、耐化学薬品性および耐オゾン性は低い。硫黄加硫は高温加硫であり、接着剤およびシーリング材の分野ではあまり使われていない。

樹脂加硫には Schenectady SP 1055 のような臭素化フェノール樹脂が使われる。ブチルゴムの樹脂加硫温度は樹脂のタイプ、添加量、および活性化剤のタイプ、添加量により室温から高温までいろいろある。樹脂加硫の長所は耐熱性が良いこと、また、加硫温度によっては白色および淡色配合物にも適応できることなどである。

亜鉛華はクロロブチルゴムおよびブロモブチルゴム用加硫剤として興味深い。特に、これらハロゲン化ブチルゴムと他のポリマーとをブレンドする場合、亜鉛華はハロゲン化ブチルゴムのみ架橋し、他のポリマーは未架橋のままの状態を保っている。ポリマー／亜鉛華2成分からなる配合物は FDA の認可が必要な用途で有利である。

部分架橋ブチルゴムは次の方法で作成する。第一の方法は、少量の加硫剤を加えて部分架橋させる。この場合、加えた加硫剤を十分反応させて架橋後さらに加硫が進行しないよう注意する。第二の方法は、ハロゲン化ブチルゴムとブチルゴムのような亜鉛華で架橋しないポリマーとのブレンドである。この混合物に過剰の亜鉛華を加えると分散したハロゲン化ブチルゴムは完全に架橋する。このブレンド系をシーリング材および接着剤へ応用すると凝集力の高いブチルゴムベース配合が可能となる。同様に、ハロゲン化ブチルゴムと天然ゴムをブレンドし亜鉛華でハロゲン化ブチルゴムのみ架橋させると凝集力の高い粘着剤配合ができる。

溶剤および溶解プロセス

ポリイソブチレン系ポリマーは炭化水素および塩素化溶剤には溶けるが、普通のアルコール、エステル、ケトンおよび低分子量酸素含有溶剤には溶けない。接着剤用途では、ヘキサン、ヘプタンのような揮発性パラフィン系溶剤およびナフサが溶剤としてよく使われる。シクロヘキサンおよびパークロロエチレンのような塩素化溶剤を使うと、パラフィン系および芳香族溶剤より同じ固形分濃度でも溶液の粘度は高い。塩素化溶剤の場合、比重が大きいので溶液粘度が高くなるといわれている。酸素含有溶剤に溶けにくいということは、ポリイソブチレン系ポリマーのフィルムが耐酸素含有溶剤性に優れているといえる。

溶剤を選ぶとき、公害規制などを考慮する必要があり、この点で Laktane（揮発速い）、VM & P Naphtha（揮発中程度）およびミネラルスピリッツ（揮発遅い）などが注目されている。VM & P Naphtha とミネラルスピリッツは Southern Carifornia Air Pollution Control District Rule 102（形式上 Rule 66 と呼ばれる）に適応できる。

ブチルゴムおよびポリイソブチレンが少量の安定剤あるいはステアリン酸金属塩を含んでいる場合、ポリマーが溶剤に十分溶けてもゴムセメントが少し白濁することがある。この場合、これら物質は徐々に沈殿していくが、溶液粘度の高い溶剤を用いると沈殿を防いだり減らすことが可能である。

各種ブチルゴムおよびポリイソブチレンの固形分濃度と粘度の関係を図 10.2 および図 10.3 に示す。濃度と粘度は対数比例関係にあり、濃度が若干変わっても粘度の変化が大きく、特に高濃度側で顕著である。ポリマーの分子量も粘度の支配的要因であり、分子量が若干変わっただけでも溶液粘度は大きく変化する。ゴムセメントの最適固形分濃度は使用する溶剤のタイプおよび充填剤含有量などに依存する。ポリイソブチレン系ゴムのセメント配合では、施工方法により最適固形分濃度は異なる。

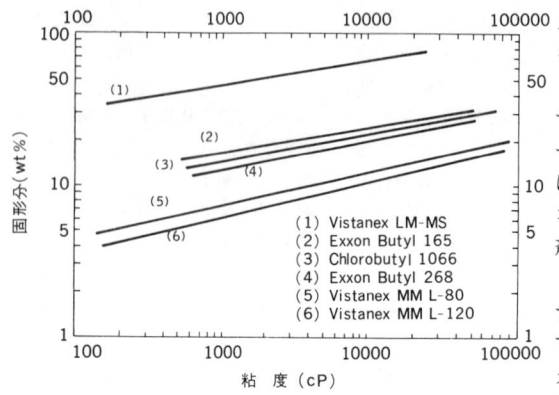

図 10.2 イソブチレン系エラストマーの溶液粘度（トルエン中）

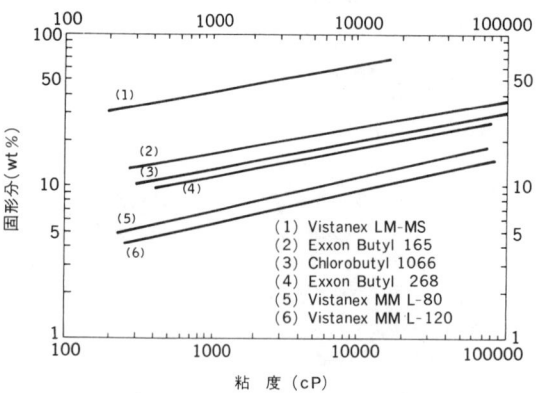

図 10.3 イソブチレン系エラストマーの溶液粘度（ミネラルスピリット中）

スプレーの場合，5～10%，ディッピングの場合10～30%，スプリッディング（展開）の場合25～55%，スパチュラあるいは指で施工する場合50～70%が適応固形分濃度範囲である．

ポリイソブチレン系ポリマーは気体透過性が低いのでゴムセメント用途では，溶剤の揮発を容易にするため，および多孔性物質への浸透をさけるため薄く塗付される．乾燥時間がそれほど長くなければ重ね塗りで厚い塗膜にできる．この点では，充填剤をある程度含むゴムセメントは塗付しやすい．

各種ブチルゴムおよび高分子量ポリイソブチレン（例としてVistanex MM）は固体ベール状で市販されている．接着剤およびマスチックとして使用する場合，溶解時間を短縮するため，ベール状ゴムを物理的に細かくして溶解させる．細片化の方法として，1)ベール用切断包丁あるいは粒状化装置，2)シートミル/スラブ切断包丁，3)バンバリーミキサーなどがある．ここで重要なことは，細片化したポリマーを長時間貯蔵しておくと塊状になるので注意を要する．

切断機より出てくるポリマー細断片は，直接次工程すなわち溶解装置へ送られる．溶解タンクの上にミートグラインダーを取り付ける方法は経済的な方法の一つといえる．この方法では，グラインダーで細断したポリマーを直接，攪拌中の溶剤へ加えることができる．

ブチルゴムの場合，ロールミルおよびバンバリーミキサーがなくても簡単な切断包丁で十分である．もし，ロールミルあるいはバンバリーミキサーがあれば，溶解前に充填剤などの他の配合剤をこれら装置を用いてブチルゴムと混合し，その後，溶解タンクへ混合物を移し，溶剤に溶かす．

低分子量液状ポリイソブチレンおよび低分子量液状ブチルゴムは高分子量グレードよりも，はるかに短い時間で溶解する．これら液状ゴムは貯蔵タンクより直接溶解タンクへ供給できるので，作業上有利である．このゴム溶液に充填剤など他の配合剤を加えて接着剤溶液を作成する．分散を良くするため，ペイントミルまたはボールミルを使って混合させる場合もある．

ポリイソブチレン系ポリマーベースの接着剤溶液およびマスチックを製造する場合，適正な装置のタイプは製品の粘度により異なる．粘度付与剤で代表されるぬれ性改質材も充填剤などとともに混合する．

次に，一般的なガイドラインを紹介する．

（1）粘度が非常に低いセメント（約50000cP以下）：高速，高せん断のノコギリ状ブレードタイプミキサーを用いて混合する．通常，ポリマーの粒子径は小さいほどよく，少量のポリマーを比較的多量の溶剤に溶かす．

（2）低粘度セメント（約50000～約200000cP）：高速，高せん断ジャケットタービンミキサーが適している．

（3）中程度セメント（約200000～約1000000cP）：接着剤用攪拌器あるいは双腕型プラネタリーミキサーが一般的に使われている．

（4）高粘度セメント：ニーダーが最適．ほとんどのニーダーは馬力が十分大きいのでベール状ゴムを直接投入できるが，ニーダーの馬力が十分でない場合，前もって細断したり，ロール上で熱を加えることもある．

ゴム溶液を作成し，次工程で他の配合剤を添加混合する場合，ゴム溶液作成時に用いたのと同じ装置を使用する方法と，別の装置を使用する方法とがある．例として，ブチルゴムベース繊維ラミネーション用接着剤の作成法を紹介する．最初に，ロールミルあるいはバンバリーミキサーで顔料および架橋剤とブチルゴムを混合する．次に，接着剤攪拌器でこの混合物に粘着付与剤および他の配合剤を添加して接着剤を作成する．

ブチルゴムラテックスおよびポリイソブチレンラテックスは粘度がたいへん低いので，通常，密閉式タンクにプロペラミキサーを取り付けた簡単な装置を用いても，混合操作が可能である．

混合，加工技術

ポリイソブチレン系ポリマーは各種マスチック，コーキング材，シーリング材などに使われているが，通常，高粘度タイプの製品は少なく，ほとんど中～低粘度タイプである．ここでは，最も普及している方法を紹介する．

(1) 高せん断タイプのニーダーを使ってミネラルスピリッツを溶剤としたゴム溶液を準備する．まず，ブチルゴムをニーダーへ投入し，次に，溶剤を徐々に加えていく．特に，初期段階では溶剤をいくつかのバッチに分けてゆっくり加えることが重要である．もし，溶剤を急激に加えるとポリマーは小さいペレット状で溶剤に分散するので，十分に溶解させることが困難となる．一般的に，高せん断タイプミキサーをゴム溶液作成用とし，作成したゴム溶液を別の低馬力タイプミキサーへ移し，そこで，顔料，粘着付与剤，可塑剤およびその他の配合剤をゴム溶液へ添加して接着剤を作成する．

(2) 高せん断タイプのミキサーを用いて，すべての不揮発性配合剤とブチルゴムを混合し，その後，混合物を溶剤に溶かす．ブチルゴムと配合剤を混合するとき，およびその混合物を溶剤に溶かすとき，ある配合剤を加えたら，その配合剤が十分分散した後，次の配合剤を加えると分散不良を防ぐことができる．配合剤の投入方法（順序）は次の2通りある．

a. 通常，ゴムを最初に投入し，その後他の固形配合剤を加える．

b. 別の方法としてアップサイドダウン法がある．この方法では，充填剤と少量の可塑剤を混ぜてペースト状とした後，ゴムを加える．部分架橋ブチルゴムをベースとしたマスチックを作成するとき，この方法を用いると短時間で，効果的に配合剤が分散して均一な配合物となる．

(3) ポリマーと充填剤をロールあるいはバンバリーミキサーで混合してマスターバッチを作成する．ゴムと充填剤からなる（可塑剤を含む場合もある）粘度の高い配合物の混合には，ロールおよびバンバリーミキサーが最適である．このマスターバッチを別のミキサーで溶剤に溶かす．

ブチルコーキング材の一般的製造手順を図10.4に示す．

シーリングテープもブチルコーキング材と同様の手順で作成するが，シーリングテープの場合，溶剤を使用しない．シーリングテープ用製造装置としてスクリュータイプのニーダーが話題になっており，このニーダーを用いると短時間でシーリングテープを作成することができる．具体的には，配合剤をニーダーで混合し，その後連

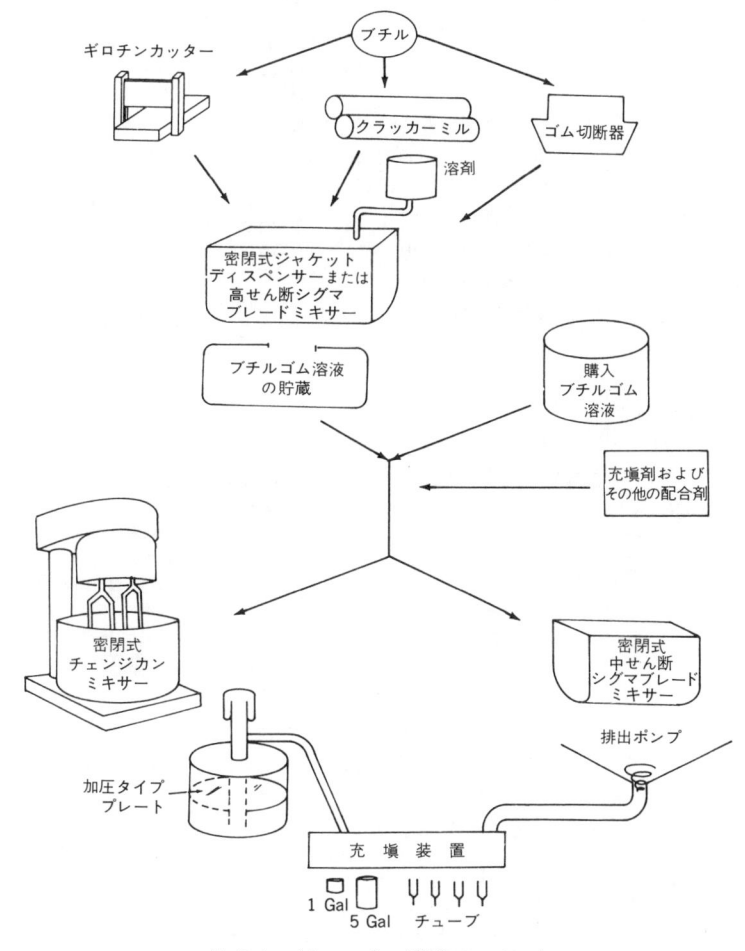

図 10.4 ブチルコーキング製造フローシート

続してテープ状に押し出すか，小さな塊とした後，別の場所で押出し機を用いてシーリングテープを作成する．相当量のポリイソブチレン系ポリマーがワックス改質剤として使われている．これらポリマーとワックスを混合する場合，十分な注意が必要である．ポリイソブチレンの場合，ニーダーに投入し表面積が最大になるまで練りを続ける．この段階でポリイソブチレンは，ちょうど"もち"のような状態になっている．この操作のことをしばしば"ricing"と称する．この"もち"状のゴムにワックスを徐々に加えていく．特に重要なのは，添加の初期段階でワックスを徐々に加えていき，このバッチのワックスがゴムに均一に分散していることを確認した後，次のバッチのワックスを加えることである．ブチルゴムの場合，ポリイソブチレンよりニーダーの中でまとまりやすい傾向があるが，本質的にはポリイソブチレンのワックス添加法にしたがって混合操作を行う．

応用および配合

ポリイソブチレン系ポリマーは耐化学薬品性，経時安定性，耐熱性，永久タック性，低温柔軟性などに優れ，またFDAで広く認可されているので，粘着剤，接着剤，自動車用ならびに建築用シーリング材およびコーティング剤分野で幅広く利用できる．ポリイソブチレンポリマー同士のブレンドあるいはポリイソブチレンと他のポリマー，例えば天然ゴム，SBR，EVA，APPとのブレンドにより物性を改良し，その結果，用途展開が広くなる．一例をあげると，不飽和分の多いポリマーにポリイソブチレンを混合すると，そのポリマーの経時安定性，耐化学薬品性が向上する．ポリイソブチレン系ポリマーの接着剤およびシーリング材への応用について以下紹介する．

接着剤およびマスチック

接着剤　ポリイソブチレン系ポリマーは各種接着剤のベースポリマーとしてよく知られている．接着剤配合例を表10.2に示す．この章で紹介するすべての配合は部数で表示されている．二液型ブチルゴムベース自己架橋型接着剤はブチルポリマーの利点を活用していろいろな用途で使われている．ブチルゴムベース架橋型粘着剤配合例を表10.3に示す．

粘着剤　粘着テープおよび粘着ラベル用ゴム系溶剤型粘着剤の主成分はゴムと粘着付与剤である．低分子量ポリイソブチレンは粘着付与剤ならびに変性剤として使われる．低分子量ポリイソブチレンを加えるとタック，軟らかさが増し，被着材表面へのぬれが増す．一方，高分子量ポリイソブチレンは凝集力ベースとして使われる．

粘着剤配合を検討するとき重要な因子は，タックおよび静荷重下でのクリープ性，すなわち保持力である．よく知られているように，ポリイソブチレン系ポリマーは

表10.2　セメント配合

a. 紙用セメント
Vistanex MM L-100	100
溶剤	900

このセメントは家庭用および事務所用セメントと同じ性能を示す．

b. ポリエチレンフィルムラミネーション用セメント
Exxon Butyl 268	100
テルペンフェノール樹脂[a]	5
溶剤	要求粘度により変量

セメント溶液を被着材の一方に塗付し，乾燥させる．次に，もう一方の被着材をローラーで圧着して貼り合わせる．乾燥皮膜はタックがあるので不浸透性被着材でも貼合せが可能である．

c. フロッキング用接着剤
Vistanex MM L-100	100
テルペンフェノール樹脂[a]	20
Butyl Zimate	0.5
溶剤	要求粘度により変量

a：Schenectady SP-553または同様の樹脂．

表10.3　ブチルゴムベース架橋型セメント配合

a. 自己架橋型ブチルゴムセメント
	A液	B液
Exxon Butyl 268	50	50
亜鉛華	2.5	2.5
ステアリン酸	1.5	1.5
N 762(SRE)カーボンブラック	—	40
Staybelite Ester 10 樹脂	20	—
硫黄	0.7	0.7
QDO	2	—
二酸化鉛	—	4
溶剤：ヘプタン	400	400
92%イソプロパノール(wet)	5	5

固形配合物とゴムを混合した後，溶剤に溶かす．A液，B液を使用直前に混合する．

b. 高凝集力クロロブチルセメント
Chlorobutyl 1066	100
ジトリデシルフタレート(DTDP)	5
ジエチルチオ尿素(DETU)	5
トルエン	360
イソプロパノール	40

手順
1. 加熱したDTDPとDETUのペーストを予備混合する
2. 240～280°F，5分間バンバリーミキサーまたはロールミルで混合する
3. 温度を300°F以下に保つ．
4. 固形混合物を溶剤に溶かす．

高せん断ミキサーを用いて適当な温度で混合すると，チオウロニウム塩が形成し，イオン結合により溶解性を損なうことなく，結果としてセメントの凝集力は高くなる．室温架橋型として使用する場合，使用直前に次のものを加える．
Zirex(ジンクレジネート)	10
トルエン	10

固有のタックを所有するポリマーであるが，各種粘着付与剤を添加すると，タックはさらに良くなる．天然ゴムのような粘着剤用ベースポリマーと比べると，ポリイソブチレン系ポリマーの保持力あるいは凝集力は低い．保持力を改善する方法を次に示す．

① 高分子量ポリイソブチレンあるいは天然ゴムを添加

② 良好な粘着付与剤および充填剤の選択
③ 架橋システムの導入

ポリイソブチレン系粘着剤の主用途は粘着ラベルおよびそれほど高い凝集力を必要としない粘着テープである。経時安定性に優れるポリイソブチレン系ポリマーは永久タックがあり、ほとんど硬化しない。したがって、再はく離性粘着ラベルのような経時安定性を必要とする用途に向いている。経時安定性の悪いベースポリマーを用いた再はく離性粘着ラベルは、時間とともに凝集力が低下し、再はく離すると糊残りが生じる。高分子量ポリイソブチレンを用いると、ラベル製造プロセス上重要なダイカット性を改善できる。

このように、ポリイソブチレン系ポリマーは再はく離性粘着ラベル用原材料として優れている。ポリイソブチレン系ポリマーは低温柔軟性にも優れているので、室温以下の低温領域でも十分使える。特に、低分子量ポリイソブチレンであるVistanex LMは低温用粘着付与剤としても有用である。ポリイソブチレン系ポリマーベース粘着剤の他の用途として、冷凍用溶剤型粘着ラベルがある。ポリイソブチレン系ポリマーは毒性が低く、FDA規格の各種項目で認可され、さらに色相が良好であるため外科用テープ、経口包帯、人工肛門など、医療用途で好んで使われている。ポリイソブチレン系ポリマーベース粘着剤はポリエチレンのような難接着被着材、さらに紙、PVC、ポリエステルなどの被着材にも適応できる。これらの溶剤型粘着剤配合例を**表10.4**に示す。

ここで紹介した配合成分、配合量は一般的なもので、実際の用途で使用する場合、要求性能や製造条件により、配合成分ならびに配合量を調整する。

ホットメルト型接着剤　イソブチレン系ポリマーはホットメルト型接着剤およびホットメルト型粘着剤分野でも使われている。溶剤型接着剤・粘着剤のところで述べたイソブチレン系ポリマーの特徴はホットメルトの場合でも適応できる。すなわち、これらのポリマーは低温柔軟性、経時安定性、耐化学薬品性に富み、熱可塑性混合物に加えると強靱性が向上する。ポリイソブチレン系ポリマーの優れたホットタック、接着性、シール性などはすでに文献で紹介されている。ホットメルト型接着剤・粘着剤を配合設計するとき、ポリイソブチレンのグレードの選定ならびに配合量が性能を決める重要な因子である。これらの弾性体は熱溶融が困難であり、分子量が大きくなると溶融粘度も上昇する。実際、高分子量ポリイソブチレンであるVistanex MMグレードがホットメルトで使われることは少ない。

ホットメルト型粘着剤では、通常、ブチルゴムの粘度も適正な水準に下げるため、粘着付与剤、ペトロラタム、APPのような溶融物質を相当量加える。低揮発性オイル、ポリブテン、パラフィンワックス、マイクロクリスタリンワックスなどを加えても粘度は下がるが、ワックスを過剰に加えるとタックに悪影響を及ぼす。低分子量ポリイソブチレンはブチルゴムの効果的な可塑剤であり

表10.4 粘着剤配合

a. 透明テープ用粘着剤	
Exxon Butyl 268 または Vistanex MM L-100	100
Vistanex LM-MS	75
溶剤	塗工粘度による
b. クロロブチル/SBRベース一般テープ用粘着剤	
Chlorobutyl 1066	50
SBR 1011	50
Vistanex LM-MS	30
Escorez® 2393 樹脂	30
Pentalyn H 樹脂	30
酸化防止剤[a]	0.5
溶剤	塗工粘度による
c. 再剥離性粘着ラベル用粘着剤	
Vistanex MM L-100	100
Vistanex LM-MS	40
亜鉛華	20
炭酸カルシウム	20
Escorez 5300 樹脂	30
ポリテルペン樹脂(軟化点115℃)[b]	30
ポリブテン(平均分子量1300)[c]	45
パラフィン系プロセスオイル	15
酸化防止剤	0.5
溶剤	塗工粘度による
d. ビニルフロアータイル用粘着剤	
Exxon Butyl 268	100
Vistancex LM-MS	20
テルペンフェノール樹脂[d]	70
溶剤	塗工粘度による
e. 外科テープ用溶剤型粘着剤	
Vistanex MM L-100[e]	100
Vistanex LM-MS	30
亜鉛華	50
水酸化アルミナ	50
USP ホワイトオイル	40
フェノールホルムアルデヒド樹脂	50
溶剤	塗工粘度による

a: 酸化防止剤としてはIrganox 1010またはEthanox 702を使用。
b: Piccolyte S 115または同等の樹脂。
c: Parapol® 1300。
d: Schenectady SP-553または同等の樹脂。
e: さらに凝集力を高めるには、Vistanex MM L-100の一部を天然ゴムで置き換える。この場合、経時安定性が問題となるので酸化防止剤を加える。Schenectady SP-1068およびEscorez 1304のような脂肪族系炭化水素樹脂も使用できる。

タックを改善する。ブチルゴムベースのホットメルト型粘着剤はブチルゴムの特徴を活かして、耐久性、低温性、プラスチックフィルムへの接着性が要求される用途で使われる。カーペットタイル用ブチルゴムベースホットメルト型粘着剤の配合例を**表10.5**に示す。

ホットメルト型粘着剤では、低分子量ポリイソブチレンは分子量が小さいので容易に溶融混合でき、その結果、混合物の粘度が低下するので、最も使いやすいグレードといえる。グレードにより異なるが、低分子量ポリイソブチレンの177℃での典型的な粘度は30000〜60000cP(スピンドルSC 4-27)である。熱可塑性成分の混合比率を変えると混合物の粘度が変わるので、粘度要求性能を満たすように熱可塑性成分を配合する。

表 10.5 ブチルゴムホットメルト型粘着剤配合

Exxon Butyl 065	100
Escorez 1304 樹脂	100
ペトロラータム（融点 57°C）	50
アンバーマイクロワックス[a]	150
酸化防止剤	1
ブルックフィールド粘度＠121°C， スピンドル SC 4-29(cP)	80000
表面状態	粘着性あり，固い
接着性[b]	
ビニルフォーム／合板	良好
ゴムフォーム／合板	良好

a : Be Square 175.
b : 接着剤をフォームに塗付後，合板へ手で圧着し貼り合わせる．

粘度降下剤としては，ペトロラタムとワックス類が最も効果的である．樹脂，ワックス，低密度ポリエチレン（LDPE），エチレン酢ビ，結晶性および非結晶性ポリプロピレンを加えると，硬度および凝集力が向上する．特に LDPE あるいは結晶性ポリプロピレンを 10wt％ 加えると，混合物の軟化点が上昇し，粘着剤の使用温度範囲が広くなる．ワックスおよび熱可塑性物質は最終製品のタックを減少させる傾向にあるので，適量使用すべきである．炭化水素オイルおよびペトロラタムを低分子量ポリイソブチレン／樹脂混合物へ加えると，タックが増大する．

低分子量ポリイソブチレンを 180°C で，溶融混合物へ攪拌しながら漸次加えていくと比較的容易に混合する．低分子量ポリイソブチレンベースホットメルト型粘着剤配合例を**表 10.6**に示す．低分子量ポリイソブチレンは経時タック安定性，接着性，柔軟性に優れ，また，FDA 条例で広く認可されているので医療関係の用途でも使える．表 10.6 で紹介した配合は参考例であり，実際に配合設計する場合，要求性能により修正を必要とする場合もある．室温でタックの必要ない接着剤の場合も，上記粘着剤の配合設計概念をそのまま使える．接着剤の場合でも，低分子量ポリイソブチレンは粘着付与剤あるいは接着促進剤として使われるが，特に，ポリエチレンおよび他のプラスチックフィルム表面への接着力が要求される包装用分野で重要な役割を果たす．一般的な包装用接着剤配合例を**表 10.7**に示す．

ブチルゴムは押出し機より押し出されるいろいろな形状の棒状ホットメルト型接着剤のベースポリマーとしても使われる．ブチルゴムは押出し前の段階では強度と柔軟性を与え，押出し中は流動性を与え，さらに押出し後は接着力を改善する．ロープまたはコイル状ホットメルト型接着剤配合例を**表 10.8**に示す．

ワックスブレンド　イソブチレン系ポリマーをワックスの改質剤として使用すると，ワックス単独使用の場合と比べ，粘度は上昇するが強靱性，シール性，接着性，低温柔軟性，経時安定性，耐化学薬品性などが向上する．ワックスコーティング剤にブチルゴムあるいは高分子量ポリイソブチレンを 1～5％ 添加すると，粘度は上昇する

表 10.6 低分子量ポリイソブチレンベースホットメルト型粘着剤配合

A. 一般用

	1	2	3
Vistanex LM-MS	25	35	45
Escorez 1310 樹脂	50	50	15
ペトロラータム（融点 57°C）	15	—	40
高分子量 LDPE[a]	10	—	—
パラフィン系プロセスオイル	—	15	—
ブルックフィールド粘度 @177°C，スピンドル SC 4-27 (cP)	1900	1200	850
表面状態	粘着性中 硬い	粘着性大 軟らかい	粘着性大 軟らかい
軟化点，環球法（°C）	101	49	55

B. 低温ラベル用粘着剤

Kraton 1107[b]	50
Finaprene 1205[b]	50
Vistanex LM-MS	90
Escorez 2393 樹脂	130
ナフテン系プロセスオイル	58
酸化防止剤	2
ローリングボールタック (cm)	2.5
180° はく離接着力 (g/cm)	
ステンレス板	880
処理済 LDPE	570
180° はく離接着力＠0°F (g/cm)[c]	
ステンレス板	1250
処理済 LDPE	90
ループタック＠0°F (g/cm)[c]	
ステンレス板	950
段ボール	290
ワックスボード	410

C. EVA ベース粘着剤

Elvax 40	100
Vistanex LM-MS	20
Escorez 2393 樹脂	80
酸化防止剤	1

a : Epolono C-10 のような低分子量 LDPE を用いると粘度，軟化点とも低くなる．
b : スチレンブロックコポリマー．
c : 粘着剤，被着材とも -18°C 中に放置後，-18°C で測定．

表 10.7 包装用ホットメルト接着剤配合

エチレン酢酸ビニル共重合体	25
マイクロクリスタリンワックス	30
Escorez 2393 樹脂	35
Vistanex LM-MS	10
酸化防止剤	0.5

表 10.8 ロープ状ホットメルト接着剤配合

Exxon Butyl 268	20
β-ピネン樹脂（軟化点 115°C）	20
Escorene® UL 7750 EVA ポリマー	20
低分子量ポリエチレン（分子量 12000）	20
低分子量ポリエチレン（分子量 20000）	19
酸化防止剤	1

が，それにともない耐性，持続性は向上する．高分子量ポリイソブチレンをチーズラッパー用コーティング剤へ添加すると，天然油および脂肪に対して抵抗力が高くなる．

パイプラップテープ・電気用テープ　ポリイソブチ

レン系ポリマーは経時安定性，低吸水性，低気体透過性，固有のタック，電気絶縁性などの利点を活かしてパイプラップテープおよび電気用テープの分野でベースポリマーとして使われてきた．

パイプラップテープはブチルゴムまたはブチルゴム/エチレンプロピレンゴム混合物をベースポリマーとした粘着剤とポリエチレンあるいは PVC の支持体からなるテープである．粘着剤配合例を表 10.9 に示す．高分子量ブチルゴム Exxon Butyl 268 を多量配合すると凝集力は大きくなる．飽和度の高い Exxon Butyl 065 は経時安定性に優れている．粘着付与剤を添加するとタックと凝集力のバランスがとりやすくなり，粘着付与剤とポリブテンを配合すると粘着性の良好なパイプラップテープを作成することができる．これらの粘着剤をカレンダー法，エクストルージョン法，あるいは溶剤法で支持体へ塗付する．

表 10.9 パイプラップテープ用ブチルマスチック配合

Exxon Butyl 065	100
N 550 (FEF) カーボンブラック	100
Mistron Vapor Talc	200
ポリブテン（平均分子量 950）[a]	100
Escorez 1304 樹脂	75
無定形ポリプロピレン[b]	50
パラフィン系プロセスオイル	50

a：Parapol 950．
b：A-Fax 600 または同種製品．

ブチルゴムベースの電気用テープはマスチック状態で，電気特性，耐熱性，経時安定性，耐オゾン性などに優れている．ワイヤおよびケーブルの重ね継ぎ用あるいは末端結束用には自己融着性（テープを重ね合わせて巻いた後，永久結合を形成する）が必要である．低分子量ポリイソブチレンを粘着付与剤として添加したポリイソブチレン系ポリマーベース電気用テープはポリエチレンに対する接着性が良い．したがって，このテープは架橋型ポリエチレン，絶縁ケーブルの重ね継ぎ用途に向いている．

スプライシングテープは繊維，フィルムなどの支持体がなく，通常，はく離ライナーを使ってロール状で供給される．特殊電気用テープの用途では，要求性能に応じて粘着剤および支持体を選択する．ポリイソブチレンは無極性であり，よく使われているビニル用可塑剤による膨張に対する抵抗力が大きい．したがって，ビニルフィルムを支持体とし，その上にポリイソブチレンベースの粘着剤を塗付したテープは，ビニルより移行してくる可塑剤による影響をほとんどうけない．

非伝導性スプライシングテープならびに電気用テープの配合例を表 10.10 に示す．スプライシングテープの場合，凝集力および電気特性を改良するためバンバリーミキサーで配合物を熱処理する．

表 10.10 電気用テープ配合

a. ブチル非伝導性スプライシングテープ

Exxon Butyl 268	100
Vistanex MM L-100	10
AgeRite Resin D	1
亜鉛華	5
Mistron Vapor Talc	60
Satinton W/Whitetex clay	60
N 990 (MT) カーボンブラック	10
低密度ポリエチレン	5
Escorez 1315 樹脂	5
アルキルフェノール樹脂[a]	5
Poly DNB	0.5
QDO	0.2
引張り強さ (psi)	650
伸び (%)	750
絶縁耐力 (V/mil)	745
体積抵抗 ($\Omega \cdot cm \times 10^{-14}$)	140

バンバリーミキサーで混合した後，160°C，3 分間放置すると促進剤 (Poly DNB, QDO) の働きでポリマーと充填剤が結合する．すべての物性は厚み 0.030 in の未加硫パッドを用いて測定．

b. 電気用プラスチックフィルムテープ

Vistanex MM L-100	100
Escorez 2393 樹脂	35
Hercolyn D 樹脂	35
ポリブテン（平均分子量 950）[b]	35

a：Schenectady SP-1077．
b：Parapol 950．

シーリング材

ブチルゴムあるいはポリイソブチレンはコーキング材およびシーリング材のベースポリマーあるいはバインダーとして幅広く使われている．ブチルゴムベースシーリング材は柔軟性に富み，伸びが大きく，卓越した経時安定性，耐候性，耐硬化性を示す．ポリイソブチレン系ポリマーを含むコーキング材，シーリング材には次の三つのタイプがある．まず，ブチルコーキング材は，通常，一液型で反応性はなく，充填剤，溶剤などを含む可塑性配合物で，コーキングガンなどを用いて施工できる．次のタイプはテープ状またはリボン状シーリング材で，不揮発分 100%，タック性があるため，はく離紙を用いてロール状に巻いて供給される．このタイプのシーリング材を用いると，簡単に手圧着するだけで効果的にシールすることができる．最後のタイプは 100% 固形，ホットメルト配合物で，圧力をともなうアプリケーターを使って高温溶融状態で被着材へ直接施工できる．

溶剤揮発型シーリング材（コーキング材）　シーリング剤を施工した後，溶剤を揮発させることによりコーキングの機能を発揮するタイプのシーリング材である．この用途で最も多く使用されているブチルゴムは不飽和分の非常に低い Exxon Butyl 065 である．ブチルゴムコーキングを作成するには，まず，ブチルゴムをミネラルスピリッツ中に，高濃度で溶かし，ブチルゴムの溶剤カットバックを用意する．次に他の配合剤を加える．他の配合剤には，タルク，ホワイティング，二酸化チタン，粘

10. ブチルゴム/ポリイソブチレン接着剤

表 10.11 ブチルゴムベースコーキング材

配合	phr (部数)	wt %
Exxon Butyl 065, 50% ミネラルスピリット溶液	200	20.50
Vistanex LM-MS	20	2.05
イソステアリン酸	5	0.51
繊維状タルク	300	30.75
Atomite whiting	200	20.50
ルチル型酸化チタン	25	2.56
Schenectady SP-553 樹脂	35	3.60
Parapol 1300 ポリブテン	100	10.25
ブラウン大豆油, Z_3	15	1.54
6% ナフテン酸コバルト乾燥剤	0.5	0.05
Cab-O-Sil M 5	20	2.05
ミネラルスピリット	55	5.64
	975.5	100.00
固形分 wt %	84	
密度	3.17	
ガロン当り重量（ポンド）	11.4	

混合：コーキング材の製造にはシグマブレードニーダーが適している．上記表の順序にしたがってニーダーへ投入する．樹脂は硬いので，前もって溶剤に溶かしておく．要求物性や混合装置の性能によって配合を若干変更することもある．特に混合時間，せん断速度を考慮し，溶剤の配合量，チクソトロピー性について留意する必要がある．

着付与剤，可塑剤としてのポリブテン，低分子量ポリイソブチレンおよびその他の特殊配合剤がある．典型的なブチルゴムコーキング配合例を表 10.11 に示す．

ブチルゴムコーキングは建築用シーリング材，各種ラップジョイントシーリング材，バットジョイントシーリング材，チャンネルグレージング，ダクトおよびパネル用シーリング材などとして使われており，さらに，ガラスの据付け台，DIY 家庭修理用，海洋関係にも使われている．伝統的な油性コーキングと比べると，ブチルゴムコーキングは経時安定性および外部応力に対する追従性において優れている．高性能ブチルゴムコーキングは Federal Specification TT-S-001657 "Sealing Compound-Single Component" および Canadian Government Specification 19-GP-14 の要求を満たす．低粘度のブチルゴムマスチックは缶詰製造ラインで使われる．マスチックの薄いビードを自動的に金属缶の端にアプリケーターを用いて塗付する．ブチルゴムの FDA での幅広い認可と優れた耐化学薬品性を利用した用途である．

シーリングテープ 100% 固形，定形シーリングテープは施工が簡単であり，他のタイプのシーリング材では施工しにくい場所でも使える．シーリングテープはロール状で供給され，幅，厚みの違ったものがある．場合によっては，使用時に変形しないよう中心部に糸または加硫ゴムを芯材として埋め込んだ補強タイプもある．シーリングテープは粘着性があり，施工時に手で圧着できるよう十分な軟らかさをもっている．シーリングテープは弾性の大小により次の 3 種類に分類できる．

① 非弾性シーリングテープ
② 半弾性シーリングテープ
③ 弾性シーリングテープ

非弾性シーリングテープあるいはロール状コーキングは非常に軟らかく，通常，ポリブテンをベースとし，強度および耐フロー性を改善するために低分子量ポリイソブチレンあるいはブチルゴムを少量添加する．非弾性シーリングテープの用途には，動きの少ない所の目地およびグレージングがある．例として，家庭電気製品のシーリングおよびトレーラーや可動住宅用シーリング材などがある．

半弾性シーリングテープは，通常，ブチルゴムをベースとしているため，非弾性シーリングテープと比べ，より弾性的である．圧縮性と弾性とのバランスを保持するために補強剤と体質顔料を用いる．経時安定性のよい高分子量ポリブテンを可塑剤あるいは粘着付与剤として使用する．典型的な半弾性シーリングテープ配合を表 10.12 に示す．半弾性シーリングテープはカーテンウォールおよびプレハブ建築などの用途で，ガン施工コーキングおよび架橋タイプのシーリング材とともに，システムアプローチの一部として組合せで使われる．弾性シーリングテープは自動車工業において，ウインドシールドおよびバックライト用シーリング材として使われる．

表 10.12 半弾性ブチルゴムベースシーリングテープ配合

Exxon Butyl 268	100
Silene 232 D シリカ	50
二酸化チタン	50
Atomite whiting	300
Mistron Vapor Talc	150
Parapol 1300 ポリブテン	200
AgeRite White 酸化防止剤	2

10. ブチルゴム/ポリイソブチレン接着剤

表 10.13 弾性シーリングテープ配合

A.		B.	
部分架橋ブチルゴム	100	Exxon Butyl 065	60
Silene 730 D シリカ	50	Chlorobutyl 1066	40
N 326 (HAF-LS) カーボンブラック	140	表面処理炭酸カルシウム	50
Parapol 950 ポリブテン	140	N 326 (HAF-LS) カーボンブラック	100
Hercolyn 樹脂	30	Parapol 950 ポリブテン	115
		亜鉛華	2
		酸化マグネシウム	0.4
		ステアリン酸	0.4
1段階ニーダー混合		2段階混合：	
		●バンバリーマスターバッチ：ブチルゴム，クロロブチルゴム，CaCO₃，ZnO，MgO，ステアリン酸；325°F，5分間混合	
		●ニーダー混合：マスターバッチ＋他の配合剤	

弾性シーリングテープに求められる機能はシールおよび窓ガラスを固定するための接着である．最近需要は減りつつあるが，弾性シーリングテープは依然として補修用として使われる．このタイプのシーリングテープには高いせん断力，耐フロー性，耐たわみ性，自動走行中の振動や環境に対する抵抗力などが求められており，これらの要求を満たすため部分架橋ブチルゴムをベースポリマーとして配合を設計する．部分架橋ブチルゴムをベースポリマーとした弾性シーリングテープ配合およびブチルゴム/クロロブチル混合物をベースポリマーとし，混合中に部分架橋させる弾性シーリングテープ配合を**表10.13**に示す．

ブチルゴムベースシーリングテープのウインドシールへの応用例を**図10.5**に示す．図10.5(a)はシーリングテープを窓の外側と内側，両側に用いる場合の例である．シールする溝よりもやや広い幅のシーリングテープを用意し，内側のサッシでシーリングテープを圧縮して接合する．図10.5(b)はシーリングテープを窓の外側のみに用い，内側をガン施工用コーキングでシールする例である．

複層ガラス　複層ガラス用シーリング材の要求性能として，耐候性，経時安定性，耐久性，低水蒸気透過性，くもり防止性などがある．ブチルポリマーはこれらの要求を満たすポリマーとして，長い間，複層ガラスの用途で使われてきた．複層ガラスには，2種類のシーリング材が組合せで使われる．ブチルゴムマスチックは金属スペーサーとガラスの間のバリヤーシーリング材として，また，化学的に架橋したシーリング材はこのユニットを保持するための構造用接着剤として，それぞれ役割を果たす．複層ガラス用マスチックの配合例を**表10.14**に示す．配合の中で使われている低分子量ポリイソブチレンである Vistanex LM および板状タルクはともに水蒸気透過性が低い．この Vistanex LM ベースのシーリング材は，20年以上の耐久性が実証されており注目に値する．ブチルゴムまたは部分架橋ブチルゴムをベースとしたホットメルト配合物は複層ガラス用シーリング材として使える．この場合，ホットメルト配合物をシーリングテープの状態にするか，あるいはポンプを用い溶融状態で施工する．

表 10.14 複層ガラス用押出しマスチック配合

Vistanex LM-MH	100
Mistron Vapor Talc	48
N 990 (MT) カーボンブラック	2

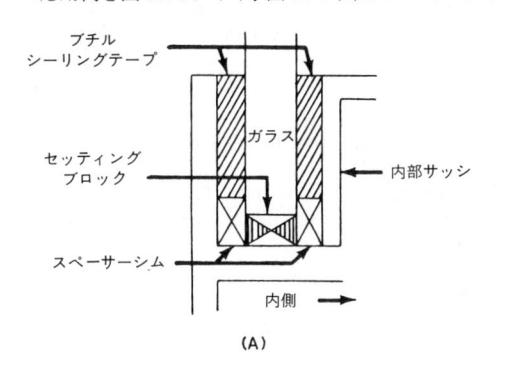

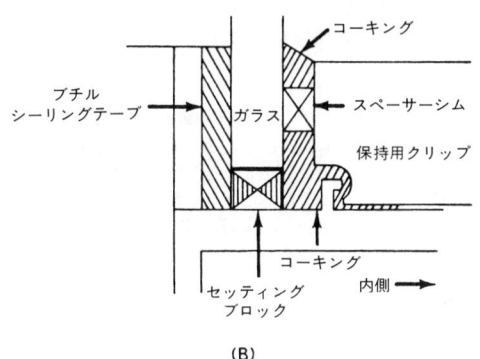

図 10.5 典型的建築用シーリングテープ施工例

ホットメルトシーリング材　すでに述べたように，新しいタイプのシーリング材として100%固形熱可塑性ホットメルト配合物があり，加熱後，溶融状態で施工する．これらのホットメルト配合物はホットメルトシーリング材と呼ばれている．ホットメルトシーリング材はブチルゴムをベースポリマーとし，APPあるいは各種樹脂を加えた熱可塑性物質である．ブチルゴムとEPRあ

いは部分架橋ブチルゴムとのブレンドをベースポリマーとして使用する場合は，粘度が過度に高くならないよう十分注意する．LDPE および EVA のようなポリマー，充填剤，およびポリブテンのような可塑剤も改質剤として使われる．ホットメルトシーリング材の施工法には二つある．

（1）ポンプとディスペンサーを組み合わせ，バルク状ホットメルトを吐出させる．

（2）半携帯用押出しガンを使用する．

ホットメルトシーリング材の用途には，プレハブ住宅および窓ユニットの工場組立ライン，家庭電気器具，さらに接着とシール両方の機能を必要とする自動車用接着剤あるいはシーリング材などがある．

配合剤の商標名およびメーカー名

A-Fax 600	Hercules Inc.
AgeRite Resin D	R. T. Vanderbilt Company
AgeRite White	R. T. Vanderbilt Company
Atomite	ECC America Inc.
Be Square 175	Petrolite Specialty Polymers Grp.
Bromobutyl	Exxon Chemical Company; Polysar Limited
Butyl Zimate	R. T. Vanderbilt Company
Cab-O-Sil M5	Cabot Corporation
Chlorobutyl	Exxon Chemical Company; Polysar Limited
DBQDO	Lord Corporation
Elvax 40	E. I. DuPont, Inc.
Epolene C-10	Eastman Chemical Products Inc.
Escorene® EVA	Exxon Chemical Company
Exxon Butyl	Exxon Chemical Company
Escorez® Resins	Exxon Chemical Company
Ethanox 702	Ethyl Corporation
Finaprene 1205	Fina Oil & Chemical Company
Hercolyn D	Hercules Inc.
Irganox 1010	Ciba-Geigy Corporation
Kalar	Hardman Inc.
Kalene	Hardman Inc.
Kraton 1107	Shell Chemical Company
Laktane	Exxon Corporation
Mistron Vapor Talc	Cyprus Industrial Minerals
Oppanol	BASF
Pentalyn H	Hercules Inc.
Parapol® Polybutenes	Exxon Chemical Company
Piccolyte S-115	Hercules Inc.
Poly DNB	Lord Corporation
Polysar Butyl	Polysar Limited
QDO	Lord Corporation
Satinton W/Whitetex	Engelhard Corporation
Schenectady Resins	Schenectady Chemicals Inc.
Silanes	Union Carbide Corporation
Silene 732D	PPG Industries, Inc.
Staybelite Ester 10	Hercules Inc.
Vistanex® PIB	Exxon Chemical Company
Zirex	Reichhold Chemicals, Inc.

[J. J. Higgins, Frank C. Jagisch, and N. E. Stucker／吉田享義 訳]

参 考 文 献

1. Buckley, D. J., Elastomeric Properties of Butyl Rubber, *Rubber Chem. Technol.*, **32**(5), 1475 (Dec. 1959).
2. Fusco, J. V., and Hous, P., Butyl and Halobutyl Rubbers in "Introduction to Rubber Technology," M. Morton, ed., New York, Van Nostrand Reinhold, 1987.
3. Thomas, R. M., and Sparks, W. J., Butyl Rubber, in "Synthetic Rubber," G. S. Whitby, ed., Chapter 24, New York, John Wiley and Sons, 1963.
4. Hardman Inc., "Kalene," Technical Data Sheets 32983ms and 4483ms, Belleville, 1983.
5. Exxon Chemical Co., "An Introduction to Vistanex® LM Low Molecular Weight Polyisobutylene," Brochure 204-0188-01A, Houston, 1988.
6. Exxon Chemical Co., "Vistanex Polyisobutylene, Properties and Applications," Brochure SYN 82-1434, Houston, 1982.
7. Exxon Chemical Co., "Chlorobutyl Rubber, Compounding and Applications," Brochure SYN 76-1290, Houston, 1976.
8. Exxon Chemical Co., "Bromobutyl Rubber, Compounding and Applications," Brochure SYN 86-1801, Houston, 1986.
9. Gunner, L. P., Butyl Latex Adhesives for Polyolefins, *J. Adhesive and Sealant Council,* **1**(1), 23 (1972).
10. Burke-Palmason Chemical Co., "Butyl Latex BL-100," Brochure, Pompano Beach, 1984.
11. Berejka, A. J., and Lagani, A., Jr., U.S. Patent 3,597,377, to Esso Research and Engineering Co. (Aug. 3, 1971).
12. Paterson, D. A., XL Butyl Rubber Improves Preformed Sealant Tapes, *Adhesives Age,* **12**(8), 25 (Aug. 1969).
13. Hardman Inc., "Kalar," Technical Data Sheet 12382ms, Belleville, 1982.
14. Amoco Chemicals Corp., "Amoco Polybutenes," Bulletin 12-J, pp. 22–25, Chicago, 1981.
15. Jagisch, F. C., "Performance of Vistanex LM Polyisobutylene in Blends with Thermoplastic Hydrocarbon Materials," Exxon Chemical Technical Report TB-AP-35, Baton Rouge, 1979.
16. Smith, W. C., The Vulcanization of Butyl, Chlorobutyl and Bromobutyl Rubber, in "Vulcanization of Elastomers," G. Alliger and I. J. Sjothun, eds., p. 230, New York, Van Nostrand Reinhold, 1964.
17. Eby, L. T., and Thomas, R. T., U.S. Patent 2,948,700, to Esso Research and Engineering Co. (Aug. 9, 1960).
18. Exxon Chemical Co., "Viscosities of Solutions of Exxon Elastomers," Bulletin SC 75-108, Houston, 1975.
19. Stucker, N. E., and Higgins, J. J., Determining Poly-

mer Solution Viscosities with Brookfield and Burrell-Severs Viscometers, *Adhesives Age,* **11**(5), 25 (May 1968).
20. Exxon Chemical Co., "Vistanex LM Polyisobutylene, Handling Suggestions," Bulletin SC 83-130A, Houston, 1983.
21. Treff, A., Labor Savings Pay for Kneader-Extruder, *Adhesives Age,* **12**(8), 20 (Aug. 1969).
22. Higgins, J. J., Jagisch, F. C., and Stucker, N. E., Butyl Rubber and Polyisobutylene, in "Handbook of Pressure-Sensitive Adhesive Technology," Second Edition, D. Satas, ed., p. 374, New York, Van Nostrand Reinhold, 1989.
23. Tyran, L. W., U.S. Patent 3,321,427, to E. I. Dupont (May 23, 1967).
24. Moyer, H. C., Karr, T. J., and Guttman, A. L., U.S. Patent 3,338,905 to Sinclair Research Inc. (August 29, 1967).
25. Cox, E. R., U.S. Patent 3,396,134, to Continental Oil Co. (Aug. 6, 1968).
26. Kremer, C. J., and Apikos, D., U.S. Patent 3,629,171, to Atlantic Richfield Co. (Dec. 21, 1971).
27. Hammer, I. P., U.S. Patent 3,322,709, to Mobil Oil Corp. (May 30, 1967).
28. Trotter, J. R., and Petke, F. D., U.S. Patent 4,022,728, to Eastman Kodak Co. (May 10, 1977).
29. Exxon Chemical Co., "Escorez® Resins and Vistanex LM Polyisobutylene in Low Temperature Pressure Sensitive Adhesives," Bulletin R 79-54, Houston, 1979.
30. Morris, T. C., and Johnson, E. C., U.S. Patent 2,894,925, to B. B. Chemical Co. (July 14, 1959).
31. Battersby, W. R., Karl, C. O., and Kelley, J. S., U.S. Patent 3,318,977, to United Shoe Mach. Co. (May 9, 1967).
32. Brillinger, J. H., and Stucker, N. E., Elastomers in Hot-Melt Formulations, *TAPPI,* **52**(9) (Sept. 1969).
33. Harris, G. M., "Plastic Tapes—Twenty Years of Underground Corrosion Control," Paper at 26th NACE Conference, March 2–6, 1970.
34. Federal Spec. HH-1-553, "Insulation Tape, Electrical," Grade A—Ozone Resistant.
35. Panek, J., and Cook, J. P., "Construction Sealants and Adhesives," Second Edition, New York, John Wiley and Sons, Inc., 1986.
36. Jagisch, F. C., Polyisobutylene Polymers in Sealants, *Adhesives Age,* **21**(11), 47 (November 1978).
37. Higgins, J. J., Butyl and Related Solvent Release Sealants, in "Sealants," A. Damusis, ed., Chap. 13, New York, Van Nostrand Reinhold, 1967.
38. Dalton, R. H., McGinley, C., and Paterson, D. A., Developing a Quality Standard for Butyl-Polyisobutylene Solvent Release Sealants, *Adhesives Age,* **16**(11) (Nov. 1973).
39. Berejka, A. J., Sealing Tapes, in "Sealants," A. Damusis, ed., Chap. 14, New York, Van Nostrand Reinhold, 1967.
40. Mazzoni, R. J., and King, L. K., Performance of Double Glazed Units in Accelerated and Service Tests, *Mater. Res. STD,* 517 (Oct. 1965).
41. Kunkle, G. E., U.S. Patent 2,551,952, to PPG Co. (Sept. 9, 1948).
42. Jagisch, F. C., "Vistanex Polyisobutylene and Escorez Resins in Hot Flow Sealants," Exxon Chemical Technical Report TB-AP-10, Baton Rouge, 1977.
43. Berejka, A. J., and Higgins, J. J., Broadened Horizons for Butyl Sealants, *Adhesives Age,* **16**(12) (Dec. 1973).
44. Callan, J. E., Cross-linked Butyl Hot-Melt Sealants, *J. Adhesive and Sealant Council,* **3**(1) (1974).

11. ニトリルゴム接着剤

ニトリルゴムはジエンとビニル不飽和ニトリルの共重合体である．この章では，市販ニトリルゴムの大部分を占める乳化重合により製造された1,3-ブタジエンとアクリロニトリルの共重合体について主に述べる．市販ニトリルゴムは15〜50%のアクリロニトリルを含有しているポリマーである．ニトリルゴムの一般的な分子構造を次に示す．

$$-(CH_2-CH=CH-CH_2)_x-(CH_2-CH)_y-$$
$$\qquad\qquad\qquad\qquad\qquad |$$
$$\qquad\qquad\qquad\qquad\qquad C\equiv N$$

ニトリルゴムについては，これまで数多くの文献でとりあげられてきた．この章では，両末端に官能基を導入したテレケリック型溶液重合ブタジエン/アクリロニトリル液状共重合体についても簡単に述べる．

ニトリルゴムとフェノールホルムアルデヒド樹脂，レゾルシノールホルムアルデヒド樹脂，塩化ビニル樹脂，アルキド樹脂，クマロンインデン樹脂，塩化ゴム，水添ロジン，コールタール樹脂，あるいはその他の樹脂を混合し，その後加硫すると，凝集力，耐油性，耐久性に優れた配合物になる．ニトリルゴムセメントは幅広い用途に適応できる．ニトリルゴムは加硫および未加硫ニトリルゴム同士あるいは，ニトリルゴムとビニル，ポリプロピレンおよび他の弾性体との結合剤として使われる．ニトリルゴムを繊維にコーティングすると，耐油性，耐摩耗性が向上する．さらに，ニトリルゴムはビニルおよび弾性体と繊維の接着剤としても使われている．ニトリルゴムは蛋白質，繊維，織物，紙，木材等の多孔質被着材との親和性が良い．フェノール樹脂とニトリルゴムからなる接着剤は，性能に優れているため幅広い接着剤用途で使われている．

ニトリルゴムの製法

エマルジョン技法

市販ニトリルゴム製造法として乳化重合がある．乳化重合を用いると，高重合度，高分子量ポリマーを生成することができる．アメリカの五大ニトリルメーカーは，B. F. Goodrich, Uniroyal Chemical（最近 Avery Inter-

表 11.1 ホットニトリルゴム

メーカー	商品名	アクリロニトリル(%)	名目ムーニー粘度	備考
B. F. Goodrich	Hycar® 1000 X 88	43	80	
	Hycar 1001 CG	41	87	セメントグレード
	Hycar 1002	33	85	
	Hycar 1022	33	48	直接溶解タイプ
	Hycar 1014	21	80	
	Hycar 1312 LV	26	10000 cP[a]	液状
	Hycar 1422 X 5	33	48	1022の粉状タイプ
Uniroyal Chemical (Avery International)	Paracril® CJ	38.5	47	
	Paracril C	35	75	
	Paracril CV	35	65	クラム状
	Paracril B	29.5	80	
	Paracril AJ	23.5	50	
	Paracril 1880	22	75	
Goodyear	Chemigum® N 3	39	84	
	Chemigum N 5	39	87	
	Chemigum N 6 B	33	54	
	Chemigum N 7	33	86	

a：ブルックフィールド粘度

national へ売却された), Polysar, Goodyear および Copolymer である. これらメーカーのうち連続生産方式でニトリルゴムを製造するメーカーの場合, グレード数は少なく, 一方, バッチ生産方式で製造するメーカの場合, グレード数は多い. 例えば, B. F. Goodrich の場合, 約 70 種のニトリルゴム製品を上市している. したがって, 市販ニトリルゴムの種類は大変多い. 接着剤用として表 11.1 に示したホットニトリルゴムが一般的に使われている. ニトリルゴムを乳化重合で生成する場合, 重合変数が非常に多い.

Blackley は最近発行した本の中で, ゴム乳化重合および乳化重合メカニズムの概要について述べている. ここでは, ニトリルゴムの接着性能に影響を及ぼす主な重合変数について述べる.

モノマー　種類/水準　セメントおよび接着剤用途で使われている典型的なニトリルゴムは 25% 以上のアクリロニトリルを含む共重合体である. ニトリルゴムのアクリロニトリル含有量が 15% から 50% へ増加すると, 図 11.1 の溶解度パラメーターの変化にも見られるように極性が増す. ニトリルゴムの T_g もアクリロニトリル含有量により支配される. ブタジエンとアクリロニトリルが均一な組成であるニトリルゴムの場合, アクリロニトリル含有量が 15% から 50% へ増加すると, T_g は約 $-60°C$ から約 $-10°C$ へと上昇する. しかし, アクリロニトリル含有量が 35% 以下のほとんどのニトリルゴムは組成が不均一で, ブタジエン/アクリロニトリルの組成比の異なった混合物として存在する. このことは, これら混合物の T_g が二つ存在することからでもわかる.

次に, ジエンおよびニトリルの種類について簡単に述べる. ジエンとしては, イソプレン, 2-エチルブタジエン, 2,3-ジメチルブタジエン, ピペリレン, その他のジエンが検討されてきたが, 一般的に使われているのは, 1,3-ブタジエンである. 一方, ニトリルとしては, アクリロニトリルが一般的である. アクリロニトリルの一部をメタアクリロニトリルあるいはエタアクリロニトリルで置換すると, セメントの性能が向上するといわれている. これらのジエンおよびニトリルに第 3 成分としてメタクリル酸を少量加えた Hycar 1072 が接着剤分野で使われることもある. さらに, 接着性能および弾性を調整するため, エチルアクリレート, メチルメタクリレート, スチレン, 塩化ビニリデン, アクリル酸, N-ビニル-2-ピロリドン, あるいは酢酸ビニルを添加することもある.

重合温度　ホット/コールド　主な市販ニトリルゴムは重合が 5°C で行われるため, コールドラバーと呼ばれている. 加工性の良いコールドラバーは一般的に, 混合, カレンダー, 押出し作業が必要な用途に向いている. しかし, 接着剤用途では 25〜50°C で重合したホットラバーが好んで使われている. コールドラバーと比べ, ホットラバーは分岐が多く, また, ブタジエンセグメントの cis-1,4-ミクロ構造が若干多い. ブタジエンセグメントには三つの異なる構造があることは知られているが, これらのミクロ構造を解析する方法として赤外線吸収スペクトルがよく用いられている.

$$\begin{array}{ccc}
 & CH_2- & \\
CH=CH & CH=CH & -CH_2-CH- \\
-CH_2 & -CH_2 & -CH_2 CH \\
& & \| \\
& & CH_2 \\
trans\text{-}1,4 & cis\text{-}1,4 & 1,2 \text{ or vinyl}
\end{array}$$

乳化剤　種類/添加量　ニトリルゴムはアニオン系乳化剤を用い, 乳化重合で合成される. 乳化剤としては, 脂肪酸のナトリウム, カリウムあるいはアンモニウム塩, ロジン酸, 硫酸アルキル, アルキルアリルスルホネートなどが主に使われている. ニトリルゴムラテックスを凝固/乾燥後, 乳化剤の一部がゴム中に残り, 接着性能へ影響を及ぼすこともあるので, 乳化剤の種類/添加量を決める場合, 十分注意する必要がある.

分子量調節剤　各種分子量調節剤あるいは連鎖移動剤を用いると, ポリマーの分子量を調整することができる. 分子量調節剤としては, 脂肪族メルカプタン, 二硫化ジイソプロピルキサントゲンがある. 分子量調節剤を用いないと, 分子量が大きくなり, また, 分岐も多く,

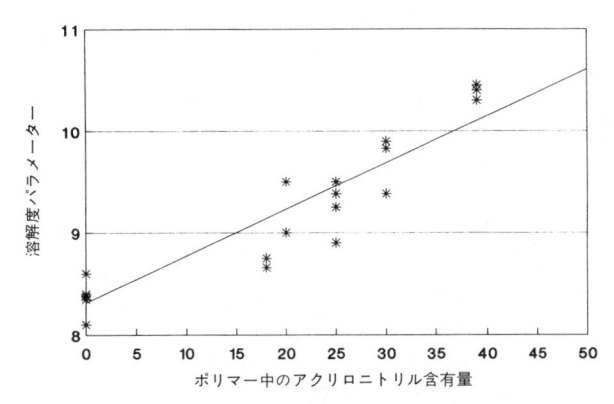

図 11.1　アクリロニトリル含有量と溶解度パラメーター

結果として加工性が悪くなる．二硫化ジメチルキサントゲンを用いて合成したニトリルゴムエマルジョンは n-ドデシルメルカプタンを用いて合成したニトリルゴムより接着性に優れているとの報告もある．分子量の小さいニトリルゴムが好まれる接着剤およびシーリング材用途には，分子量調節剤添加量を多くして合成した液状ポリマーが適している．液状ポリマーの代表例としてはHycar 1312があり，粘着付与剤として有用である．

モノマー・ポリマー転化率 一般的な市販ニトリルゴムの場合，モノマーからポリマーへの転化率は75～90％である．転化率を上げると，分岐が多く，硬化しやすく，さらに，ゲルが形成しやすくなる．ニトリル共重合体の転化率および分子量は溶解性へ影響を及ぼすので，ゲルのない透明性のよいセメントが必要な場合，転化率は低い方がよい．

バッチ生産と連続生産 バッチ生産は少量多品種製品，特殊用製品の製造に適しているため，いくつかのニトリルゴム製造メーカーで採用されている．しかし，①切換えが多く生産性が低い，②切換えによるコストアップなど，問題もある．一方，連続生産は，品種は限られるが，大量生産ができるので生産性のよい製造法である．

重合反応論的にみると，5℃の低温重合でつくられるニトリルゴムは，アクリニトリル（42.5％）と共沸混合物を形成する．いいかえれば，転化率を上昇させても，モノマー中の組成比とポリマー中の組成比が同じである．一方，高温重合（50℃）の場合，アクリニトリル（37.5％）と共沸混合物を形成する．いずれの場合でも共沸混合物と異なる組成でバッチ重合を行うと，ニトリルゴムの組成は転化率により変わる．この現象はアクリニトリル含有量の低い，比較的共沸混合物組成より離れたところで顕著である．連続生産方式では，モノマー組成とポリマー組成を一定に保つため反応性の大きなモノマーを用いる．結果として，バッチ生産ニトリルゴムと連続生産ニトリルゴムはシーケンス分布（モノマー配列）が異なる．この分子配置が接着性へ影響を及ぼす．

凝固と乾燥 乳化剤，凝固剤，酸化防止剤，電解質など，残存の非ポリマー成分はニトリルゴムの接着性能へ影響を及ぼすので，ラテックスの凝固，洗浄，乾燥方法を選ぶ場合，十分注意する必要がある．一般的に使われている凝固剤には，硫酸アルミニウム，塩化カルシウムなどがある．凝固クラム状ゴムの洗浄条件およびウェットゴムクラムの機械的圧搾条件もまた，ゴム中に残る乳化剤および凝固剤の残存量へ影響を及ぼす．

グラインディング（粉砕） 生産工程の最終段階で，一部のニトリルゴムは粒子状にして出荷される．粒子状ゴムは表面積が大きく，容易に溶解するので，セメント用途でときどき使われる．粒子状ゴムが再び塊にならないように，石鹸石，タルク，樹脂，粒子状ポリマーなどを耐ケーキ剤，耐ダスト剤として加えるが，場合によっては，これらの添加剤が接着性能へ影響を及ぼすこともある．

官能基含有テレケリック型液状ポリマー
冒頭で述べたように末端に官能基を導入したテレケリック型液状ブタジエン/アクリロニトリル共重合体が新たに各種接着剤分野で使われ始めた．これらの物質は適当な開始剤，連鎖移動剤を用いて溶液重合でつくられる分子量約3500の二官能性分子である．したがって，乳化重合でつくられる一般のニトリルゴムとは製法が異なる．アクリロニトリル含有量が10～27％のものが市販されている．官能性がさらに必要な場合，カルボキシル基含有モノマーをペンダントグループ（枝鎖）として主鎖へ少量付加する．末端官能基としては，カルボキシル基，二級アミノ基，一級水酸基，アクリレートなどがある．主要市販品を**表11.2**に示す．

これらの反応性液状ポリマーと従来の高分子量ポリマーを比べると，相異点が多い．反応性液状ポリマーは二官能性であるため，容易に他のポリマーやプレポリマーと反応して主鎖に短いニトリルブロックを含む高分子量物質を形成する．液状ポリマーは含有する各種官能基の働きで，エポキシ，ポリエステル，あるいはポリウレタンなどと反応する．次に，これらの物質は室温で液状であるため，液状エポキシと混合すると100％活性液体となる．100％液体とは溶剤を含まなくとも接着剤を配合することができるという意味で，環境汚染の問題となる溶剤を使う必要がないので有利である．さらに，これらの液状ポリマーは溶液重合でつくられるため，無機塩などの汚染の心配もない．少量のイオンが接着剤中に存在しても電気特性を損なうプリントサーキットボードの用途では，これら100％液体接着剤が有用といえる．

ニトリルゴムセメントの製造

ポリマーの選択と可溶化
各種ニトリルゴムが接着剤分野で使われているが，ポリマーを選択するときのガイドラインを次に示す．

表11.2 Hycar 反応性液状ポリマー

	1300 X 8 CTBN	1300 X 9 CTBNX	1300 X 13 CTBN	1300 X 21 ATBN	1300 X 16 ATBN	1300 X 22 VTBN	1300 X 23 VTBNX	1300 X 17 VTBNX
アクリロニトリル含有量 (%)	18	18	26	10	16	16	16	16
官能基タイプ	カルボン酸	カルボン酸	カルボン酸	第2アミン	第2アミン	アクリル酸	アクリル酸	第1水酸基
ブルックフィールド粘度, cP@27℃	135000	160000	570000	180000	200000	225000	250000	140000
比重	0.948	0.955	0.960	0.938	0.956	0.984	0.985	0.960
当量	1920	1490	1750	1200	900	1400	1100	1880

11. ニトリルゴム接着剤

表 11.3 素練りの粘度および貯蔵安定性への影響

配合番号	1	2	3	4
Hycar 1041	20.0	20.0	—	—
Hycar 1042	—	—	20.0	20.0
メチルエチルケトン合計	80.0	80.0	80.0	80.0
	100.0	100.0	100.0	100.0
素練りの有無	有	無	有	無
LVFブルックフィールド粘度, cP (#4スピンドル, 30 rpm)				
初　期	1200	ゲル	940	2380
24 時間	1200	—	940	2380
48 時間	1200	—	1080	2800
72 時間	1200	—	1080	2940
144 時間	1200	—	1080	3300

○高アクリロニトリル含有ニトリルゴムは結合力が高く，また，皮膜性能も優れている．
○一般的に高ムーニー粘度ニトリルゴムを用いると，接着剤の結合力は高い．
○一般的にホットニトリルゴムが接着剤用途で使われているが，コールドニトリルゴムであるHycar VT 455 および Hycar VT 480 も接着剤分野で使われている．

ニトリルゴムの種類によってはセメントを製造する前に素練りをした方がよい場合がある．素練りを含むニトリルゴムの加工方法については，メーカーの資料および文献で詳しく紹介されている．ロール間隙を絞った素練りや低温素練りは効果的な方法であり，素練りによりニトリルゴムは溶解しやすくなる．セメント用に準備したニトリルゴム配合物は素練り後，時間とともに溶解性が低下するので，素練り後できるだけ早く溶解させた方がよい．ニトリルゴムの種類によっては素練りなしでも十分溶解する場合もあるが，この場合でもニトリルゴムの粘度を下げるため素練りをした方がよい．素練りの粘度および貯蔵安定性への影響について表11.3に示す．

Sarbach と Garvey は典型的な8種類の溶剤を用いて，ニトリルゴムの溶解性について検討した．彼らの報告によると，ニトリルゴムに溶解する溶剤は芳香族炭化水素，塩素化炭化水素，ケトン，エステル，およびニトロパラフィンであり，一方，不溶な溶剤は脂肪族炭化水素，水酸基含有溶剤，および酸であった．ニトリルゴム用速乾性溶剤にはアセトン，メチルエチルケトン，クロロホルム，エチレンジクロライド，エチルアセテートおよびトリクロロエチレンがある．一方，乾燥のおそいニトリルゴム用溶剤には，ニトロメタン，ニトロエタン，ニトロプロパン，ジクロロペンテン，クロロベンゼン，クロロトルエン，メチルイソブチルケトン，ブチルアセテートおよびメチルクロロホルムがある．

固形分濃度 20～35％のセメントをつくるにはメチルエチルケトンおよび塩素化溶剤が適している．50％までの固形分濃度の高いセメントには，ニトロパラフィンが適している．一般的に固形分濃度の高いニトリルゴムセメントは安定性が悪いといわれているが，この点を考慮すると，1-クロロ-1-ニトロパラフィンが適しているといわれている．

溶解性のほかに供給安定性，コスト，毒性の有無，におい，燃焼性，蒸発速度などが溶剤選択の決め手となる．

表 11.4 Hycar ゴム用混合溶剤 (vol %)

2種混合		3種混合	
1. ニトロエタンまたはニトロメタン	10～30%	1. クロロトルエン	10～20%
ベンゼン，トルエンまたはキシレン	90～70%	ニトロエタン	10～20%
		ベンゼン	80～60%
2. 二塩化エチレン	10～30%	2. 二塩化エチレン	10～20%
ベンゼン，トルエンまたはキシレン	90～70%	クロロベンゼン	10～20%
		メチルエチルケトン	80～60%
3. クロロトルエンまたはクロロベンゼン	10～30%	3. 酢酸ブチル	33 1/3 %
ベンゼン，トルエン，キシレン	90～70%	クロロベンゼン	33 1/3 %
		アセトン	33 1/3 %
4. クロロベンゼン	10～30%	4. 二塩化エチレン	10%
メチルエチルケトン	90～70%	トルエン	10%
		ベンゼン	80%
5. ニトロエタン	10～30%	5. 1-ニトロプロパン	25%
メチルエチルケトン	90～70%	アセトン	50%
		ベンゼン	25%
6. クロロトルエン	10～30%		
ジイソプロピルケトン	90～70%		

コスト，蒸発速度，溶解性などを考慮して**表 11.4**に示したような混合溶剤を使うこともある．これらの溶剤の多くは毒性があるので，これらの溶剤を含むセメントや接着剤を取り扱う場合，換気には十分注意する必要がある．

配合剤

ニトリルゴムをベースとして接着剤を製造する場合，ゴム系接着剤で一般的に使われている配合技術，配合剤を用いることができる．

顔料 ニトリルゴムセメントで顔料を使用する主な目的は性能補強であり，さらに，他の目的としてタック，貯蔵安定性，耐熱性などの改善およびコスト低減をあげることができる．カーボンブラックを添加すると架橋ニトリルゴム皮膜強度が大きくなる．この目的にはチャンネルブラックが最も適しており，通常，40～60部加える．チャンネルブラックの代わりにファーネスブラックを用いると，引張り強さおよび接着力はやや低下するが貯蔵安定性が向上し，さらにコスト低減に貢献する．通常使われている非黒色顔料には酸化鉄，亜鉛華，水酸化シリカ，二酸化チタン，クレイなどがある．75～100部の酸化鉄を添加すると，セメントの表面がなめらかになり，引張り強さ，タック，貯蔵安定性が向上する一方，耐摩耗性は低下する．亜鉛華（25～50部添加）はタックを改善するが，皮膜強さ強化には効果がない．水酸化シリカ（20～100部添加）はブラックが使えない用途で引張り強さを大きくすることができ，繊維用接着剤では特に有用である．二酸化チタン（5～25部）を添加すると白色度，タック，および貯蔵安定性が向上する．クレイを添加すると引張り強さおよび接着性は低下するがコストを低減できる．

可塑剤 ニトリルゴム配合では，タックおよび接着性向上を目的とした軟化剤を用いることがある．軟化剤を加える他の目的は加工性の改善である．セメント用途で一般的に使われている軟化剤はエステル系（ジブチルフタレート，ジオクチルフタレート，トリクレジルフタレート，トリブトキシエチルホスフェート，セバシン酸ジベンジル），エステルガム，アルキド樹脂，クマロンインデン樹脂，液状ニトリルゴム，コールタール樹脂，その他である．

加硫剤 接着剤の強度，特に高温での強度を高めるため加硫剤を添加してニトリルゴムを架橋させる．ドライニトリルゴム配合で使われている加硫剤システム（加硫剤，促進剤，活性剤，その他）がニトリルゴムセメントの場合にも使える．加硫剤システムとしては硫黄/ベンゾチアゾールジサルファイド/亜鉛華（2/1.5/5）が一般的な組合せである．低温加硫用促進剤としてはチウラムジサルファイドの亜鉛塩のような超促進剤あるいはアルデヒド/アミン複合体で活性化した促進剤がある．これらの低温加硫剤はセメントを使用する直前に添加する．

粘着付与剤 ニトリルゴムを樹脂および他のゴムで改質すると強度が大きく，耐油性に優れた弾性接着剤をつくることができる．レゾルシノール，ホルムアルデヒド樹脂，ポリ塩化ビニル樹脂，アルキド樹脂などの改質剤があるが，接着剤用途で最も使われている樹脂はフェノール樹脂である．Vinsol 樹脂，水添ロジンおよびその誘導体，コールタール樹脂，クマロンインデン樹脂，液状ニトリルゴム（例：Hycar 1312）等は粘着付与剤として有用である．塩化ゴムを添加するとタック，安定性，金属を含む各種被着材への接着性が向上する．いくつかの接着用用途では，塩素化ジブチルカーボネートのような塩素化アルキル炭酸塩をニトリルゴムに添加すると，タックおよび接着性が向上する．

酸化防止剤 ニトリルゴム自身には酸化防止剤が添加されているが，耐熱性，耐久性などが必要な用途ではセメント配合物作成時にさらに酸化防止剤を配合剤として加える．酸化防止剤による汚染が問題とならない分野では，アミン系酸化防止剤がニトリルゴム用として一般的に使われている．

増粘剤 シェアレートを大きくしたとき，見かけ粘度が低下する擬似可塑性を必要とするニトリルゴムセメント用途では，通常，増粘剤を添加する．展性コーティング用セメントでは，この擬似可塑性および生産性が重要である．増粘剤を加えると粘度が上昇し，また，固形分濃度も高くなる．増粘剤を厚塗りスプレータイプセメントに添加すると物性が向上する．カルボキシルビニルポリマー，Carbony® 1934 はメチルエチルケトンを溶剤としたニトリルゴムセメントに対し効果的な増粘剤である．

応 用

ニトリルゴムはニトリルゴム自身の特性および他の極性ポリマーとの相溶性，耐溶剤性を利用して接着剤分野で幅広く用いられている．市販ニトリルゴムの形状には厚板，クラム，液状ならびにラテックスがあり，加工適応性が広く，したがって用途も広い．ここでは，用途をベースポリマーのタイプにより次の三つに分ける．

（1）ニトリルゴムあるいはニトリルゴム同士のブレンド
（2）ニトリルゴム/フェノール樹脂ブレンド
（3）ニトリルゴム/エポキシブレンド

ニトリルゴムベース

ラミネーション用接着剤 表 11.5 に示したように，ニトリルゴムはラミネーションの分野で接着剤のベースポリマーとして幅広く使われている．これらの用途については，後で詳しく述べる．ポリ塩化ビニル，ポリ酢酸ビニル，その他のポリマーフィルムとアルミニウムや真ちゅうのような金属とのラミネーションが行われている．ポリマーフィルムと金属のラミネーション用接着剤配合例を表 11.6 に示す．200 psi/300°F/15 分間圧着処理するとポリマーフィルムと金属の積層物ができる．

11. ニトリルゴム接着剤

表 11.5 ニトリルゴムのラミネーション用接着剤への応用

未加硫ニトリル/	レザー/
未加硫ニトリル	レザー
レーヨン	ビニル
綿	合成靴底
ニトリル/	綿
SBR	ビニルフィルム/
ネオプレン	ビニルフィルム
レザー	綿
ナイロン	ビニル
テフロン	ビニル/ビニルフォーム
スチール	コルク/コルク
真ちゅう(スズめっき)	ガラス/ガラス
アルミニウム	木/木
ナイロン/ナイロン	グリット/ポリウレタンフォーム
オルロン/オルロン	銅/
綿/綿	フェノール板
	エポキシ板
	アスファルト板/モヘア織物

表 11.6 高分子フィルム/金属ラミネーション用接着剤

Hycar 1002	150
塩化ビニル,塩化ビニリデン共重合体	50
ジオクチルフタレート	20
Paraplex G-30	10
バリウム安定剤(例,Staflex QXMA)	6
硫黄	1
ベンゾチアゾールジサルファイド	1

表 11.7 酢酸セルロースフロック用接着剤

Hycar 1002	100
硫黄	3
メルカプトベンゾチアゾール	2.4
フェニルグアニジン	0.6
亜鉛華	7.5
クマロン樹脂	37.5
ジメチルフタレート	300
ビス-2-エチルヘキシルフタレート	45
メチルエチルケトン	378
メチルイソブチルケトン	256

酢酸セルロースフロックを繊維に固定させてパイル状表面をつくるときに使用する接着剤の配合例を**表 11.7**に示す.

ニトリルゴム,Vinsolエステルガム混合物のエチレンジクロライドまたは同様の溶剤を用いた溶液は接着剤および表面コーティング剤として推奨できる.レザーや靴製造用としてはニトリルゴム,ピロキシリン,硫黄,亜鉛華,ケイ酸カルシウムからなる接着剤が有用である.初期接着力および耐油性に優れた加硫ゴム用常温接着剤としては高アクリロニトリル含有ホットニトリルゴム(例:Hycar 1001 CG),カーボンブラック,多量の亜鉛華の混合物がある.

Hycar 1432:塩素化ポリ(4-メチル-1-ペンテン)(3:1)のブレンドをベースポリマーとした接着剤は,可塑化PVCシートとスチールとの接着に適している.PVC含浸コンベアベルトカーカスは未架橋ネオプレンゴム層と結合する.

ニトリルゴム接着剤は,中〜高極性ゴム/ポリアミド用として使用できる.以前は,溶剤中に溶かしたニトリルゴムを10〜20部のリン酸とともに50〜100℃で処理し中性化していた.しかし最近では,ニトリルとホルムアルデヒドオリゴマー混合物にアクリル酸,メタクリル酸,ジクミルパーオキサイドおよびフェノールエステルを加えてゴム/ポリアミド用接着剤としている.

ニトリルゴムの接着性は化学的変性によりさらに改質できる.イソシアネートで処理したニトリルゴムとポリイソシアネートを混合すると優れたゴム/帆布ラミネーション用接着剤となる.さらに,ニトリルゴムへメチルメタクリレートをグラフトしたグラフトニトリルゴムベース接着剤も良好な接着力を示す.

ニトリルゴムラテックスもまた,接着剤分野で幅広く使用されている.ラテックスを用いると,ポリマーを溶剤に溶かすことなく被着材表面へ直接,接着剤を塗付できるので,塗付後,多量の溶剤を除去できるような環境がない場合,たいへん有利である.

Hycar 1552のような中〜高アクリロニトリルラテックスおよびHycar 1572のようなカルボン酸変性アクリロニトリルブタジエンラテックスを織物/ビニルフォームラミネーション用接着剤として使用すると,織物の特性を変えることなく高接着力を得ることができる.通常,ラテックスを使用する前にポリアクリル酸ナトリウムで増粘する.カルボン酸変性ポリマーと比べ,ニトリルゴムラテックスを用いたラミネーションは軟らかく,また柔軟性に富んでいる.

中〜高アクリロニトリルラテックスと液状ニトリルゴムエマルジョンの混合物はウェットグラブ性(ウェット状態での被着材表面への接着性)に優れており,完全に乾燥しなくても十分高い接着力を示すので,スチレンフォーム用接着剤として使われる.安定した液状ニトリルゴムエマルジョンをつくるには,まず水にポリアクリレート増粘剤を加える.通常,分散をよくするため,Eppenbachのような高せん断ミキサーを使用する.ポリアクリレートを水酸化アンモニウムで中性化した後,最後に液状ニトリルゴムを加える.典型的な液状ニトリルゴムエマルジョン処方を**表 11.8**に示す.接着剤として使用する場合,ニトリルゴムラテックス1部に対して6部もしくはそれ以上の液状ニトリルゴムエマルジョンを加える.

中〜高アクリロニトリルラテックスとレゾルシノールホルムアルデヒド溶液の混合物はニトリルゴム製品と綿やレーヨン織物との接着剤として使われている.この混合物は溶剤型セメントを使用した場合よりも高い接着性を示す.**表 11.9**に示した典型的な接着剤を160℃,1〜5

表 11.8 液状ニトリルエマルジョン組成

Hycar 1312	99.25
ポリアクリレート樹脂(例:Carbopol 934)	0.60
水酸化アンモニウム(20%)	0.14
水	100.00

11. ニトリルゴム接着剤

表 11.9 ニトリルゴム/綿, ニトリルゴム/レーヨン用接着剤

	ドライ重量	ウェット重量
ニトリルラテックス（例：Hycar 1562 X 102）	85	212
6.5% レゾルシノールホムアルデヒド溶液	15	231
希釈用水	—	57

分間加硫する。

ニトリルゴムラテックスは，織物で裏打ちしたビニルウォールカバーとSBRフォームとの接着にも使える．さらに，ニトリルゴムラテックスは食品包装用紙とサランフィルムとの接着にも有用である．このような接着剤は加熱，浸漬，減圧下でも安定している．

ニトリルゴムラテックスとVinsol（Hercules社製，高軟化点熱可塑性樹脂）よりなる接着剤は各種ラミネーションに応用できる．Vinsol樹脂の添加効果として

（1）ぬれおよび浸透性の向上
（2）金属表面への接着性の改善
（3）接着剤皮膜の水蒸気透過性の低下
（4）液状炭化水素の耐性を損なわず耐水性の向上
（5）コスト低減

などがあげられる．

ニトリルゴムラテックスとPVCラテックスの混合物はポリプロピレン製カーペットや合板の裏打ち用接着剤

表 11.10 ポリプロピレンカーペット/合板ラミネーション用接着剤

	全固形分	ドライ(部数)
Hycar 1562 X 103	41.0	1250
Geon 450 X 20	55.0	500
Picconol A 600 E	55.0	750
Acrysol GS	5.0	25
トルエン	100.0	125
Dixie クレイ分散液	65.0	750

として優れている．**表 11.10** に配合例を示したが，この接着剤を用いると水中に7日間浸漬した後でも良好な接着が維持できる．ニトリルゴムラテックスとSBRラテックスを組み合わせた接着剤は浸透紙と織物とのラミネーション用として使われ，例として，何枚も重ね合わせてつくる動物を原料とするカバンがある．ニトリルゴムラテックスと他のポリマーの混合物はポリウレタンフォーム/コンクリート用接着剤として利用されている．

ハイタックセメント　粘着付与剤，可塑剤，多量の亜鉛華をニトリルゴムへ配合すると，ハイタックセメントをつくることができる．ハイタックセメントの配合例を**表 11.11** に示す．Hycar 1312のような液状ニトリルを用いても，タックを改善することができる．表 11.11 に示したハイタックセメントの作成法を次に示す．

表 11.11 ハイタックセメント

	A液	B液
Hycar 1001 CG	100.0	100.0
EPC ブラック	10.0	10.0
亜鉛華	150.0	150.0
AgeRite Resin D	5.0	5.0
精製コールタール (BRT-7)	35.0	35.0
ベンジルアルコール	18.0	18.0
ジブチルメタクレゾール	35.0	35.0
硫黄	5.0	—
ブチルアルデヒド-アニリン (Accelerator 808)	—	8.0

（1）A液1400gをクロロトルエン1/2ガロンに溶かし，次にクロロベンゼンで希釈して1ガロンとする．
（2）B液1400gをクロロトルエン1/2ガロンに溶かし，次にクロロベンゼンで希釈して1ガロンとする．
（3）使用直前にA液ベース溶液とB液ベース溶液を混合する．

展性配合物　表 11.12 に示したニトリルゴムベース

表 11.12 ニトリルゴム展性配合物

	1[a]	2[b]	3[c]	4[c]
Hycar 1001 CG	100.0	100.0	—	—
Hycar 1042	—	—	100.0	100.0
亜鉛華	5.0	5.0	5.0	5.0
スパイダー硫黄	2.0	2.0	1.5	1.5
N 770, SRF-HM ブラック (Sterling S)	75.0	60.0	75.0	75.0
トリアセチン	35.0	—	—	—
リサージ	—	10.0	—	—
AgeRite Resin D	—	2.0	—	—
ジオクチルフタレート	—	25.0	—	—
Flexricin P-4 Baker Castor Oil	—	—	10.0	10.0
合成樹脂増量剤 (Turpol 1093)	—	—	—	20.0
ベンゾチアゾールジサルファイド (Altax)	1.5	—	1.5	1.5
ステアリン酸	—	—	1.0	1.0
合計	218.5	204.0	194.0	214.0

	A液	B液
配合 3	194.0	—
配合 4	—	214.0
メチルエチルケトン	776.0	642.0
合計	970.0	856.0

a：1クォートのニトロメタンに配合物1675gを溶かし，Solvesso No.1を加えて1ガロンにする．
b：二塩化エチレン45%溶液を作成し，次にメチルエチルケトンを加えて25%溶液とする．
c：上記配合3および配合4のメチルエチルケトン溶液（A液，B液）をクォート缶で24時間回転させて作成し，次にA液とB液をブレンドして展性配合物とする．

11. ニトリルゴム接着剤

展性配合物は耐ガソリン性，耐油性，低温柔軟性に優れている．

白色セメント配合　セメントの配合によっては，二酸化チタン，シリカ，あるいは同質の白色顔料を用いることもある．配合例を**表 11.13** に示す．この場合，使用直前に Butyl Eight（R. T. Vanderbilt 社製，活性化ジチオカルバメート）の MEK 5～10% 溶液をニトリルゴム接着剤へ加える．これらの白色セメントは綿，木，紙，レザー，あるいは靴底用接着剤として推奨できる．レザー用接着剤配合例を**表 11.14** に示す．

表 11.13　ホワイトセメント配合

Hycar 1022 ポリマー	100.0
亜鉛華	5.0
硫黄	1.5
二酸化チタン（Titanox）	15.0
水和シリカ（HiSil）	25.0
塩素化パラフィンワックス（Chlorowax 40）	10.0
テトラメチルチウラムモノサルファイド（Unads）	0.4
ステアリン酸	1.0
合計	157.9

固形分が 15% になるように MEK 中に溶かす．

表 11.14　ニトリルゴムベースレザー用接着剤

ニトリルゴム	100.0
塩化ビニル-酢酸ビニルポリマー	100.0
亜鉛華	5.0
ステアリン酸	1.5
ケイ酸カルシウム	2.0
溶剤	600～800

構造用接着剤　ニトリルゴム/フェノール樹脂ブレンド系およびニトリルゴム/エポキシ樹脂ブレンド系接着剤は構造用接着剤用途で広く使用されている．これらのブレンド系接着剤については後で述べるが，他のニトリルゴムをベースとした構造用接着剤については文献で紹介されている．一例として，ニトリルゴムベース二液型亜鉛めっき被着体用接着剤がある．他の例として，無溶剤，二液型構造用接着剤がある．1液はカルボン酸変性ニトリルゴム，メチルメタクリレートおよびナフテン酸コバルトからなり，2液はカルボン酸変成ニトリルゴム，メチルメタクリレートおよびクメンハイドロパーオキサイドからなる．この例の場合，カルボン酸変性ニトリルゴムとしては Hycar 1072 を使用している．

ホットメルト型接着剤　ニトリルゴムと熱可塑性ポリマーを組み合わせると，ホットメルト接着剤をつくることができる．液状ニトリルゴム（Hycar 1312）とアクリル酸-エチレン共重合体を混合して作成したホットメルト型接着剤のアルミニウム板への接着力は 11.9 lb/in で，アクリル酸-エチレン共重合体単独のホットメルト型接着剤の場合の値，5.1 lb/in よりはるかに高い．

ニトリルゴム/フェノール接着剤

等量のニトリルゴムとフェノール樹脂（例えば Durez 12687）を適当な溶剤（例えばメチルエチルケトン）に溶かし，固形分濃度 20～30% にした接着剤は幅広い用途で使われている．一般的に，フェノール樹脂の添加量範囲は 30～100 部である．ニトリルゴム/フェノール樹脂接着剤の各種被着材への接着力テストの結果を**表 11.15** に示す．

フェノール樹脂の混合比率を高くすると，**表 11.16** に示したように接着力は増すが，同時に脆くなる．この例の場合，ゴムと樹脂はメチルエチルケトン溶剤に固形分濃度 20% になるよう別々に溶かした後，溶液を混合した．作成した接着剤をスチールと布，双方に塗付し，タックが発現した後両被着材を接合した．

ニトリルゴム/フェノール樹脂接着剤で，高ニトリル含有ニトリルゴムを使うと，フェノール樹脂との相溶性が

表 11.15　Hycar/フェノールセメント接着力試験

	1	2	3
Hycar 1001 CG	100	100	—
Durez 12687	50	100	100
Hycar 1022	—	—	100
計	150	200	200
接着力（ポンド/インチ）			
綿布/綿布（#633）	20	5	5
綿布/綿布（#674）	5	5	4
ナイロン/ナイロン（#936）	5	2	2
ナイロン/ナイロン（#937）	6	6	5
綿布（#633）/木	20	18	15
綿布（#674）/木	18	15	25
ナイロン（#936）/木	9	7	9
ナイロン（#937）/木	7	10	10
木/木（マツ）	387	619	641
木/架橋 Hycar 1022	35	12	23
木/架橋アクリルゴム	25	12	10
木/架橋天然ゴム	15	25	20
木/架橋 SBR	10	5	6
木/スチール	1400	1245	1360
木/真ちゅう	1000	930	1230
木/アルミニウム	860	758	883
Hycar/架橋 Hycar 1022	33	28	30
SBR/SBR（架橋）	6	18	25
未架硫 Hycar 1022/			
アルミニウム	5	4	3
真ちゅう	28	23	18
スチール	5	5	3
未架硫アクリルゴム/			
アルミニウム	8	10	4
真ちゅう	23	20	21
スチール	17	18	20
未架硫天然ゴム/			
アルミニウム	9	7	6
真ちゅう	21	25	18
スチール	12	20	20
未架硫 SBR/			
アルミニウム	1	0	0
真ちゅう	1	0	0
スチール	1	0	1

表 11.16 ゴム/樹脂比の綱板接着力への影響

ゴム/樹脂比	樹脂 A (lb/in)	樹脂 B (lb/in)
10:1	8.3	8.1
4:1	15.6	14.1
1:1	18.3	15.8

樹脂 A-Monsanto Resin 378 (122°F, 16 時間)
樹脂 B-Durez Resin 11078 (121°F, 2 時間)

高くなる．高アクリロニトリル含有ニトリルゴムを用いると，接着性，皮膜性能に優れた接着剤となり，一方，低アクリロニトリル含有ニトリルゴムを用いると，低温性に優れた接着剤となる．ニトリルゴム/フェノール樹脂接着剤のアクリロニトリル含有量の引張り強さへの影響を**表 11.17**に示す．

表 11.17 ニトリルゴム/フェノール樹脂ブレンド[a] の物性

ポリマータイプ	アクリロニトリル (%)	引張り強さ (psi)[b]
Paracril CV	35	2650
Paracril C	35	2650
Paracril B	29.5	1850
Paracril BJ	29.5	1600
Paracril AJ	23.5	1400

a：ゴム 100 部，Durez 12637 60 部，MEK 500 部．
b：溶液をガラス上にキャスト，212°F，2 時間架橋．

次に，ニトリルゴム/フェノール樹脂接着剤の重要な用途について，いくつか紹介する．

プリントサーキットボード　過去 10 年間，プリントサーキットボード用ニトリルゴム/フェノール樹脂接着剤に関する文献が多数発表された．これらの多くは，日本で発表された文献である．この分野で積極的に研究活動を続けているのは東芝と日立化成である．プリントサーキットボード用接着剤およびその使用法に関する特許が多数出されている．銅を無電解めっき法でラミネートし，耐熱性ボードを作成することができる．一例として，東芝の特許では，接着剤を塗付したフィルムを熱圧着してしみこませたラミネーションについて述べている（**表 11.18 参照**）．

表 11.18 プリントサーキットボード用接着剤

Hycar 1072	50
Nicamol PR-1440 (キシレン変性フェノール樹脂)	30
Epikote-152	20
ジシアンジアミド	0.6
Curazol 2 E 4 MZ	0.2
Aerosil-200 (MEK, BuOCH$_2$CH$_2$OH 溶液)	10

金属と各種ゴム，研磨材，ポリアミド，他の金属との接着　ニトリルゴム/フェノール接着剤の金属への応用に関する文献が多数ある．田中はニトリルゴムをメチルメタクリレートに溶かした溶液をベースとした二液型接着剤をアルミニウム板に応用した結果について述べている．久保は**表 11.19**に示した接着剤がスチール板に対し良好な接着性を示したと報告している．

表 11.19 スチールプレート用接着剤

ニトリルゴム (40% VCN)	100
ステアリン酸	1
亜鉛華	5
促進剤 DM	1
酸化防止剤	2
タルク	46
レゾール型フェノール樹脂	100
ノボラック型フェノール樹脂	100
Hycar 1312	10
硫黄	2

表 11.20 ゴム/マグネシウム用接着剤

Hycar 1001 CG
硫黄
酸化スズ
N-フェニル-β-ナフチルアミン
黒色顔料
2-メルカプトベンゾチアゾール
Durez 12687
Durez 7031 A
ヘキサメチレンテトラミン
クロロベンゼン

ニトリルゴム/フェノール接着剤はゴムと各種金属との接合用としても有用である．応用例として，ゴムで表面を覆った金属ローラーがある．Huberはニトリルゴム/フェノール接着剤がゴムとマグネシウムロールの接着に適していると述べている（**表 11.20 参照**）．ニトリルゴム/フェノール接着剤の他の応用例として，アルミニウムホイル/紙のラミネーション，アルミニウム/木材のラミネーション，金属同士の接着，ポリアミドと金属の接着などがあげられる．

構造用接着剤　ニトリルゴム/フェノール樹脂の皮膜（すなわちテープ）を航空機工業では，平坦な金属同士およびハニカムサンドイッチ構造の接着に使用している．Wright Air Development Center の報告のいくつかはニトリルゴム/フェノール樹脂テープ，表面処理方法，およびこの種の構造用接着剤の試験法について詳細に述べている．組立構造用に適した高温施工液状フェノール樹脂接着剤配合を**表 11.21**に示す．このタイプの接着剤は，航空機工業以外では，砥石車のような摩擦性物質，ブレーキライニングとブレーキシュー，クラッチ板など

表 11.21 ニトリルゴム/フェノール樹脂テープ配合

ニトリルゴム	100
フェノール樹脂	75~200
亜鉛華	5
硫黄	1~3
促進剤	0.5~1
酸化防止剤	0~5
ステアリン酸	0~1
カーボンブラック	0~20
充填剤	0~100
可塑剤	0~10

金属同士の接着の場合，50~150 psi，300~400°F，20~120 分間熱処理が必要．

11. ニトリルゴム接着剤

表 11.22 構造用接着剤

	部数
A液	
フェノール樹脂（SP-8855）	45.0
MEK/m-クロロベンゼン（容量比 70/30）	90.0
B液	
Hycar 1001 CG ポリマー	100.0
カーボンブラック	50.0
亜鉛華	5.0
ステアリン酸	0.5
硫黄	3.0
ベンゾチアジルジサルファイド（Altax）	1.5
MEK/m-クロロベンゼン（容量比 70/30）	

の接着にも使われている．表 11.22 に示した接着剤配合は，金属同士の接着およびブレーキライニングの接着に適している．

PVC とスチール，アルミニウム箔，銅，ポリウレタンとの接着 ニトリルゴム/フェノール接着剤は PVC とスチール，アルミニウム箔および銅との接着に使われる．可塑化 PVC 用コンタクト接着剤についても報告がある．また，ある種の耐熱性接着剤はポリウレタンフォームと可塑化 PVC シートとの接着に使われる．レザーの代替品としての PVC と靴との接着にニトリルゴム/フェノール接着剤が使えるとの報告もある．

レザーとレザー，合成靴底，PVC との接着 靴工業では，ニトリルゴム/フェノール接着剤がレザー/レザー，レザー/ゴム，およびレザー/ビニル用接着剤として使用されてきた．中～高ニトリル含有ゴム（33% VCN）とその半分の量のフェノール樹脂あるいはこのニトリルゴムと半分あるいは等量の PVC 樹脂をベースとした接着剤は 120～130°F の温度領域で良好な耐熱性を示す．さらに高温での耐熱性が必要な場合，PVC 樹脂をニトリルゴム

表 11.23 レザー/レザー，レザー/合成靴底用接着剤

配合番号	1	2	3	4
Hycar 1432	20.0	10.0	20.0	10.0
UCAR VYHH	—	10.0	—	5.0
フェノール樹脂	10.0	5.0	10.0	5.0
トリフェニルホスフェート	—	—	—	2.0
モノクロロベンゼン	—	—	90.0	40.0
メチルエチルケトン	100.0	75.0	30.0	40.0
合　計	130.0	100.0	150.0	102.0

表 11.24 スプライス接着剤

Paracril BJ	100
亜鉛華	15
Aminox	2
EPC カーボンブラック	50
クマロンインデン樹脂（融点 25°C）	25
Durez 12687（フェノール樹脂）	20
M-B-T	2
硫黄	2
	216

溶剤：メチルエチルケトン
固形分濃度：20 wt%

に対し 2 倍加える．表 11.23 に示した接着剤をレザー/靴底，レザー/ビニルへ応用すると，25～40 lb/in の接着力を示した．

ゴムとゴムの接着 ニトリルゴム/フェノール接着剤はゴム同士の接着，特に極性ゴムの接着に効果的である．架橋あるいは未架橋ニトリルゴム配合物同士を加熱/微圧着力下で接合させるのにふさわしい接着剤配合例を表 11.24 に示す．

その他の接着剤用途 ニトリルゴム/フェノール接着剤の他の用途には，木材およびウレタンフォームと他の被着材との接着がある．三菱電機は Nomex 紙用二液型接着剤の特許を所有している（表 11.25）．

ニトリルゴム/フェノール接着剤はさらに，自動車の内外装，クリップなどの接着，ポリアミドとゴムの接着，道路表示用，印刷機のブランケット用プラスチック/紙のラミネーションなどにも使われている．グリットタイルとペーパーボードあるいは他の物質を接着させてつくるプレハブタイルは安定した構造をもっているので建築用途で使われているが，ニトリルゴム/フェノール接着剤はこの用途に向いている．

シーリング材 ニトリルゴム/フェノール配合物はエンジン本体の補修用シーリング材として，さらに，C130 航空機の燃料タンクのシーリング材として使われている．シートバッテリーの電解液もれ防止にもこのタイプの接着剤が使われている．

ニトリルゴム/エポキシ接着剤

ニトリルゴム/エポキシ樹脂ブレンドは接着剤分野で幅広く用いられている．ニトリルゴムの良好な柔軟性，および低温性とエポキシマトリックスの強度を組み合わせた接着剤は，ラミネーションや構造用分野で有望である．

ラミネーション ニトリルゴムを各種エポキシとブレンドし，さらに適当なアミンや酸の触媒を添加した接着剤はエラストマー，プラスチック，織物，木材，金属の接着に適している．これらの接着剤は，通常，常温付近で良好な接着力を示す．接着剤配合は被着材により変える必要があるが基本的配合例を表 11.26 に示す．この接着剤を使用する直前にトリエチレンテトラミンの 50% メチルエチルケトン溶液を加える．室温の場合，4～24

表 11.25 ノーメックス紙用接着剤

A液		B液	
Hycar 1001 CG	100	DEN 438	100
Durez 12687	50	2-メチル-4-エチルイミダゾール	10
MEK	150	MEK	100

表 11.26 低温硬化ニトリルエポキシ接着剤

Hycar 1042	10～50 部
Epon 820	90～50
メチルエチルケトン	80
トリメチレンテトラミン	2～20

時間で，150℃では30分以内に硬化する．

　エポキシ樹脂，中～高アクリロニトリル含有ニトリルゴムをベースに，鉛，銅，ニッケル，あるいは鉛またはコバルトを含む充填剤からなる接着剤は架橋EPDM用として使われる．この接着剤の100℃1時間，硬化した後のはく離接着力は22.5kg/20mmであった．カルボン酸変性ニトリルゴム，エポキシ樹脂および反応性金属充填剤からなる接着剤が架橋EPDM，EPDM/ニトリルゴムおよびEPDM/ブチルゴム用接着剤として有用であるとの報告もある．

　さらに，他のニトリル/エポキシ接着剤をゴム/ゴムおよびゴム/金属用途へ応用したという記述もある．液状カルボン酸変性ニトリルゴムは幅広い用途で使用されている．カルボン酸変性ニトリルゴム，エポキシ樹脂，イミダゾールあるいは三級アミンおよび有機パーオキサイドからなる接着剤は金属，紙，プラスチック，無機物の接着に使えるといわれている．

　カルボキシル基，ビニル基，アミノ基を末端部に含有した液状ニトリルゴムとエポキシ樹脂からなる接着剤は各種織物に対し良好な接着性を示すといわれている．ナイロン織物用接着剤配合例を表11.27に示す．

表 11.27 ナイロン織物用接着剤

Epikote 815	100.0
Bisphenol A	24.0
Hycar 1300 X 15 (カルボキシル基末端ニトリル)	223.0
Hycar 1300 X 16 (アミン基末端ニトリル)	25.0

　カルボン酸変性ニトリルゴムとエポキシ樹脂を混合した後ブロー成形試薬を加えると発泡接着シートになる．エポキシ樹脂にニトリルゴムを混合すると，金属コーティングとプリントボードとの接着力が向上する．

　ニトリル変性エポキシ接着剤の主用途の一つにプリントサーキットボードがある．いろいろな接着剤が報告されているが，Hycar 1072のようなカルボン酸変性ニトリルゴムとエポキシ樹脂の組合せもその一つである．低分子量末端官能性ニトリルゴムも接着剤の用途で使われている．ある研究者は，高分子量ニトリルゴムと液状官能基含有ニトリルゴムの混合物が接着剤として有用であると報告している．さらに他の文献では，非カルボン酸変性ニトリルゴムのサーキットボードへの応用についてとりあげている．

構造用接着剤　柔軟化エポキシ樹脂は重要な市販構造用接着剤である．柔軟化剤を添加しないと，エポキシ樹脂接着剤はエポキシマトリックスの脆性により不十分な接着性能を示す．液状末端官能性ニトリルゴムは優れたエポキシ樹脂用柔軟化剤といえる．理論的には，エポキシマトリックス中にゴム相を形成し，エポキシ樹脂の強靱性が向上する．20%以上のアクリロニトリル含有ニトリルゴムを添加するとエポキシ樹脂の強靱性が増大するとの報告もある．

　液状ニトリルゴムがエポキシマトリックス中で反応する方法は二つある．まず，末端カルボキシル基液状ニトリルゴムを使用する場合，配合前にエポキシ樹脂へ付加するかあるいはプレポリマーを形成する．生成したエポキシ付加物を配合物のエポキシ相へ導入する．次の方法は，アミンで重合停止して生成した液状官能性ニトリルゴムを用いる場合である．このアミン官能性液状ニトリルゴムは反応性を高めるとともに，エポキシ樹脂の硬化剤の一部としても働く．アミン官能性液状ニトリルゴムはエポキシ樹脂硬化剤中に含まれるアミンと安定した混和物をつくる．

　CTBN-エポキシ付加物は二液型室温硬化エポキシ系および一液型高温硬化エポキシ系のいずれの場合にも有用であることが知られている．典型的なエポキシ配合中にニトリル付加物を加えると，高温でせん断接着強さへ影響を与えることなくT型はく離接着力，低温/室温せん断接着強さなどを改善することができる．末端基がアミンの液状ニトリルゴムをアミドアミン，多官能性脂肪酸アミンあるいは脂肪酸ポリアミド等の官能性硬化剤とともに加えると，エポキシ樹脂の強靱性が向上するといわれている．強靱性向上剤としてATBNを加えた配合では，化学量論的にみて，ATBNの官能性が重要である．

粘着剤　ニトリルゴムとエポキシ樹脂の混合物は粘着剤としても有用であるといわれている．配合例として，ニトリルゴム，ビスフェノールAタイプエポキシ樹脂のメタクリレートエステル，無水マレイン酸とブタジエンの反応物，フマール酸，チオアミドおよびクメンハイドロパーオキサイドの混合物がある．この粘着剤は1液にハイドロパーオキサイドを，2液にチオアミドを配合した二液型である．

[Donald E. Mackey and Charles E. Weil

/吉田享義 訳]

参 考 文 献

1. Seil, D. A. and Wolf, F. R. "Nitrile and Polyacrylic Rubbers", in "Rubber Technology", 3rd Ed., M. Morton, ed., New York, Van Nostrand Reinhold Co., 1987.
2. Robinson, H. W., "Nitrile Rubber," in "Kirk-Othmer Encyclopedia of Chemical Technology," 3rd Ed., **8**, 534-546, New York, John Wiley and Sons, 1979.
3. Morrill, J. P., "Nitrile Elastomers," in "Vanderbilt Rubber Handbook," R. O. Babbitt, ed., pp. 169-187, RT Vanderbilt Co., 1978.
4. Jorgensen, A. H., "Acrylonitrile-Butadiene Rubbers," in "Encyclopedia of Chemical Processing and

Design," J. L. Meketta and W. A. Cunningham, Eds., pp. 439–472, New York, Marcel Dekker, 1976.
5. Hofmann, W., "A Rubber Review for 1963. Nitrile Rubber," *Rubber Chem. Technol.*, **37**(2), 1–262 (1964).
6. Semon, W. L., "Nitrile Rubber," in "Synthetic Rubber," G. S. Whitby, ed., pp. 794–837, New York, John Wiley and Sons, 1954.
7. Blackley, D. C., "Synthetic Rubbers: Their Chemistry and Technology," pp. 72–77, London, Applied Science Publishers, 1983.
8. Hycar® Manual HM-12, "Hycar® Nitrile Rubber in Adhesives," BFGoodrich Company, Elastomers and Latex Division.
9. Chandler, L. A., and Collins, E. A., *J. Appl. Polym. Sci.*, **13**, 1585 (1969).
10. Jorgensen, A. H., Chandler, L. A., and Collins, E. A., *Rubber Chem. Technol.*, **46**(4), 1087 (1973).
11. Landi, V. R., *Rubber Chem. Technol.*, **45**(1), 222 (1972).
12. Schmolke, R., and Kimmer, W., *Plaste und Kautschuk*, **21**(9), 651 (1974).
13. Hidaka, T., Katoh, S., and Toshimizu, I., German Patent DE 1,930,012, to Japan Synthetic Rubber Co, January 15, 1970; CA72(14): 68022a.
14. BFGoodrich Manual RLP-1, "Hycar® Reactive Liquid Polymers Product Data," BFGoodrich Company, Specialty Polymers and Chemicals Division, June 1983.
15. Paracril® Manual, "Paracril® Cements," Uniroyal Chemical Company.
16. Sarbach, D. V., and Garvey, B. S., *India Rubber World*, **15**, 798 (1947).
17. Sarbach, D. V., and Garvey, B. S., *Rubber Chem. Technol.*, **20**, 990 (1947).
18. Garvey, B. S., US Patent 2,360,867, to the BFGoodrich Company, October 24, 1944.
19. Campbell, A. W., and Burns, J. W., *India Rubber World*, **107**, 169 (1942).
20. Sarbach, D. V., US Patent 2,395,070, to the BFGoodrich Company, February 19, 1946.
21. Sarbach, D. V., US Patent 2,395,071, to the BFGoodrich Company, February 19, 1946.
22. Carbopol® Manual GC-67, "Carbopol® Water Soluble Resins," BFGoodrich Company, Specialty Polymers and Chemicals Division.
23. Hussey, H. A., and Wright, D. D., US Patent 2,653,884, to the BFGoodrich Company, September 29, 1953.
24. Fuing, H., and Blackmore, J. S., US Patent 2,681,292, to Celanese Corporation of America, June 15, 1954.
25. Chmiel, E. M., US Patent 2,491,477, to Minnesota Mining and Manufacturing Company, December 20, 1949.
26. Teppema, J., and Manning, J. F., US Patent 2,379,552, to B. B. Chemical Company, July 3, 1945.
27. Teppema, J., and Manning, J. F., Canadian Patent 413,615, to B. B. Chemical Company of Canada Ltd, December 4, 1945.
28. Japanese Patent JP 82/102974, to Yokohama Rubber Company, Ltd, June 26, 1982; CA97(26): 217814f.
29. Japanese Patent JP 82/53576, to Sanyo-Kokusaku Pulp Company, March 30, 1982; CA97(10): 73561W.
30. Taylor, J. K., and Wilson, F. P., German Patent DE 3,413,645, to TBA Industrial Products Ltd, October 18, 1984; CA102(4): 26011d.
31. DiMasi, A. T., US Patent 2,510,090, to United States Navy, June 6, 1950.
32. Ginzburg, L. V., et al., USSR Patent SU 1,065,456, January 7, 1984; CA100(20): 158047p.
33. Honda, T., et al. Japanese Patent JP 76/122134, to Bridgestone Tire Co, October 26, 1976; CA86(14): 91501d.
34. Hu, C., et al. *Hecheng Xiangjiao Gongye*, **8**(4), 261 (1985); CA103(22): 179450s.
35. Latex Manual L-14, "Latexes in Adhesive Systems," BFGoodrich Company, Elastomers and Latex Division, January 1982.
36. Ring, G., and Bajnoczy, G., Hungarian Patent HU 37163, to Budapesti Muszaki Egyetem, November 28, 1985; CA104(24): 208550c.
37. "Polysar Krynac," A Bulletin of the Polysar Corporation, Ltd, 1954.
38. Teppema, J., and Manning, J. F., Canadian Patent 431,616, to B. B. Chemical Company of Canada Ltd, December 4, 1945.
39. Teppema, J., and Manning, J. F., US Patent 2,367,629, to B. B. Chemical Company, January 16, 1945.
40. Fischer, E., German Patent DE 3,530,078 to Bostik G.m.b.H., February 27, 1986; CA104(26): 226097q.
41. Kishi, I., Nakano, T., Kobayashi, A., Japanese patent JP 75/129632, to Denki Kagaku Kogyo K. K., October 14, 1975; CA84(8): 45574r.
42. Frank, H. G., US Patent 3,976,724, to Dow Chemical Company, August 24, 1976; CA85(24): 178630y.
43. Lindner, G. F., Schmelzle, A. F., and Wehmer, F., *Rubber Age*, **56**, 424 (1949).
44. Japanese Patent JP 85/63380, to Hitachi Chemical Co., April 11, 1985; CA, 103(14): 114647s.
45. Japanese Patent JP 84/182959, to Hitachi Chemical Co., October 17, 1984; CA 102(8): 63224w.
46. Japanese Patent JP 84/182960, to Hitachi Chemical Co., October 17, 1984; CA 102(8): 63223v.
47. Japanese Patent JP 84/62683, to Hitachi Chemical Co., April 10, 1984; CA 101(10): 73982k.
48. Japanese Patent JP 83/157877, to Hitachi Ltd., September 20, 1983; CA 100(14): 104692b.
49. Japanese Patent JP 83/57776, to Hitachi Chemical Co., April 6, 1983; CA 99(20): 159625y.
50. Japanese Patent JP 81/136863, to Hitachi Chemical Co., Ltd., October 26, 1981; CA 96(12): 86655j.
51. Murakami, K., et al., Japanese Patent JP 80/22841, to Hitachi Ltd., February 18, 1980; CA 93(2): 17980n.
52. Iwasaki, Y., et al., German Patent DE 2,821,303, to Hitachi Chemical Co., November 23, 1978; CA

90(8): 56508x.
53. Endo, A., and Takeda, K., Japanese Patent JP 85/189987, to Toshiba Corp., September 27, 1985; CA 104(8): 51808t.
54. Japanese Patent JP 83/119853, to Toshiba Chemical Products Co. Ltd., July 16, 1983; CA 100(10): 69430r.
55. Japanese Patent JP 83/119852, to Toshiba Chemical Products Co. Ltd., July 16, 1983; CA 100(4): 23357u.
56. Japanese Patent JP 82/181856, to Toshiba Chemical Products Co. Ltd., November 9, 1982; CA 98(20): 162044t.
57. Japanese Patent JP 82/115428, to Toshiba Corp., July 17, 1982; CA 98(2): 5223h.
58. Japanese Patent JP 82/32944, to Toshiba Corp., Toshiba Chemical Products Co. Ltd., February 22, 1982; CA 97(10): 73586h.
59. Japanese Patent JP 82/32943, to Toshiba Corp., Toshiba Chemical Products Co. Ltd., February 22, 1982; CA 97(6): 39992c.
60. Nicu, M., Rusu, M., and Gemeneanu, I., Romanian Patent RO 77329B, to Intreprinderea Mecanica Mija, August 30, 1981; CA 99(24): 196289n.
61. Japanese Patent JP 80/132666, to Bostik Japan Ltd., October 15, 1980; CA 94(14): 104539q.
62. Nakanishi, T., and Kawamura, H., Japanese Patent JP 78/101051, to Matsushita Electric Works Ltd., September 4, 1978; CA 90(6): 39839p.
63. Tanaka, A, and Yonemoto, K., Japanese Patent JP 77/42533, to Denki Kagaku Kogyo K. K., April 2, 1977; CA 87(4): 24397g.
64. Utyanskii, Z. S., et al., British Patent GB 1338909, November 28, 1973; CA 81(2): 4428r.
65. Kubo, K., Japanese Patent JP 73/66140, to Nippon Rubber Co., Ltd., September 11, 1973; CA 80(4): 15794n.
66. Pritykin, L. M., et al., *Plast. Massy*, **8**, 66 (1975); CA 84(2): 6045z.
67. Zherebkov, S. K., et al., USSR Patent SU 462854, March 5, 1975; CA 83(10): 80951n.
68. Huber, R. B., US Patent 3,859,701, to Armstrong Cork Co., January 14, 1975; CA82(24):157456u.
69. Huber, R. B., US Patent 3,802,989, to Armstrong Cork. Co., April 9, 1974; CA81(14): 78964j.
70. Pintell, M. H., US Patent 2,711,380, to Reynolds Metals Co., June 21, 1955.
71. Japanese Patent JP 84/161267, to Osaka City, September 12, 1984; CA 102(4): 26000z.
72. Japanese Patent JP 83/39449, to Bridgestone Tire Co., March 8, 1983; CA 99(20): 159591j.
73. Smith, A. E., Imholz, W. C., and Elliott, P. M., "High Temperature Metal to Metal Adhesives," A. F. Tech. Rept. No. 5896, Part 2, by U.S. Rubber Co. (July 1951).
74. Thelen, E., et al. "Treatment of Metal Surfaces for Adhesive Bonding," W.A.D.C. Tech. Rept. 55-87, Part V (Feb. 1958) from The Franklin Institute Laboratories.
75. Thelen, E., "Preparation of Metal Surfaces for Adhesive Bonding," W.A.D.C. Tech. Rept. 57-513 (June 1957).
76. Merriman, H. R., "Research on Structural Adhesive Properties Over a Wide Temperature Range," W.A.D.C. Tech. Rept. 56-320 (April 1957) from the Glenn L. Martin Co.
77. Merriman, H. R., and Goplen, H., "Research on Structural Adhesive Properties Over a Wide Temperature Range," W.A.D.C. Tech. Rept. 57-513 (June 1957).
78. Nagel, F. J., German Patent DE 1,571,098, to Hoechst A. G., September 1, 1977; CA 88(2): 8592g.
79. Bierman, C. R., and Welks, J. D., US Patent 3,879,238, to M&T Chemicals, April 22, 1975; CA83(18): 148597j.
80. Wertz, W. I., and Richardson, S. H., US Patent 3,851,012, to Union Carbide Corp., November 26, 1974; CA82(20): 126071k.
81. Kako, Y., Kikuga, T., and Toko, A., Japanese Patent JP 73/74540, to Sumitomo Durez Co., October 8, 1973; CA 80(12): 60721x.
82. Tenchev, K., et al., *Plaste Kautschuk*, **18**(12), 924 (1971); CA76(16): 86555p.
83. Akamine, M., and Iwabuchi, F., Japanese Patent JP 76/47143, to Matsushita Electric Works, Ltd., December 13, 1976; CA 86(24): 172671m.
84. Hesse, W., et al., German Patent DE 2,365,834, to Hoechst A.G., September 2, 1976; CA 85(24): 178634c.
85. French Patent FR 2,230,703, to Hoechst A.G., December 20, 1974; CA 83(2): 11563a.
86. Hesse, W., et al., German Patent DE 2,326,998, to Reichold-Albert-Chemie A.G., December 12, 1974; CA 82(14): 87331y.
87. Soga, K., Toyofuku, T., and Harai, M., Japanese Patent JP 71/19440, to Moon-Star Rubber, Ltd., May 31, 1971; CA 76(26): 155252b.
88. Schunck, E., *Kunstharz-Nachr.*, **34**(9), 30 (1975); CA 88(20): 137649e.
89. Ginzburg, L. V., et al., USSR Patent SU 910715 A1, March 7, 1982; CA 97(6): 40149q.
90. Asthana, K. K., Srivastava, S. K., and Jain, R. K., *Paintindia*, **33**(6), 9 (1983); CA 99(20): 159571c.
91. Bhatia, S., *Chim. Peintures*, **35**(5), 175 (1972); CA 77(18): 115704q.
92. Sharai, M. T., and Myasishcheva, A. N., *Prom-st. Arm.*, (12), 42 (1981); CA 96(22): 182532n.
93. Tsuchihashi, M., et al., Japanese Patent JP 78/134834, to Mitsubishi Electric Corp., November 24, 1978; CA 90(14): 105229t.
94. Japanese Patent JP 81/79168, to Toyoda Gosei Co. Ltd., June 29, 1981; CA 95(24): 205082m.
95. Wagner, D. P., and Gugle, J. E., US Patent 3,837,984, to Illinois Tool Works, September 24, 1974; CA82(6): 32035z.
96. Japanese Patent JP 84/159872, to Yokohama Rubber Co. Ltd., September 10, 1984; CA 102(16): 133162a.
97. Condon, J. B., and Harrington, T. L., US Patent 3,914,468, to Minnesota Mining and Mfg. Co., October 21, 1975; CA84(6): 32794n.

98. Gurin, E., and Vazquez, A., US Patent 3,802,952, April 9, 1974; CA81(8): 38586f.
99. Maurin, A., French Patent FR 2274752, to Manufacture Française des Chaussures ERAM, January 9, 1976; CA 85(6): 34294u.
100. Tsakun, P. A., Ishchenko, A. M., and Abramenko, A. E., USSR Patent SU 1070147 A1, to Gomel Engine-Maintenance Plant, January 30, 1984; CA 100(22): 176644k.
101. Scardino, W. M., Strickland, D., and Striver, J., SAMPE J., **15**(2), 4 (1979); CA91(4): 22506a.
102. Japanese Patent JP 81/118270, to Hitachi Maxell, Ltd., September 17, 1981; CA 95(26): 228012c.
103. Shimizu, K., and Machida, M., Japanese Patent JP 75/32278, to Taoka Dyestuffs Manufacturing Company Ltd., March 28, 1975; CA83(10): 80918g.
104. Nishi, E., and Shimizu, K., Japanese Patent 73/8853, to Taoka Dyestuffs Manufacturing Company, Ltd., February 3, 1973; CA78(26): 160770q.
105. Shubin, V. V., et al., USSR Patent 697,545, November 15, 1979; CA92(8): 59782j.
106. Japanese Patent JP 84/221372, to Yokohama Rubber Company Ltd; December 12, 1984; CA103(6): 38290c.
107. Japanese Patent JP 80/92750, to Dunlop Ltd, July 14, 1980; CA93(22): 205820j.
108. Japanese Patent JP 81/45927, to Nitto Electric Industrial Company Ltd., April 25, 1981; CA95(8): 63273y.
109. Zyubrik, A. I., et al.; USSR Patent 653,282, March 25, 1979; CA90(26): 205438d.
110. Furuhata, T., Japanese Patent JP 85/186579, to Mitsui Petrochemical Industries Ltd., September 24, 1985; CA104(18): 150354y.
111. Japanese Patent JP 84/81370, to Matsushita Electric Works, Ltd., May 11, 1984; CA101(18): 153150c.
112. Japanese Patent JP 84/81369, to Matsushita Electric Works, May 11, 1984; CA101(18): 153149j.
113. Japanese Patent JP 83/58265, to Toshiba Corporation, April 6, 1983; CA99(18): 141256u.
114. Japanese Patent JP 83/10877, to Hitachi Chemical Company and Bostik Japan Ltd, February 28, 1983; CA99(16): 123915d.
115. Japanese Patent JP 81/135579, to Nitto Electric In-

配合剤成分およびメーカー名

Accelerator 808	ブチルアルデヒド-アミン促進剤 (Elastochem Inc.)
Accelerator DM	促進剤 (Naftone, Inc.)
Acrysol GS	ポリアクリル酸ナトリウム (Rohm and Haas)
Aerosil 200	コロイドケイ酸 (Degussa Inc.)
AgeRite Resin D	高分子1,2 ジヒドロ-2,2,4 トリメチルキノン (R. T. Vanderbilt)
Altax	二硫化ベンゾチアジル (R. T. Vanderbilt)
Aminox	ジフェニルアミン-アセトン反応物 (Uniroyal Chemical)
Butyl Eight	活性ジチオカルバミン酸塩 (R. T. Vanderbilt)
BRT-7	精製コールタール (Allied Chemicals Corporation)
Carbopol 934	ポリアクリル酸 (BFGoodrich, Speciality Polymers and Chemicals Division)
Chemigum	ニトリルゴム (Goodyear Tire and Rubber Co.)
Chlorowax 40	塩化パラフィン (Diamond Shamrock)
Dixie Clay	水和ケイ酸アルミニウム (R. T. Vanderbilt)
Durez	フェノール樹脂 (Occidental Chemical)
EPC	カーボンブラック (J. M. Huber Co.)
Epikote 152	エポキシ樹脂 (Shell Chemical Co.)
Epikote 815	エポキシ樹脂 (Shell Chemical Co.)
Epon 820	エポキシ樹脂 (Shell Chemical Co.)
Flexricin P-4	可塑剤 (Baker Castor Oil Co.)
Geon 450 X 20	PVC ラテックス (BFGoodrich, Elastomers and Latex Division)
HiSil	沈降・水和無定形二酸化ケイ素 (PPG Industries Inc.)
Hycar	ニトリルゴム (BFGoodrich, Elastomers and Latex Division)
Litharge	酸化鉛 (Eagle Pitcher Industries, Chemical Division)
MBT	2-メルカプトベンゾチアゾール (Uniroyal Chemical Co.)
Monsanto Resin 378	フェノール樹脂 (Monsanto Chemical Co.)
Nicamol PR-1440	キシレン変性フェノール樹脂 (Mitsubishi Gas Kagu KK)
Paracril	ニトリルゴム (Uniroyal Chemical (Avery International))
Paraplex G-30	高分子可塑剤 (C. P. Hall)
Picconol A600E	芳香族樹脂エマルジョン (Hercules Inc.)
SP-8855	フェノール樹脂 (Schenectady Chemicals)
Staflex QXMA	バリウム安定剤 (Reichold Chomical)
Sterling S	カーボンブラック
Titanox	二酸化チタン (Titanium Pigment Co.)
Turpol 1093	高分子可塑剤 (Irvington Chemical Division of 3M)
Ucar VYHH	塩化ビニル/酢酸ビニル共重合体 (Union Carbide Co.)
Unals	テトラメチルチウラムモノサルファイド (R. T. Vanderbilt Co.)
Vinsol	熱可塑性樹脂 (Hercules Inc.)

dustrial Company, October 23, 1981; CA96(8): 53429k.
116. Dokoshi, N., and Nishidono, C., Japanese Patent JP 75/14736, to Toray Industries, Inc., February 17, 1975; CA83(6): 44390v.
117. Japanese Patent JP 85/79079, to Mitsui Petrochemical Industries, Ltd., May 4, 1985; CA103(20): 161489b.
118. Furihata, T., European Patent EP 87311, to Mitsui Petrochemical Ind. Ltd, August 31, 1983; CA99(22): 177221t.
119. Japanese Patent JP 84/89380, to Mitsui Petrochemical Industries Ltd., May 23, 1984; CA101(24): 212314j.
120. Cifkova, Z., et al., Czech Patent 204545, October 29, 1982; CA99(24): 196331v.
121. Tokahashi, H., Morozumi, N., and Takanezawa, S., Japanese Patent JP 85/226582, to Hitachi Chemical Company, Ltd., November 11, 1985; CA104(24): 208694c.
122. Kato, S., and Fujii, T., Japanese Patent JP 80/42839, to Toshiba Chemical K. K., March 26, 1980; CA93(8): 87100z.
123. Pocius, A. V., "Elastomer Modification of Structural Adhesives," *Rubber Chem. Technol.*, **58**(3), 622, 1985; CA103(24): 197149c.
124. Eby, L. T., and Brown, H. P, "Treatise on Adhesion and Adhesives, Volume 2," R. L. Patuck, ed., New York, Marcel Dekker, 1969.
125. Drake, R. S. and Siebert, A. R., "Adhesive Chemistry," L. H. Lee, ed., pp. 643–656, New York, Plenum Publishing Corp., 1984.
126. Hycar® Reactive Liquid Polymers Preliminary Data Sheet AB-16, "Hycar® Reactive Liquid Polymer Modified Epoxy Adhesives Polyether Diamine Hardeners," BFGoodrich, August 1983.
127. Hycar® Reactive Liquid Polymers Preliminary Data Sheet AB-8, "Hycar® CTBN-Modified Epoxy Adhesives," BFGoodrich, May 1983.
128. Hycar® Reactive Liquid Polymers Preliminary Data Sheet AB-9 "Hycar® ATBN Modified Epoxy Adhesives," BFGoodrich, May 1983.
129. Japanese Patent JP 81/14572, to Sekisui Chemical Company, Ltd., February 12, 1981; CA95(2): 8483s.

12. スチレン-ブタジエンゴム接着剤

はじめに

スチレン-ブタジエンゴム(SBR)は，接着剤としては，相対的に少ない量であるが，長い間接着剤に使われてきている．初期に工業生産されたSBRから，この用途に使用されていたが，今日では，すべての種類のSBR，すなわち溶液重合タイプやホットおよびコールド乳化重合タイプのSBRが接着剤メーカーによって，ラテックス(乳濁液)の形で，または固形ゴムの形で，多くの種類の接着剤配合に使われている．

1985年のアメリカでのSBRの全消費量は，約18億ポンド(約82万トン)であり，このうち約64%がタイヤとその関連製品に使用されている．SBRは接着剤として使用されるポリマーの中でも重要な材料ではあるが，全SBR消費量からみれば，その1%以下が，この用途で使用されているに過ぎない．

SBRの歴史

スチレン-ブタジエンゴムは，第二次世界大戦中に，最初にその工業的な重要性を，当時供給不足にあった天然ゴムの代替品としての役割を果たすことで確立した．北アメリカでつくられた初期のスチレン-ブタジエンゴムは，政府の統制のもとにあった数工場で製造され，GR-S(ガバメントラバー-スチレン)として知られていた．戦後，これらの製造設備は，私企業に売却され，SBRと呼ばれるようになった．

戦争中のSBRは，基本的に単一グレード・多目的ゴムであり，天然ゴムに比較して，引張り強さ，伸び，反発性，高温引裂き性や復元性に劣っていた．しかし，他方では，天然ゴムに比して，耐摩耗性，耐老化性および製品均一性といった重要な性質で優れていた．

第二次世界大戦が終了した後，SBRへの関心は，天然ゴムや初期のSBRがもっていた性能上の弱点を改良するための製品開発へと移った．最初のこのような開発の具体例は，レドックス(redox)触媒方式による低温でのスチレンとブタジエンの乳化重合であった．この重合工程によってつくられた製品は，乗用車のタイヤのトレッド部分材料として，天然ゴムに比べて顕著にすぐれた性質をもっていた．その後に，有機リチウム触媒を利用した溶液重合によるSBRが開発され，乳化重合SBRに比べて，短いスチレンブロック長がもつ特徴としてタイヤ用途での反発性は下がるものの，硬化速度と耐摩耗性で改良が可能となった．

SBRの製造

スチレン-ブタジエンゴムの製造工程は，基本的に三つの区別できる工程，すなわち重合工程，モノマーの回収工程および仕上げ工程よりなる．後で述べるようなポリマーとしての基本特性は重合工程によって決まり，製品形態，ラテックスとか固体ゴム形状とか，油展するかしないかは，仕上げ工程のやり方によって決まる．

SBRの基本的な化学

SBRは，乳化重合または溶液重合工程で，スチレンモノマーとブタジエンモノマーの付加共重合によって製造される．ブタジエンに対するスチレンの比率が，共重合物のガラス転移温度(T_g)，したがってエラストマーの剛性を決定する．スチレン含量が高いほど，T_gと剛性が高くなる．ポリマーはT_gで，ポリブタジエンの約$-80°C$から，ポリスチレンの約$+100°C$の範囲でつくることができる．

ブタジエンは二つの二重結合をもっているため，付加形態として1,2付加と1,4付加の2形態がおこりうる．1,2付加は，成長する主鎖に側鎖ビニル基を生成し，T_gを上昇させる．1,4付加は，鎖内残留の二重結合により，ポリマー鎖をcis(シス)またはtrans(トランス)形態にしうる．規則正しいトランス配置が多いほど，硬化後の引張り特性が良くなる．

エラストマーのミクロ構造は製造工程によってコントロールすることができ，フリーラジカル工程である乳化重合では，シスとトランス構造の割合は，重合時の温度を変えることによって制御される．高トランス比(ポリブタジエンの約70%)は低温(約$-10°C$)重合によって得られ，高シス比は高温(約$100°C$)重合でトランス含量を約50%まで落とすことによって得られる．側鎖ビニル

含量は約20%とほぼ一定である．この系の中にスチレンがあることは，ポリマー中のブタジエンのミクロ構造の相対的な割合にほとんど影響しない．

溶液重合SBRの場合の側鎖ビニル含量は，適当な極性溶剤方式の選択やエーテルで触媒を錯体化することによって，10%から90%の範囲で変えることができる．

ランダム溶液重合SBRは，ほぼ同量のシスとトランス構造をもつが，これは意図的に変えることもできる．例えば，触媒組成を変えることによりトランス含量を70%まで上げることが可能である．

ブタジエン誘導体高分子の二重結合は，乳化重合反応時，フリーラジカルによって攻撃されうる．

分子鎖を成長させるラジカルが，すでにできている他の分子鎖の二重結合と反応することによって二つの分子鎖が互いに結合する．このような反応が続くと非常に多くの分子鎖が互いに反応し合い，ついにはすべての分子鎖が互いに反応しあって，分子量は無限大に増加する．このような構造はゲルと呼ばれる．このような分子鎖同士の反応量，すなわちポリマーのゲル含量は，乳化重合のポリマーでは，重合反応時の温度，モノマーのポリマーへの変換度合，および重合調整剤（モディファイアーと呼ばれる）の使用によってコントロールすることができる．高い重合温度が，分子鎖同士の反応をより多くする．

溶液重合SBRの重合における開始反応は，鎖の成長反応に比べて非常に速く，重合の途中での停止や連鎖移行がほとんどないために，非常に狭い分子量分布をもつ製品を製造できる．分子量分布を拡大するためには，極性添加剤を使用するとか，バッチ重合方式でなく連続重合方式で行う．

分子量は，モノマー対触媒比によって決められる．分岐化や分子間反応は，第三のモノマーの添加やジビニルベンゼンとか四塩化スズのような分岐剤の添加によって促進される．

接着剤用SBRラテックス

一　般

ラテックス（乳濁液）の重要な特徴は，そのままの形態で販売され，使用されることである．このことは，ほとんどの用途で，使用者が使用する前にラテックスの性質を調節する機会がないことを意味している．

固形ゴムの場合では，ポリマーの分子量は，使用者の必要に応じて摩砕や素練り工程などによって調節される．したがって，少ないグレードでも多くの用途をカバーできる．このような融通性をラテックスは通常有していない．

それぞれの最終用途で望まれる性質が，ラテックス製造者によって重合時につくり込まれなければならない．したがって，ラテックスのグレードが，固形ゴムに比べて多種類となり，特に高機能グレードでは製造者間での標準化が進んでいない．

種　類

大別して3種類のSBRラテックスが一般に市販されている．

（1）低温乳化重合品，高固形分ラテックス：ハイソリッドまたはコールドラテックスと呼ばれる．

（2）高温乳化重合品，中固形分ラテックス：メディアムソリッドまたはホットラテックスと呼ばれる．

（3）高温乳化重合品，少量の不飽和カルボン酸を第三のモノマーとして製造された中固形分ラテックス：通常カルボキシル化ラテックスと呼ばれる．

これら3種類の性質について以下に述べる．

コールドラテックス　このラテックスは，通常15℃以下の温度で乳化重合されるが，これより高い温度で重合されるものもある．適当な氷点降下剤を使用すれば，0℃以下の温度での重合も可能である．

このラテックスは，通常20～35%のスチレン含量（したがってその残りはブタジエン含量）のポリマーである．これらは，通常レドックス重合開始剤方式（バッチ方式または連続方式）により重合され，重合温度が低いために，線状の高分子量ポリマー含量の多いことが特徴である．ゲル含量は，反応を比較的低い転換率（50～75%）で止めることによって調節される．このようなラテックスのゴム成分の代表的なムーニー粘度は，約120（ML 1+4′，100℃）である．

界面活性剤は通常ロジンまたは脂肪酸による天然石けんの類が使われている．この段階で，ラテックスは，小粒子径（1000Å以下）で，低-中固形分である．この段階で販売されるラテックスもあるが，しかし大部分は，通常市販されている約60～70%固形分まで濃縮するために，粒子径を大きくし，粒子径分布を広げるための凝集（アグロメレーション）工程へ送られる．凝集は，氷点の調節，高せん断，または化学添加剤を使用することによって行われる．

天然石けんのタイプの界面活性剤が重合時に使われるために，これらのラテックスはpH 8.5～9.0以上でのみ安定で，安定性を確保するためにpH 10～11の範囲で販売されている．一般に，これらは，後に加えられる多価金属塩に対しては安定性が高いとはいえず，天然ゴムラテックスと比較すれば，安定性は良いけれども，配合時に注意が必要である．

これらのラテックスからつくった薄膜は，伸長率が高く弾性率が低い．最も良い物理的性質は，通常の硫黄/促進剤の組合せ方式により加硫，硬化された後にのみ得られる．

中固形分ホットラテックス　このラテックスは，30℃以上の温度で乳化重合によってつくられる．ポリマーのスチレン含量は，0～100%のどこにでも調節可能であるが，通常約45%で，残りがブタジエンである．これらの製品は，初期のGR-Sポリマーとほとんど同じもので

重合温度が比較的高いために，ポリマーの分子は，コールドポリマーに比べて線状度が低く，またゲル含量を調節するために重合調整剤が使われるので分子量も小さい．

ゲル含量は，低モノマー転換率で反応を中止させないグレードでは潜在的に高めとなる．代表的なムーニー粘度は 45〜80 (ML 1+4′, 100℃) の範囲であるが，これより高い値をもつ製品もある．このタイプのポリマーからつくられる薄膜は，コールドタイプの同等品に比べて，伸びが小さく，弾性率が高い傾向にある．このタイプでも，最良の性能を得るには硬化することが必要である．

固形分が 40〜50% と低いことを別にすれば，中固形分ラテックスの性能はコールドラテックスと多くの点で似ている．界面活性剤は脂肪酸またはロジン酸のどちらかであり，後者の方がより一般的に使用されている．ラテックスは，凝集工程に入る前のコールドラテックスよりもやや大きい粒子径であるが，両者の安定性は同等である．

この種のラテックスの特殊品として，ビニルピリジン (VP) 基をもつものがある．これらは，ターモノマーとして 30% までのビニルピリジンと 15〜25% のスチレンを含有している．低温重合した同種のものも市販されている．

カルボキシル化ラテックス　カルボキシル化ラテックスは，広いスチレン含量範囲で生産されており，少なくとも 1 種類の不飽和カルボン酸を全モノマー重量に対して約 10% 重量まで付与されている．安定性や反応性といった性質を調整するために，他の反応基をもつモノマーがカルボン酸モノマーの代わりに，またはカルボン酸モノマーと一緒に使用されることがある．このような製品も，一般にカルボキシル化ラテックスと同一種類に分類されており，それらは自己架橋性または熱反応性とも呼ばれている．

カルボキシル化ラテックスは通常モノマー転換率の高いことを特徴とする高温重合法によって製造される．ゲル含量が高く，ムーニー粘度が非常に高くなる傾向があり，このためムーニー試験はこれらの製品を特徴づけるために使用されない．

これらの製品は，酸性モノマーの反応を確実にするために，酸側 pH で重合されるため，ドデシルベンゼンスルホン酸のような合成界面活性剤が使われる．一般に，この系の pH は，反応の最終段階でアルカリを加え，製造方法やグレードによって異なるが，製品としては，pH 6〜10 の範囲で販売されている．

この種のラテックスの化学的，物理的な安定性は，他の 2 種のラテックスよりもはるかに優れている．

カルボキシル化ラテックスでつくる薄膜の性質は，グレードにより大幅に異なるが，一般的にはカルボン酸で変性されていない同等品に比べて，伸びが小さく，弾性率が高い．硬化させることは一般的に必要ないが，特別な性質を付与する必要のある特別な用途で硬化方式が用いられている．通常の硫黄による加硫も可能だが（スチレン含量が低く，ゲル含量も低い場合），多くの場合でラテックスの反応基と反応する物質（例えば，酸化亜鉛またはメラミン-ホルムアルデヒド樹脂）が使われる．

SBR ラテックスの長所

ラテックスは，エラストマーの他の形態に比していくつかの長所をもっている．テラックスは水の中へゴム粒子を高固形分で分散させるので，ラテックスの粘度とレオロジーは，溶液型のものと異なり，ポリマーの性質に左右されない．媒介物である水は，無毒性であり，燃えることがなく，安価な材料である．ラテックスは，分子量とガラス転移温度の広い範囲で選択することができる．特に，低スチレン含量（低 T_g）ポリマーによるラテックスを使用すると，現在エマルジョンの形で市販されている他のポリマーに比較して，低熱塑性で非常に弾性に富むエラストマーが得られる．ポリマーの中のゲル部分は，内部架橋物としての役割を果たし，さらに硬化反応をさせなくとも，十分な強度とクリープ特性を付与することに役立つ．

配合する成分

ゴムを基材とする接着剤の主要な成分は，エラストマーのほかに次のものがある．

（1）粘着付与剤（タッキファイヤー）
（2）可塑剤/オイル
（3）溶剤
（4）充填剤
（5）硬化剤（すべての場合で必要なわけではない）
（6）安定剤：光，酸化，コロイド．
（7）増粘剤
（8）その他

ラテックス方式とするためには，これらのすべての材料は水の中へ分散されているか，水に分散性があるか，または水溶性でなければならない．

粘着付与剤（タッキファイヤー）　SBR 自身でタック性をもつように製造することもできるが，そのようなポリマーの物理的性質は，一般には最終用途での要求性能を十分に満足させえない．そのために，粘着付与樹脂が SBR ベースの接着剤に通常混合される．これらの樹脂は，力学的なぬれ性を改良し，接着剤配合物全体の T_g を上げる．SBR のための代表的な粘着付与剤として，ロジンベースの材料，芳香族を含む石油系炭化水素樹脂，α-ピネン，クマロンインデンやいくつかのフェノール樹脂がある．

可塑剤/オイル　オイルと可塑剤が数多くの理由で接着剤配合物に混合される．それらは，エラストマーを軟化させ，ポリマーと他の添加物の間の相溶性を向上させ，他の添加物を添加する際の媒体としても働き，また単にコストを下げるためだけにも役立つ．同時に，エラ

ストマーのぬれ性や接着剤としての薄膜成形性も変える.可塑剤/オイルの代表的な例は,有機ホスフェート類,フタル酸エステル類,芳香族系炭化水素オイルである.

溶剤 溶剤もオイルや可塑剤とほとんど同じ理由で添加されるが,溶剤の場合は,さらに被接着物の表面を部分的に溶解するというような被接着物との相互作用をおこすこともある.溶剤は蒸発できるので,接着剤の乾燥や被接着物表面への接着挙動を調節するための一時的な可塑剤として利用することもできる.

アルコールのような水に可溶な溶剤は,ラテックスの安定性を失わせるので,使用する際に注意しなければならない.脂肪族系炭火水素溶剤は,SBRとは相溶しない傾向があるため,芳香族または極性溶剤が好ましい.

最近の傾向として,多くの接着剤で溶剤方式をラテックス方式に置き換える動きがある.水系方式の利点を最大限に利用するため,溶剤の使用はできるだけ制限することが望まれる.

充填剤 充填剤は,材料のコストを低減するため,容量または重量を増加させるため,あるいはまた性質を改良するために,ラテックスに混合される.充填剤によって得られる主な性質の改良は,色の変更または不透明性,密度の変更,固形分の上昇,レオロジーの変更,および接着剤の剛性または弾性率を上昇させることである.

しばしば,充填剤は,別に充填剤単独で水に分散させたスラリーで,ラテックスへ混合される.ぬれ性向上剤または分散性向上剤および界面活性剤をあらかじめ充填剤に加えることによって,乾いた充填剤の水への分散性を改良することができ,特に非カルボキシル化ラテックスで,このスラリー方式による混合が行われる.カルボキシル化ラテックスは,乾いたままの充填剤の添加を受け入れやすいという特徴をもっている.

ラテックス方式のための代表的な充填剤に,各種形態の炭酸カルシウム,クレイおよびシリカがある.バライト(硫酸バリウム)のような材料は,密度を上げるために使用され,二酸化チタン,カーボンブラックや酸化鉄は色を着けるために使われる.

ラテックス方式の中へ充填剤を混合するために重要な指針は,充填剤粒子の全表面積に対して十分な量の親和性をもつ界面活性剤またはぬれ性向上剤を添加することであり,このことは特に粒子径の小さい充填剤の場合必要なことである.

硬化剤 SBRラテックスは,通常の意味での硬化剤の使用を必要としないことが多いが,いくつかの硬化方式が可能である.非カルボキシル化ラテックス配合物の場合,通常の硫黄方式が用いられ,外部から熱を与えることにより硬化される.他にフェノール樹脂硬化を使用することもできるし,自己重合型樹脂を配合の中へ混合することもできる.

カルボキシル化ラテックスは,硬化の不要な方式として広く受け入れられているが,上述したSBRのための硬化方式を使用することができ,またメラミン-ホルムアルデヒドまたは他樹脂-ホルムアルデヒド縮合物を使用できる.多価金属化合物もカルボキシル化ラテックスの硬化に使用することができる.代表的なものは酸化亜鉛だが,ジルコニウムアンモニウムカーボネートのような他の材料も用いられる.この種の材料のいくつかのものは,室温で効果があるという利点をもっている.

いくつかの反応性SBRラテックスは,ポリマー中に自己硬化方式をもつものがあり,「自己架橋型」または熱が硬化過程に関与する場合は「熱反応型」と呼ばれている.

安定剤 ポリマーの場合,安定剤は通常紫外(UV)線および熱酸化の保護をする材料を指している.しかし,ラテックスの場合,さらに二つの必要性——バクテリアに対する抵抗性とコロイドの安定性——がある.後者については,後の項で詳しく述べる.

ラテックスは,市販されている製品として,普通は殺菌剤を含んでいる.しかし,ラテックスから接着剤用配合物を製造するときに,殺菌剤は他材料の添加により薄められるし,他材料には潜在的な生物分解性材料も含まれている.したがって,水ベースの接着剤配合物に,殺菌効果をもつ材料を加えることは賢明な方法である.

ほとんどの市販されているラテックスは酸化防止剤を含んでいる.しかし,低温重合された高固形分タイプのようないくつかのものは通常酸化防止剤を含まないで市販されているものもある.したがって,特定のラテックスグレードが,自分の接着剤最終配合物を熱酸化劣化から守るに十分な酸化防止剤を含んでいるか否かを,ラテックス製造者に確認することが勧められる.ヒンダーフェノールが最も普通に使用されている非汚染型の酸化防止剤である.

接着剤が紫外線にさらされるような使用状況のときには,適当な紫外線吸収剤や安定剤を添加することが考えられる.

コロイド安定剤 多くの水ベース方式では,コロイド安定剤を加える必要がある.コロイド安定剤は三つの種類に識別されている.

(1) 界面活性剤:普通の界面活性化剤が,機械的および化学的な荷重に対してコロイド安定性を高めるために添加される.同時に他成分材料(例えば充填剤や硬化剤)の分散を助け,被接着物へのぬれを助成し,泡だち性を上げる.ドデシルベンゼンスルホン酸塩とオレイン酸カリウムは,この種類の代表的な材料である.

(2) ぬれ性向上剤:これらの材料は,第一義的には配合成分の固体材料をぬらすことと,泡立ち現象を出さずにコロイド安定性を上げるために使用される.ナフタリンスルホネート/ホルムアルデヒド縮合物がこの種類の代表例である.

(3) 金属イオン封鎖剤:これらの材料は,ラテックスが可溶する多価イオンと錯体をつくることを防ぐために加えられる.普通に使用される材料は,エチレンジア

ミン四酢酸（EDTA）である．いくつかの物質は金属イオン封鎖剤として働くと同時に無機材料のラテックスへの分散性を上げる．この種の代表的なものに，ピロリン酸四ナトリウム（PSPD）がある．

増粘剤　ラテックス水相のレオロジーは，分散相の性質には関係ないために，レオロジーを半独立的に調節することが可能である．したがって，粘度修正剤すなわち粘度増加剤が重要な配合成分となる．このような材料の例として，ガム，でんぷん，蛋白質，アルギン酸のような天然物，ポリアクリレートのような合成材料とカルボキシルメチルセルロースのような変性天然材料がある．増粘剤は，被接着物への水の移行と乾燥中の水の蒸発の両方を調節することにも役立たせることができる．

その他の材料　多くの他の材料が特別な目的のために配合成分として添加される．かなりの頻度で必要なものに，消泡剤がある．これは，三つの基本的なタイプ，シリコーン，鉱物油または界面活性剤のうちの一つであることが普通である．後者の2種は，一時的または短期効果のために好まれ，シリコーンは，より長期的な効果を出すために好まれるが，配合物が薄膜にされたときにフィッシュアイのような欠点をもつ危険がある．

主要用途

一般　SBRラテックス接着剤は，一般的に比較的低荷重用であるが，しかし耐久性，可とう性とかなりの耐衝撃性が要求される用途で使用される．表面自由エネルギーが比較的低いので，多種類の被着材に接着しなければならない汎用接着剤に向いている．適切に配合されれば，紫外線にさらされたときの色の保持は良くないが，環境による劣化に対しては優れた抵抗性をもっている．

植毛カーペットのバッキング　SBRラテックスの主用途は，植毛カーペット工業用の接着剤である．炭酸カルシウム充填剤を配合したカルボキシル化SBRラテックスは，人工毛と裏打ち材の接着剤として使われ，まったいわゆる二次裏打ち用の接着剤として使用されている．

単一裏打ち材または発泡裏打ちの前のいわゆるタイコート（tie coat）のどちらかに人工毛を固定させるために，ラテックスに500phrまでの充填剤（代表的には粉砕した石灰石）を配合した接着剤を，植毛したカーペットへリックロールまたはドクターブレードで塗付する．接着剤は赤外線ヒーターまたは熱風循環オーブンを通すことによって乾燥される．二次裏打ちのためには，布層を接着剤が乾燥する前にカーペットの裏へ湿式ラミネートする．この布は，昔は織ったジュート（荒目の麻布）であったが，現在では，ポリプロピレンまたはポリエステルの織布または不織布が一般的に用いられている．代表的な接着剤配合を**表12.1**に掲げている．

紙コーティング　カルボキシル化SBRラテックスが，単独またはでんぷんとかカゼインのような他材料との混合で，印刷紙用のクレイコーティングの接着剤または結合剤（バインダー）として重要な材料である．

不織布　カルボキシル化SBRは多くの不織布用途，主として拭きタオル，おむつカバー材および衣服の内側に使うライナーの接着剤または結合剤となっている．代表的には，ラテックスが自己反応型であるかまたは硬化剤（例えば，メラミン-ホルムアルデヒド樹脂）が混合されたもので，スプレー法，薄地布へ含浸される方法または印刷接着法で接着剤が塗付される．

高スチレン含量のラテックスは靴製造業で，織布または不織布でつくられた靴スチフナー布の強度補強材として使用されている．含浸され乾いたシート材は，同一工程で成形され他材料にラミネートされる．この過程でさらに外部接着剤を必要とすることもあるが，乾いたラテックスはそれ自身で，トルエンのような溶剤によって活性化されるか，または加熱されることによって接着剤として働くことができる．

二重貼り合せ接着剤　SBRラテックスは，各種の積層や二重貼り合せ法の接着剤として使用されている．基本的に二つの方法があり，一つは，二つの被着材を湿式接着剤で結合する方法で，もう一つは，接着される材料が貼り合わされる段階で接着剤が乾いている乾式方法である．後者の場合，貼り合わせられる両方に接着剤が塗付されるし，前者では一方の基材のみに接着剤が塗付される．

湿式法では，ラテックスは単独または充填剤を混合して使われ，必要な粘度に増粘される．古くは，高温重合の非カルボキシルタイプが，非加硫または硫黄加硫して使用されていたが，現在ではカルボキシル化ラテックスが重要度を増している．

乾式法では，ラテックスは，貼り合せ操作時に必要なタックをもたせるために粘着付与樹脂を配合している．この方法で貼り合わされる代表的な材料は，織布，紙，紙と金属箔，プラスチックフィルム，プラスチックフィルムと紙，皮，皮と布である．このような方法は，織物工業，紙加工業，包装業，自動車とその関連工業，靴工業で普通に使用されている．代表的な配合を**表12.2**に示す．

表12.1　カーペット二次バッキング接着剤

	phr（固形分）
カルボキシル化SBRラテックス（55% スチレン）	100
金属イオン封鎖剤（例テトラソジウムピロホスフェート）	0.3
粉砕石灰石	350
水で全固形分（TSC）78%に調整	
ポリアクリレート増粘剤で15000 mPa·sに調整	

表12.2　アルミニウム箔とクラフト紙の積層用接着剤

カルボキシル化SBRラテックス（42% スチレン）100 phr（固形分）
ソジウムポリアクリレート増粘剤で2000〜3000 mPa·sに調整
水で全固形分50%に調整

建築用接着剤　大量のSBRラテックスが，建築産業関連の接着剤に使用されている．壁タイルやビニル床タイル接着剤はその代表的な例である（配合は**表12.3**を

表12.3 代表的なビニル床材用接着剤

	phr（固形分）
Part A:	
25°S.P. 炭化水素樹脂	212.5
ミネラルスピリット	37.5
ジオクチルフタレート	12.5
メタノール	12.5
非イオン界面活性剤	7.5
クレイ	50.0
Part B:	
高固形分SBRラテックス	100
ホスフェート安定剤	0.5
水酸化カリウム	0.25
泡消し剤	0.10
水で全固形分60%に調整	

AとBを十分に攪拌して混合する．ソジウムポリアクリレートを使用して粘度50000〜60000 mPa·sへ調整する．

参照）．SBRラテックスは，カルボン酸変性されているものもされていないものも，補修作業の接着改良のために，セメント混合物にしばしば添加される．シーリング材とコーキング材もSBRベースでつくることができる．

タイヤコード浸漬剤　タイヤコード用接着剤はラテックスのもう一つの重要な用途である．基本的な配合を**表12.4**に示している．ラテックスは主としてビニルピリジン（VP）タイプである．接着される繊維によっては，VPラテックスは高温重合SBRまたは凝集されていない低温重合SBRラテックスで希釈される．希釈の程度は異なる繊維の接着難易度による．レーヨンは容易にカーカスに接着するのでVPラテックスを必要としない．レーヨンをナイロンやポリエステルタイヤコードに代えるとVPラテックスが必要となる．

表12.4 代表的なタイヤコード浸漬剤

	重量部	
	固形分	溶液分
水	—	25.8
レゾルシノール	9.4	9.4
ホルムアルデヒド	5.1	13.8
苛性ソーダ	0.7	7.0
ラテックス	84.8	212.0
	100.0	500.0

粘着剤（感圧接着剤）　SBRラテックスの比較的新しい応用分野に粘着剤（感圧接着剤）がある．古くからある溶剤型の粘着剤が，ホットメルトと水系方式に置き換わりつつある．SBRラテックスは，いくつか分野でま

表12.5 紙ラベル用の粘着剤

	phr（固形分）
カルボキシル化SBRラテックス（25% スチレン）	100
85°S.P. ロジンエステル樹脂	75
ソジウムポリアクリレート増粘剤で700〜800 mPa·sへ調整	
全固形分50%	

表12.6 マスキングテープ用の粘着剤

	phr（固形分）
カルボキシル化SBRラテックス（25% スチレン）	50
低アンモニア天然ラテックス	50
85°S.P. ロジンエステル樹脂	20
85°S.P. 炭化水素樹脂	60
酸化防止剤	2.0
二酸化チタン	1.0
ソジウムポリアクリレート増粘剤で600〜800 mPa·sへ調整	
全固形分50%	

表12.7 2軸延伸ポリプロピレンテープ用の粘着剤

	phr（固形分）
カルボキシル化SBRラテックス（25% スチレン）	100
85°S.P. ロジンエステル樹脂	40
ヘキサメトキシメチルメラミン	3
ソジウムポリアクリレート増粘剤で400〜600 mPa·sに調整	
全固形分50%	

すます使用されている．代表的な配合が**表12.5〜12.7**に示されている．

接着剤用SBR（固形品）

一　般

固形SBRは，古くは天然ゴムの単なる代替品と考えられていたにもかかわらず，市場ではユニークな価値を提供している．天然ゴムに比較して，熱酸化安定性，耐摩耗性や加工性などの点で性能上の利点があるために好んで使用され，その結果広範囲の研究開発活動が行われてきた．さらに，合成SBRは一般に天然ゴムよりも製造コストの面で有利である．

エマルジョンSBRは，製造者間での標準化がきわめて進んでおり，IISRP（International Institute of Synthetic Rubber Producers）が異なる製造者のグレードを同等規品と認識するための標準番号化制度を規定している（**表12.8**参照）．しかし，ソルージョン（溶液重合）SBRは，最近になって多品種が製造されるようになってきて，異なる製造者の製品群を直ちに比較することはできない．

表12.8 IISRP標準番号方式

シリーズ	SBR
1000	ホット-エマルジョンポリマー
1100	ホット-エマルジョン黒マスターバッチ（SBR 100部に対して14部以下の油含む）
1200	ソルージョンSBR
1500	コールド-エマルジョンポリマー
1600	コールド-エマルジョン黒マスターバッチ（SBR 100部に対して14部以下の油含む）
1700	コールド-エマルジョン油マスターバッチ
1800	コールド油黒マスターバッチ（SBR 100部に対して14部以上の油含む）
1900	その他の固形ポリマーマスターバッチ

12. スチレン-ブタジエンゴム接着剤

分　類

固形SBRは通常製造方法によって4種類に大別され，それぞれが性質の面でも区分けできる違いをもつ．

エマルジョンSBR　4種類のうちの2種類，低温重合と高温重合エマルジョンゴムについては，先に述べたラテックス製品の重合工程により生産される．固形ゴムはラテックスから凝固工程で分離される．高温重合SBR（ホットSBR）が，低温重合SBR（コールドSBR）よりも接着剤配合に，より頻繁に使用されている．

ソルージョンSBR　ソルージョンSBRを製造する工程は，エマルジョン工程で要求される界面活性剤のような，ゴムポリマー以外の成分を含んでいない製品をつくることができる．ソルージョン重合のゴムは，ゲル分がなく，またエマルジョン重合された同等品に比して狭い分子量分布をもつ．この分子量分布の狭いことが，予備混練によりポリマー粘度を調整することをより難しくしている．

オイルとカーボンブラックのマスターバッチ　これらのグレードは，新タイヤと再生タイヤ工業に関連して，高分子量，高粘度の生ポリマーを取り扱いやすくするためSBR製造工程中で伸展油（15〜65phr）やカーボンブラック（40〜100phr）を混合したものである．このようなマスターバッチ方式により，通常混合による方法よりも効率のよい分散性が得られる．

配合用成分

固形ゴム用の配合成分は，水相がないことを除いて，ラテックスで使用されている成分と基本的に同じである．したがって，増粘剤のようなラテックスの水相に関わる成分は必要としない．

使用されるすべての成分は，ゴムを溶解するために用いられる溶剤に可溶または分散可能でなければならない．

主　要　用　途

一　般　固形SBRは接着剤工業に重要な役割を果たしている．それらは，汎用建築用接着剤，テープ用接着剤と粘着剤を含む，多くの一般用および特殊用接着剤で使用されている．

固形SBRは，少量がマスチックやホットメルトに使われているが，溶剤型接着剤で重要な役割をもっている．ほとんどのSBRは，脂肪族系，芳香族系および塩素化炭化水素溶剤に易溶である．しかし，高度に架橋されたグレードは，膨潤するかまたはゲル溶液をつくる．高スチレン含量のコポリマーは，低沸点の脂肪族炭化水素（ペンタン，ヘキサン）には溶けない．

SBR接着剤は，良好な可とう性と耐水性をもっており，天然ゴムまたはその再生品に比べて耐エージング性にすぐれている．一般的に，SBR接着剤は高い荷重のかかる用途やエージング特性が重要となる用途では使われていない．

粘着剤（感圧接着剤）　SBRは，ラベル，外科用テープ，マスキングテープ，保護テープ，接合テープなどの用途の粘着剤（感圧接着剤）に広く使用されている．安定した中粘度で強いはく離強さをもつ粘着剤用の配合が**表12.9**に示されている．この種の配合物が，テープ基材（紙，プラスチック，セロファン，布）に塗付される．粘着剤が塗られた基材は，軽い圧力で，しっかり接着し，しかも剥がした後に，粘着剤が被着材表面に残らない．

表 12.9　感圧接着剤

成　　分	phr
SBR 1570	50
SBR 1509	50
酸化防止剤	1.9
水添ロジンのグリセロールエステル	131
石油系炭化水素（沸点67〜87℃）	525
合　　計	757.9
粘度(mPa·s)ブルックフィールドLTV, Sp.#3, 12 rpm	
48時間後	1600
1カ月後	1580

スプレー型接着剤　スプレー型接着剤は，タイヤ製造業，タイヤ再生業や，紙，木材，プラスチックや布といった材質を接着する用途で，広く使われている．高温重合SBRを架橋させたものを使用すると，接着剤をスプレーするときに必要な不連続粒子をつくることに役立つし，接着剤の塗付速さを調節することもできる．架橋したグレードを通常のSBRと混ぜてこの目的に使用するときは，ポリマーは別々に予備混練されて，それから一緒に溶剤に溶かされて溶液とされる．この方法によって，架橋グレードを混合物のレオロジー特性に最も貢献させることができる．

表 12.10　スプレー型接着剤

成　　分	phr
SBR 1006	50
SBR 1009	50
天然ロジン	70
二量化ロジン	30
酸化防止剤	2
石油系炭化水素（沸点67〜87℃）	800
合　　計	1002
粘度(mPa·s)ブルックフィールドLVT, Sp.#2, 12 rpm	
48時間後	450
1カ月後	400

表12.10の配合は，通常のSBRベースの配合に比してスプレー特性でかなりの改善を行ったものである．

積層接着剤　ラミネート接着剤は，2層またはそれ以上の層を貼り合わせて，新しい複合材料をつくるために使用される．少なくとも一つの材料の表面が多孔性であれば，一方にのみ接着剤をつけることで接着することができる．そうでなければ，両方の材料に接着剤をつけ，溶剤をとばした後で接着圧を加える．接着剤はスプレーされるか，ナイフまたはローラーで付ける．代表的な低

表 12.11 低温硬化型積層用接着剤

混練り配合物	phr
SBR 1570	50
SBR 1516	50
固いクレイ	50
二酸化チタン	10
硫黄	3
酸化亜鉛	5
ステアリン酸	1
ジエチレングリコール	1
合　計	170

接着剤配合物	重量部
混練り配合物	25.0
二量化ロジンのペンタエリスリトールエステル	7.0
酸化防止剤	0.2
石油系炭化水素 (沸点 67〜87℃)	68.0
合　計	100.2

粘度 (mPa·s) ブルックフィールド LVT, Sp. #3, 12 rpm
　48 時間後　　　　2100
　1 カ月後　　　　2400

触媒	重量部
活性化ジチオカルバメート	10
1,1,1-トリクロロエタン (抑制剤)	90
合　計	100

T-はく離強さ, 100 pts 接着剤/10 pts 触媒, 綿ダック No.8
　1 週間後　　　　14 lb/in (2.5 kg/cm)
　1 カ月後　　　　19 lb/in (3.4 kg/cm)

表 12.12 布と金属の接着剤

成　分	phr
SBR 1006	100
天然ロジン	33
重合ロジン	85
二量化ロジンのペンタエリスリトールエステル	33
酸化亜鉛	10
酸化防止剤	2
石油系炭化水素 (沸点 67〜87℃)	414
合　計	677

粘度 (mPa·s) ブルックフィールド LVT, Sp. #3, 12 rpm
　48 時間後　　　　2750
　1 カ月後　　　　3000

表 12.13 発泡ポリスチレン用の接着剤

成　分	phr
SBR 1570	100
二量化ロジン	106
水添ロジン	45
酸化防止剤	2.7
ヘキサン	654
合　計	907.7

粘度 (mPa·s) ブルックフィールド LVT, Sp. #3, 12 rpm
　48 時間後　　　　1575
　1 カ月後　　　　1500

表 12.14 磁器タイル用の接着剤

成　分	phr
SBR 1018	18.6
SBR 1009	81.4
石油系炭化水素 (沸点 116〜136℃)	407
炭酸カルシウム	151
固いクレイ	232
酸化防止剤	2.3
重合ロジン	244
合　計	1136.3

温硬化接着剤を**表 12.11** に示す．触媒は接着剤が使用される直前に混合され，混合物は1週間以内で硬化する．

布と金属の接着剤　**表 12.12** の配合は自動車用途で要求される優れた耐熱性をもたせるために設計されたものである．もし布が浸透性のものであれば，一方にだけ接着剤をつける方法でできる．

発泡ポリスチレンの接着剤　発泡ポリスチレンを接着させる接着剤の場合，溶剤の選択が重要である．発泡ポリスチレンの気泡セルは，芳香族炭化水素，ケトンまたはエステル溶剤によって破壊する．例えば，繊維の中のごく低濃度の芳香族成分でも，長期間経ることによって発泡体のセルを損ねる．したがって選ばれる溶剤は，有害な不純物を含んでいないことであり，受け入れられる粘度で安定な溶液をつくるポリマーと一緒に使用されなければならない．**表 12.13** の配合は，金属，木およびコンクリートと発泡ポリスチレンとの良好な接着を可能とする．接着剤は両方の表面につけられ，乾燥の後，手圧で接合される．

磁器タイルの接着剤　有機質接着剤が磁器タイルをプラスター，コンクリートおよび屋内設備の合板に接着するために普通に使われている．これらの接着剤はマスチック材と似た溶剤組成をもち，溶剤が接着剤の薄い膜からゆっくりと消散するにつれて最終的な接着力が出る．オープンタイムは，石油系炭化水素の低沸点と高沸点留分の組合せによって調節することができる．代表的な配合を**表 12.14** に示す．

　　　　　　　　　　[C. A. Midgley and J. B. Rea／佐久間　暢 訳]

12. スチレン-ブタジエンゴム接着剤

スチレン-ブタジエンゴム(SBR)の供給会社

供給会社	SBRの種類	商品名
American Synthetic Rubber Corporation P.O. Box 32960 Louisville, KY 40232	Series 1000, 1500, 1700, 1900 and latexes	Amsyn ASRC Flosbrene Flostex
Copolymer Rubber and Chemical Corporation P.O. Box 2591 Baton Rouge, LA 70821	Series 1500, 1600, 1700 and 1800	Copo Carbomix
DiversiTech General Chemical/Plastics Division P.O. Box 951 Akron, OH 44329	Series 1500, 1600, 1700, 1800 and latexes	Gentro Gentro-Jet Gen-Tac Gen-Flo
Dow Chemical USA Coatings and Resins Department Midland, MI 48674	Latexes	Dow
Firestone Synthetic Rubber Company 381 W. Wilbeth Road Akron, OH 44301	Series 1200	Duradene Steron
BF Goodrich Ameripol Tire Division 500 S. Main St. Akron, OH 44318	Series 1000, 1500, 1600, 1700, 1800, 1900 and latexes	Ameripol Good-Rite
Goodyear Tire and Rubber Company Akron, OH 44316	Series 1000, 1200, 1600, 1700, 1800, 1900 and latexes	Pliolite Plioflex
W.R. Grace and Company Organic Chemicals Division 55 Hayden Ave. Lexington, MA 02173	Latexes	Darex
BASF Corporation Fibres Division 3805 Amnicola Highway Chattanooga, TN 37046	Latexes	Butofan Butonal Styrofan Styronal
Polysar Limited 1265 Vidal Street S. Sarnia, Ontario N7T 7M2	Series 1000	Polysar S1018
Reichhold Chemicals Incorporated P.O. Box Drawer K Dover, DE 19901	Series 1000 and latexes	Tylac
Shell Chemical Company One Shell Plaza P.O. Box 2463 Houston, TX 77001	Latexes	Kraton
SYNPOL (Inc.) P.O. Box 667 Port Neches, TX 77651	Series 1000, 1500, 1600, 1700, 1800 and 1900	SYNPOL
Uniroyal Inc. Chemical Group Middlebury, CT 06749	Series 1900	
Unocal Corporation Chemicals Division 1900 East Golf Road Schaumburg, IL 60195	Latexes	

13. 接着剤用熱可塑性ゴム

熱可塑性ゴムとは何か？

熱可塑性ゴムは，真に有用で多目的に使用できるポリマーである．ポリスチレンの溶解性と熱可塑性をもち，かつ常温領域では，加硫された天然ゴムまたはポリブタジエンのもつ強靱性と弾力性を合わせもっている．この特徴的な性質は，熱可塑性ゴムのもつユニークな分子構造による．最も単純な熱可塑性ゴム分子を図示すると，二つのプラスチック末端ブロックの間にゴムの中間ブロックがある．この状況を図13.1に概念的に表現している．ここで菱形はプラスチック末端ブロックのモノマー単位を示し，円形のものはゴム中間ブロックのモノマー単位をあらわしている．このような分子はブロックコポリマー（ブロック共重合物）と呼ばれる．

図 13.1 単純化した熱可塑性ゴム分子の模式図

特許および技術資料[1～4]は，数多くの分子置換物を述べている．図13.1に図示されるもの(A－B－A)，二つ以上のモノマーをもつもの(A－B－C)，側鎖型またはラジアル型配置のもの(A－B－A)，繰返し配列のもの(A－B－A－B－A)などである（線状ポリウレタンは，ここでは検討されない．それらの性質と挙動は他の文献で述べられている）[5]．分子構造上で重要な点は，熱可塑性ゴム分子は，ゴム中間ブロックに相溶しない固いガラス状末端ブロックを両端にもつことである．すべてのこのようなポリマーは，必然的に，固体の状態では二相構造――連続的なゴム相とゴム分子と連なった基本的に不連続的なプラスチック相――をもつ．

図13.1で示されているような最も単純な場合の原則が他の分子配置の場合にも同様に適応される．わかりやすくするために，この章では最も単純な分子構造について説明するが，しかし他の構造についても同じである．

説明は，基本的な2種の熱可塑性ゴムに対して行う．1種類は，分子中のゴム中間ブロックが不飽和ゴムをもつブロックコポリマーよりなる．この種類のポリマーに二つのタイプがあり，ポリスチレン-ポリブタジエン-ポリスチレン（S-B-S）ポリマーとポリスチレン-ポリイソプレン-ポリスチレン（S-I-S）ポリマーである．熱可塑性ゴムのもう一つの種類は，ゴム弾性をもつ中間ブロックが飽和オレフィンゴムをもつブロックコポリマーで，ポリマーとしては，ポリスチレン-ポリ（エチレン/ブチレン）-ポリスチレン（S-EB-S）とポリスチレン-ポリ（エチレン/プロピレン）（S-EP）がある．

多数のA－B－A分子が，固体の状態で一緒に存在すると，末端ブロックが互いに集まって二相構造が形成される．これを理想的に単純化して示したのが図13.2である．

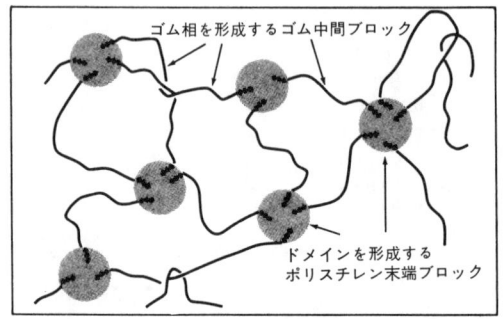

図 13.2 理想化した熱可塑性ゴム分子の二相構造

"ドメイン"と呼ばれるプラスチック末端ブロック相域は，球形で示されている．球形以外のドメインの形については後で述べる．これらのドメインは，ゴム鎖の末端同士の架橋点として働き，ゴム鎖をつなぎ，ゴム鎖が本質的にもっている分子同士のからみ合いを固定するのに役立つ．このような方式は，分散した反応性充填剤粒子を含む通常の加硫ゴムに似た働きをする．

この物理的に架橋されたマトリックスは表13.1にあるような代表的な物理特性を示す．データは，無変成S-B-SとS-I-S熱可塑性ゴムのトルエン溶液からの注型試験片より得られたものである．

13. 接着剤用熱可塑性ゴム

表 13.1 代表的な SBS と SIS 熱可塑性ゴムの物理的性質(23℃)

引張り強さ,破断時 (T_b) (psi)	3000〜5000
300% モジュラス (M_{300}) (psi)	100〜400
伸び,破断時 (E_B) (%)	800〜1300
硬度,ショアー A	30〜80

同じ範囲の性質が、これらのポリマーを溶融して注型されたサンプルでも得られている。どの場合でも化学的な加硫を必要としない。熱可塑性ゴムは、まったく新しい種類のポリマーであることが、図 13.3 に表現されている。

	熱硬化性	熱可塑性
固い	エポキシ フェノール-ホルムアルデヒド 尿素-ホルムアルデヒド 硬いゴム	ポリスチレン 塩化ビニル ポリプロピレン
軟かい	高濃度充填材入り または高度加硫のゴム	ポリエチレン エチレン-ビニル アセテート共重合物 可塑化塩化ビニル
ゴム状	加硫ゴム (NR, SBR, IR 等)	熱可塑性ゴム

図 13.3 ポリマーの分類

このような熱可塑性ゴムは、1965 年に Shell Chemical 社(アメリカ)によって最初に上市された。現在市販されている熱可塑性ゴムの商品名、製造会社、熱可塑性ゴムの種類が**表 13.2** に示されている。

熱可塑性ゴムは、それ単独で用いられたとき、高強度のフィルムを形成するし、また他の材料へ添加されたときは、その材料の凝集力や粘度を上昇させる働きをする。熱可塑性ゴムは、低価格の多くの溶剤に、予備素練りなしで、素速く溶解し、有用な高固形分で低粘度溶液となる。多くの他の配合用成分と容易に混合でき、配合物は溶液法またはホットメルト法で被着材に塗付できる。タックの強い粘着剤(感圧接着剤)やブロッキングしないアセンブリー用接着剤は使用する樹脂や可塑剤の種類を選ぶことによって配合される。

熱可塑性ゴムは、ほとんどの水溶性薬品に抵抗力があり、通常良好な電気絶縁特性をもち、優れた低温時の性質をもっている。多くの炭化水素系溶剤に可溶であり、高温で熱可塑性である。耐溶剤性や高温での強度は、ポリプロピレンのような非相溶性のポリマーを機械的に混合するか、または架橋するかによって改良することができる。

接着剤としての熱可塑性ゴムの挙動は、① ゴムマトリックスに分散している顕微鏡で見えるレベル以下の微細粒子となっている末端ブロック相ドメインの形態と配置、② 配合された他成分が、二相のうちのどの相に相溶するか、によって影響をうける。このことについて、次項で検討する。

基本的な概念──ドメインの形態と相溶性

熱可塑性ゴムの構造は独特なものである。それは、いくつかの重要な点で、天然ゴムやスチレン-ブタジエン-ゴム(SBR)のような通常のゴムと違っている。その挙動の基本的な原則について次の数項で説明する。

熱可塑性ゴムは二相構造をしている

熱可塑性ゴムの物理的構造については多くの文献が刊行されている[6〜16]。二つのガラス転移温度 T_g ピークが、S-B-S ブロックコポリマーの動的機械試験で見られる[1]。これに反して、同じスチレン/ブタジエン比のランダム SBR コポリマーでは、一つのピークしか見られない。この差は図 13.4 に示されている。

S-B-S ポリマーで、二つのピークがあることは、あたかも二つのホモポリマーを物理的に混合したように、ポ

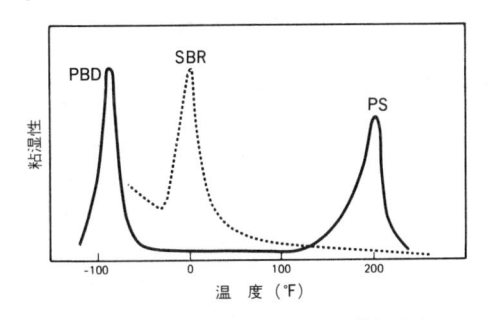

図 13.4 S-B-S と SBR のガラス転移温度 (T_g)
PBD=ポリブタジエン;PS=ポリスチレン;SBR=スチレン-ブタジエンゴム

表 13.2 熱可塑性ゴムの商品名

商品名	製造者	ポリマーの種類
Kraton® D	Shell	S-B-S, S-I-S, (S-B)$_n$, (S-I)$_n$
Cariflex® TR[a]	Shell	S-B-S, S-I-S
Kraton® G	Shell	S-EB-S, S-EP (Diblock)
Europrene® SOL T[a]	Enichem	S-B-S, S-I-S
Stereon®	Firestone	S-B-S
Tufprene® & Asaprene®	Asahi	S-B-S
Finaprene®[a]	Fina	(S-I)$_n$
Solprene®[a]	Phillips	(S-B)$_n$

a:アメリカでは製造されていない.

リスチレン相とポリブタジエン相が，このブロックコポリマーの中に別々に存在していることを暗示している．一方SBRでは一相しかない．

市販されている熱可塑性ゴムでは，末端ブロック相の割合が相対的に少なく（表13.2参照），図13.2で示されるように，連続したゴムマトリックスの中に分散されている．この図では，球状の末端ブロックのドメインが均一に分散されているが，このような状態は，末端ブロック相の濃度が低いポリマーを使って，実験室で注意深くつくられた試料でのみ可能である．末端ブロック相の濃度や試料をつくるときの実際の成形条件によって，分散相の配置や形態は，球状，円柱状または板状となりうる．この様子を図13.5に示す．後者二つの場合では，末端ブロック相が，ゴムマトリックスの中で，連続的なプラスチック網として伸びている．

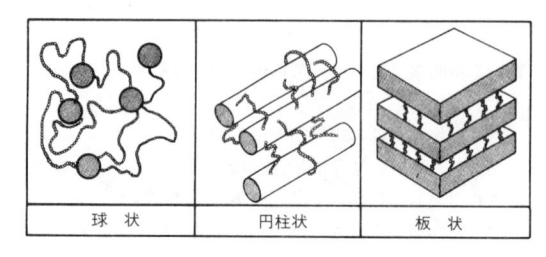

図 13.5 ポリスチレンドメインの配置モルホロジー

この状態は，末端ブロック相濃度が約20％（重量）以上の場合におこりやすい．この状況では，試料片が引き伸ばされると，初期の応力がプラスチック網に働くために，後述するように，応力-ひずみ特性が非常に変わってくる．このような異なるモルホロジーが存在することは電子顕微鏡写真によっても確認されている[13]．

あらゆる状況下で，分散相の大きさは制限される．末端ブロックと中間ブロックの結合点は，相の境目に位置するため，ドメインの厚さは反対側からドメインの中へ伸びる末端ブロック部分が届くことのできる距離に制限される．市販されているポリマーでは，ドメインの厚さは，計算でも実測でも，数百オングストロームの大きさ，すなわち可視光の波長の何分の1かの大きさしかない．ドメインが球状または楕円球状であれば，それらは光を散乱しない．したがって熱可塑性ゴムは，他の材料を含んでいなければ，二つの相の屈折率が大きく違うにもかかわらず，一般に透明である．円柱状または板状ドメイン配置では，光はいくらか散乱し，不透明となることもある．

添加物が一相のみに相溶するか，二相に相溶するか，どの相とも相溶しないか

樹脂，可塑剤や他のポリマーなどの添加物が，熱可塑性ゴムの二つの相のうちどの相に相溶するのかの情報は，接着剤配合物の挙動を理解するのに重要である．例えば，プラスチック末端相にのみ相溶する樹脂を加えると，配合物は硬く，タックのない材料になるし，一方ゴム相だけに相溶する樹脂を混合すると，非常に粘着性のある軟らかい，可とう性のある配合物となろう．しかし両方の混合物とも，末端ブロックドメインが適切に形成されている限り，高い凝集力をもっている．

混合する材料の溶解度パラメーター（δ）と分子量が，熱可塑性ゴムにある二相にどう相溶するかを決める．溶解度パラメーター（この章の終わりの付録でさらに記述する）は，ポリマー，樹脂，可塑剤，溶剤，安定剤や充填剤といったすべての固体および液体材料の基本的性質を特徴づける．"ヒルデブランド"と呼ばれ$(cal/cm^3)^{1/2}$の単位であらわされ，この章で興味のある溶解度パラメーターは，一般に6から12ヒルデブランドの範囲に入るものである．もし，二つの物質が，互いに十分に近い溶解度パラメーターをもっていれば，それらは互いに可溶となる性質をもつ．二つの材料の分子量が大きくなるほど，それらの溶解度パラメーターの差が小さくならなければ互いに可溶とはならない．例えば，イソオクタン（$\delta=6.85$）とトルエン（$\delta=8.9$）は，両方とも低分子量の溶剤で互いに可溶である．一方，高分子量のポリマー，ポリイソプレン（$\delta=8.1$）とポリブタジエン（$\delta=8.4$）は分子スケールでは混ざり合わない．同じように，市販の熱可塑性ゴム中のポリスチレン末端相（$\delta=9.1$）とゴムマトリックス（$\delta=8.1$または8.4）は混ざり合わず，したがって図13.2と図13.5に示すような二相構造をつくる．

溶解度パラメーターと分子量に関するデータは，多くの接着剤用成分のすべてに入手可能とは限らないが，多くの樹脂，可塑剤や溶剤の溶解度パラメーターは入手できる．それらのいくつかのデータが，後の項または資料[19,22~27]に表示されている．どんな場合でも，必要とする配合成分に関するデータは，簡単な試験によって得ることができる．例えば，一定の配合の溶解度範囲は，データのわかっている一連の溶剤へ，その配合成分を溶かそうとすることによって決めることができる．また，次の方法で，一つの樹脂が，熱可塑性ゴムのどちらの相へ相溶するかを定性的に決めることもできる．すなわち，①ある樹脂と結晶性グレードのポリスチレンの1対1混合物，②その樹脂とS-I-Sポリマーのためには天然ゴムまたはポリイソプレン，S-B-Sポリマーのときはポリブタジエンの1対1混合物をつくり，①と②のトルエン溶液から薄い注型フィルムを作成する．乾燥させた後のフィルムが透明であれば，互いに相溶であり，濁っていれば相分離していることを示す．

先に述べたどの相に相溶するかの考え方で，新しい配合についての実験結果を定性的に理解することによって，接着剤の性質を好ましい方向に改良するための重要な手段とすることができる．

熱可塑性ゴム（単独および単純な混合物）の物理的性質

この項では，前項で紹介した考え方にもとづいて，いくつかの例について述べる．ここで説明される一般的な原則は，後で示している標準的な配合を上手に使用したり，要求に合わせて変更するときに重要なものである．

応力-ひずみ特性

接着剤膜の凝集力は，その応力-ひずみ挙動に密接に関連している．熱可塑性ゴム配合物の応力-ひずみ特性は，末端ブロック相と中間ブロック相の容積比とこれら二つの相のモルホロジーに密接な関係がある．

末端相対中間相の比の効果　充填剤を含まない熱可塑性ゴムの末端ブロック相濃度が上がるにつれて，応力-ひずみ曲線の形は図13.6に示すように変化する．これらの曲線は，一連の実験室で試作したS-B-Sポリマーを使って，溶液注型フィルムより得られたものである．それぞれのポリマーの全体の分子量は一定に保たれ，スチレン含量だけ変えたものである．スチレン含量20～30％（重量）で，応力-ひずみ曲線は加硫ゴムのそれに似ている．約33％（重量）以上の濃度で，熱可塑性材料で普通に見られる"延伸"現象があらわれる．これは図13.5で述べたように，連続的な円柱状または板状末端ブロック網が存在するときにおこる．そのような試験片が引き伸ばされると，初期降伏応力が観察される．これは，比較的弱いプラスチック構造がさらに引き伸ばされることによって破壊され，延伸がおこることによる．応力が緩和されると，プラスチック網がゆっくりと再生する．高温になるとプラスチック網の再生が速くなる．末端ブロック濃度の高いところでは，プラスチック相は連続的につながって，中間ブロックが分散している高衝撃ポリスチレンに似た構造となる．

添加物の効果　末端ブロック相と中間ブロック相の比率は，どちらかの一相に選択的に親和性のある材料を添加することによって変えることができる．例えば，クマロン-インデン樹脂は，S-B-SとS-I-Sポリマーの末端ブロック相と相溶する．図13.7は，無変成ポリマーの応力-ひずみ曲線，B曲線の初期部分が，末端ブロック相濃度がその種類の樹脂を加えることによって上がり，A曲線へシフトすることを示している．C曲線は，例えばゴム相に相溶する粘着付与樹脂または可塑剤オイルが添加されたときにおこる逆の現象である．

成形条件の効果　適当な成形条件を選択することで，末端ブロック相濃度が約20％（重量）以上のとき，延伸サンプルも非延伸サンプルも同じ熱可塑性ゴム配合物からつくることができる．したがって，末端ブロックのモルホロジーは第三の方法によっても変えることができる．もし，末端ブロック相に良溶剤で中間ブロック相に貧溶剤である溶剤を用いて，（溶剤の蒸発する間にそうなっても同じことだが）注型フィルムをつくった場合，連続末端ブロックが形成されやすい．そうすれば，図13.7のA曲線のような延伸がおこる．反対の種類の溶剤，中間ブロック相に対して良溶剤で，末端ブロック相に対して貧溶剤である溶剤が使用されれば，延伸はおこりにくく，図13.7のC曲線の性質をもつゴム状のフィルムがつくられる．

同じような効果が，ホットメルト配合物からも得られる．混合物に高いせん断力を加え，室温まで急激に冷却すると，図13.7のA曲線に示すような挙動が見られる．反対に，せん断力を加えず，室温までゆっくりと冷却すると，挙動は図13.7のC曲線のようになる．

溶剤と熱-せん断力の履歴によるこのような効果は，平衡状態ではない．例えば，このような試料を140°F(60°C)でアニール（焼なまし）すると図13.7のB曲線に近づく傾向がある．それにもかかわらず，この技術は，単独または他の方法と組み合わせて，特別な用途の要求に製品を適合させるために非常に有用な手段である．

ガラス転移温度と使用可能温度範囲

熱可塑性ゴム配合物が弾性をもつ固体として使用できる温度範囲は，二つのポリマー相のガラス転移温度(T_g)によって決まる．図13.4に示されているように，この使

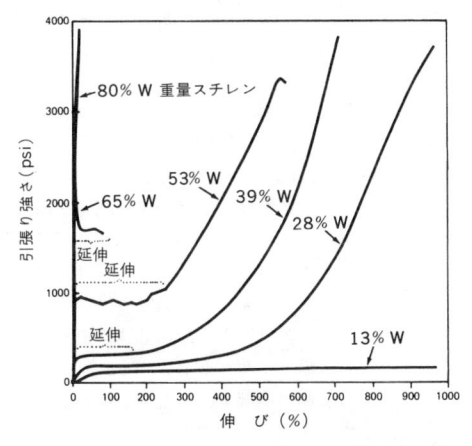

図13.6　S-B-S引張り強さに対する末端ブロック濃度の影響

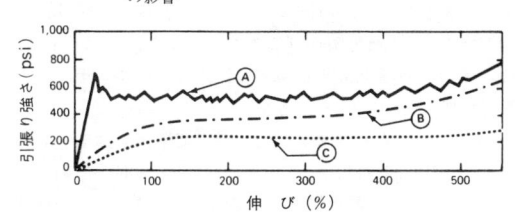

図13.7　末端ブロックモルホロジーと引張り強さに対する末端ブロックと中間ブロック樹脂または注型溶剤の影響

曲線	樹脂の種類	注型用の溶剤
A	末端ブロック	メチルエチルケトン(MEK)
B	なし	トルエン
C	中間ブロック	C_6-C_7パラフィン炭化水素

用温度は，ゴム相の T_g と末端相の T_g の間となる．ゴム相の T_g 以下の温度では，中間ブロックが硬くなり脆くなる．プラスチック相の T_g 以上では，ドメインが軟化し，ゴム中間ブロックの架橋点の役割をしえない．

それぞれの T_g は，そのポリマーの本来の性質とその相に溶解されている他材料の性質による．図13.8は，一つのS-B-Sポリマーの末端ブロック相のもつ210°F（99℃）という通常の T_g が，軟化点の異なる末端ブロックに相溶性のある樹脂を混合することによって，どう変化するかを示したものである．一定の応力での上限使用可能温度は，高軟化点をもつ末端ブロック相溶樹脂を加えることによって，上方へ移行させることができる．反対に，低軟化点樹脂で，混合物を軟化し，熱接着できる温度を下げることができる．中間ブロックに相溶する樹脂や可塑剤を加えることは，同様に，低い方のゴム相 T_g 温度を変化させる．

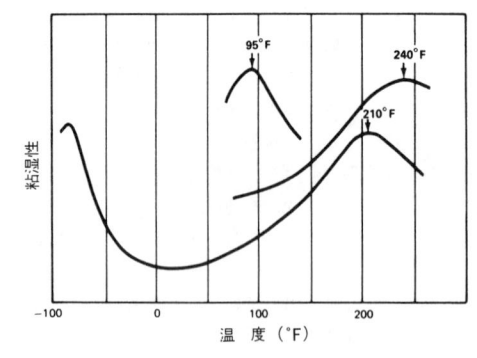

図13.8 末端ブロックガラス転移温度（T_g）に対する末端ブロック樹脂の影響
T_g＝210°F：樹脂なし
T_g＝240°F：75 phr LX-685（軟化点150℃）
T_g＝95°F：75 phr Piccovar AP-25（軟化点25℃）

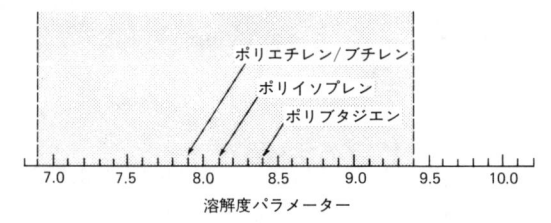

（a）ゴム相に対する溶剤の溶解度パラメーター範囲

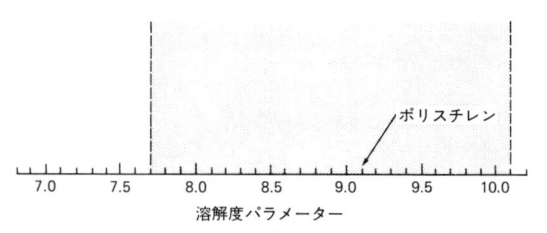

（b）ポリスチレン相に対する溶剤の溶解度パラメーター範囲

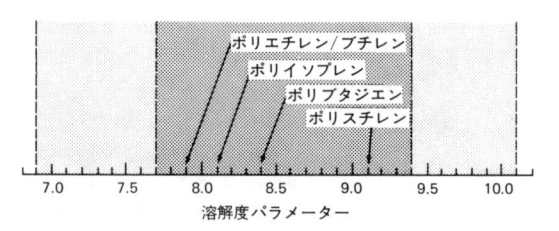

（c）KRATONゴムに対し有効な溶剤の溶解度パラメーター範囲

図13.9 熱可塑性ゴムの溶剤

溶解性と溶液粘度

溶剤に対する熱可塑性ゴムの挙動は，1分子の中に二つの相があるために独特である．それぞれの相が独自の溶解特性をもっている．

溶剤の選択　上に述べたように，一つのポリマーは，溶解度パラメーターがポリマーのそれと近い溶剤にのみ可溶である．熱可塑性ゴムには，二つの溶解度パラメーター，一つは末端ブロックのもので，もう一つは中間ブロックのもの，が存在する．したがって，熱可塑性ゴムに対する"良"溶剤は，末端ブロックと中間ブロックの両方を溶解するものでなければならない．

図で説明すると，図13.9(a) に，ポリジエン中間ブロックのための溶剤のおよその溶解度パラメーター範囲を示す．境界線は，ポリマー分子が溶解されている間に破壊されることがあるため，両側の端は明確とは限らないが，説明をわかりやすくするために境界線が示されている．

図13.9(b) は，同様に，ポリスチレン末端相のための溶剤の範囲である．

図13.9(c) は，両方のポリマーが一つのブロックコポリマー分子になったとしたら，どうなるかを示している．中央の部分の溶剤が，両ブロックを容易に溶解し，低粘度の溶液をつくる．低溶解度パラメーター端（左側の隅部分）にある溶剤では，ポリスチレン末端ブロックが互いに凝集して残るため，溶剤を含んだ末端ブロックドメインといわれるものをつくる．この範囲では，溶液粘度が溶解度パラメーターの低下とともに急速に上昇し，ついには弾性のない架橋したゲルが形成する．高い溶解度パラメーター端（右側の隅部分）の溶剤では，状況はいくらか違う．まず，末端ブロックは十分に溶剤に溶けているが，中間ブロックは可溶でなく，互いにゴム分子同士で集まりやすく，時間によって違う粘度をもつ乳白色の溶液となる．熱可塑性ゴムのクラムまたはペレットは，この種の境界線上にある溶剤（例えばメチルエチルケトン）の中へ分散させることができる．

このような溶剤の選び方の実際の応用例を図13.10 に示す．図中の曲線は，n-ヘキサン/トルエン混合溶剤に溶解されたS-B-S熱可塑性ゴムの15%（重量）溶液の粘度を示している．トルエン濃度が低くなると，末端ブロックドメインが溶液から沈殿しようとするため，粘度は急激に上昇する．低粘度溶液を得ようとするのであれば，この溶剤混合系では，約20%（重量）のトルエンがなければならない．溶剤の混合系は，横座標で示されている溶解度パラメーターとカウリブタノール価によっても特

13. 接着剤用熱可塑性ゴム

溶液粘度とポリマー濃度 素練りしない熱可塑性ゴムは，素練りした後のSBR，天然ゴムやネオプレンのような通常のゴム材料に比較して，より低い溶液粘度をもっている．これは，熱可塑性ゴムの分子量が低く，正確にコントロールされていることによる．**図13.12**は，代表的なS-B-Sポリマーと通常のゴム（SBR）のトルエン溶液での粘度を比較している．

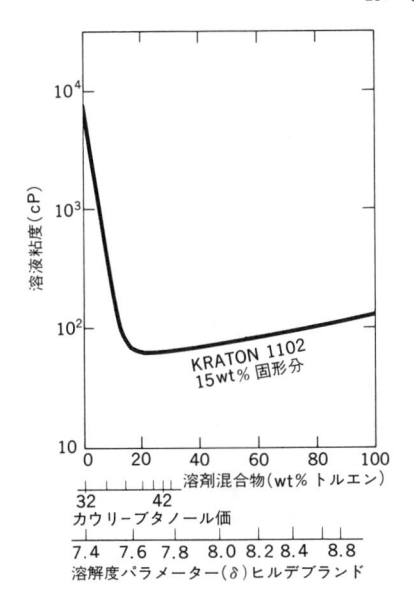

図 13.10 末端ブロックに貧溶剤中のS-B-S熱可塑性ゴムの粘度

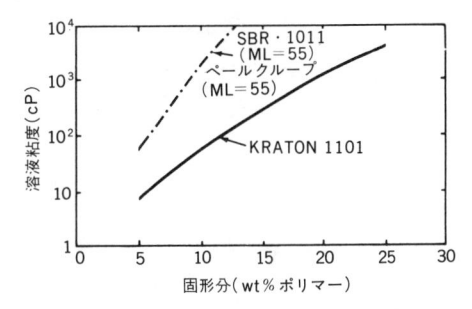

図 13.12 トルエン中のポリマーの溶液粘度

徴づけすることができる．このケースで，低溶液粘度を得るためには，溶解度パラメーターで7.6またはそれ以上とカウリブタノール価で37またはそれ以上が必要である．

溶剤の選択では，熱可塑性ゴム配合物中のすべての溶剤に可溶な低分子量成分の影響についても注意しなければならない．樹脂と可塑剤がこの点で重要な成分である．例として，一つのS-B-Sポリマーの15％(重量)溶液に100phrの粘着付与樹脂（Foral 85）を加えたときの効果を**図13.11**に示す．樹脂の存在が，トルエン/n-ヘキサン混合溶剤を，より良い末端ブロック溶剤としているため，より少ない割合のトルエン混合量で，より高い固形分濃度でも最低粘度が得られている．

溶 融 粘 度

熱可塑性ゴム溶融物の粘度は，強い非ニュートン流体で，せん断力が上がると粘度は低下する．**図13.13**は，S-B-Sポリマーの350°F（177℃）での溶融粘度を示す．同時に，100phrの粘着付与樹脂の可塑効果についても示す．樹脂と可塑剤の種類と添加量を適切に選択することによって，ホットメルト接着剤の溶融粘度は，広い範囲で調節することができる．

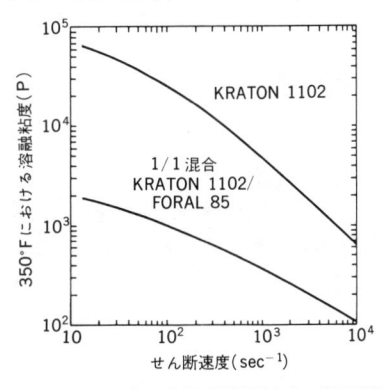

図 13.13 S-B-SとS-B-S/樹脂混合物の溶融粘度

溶融粘度に対する温度の影響が，**図13.14**にあらわされている．ここでは，代表的なS-B-Sポリマーの溶融粘度が，三つのせん断速度で示されている．高温側に安定粘度域があり，冷却により急激に粘度上昇することに注意が必要である．接着剤の塗付温度を調節することにより，オープンタイムは長くも短くもでき，次に急速な固化を行うことができる．このような特徴は，迅速な高温タックを出すことが要求される高速包装用途や長いオープンタイムが要求される製品組立用途のホットメルト接着剤に有利である．

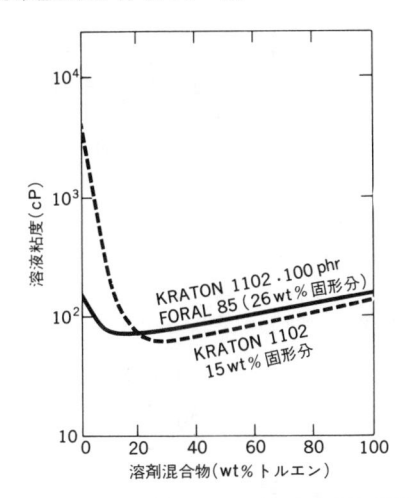

図 13.11 末端ブロックに貧溶剤中のS-B-S熱可塑性ゴムの粘度に対する樹脂の影響

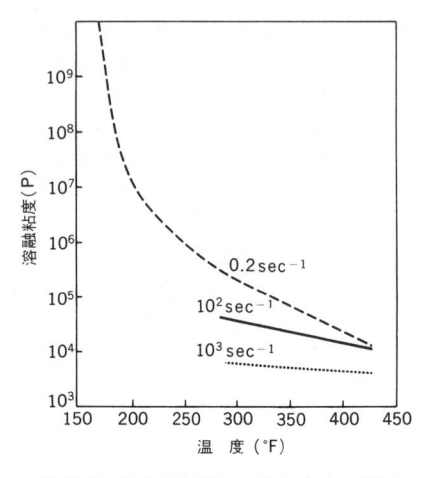

図 13.14 S-B-S 溶融粘度に対する温度の影響

窒素と水蒸気の透過性

ポリジエン中間ブロックの熱可塑性ゴムの水蒸気透過性は,中間ブロックとなっているゴムのそれに似ている.しかし,末端ブロックの割合が上がると,つまり末端ブロックに相溶性のある樹脂を混合すると,透過率はやや低くなる.逆に,中間ブロック相溶のオイルの添加により,ゴム相が増加すると,窒素透過率が上がる.熱可塑性ゴムの透過率は,SBR,天然ゴムやポリブタジエンとほぼ同程度で,オレフィンや包装用に用いられる他材料よりもはるかに高い.これは,空気とか水蒸気が多く通過する性能を要求される分野では長所となる.

配合用の成分

この項では,接着剤をつくるための配合成分の主要な種類や役割について述べる.それぞれの目的の接着剤の代表的な配合を中心に,一般的な情報を提供する.接着剤を配合する者が,それぞれ要求する成分を選択するために配合用原材料とそれらの供給者の最新のリストを掲げる[17].

どの樹脂?

熱可塑性ゴムに使用する樹脂は,一つまたはそれ以上の機能を出すために選ばれる.樹脂は,選択を容易にするために,まず熱可塑性ゴムのどちらの相に相溶性をもつかで分類される.これらの分類はさらに接着特性への効果によって細分類化される.

末端ブロック相溶樹脂 芳香族高分子樹脂,クマロン-インデン樹脂やコールタールまたは石油系の高溶解度パラメーターをもつ樹脂で,約85℃以上の軟化点をもつ樹脂は,ポリスチレン末端ブロックと親和し,ポリジエン中間ブロックとは親和しない傾向がある.これらの樹脂の分子量や軟化点が下がるにつれて,中間ブロックへの可溶性が増える.この種類の代表的な市販樹脂のリストを,表 13.3 に掲げる.

この種類に分類される樹脂は,末端ブロック相の接着力を改良し,溶融粘度を調整し,さらに接着剤配合物の弾性率を調節するために使用される.ほとんど末端ブロックにのみ相溶する樹脂を混合すると,配合物は剛性が増し先に述べたように延伸傾向が増加する.これは,末端ブロック相の割合が上がり,ドメインの形態が棒状または板状になるにつれておこる.この範疇の高軟化点樹脂は末端ブロック相のガラス転移温度 (T_g) も上昇させる傾向にある (図 13.8).これは,その配合物がより高い温度で凝集力を保つことになる.この方向で効果のある樹脂を表 13.3 に,接着剤配合物の SAFT (shear adhesion failure temperature:せん断接着破壊温度) への効果によって示す.

軟化点の低い樹脂は,反対の効果,すなわち高温での引張り強さを下げ,熱によって活性化される接着剤のタックをより低い温度で出させ,配合物がホットメルト配合物として作業される温度を下げる.

中間ブロック相溶樹脂 脂肪族オレフィン樹脂,ロジンエステル,ポリテルペン,石油またはテルペンテンよりのテルペンフェノール樹脂で,比較的低い溶解度パラメーターをもつ樹脂は,ポリジエン中間ブロックと親和性をもち,ポリスチレン末端ブロックとは親和性をもたない傾向がある.これらの樹脂の分子量か軟化点が下がると,末端ブロックへの溶解性が上がる.この種類で市場に販売されているものの一部の樹脂を表 13.4 に掲

表 13.3 熱可塑性ゴムの末端ブロックに親和性のある樹脂

商品名	軟化点 (℃)	化学組成の種類	供給者
Amoco® 18 Series	100, 115, 145	アルファメチルスチレン	Amoco
Kristalex® Series	85～140	アルファメチルスチレン	Hercules
Piccotex® Series	75～120	アルファメチルスチレン/ビニルトルエン	Hercules
Nevchem® Series	100～140	芳香族炭化水素	Neville
Picco 6000 Series	70～140	芳香族炭化水素	Hercules
Nevindene® LX Series	100～150	熱反応性炭化水素	Neville
Cumar® Series	10～130	クマロンインデン	Neville
Cumar LX-509	155	クマロンインデン	Neville
Piccovar® AP Series	液状[a]	アルキルアリル樹脂	Hercules
Piccovar 130	130	アルキル芳香族ポリインデン	Hercules

a:低分子量のため,これらの樹脂は熱可塑性ゴムの末端相と中間相の両方に溶解する.

表 13.4 熱可塑性ゴムのゴム相に親和性のある樹脂

商品名	軟化点 (℃)	化学組成の種類	供給者
Adtac® B Series	10, 25	合成 C_5	Hercules
Betaprene® BC	100, 115	合成 C_5	Reichhold
Eastman® Resin	100, 115, 130	合成 C_5	Eastman
Escorez® 1300 Series	80, 100, 120	合成 C_5	Exxon
Hercotac® 95	100	合成 C_5	Hercules
Nevtac® Series	80, 100, 115, 130	合成 C_5	Neville
Piccopale® HM-200	100	合成 C_5	Hercules
Piccotac®	93, 100	合成 C_5	Hercules
Quinton® Series	85, 100	合成 C_5	Nippon Zeon
Sta-Tac® R	100	合成 C_5	Reichhold
Super Nevtac® 99	99	合成 C_5	Neville
Super Sta-Tac	80, 100	合成 C_5	Reichhold
Wingtack® Series	10, 75, 85, 95, 115	合成 C_5	Goodyear
Arkon® P Series	70, 85, 115, 125	水添炭化水素	Arakawa
Escorez 5000 Series	85, 105, 125	水添炭化水素	Exxon
Regalrez® Series	18, 76, 94, 126	水添炭化水素	Hercules
Super Nirez® Series	100, 120	水添炭化水素	Reichhold
Nirez® Series		ポリテルペン	Reichhold
Piccofyn® A 100	100	テルペンフェノール樹脂	Hercules
Piccolyte® A	85, 115, 135	ポリテルペン	Hercules
Piccolyte S 10	10	ポリテルペン	Hercules
Zonarez® 7000 Series	85, 100, 115, 125	ポリテルペン	Arizona
Zonarez B Series	10, 100, 125	ポリテルペン	Arizona
Zonatac® Series	85, 100, 115	ポリテルペン	Arizona
Foral® Series	82, 104	ロジンエステル	Hercules
Hercolyn® D	Liquid	ロジンエステル	Hercules
Pentalyn® H	104	ロジンエステル	Hercules
Staybelite Ester 10	Liquid	ロジンエステル	Hercules
Sylvatac® Series	70～100	ロジンエステル	Sylvachem
Zonester® Series	83, 95	ロジンエステル	Arizona
Piccovar® AP Series	液状[a]	アルキルアリル	Hercules

a: 低分子量のため，これらの樹脂は熱可塑性ゴムの末端相と中間相の両方に溶解する．

げる．

　この範疇の樹脂は，感圧タック性を与え，極性基材に対する中間ブロック相の接着力を向上し，中間ブロック相の作業性を改良し，接着剤配合物の弾性率を調整するために使用される．ほとんど中間ブロック相にのみ相溶する樹脂を加えると，配合物は軟らかくなり，先に述べた延伸傾向を下げることに役立つ．後者の効果は，中間ブロック樹脂の混合が，中間ブロック相の割合を上げ，分散末端ブロック相のドメインが，より球状（より不連続）となるためにおこる．

　この範疇の樹脂は，中間ブロック相のガラス転移温度（T_g）も上げる．したがって低温での柔軟性を下げる．中間ブロック可塑剤の使用によってこの低温での柔軟性の低下を部分的に補填することはできるが，可塑剤の使用は末端ブロックの多少の可塑化が避けられないので，サービス温度の上限に対していくらかの影響もでてくる．

なぜ可塑剤？

　可塑剤は，熱可塑性ゴムを基材とする接着剤に，次のような有用な機能を付与する．すなわち，硬度と弾性率を下げ，延伸性をなくし，感圧性タックを向上し，低温柔軟性を改良し，溶融粘度と溶液粘度を下げ，希望であれば凝集力を下げ，または可塑性を上げ，さらに原材料コストをかなり低くする．可塑剤を混合した配合物の性質は，その可塑剤の構造，溶解度パラメーターや分子量により大幅に異なる．

高性能接着剤用可塑剤の選択　高性能接着剤用の熱可塑性ゴムに使用される理想的な可塑剤は，末端ブロック相に完全に不溶で，中間ブロック相に完全に相溶して，しかも低価格のものである．揮発性が低いこと，粘度が低いこと，密度が低いこと，劣化しにくいことも同時に望ましい特性である．各種の炭化水素オイルで，平均溶解度パラメーターが，中間ブロックのそれよりも低く，しかも低過ぎないものが，これらの要求項目をかなり合理的に満足させる．

　ゴム用の伸展油は，芳香族系，ナフテン系とパラフィン系に分類されるが，実際にはそれらの混合物である．これらのオイルが熱可塑性ゴムに加えられると分別がおき，オイル中の芳香族成分が，末端ブロックドメインに集中する．これにより，わずか2～3%の芳香族含量のオイルでも，常温および高温での接着剤の凝集力を低下させる．

表 13.5　可塑化オイルの性質

商品名	供給社	溶解度パラメーター δ^a ヒルデブランド	平均分子量[b]	比　重 (15.6℃)	揮発損失[c] (wt %)	吸収される油量[d] phr
Polypropene D-60	Amoco	6.55	800	0.86	0.1	25
Polybutene-18	Chevron	6.95	600	0.88	0.1	39
Tufflo 6206	Arco	7.06	660	0.88	0.05	31
Polybutene-12	Chevron	(7.04)	530	0.88	—	(53)
Tufflo 6056	Arco	7.18	550	0.87	0.3	56
Polybutene-8	Chevron	(7.18)	440	0.86	—	(75)
Kaydol	Witco	7.34	480	0.89	—	82
Tufflo 6026	Arco	7.29	410	0.86	1.0	76
Polybuoene-6	Chevron	7.34	315	0.84	10.0	103
Tufflo 6016	Arco	7.51	390	0.85	2.0	106
Tufflo 6204	Arco	7.60	440	0.92	0.5	96
Shellflex® 371	Shell	7.60	410	0.90	0.9	112
Tufflo 6094	Arco	7.60	410	0.92	0.8	95
Tufflo 6054	Arco	(7.66)	380	0.92	1.3	(127)
Tufflo 6014	Arco	7.73	320	0.89	12.0	214

a：実験で決めた表面張力，平均分子量と比重より計算．カッコ内の値は内挿値．
b：Mechrolah 浸透圧計の沸点上昇法による．
c：107℃ で 22 時間
d：Kraton® D 1101 の 500〜1000 ミクロン厚フィルムを室温で 100 時間浸けた後，フィルム 100 グラムに対して吸収された油のグラム数．
　フィルムは水銀上のトルエン溶液からキャスト法でつくられ，ゆっくりと乾かしたもの．カッコ内の数値は関連データより内挿または外挿されたもの．

代表的な炭化水素可塑剤オイルとオリゴマーを**表 13.5** に表示している．それらは，溶解度パラメーター数値の順番に並べられている．最も低い溶解度パラメーターと最も高い分子量をもつオイルは，末端ブロック相に可溶部分が最も少なく，したがって熱可塑性ゴム配合物の高温強度への影響が最も小さい．同じオイルは，同時にゴム相への可溶性も最も少なく，したがって高濃度で使用すれば，ブリーディングの傾向が最も高い．

それぞれのオイルでの S-B-S ポリマーの膨潤データ（S-B-S 試験片へのオイルの吸収試験データ）も表 13.5 に一緒に載せている．実際のブリード試験で，用途ごとにオイル含量をどこまで増やしうるかを調べる必要があるが，膨潤試験で吸収される量の半分以下のオイルを含む配合物では，通常オイルがブリードする傾向がない．ゴム相溶樹脂を混合すると，この傾向はさらに低減する．可塑剤の選択は，用途の要求性能に最も適合させるため，もろもろの可塑剤性質を最も上手にバランスさせることである．

圧縮成形の S-I-S ポリマー試験片の引張り強さに与えるオイルの種類の影響を，**図 13.15** に示す．これらの曲線は，表 13.5 に掲示の溶解度パラメーターと芳香族含量の順に並べられている．

凝集力を低下させる可塑剤　ポリスチレン末端ブロックに相溶性のある可塑剤は，ゴム分子間の強固な架橋点が形成されることを妨げる．末端ブロックドメインの生成そのものはできるが，常温で硬く強固なドメインにはならず，軟らかく流動するドメインとなる．そのような材料に応力が加えられると，材料は不可逆的な流動をおこす．

凝集力を破壊する可塑剤の例に，ポリ塩化ビニル（PVC）配合に普通に使用されている可塑剤，ジオクチルフタレート（DOP）がある．S-B-S 熱可塑性ゴムに，比較的少量の DOP を加えると，最大引張り強さは，400 psi からゼロになる．低分子量粘着付与樹脂も両相に可溶であり，凝集力を低下させる傾向にある．しかし，それらはいくつかの接着剤用途で有効である．

ポリスチレン末端ブロックをもつ熱可塑性ゴムを基材とする接着剤が，DOP で高度に可塑化された PVC と直接接触する用途に使われようとするときは，注意深く試験されねばならない．PVC の中の DOP がゴム相に拡散し，前に述べた凝集力を破壊する．このような状況で，

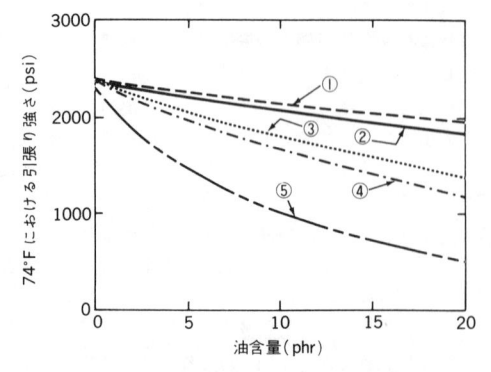

図 13.15　S-I-S 熱可塑性ゴムの引張り強さに対するオイルの種類（表 13.5 参照）の影響
1. 希釈だけによる減少（計算値）
2. Tufflo 6206 オイル（実験値）
3. Tufflo 6204 オイル（実験値）
4. Shellflex 371（実験値）
5. Shellflex 314（実験値）

凝集力の損失を防ぐ最も有効な方法は，DOP を非移行性の可塑剤（例えば，Paraplex G-50 または G-54，中間体および中程度高分子量ポリエステル．Rohm and Hass 社）に置き換えることである．もう一つの方法は，可塑剤の移行する傾向を制限するプライマーまたはバリヤー塗料を使用することである．

他の高分子ポリマー

エラストマー 天然ゴム，ポリイソプレンおよび SBR のような通常の未加硫ゴムを基材とした接着剤に少量の熱可塑性ゴムを添加することにより，凝集力を向上させ，溶液粘度を低下させ，さらに接着力を改善させることができる．他方，熱可塑性ゴム配合物の中へ限られた量の通常ゴムを使用すると溶液粘度と溶融粘度が上昇するが，凝集力や他の性質の損失を抑えながら，コストを下げる．

高分子ポリマー間の相溶性の程度が，接着剤を配合するときに検討されなければならない．S-I-S ポリマーは本質的に，ポリイソプレンや天然ゴムとは相溶性がある．S-B-S ポリマーは，SBR とポリブタジエンと十分混合する．しかし，この他の組合せでは，溶液からの注型フィルムが不透明になったり，溶液中でゆっくりと相分離したり，分子非相溶性の他の証拠が現われてくる．それにもかかわらず，ネオプレンやニトリルゴムを含む非相溶のゴムが，もし混合時の問題，相分離傾向，不透明性などが適切に処理されれば，工業的に有用な配合物となっている．非相溶であることを埋め合わせるための手段として，高せん断混合を利用すること，高溶液粘度配合とすること，使用直前に混合することおよび配合に相溶化樹脂を混入させることなどがある．

低～中ビニルアセテート含量のエチレンビニルアセテート（EVA）の中へ熱可塑性ゴムを混合すると，おおむね EVA 単独でビニルアセテート含量を上げたときと同様の効果がある．この混合物は，熱可塑性ゴムを混合することにより，より軟らかく，常温と低温でより良好な柔軟性を示す．

熱可塑性材料 熱可塑性ゴムの中へ多くのプラスチック材料を混合することにより，特別に望まれる性質を得ることができる．これらの材料を混合することにより，第三の相がつくられ，三つの相は機械的な混合や高せん断条件のもとで互いに連続的なネットワークにすることができる．例えば，ポリスチレン（結晶グレードホモポリマー）は，硬度を増し，他の物理的性質を改良するため，溶液混合または溶融混合される．結晶性ポリエチレンや結晶性ポリプロピレンは，サービス温度の上限を上げるため，または耐溶剤性を向上させるために，高せん断力ミキサーで混合することができる．極性ポリマーは，金属や極性表面への接着力を向上させる．

充填剤はどうか？

非強化型の充填剤（クレイ，タルク，白色顔料など）が，硬度，弾性率，耐摩耗性，密度の増加のため，また原材料コストを低減させるために使用される．カーボンブラックは，顔料や紫外線安定剤として使用されるが，不飽和中間ブロックと恒久的ゲル構造を形成する．これにより可溶性と熱可塑性が低下する．熱可塑性ゴムは，一般に，満足すべき凝集力を保ちながら，高い充填剤包容能力をもっている．

アスファルトとの混合

アスファルトは，低価格の熱可塑材料で，温度依存性の高い材料である．適切に選ばれた品質のアスファルトに，1～5％（重量）の熱可塑性ゴムの添加が，温度に対する粘度の依存性を大いに低下させる．有効温度範囲をこの方法により，しばしば2倍にも増やすことができる．

熱可塑性ゴムの添加量を 10～30％（重量）とすると，混合物は，弾力性，反発性，高接着力をもつ真の熱可塑性製品となる．そのような混合物は，永久架橋の項で述べる各種のシーリング剤の基礎的な材料となる．アスファルトの選択と芳香族またはパラフィンオイルでの改質は単純ではないが，300°F（149℃）での相分離抵抗と常温での凝集網の形成の間の関係は，経験的試験によって得ることができる．

パラフィンワックスとの混合

パラフィンワックスは，潜在的に有用な低価格の希釈剤である．逆の言い方をすれば，熱可塑性ゴムは，ワックスの潜在的に有用な可とう性付与剤であり，強靱性付与剤である．しかし，熱可塑性ゴムとワックスが，溶液または高温で混合されても，冷却されるにしたがって，ワックスが結晶するために，分離する傾向がある．したがって，少量のワックスはブロッキング防止剤として働く．適切な樹脂（例えばポリテルペン）を含む物理的に安定な三成分混合物をつくることができる．微結晶性（ミクロクリスタリン）ワックスが，パラフィンタイプワックスよりも，物理的に安定な混合物をつくるに適しているが，しかし，混合時および実際の使用作業時の化学的な安定性で劣っている．

混合と塗付

熱可塑性ゴムによる接着剤配合は，市販されている熱可塑性ゴムが乾いた状態，通常クラムまたはペレット，であるため，溶剤法またはホットメルト法でつくられる．しかし，配合物は，もし望むならば，エマルジョンや粉末状でもつくることができる．

溶液配合と塗付

プラスチック末端ブロックドメインを溶液に溶かすことは，物理的に架橋したゴムの網目を解き放すことである．したがって，熱可塑性ゴムと樹脂，可塑剤，充填剤などを溶液混合するためには，ゴム中間ブロックのみな

らず末端ブロックを溶解する溶剤を必要とする．溶剤の選択については，すでに述べている．

熱可塑性ゴムのクラムの溶解　溶解工程は，溶剤/クラム混合物に十分なせん断力を加えることのできるいろいろな装置で行うことができる．適切な装置は，チャーンまたは撹拌釜，プラネタリー（ホバートタイプ）混合機と密封型（シグマブレードタイプ）混合機などがある．膨潤したクラムが大きな塊となって凝集することを防ぐために，十分なせん断力が働かなければならない．高いせん断力，小さなゴム粒子径と高温の利用によって，溶解時間を短くすることができる．ゴム相または末端ブロック相のどちらかに対して貧溶解性の溶剤を使用すると，溶解時間は長くなる．低分子量で小粒子径の熱可塑性ゴムを使用したときの溶解時間は，一般に良溶剤へ素練りされた天然ゴムやSBRの溶解時間に比べてはるかに短い．

静電気への安全対策　熱可塑性ゴムは，小粒子径クラム，またはペレット状であることと絶縁物の性質をもつために，輸送用のコンテナまたは袋より，直接配合用の槽に流し込むと，可燃性の蒸気混合物を発火させうるスパークをつくるに十分な静電気を発生しうる．発火の可能性は防がなければならず，そのため適切なポリマー取扱い方法，装置の設計，荷電の放出または不活性ガス封入などの手段が必要である．塊となったクラムは，爆発性雰囲気の中で解きほぐし作業をしてはいけない．コンベヤ方式はクラムとの摩擦，引きずりやこすりを最少限にしなければならず，装置は地面にアース処置されていなければならない．ゴムのクラムを多湿空気の中を通す，静電気防止剤で表面を処理する，または導電性の無機充填材でクラム表面を処理することにより，クラムの表面電気伝導率を改良してクラムの表面電荷を分散させる．放射性静電気放電装置も使用することができる．

溶剤型接着剤の塗付　配合された熱可塑性ゴム溶液は，ドクターブレードやロールコーターなどの通常の装置で，いろいろな被着材に塗付することができる．溶液粘度は，固形分濃度と先に述べた溶剤の組成の両方で調節することが可能である．

熱可塑性ゴム溶剤型接着剤の顕著な特徴は，他の通常のゴムの溶液に比べて，接着剤層膜の乾燥速度が速いことである．10％トルエン溶液から注型して，1 mil（2.54 μm）厚の薄膜（乾燥した後の厚さ）をつくるとして，代表的なS-I-Sポリマーは，天然ゴムに比べて，90％の時間で一定の残留溶剤量に達した．この薄膜は86°F（30℃）の温気循環オーブンで乾燥された．もし同じ溶液粘度の配合で比較されれば（この方が実用的），熱可塑性ゴム接着剤の乾燥時間は，SBRや天然ゴムの接着剤に比して約半分となるだろう．

溶融混合と操作

末端ブロックのガラス転移温度（T_g），ポリスチレンの場合約210°F（99℃）に末端ブロックを加熱すると，物理的に架橋されたゴムの拘束力が解き放される．せん断力を加えると，他材料を混合することや被着材へ塗付することが可能となる．先に検討したように，せん断力やせん断速度が上がるにつれて溶融粘度は低下し，混合効率が改善される．

市販されているS-B-SとS-I-S熱可塑性ゴムでは，250〜400°F（121〜204℃）が混合と塗付に利用される普通の温度である．350°F（177℃）以上の温度では，ゴム相の酸化劣化が促進され，425°F（218℃）以上では熱劣化の可能性がある．250°F（121℃）以下の温度では，粘度が非常に高く，ゴム分子の機械的な切断がおこるかも知れない．酸化劣化は温度を下げることによって低下するので，好ましい混合方法は，275〜325°F（135〜163℃）で，高せん断力装置を使うことである．

バッチ式混合装置　溶融混合は，もろもろの加熱混合装置で行うことができる．小規模のものから高効率の順に並べると，プロペラ撹拌装置をもつ加熱型容器，高せん断力分散装置をもつ加熱型容器（コーレス型），プラネタリー混合機（ホバート型），密封型混合機（シグマブレードまたはバンバリー型），およびこれらを改良したもの，である．

低せん断力混合機では，樹脂，可塑剤と安定剤がまず溶融されて，そこへ熱可塑性ゴムのクラムまたはペレットを徐々に加える．充填剤は最後に加えるべきである．高せん断力混合装置でも，配合成分を加えていく順番が混合サイクル時間を短くするために重要である．ゴムのクラムまたはペレットが最初に樹脂と混合され，可塑剤と充填剤を，混合を中断させないように，徐々に加える．

いずれの場合も，安定剤は，ゴムにせん断力が加えられる前に添加されるべきである．熱可塑性ゴムの中へ可塑剤をあらかじめ浸しておくと，混合の速度を上げるために役立つ．

連続式混合装置　生産量が十分に高いところでは，空気との接触を最少にすることによってゴム中間ブロックの劣化を少なくし，混合機内での滞在時間を短くするため，連続混合が望ましい．単軸エクストルーダーは，しばしば十分な混合を行わないことがあり，二軸混合エクストルーダーがはるかに効率的である．新しい連続混合機の設計がいくつか発表されており，それらも大変有効である[a]．

高せん断力溶融混合の注意点　熱可塑性ゴム，特に高溶融粘度をもつゴムは，高せん断力密封型混合機（例えばバンバリー混合機[b]）で，可塑剤や安定剤のない状態で高いせん断力がかかる状況にさらされると，過度の内部熱を生成する．これに対する予防策を心がけるべきである．混合物の温度で，400°F（204℃）は熱可塑性ゴム配合物の混合では普通であるが（425°F（218℃）が最高限），

---

a. 例えば, Multipurpose Continuous Mixers, Baker Perkins Inc.
b. Farrel Co., Div of USM Corp.

これより高い温度であれば，溶融粘度が高過ぎるか，混合が激し過ぎるかである．このような状況で，もし温度が管理できずに上昇してしまうと（500°F（260℃）またはそれ以上），可塑剤の低分子部分の蒸発やポリマーの分解がおこりうることになり，潜在的な火災の危険を生ずる．超過熱状態になることは，樹脂や可塑剤を加えること，または混合機の速度を下げることによって，混合作業の間避けることができる．新しい配合が確立されたら，大量の生産を行う前に，実験室的な小規模で，その配合の混合時の挙動を調べることが望ましい．

塗付装置（アプリケーター）　溶融粘度と接着剤の用途によるが，各種の塗付装置が使用できる．これらに，圧力ノズル，プリントホイール，ドクターブレード，カレンダー，ダイコーター，噴出型コーター，押出し型コーターがある．高強度で高粘度の製品を扱う場合，密閉式で溶融される場所を加圧でき，かつ吐出場所へスクリューにより溶融物を送る方式の装置が，現在入手できる．塗付口の直前の溶融部分へ送るのに棒状に成形された接着剤を使用する塗付機（アプリケーター）は，ホットメルト型接着剤に適している．

接着剤配合物の冷却と再溶融　接着剤は，しばしば，製造されてから実際に使用されるまでの間に，冷却され，貯蔵され，再溶融される．熱可塑性ゴムの熱伝導率は，EVAやポリオレフィンに比べて低いので，溶融した接着剤の厚い層はゆっくりと冷却され，その間に空気と接触していれば劣化するかも知れない．したがって，断面積が薄い状態で冷却されることが望ましい．熱伝導率が低いためと，せん断力がかからない状態で粘度が高いため，再溶融は，表面の加熱のし過ぎを避けるためのオイル型ヒーターと，溶融をおこすにつれて加熱表面から接着剤を流すために圧力を与える装置が必要である．グリッド溶融器または必要な量だけ溶融させる装置が，この点で有効である．

エマルジョン

熱可塑性ゴムを基材とする配合物は，その溶液または溶融物を適当な界面活性剤を含む水の中へ分散させることによって，エマルジョンにすることができる．通常エマルジョン液の中にある有機溶剤を取り除いている．コロイド粉砕器や遠心力を利用したポンプのような高せん断装置が，エマルジョンをつくるためにうまく利用できる．エマルジョン化する配合物をつくる際に，樹脂と可塑剤が先に説明したように，熱可塑性ゴムの両相に均等に分散されているとエマルジョン化がやりやすい．もし無変性または可塑剤を含んだ熱可塑性ゴムが単独でエマルジョンにされて，次に樹脂のエマルジョンと混合されるときには，熱可塑性ゴムは最終製品では樹脂の結合剤として働くに過ぎない．

乾いた後のフィルムは，どちらの相も連続的になることはない．乾いたフィルムは，末端ブロックドメインのT_g温度以上に加熱されなければ，互いに合体することがない．加熱によって，末端ブロックのドメインが軟化し，エマルジョン液から沈着した個々の粒が互いに合体しあう．相が連続したフィルムのみが十分な性能のために必要とは限らず，多くの場合で，末端ブロックが合体しないままで使用されている．

粉　　体

熱可塑性ゴムのクラムまたはペレットの粒子径を小さくすることは，通常の回転ブレード式プラスチック粉砕機で可能である．少なくとも40メッシュまでの粒子径までは，引張り強さを損失することなく製造できる．しかし，粒子径が小さくなるほど生産性が急激に落ちるし，小粒子同士が凝集することを防ぐために冷却するなどの調整が必要である．小径粒子は，無機質充填剤やブロッキング防止剤が粉体に加えてなければ，長期間の貯蔵中に再凝集する傾向がある．ブロッキングをおこさない粉体の熱可塑性ゴムを，特別な溶剤を利用することによってつくることができる．この方法では，ゴムのクラムまたはペレットを，末端ブロックドメインを完全に溶解し，ゴム相をまったく溶解しない溶解度パラメーターの高い溶剤に分散する．このような単独溶剤にアセトンがある．溶液中での粒子径は，分散液にかけられるせん断力の量によって決まる．この液へ水を加えると小粒子が完全に分離する．この粉体を液から取り出して乾燥する．粒子は，固い末端ブロック相が粒子の外部に選択的に集まるために，再凝集（ブロッキング）する傾向がない．

劣化の保護

ポリジエンゴム中間ブロックをもつ熱可塑性ゴムは，炭素-炭素の二重結合部分で，天然ゴムやSBRと同じように劣化がおこりえ，外部環境からの適切な保護対策が必要である．分子の切断と架橋の両方が同時におこる．S-I-Sポリマーでは，分子切断が支配的で，熱老化することにより，通常，軟らかく，表面がべとつき，凝集力が弱まり，溶融粘度が低下する．一方，S-B-Sポリマーの場合は，架橋が支配的で，熱老化により，固くなり，凝集力が弱まり，粘度が上がり，ゲルが生成する傾向を示す．配合物では，S-I-SとS-B-Sポリマーの両方とも固くなる傾向がある．溶液物としては，両方とも熱劣化により粘度低下が見られる．

使用時の保護

接着剤配合物中の樹脂，可塑剤，他のポリマーなども熱可塑性ゴム同様に保護されなければならない．たとえ水添ロジンエステル，ポリテルペンやオレフィン系炭化水素であっても，反応性はもっており，劣化からの保護が必要である．最も適切な安定剤の組合せは，配合成分の選択や組合せ，促進老化試験条件，製品安定性の指針となる性質でどれが重要か，などによって決まる．

中程度の温度での酸化防止策　158°F（70℃）空気中

13. 接着剤用熱可塑性ゴム

表 13.6 熱可塑性ゴムのための酸化防止剤

商品名	化学組成の種類	供給者	推薦される添加量 (phr)
Irganox® 1010	tetra-*bis*-methylene-3-(3,5-di-*tert*-butyl-4-hydroxyphenyl) propionate methane	Ciba-Geigy	0.3～2
Antioxidant 330® Irganox 1330	1,3,5-trimethyl-2,4,6-*tris*(3,5-di-*tert*-butyl-4-hydoxbenzl) benzene	Ethyl Corp. Ciba-Geigy	0.3～2
Cyanox® 2246[a] Vanox® 2246[a]	2,2-methylene-*bis*(4-methyl-6-*tert*-butyl phenol)	American Cyanamid R. T. Vanderbilt	0.5～2
Cyanox 425[a]	2,2-methylene-*bis*(4-ethyl-6-*tert*-butyl phenol)	American Cyanamid	0.5～2
Santowhite® Crystals	4,4-thio-*bis*-(6-*tert*-butyl-*m*-cresol)	Monsanto	1～2
Irganox 565	2(4-hydroxy-3,5-*tert*-butylanilino)-4,6-*bis*(*n*-ocxtylthio)-1,3,5-triazine	Ciba-Geigy	0.5～2
Polygard®[b]	tri(nonylated phenyl) phosphite	Uniroyal Chem.	0.3～5
Butyl Zimate® Butazate® Butasan® Butyl Ziram®	zinc dibutyl dithiocarbamate	R. T. Vanderbilt Uniroyal Chem. Monsanto Pennwalt	1～4

a：配合物を着色させることがある．
b：Polygard は高温（150～200℃）で有効．

加熱時の，引張り強さの低下と分子切断または分子重合の度合を測定することによる無変性熱可塑性ゴムの酸化劣化速度は，多くの市販されているゴム用安定剤で，かなり低減される．表 13.6 の安定剤は，S-B-S または S-I-S 熱可塑性ゴムに対して，効果の高いものほど上の方へ並べている．

粘着性付与および他の目的の樹脂を添加すると，たとえその樹脂が水素添加または他の方法で安定化されていたとしても，熱可塑性ゴムへの酸素攻撃速度をかなり速める[a]．表 13.6 の上 4 種の安定剤は，単独でも，またはこのリストにある他の安定剤と混合されて使用されても，樹脂を含む配合物の安定化に有効である．

粘着剤が循環空気に直接さらされるような促進老化試験では，粘着剤膜全体より表面への影響がはるかに大きい．表面が離形紙でおおわれている状態での試験の方が，酸化の度合が弱く，巻かれたテープやラベル基材製品の実際的な条件を代表している．

酸素ボンベ老化試験（300 psi, 158°F で純酸素にさらす試験）が，長期間にわたって性能を発揮し続けることを求められる建築用接着剤などの評価に，しばしば利用される．表 13.6 より選ばれる酸化防止剤を 2～5 phr 含む S-B-S 熱可塑性ゴム配合物は，酸素ボンベ試験で 1000 時間以上にわたって，弾力性を保持していた．

オゾンからの保護　ジエンゴム中間ブロックをもつ熱可塑性ゴムは，荷重がかけられた状態で，オゾンによる攻撃をうけやすい．オゾン劣化防止剤として有効と認められているものに，NBC[b]，Pennzon B[c]，および Ozone Protector 80[d] がある．

紫外線からの保護　市販されている紫外線安定剤が熱可塑性ゴム配合物にも効果的である．表 13.7 にそれらの安定剤を掲げ，リストの上のものほど効果が高いと思われる．

不透明な製品では，酸化亜鉛または酸化チタン[e]のような反射性充填剤，またはカーボンブラック[f]のような光吸収剤を混入すると，満足な保護が得られる．

少量でも芳香族分を含むオイルは，紫外線照射に対して特に不安定であるため，芳香族系成分を含まない"ホワイトオイル"を熱可塑性ゴム配合に使用することで，耐紫外線抵抗を顕著に改良できる．

加工時の劣化保護

ホットメルト混合時の保護　250～400°F（121～204℃）で高せん断力混合時は，酸素をできるだけ共存させないことが，ポリマーの劣化を防ぐのに有効な手段である．図 13.16 に，混合機中が窒素封入されていれば，高せん断力混合時でも溶融粘度に変化がないことを示している．酸素が存在し，かつ混合物の中へ供給されれば，ローター速度が上がるにつれて，粘度にかなりの変化が生じる．劣化は，ある種の安定剤（例えば ZBDC：ジンクジブチルジチオカルバメート，1～5 phr の添加）によっても低減できる．

空気との接触は，開放型の攪拌器で多く，密封型のシグマブレード混合器では少ない．図 13.16 のデータは，酸素が存在していなければ，中程度温度と中程度せん断力が劣化の重要な要素とはならないことを示している．

a. 粘着剤のエージング中のタックの損失は，場合によっては，配合物の中のエステル材料の加水分解によってもおこる．したがって，タックがなくなる問題が生じたとき，酸化劣化によるものか，水分の吸収によるものかを判断する必要がある．加水分解がおこるものには，製造中または貯蔵中の吸水を避けること，樹脂の種類を変えること，または減圧炉で水分を取り去ることが可能な手段である．
b. ニッケルジブチルジチオカルバメート（Du Pont 社）
c. ジブチルチオ尿素（Pennwalt Corp.）
d. Reichold Chemicals, Inc.
e. 例えば，Titanox RA-50（Titanium Pigment Corp.）
f. 例えば，Fast Extrusion Furnace（FEF）ブラック

13. 接着剤用熱可塑性ゴム

表 13.7 熱可塑性ゴムのための UV 防止剤

商品名	化学組成の種類	供給者
Eastman OPS	octylphenyl salicylate	Eastman
Eastman RMB	resorcinol monobenzoate	Eastman
Permasorb MA	2-hydroxy-4-(2-hydroxy-3-methacrylyloxy) propiobenzophenone	National Starch
Tinuvin P	substituted benzotriazole	Ciba-Geigy
Tinuvin 326	substituted hydroxyphenyl benzotriazole	Ciba-Geigy
Tinuvin 770	hindered amine	Ciba-Geigy
Antioxidant 330	1, 3, 5-trimethyl-2, 4, 6-tris (3, 5-di-*tert*-butyl-4-hydroxybenzyl) benzene	Ethyl Corp.
Irganox 1076	octadecyl-3-(3, 5-di-*tert*-butyl-4-hydroxyphenyl) propionate	Ciba-Geigy
Irganox 1010	tetra-*bis*-methylene-3-(3, 5-di-*tert*-butyl-4 hydroxyphenyl) propionate methane	Ciba-Geigy

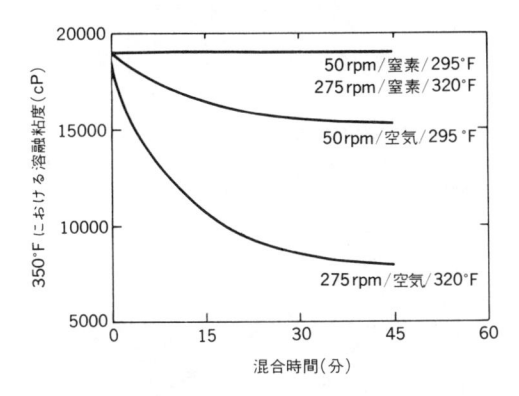

図 13.16 S-I-S 熱可塑性ゴムによる粘着剤の高せん断力混合時に酸素と接触することによる溶融粘度の影響

溶液操作中の保護 溶液の混合，被着材への塗付，溶剤の蒸発および熱可塑性ゴム配合物の保存時の保護は，表 13.6 にある化学安定剤を組み合わせることによって十分できる．溶剤を高温度で蒸発させるときには特別な注意を要するが，しかし劣化はそのような場合でも，接着剤がさらされる時間が短いために，通常問題とはならない．

用途別の配合

一般的に，どの新しい接着剤製品も要求される性能要求表に合わなければならないし，また一定の製造コストの範囲内でなければならない．熱可塑性ゴム配合は，どのようにして，その要求に合わせて開発されるか？ 一つの有効なアプローチ方法を以下に記述する：

(1) 一つまたは二つの熱可塑性ゴムグレードを，メーカーの推選または経験にもとづいて選択する．
(2) 標準的な配合を同様にして選択する．
(3) 関係する樹脂，可塑剤，充填剤などを使って一連の配合物を作成し，配合物溶液から注型フィルムをつくる方法で試験片をつくり，その製品の重要な性質を調べる．
(4) これらの結果と以下に述べる配合上の原則にしたがって，原材料コストを含むもろもろの複数の性質を最適化する．
(5) このスクリーニング試験の結果を確認するため，実際の製造工程により試験片を作成する．

いくつかの配合上の原則

熱可塑性ゴムを基材とする配合の基本性能は，すでに述べたように，もろもろの配合成分がゴムの二相とどのような相互作用をもつかということである．次のような一般論が，例外もありすべての成分に当てはまるわけではないとしても，配合開発の有効な鍵である．

(1) 末端ブロック樹脂（ポリスチレンに相溶性のある樹脂）は，上限サービス温度を上げることも下げることもある（樹脂の軟化点による）．中間ブロック樹脂は，下限サービス温度を上げ，中間ブロック可塑剤は下限サービス温度を下げる．

(2) 中間ブロック樹脂と可塑剤は，固い末端ブロック相の濃度を下げることによって，弾性率を下げ，配合物を軟らかくする．末端ブロック樹脂は，逆の理由により，弾性率を上げる傾向がある．

(3) 感圧性のタックは，ポリブタジエン中間ブロックよりも，ポリイソプレン中間ブロックによって，より出しやすい．タックは，中間ブロック樹脂によってつくり出され，他の成分ではつくれない．すべての固形末端ブロック樹脂は，弾性率を上げることによって，感圧タックを低下させる．ゴム相可塑剤は弾性率を下げることによってタック性を強化する．

(4) はく離強さは，配合物の弾性率を上げることによって向上する．極性または金属の被着材への接着力は，極性，不飽和または芳香族の樹脂によって向上し，炭化水素系可塑剤によって低下する．

(5) 溶融粘度と溶液粘度は，樹脂と可塑剤の両方によって著しく低下する．無機充填剤は粘度を上昇させる．

他の一般的な原則は，経験にもとづくもの，およびこの章で述べられてる一般的な情報により，一定の用途を考えて決められる．

ホットメルト粘着剤の配合のケーススタディ

S-I-S ポリマー（Kraton 1107）といくつかの中間ブロックに相溶する樹脂の二成分混合物をまず調べる．良溶剤を使った溶液を，1mil 厚のポリエステルフィルムの上で，1mil 厚の膜をつくるように注型する．十分乾燥した後，この膜でいくつかの性質を試験する．図 13.17 は，四つの粘着剤の重要な性質が，5 種の異なる樹脂の混合量の変化でどう変わるかを示している．SAFT[a] が十分

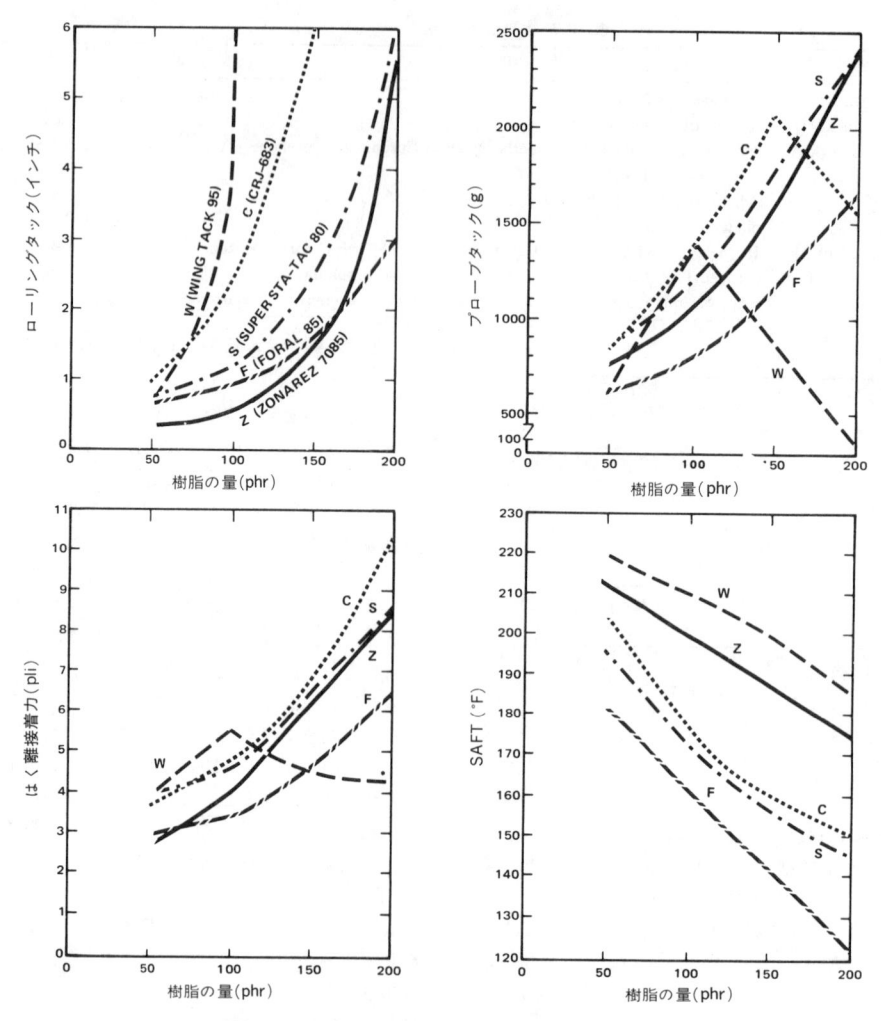

図 13.17　二成分粘着剤（表 13.8 参照）の接着性質に対する中間ブロック樹脂（表 13.4 参照）の影響

表 13.8　S-I-S によるホットメルト粘着剤

	2 成分 (重量部)	3 成分 (重量部)	4 成分 (重量部)
S-I-S (Kraton 1107 ゴム):	100	100	100
中間ブロック樹脂 (Wingtack 95):	100	100	100
可塑化オイル (Shellflex 371):	—	40	40
末端ブロック樹脂 (Cumar LX-509):	—	—	60
安定剤 (ZBDC):	5	5	5
合　　計	205	245	305
SAFT (せん断接着破壊温度) (°F)	210	188	220
ローリングボールタック (PSTC-6) (cm)	5.9	0.6	1.8
プローブタック (g)	1300	700	1100
180° はく離接着力 (PSTC-1) (pli)	5.3	2.5	3.7
溶融粘度 350°F (cP)	200000	30000	40000
保持力, クラフト紙 (min)	>2800	5	150
熱可塑性ゴム含量 (wt %)	49	38	33

高いこと，はく離接着力[b]とプローブタック[c]が要求範囲内にあることで，100 phr の Wing Tack 95 がさらなる試験に選ばれた（表 13.8 の左側の項参照）．

a.　せん断接着破壊温度 (Shear Adhesion Failure Temperature)
b.　PSTC Test Method. 参考文献 28)
c.　Polyken Prove Tack Test による．条件：速さ 1 cm/s, ドウェル 1 s, 圧力 100 gm/cm²．

表 13.9　接着性能に対する可塑化オイル(Shellflex 371)の影響

オイル量 (phr)	0	25	40	60
SAFT (せん断接着破壊温度) (°F)	218	192	188	177
ローリングボールタック (PSTC-6) (cm)	5.6	0.9	0.6	0.7
プローブタック (g)	1600	1000	700	600
はく離接着力 (PSTC-1) (pli)	5.5	3.6	2.5	1.8
溶融粘度 (350°F) (cP)	200000	100000	30000	20000
保持力, クラフト紙 (PSTC-7) (min)	>2800	100	5	<1

タックをさらに強くすることが望まれ，可塑剤が加えられた．Shellflex 371 オイルが，中間ブロック相に相溶性が良いこと（すなわちブリード傾向が低い）と低価格のために，表 13.5 より選ばれた．**表 13.9** のデータは，オイルの量を増やしたときの影響を示している．

可塑剤を添加すると，SAFT，はく離強さおよび保持力を低下させる原因となる．これらの性質を回復するために，高軟化点の末端ブロック樹脂が加えられた．**図 13.18** に，25 phr のオイルを含む配合で，4 種のそのような樹脂の効果が示してある．Cumar LX-509 が，SAFT への効

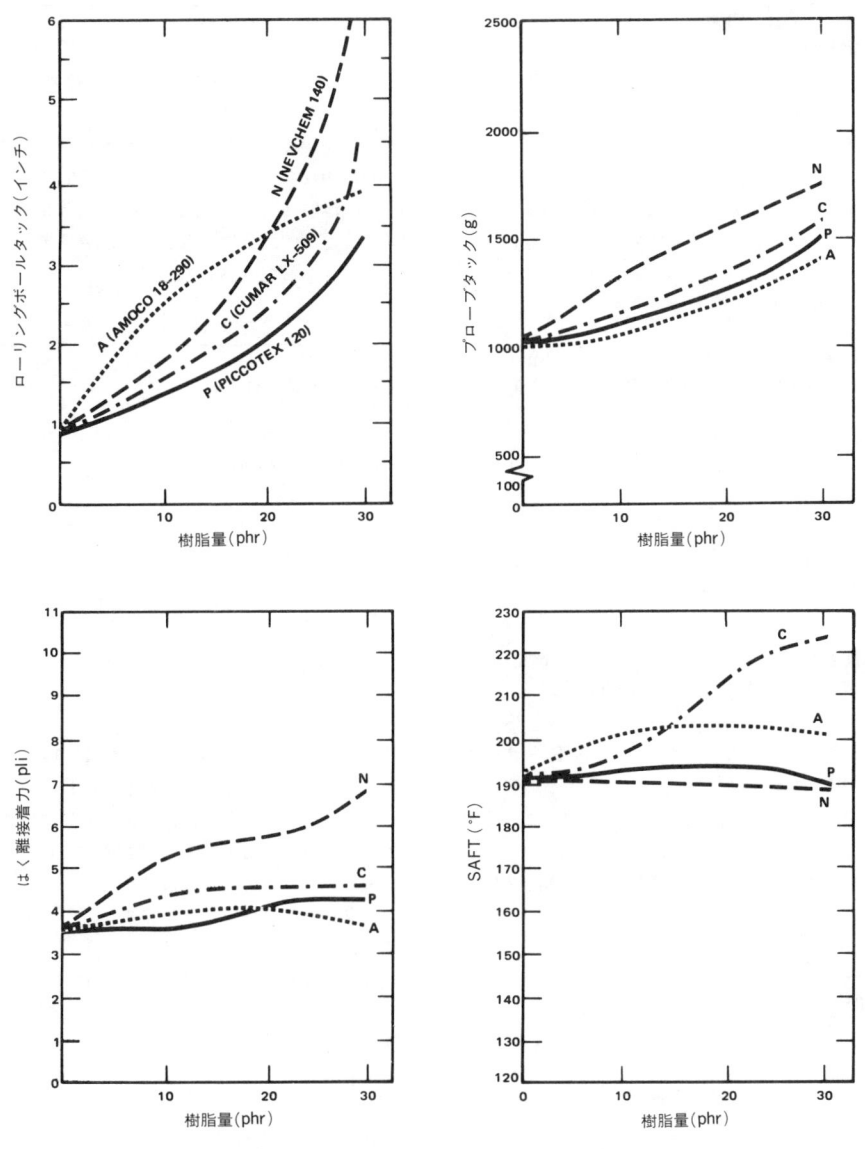

図 13.18　Kraton 1107 (100 部)/Wingtack 95 (100 部)/オイル (25 部) (表 13.9 参照) の接着性能に対する末端ブロック樹脂 (表 13.3 参照) の影響

果が最大で，かつローリングボールタックでの損失がほんのわずかであるため，最終配合の使用に選ばれた．

最終的に4種の成分による配合が，そこに至るまでの2種成分，3種成分の配合とともに，表13.8で比較されている．最終的な4種配合物は，最初の2種成分配合と同じSAFTと，はるかに高いタック性，はるかに低い溶融粘度（低コスト工程向き）と低価格原料コストを備えている．同じ一連の性能は，必要に応じて他の性能も，いくつかの他の配合組成物でも得ることができる．

性能データがたいへん多く整備されてきていることや，熱可塑性ゴムの多様性が理解されることにより，配合者は，現在では，それぞれの性能要求を満たすために数多くのテーラーメイドの製品を使用できる．

基本的な配合物

S-B-Sによる粘着剤　表13.10に示す配合は高い保持力をもつが，強いタックはもっていない．しかし，先述のケーススタディのように，ローリングボールタックを含むすべての性能は，可塑化オイル（例：Tuf-flo 6054）を加えることによって，または樹脂の種類と添加量を変えることによって，調節することができる．

表13.10　S-B-Sによる粘着剤

組成（重量部）	
S-B-S (Kraton 1101 ゴム)	100
中間ブロック樹脂 (Super Sta-Tac 80)	200
安定剤	1
性　質	
ローリングボールタック (PSTC-6) (in)	10
プローブタック (g)	1700
180°はく離接着力 ((PSTC-1) (pli)	7.6
SAFT (°F)	180
熱可塑ゴム含量 (wt %)	33
末端ブロック/中間ブロック比	10/90

汎用ゴム配合物の強度改質　天然ゴムまたはSBR厚塗り接着剤のせん断接着力は，表13.11のように，熱可塑性ゴムを添加することによって改良される．S-I-Sポリマーが天然ゴムに最も相溶性が良く，S-B-SポリマーがSBRに相溶性が良い．しかし，いくらか不透明性になることが問題とならなければ，S-B-S/天然ゴムやS-I-S/SBR混合物も有効である．

ホットメルト型アセンブリー接着剤　表13.12に，

表13.11　粘着剤-せん断強さに対するS-B-Sの影響

組成（重量部）		
SBR (S-1006, ML-50)	100.0	75.0
S-B-S (Kraton 1101 ゴム)	—	25.0
中間ブロック樹脂 (Foral 85)	100.0	100.0
安定剤 (Irganox 1010/DLTDP=1/1)	0.6	0.6
性　質		
ガラスに対するせん断接着力 (PSTC-7) (h)	0.1	0.1
180°はく離接着力 (PSTC-1) (pli)	1.1	0.9
ローリングボールタック (PSTC-6) (in)	4	4

表13.12　ホットメルト型アセンブリー接着剤

組成（重量部）	
S-B-S (Kraton 1102 ゴム)	100
末端ブロック樹脂 (Piccotex 120)	150
中間ブロック樹脂 (Wingtack 115)	50
可塑化オイル (Shellflex 371)	50
安定剤	2~5
性　質	
溶融粘度 350°F	16000 cP
引張り強さ, T_B	600 psi（延伸）
伸び, E_B	700%
ショアーA硬度	90
重ねせん断力（合板/合板）	214 psi
0°Fの可とう性	良
SAFT	163°F
末端ブロック/中間ブロック比	51/49

S-B-Sポリマーによるアセンブリー接着剤を述べている．S-I-Sポリマーを使用することによって，違った性質の組合せを得ることができる．S-I-Sの利用によっていくつか有用な特徴が得られる．a) 一般的により透明度が高い．b) 溶融粘度が低い．c) S-B-S配合品が混合時と塗付時の高温度で酸素にさらされると生成することがあるゲルがS-I-Sでは生成されない．

表13.13　熱活性接着剤

組成（重量部）	
S-B-S (Kraton 1101 ゴム)	100
末端ブロック樹脂 (Cumar R-16)	75
低分子量末端ブロック樹脂 (Piccovar AP-25)	25
安定剤 (Antioxidant 330/DLTDP=1/1)	0.6
溶　剤	
トルエン	120
シクロヘキサン	120
メチルエチルケトン	60
性　質	
はく離接着力 (PSTC-1) (pli)	50
クリープ（180°はく離，140°F，3 pli 荷重）(in/10 min)	0.2
末端ブロック/中間ブロック比	65/35

熱活性アセンブリー接着剤　表13.13に，被着面の両面に塗られ，乾燥され，表面を165°F (74℃)に加熱することにより活性化され，被着面を互いに圧着することにより接着される溶液型接着剤を述べている．この接着剤は室温でブロッキングをおこさない．

コンタクト型アセンブリー接着剤　上の配合を，同量の中間ブロック樹脂と高軟化点の末端ブロック樹脂を含むように変更すると，表13.14に示すコンタクト型接着剤になる．ほとんどの被着表面に対して本質的にタック性はないが，この種の接着剤は，ヘキサン/トルエン/アセトン（混合比 60/20/20）溶液で被着材表面へ注がれると，数分から数時間のオープンタイムの後，互いに強力に接着する．30分のオープンタイムののち接着されたフィルム-フィルム接着力（キャンバス/キャンバスはく離強さ，ASTM-D-1876）の時間にともなう強さが，

13. 接着剤用熱可塑性ゴム

表 13.14 コンタクト型アセンブリー接着剤

組成（重量部）	
S-B-S (Kraton 1101 ゴム)	100
末端ブロック樹脂 (Picco N-100)	37.5
中間ブロック樹脂 (Pentalyn H)	37.5
安定剤 (Antioxidant 330)	0.6
性質（30分オープンタイム，熱または溶剤活性化なし），180°はく離強さ (PSTC-1) (pli)	
キャンバス/モミ合板	14
キャンバス/ステンレススチール	14
キャンバス/ビニルアスベスト床タイル	9
重ねせん断力 (0.5 in/min, インストロンクロスヘッド速度)	137
末端ブロック/中間ブロック比	39/61

表 13.15 コンタクト接着剤

組成（重量部）	1	2
S-B-S (Solprene 406 ゴム)	100	—
S-B-S (Solprene 411 ゴム)	—	100
末端ブロック樹脂 (Picco 6115)	40	40
中間ブロック樹脂 (Pentalyn H)	10	10
溶剤		
ヘキサン	150	150
アセトン	150	150
トルエン	150	150

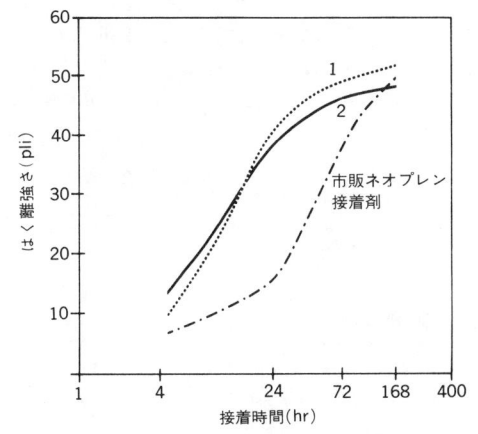

図 13.19 コンタクト接着剤の接着力の進展

表 13.15 の二つの配合で，図 13.19 に示されている．

反応型コンタクト接着剤 コンタクト接着剤の耐熱性は，硬化型フェノール樹脂方式を利用することによって向上することができる．表 13.16 に，二つの配合物，反応性樹脂方式を持つものと持たないものを比較している．

建築用接着剤 表 13.17 の溶剤型接着剤に適した標準配合物は，工場または家屋組立現場で使用される高強度接着剤である．示されているような安定剤方式で，酸素ボンベ老化試験結果は，現在の建築用途での要求値を十分に満たしている．

表 13.17 高粘度建築用マスチック

組成（重量部）	
S-B-S (Kraton 1101)	100
末端ブロック樹脂 (Picco N-100)	75
軟らかいクレイ	200
安定剤	
亜鉛ジブチルジチオカルバメート	2
Plastanox 2246	1
性質	
重ねせん断強さ（木/木，0.5 m/min クロスヘッド速度） (psi)	590

ワックス混合のホットメルトアセンブリー接着剤
パラフィンワックス，S-B-S および相溶樹脂の混合物が，紙，織物などの接着に使用され，表 13.18 に示されている．この場合，ワックスは可塑化オイルと同様な働きをする．

シーリング材 シーリング材は，しばしば単にギャップを埋める性能だけを求めている．そのような製品は，接着力を失わずに，伸び縮みを十分に行う低弾性率配合物である．いくつかの用途では，シーリング材に荷重がかかり，実質的に，接着性シーリング材であることが求められる．熱可塑性ゴムは，これらのどちらの要求にも合うように配合することができる．コンクリート/コンクリート用シーリング材を表 13.19 に示している．

結合剤（バインダー） 結合剤は，接着されている材

表 13.16 コンタクト接着剤-熱活性樹脂の影響

組 成（重量部）	非反応性樹脂	反応性樹脂
S-B-S (Solprene 411 ゴム)	100	100
反応性樹脂 (Schenectady SP-154)	—	45
末端ブロック樹脂 (Picco 6115)	40	—
中間ブロック樹脂 (Pentalyn H)	10	—
酸化マグネシウム	—	8.6
酸化亜鉛	—	5.0
安定剤	1	1
溶 剤		
ヘキサン	150	127
アセトン	150	127
トルエン	150	127
性 質		
はく離強さ（キャンバス/キャンバス）(pli)	48	25
はく離接着破壊温度（キャンバス/キャンバス，0.22 pli, 40°F/h）(°F)	176	230

表 13.18 ホットメルトアセンブリー接着剤

組成（重量部）	
S-B-S (Kraton 1102 ゴム)	100
中間ブロック樹脂 (Super Sta-Tac 100)	100
パラフィンワックス (Shellwax 300)	85
安定剤	1
性質	
はく離強さ（キャンバス/キャンバス）(pli)	45

表 13.19 コンクリートジョイント用のシーリング材

組成（重量部）	
S-B-S (Kraton 1101 ゴム)	100.0
アスファルト 250 dmm pen (233 ポイズ@140°F)	180.0
可塑化オイル (Shellflex 881)	60.0
中間ブロック樹脂 (Picco LTP-100)	60.0
安定剤	1.0
性質	
針入度, 77°F (dmm)	86
レジリエンス, 77°F (%)	83
フロー, 140°F (in)	0
粘度, 400°F (cP)	2060
軟化点 R&B (°F)	218

料に対して強力な接着力を保持しつつ，弾力性に富む必要がある．したがって，製品はカーペットバッキングのような軟らかくて柔軟性のあるものであったり，または研磨材のような硬くて強い材料であったりする．熱可塑性ゴムは，不活性充塡剤を混合しても大きく伸びる能力がある．柔軟性のあるカーペットバッキング材の例を表 13.20 に示している．

表 13.20 カーペットバッキング用の結合剤

組成（重量部）	
S-B-S (Kraton 1101 ゴム)	100
可塑化オイル (Shellflex 371)	150
白色顔料	700
安定剤	1
性質	
硬度, ショアー A	55
比重	1.8

熱可塑性ゴムの永久架橋

熱可塑性ゴムによる接着剤は，接着製品のほとんどの用途が要求する温度範囲で十分に性能を発揮する．しかし，製品が使用される温度が，ゴムの末端ブロック相のガラス転移温度（通常約92℃）に近づくと，ポリスチレン末端ブロックドメインは軟化し，物理架橋が解け始める．これがおこると，ゴム中間ブロックは架橋点をもたないことになり，接着剤の凝集力は著しく低下する．したがって，熱可塑性ゴムによる接着剤は，例えば耐溶剤性を必要とし，かつ170℃までの塗料焼付けオーブンの温度でかなりの荷重に耐えなければならない高温マスキングテープのような用途に使うことができない．この制限は接着剤の中のゴムを架橋して熱可塑性でなくすることによって克服できる．

不飽和 S-B-S および S-I-S ポリマーの中間ブロックにある二重結合は反応できる個所である．これらの不飽和熱可塑性ゴムは，不飽和ゴムに用いられる通常の架橋法である硫黄，硫黄ドナーまたは過酸化物によって架橋することができる．硫黄を中心とする架橋に使用される成分の組合せは多い．例えば，架橋剤の組合せとして，0.3～1.5phr の元素硫黄または硫黄ドナー（例：Sulfads，ジペンタメチレンチウランヘキササルファイド，Vanderbilt），0.3～1phr の促進剤（例：Altax，ベンゾチアジルジサルファイド，Varderbilt または Methyl Zymate，ジメチルジオカルバミン酸亜鉛，Vanderbilt），と 0.3～1phr の酸化亜鉛とステアリン酸がある．過酸化架橋方式は，1～4phr の過酸化物（例：DI CUP，ジクミルパーオキサイド，Hercules）を含み，5.25phr の反応性アクリルモノマー（例：Sartomer SR 351，アクリルモノマー，Sartomer Corp.）と組み合わせることができる．硫黄架橋剤も過酸化物架橋剤も，接着剤溶液の中へ直接混合することができ，架橋は，接着テープが溶剤蒸発炉を通るときの熱によって行う．

熱可塑性ゴムによる接着剤の高温凝集力を改良する他の方法は，ゴム相の中へ熱硬化網を伸ばし入れることである．これは，反応性フェノール樹脂と金属触媒の組合せを使用することによって可能である．有用といわれている配合例を表 13.21 に掲げる．このタイプの架橋方式は，接着剤溶液の中へ直接混合し，溶剤蒸発炉の中で，反応を熱で開始させる．

表 13.21 フェノール樹脂と架橋する感圧接着剤

	重量部
S-I-S ポリマー[a]	100
C_5 樹脂[b]	50
フェノール-ホルムアルデヒド樹脂[c]	20
亜鉛樹脂酸塩[d]	10
亜鉛ジブチルチオカルバメート	2
2,5-ジ-*tert*-アミルヒドロキノン[e]	1
トルエン中の固形分 (wt %)	50

a：Kraton® D 1107 ゴム；Shell.
b：Wingtack® 95；Goodyear.
c：Amberol ST-137；Rohm and Haas.
d：Reichhold.
e：Santovar® A；Monsanto.

熱で反応開始する架橋反応は，ほとんどの場合，溶剤型接着剤に対して使われている．これは，溶剤蒸発炉の熱を架橋反応に便利に利用できることによる．しかし，熱による架橋方式は，ホットメルト接着剤では，ホットメルト加工装置の中で接着剤が反応を始めるために，加工作業上に問題がある．

ホットメルト接着剤を架橋する実用的な他の手段に，紫外線または電子線照射によって反応開始する架橋方式がある．

表 13.22 の配合は，紫外線（UV）照射により架橋することができる．反応性モノマー，SR-351（トリメチロールプロパントリアクリレート）が，接着剤の架橋に要す

13. 接着剤用熱可塑性ゴム

表 13.22 UV 照射による架橋用の粘着剤配合

	配合	
	A	B
S-I-S ポリマー[a]	100	—
Kraton D 1320 X ゴム[b]	—	100
Wingtack® 95[c]	80	80
TMPTA[d]	7.5	7.5
Irgacure® 651[e]	1.0	1.0

	接着性能			
	A		B	
	UV 硬化前	UV 硬化後	UV 硬化前	UV 硬化後
ベルト速度 (m/min)	—	3.0	—	12.0
ゲル含量 (%)[f]	0	92	0	89
ローリングボールタック (cm)	1.4	14.3	2.8	4.1
ポリケンプローブタック (kg)	0.9	0.8	1.0	0.9
180℃ はく離 (N/m)	720	530	630	540
保持力, スチール (h)[g]	>70	>44	>88	>88
保持力, クラフト紙 (h)[g]	>70	0.3	>88	>88
70℃ 保持力, クラフト紙 (h)[h]	1.5	0.5	5	27

a: Kraton® D 1107 ゴム; Shell Chemical.
b: Shell Chemical.
c: Goodyear.
d: Trimethylolpropane triacrylate, SR-351; Sartomer.
e: Ciba-Geigy.
f: トルエンに不溶のポリマー分%
g: 12.7×13.7 cm　2 kg 荷重
h: 25.4×25.4 cm　1 kg 荷重

表 13.23 電子線架橋用の粘着剤配合

	配合	
	A	B
S-I-S ポリマー[a]	100	—
Kraton® D 1320 X ゴム[b]	—	100
Wingtack® 95[c]	88.9	88.9
Adtac® B 10[d]	11.1	11.1
Antioxidant 330®[e]	0.4	0.4
BHT	0.3	0.3

	接着性能			
	A		B	
E. B. 照射量 (Mrad)	0	5	0	5
ゲル含量 (%)[f]	0	0	0	90
ローリングボールタック (cm)	1.4	3.4	1.2	1.8
ポリケンプローブタック (kg)	1.3	1.4	1.2	1.4
180℃ はく離 (N/m)	1050	930	875	980
保持力, スチール (h)[g]	>67	>67	>67	60
保持力, クラフト紙 (h)[g]	63	>67	60	>67
95℃ 保持力, Mylar (h)	2.0	2.1	1.9	>17

a: Kraton® D 1107 ゴム; Shell Chemical.
b: Shell Chemical.
c: Goodyear.
d: Hercules.
e: Ethy Corp.
f: トルエンに不溶のポリマー分%
g: 12.7×12.7 cm　2 kg 荷重
h: 25.4×25.4 cm　1 kg 荷重

る照射量を減らすために，配合の中に使用されている．さらに，光増感剤 Irgacure 651 が架橋反応を開始させる UV 照射で，速やかに解離してフリーラジカルを生成させるために使われる．表 13.22 の二つの配合は，ホットメルト加工温度でも架橋するが，しかし両方ともホットメルト温度での架橋温度は遅く，かなりの反応がおこるまでに，接着剤をテープ地の上に押出し塗付することが十分可能である．これらの配合は，高圧水銀ランプの下へ接着剤を通過させることによって，窒素封入のもと，紫外光にさらすことで架橋することができる．しかし，接着剤の表面の劣化を避ける目的で，310 nm 以下の波長のスペクトル部分を取り除くためのフィルターをランプに設置することが必要である．表 13.22 の配合 A は，普通の S-I-S ポリマーを使用しており，十分な架橋を得るために 3.0 m/min のベルトスピードを要する．他方，配合 B は，新しい (S-I)$_n$ ラジアルブロックポリマーを使用したもので，架橋型接着剤用に設計されており，ベルトスピード 12.0 m/min で十分な架橋を得ることができる．

接着剤は，1 から 10 メガラッド量の電子線を，窒素封入下で，照射することによっても架橋することができる．**表 13.23** に，Kraton D 1320 X による配合が，反応性モノマーを使用しないで，5 メガラッドの電子線照射で架橋網をつくるに十分効果のあることを示している．配合 A は，代表的な普通の S-I-S ポリマーであり，5 メガラッド量では架橋しない．普通の S-I-S ポリマーを電子線架橋させるには，反応性モノマーを添加するか，電子線照射量を上げるかを必要とする．

S-EB-S と S-EP-S ポリマーは，中間ブロックが飽和されているため，架橋することがかなり難しい．表 13.22 と同様の反応性モノマーを含む配合で，S-I-S ポリマーの代わりに S-EB-S ポリマーを使用した配合は，紫外線照射では，一般に受け入れられる速度で架橋することができない．この配合は，電子線照射により架橋はするが，しかし少なくとも 6 メガラッドの照射量が必要とされる．

表 13.24 電子線架橋用 (S-I)$_n$ 熱可塑性ゴム粘着剤に対する樹脂の影響

配合番号[a]	EB 照射量 (Mrad)	ゲル含量[b]	ローリングボール タック (cm)	SAFT マイラー[c] (°C)	95°C 保持力[d] (min)	180° はく離 (N/m)
Escorez® 5380/Regalrez® 1018						
1	0	0	1.7	74	6	540
	1	45	1.4	104	50	470
	3	90	1.6	112	670	470
	5	93	3.2	113	800	420
	7	95	4.0	114	1000+	390
Wingtack® 95/Adtac® B10						
2	0	0	2.5	92	23	840
	1	4	2.5	97	50	720
	3	69	1.9	115	165	720
	5	89	4.3	122	290	680
	7	95	4.3	114	500	700
Wingtack 95/Wingtack 10						
3	0	0	1.5	88	11	630
	1	0	1.3	93	26	610
	3	62	1.3	100	125	530
	5	77	3.0	116	130	600
	7	90	1.8	114	140	560
Escorez 1310/Adtac B10						
4	0	0	2.9	91	12	770
	1	3	1.8	96	33	770
	3	74	1.7	110	180	630
	5	75	3.1	111	190	650
	7	82	4.6	115	650	670

a：配合	1	2	3	4
Kraton® D 1320 X ゴム；Shell	100.0	100.0	100.0	100.0
Escorez 5380；Exxon	60.8	—	—	—
Regalrez 1081；Hercules	61.4	—	—	—
Wingtack 95；Goodyear	—	69.4	50.1	—
Escorez 1310；Exxon	—	—	—	74.2
Adtac B 10；Hercules	—	52.8	—	48.0
Wingtack 10；Goodyear	—	—	72.1	—
Antioxidant 330®；Ethyl Corp.	0.4	0.4	0.4	0.4
BHT	0.3	0.3	0.3	0.3

b：トルエンに不溶のポリマー分%
c：25.4×25.4 cm　1 kg 荷重．接着不良での温度
d：25.4×25.4 cm　1 kg 荷重．

配合成分として使用される樹脂成分が，電子線照射架橋の速度に影響を与える．**表13.24**に，$(S-I)_n$ポリマーであるKraton D 1320 Xを使用した配合で架橋網をつくるための，水添樹脂（配合番号1）の効果を示す．配合番号1は，1メガラッドの電子線照射で，45%のゲル含量（トルエンに不溶のポリマー分）と高温性能（SAFT）を30℃向上させる．3メガラッド照射によって，ゲル含量は90%にまで達し，95℃（末端ブロックのT_g以上の温度）での保持力は11時間に向上する．不飽和の樹脂，配合番号2，3および4は，高ゲル含量とSAFTまたは95℃での保持力の向上を得るためには，はるかに多量の電子線照射を必要とする．

熱可塑性ゴムによる粘着剤を架橋することによって，高温時の凝集力や耐溶剤性で望ましい改良を得ることはできるが，しかし接着剤のタック性を損なうことを認識する必要がある．架橋する粘着剤用に特別に設計されたポリマーを使用しなければ，熱可塑性ゴムの化学架橋物は，通常ゴムを過度に加硫した状態に相当する．

付録：溶解度パラメーター δ
──強力な手段

ヒルデブランドの溶解度パラメーター（δ）を，この章では，熱可塑性ゴムの溶解性挙動との関連で引用してきた（例：図13.9～13.11）．このパラメーターは，二相構造の熱可塑性ゴムの配合を研究するために，潜在的にきわめて強力な手段である．

溶剤，ポリマー，樹脂，可塑剤などの配合各成分は，それぞれ正確な値をもっている．どの成分が熱可塑ゴムの二相のどちらに分散するか，それによる配合物の性質への影響がどう変わるかは，それらの成分のδの値による．不幸にして，現在，δの値は，溶剤，オイルと一部のポリマーのみにしかデータが入手できないが，その有用性から，近い将来さらに多くの材料についてδが決められ，またその値を応用するもっと優れた方法が開発されるだろう．この付録は，δの重要性を明確にし，それと熱可塑性ゴムの配合との関連性を認識するためのものである．

δの重要性 二つの材料が互いに溶解し合うためには，混合の自由エネルギーが負の値でなければならない．この状況は，二つの材料のδ値が接近しているときに可能である．一般的に，一方または両方の材料の分子量が大きくなるほど，互いに溶解するためにはδの値がより接近しなければならない．したがって，例えば一連の樹脂のδの値と分子量がわかっていれば，一定の性質を最適化する樹脂の選択や設計が可能である．

δの定義．Hildebrand[18]は，次の量を"溶解度パラメーター"と称するよう提案した．

$$\delta = (凝集エネルギー密度，CED)^{1/2}$$

$$単位：(cal/cm^3)^{1/2}$$

$$= \frac{E_v^{1/2}}{V_m}$$

ここで，

E_v＝真空中への等温蒸発エネルギー（cal/mol）
V_m＝モル容積（cm³/mol）

$(cal/cm^3)^{1/2}$の単位は，溶解度パラメーターの定義を最初に行った功績により，"ヒルデブランド"と呼ばれる．定義されるように，δは存在する物質の分子を保持する全分子内結合エネルギーである．もし，物質（1）の分子を互いに保持する結合が，物質（2）を互いに保持する結合よりも十分に強ければ（例：$\delta_1 > \delta_2$），それぞれの分子は同じ物質同士で隣り者でいることを好み，もう一方の他物質の分子と混合しあうことを拒む．逆に，$\delta_1 = \delta_2$であれば，（1）の分子と（2）の分子は，家族でいることを許容する．

溶解度パラメーターについて多くの検討と表が文献の中に発表されており，それらの有用な文献のいくつかが参考文献にある[18～27]．

単純な場合 シクロヘキサンのような無極性炭化水素溶剤とイソプレンのような無極性ポリマーは，上記のルールに従い，図13.10に示されるような関係が正確に守られる．ここでは，分子内結合力は，ほとんどファンデルワールス力のみである．

複雑な場合 分子が本質的にかなりの極性をもっているときや内子内水素結合があるときには，δは単純な数値とはならない．そのような場合には，δは3種の異なる結合エネルギーの合計となり，次のようにあらわされる．

$$\delta^2 = \delta_d^2 + \delta_p^2 + \delta_h^2$$

ここで，

δ_d＝ファンデルワールス力による結合エネルギー
δ_p＝すべての極性相互作用による結合エネルギー
δ_h＝すべての水素結合相互作用による結合エネルギー

したがって，δは実際には，三次元空間の一点として表示される三次元量である[19～21]．さらに，相溶するためにδ_1とδ_2が互いに近接しているだけでは十分でない．δ_1のそれぞれの項が，δ_2の対応とする項と近接していなければならない．すなわち，相溶するためには，$(\delta_d)_1 = (\delta_d)_2$，$(\delta_p)_1 = (\delta_p)_2$，$(\delta_h)_1 = (\delta_h)_2$が必要である．**表13.25**に，いくつかの溶剤の溶解度パラメーターの成分を表にしている．δの三次元性質のほかにも，温度，成分の分子量や分子量分布がそれぞれの項の数値に互いに影響を与える．

このような複雑さが，ややもすると溶解度パラメーターを使用するアプローチ方法に興味を失わせる原因になるが，それは次の項目で説明するように正しい態度ではない．しかし，このような検討の結果として，δの一次元関数で，溶剤中の熱可塑性ゴムの溶解性をあらわすことは正しくなく，特に約9ヒルデブランド以上の溶剤に対してはやや誤解を招くことになる，ということを認識すべきである．

表 13.25 三次元溶解度パラメーター

溶 剤	分子容量 (cm³/mol)	溶解度パラメーター (ヒルデブランド)			
		δ^a	δ_d	δ_p	δ_h
n-ヘキサン	131.6	7.3	7.3	0	0
n-オクタン	163.5	7.6	7.6	0	0
シクロヘキサン	108.7	8.2	8.2	0	0.1
トルエン	106.8	8.9	8.8	0.7	1.0
1,1,1-トリクロロエタン	100.4	8.6	8.3	2.1	1.0
メチルエチルケトン	90.1	9.3	7.8	4.4	2.5
アセトン	74.0	9.8	7.6	5.1	3.4

a : $\delta = (\delta_d^2 + \delta_p^2 + \delta_h^2)^{1/2}$

複雑な場合をどう取り扱うべきか　現在，極性基または水素結合成分が存在する場合を，正確に取り扱う簡便な方法はない．δ の一次元関係のみの判断は誤りである．δ と二極モーメントまたは δ と水素結合指数の二次元関係を計算する方式が開発され[24～26]，ある分野で役立っている．コンピューターを使用した三次元方式も開発されたが[20]，実際の場合への応用としては，まだデータが十分ではない．溶解度パラメーターを取り扱う有効な方法の開発に，特に塗料業界からの強い要望があり，将来発展があれば，熱可塑性ゴムの配合分野にも役立てることができる．

それまでの間，熱可塑性ゴムの配合者は，自分の配合をつくって，それを試験する際に，溶解度にもとづく概念に十分な注意を払うことが重要である．例えば，1種類の熱可塑性ゴムに対して，同族体シリーズの他の配合成分の性能を比較するときに，限られた範囲で一次元，二次元または三次元関係を利用することができる．少なくとも，溶解度パラメーターは，実験を計画し，結果を解釈するのに，半定量的な基準としての役割を果たすことができる．

[J. T. Harlan, L. A. Petershagen, E. E. Ewins, Jr. and G. A. Davies／佐久間　暢訳]

参 考 文 献

1. Ceresa, R. J. (ed.), "Block and Graft Copolymerization," Vol. 1, New York, John Wiley & Sons, 1973.
2. U.S. Patent 3,239,478 (1966).
3. Zelinski, R., and Childers, C. W., *Rubber Chem. and Tech.*, 41, 161 (1968).
4. Marrs, O. L., and Edmonds, L. O., *Adhesives Age*, 15-20 (Dec. 1971).
5. Saunders, J. H., and Frisch, K. C., "Polyurethanes, Chemistry and Technology," New York, Interscience Division of John Wiley & Sons, 1962.
6. Meier, D. J., *J. Poly Sci., Part C*, 26, 81-98 (1969).
7. Morton, M., et al., ibid, p. 99-115.
8. Beecher, J. F. et al., ibid, p. 117-134.
9. Bradford, E. B., and Vanzo, E., *J. Poly Sci., Part A-1*, 6, 1661-1670 (1968).
10. LeGrand, D. G., *Polymer Letters*, 8, 195-198 (1970).
11. Folkes, M. J., and Keller, A., *Polymer*, 12, 222-236 (1971).
12. Kaelble, D. H., *Trans Soc. Rheology*, 15, 235-258 (1971).
13. Inoue, T., et al., *Macromolecules*, 4, 500-507 (1971).
14. Lewis, P. R., and Price, C., *Polymer*, 13, 20-26 (1972).
15. Uchida, T., et al., *J. Poly Sci., Part A-1*, 10, 101-121 (1972).
16. Kampf, G., et al., *J. Macromol Sci-Phys.*, B6, 167-190 (1972).
17. "Raw Materials for Hot Melts," CA Report No. 55, Technical Assn. of the Pulp and Paper Industry, 1 Dunwoody Park, Atlanta, Ga. 30341.
18. Hildebrand, J. H., "The Solubility of Nonelectrolytes," New York, Van Nostrand Reinhold, 129, 424-439 (1950).
19. Hansen, C. M., and Beerbower, A., in "Kirk-Othmer Encyclopedia of Chemical Technology," *Supplementary Vol.*, 2nd Ed., Interscience Division of John Wiley & Sons, 889-910, 1971 (includes tabulation).
20. Nelson, R. C., et al., *J. Paint Technology*, 42, 636-652 (1970).
21. Burrell, H., Paper 44, ACS Div. of Org. Coat. and Plast. Chem., Washington D.C., Preprints, 367-375, (Sept. 1971).
22. Gardon, J. L., "*Encyclopedia of Polymer Science and Technology*," Vol. 3, New York, Interscience Division of John Wiley & Sons, 833-862, 1965 (includes tabulation).
23. "Shell Chart of Solvent Properties," Bulletin IC:71-18R, Shell Chemical Company, Houston, Texas 77001.
24. "Solubility Parameters—Synthetic Resins, Related Materials, Solvents," Hercules Inc., Wilmington, Del. 19899.
25. "Solubility Contours for Hydrocarbon Resins," Pennsylvania Industrial Chemical Corp., 120 State St., Clairton, Pa. 15025.
26. Hagman, J. F., "Solvent Systems for Neoprene—Predicting Solvent Strength," E. I. duPont deNemours and Co., Wilmington, Del.
27. Hoy, K. L., *J. Paint Technology*, 42, 76-118 (1970) (includes tabulation).
28. "Test Methods for Pressure Sensitive Tapes," 6th Ed., Pressure Sensitive Tape Council, 1201 Waukegan Rd., Glenview, Ill. 60025.

14. 接着剤用カルボキシル化ポリマー

　この章は, 本書の第2版[1,2]にある記述にもとづいている. 本書の第2版で述べているように, 接着剤用途に使用されている, または有用と考えられているカルボキシル化コポリマーについて, 広く話題を紹介するのが目的である.

　カルボキシル基が, いろいろな被着材へのポリマーの接着力をいかに改良するかを説明しようとする多くの理論が発表されてきた. カルボキシル基は, ポリマーの鎖内および鎖間架橋と被着材への親和性に影響を及ぼす化学反応の中心として役割を果たすことができる. 接着力を向上させる酸または他の電子受容基が, ポリマーと被着材の間の界面で電子移動をおこすことに関係があることは確かである. カルボキシル化ポリマーのはく離挙動についての最近の報告は, カルボキシル化ポリブチルアクリレートコポリマーのガラスに対する接着改良に, 二つの効果が貢献していると述べている[3]. それらの効果は, 1) 接着の熱力学的仕事量の増加と, 2) 接着材料の粘弾性状態の変化である.

歴　　史

　最初のカルボキシル化エラストマーは, ゴムや他の不飽和エラストマーを, 無水マレイン酸で変性したものであった. これらの酸無水物ゴムは, 湿気または他の加水分解剤によって, 容易にカルボキシル化エラストマーに変換する. 最初にBaconとFarmer[4~6]によって1938年に述べられており, その後, 1941年にCompagnon, Le Brasと共著者[7~9]によっても述べられている. 天然ゴムからつくられた酸無水物ゴムが, 1944年に人工絹にゴムを接着する接着剤[10]として使用された.

　1952年登録の特許[11]は, 高アクリレートまたはメタクリレートエステルとアクリル酸またはメタクリル酸の共重合物を, ゴム表面へ接着する感圧テープとライナーの改良に使用することを述べている. これらの共重合物はカルボキシル含量が高いので, カルボキシル化エラストマーというよりは, 可塑化されたポリアクリル酸と考えられる.

　1952年, ゴムと金属の接着用としてFrank, Krausと Haefner[12,13]によって述べられた, ブタジエンとイソプレンのメタクリル酸およびアクリル酸の共重合物が, おそらく接着剤として使用するために特別につくられた最初のカルボキシル化エラストマーであろう. 接着力を強める手段としてのカルボキシル基に関する彼らの考え方が, 1944年DoolittleとPowell[14]の実験結果に刺激された, と報告書で述べている. 彼らは, 塩化ビニルと酢酸ビニルの共重合物へ少量の無水マレイン酸 (0.1~1％) を共重合させたフィルムが, 金属表面への接着力を改良していることを見つけた. McLarenは, ビニライト共重合物のカルボキシル含量が上昇するにつれて, 無変性セルロースへの接着力が向上することを報告している[15].

　1966年, カルボキシル末端基をもつ液状ポリマーの製造についての特許[16]が, Seibert (B. F. Goodrich) に公布された. これらのポリマーは, 今日まで, 主にエポキシ樹脂系の接着剤や複合材の強靱性付与剤として使用されている.

カルボキシル化ポリマーの製造

　カルボキシル化ポリマーは, 主にオレフィンやジオレフィンとアクリル酸タイプのモノマーとの共重合によってつくられる. このような製造に関する参考資料や詳細説明は多数の文献で述べられており, Brownによる概説の中で要約されている[17]. カルボキシル化エラストマーで, 接着剤として使用される種類のものは, 通常カルボキシルコモノマーを0.1から25％の間で含む. カルボキシル化エラストマーの接着性能に影響する因子は, 重合の方法, 分子量, 分子量分布, ポリマー内のカルボキシル基の分布, カルボキシル含量, カルボキシル基の中和の度合または金属イオン封鎖度合とエラストマーそのものの骨格の性質である[17].

　エラストマーの接着性能は, ゴム100gに対して0.01当量のカルボキシル量 (ephr) というわずかな量の付与で, 顕著に変わる. しかし多くの場合, 0.1ephr以上の付与が好まれている. 接着剤に使用するのに最適のカルボキシル含量, 分子量, 弾性体ポリマーの種類は, 被着材の表面の性質と接着剤に求められる要求によって変わ

る.

カルボキシル化エラストマーは,溶剤中,混練機中,またはラテックスの形で,ゴムへチオグリコール酸,無水マレイン酸またはアクリル酸のようなカルボキシル基を有する分子を混合することによってもつくられてきている[17]. ブタジエン-アクリロニトリル共重合物でカルボキシル化ポリマーを密封型またはバンバリー型ミキサーの中で製造する方法が,接着剤特許[18]文献の中で述べられている.加硫天然ゴムとブタジエン-スチレン共重合体を,これらの再生品も含めて,押出し混練機の中で無水マレイン酸を使用して,カルボキシル化することが報告されている[19]. 弾性体カルボキシル基がカルボキシル化エラストマーをつくるのに使用されている[20,21].

液状ポリブタジエンやブタジエンの共重合物のような不飽和ポリマーと,フマル酸とイタコン酸エステルのアダクトをつくり[22],次に加水分解してカルボキシル化エラストマーをつくることも,接着剤として報告されている.

SmarookとBonotto[23]は,エチレンとアクリル酸で共重合されたポリマーのカルボキシル化オレフィンの変数(パラメーター)を述べている.ポリエチレン骨格のカルボキシル含量を変えることにより,極性および無極性のさまざまな被着体へ優れた接着力をもち,物理的性質の変更範囲の広い樹脂をつくっている.ポリマー鎖の中の高極性のカルボキシル基が,セルロース,金属,ゴムやプラスチックに接着力の強弱を調節でき,かつ反応しうる共有結合,イオン結合および水素結合と容易に反応する.これらのポリマーは,エチレン系の不飽和カルボン酸とオレフィンの共重合反応によってつくられる.

$$CH_2=CH_2 + CH_2=CR-COOH \rightarrow$$

$$-CH_2-CR-CH_2-CH_2-CH_2-CR-CH_2-$$
$$\quad\quad |\quad\quad\quad\quad\quad\quad\quad\quad |$$
$$\quad O=C-OH\quad\quad\quad\quad HO-C=O$$

表14.1の結果は,アクリル酸含量が増えると軟化点と弾性率が減少することを示しており,この現象は,通常結晶性と関係する.さらに,引張り強さと金属への接着力が増加する.Cernia[24]は,～200℃の温度と171.6 MPaの圧力で重合したエチレンとアクリル酸のバルク重合について同様のデータを報告している.この共重合物のアクリル酸含量は,2.1～16%の範囲であった.アルミニウムの接着剤とされたとき,ポリエチレン単独の強さが0.003N/cmだったのに比し,16%アクリル酸含量の共重合物のそれは,>0.59N/cmであった.

Riekeと共著者[25]は,一連の報告の中で,Van de Graaff加速器で照射処理を行ったポリエチレンをつくり,次にその照射ポリエチレンを溶剤媒体中でアクリル酸で処理してつくったグラフトポリエチレンの配合と性質を述べている.金属への接着性は著しく改良されたと報告されている.Marans[26]は,アクリル酸モノマーを,ポリエチレン,ポリプロピレン,ポリエステル,塩化ビニル,ナイロン,ポリメチルメタクリレートまたはポリ(テトラフルオロエチレン)の層に塗り,次に照射処理する接着方法を特許請求している.Ogata[27]による総説記事で,ポリエチレンまたはポリプロピレンに,電子線照射下でアクリル酸をグラフト共重合させたポリマーの接着特性が上がることが述べられている.

末端にカルボキシル基をもつ液体ポリマー(CTLP)を,ビスシアノ酸反応開始剤と重合時にモノマーの連鎖移動を低く抑える溶剤を用いてつくることができる[16].反応開始剤が重合を開始させ,溶剤による連鎖移動がないために,主鎖の成長を終わらせて末端カルボキシル基ポリマーを生成させる.不飽和酸を使用することにより,カルボキシル基を主鎖に沿ってつけることもできる.

他のいくつかの特許[28~32]が,カルボキシル基反応性のエラストマーの製造法について登録されている.

カルボキシル基をもつポリオールを,末端水酸基のポリエーテルと不飽和酸およびフリーラジカル開始剤を反応させることでつくることができる[34]. またカルボキシル基は,ポリ(エステル/エーテル)または他の水酸基末端ポリマーに二酸無水物を反応させることによっても付加される[35].

カルボキシル化エラストマーの接着剤への利用

カルボキシル化エラストマーは,カルボキシル基含量と分子量が適切に選ばれれば,適当な溶剤による溶液型,ラテックス型,水溶液型,またはアルカリ系ないしアンモニア系媒体による水分散型の接着剤に利用される.粉

表14.1 エチレンアクリル酸共重合物[23]

	低密度PE		AA含量増加	
アクリル酸 (wt %)	—	11	14	19
(mol %)	—	4.6	6	8.2
メルトインデックス ASTM-D 1238-52 T (dg. min^{-1})	1.5	83	58	52
Secant 弾性率 ASTM-D 638-58 T (MPa)	159	74	60	42
引張り強さ(インストロン)[a], (MPa)	10.3	15.5	19	29
ビカット軟化点 ASTM-D 1525-58 T (℃)	90	71	63	54
DTA溶融点 (℃)	107	99	98	95
アルミニウムに対するはく離強さ N/cm幅,クロスヘッド速さ 0.85 mm/s	<1.75	98	142	175

a:速さ 0.85 mm/s, 508μm 厚試片.

体型またはフィルム型の製品も，カルボキシルエラストマーを用いてつくることが可能である．

接着剤を配合する際のカルボキシル化エラストマーの溶解性に関する基準は，カルボキシル基のついていない同等エラストマーの溶解性から予想することができる．カルボキシル基含量の影響を考慮して，溶解性と極性エラストマーの各種溶剤への溶解の難易性に関する文献[36,37]が，特定のカルボキシル化エラストマーに対する最も適切な溶剤を教えている．一定のエラストマーで，カルボキシル含量が上がると，炭化水素溶剤への溶解性が低下し，極性溶剤への溶解性は上昇する．混練工程は，カルボキシル基を含まない同等品と同様だが，カルボキシル基は混練操作をより難しくさせる傾向がある．固形のカルボキシル化エラストマーを溶剤中に分散させようとするときは，メチルエチルケトン，ニトロパラフィンを使い，ニトリルタイプエラストマーには塩素化炭化水素を使うことが最も望ましい．カルボキシル化ポリアクリレートには，アセトン，メチルエチルケトン，メチルイソブチルケトンやトルエンが好ましい．カルボキシル化ポリブタジエンまたはブタジエンの共重合物には，トルエン，メチルエチルケトンが多用されている．

いくつかの接着用途では，カルボキシル化共重合物を溶剤媒体の中で重合すると有利である．そうすることによって，乳化重合で必要な界面活性剤や他の添付剤を使用せずにすみ，また混練りの必要もない．しかし，低分子量の共重合物を生成するという欠点もある．一つのカルボキシル化エラストマーが多くの用途の要求性能をほぼ満たし，広い使用に耐えるとしても，与えられた被接着物の両面に対して最良の性能は，その使用に対して特別につくったポリマーによって最も良く達成される．接着剤の性能は，樹脂，顔料，エラストマー，増粘剤，架橋剤といった他成分を配合することによっても変更できる．

粉体型接着剤は，カルボキシル化エラストマーをエポキシ樹脂と反応させて，粉末に粉砕することができるよう常温で固体の材料にして製造することができる．粉体は，静電塗装または流動床塗装によって被着材へ付ける．フィルム型接着剤は，適当なキャリヤーへカルボキシル基を含むエラストマーまたは配合物を溶剤塗付または溶融塗付することによってつくられる．

金属とゴムの接着剤としてのカルボキシル化エラストマー

ブタジエンとメタクリル酸の共重合物の研究から，Frankと共著者[12,13]は，ゴムと金属の接着を最高にするためには，共重合物は接着時の溶剤に可溶で，可能な限り大きな分子量をもっているものが良いと結論づけている．共重合ポリマーは，同時にゴムの加硫に十分なジエン基と金属に対して高接着力を確保するために十分な量のカルボキシル基をもっていなければならない．彼らは，メタクリル酸の最良含量を15～24%としている．彼らのデータは，38%酸化亜鉛を含み，ショアーA硬度52をもつジフェニルグアニジン促進の天然ゴム配合物の鉄に対する接着力をベースにしている．彼らの試験では，無変性，無配合のブタジエン-メタクリル酸共重合物をサンドブラスト表面処理した鉄挿入物に1層塗り，ASTM D 429-39手順にしたがった後，ゴム材料に対して150℃，30分間加硫している．アクリル酸とブタジエンまたはイソプレンの共重合物の接着剤としての効果はより少なく，メタクリル酸-イソプレン共重合物は，ブタジエンの同等品より少ない．22～24%のメタクリル酸を含む70%転化のブタジエン-メタクリル酸共重合物が，クメンヒドロパーオキサイド促進剤と一緒に使用されたとき，約7.68 MPaのせん断強さをゴムと鉄の接着に与えると報告されている．

加硫剤またはカルボキシル基と反応しない他の添加剤の存在下で，不飽和カルボキシル化エラストマーによるゴムと金属の接着では，ゴムへの接着は不飽和度による架橋反応によって強化され，一方金属への接着は，金属と極性基の相互作用によって強められる．このためには，接着剤，ゴム材料および金属と接着剤の界面が，ほぼ同時に硬化する必要がある．もし，カルボキシル基の硬化剤も入っていれば，疑いなくいくつかの加硫メカニズムが同時に進行し，互いに競合しあう．

カルボキシル化ブタジエン-アクリロニトリル共重合物とフェノール樹脂の混合物[38]からつくられる接着剤配合物は，カルボキシル化されていない同等品の配合物と同様，鉄とゴム用の接着剤である．硬化剤を使用しないで，カルボキシル化共重合物の方が，非カルボキシル共重合物の同等品よりも，鉄-ゴムの接着に優れている．このことは，特許文献[39~41]で確認されている．

Jaegerと Korb[41]は，塩化ゴムとフェノール樹脂よりなる標準的なゴム-金属用接着剤を改良するため，カルボキシル化ニトリルゴムを使用し，これによってゴムと金属との接着能力を向上したと述べている．円筒状の天然ゴムが，145℃，70 kg/cm^{2}で25分間加硫により接着された．接着力は，改良前のものが59 kgであったのに対して，改良後の接着剤は74 kgであった．この接着剤は，cis-ポリブタジエンゴムとニトリルゴムを鉄，アルミニウムおよび真ちゅうにつけるために，実際に使用されている．

Dunlop Rubbr社の特許[39]は，ゴムと金属の接着の金属側へのプライマーとして，ブタジエン(37)，スチレン(36)，アクリル酸(18)とメタクリル酸(9)の共重合物の使用を特許請求している．

配合されたSBRゴムシートが，ブタジエン(70)，スチレン(15)とケイ皮酸(15)よりなる共重合物で表面塗装されて，硬化後の試験で，90°角で210～263 N/cmのはく離強さを示した．天然ゴムも同様な方法で，アルミニウムと真ちゅうに接着された．カルボキシル化共重合物の接着剤が，一般に接着力が大きく，非カルボキシル共重合物同等品は鉄表面での界面破壊を示すのに対し

て，より好ましいゴム内での凝集破壊を行う．したがってカルボキシル基は，ゴムの金属表面への接着力を向上し，接着剤の凝集力を向上させる．ブタジエン-アクリロニトリル共重合物へカルボキシル基を付加することは，フェノール樹脂との相溶性範囲を広げ，接着剤の強度と硬度を高める．

非金属被着材用接着剤へのカルボキシル化エラストマー

ブタジエンとアクリル酸またはメタクリル酸の共重合物を水酸化カリウム水溶液の中へ分散し，レーヨンタイヤコードをゴムに接着する浸漬液として使用することが，特許文献[42]で述べられている．効果は，接着剤，接合剤およびカバー材の中にカルボキシル基が存在すると，最も顕著である．接着剤は，ラテックス，水系分散液または糊状態で応用できる．Dunlop社へ認められた特許[43]は，天然ゴム配合物をナイロン66とレーヨンタイヤコードに接着するためのRFL（レゾルシノールホルムアルデヒドラテックス）タイプ接着剤の配合に，Gen-Tacラテックス（Gen Corp.）とともにスチレン-ブタジエン-イタコン酸共重合物の使用を述べている．

Brodnyan[44]は，またレーヨン，ナイロンとDacronコードのためのカルボキシル化接着剤を特許請求している．この場合，タイヤコードは，レゾルシノール-ホルムアルデヒド縮合物，ブタジエン-ビニルピリジン共重合物，SBR共重合物およびメチルアクリレート，2-ヒドロキシプロピルメタクリレートとアクリル酸からなる多官能共重合物を含む混合ポリマーラテックスで処理された．

別の方法がBadenkov[45]によって報告されており，ここでは，レーヨンまたはナイロンタイヤコードが，紡糸過程でバインダー配合物で塗付された．SKD-5（19：1，ブタジエン-メタクリル酸）共重合物が，FR-12（レゾルシノール-ホルムアルデヒド樹脂）と混合されて，バインダー塗料となっている．タイヤカーカスコードに関連する研究で，Dostyanと共著者[46]は，カルボキシルラテックスSKD-1とビニルピリジン官能基をもつDSVP-15の中の変性剤RJ-1，メタクリル酸およびFR-12（レゾルシノール-ホルムアルデヒド樹脂）の最適量を決めるためのコンピューターによる統計的分析を示している．

紙の繊維，布またはこれに似た材料のゴムラテックス，またはゴム糊による接着性能は，接着剤または結合剤共重合物分子へカルボキシル基[47]をつけることによって向上する．例えば，半漂白クラフトクレープ紙とポリエチルアクリレートラテックスの接着で，カルボキシル基を0.045ephrつけることで，約50%の内部接着強さの改良ができた．同じように，ブタジエン-アクリロニトリル共重合物も半漂白クラフトクレープ紙の内部接着強さを改良するが，同じブタジエン含量で0.09ephrのカルボキシルをもつ共重合物のラテックスは，内部接着強さでさらに15%以上の改良を示す．カルボキシル基をもつことの利点は，おそらく共重合物接着剤が被着材表面の侵入を改良し，その結果として紙セルロースとの水素結合力がより大きくなることによるものであろう．

綿-綿積層で，カルボキシル化エラストマーのラテックスを使用すると，通常の非カルボキシルラテックスによるものと比べて接着強さが倍増し，耐溶剤性も向上すると報告されている[48]．代表的な共重合ラテックスは，イソプレン（54～64），アクリロニトリル（35～45）とメタクリル酸（1～3）よりなっている．

Dow Chemical社の特許[49]は，綿を植毛カーペットの裏へ接着するための改良型接着剤として，炭酸カルシウム充填剤を混合した膜形成形のカルボキシル化共重合物ラテックス，エピクロロヒドリン-ポリアミン付加物の使用を請求している．

金属-金属接着剤としてのカルボキシル化エラストマー

カルボキシル化ブタジエン-アクリロニトリル共重合物は，金属-金属接着剤として，選ばれたフェノール樹脂との混合で使われてきた[50]．Hycar 1072 CGゴムは，硬化方式と非硬化方式の両方で，非カルボキシル化ポリマーに似た接着力を与える．エポキシ樹脂との混合で，Hycar 1072は，伸び，弾性および反発性を付与し，金属を含む硬い被着材の接着に広く使われてきた．Clougherty[51]は，熱硬化フェノール樹脂をHycar 1571ラテックス，カルボキシル基をもつブタジエン-アクリロニトリルポリマーで変性することで，硬いブレーキライニング材を金属のケースに接着するための，熱的に安定で高強度の接着剤を特許請求している．金属用接着剤として無水マレイン酸エラストマー付加物の使用が文献で述べられている[19,52]．

ポリエチルアクリレートの中へカルボキシル基を入れることにより，鉄への接着力が改良される[53]．これは，図14.1で示されており，カルボキシル含量が0から約0.2

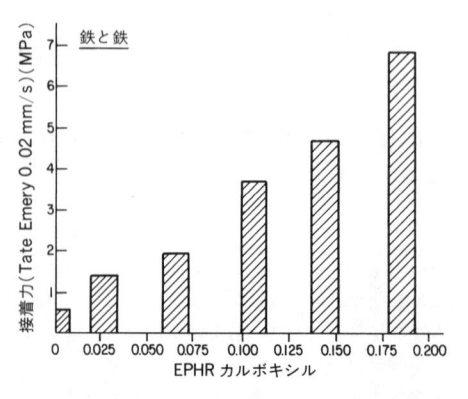

図14.1 カルボキシルポリエチルアクリレートの中のカルボキシル含量と接着力

ephr に上がるにつれて，鉄-鉄重ねせん断強さが 0.69 から 6.9 MPa へ上昇する．これらの値は，無配合の共重合物で得られたものである．カルボキシル含量がさらに大きくなり，補強充填剤が使用されれば，接着強さをさらに高くすることができる．

エチルアクリレート，アクリロニトリルとアクリル酸のターポリマー（三成分ポリマー）が，アルミニウム用の熱硬化接着剤として説明されている[54]．

ポリ（エステル/エーテル）ブロック共重合物[35]が，二酸無水物と反応して金属被着材に接着されると，非常に高はく離と引張り強さをもつカルボキシル化熱可塑性物を生成する．さらに，これらのカルボキシル化熱可塑性物は二官能エポキシ物質と反応して，高温クリープ抵抗の高い金属用の接着剤となる．

構造用接着剤と複合材としてのカルボキシル反応性液状エラストマー

ここ数年の間，構造用プラスチック，接着剤および硬化エポキシ樹脂よりつくられる複合材（コンポジット）の強靱化のために，カルボキシル反応性液状ニトリル共重合物が広く使用されてきている．強靱化(toughening)という言葉は，衝撃抵抗の顕著な向上と破滅的破壊をおこさずにエネルギーを吸収することのできる能力を指す言葉として用いられている．この強靱化現象は，通常可とう性硬化樹脂に見られるような機械的性質をあまり損なうことなく実現できるものである．構造用接着剤に利用されたとき，応力-ひずみ曲線下の面積が，引張り強さや耐熱性を大きく落とすことなく，著しく大きくなることが観察される．このような特徴が，この技術を接着剤工業でたいへん興味あるものにした．

カルボキシル反応性液状ポリマー（CRLP）[55]は，エポキシ樹脂と化学反応性があって鎖を伸ばすことができ，またカルボキシル基間で重合することもできる．接着用途で最も重要な反応は，エポキシ基および脂肪族水酸基との反応である．いくつかの市販されている CRLP 製品を表 14.2 に示している．

弱アミン触媒が反応 (1) を優勢にする[56]．もし強酸，例えば，p-トルエンスルホン酸が，触媒に用いられれば，反応 (2) が優勢となる．

$$\sim\sim CRLP-\underset{\underset{O}{\|}}{C}-OH + CH_2-\overset{O}{\overset{/\,\,\backslash}{CH}}-R\sim\sim \xrightarrow{cat}$$

$$\sim\sim CRLP-\underset{\underset{O}{\|}}{C}-O-CH_2-CHOH-R\sim\sim \quad (1)$$

$$\sim\sim CRLP-\underset{\underset{O}{\|}}{C}-OH + HOR' \xrightarrow{cat}$$

$$\sim\sim CRLP-\underset{\underset{O}{\|}}{C}-OR' + H_2O \quad (2)$$

したがって，末端反応性をもつ CRLP は，二官能性のエポキシ樹脂と弱触媒[56,57]が加えられれば，エポキシ-カルボキシル反応によって連鎖が伸びる．特定の接着剤配合用として，再現性があって，かつ適切な中間反応物をつくるには，この反応を注意深く管理する必要がある．もし反応条件が適切に管理されないと，副反応によりエポキシ当量が上がり，部分的に重合する．もちろん，こうなると最終的な接着剤の性質が変わる．CRLP の選択と最も適切な反応条件を，それぞれ特定の方式に対して実験によって決めることが大切である．

次に，多官能酸，またはエポキシ樹脂，または芳香族および脂肪族アミン，ジシアンジアミドまたはルイス酸のような硬化剤を使用して架橋重合をする．硬化は，室温から 177℃ で行うことができるが，最も高く強靱化される接着剤は，通常 120℃ で硬化される．

現在では，CRLP と液状エポキシ樹脂の予備反応物[58,59]が市販されており，接着剤を強靱化するために使うことができる．

McGarry と共著者[60]の初期の研究が，脆いエポキシ樹脂を，少量の CRLP を添加することによって強靱化できたことを明らかにした．最も効率の良いポリマーは，アクリロニトリルとブタジエンの共重合物（Hycar CTBN）である．アクリロニトリル量は，0 から 28% の間で変更できる．また，さらに酸基をポリマー鎖中につけることもできる．破断面の分析により，ガラス状エポキシマトリックスの中に，小径のゴム粒子が埋め込まれ

表 14.2 カルボキシル反応性ポリマーの性質[55]

	Hycar CTB (2000×162)	Hycar CTBN (1300×15)	Hycar CTBN (1300×8)	Hycar CTBN (1300×13)	Hycar CTBNX (130×9)
ブルックフィールド粘度(27℃, MPa·s)	35000	50000	125000	625000	135000
アクリロニトリル%	—	10	18	28	18
色相	薄色	コハク色	コハク色	コハク色	コハク色
分子量, M_n	4000	3600	3400	3400	3400
カルボキシル官能基	2.01	1.90	1.85	1.80	2.4
EPHR カルボキシル	0.045	0.051	0.055	0.055	0.077
比重 25/25℃	0.097	—	0.948	—	0.955
加熱損失, 2 時間, 130℃ (%)	0.5	1.0	1.0	1.0	1.0
T_g (DTA による) (℃)	−80	—	−59	—	−54

表 14.3　二価フェノールを使った構造用接着剤の配合と性質

	A	B	C
エポキシ樹脂（例：Epon 828）	98	48	103.5
1,5-ナフタレンジオール	12.4	—	—
ビスフェノール A	—	18	—
2,2-ビス(4-ヒドロオキシフェノール)スルホン	—	—	18
Hycar CTBNX	15	15	15
A-C 130-160°C で 1 時間反応させ，次にジシアンジアミドを加える	8	8	8
2-エチル-4-メチルイミダゾール	1	1	1
121°C 重ねせん断 (MPa)	22.4	10	22.1
T-はく離，25°C (N/cm)	42	44	—

121°C，1 時間硬化．

ている二相構造が明らかになっている．この種の材料は，25°C に近い温度でのみ強靱化されているようである．接着用途，特に構造用接着剤では，それが使用されているすべての温度範囲で，強靱性の改良が有効でなければならない．構造用接着剤に使用するエポキシ樹脂の強靱化に関して，接着剤メーカーによる研究がいくつかある[61～63]．いくつかの製品は，Hycar 1300×8，1300×9，1300×13 と 2000×162 によって強靱化されている．また，いくつかの製品は，高分子量カルボキシル化アクリロニトリル-ブタジエン共重合物，Hycar 1072[61] も利用している．この高分子量と低分子量のカルボキシル官能ポリマーの組合せが，ゴム粒子に 2 形態の分散を生じさせ，このことが，広い温度範囲で良好な性質を出させるために必要のようである．

いくつかの報告が，エポキシ樹脂と CRLP に，二価フェノール，すなわちビスフェノール A が加えられると強靱性が改良されると述べている[64]．この配合は，5 phr の Hycar CTBN（1300×8）を使ってピペリジンで硬化されたとき，2 形態のゴム粒子分散となることが報告されている．このゴム粒子 2 形態分散が，広い温度範囲で，高い破壊に対する強靱性と高いはく離性質をもつ接着剤にする．

二つの特許[65]が，強靱なエポキシ構造用接着剤膜をつくるために，Hycar 1300×9 とともに，1,5-ナフタリンジオール，ビスフェノール A，レゾルシノールと 2,2-ビス(4-ヒドロキシフェノール)スルホンを使用することに対して公告されている（表 14.3）．

エポキシ樹脂を強靱化するほとんどの研究は，適当な触媒下で，カルボキシル化ニトリル共重合ポリマーのある種の中間反応物を利用することで行われているが，他の方法でもこれを実現できる．一般的にエポキシ樹脂と CRLP は，熱と攪拌により反応して，望まれるどのような割合の反応物も得ることができる．反応は，エポキシ樹脂の種類，CRLP の種類，触媒と反応条件による．

Clark[66] は，真空脱溶剤され，かつ反応したラテックスの形で，エポキシ樹脂の中へ共重合物を導入した．しかし，界面活性剤は，簡単に除くことができず，接着剤を湿気に敏感なものとしている．

エポキシ樹脂対 CRLP の比率を変更することにより，硬化物を，ゴムで強靱化されたプラスチックまたはエポキシで補強されたゴムのどちらかにすることができる．CRLP に対するエポキシ樹脂の比率を変えることにより，また CRLP とエポキシ樹脂の種類を変えることによって，適切な硬化剤と硬化条件が使われれば，多種の材料を接着できる組成物をつくることができる．

CRLP は，また複合材（コンポジット）用途に使われるエポキシ樹脂を強靱化するためにも使用されてきている．この分野は，ここで述べるには複雑過ぎる多くの理由によって，接着剤の強靱化ほどにはまだ成果を生んでいない．しかし，複合材料と複合材の性質について優れた出版物がある[67,68]．

カルボキシル化ゴムを使った構造用接着剤

固形エポキシ樹脂，例えば DER 664 (Dow) と Hycar カルボキシル反応性液状ポリマーを反応させた物は，粉

表 14.4　構造用接着剤の代表的配合[68]

	重量部
エポキシ樹脂	
Epon 1002 (Shell)	89
ECN 1280 (Ciba)（エポキシ化クレゾールノボラック樹脂）	11
Hycar 1300×8	36
ジシアンジアミド	3.5
Monuron (DuPont (3-p-クロロフェニル-1,1-ジメチル尿素)	2.25
T-はく離，24°C (N/cm)	42
82°C 重ねせん断 (MPa)	14.7
121°C 重ねせん断 (MPa)	5.2

120°C，1 時間硬化．

体接着剤または粉体塗料に使用される固形エポキシ樹脂を強靱化するために使用される[69]（**表14.4参照**）．

特徴のある構造接着剤は，またエポキシ樹脂と弾性のあるカルボキシル化ゴム，Hycar 1072の組合せでつくることもできる．エポキシ樹脂をゴムの中へ混練りし，その後硬化剤が加えられる．この材料をシート状にして，粉砕する．接着剤は，静電スプレー，流動床または粉体床によって塗られる[66,70]．

粘着剤としてのカルボキシル化エラストマー

カルボキシル化ポリアクリレートが，硬い表面と軟らかい表面の両方の積層接着剤として有効である[52]．一定の積層用途に対して，どのカルボキシル化ポリアクリレートが使用されるかは，接着される表面の性質，接着破壊か凝集破壊のどちらが望まれるか，接着剤に求められる接着強さおよび多くの他の要素によって変わる．それらは，剛性，脆さ，伸引し性，透明性，コールドフロー，耐湿気性，溶剤または化学薬品性，熱や光感受性，放射線抵抗，樹脂や他のポリマーまたは顔料との相溶性，および加硫特性を含む．カルボキシル化ポリアクリレートは，特定の用途の接着要求を満すために，次の因子で変更可能である．

(1) カルボキシル含量
(2) ポリマー鎖を構成するアクリレートの種類
(3) 分子量
(4) 分子量分布
(5) 架橋の状態
(6) カルボキシル基以外の官能基導入によっておこされる鎖内部および鎖間反応性の度合
(7) 接着時に使用する溶剤への相溶性または分散性の度合
(8) 共重合のさせ方または超重合のさせ方

荷重に耐えることを必要としない用途で使用される永久タック性接着用コポリマーの積層する力に対するカルボキシル基の影響が，各1mil厚のMylar（Du Pont社ポリエステル）フィルムとアルミニウム箔の積層で，ポリアクリレート[53]の性能によって説明されている．非カルボキシル化ポリアクリレートポリマーは，Mylarとアルミ箔接着用には弱い積層接着剤である．接着力は，使用されるポリアクリレートによって変わる．ポリメチルからポリトリデシルアクリレートまでの，一連のポリ-n-アルキルアクリレートの中で，メチルエチルケトンを使って塗付した試験によれば，Mylarとアルミニウムの間の最強接着力（180°はく離強さ）はポリエチルアクリレートによって得られた．はく離引き放し速度5.1mm/sで，8.8N/cmの値は，非カルボキシル化ポリエチルアクリレートにとって代表的なものである（**図14.2**）．同等のカルボキシル化アクリレートを使ったときのはく離強さでの改良は目ざましい．共重合物のカルボキシル含量は，

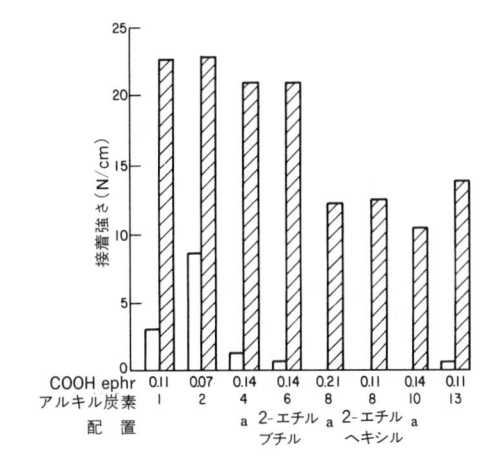

図14.2 ポリアクリレート接着剤のマイラーとアルミニウム接着強さに対するカルボキシル含量の影響

ゴム100gに対する当量（ephr）であらわされる．

カルボキシル化ポリアクリレート粘着剤（感圧接着剤）の特許文献は多い．

Korpman[71]は，ポリエステルフィルム背面材の粘着剤として，粘着付与樹脂とブチル化メラミン-ホルムアルデヒド硬化樹脂と一緒にカルボキシル化ブタジエン-アクリルニトリル共重合物（Hycar 1072）の使用を述べている．この複合シートは，風乾の後，120℃で1分間硬化される粘着剤として有用である．一方，非カルボキシル化エラストマーでは，120℃で1時間後も未硬化のままである．

2-エチルヘキシルアクリレート，メタクリレート，グリシジルメタクリレートとアクリル酸の共重合ポリマーが，感圧性が強く，ポリエステルフィルムと鉄シートを接着し，60℃で1.8N/cm^{2}のせん断荷重にクリープすることなく耐えると，Knapp[72]により報告されている．カルボキシル化ポリアクリレートよりつくる粘着剤テープの利点の一つは，クリープ，はく離，せん断強さやタック性能がバランス良く，重合時にエラストマーの性質として付与することができれば，本質的に他成分との配合作業をする必要がないことである[53,73]．

カルボキシル官能粘着剤のタック，はく離特性とクリープ抵抗を変える他の興味ある方法は，カルボキシル基と金属イオンで部分的なイオン結合をつくることである[74]．一般的に，弾性率が上がれば，タックとはく離強さが減少するが，クリープ抵抗はイオン結合の度合によって上昇する．このような変性ポリマーは，架橋した後に代表的にあらわれるいくつかの性質を示す．しかし，二つの間の大きな違いは，イオン結合は室温で有効であるが，温度が上がると急激に弱まることである．この性質は，作業温度を上げるという単純な手段によって，加工性を容易にできるという利点がある．

外科用テープを含むいくつかの粘着テープが，カルボキシル化アクリレート共重合物よりつくられていると報

告されている[75~77]．箔，ポリエステル，ポリオレフィン，またはアクリル接着層とカルボキシルポリマー-アミノ官能シランプライマー層よりなる粘着テープが特許化されている[78]．シラン単独ではテープと被着材との接着を妨げると報告されているが，カルボキシル化EVA共重合ポリマーがプライマーに加えられると優れた接着性が得られる．

非弾性カルボキシル化オレフィン共重合物による接着

ビニルポリマーの接着品質が，無水マレイン酸の付加によって向上されることが，ずいぶん昔の1944年に，Doolittleと共著者[14]によって報告されている．それ以来，カルボキシル化オレフィン共重合ポリマーの接着性について多くの情報が出ている．Guthrie[79]は，1971年に登録された特許で，側鎖カルボン酸基をもつオレフィンの極性共重合物が，木，金属および他の材料に接着することができると特許請求した．佐藤と共著者[80]は，エチレンビニルアセテート共重合物とカルボン酸を反応させて得られたグラフト共重合物を使うことによって，接着品質の向上を発見した．そして1973年に，Steinkampと共著者[81]は，5%以下の酸官能基を有する変性ポリオレフィンが，アスベスト，ガラスやアルミニウムのような補強型無機充塡剤への接着を改良すると報告している．彼らは，また銅，鉛，鉄やアルミニウムのようなプライマー処理されていない金属とガラスやいくつかの熱可塑性プラスチックに，強く接着する一連の酸性オレフィン共重合ポリマーを述べている．それらの物理的，化学的および接着性質が，電線被覆用の使用を示唆している．

ワックス状接着剤をポリオレフィンに少量のマレイン酸無水物をグラフトしてつくることができる．極性モノマーを入れることによって，極性織物，金属やプラスチックフィルムへの接着を改良した．ポリプロピレンに無水マレイン酸またはマレイン酸を熱グラフトすると，アルミニウム-紙積層物に有用なワックス状接着剤となる[63]．イタコン酸は他の主要なカルボキシルモノマーよりも相当高価な材料であるが，特殊用途で共重合のモノマーとして実際に使われている．イタコン酸はマレイン酸やフマル酸よりも活性があり，したがって共重合ポリマーの中へ容易に入り込める．塩化ビニリデン，アクリルコモノマーとイタコン酸の共重合物は，包装用で相当商業的な有用性をもっている．酸を混入すると，沸騰水に抵抗性をもち，強い接着力をもつ熱シールが可能となる．塩化ビニリデン，メチルアクリレートとイタコン酸の95：5：2ラテックス共重合物が，セロファンフィルムに応用されると，ヒートシール強度は，酸の入っていない共重合物のそれが0.91MPaであるのに対して2.36MPaであった[84]．

ホットメルト接着剤へのカルボキシル化ポリマー

いくつかの出版物が，カルボキシル化ポリエチレン共重合物の基本的な性質とそれらの接着特性を述べている[85~87]．一般的に，アクリル酸含量が上がるにつれて，接着力と有害な外部環境からの攻撃に対する接着保持に重要である引張り強さと可とう性の両方の性質が上がる[23]．可とう性ホットメルト包装用途では，エチレン-アクリル酸（EAA）共重合物を使用すると，高温タックが改善され，熱シール温度が下がる．EAA共重合物は，ホットメルトの接触角特性を良くし，同時に凝集力を優れたものにする．カルボキシル含量は，耐水性に対していくらかの効果はもっているが，しかし，吸水率は20%AA含量でも比較的低い（室温で1週間後0.08％重量増）[23]．引張り強さと伸びに大きな変化はない．接着強さは，低密度ポリエチレンのような無極性材料でなく，金属被着体を接着して，湿気に暴露されると大きく低下することが観察されている．一般的に，複合構造物の接着のための最良のポリマーは，耐水性に関係するポリマー性能と使用される被着材を調整することによって得られる．金属被着材には，中間含量(15％AA)カルボキシル化ポリマーが最も良く接着し，無極性材質には低含量AA（3％）ポリマーが良い．

包装用途でのホットメルト接着剤は，カルボキシルポリマーと多くの他の材料を一緒に用いて配合されている．熱シール性をもち熱可塑性接着剤のための原料としてのエチレン-エチルアクリレート（EEA）の性質についての検討が，1969年にKircknerによって報告されている[88]．特許文献は，各種のカルボキシル共重合物を含むホットメルト接着剤の配合，使用および特性に関する請求を多数掲げている[89~92]．Guiman[93]は，熱接着フィルムが高密度ポリエチレンにアクリル酸を，放射化学的にグラフトすることによってつくられたと報告している．さらに二つの特許[94,95]が，わずか1milの名目厚をもつ自己保持型の多層フィルムをつくるために，ナイロン，カルボキシル化オレフィンとポリエチレンの共押出しについて述べている．包装用として有用なこれらの多層積層物は，高強度，強靱性，透明度，優れたシール性および層間の強力な接着性をもっている．

反応性カルボキシル基をもつEAAタイプの高強度で熱可塑接着性共重合物が開発されて，ポリエチレンのような絶縁物を金属導体へ接着し，十分な接着強さと長期間の環境抵抗をもたせることが実用的となった．しばしば，EAA共重合物がケーブル線被覆用に押出し成形される．Peacock[90]は，アクリル酸-エチレン共重合体(7：43)1層を可とう性のアルミニウム導体の上に140℃で押出し成形し，次にポリエチレン絶縁1層を同様に押出し成形したとき，絶縁層と導体間の接着力が，共重合物接着層を使用しなかったものが1.4N/cmに比して，72

N/cm に改良されたと報告している。絶縁被覆された導体ケーブルに対して多くの同様な特許請求がある[97,100]。

接着用途でのカルボキシル化ビニル共重合樹脂

塩化ビニルと酢酸ビニルの共重合物に，少量の無水マレイン酸またはマレイン酸を付加すると，それらの接着力をかなり改良する。Vinylite VMCH のような市販製品の代表的な組成は，85～88：11：1～3 塩化ビニル-酢酸ビニル-無水マレイン酸である。これらのターポリマーの用途は，包装用フィルムの熱シーリングや被着材への接着力を改良したビニルプラスチゾルである[101~103]。

ビニル分散樹脂は，代表的には，塩化ビニルと酢酸ビニルの不活性ホモポリマーまたはコポリマーよりなり，不活性であることが多くの用途で重要であるが，反応性官能基が助けになる場合もある。このような反応性ビニル樹脂の例に，樹脂重量ベースで 1.79% 相当のカルボキシル含量または約 2500 の酸当量をもったカルボキシル変性分散樹脂，Geon 137 がある[104]。かなり興味のある接着用途の一つに，植毛製品，特に壁材や床材用がある。標準的な共重合分散樹脂の 50% を，カルボキシル官能樹脂に置き換えることにより，繊維を抜くのに必要な力を倍にする。カルボキシル化ビニルプラスチゾルとナイロン布の積層物の試験結果は，接着力で 3 倍の向上を示した[104]。このようなプラスチゾルは，ガラスとポリエステル布への接着をも改良する[105]。

カルボキシル基とフェノールホルムアルデヒド樹脂を含むポリマー接着剤を使用することにより，強く耐久性のある接着が，金属と塩化ビニルポリマーの間につくられる[106]。

可塑化 PVC と塩化ビニル-酢酸ビニル共重合物は，アジピン酸，マレイン酸，クエン酸や他の酸溶液で表面処理され，ホットメルトポリエステル接着剤で接着されると，接着力が向上する[28]。

コンタクト型接着剤としてのカルボキシル化ネオプレン

Smith[77] は，改良型コンタクト接着剤をつくるためのカルボキシル官能 Neoprene AF と AJ の実用的な利点を詳細に述べている。通常タイプのネオプレンコンタクト接着剤の初期室温接着力は，ポリマーの結晶化速度によって左右される。カルボキシル官能による一成分系接着剤は，酸化マグネシウムのような二価金属酸化物によって架橋反応が進む。この方法で形成される架橋は，イオン結合に代表される可逆的な性質をもっており，この可逆性が，溶剤内のゲル化を抑制するのに使われている。Neoprene AF による接着剤の初期加熱接着強さは，ゴムが同等のムーニー粘度であれば，非カルボキシル Neoprene AC によるそれよりもかなり高い[77]。

Neoprene AF の中のカルボキシル基の効果は，室温においてもはっきりとしている。AC 接着剤に比べて，AF 接着剤の接着力が接着直後から早く発揮される。

カルボキシル Neoprene ラテックス[107] は，溶剤を使用したときに一般的におこる問題なしに，優れたコンタクト接着特性をもつと報告されている。

カルボキシル化エラストマーの他の利用

いくつかの特許[108~112] が，カルボキシル官能エラストマーのいろいろな利用と，カルボキシル基がポリマー鎖についたときの各種被着材の接着性能の改良に関して公告されている。1976年公告の特許[113] は，多官能カルボキシルアジリジニルエステルがビニル樹脂に導入可能で，これにより，プライマーや他の接着促進剤を使用しなくとも金属とガラスへの接着が改良することを示している。

[C. D. Weber, L. A. Fox and M. E. Gross／
佐久間　暢訳]

参考文献

1. Brown, H. P., and Anderson, J. F., "Carboxylic Elastomers as Adhesives," in "Handbook of Adhesives", 1st Ed., I. Skeist (ed.), Chapter 19, New York, Van Nostrand Reinhold Co., 1962.
2. Gross, M. E., and Weber, C. D., "Carboxylic Polymers in Adhesives," in "Handbook of Adhesives," 2nd Ed., I. Skeist (ed.), New York, Van Nostrand Reinhold Co., 1977.
3. Aubrey, D. W., and Ginosatic, S., "Peel Adhesion Behavior of Carboxylic Elastomers," *Journal of Adhesion*, **12,** 189-198 (1981).
4. Bacon, R. G. R., and Farmer, E. H., *Rubber Chem. Technol.*, **12,** 200-209 (1939).
5. Bacon, R. G. R., Farmer, E. H., Morrison-Jones, C. R., and Errington, K. D., Rubber Technol. Conf., London Reprint No. 56, May, 1938; *C.A.* **32,** 8201 (1938).
6. Farmer, E. H., *Rubber Chem. Technol.*, **15,** 765 (1942).
7. Compagnon, P., and LeBras, J., *Compt. Rend.*, **212,** 616 (1941); *Rev. Gen. Caoutchouc*, **18,** 89 (1941).
8. Compagnon, P., and Delalonde, A., *Rev. Gen. Caoutchouc*, **20,** 133-5 (1943).
9. Compagnon, P., and LeBras, J. N. L., U.S. Patent 2,388,905 (to Alien Property Custodian) (1945).
10. Kambara, S., Mizushima, H., and Saito, K. J., *Soc. Chem. Ind. Japan* **45,** 141-3 (1944); *C.A.*, **43,** 1595 (1949).
11. Hendricks, J. O., U.S. Patent 2,607,711 (to Minnesota Mining and Manufacturing Company) (1952).
12. Frank, C. E., Kraus, G., and Haefner, A. J., *Ind. Eng. Chem.*, **44,** 1600-1603 (1952); *J. Polymer Sci.*, **10,** 441 (1953).
13. Frank, C. E., and Kraus, G., U.S. Patent 2,692,841 (to General Motors Corp.) (1954).

14. Doolittle, A. K., and Powell, G. M., *Paint, Oil, Chem. Rev.*, **107**(7), 9-11, 40-2 (1944).
15. McLaren, A. D., "Adhesion and Adhesion," pp. 57-9, New York, John Wiley and Sons, 1954.
16. Seibert, A. R., U.S. Patent 3,285,949 (to The BFGoodrich Company) (1966).
17. Brown, H. P., *Rubber Chem. Technol.*, **30**, 1347-1399 (1957).
18. Fischer, W. K., U.S. Patent 2,710,821 (to United States Rubber Company) (1955).
19. Green, J. and Sverdrup, E. F., *Ind. Eng. Chem.*, **48**, 2138, (1956).
20. Brown, H. P., and Gibbs, C. F., *Ind. Eng. Chem.*, **47**, 1006-1012 (1955).
21. Brown, H. P., U.S. Patent 2,671,074 (to The BFGoodrich Company) (1954); U.S. Patent 2,710,292 (to The BFGoodrich Company) (1955).
22. Dazzi, J., U.S. Patents 2,782,228 and 2,782,229 (to Monsanto Chemical Company) (1957).
23. Smarook, W. H., and Bonotto, S., *Polym. Eng. Sci.*, **8**(1), 41-9 (1968).
24. Cernia, E., *Nuova Chim.*, **48**(4), 31-6 (1972).
25. Rieke, J. K. (Dow Chemical Company), U.S. Atomic Energy Commission, TID-7643, 398-413 (1962); Rieke, J. K., and Hart, G. M., *J. Polym. Sci.*, Pt.C.,(1), 117-33 (1963); Rieke, J. K., Hart, G. M., and Saunders, F. L., *J. Polymer Sci.*, Pt.C.,(4), 589-604 (1964).
26. Marans, Nelson S., U.S. Patent 3,424,638 (to W. R. Grace and Company) (1969).
27. Ogato, Y., *Secchaka*, **11**(3), 177-81 (1967).
28. Ackerman, J. I., U.S. Patent 3,532,533 (to USM Corporation) (1970).
29. Zushi, S. W., and Yoda, M., U.S. Patent 3,928,687 (to Toa Nenryo Kogyo Kabushiki Kaisha) (1975).
30. Williams, A. D., Powell, J. A., Carty, D. T., and Aline, J. A., U.S. Patent 3,976,723 (to Rohm and Haas Co.) (1976).
31. Ohtsuki, A., et al., U.S. Patent 4,358,493 (to Toyo Ink Manufacturing Company Ltd.) (1982).
32. Login, R. B., U.S. Patent 4,477,525 (to BASF Wyandotte Corporation) (1984).
33. Fitko, C. W., U.S. Patent 4,478,667 (to the Continental Group, Inc.) (1984).
34. Frentzel, R. L., U.S. Patent 4,521,615 (to Olin Corporation) (1985).
35. Schure, R. M., et al., U.S. Patent 4,093,675 (to Unitech Chemical Inc.) (1978).
36. Sarbach, D. V., and Garvey, B. S., *India Rubber World*, **115**, 798-801 (1947); *Rubber Chem. Technol.*, **20**, 990-7 (1947).
37. Marsden, C., "Solvents and Allied Substances Manual," Cleaver-Hume Press, 1954.
38. BFGoodrich bulletins.
39. Brit. Patent 1,055,928 (to Dunlop Rubber Company Ltd.) (1967).
40. Burns, E. A., Lubowitz, H. R., and Dubrow, B., French Patent 1,534,452 (to TRW Inc.) (1968).
41. Jaeger, F., and Korb, A., French Patent 1,511,882 (to Metallgesellschaft A.G.) (1968).
42. Reynolds, W. B., U.S. Patent 2,774,703 (to Phillips Petroleum Company) (1956).
43. Osborne, A. P., German Patent 1,920,917 (to Dunlop Company, Ltd.) (1969).
44. Brodnyan, J. G., U.S. Patent 3,516,897 (to Rohm and Haas Company) (1970).
45. Badenkov, P. F., Safonova, M. M., and Uzina, R. V., *Kauch. Rezina*, **27**(1), 18-70 (1968).
46. Dostyan, M. S., Uzina, R. V., Shvarts, A. G., Tumanova, A. I., Frolikova, V. G., and Esaulova, A. V., *Kauch. Rezina*, **29**(2), 29-31 (1970).
47. BFGoodrich Chemical Company data.
48. Mason, C. P., Canadian Patent 791,792 (to Polymer Corp. Ltd.) (1968).
49. Strasser, J. P., and Dunn, E. R., U.S. Patent 3,338,858 (to Dow Chemical Company) (1967).
50. "Hycar Nitrile Rubber in Adhesives," Manual HM-12, BFGoodrich Chemical Company.
51. Clougherty, L. B., Keramedjian, J., and Nickrand, J., U.S. Patent 3,326,825 (to Chrysler Corporation) (1967).
52. Jarrijon, A., and Louia, P., *Rev. Gen. Caoutchouc*, **22**, 3 (1945).
53. Brown, H. P., and Anderson, J. F., "Adhesive Properties of Carboxylic Rubbers," unpublished paper presented at Gordon Research Conference on Adhesives, Aug. 1958.
54. Milne, J. N., and Crick, R. G. D., U.S. Patent 2,759,910 (to The Distillers Company, Ltd., Edinburgh, Scotland) (1956).
55. Technical Literature on Hycar Carboxyl Reactive Liquid Polymers, The BFGoodrich Chemical Co.
56. Shecter, L., and Wynstra, J., *Ind. Eng. Chem.*, **48**, 86-93 (1956).
57. Son, P. N., and Weber, C. D., *J.A.P.S.*, **17**, 2415-26 (1973).
58. Product Literature, Spencer Kellogg.
59. Product Literature, Wilmington Chemical.
60. McGarry, F. J., and Willner, A. M., Research Report, R68-8, School of Engineering, Mass. Inst. Technol. (1968); Sultan, J. N., and McGarry, F. J., Research Report, R69-59, School of Engineering, Mass. Inst. Technol. (1969).
61. Simms, J. A., South African Patent 71 03,004 (to Dupont) (1972); German Patent 2,123,033 (1972) and French Patent 2,135,098 (1973).
62. McKown, A. G., U.S. Patent 3,707,583 (to Minnesota Mining and Manufacturing Company) (1972).
63. Frieden, A. S., et al., U.S.S.R. 183,311 (to V. A. Kucherenko Central Scientific Institute of Building Structures) (1966).
64. Riew, C. K., Rowe, E. H., and Siebert, A. R., presented at American Chemical Society meeting, Atlantic City, Sept. 9-13 (1974).
65. Klapprott, D. K., and Paradis, D., U.S. Patents 3,678,130 and 3,678,131 (to The Dexter Corporation) (1972).
66. Clarke, J. A., South African Patent 67 00,722 and British Patent 1,103,676 (to Dow Chemical Company) (1968).
69. McKown, A. G., U.S. Patent 3,655,818 (to Minnesota Mining and Manufacturing Company) (1972).

70. Taylor, C. G., German Patent 2,253,153 (to Dow Chemical Company) (1973).
71. Korpman, R., U.S. Patent 3,345,206 (to Johnson and Johnson) (1967).
72. Knapp, E. C., U.S. Patent 3,284,423 (to Monsanto Chemical Company), 1966.
73. Ulrich, E. W., U.S. Patent 2,884,126 (to Minnesota Mining and Manufacturing Company) (April 28, 1959).
74. Satas, D., and Mihalik, R., *J.A.P.S.*, **12**(10), 2371-9 (1966).
75. Doehnert, D. E., German Patent 1,961,615 (to Johnson and Johnson) (1970).
76. Netherlands Application 6,408,888 (to Johnson and Johnson) (1965).
77. Smith, J. F., *Adhesives Age*, 21-4 (Dec. 1970).
78. Puskadi, F., U.S. Patent 4,196,254 (to Johnson and Johnson) (1980).
79. Guthrie, J. L., U.S. Patent 3,620,878 (to W. R. Grace and Company) (1971).
80. Sato, K., Niki, A., and Kitamura, H., U.S. Patent 3,760,031 (to Asahi Kasei Kogyo KK) (1973).
81. Steinkamp, R. A., Bartz, K. W., Christiansen, A. W., and VanBrederode, R. A., U.S. Dept. of the Army, Army Electronic Comm. 22nd Wire and Cable Symposium (1973); Steinkamp, R. A., Bartz, K. W., and VanBrederode, R. A., *SPE Journal*, **29**(6), 34-7 (1973); *SPE Technical Papers*, **19**, 110-14 (1973).
82. Luskin, L. S., "Acidic Monomers," in "Functional Monomers," R. H. Yocum and E. B. Nyquist (eds.), New York, Marcel Dekker, 1973.
83. Brunson, M. D., U.S. Patent 2,570,478 (to DuPont); 3,481,910 (to Eastman Kodak) (1969).
84. Pitzl, G., U.S. Patent 2,570,478 (to DuPont) (1951).
85. Clock, G. E., Klumb, G. A., and Mildner, R. C., 12th Annual Wire and Cable Symposium.
86. Sawyer, J. W., and Stuart, R. E., *Modern Plastics*, 125-128 (June 1967).
87. Smarook, W. H., and Bonotto, S., *SPE Antec*, 119-131 (May 1967).
88. Kirckner, C., *Adhesion*, (10), 398-402, 404 (1969).
89. Caldwell, J. R., U.S. Patent 3,484,339 (to Eastman Kodak); Caldwell, J. R. French Patent 1,587,752 (to Eastman Kodak) (1970).
90. Bartz, K. W., German Patent 2,316,614 (to Esso Corporation) (1973).
91. Kehe, A. W., U.S. Patent 3,485,783 (to Continental Can Inc.) (1969).
92. Hoh, G. L. K., British Patent 1,199,696 (to DuPont) (1970).
93. Guimon, C., *Plast. Mod. Elastomers*, **20**(9), 66-70 (1968); *Rev. Gen. Caout. Plast.*, **46**(6), 775-8 (1970).
94. Lutzmann, H. H., U.S. Patent 3,423,231 (to Ethyl Corporation) (1969).
95. Bhuta, M., et al., German Patent 2,208,619 (to Allied Chemical Corporation) (1972).
96. Peacock, G. S., French Patent 1,496,605 (to Union Carbide Corporation) (1967).
97. Mildner, R. C., U.S. Patents 3,309,455 (1967) and 3,681,515 (1972) (to Dow Chemical Company).
98. Volk, V. F., U.S. Patent 3,649,745 (to Anaconda Wire and Cable Company) (1972).
99. Vazirani, H. N., U.S. Patent 3,539,427 (to Bell Telephone) (1970).
100. Tomlinson, H. M., U.S. Patent 3,315,025 (to Anaconda Wire and Cable Company) (1967).
101. Forsythe, A. K., U.S. Patent 3,159,597 (to Armstrong Cork Company) (1964).
102. Belgian Patent 640,999 (to Solvay and Cie) (1964).
103. British Patent 990,169 (to Bostik Ltd.) (1965).
104. Ward, D. W., *SPE Journal*, **28**, 44-50 (1972).
105. Russell, J. R., and Ward, D. W., Coated Fabrics Technol., AATCC Symposium, 30-9, 1973.
106. Bierman, C. R., and Welks, J. D., U.S. Patent 3,833,458 (to M & T Chemicals Inc.) (1974).
107. Snow, A. M., *Adhesives Age*, 35-37, July, 1980.
108. Skida, M., Machonis, J., Schmukler, S., and Zeitlin, R. J., U.S. Patent 4,087,588 (to Chemplex Company) (1978).
109. Tomlinson, R. W., U.S. Patent 4,259,403 (to Uniroyal Inc.) (1981).
110. Logan, R. B., U.S. Patent 4,275,176 (to BASF Wyandotte Corporation) (1981).
111. Lee, I. S., U.S. Patent 4,438,232 (to Polysar Limited) (1984).
112. Owens, P. M., U.S. Patent 4,476,263 (to SCM Corporation) (1984).
113. Travis, D., U.S. Patent 3,985,920 (to Sybron Corporation) (1976).

15. ネオプレン（ポリクロロプレン）ベースの溶剤型およびラテックス型接着剤

　ネオプレンすなわちポリクロロプレンは接着剤工業に用いられた最初の合成エラストマーであり，エラストマー接着剤の主材では最も万能な物質の一つとして発展してきた．ネオプレンはすぐれた粘着性，自着性をもって接着強さの発現が早く，また油類，化学薬品，水，熱，日光，オゾンに対する抵抗性が大きい．靴底の接着，家具の製造，自動車の組立，種々の建設用途など多くの分野で一般的になっている．

　接着剤用のネオプレンのアメリカ国内消費量は1990年で固形分換算約3千万ポンド（1万4千トン）であり，ラテックスはこのうち1/4か1/3と推定される．

歴　　史

　ネオプレンは多くの点で天然ゴムに類似した最初の合成エラストマーである．沿革はNotre Dame大学のDr. Nieuwlandが塩化銅(I)を触媒に用いてアセチレンからジビニルアセチレンを合成したことにはじまる．Du Pontの化学者達はこの研究に関心をもちDr. Nieuwlandと提携し，アセチレン化学によって合成エラストマーを製造する可能性を追求した．1920年代の終りには，反応条件を変更して，ジビニルアセチレンをわずか不純物程度に含有するだけでモノビニルアセチレンが容易に製造できることを見出した．彼らはモノビニルアセチレンを塩化水素と反応してクロロプレン，すなわち2-クロロ-1,3-ブタジエンができ，これを重合するとゴム状のポリマーになることを見出した．

　このポリマーが最初に公表されたのは1931年であり，1932年4月から工業化された．最初は"Du Prene"といわれたが，1936年にDu Pontは"Neoprene"と名づけた．

　第二次世界大戦前までは，天然ゴムが接着剤に広く用いられている唯一のエラストマーだった．タイヤの製造，自動車ドアのウェザーストリップスポンジの接着，靴底の一時的な接着などに用いられていた．しかしラバーセメントは凝集力が小さく，未加硫フィルムは耐久性がないので用途は制限されていた．

　1931年以降，Du Pontのネオプレンは次の理由により，接着剤工業の中で天然ゴムの分野に入りこむのがおそかった．

(1) 高価である．天然ゴムの2ないし3倍の価格だった．
(2) 芳香族系溶剤に溶解するが，今までの天然ゴムの溶剤である石油ナフサに比し数倍高価だった．
(3) 天然ゴム系の接着剤と同じ粘度を出すのに，約5倍量のネオプレンを必要とした．

　1942年まで事情は変わらなかったが，やがて第二次世界大戦がはじまり，天然ゴムは軍用に割り当てられたので，他の用途には著しく不足した．そこで唯一の合成ゴムであるネオプレンが接着用として天然ゴムの代わりに用いられた．当時得られたアニマルグルー（膠）や他の水溶性物質は乾燥がおそく，多くの面への接着性が乏しく，フィルムには柔軟性がなく，金属が錆びるといった欠点があった．当時のネオプレンには2種のタイプがあり，一つは汎用のネオプレンGNであり，他は結晶化の早いネオプレンCGであった．2種ともにクロロプレンと硫黄との共重合物であり，硫黄はチウラムジサルファイド変性剤に起因するものである．

　ネオプレンが最初に接着剤として成功をおさめたのは靴底の一時的および永久的な接着であった．しかし，初期のネオプレンセメントは二つの問題をかかえていた．一つは接着剤の粘度が保存中に低下することであり，もう一つは鉄製の缶に入れておくと黒く変色することである．

　黒く変色するのはネオプレンが老化して酸化するとき微量の塩酸が発生するのにもとづくことが発見された．塩酸が鉄と反応して塩化第二鉄になり，これが変性剤として加えられているチウラムジサルファイドと反応して黒色の硫化鉄化合物になる．この変色を避けるために酸を吸収するマグネシアや酸化亜鉛を加えると有効である．しかしこれら化合物の添加によって接着剤の粘度が低下する．

　金属酸化物を含むネオプレンセメントは約10部のケイ酸カルシウム（例えばPPG社のSilene EF）やテルペンフェノール樹脂（例えばOccidental Chemicals社のDurez 12603）の添加により安定性を向上させることがで

15. ネオプレン（ポリクロロプレン）ベースの溶剤型およびラテックス型接着剤

きる．前者の添加によりネオプレンの凝集力は3倍になるが，後者は高温での凝集力を低下させる．

1947年に開発されたネオプレンタイプACは粘度安定性が良好で，硫黄変性のGタイプよりも変色が少ない．しかし室温での加硫がややおそい．

1958年に開発されたネオプレンタイプADはACよりもかなり安定である．鉄と接触させても変色がなく，溶液粘度は長期間安定である．現在ネオプレンACとADが溶液型接着剤の汎用原料と考えられている．詳細は接着剤用の他のネオプレン溶液タイプやラテックスタイプとともに後の節に述べる．

ネオプレンは多年にわたってアセチレン経由で製造されていた．しかし製造技術が困難であり，原料アセチレンの価格が年々上昇した．1960年にはクロロプレン生産のより安価な第二の方法が開発され，工業化された．この方法はブタジエンを塩素化してクロロプレンを製造する方法である．

ポリマー構造の影響

ネオプレンはクロロプレンモノマー，すなわち2-クロロ-1,3-ブタジエンの乳化重合でつくられる．重合にあたって，モノマーは**表15.1**のように種々の形式で結合する．各構造の含有率によってポリマーの結晶化度や反応性が変化する．

表 15.1 ネオプレンの分子構造

クロロプレンモノマー	$\begin{array}{c}Cl\\|\\CH_2=C-CH=CH_2\end{array}$
付加の型式	式
トランス 1,4	$\sim\!\!CH_2\diagdown\!\!C=C\diagup\!\!H$ $Cl\diagup\!\!\diagdown\!\!CH_2\!\!\sim$
シス 1,4	$\sim\!\!CH_2\diagdown\!\!C=C\diagup\!\!CH_2\!\!\sim$ $Cl\diagup\!\!\diagdown\!\!H$
1,2	$\sim\!\!CH_2-\underset{\underset{CH_2}{\overset{\|}{CH}}}{\overset{Cl}{\underset{\|}{C}}}\!\!\sim$
3,4	$\sim\!\!\underset{\underset{CH_2}{\overset{\|}{C-Cl}}}{CH-CH_2}\!\!\sim$

trans-1,4付加は最も一般的な形式である．この構造が非常に多いと結晶化度が大きくなり，コンタクト接着剤の接着強さの発生が早くなる．ネオプレンACとADはともに*trans*-1,4構造を約90%含み，結晶化が早い．一方，ネオプレンWは結晶化がおそく，*trans*-1,4構造含量は85%である．*trans*-1,4以外の3種のモノマー付加型式は接着強さの発現をおくらせ，ポリマーの結晶化を妨げてオープンタイムを長くする．なお1,2構造はポ

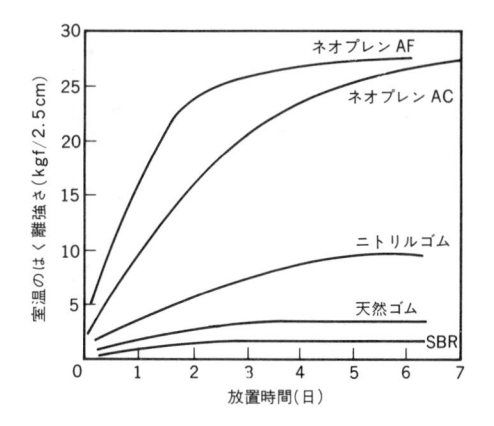

図15.1 種々のエラストマーの接着強さの発現 （キャンバス/キャンバス）

リマーを加硫するときの活性点になる．

ネオプレン接着剤は結晶化することが他のエラストマーバインダーと異なる点である．結晶化するのでフィルムの凝集力が他の無定形ポリマーよりもはるかに大きい．結晶化は可逆現象であって，52℃(126°F)以上になると未加硫接着剤は凝集力が減少する．冷却するとフィルムは再結晶し，凝集力が再び大きくなる．早く結晶化するネオプレンAD，反応性のネオプレンAFを他のエラストマーと比較すると図15.1のようになる．フィルム強度が大きいことに加えて，結晶化がおこって早く接着できることがネオプレン接着剤の特徴になっている．接着速度が早いためにクランプ，圧縮，空気酸化なしに直ちに乾燥強度が生じる．ネオプレンポリマーは種類によって結晶化が異なるので，ポリマーをブレンドして接着剤をつくり，要求される性能のバランスを達成することができる．ポリマーの結晶性の性能に与える影響を図15.2に示した．

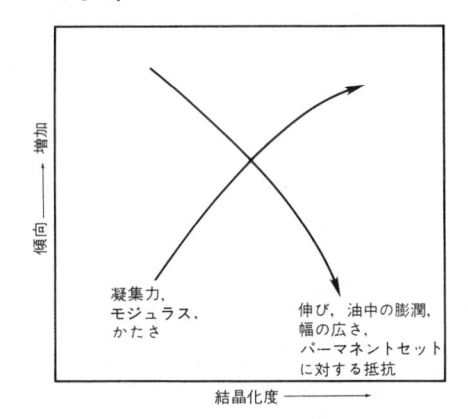

図15.2 ポリマーの性質と結晶性

ネオプレンポリマーはまたポリマー中の分岐の量によっても変化する．分岐がないか，ほとんどないポリマーはゾルポリマーといい，分岐をかなりもっているポリマーをゲルポリマーという．ネオプレンAG以外のすべての溶剤グレードのポリマーはゾルポリマーである．ゾル

15. ネオプレン（ポリクロロプレン）ベースの溶剤型およびラテックス型接着剤

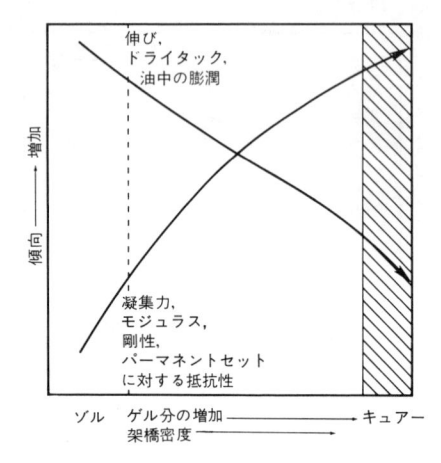

図 15.3 ポリマーの性質に対するゾル，ゲル，キュアーの影響

（グラフ軸ラベル：縦軸「傾向 ← 増加」、上昇曲線「伸び，ドライタック，油中の膨潤」、下降曲線「凝集力，モジュラス，剛性，パーマネントセットに対する抵抗性」、横軸「ゾル ← ゲル分の増加 架橋密度 → キュアー」）

表 15.2 ネオプレンコンタクト接着剤

一般処方	部	典型的な処方	部
ネオプレン	100	混練処方	
酸化マグネシウム	4～8	ネオプレン AD	100
酸化亜鉛	5	酸化マグネシウム	8
酸化防止剤	2	酸化亜鉛	5
樹　脂	必要量	酸化防止剤	2
溶　剤	必要量	混合処方	
		混練したゴム	115
		t-ブチルフェノール樹脂	45
		水	1
		トルエン/ヘキサン/アセトン	640
		（容積で2/4/4の割合）	

ポリマーは線状であって，芳香族溶剤に溶解する．一方ネオプレンラテックスはポリマーゲルの含有率が広範にわたっている．**図 15.3** に示すように，ポリマー中のゲル量によって，凝集力，レジリエンス，残留ひずみに対する抵抗，伸度，オープンタック時間，油中膨潤度が変化する．したがって，特にラテックス系ではポリマーを選択してゲル含量を変えて接着性能を調節することができる．

溶剤型ネオプレン接着セメント

ネオプレンは溶剤ベースの接着剤を配合する上で多用なエラストマーである．適切に配合された接着剤は熱，日光，オゾン，水，油類，化学薬品に抵抗性がある．ネ

表 15.3 溶剤型接着剤に用いられる DuPont 社のネオプレンの性質

ネオプレンのタイプ	特　徴	比重	結晶化速度	グレード	ML 1+4 100°C(212°F)	5%トルエン溶液粘度(cP)
AC	接着力発現が早く，安定性よく，凝集力の大きい一般目的のエラストマー	1.23	非常に早い	柔　軟 中　間 かたい		31～45 46～63 64～100
AD	接着力の発現が早く，凝集力が良好．ネオプレンACより粘度安定性良	1.23	非常に早い	AD 10 AD 20 AD 30 AD 40		25～34 35～53 54～75 76～115
AD-G	ネオプレンADに類似しているが，スムースで糸引きの少ない溶液となり，イソシアネート硬化の場合ポットライフが長い	1.23	非常に早い			28～46
AF	結晶化がおそく，室温硬化できるエラストマー．接着力の発現と加熱時の強さはAC，ADより良好	1.23	非常におそい			145～275[a]
AG	ゲル分の多いエラストマーで，高濃度で作業性のよいチクソトロピック溶液になる	1.23	結晶化しない		>80	
AH	アクリルとの共重合物で炭化水素中でコロイド分散液になる．高濃度で作業性がよい	1.23	結晶化しない			<175[b]
FB	高粘度液体のエラストマー	1.23	おそい			500000～1300000[c]
GN	硫黄変性のエラストマーで凝集力が小さく，室温で硬化が早い	1.23	おそい		44～65	
GNA	ネオプレンGNに似ているが，汚染性のある酸化防止剤を含む	1.23	おそい		41～61	
GRT	ネオプレンGNに似ているが，結晶化がおそい	1.23	非常におそい		36～55	
W	粘着性に富む一般用．ネオプレンAC, ADより凝集力が小さい	1.23	おそい		42～51	
WHV	ネオプレンWに類似	1.23	おそい	WHV-100 WHV	90～105 106～125	
WHV-A	特別な接着剤に用いられネオプレンWHVに類似．相分離しにくく，溶液粘度の再現性が良好	1.23	おそい			52～85
WRT	ネオプレンWに類似しているが結晶化速度がおそい	1.25	非常におそい		41～51	

a：混練した接着剤溶液(20%濃度)の粘度，b：40%分散液の粘度，c：50°C(122°F)のポリマー粘度．

オプレンは多くのブレンド溶剤に可溶であり，長期間安定である．そのため接着剤の粘度や乾燥時間に応じて溶剤を選択することができる．樹脂のような添加物を加えて，多くの多孔質または非孔質の材料への接着性を向上できる．接着剤の配合に多様性があるため，ネオプレン接着剤には一液型コンタクトセメント，二液型硬化性接着剤，感圧接着剤，マスチック，コーキング材などの種類がある．

ネオプレンのタイプ

溶液型接着剤に用いられる主なネオプレンの種類を物理的性質とともに**表15.3**に示した．ネオプレンACとADとが一般的なタイプである．両者とも，すばやく結晶化して速やかに接着し，未加硫強さが大きい．適切に配合されていると作業性が良好で，熱に安定で，相分離しない．多くの接着剤メーカーはネオプレンACよりもネオプレンADを好むが，それはポリマー自身も，接着剤に配合した場合でも，粘度安定性がすぐれているからである．

結晶化の早いネオプレンは，靴底の接着，化粧ラミネート板の接着，自動車のトリムおよび多くの工業用途に用いられる．一般的な接着剤の配合処方を**表15.2**に示した．

ネオプレンAD-Gはグラフト重合して使用できるようにしたネオプレンADの変性品であるが，標準的なコンタクト型接着剤にも適当している．製靴工業ではネオプレンAD-Gにメタクリル酸メチルをグラフトさせたものが用いられており，その処方と配合操作は**表15.4**に示したようである．生成したグラフトポリマーは可塑化PVC，EVAスポンジ，熱可塑性ゴムおよび他の接着しにくい材料に非常によく接着する．グラフト操作についての詳細は引用文献2)を参照してほしい．グラフト接着剤の主用途は靴底の接着に用いられるイソシアネート架橋セメントである．ネオプレンAD-GがスタンダードのネオプレンADと異なっている点は，同じ粘度，同じ固形分濃度であっても刷毛さばきがよいことであり，また二液型でのポットライフが長い．

クロロプレンとメタクリル酸との共重合物であるネオプレンAFをベースにした接着剤は，早く結晶化するタイプに比して接着強さの発現が早く，耐熱性が大きく，相分離しにくい．しかし反応性が大きいので，ネオプレンAFを使用する場合には，操作や配合や原料の貯蔵に特別の注意が必要である．もしネオプレンACやADの処方をそのままAFでおきかえれば，結果は期待外れになる．

ネオプレンAFの接着強さの発現が早く，熱時の接着強さが大きいのはポリマーのカルボキシル基と金属酸化物との相互作用に起因する．結晶化速度は非常におそく，凝集力の発現は大きい役目をしていない．

ネオプレンAFを配合するときには，ポリマーと金属酸化物との相互作用を考慮しなくてはならない．重要な因子としては，樹脂の種類，溶剤，水分含有量，ポリマーの熱履歴，配合成分の添加順序である．典型的なネオプレンAFの配合を**表15.5**に示した．ネオプレンAFとネオプレンADとの接着性能を比較すると**表15.6**のようである．

ネオプレンAFを冷却ミルで簡単に破砕して，貯蔵中に生成した軽いゲル状凝集物を分散し，小さいせん断力で溶解できるようにする．破砕しすぎる(5分以上)と溶液粘度が上昇し，溶液の安定性が悪くなる．

ネオプレンAGはゲルポリマーで高度のチクソトロピーを示し，低粘度のスプレータイプ，高濃度高粘度のマスチックに応用される．ネオプレンAGベースのマスチックは糸引きのないバター状のちょう度をもち，容易にこて塗りや押出しができる．高度にチクソトロピックなので塗ったときの垂れがない．

ネオプレンAGはしばしばネオプレンWHV-Aやネオプレン AC，ADとブレンドして，マスチックの性質を調節する．ネオプレンAC, ADとブレンドするとせん断強さが増大するが押出し性がやや小さくなり，垂れやすくなる．ネオプレンWHV-Aとブレンドするとコストが下がり，作業性とせん断強さは低下するが粘着性は増

表 15.4 ネオプレンとメタクリル酸メチルのグラフトポリマーをベースとした接着剤

処　方	部
ネオプレン AD-G	100
メタクリル酸メチル[a]	100
過酸化ベンゾイル (50%分散液)[b]	1
酸化防止剤[c]	2
トルエン	472
メチルエチルケトン	118

操作 1. 密閉容器中で60℃(140°F)においてネオプレン AD-G，メタクリル酸メチル，トルエン，MEK 溶液を徐々に加熱する．
2. 重合開始のため過酸化ベンゾイル添加．
3. 80℃(176°F)で2～8時間加熱して反応させる．
4. 酸化防止剤を添加して重合を終結させる．

a：DuPont 社の H-112，b：Noury Chemical 社の Cadox BFF-50，c：Goodyear 社の Wingstay L．

表 15.5 ネオプレン AF の処方

処　方	部
混練処方	
ネオプレン AF (5分間破砕)	100
酸化防止剤	2
酸化マグネシウム	8
酸化亜鉛	5
混合処方[a]	
混練したゴム	115
t-ブチルフェノール樹脂	40
水	1
溶剤	610[b]

a：溶剤に溶解した樹脂に混練したゴムを添加すると，ゲル化が最低限おさえられる．
b：芳香族/脂肪族/酸素を含む溶剤のブレンドが多く用いられる．溶液安定性のため酸素を含む溶剤が約20%必要である．

15. ネオプレン（ポリクロロプレン）ベースの溶剤型およびラテックス型接着剤

表 15.6 ネオプレン AF とネオプレン AD との接着特性[a]

接着特性	ネオプレン AF（室温の引張り強さ）	ネオプレン AD（室温の引張り強さ）	ネオプレン AF（100°C（212°F）の引張り強さ）	ネオプレン AD（100°C（212°F）の引張り強さ）
接着強さの発現				
キャンバス/キャンバスはく離 (kgf/25 mm)				
室温 1 時間後	8	0.5		
室温 2 時間後	10	1		
室温 4 時間後	12	2		
室温 6 時間後	13	4		
室温 1 日後	16	16		
室温 7 日後			6	1.5
種々の被着材に対する接着				
室温 14 日後 (kgf/25 mm)				
キャンバス	20	19	9	0.5
アルミニウム	15	13	8	0.2
大理石	15	10	7	0.2
化粧板	14	18	6	0.5
靴のかかと	20	18	3	0.2
ステンレス	14	12	7	0.5

a：表 15.5 の処方による.

加する．ネオプレン AG と AC とのマスチック配合を比較して示すと表 15.7 のようである.

ネオプレン AG ベースのマスチックはシグマブレードミキサーを用い，あらかじめ溶剤中に膨潤させたポリマーから製造される．なめらかで糸を引かない接着剤を

表 15.7 ネオプレンマスチック配合物[a]

処方	部
ネオプレン	100
酸化防止剤	2
酸化マグネシウム	4
酸化亜鉛	5
処理した炭酸カルシウム[b]	100
エチレングリコール	2
t-ブチルフェノール樹脂	20
テルペンフェノール樹脂	15
ヘキサン/MEK/トルエンを（重量比 5/3/2）で 65% 濃度にする	

ポリマーのタイプ	ネオプレン AG	ネオプレン AC
20 分後の垂れ[c] (cm)	0.0	7
押出し速度[d] (g/5 s, 室温)	70	19
せん断強さ[e] (室温)		
合板/合板 (kgf/cm²)		
室温で 3 日後	11*	10
室温で 7 日後	17*	18*
室温で 14 日後	17*	23*
せん断強さ[e] (室温)		
カエデ/カエデ (kgf/cm²)		
室温で 3 日後	3*	3
室温で 7 日後	10*	11
室温で 14 日後	12*	18

＊木部破壊，その他は接着破壊．
a：文献 7 参照，b：Omya BLH, OMYA, Inc.，c：垂直面での 1/8 インチ (0.3 cm) 厚さの接着剤が垂れた長さ (cm)，d：1/8 インチ (0.3 cm) のオリフィスで 50 psi (9 kg/cm) の圧力で押し出す，e：1/2 in/min (1.25 cm/min) で 1/16 in (0.16 cm) のグルーラインで試験．

つくるのに破砕は必要ない.

固形分の少ない処方では，ネオプレン AG 中のゲル構造が他のネオプレンに比してスプレー適性の向上に役立っている．適宜に配合されたとき，噴霧圧力の低い（70 psi（5 kgf/cm²））場合においてもスプレー塗付したときに蜘蛛の巣ができず，均一に塗付できる．スプレー用配合物に適した溶剤系は水素結合指数 3.5～5.5，溶解性パラメーター 7.5～9.8 である．低噴霧圧力でスプレーできる接着剤の組成を表 15.8 に示した．最もすぐれた性能を得るためには，ポリマー中にルーズに凝集しているゲルを破壊するのにポリマーを破砕したり，大きいせん断力をかけることが必要である.

表 15.8 ネオプレン AG ベースのスプレー用処方

処方	部
混練処方	
ネオプレン AG	100
酸化防止剤	2
酸化マグネシウム	8
酸化亜鉛	5
混合処方	
混練したゴム	115
t-ブチルフェノール樹脂	40
水	1
MEK/シクロヘキサン（容積比 4/1）	620

ネオプレン AG はネオプレン AC や AD と同じように配合できる．しかしネオプレン AG は他の結晶化の早いネオプレンに比べて凝集力や接着力が低く，オープンタック時間が短い．このためにネオプレン AG はしばしばネオプレン AC や AD とブレンドして，タック時間を長くし，被着材へのぬれを良くし，はく離強さを大きくする.

ネオプレン AH はアクリルとの共重合物であり，脂肪族の溶剤中で解膠してコロイド分散液になる．トルエンやケトンを使わず脂肪族溶剤だけを使用すると価格が低く，Rule 66 に合格し，芳香族やケトン系溶剤に溶解する

ポリスチレンのような被着材に用いることができる．

ネオプレン AH の溶剤中の分散液が安定なのは，ポリマー中のアクリル部分の立体的安定効果のためである．ネオプレン AH のこの性質のために，高濃度処方が可能になり，低粘度の接着剤が得られ，すぐれた応用が開ける．50% という高濃度でもスプレー適性がよく（2500 cP）普通のネオプレン接着剤にみられるような蜘蛛の糸が生成しない．ネオプレン AH のオープンタックタイムは他のネオプレンよりも約 15 分短い．

安定な接着剤をつくるには安定な分散液を製造することが鍵になる．ネオプレン AH はナフサ分の少ない脂肪族炭化水素中でまず解膠される．解膠は表 15.9 に示したように Vanax 552 (R. T. Vanderbit) で活性化したテトラエチルチウラムジサルファイドを解膠剤として用いる．分散はせん断力をかけて行い，分散の程度は分散時間と最終粘度で決定される．40% の分散液をつくるのに，高せん断力 Silverson ミキサーなら 30 分，Struthers Wells ミキサーなら数時間を必要とする．

表 15.9 ネオプレン AH の処方

処　方	部
混練により分散する処方	
ネオプレン AH	100
ヘプタン	150
テトラエチルチウラムジサルファイド	0.5
Vanax 552[a]	0.5
上の分散液に次の成分を添加する	
t-ブチルフェノール樹脂	20〜40
粘着付与剤	0〜20
酸化マグネシウム	2
酸化亜鉛	4
酸化防止剤	2
水	1

a：ピペリジニウム ペンタメチレン ジチオカルバメート (R.T. Vanderbilt 社)

溶剤型接着剤に用いることができる他のネオプレンは，ネオプレン WHV-A，ネオプレン GN，ネオプレン FB である．ネオプレン FB とネオプレン GN は硫黄変性タイプで，必要なら機械的または化学的に分子量を低下させることができる．この二つは結晶化の早いタイプよりも硬化が早く，二液性接着剤や硬化性組成物をつくる処方に用いられる．ネオプレン FB は他の溶剤型とは異なり，50°C（122°F）で高粘度で流動性のある液体であり，コーキング材やシーリング材の 100% 固形分の処方に用いられる．ネオプレン WHV-A は W 系列の一つであって，結晶化速度がおそく，分子量が大きく，結晶化速度が早くて分子量の小さい他のネオプレンと混合して溶液粘度を高めるのに使われる．配合量が少ないので，接着強さに影響することはない．

酸 化 防 止 剤

すぐれた酸化防止剤はすべての接着剤の配合に重要であり，酸化分解したり，酸で被着材が劣化したりするのを防止する．Agerite Stalite S (R. T. Vanderbilt) のようなオクチルジフェニルアミン酸化防止剤が有効であるが，汚れが問題にならない場合に用いられる．変色がそれほど多く問題にならないときには Wingstay L (Good year)，Antioxidant 2246 (American Cyanamide) のようなヒンダードビスフェノールを用いる．酸化防止剤は 2 部添加すれば十分であるが，必要な場合には添加剤は増量してもよい．

ヒンダードビスフェノール酸化防止剤は汚れが少ないが，他の問題もある．例えば Santowhite Crystals (Monsanto) のようなヒンダードビスフェノールを含有する混練ゴムの貯蔵安定性はよくない．38°C（100°F）で 1 週間エージングしただけで均一な溶液にならない．ゴムを混練したのち，2〜3 日中に溶解すれば通常問題はおこらない．Antioxidant 2246 (American Cyanamide) は変色問題がしばしばおこる．ラテックスではピンクになり，溶液系では青または青緑色になる．特に塩素系溶剤を用いたときが著しい．

金 属 酸 化 物

金属酸化物は次のようにネオプレン接着剤にいくつかの機能を果たしている．

酸の吸収効果	ZnO, MgO
スコーチによる劣化防止効果	MgO
硬化	ZnO, MgO
t-ブチルフェノール樹脂との反応	MgO

主な機能は酸の吸収である．エージングによりネオプレンフィルムから少量の HCl が発生する．この HCl を接着剤中の金属塩が吸収して被着材の劣化を防ぐ．このことはレーヨンやナイロンのように，被着材が酸に弱い材料の接着のときに特に重要である．酸化マグネシウム，酸化亜鉛はともに酸の吸収の役目を果たすが，併用によって効果がさらに増大する．

酸化マグネシウムは第二の機能をもち，配合の際の安定剤になる．ネオプレンを混練するとき，酸化亜鉛の前に添加するとスコーチによる劣化防止効果がある．

金属酸化物は同時に接着剤フィルムの硬化剤ともなる．酸化亜鉛は最も有効であり，時間とともに接着強さを増大する．酸化マグネシウムを 20〜40 phr というように大量に添加すると，接着後高温に短時間さらしたときにも接着強さを維持している．

樹脂の項に述べるように，金属酸化物は溶液中の t-ブチルフェノール樹脂とも反応する．生成物は不融の金属の樹脂酸塩で接着剤フィルムの耐熱性を向上する．カルシウム，鉛，リチウムも反応するが，酸化マグネシウムが最も有効で，広く用いられている．

およそ 5 部の酸化亜鉛と 4〜8 部の酸化マグネシウムが 40 部の樹脂に対して用いられる．含有されている 4 部の酸化マグネシウムが酸の吸収やスコーチ抑制に働き，あとの 4 部が接着剤に含有されている t-ブチルフェノール樹脂と反応する．

接着剤フィルムを透明にするために，金属酸化物の量

を少なくしたり，省略したりすることも興味がある．酸化マグネシウムの量は t-ブチルフェノール樹脂と反応するのに必要な量以下には減少できない．エポキシ樹脂や亜鉛の樹脂酸塩を酸の吸収剤として酸化亜鉛に代用することも考えられるが，あまり有効ではない．透明フィルムを得ようとすれば，ある程度酸による被着材の劣化を考慮しなければならない．よい結果を得るためには少なくとも2部の酸化防止剤が必要である．

樹　脂

溶剤型の接着剤では樹脂の選択が重要である．樹脂は比接着や自着を改良し，タック時間を延長し，加熱時の凝集力を高める．最も広く用いられている樹脂は $p\text{-}tert$-ブチルフェノール樹脂である．この樹脂は同一融点をもつ他の樹脂よりもすぐれた耐熱性のある接着剤をつくる．高い耐熱性の原因はネオプレン接着剤中の酸化マグネシウムとその反応性が大きいためである．酸化マグネシウムの樹脂酸塩は不融であり，融点をもたず，200℃

(392°F)以上で分解する．そのために熱可塑性を減少し，適当に配合されたものでは80℃(176°F)以上でも良好な接着強さを保持する．樹脂酸塩はまた溶剤が蒸発したのちの接着強さの発現をも早める．ネオプレンAD, AHについて t-ブチルフェノール樹脂と他の樹脂との比較を表15.10および15.11に示した．

t-ブチルフェノール樹脂が通常用いられている量は35～50phrである．接着剤としての最適量は40～45phrで，タックと耐熱性とのバランスがよくとれている．少ない添加量は接着力がそれほど強くなく，軟らかい接着層を得るときに有効である．高い添加量は金属と金属との接着のように高度の接着強さが求められるときに用いられる．図15.4に t-ブチルフェノール樹脂量とオープンタック時間，耐熱接着強さとの関係を示した．

100部の樹脂と反応するために，約10部の酸化マグネシウムが必要である．100部のネオプレンと40部の樹脂を含有する溶液では4部の酸化マグネシウムを要することになる．反応は室温で進行し，触媒として水が必要で

表 15.10　樹脂の種類と接着剤の耐熱物

配　合	部
ネオプレン AD-20（10分間練り）	100
酸化マグネシウム	4
酸化亜鉛	5
酸化防止剤	2
樹　脂	下記
水	1
ヘキサン	100
トルエン	400

樹脂の種類	A	B	C	D	E	F	G	H
t-ブチルフェノール樹脂[a]	46	—	33	33	—	33	—	33
炭化水素樹脂	—	25	22	—	—	—	—	—
ロジンエステル	—	—	—	22	—	—	—	—
テルペン	—	—	—	—	65	22	—	—
テルペンフェノール樹脂	—	—	—	—	—	—	65	22
固形分 (%)	24	21	25	25	26	25	26	25
キャンバス/キャンバス室温の接着強さ (kgf/25 mm)[b]								
室温で1日後	14 A	5 C	5 C	6 C	5 C	8 C	7 C	14 C
室温で7日後	21 A	11 A	16 A	19 A	2 F	10 A	14 A	18 A
キャンバス/キャンバス 80℃(176°F) の接着強さ (kgf/25 mm)								
室温で7日後	2	0.2	0.2	0.2	0.2	0.2	0.2	0.9

a：酸化マグネシウムと反応．
b：A＝接着破壊，C＝凝集破壊，F＝フィルム間の破壊．

表 15.11　ネオプレン AH ベースの接着剤の耐熱性に及ぼす樹脂の影響[a]

接着性能	ロジンエステル	テルペンフェノール樹脂	t-ブチルフェノール樹脂	
			低反応性	高反応性
室温1日後の接着強さ (kgf/25 mm) の室温での測定結果	2.4 C	4 C	9 C	9 C
室温7日後の接着強さ (kgf/25 mm)				
室温	4 C	9 C	15 A	19 A
60℃(140°F) 処理	—	—	8 C	13 C
80℃(176°F) 処理	—	—	3 C	7 C
100℃(212°F) 処理	0.1 C	0.4 C	1.1 C	3.2 C
オープンタック時間 (min)（紙と鋼との接着）	60	16	10～14	4～8

a：表15.9の処方で40 phr の樹脂を使用．
C＝凝集破壊，A＝接着破壊．

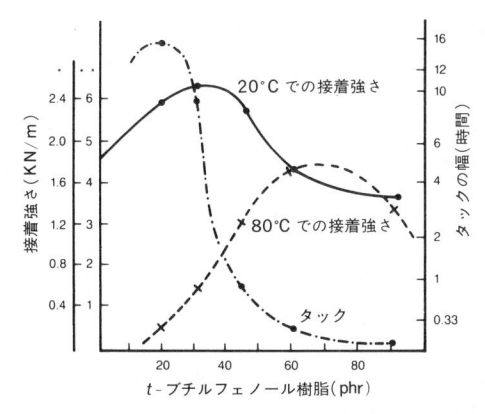

15. ネオプレン（ポリクロロプレン）ベースの溶剤型およびラテックス型接着剤

図 15.4 オープンタックタイムと耐熱性に及ぼす t-ブチルフェノール樹脂の影響

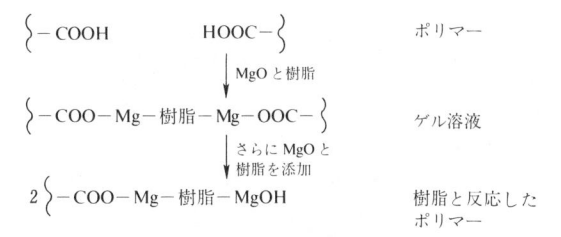

$$\{-COOH \quad HOOC-\} \quad \text{ポリマー}$$
$$\downarrow \text{MgOと樹脂}$$
$$\{-COO-Mg-樹脂-Mg-OOC-\} \quad \text{ゲル溶液}$$
$$\downarrow \text{さらにMgOと樹脂を添加}$$
$$2\{-COO-Mg-樹脂-MgOH\} \quad \text{樹脂と反応したポリマー}$$

図 15.5 ポリマー酸とマグネシアと t-ブチルフェノール樹脂とその反応（混和中のゲル化を防ぐため，樹脂はMgOの前か，MgOと同時に添加する）

ある．一般には溶剤中に含まれている水で十分であるが，普通，樹脂に対し1〜2部の水を添加することが行われている．

酸化マグネシウムと樹脂との反応には溶剤系の影響が大きい．トルエンは反応が早く，1時間で完結する．極性溶剤では**表 15.12** に示すように，反応は徐々に進む．溶剤系の極性成分が多いときには，酸素原子を含まない溶剤中であらかじめ樹脂と酸化マグネシウムとを反応させ，反応が完結してから配合することが望ましい．

ネオプレンAFを配合して粘度安定性を最良にし，接着性能のバランスをよくするためにも t-ブチルフェノール樹脂の添加が必須である．この種の樹脂は溶液中のネオプレンAFのカルボキシル基を安定化するのに役立っている．マグネシア-t-ブチルフェノール樹脂複合体はネオプレンのカルボキシル基と**図 15.5** のように反応し，金属酸化物単独を添加したときに起きるゲル化を防止する．耐熱性を向上させようと酸化マグネシウムの量を増やすと，樹脂量が増加すれば配合物の粘度安定性がよくなる．

金属酸化物と t-ブチルフェノール樹脂とを含有する

ネオプレン接着剤は放置すると透明な上層部と金属酸化物の凝集層とが分離することがある．この分離現象は相分離と呼ばれ，数日または数カ月でおこる．一度相分離がおこると，金属酸化物の効果を完全にするためには，使用前に攪拌して均一にしなければならない．

理論的には相分離は金属酸化物の分散不良からおこる．原因としては市販の樹脂が金属酸化物の表面に吸着したとき，分子量が小さすぎて，粒子の相互作用や凝集を防ぎきれないことにもとづく．数平均分子量900〜1200の市販 t-ブチルフェノール樹脂は分子量500以下の部分を10〜15％含有している．t-ブチルフェノール樹脂の分子量を900〜1600に上げ，分別して低分子量をカットすると，相分離のおこらない接着剤ができることをDu Pontの研究者は認めた．日立化成の研究チームは[4]，このことを確認し，相分離は一義的には p-t ブチルフェノールジアルコール（BPDA）によることを明らかにした．Du Pont，日立の研究者はこれを進め，相分離のない樹脂を開発した（例えば，SchenectadyのSP-154，Union CarbideのCK-1636）．相分離をなくすには，樹脂の選択とともに，ネオプレンのタイプ，溶剤系，固形分，混練時間なども重要である．

ネオプレン接着剤にはSchenectady SP-560，Occidental Durez 12603 といったテルペンフェノール樹脂も用いられている．これは非反応性で熱可塑性であり，

表 15.12 酸化マグネシウムと樹脂との反応に及ぼす溶剤の影響[a]

溶 剤	反応時間 (h)	反応した樹脂の灰分含有量(%)[b]	反応した樹脂の融点または分解温度 ℃(℉)
トルエン	1	6.5	250(482)D[c]
	24	6.8	258(496)D
	96	6.7	252(486)D
トルエン/酢酸エチル/ヘキサン	24	6.9	255(491)D
(1/1/1重量比)	96	7.1	255(491)D
トルエン/ヘキサン (1/1重量比)	24	6.9	264(507)D
ヘキサン	24	7.0	252(486)D
アセトン	24	0.4	181(358)M
ヘキサン/MEK (1/1重量比)	24	0.4	125(257)M
	48	2.9	130(266)M
	72	6.1	226(439)M
	96	6.2	224(435)M

a：処方は，100 phr の樹脂に対し 1 phr の水と 10 phr の MgO を含む．
b：灰分6％以上，分解温度250℃(482℉)以上が反応の完結を示す．
c：D＝分解，M＝溶融．

オープンタックタイムが長く, t-ブチルフェノール系よりも接着層が軟らかいが, 高温での凝集力に乏しい. テルペンフェノール樹脂はしばしばポリイソシアネート硬化剤, 例えば Bayer の Desmodur RT と組み合わせて, 二液性の耐熱性タイプに用いられている.

ネオプレンの粘着付与剤として用いられている他の樹脂は, ポリテルペン樹脂, 水添ウッドロジン, ロジンエステル, クマロン-インデン樹脂である. 塩素化ゴムは金属との接着性向上に, また二液性接着剤の成分として用いられる. ポリ-α-メチルスチレンは熱可塑性ゴムの接着性向上に用いられる. ネオプレンと樹脂ならびに他のポリマーとの相溶性は文献 11) にくわしい.

充　填　剤

ネオプレン接着剤では充塡剤に制限がある. 一義的には高濃度マスチックの価格低減のために加えられる. クレイや炭酸カルシウムのような通常の充塡剤は, ある種のマスチック処方では 250 phr といった高レベルまで用いても有効である.

ネオプレン AG ベースのマスチックでの最適充塡剤量は充塡剤の種類で異なる. 接着強さを最大にするには, 粒径は小さく (約 5 μm), 吸油量が中程度 (30 g/100 g 充塡剤) のものがよい. マスチックの押出し速度や垂れは吸油量が小さいほど大きくなる. しかし充塡剤の粒径には無関係である[6]. 表 15.7 に示すように, 処理した炭酸カルシウムを用いたとき, 100 phr 以上で垂れがなくなるが, 衝撃強さは減少する.

一般に充塡剤は接着剤フィルムの接着力と凝集力とを減少する. そのため固形分の少ない接着剤処方ではほとんど用いられない. ネオプレン-テルペン・フェノール系の場合などでは, HiSil 233 (PPG Industries) のようなシリカ微粉末を加えるとフィルム強度が増大する. 反応性マグネシウム樹脂酸塩系ではこの効果はなくなる.

硬　化　剤

ネオプレンセメントの耐熱性は, チオカルバアニリド, 硫黄と Vanax 808, 833 (R. T. Vanderbilt) との混合物, トリエチルトリメチレントリアミン, モノマーまたはポリマーのイソシアネートなど種々の硬化剤の配合で高められる. これらの硬化剤を用いたときの室温での硬化速度は A タイプのネオプレンが G タイプのネオプレンよりもおそい. 反応性 t-ブチルフェノール樹脂を使用すると, これら硬化剤を使用する場合と同じ程度, またはそれ以上の耐熱性が得られるので, 米国では硬化剤は一般的には用いられていない. 硬化剤を添加した溶液は比較的不安定なので, 二液性にする必要がある. しかし, 他の国ではイソシアネート硬化ネオプレン系が一般的で, ことに製靴工業に使用されている.

ネオプレン AF はカルボキシル基を含有しているので, 金属酸化物が室温硬化剤として働く. 適度に配合すると, カルボキシル官能基は溶液中で安定であって, 一液性の硬化セメントが製造可能である.

溶　　　剤

溶剤の選択は接着剤の粘度, 接着強さの発現, オープンタイム, 価格, 究極的な強さに影響を及ぼす. 三元系のブレンド溶剤が一般に用いられ, 芳香族, 脂肪族, ケトン, エステルのような酸素を含む溶剤とのブレンドである. 不燃性が必要のときは, 1,1,1-トリクロロエタンのような塩素系溶剤が用いられる.

ネオプレンベースの接着剤に有用な溶剤ブレンド系はグラフから予想できる. 各成分の溶解性パラメーター (δ) と水素結合指数 (γ) から溶剤ブレンドの δ と γ とが予想できることにもとづく. 溶剤の混合割合に, したがって δ と γ とは加成性がある.

混合溶剤の溶解性パラメーターと水素結合指数とが決定されると, 図 15.6 でブレンド物の位置が示される. 溶剤や溶剤ブレンドの δ と γ とが図の腎臓型の範囲に入っていると, ネオプレン AH を除いて他のネオプレンは平滑で, 流動性のよい接着剤が得られる. 腎臓型の範囲をはずれるとネオプレンが溶解しない. 特別な溶剤でこの範囲外のものも, ブレンド中の真の溶剤 (例えばトルエン) の量によって適当な場合も適当でない場合もある.

接着剤に使われる溶剤の最近の規制は州によって違うので, 配合するときに連邦規制と地方の規制とを同時に満足するようにしなければならない. 表 15.13 に Rule 66 の規制を示した.

一般的な溶剤の蒸発速度を表 15.13 に示した. 接着剤のオープンタックタイムは溶剤の蒸発速度によってもきまるので, 溶剤の選択によってある程度までコントロールできる. オープンタイムを長くするために, 特に小口の製品ではしばしばトルエンが 5% 以下添加される. それに加えてブレンド成分の蒸発速度も考慮しなければならない. 溶剤の蒸発速度がおそいと, 接着剤は長時間タック性を保っている. 逆に蒸発が早いと, 凝集力が早く発現する.

溶剤の選択はまた作業適性にも影響する. 真の溶剤, 例えばトルエンや 1,1,1-トリクロロエタンは溶解性が大きく, スプレーしたとき糸を引き, 蜘蛛の巣を発生する. 作業性を向上するには, 図中の腎臓型斜線範囲のぎりぎりの溶剤組成にするとよい. 例えば, スプレー適性のよい接着剤の溶剤組成は, 図 15.6 の腎臓型範囲の左上方の範囲で, 蒸発の早い溶剤を選ぶとよい.

酸化マグネシウムと樹脂との反応を早めるために, 触媒として約 1 phr という少量の水を添加することがしばしば行われており, 水の添加はネオプレン AF 接着剤の粘度安定性をも向上する. しかし水を入れ過ぎると, 接着剤の熱時の凝集力が低下する. したがって, 一般には 3 phr 以下が用いられる.

製　造　方　法

ネオプレンセメントを製造する操作は, 熱間凝集力と

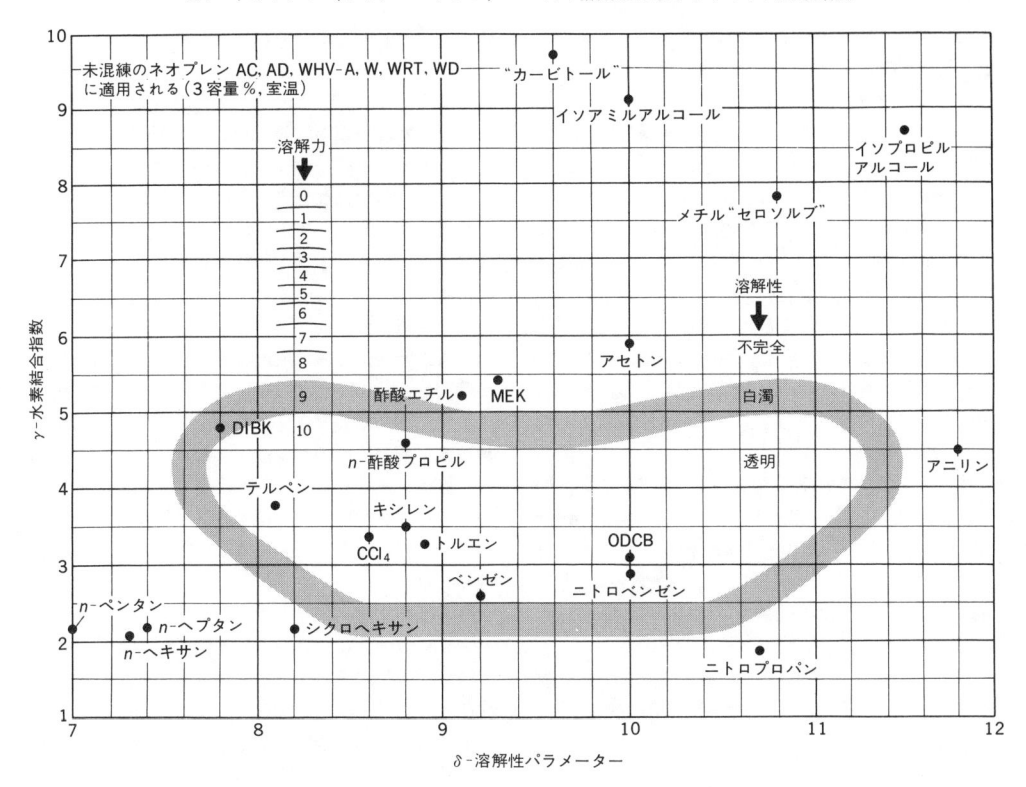

15. ネオプレン（ポリクロロプレン）ベースの溶剤型およびラテックス型接着剤

図 15.6 溶解力のチャート（文献9）

表 15.13 一般的なネオプレンの溶剤

溶　剤	分子量	溶解度パラメーター	水素結合指数(HB)	蒸発速度の比較値[a]	フラッシュポイント(℃)[b]	最大許容量(ppm)[c]	20℃(68°F)の粘度(cP)	Rule 66による規制
アセトン	58.08	10.0	5.9	1160	−9	1000	0.35	ナシ
シクロヘキサン	84.16	8.2	2.2	720	4	300	1.06	ナシ
酢酸エチル	88.10	9.1	5.2	615	7	400	0.44	ナシ
ヘプタン	100.20	7.4	2.2	386	−4	500	0.42	ナシ
ヘキサン	86.17	7.3	2.1	1000	−32	500	0.29	ナシ
イソプロピルアルコール	60.09	11.5	8.7	300	21	400	2.41	ナシ
メチルエチルケトン	72.10	9.3	5.4	572	2	200	0.42	ナシ
ペンタン	72.15	7.0	2.2	2860	−46	500	0.24	ナシ
トルエン	92.13	8.9	3.3	240	7	100	0.59	20%
キシレン	106.16	8.8	3.5	63	27	100	0.69	8%
V.M. および P ナフサ	＊	7.6	2.5	275	9	500	＊	ナシ

a：酢酸n-ブチル＝100
b：Cleveland Open Cup 法
c：1日8時間労働のときの最大許容濃度 "Dangerous Properties of Industrial Materials", 4版（Sax Vand Nostrand Reinhold, New York, 1975）
d：文献10
＊種々の炭化水素の混合物なので分子量と粘度は特定できない．

かスプレー適性といった最終的な作業性によって決まってくる．接着剤を製造する技術は，練り，直接溶解する方法，直接溶解と高いせん断力を加える方法などに分けられる．

練　り　ネオプレンは溶解する前に2本ロールのラバーミルで練って崩解させる．有効な練りの方法はロール間隔を狭くし，冷却したロールで行う．ロール間隔が狭いとせん断力が大きくなり，冷却すると分子鎖の切断がよくおこる．ネオプレンは練りの温度によって三相の性質を与える．71℃（160°F）以下で練るときは弾性状に

なり，71～93℃（160～200°F）で練ると粒状になり，93℃（200°F）以上で練ると可塑性になる．適当な崩壊と分散が行われるのは弾性状のときである．

練りが行われているときにポリマーに金属酸化物と酸化防止剤とを添加する．このマスターバッチを他の配合剤とともに溶解する．練りのときに金属酸化物を添加すると分散がよく行われ，接着剤の層分離が防げる．作業中のゴムの変色を防止するために，酸化防止剤と酸化マグネシウムは酸化亜鉛の前に加えなければならない．

練りによってネオプレン中の高分子量の部分が選択的に崩壊され，平滑な糸引きのない接着剤が製造される．スプレー可能な接着剤には，練りが必要である．練りはまた多孔質の被着材への透過をよくし，溶液粘度と初期熱間強さを低下させる．

例えば，ネオプレンACを50℃（122°F）付近で5分間練ると，最初100℃（212°F）で7lb/in^2（0.5kgf/cm^2）であったはく離強さが1lb/in^2（0.07kgf/cm^2）へと低下する．1カ月後には酸化亜鉛の硬化の効果がきいて，ともに100℃（212°F）でのはく離強さが12lb/in^2（0.7kgf/cm^2）になる．

ネオプレンAC，ネオプレンAD，ネオプレンAFの練りの時間とムーニー粘度との関係を図15.7に示した．ネオプレンAFは他の結晶化の早いタイプに比して崩壊が少ない．そのためネオプレンAFセメントの溶液粘度は練りの影響を受けにくい．ネオプレンAFの接着力の発現は酸化亜鉛との反応に大きく起因し，練りにはあまり影響を受けない．

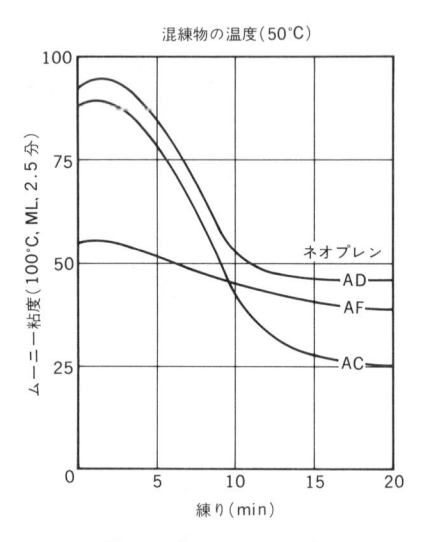

図15.7 練りとムーニー粘度

練って接着剤をつくるときに，ゴム工業で用いられている造粒機，ダイサー，シュレッダーも使用される．混練ゴムをカットし，溶解槽に添加したときの溶解を早めるために，これらの機械が用いられる．

直接溶解 ポリマーチップを他の成分とともにせん断力の強いまたは弱いミキサーにかけて直接溶解する方法である．この方法は前に述べた練ってから溶解する方法に比べて，練りの装置も，それにともなう人手も必要としない点で経済的である．混合機で均一な分散ができる場合以外は，固形の成分を直接溶剤やネオプレン溶液に加えることは感心しない．速度のおそい混和機では，ネオプレン溶液に混合する前に，固体成分をあらかじめボールミルで分散してから添加することが必要である．この方法は以下，スラリー法と呼ぶ．

溶解機はゴムの溶解速度や消費するエネルギーによって，低速撹拌機，高速撹拌機，強力撹拌機の3種に分けられる．低速撹拌機は縦型と横型とがある．典型的な溶解時間は24～48時間である．横型のものは撹拌機で撹拌するか，または装置自身が回転して撹拌する．横型撹拌機は低粘度の接着剤を製造するのに適している．縦型の撹拌機はジャケットのついた容器で，縦のシャフトについている櫂（かい）で撹拌する．縦型撹拌機はいずれの接着剤の製造にも用いられるが，特に高粘度の接着剤に適している．

高速撹拌機は均一な接着剤の製造をスピードアップするように設計されている．せん断力が大きいためにポリマーが崩壊し，その結果粘度が低下する．かなりの熱を発生するので，温度コントロールのためにジャケットが必要である．熱が蓄積すると，温度と溶解性，温度と結晶の乱れなどの単純な関係から，結晶化しやすいネオプレンではことに溶解が早くなる．

高速撹拌機にはせん断円板タイプとプロペラタイプとがある．プロペラタイプの代表的なものはStruthers Wellsの装置で，密閉した円筒状容器に二つの反対方向のプロペラが傾斜してついており，一つは装置の上部に，一つは下部にある．せん断円板タイプはスピードの調節ができ，機種によってシャフトについている円板のデザインが異なる．溶解機の例としてはHockemeyer Dispenser, Cowles Dissolverなどがある．高速撹拌機での溶解時間は3～12時間である．

強力撹拌機やニーダーは粘度が高すぎて先の撹拌機にはかからない高粘度品やこて作業用をつくるのに用いられる．反対方向に回転するローターをそなえた高エネルギー撹拌装置で，例えばシグマ型またはZ型ブレードをつけたバンバリーである．溶剤を注意深く添加することによって，2時間以内に均一な接着剤ができ上がる．溶剤の添加が早すぎるとまま粉ができて，溶解に予想外長時間かかることがある．

直接溶解プラス高せん断処理 この方法は練り法と練らない方法との特徴を組み合わせたものである．一度溶解させた接着剤に強いせん断力を数分間かけるもので，Ross撹拌乳化機などが用いられる．強いせん断力をかけることよって，ネオプレン中の高分子量が分解し，糸を引かない接着剤ができるとともに，練りの場合のように高温での接着強さが低下するという欠点がなくなり，金属酸化物の分散が改良される．この方法で得られた接着剤の粘度は練った場合と練らない場合との中間で

表 15.14 ネオプレン AD ベースの接着剤の製造操作が及ぼす粘度とクリープ抵抗[a,b]

操作方法	5分間練り	混和法	混和後、高せん断力をかける[c]
ブルックフィールド粘度(cP)	220	1220	1050
キャンバス/キャンバス接着物に5ポンド (2.3 kg) の荷重をかけ、50℃ (122°F) に 120 分保ったときのクリープ (cm)[d]			
1日エージング後	4.3 C	2.0 C	1.8 C
5日エージング後	1.3 C	0.8 C	0.8 C
チップボード/マイカ接着のオープンタイムの測定[e]			
30分後の接着強さ	4	5	5
60分後の接着強さ	2	5	3
90分後の接着強さ	0	5	0
120分後の接着強さ	0	5	0
180分後の接着強さ	0	5	0

a：文献 12
b：40 phr の t-ブチルフェノール樹脂を用いたネオプレン AD-30 ベースの接着剤．
c：ホモジナイザーで 3 分間
d：C＝凝集破壊
e：1から5までは接着力の比較値を示す (5＞4＞3＞2＞1＞0)．

ある．

ここ8〜10年の間に，多くの接着剤メーカーは資本投下が少なくて，人手が節約できてしかも均一な，ミルク状の流動性をもつ接着剤が製造できる高せん断力を用いる方法に転換した．ここに述べた方法に加えて，混合時間のスピードアップのために，全成分を一度に攪拌乳化機に添加する方法をとっている．練り法，直接溶解法，溶解法プラス高せん断処理の3法の比較を表 15.14 に示した．

使用分野

ネオプレンの溶剤型接着剤が用いられる分野は，加圧プラスチックラミネート製品の接着，自動車の接着，建築材料の接着，靴の接着が一般的である．

製靴工業は以前からネオプレンの大きいマーケットで，特に靴のかかとの永久接着に使用される．しかし，昔からのネオプレンコンタクトセメントは最近靴の表面によく用いられている可塑化PVCにはよく接着できない．接着層に可塑剤が移行するからである．この点から接着性を改良するためにネオプレン AD-G が開発された．これは先に述べたように，接着剤メーカーの要求に応えてネオプレンにメタクリル酸メチルをグラフト重合したものである．このグラフトポリマーは他の材料を配合しなくても PVC によく接着する．靴のかかとの接着ではポリイソシアネートと組み合わせる二液性の接着剤が用いられている．グラフトポリマーはまた他の難接着材料，例えば EVA スポンジ，熱可塑性ゴム，SBR もよく接着する．ある場合には少量の樹脂を加えて接着力を増大させる．

ネオプレン接着剤が自動車工業に用いられたのは，ずいぶん以前からである．例えば気密化のためのスポンジストリップをドアやトランク，フッドリッドに接着した．他の部分としては，ビニルトリムとパネルの接着，開閉できるビニル屋根の接着がある．一般的なネオプレン・樹脂系のコンタクトセメントが可塑化PVCの接着に使われているが，この理由は靴の接着ほどの高強度の接着がいらないことと，バリヤーフィルムを使用するためである．

他の大きいネオプレン接着剤のマーケットは高圧プラスチックラミネートと木材，金属，石などとの接着である．コンタクトセメントでキッチンキャビネットが組み立てられている．ネオプレン接着剤は接着がすばやく行われ，接着強さが大きいので，カウンターのうしろのスプラッシュパネルとロールエッジとの接着が可能である．プラスチックラミネートパネルの工場生産へコンタクト接着剤の使用が増加している．

建築では種々の用途がある．大量に用いられる分野は石こう壁材（ウォールボード）同士を接着して二重壁にする用途，フラッシュドアやカーテンウォールで表面材と紙や木材のコアとの接着，合板の床材と根太とのマスチック接着剤などである．

応 用 方 法

ネオプレン接着剤は通常，スプレーコーティング，カーテンコーティング，ローラーコーティング，刷毛塗り，押出し（例えばコーキングガン）などによって塗付される．スプレーは工業的に最も重要な方法であって，接着剤の塗付が早く行われ，乾燥が早い．各塗付方法でネオプレン接着剤に求められる性質は次のようである．

（1）スプレー：ムーニー値が小さく，作業性の幅が広いネオプレンが選ばれる．スプレー適性を最高にするには練りが必要である．粘度は 250 cP 以下にする．溶剤としては単独ではネオプレンを溶解しないが，蒸発が早い溶剤をブレンドするとよい．

（2）カーテンコーティング： ムーニー値が小さく，作業性の幅が広いネオプレンが選ばれる．練り法や高せん断処理法が作業性の幅を広くするのに有効である．粘度は 200〜300 cP で，比較的蒸発速度のおそい溶剤が用いられる．

（3）ローラーコーティング： 糸引きを少なくするために練り法や高せん断処理法がすすめられる．粘度は 500〜1000 cP で，比較的蒸発のおそい溶剤が用いられる．最もおそい蒸発速度の溶剤は，単独または混合溶剤が真の溶剤のときで，snap-back（フットボール用語：突然思わない現象がおこる）を減少する．

（4）刷毛塗り： 粘度は 1000 cP 付近がよい．溶剤や練りの程度は刷毛塗りの方法によって決められる．

（5）押出し： ゲル化度が大きく，低粘度でチクソトロピックネオプレンがよい．理想的なのはネオプレン AG で，単独または AC, AD, WHV-A とブレンドして用いられる．ブレンド溶剤は蒸発の早い，しかも単独ではネオプレンを溶解しない溶剤をブレンドする．

ネオプレンラテックス接着剤

ネオプレンラテックスにはアニオン性のものと非イオン性のものがある。非イオンラテックスとして，Latex 115 があり，これはポリビニルアルコールで安定化したもので，pH が約 7.0 で販売されている。他に 10 種のラテックスがあり，アニオン乳化剤で安定化されている。このうち，7 種が接着剤に用いられている。接着剤に応用されるラテックスは**表 15.15** のようで，詳細はさらに次に述べる。

アニオンタイプ

Latex 400 は結晶化の早いポリマーで，未加硫の強度がラテックス中で最も大きいが，ドライオープンタックタイムが最も短い。被着材がいずれも湿潤しているとき，熱活性化接着するとき，高圧で接着するときなどに都合よく用いられる。Latex 400 は耐候性，耐水性，耐熱性，耐オゾン性にすぐれている。Latex 400 のポリマーはネオプレンラテックス中，最も塩素含有量が多く，炎で分解することが少ない。

Latex 571 は非常にゲル分の多いポリマーで，パーマネントセットが小さく，高強度のフィルムをつくる。Latex 571 は他のラテックスやレゾルシノール-ホルムアルデヒド樹脂と配合して，エラストマーと繊維や織物との接着に用いられる。

Latex 671 A は高濃度かつ低粘度のラテックスで，粘着力が大きく，柔軟性に富む。ガラス繊維のマットやボードに表面材をウェットラミネートするのに用いられる。

Latex 671 A は高濃度かつ低粘度のラテックスで中程度のゲルポリマーを含む。未加硫で凝集力が大きく，オープンタックタイムが長い。コンタクト接着にもウェットラミネーションにも使われる。Latex 654 に比べてコンタクト接着性は低いが，高温での強度は大きい。

Latex 750 は中程度のゲル分を含み，結晶化速度がおそいポリマーである。柔軟性，ドライタック，熱時の反応性，凝集力がすぐれている。コンタクト接着剤に用いられる。

Latex 735 A はゾルポリマーを含み，ラテックス中で最もドライオープンタックタイムが長い。フィルムは最も熱反応性に富む。Latex 735 A は一般にウェットラミネーションに用いられる。

Latex 842 A は非常に多くのゲルポリマーを含み，Latex 571 のポリマーよりも結晶化がおそい。箔のラミネートに用いられる。

非イオンタイプ

Latex 115 はポリビニルアルコールで安定化されているクロロプレンとメタクリル酸との共重合物を含んでいる。多くの応用に対して，Latex 115 は他のラテックスよりも次の 2 点に特徴がある。
1) すぐれたコロイド安定性
2) カルボキシル基を含む機能性

Latex 115 はすぐれたコロイド安定性のために，せん断力に対して抵抗性があり，またアニオン性ネオプレンラテックスでは不安定になってしまう添加物を加えても安定である。

Latex 115 はカルボキシル基を含有しているために，種々の非孔性被着材に対して良好な接着性を示す。さら

表 15.15 ネオプレンラテックスの性質

ラテックスのタイプ	400	571	654	671 A	735 A	750	842 A	115
成分	クロロプレン	クロロプレン	クロロプレン	クロロプレン	クロロプレン	クロロプレン	クロロプレン	クロロプレン
コモノマー	2,3-ジクロロ-1,3-ブタジエン	硫黄	—	—	—	2,3-ジクロロ-1,3-ブタジエン	—	メタクリル酸
乳化剤	不均化ロジン酸のカリウム塩	ロジン酸のナトリウム塩が主成分	不均化ロジン酸のカリウム塩	不均化ロジン酸のカリウム塩	不均化ロジン酸のカリウム塩	不均化ロジン酸のカリウム塩	ロジン酸のナトリウム塩が主成分	ポリビニルアルコール
イオン性	アニオン	アニオン	アニオン	アニオン	アニオン	アニオン	アニオン	非イオン
ラテックスの性質								
固形分%	50	50	59	59	45	50	50	47
25℃の初期 pH (最低値)	12.5	12.0	12.0	12.5	12.0	12.5	12.0	7.0
粘度 (cP)								
スピンドル 1, 6 rpm	9	15	75	60	5	10	15	—
スピンドル 1, 30 rpm	9	15	55	45	5	10	15	—
スピンドル 2, 6 rpm	—	—	—	—	—	—	—	500
スピンドル 2, 30 rpm	—	—	—	—	—	—	—	350
ゲル含有量	中	大	少	中	非常に少	中	大	少
フィルムの性質								
100%伸長モジュラス (MPa)	1.8	0.6	0.2	0.6	0.2	0.4	0.4	0.2
300%伸長モジュラス (MPa)	3.8	0.8	0.2	0.6	0.2	0.4	0.4	0.4
結晶化速度	非常に大	中〜早い	中	小〜中	大	非常に小	小	結晶化せず
特徴	塩素含量多く結晶化速度大	抗張力大	タック良，幅が広い	タックと耐熱性とのバランス良	オープンタック時間がすぐれ，接着性良好	幅が非常に広い	コストが安く，硬化が早い	機械的，電解質に安定で，カルボキシル基含有

に金属酸化物で室温架橋する．酸化亜鉛2～5部が通常添加されるが，他の金属酸化物でも有効である．メチロール尿素，メチロールメラミン，エポキシのような有機物でも有効である．

Latex 115 は工業的コンタクト接着剤として用いられている．表15.17に例示した配合処方では，溶剤系ネオプレンコンタクト接着剤に非常に近い性能を示す．

ネオプレンLatex 115 は酸化亜鉛と徐々に反応し，接着剤中のゲル分が増加する．ゲル分が乾燥フィルムのコンタクト性に直接影響するコンタクト接着の用途では，接着剤は6カ月以内に使用するように注意されている．

配 合

酸化防止剤　ネオプレンラテックスの配合にあたって，すぐれた酸化防止剤を使用して劣化を防止する．ヒンダードビスフェノール，例えばWingstay L または Antioxidant 2246 が着色や汚染をきらう用途に用いられる．着色がそれほど気にならない用途には，アミンタイプの酸化防止剤が用いられる．

金属酸化物　酸化亜鉛は最も有効な金属酸化物である．鉛含量の少ない酸化亜鉛を使用するフランス式製造法が推奨され，酸化亜鉛は分散状態にしてラテックスに添加する．酸化亜鉛には次の三つの役目がある．① 硬化促進，② 保存，熱，屋外での抵抗性の増加，③ 酸の吸収剤としての役目．

多くの接着剤の配合では，酸化防止剤2phr，酸化亜鉛2～5phrが適当である．きびしい要求のときには，酸化防止剤や酸化亜鉛を増量するのが望ましい．耐候性テストに近い促進テストが行われるときには，必要とされる条件に応じて配合物の種類や量を加減する．

樹 脂　溶剤系の接着剤で接着強さを大きく向上し，耐熱性を高めるために金属酸化物/t-ブチルフェノール樹脂の複合体が有効であるが，ラテックス系では混和性がないので用いられない．ネオプレンラテックスでよく用いられる樹脂はテルペンフェノール樹脂，例えば Durez 12603 (Occidental)，SP-560 (Schenectady) のみであって，高温で接着性の低下が少ない．他の樹脂，例えばクマロン-インデン樹脂，液状テルペン樹脂，ロジンエステルも接着強さを増加し，オープンタイムが長くなるという点からは有効であるが，高温での凝集力が低下する．図15.8には，70℃ (158°F) でのキャンバス-キャンバスのはく離強さを，Latex 750 に種々の樹脂を加えたときの添加量との関係をプロットしたものである．テルペンフェノール系のみが50phrで接着破壊をおこしている．しかしテルペンフェノール樹脂は，他の柔軟な合成樹脂に比べて粘着性が劣るという欠点がある．そこで，他の樹脂とブレンドして，熱間接着強さとオープンタイムとのバランスをとっている．

表15.16　転相でつくる樹脂分散液の処法

樹脂の分散液	部
Arizona Zonester 65 Resin[a]	100
Witcomul 4089[b]	3
Igepal CO-970[c]	3
イオン交換水	94

方法 1. 100℃ (212°F) の循環式空気オーブン中で樹脂と乳化剤を溶融させる．
2. 85～95℃ (185～194°F) に保った容器に樹脂混合物を入れ，90～95℃ (194～203°F) になるまでかきまぜる．
3. 85℃ (185°F) の水6gを加える．
4. 85℃ (185°F) まで冷却する．85℃ (185°F) の水6gを徐々に加える．混合物は転相して粘稠になる．
5. かきまぜながら残りの水を加える．かきまぜないで室温にまで冷却する．粒子径は1～3μmになる．

a：ロジンエステル，Arizona Chemical 社，b：ロジンジエタノールアミド，Witco Chemical 社，c：エトキシ化ノニルフェノール，GAF 社．

ネオプレンラテックスに添加する樹脂は，溶剤に溶かしてからエマルジョンにしたもの，溶剤なしでペブルミルで分散したもの，時には溶剤なしで転相してエマルジョンにしたもの，などとして加えられる．転相法では，80℃ (176°F) 以下で溶融するものが用いられる．水と界面活性剤とを溶融樹脂に加え，温度を下げてゆく．ある温度になると転相がおこり，溶融した樹脂中に水がエマルジョン状に分散していたのが，水中に樹脂が分散している状態に変化し，このエマルジョンがラテックス接着剤を製造するのに適している．この方法でつくった樹脂分散液の処方を表15.16に示した．この分散液から，次の配合によって中程度の熱間接着性をもち，オープンタイムのすぐれた接着剤をつくることができる．

	固形分%	固形分配合量
ネオプレンラテックス 671 A	60	100
酸化防止剤	33	2
酸化亜鉛	50	5
樹脂分散液	50	30

溶剤を使ってエマルジョンにするよりも，溶剤を用いないで製造したエマルジョンの方が次の利点がある．

1) 溶剤の増粘効果がないので，低粘度の接着剤をつくることができる．
2) 樹脂含量を多くできる

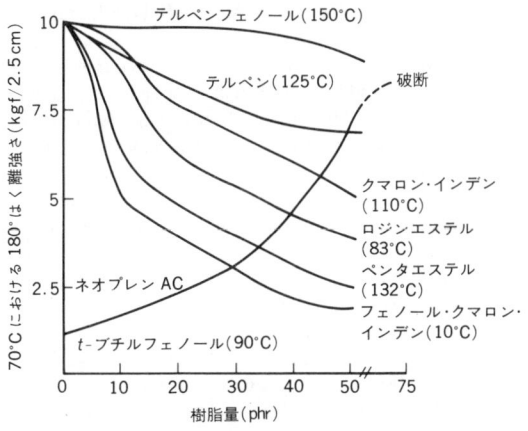

図15.8　Latex 750 接着剤に対する樹脂の影響（室温に7日放置後測定）

15. ネオプレン（ポリクロロプレン）ベースの溶剤型およびラテックス型接着剤

表 15.17 ネオプレンラテックスベースの接着剤の配合

成　分	固形分重量			
	コンタクト接着剤	コンタクト接着剤[a]	箔と紙とのラミネート用接着剤	箔と紙とのラミネート用接着剤[b]
アニオン性ネオプレンラテックス	100	—	100	—
ネオプレンラテックス 115	—	100	—	100
消泡剤の必要性	なし	なし	あり	あり
界面活性剤の必要性	あり	あり	あり	あり
酸化亜鉛	5	2	5	5
酸化防止剤	2	2	2	2
テルペンフェノール樹脂	50	—	—	—
液体ポリテルペン樹脂（低融点樹脂）	25	—	—	—
水素化ロジンまたはロジンエステル	—	30	20	—
充填剤	—	—	100	100
Resimene 717[c]	—	—	—	5
塩化アンモニウム	—	—	—	0.2
必要量の増粘剤	×	×	×	×

a：保存期間 6 カ月
b：文献 15
c：メラミン-ホルムアルデヒド樹脂，Monsanto 社．

3) 可燃性の溶剤を含有しない
4) 通常エマルジョンに含まれている溶剤，石けん，カゼインがないか，または少ないので，合成増粘剤によるレオロジー性が自由にコントロールできる

充填剤　ネオプレンラテックスは原則的には充填剤の添加で強化されない．充填剤はコストを下げ，レオロジー，固形分濃度，硬さを調節するのに用いられている．いずれも凝集力と接着力が低下する．水酸化アルミニウムは耐炎性のために加えられている．その他，炭酸カルシウム，クレイ，シリカ，長石の粉末が一般に用いられている．

典型的な配合
ネオプレンラテックスをベースとした典型的な接着剤の配合を**表 15.17** に示した．第 1 行は汎用コンタクト接着剤である．Latex 671 A, 750 はともにこの配合に適している．Latex 750 はコンタクト性はよいが，熱間での凝集力は低い．
第 2 行の配合は Latex 115 をベースとしたものである．Latex 115 は反応性があるので凝集力の発現がすぐれている．製造してから 6 カ月以内に使用する必要がある．
第 3，第 4 行の配合はアルミニウム箔とクラフト紙や他の紙との高速ラミネーションのために設計されたものである．アニオン性の Latex 654 が適当であり，充填剤を多く加えることができて，ウェット状でもタックが大きい．Latex 115 はまたせん断力に対する安定性と接着強さが良好な点から選ばれている．第 4 行はまず評価をはじめるための基礎となる配合である．

［Sandra K. Guggenberger／本山卓彦 訳］

参　考　文　献

1. Anon., "Neoprene Solvent Adhesives," DuPont Elastomers Bulletin.
2. Cuervo, C.R., and Maldonado, A.J., "Solution Adhesives Based on Graft Polymers of Neoprene and Methyl Methacrylate," DuPont Elastomers Informal Bulletin, October 1984.
3. Hermes, M.E., "Neoprene AF Handling Guide," DuPont Elastomers Informal Bulletin, September 1972.
4. Tanno, T., and Shibuya, I., "Special Behavior of p-tert-Butylphenol Dialcohol in Polychloroprene Solvent Adhesives," Adhesives and Sealants Council—Spring meeting 1967.
5. Keown, R.W., and McDonald, J.W., "Factors Affecting Phasing of Neoprene Solvent Adhesives," DuPont Elastomers Bulletin.
6. Crenshaw, L.E., "Neoprene AG—Effect of Filler Type in High Viscosity Mastics," DuPont Elastomers Report, Feb. 19, 1968.
7. Megill, R.W., "Adhesives Based on Neoprene AG," Adhesives and Sealant Council—Spring Meeting 1968.
8. Nyce, J.L., "Neoprene AH-Aliphatic Hydrocarbon Dispersible Neoprene," DuPont Elastomers Informal Bulletin, October 1973.
9. Anon., "Factors Affecting Solution Viscosity in Neoprene-Solvent Systems," DuPont Elastomers Bulletin.
10. Anon., "Solvent Systems for Neoprene—Predicting Solvent Strength," DuPont Elastomers Bulletin.
11. Kelly, D.J., and McDonald, J.W., "Solution Compatibility of Neoprene with Elastomers and Resins," DuPont Elastomers Bulletin, Oct. 1963.
12. McDonald, J.W., "Neoprene Adhesive Processing—High Shear Refining," DuPont Elastomers Informal Bulletin.

13. Doherty, F.W., "Neoprene Latex Adhesives," DuPont Elastomers Informal Bulletin.
14. Gelbert, C.H., "A Selection Guide for Neoprene Latexes," DuPont Elastomers Bulletin.
15. Gelbert, C.H. "Aluminum Foil to Paper Laminating Adhesives Based on Neoprene Latex 115," DuPont Elastomers Informal Bulletin.
16. Gelbert, C.H., "Compounding Neoprene Latex for Colloidal Properties," DuPont Elastomers Bulletin.

16. ポリサルファイドシーリング材と接着剤

ポリサルファイドポリマーという言葉は、一時期、Thiokol Chemical 社で製造された高硫黄含有ポリマーに独占的に使用されていた。1928 年から 1960 年までは、高硫黄含有ポリマーだけが利用可能であった。固体のポリサルファイドポリマーは 37〜82% の結合硫黄を含み、液体のポリマーは約 37% の硫黄を含むため、特徴のある化学特性をもっている。

1960 年から 1976 年にかけて、いろいろな骨格をもち末端にメルカプト基のあるポリマーが紹介された。これらは「メルカプタンを末端にもつ他のポリマー」として分類される。これら多くのポリマーのもつ化学的抵抗性はポリマーの基本骨格によって変化するため、その特徴を生かした形で評価されている。

ポリサルファイドシーリング材

元来、ポリサルファイドポリマーをベースにしたシーリング材は、柔軟性、接着性、化学的抵抗性が必要とされる分野に広く受け入れられた。室温で硬化する初めての液体ポリマーであったため、軍事面で数多く応用された。航空機の燃料タンクのシーリング材としての利用は、今でも主な用途として残っている。他の軍事面での応用としては、素早くホースを修理したり、前線で素早く組み立てるボルト締めしたスチールタンクのシーリング材としてや、電気部品のポッティング剤としてや、ストップギャップ方式で設計された航空母艦の木製フライトデッキを目地止めしたり、航空機のメタクリレートドームを接着しシーリングしたり、予備艦艇のカバーの目地止めをしたり、飛行中の空気抵抗を少なくするために翼上に取り付けるアルミニウム製のストリップを接着したりするなど、多くの応用がある。これら多くの用途は、1940 年代の前半に即時利用可能ということで採用された緊急用の手段であった。そして、軍用規格が迅速に発行された。

現在、ポリサルファイド利用の多くは、シーリング材やガラスの密封用に限られている。1960 年代から 1970 年代の初めまで、ポリサルファイドは優位であったが、今では建築用シーリング材としてはシリコーンやウレタンに次いで 3 位になっている。アメリカでのポリサルファイドシーリング材衰退の一因は、価格競争に巻き込まれたため品質の劣った建築用シーリング材が出回り、多くの製造業者がウレタンへ変更したためである。ある製造業者は自身でウレタンベースのポリマーを製造し、ある会社はいくつかのルートからプレポリマーを購入した。さらに衰退の原因としては、ウレタンやシリコーンのシーリング材の方がより優れた性能がだせるためである。ヨーロッパでは、ポリサルファイドシーリング材は性能、応用、規格を正確にコントロールしているため、米国より市場性がある。

ポリサルファイドシーリング材として今まで続いている大きな応用例の一つは、複層ガラスユニットをつくるためのガラス用接着剤である。この利用は、1940 年代の始めに、可塑化した固体のポリサルファイドを用いて少規模で開始された。しかし、広範囲に使用できる液体ポリマーに素早く置き換えられた。ポリサルファイドシーリング材は採用されたのは早かったが、最近ではブチルホットメルトやシリコーン/ポリイソブチレンの二層法に徐々に置き換わっている。ホットメルトは、より安価で自動化や労務費の低下を可能にした。ポリサルファイドシステムは、公共住宅のようなあまり性能を要求されない場所や補修箇所など、規格が厳しくない用途に使われている。現在でもいくらかは、産業界や高層ビルなど高品質が要求される用途でポリサルファイドが使われているが、最も優れた配合は、シリコーンとポリイソブチレンを使った二層システムである。この傾向は今後も続き、高品質や高性能が必要とされる分野ではポリサルファイドは不利である。

他のポリサルファイドの大きな市場としては、以前は自動車の窓ガラスを取り付けるためのガラス用接着剤として使われた。初期の工程では、組立ライン上でガラスを金属のトリムに取り付けるが、General Motors は、Pyles Industries 社が考えた 3 種の原料を混合する方法を採用し、非常に早く硬化するポリサルファイドを使うことによって実際にトータルコストを下げた。このように、ポリサルファイドは General Motors によって多くの自動車に採用され、その後 Chrysler も採用した。この

16. ポリサルファイドシーリング材と接着剤

表 16.1 LP® ポリサルファイド液体ポリマーの物理特性

	LP-31	LP-2	LP-32
−4°C での粘度 (P)	800〜1400	375〜425	375〜425
平均分子量	8000	4000	4000
比重	1.29	1.29	1.29
屈折率	1.5728	1.5689	1.5689
流動点 (°C)	10	7.2	7.2
引火点 (オープンカップ) °C	235	232	235
燃焼点 (オープンカップ) °C	246	246	252
硬化剤 (%)	0.5	2.0	0.5

市場は約5年間続いたが、ポリサルファイドに比べコストが安く、シーリング材として使用する直前に水を混ぜると活性化できる、より単純な一液型のウレタンに置き換えられた。ここでもコストがシーリング材選択の要因になっている。

原料の置き換え市場では、取扱いの難しい二液型のポリサルファイドにかわって、価格は高いが、取扱いがきわめて簡単な一液型シリコーンにすぐおきかわってしまった。このように、労働コストはそれほど重要ではなかった。

その他の大きな市場としては、1960年代の前半ほぼ6年間、軍の滑走路のエクスパンションジョイントへのシーリング材として使われた。このシーリング材には充填剤やコールタールを多量に混合し、要求された低コストに見合う特殊なポリマーを使用した。時間がたってシーリング材が硬化すると、気泡が破裂して接着力が低下するため、他の接着剤に置き換えられた。新しいシステムは、可塑化した塩化ビニルのホットメルトを使ったより単純なシステムで、ASTMでカバーされている。

ポリサルファイドシーリング材が今でも使われている分野としては、歯科用の成形配合物、注型印刷ロール、フレキシブルモールド用の注型配合物、電気用ポッティング、その他いろいろな接着剤などがある。

ポリサルファイドシーリング材は優れた接着剤で、広くいろいろな表面に接着する。しかし、使用量が多い用途では、コストが選択の重要な要素になっている。

化 学

多くのシーリング材は、ポリサルファイドの液体ポリマーを基本にしたThiokol® LP®-2, LP®-32, LP®-31を用いて製造され、化学、硬化過程、補強、応用はほぼこれらのポリマーに限って検討されている。Berenbaum と Panek[21] の広範囲にわたる文献の中に、ポリサルファイドポリマーの化学と応用、組成物、水分散液、そのいろいろな液体ポリマーについて完全にまとめられている。

Patrick と Ferguson[22] が示したように、一般的なポリサルファイド液体ポリマー合成法は、次式に示したように乳化剤や求核試薬を含んだ多硫化ナトリウムとビスクロロエチルホルマールとの反応から始まる。

$$n\text{ClC}_2\text{H}_4\text{OCH}_2\text{OC}_2\text{H}_4\text{Cl} + n\text{Na}_2\text{S}_{2.25} \longrightarrow$$
$$(-\text{C}_2\text{H}_4\text{OCH}_2\text{OC}_2\text{H}_4\text{S}_{2.25})_n + 2n\text{NaCl}$$

硫黄は二硫化物と三硫化物の混合物として存在する。
次の段階では、高分子量ポリマーはセグメントに分裂し、同時に下記のようにメルカプタン基で停止反応がおこる。

$$\text{RSSR} + \text{NaSH} + \text{NaHSO}_3 \longrightarrow$$
$$2\text{RSH} + \text{Na}_2\text{S}_2\text{O}_3$$

開裂をおこさせる塩の濃度によって、平均分子量に影響を及ぼし、LP®-2やLP®-32のグレードになる。平均の構造は次のようである。

$$\text{HS}(-\text{C}_2\text{H}_4\text{OCH}_2\text{OC}_2\text{H}_4\text{SS}-)_{23}$$
$$-\text{C}_2\text{H}_4\text{OCH}_2\text{OC}_2\text{H}_4\text{SH}$$

これらのポリマーは平均分子量4000として合成され、最初の反応で用いた架橋剤(トリクロロプロパン)のmol%が違っているだけである。LP-2では2mol%、LP-32では0.5mol%のトリクロロプロパンで合成する。

架橋剤を少なくするとより低モジュラスで、より大きな伸びをもつようになり、より耐震性が必要とされる用途に使用できる。例えば、シーリング材に使われるポリマーのうち、LP-31はLP-32に比べてより高分子量で粘度が高い。シーリング材として用いられている3種類のポリマーの物理的性質を**表16.1**に示した。

配 合

ポリサルファイドシーリング材は強化充填剤、可塑剤、粘着付与剤、硬化剤を配合してできている。**表16.2**にいろいろな産業界で使用されている5種類の配合を示し

表 16.2 いろいろな応用へ向けた配合(重量比)

	1	2	3	4	5
ポリサルファイドポリマー	20	35	30	65	35
充填剤	50	40	50	25	35
可塑剤	25	20	15	5	27
粘着付与剤	2	2	2	2	—
硬化剤	3	3	3	3	3

®: Thiokol Chemical 社の登録商標。

(1) 一液型シーリング材．これは保存安定性を良好にするため，一般により低分子量のポリマーを使う．
(2) 建築用シーリング材．実際にはポリマーの含有率を少なくしてある．
(3) 複層ガラスシーリング材．この場合，可塑剤量をより少なく充填剤をより多くすることでより高強度にする．
(4) 航空機用シーリング材．ジェット燃料による可塑剤の抽出を抑さえるためにできるだけ可塑剤量を少なくする．
(5) 一般に使用する注型用には可塑剤を多くし適度な流動性が必要である．
配合する原料について個々に説明する．

硬化剤

数多くの硬化剤が検討されたが，数種類の硬化剤だけが満足のいく結果になった．工業用二酸化鉛は多くの二液型建築用シーリング材や注型用コンパウンドに使われている．ステアリン酸は反応抑制剤として硬化剤ペーストの中に混ぜられている．硬化剤ペーストには通常50%の二酸化鉛と45%の可塑剤と5%のステアリン酸が含まれている．

工業用の二酸化マンガンは，複層ガラスシーリング材の硬化剤に使われる．硬化物はガラスを通しての紫外線耐性がより優れており，長時間優れた接着を保つ．塩基で二酸化マンガンの作用が促進され，可使時間は約30分になり，ほぼ8時間で硬化する．配合物は作業装置に適合するよう調節される．

一液型シーリング材は，湿気のない状態で不活性なので，硬化剤として過酸化カルシウムを使用する．このシーリング材には過酸化カルシウムペーストの添加直前に脱水剤として酸化バリウムを混合する．酸化バリウムは6molの水と反応するので，包装したシーリング材を安定化させるのに大変有効である．

他の硬化剤としては，より耐熱性が要求される航空機用シーリング材に，クロム酸塩の無機物を使用する．いくつかのマンガン化合物も航空機用シーリング材に用いられる．クメンハイドロパーオキサイドはある種の注型用コンパウンドに用いられるが，建築用シーリング材では接着性が不足している．

充填剤

ポリサルファイドには補強剤の添加が必要である．航空機用コンパウンドには，より高度の物性を得るためにカーボンブラックが必要である．他の用途向けに使用される主な充填剤は炭酸カルシウムで，大理石の粉末や沈降性グレードが有用である．最も安価なシーリング材用には主に大理石の粉末を使うが，粘性をチクソトロピー性に調節するために沈降性グレードの添加が必要である．

複層ガラスシーリング材には，白くするためにいくらかの二酸化チタンを加え，触媒に少量のカーボンブラックを加える．これらは，特許になっているスタティックチューブから計量した量だけ注入して混合するため，混合が不十分だと縞模様が生じる．完全に混合すると明るい灰色になる．建築用シーリング材には，焼成クレイを加えて炭酸塩からくるアルカリを中性化する．リトポンや硫化亜鉛は，二酸化チタンの代わりに用いられる．

可 塑 剤

一時期，塩素化ジフェニルがポリサルファイドシーリング材用に広く使われた．しかし毒性があるため，フタル酸エステルやリン酸エステルやグリコール酸エステルに置き換えられた．押出し特性を改良するために最少量のトルエンが加えられている．複層ガラスシーリング材には，ユニット内に曇りが出ないように，できるだけ蒸発しにくい可塑剤が要求されている．

接着付与剤

接着力が必要となる場所では，すべてのシーリング材に接着付与剤の添加が必要である．例えば，二液型の建築用シーリング材では特定のフェノール樹脂(Methylon AP-108, General Electric 社)が大変優れている．シランモノマーは一液型のシーリング材に用いられる．航空機用のシーリング材には，ジェット燃料により耐える特定のフェノール樹脂が用いられ，Durez resin #10694 (Occidental Chemical 社)が大変優れている．

プライマー

すべての建築用シーリング材には，接着力の向上剤が含まれているが，多くの場合不十分なため，裸の金属の場合には希薄なシランベースのプライマーが推奨されている．多孔質表面の場合，シーリング材と多孔質の界面に移行してくる水分を防ぐために，皮膜形成作用のあるプライマーが必要である．プライマーはまた基材を浸透してくるガスを防ぐのにも用いられる．普通の建築材料用には，すべてのシーリング材メーカーが接着力向上のためにプライマーをパッケージとしてもっている．一般に，コンクリート用のプライマーは，可塑剤とともに塩素化ゴムや変性フェノール樹脂やこれら両方を含んでいる．プライマーはシーリング材にとって独特なものであるため，シーリング材の製造業者によって供給されている．固形分の少ないシランプライマーは単分子膜をつくり，金属，ガラス，セラミックへの接着力を向上する．

規 格

建築用シーリング材の中で，多液タイプについてはTT-S-00227E，一液型についてはTT-S-00230C，その両方についてはASTM C-920がある．この規格はアメリカ商務省標準局によって1972年に連邦規格に代わって選定された．他の軍事用規格として今でも使われてい

るものとしては
1) MIL-S-7502C. 航空機燃料タンクのシーリング
2) MIL-S-8802C. 高温耐熱性燃料タンクのシーリング
3) MIL-S-8516C. 電気用ポッティング
4) MIL-C-15705A. 航空機用のシームシーリング

ポリサルファイド液体ポリマーとエポキシ樹脂との反応による接着剤

ポリサルファイド液体ポリマーとエポキシ樹脂との反応は,最初にFettesとGannonによって研究された[23].これら2種類の重合性化合物間の反応は,キャスティング,コーティング,ラミネート,ポッティング,接着剤などへ応用できることがわかった.この多方面にわたる利用は,BerenbaumとPenekによって明らかにされた[21].

この考えは接着剤用のコンパウンドに限られ,接着剤用に開発された配合ではエポキシ樹脂が主成分である.しかし,ポリサルファイド液体ポリマーとエポキシ樹脂とを組み合わせると,多くの場合特徴ある物理的,化学的性質が出てくる.

化　学

研究されたいろいろなポリサルファイド液体ポリマーの中で,LP-3が最も広く使われている.このポリマーの平均的な構造は次のようである.

$$HS(C_2H_4OCH_2OC_2H_4SS)_8 C_2H_4OCH_2OC_2H_4SH$$

このポリマーは平均分子量1000で粘度は7～12Pである.2mol%のトリクロロプロパンを用いて合成され,それ自身が硬化しても架橋することが確かめられている.しかし,エポキシ樹脂と硬化したときの反応は十分に明らかではない.

液体のエポキシ樹脂ばかりでなく,液体と固体のエポキシ樹脂を混合した場合についても研究されている.最も広く用いられるのは,粘度が80～200Pでエポキシ当量が175～210のエポキシ樹脂である.例えばこの範囲にあるエポキシ樹脂としては,Epon 820やEpon 828 (Shell Chemical社),ERL-3794 (Union Carbide社),Araldite 6020 (Ciba社) がある.

エポキシ樹脂はビスフェノールAとエピクロロヒドリンとの反応によって得られ,次のような構造をしている.

ポリサルファイド液体ポリマーとエポキシ樹脂との反応では,有機アミン化合物が触媒や促進剤の役目をする.かなりの数の化合物が評価されたが,最後に選ばれたのはDMP-30® (Rohm and Haas社,トリジメチルアミノメチルフェノール),DET (ジエチレントリアミン),BDA (ベンジルジメチルアミン) など数種の実用的な触媒に限られている.アミン触媒はかなり高い配合比で使用され,多くの場合エポキシ樹脂に対し重量比で10%用いられる.DETのように相互反応する第一級アミンによる反応は,反応硬化剤として分類されている.液体のポリサルファイドポリマーとエポキシ樹脂と第一級アミン硬化剤との一般的な反応は次式のようである.

$$-RSH + C\overset{O}{-\!\!-\!\!-}C-R'-C\overset{O}{-\!\!-\!\!-}C + -R''NH_2 \longrightarrow$$
$$-RS-\underset{H}{\overset{|}{C}}-\underset{OH}{\overset{|}{C}}-R'-\underset{H}{\overset{|}{C}}-\underset{OH}{\overset{|}{C}}N-R''-$$

物 理 的 特 性

液体のエポキシ樹脂で変性したLP®-3ポリマーをDMP-30で硬化させると,硬化が促進され,反応熱に基づく最高温度が上昇する.エポキシ樹脂とLP-3とを用いた配合物は,伸度や耐衝撃性が大きく,脆性が少ない.液体のエポキシ樹脂にLP-3を加えたときの物理的特性の変化を**表16.3**に示した.

エポキシ樹脂にLP-3を50%まで加えると引張り強さが強くなることは興味ある.理論上の組合せで硬化させた単独エポキシ樹脂は,大きい引張り強さをもっているが,伸びは小さく,理論上の引張り強さに達する前に切断する.大きい柔軟性,引張り強さ,伸びをもつ配合が接着剤としては大変望ましい.

LP-3を加えて耐衝撃性を改良した配合が,接着剤として優れている.

熱変形温度は,LP-3を20%加えるとわずかに変化し,1/1の比率にまでなると明瞭に低下する.この現象については,DETで硬化させた単独のエポキシ樹脂の熱変形温度が55℃,LP®-3/エポキシ樹脂＝1/4では54℃,1/2では50℃,1/1では40℃,に低下するという事実が物語っている.このような特性は,高温用接着剤への利用を妨げるが,適当な温度制限で使用する限り支障はない.

LP-3/エポキシ樹脂の組合せによる電気的特性は,1/1で使用したときですらLP-3を使用しないエポキシ樹脂に比べわずかに劣る程度で,電気用ポッティングにも使うことができる.

LP-3/エポキシ樹脂の組合せによる接着特性はエポキ

®：登録商標, U. S. Patent Office.

表 16.3 液体エポキシ樹脂の物理特性への LP®-3 ポリマー添加効果

エポキシ樹脂[a]	100	100	100	100	100	100	100
LP-3	—	25	33	50	75	100	200
DMP-30	10	10	10	10	10	10	10
シートを 25℃ 下で 7 日間放置して硬化させた後の物理特性							
引張り強さ (kgf/cm^2)	246	387	457	506	216	165	11
伸び (%)	0	1	2	5	7	10	300
ショアー D 硬度	80	80	80	80	76	76	15
線膨張率 (cm/cm/℃×10^5)	4.5	5.5	6.0	7.5	10.0	13.5	15.0
耐衝撃性 (cm-kgf)	28	14	41	69	371	962	1375

a：エポキシ当量 175〜210 の液体エポキシ樹脂．
®：Thiokol Chemical 社の登録商標．

シ樹脂単独よりも優れており，この結果を表 16.4 に示した．

データは最適条件であるオーブン中 250°F (121℃) で 1 時間硬化後を比較している．LP-3 を配合した系でのせん断接着強さは，温度や浸漬などのいろいろな環境変化に対しても，単独エポキシ樹脂使用の系よりかなり高くなる．

LP-3 を使用することにより柔軟性が改良されるため，はく離強さや曲げ強さも向上する．

応　用

LP-3 とエポキシ樹脂を使った接着剤のうち，最も典型的な応用は旧-旧コンクリートや新-旧コンクリートの接着である．これらの接着剤は，高速道路，橋，ビル，ダム，空港，鉄道，歩道，車道，商業用や工業用の床の補修，上塗り，表面のシーリング，滑走路の目地や他の作業のようにコンクリート製の建物やその補修に限られて利用されている．表 16.5 には，単独エポキシ樹脂と LP/EP コンクリート接着剤との接着性能の比較を示した．LP/EP 配合物は接着強さがかなり改良されているため，ほとんどの場合強度はコンクリート自身の強度で決まる．この配合は新しいコンクリートを古いコンクリート上に打つときでも，接着性が良くコンクリート同士の接着と同様の結果を示す．

他のメルカプタンを末端にもつポリマー

最近，メルカプタンを末端にもつ 3 種類のポリマーが工業的につくられた．1960 年代に Diamond Alkali 社はポリエーテル骨格でメルカプタンを末端にもつポリマーを何種類か発表した[1,2]．これらのポリマーは Thiokol 社のポリサルファイドポリマーと同様の方法で硬化させたが，物性が劣り魅力がなかったため数年で撤退した．Products Research 社はウレタン骨格でメルカプタンを

表 16.4 アルミニウムへの接着特性

	エポキシ樹脂単独		LP/EP 接着剤	
	A	B	A	B
Thiokol® LP-3	—	—	100	—
液体のエポキシ樹脂[a]	—	100	—	100
炭酸カルシウム	—	100	71	179
EH-330	15	—	15	—
A/B の比率	1/13.3		1/1.5	
硬化 (最適条件下)	121℃ で 1 時間		121℃ で 1 時間	
0.127 cm/min での引張り強さ (kgf/cm^2)				
室　温	120		316	
82℃	141		105	
−19℃	98		176	
はく離強さ (kgf/cm)	1.4		3.2	
曲げ強さ (kgf)	45.4		63.5	
各種液体へ 27℃ で 30 日間浸漬後のせん断強さ (kgf/cm^2)				
水	70		120	
海　水	0		77	
JP-4 燃料	127		225	
イソプロピルアルコール	141		225	
エチレングリコール	112		260	
エンジンオイル	120		225	
メチルエチルケトン	112		35	
ジブチルフタレート	127		239	

a：エポキシ当量 175〜210 の液体エポキシ樹脂．

表 16.5 コンクリートへの接着特性

	エポキシ樹脂単独		LP/EP コンクリート接着剤	
	A	B	A	B
Thiokol® LP-3	—	—	100	—
シリカ充填剤	—	50	80	—
DMP-30	7.5	—	20	—
液体のエポキシ樹脂[a]	—	100	—	200
A/B の比率	1/120		1/1	
引張り接着強さ (kgf/cm^2)				
7日間硬化後室温で測定	0~10.5		24.3	
7日間水に浸漬後室温で測定	0~10.5		23.6	
接着曲げ強さ (kgf/cm^2)				
7日間硬化後室温で測定	2.5		23.6	

注意：測定値は，ほとんど同一条件で旧-旧コンクリートもしくは新-旧コンクリートを接着して得た．コンクリートは ASTM C-185 によって作成し，引張り接着は ASTM C-190 に，曲げ強さは ASTM C-348 によって測定した．

いろいろな温度下でのせん断強さの測定 (kgf/cm^2)

	エポキシ樹脂単独	LP/EP コンクリート接着剤
7日間下記温度 (°C) で硬化後室温で測定		
66°C	28	295
100°C	21	302
177°C	7	7

a：エポキシ当量 175~210 の液体エポキシ樹脂．

末端にもつポリマーをつくったが，主に複層ガラスの仕上げ用シーリング材としてのみ販売された．このようなポリマーは今でも PRC 社で製造されている[4,19,20]．1970 年代の前半に Hooker Chemical 社は，主にポリエチレン骨格でメルカプタンを末端にもつポリマーを製造するため，バッチ式のパイロットプラントをつくった．しかし，できたポリマーには 55% もの硫黄が含まれており，性能が Thiokol 社製より劣っていたため失敗した．学術面では，いろいろなメルカプタンを末端にもつポリマーの特許が出願されている．以下に述べる概要の中では，できる限り類似のポリマー骨格を基本にして分類した．

ポリエーテル

ポリエーテルを含んだポリサルファイドはいくつかの特許に示されている．LeFave と Hayashi は，チオ置換した有機酸でポリオールをエステル化してメルカプタン末端のポリ(オキシアルカレン)ポリオールを骨格にもつポリマーを合成した．これらのポリマーは，テトラメチルーチウラムジサルファイドと二酸化マンガンによって硬化された．LeFave らは[2]，エピハロヒドリンとポリオールを反応させ，得られた中間体を水硫化ナトリウムと反応させて類似のポリマーを合成した．これらのポリマーを酸化鉛，二酸化マンガン，酸化亜鉛，酸化チタンで硬化させるとゴム状の生成物が得られる．

Ephraim[3] は，ハロゲンを含んだエポキシド自体もしくはアルキレンオキサイドを重合し，ついでアルカリの水硫化物でこのハロゲン化合物をチオール化合物にかえてチオール末端のポリエーテルを合成した．

Morris らは[4]，ポリ(オキシアルキレン)グリコールとアルカリ金属とを分散状態で反応させ，得られたアルコレートをハロゲン化した有機化合物と反応させ，さらに硫黄を含んだ化合物と反応させ，最後にアルカリ金属で加水分解してメルカプタンを末端にもつポリエーテルを得た．

Nummy は[5]，ジエチレングリコールのジビニルエーテルを硫化水素と反応させ，ジエチレングリコールのビス(2-メルカプトエチル)エーテルを得た．さらにこのポリマーを酸化してメルカプタン末端を有する液状のポリエーテルポリマーを得た．

ポリエステル

Erickson は[6]，ジアクリレートを末端にもつエステルを硫化水素と反応させ，メルカプタンを末端にもつポリマーを得た．これらのポリマーはジクミルパーオキサイドと酸化マグネシウムを用いて硬化させることができ，弾性のある化合物ができる．Cameron と Duke は[7]，メルカプト有機酸とグリコールとを反応させて得たメルカプタンを末端にもつポリエステルを発表した．これらのポリマーは二酸化鉛や他の酸化剤を用いて硬化させる．

ウレタン

Bertozzi は[8]，ジサルファイド基を含むポリオール，ジイソシアネート，ジメルカプタンを反応させてポリチオポリメルカプタン-ポリウレタンポリマーの一種を合成

した．これらのポリマーは酸化剤でたやすく硬化した．Gobranは[9]，ウレタンプレポリマーと重合性のないポリメルカプタンとを反応させ，メルカプタン末端の尿素，チオウレタン架橋のポリエステルまたはポリエーテルポリウレタンを合成した．Bertozziは[10]，メルカプトアルコールと有機ポリイソシアネートとを反応させ，メルカプタンを含んだポリウレタンを合成した．これらは，二酸化鉛や過酸化リチウムで簡単に硬化した[19]．Smith[11]は，ポリエーテルグリコールとエピハロヒドリンを反応させ，さらにポリイソシアネートと反応させてメルカプタンを末端にもつウレタン架橋したポリエーテルを合成した．このポリマーは，アルカリ金属の水硫化物と反応させて末端の塩素を取り除き必要なポリマーを合成する．

オレフィン

NollとMcCarthyは[12]，メルカプタンを末端にもった分岐ポリブタジエンを合成した．これは，キサントゲンジサルファイドでポリブタジエンを重合し，エステルを熱分解して得られる．Weinsteinら[13]，共役したジエンと硫黄とを反応させ，水素化し，メルカプト基を含む低分子量のポリマーを合成した．Warner[14]とFranz[15]は共役したジエンと硫化水素とを反応させるとき，そのまもしくは他の化合物と共反応してポリブタジエンのメルカプタン誘導体を得た．

その他の化合物

Jonesは[16]，メルカプト有機酸をポリオールと反応させて得られたプレポリマーを酸化させ，より高い分子量をもつポリエーテルポリエステルを含んだポリメルカプタンを合成した．これは二酸化鉛で簡単に硬化する．Warnerは[17]，エチルシクロヘキシル-ジメルカプタンとビニルシクロヘキセンとの混合物を放射線照射して，チオールを末端にもつポリマーを合成した．Bertozzi[18]は，2個のジチオエーテル結合をもつポリマーを非酸化性強酸の存在下で水と反応させてポリメルカプタンポリマーを合成した．

［Julian R. Panek／本山信之 訳］

参 考 文 献

1. LeFave, G. M., and Hayashi, F. Y. (to Diamond Alkali Co.), U.S. Patent 3,278,496 (Oct. 11, 1966).
2. LeFave, G. M., Hayashi, F. Y., and Fradkin, A. W. (to Diamond Alkali Co.), U.S. Patent 3,258,495 (June 28, 1966).
3. Ephraim, S. N. (to Synergy Chemicals), U.S. Patent 3,361,723.
4. Morris, L., Thompson, R. E., and Seegman, I. P. (to Products Research and Chemical Corp.), French Patent 1,474,343 (Mar. 24, 1967); U.S. Patent 3,431,239 (Mar. 4, 1969).
5. Nummy, W. R. (to Dow Chemical Co.), U.S. Patent 2,866,766 (Dec. 30, 1958).
6. Erickson, J. G. (to Minnesota Mining & Mfg. Co.), U.S. Patent 3,397,189 (Aug. 13, 1968).
7. Cameron, G. M., and Duke, A. J. (to Ciba Ltd.), U.S. Patent 3,465,057 (Sept. 2, 1969).
8. Bertozzi, E. R. (to Thiokol Chemical Corp.), U.S. Patent 3,440,273 (Apr. 22, 1969).
9. Gobran, R. (to Thiokol Chemical Corp.), U.S. Patent 3,114,734 (Dec. 17, 1963).
10. Bertozzi, E. R. (to Thiokol Chemical Corp.), U.S. Patent 3,446,780 (May 27, 1969).
11. Smith, M. B. (to Teledyne, Inc.), U.S. Patent 3,547,896 (Dec. 15, 1970).
12. Noll, R. F., and McCarthy, W. T. (to B. F. Goodrich Co.), British Patent 1,139,655 (Jan. 8, 1969); U.S. Patent 3,449,301 (June 10, 1969).
13. Weinstein, A. H., Constanza, A. J., Coleman, R. J., and Meyer, G. F., French Patent 1,434,167 (April 8, 1966).
14. Warner, P. F. (to Phillips Petroleum), U.S. Patent 3,234,188 (Feb. 8, 1966) and 3,051,695 (Aug. 28, 1962).
15. Warner, P. F., and Franz, R. J. (to Phillips Petroleum), U.S. Patent 3,282,901 (Nov. 16, 1961).
16. Jones, F. B. (to Phillips Petroleum), U.S. Patent 3,475,389 (Oct. 31, 1966).
17. Warner, P. F. (to Phillips Petroleum), U.S. Patent 3,484,355 (Nov. 10, 1966).
18. Bertozzi, E. R. (to Thiokol Chemical Corp.), U.S. Patent 3,413,265 (Nov. 26, 1968).
19. Seegman, I. P., Morris, L., and Mallard, P. (to Products Research Corp.), U.S. Patent 3,255,017 (Dec. 21, 1965).
20. Seegman, I. P., Morris, L., and Thompson, R. E. (to Products Research Corp.), U.S. Patent 3,431,239 (March 4, 1969).
21. Berenbaum, M. B., and Panek, J. R., in "Polyethers, Part III, V (Polyalkylene Sulfides and Other Polythioethers)", pp. 43-224, N. G. Gaylord, ed., Interscience Publishers, New York, 1962.
22. Patrick, J. C., and Ferguson, H. R. (to Thiokol Chemical Corp.), U.S. Patent 2,466,963 (Apr. 12, 1946).
23. Fettes, E. M., and Gannon, J. A. (to Thiokol Chemical Corp.), U.S. Patent 2,789,958 (Apr. 23, 1957).

17. フェノール樹脂接着剤

フェノール樹脂は80年にわたって、工業の進歩に大きい役割を果たしてきた。フェノリック（phenolic）という言葉はフェノールまたは置換フェノールとホルムアルデヒドとの縮合反応で生成した物質に用いられている。1872年，Adolph Baeyer[1]が最初にフェノールとアルデヒドとを反応させて樹脂状物を得たが，Arthur Smithは1899年に最初のフェノール樹脂の特許を取得した[2]。Leo H. Baekelandはフェノール樹脂工業の創始者と考えられている。彼は1905年以来，一連の論文を発表し[3,4]1910年にアメリカでBakelite社を設立した。この会社は1939年にUnion Carbide社の一部門となった。何年にもわたって多くの科学者達は現代生活にフェノール樹脂を役立たせてきた。

表17.1に重要な用途別に示したように[5]，米国において1983～1987年に多量のフェノール樹脂が生産された。この5年間に年間生産量は25.4億ポンド（114万トン）から27.6億ポンド（124万トン）まで増加した。しかし表をみると，合板用接着剤や建築用接着剤の需要が増えているのに対し，砥石用バインダー，鋳物用，成形材料が減少している。この傾向は他のエンジニアリングプラスチックとの競合や経済的要因による。新しいフェノール複合体がすぐれた耐熱性や耐炎性をもっていることから多くの分野でかなりの発展と成長が見られた。フェノール樹脂を接着剤として薄いフィルム状で使用される以外に，フェノール樹脂の特殊な固着性を明らかにするために，この章では成形用コンパウンドやコーティングも扱うことにする。

基礎研究や応用分野の発展のために科学的活動がつづけられている。各国で1981～1987年に発表された特許を調べることは興味がある[6]。結果は表17.2に示したようにフェノール樹脂の分野で充実した発展があり，ことに日本から多くの特許が出願されている。1982～1986年だけでも[6]特許以外に4620件のフェノール樹脂の化学や技術の発表がある。

化　　学

多くのすぐれた著書[7~10]に総括されている初期のフェノール樹脂の研究以後，フェノール樹脂の化学，分子構造，応用性能の発展が見られている。これらの新しい研

表 17.1　フェノール樹脂消費量（万トン）

市　　場	1983	1984[a]	1985	1986	1987
結合剤，接着剤					
砥石，研磨布紙	1.3	1.1	0.7	0.8	0.8
ファイバーボード，パーティクルボード	8.1	8.2	9.8	10.6	10.2
摩擦材料	1.5	1.7	1.2	1.2	1.3
鋳物用	3.2	3.6	3.5	1.8	1.8
断熱用	16.0	15.9	18.9	18.9	18.9
ラミネート					
建　築	1.8	1.7	1.3	1.8	2.2
電気/電子	1.4	1.5	0.9	1.0	1.1
家　具	0.9	0.9	0.9	1.0	1.1
その他	3.4	3.3	3.2	3.7	4.3
合　板	59.0	59.5	56.5	57.2	60.6
成形材料	10.0	11.0	9.4	8.8	8.9
保護コーティング	0.8	0.9	1.0	1.0	1.0
輸　出	1.0	1.3	0.9	0.8	0.9
他	5.4	5.8	10.6	11.3	11.3
計	114.2	116.2	118.8	119.8	124.4

a: Mod. Plast., **63**, 62 (1986) の数値と若干異なる．

表 17.2 1981〜1987年のフェノール樹脂の特許[a]

全特許数[b]	年次	米国	カナダ	日本	西独	フランス	英国	スウェーデン	ソ連
2205	1980〜81	162	14	1199	211	50[c]	56	105	279
6688	1982〜86	590	31	4217	822	506	495	475	536
1818	1987	110	5	1287	248	157	155	72	53
10711	1980〜87	862	50	6703	1281	713	706	652	868

a：各国で発表された特許，EPOやWIPO出願も含む．
b：フェノール樹脂の一次特許（全世界）
c：推定値

究に加えて機器技術が大きく進展し，フーリエ変換核磁気共鳴（FT NMR）などが用いられ，クロマトグラフによる分離技術が進歩した．フェノール樹脂の最近の研究が文献にまとめられている[11〜15]．

ホルムアルデヒドとフェノールとのモル比が1よりも多いフェノール樹脂はレゾールと呼ばれている．フェノール基はメチロールグループ（−CH₂OH）という反応性のヒドロキシメチルグループを末端にもっている．ホルムアルデヒドとフェノールのモル比が1より小さいときにはポリマーの末端はフェノールになり，ノボラックと呼ばれる．今日のフェノール樹脂の化学はこの二つの基礎反応から成り立っている．フェノール成分としてフェノールが一般に用いられるが，このほか p-t-ブチルフェノール，p-t-アミルフェノール，p-ノニルフェノール，混合クレゾール，カシューナッツの殻からつくられる液体などもフェノール樹脂の原料に用いられている．反応触媒，反応条件，添加方法，溶剤などを変えて需要に応じて多くの品種がつくられる．フェノール樹脂の組成が同じであっても，異なった性能をもつ樹脂が得られる．合成にはホルムアルデヒドが重要であるので，溶液中でのホルムアルデヒドの構造を知ることが重要である．

ホルムアルデヒド

酸性または塩基性触媒でフェノール樹脂が生成する機構は反応媒体中のホルムアルデヒドの分子性状に基因する．ホルムアルデヒドは水中ではポリメチレングリコールオリゴマーが認められている[16,17]．

$$nCH_2O + H_2O \rightleftarrows HO\text{-}[CH_2\text{-}O]_nH \quad (1)$$

この平衡反応で最も多いのは $n=1$ のメチレングリコールであり，60°Cの平衡定数は $K=5\times10^2$ である[16]．^{13}C NMRスペクトルによるグリコールオリゴマーの研究[18,19]，酸性および塩基性での反応機構の研究[20]も行われている．酸性では1個のホルムアルデヒド分子がカルボニウムイオンとなり，塩基性ではジグリコール分子から発生したイオン種が反応にあずかる．Woodbreyの初期のNMRの研究によると[21]，他の水酸基，例えばフェノールやメタノールが存在するとヘミアセタールが生成する．ラマン，赤外スペクトル，他の特殊な反応はMeyer[16]，Walker[17]によって研究されている．

ノボラック（novolaks）

酸触媒を用い，ホルムアルデヒドとフェノールとのモル比を1以下にして反応させた樹脂をノボラックとい

$$HO-CH_2-OH + H^+ \rightleftarrows {}^+CH_2-OH + H_2O \quad (2)$$

$$\text{PhOH} + {}^+CH_2OH \xrightarrow{slow} \rightleftarrows \text{[cyclohexadienyl cation]} \xrightarrow{fast} \rightleftarrows \text{o-HOC}_6H_4\text{-}CH_2OH + H^+ \quad (3)$$

$$\text{o-HOC}_6H_4\text{-}CH_2OH + H^+ \rightleftarrows \text{o-HOC}_6H_4\text{-}CH_2^+ + H_2O \quad (4)$$

$$\text{o-HOC}_6H_4\text{-}CH_2^+ + \text{PhOH} \rightleftarrows \text{(HOC}_6H_4)_2CH_2 + H^+ \quad (5)$$

う．ノボラックという言葉は Baekeland が 1909 年に用いた初期の商標である．はじめはシェラック代用品を目的としたので，シェラックの遺伝学的命名からきたノボラックという名をつけた．ノボラック樹脂は 2 段階で反応する樹脂といわれ，硬化には他の反応性物質を添加する必要がある．添加する物質としては，レゾール，アミノフェノール，より一般的にヘキサメチレンテトラミン (HMTA) が用いられる．

ノボラックはレゾールと異なって反応性のメチロール基を有していないので，分子量が大きくても安定である．無定形の熱可塑性物質で，粉末状またはフレーク状で保存できる．Vansheidt によると，おおよその数平均分子量は $F/P=0.1$ で 200 から，$F/P=0.8$ で 1000 まで変化する[23]．他の研究者によると数平均分子量はモル比 0.83 で，VPO 法で 950[24]，モル比 0.80 で GPC 法で 900 である[15]．$F/P=0.83$ のノボラックを分別したときの分子量は 200〜8000 であった[25,26]．ガラス転移温度 T_g は未硬化物で 50℃[27,28]，完全に硬化したコンポジットで 287℃ である[29]．

強酸性での反応

pH が 4 以下の強酸性での反応機構を (2)〜(5) 式に示す．メチロールフェノールの転移は強酸性では (3) 式のように非常に速やかである．メチロール基はカルボアニオンとなり，容易に中性のフェノール分子と反応して (5) 式のようにジヒドロキシジフェニルメタンになる[12]．したがって，ホルムアルデヒドとフェノールとのモル比が 1 以下の場合には，構造中にメチロール基は存在しない[11]．動力学的研究によれば，フェノールが過剰のときホルムアルデヒドの濃度に対して一次反応であり，添加したホルムアルデヒドの形態には無関係である．ノボラックの合成に用いられる酸性触媒は，塩酸，硫酸，シュウ酸，p-トルエンスルホン酸，リン酸などである．通常合成のときの pH は 0.5〜1.5 で，使用されるホルムアルデヒドの水溶液濃度は 37〜50wt% である．pH によって 3 種の異性体が生成する．2,4'- および 4,4'-ジヒドロキシジフェニルメタンは強酸性のときに生成し，2,2'-ジヒドロキシジフェニルメタンは pH が 4〜6 のときに生成しやすい[30]．

弱酸性の反応

pH 4〜7 の弱酸性では重要なオルトの多いノボラック樹脂が生成される．この反応はホルムアルデヒドとフェノールとのモル比によって，固体のノボラックにもなれば液体のレゾールにもなる．置換基のないパラ位があると，混合異性体や枝分かれの樹脂と比較して硬化速度が早くなる．オルト分の多い樹脂は一般に Ca, Mg, Zn, Cd, Co, Ni, Cu, Pb の 2 価の塩を含む水溶液中で，pH を 4〜6 の状態で製造される．好ましい触媒の一つは酢酸亜鉛である．ノボラックを製造するにはフェノールを過剰に用い，後反応の温度を 150〜160℃ に上昇させて，ヒドロキシメチル基の縮合を促進する．反応機構は中間的に o-メチロールフェノールのオルト位に金属錯体が生成すると考えられている．

レゾール (resoles)

レゾールは末端にメチロール基を有し，非常に反応性に富む樹脂で，硬化状態に向かって常に進行している．レゾール樹脂は，一段階で硬化できる樹脂で，温度と圧力とを加えると不可逆的に硬化する．多くのレゾールは強塩基中で反応してつくられる．反応は一義的にホルムアルデヒドとフェノールとの塩基媒体中での状態できまってくる．

反応機構は (6)〜(10) 式に示す通りである．ホルムアルデヒドはメチレングリコールやメチレングリコールオリゴマーから遊離して反応にあずかる．塩基中でまたフ

$$HO-CH_2-OH \rightleftharpoons CH_2O + H_2O \tag{6}$$

$$\text{O}^-\!\!-\!\!\bigcirc\!\!-\!\!\text{CH}_2\text{OH} \longrightarrow \text{O}\!=\!\bigcirc\!=\!\text{CH}_2 \xrightarrow{\text{HO}-\bigcirc} \text{HO}-\bigcirc-\text{CH}_2-\bigcirc^{\text{OH}} \quad (10)$$

ェネートイオンが生成し,この種との共鳴構造をもつイオンが求核的となる.

塩基性触媒を用いたフェノール樹脂の生成反応機構は未だ完全に解明されていない.しかし反応動力学としてはメチレングリコールおよびフェノールに対して一次反応であることが判明している.種々のメチロールフェノールが生成する反応速度の比較値は Knop[11], Pizzi[12] によって発表されている.**表17.3**に速度定数を示す[31].同時に 4-ヒドロキシメチルフェノール(4-HMP)との速度定数の比較を示し,またフェノールと 4-ヒドロキシメチルフェノールの 2 個のオルト位の反応性を統計的に重みづけしたときの速度定数の比較を示した.ホルムアルデヒドがオルト位へ付加する速度はパラ位に付加する速度より大きく,2-ヒドロキシベンジルアルコールの生成速度と 4-ヒドロキシベンジルアルコールの生成速度との比は 1.7:1 である(以下 4-ヒドロキシベンジルアルコールの生成速度定数を 1 とする).2,4-ジヒドロキシメチルフェノール(2,4-HMP)の生成速度比は 1.2:1 であり,2,6-ジヒドロキシメチルフェノールの生成速度比は 1.40:1 である.興味あることは 2,4,6-トリヒドロキシメチルフェノール(2,4,6-HMP)が 2,6-ジヒドロキシメチルフェノールから生成する速度比が 6.73:1 であるのに,4-HMP から 2,4-HMP が生成する速度比が 1.5:1 にすぎないことである.二つの中間段階で 2,4-HMP となるので,これが 2,4,6-HMP を生成するメインルートと考えられる.この速度比較から二官能ポリアルコールを含むレゾールが生成し,次に枝分かれしてゲル化する過程がわかる.さらに反応が進行しても 4-HMP,2,4-HMP,未反応フェノールは残存していることがわかっている.コンピューター解析によって中間体からレジンが生成してゆく有様が知られている[32,33].**表17.4**にレゾールとノボラックとの大きい差異を示した.

表17.3 30°Cにおけるレゾール生成反応のホルムアルデヒド付加の動力学的パラメーター[a]

反応[b]	$k\times10^{-6}$ ($l\cdot\text{mol}^{-1}\cdot\text{s}^{-1}$)	生成の比較値[c]	速度の比較値[d]
フェノール—2-HMP	10.5	1.69	0.84
フェノール—4-HMP	6.2	1.00	1.00
2 HMP—2,6-HMP	8.7	1.40	1.40
2 HMP—2,4-HMP	7.3	1.18	1.18
4 HMP—2,4 HMP	7.5	1.21	0.60
2,4-HMP—2,4,6 HMP	9.1	1.47	1.47
2,2-HMP—2,4,6 HMP	41.7	6.73	6.73

a: Freeman, Lewis 文献 31.
b: ホルムアルデヒドの付加反応.
c: 4-HMP の生成に対する比較値.
d: フェノールと 4-HMP は 2 個のオルト位の反応点をもっている.

表17.4 レゾールとノボラックの特徴

性 質	ノボラック	レゾール
P/F のモル比	>1	<1
pH/触媒	酸	塩基
縮 合	早い	おそい
付加反応	おそい	早い
反応速度	二次	二次
末端基	フェノール	メチロール
構 造	鎖状	分岐
分子量	200~8000	200~30000
分子量分布	狭い	広い

製造プロセスや配合によってレゾールには多くの種類がある.したがって,樹脂が木材接着用であるか,ワニスであるか,含浸用であるか,鋳物用であるかによって製造プロセスも配合も異なる.ホルムアルデヒドとフェノールとのモル比は通常 1.2~1.8 であるが,さらに幅を広げることも可能である.例えば,分枝を望むときには F/P のモル比を大きくして低温で反応すれば,特に反応温度を 60°C またはそれ以下にすれば,三官能のメチロールモノマー濃度を高めることができる.これによって三次元構造が生成しやすいようになり,溶液は不安定で,保存中に粘度が上昇しやすくなる.

ポリメチロール基を有する初期の樹脂は A ステージレジンと呼ばれ,容易に水,アルコール,ケトンに溶解する.さらに縮合が進むと,ダイマー,トリマー,高級オリゴマーが生成し,B ステージレジンとなり,最終的には硬化して C ステージレジンになる.レゾールは硬化すると不溶不融の樹脂になる.レゾールを分別した結果,数平均分子量 10000 のものが見出されている[34].

オルト分の多いレゾールを製造する特許を Monsanto 社が発表している[35].ハイオルト含有レジンから水を連続的に早く除くために,トルエンやキシレンを用いる共沸法がとられている.ハイオルトレジンはバインダーや成形材料として重要な応用をもっている.

分散型レゾール

レゾールはヒドロキシメチル型で,水や溶剤に溶解するので溶液状で製造される.しかし反応性に富むので,溶液で安定なためには低分子量である必要がある.一段でフェノール樹脂分散液をつくる新しい方法が発表された[36~39].一般的には二段反応が用いられている.アルカリ金属やアルカリ土類金属水酸化物を触媒に用いて,レゾールの分子量を水に不溶になるぎりぎりの点まで上昇させる.次いで,アラビヤゴム,ガティガム,ヒドロキシアルキルグアーのような多糖類,ポリ塩化ビニルなどを保護コロイドとして加え,粒径と粒径分布とを調節する.そして反応を進めて高分子量にする.分散液の重量

表 17.5 フェノール樹脂の球形粒子 (PTS) と
バルクレゾールとの安定性の比較[a]

樹　　脂	反応速度定数 (day^{-1})		
	25°C	40°C	60°C
PTS	0.003	0.029	0.67
バルクレゾール	0.018	0.097	1.5

a：60°傾斜板が樹脂の流下する速度にもとづく．

表 17.6 フェノール樹脂の球形粒子 (PTS) と他のフェノール
樹脂とのガラス転移温度の比較

樹　　脂	T_g(°C)	22°Cの吸水量 (wt %)	形　状
PTS	48～54	2.5～3.5	少し融着している
バルクレゾール	33～43	7.2～8.4	溶　融
ノボラック	58～74	5.7～6.5	溶　融

平均分子量は 800～46000 である[36]．分散液の安定性のデータを表 17.5 に示した．

分散重合でつくられた感熱性フェノール樹脂が Brode によって述べられている[27,28]．これはフェノール，ホルムアルデヒド水溶液，ヘキサメチレンテトラミンを用い，分散剤としてアラビヤゴムを使用して分散重合する．得られたレジンはすぐれた耐熱性をもち，耐水性も良好である．

GPC で測定すると高分子量であり，粒径分布は幅が狭い．表 17.6 はこの分散型レゾールとバルクレゾールとノボラックとの T_g を比較している．分散型レゾールの T_g は 48～54°C であるが，典型的な固体レゾールは T_g が 40°C である．^{13}C NMR によるミクロ構造は一般のバルクレゾールに比しメチロール官能基が少なく，ベンジルアミンやメチレン架橋が増加している．

樹脂の硬化

ノボラック樹脂はヘキサメチレンテトラミン (HMTA) やレゾールによって硬化される．またエポキシ樹脂で変性して特殊な性質を出したり，エポキシの硬化とノボラックの硬化との併用によって多くの応用が開けている．HMTA は最もよく用いられている硬化剤で 5～15% 添加される．熱と湿気によって HMTA は計算量のアンモニアとホルムアルデヒドになる．このホルムアルデヒドによってメチレン架橋するのが主な硬化機構であり，一方アンモニアはほとんどが気体で揮発するが，いくぶんかはベンゾキサジンやアゾメチンを生成する[12]．このため HMTA で硬化したノボラック樹脂は黄色である．

レゾールは熱硬化性で，熱と圧力とで硬化する．小さい数平均分子量をもつこの樹脂の硬化速度は温度とポリオール成分の分布によって決まってくる．製造時のプログラムや最初のモル比などによって，分子量や分子量分布が定まる．これによって硬化性も異なる．架橋反応は主としてメチロール基の縮合，ホルムアルデヒドと水の離脱反応によっておこる．アンモニア触媒のレゾールでは窒素がメチレン基とともに構造中に入っている[15]．

樹脂の分析

ここ数年で新しい機器を使用するフェノール樹脂の品質管理や分子構造の解明が進歩した．構造や物性の研究に有用な機器は ^{13}C および ^{1}H FTNMR, GPC, DSC, TGA, 動的機械分析である．フーリエ変換赤外スペクトル (FTIR) も使用されるようになった[40,41]．

核磁気共鳴 (NMR) は核の電子雰囲気の変化を測定し，したがって分子中の原子の配置や結合の状態を関係づける．結果は標準物質，テトラメチルシランに対するケミカルシフト δ であらわされる．吸収ピークを中心とする積分面積が反応の進行や置換基の分布と関係する．初期の NMR の研究[21,42]につづき固体 ^{13}C FTNMR による研究では，魔法角手法 (magic angle technique) により，硬化レゾールの熱分解[43]，フェノール樹脂の HMTA による硬化物の熱分解[44]の研究などが行われた．通常の ^{13}C NMR 研究により，PF レジン[45～47]，ベンジルフェノール[48]，クレゾールノボラック[49]，硬化反応[50]，フェノール樹脂前駆体[51]のスペクトルの帰属が行われた．ピリジン溶液のノボラックの主なケミカルシフトは，メチレンプロトンについて p-p' 置換で 3.8 ppm, o-o' で 4.1 ppm, o-p' で 4.5 ppm である．吸収ピークの面積から異性体の分布% が求められる．^{13}C シグナルはそれぞれ 41.0, 30.8～31.4, 35.5～35.9 ppm である．

ゲル浸透クロマトグラフィー (GPC) は一定の空孔をもつ物体を充塡したカラムを通過するときのフローリテンション容積を測定する．結果は分子容に比例し，したがって数平均分子量，重量平均分子量と相関関係があり，分子量分布と分子量との関係が明らかにされた[52～55]．この分子量は問題のポリマーの水力学的容量を標準カーブで補正しているので正確である．多くの実験室では標準にポリスチレンを用いているが，フェノール樹脂，ことにレゾールの分子量測定では少し問題がある．レーザー光線による検出法はフェノール樹脂の正確な分子量や分子量分布の測定に有効である[54]．

示差熱分析や示差走査熱量測定 (DSC) は不活性な物質を標準として，サンプルのセルの温度変化を測定する．温度を一定にして時間との関係または温度の関数を求める．サンプルは加圧して操作する．発熱，吸熱の面積は熱の変化に相当し，したがって融点，T_g，融解熱が測定される．反応性は DSC で[56～59]，機械的性質や T_g は動的機械分析[60,61]で求められる．溶液の双極子能率がノボラックの構造の測定に用いられた[62,63]．分子量 200～6000 について組織的に測定が行われた．

製　　造

フェノール樹脂はバッチ方式でつくられ，反応機はステンレス製でスチームや冷水のジャケットをそなえ，撹拌のためにタービンブレードまたはアジテーター，コン

デンサーを付している．溶融フェノールと37〜50 wt%ホルムアルデヒドを含むホルマリンとを反応機に仕込み，撹拌を開始する．

ノボラックを製造するには酸性触媒を加え，蒸気で加熱し100℃で3〜6時間還流させる．反応時間は触媒，pH，フェノールのモル比によって異なる．反応末期に大気圧で脱水し，次いで減圧で脱水する．最終的には25〜27インチ（64〜68 cm）の減圧で140〜160℃に上昇して残存フェノールを除く．固体の樹脂は皿かレジンブレーカーに取り出す．樹脂は塊状，粉体，フレークとして販売する．多くはHMTAとブレンドしてから包装して販売する．

固体や液体のレゾールを製造するときには，発熱反応であるので，反応過程や減圧脱水のときに発熱を利用して温度調節する．アルカリ触媒（通常，水酸化ナトリウムだが，時には水酸化カルシウム，水酸化バリウム，アンモニアが用いられる）をフェノールとホルムアルデヒドに添加したのち，80〜100℃で1〜3時間加熱する．反応機の大きさは，例えば60000〜135000ポンド（27〜60トン）で，反応熱81.1〜82.3 kJ/mol[64,65]を考慮して，反応機やコンデンサーの冷却能力を設計する．

レゾールでは反応のコントロールに注意が必要である．反応温度は減圧下で100℃以下とし，最後の脱水工程では木材接着用樹脂以外は105℃以下に保つ．低分子量の水溶性樹脂は50〜60℃以下の低温で仕上げなければならないが，反応性が低いパラ置換フェノールでは120℃のような高温で仕上げてもよい[2]．固体のレゾールは反応機から速やかに取り出して冷却する．

木材用のレゾール樹脂の製造では，反応操作はホルムアルデヒドや塩基を何回にも分けて添加する．同様に種々の分子量や置換度に応じて温度がプログラムされる．樹脂は多く液状で出荷されるので，反応条件は樹脂の活性度と安定性とをバランスしてコントロールされる．すなわち樹脂はプレス時間が適当であるような高い反応性と貯蔵安定性とを兼ねそなえていなければならない．反応性が大きく，輸送や貯蔵ができる樹脂が容易に得られている．

置換フェノール，例えば p-t-ブチルフェノールが用いられるときには，合成にあたって芳香族溶剤の添加が必要であり，水相の中和が必要である．

研 磨 材

フェノール樹脂は2種の研磨材に用いられる．接合砥石は研磨ホイール，ばりすりホイールのような三次元的構造をもっている．塗付型研磨材はサンドペーパー，サンドディスク，サンドベルトである．表17.1のデータによれば，1983年から1987年にかけて研磨材用のマーケットが1100万ポンド（5000トン）減少している．

接 合 砥 石

砥石の接合材としてセラミックバインダーは硬く，激しい作業に耐えられるが，フェノール樹脂バインダーは強靱であり，熱や機械的ショックに耐える．円盤砥石に用いられる研削材は酸化アルミニウムと炭化ケイ素である．しかし強靱性を増すために酸化アルミニウムに酸化チタンを加えることもあり，酸化ジルコニウムと酸化アルミニウムとの合金はNorton社で開発され，ヘビーデューティの研磨に用いられた．Dr. Edward Achesonは1891年に炭化ケイ素を発明し，Carborundum社の誕生は新しい研磨材工業の夜明けとなった．今日製造されている砥粒は均一な細い6000番から粗い6番までに及んでいる．

フェノール樹脂バインダーは触媒を混合した粉体のいわゆる二段法ノボラック樹脂が用いられる．5〜14%のHMTAが砥石の用途に応じて加えられる．樹脂単独の場合もあるが，しばしば液体のレゾールやフルフラール樹脂を加えて，型に入れて加圧するだけでセットできるようにする．フェノール樹脂をエポキシ樹脂で変性したり，配合したりして軟らかい研磨作用をもつ砥石も製造する．ポリ酢酸ビニルやポリビニルブチラールで変性すると，シェラック変性の砥石に似た研磨作用になり，ロール研磨に適する[68]．クリオライト（Na_3AlF_6），ホウフッ化カリウム（KBF_4），二硫化鉄（FeS_2）のような充填剤は研磨界面で溶融して潤滑作用をする．使用されるフェノール樹脂は150〜200℃で完全に硬化しているので，樹脂と充填剤とが反応する恐れはない．フェノール樹脂の設計は分子量とHMTAの量が重要であり，砥石の用途によって決まる．高分子量の樹脂は多量のHMTAと組み合わせて，高速で強靱な研磨用途に向けられ，界面温度が1200℃に耐えるように，高耐熱性の目的に用いられる[2]．一方，低分子量の樹脂が少量のHMTAと組み合わせる処方も重要であり，砥粒によく馴染みやすい性質があって，耐水性のよい砥石になる．シロキサンでコーティングした砥粒を使うと耐水性が向上する．

典型的な製法はまず砥粒を液状のレゾールで湿潤させる．ついで粉末のフェノール樹脂をまぶし，砥粒相互を接着する．場合によっては砥粒をフルフラールでコーティングするが，HMTAの添加量はフルフラールの量によっても変化させる．

砥石のグレードは非常に重要である．砥石のグレードは文字であらわされ，最も軟らかいグレードのAから，最も硬いグレードのZまである．硬い砥石は樹脂含量が多く，より完全に硬化させる．液体樹脂と固体樹脂との割合は重要で，配合物が金型で成形操作できるように注意深くコントロールする．配合物が均一であり，型の中で凝集しないことが重要である．経済的には砥石をコールドプレスするのがよいが，175〜205℃でホットプレスすることもある．

研磨布紙

研磨布紙(coated abrasive)に用いられる接着剤は第一にフェノール樹脂である．研磨布紙はサンドペーパーと呼ばれ，紙，ベルト，ディスク，ドラム状で用いられる．バインダーのフェノール樹脂は無触媒のレゾールで，F/Pの比が1以上である．モル比が大きいとメチロール含有量が多く，水溶性が大きい．pH 8 以上で 50～75% 溶液が得られ，93～104℃ で迅速に硬化できる．モル比が中間的で，pH 6～8 で，固形分 75～88% であるとき，水との混和性が乏しく，135～149℃ で硬化する．pH 8 付近で製造されるモル比の小さい樹脂では，メチロール含有量が少なく，硬化速度がおそく，硬化には比較的高温(115～130℃)が必要である．最近の特許によれば[70]，130℃で早く硬化するバインダーについて述べられている．このバインダーはモノフェノールと多価フェノールとを混合してホルムアルデヒドと反応したもので，F/P のモル比は 1.3～1.8 で，40～80℃ といった低温で反応させる．このバインダーは遊離のホルムアルデヒドが少なく，すぐれた貯蔵安定性をもっている．

樹脂の選択とブレンドは，コーティングする紙の種類，砥粒の種類と粒径，生産性などによってきまる．

コーティングに用いる砥粒は，ダイヤモンド，酸化アルミニウム(コランダム)，炭化ケイ素，ボロンカーバイド，窒化ホウ素，エメリー，フリット(石英)，ガーネットである．この順位は硬さとコストの順である．合成ダイヤモンド，立方晶形窒化ホウ素のような高級砥粒は一般には標準的な酸化アルミニウムや炭化ケイ素とは競合がむずかしい[71]．フリットは石英のことで，アメリカ中に産するが，高性能なのは New Hampshire, Maryland 産のものである．ガーネットは種々の色と性質をもつケイ酸塩であって，フリットよりも硬く，強靱である．特殊な砥粒としては，酸化クロムがステンレスの研磨に用いられ，酸化ジルコニウムがガラス研磨に用いられる．

研磨布紙の試験は試験設備でランニングテストをし，最終用途に適しているかどうかを調べる．しかし次のような標準試験も行われている．低温，高温での引張り，曲げ試験，水，冷凍液への抵抗性，最大研磨速度，金属の摩耗と砥石の摩耗の比のような研磨効率．

コーティング

フェノール樹脂はエポキシ，アルキド，天然樹脂，マレイン化油などと反応して特徴のあるコーティングの応用が可能なので，コーティング工業で重要な地位を占めている．変性フェノール樹脂は水，湿気，溶剤蒸気のバリヤーになるので，金属を腐食の雰囲気から保護する．未変性のフェノール樹脂は変色しやすいのと，硬化すると硬すぎる三次元構造をとるのでコーティングには適さない．しかしエポキシ樹脂などと配合すると性能がバランスよくなり，下塗り剤や着色コーティングに用いられている．フェノール樹脂コーティングについては Richardson, Wertz[72] のすぐれた総説がある．保護コーティング分野では表 17.1 に示したように 1983 年以来，27% の成長を示したが，ここ 3 年は横ばいである．

ノボラックのようなフェノール樹脂は熱と塩基触媒の作用でエポキシと反応する．このときフェノールの水酸基がエポキシと反応する．エポキシの種類によって，架橋度や柔軟性がコントロールできる．反応で水が発生しないので，ブリスターやボイドのない比較的厚いフィルムをつくることが可能である．応用としてはパイプのライニングや電気絶縁用がある．電子の封止材の配合例を表 17.7 に示した．レゾールはエポキシ基と水酸基とをもっている高分子量のエポキシと反応できる．熱によって，フェノールの水酸基とメチロール基とは迅速に反応する．レゾールは，このように変性し，その柔軟性を利用してコンテナのコーティングやプライマーに用いられる．典型的なベーキング型プライマーコーティング剤の処方を表 17.8 に，プライマー処方を表 17.9 に示した．

ロジン変性のフェノール樹脂は印刷インキ，油性ラッカー，アルキド塗料として応用される．普通用いられているロジン酸はコロホニウムで，110～140℃ の溶融状態でレゾールと反応させる．反応は 250℃ で終了させる[11]．

表 17.7 封止用樹脂の配合

成　分	重量部
エポキシ化ノボラック	20
フェノール樹脂	10
シリカ粉末	70
潤滑剤(ステアリン酸塩)	1
硬化触媒	0.4～2

表 17.8 ベーキング用コーティングプライマーの配合[a]

成　分	重量(%)
UCAR フェノール樹脂 BKR-2620	9.01
UCAR フェノキシ樹脂 PKHH	3.15
酸化鉄(合成)	12.16
バライタ	13.51
酸化亜鉛	1.35
メチルエチルケトン	24.33
セロソルブアセテート[b]	24.33
トルエン	12.16

a：文献 73．
b：Union Carbide 社の商標，エチレングリコールモノエチルエーテルアセテート．

表 17.9 エポキシ/フェノリックのコーティングプライマー[a]

成　分	wt %
合成酸化鉄	37.5
Epon-1007 (Shell Chemical)	17.5
UCAR フェノール樹脂 BKR-2620	11.0
トルエン	15.7
メチルプロパゾール[b]	7.5
MEK	4.5
メチルプロパゾールアセテート[b]	2.3
n-ブタノール	4.0

a：Union Carbide 社の技術資料による．
b：Union Carbide 社の商標．

室温で硬化し，比較的着色の少ない油性ワニス，アルキド変性フェノール樹脂もつくられている[73]．

電子関係の応用にクレゾール変性，キシレノール変性のフェノール-ホルムアルデヒド樹脂が重要になってきている．これらはPVB（ブチラール樹脂），PVF（ホルマール樹脂），アルキドで柔軟化される．含浸，ダイナモシート，電線塗料などに用途がある．

鋳物用

以前からフェノール樹脂は鋳物工業で重要な位置を占めてきた．しかし表17.1に示すように使用量は1985年の7700万ポンド（3.5万トン）から1987年の4100万ポンド（1.8万トン）へと低下しており，経済的な原因と考えられている[5]．フェノール樹脂はシェルモールドやコアをつくるバインダーに用いられている．注型にはパーマネント型とロスト型とが使われる．パーマネント型は金属やセラミックからつくられ，一般には低融点の金属を成形するのに用いられる．ロスト型は鉄系の金属を成形するのに用いられ，砂を粘土と水との無機バインダー，または触媒入りノボラック樹脂のような有機バインダーを使って型をつくる．

粘土やケイ酸ナトリウムバインダーは安価であるが，寸法精度や安定性に欠ける．フェノール樹脂をバインダーにしたときには，寸法安定性にすぐれ，硬化が早く，コア，シェルの保存性がよいなどの良好な性能がある．用途によっては，フルフリルアルコールやユリア-ホルムアルデヒド樹脂も用いられる[74,75]．

砂型には非常に高純度のケイ砂が原則として用いられるが，熱膨張率の調節などに他の物質も加えられる．型をつくる上でさらに重要な因子は砂の大きさと，その粒度分布である．ケイ砂の形として，丸いもの，やや角ばっているもの，角質のものなどがある．丸い粒は複合化したとき強度が大きくなり，角ばった粒子は耐クラック性が良好である．性能のバランスのために，熱膨張率の小さい球形のジルコンをケイ砂に加えることがある[74]．砂の性質を**表17.10**に示した．

鋳物工業に用いられる製法には次の5種がある．ノーベーク法，コールドボックス法，ホットボックス法（またはウォームボックス法），オーブンベーク法，シェルプロセス[74]．

ノーベーク法 この方法は砂もバインダーも室温で硬化する．硬化が進むと同時に，コアボックスにサンドミックスを充填し，コアが安定したらすぐにボックスから取り出す．数分から数時間を要する．

コールドボックス法 コールドボックス法は室温で行い，触媒の気体を砂の間に通して硬化を行う．触媒はフェノール樹脂-イソシアネートバインダーにはトリエチルアミンやメチルエチルアミン，ビニル-不飽和ウレタンバインダーには亜硫酸ガス，レゾールのアルカリ金属塩バインダーにはギ酸メチルが用いられる．ハイオルト樹脂を用いた配合では，水のない系で二価金属塩を触媒に用いる方法が開発された．最近の特許にはフェノール樹脂とポリイソシアネートとの二液性処方で，水を含まないノボラックまたはAステージのレゾールを用い，非極性溶剤を使用する方法が記述されている[76]．

ホットボックス，ウォームボックス法 これらの方法では混合砂を砂と触媒とを混合した液状の熱硬化バインダーでコーティングする方法である．この配合物をコアボックスに入れ，100〜260°Cに加熱する．加熱により触媒から酸が遊離し，コアを迅速に硬化する．コアはコアボックスから10〜30秒で取り出し，反応熱で硬化をつづける．ホットボックス法はオーブン中で後硬化を行う．

オーブンベーク法 オーブンベーク法は旧式で今はあまり用いられない．使用される樹脂は不飽和炭化水素と重質油である．

シェルモールディング法 シェル型の中で樹脂と砂とを配合する方法はドイツで発明され，1944年にJohannes Croningが特許を得た．最初は7〜8％の樹脂を乾いた砂に混合したが，のちに1〜4％と減量された．ノボラックがシェルモールドの主なバインダーであり，粉状，フレーク状，粒状，溶液状，水性で用いられる．硬化速度が早いのでオルト分の多いノボラックが広く利用されている[77]．潤滑剤としてステアリン酸カルシウムが，樹脂の重量に対して4〜6％，HMTAが10〜17％添加される[78]．最初に砂を次のいずれかの方法によって処理する．①粉末レジンとHMTAと潤滑剤とをドライミックスする，②粉末またはアルコール溶液のノボラック，HMTA，潤滑剤でコールドコートする，③121°Cの熱風中で66°C付近の砂にウォームコートする，④砂を140°Cに予熱し，93°Cに冷却してから水性ノボラックでホットコートする．コーティングされた混合物を熱い型に流し，砂型を形成させる．短時間硬化させたのち，型を回転させて余分の砂をふるい落とし，もとにもどして345〜540

表17.10 鋳物用砂の性質[a]

性質	砂			
	シリカ	クロマイト	ジルコン	かんらん石
成分	SiO_2	$Cr_2O_3 \cdot FeO$	$ZrSiO_4$	$(Mg, Fe)_2SiO_4$
比重	2.64	4.5	4.6	3.2
熱膨張率 (in/in)	0.018	0.005	0.003	0.0083
熱伝導率	普通	非常に大	大	少
AFS grain[b]	25〜180	50〜90	95〜160	40〜160

a：文献74 W. Rossbacher.
b：American Foundry Society Standard.

℃で1〜3分間硬化させる。砂型はそこで型から外す。一般に加熱時の引張り強さはHMTA量18%までは放物線状にHMTA量とともに上昇する。割れ、はがれ、硬度不足、加熱時の引張り強さ力不足をなくするために、Vinsol（Hercules社——松からとった熱可塑性樹脂）、ホウフッ酸カリウム、ジルコンを加える。最適の方法のために、樹脂含量、硬化時間、HMTAの%、砂の組成をコントロールしなければならない。

摩擦複合材

フェノール樹脂は特に自動車工業に用いられるブレーキライニング、ブレーキブロック、ディスクパッド、クラッチフェーシング、オートマチックトランスミッションブレードのような種々の摩擦材料の基本的なバインダーである。フェノール樹脂は耐熱性、耐溶剤性、不燃性の点からこれらの複合材で重要になっている。ここ3年間でフェノール樹脂の摩擦材料は成長をとげ、今は2900万ポンド（1.3万トン）に達している（表17.1）。

充塡剤 過去においてアスベスト、特にクリソタイルアスベストが摩擦材料の主な摩擦充塡剤であった。アスベストは摩擦材料から均一に摩耗してゆき、高温でも均一な摩擦性をもっている。しかし明瞭に生理的、癌発生という障害がクリソタイル、クロシドライト、アモサイト、アンソフィライトの4種のアスベストに認められるようになってから、アスベスト代替品の開発が急がれている[78〜81]。アスベストと同じ性質をもつ材料はないので、アスベスト代替品の探索は困難でコストのかかる仕事であり、多くは混合物が必要になる[79]。アスベストの代わりに、ミネラル、カーボン、アラミド、金属繊維が用いられるようになった。Jim Walters Resourcesが開発した新しいミネラル繊維はPMFと呼ばれている[79]。PMFは単繊維で将来が期待されている。多くのブレーキライニングにはKevlarというDu Pont社の芳香族アミドが用いられている。最近の特許では[82] 5〜70%の芳香族ポリアミドからつくったパルプ状の充塡剤を発表している。他の非強化性充塡材としては、硫酸バリウム（バライト）、ロッテンストーン（トリポリ石）、真ちゅう粉末がある。

樹脂 使用されるフェノール樹脂はさまざまである。ノボラック、レゾール、ノボラック/レゾール配合物、クレゾール樹脂、ゴム変性ノボラック、油変性ノボラックである。桐油、カシューナッツの殻の液状物（CNSL）、あまに油、大豆油でフェノール樹脂を変性する。油変性フェノール樹脂はブレーキをかけたときの音が小さく、クラックが少ない。油変性ノボラックは粘稠な液体または粉末として供給される。硬化した樹脂の柔軟性は油含有量によって左右される。

クレゾール、フェノール、キシレノールの混合物であるクレジル酸もまた樹脂原料に用いられる。これは工業的には特別な成分を80〜85%含むものから、一成分を98%含むものまで種々のグレードが購入できる。典型的な油溶性フェノール樹脂は酸性触媒を用いて、p-t-アミノフェノールから製造される。p-t-ブチルフェノール、p-t-オクチルフェノールも用いられている。まずアルカリ触媒で反応させ、生成したレゾール乾性油、ロジン、ゴムのような不飽和化合物で変性する。

製造 ライニングやクラッチフェーシングでアスベストやガラス繊維に含浸する方法は多くあり、ドラムブレーキライニングでは湿潤ミックス法が、ディスクブレーキやドラムライニングではドライミックス法が用いられる。含浸法ではBステージ樹脂を加圧下で繊維に含浸する。ドライミックス法は耐熱性タイプで、重作業のトラックに用いられる。粉末のノボラックや液状または粉末のレゾールは繊維（アスベストやKevlar）、他の充塡剤、摩擦成分と混合される。最初はコールドプレスして、最後に125〜135℃で高圧プレスする。操作の詳細はBarth[2]の著書にみられる。2種のバインダーを使う摩擦配合物は最近特許になった[83]。

試験 ブレーキライニングに標準規格はないが、各社が各自のマーケットに適した自社規格を制定している。試験法にはSociety of Automotive Engineers (SAE)の標準規格がある。性能試験は摩擦と損耗とである。標準のChase型摩擦試験機を使うSAE J-661 Brake Lining Test Control Procedureがある。しかし最近の分析機器を使った電子顕微鏡、示差走査熱量測定、熱重量分析、熱膨張率、熱容量、弾性率が重要である。LamblaとVoの最近の摩擦物質に関する研究は興味がある[84]。

成形材料

すべてのフェノール樹脂成形材料はミネラル、ガラス繊維、アラミド繊維、カーボンなどで強化されている。充塡剤を配合したフェノール樹脂の接着性が最終物性に大きい影響を与えている。完全に架橋した複合体は高荷重、長時間の高温に耐える。**表17.11**に示す通りである[85,86]。フェノール樹脂は不燃性樹脂に入り、燃焼したときにはわずかの煙が出るだけである。応用面は電気、電子部品、例えばソケット、プリンタ配線基板から自動車部品、例えばディストリビューターキャップ、リレー、ブレーキピストン、さらに器具のハンドル、パーツのような家庭用品、次いで機器パネル、航空機内装材のようなシートモールディング製品に及んでいる。

成形に使われているフェノール樹脂の量は減少している。しかしフェノール樹脂は機械的な応力に強く、耐熱性が高いので電気/電子市場に注目を浴びている[87]。

ノボラックは貯蔵安定性が大きいので成形材料として一般に用いられている。しかしレゾールは成形時や密閉した高温雰囲気でアンモニアを発生しないという利点がある。また気相はんだ付けの条件で寸法安定性にすぐれ、高温での膨張や膨潤が小さい[88]。ノボラックは後硬化に

17. フェノール樹脂接着剤

表 17.11 エンジニアリングプラスチックの最大荷重と熱変形

材料	最大荷重 (kgf/cm²)	熱変形温度 (℃)	4°の変形[a] (h)
ポリスルホン，30%ガラス	76	175	5
ポリブチレンテレフタレート，30%ガラス	38	200	9
ポリブチレンテレフタレート，ガラス/ミネラル	38	200	9
ポリエチレンテレフタレート，30%ガラス	76	210	8
ポリエーテルイミド，10%ガラス	76	210	8
ポリエーテルイミド，20%ミネラル	20	210	5
ポリエーテルスルホン，30%ガラス	20	205	7
ポリフェニレンサルファイド，30%ガラス	20	260	4
ポリフェニレンサルファイド，ガラス/ミネラル	20	260	4
フェノール樹脂，ミネラル充填	151	210	4
熱硬化ポリエステル，ガラス/ミネラル	151	230	3
熱硬化ポリエステル，BMC 30%ガラス	151	260	2
フェノール樹脂，20%ガラス	151	270	1

a：500時間後に285℃で4°変形．Plenco 06582．

よって含有している気体を放出させると，物性が改善される．

樹脂 成形材料としてノボラックのHMTA硬化が一般的である．材料中，樹脂と硬化剤との合計は30～50%である．場合によっては樹脂を10%までのメラミンで変性する．樹脂はシュウ酸，塩酸，硫酸で硬化させる．オルト分の多いノボラックは多くの応用がある．無触媒レゾールやレゾール/ノボラックの組合せがガラス繊維との配合や電気用銅板の接着に用いられる．銅板の接着では，アンモニアが発生する硬化剤は，アンモニアが銅を腐食するので用いられない．エポキシ樹脂でノボラックを硬化するのは，ガス発生が少ない点から重要である．フェノール樹脂は着色するのが欠点であるが，現在は種々の色彩の製品が開発されている．

フェノール樹脂の温度範囲を広げることがつづけられている．エンジニアリングプラスチックの多くと比較すると，フェノール樹脂は200℃付近という高いガラス転移点をもつ．成形物をアニールすると T_g が244℃と高くなることが認められた[88]．

熱可塑性エラストマーで変性したフェノール樹脂は，180℃，1600時間で重量損失はきわめて少ないが[89〜91]，ミネラルを充填したフェノール樹脂はかなりの重量損失がある．

充填剤 成形材料に用いる充填剤は，ガラス繊維，芳香族ポリアミド繊維（Kevlar, Arenka），ミネラル粉末（マイカ，シリカ，ウォラストナイト，タルク，炭酸カルシウム），木粉，セルロース，炭素繊維である．充填剤は硬化時の収縮を少なくし，圧縮強さと剛性を高め，耐熱性を改良し，電気的性質を向上し，耐炎性を増す．

カルシウム-アルミニウムシリケートは経済性から最も多く用いられている充填剤である．マイカは耐電圧と耐熱性を向上し，熱伝導性を低下させる[11]．耐熱性と高強度でアラミド繊維は特殊なマーケットを開拓した．シラン，チタネート，湿潤剤で処理したウォラストナイトやガラスの球形充填剤がProcessed Minerals社の一部門，MyCoから市販されている[92]．アスベストは害がある

表 17.12 典型的な圧縮成形用コンパウンドの配合

成分	wt%
フェノールノボラック	40
HMTA	6
MgO	1
木粉	50
潤滑剤，離型剤	1
冷却剤，顔料	2

表 17.13 一般的なシートモールディングコンパウンドの配合

成分	wt%
フェノール樹脂	35～50
E-ガラス	25～40
カルサイト（CaCO₃）	10～20
他の添加物	2～10
潤滑剤，離型剤	1～3

ため除外されつつある．

成形材料の典型的な配合を**表17.12**に，シートモールディングの処方を**表17.13**に示した．シートモールディングコンパウンドは自動車，輸送，建設，機械器具へ需要を伸ばした．フェノール樹脂はポリエステルと違って，耐炎試験ではほとんど煙が出ない[93]．置換ノボラックの構造と性能との関係，発炎性についてはPearceによって研究されている[94]．

製造 フェノール樹脂は主として射出成形，圧縮成形，トランスファー成形によって成形される．うち射出成形が主体である．新しい技術として反応射出成形（RIM）がある．この方法では二つ以上の成分が低圧で流れに乗って混合され，加熱した型に充填される．フェノール樹脂のRIMはBrode, Chow, Michnoによって開発され[95]，ハイオルト，高固形分，液状のレゾール樹脂をフェニル水素マレイン酸塩，フェニルトリフルオロアセテート，ブタジエンスルホンのような潜在性酸性触媒と組み合わせる．ガラスマットからつくった成形品はビニルエステル（エポキシアクリレート），ポリエステル製品

と十分競合でき,熱安定性がすぐれている[98].

熱膨張率は Merserear によってまとめられている[99].カーボンを充填したフェノール樹脂の物性は,20~160℃で鋼鉄と類似している[99].

後処理 ポストベーク(後硬化)はフェノール樹脂成形品の耐熱性と寸法安定性とに有効である.初期の研究で,フェノール樹脂のガラス転移温度(T_g)は硬化とともに上昇することが明らかになっている[99~101].最近の研究ではノボラック成形物の T_g は後硬化の条件によって大きく影響されることがわかった.T_g 以上の温度で成形すると異常に膨張することが認められた[102,103].ポストベーキングによって T_g は上昇する.表17.14 に硬化時間と後硬化による T_g の変化を示した.このデータによるとオーブンの温度が T_g 以下で規制され,プログラムされた条件でポストベークを行うとよいことがわかる[102,103].ポストベークのコンピューターモデルは Landi が提出している[104].

表 17.14 硬化温度,硬化時間による T_g の変化

硬化温度 (℃)	T_g (℃)					
	30秒	60秒	90秒	180秒	300秒	1800秒
132.2		87	98	115	122	
154.4	116	132	142	150	161	188
196.1	180	186	186		217	
218.3	207	214			242	

後硬化(132.2℃),スケジュール90°→232°,T_g=287℃.

Rogers 社は Polimotor Research と共同で,フェノール樹脂配合物を使って全プラスチック製の自動車エンジンを開発し,プラスチックエンジンが稼動している.また,触媒を加えたフェノール樹脂とポリビニルブチラールの等量を19層の Kevlar アラミド繊維に含浸して圧縮成形を行い,軍用のヘルメットがつくられている[91,105].ポリプロピレンにフェノール樹脂繊維である Novoloid を加えると,衝撃強さが若干低下するだけで,熱変形温度が上昇することが Broutman によって示された[106].

フォトレジストおよびカーボンレスペーパー

レジスト フォトレジストは光や他のエネルギーで感光する樹脂で,フィルム形成して応用される.ある部分を保護するパターニングを行い,シリコーンウェハの他の部分がドーピング,エッチング,プレーティングされるようにする.ポジ型とネガ型とがある.ミクロリソグラフィーにはポジ型レジストが用いられ,ノボラック樹脂に配合されたジアゾナフトキノンの光感応性変化を利用する.このときノボラックはネガ型の物質よりも現像に際して膨潤が少なく,イメージの損傷が少ないという利点がある.ノボラックはバインダーの役目をし,光感応性物質を保持する.市販のポジ型レジストはクレゾールノボラックである.分子量,分子量分布,純度が非常に注意して管理されている.

IC チップへのフォトレジストの改良として,解像力を上げるために多層コーティングが行われている.上層フィルムがイメージを受け,材料表面の他の層へイメージを伝える.一例をあげると,通常のノボラックフォトレジスト層の上にニトロン[R-CH=N(O)-R]でドープしたポリスチレンフィルムをかける.ニトロンは315nmから可視部までの光に不透明であるが,短波長の光で分解して透明な化合物になる.光は透明部分を通過してノボラックに分散した2-ジアゾナフトキノン層に達し,これを分解して1-インダンカルボン酸に変化させる.コントラストを高めるために用いた上層フィルムはトルエン-アニソール溶剤で除去し,ノボラックのイメージはアルカリ溶液で現像する[108].特殊な耐放射線の架橋性能をもつポジ型レジストとして,t-ブチルフェノールまたはフェニルフェノールノボラックをアルカリ可溶性樹脂として,キノンジアザイドやポリ(2-メチルペンタン-1-スルホン)と組み合わせて用いられる[109].

フェノール樹脂はビスアザイド-環化ポリイソプレンに代わり,可視光線,UV の広い波長の光に感光するネガ型レジストをアザイドと組み合わせてつくることができる.モノアザイドは架橋や水素の引抜きによって分子量が上昇する[111].アルキルエーテル結合の一部にシリコーンを含むレゾルシノールノボラックは微細イメージをつくることができる[107].フェノール-ホルムアルデヒド樹脂に50%ものトリメチルシリルニトリルを配合したポジ型レジストも知られている[110].

多くの場合,フェノール樹脂レジストはマトリックスとしてポリ(p-ビニルフェノール)を含んでいる[112].これは p-ビニルフェノールから容易に合成され,フリーラジカルによって重合し,HMTA[113]またはエポキシ樹脂[114]で架橋する.エポキシ樹脂と組み合わせて,多層配線基板に用いられる.

カーボンレスペーパー p-フェニルフェノールや p-アルキルフェノール共重合物はカーボンレスペーパーの製造に重要な意味をもつ.紙の酸化や黄変を防ぐために酸化防止剤として高度なヒンダードアルキルフェノール類が加えられる.新しい配合ではフェノール樹脂の亜鉛塩やアルミニウム塩が用いられている.発色機構は電子供与物質または有機化合物とクリスタルバイオレットラクトン,ベンゾイルロイコオーラミンのような発色物質との間の電子移動を利用している.

ラミネート

フェノール樹脂は電子部品,化粧ラミネート,フィルター,チューブの製造に用いられてきた.樹脂は親水性のため種々の紙に容易に浸透する.ラミネートに用いられる樹脂はメチロール基の多いレゾール型が多い.

電気用および工業用 荷重下でのすぐれた耐熱性,

図 17.1 Vits（ドイツ）の高速フェノール樹脂含浸紙製造機のシーターとロール巻きの部分（Reichhold Chemicals 社提供）

表 17.15 NEMA LI-1 ラミネート熱硬化シートの品種

NEMA 品種	特　徴	補 強 材	樹脂含量（％）
X	機械的性質	クラフト紙	33～36
XP	ホットパンチング	クラフト紙	33～38
XPC	コールドパンチング，XP より弱い	クラフト，紙，リンター	34～40
XX	一般電気用	リンター，紙，漂白クラフト	45～50
XXP	ホットパンチング，XX より電気的性質良	リンター，紙	45～50
XXX	高周波用，耐湿性	ボロ，紙，リンター	55～60
XXXP	電気的性質，絶縁性，誘電損失が高湿度で良	ボロ，紙，リンター	57～60
XXXPC	XXXP と同等で，コールドパンチ性良	ボロ，紙，リンター	57～60
XXXPC/FR-2	クラス I の耐燃性	ボロ，紙，リンター	57～60
C	ギヤストック，耐衝撃用途	綿織物	46～50
CE	電気的性質が XX に類似	綿織物	50～55
L	機械加工性良	綿織物	46～50
G-3	高衝撃，曲げ強さ，電気的性質良	ガラス織物	55～60
N-1	すぐれた電気的性質	ナイロン織物	55～60

耐炎性，良好な機械的性質のためと，価格が魅力的なのとで，フェノール樹脂のラミネートが電気部品として多くの需要がある．Vits 高速紙含浸機を図 17.1 に示した．紙，クロス（木綿，ガラスなど），炭素繊維の含浸物が，アメリカでは LI-1 NEMA Code（National Electrical Manufacturers Association）[115,116]，ドイツでは DIN 7735，フランスでは NF で規格化されている．紙およびガラスの NEMA スタンダードを表 17.15 に示した．NEMA コードは 1983 年に改正され，再改正で 1988 年に発表になる[117]．市場は常によいもの，高性能のものを求めているので，標準グレードも改正されつつある．NASA では炭素繊維ラミネート用のフェノール-ホルムアルデヒド樹脂が研究されている[118]．

樹　脂　経済的理由で，一段含浸が行われている．しかしクラフト紙では，機械のラインが長くないときには，二段含浸が必要である．樹脂はすべてレゾールであって，フェノール，クレゾール，キシレノールとホルムアルデヒドとの縮合物で，柔軟性を高めるために p-t-ブチルフェノール，p-ノニルフェノールを加える．フェノール樹脂は他の合成柔軟化樹脂，例えばポリエーテル，ポリエステル，ポリウレタンで変性することも可能である．樹脂の分子量や分子量分布は注意深く管理しなければならない．塩基性触媒からくるカチオンで沈殿がおこらないように，金属イオンは最少にする．レゾールを製造するには水酸化カルシウム，水酸化バリウム，水酸化マグネシウムを使用するとよく，カチオンを不溶性の硫酸塩として除くことができる．クラフト紙の場合のように二段含浸では，第 1 段で高濃度の低分子量樹脂を用いる．第 2 段で紙に柔軟化剤を浸透させる．柔軟性と強靱性を与えるので桐油が適当している．得られたボードは良好なパンチング特性と耐溶剤性をもっている．

着色の少ないラミネート用樹脂の製法は Weyer-

表 17.16 未硬化樹脂中のホルムアルデヒドの分布

F/P	Li$_2$CO$_3$*	ホルムアルデヒドの分布 (mol %)				
		$-CH_2OCH_2OH$	$-CH_2OCH_2-$	$-CH_2OH$	$-CH_2-$	H_2CO
2.00	0.55	32.8	6.6	38.3	10.8	11.5
2.65	0.76	36.2	8.4	20.5	16.9	18.1
3.14	1.12	34.4	7.8	27.7	15.9	14.6
5.00	1.47	37.4	5.1	9.4	10.1	38.0

＊フェノールに対するモル数.

haeuser の特許に記述されている[119]. この樹脂は F/P モル比が 1.9~5.0 で, 中和はシュウ酸で行う. 樹脂中のホルムアルデヒドの分布を NMR で測定した結果は**表 17.16** のようである. ブロム化クレゾールノボラックをベースにしたフェノール樹脂組成物は日立の特許で, UL V-1 の耐燃性規格に合格する[120]. 他の分野でもかなりの発展がみられ, エポキシ変性のフェノール樹脂は配線基板やリクリエーション器具に用いられている.

化粧板 主な用途は家具とキャビネットである. 表 17.1 にみられるように, このマーケットは著しい伸長を示した. 高圧ラミネート法は家具用であり, 低圧ラミネート法はパーティクルボードに用いられる化粧紙, 木材, ビニルのラミネートである. 紙の含浸では, まず A ステージの樹脂を含浸させ, 次いで加熱して溶剤を除去して硬化させ B ステージにする. ラミネートは NEMA LD-3, 1985 にスタンダードが示されている[121]. 一般には NaOH を触媒としたフェノール-ホルムアルデヒド樹脂が用いられるが, クレゾールを加えることもある. 樹脂のピックアップは固形分にして乾紙の 32~35% である. メラミン樹脂はオーバーレイ紙に 50%, 化粧トップ紙に 67% 含浸される.

工業的利用として含浸されたクラフト紙がオーバーレイ合板に用いられ, ファイバーボードは耐候性や耐摩耗性の必要な戸外のドアに用いられる. コンクリート型枠も一つの例である.

フィルターとセパレーター フェノール樹脂を含浸した紙は輸送工業でのオイルフィルター, 燃料フィルター, 空気フィルターを製造するのに重要である. 一般に, アセトンやメタノールのような揮発性溶剤に溶解したノボラックが用いられる. HMTA が加えられている. 溶液の樹脂濃度は約 65% で, 紙の重量に対し 20~30% が含浸される. 他の重要な用途は蓄電池のセパレーターの製造である. セパレーターは一定の多孔性をもった含浸紙である. これに用いるレゾールは F/P のモル比が大きく, 低分子量の A ステージ樹脂である.

木 材 接 着

フェノール樹脂の大きい需要分野は木材接着, 例えば合板の接着, フィンガージョイント, ウェハボード, チップボード, ラミネートビーム(梁, 桁)である. 表 17.1 に需要量を示した通りである. 木材接着にあたっては木材の構造を考慮しなければならない. 木材は 40~45% のセルロース, 20~30% のヘミセルロース, 20~30 のリグニンよりなり, さらに天然樹脂やタンニンを含んでいる[122]. リグニンはコニフェリル, シナフィルよりなる種々のフェノール成分から成り立っている.

木材の主成分は材齢や広葉樹, 針葉樹の区別により異なる. リグニンの構造もまた異なっている. 木材と樹脂との間の接着の様子は未だ明らかにされていないが, 接着操作で変化すると考えられている. それは木材構造への樹脂の浸透, 水素結合の形成しやすさ, リグニン中の活性基とメチロール基との反応などである. 接着操作では木材の含水量, 多孔性や粗さといった表面状態が最終的な接着形成に重要な役目をしている. したがって, 木材の伐採時期によって接着剤の配合割合を変えねばならないことになる.

合 板 合板は最低 3 枚のベニヤを交差方向に重ね

表 17.17 外装用合板の接着剤配合

成　分	MIX 1 (wt %)	MIX 2 (wt %)
レゾール樹脂	58.3(固形分 43%)	62.5(固形分 40%)
水	21.2	19.5
Glufil HL[a]	11.0	―
Bohemia 100[b]	―	11.6
木　粉	4.7	6.3
50%苛性ソーダ	4.7	―
ソーダ灰	4.7	―
ブルックフィールド粘度	4100	4800
pH	12.5	12.5
ベニヤの温度 (°F)	70	70
木破率 (%) 150°C で 0.25 分圧縮	95	93

a: Agrashell 社. ウォールナッツ殻粉末の商品名.
b: Bohemia 社. 分級したベイマツ樹皮の商品名.

合わせたものである．建築用壁材，コンクリート型枠，キッチン，バスルームキャビネット，床材，天井材に用いられる．合板用樹脂は木材の種類によって選ばなくてはならない．例えば，ベイマツとツガを用いた外用合板の接着剤配合を**表17.17**に示した．

樹脂はいずれもフェノールを用い，F/Pモル比は1.5～2.5，水酸化ナトリウムを触媒にして製造する．普通には充塡剤として小麦粉を使い，接着層から容易に水分が揮発されるようにオニグルミの殻の粉末を加える．予圧しやすいようにホウ砂や血液を加えることもある．樹脂は一般に40～45％濃度のものを用い，最終の接着剤配合物では固形分が25～31％である．硬化速度を調節するためにソーダ灰を加える．最近の樹脂は遊離のホルムアルデヒドやフェノールが非常に少なくなっている．しかしヘミホルマールの形で多くのホルムアルデヒドが残存している．他の木材用の接着剤はそれぞれの木材に適したように配合される．アメリカ産サザンパインの例をあげると，レゾールのモル比，pH，充塡剤，増量剤の量は接着強さが最大になるようにテストされて使用される．

5層の合板を例にとると，back（バック）と呼ばれる最初の単板を長軸と木目を平行してまず置く．ついでcross band（直交単板）と呼ばれる次の単板の両面に接着剤を塗付し，バックと木目を直角にして置き，次の単板をバックと木目を平行して置き，さらに次の直交単板の両面に接着剤を塗付して，木目をバックと直角にして置く．最後の単板はバックと木目を平行にして置く．待ち時間，予備圧縮時間を経て，接着剤を十分に木材表面にコンタクトさせてからホットプレスする．ホットプレス条件は針葉樹のとき140℃，175～200 psi（13～14 kgf/cm^2）で5～7分である．接着を良好に行うためには樹脂の分子量の管理，配合物の粘度，木材中の水分が重要である．木材接着用のフェノール樹脂の改良法が多く提案されている．例えば樹皮を増量剤にするとき，水性のアルカリ性フェノール樹脂であらかじめ樹皮を処理しておく方法などである[123]．

コンポジションボード（集成板）　ストランドボード，ウェハボード，チップボード，パーティクルボード，ファイバーボードなどがある．大きい寸法の木材が得にくくなってきているので，コンポジションボードの研究が盛んになっている．ウェハボードは建築用として多方面で合板と競合している．ウェハボードは回転ドラムに大きい木材粒子とレゾール樹脂をスプレーし，型に入れて高圧でプレスして耐候性のある接着を行う．レゾールの量はウェハの2.5～3.0％である．最近の特許では乾燥したときの樹脂の粒径をコントロールすることにより，スプレードライ法でつくる方法が行われる[124]．ウェハボードで使用する木片の長さが幅にくらべてかなり長いとき，ストランドボードと呼ばれる．これは液状レゾールを比較的多く用いてつくられ，性質は合板に近い．アメリカではパーティクルボードはユリアまたはユリア-メラミン樹脂で製造されるのが一般である．しかしパーティクルボードからのホルムアルデヒドの発生が問題になり，ジイソシアネートを用いる研究が行われている．これはアミノ樹脂に比してすぐれた耐水性をもっている．

ラミネートビーム　ラミネートビーム，ラミネート材は鋸で切った木材を木目を平行にして3本以上を接着してつくる．接着剤は普通フェノール-レゾルシノールまたはレゾルシノールホルムアルデヒド樹脂である．この樹脂は硬化が早く，すぐれた耐水性をもち，ホットプレスでも，コールドプレスでもよい．配合した接着剤を連続的に形をととのえた木材に塗付し，堆積，クランプして，室温で硬化させる．木材は湿気と熱とで，例えばアーチ形に成形させる[125]．

エンドジョイント，フィンガージョイント　速硬化樹脂の他の応用はエンドジョイントとフィンガージョイントである．これは大きいビームをつくるためや木材同士を接着して木材そのものより強い材料をつくるためのものである．樹脂は二液性で，コンタクトすると非常に早く硬化するものが選ばれる[126]．一つの成分はパラホルムアルデヒドを硬化剤として用いたフェノール-レゾルシノールであり，他の成分は速硬化フェノール-m-アミノフェノール-ホルムアルデヒド樹脂である．二つの樹脂が接触すると，例えばそれぞれを塗付した末端が接触すると，数分で固着し，25℃，30分で完全に硬化する[12]．

合板や複合材の接着のために，リグニンやタンニンとフェノールとを組み合わせて接着剤をつくることが行われている[12]．リグニンやタンニンの予備処理が成功への鍵である．再現性のある結果はむずかしく，さらにPF樹脂に比して耐水性が低い．

断熱材料と発泡体

断熱材料　マットにした加熱繊維にレゾール樹脂をスプレーし，硬化するまで加熱する．樹脂は一般にフェノールベースで，F/Pモル比は大きく，例えば2.5～3.5で，低温で反応させる．この条件で未縮合のポリメチロールフェノールを含有する樹脂となる．触媒は通常アルカリ土類金属の水酸化物である．この樹脂は10～15％の水溶液で用いる[11]．PF樹脂はガラスウールマットに良好な寸法安定性を与え，不燃性という重要な性質が利用されている．

発泡体　発泡体に用いられる樹脂は水酸化ナトリウムやアルカリ土類金属の水酸化物を触媒として製造したF/Pモル比1.5～3.0のレゾールである．樹脂含量は約80％になるように配合している．発泡体の密度は界面活性剤の量，発泡剤，温度，樹脂の酸との反応性によって制御できる．架橋はp-トルエンスルホン酸や硫酸のような酸によって促進される．発泡剤は蒸気圧の大きい液体で，架橋反応の際の発熱で気化する．発泡剤はトリクロロトリフルオロエタンのようなクロロフルオロ炭化水素やペンタンのような低級アルカンである．大気中のオゾ

ン層の破壊が国際問題になっているので，フロン代替が必要とされている[127]．発泡体は構造強度の大きい密閉セル型と生け花に使われる水吸収性のオープンセル型がある．きびしい耐火規制のところでは，フェノール樹脂への関心が増している．

フェノール樹脂のマイクロバルーンは発泡体や軽量体製造に有用である．これはフェノール樹脂を用いて強靱なシンタクチック発泡体を形成し，軽量化，剛性，耐クラック性を目的とするものである．浮き，スペースシャトルの吸熱シールド，壁パネルの断熱板に用いられる[129]．天然物本来の構造強度をもつハニカムの製造にも使われている[130]．

一般的な接着剤

コンタクト接着剤 フェノール樹脂はネオプレンやニトリルコンタクト接着剤の粘着付与剤や接着促進剤として用いられている．すなわち，接着がはじまる前に物体同士をはなれなくすることが必要であり，コンタクト接着剤は高いグリーン強度と高いはく離強度をもっていなければならない．応用としては，皮革，織物，プラスチック，ゴムの接着，家具，ウェザーストリップ，カウンタートップ，テーブルトップの取付けである．ネオプレンコンタクト接着剤に用いられるフェノール樹脂は置換ノボラックやレゾール樹脂であり，非置換レゾールはニトリル接着剤に配合する．ネオプレン/フェノール樹脂の配合を表17.18に示した．ニトリルゴムのコンタクト接着剤には15％が高分子量アクリロニトリルゴムで，15％がフェノール樹脂，70％はアセトンのような酸素を含む溶剤組成になっている．キャンバス/キャンバスの60℃のはく離強さは300 psi（22 kgf/cm²），121℃で15分間プレスしたのちでは，17 lb/in（7.7 kgf/25 mm）である．フェノール樹脂の他の配合例は本書のネオプレンの章に記述されている．コンタクト接着剤の総説はBarthのものがすぐれている[2]．

構造用接着剤 フェノール樹脂は木材以外の難接着性材料にも強い接着性を示し，構造用接着剤として幅広い用途をもっている．熱可塑性ポリマーと併用して，金属と金属，金属と紙，プラスチックの接着に用いられる．フェノール樹脂がゴムと反応して架橋するのは，キノンメチド中間体を経由して，ゴムの1-4付加のビニル基と反応すると考えられている[11]．構造用接着剤の主原料は15～40％のアクリロニトリルを含むNBRとビニルアセタールよりなるビニル/フェノール樹脂ブレンドで，フェノール樹脂は強度向上，耐溶剤性，耐熱性の役目をしている．

環境問題および毒性の考察

完全に硬化したフェノール-ホルムアルデヒド樹脂は皮膚障害が報告された例はあるが[131,132]，一般にはほとんど害がないといわれている．しかしフェノール，置換フェノール，ホルムアルデヒドのような原料は毒性がある．したがって，AステージやBステージのフェノール樹脂を扱うときには，遊離ホルムアルデヒド，遊離フェノールが少ないことが望ましく，安全対策が必要である．フェノールは毒性が強く，蛋白質を変性させる．モノマーのフェノールは速やかに皮膚から吸収され炎症を起こし，後遺症を残す．経口LD_{50}はラットについて530 mg/kgである．5％以上の遊離フェノールを含むフェノール樹脂は有毒物として標示されねばならず，1～5％のフェノール含量でも健康に有害である．

ホルムアルデヒドが発癌性があるという結論は得られていないが，多くの人がホルムアルデヒドに敏感である．最近のアメリカの規制では，8時間作業するところでホルムアルデヒド濃度1 ppm（TWA），短時間の暴露で2 ppm（STEL），会社の規制は0.5 ppmである[133]．西ドイツとスカンジナビアでは限界値（TLV）は1 ppmである．フェノール樹脂の熱酸化分解物の研究はWaitkus, Lepsekaが行っている[134]．

フェノール樹脂のメーカー

Ashland Chemical Co.　　Columbus, OH 43200
BTL, Ltd.　　Niagara Falls, NY 14302
Borden, Inc.　　Salem OR 97300
Chembond, Inc.　　Springfield, OR 97477
Du Pont & Co., Inc.　　Wilmington, DE 19898
Fiberite Corp.　　Winona, MN 55987
General Electric Co.　　Pittsfield, MA 01201
Georgia Pacific Corporation　　Atlanta, GA 30348
Monsanto Co.　　St. Louis, MO 63167
Occidental Corp.　　North Tonawanda, NY 14120
Plaslok Corp.　　Buffalo, NY 14200
Plastics Engineering Company　　Sheboygan, WI 53081
Resinoid　　Skokie, IL 60076
Rogers Corporation　　Rogers, CT 06263

表17.18 ネオプレン/フェノール樹脂の試験配合

成分	重量部
二本ロールミルのブレンド	
ネオプレンAC	100
Neozone A 酸化防止剤	2
MgO	4
ZnO	5
フェノール樹脂	45
MgO	4
水	1
トルエン	115
ヘキサン	115
酢酸エチル	115
計	506
固形分％＝31.6 wt％	

Rogue Valley Polymer　　San Francisco, CA 94111
Schenectady Chemicals, Inc.　　Schenectady, NY 12301
Union Carbide Corporation　　Danbury, CT 06817
Westinghouse Electric Co.　　Hampton, SC 29924

謝　辞　　この総説をまとめるのに特別な情報を提供された Georgia Pacific Corporation の Ralph Moir と Jack Baush, Reichhold Chemicals, Inc. の Jack Blanchard と Tino Maccarrone, Rogers Corporation の Vince Landi, および Plastics Engineering Company, Union Carbide Corporation の方々の協力に深甚なる感謝の意を表する．

[Frederick L. Tobiason／本山卓彦　訳]

参　考　文　献

1. Baeyer, A., *Ber.* **5,** 25 (1872).
2. Barth, B. P., "Phenolic Resin Adhesives," in "Handbook of Adhesives," 2nd Ed., I. Skeist, Ed., New York, Van Nostrand Reinhold, 1977, Ch 23.
3. Baekeland, L. H., U.S. Patent 942,699 (July 13, 1907).
4. Baekeland, L. H., *J. Ind. Eng. Chem.*, **1,** 149 (1909).
5. "Materials," *Modern Plastics*, **62,** 67 (1985); **64,** 55 (1987); **65,** 98 (1988).
6. Pacific Lutheran University, DIALOG Search, 1988.
7. Martin, R. W., "The Chemistry of Phenolic Resins," New York, John Wiley and Sons, 1956.
8. Megson, N. J. L., "Phenolic Resin Chemistry," London, Butterworths, 1958.
9. Whitehouse, A., Pritchett, E., and Barnett, G., "Phenolic Resins," New York, Elsevier, 1968.
10. Knop, A., and Scheib, W., "Chemistry and Applications of Phenolic Resins," Heidelberg and New York, Springer-Verlag, 1979.
11. Knop, A., and Pilato, L., "Phenolic Resins," Berlin and New York, Springer-Verlag, 1985.
12. Pizzi, A., "Wood Adhesives," New York, Marcel Dekker, Inc., 1983, Chapter 3.
13. Wooten, A. L., "Phenolic Resins," in "Handbook of Thermoset Plastics," S. H. Goodman ed., Park Ridge, NJ, Noyes, 1986.
14. Brode, G., "Phenolic Resins" in "Kirk-Othmer Encyclopedia of Chemical Technology," 3rd Ed., Vol. 17, New York, Wiley-Interscience, 1981.
15. Kopf, P. W., "Phenolic Resins," in "Encyclopedia of Polymer Science and Engineering," Vol. 11, J. Kroschutz, ed., New York, Wiley-Interscience, 1988, pp. 45-95.
16. Meyer, B., "Urea-Formaldehyde Resins," Reading, MA, Addison-Wesley, 1979, pp. 26-58.
17. Walker, J. F., "Formaldehyde," ACS Monograph 159, 3rd Ed., New York, Reinhold Publishing Corp., 1964.
18. Le Botlan, D. J., Mechin, B. G., and Martin, G. J., *Anal. Chem.*, **55,** 587 (1983).
19. Tomita, B., Hirose, Y., *J. Polym. Sci., Chem. Ed.*, **14,** 387 (1976).
20. Funderburk, L. H., Aldwin, L., and Jencks, W. P., *J. Am. Chem. Soc.*, **100** (Aug. 1978).
21. Woodbrey, J. C., Higginbottom, H. P., Culbertson, H. M., *J. Polym. Sci. Part. A*, **3,** 1079 (1965).
22. Baekeland, L. H., *J. Ind. Eng. Chem.*, **1,** 545 (1909).
23. Vansheidt, A. A., Itenberg, A., and Andreeva, T., *Chem. Ber.*, **69B,** 1900 (1936); *Prom. Org. Khim.*, **3,** 385 (1937).
24. Tobiason, F. L., unpublished results.
25. Tobiason, F. L., Chandler, C., and Schwarz, F. E., *Macromolecules*, **5,** 321 (1972).
26. Gardikes, J. J., and Konrad, F. M., *Am. Chem. Soc. Div. Org. Coatings and Plastics*, **26**(I), 131 (1966).
27. Brode, G. L., Kopf, P. W., and Chow, S. W., *Ind. Eng. Chem. Prod. Res. Dev.*, **21,** 142 (1982).
28. Regina-Mazzuca, A. M., Ark, W. F., and Jones, T. R., *Ind. Eng. Chem. Prod. Res. Dev.*, **21,** 139 (1982).
29. Landi, V. R., *Adv. Polym. Tech.*, **7,** 209 (1987).
30. Finn, S. R., and Musty, J. W. G., *J. Soc. Chem. Ind. (Lond.)*, **69,** S49 (1950).
31. Freeman, J. H., and Lewis, C. W., *J. Am. Chem. Soc.*, **76,** 2080 (1954).
32. Ishida, S., Tsutsumi, Y., and Kaneko, K., *J. Polym. Sci., Polym. Chem. Ed.*, **19,** 1609 (1981).
33. Williams, R., Adabbo, H., Aranguren, M., Borrajo, J., and Vazquez, A., *ACS Polymer Preprints*, **24,** 169 (1983).
34. Tobiason, F. L., Chandler, C., Negstad, P., and Schwarz, F. E., "Molecular Weight Characterization Resole P-F Resins," *Advances in Chemistry* No. 125, Washington, D.C., American Chemical Society, 1973, p. 194.
35. Culbertson, H. M. (to Monsanto Co.), U.S. Patent 4,113,700 (Sept. 12, 1978).
36. Brode, G. L., Jones, T. R., and Chow, S. W., *Chem. Tech.*, **6,** 76 (1983).
37. Brode, G. L., et al., *IUPAC 28th Macromolecular Symp. Proc.*, Univ. of Mass. Amherst, July 12, p. 211 (1982).
38. Harding, J. (to Union Carbide), U.S. Pat. 3,823,103 (1974).
39. McCarthy, N. J. (to Union Carbide), U.S. Patent 4,039,525 (1977).
40. Starsini, M., and Chow, S. Z., *Bull. Am. Phys. Soc.*, **25,** 322 (1980).
41. Tanaka, S., *Netsu Kokasei Jushi*, **6,** 215 (1985).
42. Kopf, P. W., and Wagner, E. R., *J. Polym. Sci., Polym. Chem. Ed.*, **11,** 939 (1973).
43. Fyfe, C. A., McKinnon, M. S., Rudin, A., and Tchir, W. J., *J. Polym. Sci. Polym. Letters Ed.*, **21,** 249 (1983).
44. Hatfield, G. R., and Maciel, G. E., *Macromolecules*, **20,** 608 (1987).
45. de Breet, A. J., Dankelman, W., Huymans, W. G., and de Wit, J., *Angew. Makromol. Chemie*, **62,** 7 (1977).
46. Kim, M. G., Tiedeman, G. T., and Amos, L. W., "Carbon-13 NMR Study of Phenol-Formaldehyde Resins," in "Phenolic Resins: Chemistry and Ap-

plications," Tacoma, WA, Weyerhaeuser Co., 1981.
47. Dradi, E., Casiraghi, G., and Casnati, G., *Chem. Ind.*, 19 (Aug. 1978).
48. Nakai, Y., and Yamada, F., *Org. Mag. Res.*, **11**, 607 (1978).
49. Carothers, J. A., Gipstein, E., Fleming, W. W., and Tompkins, T. J., *Appl. Polym. Sci.*, **27**, 3449 (1982).
50. Sojka, S. A., Wolfe, R. A., and Guenther, G. D., *Macromolecules*, **14**, 1539 (1981).
51. Lamartine, R., *Plastics and Rubber Process. and Appl.*, **6**, 313 (1986).
52. Schulz, G., Gnauck, R., and Ziebarth, G., *Plaste und Kautschuk*, **29**, 401 (1982).
53. Braun, D., and Arndt, J., *Fresenius, Z. Anal. Chem.*, **294**, 130 (1979).
54. Wellons, J. D., and Gollob, L., "Determining Molecular Weight of Phenolic Resins by Laser Light-Scattering," in "Phenolic Resins: Chemistry and Application," Tacoma, WA, Weyerhaeuser Co., 1981, p. 121.
55. Sebenik, A., *J. Chromat.*, **160**, 205 (1978).
56. Chow, S., and Steiner, P. R., *J. Appl. Polym. Sci.*, **23**, 1973 (1979).
57. Patel, R. D., Patel, R. G., and Patel, V. S., *J. Appl. Polym. Sci.*, **34**, 2583 (1987).
58. Katovic, Z., "Some Aspects of the Curing Processes in Phenolic Resins" in "Phenolic Resins: Chemistry and Application," Tacoma, WA, Weyerhaeuser Co., 1981, p. 85.
59. Landi, V. R., Mersereau, J. M., and Dorman, S. E., *Polym. Composites*, **7**, 152 (1986).
60. Christiansen, A. W., and Gollob, L., *J. Appl. Polym. Sci.*, **30**, 2279 (1985).
61. Young, R. H., Kopf, P. W., and Salgado, O., *Tappi*, **64**, 127 (1981).
62. Tobiason, F. L., "The Dipole Moment and Chain-Configurational Properties of Novolak Phenol-Formaldehyde Resins," in "Phenolic Resins: Chemistry and Application," Tacoma, WA, Weyerhaeuser Co., 1981, pp. 201–211.
63. Tobiason, F. L., Houglum, K., Shanafelt, A., Hunter, P., Boehmer, V., *ACS Polymer Preprints*, **24**, 181 (1983).
64. Jones, T. T., *J. Soc. Chem. Ind. (London)*, **65**, 264 (1946).
65. Manegold, E., and Petzold, W., *Kolloid.-S.*, **94**, 284 (1941).
66. Zimmer, W. F., "Abrasives," in "Encyclopedia of Polymer Science and Engineering," 2nd ed., New York, Wiley-Interscience, 1981, pp. 36–41.
67. Pinkstone, W. G., "Abrasives" in "Kirk-Othmer Encyclopedia of Chemical Technology," 3rd Ed., Vol. 1, New York, Wiley-Interscience, 1978, pp. 26–52.
68. "Phenolic Resins as a Bonding Agent for Grinding Wheels," Technical Bulletin 1503, Reichhold Chemicals, Inc., 1960.
69. Narayanan, K. S., and Hickory, E. (to Norton Co.), U.S. Patent 4,682,988 (July 28, 1987).
70. Hesse, W., Settelmeyer, R., and Teschner, E. (to Hoechst Aktiengesellschaft), U.S. Pat. 4,690,692 (Sept. 1, 1987).
71. *Chemical Business*, June 27, 27 (1983).
72. Richardson, S. H., Wertz, W. J., "Phenolic Resins for Coatings," in "Treatise on Coatings," Vol. 1, Part III, Meyers and Long, eds., New York, Marcel Dekker, 1972, Chapter 3.
73. "Durable Coatings Based on UCAR Phenolic Resins," Technical Report, Union Carbide Corp., 1987.
74. Rossbacher, W., AFS Midwest Foundry Conference, South Bend, IN, Nov 1972.
75. "Shell Process Foundry Practice," 2nd Ed., Des Plaines, IL, American Foundryman's Society, 1963.
76. Gardikes, J. J. (to Ashland Oil, Inc.), U.S. Patent 4,590,229 (May 20, 1986).
77. McDonald, R. A. (to Georgia-Pacific Corporation), U.S. Patent 4,397,967 (Aug. 9, 1983).
78. Langer, H. J., and Dunnavant, W. R., "Foundry Resins," in "Encyclopedia of Polymer Science and Engineering," Vol. 7, H. Mark et al., eds., New York, Wiley-Interscience, 1987, p. 290.
79. "For Phenolics, New Filler Vies to Replace Asbestos," *Process Engineering News*, Sept. 25, 1977.
80. Scott, S. W., *Indust. Res. Devel.*, 88 (July 1983).
81. Parker, E. (to Turner & Newall Plc), U.S. Patent 4,656,203 (Apr. 7, 1987).
82. Tabe, Y., Takamoto, H., Shimada, K., and Sugita, Y. (to Teijin Ltd. and Adebono Brake Indust.), U.S. Patent 4,324,707 (Apr. 13, 1982).
83. Tsang, P., Coyule, J., and Rhee, S., U.S. Patent 4,617,165 (Oct. 14, 1986).
84. Lambla, M., and Vo, V. C., *Polym. Composites*, **7**, 262 (1986).
85. "To Establish the Maximum Thermal Rating of Plastic Materials under Stress Load at Temperature," Technical Report, PLENCO, Sheboygan, WI 53081, 1987.
86. Barker, R. H., "Elevated Temperature Performance under Stress Load," Phenolic Molding Technical Conference, SPI, Cincinnati, Ohio, June 3, 1987.
87. Wigotsky, V., *Plastics Engineering*, **43**, 21 (1987).
88. Walters, L. A., and Mersereau, J. M. (to the Rogers Corporation), U.S. Patent 4,281,044 (1981).
89. Bertolucci, M. D., "Impact Modified Phenolic with Unique Heat Resistance," Society of the Plastics Industry, 36th Annual Conf., Feb. 1981.
90. Bertolucci, M. D., et al. (to General Electric), U.S. Patent 4,348,491 (Sept. 1982).
91. "Impact Phenolic Stays Strong at High Heat," *Plastics World*, 106 (March 1980).
92. "Modified Fillers Come on Strong," *Plastics World*, Aug. 23, 1983.
93. Gupta, M. K., Hoch, D. W., and Keegan, J. F., *Modern Plastics*, 70 (July 1987).
94. Zaks, Y., Jeelen, L., Raucher, D., and Pearce, G. M., *J. Appl. Polym. Sci.*, **27**, 913 (1982).
95. Brode, G. L., Chow, S. W., and Michno, M., *ACS Polymer Preprints*, **24**, 192, 194 (1983).
96. Chow, Sui-Wu, and Brode, G. L. (to Union Carbide Corp.), U.S. Patent 4,395,521 (Jul. 26, 1983).
97. Chow, Sui-Wu, and Brode, G. L. (to Union Carbide Corp.), U.S. Patent 4,395,520 (Jul. 26, 1983).

98. Brode, G. L., Chow, S. W., and Hale, W. F. (to Union Carbide Corp.), U.S. Pat. 4,403,066 (Sept. 6, 1983).
99. Merserear, J. M., "Thermal Expansion of Phenolic Brake Pistons," SAE Tech. Paper Series, Internat. Congress, Detroit, Feb. 28, 1983.
100. Drumm, M. F., Dodge, C. W. H., and Nelson, L. E., *Ind. Eng. Chem.*, **48,** 76 (1956).
101. Makosko, C. W., and Mussatti, F. G., *Proc. SPE 30th Antec Conf. Part I*, 73 (1972).
102. Landi, V. R., *Proc. SPE Pactec VI* (1981).
103. Morrison, T., and Waitkus, P. A., "Studies of the Post-Bake Process of Phenolic Resins," Phenolic Molding Division Tech. Conf., Cincinnati, Ohio, June 3, 1987.
104. Arimond, J., Fitts, B., and Landi, V., SAE Internat. Conf. (Publ. #870536) Detroit, Feb. 23, 1987.
105. "A Plastic Helmet for Soldiers," *Chemical Week*, (Dec. 8), 14 (1982).
106. Broutman, L. J., SPI 38th Reinforced Plastics Conf., Feb. 1983.
107. Blevins, R. W., Daly, R. C., and Turner, S. R., "Lithographic Resists" in "Encyclopedia of Polymer Science and Engineering," 2nd Ed., Vol. 8, New York, Wiley-Interscience, 1987, pp. 97–138.
108. "Improved Photoresists for Integrated Circuit Chips Devised," *Chem. Eng. News*, Oct. 27, 1985.
109. Tanigaki, K., and Iida, Y. (to NEC Corporation, Tokyo), U.S. Patent 4,690,882, (1987).
110. Ogura, K. (to Oki Electric Industry, Co., Tokyo), U.S. Patent 4,686,280 (1987).
111. Koibuchi, S., Isobe, A., et al., "Resist Technology and Processing," II, *SPIE Proc.* No. 539, Santa Clara, CA, Mar. 1985.
112. Bowden, M. J. and Turner, S. R., "Polymers for High Technology Electronics and Photonics," ACS Symp. Series 346, Washington, DC, American Chemical Society, 1987.
113. Takahashi, A., and Yamamoto, H., *Polymer*, **12,** 79 (1980).
114. Maruzen Oil, Japan Technical Bulletin.
115. LI-1 Codes, "Industrial Laminated Thermosetting Products," Washington, DC, NEMA, 1983.
116. Giddings, S. A., "Laminates," in "Encyclopedia of Polymer Science and Engineering," Vol. 8, J. Kroschwitz, ed., New York, Wiley-Interscience, 1987, pp. 617–646.
117. Darr, Tim, NEMA Staff, Personal Communication, March (1988).
118. "Chemical Characterization of Phenol Formaldehyde Resins," *NASA Tech. Briefs,* **10,** 59 (Nov./Dec. 1986).
119. Gillern, M. F., Oita, K., Teng, R. J., and Tiedeman, G. T. (to Weyerhaeuser Co.), U.S. Patent 4,264,671 (April 28, 1981).
120. "Phenolic resin compositions for laminates" (to Hitachi Co., Ltd.), Japanese Patent 57,198,742 (Dec. 6, 1982).
121. LD-3 Codes, "High-Pressure Decorative Laminates," Washington, DC, NEMA, 1985.
122. Sarkanen, K. V., and Ludwig, C. W., "Lignins," New York, Wiley-Interscience, 1971.
123. Hartman, S. (to Champion International Corp.), U.S. Patent 4,144,205 (Mar. 13, 1977).
124. Ferentchak, F., Kozischek, J. F., and Schwartz, J. W. (to Reheis Chemical Co., Inc.), U.S. Patent 4,708,967 (Nov. 24, 1987).
125. Youngquist, J., "Laminated Wood Based Composites," in "Kirk-Othmer Encyclopedia of Chemical Technology," 3rd Ed., Vol. 14, New York, Interscience, 1981.
126. Kreibich, R. E., *Adhes. Age*, **17,** 26 (1974).
127. Salamone, S. L., *Plastics World*, 46 (Jan. 1988).
128. Hillier, K., *Plast. Rubber Process. Appl.*, **1,** 39 (1981).
129. "Microballoons," Union Carbide Technical Bulletin, 1987.
130. Allbee, N., "Honeycomb Core Materials," *Adv. Composites*, 55 (Nov./Dec. 1987).
131. Toeniskoetter, R. H., TAPPI Paper Synthetics Conf., 1980.
132. Malten, K. E., *Dermatosen Beruf Umwelt*, **32,** 118 (1984).
133. OSHA 29 CFR, Para. 1910.1048, Feb. 2, 1988.
134. Waikus, P. A., and Lepeska, B., Grinding Wheel Inst. 29th Abrasive Conf., Buffalo, NY, Oct. 22, 1986.

18. アミノ樹脂接着剤

アミノ樹脂は，アミノ基（－NH₂）を含む化合物とホルムアルデヒドとの反応で合成される．よく利用されるアミノ化合物はユリア（尿素）とメラミンである．

urea

melamine

ユリア-ホルムアルデヒド樹脂はアミノ樹脂の80％を占め，残りの大部分はメラミン-ホルムアルデヒド樹脂である．他のアミノ化合物はほとんど利用されていない．

アミノ樹脂は工業的にいろいろな分野へ利用されており，接着剤はその中で最も大きな市場である．単純なユリア-ホルムアルデヒド樹脂接着剤の大部分は，合板や，パーティクルボードさらにチップボード，フレークボード，ウェハボードなどの接着に使われ，より複雑な接着剤配合物は積層体ビーム，床材，インテリア扉，家具などの組立に利用されている．

大手の化学会社数社が，アミノ樹脂の一貫生産を行い，すべての需要に応えるため75種類もの製造を行っている．大規模なパーティクルボードのメーカーではユリア-ホルムアルデヒド樹脂の製造プラントをもっている．

アミノ樹脂の主な特徴は
・硬化前は水に溶ける（多くの被着材へ簡単に利用できる）
・無色である（グルーラインが無色で染料や顔料で自由に着色できる）
・耐溶剤性がある
・硬い
・耐熱性がある
・低価格である

などで，アミノ樹脂使用上の注意点は，硬化の間や，製品によっては硬化後もホルムアルデヒドが遊離することである．ユリア-ホルムアルデヒド樹脂を使った製品は屋外での耐候性が悪いが，メラミン-ホルムアルデヒド樹脂を使った製品は耐水性や屋外での耐候性に優れている．

何種類かのアミノ樹脂は他の物質の改質に利用されている．例えば，少量のアミノ樹脂を繊維に添加すると，パーマネントプレス性やウォッシュアンドウェア性が向上する．紙にアミノ樹脂を少量加えると，紙の湿潤引裂き強さが向上する．繊維処理には低分子量の水溶性樹脂を使用し，紙処理用には製紙するときにセルロースと反応しやすいようコロイド状に分散させて使う．アミノ樹脂接着剤は，セルロースの第一級水酸基と反応して弱い水素結合と同時に強い共有結合が生成する．水素結合は，紙や綿繊維が湿潤すると外れるが，共有結合は残り，乾燥させると紙は強度を回復し，綿繊維はひだやフラット面が元に戻る．

歴　　史

ユリアとホルムアルデヒドとの反応生成物は1908年に知られていたが[1]，約20年後，Edmond C. Rossiter[2]によって初めてイギリスで成形材料として市販された．それは精製したセルロース繊維で補強した複合材であった．アミノ樹脂は尿素とチオ尿素を等モル含んでおり，明るい半透明の色をしていた．成形品は硬くて汚れにくい表面をしていて，フェノール臭もなく，その時代では優れた製品であった．

チオ尿素は成形品に優れた光沢と耐水性を与えたが，金型を汚染するという欠点があった．技術の進歩によってチオ尿素の量を少なくすることができるようになり，今では使用していない．

メラミン-ホルムアルデヒド樹脂は，ユリア-ホルムアルデヒド樹脂が市販されてから約10年してつくられ，Henkel社が，1936年と1937年[3]にメラミンを使用する特許を取得している．メラミン-ホルムアルデヒド樹脂はユリア-ホルムアルデヒド樹脂に比べて耐水性や耐候性に優れており，硬さや耐水性や着色性の良さとあいまって，成形品は食器用その他に多くの応用があった．樹脂を硬化して架橋すると対称的なトリアジン環が，メラミン-ホルムアルデヒド重合体を化学的に安定化する．

ユリア-ホルムアルデヒド樹脂の接着剤への応用は1918年[4]には考えられていたが，新たな特徴が見つから

なかったため，価格面で他の接着剤と競合できるようになるまで開発が遅れた．現在，アミノ樹脂の最も多い用途が，接着剤となっているのは興味深い．合板やチップボードなどの木製品が主用途で，耐水性の悪さやホルムアルデヒドの遊離は，いくつかの手段で防いでいる．

アミノ樹脂がもつ特徴をほかの樹脂では出しにくいため，アミノ樹脂やそのプラスチックは今後も需要の伸びが期待され，特別な用途向けに開発が進んでいくものと思われる．

原　　料

ホルムアルデヒドは，反応性が高く刺激性の臭気をもつ有毒な気体で，加熱した銅や白金の金網中に空気とメタノールとの混合蒸気を通して得られる．生成したホルムアルデヒドは水溶液にする．ホルムアルデヒドは反応性が高く，水との平衡状態からメチレングリコールになり，ポリメチレングリコールになるまで反応する．

$$HCHO + H_2O \rightleftarrows HO-CH_2-OH$$
$$HO-CH_2-OH + n\,HCHO$$
$$\longrightarrow HO-CH_2-O(CH_2-O)_nH$$

ホルムアルデヒドのポリマー，すなわちパラホルムアルデヒドの沈殿を防ぐために，水溶液にメタノールを加える．ホルムアルデヒドの37%溶液はポリマーの沈殿を防ぐために少なくとも32℃に加温しなければならないが，5～10%のメタノールを加えると，室温で保存しても沈殿が生じない．

大量に消費する顧客に対しては，輸送費を低減し，生産効率を向上させるために高濃度のホルムアルデヒドを供給することもある．この場合は，加熱貯蔵タンクが必要で，例えば50%のホルムアルデヒド溶液では55℃に保たねばならない．非常に高濃度のホルムアルデヒド溶液を安定化させるには，Allied Chemical社のUF Concentrate 85[5]のように尿素を添加するとよい．この製品は固形分85%で，尿素1molに対し4.6molのホルムアルデヒドを含んでいるため，ユリア-ホルムアルデヒド接着剤の製造には便利で，接着剤をつくるときに，目的とするユリアとホルムアルデヒドとの比率まで尿素を加え，望むpHに調整し，必要な架橋状態にまで反応させればよい．

パラホルムアルデヒドは，フレークや粉末状の固体として得られる不安定なポリマーで，水に溶かすと簡単にホルムアルデヒドに変化する．ホルムアルデヒドは，トリオキサンと呼ばれる環状三量体化合物になると，化学的に安定なのでアミノ樹脂接着剤の製造には使えない．

ユリア-ホルムアルデヒド樹脂やメラミンの原料になる尿素は，アミノ樹脂やプラスチックを製造する上で重要な化合物である．

尿素は最も重要なアミノ樹脂やアミノプラスチックの原料である．第一にユリア-ホルムアルデヒドが最も多量に販売されているアミノ樹脂であること，第二に2番目に販売量の多いアミノ樹脂を製造するのに用いるメラミンの原料であること，第三に他のアミノ樹脂の原料であるアミノ化合物の製造に用いられることである．

尿素は融点133℃，無色，無臭の固体で，無機物から合成された最初の有機化合物である．1828年にWöhlerが，シアン酸アンモニウムの加熱により合成した化合物で，現在では，化学肥料や家畜の飼料用に莫大な量が生産されている．高圧下でアンモニアと二酸化炭素を反応させて合成し，初めにアンモニウムカルバメートができ，脱水されて尿素になる．

$$CO_2 + 2\,NH_3 \longrightarrow NH_2CONH_2$$
$$+ H_2O \leftrightarrows H_2NCOONH_4$$

メラミンは，有機合成化学の初期に合成されたが，アミノ樹脂の原料としてホルムアルデヒドと反応させるまでほとんど顧みられなかった．初めは，ジシアンジアミドから合成したが，今は低価格の原料である尿素から製造する．尿素を脱水素化してシアナミドとし，三量体化してメラミンにする．反応は脱アミノ化を防ぐために，アンモニア存在中，高圧下で行い，反応途中で生じたアンモニウムカルバメートは，尿素に変えてリサイクルする．

$$6CO\begin{smallmatrix}NH_2\\NH_2\end{smallmatrix} \xrightarrow{NH_4} 3CO_2 + 6NH_3 + [3H_2N-C\equiv N]$$

melamine

化　　学

アミノ化合物同士をホルムアルデヒドで連結してアミノ樹脂をつくり，さらにアミノ樹脂を硬化させるときには二つの主要な化学反応がおこっている．第一の反応では，アミノ基へホルムアルデヒドが付加し，メチロール基と呼ばれるヒドロキシメチル基が生成する．

$$R-NH_2 + HCHO \rightarrow R-NH-CH_2OH$$

第二の反応では，メチロール基が活性水素と反応し脱水して，二量体を生成し，ついで高分子鎖を生成し，さらに三次元のポリマーネットワークになる．この反応は通常硬化と呼ばれ，メチレンブリッジの生成と重合反応である．

$$RNH-CH_2OH + H_2NR$$
$$\rightarrow RNH-CH_2-NHR + H_2O$$

アミノ樹脂を上手に合成し，使用するためには，これら二つの反応を正確に制御する必要があり，第一の反応はアミノ樹脂のメーカーが行い，第二の反応はアミノ樹脂の利用者が行う．ホルムアルデヒドとアミノ基との反応は，酸性，塩基性どちらの条件下でもおこるが，架橋には酸触媒が必要である．通常樹脂は中性で合成する．二つの反応は徐々に進行してメチロール誘導体が生成し，ついで希望する程度にまで重合させる．あるときにはモノマーであるメチロール化合物の結晶化を防ぐ必要がある．おこりうる副反応はメチロール化合物2分子からジメチレンエーテル結合ができて水を放出する．

$$2\ RNH-CH_2OH$$
$$\rightleftarrows RNH-CH_2-O-CH_2-HNR$$
$$+ H_2O$$

生成したジメチレンエーテルはジアミノメチレン架橋ほど安定ではなく，転移してメチレンエーテル結合となりホルムアルデヒド分子を放出する．

$$RNH-CH_2-O-CH_2-HNR$$
$$\rightarrow RNH-CH_2-HNR + HCHO$$

アミノ樹脂のメチロール基はセルロースの第一級水酸基と反応する．この反応はアミノ樹脂を紙の湿潤強度改善や綿衣料のウォッシュアンドウェア性改良に利用するのに大きな意味がある．メチロール基のこの反応性はまたアミノ樹脂接着剤を合板やパーティクルボードの接着に利用するときにも意味があり，接着剤とセルロースの第一級水酸基との結合を可能にする．

よく利用される触媒や硬化剤は，塩化アンモニウムのようなアンモニウム塩で，おがくずやウォールナット殻の粉末と混合したり，または使用直前にアミノ樹脂に添加したりする．触媒にリン酸カルシウムのような緩衝剤を混合する．リン酸カルシウムは反応は遅いが，塩化アンモニウムの作用で発生した酸と反応して，木材の酸劣化を防ぐ．このような触媒は，室温で硬化させる家具用のユリア樹脂やメラミン樹脂に使用する．合板やチップボードは，加圧下で加熱して製造するため触媒は使わない．

一般に，アミノ樹脂はバッチ方式で合成する．原料を反応容器に入れ，pHを調節して，アミノ化合物とホルムアルデヒドとを反応させて，希望する程度に重合する．過剰な水は，所定の粘度が得られるまで減圧蒸留で取り除く．連続方式による合成は，特許に示されており，簡単なアミノ樹脂接着剤の製造に使われているものと思われる[6]．

最終製品

パーティクルボード

木材の屑材や加工途中で出た削り屑（チップ）を好みの大きさにふるい分ける．水分が約7％になるまで乾燥し，7〜9％固形分のアミノ樹脂接着剤をチップにスプレーし，混合機で混ぜる．ワックスのエマルジョンを加えて，パーティクルボードを耐水性にする．水分が多すぎると，ヒートプレスから取り出したあとボードに膨れができるので，チップの水分を8〜12％に調節する．型に移して，予備加圧し，ヒートプレスで10〜20分，125〜175℃で架橋する．

3層構造のパーティクルボードの場合，表面材は樹脂分を多くし，芯材はチップ分を多くする．チップの含有量は表面材で25％，芯材で75％である．

ユリア-ホルムアルデヒド樹脂接着剤を使ったパーティクルボードは，耐水性を必要としない用途にだけ利用され，屋外用には使われない．

一般に，パーティクルボードに使うユリア-ホルムアルデヒド樹脂は，ホルムアルデヒド含有量が少ない．例えばパーティクルボード用には尿素1molにホルムアルデヒド1.8molを使用し，合板用には尿素1molにホルムアルデヒド2molを使う．

パーティクルボード用のホルマリン除去剤には様々なものが提案されている．尿素やメラミン単独を硬化直前に添加することは知られている．パーティクルボードを高温，多湿下に放置すると，発生したホルムアルデヒドがこれらのアミノ化合物と結合するが，生成したメチロール化合物は高温多湿下でさらに加水分解を続ける．ポリアクリルアミドはユリア-ホルムアルデヒド接着剤の有効なホルムアルデヒド除去剤として知られている[7]．

合板

合板は，単板（ベニヤ）を接着剤で3層またはそれ以上に積層した構造である．硬質合板にはオニグルミ，カシ，カエデなどの高級な木を表面材に，マツなどの軟らかく安価な木を芯材に使う．普通の合板は，すべて軟木を原料にしており，構造用のみに使用される．耐水性を良くするためには通常フェノール樹脂接着剤を使う．硬質木材でつくる合板には屋外用と室内用のグレードがあり，耐水性が必要な屋外用にはメラミン-ホルムアルデヒド接着剤を使用し，表面材に明るい色の装飾用木材を用いても変色しない．フェノール樹脂は耐水性は大きいが，変色するので暗色のベニヤに使われている．

合板をつくる際に接着剤は一つおきの単板の両面に塗付する．スプレッダーにかけて接着剤を塗付し，接着剤を塗付していない単板の上に重ねて合板をつくる．ユリア-ホルムアルデヒド接着剤の場合は，125℃，150〜300 lb/in² (54〜108 kgf/cm²) の圧力下で5〜10分放置して完全に硬化させる．

化粧板

化粧板に使うメラミン-ホルムアルデヒド樹脂は，接着剤としての効果と同時にその機能上の特徴が利用されている．化粧板は，メラミン樹脂を含浸した化粧シートを，メラミン樹脂で処理した表面保護オーバーレイ層とフェ

ノール樹脂で処理した補強層との間にサンドイッチする．メラミン-ホルムアルデヒド樹脂を使うことにより，硬く，汚れにくく，表面摩耗性にも優れる．このような組合せにより，メラミン-ホルムアルデヒド樹脂の特徴を生かした硬さ，汚れにくさ，表面摩耗性の優れた印刷パターンをもつ装飾性の外観が得られる．

その他の利用

ガラス繊維の絶縁材には耐炎性を向上させるためにアミノ樹脂を添加したフェノール樹脂を使用する．アミノ樹脂接着剤を使うと燃えやすい織物にも耐炎性が得られる．

アミノ樹脂接着剤は接着力の向上剤としても使われる．例えば，タイヤコードでは加硫したゴムの接着力向上にゴムラテックス処理を行うが，このラテックスには接着性向上のためにレゾルシノール-ホルムアルデヒド樹脂やアミノ樹脂が添加されている．特許ではユリア樹脂やメラミン樹脂が例示されているが，メラミン-ホルムアルデヒド樹脂のほうが有効であるといわれている．

セロファンフィルムは水に弱いので，接着性向上のためにニトロセルロースやポリ塩化ビニリデンがコーティングされる．このときアンカー剤として約1%のメラミン-ホルムアルデヒド酸コロイドを含む浸漬タンクに通じると，セロファンとニトロセルロースやポリ塩化ビニリデンのような耐水化コーティング剤との間の接着性が向上する．

ユリア-ホルムアルデヒド樹脂は砂と混ぜて金型のコアに使われる．アミノ樹脂を湿った砂と混ぜて型をつくり，乾燥，硬化後，型に組み込む．連続してサンドコアを加熱すると樹脂が分解するので，型が冷えて金属が固化した後ほぐして砂を回収する．

ユリア-ホルムアルデヒド接着剤の急成長市場への利用例としては，屋根板や組立式の屋根材用の積層ガラス繊維マットのバインダーに使う用途があげられる．この市場は今後数年間，年10%以上の成長が見込まれる．

毒　性

尿素やメラミンは無毒と考えられている．尿素は牛や羊など家畜の飼料に使われ，微生物の作用により動物の食料になる蛋白質へと変化する．メラミンは鼠に多量に食べさせても病気にならない．ユリア-ホルムアルデヒド樹脂でつくったびんの栓やメラミン-ホルムアルデヒド樹脂でつくった成形食器など，完全に硬化したアミノ樹脂成形品は，無毒といわれている．

ホルムアルデヒドは有毒なガスで，硬化後もアミノ-ホルムアルデヒド樹脂から遊離することがある．事実ユリア-ホルムアルデヒド樹脂の発泡絶縁材や合板やパーティクルボードなどから発生する．ホルムアルデヒドは目や鼻や喉を刺激し，蒸気でアレルギー性の疾患をおこすので完全な除去が必要である．動物実験では癌の発生も報告されている．ホルムアルデヒドの発生を抑えるには，ユリア-ホルムアルデヒド樹脂接着剤の中に添加剤を入れて，硬化時に発生するホルムアルデヒドを吸収させてしまうのが一般的である．多くの国では，住宅建設用のパーティクルボードから発生するホルムアルデヒドの量を規制しており，西ドイツは，最も厳しいホルムアルデヒド規制を行っている国の一つである[8,9].

アミノ樹脂の製造会社

アメリカでのアミノ樹脂供給会社は

American Cyanamid Company, Chemicals Group.
Borden, Inc., Chemical Division.
Chembond Corporation.
Henkel Corporation.
Monsanto Chemical Company.
Monomer-Polymer and Dajac Labs. Inc.
Reichhold Chemicals, Inc.
T. R. America Chemicals, Inc.

[Ivor H. Updegraff／本山信之 訳]

参　考　文　献

1. Einhorn, A. and Hamburger, A., *Ber. Dtsh. Ges.*, **41**, 24 (1908).
2. Rossiter, E. C. British Patents. 248,477 (Dec. 5, 1924) 258,950 (July 1, 1925) and 266,028 (Nov. 5, 1925). (to British Cyanides Co., Ltd.)
3. Hentrich, W. and Kohler, R. German Patent 647,303 (July 6, 1937) and British Patent 455,008 (Oct. 12, 1936). (to Henkel and Co. GmbH)
4. John, H., British Patent 151,016 (Sept. 14, 1920) and U.S. Patent 1,355,834 (Oct. 19, 1920).
5. U. F. Concentrate-85, Technical Bulletin, Allied Chemical Corp., New York.
6. Elbel, K. British Patent 829,953 (Mar. 9, 1960).
7. Dutkiewicz, J., *J. Appl. Polym. Sci.*, **29**, 45-55 (1984).
8. Calve, L. R., and Brunette, G. G., *Adhesives Age*, **27**, 39 (Aug. 1984).
9. Bowtell, M., *Adhesives Age*, **28**, 42 (May, 1985).

一般的な読みもの

10. Vale, C. P., and Taylor, W. G. K., "Amino Plastics, London, Iliffe Books, Ltd., 1964. A very comprehensive review of amino resin chemistry and technology.
11. Williams, L. L., Updegraff, I. H., and Petropoulos, J. C., "Applied Polymer Science," 2nd Ed., Washington, DC, Organic Coatings and Plastics Chemistry Division of the American Chemical Society, 1985, Chapter 45.
12. Updegraff, I. H., "Encyclopedia of Polymer Science and Engineering, Vol. 1, 2nd Ed., New York, John Wiley & Sons, 1985.

19. エポキシ樹脂接着剤

　エポキシ樹脂ベースの構造用接着剤が初めて紹介されたのは1950年のことであり，それ以後その使用量は着実に伸びてきている．エポキシ樹脂は多くの異なる硬化剤と反応性をもち，さまざまな硬化物特性ならびに使用要求性能をもつバラエティーに富んだ製品を生み出している．エポキシ樹脂は硬化の際副生成物を出さず，硬化収縮が小さく，多種多様な部材を接着することができる．接着剤市場全体からみればエポキシ樹脂接着剤の使用量はごくわずかであるが，高い強度や耐久性の要求される応用には多量に使用されている．

接着剤に使用されるエポキシ樹脂

ビスフェノールAベースのエポキシ樹脂

　接着剤に最も多用されるのはビスフェノールAおよびエピクロロヒドリンから合成されるエポキシ樹脂である．その化学構造は以下の通りである．

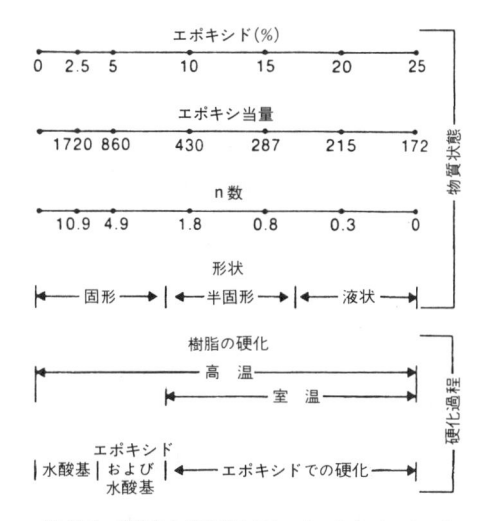

図 19.1　液状および固形ビスフェノールAベースエポキシ樹脂の物質特性，硬化特性の比較

子量，高粘度，低エポキシ基含有量の固形樹脂となる．図 19.1 に，液状および固形のビスフェノールAベースエポキシ樹脂の各種相関を示す．

エポキシノボラック樹脂

　エポキシノボラック樹脂はノボラック樹脂とエピクロロヒドリンとの反応によって製造される．ビスフェノールAベースエポキシ樹脂とは異なり，エポキシノボラック樹脂は下図に示されるように，そのおのおのの繰返し構造に1個のエポキシ基を有する．

　ビスフェノールAエポキシ樹脂はその分子鎖両末端にエポキシ基を有する二官能の樹脂である．エポキシ樹脂の分子量は，両末端のエポキシ基を保持したまま，上の[　]内に示される構造が繰り返されることによって増加する．
　エポキシ当量（EEW；epoxide equivalent weight）は分子量の1/2である：

$$\text{エポキシ当量（EEW）} = \text{分子量}/2$$

　市販の液状樹脂，例えば，D. E. R. 331 (Dow), Epon 828 (Shell), Araldite 6010 (Ciba-Geigy), Epi-Rez 510 (Interez)，および Epotuf 37140 (Reichhold) などは，25℃における粘度が10000〜16000 cPで，平均の n の値は0.15である．n が2以上になると，エポキシ樹脂は高分

官能基の増加は硬化後の接着剤により高い重合密度を与え，その結果として，良好な耐熱性ならびに耐薬品性をもたらす．市販で入手可能なものとして $n=2.3〜6.0$ のフェノールベースのエポキシノボラック樹脂がある．エポキシノボラック樹脂はフェノールの代わりにクレゾールおよびレゾルシノールなどのポリヒドロキシフェノールを使用して製造することが可能である．アメリカではDow Chemical 社およびCiba-Geigy 社がこれらフェノールおよびクレゾールベースのエポキシノボラック樹脂を供給している．

エポキシノボラック樹脂は接着剤処方においては，普通，ビスフェノールAエポキシ樹脂の改質剤として使用される．エポキシノボラック樹脂を単独で接着剤に使用した場合，一般的応用では硬すぎて使用できない．

高機能性エポキシ樹脂

高耐熱性，高耐湿性への要求の高まりにともない，エポキシ基および芳香族環含有量の高い新規のエポキシ樹脂が開発されている．代表的なものとして，TACTIX 742（Dow），Araldite MY 720（Ciba-Geigy）およびEpon 1031（Shell）があり，理論的構造は以下の通りである．

TACTIX* 742

Epon* 1031

Araldite* MY 720

これら，高機能性樹脂は芳香族アミンまたはエポキシ基同士を単一重合させるような触媒型硬化剤を使用して硬化させることができるが，非常に高温で反応させることが必要になる．

可とう性エポキシ樹脂

ポリグリコールや植物油脂肪酸とエピクロロヒドリンを反応させることによって得られる長鎖の脂肪族エポキシ樹脂は，エポキシ樹脂接着剤に可とう性を与えるための添加剤としてよく使用される．これらのエポキシ樹脂は耐水性に劣ったり，靱性が不足するため，単独で使用されることはほとんどなく，ビスフェノールAエポキシ樹脂の改質剤として使用される．

代表的な可とう性エポキシ樹脂の構造を以下に示す．

R-アルキルまたは水素

ポリプロピレングリコールをベースにした脂肪族エポキシ樹脂としてD. E. R. 732 およびD. E. R. 736（Dow），また植物油脂肪酸をベースにした可とう性エポキシ樹脂としてEpi-Rez 505（Interez）およびHeloxy WC-85（Wilmington Chemical）などがある．

表 19.1 に接着剤製造に使用される市販エポキシ樹脂を列挙した．

接着剤に使用される硬化剤

最適な硬化剤の選定は最適なエポキシ樹脂の選定と同じくらいに重要である．接着剤の反応性，発熱温度，製品粘度，ゲル化時間，硬化条件などはどの種類の硬化剤を選定するかによって決まる．さらに，使用法，可使時間，および硬化後の接着剤に対する要求性能などもエポキシ樹脂選定の際に検討しなければならない．硬化剤はエポキシ樹脂との反応により形成される化学結合の種類や重合度を決定する．また，これらは硬化後の接着剤の

19. エポキシ樹脂接着剤

表 19.1 接着剤処方に用いられるエポキシ樹脂

種類	粘度(cP, 25℃)もしくは融点(デュランス法)	エポキシ当量	商品名	備考
ビスフェノールAベースエポキシ樹脂 低粘度品	4000～6500	172～180	D.E.R. 332 (Dow) Epon 825 (Shell) Araldite GY 6004 (Ciba-Geigy) Epo-Tuf 37-15 (Reichhold)	ビスフェノールAのジグリシジルエーテル
中粘度品	7000～10000	176～190	D.E.R. 330 D.E.R. 383 Araldite GY 6008 Epon 826 Epi-Rez 509 (Interez)	標準樹脂より低粘度の非希釈樹脂
標準液状品	11000～14000	182～195	D.E.R. 331 Araldite GY 6010 Epon 828 Epi-Rez 510 Epo-Tuf 37-140	標準非希釈エポキシ樹脂
高粘度品	16000～25000	200～250	D.E.R. 317 D.E.R. 337 Araldite GY 6020 Epon 834 Epo-Tuf 37-141	
固形品	75～85℃ デュランス法融点	500～575	D.E.R. 661 Epon 1001 Epi-Rez 520℃ Epo-Tuf 37-001 Araldite GT 7071	低粘度固形樹脂
エポキシノボラック樹脂	1100～1700 (52℃)	172～179	D.E.R. 431	フェノールベースエポキシノボラック樹脂
	20000～50000 (52℃)	176～181	D.E.N. 438 Araldite EPN 1138 D.E.N. 444	フェノールベースエポキシノボラック樹脂
エポキシクレゾールノボラック樹脂	175～350 (150℃)	180～220	Quatrex 3310 (Dow)	高純度電子工業用
	350～700 (150℃)	180～230	Quatrex 3410	
	700～1300 (150℃)	190～230	Quatrex 3710	
	73℃ デュランス法融点	215～230	Araldite 1273	
	80℃ デュランス法融点	235 最大	Araldite 1280	
	99℃ デュランス法融点	220～245	Araldite 1299	

物理的性質，電気特性，耐熱性，耐化学薬品性に大きな影響を与える．入手可能な硬化剤の種類ならびにその数は年々増加している．

表 19.2 に Dow Chemical 社の「Dow 社エポキシ樹脂による変性の手引」から引用された，さまざまな硬化剤の長所，短所，およびそれら硬化剤が使用される代表的応用についてまとめた．最適な硬化剤の選定のための手助けとして，さまざまな硬化剤の概要を以下に示す．

ポリサルファイド

代表的なポリサルファイドとエポキシ基との反応機構を下記に示す．

メルカプタン

$$HS-A-SH + R_3N \rightarrow HS-A-S^{\ominus} + R_3N^{\oplus}H + CH_2-CH\diagdown\diagdown\diagdown$$

$$\rightarrow HS-A-S-CH_2-\underset{OH}{CH}-\diagdown\diagdown\diagdown + R_3N$$

$A = (C_2H_4OC_2H_4OC_2H_4SS)_N$

$R =$ 脂肪族基
　　　脂環基
　　　芳香族基

室温でのメルカプタン末端基とエポキシ基の反応速度は非常に遅いが，第三級アミンなどを併用すると反応速度が促進され，硬化が早まる．ポリサルファイドは通常エポキシ樹脂と1：1か，または多少少な目に配合される．また，場合により脂肪族アミンと併用することが可能である．化学量論的に，当量の脂肪族アミンと 25～50 重量部のポリサルファイドとの混合物は 100 重量部のエポキシ樹脂と反応する．

第三級アミンで促進されたエポキシ・ポリサルファイド接着剤は室温で良好な可とう性と引張り強さを示す．また，脂肪族アミン/ポリサルファイドの混合系硬化剤で硬化された硬化物は高温時における初期接着強さが向上するが，上記2処方とも熱老化により，その特徴である可とう性が減少する．

19. エポキシ樹脂接着剤

表 19.2　エポキシ樹脂硬化剤の応用と特徴

種類	長所	短所	応用例
ポリサルファイド	湿潤に敏感でない 硬化が速い 柔軟性がある	臭気がある 熱時特性に乏しい	接着剤 シーリング材
脂肪族アミン	取り扱いやすい 室温硬化，低粘度 低コスト	配合比が規定される 皮膚刺激性が強い 蒸気圧が高い，白濁しやすい	土木建築，接着剤，グラウト， 電気絶縁，注型物
ポリアミド	取り扱いやすい 室温硬化，毒性が低い 柔軟性に富む，良好な剛性	コストが高い 高粘度，耐熱性が弱い 蒸気圧が低い	土木建築，接着剤，グラウト， 注型物，塗料
アミドアミン	揮発性が少ない 混合比がシビアでない 良好な剛性	熱時特性に乏しい エポキシ樹脂に相溶しないものもある	構造用接着剤 コンクリート接着剤 こて塗り材料
芳香族アミン	中程度の耐熱性 良好な耐化学薬品性	室温で固体 加熱硬化時間が長い	フィラメントワインディングパイプ 電気絶縁，接着剤
ジシアンジアミド	潜在硬化性，良好な熱時特性 良好な電気特性	加熱硬化時間が長い 樹脂に溶けない	粉体塗料，電気基板，一液性接着剤
硬化触媒	可使時間が非常に長い 良好な耐熱性	加熱硬化時間が長い 耐湿潤性に乏しい	接着剤，電気絶縁，粉体塗料，電気基板
酸無水物	良好な耐熱性 良好な耐化学薬品性	加熱硬化時間が長い 混合比が規定される	フィラメントワインディングパイプ 電気絶縁，接着剤
メラミン/ ホルムアルデヒド	良好な硬さおよび柔軟性 一液安定性 無溶剤系	加熱硬化	船舶用塗料 コンテナ仕上げ剤
ユリア/ ホルムアルデヒド	良好なフィルムカラー 一液安定性 中塗り接着剤として良好	加熱硬化	短時間焼付けエナメル塗料 プライマーおよびトップコート
フェノール/ ホルムアルデヒド	良好な熱時特性 良好な耐化学薬品性 良好な硬さおよび柔軟性	固体 耐候性に乏しい	粉体塗料 注型用材料

アミン

アミン系硬化剤の性能は，その分子の中に活性水素がいくつあるかによって決まる．第一級アミノ基(1個の窒素原子に2個の水素原子が結合しているもの)は2個のエポキシ基と反応する．第二級アミノ基(1個の窒素原子に1個の水素原子が結合しているもの)は1個のエポキシ基と反応する．第三級アミノ基は基本的にはエポキシ基と反応しないが，エポキシ基との反応を促進する触媒的な働きをする．

代表的なアミンとエポキシ基の反応機構を以下に示す．

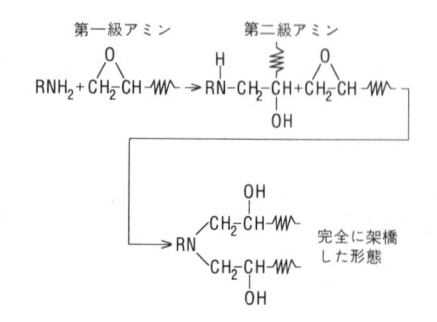

第一級アミン　　第二級アミン
$$RNH_2 + CH_2CH\text{-}\!\sim\!\sim \rightarrow RN\text{-}CH_2\text{-}CH + CH_2CH\text{-}\!\sim\!\sim$$
$$\underset{OH}{} \underset{H}{}$$

完全に架橋した形態

R= 脂肪族基
　　脂環基
　　芳香族基

理論的にいって，上記反応によって発生した水酸基は他のエポキシ基とエーテル結合により反応することが可能であり，この反応には第三級アミンが触媒的な働きをする．

脂肪族アミン

液状脂肪族ポリアミンおよびそれらの付加生成物は取り扱いやすく，硬化物は良好な物理的特性をもつ．また，耐化学薬品性，耐溶剤性などに優れている．混合比は最適の機能を発揮するために範囲が規定されている．脂肪族アミンは室温で急速硬化する．可使時間は短く，厚い部分や大きな容量のところでは発熱が大きく，熱分解をおこす．100℃までなら特性を長期間保持することができる．それ以上の高温では短い期間ならさらされても耐えることはできる．脂肪族アミンを含むエポキシ樹脂処方は高湿度条件下では白濁をおこす．

D. E. H. 52 (Dow)エポキシ硬化剤と，D. E. H. 58 (Dow)エポキシ硬化剤のような脂肪族ポリアミン付加生成物は，低蒸気圧という利点があり，白濁することが少なくなり，混合比はそれほど厳しく規定されない．

脂環式アミン

脂肪族ポリアミンと比較すると，脂環式アミンは耐熱性と靭性が優れた硬化物を生成する．ガラス転移温度は芳香族アミンに近づくが，伸び率は2倍になる．脂環式

アミンは脂肪族アミンより反応性が低いので，それらを使用する際，長い可使時間がもたらされ，より大容量に混ぜることが可能である．

芳香族アミン

芳香族アミンは室温で固体である．これらの硬化剤は加熱して融け，温めた樹脂と混ぜられる．メタフェニレンジアミンとメチレンジアニリンの共融混合物は融点降下を示し，結果としてかなりの時間液体の残った芳香族硬化剤になる．可使時間は脂肪族アミンのものよりもかなり長い．150℃までの耐熱性を発揮させるためには，加熱硬化が必要である．芳香族アミンは脂肪族ポリアミンと比較して耐化学薬品性および耐熱性に優れている．

ポリアミド

普段よく用いられるポリアミドは，ジエチレントリアミンのような脂肪族アミンとダイマー酸との縮合生成物である．ポリアミドの分子量は接着用途によっていろいろ変えることができる．ポリアミドはポリアミド連鎖に結合しているアミン官能基がエポキシ樹脂と反応する．比較的大きな分子量をもつので，エポキシに対してポリアミドの混合比は低分子のポリアミンより範囲が広い．ポリアミドはまた白濁せずに硬化できる利点があり，接着性がよい．しかし，ポリアミドはポリアミンより色は濃くなる．

いろいろな分子量のポリアミドは，エポキシ樹脂との相溶性がそれぞれ異なる．最適な特性を得るためには，ポリアミド／エポキシ混合物を使用する前に部分的に反応しなければならない．部分的な反応は相溶性を良くするが，これは誘導期として知られている．ポリアミドは長い可使時間をもっているため，誘導期はこの混合物の使用できる時間をそれほど短くはしない．

ポリアミドによって硬化されたエポキシは温度が上昇するにつれて急激に構造的強さを失う．このことは接着剤としての使用限界があることを示し，65℃以上の温度での使用は適さない．

アミドアミン

アミドアミンはリシノール酸のような1塩基カルボン酸と脂肪族ポリアミンの誘導体である．ポリアミドのように，アミドアミンは添加剤レベルよりも多い量で使用され，特異な特性を高める．アミドアミンのエポキシとの反応性はポリアミドの反応性と同じである．しかし，アミドアミンは脂肪族アミン，ポリアミンよりも有利な面がある．より便利な混合比，柔軟性の増加，脂肪族ポリアミンより耐湿性に優れ，ポリアミドより粘度・色度が低いなどの面である．

ジシアンジアミド

$$H_2N-C(=NH)-NH-C=N$$

ジシアンジアミド（Dicy）は固体の硬化剤であり，液体のエポキシ樹脂の中にボールミルで混合されたとき，室温で6カ月以上もの一液安定性がある．硬化は150℃（300°F）に加熱するとおこる．速硬化のためには第三級アミン促進剤が必要である．Dicyは潜在性であるという有利さがある（熱を加えたときエポキシ樹脂と反応し，熱を取り去ると反応が止まる）．この部分的硬化状態，すなわち"Bステージ"状態は，フィルム状接着剤のプリプレグに理想的なものである．典型的な例としてジシアンジアミドは液状エポキシ樹脂100重量部に対して5～7重量部用いられ，固形エポキシ樹脂100重量部に対しては3～4重量部用いられる．

硬化触媒

硬化触媒は反応プロセスの中で消費されることなく，エポキシとエポキシとの反応を促進する化合物である．第三級アミンを用いた典型的なエポキシホモ重合は，下記のようにあらわされる．

$$R_3N + CH_2-CH-\text{\~{}} \rightarrow R_3N^{\oplus}-CH_2-\overset{O^{\ominus}}{CH}-\text{\~{}}$$
$$\rightarrow CH_2-CH-\text{\~{}} \rightarrow R_3N^{\oplus}-CH_2-\underset{O-CH-CH-\text{\~{}}}{\overset{}{CH}}-\text{\~{}}$$

安定した一液型システムは三フッ化ホウ素錯体のような多くの硬化触媒によって展開されてきた．第三級アミンとアミン塩は，一般的には2～24時間の可使時間になる．潜在性硬化剤は加熱により，活性化され，ブロック基から活性触媒を解離させる．

使用される触媒量は樹脂100重量部に対して2～10重量部と変えることができる．樹脂に対して触媒のいちばん良い比を決定するには，異なる触媒量を評価して最大の特性を与える量を決めるべきである．一般的な硬化触媒はベンジルジメチルアミン（BDMA），三フッ化ホウ素モノエチルアミン（$BF_3 \cdot MEA$），2-メチルイミダゾール（2-MI）である．

酸無水物

液状および固体の酸無水物はエポキシ樹脂を硬化させるのに広く用いられる．通常の酸無水物はエポキシとの反応性が遅いため，たいていの場合，促進剤として第三級アミンを0.5～3％入れ，ゲルタイムと硬化を速くする．最適量は酸無水物や用いられる樹脂の種類，硬化条件によって規制される．"最適"濃度以上あるいは以下の促進剤の添加量は，耐熱性を減少させる結果になる．促

進剤の最適濃度は実験的に決定すべきである。そしてまたこの混合物は融点の低い共融混合物となる。

酸無水物とエポキシ基との反応はいくつかの競争反応をともない複雑である。三つの重要な反応は、

（1）モノエステルを形成するアルコール性水酸基との反応で無水物環の開環．

（2）開環後に、生成したばかりのカルボキシル基はエポキシと反応し、エステル結合を形成する．

（3）エポキシ基は生成したばかりの、あるいはすでに存在している水酸基と酸による触媒で反応し、エーテル結合を生成する。

低温加熱硬化ではエーテル反応とエステル反応は同じような頻度でおこる。高温ではエステル結合はより頻度を増しておこる。これは初期の高温でゲル化させたものは耐熱性が劣るということから説明できる。反応(3)は酸中で独立しておこることができるので、エポキシに対する無水物の比はアミンほど規定されない。それはエポキシの0.5〜0.9当量に変えることができ、要求される特性になるように実験的に決定する。

脂肪族アミンと比較し、エポキシ-酸無水物系の可使時間はたいてい長く、発熱は少ない。加熱硬化(200℃まで)は必要で、最終特性を得るために長い後硬化が必要である。電気的特性、強度特性は広い温度域で良好である。アミン硬化系に比べ、酸無水物硬化系は酸水溶液に対しての耐性は良いが、いくつかの薬品に対しては必ずしも良くない。

硬化剤のまとめ

室温硬化接着剤の一般的に用いられる硬化剤はポリアミド、脂肪族アミン、脂環式アミン、アミドアミンである。硬化剤の選択は接着剤の機能要求特性にかかってくる。高機能高耐熱接着剤に対しては、芳香族アミン、ジシアンジアミド、および硬化触媒が使われる。

表19.3は、接着剤に用いられる硬化剤とその製造業者を示している。

希　釈　剤

希釈剤はエポキシ接着剤処方に用いられ、粘度を低くし、また多量の充填剤を使えるようにする。希釈剤には反応性希釈剤、非反応性希釈剤があり、そのどちらも使用される。反応性希釈剤は、低粘度で一つあるいは二つのエポキシ基をもつものである。**表19.4**は反応性希釈剤を粘度の低い順に並べてある。

非反応性希釈剤はエポキシ接着剤処方において、反応性希釈剤ほど広く使用されない。なぜなら、それらは反応性希釈剤に比べ硬化特性を悪くし、接着剤界面に移行する傾向をもつからである。非反応性希釈剤の利点は、反応性希釈剤に比べコストを削減できることである。**表19.5**はエポキシ樹脂接着剤に用いられる非反応性希釈剤を示している。

表19.3　エポキシ樹脂接着剤に用いられる硬化剤

硬 化 剤	推奨配合比 （液状樹脂100重量部に対する）	硬化温度 (℃)	硬化剤の製造会社および商標
脂肪族アミン			
ジエチレントリアミン (DETA)	8〜10	室温〜150	D.E.H. (Dow)
トリエチレンテトラミン (TETA)	10〜13	室温〜150	Amicure (Pacific Anchor)
アミノエチルピペラジン (AEP)	20〜23	室温〜150	Epo-Tuf (Reichhold)
芳香族アミン			
メチレンジアニリン	51〜55	175 (2時間)	Curithane (Dow)
4,4-ジアミノジフェニルスンホン	30〜34	175 (2時間)	
MDA/MPDA 共融化合物			Amicure (Air Products)
			Ancamine (Pacific Anchor)
			Epon (Shell)
脂環式アミン		室温〜150	Amicure (Air Products)
大手の硬化剤製造会社から種々の変性			Ancamine (Pacific Anchor)
品が出ている			Azamine (SHEREX)
			Epo-Tuf (Reichhold)
			Versamine (Henkel)
ポリアミド		室温〜100 (2時間)	上記の大手製造会社はポリアミド硬化剤を出している
分子量の範囲の異なる種々のポリアミド硬化剤			
熱活性型硬化剤および触媒			
ベンジルジメチルアミン (BDMA)	2〜4	150 (2時間)	Air Products
ジシアンジアミド (DICY)	2〜4	150 (2時間)	Pacific Anchor
三フッ化ホウ素アミン錯体	2〜4	150 (2時間)	Allied Chemical, Ciba-Geigy, Sylvachem (Arizona Chem.の関連会社)

19. エポキシ樹脂接着剤

表 19.4 エポキシ接着剤に用いられる反応性希釈剤

希釈剤	粘度(cP, 25°C)
ブチルグリシジルエーテル	2(最大)
2-エチルヘキシルグリシジルエーテル	1〜4
t-ブチルグリシジルエーテル	2〜5
フェニルグリシジルエーテル	4〜7
o-クレシルグリシジルエーテル	2〜10
C_{12}〜C_{14}アルキルグリシジルエーテル	6〜10
1,4-ブタジオールのジグリシジルエーテル	14〜18

表 19.5 エポキシ接着剤に用いられる非反応性希釈剤

- ノニルフェノール
- ジオクチルフタレート
- ジブチルフタレート
- フルフリルアルコール
- 松油
- コールタール

充　填　剤

充填剤はエポキシ樹脂系接着剤処方の中にある特定な要求される特性を高めたり，あるいは付与したり，またコストを削減したりするために入れられる．使用される充填剤の量と種類は要求される特性によって決められる．

エポキシ樹脂系接着剤の中に入れることのできる充填剤の量は充填剤の粒径，形，密度，吸油量による．珪藻シリカと粉砕ガラスのような多孔質で油をよく吸収する充填材は，樹脂 100 重量部に対して 20〜50 重量部の低い割合で混合するとエポキシ樹脂系接着剤の粘度を大きく増加させる．粉末アルミニウム，アルミナのような中程度の吸油量をもつ粒状充填剤は，200 重量部以上混入されて使用される．酸化アルミニウム，シリカ，炭化カルシウムのような多孔質でなく低い吸油量の充填剤は 700〜800 重量部くらい混入しても使用できる処方になる．

希釈剤を入れることは硬化後の接着剤の物理的性質を低下させるが，希釈剤を入れることで混入する充填剤の量を増やすことができる．有機チタン化合物，ジルコアルミネート，シランは充填剤のぬれを改善するために処方に組み入れることができ，粘度を増加させずに充填剤を多く入れることができる．

表 19.6 は硬化エポキシ樹脂システムの物理的性質における種々の充填剤の効果をまとめたものである．

エラストマー系改質剤

エラストマー系改質剤はエポキシ樹脂系接着剤のはく離強さ（強靱性）を増加させるために使用される．一般的にいちばんよく用いられるエラストマー系改質剤は，末端が機能化されたポリブタジエン樹脂である．これは，B. F. Goodrich 社の Chemical Group によってつくり出され，Hycar Reactive Liquid Polymer の商標で出されている．最初に，カルボキシル末端ブタジエン-アクリロニトリル樹脂が紹介された．カルボキシル末端をもつ物質は通常エポキシ樹脂との付加物を生成し，相溶性を改善させ靱性を増加させる．

反応性液体ポリマーに最近新たに仲間入りしたものとしては，アミン末端ブタジエン-アクリロニトリルゴムがある．これらのアミン末端ポリマーは二液性エポキシ樹脂系接着剤の硬化剤側に加えられる．カルボキシルまたはアミン末端ポリマーは，樹脂 100 重量部に対し，3〜30 重量部という比較的少ない配合で用いられ，エポキシ樹脂を強靱なものとする．こうした強靱化されたエポキシ樹脂は，弾性率や高温強度をそれほど損なわずに，耐衝撃性および破壊靱性を大幅に向上したものになる．30〜100 重量部とゴム添加量の高くなったものは，引張り伸び，および耐熱衝撃性を増加させるが，その反面，室温強さ，剛性，熱間強さの低下をもたらす．

表 19.6 硬化エポキシシステムの特性における充填剤の効果

改善点	熱伝導率	機械加工性	耐摩耗性	衝撃強さ	電気伝導度	揺変性
添加剤	炭酸カルシウム	アルミナ	粉砕ガラス	雲母	金属充填材	コロイドシリカ
	ケイ酸カルシウム	フリントパウダー		シリカ	アルミナ	ベントナイトクレイ
	粉末アルミニウム	カーボランダム		粉末ガラス		
	粉末銅	シリカ		フレークガラス		
		二硫化モリブデン				
コスト	D	D	N	D	D	I
発熱	D	D	D	D	D	D
熱伝導率	I	I	I	I	I	D
熱変形温度	I	I	I	I	I	N
機械加工性	I	D	D	D	I	I
耐摩耗性	N	I	I	I	D	D
衝撃強さ	D	D	I	D	D	N
引張り強さ	D	N	I	D	N	N
曲げ強さ	D	N	I	D	N	N
圧縮強さ	D	N	I	D	N	N
比誘電率	I	I	I	I	I	I
揺変性	N	N	N	N	N	I

D：減少，I：増加，N：効果なし．

典型的な接着剤処方

典型的なエポキシ樹脂系接着剤の例を次に示す。エポキシベースの接着剤の長所の一つは，使用できる硬化剤の選択の幅が広く，急速硬化型，高温硬化型，あるいは長い貯蔵期間をもつ一液型などの接着剤を製造することができる。

[エポキシコンクリート用接着剤]

A 剤
Thiokol LP-3	100
Hydrite Clay 121	140
トリメチルアミノメチルフェノール	20
トルエン	65

B 剤
D. E. R. 331	200
Hydrite Clay 121	105
トルエン	5

次の試験結果は，この処方がコンクリート接着に 80°F，7 日硬化させたものについて Thiokol 社から報告されたものである。

引張り強さ	450 psi
曲げ強さ	345 psi
圧縮せん断強さ	4350 psi

破断状態はすべてコンクリート破壊であった。

[室温硬化型一般用接着剤]

A 剤
液状エポキシ樹脂（EEW=190）	70
D. E. R. 脂肪族エポキシ樹脂	30
アルミナ T-60	50

B 剤
トリエチレンテトラミン	13

引張りせん断強さ (psi)：下表

被着体	75°F/7 日硬化	200°F/2 時間硬化
アルミニウム，16 ゲージ	1150	1600
ステンレス，16 ゲージ	1400	1730

[150°C 以上硬化一般用接着剤]

A 剤
D. E. N. 438	90
D. E. R. 736	10
微粒子アルミニウム粉	40

B 剤
脂環式アミン	28

[エポキシフィルム状接着剤]
D. E. R. 331	100
D. E. N. 438-A 85	100
溶剤　　　　適度の粘度になるまで加える	
ジシアンジアミド	16
ベンジルジメチルアミン	2～4

○樹脂と溶剤を混ぜる。ボールミルで混合物をワニス状にする。
○ワニスを支持体（例えばガラスクロスまたはグラファイト）上で B ステージ状態にし，熱硬化する。

[溶剤溶液から注型する支持体を使用しないフィルム状接着剤]

D. E. R. 684 EK 40	212
D. E. N. 438 EK 85	37.5
ジシアンジアミド	12
ベンジルジメチルアミン	1.0

溶剤除去	180°F/1 時間
乾燥フィルム厚み	0.002
硬化条件	175°F/1 時間
圧力	120 psi

追　　補

オートメーション化において，接着剤の進歩にインパクトを与える新しい技術は，ロボット化と誘導加熱硬化である。

ロボット化

ロボットを用いることは材料塗付の分野，特に接着剤，シーリング材の塗付の分野で成長している。接着剤，シーリング材を塗付するロボットを導入した企業は，次に示すような利点によりロボット化のための資本投資が早く回収できた。

○接着剤ビードをより均一に塗付できるため，最終製品の品質が高くなった。
○接着剤あるいはシーリング材の使用量を 30% 削減できた。
○人と機械の有効利用，および工程自由度が増加した。
○接着剤，シーリング材から発生する揮発成分を直接作業者が触れないので，作業環境が改善された。

ロボットの使用が進んでいる分野は，電気機器，自動車，家具製造の分野である。

誘導加熱硬化

先進の複合材料と金属構造材とを接着するための接着剤の応用は広がってきたが，接着剤が構造的強度をもつ程度に硬化するまで被着材同士を支えるために，治具とかスポット溶接を必要とするので，その応用は制限をうけてきた。このため高温(300～400°F)まで温度を上げること，および治具設備が必要となる。誘導加熱硬化技術は直接接着剤ビードと被着材，またはそれらのどちらかを熱することによって，高温炉，治具設備を不要にすることができる。誘導加熱の際は全体の構造物，支持体，接着ラインの備品を熱することはしない。実際の接着時間は標準プレス接着に比べて 10～100 分の 1 に削減された。

誘導加熱は誘導コイルを通る電流がコイルの内部とま

わりに磁気的変動を生み出すとき生ずる．磁性体が磁場の中で動かされるとき，あるいは変化している磁気をうけたとき，磁性体の中に渦電流と呼ばれる誘導電流が流れ，熱を発生する．磁性体は，接着処方の中に充塡材として磁性酸化鉄，鉄充塡材，カーボンを組み入れるか，あるいは接着剤層の中にスチール網か穴のあいたスチール箔が埋め込まれる．発生した熱はエポキシ樹脂を硬化させる．理想的な誘導加熱硬化接着剤は275～425°Fの幅広い硬化温度をもち，加熱による悪影響はない．

応用とまとめ

エポキシ樹脂をベースとした接着剤はさまざまな被着材を接着するのに処方することができ，幅広い条件にわたって用いられる．それらは常温，また高温で硬化するように，また1液，2液ペーストあるいはフィルムとして用いられる．フィルム状接着剤はたいていビスフェノールA型エポキシ樹脂とノボラックエポキシ樹脂，あるいはそれらのどちらかの樹脂と潜在性硬化剤からなり，ガラスクロスあるいは他の媒体に含浸されている．そして使用する前に貯蔵期間を設けることができる．

他のポリマー接着剤に比べてエポキシ接着剤は次のような利点がある．
　○優れた引張りせん断強さ
　○耐湿性，耐薬品性，耐熱性がよい．
　○揮発分の発生がなく，硬化収縮が小さい．
　○ぬれ性がよい．
　○引張り条件下でもクリープが小さい．

エポキシ樹脂をベースとした接着剤は，一般家庭用，家具，建築，自動車，航空宇宙，電気電子，工業用機器およびその保守の諸分野で使われており，構造用としての機能を発揮している．

[Allan R. Meath／武田　力訳]

参 考 文 献

1. "Formulating With Dow Epoxy Resins," Midland, Michigan, The Dow Chemical Company.
2. Lee, H., and Neville, K., "Handbook of Epoxy Resins," New York, McGraw-Hill Book Co., 1967.
3. Flick, E. W., "Adhesive and Sealant Compound Formulations," Park Ridge, NJ, Noyes Publications, 1984.
4. Bruins, P. F., "Epoxy Resin Technology," New York, Interscience Publishers, 1968.
5. Torrey, S., "Adhesive Technology Developments Since 1977," Park Ridge, NJ, Noyes Publications, 1980.
6. Wake, W. C., "Developments in Adhesives," London, Applied Science Publishers, Ltd., 1980.
7. Dueweke, N., "Robotics and Adhesives: An Overview," *Adhesives Age*, April, 1983.
8. Buckley, J. D., et al., "Equipment and Techniques in Rapid Bonding of Composites," NASA Langley Research Center, April, 1984.
9. "New 1-Part Epoxy Adhesive Join Auto Parts Swiftly," *Metalworking News*, April, 1987.

20. ポリウレタン接着剤とイソシアネートベース接着剤

最も重要なポリウレタン接着剤は，イソシアネートと種々のポリエステルおよびポリエーテルグリコールからなっている．イソシアネートとしては，トルエンジイソシアネート（TDI）（Ｉ）*，ジフェニルメタン-4,4′-ジイソシアネート（MDI）（Ⅷ），ポリメチレンポリフェニルイソシアネート（PAPI）（XV），トリフェニルメタントリイソシアネート（Desmodur R）（Ⅲ）がある．ポリエステル系ポリウレタンは，高い凝集性と高い接着性からポリエーテル系に優先して使われてきた[54]．しかし，有用な接着特性をもっているためポリエーテル系ウレタンは現在も使われている[78]．アメリカでのポリウレタン接着剤とイソシアネートベース接着剤の使用量は，1960年の10万ポンド未満のレベルから，1972年には1千万〜1.2千万ポンドに増加した．この期間における増加は特に注目されなかった[2,3]．しかし，1981年には9.7千万ドルをもたらすほどの市場となり，専門分野向けの高機能ポリウレタン接着剤も出現した．下記のような内訳である．

1981年のポリウレタン接着剤マーケット

マーケット	売上 百万ドル	応用用途
繊維	20	繊維被覆，毛織物
食品包装	20	フィルムとホイルラミネーション
履物	15	ビニル化合物と革または布との接着
一般消費	3.5	日曜大工
建築	10	壁用パネル
		野外カーペット用ラミネーション
家具	20	合成板用ラミネーション
自動車	8	SMC/SMC，内装
航空機	0.5	内装
合計	97	

ポリウレタン接着剤とイソシアネート系接着剤は，その多くの製品形態（液状，溶液，水分散系，フィルム，織布，粉体）と有用な特性（種々の基材への接着性，振動減衰性[4,13]，耐ガソリン性，耐油性，耐溶剤性など）により，さまざまな接着剤分野で使われている．ポリウレタン接着剤の実用例は多数あり，例えば履物の接着，磁気テープのバインダー，フィルムラミネート，衣類，研磨材，電気用途などがある．

特殊なポリエステルグリコール，すなわちポリカプロラクトングリコール（XXVI）は，ポリウレタン接着剤の成分として多用される[54]．さらに，マクログリコール，すなわちポリブタジエングリコール（XXVII）もポリウレタン接着剤系でよく使用される[79]．熱可塑性ポリウレタンは，接着剤分野で相変わらず重要な地位を占めている．そして，エコロジーの観点から無公害な製品形態に注目されるようになっている．例えば，パウダー，フィルム，水分散系，100%固形の反応系などである．

この章はポリウレタン接着剤とイソシアネート系接着剤におけるいくつかの重要な研究および考察を記している[5]．さらにポリウレタンの安定性および安定化技術についても記載している．これらのことは，次に文献を示すので参考にされたい[2,6a,7,8,82a,b]．

接着におけるポリウレタンとイソシアネートの用途開発

第二次大戦後におけるドイツのプラスチックとゴム工業の発展状態を調査した連合国は，大戦中のドイツのイソシアネートの製造と使用状況につき注目すべき成果を報告したが，それには接着剤としての応用はなかった．CIOSレポート[9]にあるドイツの技術報告書の翻訳により，後日 German scientific publication[10] や Monograph on polyurethanes[11] などで明らかになるように，イソシアネートの優れた接着特性が，1940年頃にI. G. Farbenindustrie, A. G. の研究者達により明らかにされたことが示されている．彼らは，水酸化されたブナゴムや水酸基をもつブナ共重合体ゴムとを硫黄の代わりにジイソシアネートを使い加硫する試みをした．その際に，ブナ-Sと天然ゴムともジイソシアネートにより明らかに加硫硬化をうけることが発見された．ここで，特筆すべきは，上記のような材料が硬化後に加硫プレスの金属部品へ強力に付着することが発見された点にある．この効果は，I. G. Farbenindustrieの中央ゴム研究所において詳しく研究され，ブナの接着剤としての有用性が確認された．鉄，軽金属，磁器などへの通常のブナ-硫黄混合

*ローマ数字は章末での構造式を示す．

物によって得られる熱的に安定な接合部の強度は，1138 psi（材質破壊）であり，トルエンジイソシアネート（I）とヘキサメチレンジイソシアネート（II）を使用しても同様の結果が得られた．しかし，接着剤系でのイソシアネートの使用に関していくつかの問題があった．例えば，鉄/ゴム接着時にDesmodur R（III）は良好な接着性を示すが，安定した強度は得にくい．したがって改良が必要とされる[12]．これらの研究は，ドイツでのイソシアネートを使用した接着剤の幕開けとなった．

ドイツでは，ほぼ同時期にジイソシアネートのカップリング剤としての応用研究が熱心に進められた．ドイツにおける接着剤分野でのその後の活動は，ジまたはポリイソシアネート（Desmodurs）と後にDesmophensと呼ばれるようになった反応性に富み低分子量の水酸基末端ポリエステルとの混合の研究に集中した．あるDesmodursとDesmophensの配合は，Polystalと呼ばれる接着剤製品群となった．Desmodurs-Desmophens系（Polystal）は，高性能の接着剤といわれるが，まだ改良の余地があるといわれていた．この系には低温硬化性，良好な接着強さ，耐水性，低温時での可とう性という物性がある[12]．

Polystalは，強靭で耐久性の良いDesmophen 1200（IV）などの可とう性アルキドとDesmodur TH（V）などのイソシアネートでなっており，アミンもしくはpHを変えられるような補助剤と組み合わされている．硬化は，酸，アルカリまたは少量のトリエチルアミンにより促進される．耐振動性の要求される部位に使用される強靭な低温硬化型木材用接着剤は，Desmophen 900（VI）の70％エチルアセテート溶液40部とDesmodur TH（V）の75％エチルアセテート溶液100部の組合せが良いとされている[9,12]．

イソシアネートベース接着剤へのドイツでの研究は，成功であったといわれている．後に，BuistとNauntonはゴム/金属接着について次のことを述べている．一般に，衝撃試験をする際，イソシアネート接着剤は他の接着剤よりも優れており，その接合部は，耐熱性，耐溶剤性および疲労耐久性に優れていた．ただ，ポリイソシアネートは高反応性のため湿気の影響や皮膚への接触を避けるよう取扱いに注意しなければならない．そして，より良い結果を得るためには細心の注意が必要とされる[13]．

ポリウレタン接着剤およびイソシアネートベース接着剤の有効性について

イソシアネートベース接着剤の有効性は下記のような特性を兼ね備えているためである．
（1）イソシアネート基は多くの官能基に含まれている活性水素と反応する．
（2）ジイソシアネートまたはポリイソシアネートは容易に自己重合して三次元化する[9,10]．
（3）イソシアネートは分子量が小さいので，多くの有機物に溶解または拡散混合する[10]．
（4）イソシアネートと水酸基をもつポリエステルとの反応，およびイソシアネートベース接着剤に使われているその他のものとの反応は，強固で極性が高く水素結合をもつフレキシブルなポリウレタンを形成する．そのポリウレタンは，多種の被着材表面に対して強い親和力をもっている．
（5）イソシアネートベース接着剤は，エラストマー/金属接合において良好な接着性，また優秀な疲労特性を発揮する[13]．
（6）イソシアネートは，金属表面上の水酸化被膜とさえ反応する．金属格子欠陥部と接着剤のユリア基とは，おそらく化学結合すると考えられる[9,10]．

接着剤として有効であるイソシアネートについてさらに詳しくみてみる．

（1）他の官能基とイソシアネートとの反応 物を接着させる際に，もし化学結合が可能ならば強い接着強さが期待される．イソシアネートは，高反応性のため接着剤として有効である．特に，活性水素原子をもつ物質とはすばやく反応する．その活性水素は，アルカリ金属[10]，Zerewitinoff試薬，メチルマグネシウムヨウ化物[14]により置き換えられるものである．例えば，エチルアルコールのようなアルコール類の場合には酸素原子に結合している水素が活性水素となる．

$$CH_3CH_2OH + CH_3MgI \longrightarrow$$
エチル　　　メチルマグネシウムヨウ化物
アルコール
$$CH_4 + CH_3CH_2OMgI$$
メタン　エトキシマグネシウム
　　　　ヨウ化物

活性水素をもちイソシアネートと反応する基は，下記のものがある．-OH, -SH, -NH-, -NH$_2$, -NHR, -NHCO-O-, -NHCONH-, -CO$_2$H, -CONH$_2$, -CONHR, -CSNH$_2$, -SO$_2$OH など．

これらの基のいくつかとイソシアネートとの反応を以下に示す．簡単にするため反応式中ではモノイソシアネートを使っているが，実際にはジまたはポリイソシアネートが使われる．それゆえに下記の反応が，各イソシアネート分子において複数同時発生していることを考慮する必要がある．

例えば，アルコールと反応した場合にはウレタン（カルバミン酸化合物）を生成し，

$$CH_3CH_2OH + \text{C}_6\text{H}_5\text{-NCO} \longrightarrow$$
エチルアルコール　フェニルイソシアネート

$$CH_3CH_2O-CO-NH-\text{C}_6\text{H}_5$$
エチルフェニルウレタン

アミンと反応した場合には置換尿素を生成し，

アニリン　フェニルイソシアネート　→　sym-ジフェニルウレア

カルボキシル基と反応した場合には置換尿素，酸無水物および二酸化炭素を生成する．

2CH₃CO₂H + 2 [PhNCO] → sym-ジフェニルウレア + (CH₃CO)₂O + CO₂
酢酸　フェニルイソシアネート　　　　無水酢酸　二酸化炭素

脂肪酸イソシアネートは，カルボン酸との反応で置換アミドと二酸化炭素を生ずる．

一時期，未変性のセルロースの水酸基は（ただし，ニトロ-，二級アセチル-，エチル-，ベンジルセルロースなどの誘導体は除く）イソシアネートと多分反応しないと考えられたが[10]，この反応もまたおきている[80]．

イソシアネートと活性水素との反応度合は，Morton, DieszとOhtaにより下記の物質について定量的に与えられた[15,6b]．これは，80℃ジオキサン溶液中で，下記のそれぞれの物質とフェニルイソシアネートとの反応速度を示したものである．

活性水素化合物	$K \times 10^4$ 1/mol·s	相対速度
カルバミン酸 n-ブチルフェニル	0.02±0.02	1
n-ブチルアニリド	0.28±0.05	14
ジフェニル尿素	1.48±0.06	74
n-酪酸	1.56±0.33	78
水	5.89[a]	295[a]
n-ブタノール	27.5[a]	1375[a]

a：80℃より低い温度で得られた反応速度より算出した．

（2）**イソシアネートの自己反応**　芳香族や脂肪族イソシアネートは自己反応し，安定な三量体構造を形成する．この反応は次の物質により促進される．酢酸カルシウム，酢酸カリウム，炭酸ナトリウム，ナトリウムメトキシド，トリエチルアミン，シュウ酸ジメチルホルムアミド中の安息香酸ナトリウム，多数の可溶性金属化合物，鉄，ナトリウム，カリウム，マグネシウム，水銀，ニッケル，銅，亜鉛，アルミニウム，スズ，バナジウム，

3 [PhNCO] → フェニルイソシアネート三量体

チタン，クロム，四酪酸チタン，酸素，フリーデル-クラフツ媒[6b]．また，強い加熱によりこの反応は促進される．フェニルイソシアネートの例を示した．

いくつかのイソシアネートは熱により可逆的な二量体構造をとる．このような自己反応は芳香族イソシアネートに限られる[6b]．フェニルイソシアネートの例を次式に示す．

2 [PhNCO] ⇌ フェニルイソシアネート二量体

二量化反応は，トリアルキルホスフィンにより促進され，ピリジンなどの第三アミンにより抑えられる．

（3）**溶解特性**　イソシアネートは実用上ほとんどすべての有機溶媒に溶け，また小さな分子サイズゆえに拡散しやすいことをBayerは指摘している[9,10]．これらのイソシアネートの特性が，被着材へのぬれを良くし，接着特性を高める．つまり，ぬれることにより高分子化時に分子間のからみ，または被着材への接触がおこるものと思われる．被着材間に形成される強くて可とう性のある接着層は，また良い接着性を与えるのに寄与する．

（4）**極性**　多くの接着剤用途での反応物すなわち多種のポリエステル，ポリエーテルグリコールのイソシアネート反応物などであるが，これらは被着材表面に対しよくぬれ，親和性のある接触をする．そして，強い接着力を示す比較的極性の高い水素結合をするポリウレタンを生ずる．

（5）**硬化物の多様性**　ポリイソシアネート接着剤は，その可とう性ゆえに単に金属に対する強固な接着のみならず良い疲労特性をも示すとBuistとNauntonは指摘している[13]．

（6）**非浸透性表面との反応**　例えば，ガラス，金属のような非浸透性，非反応性の被着材の表面へのイソシアネートベース接着剤の接着機構を説明するには，Bayerは以下の三つのモデルを提唱している[10]．

a）そのような被着材表面に吸着している水分子膜とイソシアネート基との反応
b）表面上の水酸化皮膜とイソシアネート基との反応
c）（アルカリ）ガラス上でのイソシアネートの重合化

これらは，接着剤，被着材間の化学結合とまではいかないが，強固な結合をする．

DeBell, Goggin, とGloorはガラスへのイソシアネート系接着剤の格好の例をあげている[12]．それは，すでに特許になっているガラス上に模様をエッチングするプロセスである．そのプロセスとは，網目をつけられた金属スタンプに接着剤を塗った後，そのスタンプをはがすのであるが，はがすときに接着剤のついた部分がガラスをはぎ取る．

ポリウレタン接着剤およびイソシアネートベース接着剤のタイプと使用法

ポリウレタンおよびイソシアネートはいろいろな方法により接着剤として使われる．遊離または反応させたイソシアネートを含む配合の一般的な使用について述べる．

方法 A：イソシアネートプライマー

溶液にしたジまたはポリイソシアネートのプライマーをあらかじめ被着材表面に塗付する．

例1 ブナ-硫黄混合物を Desmodur R(III) の溶液としたものを被着材に塗付し，その後加硫する．1138 psi の接着強さが認められる[9,10]．

例2 あらかじめ処理されたエラストマーとサンドブラスト，溶剤洗浄された金属に MDI-50(VII) を薄く塗付し，乾燥した金属をプレスまたは熱風により硬化させる．MDI-50 は，耐熱，耐疲労性，耐衝撃性，耐油性，耐溶剤性の接合部を与える[16]．湿度は接着強さを与える重要なファクターである．

次にさまざまなエラストマーと金属との接着強さを示す．

被着材	接着強さ (psi)
Neoprene W/鋼	1100
Neoprene W/黄銅	1050
Neoprene W/ステンレス	1200
Neoprene W/アルミニウム	1325
Neoprene W/銅	950
天然ゴム (smoked sheet)/鋼	1200
ブタジエン-アクリロニトリルゴム/鋼	850

例3 合成繊布や他の材料のエラストマーコーティング用プライマーとして用いられる Hylene M(VIII) または Hylene M-50 (IX) を 2% トルエン溶液にし，浸漬またはスプレーにより塗付．乾燥後，エラストマーコーティングを施す[17]．

例4 脱脂後サンドブラストされた鋼板に浸漬により Leukonat 接着剤 (X) を塗る方法．次に，Nairit 社の充填剤を含む SKN-26（ブタジエン-アクリロニトリル），天然ゴムまたは SKS-30（ブタジエン-スチレン）ゴムなどの表面を溶剤で拭いた後，プライマーを塗った金属と接触させ，プレスで加熱する[18]．

方法 B：プラスチックまたはゴムビヒクル＋イソシアネート

ジまたはポリイソシアネートとエラストマーまたはプラスチックビヒクルとを湿気のない不活性な溶剤中で混合する．それを被着材表面に塗付し乾燥後，貼合せ接着する．硬化は，室温または加熱して行う．

DuPont 社は，MDI-50 接着剤，エラストマービヒクルを用いた結果，エラストマー-金属接着時の効果を指摘した[16]．第一にエラストマービヒクル（通常は被着材と同じエラストマー）コーティングする場合，接着剤中のジイソシアネートを湿気から防ぐので接着剤が塗付された部分の使用期間は長くなるが，限りはある*．プライマーとしての塗付後での貯蔵安定性が良好である．第二に，エラストマービヒクルは粘着性があるため，アセンブリーの位置からずれないように保持できる．

例1 天然ゴム，SBR，ネオプレン型 GN，GR-M，GR-MIO をバンバリーミキサーあるいはミルで粉砕する．キシレン，トルエン，クロロベンゼンのような水分を含まない芳香族系溶媒 900 部をエラストマー 100 部に加え，攪拌溶解させる．このエラストマー溶液にかき混ぜながら，40 部の MDI-50 (VII) を加える．この接着剤は室温で貯蔵できる．天然ゴムの場合 7 日，SBR は 3〜4 日，ネオプレンは 3 日貯蔵できる．

接着剤を織布重量に換算して 10〜15% 塗付すると，織布/エラストマーの接着の際に優れたプライマー効果が得られる．この接着剤は種々の方法で布に塗付できる．塗付後，溶剤除去し必要時まで乾燥雰囲気下に貯えられる．硬化は通常，ゴムを硬化する方法（プレス，オーブン，エア圧加硫）と同様である．高圧は必要とせず，被着材を貼り合わせるだけで十分に強い結合が生ずる[21]．

表 20.1 は，レーヨン，綿，ナイロンなどの織布とゴムをしみこませた 10 オンスの綿布とをプレス硬化させて得られた接着強さを示している．綿布は，ネオプレン GR-M，SBR，天然ゴムからつくられたタイヤに通常用いられるゴム材料で 90 mil にコートされたものであった．その他の織布は 20 wt% の MDI-50 の接着プライマーでコートされた[21]．

表 20.1 MDI-50 を使用した布/ゴムの接着[21]

	プライマー					
	ネオプレン GR-M/ MDI-50		天然ゴム/ MDI-50		SBR/ MDI-50	
	A	B	A	B	A	B
レーヨン/天然ゴム	35	24	19	—	30	19
レーヨン/ネオプレン GR-M	30	21	39	—	33	12
レーヨン/SBR	37	26	28	—	35	17
綿/天然ゴム	25*	16*	25*	16*	—	—
綿/ネオプレン GR-M	24*	16*	35*	21*	—	—
綿/SBR	29*	15*	27*	15*	—	—
ナイロン/天然ゴム	20*	11*	15*	8*	—	—
ナイロン/ネオプレン GR-M	18*	9*	23*	12*	—	—
ナイロン/SBR	22*	10*	20*	11*	—	—

A：28°C での接着強さ (lb pull/in. width) ⎫ 引き剥がしテスト
B：水中 95°C での接着強さ (lb pull/in. width) ⎭ (ASTM D 413-39)
*：接着プライマー量の多いほど，接着力が高くなるもの．

---

* MDI-50 エラストマー接着剤はゆっくりと時間とともに増粘する．室温での貯蔵が長いと最終的にはゲル化する．

例2 Terylene（ポリエステルファイバー）とゴムとの接着は，Vulcabond TX*（ジイソシアネート）（XIII）を加えることにより大きく改良された．例えば，添加剤（硬化剤，強化剤，加工助剤）を含む天然ゴムは，Pool Rubber Solvent を使い，ドウにされた．Vulcabond TX の 25 wt% 分がこれに混ぜられ，Terylene 布上に広げられた．その後，カレンダーで均一に押し広げ重ね合わせた．最後に，141°C で 30 分間プレス硬化された（200 psi）．そして，はく離強さは開始部で 30.8 lb/in，平均強度は 22.0 lb/in を示した．Vulcabond TX を使用しない場合はわずか 3.5 lb/in であった．トリフェニルメタン-p, p', p''-トリイソシアネート（III，X，XII）も同じ濃度で同様の結果を示した[22a]．

例3 エチレンジクロライド 150 部に Vulcabond TX 100 部，塩素化ゴム（Alloperne B）50 部を溶かしてつくられた接着剤を使い，ゴム（天然，Hycar，Paracril，ブチルゴム，ネオプレン）と七つの金属または合金を接着する．銅や Monel メタルへの接着強さは低かった．以下についての情報がある．添加される促進剤が強度に与える影響，充填剤（カーボンブラック，ホワイトフィラー）が強度に与える影響，接着剤の経時変化[22b]．

例4 タイヤに使用されている 3% のゴム溶剤に，ゴム含有量で 50% の Vulcabond TX（XIII）を加える．100°C で 1 時間乾燥されたレーヨンコードは，この接着剤に浸漬されガラス棒でしごいた後一晩空気乾燥し，100°C/30 分間の熱処理をされる．この前処理されたものをインチ当りコード 24 本の密度で金属治具に注意深く固定し，ゴムの短冊をつくる．さらに 80°C の環境で 4 日間疲労を加えた後，ゴムとコードとの接着性をみた．次の表は，Vulcabond TX 接着剤に処理されたレーヨンコードがレゾルシノール糸ラテックス接着剤（Vulcabond T）に比し，いかに性能アップしているかを示す[13]．

レーヨンコード/天然ゴム接着時における Vulcabond T と TX の効果

	シングルコード引抜き時の荷重	
	疲労のないとき	80°C での疲労 4 日後
Vulcabond TX 接着剤	12.5	11.0
Vulcabond T 接着剤	11.3	9.6

例5 ゴム溶液にポリイソシアネートを混合したものは金属接着に適する．次の表は被着材を天然ゴムと軟鋼にした場合のポリイソシアネート系接着剤（Vulcabond TX）および塩素化ゴム接着剤の接着性を比較したものである[13]．

天然ゴム/鋼接着時における Vulcabond TX と塩素化ゴム接着剤との比較

	引張り強さ (psi)	衝撃強さ (ft lb)	疲労後の強さ (%)
Vulcabond TX 接着剤	835	220	90
塩素化ゴム接着剤	785	116	20

例6 Geon 400×100*（100 部）またはその他の PVC，DOP（60 部），メチルエチルケトン（380 部）と DADI（ジアニシジンジイソシアネート）（XIV）（10 部）よりつくられたものはナイロン，ダクロン，レーヨンまたはガラス織布とビニルプラスチゾルまたはフィルムに対し高接着性を示す（約 28 lb/in）．接着特性は織布の物性にほとんど影響を受けることなく良好である．その接着性は 100 万回の屈曲試験においてもほとんど低下しないという報告がある．乾燥後の締めつけを約 0.80 oz/sq·yd に調整し，通常の溶液コーティング法によりコートされた織布は，PVC フィルムまたはプラスチゾルに対して 300〜400°F で硬化されたとき最大の接着力を得る．最適硬化条件は 360°F，2 分である．接着剤で前処理された織布は少なくとも 60 日間安定している．したがって，PVC のフィルムまたはプラスチゾルに対して直ちに接着される必要はない[23]．

例7 特別に調整されたゴムコーティング組成物へのある種のポリイソシアネート，PAPI（XV）の添加はゴムとナイロンおよびポリエステルコードへの接着特性向上に寄与する[24]．

方法 C：ポリウレタン化

ジまたはポリイソシアネートはジまたはポリヒドロキシ化合物と混ぜられる．この組合せは，a) 一部をあらかじめ付加物にしたり，または b) 大半が反応にあずかり，ポリウレタンを形成する．そして，このポリウレタンは被着材と反応可能な遊離したイソシアネート基を含む．アルコール，カルボン酸と水分を含まない乾性溶剤などがこれらの系に使われる．

例1 Windemuth は (a)一成分系の例を示している[13]．

粘稠性のあるイソシアネート末端の直鎖プレポリマーは，ヘキサメチレンジアミンイソシアネート（II）の 2 mol とジエチレングリコールとアジピン酸からなる OH 末端の直鎖ポリエステルの 1 mol からつくられる．基本的な触媒の役目を果たすヘキサヒドロジメチルアニリンが，水分を除去したベンゼンに溶かされたプレポリマーに 2% 加えられる．この溶液は被着材に塗られ，乾燥される．湿気のある空気中に暴露させた後，軽い接触圧で硬化させると，2〜3 時間後には強靱な可とう性のあるゴム状の接着剤となる．

例2 液状イソシアネート末端プレポリマーは TDI（I）のようなジイソシアネートとポリ B-D グリコール（XXVII）のようなポリブタジエングリコールとの反応から得られる．そして，これは被着材に塗付され，空気中の水分で硬化される．この接着剤はゴム/織布接着剤に適する[79]．

例3 (b) 二成分系接着剤の例を次に示す．Polystal U-I（Desmophen 900（VI）の 70% エチル

---

* Imperial Chemical Industries, Ltd.

* B. F. Goodrich Chemical Company.

アセテート溶液)の1重量部とPolystal U (Desmodur HH (XI)の75%エチルアセテート溶液)の2～2.5重量部とを混ぜる. 室温でのポットライフは1～2日, 促進剤を使うと3時間となる. この促進剤を含む接着剤のセッティング時間は, 木材接着の場合10℃では4～5時間, 0℃では7時間, 0℃以下では一晩となる[10].

例4 (b) 二成分系接着剤としてM/M (Mondur/Multron) 接着剤配合の例をあげる.

この接着剤は鋼, 軟鉄, アルミニウム, マグネシウムなどの金属接合に有効である. 室温硬化型の配合例はMultron R-12 (80%固形分のエチルアセテート溶液のポリエステルグリコール樹脂成分) 100部とMondur CB-75 (XXIV) の120部とを混ぜたもので与えられる. ここでのMondur CB-75の働きは, Polystal U-IIにおけるDesmodur HHの働きと同じようなものである. この室温硬化する接着剤の鉄に対する最高接着強さは8日後に得られ, 6800 psiの値を示す. 加熱硬化する配合例は, Mondur CB-75の200重量部とMultron R-12, 100重量部とから得られる. およそ7800 psiの鋼への接着強さは次の硬化条件で得られる. 195°F/3時間, 265°F/2時間, 355°F/1時間である. M/M系接着剤は混合後24時間でゲル化し, 再使用不可能である[20].

例5 Tyrite (ポリウレタン構造用接着剤) は被着材に塗付され, 反応後, 接着結合を形成する.

Tyrite 7500…二成分系100%固形分. 可使時間は処方によるが, 6～10分のもの, 20～30分のものがある. 室温または加熱硬化 (200～240°F) できる. 自動車ヘッドランプのポリカーボネートやRIMのウレタン製の自動車ボデーパネルなどの硬質プラスチックの接合に適す[88a].

次に述べる三つの二成分系湿気硬化接着剤は, 湿気がない場合十分な貯蔵安定性をもつ. 湿気がある場合初期強度は4～6時間で得られ, 1～10日間で完全硬化する. なお, 硬化時間は配合および相対湿度に影響される.

 a) Tyrite 7411:100%固形分で加熱塗付により織布や硬質プラスチックの接着に適す[88b].

 b) Tyrite 7602:64%固形分で一般用途に適す[88c].

 c) Tyrite 7650:60%固形分. 良好な初期接着性を有し, ポリエチレン, ポリスチレン, ポリウレタンフォーム, その他のプラスチック, 織布, ゴム, 予備処理された金属によく接着する[88d].

方法D: ポリイソシアネートの添加または無添加でのポリウレタンエラストマー

方法Dは最も重要なイソシアネートベース接着剤である. あらかじめ反応させた高分子量ポリマーをビヒクルとして使用する点が方法Bに類似している. ビヒクルは完全に接着強さが出るまで被着材を保持するのに使われる. 方法Dが方法Bと相違しているのはビヒクルにポリウレタンが使われている点である. さらには, ジまたはポリイソシアネートを添加することなく, 接着剤としての特徴とか, ポリウレタンビヒクルの強度などを引き

出せる点である. この強度は, 例えば熱可塑性ポリウレタンエラストマー[25]とかミラブルガムズ[26a,b]のような非晶性構造に本来由来するものである. また, それは結晶性ウレタン接着剤ポリマー[27,28]により得られる.

方法Dの実施において, 高分子量ポリウレタンゴムあるいは熱可塑性ポリウレタン樹脂が適当なイソシアネートと相互作用しない乾燥した溶剤に溶かされる. ポリウレタンゴムの場合, 遊離したジまたはポリイソシアネートをその溶液に加える. これは熱可塑性ポリウレタン樹脂の場合にもときどき行われるが, いつも必要ではない. こうした場合には前述の溶剤は必要ではなくなる.

このような溶液は被着材に塗付され, 被着材同士貼り付け合わせる前に適度なタックをもつまで乾燥しなければならない. また, 結晶性熱可塑性ポリウレタン樹脂の場合には, 接着剤塗付は完全に乾燥し結晶化させなければならない. 次に塗付表面を加熱し貼り付けるとすぐに強い接着強さが得られる.

いわゆる嫌気性ポリウレタン接着剤は方法Dの範疇に属する. この系は遊離のラジカル開始重合反応とウレタンの重付加反応とを組み合わせたもので興味ある接着剤を供する. 実際, β-ヒドロキシエチルメタクリレートのような高分子化できるアルコールは, 当量のTDI (I) のようなジイソシアネートまたはイソシアネート末端ウレタンポリマーと反応する. そして有機ハイドロパーオキサイドがその中間生成物に加えられる. その配合物は酸素透過性のある容器(例えばポリエチレン)にパッケージされる. その理由は, 酸素が不飽和生成物のフリーラジカルによる重合を妨げるからである. 接着剤貯蔵時においても, 接着剤塗付された被着材表面の暴露においてもこの特徴はあらわれる. しかし, 塗付した被着材の貼合せにより, 酸素が遮断されたときアクリレート基が重合する[68].

方法Dのいくつかの代表的例を掲げてみる. 例1～3は, 熱可塑ポリウレタンエラストマーがビヒクルであり, 例4～7はポリウレタンゴムの場合である.

例1 Estane 5703 F 2 (11.25重量部), Geon Resin 202 (3.75重量部), テトラヒドロフラン (85重量部) の混合物がつくられる. これを靴底と甲皮に塗り, 1分間の空気乾燥後20 psiの圧力で接着する. 15分後, はく離強さは8.9 lb/inであり, 60分後には29.0 lb/inとなる. ゴム, 織布, 金属を含め, 他の被着材への良好な接着性を示す[27a].

例2 Estane 5711, 5712と5713は, 木, ビニル化合物, 皮革, 金属, ゴム, 織布などの多種類の被着材への接着用に特に考えられた熱可塑性ポリウレタンである. それらは, 高結晶性樹脂で汎用の溶媒に可溶であり, 高強度と強靱性を備えている. それぞれ約125, 140, 160°Fで非晶化し, その結果それらは多種類の被着材への優れたぬれ性と高いタック性を有したゴム状のものとなる. 75°Fでそれぞれ約1/4, 2, 24時間で再結晶する. このときタックフリーとなり, 非常に引張り強さが高く (それぞれ3000, 5000, 9800 psiの引張り強さ), 高い伸び特性

を示す(それぞれ 790, 790, 730% 最大伸長)．溶解に適した溶媒は，ベンゼン，MEK，シクロヘキサン，DMF，THFである．MEKに溶かしたEstane 5712はビニルの靴底とビニルの甲皮を接着したとき，40 lb/inのはく離強さを与える[27b]．

例3 Desmocoll 176[28a], 400[28b], 420[28c]は熱可塑性ポリウレタンエラストマーで，それぞれの結晶率は中度，高度，高度である．密度が $1.2 \sim 1.23 \mathrm{g/cm}^3$ であることと，また加水分解安定剤Stabaxol 1による安定化がみられることより，ポリ(エステル-ウレタン)であることがわかる．これらは，プラスチック，ゴム，皮革，織布，木，金属などを含む多数の材料への良好な接着性を示す．

前述のDesmocoll接着剤の全部とはいえないが，以下の溶剤に溶解する．メチル，エチルとブチルアセテート，アセトン，メチルエチルケトン，メチレンクロライド，プロピレンジクロライド，トリクロロエチレン，エチレングリコールのモノメチルエーテルアセテートと1,3-ブチレングリコールのモノメチルエーテルアセテートなど．トルエンも希釈溶剤として使われる場合がある．Desmocoll 176はベンジルブチルフタレート(Unimoll BB)，ジフェニルクレジルホスフェート(Disflamoll DPK)とトリクロロエチルホスフェート(Disflamoll TCA)のような可塑剤と相溶する．しかし，ジブチルフタレート(Unimoll DB)，ジオクチルフタレート，トリフェニルホスフェート(Disflamoll TP)，トリクレジルホスフェート(Disflamoll TKP)，ジブチルアジペート(Adimoll DB)，ベンジルオクチルアジペート(Adimoll BO)，フェニルとクレジルアルキルスルホネート(Mesamoll, Dellatol MMA, Sintol T)とはわずかに相溶するか，またはまったく相溶しない．

前述のDesmacollポリマーは，ある範囲で次のポリマーのいくつか，またはすべてと相溶する．そして，それらは透明な溶液またはフィルムとなる．そのポリマーとは次のものである．フタル酸系樹脂(Soft Resin MM, Alkydal BG)，キシレン-ホルムアルデヒド樹脂，シクロヘキサノン-ホルムアルデヒド樹脂(Synthetic Resin AFS)，高塩素化テルフェニル(Clophen Resin A 60)，テルペン-フェノール樹脂(Durez 12603)，酢酸セルロース(Cellit BL 700)，ニトロセルロース，Desmocoll 12と22，ニトリルゴム(Perbunan N)，後塩素化PVC(Phenoflex)，塩化ビニル酢酸ビニル共重合体(Vinnol)，エステルガム(Pentalin A, Stabelite Esterr 10)，とクマロン樹脂．

接合部に耐溶剤性と高い耐熱性が要求されるときは，DesmocollはイソシアネートNL，例えばDesmodur L (XVI)，Desmodur R (III)とDesmodur RF (XVIII)の適当な量とが混合され用いられる．

例4 Royal M 6482とS-5210接着剤はケトン溶液とし，被着材に塗付され，乾燥後加熱される．M 6482は180～240°Fで活性化し，ビニル化合物と木材に対し良好な接着性を示す．S-5210は135～155°Fで活性化し，人工皮革靴，皮革，ビニル化合物などを接着することに適している[29]．

例5 Deltoflex A-10 (XVIII) 100重量部とSuprasec GA (XIX) 20重量部，Daltorol PRI (XX) 4.5重量部とMEK 25重量部とを混合することで基本的な配合が得られる．Daltorol PRIはオープンタックタイムを増加させる．一方，Suprasec GAは架橋剤として働き，耐蒸気性を向上させ，引張り強さ2200psi，伸び率200%，弾性率1800psiの加硫ゴムとなる．Deltoflex A-10系は，織布用途(織布/織布，織布/発泡体)の加熱硬化型接着剤として推奨される(2～7日/25°C，1日以内/100°C)．この理由として，良好な初期強度と良好な作業性があげられる．また，機械的，熱的応力に強い透明なラミネートができるため，フィルム/フィルムの接着に適する[30]．

例6 Multranil 176ポリウレタンエラストマーは，水分を除いたエチルアセテートとアセトンの混合物に20wt%溶解させる．そして，ゴム接着剤用としてMondur TM (XII)の8.3phrを加える．または，ゴム以外の接着剤用としてMondur CB-75 (XXIX)の5phrを加える．これらの接着剤は，加硫ゴム(天然と合成)同士，皮革，ウレタン，PVC，木材などの多くの被着材の接合に適する．硬化は室温でおこり，加熱することにより，さらに速められる．

室温におけるはく離接着強さ[31]		
	直後	3日後
ゴム同士 (lb/in. width)	5.5～9.0	25
ゴム/革靴底 (lb/in. width)	5.5～7.3	24
革靴底同士 (lb/in. width)	7.3～9.0	24
ゴム/革靴底 (lb/in. width)	9.5	24

例7 もう一つの例として，Boscodur No.1 (5重量部)とBostik 7070 (100重量部)を混合したものは，二成分混合ポリウレタンガム接着剤系を与える．それは，ウレタンスポンジとウレタンラバーを接着するための耐洗濯性と耐ドライクリーニング性のある接着剤として推奨される．この接着剤はまた，皮革，織布，コルク，木材，メゾナイトや孔質材料などに強力な弾性のある接合部を与える．Bostik 7070とBoscodur No.1の組合せは，約18時間の可使時間をもつといわれている．130°Fで4分の加熱接着も可能だが，接着剤は室温で硬化され，6日後に最大強度に達する[32]．

方法E：ブロックされたジまたはポリイソシアネート

接着剤としてブロックされたジまたはポリイソシアネートは以下のように用いられる．

① 方法Aのような安定なブロックされたジ(ポリ)イソシアネートの懸濁液もしくは溶液が単独で用いられるタイプ

② 方法Bのように一般的な合成樹脂やゴムのビヒクルを組み合わせて用いるタイプ

③ 方法Cのようにジ(ポリ)ヒドロキシ化合物を組み合わせたタイプ

④ 方法Dのようにあらかじめ形成されたポリウレタンビヒクルと組み合わせたタイプ

被着面に塗付された接着剤は乾燥後，接合部を重ね合わせ，ブロック化剤を外すため加熱される．ここで遊離したジ(ポリ)イソシアネートができる．できたイソシアネートは，直接被着材と接着したりビヒクルと反応したりする．解離したブロック化剤は化合物中に拡散したり，空気中に飛散したりする．

ブロック化イソシアネートの形成および熱時の解離は以下のように示される．

$$R(NCO)_n + nBH \underset{熱分解}{\overset{生成}{\rightleftarrows}} R(N-C-B)_n$$
　　　イソシアネート　ブロック剤　　　　　ブロック化イソシアネート

ここで n は通常2か3だが，時にはもっと大きくなる．ブロック化剤の解離温度はおよそ 60～200℃ であるが，これはその組成によって異なる[6b,33,62]．

"ブロック化された"，"マスクされた"，"偽似の"と呼ばれるジイソシアネートの研究は，1940年代のドイツにさかのぼる[33]．活性水素をもつ化合物に対し安定なブロック化イソシアネートの出現によって，水やアルコールをも含む反応媒体が使用できるようになった．しかし，通常この媒体は，ブロック化イソシアネートが解離温度まで熱せられる前に蒸発させ，取り除かなければならない．そうでないと，解離により生じたイソシアネートは被着材や反応性ビヒクルと反応する前に媒体と反応し，消費されてしまう．ただし，イソシアネートと被着材やビヒクルの反応性が媒体とのものより高い場合はこの限りではない．

工業的に用いられるイソシアネートは以下の通りである．

aminimides はタイヤコード，織布，ワイヤ，ガラスなどの接着に用いられる．これはゴムとタイヤコードの接着に用いられるが，ポリエステル浸漬法が脚光を浴びている．また aminimides システムはさまざまな織布やステンレス・炭素鋼のワイヤの接着に非常に適している．ポリエステル繊維とゴムの接着プライマーは，ある種の多官能エポキシと反応するような二官能 aminimides から得られる．イソシアネート先駆体として働く aminimides は，通常のフェノールブロック型イソシアネートに比べ多くの利点を有する．なぜなら，aminimides は副生成物としてフェノールを生じることなしに熱分離でイソシアネートを生じるからである．これを用いることによりタイヤコードの接着がより安全なものとなる．

aminimides はまた水に溶けるためプロセス上の利点がある．aminimides 予備浸漬は水中で容易に行われる．そのためアニオン，カチオン両方のさまざまな水溶性界面活性剤が使用でき，性能の向上が可能となる．側鎖に二極性の aminimide 官能基を有するポリマーはガラスに強く接着する．ポリメチルメタクリレートに組み込むことにより，少量の aminimide モノマーのガラスへの接着力は増大する．ガラスとガラスもしくは他の被着材の接着に対し，この特性は有効である[65a]．

aminimides のブロック化イソシアネート基はポリウレタンの接着剤としても有用である．例えば，bis(aminimides) はポリエステルジオールやポリエーテルジオールと架橋し，さまざまなエラストマーを生じる．これは bis(aminimides) や反応対象物の構造による．例えばポリヒドロキシル化合物とまぜた bis(aminimides) は安定で，ポリウレタンの使用に支障となったイソシアネートの水分による影響を受けない "加熱時にポリウレタンを生じる[66] 一液システム" である．接着剤を含んだ他の用途例も紹介されている[67]．

メーカー名	商品名	構造
DuPont	Hylene MP	フェノールブロック型 MDI (XXI)[34]
Mobey	Mondur S	フェノールブロック型 TDI 付加生成物 (XXII)[35,36]
	Mondur SH	クレゾールブロック型 TDI トリマー (XXIII)[36,37]
	試作品 E-320 ブロック化イソシアネート	ケトキシムブロック型テトライソシアネート (XXIV)[36,38,39]
Upjohn 社	Isonate 123 P	ε-カプロラクタムブロック PAPI (XXV)[40]

Ashland Chemical 社は，"Aminimides" と呼ばれる商品を販売している．これはイソシアネート先駆体として働き，フェノールブロック型イソシアネート使用時に生じるフェノールが生成されない[65a,b]．これにかかわる反応式を以下に示す．

$$R_3-\overset{\oplus}{N}:\overset{\ominus}{N}-\overset{O}{\overset{\|}{C}}-R' \longleftrightarrow R_3-\overset{\oplus}{N}:N=\overset{O^\ominus}{\overset{|}{C}}-R' \xrightarrow{>120℃} R'NCO + R_3N$$

モノアミニミド共鳴体　　　　　　　　　イソシアネート　第三級アミン

例1 加硫したネオプレンと SBR は，以下に示す水系組成によってナイロンやダクロンと強く接着することができる．

Hylene MP 分散液 (40%)	27.5 部
Neoprene latex Type 635	173.0
酸化亜鉛分散液 (50%)	15.0
Zalba エマルジョン (50%)*	6.0

＊ ヒンダードフェノール酸化防止剤 (DuPont Elastomer Chemicals Dept.)

この組成で得られたものは，織布に塗付され乾燥される．シート状ゴムとの接合は，織布に塗られた接着剤が乾いた後ならいつでもできる．シートラバーを重ねた後,

約 30 psi の圧力で織布とプレスする．これは密着を確実にするための固定の役割と，硬化時に何らかのガスが発生したときに浮き上がるのを防ぐためである．接着剤と多くのエラストマー化合物のプレスによる硬化条件は 284°F/20～40 分である．ラテックスフィルムを織布の上に張る場合はエアオーブン中で 250°F 加熱硬化する．

ナイロンとネオプレン（もしくは SBR）では 50～52 lb，ダクロンとネオプレン（SBR）では 30～35 lb の接着強さを有する．Hylene MP の熱分解から生じたジフェニルメタン-p, p'-ジイソシアネートとナイロンの間には化学結合があるといわれている[41]．

例2 ゴムと繊維の接着（予備浸漬したポリエステル，ナイロン，他のポリアミド繊維など）用に良好な作業性をもつ aminimides 接着剤を以下に示す[65b]．

	ディップ槽の濃度は 7.5% （重量部）
Aminimide	2.0
エポキシ樹脂[a]	1.0
界面活性剤[b]	0.112
水	42.0

a: XD-7160 (Dow Chemical 社) または Epon 812 (Shell Chemical 社)．
b: Aerosol OT (American Cyanamid 社) または Aminimide 56203 (Ashland Chemical 社)．

浸漬用の液をつくるには，まず aminimides と界面活性剤を水に溶解させる．次に，エポキシ樹脂を手早く攪拌しながら加える．この液はすぐに使え，10～14 日間は安定である．まずコードを 1～3 秒間液中に浸漬し，その後，コードの種類や要求される特性によって異なるが，通常オーブン内で 450°F/45～60 秒乾燥する．次にレゾルシノール-ホルムアルデヒドラテックスエマルジョンのカバーディップがかけられ，450°F/45 秒加熱乾燥する．

前述の方法にしたがい Ashland Aminimide AL-X-300（XXVIII）を用いて得られたポリエステルコード（1300/39×9 twist）の接着強さは 46.3 lb（405°F/120 秒）～58.7 lb（465°F/60 秒）であった．（ ）内は乾燥条件である[65]．

方法 F：水分散系

現在，多くのイソシアネートベースやポリウレタンベースの接着剤は揮発性のある有機溶剤の溶液である．しかし，そう遠くない将来にこのような接着剤は規制され，使えなくなるだろう．エコロジストが大気汚染を取り上げ，諸機関が労働安全（爆発・火災・毒性など）に関心を高めつつある．そのため，開放式で多くの揮発性有機溶剤を使用する製造プロセスは，ますます見直されている．この問題を解決する一つの方法が，水系ポリウレタンラテックス接着剤であると考えられる．

水分散系ポリウレタンはいろいろな方法で得られる[83]．今日，高品質なものをつくる工程では次の反応を含む[82a,b]．すなわち水とまぜやすい溶剤，例えばアセトン中でおこるイソシアネート末端のプレポリマーとカルボキシジアミンもしくはスルホネートジアミンとの反応である．得られたポリウレタンイオノマー溶液は混ぜて分散液をつくりポリマーの鎖を延ばす．最後に有機溶剤は蒸留によって取り除き，リサイクルされる．熱可塑性ポリウレタンエラストマー接着剤の場合，プレポリマーの特性にもよるが，ポリウレタンの結晶化度により種々の分散系ができる[82a,b]．

時には溶剤を加える場合もあるが，過剰のジイソシアネート，マクログリコール，ジメチロールプロピオン酸と第三級アミンから選択的に直鎖のイソシアネート末端のウレタンプレポリマーがつくられる．この生成物は水中に分散され，プレポリマーはジアミンを加えて結合鎖を延長する．それは水に分散した側鎖をもつ高分子量のポリ（エステルまたはエーテル-ウレタン-尿素）と第三級アミンで中和されたカルボキシ化合物とからなるアニオン性水系ラテックスをつくるためである．

溶液化されたり溶剤に溶かされた熱可塑性ポリウレタンは水中で乳化され，その後溶剤が取り除かれる．イソシアネート末端ウレタンプレポリマー（好ましくは親水基を含む）は，それにあったイソシアネートブロック化剤でブロック化される．そして架橋剤とともに水中に乳化する．

ウレタンラテックスの拡大を妨げるのは，溶剤タイプポリウレタンと比較して高いコストと低品質であるが，これらポリマーは水分散液を用い良好に生産，使用される．加えて大半を占めるイソシアネート硬化のポリウレタン水分散液は，より高価なブロック化イソシアネートの使用を必要とする．また加熱も必要である（反面，通常用いられる未変性のジ（ポリ）イソシアネートは，少しの熱か，もしくは加熱なしに硬化し，安価である）．さらに揮発性の有機溶剤を使用したものより乾燥時に水系の方がより多くのエネルギー，時間を必要とする．水系への変更にはいくつかの好ましくないサイクル変更や，ライン改良などが必要とされる．

そこでポリウレタン接着剤ユーザーは，水系ラテックスの使用にあまり魅力を感じない．しかも，使用を強要できる状況になく，安いラテックスがよく用いられる．問題はここにある．

ともあれいくつかのメーカーが現在，水系ウレタンラテックス製品のマーケティングを精力的に行っている．いくつかを見てみよう．

例1 BASF Wyandotte は，イオン性，非イオン性のものがあり，安定で固形分 50% の高分子量ポリ（エーテル-ウレタン）ポリマーの水分散液である[44]．これらの製品はごく微量の溶剤を含有するといわれ，それはトルエンと推測されている．室温乾燥後は膜となるが，強度，耐摩耗性，接着力のすべては 250～350°F/数分の乾燥後に改善される．

これらのラテックスによる優れた性質の塗料や接着剤

は次のような特性を有する。柔らかいものから硬いものまででき、−40°F下での柔軟性、優れた耐摩耗性、接着性、優れた膜強さ（540〜4500 psi 引張り強さ）と伸び（300〜750%）、優れた色安定性（白、パステル調の物を除く）、低毒性、低大気汚染性などである。

例2 大日本インキは、Vondic 1010 C, 1030, 1310 という品名で高分子量のポリ（エーテル-ウレタン）を販売している。これらは40%固形分の水分散液である[45]。これらの製品は少量のトルエンを含み、以下の特性をもつ。室温下で6カ月の貯蔵安定性、乾燥後の膜の優れた物性を有し、引張り強さ4900 psi (25°C/16時間＋100°C/3分)、5300 psi (140°C/3分)。ただし、（ ）内は硬化条件。伸びは480〜530%、優れた耐摩耗性、柔軟性、引裂き強さ、色安定性、良好な耐水、耐溶剤性などである。

例3 Verona (Bayer) は Impranil 4496 (DLM) を供給している。これは色安定性がよく、固形分40%で、熱可塑性の脂肪族ポリ（エステル-ウレタン）のアニオン水分散液である[46,47]。おそらく Impranil 4496 (DLN) は溶剤（アセトンか MEK）を含有していると思われる。またポリウレタンイオノマーを含み、乳化剤は使用されていないので、ポリウレタン自身で乳化機能を有するものと思われる。ポリウレタン鎖に対するスルホン酸ナトリウム（A）およびカルボン酸ナトリウム（B）の機能は、以下の化学反応式に示される[47]。この製品は繊維のコーティングに幅広く用いられる。また、織物・編物・ポリウレタン発泡体のラミネーティング接着剤として用いられる。

(A) $OCNR \cdots R-NCO + NH_2-R'-NH$
           $|$
           $R''SO_3^{\ominus} Na^{\oplus}$

$\longrightarrow -[R-R'-R-]_x-$
              $|$
              $R''-SO_3^{\ominus} Na^{\oplus}$

(B) $OCN-R \cdots R-NCO + NH_2-R'-NH$
              $|$
              $R''CO_2^{\ominus} Na^{\oplus}$

$\longrightarrow -[R-R'-R-]_x-$
              $|$
              $R''CO_2^{\ominus} Na^{\oplus}$

この接着剤は高い弾性、低温での優れた柔軟性と良好な耐久性をもつといわれる。メーカーは Impranil 4496 の熱可塑性が熱加工を可能にしているという。Impranil 4496 の粒子サイズは 0.1〜0.2 μm であり、少なくとも6カ月の貯蔵安定性がある。しかし、140°F以上の高温と38°F以下の低温での貯蔵は避けなければならない。粘度は20°C以下で 220 cP (Brookfield, No. 1 スピンドル、12 rpm) である。このラテックスはプログラムされた乾燥工程 (200°F, 230°F, 265〜290°F) で連続してフィルムがつくれる。しかし接着剤として使用する場合、265〜290°Fの範囲で直接硬化を行わなければならない。

接着強さは添加剤によって向上する。Impranil 4496 は、選ばれたアクリル分散液とビニルコポリマーに相溶する。いろいろな着色剤、添加剤、充塡剤とコンパウンド化できる。

コンパウンド化していない 0.1 mm 厚のフィルムは 3550 psi の引張り強さを有し、100% モジュラスは 270 psi、最大伸び 700% である。引張り強さは 400 時間の紫外線照射 (Xeno test) 後は、565 psi に低下する。また耐湿テスト (70°C/100% RH、14日間) 後、2400 psi となる。

例4 American Cyanamid 社は10種の Cyanabond テキスタイル接着剤を上市している[48]。それらは無毒で水をベースとしたポリウレタンエマルジョンである。固形分は30〜40%で予備反応させてあり、織物、編物、不織布に用いても高い耐久性をもつ接着層を形成する。これらは酢のような臭いがする。セルロースや合成繊維まで広く用いられる。所定の方法で使用されたとき、布と布、発泡体と織物との接着において高い耐ドライクリーニング性、耐洗濯性が得られる。

Cyanabond テキスタイル接着剤には U-251, 253, 255, 270, 271, 273, 274, 275 があり、水のような液から 90000〜95000 cP の流動性のあるペーストまで種々の粘度を有する (Brookfield LVF 粘度計、No. 4 スピンドル、6 rpm、72°F)。貯蔵安定性は 72°F で、少なくとも6カ月である。Cyanabond テキスタイル接着剤の使用に際しては、ラミネートする織物や発泡体を完全に乾燥させなければならない。そして重ね合わせ加熱を行う。優れた耐ドライクリーニング性を得るには 220°F/5〜10 秒、優れた耐洗濯性を得るには 260°F/15〜30 秒の加熱を要する。

Cyanabond テキスタイル接着剤 U-270 の応力ひずみテストでは、引張り速度 30 in/min の条件でフィルムの引張り強さが 1900 psi、最大伸び 655%、モジュラス 730 psi の値を示した。

例5 Millmaster Onyx 社は、Karathanes 5 A, 5 HS を上市している。これらは、固形分 50%、安定で完全に反応したウレタンの水系カチオンエマルジョンである[49]。5 HS は 5 A の変性品で、高い耐加水分解性を有するといわれる。Karathane 5 A の粘度は、通常 10000 cP (Brookfield LVF 粘度計、No. 4 スピンドル、12 rpm) である。Karathane 5 A フィルムは、エマルジョンを常温もしくは加熱し乾燥させてつくられる。これらは、−40°C でも柔軟性に富み、1500 psi の引張り強さ、800% の最大伸びを示す。Karathane は希釈剤、増粘剤、顔料などを配合できる。これは凍らせてはいけない。

Diamond Shamrock Corporation の1部門である Nopco Chemical と Witco Corporation もポリウレタン水系ラテックスを上市している。

方法G：フィルムとテープ

ある記事によると、コストがかからないにもかかわらずテープとフィルムを接着剤工業界の"キャデラック"という[50]。一般的には次のように言われる。テープ接着剤は補強剤もしくはキャリヤーを有したもので、フィルムはそれ自身で形状を保持している。これらが受け入れられてきた理由は、五つの利点があったことによる。すな

わち，非常に高い使用上の信頼性，化学的にも物理的にも高度に規格化されている，取扱いが容易である（製造費の削減），未使用分は貯蔵できるのでロスが少ない，撹拌が不要なので非常に簡単に使用できる[50]．以上の利点に加えて，フィルムとテープ状接着剤は，水系ウレタンラテックスと同様，溶剤系に比べて安全面，衛生面，環境面で優れている．

いろいろなタイプのポリウレタンが弾性のあるフィルム，シートとして調製される[51]．BF Goodrich Chemical社はそのような製品をつくるに適した熱可塑性ポリウレタンエラストマー（Estane）を上市している[85]．以前上市されていた"Tuftane"フィルムやシートはこれらのポリマーからつくられている[52]．目下 Lord Corporationが"Tuftane"フィルムとシートの製造販売をひきついでいる[86,87]．Stevans Molded Products も同様の製品"Hi-Tuff"を上市している[53]．熱可塑性ポリウレタンエラストマーのフィルムやシートは，特に接着用途に適している．

例1 "Tuftane"フィルムはエンブレムや数字，文字などを多くの織物上に，熱と圧力だけでつけるのに最も適している．また経済性のある接着スピードで，ポリエステルフォームやポリエーテルウレタンフォームも融着できる．揮発分を含まないので，溶剤系や水系の接着システムで行うような乾燥時間は必要ない．すべての"Tuftane"フィルムは，通常ヒーターや熱衝撃，超音波，高周波誘電法などを用い，広い温度帯域で接着できる．加熱ドラムやオーブンなどによって接着剤は被着材に積層される．"Tuftane"で得られた織布は強く，洗濯やドライクリーニングにも十分耐える．

"Tuftane"フィルムにはいろいろなグレードがある．それらを以下に示す．
- 芳香族系ポリ（エステル-ウレタン）：TF 310, 312, 330, 360, 800, 840
- 芳香族系ポリ（エーテル-ウレタン）：TF 410, 420
- 脂肪族系ポリ（エステル-ウレタン）：TF 100
- 脂肪族系ポリ（エーテル-ウレタン）：TF 110
- 低融点ポリマー：TF 260, 270
- 特殊ポリマー：TF 700, 710

これらは 1～90 mil の厚さで，1/4～80 in の幅をもつ[86,87]．

例2 薄いフィルムにした Hi-Tuff HT-2000 シリーズは，他のすべてのプラスチックフィルムより優れている．その薄いフィルムは特に強靭性，耐摩耗性，引裂き性，低温柔軟性，繰返し曲げ，耐オイル性，耐ガソリン性，耐エージング性が要求されるところに使用される．Hi-Tuff シートは，真空成形でき，融電加熱シールも可能である．また，溶剤に溶かしたり，加熱によって接着剤としても使用できる[53]．

方法 H：粉 体

粉体のプラスチックやゴムが世界中で興味の的となっている．これらを使えば，着色材，可塑剤，安定剤，硬化剤などの添加剤を低いエネルギーコストで経済的にポリマーと混ぜることができる．粉体で混ぜるというマイルドな方法は，ポリマーを変質させることなく使用できるので，性能，特性も変化させない．

粉体の流動性はもう一つの利点である．最終的に除去しなければならない有機溶剤や水などの媒体を使うことなしに，運搬したり，分散したりできる．また，運んだり分散したりするときにポリマーを溶かす必要はない．

コーティング剤，含浸剤，シーリング材，接着剤の使用に際しての有機溶剤除去は，環境汚染や労働衛生の面から重要であることは水系ポリウレタンラテックスやポリウレタンフィルムのところで述べた通りである．欠点のある高価な溶剤を使わなくてよいことで，接着剤を含む粉体ポリマー使用の有意性は高位にランクされる．数あるポリウレタンの中で事実上，架橋した熱可塑性ポリウレタンエラストマーは粉体で供給，使用することが最も適していると思われる．これらの用途の中には粉体であるメリットを活用した接着用途への応用も含まれる．

Farbenfabriken Bayer 社（Ultramoll），大日本インキ（Pandel）は粉体ポリウレタンを上市し，Du Pont 社はこれらの材料に対して研究を行っている．

例1 Ultramoll PU は高分子量可塑剤よりなる高柔軟ポリウレタンで，無色無臭の粒径 1000 μm 以下の粉体である．5±3% の PVC を含み，PVC と組み合わせるため特別にデザインされたものである．これはショアーA 硬度が，72±3 である．Ultramoll PU は靴底と甲皮の射出成形に用いられ，可塑剤を含む PVC に比べ高い接着力を示す[55]．

ポリウレタンの安定化

ポリウレタンは卓越した耐久性をもち，広範囲に用いられる高分子量化合物であるが，時に使用法が間違ったり適切でない処方で用いられたりすると期待する特性を得られない．また高耐熱性ポリマーではないので，常時 120℃ 以上となる部位への使用は好ましくない[56,57]．これらは加水分解するので，水中で長期間使用する場合，他の改質剤を加えなければならない[58,61,63,64,70～75]．また，熱や紫外線の影響をうけて自然酸化する[59,60]．ポリ（エステル-ウレタン）は微生物の影響で劣化する[61,76,77]．

ウレタン結合は実質的には熱安定性がよいが，決定的な長所となりえない．高熱時の熱分解はウレタン結合が元来もつ性質である．これはポリマー中の残留触媒をなくすることで改善できる．また，ポリマーの構造をコントロールすることである程度まで改善できる[56]．

カルボジイミド，例えば Staboxol 1 や特に Staboxol P（以前は Antioxidant PCD, Staboxol PCD）の添加はポリ（エステル-ウレタン）の耐加水分解性を向上させる効果的な方法の一つである[58,71,72]．またポリマーのポリウレタン構造も耐加水分解性向上のため，調製できる[58]．

SATRA (Shoe and Allied Trades Research Associations, Kettering England) によって開発された Satras-

20. ポリウレタン接着剤とイソシアネートベース接着剤　271

tab も合成皮革の靴製品に用いられるポリウレタン組成の耐加水分解性安定剤として使用される[63,64]。

加熱時の酸化によるポリウレタンの挙動はポリマーの組成によるが、一般的にこの劣化は酸化防止剤を配合することで防止することができる。しかし、ある研究によるとポリ（エーテル-ウレタン）に対しては効果がなかった[57]。紫外線による酸化は、防護物（例えばカーボンブラック、酸化チタン）もしくは酸化防止剤と紫外線吸収剤の組合せで抑制できる[59]。Irganox 1010 と Tinuvin P (Ciba-Geigy)は、特にウレタンに適した酸化防止剤と紫外線吸収剤である。これらにより、紫外線による酸化に対し、耐性の高いポリウレタン組成がつくれる[60]。

ポリ（エステル-ウレタン）への有効な殺菌剤の配合は、微生物による分解を防ぐ。この種の効果的な殺菌剤は次のようなものを含む。8-キノリノレート銅（"Cunilate" Scientific Chemicals, "Quindex" Nuodex Division, Heyden Newport），N-（トリクロロメチルチオ）フタルイミド（"Fungitol 11"-Neodex）である[69]。ポリ（エーテル-ウレタン）は微生物による劣化に耐える。

イソシアネートベース接着剤の取扱い

イソシアネートは高い反応性をもつ化学物質であり、接着用途には大変有効である。それゆえ、イソシアネートを含む接着剤組成はイソシアネートと反応する物質との接触を避けなければならない。このようにすることで高分子化や被着材との反応が可能となる。イソシアネートを含む接着剤の貯蔵や使用時に湿気との接触を避けるのと同様に、イソシアネートと反応しない、また反応の可能性のある不純物を含まない溶剤を使用しなければならない。

遊離したイソシアネートを含んだ物質を使用する場合、作業域を適切に換気し、体に付着した場合はすぐ洗浄しなければならない。

接着剤組成の同定

（I）トルエンジイソシアネート

2,4-異性体　　2,6-異性体

（II）ヘキサメチレンジイソシアネート

$OCN-(CH_2)_6-NCO$

（III）Desmodur R：トリフェニルメタン-p, p', p''-トリイソシアネート（メチレンクロライド 20% 溶液）

（IV）Desmophen 1200：アジピン酸からつくられたポリエステル（3.00 mol），トリメチロールプロパンかグリセリン（1.00 mol），1,3-ブチレングリコール（3.00 mol）

（V）Desmodur TH：2,4-トルエンジイソシアネート（3.00 mol）と 3-メチロールペンチレングリコール-2,4（1.00 mol）の付加生成物

（VI）Desmophen 900：アジピン酸からつくられたポリエステル（3.00 mol），トリメチロールプロパン（4.2 mol）

（VII）MDI-50：ジフェニルメタン-p, p'-ジイソシアネート（50%），o-ジクロロベンゼン（50%）

（VIII）Hylene M：ジフェニルメタン-p, p'-ジイソシアネート

（IX）Hylene M 50：Hylene M（50%），o-ジクロロベンゼン（50%）

（X）Leukonat adhesive：トリフェニルメタン-p, p', p''-トリイソシアネート（ジクロロメタン 20% 溶液）

（XI）Desmodur HH：1,6-ヘキサメチレンジイソシアネート（3.00 mol）と 3-メチロールペンチレングリコール-2,4 の付加生成物

(XII) Mondur TM：トリフェニルメタン-p, p′, p″-トリイソシアネート（メチレンクロライド 20% 溶液）とジフェニルメタン-p, p′-ジイソシアネート（キシレンあるいは o-ジクロロベンゼン 50% 溶液）

(XIII) Vulcabond TX：ポリイソシアネート（原則的にジイソシアネート）

(XIV) DADI：ジアニシジンジイソシアネート

(XV) PAPI：ポリメチレンポリフェニルイソシアネート

(XVI) Desmodur L：Mondur CB-75（XXIX）に同じ

(XVII) Desmodur RF：トリホスホン酸トリス（p-イソシアネートフェニルエステル）メチレンクロライド 20% 溶液

(XVIII) Daltoflex A-10：反応していないイソシアネートを含まない安定なポリウレタンエラストマー，メチルエチルケトン 45% 粘稠な溶液

(XIX) Suprasec GA：揮発性の遊離イソシアネートを少量含む樹脂状ポリイソシアネート，エチルアセテート 75% 溶液

(XX) Daltrol PRI：反応性液状ポリエステル

(XXI) Hylene MP：ビス(4-フェニルカルバミン酸フェニル)メチレン

(XXII) Modur S：フェノールブロック型 TDI 付加生成物

(XXIII) Modur SH：クレゾールブロック型 TDI トリマー（下記のようなものであると推測される）

(XXIV) Experimental E-320 ブロック化イソシアネート：ケトキシムブロック型テトライソシアネート

(XXV) Isonate 123 P：ε-カプロラクタムブロック型 PAPI

20. ポリウレタン接着剤とイソシアネートベース接着剤

(XXVI) ポリ(カプロラクトン)グリコール

$$H+O(CH_2)_5-CO+_xO-R-O+CO-(CH_2)_5-O+_yH$$

(XXVII) ポリブタジエングリコール (Poly BD グリコール)

Poly BD R-15 M と R-45 M は単にブタジエンを含むヒドロキシル末端のポリマー

Poly BD CS-15 と CN-15 はそれぞれブタジエンスチレンとブタジエンアクリロニトリルを基本骨格にもつヒドロキシル末端のポリマー

(XXVIII) Aminimide AL-X-300

(XXIX) Modur CB-75：TDI トリメチロールプロパン付加生成物，75％ エチルアセテート溶液

[C. S. Schollenberger／武田　力訳]

参　考　文　献

1. B. F. Goodrich Chemical Co.
2. Eby, L. T., and Brown, H. P., Chap. 3, "Treatise on Adhesion and Adhesives," R. L. Patrick (ed.), New York, Marcel Dekker, 1969.
3. Allen, G. D., and Fryer, C. W., *Rubber Journal*, 153, (1), 31 (Jan. 1971).
4. Lewis, A. F., and Elder, G. B., *Adhesives Age*, 12, (10), 31 (Oct. 1969).
5. Schollenberger, C. S., Chap. 27, Isocyanate-Based Adhesives, "Handbook of Adhesives," 2nd Ed., I. Skeist (ed.), New York, Van Nostrand Reinhold, 1977.
6. Saunders, J. H., and Frisch, K. C., "Polyurethanes: Chemistry and Technology."
    (a) Part II, Technology, John Wiley (Interscience), 1964.
    (b) Part I, Chemistry, John Wiley (Interscience), 1962.
7. DeLollis, N. J., "Adhesives for Metals: Theory and Technology," New York, Industrial Press 1970.
8. Reegen, S. L., and Ilkka, G. A., "The Adhesion of Polyurethanes to Metals," Adhesion and Cohesion Symposium, General Motors Research Laboratory, Elsevier, 1962.
9. CIOS Report 29-12 (Appendix, Item 22), P. B. 46961 (Feb. 1946).
10. Bayer, O., *Angew. Chem.*, 59, (9), 257 (Sept. 1947).
11. Dombrow, B. A., "Polyurethanes," New York, Van Nostrand Reinhold, 1957.
12. DeBell, J. M., Goggin, W. C., and Gloor, W. E., "German Plastics Practice," DeBell and Richardson, Springfield, Mass., 1946.
13. Buist, J. M., and Naunton, W. J. S., Rubber Bonding, *Trans. Inst. Rubber Ind.*, 25, (6), 378 (April 1950); reprinted in *Rubber Chem. & Technol.*, 23, (4) (Oct.-Dec. 1950).
14. Kohler, E. P., Stone, Jr., J. F., and Fuson, R. C., *J. Am. Chem. Soc.*, 49, 3181 (1927).
15. Morton, M., Deisz, M. A., and Ohta, M., "Degradation Studies on Condensation Polymers," U.S. Department of Commerce Report PB-131795 (Mar. 31, 1957).
16. Bonding Elastomers to Metals with MDI-50, Elastomers Division Bulletin, BL-241 (Apr. 30, 1951), E. I. du Pont de Nemours & Co., Wilmington, Del.
17. Hylene M, Hylene M-50—Organic Isocyanates, Elastomers Division Bulletin HR-5 (Dec. 1955), E. I. duPont de Nemours & Co., Wilmington, Del.
18. Medvedeva, A. M., Deryagin, B. V., and Zherebkov, S. K., *Colloid J. (USSR)*, 19, 417 (1958); reprinted in *Rubber Chem. & Technol.*, 32, (1), 67 (1959).
19. Windemuth, E., U.S. Patent 2,650,212 (Aug. 8, 1953), to Farbenfabriken Bayer A. G., Leverkusen, Germany.
20. Rigid Urethane Adhesives Evaluation Formulations, Technical Data Bulletin S-10, Revised 3/1/65, Mobay Chemical Co., Pittsburgh, Penna.
21. Abernathy, H. H., and Radcliff, R. R., The Adhesion of Fibers to Elastomers, Rubber Chemicals Division Report No. 47-4 (May 1947), E. I. duPont de Nemours & Co., Wilmington, Del.
22. Meyrick, T. J., and Watts, J. T., Polyisocyanates in Bonding.
    (a) Terylene Polyester Fiber to Rubber, *India Rubber J.*, 467 (Mar. 22, 1952).
    (b) Rubber to Metals, *India Rubber J.*, 505 (March 29, 1952).
    (c) *Trans. Inst. Rubber Ind.*, 25, (3) (1949).
23. Vinyl Adhesion to Synthetic Fabric, Technical Bulletin (June 1, 1959), Carwin Chemical Co. (now the Upjohn Co., Kalamazoo, Mich.).
24. Product Catalog (1957), The Carwin Chemical Co. (now the Upjohn Co., Kalamazoo, Mich.).
25. Schollenberger, C. S., Scott, H., and Moore, G. R., *Rubber World*, 137, (4), 549 (Jan. 1958).
26. The General Tire and Rubber Co., Akron, Ohio,
    (a) Genthane S, Technical Bulletin GT-S3.
    (b) Genthane SR, Technical Bulletin GT-SR1.

27. Estane Polyurethane Materials Service Bulletins:
    (a) Estane Polyurethane Adhesive Systems (TSR 64–14, TF116).
    (b) New "Open Tack" Estane Polyurethane Adhesives (TSR64–20, TF116), B. F. Goodrich Chemical Co., Cleveland, Ohio.
28. (a) Desmocoll 176 (Order No. KA4201e, Ed. 1/8/69, USA 19-710/67 421).
    (b) Desmocoll 400 (Order No. KA4209USA, Ed. 1/2/69, USA 20-710/67 422).
    (c) Desmocoll 420 (Order No. KA4241, Ed. 1/7/69. USA 25-710/67 427).
    (d) Desmodur L — information from Mobay Chemical Co.
    (e) Desmodur R (Order No. KA4217 USA, Ed. 1/2/69, USA 93-710/67 407).
    (f) Desmodur RF (Order No. KA4218 USA, Ed. 1/2/69, USA 94-710/67 408).
    Technical Bulletins, Farbenfabriken Bayer AG, Leverkusen, Germany (via Mobay Chemical Co.).
29. U.S. Royal Adhesive Technical Data Bulletin, Uniroyal, Inc., Mishawaka, Ind.
30. Urethane Adhesives Based on Daltoflex A-10, Technical Bulletin 287, I.C.I. Organics, Inc., Stamford, Conn.
31. Flexible Urethane Adhesives Evaluation Formulations, Technical Data Bulletin, Mobay Chemical Co., Pittsburgh, Penna.
32. Bostik 7070 with Boscodur No. 1, Bostik Data Sheet, B. B. Chemical Co., Cambridge, Mass. (July 25, 1958).
33. Petersen, S., *Ann. Chem.*, **562**, 205 (1949).
34. Hylene MP Water Stable Diisocyanate Generator, Elastomer Chemicals Department Bulletin HR-25, G. E. Owen, Jr., E. I. duPont de Nemours Co., Wilmington, Del. (July 1957).
35. Mondur S (Mobay Stablized Polyisocyanate Adduct). Data Sheet 8/1/63, Mobay Chemical Co., Pittsburgh, Penna.
36. Chemicals for Coatings, Surfaces, Sealants, Binders, Adhesives, Elastomers, and Chemical Intermediates, Bulletin, Mobay Chemical Co. Pittsburgh, Penna.
37. Mondur SH (Mobay Stabilized Polyisocyanate Adduct), Data Sheet 2/1/59, Mobay Chemical Co., Pittsburgh, Penna.
38. Experimental Product E-320, Data Sheet, April 1969, Mobay Chemical Co., Pittsburgh, Penna.
39. Hill, H. E., Pietras, C. S., and Damico, D. J., *J. Paint Technol.*, **43**, (553), 55 (Feb. 1971).
40. Isonate 123P (Caprolactam—blocked PAPI), Bulletin CD 1217 (June 1971); Product Report (September 1, 1969), The Upjohn Co. Kalamazoo, Mich.
41. An Aqueous Adhesive System for Bonding Elastomers to Synthetic Fibers, C. H. Gelbert, G. E. Owen, Jr., Elastomer Chemicals Department Report BL-338, E. I. duPont de Nemours & Co., Wilmington, Del.
42. Mondur TM (Data Sheet, 3/15/64) Mobay Chemical Co., Pittsburgh, Penna.
43. Buchan, S., Rubber to Metal Bonding, London, Crosby, Lockwood and Son, Ltd., 1959.
44. Technical Data Bulletins on Urethane Latices (D-14, -15, -16, -17, -18, -120, -121), BASF Wyandotte Corp. Wyandotte, Mich.
45. Crisvon and Vondic 1310; Vondic 1010C, Tech. Bulletin CR 895002, Dainippon Ink and Chemicals, Inc., Tokyo, Japan.
46. Impranil 4496 (DLN) Dispersion—Urethane Aqueous Dispersion for Textile Coating. Technical Data Sheet No. 1269 (Revised), Verona Division, Baychem Corp., Union, N.J.
47. Neumaier, H. H., Aqueous Dispersions of Polyurethane Ionomers for Coating and Laminating, Paper at AATCC Symposium on Coated Fabrics Technology, Marriott Motor Inn, Newton, Mass. (Mar. 28–29, 1973).
48. Cyanabond Textile Adhesives for Bonding and Flocking. Technical Sales Bulletin No. 1031 (Revised 2/70), Cyanamid Dyes and Textile Chemicals Department, American Cyanamid Co., Bound Brook, N.J.
49. Karathane 5A, Technical Bulletin, Refined-Onyx Division, Millmaster Onyx Corp., Lyndhurst, N.J.
50. King, H. A., *Adhesives Age*, **15**, (2), 22 (Feb. 1972).
51. Schollenberger, C. S., and Esarove, D., Chap. 12, "Polyurethanes, The Science and Technology of Polymer Films," Volume II, O. J. Sweeting, (ed.), New York, John Wiley (Interscience), 1971.
52. Tuftane Polyurethane Film and Sheet, Bulletin T-5, The B. F. Goodrich Chemical Co., Cleveland, Ohio.
53. Hi-Tuff Precision Elastomeric Sheeting, Technical Bulletin, Stevens Molded Products—a Department of J. P. Stevens Co., Inc., Easthampton, Mass.
54. Ward, R. J., *Adhesives Age*, 26 (Oct. 1970).
55. Polymeric Plasticizers, Technical Bulletin 6.3.1 (Ultramoll PU), edition 1.4.1972e, Farbenfabriken Bayer A. G., Leverkusen, Germany.
56. Singh, Ajaib, "Advances in Urethane Science and Technology," Vol. 1, Chap. 5, K. C. Frisch, and S. L. Reegen (eds.), Technomic, Stamford, Conn., 1971.
57. Singh, A., Weissbein, L., and Mollica, J. C., *Rubber Age* (New York), 98, (12), 77 (Dec. 1966).
58. Schollenberger, C. S., and Stewart, F. D., *J. Elastoplastics*, **3**, 28 (Jan. 1971); and, "Advances in Urethane Science and Technology," Vol. 1, K. C. Frisch, and S. L. Reegen, (eds.), Technomic, Stamford, Conn., 1972.
59. Schollenberger, C. S., and Dinbergs, K., *SPE Transactions*, 1, (1), 31 (Jan. 1961).
60. Schollenberger, C. S., and Stewart, F. D., *J. Elastoplastics*, **4**, 294 (Oct. 1972), and "Advances in Urethane Science and Technology," Vol. 2, K. C. Frisch and S. L. Reegen, (eds.), Technomic, Stamford, Conn., 1973.
61. Ossefort, Z. T., and Testroet, F. B., "Hydrolytic Stability of Urethane Elastomers," 89th Meeting, Rubber Division, American Chemical Society, San Francisco, Calif. May 4, 1966. Also, *Rubber Chemistry and Technol.*, 39, (4), Part 2, 1308 (September 1966).
62. Griffith, G. R., and Willwerth, L. J., *Industrial and Engineering Chemistry Product Research and Devel-*

opment, 1, 265 (1962).
63. Hole, L. G., Kann, G., and Dawkins, P. J., The Deterioration of Polyurethanes by Hydrolysis, Rubbercon, F3-1, International Rubber Conference, Brighton, England (May 1972).
64. Hole, L. G., and Abbott, S. G., The Chemical Stability of Polyurethane in Artificial Leather, paper at Inter-SAT '71, Imperial Hotel, Blackpool, England (Apr. 20-22, 1971).
65. Ashland Chemical Co., a Division of Ashland Oil, Inc., Columbus, Ohio.
    (a) Ashland Aminimides, a New Organic Functional Group, Sales Brochure (1972).
    (b) Ashland Aminimides for Tire Cord Dips, Technical Bulletin 1238.
66. U.S. Patent 3,450,673, William J. McKillip assignor to Ashland Oil Corp. (June 17, 1969).
67. *Rubber World*, 168, (1), 13 (April 1973).
68. U.S. Patent 3,425,988, J. W. Gorman, and A. S. Toback assignors to the Loctite Corp. (Feb. 4, 1969).
69. Schollenberger, C. S., and Dinbergs, K., B. F. Goodrich Co. (unpublished).
70. Cooper, W., Pearson, R. W., and Darke, S., *The Industrial Chemist*, 36, 121 (1960).
71. Neumann, W., Peter, J., Holtschmidt, H., and Kallert, W., Proc. of the 4th Rubber Technology Conference, London, Paper 59, 738 (1962).
72. Neuman, W., Holtschmidt, H., Peter, J., and Fischer, P., U.S. Patent 3,193,522 (July 6, 1965).
73. Athey, R. J., *Rubber Age* (New York), 96, (5), 705 (1965).
74. Gahimer, F. H., and Nieske, F. W., *J. Elastoplastics*, 1, 266 (Oct. 1969).
75. Magnus, G., Dunleavy, R. A., and Critchfield, F. E., *Rubber Chem. & Technol.*, 39 (4), Part 2, 1328 (Sept. 1966).
76. Kaplan, A. M., Darby, R. T., Greenberger, M., and Rogers, M. R., *Dev. Ind. Microbiol.*, 9 201 (1968).
77. Darby, R. T., and Kaplan, A. M., *Appl. Microbiol*, 900 (June 1968).
78. Reegen, S. L., Adhesion of Urethanes from Oxypropylene Polyols, "Advances in Urethane Science and Technology," Vol. 2, 56, K. C. Frisch and S. L. Reegen (eds.), Technomic, Stamford, Conn., 1973.
79. Hydroxyl-Terminated Poly B-D Resins in Urethane Systems, Technical Bulletin, Arco Chemical Co.
80. Scheebeli, P., *Compt. rend*, 236, 1034 (1953).
81. Zalucha, D. J., Lecture, "Polyurethanes in Adhesives", Technomic Publishing Co. Seminar on "Advances in Polyurethanes," Ramada Inn Central, Atlanta, GA (Nov. 10, 1987).
82. Dollhausen, M., and Warrach, W.,
    (a) "A Review of Polyurethane Adhesives Technology," presented at Adhesive and Sealant Council Fall Seminar, Philadelphia, PA (October 18-21, 1981).
    (b) *Adhesives Age*, 28 (June, 1982).
83. Dieterich, D., and Rieck, J. N., *Adhesives Age*, 21(2), 24 (February 1978).
84. Dieterich, D., and Reiff, H., *Angew. Makromol. Chem.*, **26,** 85 (1972).
85. Estane Thermoplastic Polyurethane for Film and Sheet Applications," Technical Bulletin ES-3, B. F. Goodrich Co. Chemical Group, Cleveland, OH, 1984.
86. Bartko, G. J., Jr., "State of the Art in Polyurethane Film Technology," *Paper, Film, and Foil Convertor* (February 1986).
87. Tuftane Specialty Film and Sheet, Technical Bulletin DS10-5000 A, Lord Corporation/Film Products Division, 1985.
88. Lord Corp. (Industrial Adhesives Div.) Technical Bulletins.
    (a) "TYRITE 7500," #DS10-3606C (1984).
    (b) "TYRITE 7411," #DS10-3580B (1981).
    (c) "TYRITE 7602," #DS10-3602C (1984).
    (d) "TYRITE 7650," #DS10-3650 (1987).

21. 接着剤用ポリ酢酸ビニルエマルジョン

ポリ酢酸ビニルは1930年代からアメリカ合衆国で商業的に販売されるようになった．ポリ酢酸ビニルエマルジョンが導入された1940年代まで，その成長はゆるやかであった．酢酸ビニル樹脂の使用量は1945年には無視できるほどのものであったが現在では17億ポンド（約77万トン）の量まで成長した．

接着剤工業はポリ酢酸ビニルの最も重要な用途の一つである．ざっと見積って5億ポンド（約23万トン）が1987年に国内で消費されている．ポリ酢酸ビニルは表面コーティング，コーキング材などにも使用されている．

ポリ酢酸ビニルは1940年代から，膠（アニマルグルー）に代わる合成樹脂として接着剤に広く使用されるようになった．その合成樹脂の卓越した性能が高価格を埋め合わせた．ポリ酢酸ビニル接着剤は，紙加工や包装分野における新しい高速機械に適しており，積極的に受け入れられた．それらは木材接着に適していることが見出され，後に身近な家庭用"ホワイトグルー"として登場した．ポリ酢酸ビニルの技術についても著しい進歩があった．数多くの複雑なポリマーやコポリマー製品が発売され，変化する技術の要求に対応してきた．

セルロース系や他の材料に対するポリ酢酸ビニルの優れた接着性のゆえに，製本，紙管，牛乳パック，飲料用ストロー，封筒，ガムテープ，紙袋，折りたたみ箱，輸送用多層袋，ラベル，箔，フィルム，ボール紙の転写，フィルター付タバコ，保温材，木工，緩衝材，自動車内装，鉛筆，皮の接合，タイルセメント，などの豊富な用途が切り開かれてきた．

比較的安いコスト，入手容易なこと，幅広い相溶性，優れた接着特性などにより，多くのポリ酢酸ビニル樹脂，溶液，エマルジョンが，接着剤工業において商品化された．アメリカにおけるポリ酢酸ビニルベース樹脂の主な製造業者には次の会社があげられる．

  Air Products, H. B. Fuller, National Starch, Reichhold, Rohm and Haas, Union Carbide, Union Oil, W. R. Grace

これらの会社が競合した結果，接着剤加工業者達は低価格，高品質，新しい改良品，ベースレジンメーカーからの多くの技術サービスなどの恩恵をこうむることができた．市場競争において価格に幅があるのは当然のことである．樹脂のグレードや量が販売価格において重要なファクターとなる．

接着剤工業だけにポリ酢酸ビニルの使用を強調したことが，この樹脂の展開を制限する結果となった．他の産業におけるこの樹脂の用途は，接着剤工業と同様に，樹脂の接着性，結合力，フィルム特性などが使用する場合の重要なファクターとなっている[1]．ポリ酢酸ビニルエマルジョンの主たる用途は内装用および外装用のつや消しペイントであり，特に石造建築表面によく使用される．平滑性と保色性はこれらの塗料の重要な特性である．織物工業では，ポリ酢酸ビニルを主にエマルジョンの形で，木綿やその他の織物に耐久性，強度，"手ざわり"の良さなどを付与する仕上げ剤として利用している．酢酸ビニルとコモノマーとのエマルジョンは，不織布や接着布のバインダーとして使用される．紙工業では，小さい粒径のポリ酢酸ビニルエマルジョンを，紙のクレイ用顔料バインダーや厚紙のコーティング剤として使用している．

モノマー

酢酸ビニルはビニルエステルの中で最も有用で広く使われているモノマーである．この無色の可燃性液体は1912年に初めて製造された．液相法が最初ドイツとカナダで工業化されたが，一般に気相法にとって代わられた[3]．初期の工業的製造法はアセチレンと酢酸の触媒による反応をベースとしていた．さらに最近の技術の発展により，エチレンと酢酸から酢酸ビニルモノマーを製造できるようになった．気相法においてはパラジウム触媒が使われる．主としてエチレン法が現在世界的に使用されている．

酢酸ビニルはアメリカ合衆国においては，Borden, Celanese, DuPont, Union Carbide, U. S. I. Chemicals などで生産されている．その特性や反応についてはメーカーの社内技報[6~9]に概説されており，また広範な情報は技術文献[10~14]にあらわされている．

アメリカ合衆国における国内の酢酸ビニル生産能力は，1987年において，1年間に24億ポンド（約109万トン）と見積られた．

次の節では，1) 水性ディスパージョン，2) 水性ディスパージョンから得られた固形樹脂について解説する．

重　合

酢酸ビニルの重合や，ポリマーの構造と特性についての初期の研究は，今世紀の第1四半期の間になされている[15,16]．重合に関する最初の特許もこの時期に出されている[17,18]．その後の本格的な工業的発展は1925年に始まった．工業的な重合は1929年までには行われるようになっていた[19～21]．それ以来，ポリ酢酸ビニルを扱った多くの技術文献が出版された[22]．特に酢酸ビニルの重合に関する包括的な論文や目録は"Encyclopedia of Polymer Science and Technology"の中に見出される[12]．

酢酸ビニルはフリーラジカル機構により重合する．過酸化ベンゾイルやハイドロパーオキサイドなどの有機過酸化物，あるいは過硫酸カリウム，過硫酸アンモニウムなどの無機過酸化物などが，一般に重合開始剤として使用されている．反応は通常室温以上の温度で行われる．他の重合技術も新しい製品をつくるために使われるようになってきている．例えば低温レドックス重合，放射線照射，イオン触媒などである．

本質的に直鎖状で高分子量のポリマー，粒径が制御されているエマルジョンポリマー，さらに立体規則的な構造をもつポリマーなどもつくられている．酢酸ビニルは他の多くのビニルモノマーと共重合する．アクリル酸エステル類，塩化ビニル，塩化ビニリデン，ジブチルその他マレイン酸ジアルキルエステル類，またはフマル酸ジアルキルエステル類，クロトン酸，アクリル酸，メタクリル酸，イタコン酸，ビニルピロリドンそしてエチレンなどが工業的に重要なコモノマーである[2]．酢酸ビニルと共重合しないモノマーでも第三のモノマーを使用することにより共重合させることができる．酢酸ビニルと共重合しないスチレンなどのモノマーが"グラフト"されることもある．

酢酸ビニルや他のビニルエステルの実験室的重合プロセスについては，モノマーのメーカーや特許文献などから，容易に知ることができる．工業的には，酢酸ビニルのポリマーはすべて標準的な製法によってつくられてきた．例えば塊状重合，懸濁重合，乳化重合，溶液重合などがあり，また手工業的手法でもつくられている[2,12]．

エマルジョン

ポリ酢酸ビニルは，水中に固形の樹脂を分散させた形態で最も広く使用されている．乳化重合によって製造されるこれらのディスパージョンは，一般にエマルジョンと称されることが多い．1987年における生産量は，ウェット換算で合計17億ポンド（約77万トン），接着剤としてはウェット換算で5億ポンド（約23万トン）であった．大部分の接着剤用の製品は使いやすい高粘度品であり，55%不揮発分として販売されている．これらの製品は，その必要とされる特性によって，バッチ重合，連続重合，分割仕込方式などいくつかの技術で製造されている[23～26]．これだけ大量に使用されているのは，その樹脂の優れた接着特性やこのエマルジョンが多くの変性剤との相溶性に優れるという理由によっている[1]．

その特性，使用法，エマルジョンの変性方法は技術資料などに図式的にわかりやすく記述されており，それらは優れた情報源である．多くのメーカーが不揮発分，粘度，pH，酸含有量，残存モノマー量，比重などにより，各社のエマルジョンの特性を規格化している．一般的に記載されている他の特性としては，粒子径，分子量，透明性や耐水，耐油性などのフィルム特性，いろいろな有機，無機の化学物質に対するエマルジョンの抵抗性などがあげられる．

接着剤中のすべての成分（造膜剤，可塑剤，粘度調整剤，粘着付与剤，溶剤，充填剤，界面活性剤など）は接着剤の性能に強い影響を与えるが，造膜剤またはポリマーエマルジョンが特に重要である．これはポリマーが分子量やその構造により，引張り強さ，強靱性，柔軟性，接着性，化学特性，機械的安定性，変性剤との相溶性などの重要な特性に影響を与えるからである．

そのエマルジョンが特定の市場に適しているかどうかを決定する因子となるのはポリマーの基本的な特性である．スチレン-ブタジエン-アクリルポリマーも広く使われてはいるが，アメリカ合衆国での接着剤市場における最大の部分は酢酸ビニルまたはそのコポリマーにより占められている．

ポリ酢酸ビニルエマルジョンの利点

広範な表面への接着性　ポリ酢酸ビニル樹脂は他の多くの接着剤ベースよりも種々の表面によい接着性をもつ．酢酸ビニルのホモポリマーは木材や紙に特に良く接着する．広範なプラスチックフィルムや金属フィルムを紙や木材とラミネートしたり接着したりする場合には，酢酸ビニルのコポリマーが使用される．

高分子量　ポリ酢酸ビニルエマルジョンは，高分子量でありながら，かつ低粘度であるという利点がある．ポリ酢酸ビニルの分子量はエマルジョンの粘度に影響しないので，高い凝集力と強靱性をもち，かつロール，スプレー，押出しに合うような塗付適性や粘度をもつように接着剤ベースを設計することが可能である．

高不揮発分　エマルジョンタイプのポリ酢酸ビニルは低粘度で高不揮発分（55%）の接着剤を製造することができる．それゆえ，ロール，スプレー，押出しに適する粘度で速硬化，低収縮の接着剤をつくることができる．最近のエマルジョンの中には，低粘度を維持しつつ，65～66%不揮発分のものもある．

高い初期接着性　エマルジョンベースの接着剤の場合には，比較的少量の水分が失われただけで，エマルジョンの相転換や接着剤の急速な固化がおこる．このことは，水系にしろ溶剤系にしろ，溶液タイプの接着剤とは

対照的である．溶液タイプは十分に粘着をもち，基材をしっかりと保持することができるようになるためには，その大部分の溶媒を大気中に揮散し，または基材に吸収されなければならない．さらに強く，材質破壊するような接着強さを得るためには，より以上の溶媒が失われる必要がある．

耐水性，耐溶剤性とするための変性が容易　ポリ酢酸ビニルは保護コロイド，界面活性剤，または両者の組合せによって保護されている[12]．保護システムを変えることにより，再湿性から耐水性（24時間），さらには耐煮沸性までの広い範囲にわたって，相対的な耐水性を変化させた接着剤ベースを製造することができる．接着剤ベースに使用する保護システムの選択は耐溶剤性の程度にも影響を与える[40]．

優れた機械安定性　ポリ酢酸ビニルベースの接着剤は，高度の機械的安定性をもち，種々の塗付機によく適合する．同時に，これらの接着剤は非常にセッティングが速い．

配合のしやすさ　ポリ酢酸ビニルエマルジョン型接着剤は，通常のミキサーやプロセスで配合することができる．多くの樹脂，可塑剤，溶剤，充填剤が，これら添加剤を予備乳化または予備分散させる必要はなく，エマルジョンの中に直接ブレンドされる．ポリ酢酸ビニルを広範な添加剤で変性できるということが，他の樹脂ベースから得られた接着剤よりも多様性があり，より広い基材に対して接着性をもたせることを可能にしている．

抗菌性　乾燥したポリ酢酸ビニルの皮膜は微生物の攻撃に対し強い抵抗性を示す．動物性や植物性の変性剤成分がエマルジョンに添加された場合でも，防かび剤の添加により液状のエマルジョンまたは乾燥した接着剤皮膜は微生物の攻撃に対して抵抗性をもつ．

酸化や紫外線に対する抵抗性　ポリ酢酸ビニルは飽和した分子であり，それゆえ酸素，オゾン，紫外線などの劣化を受けない．

低毒性　ポリ酢酸ビニル系接着剤は毒性が低く，十数年間食品包装用に使用されてきた．それらはFDAによってその使用が認可されている．

少ない環境への影響　ポリ酢酸ビニル系エマルジョンはBODやCODが低い部類に属する．

ホモポリマーとコポリマー

ホモポリマー

初期のポリ酢酸ビニルエマルジョンは，部分けん化のポリビニルアルコールで保護されたホモポリマーであった．これらの高分子量のポリマーは高強度をもち，速く固化して硬いフィルムを形成する．今日，これらのホモポリマーは，コーティング処理していない紙，木材，コンクリート，セラミックス，ガラスなどに対する優れた接着性のゆえに，産業界における主力製品となっている．さらに，それらはかなり水に対する親和力をもっている．

このため，機械から容易に洗い流したり，再湿性接着剤として使用するのに適している．

コポリマー

ポリ酢酸ビニルは硬い材料なので，産業界では早くからより柔軟なものの開発が求められていた．プラスチックフィルムと紙の接着や樹脂をコートした包装用の厚紙の接着は，より大きな柔軟性が要求される二つの例である．

柔軟性は外部可塑剤を配合するか，適当なモノマーと共重合させることにより得られる．ホモポリマー接着剤が外部可塑剤および/または溶剤によって軟化させられた場合には，エージング後，可塑剤の移行によりしばしば接着破壊をひきおこす．これは次の三つの中のどれかによってひきおこされると考えられる．

(a) 7～10日ほどの短期間に可塑剤がプラスチック基材に移行して接着剤が脆化し，接着性を失う．
(b) 基材が可塑化されたPVCならば，基材中の可塑剤が接着剤に移行し，その凝集力を低下させる．
(c) 基材中の可塑剤が界面に移行し，酢酸ビニルとの相溶性を低下させ，その結果，離型剤として作用する．

ポリ酢酸ビニルエマルジョンがコモノマーで内部可塑化された場合，その可塑性は永久的で移行性はない．これはバルキーな側鎖をもつコモノマーがポリマー主鎖の一部であり，鎖の自由回転を増加させるからである．その結果得られる柔軟性やポリマーの動きやすさが，プラスチック表面へのより良い接着性を与えるのである．

酢酸ビニルと共重合しうるモノマーには，アクリル酸アルキル，マレイン酸アルキル，フマル酸エステル，エチレンなどがある．コモノマーの量は，コポリマーに対し重量で数%から70%まで変えることができる．

エチレン vs エステルコモノマー

マレイン酸ジブチルやアクリル酸エステルを使用した初期の酢酸ビニルコポリマーは，多くの難接着表面に接着するという点で，ホモポリマーに対し明瞭な利点をもっていた．しかしながら，それらは耐熱性が低く，低強度で，固着速度が遅く，機械安定性が比較的悪いなどの欠点ももっていた．酢酸ビニル-エチレンコポリマーの導入により，この様相はかなり変化した．この種のエマルジョンは強度，機械安定性，耐熱性などにおいて，ホモポリマーのすべての利点を保持しつつ，さらにエステルを使用したコポリマーよりも接着性が良かった．

エチレンはマレイン酸ジブチルやアクリル酸エステルコモノマーよりもポリ酢酸ビニルに対してより効果的な内部可塑剤である．マレイン酸ジブチルと比較して，ホモポリマーのガラス転移温度を低くするために必要なエチレンの量はより少なくてすむ（**図21.1**）．酢酸ビニル-エチレンコポリマーは同じガラス転移温度をもつ酢酸ビニル-マレイン酸ジブチルコポリマーよりもより高い引

21. 接着剤用ポリ酢酸ビニルエマルジョン

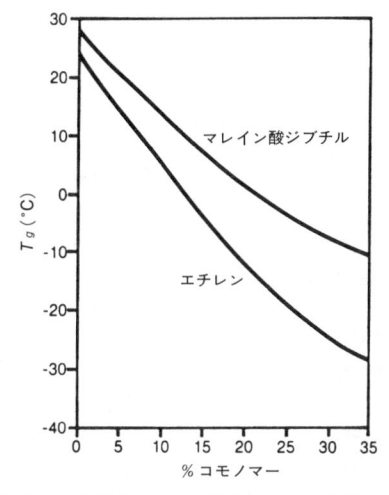

図 21.1 ポリ酢酸ビニルを可塑化するのに必要なコモノマーの量

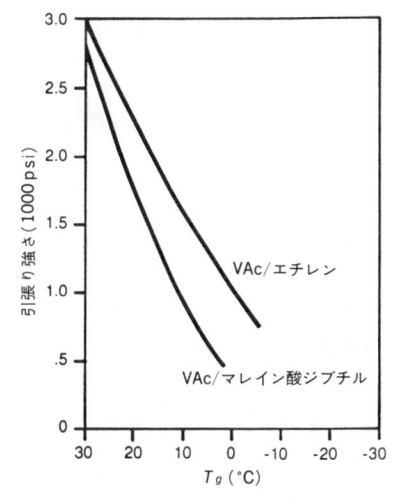

図 21.2 酢酸ビニルコポリマーフィルムの引張り強さに対するT_gの影響

表 21.1 コポリマーフィルム物性に対するコモノマーの影響

物　　性	VAc/エチレン	VAc/マレイン酸ジブチル
引張り強さ (psi)	960	618
T_g (℃)	0	6
伸び率 (%)	1660	1550

表 21.2 ポリ酢酸ビニル系エマルジョンの耐クリープ性相対比較

エマルジョンのタイプ	クリープ (mm/min)
ホモポリマー	0.02
VAc/エチレン	0.02
VAc/マレイン酸ジブチル	7.6
ホモポリマーと 10% DBP	0.6
VAc/エチレンと 10% DBP	0.6

DBP＝フタル酸ジブチル

張り強さをもっている(**図 21.2**)．実際，酢酸ビニル-エチレン共重合エマルジョンはそのガラス転移温度がより低くて，またその伸び率が同程度であっても，酢酸ビニル-マレイン酸ジブチルコポリマーよりも高い引張り強さをもっている(**表 21.1**)．加うるに，酢酸ビニル-エチレンコポリマーはホモポリマーと同程度の耐熱，耐クリープ特性をもっており，酢酸ビニル-マレイン酸ジブチルタイプよりもかなり良好な耐クリープ性をもつ(**表 21.2**)．酢酸ビニル-エチレンコポリマーが 10% のフタル酸ジブチルで可塑化されたとき，そのクリープは元の酢酸ビニル-フタル酸ジブチルよりも小さく，また同量の可塑剤を含むホモポリマーと同等であることに注意されたい．

VAE (酢酸ビニル-エチレン) エマルジョンは PVC に対し強い接着性を得るために，酢酸ビニル-マレイン酸ジブチルや酢酸ビニル-アクリル酸エステルの場合ほどたくさんの可塑剤を必要としない(**図 21.3**)．重要なことは，これらのコポリマーは可塑剤が添加されても，他のコポリマーほどには軟化しないという点である．このことは，セルロース系の基材にラミネートされたフィルムがエージングされたとき，VAE で接着されたものはその凝集力を失わず，したがって弱くならないということを意味する(**図 21.4**)．

ある種の特性については，ポリ酢酸ビニルやそのコポリマーの分子構造を調べることによって，最も良く説明できる．**図 21.5** ではポリエチレンとポリ酢酸ビニルホモポリマーを比較している．ポリエチレンはもちろん柔軟なポリマーである．一方，酢酸ビニルホモポリマーは硬くて，脆い．なぜなら，交互に入っているアセテート基

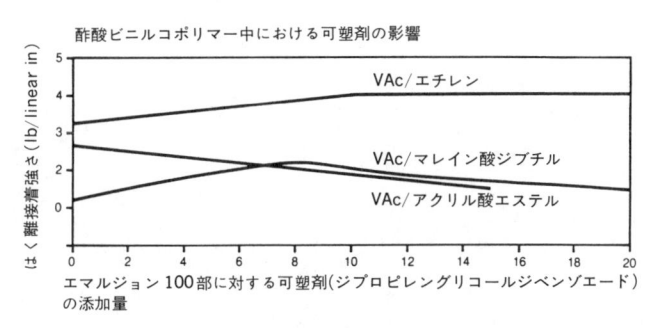

図 21.3 布/PVC 接着におけるはく離接着強さ

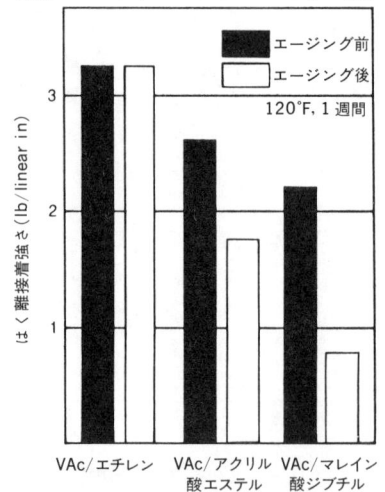

図 21.4 布/PVC 接着におけるはく離接着強さ

図 21.5 ポリエチレン(上)とポリ酢酸ビニル(下)ホモポリマー

図 21.6 酢酸ビニル-マレイン酸ジブチルコポリマー

図 21.7 酢酸ビニル-エチレンコポリマー

間の立体障害により分子の動きが制限されているからである.

25% 重量のマレイン酸ジブチルを含む酢酸ビニルコポリマーは,主鎖上の 16 番目の原子までは一つおきに酢酸基をもち,17 番目,18 番目の炭素原子にはブチルエステル基がついているポリエチレンとして映るかもしれない(図 21.6).このバルキーな側鎖のブチルエステル基が分子間の動きを良くし,またポリマー鎖同士が互いに容易にすり抜けることができるように分離する作用をしているので,これらの樹脂が柔軟になるのである.このことは,酢酸ビニル-マレイン酸アルキルや酢酸ビニル-アクリル酸アルキルコポリマーにおいてクリープが大きいということの説明でもある.酢酸ビニル-エチレンコポリマーの場合,その柔軟性は立体障害がずっと少ないということにより達成されている.なぜなら,アセテート基は炭素原子上に交互に取り付いているのではなく,したがって,その分子上における動きは制限をうけないからである(図 21.7).柔軟性を付与するためのバルキーな側鎖が存在しないので,これらのポリマーは高い凝集力と小さいクリープを示す.接着剤用のラテックスを特徴づけるガイドとしてポリマーの T_g を使用することについて述べられている文献がある[39].

酢酸ビニル-エチレンコポリマーの他の特徴として,酸やアルカリに対する抵抗性が以前のコポリマーよりも大きいということがあげられている.酢酸基が主鎖の炭素原子に一つおきに取り付いている場合には,アルカリによって一つのアセテート基が加水分解をうけると,次のアセテート基も攻撃にさらされる.その反応はすべての鎖に急速に進行し,ポリマーを破壊してしまう.酢酸ビニル-エチレンの場合にはその連鎖はさえぎられている.

それゆえ，急速な加水分解をおこさない．事実，酢酸ビニル-エチレンのテストフィルムを1年以上弱いアルカリや酸にさらしておいても劣化の兆候は見られない．

接着剤の性質に及ぼすその他のファクター

ポリ酢酸ビニルエマルジョンは接着剤に最も有用なベースの一つである．その理由は他の樹脂に比べ，多くの方法で重合反応中に変性することができるからである．その主な方法として，エマルジョンの保護コロイドを変える方法，ガラス転移温度を変える方法，グラフト率を変える方法，種々の官能基を導入する方法，が考えられる．これらは単独でまたは複合して用いることが可能である．

接着剤工業における技術的重要性の指標の一つとして特許件数があるが，1972年から現在まで2333件のポリ酢酸ビニルエマルジョンにかかわる特許がChemical Abstractsにリストされている．また，同期間中に28件のレビューの報告が世界中の雑誌に記載された[28]．

保護コロイドおよび界面活性剤

ポリ酢酸ビニルエマルジョンは保護コロイド系，界面活性剤系，またはそれらの両方により安定化できる．ポリ酢酸ビニルの重合で使用するこれら安定化剤の種類と量は，得られたエマルジョンの物理的性質，および作業性に大きな影響を及ぼす．

表21.3 接着剤ベースの性質に影響を与える保護系

エマルジョン特性-保護コロイド系	エマルジョン特性-界面活性剤系
大きい粒子径	細かい粒子径
広い粒子径の分布	狭い粒子径の分布
強いウェットタック	弱いウェットタック
良い流動性	悪い流動性
良い機械適性	比較的悪い機械適性
速いセッティング	比較的遅いセッティング
ニュートン流動に近い	チクソトロピック流動
(せん断力で低粘度にならない)	(せん断力で低粘度になる)
フィルム特性-保護コロイド系	フィルム特性-界面活性剤系
濁ったフィルム	透明なフィルム
平滑フィルム	光沢あるフィルム
耐水性なし	耐水性

表21.3に，ポリ酢酸ビニルエマルジョンに保護コロイド系と界面活性剤系をそれぞれ使用した場合のエマルジョンと，その乾燥皮膜の性質の比較を示した．部分けん化のポリビニルアルコールは界面活性剤に比べて乳化能力が低いので，これで保護安定化したエマルジョンは，粒子径が大きく，粒子径分布の幅も広い．この二つの性質をあわせもつと，エマルジョンに高せん断力がかかっても粘度は大きく変化しない．他方，界面活性剤のみで保護安定化したエマルジョン（ノニオン型界面活性剤が一般に使用される）は粒子径が小さく，粒子径分布も比較的狭い．

ポリビニルアルコール（以下PVAと略す）は水溶性高分子の一つである．これは界面活性剤では不可能な高度のウェットタックをエマルジョンに付与する部分けん化のPVAで，保護安定化したポリ酢酸ビニルエマルジョンは一般に「機械安定性の良さ」といわれる，良い流動性，均一な塗付適性，容易な水洗性，糊はねがないという性質をあわせもつ．これらの性質は界面活性剤のみで保護安定化したエマルジョンにはない．界面活性剤で保護安定化したエマルジョンは，PVAで保護安定化したものよりチクソトロピック性が大きく，高せん断力下で粘度が低下する．

ポリ酢酸ビニルエマルジョンは，水が空気中へ蒸発したり，水が多孔質の被着材の中へ吸収されたりして固化する[38]．エマルジョン中のポリ酢酸ビニルの粒子が互いに近づき，フィルム中の水を抜けやすくする毛細管を形成する．界面活性剤単独系の微粒子では，より小さな毛細管を形成するので，水の抜けがより早い．PVAで保護安定化した系では，種々の大きさの粒子がより密に互いに近づくので，さらに小さい毛細管を形成する．それゆえ，さらに早くフィルム中の水が抜けるようになる．この理由により，PVAで保護安定化したエマルジョンは界面活性剤のそれよりもフィルムの形成が早く，セッティングが速くなる．

部分けん化のPVAでつつまれたポリ酢酸ビニルの粒子は，非常に密に凝集したフィルムを形成することができない．PVAのT_gがポリ酢酸ビニルのT_gより高いのと，PVAはポリ酢酸ビニルと相溶しないことによる．その結果，その乾燥フィルムは透明性がなく，そして光沢が少ない．界面活性剤で保護安定化したポリ酢酸ビニルはそれとは逆に，非常に密に凝集したフィルムを形成する．それゆえ，そのフィルムは透明で，光沢もある．界面活性剤で保護安定化したエマルジョンからの乾燥フィルムは，PVAのそれよりも耐水性がかなり良い．これはPVAの水溶性が関与しており，造膜後にPVAを架橋することでかなり改善できる[33,36,37]．

界面活性剤とPVAの両方を使ったエマルジョンは，それぞれ単独でつくったエマルジョンの中間の性能を示す．

保護安定化剤の性能への影響を表21.4に示した．なお，ここで示した3種類のVAE（酢酸ビニル-エチレン）エマルジョンはいずれもエチレン量は同じ，つまり同じT_gである．一つはPVA系で，一つは界面活性剤で，もう一つは界面活性剤とセルロース系で保護安定化したVAEエマルジョンである．

これら三つの最大の違いは，PVAで保護安定化したエマルジョンはホウ砂と高可溶性デキストリンに相溶性がない点である．他の二つは，これらの化合物に相溶し，エマルジョンが壊れることはない．さらに，PVAで保護安定化したエマルジョンは他の二つに比べ耐水性が低く，そのフィルムは水にぬれやすい．耐水性は張り合わせた接着物，例えばクラフト紙，布などを一定の時間，水に浸漬した後，その接着強度が維持できているかどう

21. 接着剤用ポリ酢酸ビニルエマルジョン

表 21.4 三つの VAE エマルジョンに及ぼす保護安定化剤の効果

	PVA	ノニオン活性剤	ノニオン活性剤とセルロース系
ホウ砂安定性	なし	良好	良好
デキストリン安定性	少ない	良好	良好
耐水性	良好	すぐれている	非常に良好
水滴試験	普通	すぐれている	良好
ウェットタック	すぐれている	少ない	少ない
セッティング速度	速い	遅い	遅い
スプレー適性	少ない	すぐれている	すぐれている
PVC 接着性	すぐれている	普通	すぐれている
ポリスチレン接着性	普通	すぐれている	良好
ヒートシール性	良好	普通	すぐれている
増粘性	高い	普通	低い
溶剤活性性	良好	普通	すぐれている
ゴムラテックスとの相溶性	普通	良好	すぐれている

かで判断される．水滴試験とは，乾燥したフィルムの表面上に水をたらし，その表面の変化で判断する．この試験で，「不可」のフィルムは「優，良」のフィルムより速く白化する．PVA で保護安定化したエマルジョンで張り合わせた接着物は耐水性が良い．しかも，他の二つのエマルジョンよりも塗付機械の洗浄が容易である．PVA で保護安定化したエマルジョンは耐水性が良いので，合紙製袋，およびポリ塩化ビニルの積層の接着に使える．

PVA で保護安定化したエマルジョンは水に溶ける PVA を連続相に含んでいるので，他のものよりウェットタックが大きい．前述したように，PVA の保護安定化でより細い毛細管ができ，より早くセッティングできる．

PVA で保護安定化したエマルジョンは，エアレススプレーで非常にうまくスプレー塗付できる．しかし，普通のエアスプレーはあまり適さない．

表 21.4 に，PVA 系とセルロース系のエマルジョンはともにポリ塩化ビニルの接着に優れたベースであると示されている．PVA 系はウェットラミネート用に，セルロース系はヒートシール用に通常使用される．

界面活性剤系は，他の二つの系に比べ，ポリスチレンに対してより優れた接着性がある．その他のエマルジョンは，可塑剤とか粘着付与樹脂を配合してポリスチレンへの優れた接着剤にすることができる．

すべて三つの系のエマルジョンは同じガラス転移温度を示すが，界面活性剤系のエマルジョンは PVA 系あるいはセルロース系よりもヒートシール温度が低い．図 21.8 は，ヒートシール技術を使ってポリ塩化ビニルのフィルム同士を張り合わせた場合で PVA 系とセルロース系エマルジョンを PVC フィルム上に塗付し，それを乾燥させ，そして横軸に示した温度でヒートシールした．ラミネートした接着物は引張り試験機 (Instron tester) で引き剥がした．その引き剥がし強度（はく離強度）を図の縦軸にとった．注目すべきは，2種類のエマルジョンを混合すると中間の接着強さが得られることである．

エマルジョンに可塑剤および溶剤を配合すると，その配合物の粘度が上がる．保護安定化剤により制御できる，

二つのエマルジョンタイプにおよぼすヒートシール温度の影響

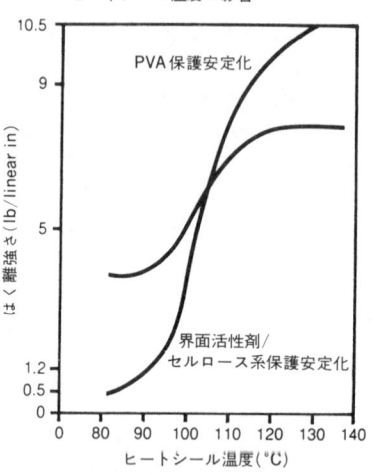

図 21.8 PVC/PVC 接着のはく離接着強さ

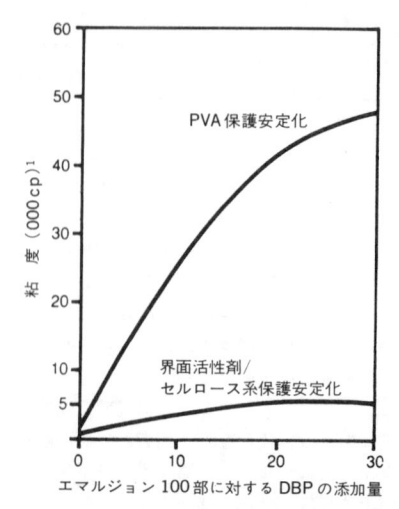

図 21.9 二つの Airflex エマルジョンに対する可塑剤の増粘効果（ブルックフィールド粘度計 RVF 型 20 rpm/25℃）

この配合の性質は重要である．図21.9で，PVAで保護安定化したエマルジョンは，明らかに界面活性剤系およびセルロース系より増粘性が高いことが示されている．このことは，多くの包装用の接着剤を配合するときに経済的に有利である．つまり，より少量の可塑剤，溶剤の配合で目的の粘度が得られる．可塑剤か溶剤を多量に含んでいる高不揮発分で低粘度の接着剤が必要な場合がときどきある．そのようなときは，界面活性剤系のエマルジョンの方がPVA系よりも優れている．再び言うが，両者を混ぜると中間の性質が得られる．

ポリ酢酸ビニルエマルジョンに使っている保護安定化剤は，溶剤再活性の性質にも影響を及ぼす．溶剤再活性とは，乾燥した接着剤のフィルムを溶剤で湿らせて，再び活性を与える技術である．被着材が両方とも非多孔質の場合で，しかも熱により接着剤を軟化し再活性することができないときに，この溶剤再活性の技術を使用する．このような場合，わずかな溶剤で接着剤を再活性することができるので，溶剤の揮散は少ない．この技術はより大きな分子量のポリマー（より大きな引張り強さをもつ）で有利である．溶液重合でつくった樹脂よりもエマルジョン重合の樹脂の方がより大きな分子量のポリマーなので，この技術は有利である．

PVAの保護安定化剤の利点

PVAを保護安定化剤系として使用したエマルジョンはユニークな性質をもつ．PVAはポリ酢酸ビニルの接着剤としての性質を非常に高めるので，多くのエマルジョン接着剤はこの保護安定化剤系を使用している．表21.5に掲げた利点に付け加えると，このエマルジョンは接着剤の特定の性質を向上するための変性が容易な点である．そして，重要なことは，得られた配合物は優れた安定性をもっている．

表 21.5　PVA保護コロイドの利点

良好な機械適性
容易な洗浄性
良好なウェットタック
速いセッティング速度
急速増粘性
良好な耐熱性
低ブロッキング性
容易な架橋化

ポリマーの構造と性質

ガラス転移温度

表21.6に示したように，ガラス転移温度（T_g）はエマルジョン接着剤の性質に顕著な影響を与える．異なった量のエチレンをコポリマー中に導入すると，直接T_gが変化する．つまり，エチレン量が多くなるにしたがい，T_gが次第に低下してくる．ガラス転移温度は柔軟性，耐水性，PVC（塩ビ）への接着性，紙への接着性，セッティング速度などの性質に影響を及ぼす．表21.6の三つのエマルジョンは，いずれもPVAを保護安定化剤系として

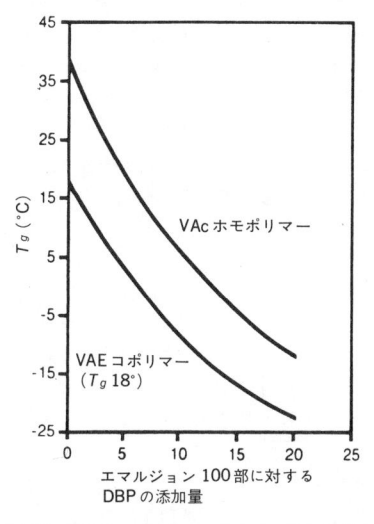

図 21.10　二つのエマルジョンタイプのT_gに及ぼす可塑剤の影響

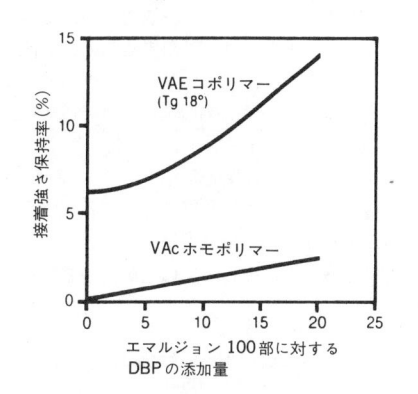

図 21.11　二つのエマルジョンタイプの耐水性に及ぼす可塑剤の影響（布/布の接着）

表 21.6　三つのVAEエマルジョンに及ぼすT_gの効果

性　質	T_g (0°C)	T_g (−20°C)	T_g (−30°C)
エチレン鎖の比率（概算，wt %）	17%	25%	31%
耐水性	良好	普通	少ない
PVC接着性	すぐれている	少ない	少ない
紙接着性（クレイコート紙）	すぐれている	良好	普通
セッティング速度	すぐれている	良好	普通

使用している．それらの主な相違点は，T_g で示されているように，含まれるエチレンの量が異なる点である．耐水性と水洗性が逆比例している点は注目すべきである．

ポリ酢酸ビニルのガラス転移温度はジブチルフタレートのような可塑剤を添加することでさらに低下させることができる（図 21.10）．可塑剤を添加することは，逆に耐水性を向上させる（図 21.11）．

枝 分 か れ

ポリ酢酸ビニルの分子の直鎖性は重合反応の工程中に制御できる．高い温度そして高い触媒濃度は直鎖中に枝分かれ部分を形成しやすくする．この枝分かれした高分子は，そのポリマーに引張り強さと強靭性を増加させる．そしてまた，耐熱性（耐クリープ性）が向上する．しかし，乾燥ポリマーフィルムの粘着性は減少する[29]．枝分かれポリ酢酸ビニルエマルジョンは直鎖状のものに比べ，極性溶剤，親水性溶剤を多量に加えても，エマルジョンが壊れにくい．枝分かれ構造と直鎖構造の接着性に及ぼす効果については報文が出ている[34]．

官 能 基

ポリ酢酸ビニルエマルジョンは官能基を導入することでさらに変性することができる．官能基を導入することにより，より範囲の広い種類の表面（難被着材も含む）を接着することを可能にする．さらに，ポリマーの架橋反応性を付与することで耐水性，耐溶剤性そして耐熱性を向上させる．

N-メチロールアクリルアミドは自己架橋性ポリ酢酸ビニルを製造するのに通常使用される．

硬いポリマーは高度に耐水性のある木工用接着剤に有用である．他のコポリマーは，耐水性または耐溶剤性の不織布バインダーあるいは植毛用接着剤として使えるほど十分柔軟性があり，有用である．N-メチロールアクリルアミドのコポリマーは，架橋するために通常，酸性塩の添加と加熱が必要である．

酢酸ビニル-エチレン共重合エマルジョンにカルボキシル基を導入すると三つの利点が得られる．これは金属およびポリマー表面への接着性が高くなること，架橋の反応点ができること，そして増粘性が付与されることである．

表 21.7 布と金属のはく離強さ（VAE ポリマー中のカルボキシル基の効果）(lb/in)

	普通の VAE ポリマー	カルボキシル基変性 VAE ポリマー
アルミニウム	0.4	1.8
真ちゅう	0.8	4.5
銅	0.6	3.9
陽極酸化鋼	0.6	3.5
鉛	0.7	1.4
鋼	1.3	4.1

a：T はく離（180° はく離，インストロン試験材，2 in/min）
b：木綿ポプリン布．ウェット積層，24 hr 乾燥．

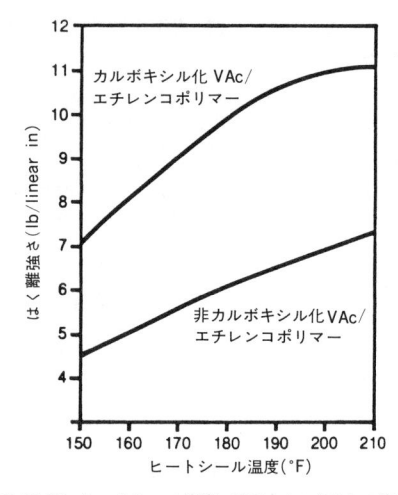

図 21.12 ヒートシール接着に及ぼすカルボキシル官能基の効果．PVC/PVC フィルムの接着．Sentinel Heat Sealer 上でヒートシール（40 psi の一定圧力，8 秒の加熱時間）

カルボキシル基を導入すると酢酸ビニル-エチレンコポリマーの各種金属への接着性が高められる（表 21.7）．T_g が同じでカルボキシル基のある，なしだけが異なる酢酸ビニル-エチレン共重合エマルジョンで比較すると，カルボキシル基のある方が金属被着材への接着性はより高い．

カルボキシル基を導入すると接着性は高められるが，酢酸ビニル-エチレンコポリマーの熱による軟化温度が

ユリア・ホルムアルデヒド（アミノプラスト）樹脂との反応

フェノリック樹脂との反応

エポキシ樹脂との反応

図 21.13 カルボキシル化酢酸ビニル-エチレン共重合エマルジョンの反応

低くなる.図 21.12 に,市販の PVC フィルムの接着法により,酢酸ビニル-エチレンコポリマーのカルボキシル基の有無による接着性の違いを示した.試験体のつくり方を述べる.これらエマルジョンを片方の PVC フィルムに塗付し,それを乾燥し他の塗付していない PVC フィルムをヒートシールで接着して作成した.カルボキシル基含有の酢酸ビニル-エチレンコポリマーはアミノプラスト,フェノールおよびエポキシ樹脂と反応する(図 21.13).カルボキシル基含有の酢酸ビニル-エチレンコポリマーとアミノプラストを反応させることにより,特に接着物を加熱硬化した場合,耐水性と耐クリープ性が向上する(表 21.8).

表 21.8 カルボキシル基変性 VAE を尿素ホルムアルデヒド(アミノプラスト)樹脂と反応させたときの耐水性と耐クリープ性への影響について[a]

尿素樹脂量(重量部)	はく離強さ[b]			クリープ[b]
	ドライ	ウェット(未硬化)	ウエット(硬化)	(硬化)[c] mm/min
0-(Beetle 60)	13.0	3.0	5.8	0.96
3-(Beetle 60)	12.8	3.2	7.1	0.58
5-(Beetle 60)	12.6	3.4	7.4	0.23
10-(Beetle 60)	12.0	4.0	7.5	0.25
3-(Beetle 65)	12.0	2.9	8.3	0.36
5-(Beetle 65)	11.8	3.1	8.2	0.23
10-(Beetle 65)	11.0	3.6	7.9	0.01

綿布/綿布を使用した.張り合わせて室温で 7 日間養生した.
a:T 型はく離 (180°はく離,インストロン試験材,2 in/min のはく離速度)
b:T 型はく離 (500 g 静荷重/in, 170°F)
c:5 分間,275°F で硬化した.

配 合

ポリ酢酸ビニルエマルジョンの多くは変性することなしに接着剤として使用できる.しかし,接着剤としては通常個々の用途に合うように配合される.接着剤を配合することにより,作業性や特殊な被着材に対する接着性が向上すると同時に耐久性をも付与される.接着剤には通常,フィルム形成剤のほかに可塑剤,粘性/流動性変性剤,粘着付与剤/展伸剤,溶剤,充塡剤,保湿剤,界面活性剤それに抗菌剤などの成分が含まれる.

可 塑 剤

共重合エマルジョンはバルキーな側鎖や柔軟な主鎖を有しているため柔らかい.これに対して,ポリ酢酸ビニルホモポリマーエマルジョンは,アセテート基の立体障害や,強い分子間力のために硬い.それゆえ,これらのエマルジョンの多くは柔軟性を向上するために可塑剤が添加される.

可塑剤はポリ酢酸ビニルポリマーの分子間力を小さくするために加えられるが,これは可塑剤がポリ酢酸ビニル粒子を膨潤させるためで,同時にエマルジョンの粘度を上昇させ(図 21.14),不安定にし,粒子を融着させ,

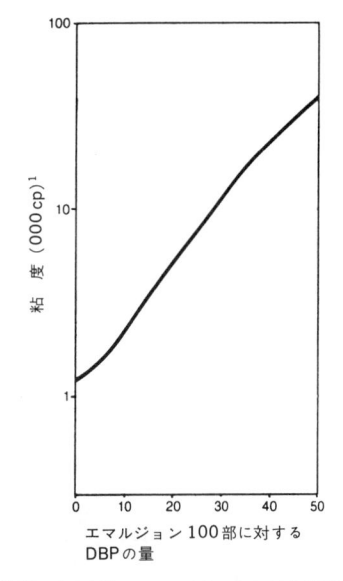

図 21.14 ホモポリマーエマルジョンに対する可塑剤の増粘効果

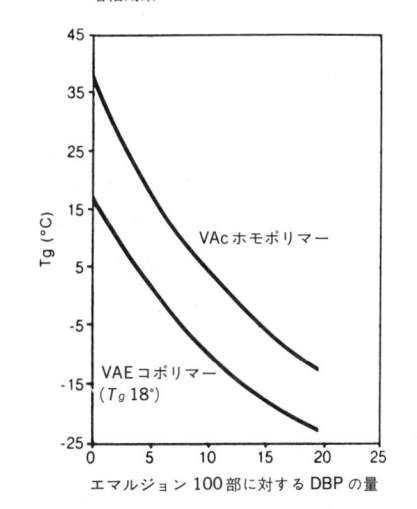

図 21.15 2 種類のエマルジョンの T_g に対する可塑剤の影響

セッティングを速める.さらにエマルジョン中の樹脂粒子は流動性が増し,それゆえなめらかで非多孔質な表面(例えばフィルム,箔そしてコート紙)にもよくぬれるようになり,これらの表面に対する接着性が向上する結果となる.さらに軟らかくなったポリマー粒子は,より速く,そしてより低い温度で完全に融合する.

エマルジョンに対する可塑剤の添加は,ポリ酢酸ビニルフィルムのガラス転移点 (T_g) をも下げ,フィルムをより軟らかくする(図 21.15).つまり,可塑剤はフィルムの粘着力を向上し,ヒートシール温度を下げ,耐水性を向上させる (図 21.16)[30,31].

ポリ酢酸ビニルのホモポリマーおよびコポリマーエマルジョンに通常用いられる可塑剤,および必要に応じて用いられる難燃性可塑剤を表 21.9 に示す.

表 21.9 可塑剤

一般用途	難燃性
アセチルトリブチルシトレート	クレジルジフェニルホスフェート
*ブチルベンジルフタレート	*トリクレジルホスフェート
ブチルフタリルブチルグリコレート	トリフェニルホスフェート
*ジブチルフタレート	
ジブチルセバケート	
ジエチルフタレート	
*ジエチレングリコールジベンゾエート	
ジプロピレングリコール	
*ジプロピレングリコールジベンゾエート	
エチルフタリルエチルグリコレート	
エチル-p-トルエンスルホンアミド	
ヘキシレングリコール	
メチルフタリルエチルグリコレート	
ポリオキシエチレンアリルエーテル	
トリブトキシエチルフタレート	

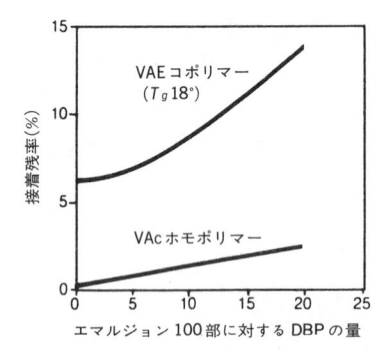

*普及品

図 21.16 2種類のエマルジョンの耐水性における可塑剤の影響

粘性/流動性変性剤

接着剤は，ほとんど機械により塗付されるが，その機械の種類により粘性/流動性の要求が異なる．ロールコーターでは粘度 1500～3000 cP でわずかにチクソトロピックな接着剤が使用され，スプレーでは粘度 200～800 cP でよりニュートン流動のものが要求される．構造用接着剤はガンやこてで使用されるため，チクソトロピックまたは擬似塑性で高粘度のものが要求される．増粘剤をうまく選ぶことにより，流動性と同時に粘度も制御できる．

増粘剤を接着剤に加えることは，粘度をあげると同時に水で希釈できるから，接着剤の全不揮発分を下げ，それによりウェットコストをも下げる．増粘剤は，水分をゆっくり放出する．さらに，低不揮発分と組み合わせると接着剤のセッティングを遅らせる（オープンタイムを延長させる）．ポリビニルアルコール，でんぷんそしてヒドロキシエチルセルロースのような増粘剤は被着材へのエマルジョンの浸透力を下げ，接着剤の塗付量不足を補うため，多孔質な被着材への接着性を向上させる．

ある増粘剤は高速機械における接着剤の粗粒子の発生と糊跳ねを防ぐ．このことは，糸を引くより切れる方向に作用するため，転写が良くなる．ポリビニルアルコールは増粘剤として良い例であり，他の増粘剤より shear が小さいので高速回転に最適である．エマルジョン型接着剤に対するポリビニルアルコールのいろいろな効果に関する報告書がある[32]．

擬似塑性型（shear の少ない）接着剤は，ポリアクリル酸ナトリウムやポリアクリル酸アンモニウムのようなポリアクリル酸塩の添加により得られるが，でんぷん，セルロースそしてヒュームド（コロイダル）シリカも擬似塑性を与える．

ポリ酢酸ビニル系ホモポリマーおよびコポリマー接着剤エマルジョンに使用される増粘剤を表 21.10 に示す．

表 21.10 増粘剤

アルギン酸塩
ベントナイト
カゼイン
ヒュームドシリカ
グアガム
トラガカントガム
*ヒドロキシエチルセルロース
ローカストビーンガム
*メチルセルロース
ポリアクリル酸塩（アンモニウム，カリウム，ナトリウム）
**ポリビニルアルコール
*カルボキシメチルセルロースナトリウム
*でんぷん

粘着付与剤/増量剤

粘着付与剤は接着剤の粘着力とセッティング速度を増す．それらは，ぬれたときと乾いたときの両方のポリ酢酸ビニルポリマーのフィルムを軟らかくすることによって粘着力を増大させる．粘着付与剤はエマルジョンの全不揮発分の上昇によるセッティング速度の加速をもたらし，さらに水層の"集合効果"とエマルジョンの機械的安定性を減少させる二重の効果をもたらす．

粘着付与剤はプラスチックや金属ホイルのような特殊な表面に対する接着性を向上させるが，一方，接着剤フィルムの軟化点とヒートシール温度を低下させる．

粘着付与剤は，エマルジョン（水分散媒）には溶解しないので，前もって有機溶剤そして/または可塑剤に溶解しておかねばならない．

粘着付与剤は，ポリ酢酸ビニルエマルジョンの接着性を付与するに加えて増量剤にもなる（多くの粘着付与剤は，それ自身の性質で接着剤として脆いので，機能するためにはポリ酢酸ビニルの靱性が必要である）．粘着付与剤は，エマルジョンの全不揮発分を上げることにより融着とセッティング速度を速め，有効不揮発分（ポリ酢酸ビニル）は水の添加で希釈できることから接着剤の価格をも下げる．

表 21.11　粘着付与剤

- *クマロン-インデン
- エステルガム
- ガムロジン
- *炭化水素樹脂
- 水素化ロジン
- フェノール変性炭化水素樹脂
- *ロジンエステル
- トール油ロジン
- テルペンフェノール
- テルペン樹脂
- トルエンスルホンアミド-ホルムアルデヒド樹脂
- ウッドロジン

可塑剤，溶剤，粘着付与化（ホウ酸塩化）または非粘着付与化ポリビニルアルコールそして特定のポリビニルエマルジョンは，ポリ酢酸ビニルエマルジョンにウェットタックを付与する．粘着付与剤として特別に設計された添加剤を**表 21.11** に示す．

溶　剤

溶剤は揮発性なので，一時可塑剤として作用する．溶剤はエマルジョンの粘度を上げるとともに，ワックスや樹脂コーティング剤を溶解し，セッティング速度を速くし，フィルム形成温度を下げ，接着剤の（ウェット）価格を下げ，ウェットタックを増し，粘着付与剤を溶解し，そして凝固点を上げる．

溶剤は可塑剤と同様ポリ酢酸ビニルの粒子を軟化膨潤させ，エマルジョンの粘度を上げる（**図 21.17**）．溶剤は水系接着剤を希釈することにより増粘し，ウェット価格も下げられる．膨潤と軟化はエマルジョンを不安定化し，その結果セッティング速度が速くなり，元のエマルジョンよりも速く，より低い温度で融合し皮膜化する．このように融合を改良することにより，フィルムの耐水性が向上する．

低沸点溶剤は接着剤のフィルムのウェットタックのみを与えるが，高沸点溶剤はドライタックとウェットタックの両方を与え，さらにヒートシール温度を下げる．高沸点溶剤は最終的にフィルムから揮散するが可塑剤のように作用する．この揮散はセッティングの速さを必要と

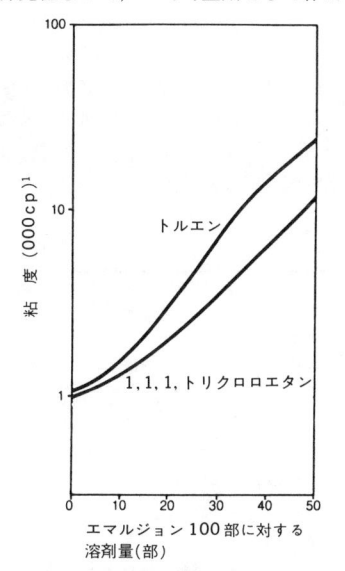

図 21.17　2種類の溶剤に対するホモポリマーエマルジョンの増粘効果（ブルックフィールド粘度計 RVF 型　20 rpm/25℃）

表 21.12　各種溶剤の水混和性

溶　剤	水と相溶	水と相溶せず
アルコール類		
エタノール	○	
*イソプロパノール	○	
メタノール	○	
塩素化溶剤		
エチレンジクロライド		○
メチレンクロライド		○
パークロロエチレン		○
*1,1,1-トリクロロエタン		○
トリクロロエチレン		○
エステル類		
エチルアセテート	○	
メチルアセテート	○	
n-ブチルアセテート		○
グリコール類，エーテル類，酸化物類		
ジエチレングリコールジエチルエーテル	○	
ジエチレングリコールモノブチルエーテル	○	
ジエチレングリコールモノエチルエーテル	○	
ジエチレングリコールモノメチルエーテル	○	
ジオキサン	○	
エチレングリコールモノエチルエーテル	○	
エチレングリコールモノブチルエーテル	○	
低級グリコールエーテル類	○	
炭化水素類		
ミネラルスピリット		○
ナフサ		○
*トルエン		○
キシレン		○
ケトン類		
アセトン	○	
シクロヘキサノン		○
ジアセトンアルコール	○	
イソホロン		○
*メチルエチルケトン	○	
メチルイソブチルケトン	○	
その他		
テトラヒドロフラン	○	

する木材接着や包装用接着剤に役立つ．溶剤は水系接着剤に必要な速さをもたらすが，揮散してしまうので皮膜の強度低下の原因にはならないであろう．

溶剤は溶剤に溶けやすい被着材（プラスチックフィルムや変性セルロースフィルム）を膨潤させたり，部分的に溶解することにより，接着性を向上させる．これによって接着剤が被着材の表面をぬらしたり，浸透させたりする．溶剤はまた印刷紙，ラッカーコートまたはワックス紙のような接着しづらいコートされた被着材に対し，部分的に溶解し接着性を向上させる（ワックスの表面には塩素化溶剤が特に効果がある）．

粘着付与剤は通常，溶剤の単独または可塑剤との混合物で溶解してからポリ酢酸ビニルエマルジョンに添加される．配合された溶剤や樹脂はエマルジョンに集合効果をもたらす．その結果，配合系は不安定になり，セッティングが速くなる．

ポリ酢酸ビニルのホモまたはコポリマーエマルジョン用溶剤の選定は，個々のエマルジョンの性質によるが，特にそれらのエマルジョンの枝分かれの割合に左右される．例えば高度に分岐したエマルジョンには，低度に分岐したエマルジョンより水混和性の良い溶剤が適している．

表 21.12 に水混和性の良いものと悪いものの各種溶剤を示す．

充 填 剤

充填剤は，エマルジョン型接着剤の全不揮発分を低下させずに樹脂分の一部を置き換えることにより価格を下げたり，多孔質な被着材に対する浸透性をおさえたり，配合物の流動性を変えるために添加される．充填剤は種類によって異なるが，これらは堅さや強度を増したり，タックやブロッキングを少なくしたりする作用がある．未加熱でんぷん系充填剤は，特に木材用接着剤の低温流動性を小さくする．

クレイや他の充填剤は接着剤フィルムを硬くする．クレイは特に，多孔質な被着材に対する接着剤の浸透をおさえる．粗粒子のクレイは浸透力の調整がしやすく，よりセッティング速度を速くする．高度な塑性クレイであるベントナイトは，接着剤にチクソトロピック性を与え，高いせん断力で流れ，厚く塗付できるようになる．各種充填剤のポリ酢酸ビニル接着剤に及ぼす効果に関する研究がある[31]．

表 21.13 に，すべてのポリ酢酸ビニルのホモポリマーまたはコポリマー接着剤エマルジョンに添加される一般的な充填剤を示す．

表 21.13 充 填 剤

ベントナイト	くるみ殻粉
*炭酸カルシウム	シリカ
ケイ酸カルシウム	タルク
*クレイ	*未加熱でんぷん
マイカ	木 粉

保 湿 剤

保湿剤は大気中から湿気を吸収し保持する吸湿性の物質である．エマルジョン型接着剤では，保湿剤は配合物表面の湿気を保持することにより皮ばりを防ぐ．ポリビニルアルコールまたはでんぷんが存在するとき，保湿剤は水を保持し，これらを可塑化し，乾燥後も柔軟性を保つ．保湿剤は乾燥を遅らせることで，セッティング速度を遅くし，接着剤のオープンタイムを延長する．

ポリ酢酸ビニルのホモポリマーまたはコポリマー接着剤エマルジョンに適する保湿剤を **表 21.14** に示す．

表 21.14 保 湿 剤

カルシウムクロライド	硝酸ナトリウム
ジエチレングリコール	ソルビトール
*グリセリン	*蔗 糖
ヘキシレングリコール	*尿 素
*プロピレングリコール	

湿 潤 剤

ポリ酢酸ビニルに添加される界面活性剤は湿潤剤と泡調整剤の2種類に分けられる．

湿潤剤は被着材の表面をぬらし，それにより接着性を向上させるために加えられる．酢酸ビニル-エチレンポリマーを塩化ビニルの接着に使用すれば，フィルム中の二次可塑剤が表面にブリードしてフィルムのぬれや接着性を悪くする可能性がある．良好な湿潤剤を添加すればこの点が改良される．

湿潤剤は被着材の表面に水をしみ込みやすくし，このことがポリマー粒子を融合させ，セッティングを速くする．これらの成分はまた接着剤中の不揮発成分を分散させるので沈降が少なくなる．

多くのアニオン性湿潤剤は過剰に使うと，泡を生じ接着剤フィルムの耐水性が低下するので，最少量を添加しなければならない．

表 21.15 にポリ酢酸ビニルのホモポリマーまたはコポリマーエマルジョンに使用される湿潤剤を示す．ポリ酢酸ビニルラテックスフィルムの構造および特徴に関する各種界面活性剤の報告書がある[33]．

表 21.15 湿 潤 剤

アルキルオキシルポリエーテルアルコール類
ドデシルベンゼンスルホン酸ナトリウム
ポリオキシエチレンソルビタンモノオレート
*アルキルベンゼンスルホン酸ナトリウム
*ジオクチルスルホンこはく酸ナトリウム
テトラデシル硫酸ナトリウム
*アセチレングリコール類
ピロリン酸テトラナトリウム

泡調整剤

泡調整剤には消泡剤と脱泡剤がある．泡は接着剤の製造と塗付の両方で問題となる．配合中の泡は粘度を上げ，配合に間違いをおこさせる．見かけ粘度の上昇は，接着

剤塗付時の正確な計量を妨げるので，接着層に十分な不揮発分がのらない．

泡調整剤の量は通常接着剤の0.1～0.2%と少なくても消泡や泡の防止に十分である．

泡調整剤は新しく接着剤を配合するたびに試験し，変えなければならない．添加剤の量を変えることにより泡の調整も変えられる．接着剤のサンプルは泡調整効果を調べる前に6～8週間熟成しなければならない．ある種の泡調整剤はエマルジョン化されており，保存中に分離する．

抗　菌　剤

ポリ酢酸ビニルのホモポリマーまたはコポリマーエマルジョン型接着剤に動物性か植物性の物質，またはそれらの誘導体（でんぷん，カゼインそして他の蛋白質，くるみ粉，砂糖そしてセルロース系樹脂）を混合するときには抗菌剤が必要である．微生物はこれらの物質を食べて成長し，不快な臭いを発生させ接着剤を変色させ，粘度を下げ，その結果接着強さを低下させる．

配合時の全重量に対し抗菌剤を0.1～0.2%添加すれば微生物の成長は妨げられる．しかしながら，微生物はときどき特殊な抗菌剤に順応し，増殖するので，これを防止するために抗菌剤を定期的に変えなければならない．

ポリビニルアルコール

ポリビニルアルコールはそれ自体で最上級の接着剤であるが，ポリ酢酸ビニルエマルジョン型接着剤の性質を変える優れた添加剤でもある．22章を参照されたい．

商標と供給者

表21.16に，最も一般的に使用される変性剤の商品名とそれぞれの製造業者を示す．これらの変性剤は機能的に可塑剤，粘着付与剤，増粘剤，溶剤，そして防腐剤として分類してある．入手しうるすべてのグレード数は網羅していないが，大いに勧められる．

表 21.16　推奨変性剤：商標と供給者

可塑剤	
Abalyn®	Hercules Inc.
Hercoflex®	Hercules Inc.
Hercolyn®	Hercules Inc.
Benzoflex® 2-45, 9-88, 50	Velsicol Chemical Corp.
Pycal® 65	ICI Americas
Celluflex® CEF	Stauffer Chemicals
Resoflex® 296	Cambridge Industries
Santicizer® 8, 160, M 17, 140, 141	Monsanto
粘着付与剤展伸樹脂	
Hercolyn®	Hercules
Polpale® Resin	Hercules
Stabelite® Ester 3, 10	Hercules
Piccolite®	Hercules
Piccoflex®	Hercules
Piccolastic®	Hercules
Piccopale®	Hercules
Foral® 85.	Hercules
Vinso®ᴿ	Hercules
Santolite® MS MHP, MS 80	Monsanto
Bakelite® CKM 2400	Union Carbide
Bakelite® CKM 2432	Union Carbide
Bakelite® CKR 0036	Union Carbide
Bakelite® CKR 2103	Union Carbide
Nevillac®	Neville Chemical Co.
増粘剤	
Cabosil®	Cabot Corp.
増粘剤	
Natrosol®	Hercules
Cellosize®	Union Carbide
Methocel®	Dow Chemical
Polyco® 296 W	Borden Chemical
Polyoxy® WSRN 750	Union Carbide
Carbopol®	BF Goodrich Chemical Co.
溶剤	
Chlorothene®	Dow Chemical Co.
Cellosolve®	Union Carbide
Carbitol®	Union Carbide
界面活性剤	
Surfynol®	Air Products and Chemicals, Inc.
Aerosol® OT	American Cyanamid
Nopcowet® 50	W. R. Grace and Co.
Foamaster® JMY	W. R. Grace and Co.
Tween®	ICI Americas
Colloid® 682, 770	Colloid Inc.
Drew® 1/250	Drew Chemical Corp.
防腐剤	
Dowicide® A, G	Dow Chemical Corp.
Dowicil® 75	Dow Chemical Corp.
Proxcel® GXL	ICI Americas
Merbac® 35	Merck and Co., Inc.
Kathon® LX	Rohm and Haas

[Harold L. Jaffe, Franklin M. Rosenblum and Wiley Daniels／中島常雄・寺山栄一・山崎一昭・荒木保明 訳]

参考文献

1. Daniels, W. E., "Poly(Vinyl Acetate)" in "Kirk-Othmer Encyclopedia of Chemical Technology," 3rd Ed., pp. 817-847, New York, John Wiley and Sons, 1983.
2. Schildknecht, C. A., "Vinyl and Related Polymers," pp. 323, New York, John Wiley and Sons, 1952.
3. Skirrow, F. W., and Herzberg, O. W., U.S. Patent 1,638,713 (to Shawinigan Resins).
4. *Hydrocarbon Processing,* **46**(4), 146 (1967).
5. *Petroleum Refiner,* **38,** 304 (1959).
6. Vinyl Acetate, Bulletin No. S-56-3, Celanese Chemical Co., New York, 1969.
7. Vinyl Acetate Monomer, F41519, Union Carbide Co., New York, 1967.
8. Vinyl Acetate Monomer, BC-6, Borden Chemical Co., New York, 1969.
9. Vinyl Acetate Monomer, Air Reduction Co., New York, 1969.
10. Horsley, L. H., "Azeotropic Data II," Advances Chem. Ser. No. 35, Washington, DC, American Chemical Society, 1962.
11. Lindeman, M. K., in "Vinyl Polymerization," Vol. I, G. E. Ham (ed.), New York, Marcel Dekker Inc., 1967.
12. Lindeman, M. K., in "Encyclopedia of Polymer Science and Technology," Vol. 15, N. Bikales (ed.), New York, John Wiley and Sons, 1971.
13. Rekusheua, A. F., *Russ. Chem. Rev.,* **37,** 1009 (1968).
14. Swern, D., and Jordan, E., in "Organic Synthesis Coll." Vol. 4, N. Rabjohn (ed.), New York, John Wiley and Sons, 1963.
15. Klatte, F., U.S. Patent 1,084,581 (1914) (to Chemische Fabriken Griesheim).
16. Klatte, F., *Dokumente Aus Hoeschster Archiven,* **10,** 47 (1965).
17. Herrman, W. O., Deutsch, H., and Baum, E., U.S. Patent 1,790,920 (1931) (to Wacker Chimie).
18. Klatte, F., and Rollet, A., U.S. Patent 1,241,738 (1914) (to Chemische Fabriken Griesheim).
19. Hermann, W. O., and Haehnel, W., U.S. Patent 1,710,825 (1928) (to Wacker Chimie).
20. Skirrow, F. W., U.S. Patent 1,872,824 (to Shawinigan Resins).
21. Hermann, W. O., and Baum, E., U.S. Patent 1,586,803 (to Wacker Chimie).
22. "Kirk-Othmer Encyclopedia of Chemical Technology," 1st Ed., pp. 691-709; 2nd Ed., pp. 317-353; 3rd Ed., pp. 817-847.
23. Mayne, J. E., and Warson, H., Brit. Patent 627, 612.
24. Lenney, W. E., and Daniels, W. E., U.S. Patent 4,164,489 (1979) (to Air Products).
25. Kissipanides, C., MacGregor, J. P., and Hamiliec, A. E., *Can. J. Chem. Eng.,* **58**(1), 48 (1980).
26. Elgasser, M., Vanderhott, J. W., Misra, S. C., and Pichot, C., *J. Polym. Sci. Lett. Ed.,* **17,** 567 (1979).
27. *Chem. Mark, Rep.* **23**(4), 24 (1987).
28. Chem. Abstracts On-Line: "PVAc and PVAc/E as Adhesives."
29. Stein, D., and Schulz, G. V., *Makromol. Chemie,* **125,** 48 (1969).
30. Hommaner, A., *Adhaesion,* **28**(3), 13-6 (1984).
31. Hommaner, A., *Adhaesion,* **28**(5), 26-31 (1984).
32. Hommaner, A., *Kunstharz-Nach.* **21,** 30-2 (1984).
33. Vijayendran, B. R., and Bone, T. J., *Disp. Sci. Tech.* **3**(1), 81-97 (1982).
34. Cheng, J. T., CA 103(16): 124207u.
35. Freiden, A. S. *Derevoabrab. Prom.* (9), 17-19 (1980); CA (94)18: 140786b.
36. Sedliacci, K. CA 96(10): 70039a.
37. Hommaner, A., *Kunstharz-Nach.,* **18,** 26-34 (1982).
38. Inoue, M. Mitsuo, and Lepoutre, P., CA 100(4): 23697e.
39. Fisher, K., *Chemiefasern/Textile Ind.,* **36**(7-8), 589-92 (1986).
40. Rosenblum, F. M., *Adhesives Age* No. 6, June 1972.

22. 接着剤用ポリビニルアルコール

ポリビニルアルコール（PVA）は水溶性合成樹脂で，ポリ酢酸ビニルの加水分解によって得られる．モノマーとしては $CH_2=CHOH$ であるが，実在はしない．

PVAはドイツの化学者 W. O. Herrmann と W. Haehnel によって1924年に発見された．そして1939年にポリマーがアメリカで工業化された[1]．

アルコール基を含むポリマーとして知られるPVAは乾燥固体で，グラニュー状あるいはパウダー状として供給されている．ポリ酢酸ビニルの完全けん化タイプとアセテート残基を有する部分けん化タイプの2種類がある．この樹脂の特性は元のポリ酢酸ビニルの分子量と加水分解度に依存する．

幅広いグレードがPVAメーカーにより提供されている．種々の化学的，物理的性質をもつPVA樹脂はいろいろな工業用に提供されている．

非常に接着性の優れたタイプや耐溶剤性，耐油性の優れたものがある．PVAのフィルムは透明で引張り強さと耐摩耗性に優れ，強靭である．

酸素ガスバリヤー性も他のポリマーより優れているが，PVAは湿気から保護されねばならない．というのはガス透過性が増大するからである．PVAは，またエマルジョン化や水溶性ディスパージョンの安定性向上に効果がある．

アメリカにおけるPVAの主用途は繊維や紙のサイジング，接着剤およびエマルジョン重合用である．かなりの量のPVAがビル建築のジョイントセメント，病院の洗濯用袋としての水溶性フィルム，高度に研磨仕上げされた表面の引掻き防止用の一時的な保護フィルムおよび侵食調整のための土壌改質剤に用いられる．

PVAは，ラミネート安全ガラスの中間膜として用いられるポリビニルブチラールの中間体である．アメリカ以外では，非水溶性になるように化学的に処理がなされたPVAが紡織繊維用として用いられている[2]．ポリビニルアルコール繊維は日本と中国で自家消費用として製造されている．

物 理 的 性 質

PVAの物理的性質は分子量とけん化度による．**図22.1** の上部には一定のけん化度における分子量による物性の変化を示した．けん化度の違いによる物性の変化は下部に示した[3]．けん化度と分子量は製造工程において調整することができる．その製品マトリックスは，各種用途に必要な物性を付与するように展開できる．

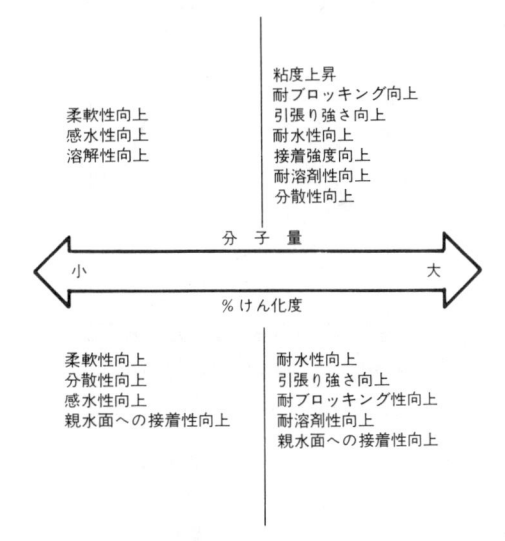

```
                        粘度上昇
                        耐ブロッキング向上
 柔軟性向上              引張り強さ向上
 感水性向上              耐水性向上
 溶解性向上              接着強度向上
                        耐溶剤性向上
                        分散性向上
         ←――― 分 子 量 ―――→
         小                  大
         ――――― ％けん化度 ―――――

 柔軟性向上              耐水性向上
 分散性向上              引張り強さ向上
 感水性向上              耐ブロッキング性向上
 親水面への接着性向上    耐溶剤性向上
                        親水面への接着性向上
```

図 22.1 PVAの特性

PVA製品マトリックスは中間製品も入手可能だが，四つの重要な分子量範囲と三つの鍵となるけん化度レベルをもつ．各種物理的性質を**表22.1**に示した．

溶 解 性

すべての工業用PVAのグレードは，実用的で唯一の溶剤である水に可溶である．PVAの溶解しやすさは基本的にけん化度に依存する．**図22.2**に条件を変えてけん化度と溶解性の関係を示した．

完全けん化物では水の沸点近くまで加熱しなければ，

表 22.1　PVAの物理的性質

項　目	性状値
外　観	黄白色グラニュー状
比　重 (25°C)	1.27～1.31　(固体)
	1.02　　　(10%水溶液)
熱安定性	100°C 以上で着色
	150°C 以上で急速に褐色
	200°C 以上で急速に分解
屈折率 (20°C)	1.55
熱伝導率 W/(m·K)[a]	0.2
電気抵抗 Ω-cm	$(3.1～3.8) \times 10^7$
比　熱 J/(g·K)[b]	1.5
融　点 °C	230(完全けん化品), 180～190(部分けん化品)
T_g °C	75～85
貯蔵安定性	湿気より保護すれば良好
燃焼性	紙と同様
耐日光性	優

a：換算：W/(m·K) → (Btu·in)/(h·ft²·°F)，0.1441で割る．
b：換算：J → cal，4.184で割る．

表 22.2　PVAに溶ける塩類の最大濃度，水に対する%[a,b]

電解質	PVAのけん化度	
	95%	88%
Na_2SO_4	5	4
$(NH_4)_2SO_4$	6	5
$Na_2HPO_4·7H_2O$	8	5
$Na_3PO_4·12H_2O$	8	6
$Na_2HPO_4·H_2O$	9	6
$NaHCO_3$	9	7
$Al_2(SO_4)_3·16H_2O$	10	6
$Na_2S_2O_3·5H_2O$	10	8
$ZnSO_4·7H_2O$	13	10
NaCl；KCl	14	10
$CuSO_4·5H_2O$	15	10
$CH_3COONa·3H_2O$	23	15
$NaNO_3$	24	20

a：Air Products and Chemicals 社の好意による．
b：沈殿が認められるまで濃度を増加させ，50 mlの塩溶液に，10%のPVA溶液を滴定して加え決められる．

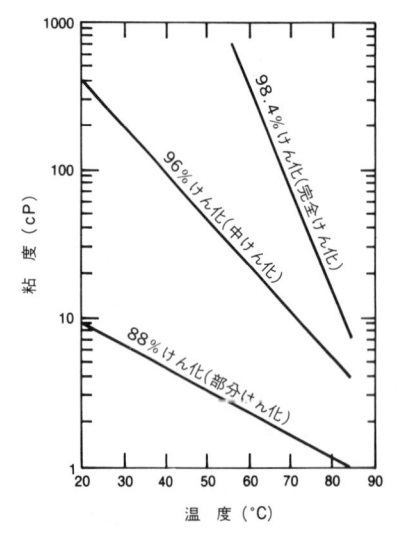

図 22.2　PVAの溶解性 (0.4 mm キャストフィルム)

完全溶解はしない．けん化度を75～80%まで下げたものは低温で溶解する．このレベルのものは冷水では十分に溶解するが，加熱により沈殿を生じる．けん化度が87～89%のものは温水，冷水のいずれにも溶解するので，最も使いやすいと考えられる．これは工業的には部分けん化PVAとみなされている．通常の工業用PVAグレードは冷水でも溶解性がある．

溶解性は表面積，分子量，結晶性，粒子径によっても大きく左右される．粒子径と分子量が小さくなれば溶解性が大きくなる．加熱処理により結晶性が増加し，溶解速度を遅くする[4]．アセテート残基があると結晶化はあまり進まないので，低いけん化度グレードは加熱処理によりほとんど影響をうけない．

PVA溶液は，表 22.2 に示すように各種の電解質物質による影響が少ない．無機系の強酸や強塩基を少量加えることによって水溶液からPVAの沈殿は生じないが，極限 pH に至るまでけん化反応は続く．PVAは，ガソリン，灯油，ベンゼン，キシレン，トリクロロエチレン，四塩化炭素，メタノール，エチレングリコール，アセトン，酢酸メチルなどの有機溶剤に不溶である[5]．DMFにも不溶である．溶解性はアセテート残基の量に比例する．PVAの溶剤として水以上に良好な溶解性をもつものはないが，低級アルコールには 50% まで沈殿もなく可溶である．

溶液粘度

PVAの溶液粘度は，分子量，濃度，およびわずかな温度差に左右される．けん化度は粘度にはほとんど影響を及ぼさないが，粘度は分子量が一定ならばけん化度に比例する．分子量と粘度の関係を図 22.3 に示した．

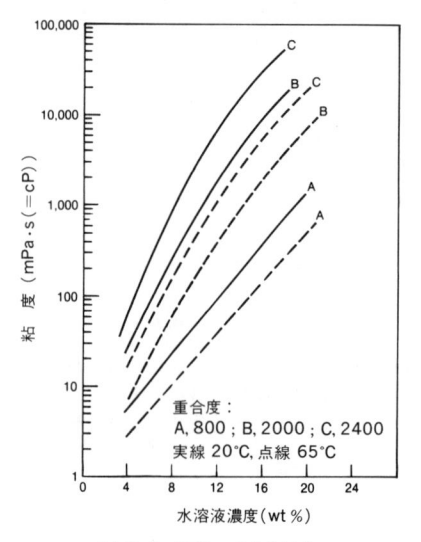

図 22.3　PVAの水溶液粘度

PVAの濃度を左右するのは、溶解性よりも粘度である。従来のバッチ式混合機では、実用濃度として低分子量では約30%、中分子量では約20%、高分子量では約15%と限界がある。

部分けん化PVA溶液の粘度は、水溶液濃度がかなり広い範囲にあっても、溶液が高温で保存される限り安定である。しかしながら、完全けん化PVAの高濃度水溶液の粘度は、室温で保存すると、経日によって次第に増加し、1mol%以下のアセテート基を含んだものはゲル化を生じる。

粘度上昇やゲル化は再び加温すれば元に戻る[6]。低濃度および低けん化度水溶液は長期保存しても粘度は安定である。

製 造 法

すべてPVA製造では出発物質はポリ酢酸ビニルである。理論的モノマーとしてのビニルアルコール（$CH_2=CHOH$）は実際には存在しない。ポリ酢酸ビニルのPVAへの転換は水酸化ナトリウム触媒メタノーリシスが一般的である[10]。

ポリ酢酸ビニル重合は従来の工程、すなわち溶液重合、塊状重合、乳化重合法による。溶液重合は必要な溶媒追加により連続的メタノーリシス反応であり、これは有効的な方法である。酢酸ビニルの重合段階がPVAの最終分子量を決める。触媒濃度、反応温度、および溶媒が重合度を制御する。通常用いられている効果的な連鎖移動剤はアセトアルデヒドである。

PVAのけん化度はアルコーリシス反応中に決められるのであって、分子量分布の制御とは独立したものである。完全けん化PVAはメタノーリシス反応が完全に進行することによって得られる。反応は中性化または水酸化ナトリウム触媒の除去によって終了する。少量の水を反応物に加えることによって、ポリ酢酸ビニルのけん化が促進される。けん化度は水の添加量に逆比例する。水を添加することは副生成物である酢酸ナトリウムが増加するという欠点がある。すべて工業用グレードのPVAには灰分が含まれる。アルコーリシス反応は高速攪拌スラリー工程で行われる。細かい沈殿物はポリ酢酸ビニルがPVAに転化したものである。生成物はメタノールで洗浄し、濾過乾燥される。移動式ベルト工程において、PVAはゲルをつくり、ついでグラニュー状にカットされる[11]。

アルコーリシス工程では副生成物として酢酸メチルが得られる。酢酸メチルは溶媒として用いられたり、メタノールや酢酸の回収工程に送られる。

酢酸メチルを水と混合し、ついでカチオン交換樹脂を通してけん化反応の触媒にする工程もある[10]。

この工程から回収されたメタノールはすべてメタノーリシス工程へリサイクルされ、酢酸は副生成物として販売される。

ポリ酢酸ビニルエマルジョン型接着剤中のポリビニルアルコール

ポリビニルアルコール（PVA）は、それ自体で最上級の接着剤である。それはまた、ポリ酢酸ビニルエマルジョン型接着剤の物性を改良するための優れた添加剤でもある。

PVAは、特に木や紙などのセルロース系基材に良好な接着性を示す。加えて、ポリ酢酸ビニルエマルジョンに添加することによって、系の引張り強さと同様に親和力も良くなる。それは親水性であるがことから、ポリビニルアルコールが処方からの水の揮散を遅くするための保湿剤として働き、接着剤皮膜のオープンタイムを長くするからである。

PVAはウェットタックを増加させ、ホウ酸塩になったポリビニルアルコールを添加すると、さらにタックを出すことができる。

PVAは増粘剤や不揮発分調整剤として用いられる。高粘度低不揮発分が必要なときは高粘度のPVAを少量添加すべきである。高粘度不揮発分が必要ならば、中粘度のPVAを添加すればよい。すべてのグレードは、アプリケーターの圧送タンクからのスムーズな送り出し、および高速塗付でのせん断抵抗を良くする。PVAはエマルジョン型接着剤の粘度と不揮発分のバランスのとれた最適値を決める。

部分けん化PVAは乳化剤と保護コロイドの働きによってエマルジョン型接着剤の安定化を増加する。これらのPVAは、接着剤皮膜の吸湿性を増し、エマルジョン系において、再湿型接着剤やイージークリーンアップ用として有益である。部分けん化タイプの樹脂は有機溶媒であらかじめ乳化し、エマルジョン型接着剤に添加するために用いられる。しかし、特に中分子量および高分子量の完全けん化のPVAは接着剤皮膜の耐水性を増加させる[12]。

すべてのPVAは、エマルジョン型接着剤において、高速回転塗付時の粗粒子の発生や糊跳ねを減少するなどの機械特性を改良する。すべてのタイプは、アプリケーターのロールと被着材のぬれを良くする界面活性剤的性質をもっている。被着材へのぬれと浸透は低分子量、低けん化度のPVAを用いることで改良される。PVAの融点は200°Cであり、添加するベースのエマルジョンより高いことから、皮膜のヒートシール温度と耐ブロッキング温度が高くなる。したがって耐熱性が良くなる。PVA樹脂は処方中に水系では混ざらない物質を混和し、接着剤を安定にする働きをする。さらにPVAを添加することにより、耐溶剤性、耐油性が良くなる一方、クリープ特性は悪くなる[12]。

架橋

PVAは架橋することによって容易に耐水性を上げることができる[9]。グリオキサール,尿素ホルムアルデヒド,メラミンホルムアルデヒドなどの添加剤の添加がPVAの最も実用的な化学的架橋方法である.

低温で架橋させるにはトリメチロールメラミンが有効である.硫酸アンモニウムや塩酸アンモニウムのような触媒がホルムアルデヒド架橋には必要である.

金属化合物もPVAの不溶化には効果的である.これらの添加物は銅やニッケルの強いキレート金属塩,例えば銅アンモニウム錯体,クロム錯体,有機チタン化合物,重クロム酸塩などである.PVA皮膜の乾燥工程やコーティング工程での加熱処理だけでも十分な架橋反応がおこるが,重クロム酸塩が用いられているときは紫外線が架橋反応に有効に働く.架橋は室温でもゆっくり進むので,配合処理したPVA水溶液の長期保存は避けるべきである.乾燥PVAを100℃以上で加熱するだけで架橋はおこる.これはポリマーが脱水素され,不飽和鎖ができるためである.隣接したポリマー鎖の不飽和基間でおこる分子内反応が永久架橋をつくるのである.しかしながら,熱架橋はポリマー分解にともなっておこることから,実用反応とは考えにくい[13].

PVA皮膜は架橋によって不溶性となるが,それは水により膨潤し,長期暴露では強度は低下する.それはけん化度を変化させるが,完全に親水性はなくなるものではない.繊維グレードのPVAはけん化度は少なくとも99.9%である.これは水膨潤性はないが,天然繊維同様に吸湿性は有している.

ゲル化

多孔質の被着材である紙へのコーティング剤や接着剤が浸透すると,好ましくない場合には,PVA水溶液のゲル化を制御することが重要になる.ホウ酸やホウ砂はPVAと強力に反応することから,ゲル化剤として広く用いられている.PVAはホウ酸に敏感に反応することから下記のようにビスジオール錯体を形成してゲル化がおこる.

ポリビニルアルコール　　ホウ砂　　ビスジオール錯化合物(ゲル)

溶液重量に対してわずか0.1%のホウ酸で熱的不可逆ゲルをつくることができる.ホウ酸は前者より弱いモノジオール錯体をつくるため,PVAの部分ゲル化の制御には有効である[7].反応はpHにかなり左右され,pH 6以上では完全ゲルを生じる.

ホウ酸塩化によってPVAの水溶液は煮沸後に強いウェットタックを付与する.ホウ酸塩によりタックをもったPVAをベースとして接着剤は薄い皮膜での塗付が可能であること,およびかなり高圧プレスにより被着材を張り合わせることができるなど有効に利用しうる.これらはスパイラル状に巻き取る紙管や,板紙製造において欠かせない条件である.これらの接着剤は通常不揮発分18〜25%のレベルである.PVAの含有量は5〜9%であり,他の不揮発成分としてはカオリンクレイである.液状接着剤は1000 cm²当り40〜45 gの塗付量である.すなわち不揮発分換算では8〜12 g/1000 cm²となる.

1960年代初めに導入された粘着性をもったPVAは,硬質板紙ラミネートでのでんぷん/尿素系接着剤とデキストリンに急速にとって換わり,紙管用のポリ酢酸ビニル系接着剤やケイ酸ソーダ系接着剤に配合された.

この新しい接着剤は,広くいろいろな紙製品に対して,ケイ酸系やデキストリンよりも接着性が優れている.これらは接着剤の塗付量を少なくし,接着剤中の水の量を少なくできるため,製造時の変形(そり)や紙管巻取りでの収縮を少なくする.少ない塗付量と低樹脂分のために接着剤は経済的なものとなる.

これらの接着剤のその他の利点は塗付が適正になされているならば,接着強さは急速に立ち上がる.完全けん化または(超けん化)されたPVAとクレイ配合の接着剤により接着された紙管や板紙は優れた耐水性を示すため,長期間水にさらされる紙管や板紙,例えば軍事用梱包材やコンポジット管,ダイナマイトチューブなどに用いられる.

PVA系接着剤の性質は段ボール工業においても有用である.粘着性を付与した(超けん化)グレードのPVAをベースとした接着剤は高速の最新型コルゲートマシンのシングルフェース,ダブルバッカーセクションのいずれにも十分対応しうる.板紙は強い乾燥強さ,耐水性および優れた無変形性を有している.しかし,PVA系接着剤は技術的には成功した一方,でんぷん系接着剤に対してはコスト面では及ばない.

生 産

PVAの製造メーカーはアメリカでは2社,日本では4社,ヨーロッパでは数社,その中で主メーカーの1社はHoechst社である.PVA製造工程は重合装置,アルコーリシス反応装置,および副生成物である酢酸メチルからのメタノールと酢酸の回収分離装置などが必要であることから,かなり多くの資本がいる.

主要な製造メーカーと生産能力は次表に示す通りである.

	キャパシテイ (1000 メトリックトン/年)
アメリカ	
Air Products and Chemicals	48
DuPont	60
日　本	
クラレ	110
日本合成	50
デンカ	25
ユニチカ	25
合計(日本)	210
ヨーロッパ	
Hoechst	30
台　湾	
Chan Chun	34

規格と規制

PVA の三つの主要な工業グレードは樹脂中のアセテート残基のモルパーセント(mol%)によって決められる．すなわち，完全けん化では 1～2 mol%，中間けん化では 3～7 mol%，部分けん化では 10～15 mol% である．これ以外のけん化度の PVA はあるが，それら全部をあわせても三つの主要グレードよりは市場の占有率はかなり低い．もし PVA のけん化度の表示がないときは，完全けん化グレードと推定できよう．

PVA は分子量的にみて，**表 22.3** に示すように，一般には四つのグレードに分けられる．これ以外の分子量をもついくつかの樹脂も生産されているが，それらの市場占有率は非常に低い．工業的実用性は 4% 水溶液粘度によって特殊グレードの分子量で表示される．中間粘度品はブレンドによってつくられる．中間溶解性の製品も，また異なるけん化度の製品のブレンドによってつくられる．

ブレンド品は分子量，けん化度ともに広い分布をもっており，ある種の用途には向かない．PVA は間接食品添加物として(**表 22.4**)に示すように FDA の規制に合格している．

[Harold L. Jaffe and Franklin M. Rosenblum
／中島常雄・井上雅雄 訳]

表 22.3　主な工業用ポリ PVA グレードの分子量[a]

粘度グレード	名目 M_a	4%溶液粘度 $mPa \cdot s (=cP)$[b]
低	25000	5～7
中	40000	13～16
中高	60000	28～32
高	100000	55～65

a：Air Products and Chemicals 社の好意による．
b：ブルックフィールド型粘度計，20°C 測定．

表 22.4　間接食品添加物としての PVA の FDA 認可

規定	記　述
181.30	脂肪性食品単独用食品包装用に使用される紙ならびに板紙製品の製造に用いられる予備認可物質．
175.105	接着剤，制限なし．
176.170	水溶性ならびに脂肪性食品と接触する紙ならびに板紙の配合剤，溶出量制限あり．
176.180	乾燥食品と接触する紙ならびに板紙の配合剤，制限なし．
177.1200	セロファンコーティング，制限なし．
177.1670	ポリビニルアルコールフィルム
177.2260	フィルター，濾材繊維がセルロース系の樹脂接着．
177.2600	フィルター，樹脂接着；溶出量は 0.08 mg/cm² (0.5 mg/in²) 以下．
175.300	樹脂ならびにポリマーコーティング．
175.320	ポリオレフィンフィルム用樹脂ならびにポリマーコーティング，正味の溶出量 0.08 mg/cm² (0.5 mg/in²) 以下．
177.2800	乾燥食品用単独，織物ならびに紡織繊維．
178.3910	金属製品の加工における表面滑剤．

参考文献

1. Herrman, W. O., and Haehnel, W., U.S. Patent 1,672,156 (1928) (to Wacker Chimie).
2. Ave, H., and Ono, Y., U.S. Patent 3,084,989 (1963) (to Kuraray and Air Products).
3. "Vinol" Product Handbook, Air Products and Chemicals, Inc., Allentown PA 1980.
4. Tubbs, R. K., Inskip, J. K., and Subramanian, P. M., Soc. Chem. Ind., Monograph 30, London (1968) pp. 88-103.
5. Peirerls, E. S., Mod. Plast., 18(6) (1941).
6. Toyoshina, K., in "Polyvinyl Alcohol," C. A. Finch (ed.), pp. 17-67, New York, John Wiley and Sons, (1973).
7. Hawkins, R. L., U.S. Patent 3,135,648 (1964) (to Air Products and Chemicals).
8. Hulbekian, E. V., and Reynolds, G. E. D., in "Polyvinyl Alcohol," C. A. Finch (ed.), pp. 427-461, New York, John Wiley & Sons, (1973).
9. Finch, C. A., in "Polyvinyl Alcohol," C. A. Finch (ed.), pp. 183-302, New York, John Wiley and Sons, (1973).
10. Chin, Y., "Polyvinyl Acetate and Polyvinyl Alcohol," private report No. 57A by Process Economics Program, Stanford Res. Inst., Menlo Park, CA (1970).
11. Demny, R., "Polyvinyl Acetate and Polyvinyl Alcohol," private report No. 57 by Process Economics Program, Stanford Res. Inst., Menlo Park, CA (1970).
12. Daniels, W. E., "Polyvinyl Acetate," in "Kirk-Othmer Encyclopedia of Chemical Technology," 3rd Ed., pp. 839-843, New York, John Wiley and Sons, 1983.
13. Tubbs, R. K., and Wu, T. K., in "Polyvinyl Alcohol," C. A. Finch (ed.), pp. 167-183, New York, John Wiley and Sons, 1973.

23. ポリオレフィンおよびエチレンコポリマーベースホットメルト接着剤

アメリカの接着剤工業は，過去15年間著しい成長を遂げてきた．特に，ホットメルト接着剤は，1970年に1億ポンドであったが，1985年には4億ポンド以上に着実な成長を遂げてきた．年間平均成長率は10%以上である．したがってホットメルト接着剤は，接着剤工業の中では，最も成長している部門である．一方，水系や溶剤系接着剤は明らかに減少傾向を示している．最近では，ポリオレフィンおよびエチレンコポリマーベースホットメルト接着剤の成長率が低下してきて，GNP並みに近づいてきている．

しかし，接着剤工業では，なお，ホットメルト製品に大きな期待が寄せられている．特に，新しいブロックコポリマーベースのホットメルト製品に対してそうである．一つの見方では，ホットメルト接着剤のマーケットが成熟しているというのも明らかであるが，まだ多くの新しい分野が開拓されてきている．

ホットメルト接着剤が急速に成長してきたのには，いくつかの要因があげられる．まず第一に，次のような多くの利点をあげることができる．
○セットタイムが短く，生産速度が上げられる．
○ホットメルトの採用により自動化が容易である．
○溶剤回収や処理コストが省ける．
○溶剤のような危険物を出さない．
○貯蔵や使用にあたって小さなスペースでよい．
○メンテナンスやクリーニングコストが少なくて済む．
○いろいろな末端用途に応えられるような，コスト/性能に見合う広い配合処方ができる．

単に，コールドグルーからホットメルト接着剤への転換によって，必要とするスペースを増大させることなく，また包装工程のスピードアップ化により著しい生産性の向上を達成できることは，多くの企業にとって経済的なメリットであった．水系用のアプリケーターと互換できるホットメルトアプリケーターが数社で開発され，比較的に低価格で販売されてきたことがホットメルトシステムへの転換を促進してきた．

接着剤を早くセットしようとして溶剤を使用すると，環境保護団体から大気中に放出する溶剤の量を減らすようにとの圧力がかかり，接着剤製造者も溶剤ベース接着剤を使うユーザーもこのような苦労を感じてきた．ホットメルト接着剤は，溶剤を含まない100%固形システムであり，セットタイムが非常に短いために，合理的に選択されたものである．

この章では，ポリオレフィンとエチレンコポリマーベースのホットメルトを取り扱う．また，他のいくつかのポリマーがホットメルト接着剤に使われている点も議論される．それらの多くは，ポリオレフィンと競合している．

初期のホットメルト接着剤は，エチルセルロースや動物性ニカワ類がベースのものであった．その後，これらは，ポリアミドやEVAコポリマーのような合成樹脂に

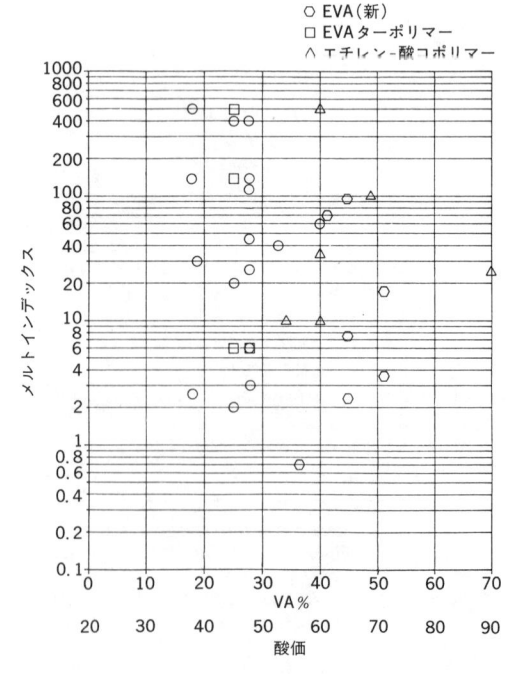

図 23.1 ホットメルト接着剤用エチレンコポリマーおよびターポリマー

置き換えられた．さらに最近では，その化学的な構造に特徴があるブロックコポリマーベースの新しいタイプのホットメルト接着剤が出現してきている．これらの接着剤は，SBS, SIS, SEBS などのブロックコポリマーベースであり，ホットメルト接着剤に柔軟性を広くする性質が付与されている．これらは，おそらく，ホットメルト接着剤の中では，現在，最も成長の著しいコポリマーと見られる．それらの最初の用途は，ホットメルト感圧接着剤である．ポリオレフィン以外のポリマーについては，本書の別な章で議論される．図 23.1 にエチレン-酢酸ビニル（EVA）コポリマーの組成と MI（メルトインデックス）の関係を示している．

接着の配合

図 23.2 にポリオレフィン系のホットメルト接着剤のタイプごとの推定割合を示している．実際に使われるポリマーの量は，三つのタイプでそれぞれ異なる．EVA 接着剤では，粘着付与剤，石油ワックス，合成ワックスのような粘度調整剤を大量に配合する．

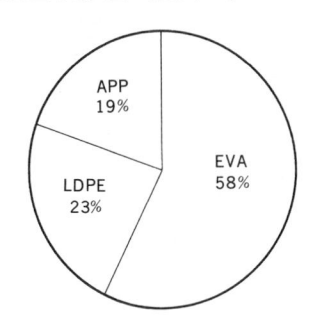

図 23.2 ポリオレフィンホットメルト接着剤のポリマータイプ別分布

図 23.3 にホットメルト接着剤に使われるベースポリマー別の分布を示している．これからの 10 年間では，特殊な末端用途の接着剤として性能を発揮するような新しいポリマーの開発が予想され，この分布は変化していくものと思われる．

代表的な EVA ベースホットメルト接着剤は，主に次の 3 成分で構成されている．

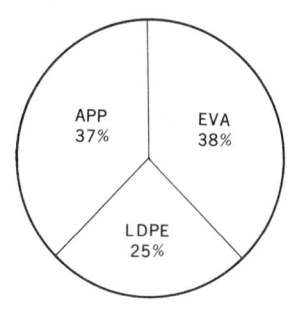

図 23.3 ポリマー分布

(1) ベースポリマー　　30〜40%
(2) 粘着付与剤　　　　30〜40%
(3) ワックス　　　　　20〜30%

各成分の配合量は，接着剤に要求される性能によって決まる．ポリマー成分は，接着剤の骨格をなし，強度や強靱性を与える．粘着付与剤は，表面のぬれやタックを与える．一方，ワックスは，溶融粘度を下げ，コスト低下やセッティング速度のコントロールのために使われる．また，酸化防止剤，充填剤，可塑剤や発泡剤なども必要に応じて使われる．

ポリマー

1960 年代から 1970 年代の初頭にかけてエチレンと VA モノマーの生産能力が大幅にアップしたことにより，VA 18〜40% の EVA コポリマーが容易に生産されるようになった．実際，価格が急騰した 1974〜1976 年のオイルショックの時代を除いて，低分子量のポリエチレン，エチレンコポリマー，ポリプロピレンのようなポリオレフィンは汎用製品の性格を示してきており，これらのポリマーはホットメルト接着剤の原料として広く使われてきた．中でも EVA 樹脂は，いろいろな基材へ良く接着し，また配合が容易であることから最も多く使われている．したがって，EVA ベースホットメルト接着剤がいろいろな末端用途用に開発されている．また低分子量のポリエチレン樹脂が包装用途，特に紙基材，紙ボード，カートンやダンボールケースのような用途に広く使われるようになってきた．

アタクチックポリプロピレン（APP）は，粘着性があり，配合が簡単ではない．基本的には樹脂単独で使用するが，少量のワックスを添加したり，ホットタック性を出すためにポリマーを添加したりする．APP は，結晶性 PP を生産するときの副生物であるが，最近では，効率の良い新触媒の開発にともなって，APP はあまり生産されなくなってきた．しかし現在でも，少なくとも 2 社は，直接 APP を生産している．APP であっても，品質の良い製品ならば利用されるということである．しかし，価格の点でいえば，生産のフルコストをカバーする必要がある．したがって，APP 樹脂は，高付加価値の機能性を要求される特殊な用途に開発されていくものと思われる．

ホットメルト接着剤のベースポリマーとして望まれるポリオレフィンポリマーの特性は，次に示す二つのファクター——分子量とコポリマーの量——によって調べられる．

エチレンホモポリマーの場合は，分子量の増加はいく

表 23.1　エチレンホモポリマーにおける MI の効果——接着特性

高 MI 500	ヒートシール強度の改良 →	低 MI 2.0
	← 柔軟性の改良	
	← 低温特性の改良	
	ホットタック改良 →	
	溶融粘度の増加 →	

つかの特性を改善する（**表23.1**を参照）．分子量はメルトインデックス（MI）で代表される（MIが低いのは高分子量を意味する）．

ポリマー物性を大きく変化させるポテンシャルとなるのは，ポリマー中に導入されているコモノマーの量である．特殊な接着用途には，ポリマー組成を適正に選定するための多くの専門的知識と実験が必要である．事実，多くの接着剤メーカーが現在も，なお，ある特定の物性にマッチするような接着剤の配合（ポリマーグレード，粘着付与剤，増量剤）を決めるためのコンピュータープログラムを開発している．**表23.2**に，EVAコポリマーのMIの変化によって物性がどのように変わるのかを示している．また，**表23.3**には，VA含有量のポリマー物性への影響を示している．ポリマー供給メーカーの数は徐々に増加し続けている．**表23.4**にポリマー供給メーカーをいくつかあげている．ホットメルト接着剤用の新しいポリマーが，後ほど述べるように絶えず紹介されている．

表23.2 接着剤におけるEVAポリマーのMIの効果——性能

高MI 500		低MI 2.0
	ヒートシール強度の改良 →	
	柔軟性改良 →	
	ホットタック改良 →	
	← 低温特性の改良	
	凝集力の改良 →	
	← 溶融粘度の減少	
	オープンタイム減少 →	

表23.3 接着特性に及ぼすEVAポリマーのVA%の効果

低VA %		高VA %
9%	溶解性増加 →	60%
	柔軟性改良 →	
	← 高ヒートシール強度	
	← 耐ブロッキング性の向上	
	← パラフィン溶解性の増大	
	ホットタック性改良 →	
	接着性改良 →	
	低温特性の改良 →	

表23.4 ホットメルト接着剤用ポリオレフィンポリマー供給メーカー

ポリエチレンホモポリマー
  Eastman Chemical Products
  USI Chemicals
  Union Carbide
  Exxon Chemical
エチレン-酢酸ビニルコポリマー
  DuPont
  USI Chemicals
  Union Carbide
  Exxon Chemicals
他のオレフィンコポリマーおよびターポリマー
  EEA（エチレン-エチルアクリレート）：UCC, Dow Chemical, DuPont
  EAA（エチレン-アクリル酸）：Dow Chemical
  EMAA（エチレン-メタクリル酸）：DuPont
  EVAMAA（エチレン-酢酸ビニル-メタクリル酸）：DuPont

粘着付与剤

粘着付与剤は，いろいろな基材に対してポリマーの接着性を良くするために配合される．粘着付与剤が配合されることによって，ホットメルトの粘度が低下し，基材へのぬれが良くなるからである．接着特性が粘着付与剤によって与えられるばかりでなく，その選定は，色調，熱，紫外線，酸化劣化やコストなどによってなされる．樹脂の適性は，また主にブレンドされる他の成分，特にポリマーとの相溶性に依存する．粘着付与剤は，一般的には炭化水素樹脂類，ロジンエステル類，ポリテルペン類の三つのグループに分類される．各グループとも，数多くのコマーシャル製品があり，100以上の製品が利用されている．

炭化水素樹脂類 C_5系脂環族系樹脂は，ナフサやオイルガスのスチームクラッキング時の副産物として得られる．これらは，主に，C_5オレフィン，ジオレフィンやイソプレンモノマーの重合で得られる．代表的なメーカーはGoodyear Tire & Rubber 社，Eastman Chemical社，Arizona Chemical社，Hercules社，Exxon Chemical社などである．この系統の樹脂は，色調が良く，溶融強さがあり，また熱安定性が良好である．また，これらの樹脂は，EVAコポリマーやLMWPEとも良く相溶し，低コストで，かつ紙基材への接着性も良好である．したがって，これらの樹脂は，包装用のホットメルト接着剤に広く使われている．最近，Goodyear社が，新しいタイプの炭化水素樹脂，Wingtack Plus, Wingtack Extraを開発した．これらは，EVAポリマーとの相溶性を良くするために，少量の芳香族を含有しており，その結果，引張り強さ，伸び，粘度が若干高くなっている．また，熱劣化や色調の変化などは，改良されているようである．**表23.5**に例を示している．

C_9芳香族系樹脂は，ガソリンのクラッキングから得られる副産物とエチレンやプロピレンの生産で得られる副産物で生産されている．これらの樹脂は，基本的にはスチレン，アルキルベンゼン，ビニルトルエンやインデンなどのモノマーベースである．これらの樹脂は接着性を良くするが，色がついたり，熱安定性が悪く，熱老化特性が良くない．これらの製品の例は，Nevex 100（Neville Chemical社）やPiccovar L 60（Hercules社）である．

表23.5 炭化水素樹脂の芳香族性の効果[a]

原材料	Wingtack 95	Wingtack Plus	Wingtack Extra
Elvax® 350	30	30	30
Paraflint H-1	20	20	20
Wingtack	50	50	50
特性			
抗張力, psi	605	610	660
伸び, %	50	110	265
ブルックフィールド粘度, 300°F	5400	5600	6200
色, 5時間エージング@350°F	9.5	8.0	5.5

a：ASC 1985, p. 16. Leonard J. Kuma, Goodyear Tire and Rubber.

Dimer-5 脂環族系樹脂は，いくぶん不安定な傾向を示すが，水添されたグレードは市場のニーズにも十分に応えられる安定性を示す．

高度に飽和され，かつ純粋化された芳香族系モノマーからつくられた樹脂は，着色してなく，優れた熱安定性や耐光安定性を示す．これらの樹脂の例は，Kristalex や Piccotex である（Hercules 社）．

ロジンエステル類　ホットメルト接着剤には，ロジンベースの粘着付与剤を使用したものが多いが，これは，接着剤のいろいろな成分と良く相溶する特性があるからである．したがって，ロジン系樹脂を使って配合すると，配合の自由度が大幅に拡大される．しかし，それらを使うとコストが高くなったり，安定供給の問題があるために，次第に C_5 水添系樹脂にその地位を奪われてきている．原材料の違いにより，3 種類のロジン系樹脂がある．ガムロジンは，生の松やにから得られる．ウッドロジンは，熟成の松の切り株から得られる．また，トールオイルロジンは，製紙工業の副産物として得られる．トールオイルロジンが最も大きな供給源をもっているが，製紙工業の盛衰に大きく左右される．未変性のロジンは，供給源がどうであれ，その主成分が共役二重結合をもったアビエチン酸であるからあまり安定ではない．したがって，酸素や紫外線や熱によって劣化をうけやすい．天然ロジンは，ホットメルト接着剤の安定性要求を満たすために改質されなければならない．安定性の改良には，水添化，不均化，グリセロールやペンタエリスリトールによるエステル化をともなった二量体化などのいくつかのプロセスが開発されている．改良されたロジンは，良好な接着性を示し，初期の色調も良く，熱安定性や劣化特性も良好である．

ポリテルペン類　テルペンベース樹脂は，製紙工業の副産物であるテレピン油の硫黄化合物やレモン工業の製品であるリモネンなどから得られる．得られる製品は，α-ピネン，β-ピネン，ジペンテンなどである．α-ピネン類は，EVA コポリマーとの相溶性が最も良いから，ホットメルト接着剤には好ましい製品である．ジペンテン類の樹脂と配合された接着剤は，色調が優れ，熱安定性，臭気，酸化劣化，ホットタック性に優れる．このクラスに分類される製品には，Hercules 社の Piccolyte シリーズがある．リモネンベース樹脂には，Arizona Chemical 社の Zontac 105 があげられる．

新製品が開発されるにつれて，これからも新しい粘着付与樹脂が市場に紹介されると思われる．例えば，Lawter International 社が最近スチレン/イソブチレン樹脂を開発した．この樹脂は，ポリマー骨格が飽和されており，熱および紫外線安定性が改良されている．これらは，光学的に透明で，低分子量の高いスチレン含有量のポリマーは，接着剤を研究する者にとっては，ホットメルト接着剤の可能性を広げるもう一方の尺度を与えるものと期待される．もう一つの例は，Amoco 社の α-メチルスチレンとポリブテンである．ポリブテンは，低分子量のホモポリマーの中間体であり，化学的に安定で，透明で，熱や光による酸化しにくい魅力的な特性を与える．

ワックス類

ホットメルト接着剤を配合する場合に，二つの理由からワックスが使われる．それらは，溶融粘度の低下とコスト低下である．ワックスの量によって影響を受ける特性は，ブロッキング性，軟化温度とオープンタイムである．高温特性と凝集力を高めるために，高融点のマイクロワックス（mp 190～195°F）と合成ワックス（mp 210～245°F）が使われている．また，高融点のパラフィンワックス（mp 150～160°F）もそのバリヤー特性，アンチブロッキング性，ヒートシール性，低コストなどのために広く使われている．ワックスは，一般的には，ホットメルト接着剤配合の中では，20～30% レベルであるが，この濃度は将来減少するものと予想される．石油精製メーカーがワックスの生産を減らしてきているから，ワックスの価格は最近，著しく高くなってきた．また，ポリエチレンメーカーによって生産されている合成ワックスは，類似の特性を示すような構造につくられている．さらに，ポリマーメーカーが接着のニーズに応えるために改良を行っているので，接着配合する場合，少量添加でよくなるものと思われる．

ホットメルト接着剤の用途

ホットメルト接着剤が最も成長の著しい接着剤であるという事実は，文字通り，数千の個々の用途に幅広く利用されているということを意味している．便宜上，これらの用途を 12 に分類して**表 23.6** に示している．ケース，カートン，トレイなどの包装容器は，ホットメルト接着剤の最大の用途であり，トータルマーケットの約 25% を占めている．もしも，ラベル，バッグ，チューブやコアなどを包装用途に含めると，ホットメルト接着剤はおよそ 60% を占める．ホットメルト接着剤の他の大きな用途は，製本，プロダクトアッセンブリー，不織布製品，ラミネート紙などである．ホットメルト接着剤という言葉

表 23.6　主なホットメルト接着剤用途

用　　途	10^6 lb[a]
ケース，カートン，トレイ	116
ラミネート紙	60
不織布	50
製　本	44
ラベル	24
PET ボトル	18
バッグ	18
繊　維	15
カーペットシーミング	12
家　具	11
缶，チューブ，ドラム	4
その他	30
合　　計	400 plus

a：推定(1985)．

が多くの用途で使われるが，接着剤の実際の配合は，末端用途で多少異なっている．各用途で使われる接着剤の基本的なものは，次で論じられる．

ケース，カートン，トレイ分野

包装マーケットの分野は，ホットメルト接着剤の最大の用途であり，約25％を占めている（感圧接着剤は含まず）．すべてのホットメルト接着剤のタイプの中で，EVAコポリマーや低分子量ポリエチレンであらわされるポリオレフィンが，このマーケットを支配している．EVAコポリマーが，おそらく，このマーケットの65％を占めており，低分子量ポリエチレンが30％である．EVAホットメルト接着剤は，その配合の容易さ，多様性，広い利便性などの特徴があるために最大のシェアを占めている．しかし，低分子量のポリエチレンや低密度ポリエチレンが低価格で利用できるようになれば，EVA樹脂は，マーケットシェアをいくらか失うかもしれない．

現在，50％以上のマーケットシェアを占めている水系のポリ酢酸ビニルやデキストリン系接着剤が，ホットメルト接着剤に置換されてきたということに注目すべきである．浸透率が高い理由は，一般的に，ホットメルト接着剤の初期に認められることである．しかし，最初の理由は，スピードアップ化と自動化が容易であるなどである．

EVAベースのケースシーリング用ホットメルト接着剤は，しばしば数種類の成分のブレンドで成り立っている．代表的な配合を**表23.7**に示している．

表23.7 ホットメルトケースシーリング接着剤

配　合	重量部
Elvax® 420 EVA ポリマー[a]	34
Shellwax 300[b]	33
Zonatac 105[c]	33
BHT	0.2

a：DuPont 社．
b：Shell Chemical 社．
c：Arizona Chemical 社．

低分子量ポリエチレンベースの代表的なホットメルト接着剤の配合は，**表23.8**に示される材料を使ってなされる．ケースシーリング用の低密度ポリエチレンベースホットメルト接着剤は**表23.9**に示される配合である．

このマーケットは，GNPの成長につれて成長している．配合組成の変更は，低密度ポリエチレンに少し兆し

表23.8 LMWPEベースケースシーリング用接着剤

配　合	重量部
Epolene C-10[a]	65
Atactic polypropylene[a]	10
Eastorez H-100[a]	25
BHT	0.2

a：Eastman Chemical 社．

表23.9 LDPEベースホットメルト接着剤

配　合	重量部
Petrothene NA 593[a]	40
Piccotac 95[b]	40
マイクロワックス，融点185°F	20
BHT	1

a：USI Chemicals 社．
b：Hercules 社．

があらわれている．最大の変化は，おそらく独特な配合により影響を与え，さらに他の成分の量を減少させられるようなポリマー自身にあらわれると思われる．

製 本 分 野

本や定期刊行物の製本化にホットメルト接着剤を使う用途がこの10年間で急速に成長してきた．これは，二つの開発によってもたらされた．まず第一は，低コストの文庫本の生産が非常に増大したことによる．文庫本は，現在，すべてのフィクションおよびノンフィクション本の中で大きな割合を占めている．"完全接着"というプロセスの開発もほぼ同時にあった．このプロセスが，本の背の部分で金具で止めて糸で縫ってニカワ接着をする製本の方法を変革させた．ホットメルト接着剤がこのプロセスには理想的であり，このマーケットをとってしまった．基本的に，文庫本はすべてホットメルト接着剤でつくられている．ホットメルト接着剤の用途は，現在，カタログ，電話帳，多くの商業と消費者向け出版物の生産用に広がってきた．EVAベースホットメルト接着剤は，接着力が大きく，かつ柔軟性があるため，EVA樹脂が，この用途にほとんど独占的に使われてきた．**表23.10**にホットメルト接着剤の代表的な製本用配合例を示している．

表23.10 製本用ホットメルト接着剤

配　合	重量部
Elvax® 260 EVA[a]	30～40
ロジンエステル（R&B 100～105℃）	25～45
パラフィンワックス（mp 150～160°F）	15～30
白色マイクロワックス[b]（mp 180～190°F）	5～10
エチル330（酸化防止剤）[c]	0.5

a：DuPont 社．
b：Bareco Div. Petrolite 社．
c：Ethyl 社．

文庫本は，もともと100％ホットメルト接着剤でつくられているから，ホットメルト接着剤の生産量の今後の伸びは，文庫本の販売の拡大に直接的に関係している．しかし現在では，ハードカバーされた本が大きな市場になるかもしれないとの予測もある．このマーケットの主な分野であるこの本は，その特性のためにホットメルトの浸透を拒んできた．これらの本の主な用途は，継続使用され，かつ長寿命が重要である学校の教科書である．また，本というのは，机の上で広げられたり，開かれたままにされることが要求される．そのとき過去の状態を継続しようとするポリオレフィンベースホットメルト接

表 23.11 スチレンブロックコポリマー含有の製本用接着剤

配　合	重量部
Elvax® 260[a]	20～35
Kraton 1107[b]	15～35
Foral 105[c]	20～40
Shellflex 371[b]	5～10
マイクロワックス (mp 170～190°F)	10～15
酸化防止剤 (Irganox 1010)[d]	0.25

a：DuPont 社.
b：Shell Chemical 社.
c：Hercules 社.
d：Ciba-Geigy 社.

着剤の欠点があらわれる（メモリー性）．すなわち，この特性により，本を開いたままにしておくよりも閉じてしまうようにする．いくつかの接着剤メーカーは，この点に関して，十分に満足させるようなホットメルト接着剤を配合することができるようになった．この開発は，最近になってスチレン-ブタジエンブロックコポリマー樹脂が利用できるようになったからである．これらの樹脂をホットメルト接着剤の配合に導入することによって接着剤の柔軟性が増大され，またメモリー性が減少した．この開発がハードカバー本のマーケットをホットメルト接着剤に広げてきた．ブロックコポリマーを使ったホットメルト接着剤の例を表 23.11 に示している．ホットメルト接着剤の潜在的な用途であるハードカバー本に将来の成長への期待が込められているが，いくらかの限界がある．国民は，天然の原材料の不注意な使い方に非常に関心をもっている．こうして，紙製品の回収と再利用が重要となっている．ホットメルト接着剤は現在，再パルプ化で必要とされるような再分散化は容易ではない．主な現在の研究目標の一つは，再パルプ化のプロセスに役に立つホットメルト接着剤の生産である．近いうちに，ある程度の成功が収められ，この目的が終局的には達成されるものと思われる．

不　織　布

不織布のマーケットは，使い捨ての紙おむつ，生理用品，大人用紙おむつ，病院のシーツ，パッドのような製品を含んでいる．使い捨ての帽子やガウンや工業的に脱ぎ捨てる衣服類のような製品も，また含まれている．これらの製品のマーケットは，新しい用途が絶えず開発されるにつれて，例えば新しい産業上におけるフィルターやセパレーター類の分野に広がってきている．

不織布製品は，通常 PE や PP でできており，それらは，接着するのが大変難しい．しかし，ホットメルト接着剤は，ほとんど独占的にほとんどの基材を接着するのに使われている．紙おむつは，ホットメルト接着剤が使われる最大の製品を示している．将来，大人用紙おむつや吸収パッドが同程度に大きな市場となるだろうと見られている．EVA ベースホットメルト接着剤は，このマーケットの約 60％ を占めているが，残りは低分子量 PE や APP 系が占めている．使われている接着剤のタイプは，絶えず要求される性能が変化するにつれて変化している．使い捨ての紙おむつは，全紙おむつマーケットの約 80％ を占めるようになった．

紙おむつを製造するときに使われるホットメルト接着剤は，一般的に二つのタイプがある．末端シール用には APP ベースの高粘度タイプ，またサイドシームには EVA ベースでセットタイムの短い低粘度タイプである．多層構成ラミタイプへニーズが変化するにつれて，生産者は，最も気持ちよいと思われるホットメルトシステムを二，三採用してきた．APP ベースのホットメルト接着剤は表 23.12 に例示している．

表 23.12 アタクチックポリプロピレンベースホットメルト接着剤

配　合	重量部
APP M 5002[a]	70
C-5 炭化水素樹脂	10
マイクロワックス	20

a：Eastman Chemical 社.

サイドシーム用接着剤は，新しい紙おむつの形態が開発されるにつれて，現在，モデルチェンジ中である．さらに，紙おむつの傾向は，横もれ防止と風合いを工夫して弾性バンドタイプになりつつある．紙おむつ用接着剤は，ポリオレフィンライナーへ接着し，しかも弾性的であるか，または足の部分に挿入された弾性バンドへも接着することが必要である．両方のシステムが採用されている．一般的な EVA ベースホットメルト接着剤の例を表 23.13 に示している．エラストマーを使った接着剤の配合例を表 23.14 に示している．

表 23.13 EVA ベースホットメルト接着剤

配　合	重量部
Elvax® 220[a]	30
ポリテルペン樹脂	50
マイクロワックス, 融点 185°F	20
酸化防止剤	0.5～1.0

a：DuPont 社.

表 23.14 エラストマーベースホットメルト接着剤[a]

配　合	重量部
Kraton SIS ブロックコポリマー[b]	20
ポリテルペン樹脂[c]	60
Shell プロセスオイル[b]	10～20
酸化防止剤	0.5～1.0

a：National Starch Patent 4,562,577.
b：Shell Chemical 社.
c：Union Camp 社.

要求性能がさらに厳しくなってきた場合には，接着剤の適性な配合は難しくなる．紙おむつがばらけて，中味の綿が出て子供に害を与えたりしないようにするには，接着剤の引張り強さや耐熱性が重要となる．接着剤の温度/粘度の関係は，アプリケーションが容易になるように，またライナー材を収縮させないでライナーとの表面

ぬれを良くするようコントロールされる．不織布マーケットは，急速なペースで，これからの数年間は少なくとも8％くらいで成長を続けることが期待される．したがって，この分野はホットメルト接着剤の魅力的なマーケットである．

家具類

多くのマーケットでホットメルト接着剤は，使用される接着剤の中で大きなパーセントを占めている．しかし，家具類用途については必ずしも正しくない．家具は，一般的に堅固な構造接着剤が必要であり，この要求には通常，液状接着剤，例えばポリ酢酸ビニルエマルジョンがベストである．つまり，ホットメルト接着剤は家具生産で使用される接着剤の約11％にすぎない．ホットメルト接着剤は，通常，高い強度が必要とされない分野で使われている．EVAコポリマーベース接着剤が低温ラミネートで，引出しコーナーブロック，引出しの取っ手，装飾品用の成形用途に使われている．これらの接着剤は，より不安定な，しかもなくなりつつある動物性ニカワ類を代替してゆくにつれて，今後，成長を続けるものと期待される．

瞬間接着剤がこの用途には一般的に選択されているが，ホットメルト接着剤はプラスチックシート，ドアやキャビネットの木材との貼合せに限定された所で使われている．合板製品の縁貼りがもう一つのホットメルト接着剤の用途であるが，ポリアミドホットメルト接着剤が耐熱性に優れるために好まれて使われている．

家具用EVAベースホットメルト接着剤の代表例を表23.15に示している．

表23.15　家具用ホットメルト接着剤

配合	重量部
Elvax® 420[a]	40
Escorez 2101 炭化水素[b]	30
Escorez 1304 炭化水素[b]	10
Be Square 175 マイクロワックス[c]	20
酸化防止剤	0.5

a: DuPont 社．
b: Exxon Chemical 社．
c: Bareco Div., Petrolite 社．

ラミネート家具生産者は，おそらくGNP以上の速度で増大する兆しがある．したがって，ホットメルト接着剤は，性能をさらに改良できさえすれば家具用途での将来性が期待できるかもしれない．EVA接着剤の現在の主な問題は，耐熱性に限界がある点である．しかし，カルボン酸含有コポリマーは耐熱性が高くなるので，この点を改良できるかもしれない．

使用温度を高くしたプロダクトアッセンブリー用接着剤は，Elvax® II 5550のようなエチレンカルボン酸コポリマーを使って配合することができる．これらの接着剤はポリアミドの耐熱性に近づいているし，多くの用途で低コストで代替できるものである．代表例を表23.16に

表23.16　プロダクトアッセンブリー用ホットメルト接着剤

配合	重量部
Elvax® II 5550[a]	35
Foral AX[b]	64
酸化防止剤	1
	100

特性	
ブルックフィールド粘度 cP(350℃)	9500
せん断接着力, psi	
松/松	500
鋼/鋼	640
アクリル/アクリル	350
PVC/PVC	300
せん断破壊温度, ℃(°F)	82(180)

a: DuPont 社．
b: Hercules 社．

表23.17　自動車用耐熱接着剤

配合	重量部
Elvax® II 5640[a]	40
Foral 105 ロジンエステル[b]	50
AC-8 ポリエチレンワックス[c]	5
Shellflex 451 HP プロセスオイル[d]	5
酸化防止剤	0.25

a: DuPont 社．
b: Hercules 社．
c: Allied Chemical 社．
d: Shell Chemical 社．

示している．自動車のエアフィルターの生産に必要とされる，さらに高温の構造用接着剤は，表23.17に示している．

ラベル類

ラベル接着剤マーケットは，基本的には二つの分野から成り立っている．非感圧タイプ，感圧タイプがある．ラベル類をガラス，プラスチック，金属缶，紙/フィルムの包装に接着させるために接着剤が使われる．これらの範疇で使われるホットメルト接着剤は全ホットメルトの約40〜50％である．各範疇の中では，このことは，また真実である．他の分野は38章で述べられるから，この章では非感圧タイプの分野についてのみ論じたい．ホットメルト接着剤が，通常，ラベル類に応用されている．この接着剤は，基材に応用される前に加熱することによって再活性化する．EVAベースホットメルト接着剤は，このマーケットで広く使われてきたが，スチレン/ブタジエンブロックコポリマーベース接着剤にマーケットをゆずりつつある．一般的に，ホットメルト感圧接着剤のすべてのマーケットで同じような傾向を示している．スチレンブロックコポリマーが多く使われるようになった第一の理由は，プラスチックボトル用ラベルとして必要な接着工程での優れた柔軟性である．プラスチックボトルの用途は，ここ数年間に劇的に増大するものと思われる．しかし，EVAポリマー供給者は，新しいタイプのレジンを開発することによって，この欠点を克服しようとして

23. ポリオレフィンおよびエチレンコポリマーベースホットメルト接着剤

いる．この例が Du Pont 社の Elvax® 170 であり，これらは，より弾性的な特性をもっており，ホットメルト感圧接着剤用として適したものである．おそらく，ラベル用ホットメルト接着剤の最大用途は，肉包装用に使われる紙/プラスチックである．包んだり，計量したり，ラベルをプリントしたりしてから包装する自動化装置は，一般的になっている．

このマーケットにおけるホットメルト接着剤の将来は，感圧ラベルにシフトしていくであろう．プラスチックボトルが増大し，かつプラスチック材料を回収する必要性が，今後の接着剤の組成を変化させたり，方向づけをしたりするものと思われる．ラベル用ホットメルト接着剤の代表的な配合例を **表 23.18** に示している．

表 23.18　熱活性ラベル用接着剤[a]

配　合	重量部
Elvax® 250 EVA[b]	25
Ultraflex ワックス[a]	32
Staybelite 樹脂[c]	20
Cardipol LP 0-25 ワックス[a]	20
Amid C アミド[d]	2.5

a：Petrolite 社, Bareco Division.
b：DuPont 社.
c：Hercules 社.
d：Armak Industrial Chemicals 社.

炭酸飲料用 PET ボトル

ガラス容器や缶を代替した炭酸飲料容器としての PET ボトルの用途は，ホットメルト接着剤の重要な消費を示してきた．PET ボトルの量は年間数十億本であり，今後数年間は，多くの製品分野で缶やガラスを代替していき，年率約 15% で成長していくものと思われる．PET ボトルは，丈夫で平らなベースカップが必要である．現在このベースカップは，ホットメルト接着剤でプラスチックボトルと接着されている．ボトルの生産が早いために，非常にセットタイムの短い接着剤が必要である．こうして，ホットメルトが最初から使われてきた．

このマーケットの将来は，いくぶん抑制されている．プラスチックボトルの回収がおそらく必要となるであろう．回収の現在の方法はボトルを再粉砕することである．しかし，ベースカップの部分が他の樹脂で構成されており，これを分離することが必要である．このことがコスト的に一つのステップであり，将来ボトルがベースカップをなくしてしまうようなデザインになると予想される．もし，このことがおこったときには，ホットメルト接着剤の数量もタイプも変化することになるであろう．

ホットメルト接着剤は，ポリエステルへの接着性が必要であるから EVA ベースか，EEA ベースか，スチレンブロックコポリマーベースとなるであろう．PET ボトル用ホットメルト接着剤の代表例を **表 23.19** に示している[2]．

カーペットシーミングテープ

カーペットの端末同士の接着は，壁から壁までをカーペットで施工する重要な一部分である．過去，カーペットは，高速プロセスで縫われていた．今日では，カーペットシーム（端末）の接着には，ホットメルト接着テープがカーペットの施工時に使われている．その結果，継ぎ目がシームレスになっている．継ぎ合わせ操作は，カーペットが敷かれる場所でなされる．

ホットメルトをコートしたテープが床の上に置かれ，隣接したカーペットの端末の下に，コートされた接着面をカーペットの裏地部分に接着させる．この接着剤は，特別に設計されたハンドタイプアイロンで再活性化される．二つのカーペットの端末が活性化されたテープの上に圧着され，そして直接アイロンで接着される．このシステムは非常に成功を収めており，カーペットが 1 枚以上から成り立っていることを見分けることはほとんどできない．

二つのタイプのホットメルト接着剤が高い強度とせん断抵抗を示す必要のある用途に使われている．低分子量 PE ベース接着剤は，Eastman 社の Eastbond A-39 を用いた系が例示される．競合品としては EEA ポリマーである．これらの EEA ポリマーは，EVA ポリマー製品より高せん断接着力が得られるために選ばれる．代表的配合例を **表 23.20** に示している．

表 23.19　PET ボトル用ホットメルト接着剤

配　合	重量部
Elvax® 210 (EVA コポリマー)[c]	10
Kraton 1102 (SBS ブロックコポリマー)[a]	25
F.R. パラフィンワックス, mp 150°C	15
White mineral oil, U.S.P.	10
Sylvatac 95[b]	40
トリノニルフェニルホスフェート	0.15

a：Shell Chemical 社.
b：Arizona Chemical 社.
c：DuPont 社.

表 23.20　エチレン-エチルアクリレートベースホットメルト接着剤

配　合	重量部
EEA (18% EA)[a]	30
Zonester 100 ロジンエステル[b]	30～40
マイクロワックス	40～30
酸化防止剤	0.5

a：Union Carbide 社.
b：Arizona Chemical 社.

ラミネート紙類

ラミネート紙は，非常に大きな多くのマーケットである．紙，フィルム，アルミホイルラミネート品は包装マーケットの主要な部分であり，一方，ホットメルト接着剤が多くの用途で使われており，ホットメルト接着剤の最大の需要先が紙ロール包装用のラミネート紙や強化感圧テープ用ラミネーション分野である．これらの分野で

は，あまり高いせん断強さは必要ではなく，APP が主成分である．多くの場合，APP は非常に少量の添加剤とともに使用されている．強化テープの場合には，通常，APP が基材の紙やフィルム上にコーティングされ，ガラス繊維やプラスチック繊維のスクリムやマトリックスが埋め込まれ，そして次の基材と一体化される．それから，製品化のために感圧接着剤がラミネートフィルムにコートされる．

ホットメルトアプリケーター

ホットメルト接着剤が継続的に急速に成長してきたことが，装置メーカーにチャレンジ精神をおこさせてきた．彼らは，効果的に，いろいろ異なった生産装置をつくって，挑戦してきた．

ホットメルト接着剤は，スラッグ，ペレット，ピロウやロープ状で，またドラムに入れて利用することができる．スラッグは，少量で手動や電動のハンドガンで断続的に使う用途に使用されている．接着剤をロープ状で使うハンドガンは，連続的に少量使うのに有効である．自動包装ラインや他の連続供給システムは，アプリケーターヘッドに連続的に供給できるようにするために，加熱されたラインを通して溶融した接着剤を供給する溶融タンクにペレットとか他の形態で使われている．利用されている多くの機械はドラムを使っている．この中で接着剤が連続的に溶融され，必要なだけ吐出される．この装置は，時にはメルトポットより効果的であり，接着剤が長時間加熱されることによる粘度変化や加熱しすぎることによる炭化をおこしたりはしない．連続的に塗工できる多くのタイプは，ホイールコーターとノズルをもったものである．単純なものは，溶融した接着剤が中から出てくるようになった，溝がほられたホイールタイプである．定量用途には，接着剤の量をドクターブレードでコントロールできるようにするために，非常に精巧につくられている．プリントシリンダーの開発でさらに精巧になり，内部につくられたドクターブレードが柔らかい，あるいは固い基材に対しても精密なパターンをプリントできるようになった．パターンは，1インチから 72 インチの幅まで変えることができ，そして，このシステムは 1000 フィート/min 以上のスピードで操作できる．

手動操作できるグループは，ノズルのサイズと多様性のために多くの改良を続けている．特殊用途向けに設計されたノズルは，品質を保証できるように生産されてきた．これらの用途は，電気部品の組立，家具，自動車，電気製品用途を含んでいる．一つの溶融タンクより数本のノズルが利用できるような装置が，現在，使用されている．また加熱供給ラインは，50 フィートの長さまで使用できるまでになっている．ホットメルトスプレーノズルは，接着剤を均一な層に塗付する用途，例えば繊維を発泡基材に接着するような用途に開発されてきた．この方法は，実際不織布の接着に有効である．

ホットメルト接着剤を使うコストは，発泡ホットメルト装置の開発によって低減化されてきた．このシステムは，接着剤を吐出させるポイントの前で不活性ガスを導入するものである．接着剤を発泡化させて使うために，使用される接着剤の量は 50% 程度減少できる．そして，使用される接着剤のコストをかなり減少できる．発泡システムは，結果的に薄い接着層となり，ある種のユーザーでは非常なメリットとなる．

ホットメルト接着剤をさまざまな形態で，多くの異なった方法によるコーティングシステムを使う優れた装置メーカーが多くある．これらは高/低圧アプリケーター，押出機，スロットダイコーター，ロールコーター，パターンコーター，ノズル，ホイール，ガン，スプレーアプリケーター，フォームアプリケーターなどである．

次にこれらのタイプの装置を生産しているメーカーを示す．ここに含まれていない多くのメーカーもある．ここでは，スペースの関係から，そのいくつかを列挙する．

○ Nordson 社，Amherst, OH 44001
○ Meltex 社，Peachtree City, GA 30269
○ Accumeter Laboratories 社，Marlborough, MA 01752
○ Bolton-Emerson 社，Lawrence, MA 01842
○ Grayco/LTI 社，Monterey, CA 93940
○ Spraymation 社，Ft. Lauderdale, FL 33309

もっとわかりやすいメーカー情報に関するリストが，ホットメルトシステムに関連したいろいろな商業機関および教育機関から得られるかもしれない．

新しいポリマーの動向

ポリオレフィンベースのホットメルト接着剤マーケットは飽和状態であり，次の二つの理由で，ゆっくりであるが拡大を続けるであろう——① 新しいマーケットの開発，② 組成を変えるような新しいポリマーの開発．特に②は，接着剤の基本成分であって，他の成分は少量しか添加する必要のない特殊な特性を与えるようなポリマーを開発することである．そのドライビングフォースは，一般的には，次に示される接着剤の要求特性であらわされる．例えば全用途対応接着剤は，$-40 \sim 300°F$ の温度特性が必要であり，$350 \sim 1000\,psi$ の接着力が必要である．これらの基準は現在のポリマーでは満足されない．新しいポリマーの開発の方向を図 23.1 に示している．このチャートは，新しいポリマーが VA 含有量の高いレベルに伸びており，分子量も幅広く，かつモノマーの数も多くなっている．当初 EVA は，VA 18〜28% のものが主に使われていた．現在では，VA 50% までの新しいタイプの EVA コポリマーが利用されるようになった．1960 年代や 1970 年代は，EVA は，VA 9〜33% ものが利用されていた．特にホットメルト接着剤用には，VA 25〜28% のものが最も利用されてきた．このチャートは，現在，新しい樹脂が利用されるにつれて広がってきている．例え

ば二つの Elvax® 40 W や 150 (DuPont 社) は，VA% が高く，かつ MI も高く，オープンタイムの長いホットメルト接着剤をつくることができ，プラスチックやフィルム基材への接着性を良くできる．他の新しい製品としては，USI 社の Vynathene 2902-30/35 (MI 170) がある．高 VA で低 MI の新しいタイプの EVA が紹介されている．これらの製品の代表例は次の通りである．

Elvax® 170 (VA 35～37%, MI 0.6～1.0) (DuPont)
Vynathene EY-903 (VA 45%, MI 7.5) (USI Chemical)
　　　　　EY-904 (VA 51%, MI 3.5)　〃
　　　　　EY-905 (VA 51%, MI 18)　〃

高 VA, 低 MI の EVA 樹脂は，ホットメルト感圧接着剤の用途に向いている．最近，少量の酸モノマーを含有した新しいタイプの EVA が紹介されている．DuPont 社により生産されたこれらのエチレン-酢酸ビニル-カルボン酸ターポリマーは，特に，極性および非極性基材への優れた接着性と強靱性があり，柔軟性とシール強度の点で有効である．表 23.21 に，これらの製品の例を示している．

表 23.21 エチレン-酢酸ビニル-酸ターポリマー[a]

銘柄	MI	VA %	酸価[b]
Elvax® 4260	5～7	28	4～8
Elvax® 4310	420～580	25	4～8
Elvax® 4320	125～175	25	4～8
Elvax® 4355	5～7	25	4～8

a：DuPont 社．
b：酸価：ポリマー 1 g を中和するに必要な KOH の mg 数．

Union Carbide 社や Dow Chemical 社より EEA (エチレン-アクリル酸エチルコポリマー) のような新しいポリマーが紹介されている．これらのメーカーは，EAA (エチレン-アクリル酸コポリマー) も出している．これらのコポリマーは，コストが高いために，ある種の特殊な用途に受け入れられている．

最近，他のエチレンコポリマーのシリーズが市場にあらわれてきた．これらの中には，Elvax® II として DuPont 社が紹介した EMAA (エチレン-メタクリル酸コポリマー) コポリマーのシリーズが含まれている．これらの製品は，高性能ホットメルト接着剤用に設計されたものである．これらは，高酸含量の，しかも熱安定性のある高分子量のコポリマーである．EVA コポリマーにある通常の特性を改良するばかりでなく，これらのポリマーはガラスや金属への接着性を促進し，アルカリ可溶型になり，基材へのぬれも改良される．これらの新しいポリマーの例を表 23.22 に示している．

Dow Chemical 社は，Primicor なる名称で類似のポリマーを紹介している．

以前にも述べたように，ホットメルト感圧接着剤用に高機能性の新しいポリマーが紹介されている．これらの最初が，Shell Chemical 社のスチレン-ブタジエン-イソプレンブロックコポリマーである．このポリマーは，柔軟性があり，低温でも必要なタックがある．最近，DuPont 社が EVA コポリマーよりエラスチックな特性をもったセグメント化 EVA ポリマーを紹介している．この製品は，Elvax® 170 といい，接着剤コンパウンドメーカーへ他の原材料と一緒に供給され，ホットメルト感圧接着剤マーケットで競合している．

APP は，なお，ラミネート紙や強化テープに使用されているが，これらのマーケットは，飽和状態である．現在いくつかのポリプロピレンコポリマーの研究が進行中で，優れた特性をもった PP コポリマーの生産目標とされている．ポリアミド-ポリエーテル，ポリエステル-ポリエステルのようなより複合化されたポリマーなどとともに，新しいタイプのポリアミドやポリエステル樹脂も開発中である．

ホットメルト接着剤の将来

ホットメルト接着剤の将来は，ポリマー供給者や接着剤コンパウンドメーカーが，刻々変化する要求に対応するような接着剤を，新しい生産プロセスや構成材料によってつくり出せるかにかかっている．ホットメルト接着剤は，有機溶剤や水を使わない接着剤の新しい使い方を提供した．しかし，ホットメルト接着剤が制限されている主な理由は，耐熱性の欠如である．この欠点を克服する方法により，ホットメルト接着剤の使用量を増やすことが可能である．最近，J. R. Erickson が新しい SIS ブロックコポリマーをホットメルト接着剤に配合した例をレポートしている．この接着剤は，電子線で硬化される．このゴムタイプポリマーを配合することによって得

表 23.22　Elvax® II [a] エチレン酸コポリマーの銘柄

銘柄	MI	酸価
5500	10	54
5610	500	60
5640	35	60
5650	10	60
5720	100	66
5950	25	90

a：DuPont 社．

表 23.23　電子線架橋のホットメルト接着剤

配合	重量部
Kraton D 1320 X[b]	50
Wingtack 95[c]	45
Adtac 10[d]	5
フェノール性酸化防止剤	1～2

a：J.R. Erickson, Shell Development Co., Houston, Texas, Adhesive Age, April 1986, p.22.
b：Shell Chemical 社．
c：Goodyear Tire and Rubber 社．
d：Hercules 社．

表 23.24 接着特性

特性	EB 前	EB 後 (5 Mrad)
ローリングボールタック, cm	1.2	1.8
ポリケンプローブタック, kg	1.2	1.4
180°はく離, pli	5.0	5.6
保持力-クラフト紙, 分	2400 A	>4000
保持力-鋼, 分	>4000	3500 C
95℃保持力-マイラー, 分	91 C	>1000
限界はく離温度 ℃	111	>200

られる特徴は，既存のタイプのものと違った特性をもった接着剤が得られることである．

代表的な配合例は**表 23.23** に示している．照射前後の物性を**表 23.24** に示している．

ホットメルト接着剤における今後の傾向としては，さらに特殊な接着剤を開発することになるであろう．これによって，接着剤の数と範囲が広がる．特殊な接着剤の例として，フィルムタイプの熱活性接着剤の開発があげられる．この接着フィルムは，5～20 mil の厚さでいろいろな形にカットして応用がきく．この接着剤は，加熱するか，あるいは電磁波のような手段で再活性化される．

さらに，ホットメルト接着剤工業でおこっている革新的なタイプの例は Nicolmelt である．それは紙おむつ用のホットメルト接着剤であるが，濡れると淡黄色から青色に変化するように工夫されており，紙おむつのニーズが変化してきていることを示している．母親達は，このことを大変評価しており，この変化をいっそう促進することによって紙おむつの販売が増大するものと思われる．

数多くの新しい特許からわかるように，数多くの新しいポリマーや接着剤組成物が評価されている．最近，Dow Chemical 社は，接着強さを増大させるために，エチレンコポリマーに 2-オキサゾリンを添加した組成物を特許にしている[3]．National Starch 社[4] と Chemplex 社[5] もエチレンコポリマーとポリプロピレンを結合させて改良されたホットメルト接着剤になるような特許を出している．

ロボットは，おそらく，ホットメルト接着剤の成長に大きく影響を与える最も重要な開発の一つである．ロボットは，多くの工業で評価されてきたし，その利便性は基本的に受け入れられている．幸いなことに，ホットメルト接着剤はロボットを使う用途に採用可能である．ロボットを使うことによって信頼性が上がり，正確で，しかも生産性と品質の向上がもたらされる．もしロボットとホットメルト接着剤との一体化が理解されて広く利用されるようになれば，将来，ホットメルト接着剤は重要な地位を占めるようになると思われる．

自動車産業におけるロボットの利用はごく当り前のようであるが，他の分野にもあるのかもしれない．住宅産業への浸透は接着剤工業の目標となってきたが，それほど大きくは達成されていない．しかし，工場で住宅をモジュール化する方向へシフトしていることが接着剤利用の機会を与えるかもしれない．

[**Ernest F. Eastman and Lawrence Fullhart, Jr.**／宮本禮次 訳]

参 考 文 献

1. Schmidt, R. C., Jr. and Pulleti, P. P., U.S. Patent 4,526,577 (to National Starch and Chemical Co.), July 2, 1985.
2. Nelson, J., U.S. Patent 4,394,915 (to Findley Adhesives Inc.), July 26, 1983.
3. Schmidt, R. C., Jr., Decowski, S. J., and Pulleti, P. P., U.S. Patent 4,460,728 (to National Starch & Chemical Company), July 14, 1984.
4. Schmukler, S., Machonis, J., Jr., and Shida, M., U.S. Patent 4,472,555 (to Chemplex Co.), September 18, 1984.
5. Hoenig, S. M., Flores, D. P., and Ginter, S. P., U.S. Patent 4,474,928 (to Dow Chemical Company), October 2, 1984.

24. ポリビニルアセタール接着剤

ポリビニルアセタール樹脂は，各種の表面に対する接着性が優れていることで知られている．ポリビニルアセタールは基本的にはガラスや金属の接着剤に適しているが，紙や繊維やプラスチックに対しては構造接着剤となる．それらは，コーティングに対し柔軟性や剛直性を与える要因となっている．顔料に対する非常に優れた結合力をもっているので印刷インキ，電子写真用トナー，磁気テープ用などに用いられる．ポリビニルブチラールは，ほとんど独占的に安全ガラスの貼合せ用として用いられている．これはポリビニルブチラールの構造にもとづく透明性や接着特性が要求されるためである．

ポリビニルアセタールは，商業的生産を開始してから50年になる．Monsanto, DuPont, Union Carbide が，この半世紀間のアメリカにおけるポリビニルブチラールの供給メーカーであった．DuPont は Butacite® という商品名で安全ガラスの中間層を独占的に供給している．Union Carbide は Bakelite® という商品名でポリビニルブチラールを提供している．Monsant は，安全ガラスの中間層を Saflex®，ポリビニルブチラール樹脂を Butvar®，ポリビニルホルマール樹脂を Formvar® という商品名で生産している．Monsant はポリビニルアセタールに関しては世界一の製造業者である．

本章では，ポリビニルアセタールについて，その応用の化学を通して紹介する．物理的性質は，一覧表にするか定量化してある．各種の応用について要約してある．最後に，この数年間に分析技術の進歩によって飛躍的に進歩したことが一般的に認められているポリマー構造について解説し，この章を終わる．

化 学 的 性 質

アセタールは良く知られているように，図24.1 に示すような 1mol のアルデヒドと 2mol のアルコールの反応からなっている．

ポリビニルアセタールは，酸性触媒の存在化でポリビニルアルコールと各種のアルデヒドの反応によって製造される．ポリビニルアルコールは，ポリ酢酸ビニルのエステル交換反応によって製造される．触媒は，工程によって酸または塩基が用いられる．ポリ酢酸ビニルは，懸濁重合やバッチ式または連続式の溶液重合法によって，酢酸ビニルから製造される．

アセタールは，その製造に用いられる三つの反応を反映した三元系のポリマーである．図24.2 にその一部を示す．

メーカーは，各種の水酸基量と分子量の水準のものを提供している．商業用のポリビニルブチラールのアセテ

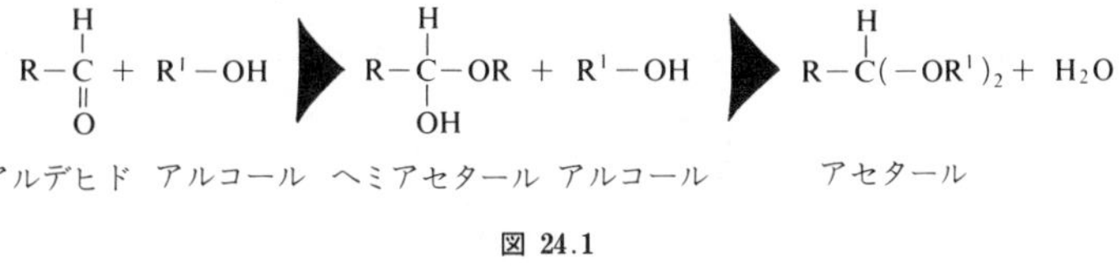

$$R-\underset{\overset{\|}{O}}{\overset{H}{C}} + R^1-OH \blacktriangleright R-\underset{OH}{\overset{H}{\underset{|}{C}}}-OR + R^1-OH \blacktriangleright R-\overset{H}{\underset{|}{C}}(-OR^1)_2 + H_2O$$

アルデヒド　アルコール　ヘミアセタール　アルコール　　　　アセタール

図 24.1

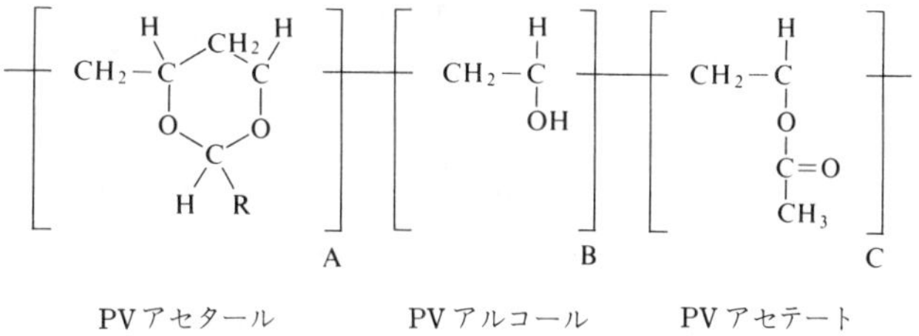

PVアセタール　　　PVアルコール　　　PVアセテート

図 24.2

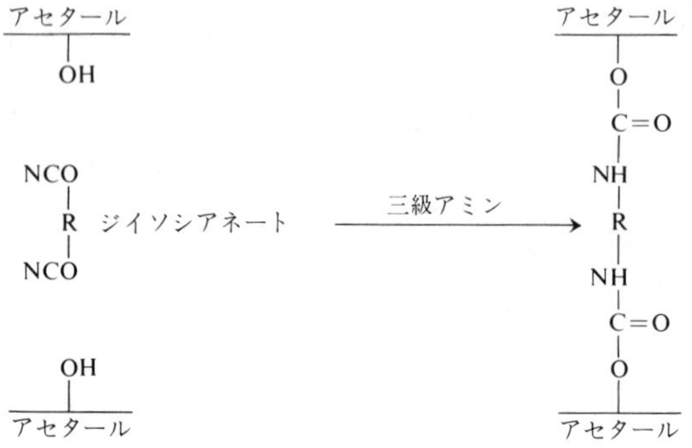

24. ポリビニルアセタール接着剤

図 24.3 イソシアネートとの反応

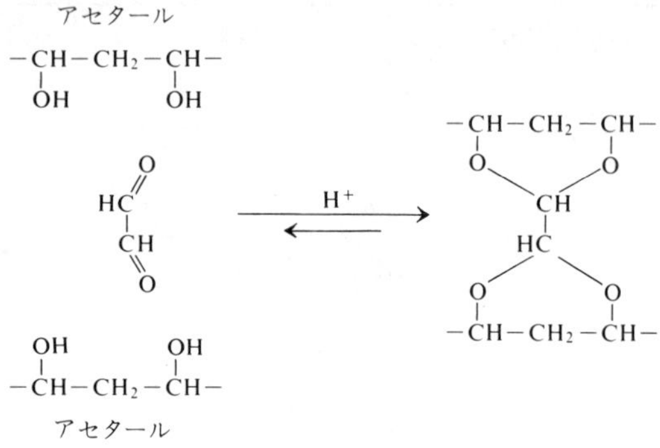

図 24.5 ジアルデヒドとの反応

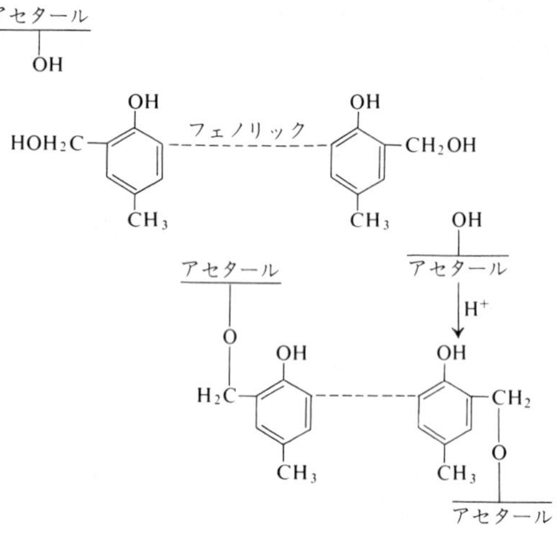

図 24.4 フェノリックとの反応

ート基の量は，一般的に低い．これは，アセテート基量は，ほとんどの使用例においてあまり大きな影響を及ぼさないからである．高アセテート基量のタイプは，一般的に，強度とか寸法安定性を犠牲にしても相溶性を改良するために，ポリビニルホルマールで用いられる．

ポリビニルアセタールのフィルムは，ひまし油やブラウン油以外の脂肪族炭化水素，鉱油，動物油，植物油に対して高い抵抗力があることが特徴である．ポリビニルアセタールは，強アルカリに対しては強いが，酸に対しては影響を受けやすい．これらの性質は，ポリビニルアセタールが架橋されるような接着剤とか塗料の成分として用いられるとき，特に顕著にあらわれる．

ポリビニルアセタール樹脂の数多くの応用の中に，その物性バランスをとるために，熱硬化樹脂で架橋する方法がある．一般的に，第二級アルコールと反応する化学試薬や樹脂状物質は，アセタールと反応する．ポリビニ

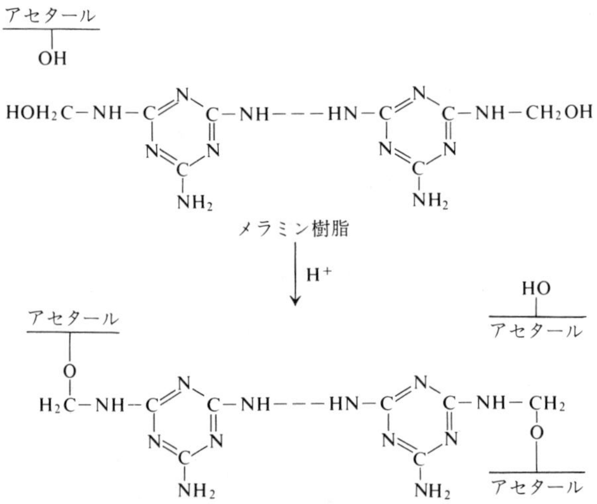

図 24.6 メラミンとの反応

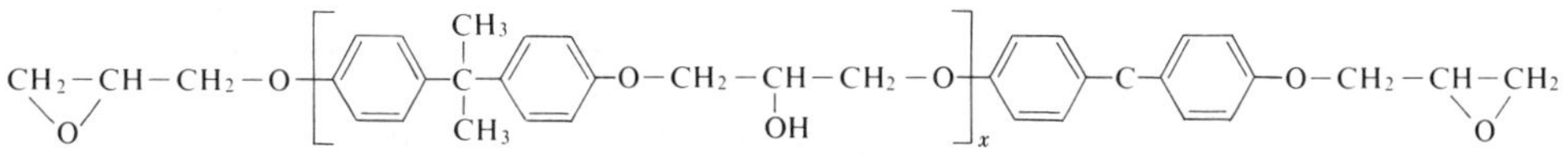

[化学構造式: 典型的なエポキシ樹脂]

典型的なエポキシ樹脂

[化学反応式: エポキシとの反応]

エポキシ

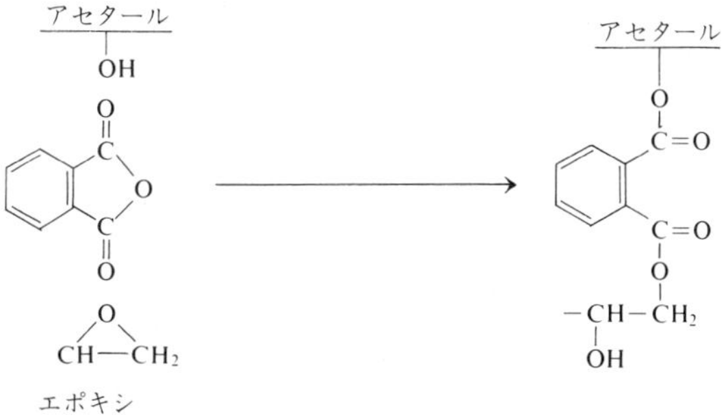

図 24.7 エポキシとの反応

ルアセタールの架橋に対して，予想される化学反応の例を図 24.3～24.7 に示す．

ほとんどの応用例において，水酸基量の水準がその性能に最も大きな影響を与える．本章の中では，慣例的に水酸基量の水準は重量分率であらわす．

ポリマーの分子鎖に沿った水酸基の分布は，ほんのわずかに不規則と考えられている．しかしながら，後述の基礎研究の項で議論されるように，最近の研究では，ポリマーは，まったく規則的に配列しているといわれている．水酸基の分布は，性能（特に溶解性）に影響を与える．松田の著述では，ポリビニルブチラールの異質性については，アセタール化工程の影響が大きいことを強調している．しかし，商業生産されている製品は，松田の例に比較するとそれほど大きく異なっていない．このことは，性能に関しては，メーカーの努力により最適化されているように思われる．ほとんどのポリマーと同じように，分子構造もまた実用性能に影響を与える．この章の範囲を越えている点もあるが，これに関しては，Finch が良い情報を提供している．

健康，毒性，安全性

これまでのところ，Butvar と Formvar について，特に健康に悪影響を与えるような報告はない．ラットとウサギに関しての急性毒性の研究では，ポリビニルブチラールは，事実上無毒である——経口投与（$LD_{50} > 1000$ mg/kg），皮膚塗付（$LD_{50} > 7940$ mg/kg）．Butvar は，ごくわずかにウサギの目に刺激があるという．しかし，皮膚刺激はない．これらの樹脂は発癌性はないと見なされている．Butvar と Formvar の引火点は 700°F 以上である．空気中における Butvar の粉末の可燃濃度範囲は，0.020 oz/ft^3 である．実際の使用において，Butvar と Formvar 樹脂は，FDA の抽出試験に適合する配合が可能である．Butvar は，CFR 規則の 175.105, 175.300, 176.170, 176.180 にしたがって，缶用塗料や接着剤の材料として，さらに水や油食品に接触する普通紙や板紙の成分として使用することができる．

物理的性質

溶解性

ポリビニルブチラールは，アルコール類，グリコール類，さらにある種類の選択された極性と非極性の混合溶剤に溶解する．アセテート基含有率の高いポリビニルホルマール化合物は，グリコールエーテル類，エステル類，ケトン類に溶解する．表 24.1 は，利用できる溶剤の代表的な一覧表である．商業生産されているポリビニルアセタールの溶解性パラメーターの例を表 24.2 に示す．溶解性や相溶性に関する三元ポリマーの構造の影響については，一般的に図 24.8 に示される．ポリビニルブチラールの水分散液も有用である．分散粒子径は，1 μm 以下であり，分散液はアニオン系で，pH は 8～9 程度である．

相溶性

ポリビニルアセタールの相溶性は，基本的にはアセタール中の水酸基とアセテート基の含有量によって決まる．アセタールと各種の固形物の相溶性の一般的な指針を表 24.3 に示す．しばしば，アセタールと他の固形物の混合が行われるが，これは，アセタールの物理的，化学的性質を変えたり，最高性能に対する価格の比率を低下させることが目的である．

相溶する可塑剤は，非常に多種類にわたっている．長い間，ポリビニルブチラールの可塑剤として一般的に用いられてきたのは，トリエチレングリコール-ビス（2-エチルブチレート）であった．しかし，最近これにかわって，アジピン酸エステル，テトラエチレングリコール誘導体，セバシン酸エステル，リシノール酸エステル，その他のものが用いられてきた．ブチラールに相溶する可

24. ポリビニルアセタール接着剤

表 24.1 ポリビニルアセタールの溶剤

	ポリビニルホルマール		ポリビニルブチラール	
	低アセチル基	中アセチル基	低水酸基	高水酸基
酢 酸	S	S	S	S
アセトン	I	I	S	I
n-ブタノール	I	I	S	S
酢酸ブチル	I	I	S	I
四塩化炭素	I	I	I	I
Cresylic acid	S	S	S	S
シクロヘキサノン	I	S	S	S
ジアセトンアルコール	I	S	S	S
ジイソブチルケトン	I	I	S	I
ジオキサン	S	S	S	S
N, N-ジメチルアセトアミド	S	S	S	S
N, N-ジメチルホルムアミド	S	S	S	S
エタノール (95%)	I	I	S	S
酢酸エチル (99%)	I	I	S	I
酢酸エチル (85%)	I	I	S	S
エチルセロソルブ	I	I	S	S
エチレンクロライド	S	S	S	S
ヘキサン	I	I	I	I
イソプロパノール (95%)	I	I	S	S
酢酸メチル	I	I	S	S
メタノール	I	I	I	S
メチルセロソルブ	I	S	S	S
メチルセロソルブアセテート	I	S	S	I
メチルブチノール	S	S	S	S
メチルペンチノール	S	S	S	S
メチルエチルケトン	I	I	S	I
メチルイソブチルケトン	I	I	S	S
N-メチル-2-ピロリドン	S	S	S	S
ニトロプロパン	I	S	I	I
トルエン	I	I	S	I
トルエン-エチルアルコール (60:40 wt)	S	S	S	S
キシレン	I	I	I	I
キシレン-n-ブタノール (60:40 wt)	I	I	S	S

S＝完全溶解
I＝非溶解または不完全溶解
出典：Butvar/Formvar 技術資料 No. 6070 A. Monsanto Chemical 社.

表 24.2 溶解性パラメーター範囲

	低水素結合溶剤	中水素結合溶剤	高水素結合溶剤
中アセチル基 PVF	9.3〜10.9	9.2〜12.9	9.2〜12.1
低アセチル基 PVF	9.3〜10.0	9.7〜10.4	9.9〜11.8
低水酸基 PVB	9.0〜9.8	8.4〜12.9	9.7〜12.9
高水酸基 PVB	不 溶	9.9〜12.9	9.7〜14.3

出典：Butvar/Formvar 技術資料 No. 6070 A. Monsanto Chemical 社.

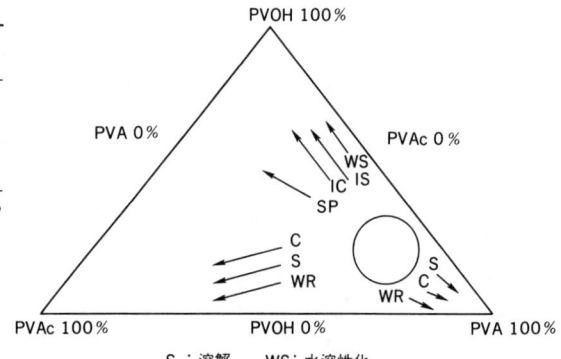

S：溶解　　WS：水溶性化
IS：不溶解　WR：耐水性化
IC：相溶　　SP：軟質化

図 24.8

24. ポリビニルアセタール接着剤

表 24.3 アセタールの相溶性*

	ポリビニルブチラール		ポリビニルホルマール	
	低水酸基	高水酸基	高アセチル基	低アセチル基
アクリレート	I	I	I	I
アルキド				
Rezyl 807-1	P	P	P	P
Duraplex C-49	P	P	P	P
Beckosol 1334-50 EL	P	P	P	P
アルファピネン				
Newport V-40	C	C	C	C
セルロース				
セルロースアセテート	I	I	I	I
セルロースアセテートブチレート	P	P	P	P
エチルセルロース	P	P	I	I
ニトロセルロース, RS	C	C	P	I
ニトロセルロース, SS	C	C	I	I
塩化ゴム	I	I	I	I
クマロン-インデン樹脂	I	I	P	P
エポキシ樹脂				
Epi-Rez 540	C	C	C	C
Epon 1001, 1007	C	C	C	C
Araldite 6097	C	C	C	C
化石樹脂				
Damar	C	C	I	I
イソシアネート				
Mondur S	C	C	C	C
ケトンホルムアルデヒド				
Advaresin KF	C	C	P	P
メラミンホルムアルデヒド				
Resimene® 881, 882	P	P	P	P
Resimene 730, 740	P	P	P	P
フェノール樹脂				
Amberol ST-137	C	C	—	—
BKR-2620	C	C	P	P
BV-1600	C	C	—	—
BV-2710	P	P	C	C
GE 75-108	C	C	C	C
Resinox® P-97	C	C	C	C
ロジン誘導体				
Pentalyn H	P	P	—	—
Staybelite Ester 10	C	P	—	—
Vinsol	C	C	C	C
シェラック	C	C	I	I
シリコーン				
SR 82	C	C	P	P
SR 111	C	P	P	P
DC 840	C	P	P	P
DCZ 6018	C	P	P	P

	ポリビニルブチラール		ポリビニルホルマール	
	低水酸基	高水酸基	高アセチル基	低アセチル基
スルホンアミド Santolite® MHP	P	P	—	—
尿素ホルムアミド Uformite F-240	P	P	P	P
塩化ビニル共重合体 VAGH	P	I	I	I

®：Monsanto 社の登録商標
C＝全比率で相溶
P＝部分的に相溶
I＝非相溶
*両方が溶解する溶剤を用いてつくったフィルムの相溶性から判定．

塑剤の一覧表は，参考文献 17) にある．ブチラールとホルマールに対する適切な可塑剤については，参考文献 18) にある．各種のシーリング材と Saflex の長期間の相溶性についても，参考文献 18) にある．Sears は，ポリビニルブチラールのおよその溶解性と相溶性の範囲を，溶解性パラメーター，誘電率，水素結合指数などで定量化して表示することを，文献 17)，19) に記述している．この報告は，現在一般的に通用している溶剤や可塑剤の効果を推測するのに有用である．

粘　度

溶液粘度は，依然としてポリビニルアセタールの分子量のおよそのふるい分けのための測定法として用いられている．応用性能の面からは，精密な分子量の制御が要求されるが，溶液粘度は，親水性と疎水性からなる高分子に対する混合溶剤の挙動に影響を受ける．表 24.4 に，メタノール中におけるポリビニルブチラールの溶液粘度の各種パラメーターに対しての相対的な感度の例を示してある．

Finch は，水溶性ポリマーの溶液粘度の測定のむずかしさを述べている．ポリビニルアセタールは，水溶性と非水溶性のセグメントの両方をもっているので，分子間，分子内の異質性が加わって，溶剤種類もまた粘度に影響する．

溶液中のポリマーの集合は，分子量のゲル沪過による測定法の発展によって，大きな注目をあびている．溶融挙動を推定するために分子量を必要とするような場合には，100℃ 以上での粘弾性の測定を行うことによって，ポリマーの集合によるゆがみの影響を避けることができる．しかしながら，溶融粘度でさえも真の分子量や分子量分布の基準にはならない．それは，高温時の粘弾性には，ポリマーの枝分かれや，非直線性が影響するからである．

機 械 的 性 質

強度や柔軟性は，アルデヒド種類の選択，ポリマー分子の長さ，水酸基とアセテート基の組成比などによって，広い範囲で変化する．図 24.9 は Monsant 社の製品資料を基礎にしたものであり，アセテート含有率がそれぞれ，1.5wt% のブチラールと 10wt% のホルマールについて，3 種の機械的物性を同じスケールで比較してある．単位は $dyne/cm^2 \times 10^8$ である．図 24.9 では，ホルマールについては，特に高モジュラスのものについて示してある．円内は目盛を拡大してある．3種の機械的物性に対して，モノマー単位の 100 の変化と水酸基の 1wt% の変化に対する平均的な影響が強調されている．例えば，ブチラールやホルマールの重合度 (DP) が 100 増加すると，弾性率は $8 \times 10^7 dyne/cm^2$ 増加する．

アセテート基の増加は，一般的に弾性率を低下させる．

機械的強さは，アルデヒドの関数であり，水酸基やアセテート基は重要であるが，あまり大きな影響を与えない．

ポリビニルアセタールは，非常に優れた衝撃強さをもっている．ポリビニルアセタールによって吸収されるエ

表 24.4　ポリビニルブチラールの溶液粘度

変　数	変化量	平均重合度			
		1200	1700	1900	2100
		粘度変化 (cP)			
重合度	100.0	17.1	32.5	—	48.0
高分子分散度	0.5	7.0	18.7	—	34.1
残存水酸基 (wt %)	1.0	3.5	9.4	—	17.1
PVB 溶液の固形分 (%)	0.1	—	—	17.3	—
溶液温度 (℃)	1.0	—	—	9.5	—

PVB 溶液＝7.5 wt %，20℃ メタノール溶液

図 24.9 機 械 的 性 質

図 24.10 熱 的 性 質

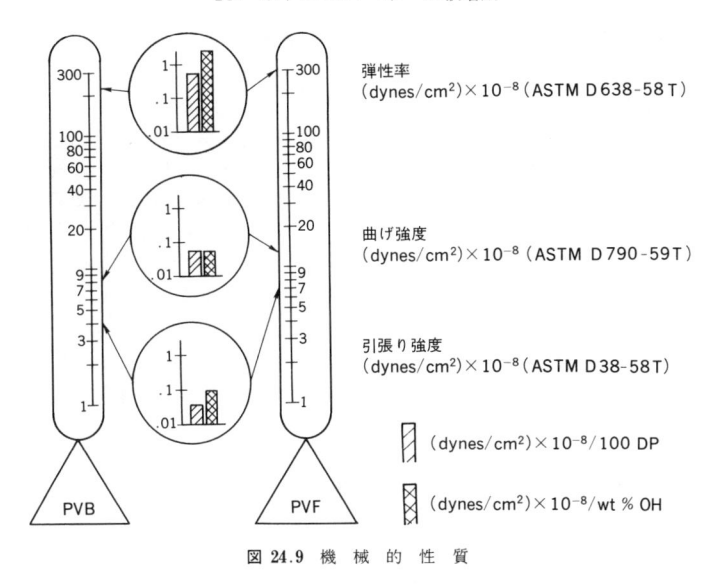

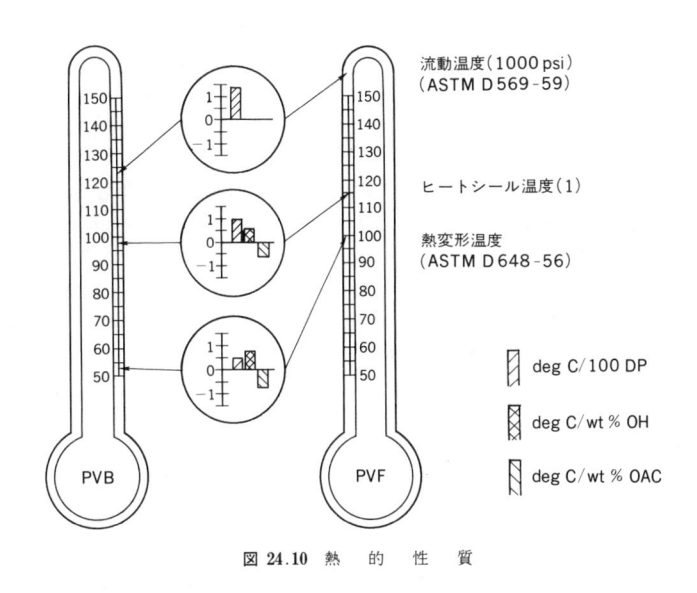

ネルギーの合計は，基本的にはそれを構成している合成物の関数である．

熱 的 性 質

機械的性質と同様に，広範囲の熱的性能も，アルデヒドの種類や，分子量，水酸基やアセテート基の選択によって決まってくる．図 24.10 では，機械的性質で評価されたのと同じようなブチラールとホルマールの 3 種の熱的性質について比較してある．高温での性能は，アルデヒドの種類と分子量によって決まる．分子量の増大は，温度を下げるのと同じように，熱的性能の影響を減少させる．

温和な温度でのポリビニルアセタールの性能の予測は，なかなかむずかしいことである．図 24.10 に示すように，アセタールの種類を除外してみれば，温和な温度での熱的性能は，分子量と水酸基，アセテート基の量でほぼ同じような影響を受ける．さらに，ポリマーの組成分布と分子量は実際の使用時に大きな影響を与える．温和温度での使用や前処理に関してメーカーと親密な連絡をとることは非常に有用である．

脂肪族アルデヒドからなるポリビニルアセタールの熱的ガラス転移温度 (T_{Gt}) は次の式で概算される．

$$T_{Gt} = 65 + 1.26 \times (OH - 19.0) \\ - 0.6 \times (OAc - 1.5) + 46 \times \ln(4/C)$$

OH と OAc は，それぞれ水酸基とアセテート基の wt % である．C は元のアルデヒドの炭素数である．上の式は，19wt% の水酸基と 1.5wt% のアセテート基を有する典型的なポリビニルブチラールを基本にしている．この典型的なブチラール（$C=4$，OH=19，OAc=1.5）に対しては，上式のガラス転移温度は 65℃ となる．本式の評価の誤差は，一般的な文献とか，参考文献 21) との比較から，3℃ 程度である．

およそ 20℃ から 120℃ の間の T_g を有するポリビニルアセタールは，アルデヒドの混合された配合設計によって得られる．アルデヒドの混合系のポリマーのガラス転移温度は，アルデヒドモル比にもとづいて計算された C を用いることによって計算される．例えば，およそ 30/70（モル比）のブチラールとヘキシラールからなるポリビニルアセタールは，$C=5.4$，OH=19 となり，機械的ガラス転移温度 $T_{Gm}=49℃$ となる．

たいていの場合，ガラス転移温度は，実際的には可塑剤によって操作される．Fitzhugh のデータ[22)] によれば，ガラス転移温度は，100 部のポリマーに対し，1 部のジブチルフタレート（DBP）を加えることにより，平均的に 1.3℃ 下げることができる．DBP によって可塑化されたポリビニルアセタールのガラス転移温度 T_{GP} は，可塑剤の分率 P と，機械的な樹脂のガラス転移温度 T_{Gm} から計算される．

$$\ln(T_{GP}/T_{Gm}) = -13.8 \times P^{1.5}/(1+2.3 \times P)$$

ガラス転移温度以下では，ブチラール以下の炭素数のアルデヒドからなるポリビニルアセタールは完全に非結晶性であり，2×10^{10} dyne/cm^2 の弾性を示す．ブチラールとそれ以上の炭素数を有するアルデヒドのアセタールは，一般的に結晶性が低く，ほとんど完全非晶性ポリマーと同じような弾性を示す．元のアルデヒドの炭素数が 4 以上のアセタールは，脆化温度が非常に低い．

ポリビニルアセタールの中で，ブチラールが商業的に発展した．ブチラールは，広い範囲の温度領域で柔軟性があり，他の炭素数の多いアルデヒドのアセタールより安価に供給できるからである．高温での固さが求められる場合は，ホルマールが最も安価で十分な性能を備えている．

接着剤用途

ホットメルト

ポリビニルブチラールは，ホットメルト接着剤としての優れたベースポリマーであり，特に，難接着面に適用できる．ブチラールは，通常可塑剤，ワックス，その他の樹脂と配合される．

熱硬化性接着剤

ポリビニルアセタールは，高性能熱硬化性接着剤としての剛直性，柔軟性，高接着強度を付与するために，他の成分と組み合わせて用いられる．オレフィン類に関する使用法は，参考文献 25)，26) に記述されている．

金属の接着

ポリビニルホルマールの最初で最も広い用途は，電線の絶縁用である．1943 年の General Electric 社の特許[27)] の中には，代表的な 105℃ の配合が記述されている．ポリビニルホルマール樹脂は，各種の電線エナメル用に配合されてきた．この配合の中には，はんだのできるエナメルや高切削性エナメル，密封されたモーターの耐フレオンガス性のエナメル，さらに，155℃ から 180℃ で使用できる多層構成の磁石用コイルなどがある．電線エナメルの改良については，参考文献 31)～35) に記述されている．

ドラムや缶の下塗りに，ポリビニルアセタールが用いられる．この場合，アセタールは接着力のほかに，塗装の均一性，柔軟性，剛直性，割れ防止性などを備えている．アセタールは，焼付け塗膜用として配合し，焼き付けることによって，優れた化学的抵抗性と耐劣化性を示す．塗料は，FDA の要求項目に適合するように配合できる．

良く知られた金属接着の応用例として，ウォッシュプライマーがある．応用配合例の入手は，容易である．さらに情報がほしい場合は，一般文献もあるし，文献 37)，38) なども用意されている．海軍は，昔から腐食を防ぐためや接着性の向上を図るため塗装の前処理の必要性を認めており，MIL-P-15328，MIL-C-8514 B で，ウォッシュプライマーを指定している．

天然物表面の接着

天然物表面の接着のためには，通常アセタールの中では，ポリビニルブチラールが選択される．木材への使用では，優れたねばりと接着力，耐湿性，柔軟性，剛直性，耐衝撃性，耐変色性などが見られる．天然繊維や合成繊維への適用では，感触やしなやかさを，色などに特に大きな影響を与えずに，汚染性や耐水性を改良する．防燃性や染色性や毛皮のような物性を改良した織物が，ソ連や日本で特許化されている．室温乾燥が重要である織物に対しては，水性のブチラール分散液が使用されている．ポリビニルアセタールは，各種の複写技術において，紙への接着剤として用いられている．例えば，写真技術，静電写真用トナー，誘電塗工などの技術分野である．

砂強化バインダー

ポリビニルブチラールは，いろいろの応用の中で，焼成前の鋳型部品の接着に用いられる．これらの用途は，砂の成形から，鋼の鋳造のための仮のテープとか，高級セラミック，電子部品までにわたっている．

このような多種類の無機物に対する接着性のほかに，ポリビニルブチラールは，未焼成部品に対する柔軟性や強度を備えている．ある種の工程では，これらの部品は，機械加工するに十分な初期的な強度をもっている．

コンポジット

ポリビニルブチラールは，強化プラスチックの強度を上げることに重要な役割を果たしている．DuPont 社の芳香族ポリアミド Kevlar® とポリビニルブチラール，フェノール，ホルムアルデヒドの組合せから，軽量防弾ヘルメットや被覆板が積層成形されている．Monsant 社の Saflex SX は，透明な防弾ガラスをつくるために，ポリカーボネートと積層される．DuPont 社は，ポリビニルブチラールと配向させたポリエチレンテレフタレートの積層物で，耐引裂き性に優れたシートを提供している．このシートは，ガラスに接着した場合，衝撃に対してガラスの破片が散らばるのを防いでいる．

ガラスへの接着

おそらく，この最近半世紀における「ガラス/可塑化ポリビニルブチラール/ガラス」の製品に関しての賞賛は，John St. Clair に与えられるべきであろう．貼合せガラス板の製造に関する論文において，Clair は，昔から失敗といわれてきたポリビニルブチラールで製造される貼合せガラスというものを，全然気にしなかったと述べている．製品の歴史は，文献 56)～61) に示されている．

その寿命の長さに加え，製品は，安定した衝撃性と光学特性において，非常に厳格な品質基準を満足している．基本的な用途は，自動車の風防ガラスである．最近，安全性，保護，防音，太陽エネルギーの制御などが実証されてきたため，建築用途への利用が発展してきている．設計の自由度が大きく，建築用の曲面ガラス製品の市場が成長している．

その他の用途

包括的ではないが，現在発展している用途例として，ポリビニルアセタール自身の機能に柔軟性の特徴を利用したものがある．それらは，インキ，染料，印刷版，フィルム，発泡体，沪紙，膜，スポンジなどについての応用であり，ここでは議論しなかった．その他の用途例としては，可燃性カートリッジ，包帯，外科の縫合用，偏光レンズ，溶接やはんだ付けの融剤，レコードのクリーナーなどがある．

基礎研究

分析法の進歩によって，しだいに，分子間および分子内の組成的な不均一性と独立して，構造的な不均一性の定量化が可能になってきている．この分離に関しては，正確な分子量データを決定することが，長い間の問題点であった．Mrkvickova[2] と Cotts[3] のデータは，発表されなかった Remesen[73] の著作と一致している．NMR もまた有用であり，二次元 NMR 測定法が確立されてきた．劇的な進歩があるにもかかわらず，広い範囲で使用性能を予測するために十分な構造や組成の不均一性を定量化することは，やはり将来に解決される問題であろう．

謝辞 われわれは，Monsant 社の Saflex とその樹脂に関連する仕事に携わって協力してくれた人々に感謝の意をあらわしたい．われわれは，本件に関し，E. Lavin と J. A. Snelgrove 両博士の初期の仕事に対して特に感謝したい．そして，いろいろの準備を手伝っていただいた L. M. Daudelin と N. E. Franco にも感謝したい．

[P. H. Farmer and B. A. Jemmott／柳田良之 訳]

一 般 書

Butvar/Formvar Technical Bulletin No. 6070A, Monsanto Chemical Company, 800 North Lindbergh Blvd., St. Louis, MO. 63166.

Lavin, E., and Snelgrove, J. A., in "Kirk-Othmer Encyclopedia of Chemical Technology," 3rd Ed., Vol. 23, pp. 798–816, New York, John Wiley & Sons, 1983.

参 考 文 献

1. Fitzhugh, A. F., Lavin, E., and Morrison, G. O., *J. Electrochem. Soc.*, **100**, 8 (1953).
2. Mrkvickova, L., Danhelka, J., and Pokorny, S., "Characterization of Commercial Poly(vinylbutyral) by Gel Permeation Chromatography," *J. Appl. Polym. Sci.*, **29**, 803–808 (1984).
3. Cotts, P. M., and Ouano, A. C., "Dilute Solutions of Poly(vinylbutyral): Characterization of Aggregated and Non-aggregated Solutions," *Polym. Sci. Technol.*, **30**, 101–119 (1985).
4. Matsuda, H., and Inagaki, H., *J. Macromol. Sci. Chem.* **A2**(1), 191 (1968).
5. Finch, C. A. (ed.), "Polyvinyl Alcohol, Properties and Applications," New York, John Wiley and Sons, 1973; Finch, C. A. (ed.), "Chemistry and Technology of Water-Soluble Polymers," New York, Plenum, 1983.
6. Monsanto Material Safety Data, Nos. 500010176, 77, 78, 79, 80, 85, 86, and 87, 88, 662, 663, Monsanto Chemical Co., 800 N. Lindberg Blvd., St. Louis, MO 63160.
7. Sekisui Chemical Company, Ltd., Technical Data, S-Lec B., Sekisui Chemical Company, Head Office, Soze-cho, Kita-ku, Osaka, Japan.
8. Butvar Dispersion BR Resin, Monsanto Data Sheet No. 6019-B, May 1977, Monsanto Chemical Company, 800 N. Lindberg Blvd., St. Louis, Mo. 63160.
9. Robertson, H. F. (to Carbide and Carbon Chemical Corp.) U.S. Patent 2,167,678 (June 13, 1939).
10. Fariss, R. H., and Snelgrove, J. A. (to Monsanto Co.), U.S. Patent 3,920,876 (Nov. 18, 1975).
11. Snelgrove, J. A., and Christensen, D. I. (to Monsanto Co.) U.S. Patent 4,144,217 (Mar. 13, 1979).
12. Coaker, A. W. M., Darby, J. R., and Mathis, T. C. (to Monsanto Co.) U.S. Patent 3,841,955 (Oct. 15, 1974).

13. Phillips, T. R. (to E. I. du Pont de Nemours & Co., Inc.), U.S. Patent 4,230,771 (Oct. 28, 1980).
14. Takaura, K., Misaka, T., and Ando, S. (to Sekisui Chemical Co. Ltd.) Japanese Patent 71 42,901 (Dec. 18, 1971).
15. Fabel, D. A., Snelgrove, J. A., and Fariss, R. H. (to Monsanto Co.) U.S. Patent 4,128,694 (Dec. 5, 1978).
16. Dages, D. (to Saint-Gobain Industries S. A.) European Patent Appl. 11,577 (May 28, 1980).
17. Sears, S. K., and Touchette, N. W., "Plasticizers," in "Kirk-Othmer Encyclopedia of Chemical Technology," 3rd Ed., Vol. 18, pp. 113-115, New York, John Wiley and Sons, 1982.
18. Sealant Compatibility, Technical Bulletin No. 1512, Monsanto Chemical Company.
19. Sears, J. K., et al., "Plasticizers for the Modification of Paper Saturating Resins," TAPPI Paper Synthetics Conference Proceedings (Dec. 24, 1979).
20. Schacht, Etienne, et al., "Synthesis and Hydrolysis of Poly(vinyl acetals) Derived from Poly(vinyl alcohol) and 2,6-Dichlorobenzaldehyde," *Macromolecules*, **16**(2), 191-296 1983.
21. Cartier, R. G., unpublished data, Monsanto Co., 730 Worcester St., Springfield, MA 01151.
22. Fitzhugh, A. F., and Crozier, R. N., *J. Polymer Sci.* **8**, 225 (1952).
23. Schatz, M., Salz, K., and Volek, J., Czech. Patent 155,587 (Dec. 15, 1974).
24. Sera Mitsutaka, Japanese Patent 74 13,247 (Feb. 5, 1974).
25. Yakovlev, A. D., et al., *Plast. Massy*, (8), 75 (1975).
26. Tenchev, K., et al., *Adhesion*, (11), 368 (1971).
27. Jackson, E. H., and Hall, R. W. (to General Electric Co.) U.S. Patent 2,307,063 (Jan. 5, 1943).
28. Lavin, E., Markhart, A. H., and Ross, R. W. *Insulation*, **8**(4), 25 (1967).
29. Lavin, E., Fitzhugh, A. F., and Crozier, R. N. (to Shawinigan Resins Corp. and Phelps Dodge Copper Products Corp.) U.S. Patent 3,069,379 (Dec. 18, 1962).
30. Lavin, E., Markhart, A. H., and Kass, R. F. (to Shawinigan Resins Corp.) U.S. Pat. 3,104,326 (Sept. 17, 1963).
31. Ueba, U., and Kowaguchi, M. (to Somitono Electric Industries Ltd.) Japanese Patent 75 96,628 (July 31, 1975).
32. Oromi, J. C. Spanish Patent 412,082 (Jan. 1, 1976).
33. Seki, M., et al. (to Hitachi Ltd.; Hitachi Cable Ltd.) U.S. Patent 4,129,678 (Dec. 12, 1978).
34. Flowers, R. G., and Fessler, W. A. (to General Electric Co.) U.S. Patent 4,254,007 (Mar. 3, 1981).
35. Shvaitsburg, E. Ya., et al., USSR Patent 753,878 (Aug. 7, 1980).
36. Hare, C. H., "Using a Wash Primer," *Plant Engineering* (October 16, 1975).
37. Hoechst Product Technical Brochure 7111.
38. Hirota, N. (to Mitsubushi Heavy Industries Ltd.) Japanese Patent 7800,410 (Jan. 9, 1978).
39. Hinichs, H., Peter, J., and Schuessier, W. D. (to Reichhold-Albert Chemie A.G.) German Patent 2,144,233 (Mar. 8, 1973).
40. Burns, R. J. (to Union Carbide Corp.) U.S. Patent 3,313,651 (April 11, 1967).
41. Veber, M. A., et al., *Sb. Tr. Leningr. Inzh. Stroit. Inst.*, **86**, 55 (1973).
42. Shvetsova, T. P., and Zhdanova, T. I., *Kozh.-Obuvn. Promst.*, **18**(6), 22 (1976).
43. Plumb, P. S., *Ind. Eng. Chem.*, **36**, 1035 (1944).
44. Hirakawa, K., and Ohno, K. (to Kuraray Co. Ltd.) Japanese Patent 73 91,383 (Nov. 28, 1973).
45. Sumi, M., et al. (to Unitika Co. Ltd.) Japanese Patent 74 118,999 (Nov. 13, 1974).
46. Bernshtein, M. M., et al., *Izv. Vyssh. Uchebn. Zaved. Tekhnol. Legk. Promsti.*, (5), 22 (1974).
47. Michima, N., et al. (to Kanebo. Co. Ltd.) Japanese Patent 72 46,896 (Nov. 27, 1972).
48. Takahashi, R. and Okazaki, S. (to Hitachi Metals Ltd.) Japanese Patent 76 45,616 (Apr. 19, 1976).
49. Kostin, D. T., et al., USSR Patent 744,741 (June 30, 1980).
50. Anderson, L. C., Nufer, R. W., and Pugliese, F. G. (to I.B.M. Corp.) German Patent 2,227,343 (Jan. 18, 1973).
51. Howatt, G. N., U.S. Patent 2,582,993 (Jan. 22, 1952).
52. Park, J. L. Jr. (to American Lava Corp.), U.S. Patent 2,966,719 (Jan. 3, 1961).
53. Mistler, R. E., et al. "Tape Casting of Ceramics."
54. "A Plastic Helmet for Soldiers," *Chemical Week*, **31**(23), 114, 116 (Dec. 8, 1982).
55. Layman, P. L., "Aramids, Unlike Other Fibers, Continue Strong," *C & E News*, **60**(6), 23-24 (Feb. 8, 1982).
56. "Face Saving Windshields," *Du Pont Magazine*, **80**, 20 (Sept/Oct, 1986).
57. St. Clair, J. R., "How High Quality Laminated Glass Is Made" *Glass Industry*, Nov. 1984.
58. "A Century of Achievement 1883 1983," *PPG Products Magazine*. **91**(2), (1983).
59. Weidlein, E. R., "History and Development of Laminated Safety Glass," *Indust. Eng. Chem.*, **31**(5), 563-566 (May, 1939).
60. Wise, H. G., "The Manufacture of Safety Glass," *J. Record Trans. Junior Inst. Engrs.*, **48**, 532-539 (1937-1938).
61. Wilson, J., "Safety Glass: Its History, Manufacture, Testing, and Development," *J. Soc. Glass Technol.*, **16** (1932).
62. Laminated Architectural Glass, Specification Guide, Monsanto Chemical Company, St. Louis., Mo.
63. Architectural Saflex Interlayer for Solar Control, Technical Bulletin No. 6295D, Monsanto Chemical Company, St. Louis, Mo.
64. Block, V., "New Markets for Bent Glass," *Glass Digest*, Nov. 15, 1986.
65. Remaly, R. F., Shefcik, W. P., and Nelson, M. B. (to U.S. Dept. of the Army) U.S. Patent 3,474,702 (Oct. 28, 1969).
66. Mueller, H. (to Beiersdorf A.G.) German Patent 1,939,916 (Feb. 4, 1971).
67. French Patent 1,589,917 (May 15, 1970) (to Henkel and Co. GmbH).

68. Fritsch, S., *Pharmazie*, **22**(1), 41 (1967).
69. Marks, A. M., and Marks, M. M., U.S. Patent 3,300,436 (Jan. 24, 1967).
70. Makinov, V. P., and Lezhnikov, V. P., USSR Patent 360,187 (Nov. 28, 1972); Khuzman, I. A., et al., USSR Patent 359,117 (Dec. 3, 1972).
71. Susuki, F. K., and Thomas, T. W. (to Liquid Crystal Products, Inc.) U.S. Patent 4,161,557 (Mar. 28, 1978).
72. Japanese Patent 80 157,698 (Dec. 10, 1980) (to Shin-Etsu Polymer Co., Ltd.).
73. Remsen, E. E., and Gillham, P. D., unpublished GPC work, Monsanto Chemical Company, 800 N. Lindberg Blvd., St. Louis, MO 63166.
74. Schacht, E., Desmarets, G., Goethals, E., and St. Pierre, T., "Synthesis and Hydrolysis of Poly(vinyl acetals) Derived from Poly(vinyl alcohol) and 2,6-dichlorobenzaldehyde," *Macromolecules*, **16,** 291–296 (1983).
75. Leo, Greg, unpublished analysis, Monsanto Co., St. Louis, MO.
76. Bruch, M. D., *NMR Newsletter* No. 333, Texas A&M University, June, 1986.

25. アクリル接着剤

1901年，ドイツのチュービンゲンでOtto Rohmという学位申請者が，アクリル酸メチルおよびエチルにナトリウムアルコキシドを作用させたときに得られる液状の縮合化合物に関する論文を提出した．彼はこのとき同時に得られる高分子物質の化学的性質についても述べている．この仕事でRohm博士は，その後の半世紀の間に，接着剤，プラスチック，塗料その他の分野で重要な産業が花咲くことになる，化学史における一章を開いたのだった．この半世紀の間に，種々のアクリレートモノマーや，それから得られる多くの高分子物質に関するいくつもの工業的な製造プロセスが開発された．

溶剤型や水性のアクリル接着剤，不揮発分100%の反応性接着剤の設計に用いられる高分子製品には，すべて多くの共通する性質がある．その中で最も重要なのは
- 低温特性
- 広い接着特性
- 耐水性
- 配合の容易さ
- 優れた光学的性質
- 耐候性
- 低い毒性

である．

アクリルポリマーは，水性エマルジョン，溶液いずれの形態でも粘着接着テープ，ラベルその他の装飾的あるいは機能的粘着製品のベースとして広く用いられている．それは，このポリマーの広範な接着性や優れた耐久性による．

アクリル化合物は，種々の水溶性構造接着剤やラミネート接着剤，包装用接着剤のエラストマーあるいは増粘剤成分として広く用いられている．ある場合には，アクリレートポリマーの役割は小さなものであり，スチレンブタジエンラテックスやポリ酢酸ビニルのエラストマーに対して，増粘性を与えているにすぎない．数多くの特殊ラミネート接着剤は，充填剤の有無にかかわらず，アクリルエラストマーを異種の表面の接着に用いている．それはウェットラミネート，粘着ラミネート，コンタクト接着，ヒートシールなどで実施される．

最後に，アクリルの化学は，数多くの不揮発分100%の反応性構造用接着剤の基礎になっている．これは，一般に金属やプラスチックの非多孔質表面用の構造接着剤である．

工業技術

化学

アクリルポリマーは，広範なアクリル酸あるいはメタクリル酸エステルモノマーとほとんどの場合，少量のペンダント型官能基モノマーとから合成される（後者は後架橋や特殊な接着要求に応じて加えられる）．より具体的には，アクリル接着剤は，主にエチル，ブチル，2-エチルヘキシルのアクリレートモノマーを基本組成とし，少量のメチルメタクリレート，アクリル酸やメタクリル酸，その他の特殊アクリルモノマーが加えられる．しばしばアクリルモノマーは，他のビニルモノマー，例えば酢酸ビニル，塩化ビニル，スチレンなどと共重合される．ビニル基の高い反応性によって，非常に高い分子量をもつ線状ポリマーの合成が可能になる．

ほとんどの工業プロセスは，フリーラジカル付加反応で，開始剤を用いて昇温下で行われる．アクリル接着剤は，さまざまな形態で用いられる．すなわち，有機溶剤溶液，水性エマルジョン，懸濁液，あるいは溶融使用の無溶剤型である．アクリルは，熱可塑性になり，高温で溶融流動する．また，半反応型あるいは熱硬化性架橋可能型では耐溶剤，耐熱ポリマーとなる．対照的に水溶性ポリマーは，適当なモノマーの選択や官能基を修飾することによって得られる．化学的には，これらは長鎖のメタクリル酸，アクリル酸エステルのポリマーである．アクリルポリマーの物理的性質は，酸のα位が水素かメチル基かによって影響を受ける．また，水酸基をもつ側鎖の長さにも影響される（図25.1）．

アクリレートモノマーは，カルボニルの隣（α位）に水素があるため，メタクリレートよりも回転の自由度をもつ．その水素をメチル基に置換すると（メタクリレート），立体障害により回転の自由度が制限され，アクリレートポリマーよりも固くて，引張り強さが高く，伸びの少ないポリマーとなる．

25. アクリル接着剤

図 25.1 モノマーの化学構造

（アクリル酸、アクリル酸エチル、アクリル酸ブチル、メタクリル酸ヒドロキシエチル、アクリル酸アミド）

側鎖のエステル基によっても，物性は大きく異なる．側鎖のエステル基が大きくなるほど，ポリマーの引張り強さは低下し，伸びは増加する．

モノマーの種類により，アクリルポリマーのフィルム物性は多様なものとなる（**表 25.1**）．モノマーの変更により，ポリマーの極性，溶解性，ガラス転移点なども変化する．

表 25.1 機械的性質[2]

	引張り強さ (psi)	伸び (%)
ポリメタクリル酸エステル		
メチル	9000	4
エチル	5000	7
ブチル	1000	230
ポリアクリル酸エステル		
メチル	1000	750
エチル	33	1800
ブチル	3	2000

ポリマーの特性は，重合条件によって著しく異なる．触媒濃度，反応時間，温度，モノマー濃度を変えることで，ポリマーの分子量，ひいては物理的性質を制御できる．

熱可塑性アクリルポリマー溶液は，単に溶媒も蒸発させることで凝集性フィルムを形成することができる．フィルム形成後に反応はおこらない．それゆえ，熱可塑性樹脂の性質は，もっぱら長鎖分子の物理的からみ合いや二次結合（<5 kcal/mol）によっている．このことから，同じエステルモノマーからでも，分子量を変えることで粘弾性的性質が大きく異なるポリマーを得ることができる．

ポリマー溶液の粘度は，分子量とともに増加する．接着物性は，分子量増大のあるところで頭打ちになるが，粘度は増加し続ける．熱硬化性アクリル樹脂溶液は，熱可塑性アクリルよりも低い重合度に抑えられる．これは，前者の接着物性が，化学反応（一次的な化学結合の生成）による三次元網目構造の形成で得られるからである．

ガラス転移温度（T_g）

アクリルポリマーのガラス転移温度は，接着剤の主要な性質を左右するきわめて重要な因子である．

すべてのポリマーは，二次転移温度領域を有し，そこではポリマーは，固いガラス状の固体からゴム状あるいは液状（分子量や化学結合に依存する）に変化する．この転移は，ポリマーのもつエントロピー（運動の自由度）にかかわっている．ある温度に達するとポリマー分子は十分な熱エネルギーをうけ，その凍結状態から分子鎖が部分的に素早く運動する状態に移ることができる．この高度に振動した状態では，長鎖分子間の物理的からみ合いは，より運動の自由度をもち，ゴム状あるいは粘着性のある半固体的性質を与えることになる（**図25.2**）．Reh-

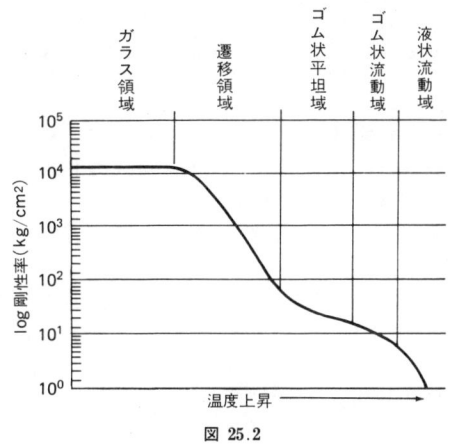

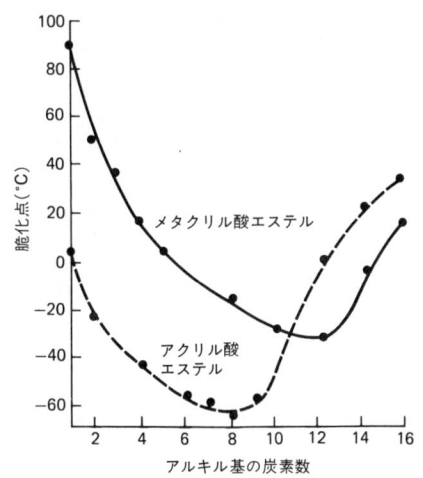

図 25.2

図 25.3 ポリアクリル酸（メタクリル酸）n-アルキルエステルの脆化点

bergとFisherが示したように，ホモポリマーのガラス転移温度はアルキル基の炭素数（アルコールの鎖長）が8あるいは12で最低となり，それ以上では上昇する．ポリマーはワックス状となる（図25.3）．

数多くの研究により，T_gに影響を与える因子が探索された．そのほとんどは，分子構造と化学組成の効果に関連する．

（1）側鎖効果：ポリマー中の側鎖間隔が広いほどセグメントは動きやすい．

（2）鎖の固さ：メタクリレートのメチル基は立体障害となって動きを阻害し，その結果，ガラス転移温度を上昇させる．

（3）分枝：側鎖グループの分枝もT_gを上げる．t-ブチルはn-ブチルよりも高い．これらの傾向を表25.2に示す．

表25.2 ガラス転移点 T_g (℃)

エステル	メタクリレート	アクリレート
メチル	105	9
エチル	65	-22
t-ブチル	107	41
s-ブチル	48	-43
n-ブチル	20	-54
2-エチルヘキシル	-10	-82

（4）共重合，内部可塑化：2種以上のモノマーの共重合により，中間のT_gをもつポリマーが合成される．Foxは，ホモポリマーの既知のT_gを用いて，共重合ポリマーのT_gを計算する次式を提案した．

$1/T_g(共重合体) = W_1/T_{g1} + W_2/T_{g2} + W_n/T_{gn}$

（5）架橋：架橋は，ゴム状流動をおこさなくさせるが，これは，化学結合によってセグメントの運動を阻害することによる．

架橋型熱硬化プラスチック

加熱硬化性アクリル樹脂はビニル化合物の付加ポリマーで，枝分かれした官能基がさらに反応する．現在市場にあるもので最も重要なものは，アミド，カルボキシル，ヒドロキシル，エポキシを官能基としている．他のポリマー間システムのように，フィルム物性はいくつかの方法で改良される．例えば，主鎖の組成，架橋剤の使用，架橋剤量の増減である．

触媒は内添，外添のいずれの場合も，低温で硬化速度を増大させる効果がある．硬化温度は通常，触媒添加により50～100℉低くなる．

架橋剤量は種々の加熱硬化性に応じて物性を最適化するように決められる．架橋密度が高すぎると製品はもろくなり，逆に低すぎると軟弱になる．表25.3は加熱硬化性アクリルシステムの典型的な触媒と架橋剤を示す．

接着過程

アクリル接着剤の接着形式は四つの形に分類できる．
（1）感圧性接着
（2）ウェットラミネート
（3）コンタクト接着
（4）加熱，加圧接着

どれを選ぶかは，塗付や乾燥条件，基材の多孔性，耐溶剤性，耐水性，オープンタイム，接着強さによって決定される．アクリルポリマーは，上記のいずれの方法によっても使用されている．以下に個々の詳細を記す．

感圧性（粘着）

感圧性接着剤（粘着剤）は，液状成分の蒸発，あるいはホットメルトでは冷却によって永久的な粘着性フィルムを形成する．接着剤表面を被着材に軽く押しつけるだけで接着する．粘着剤には永久接着から再はく離性テープやフィルムまで幅広い物性のものがある．

種々のポリマーが，粘着剤の原料として用いられている．例えば，天然ゴム，ポリイソブチレン，ポリビニルエーテル，さまざまな合成ゴム（スチレン-ブタジエンあるいは-エチレン共重合体，ポリウレタン，アクリル）である．

粘着剤物性の最も重要な点は，タック，凝集力，接着力のバランスがとれていることである．アクリル粘着剤では，さらに耐熱性，耐候性，耐紫外線性が優れている．

表25.3 熱硬化型アクリル系の触媒および架橋剤

アクリル（メタクリル）ポリマーの官能基	官能基をもつ反応性モノマー	硬化用反応性樹脂	触媒
-CONHCH$_2$OR	CH$_2$O+アルコールのエーテル基でカバーされたアクリル酸（メタクリル酸）アミド	エポキシ樹脂，メラミン樹脂，カルボキシル基含有	酸性—AA, MAA（内部）；リン酸, PTSA
-COOH	アクリル酸，メタクリル酸	エポキシ	塩基性—ベンジルアミン，ジメチルアミン，トリエタノールアミン塩
-CH$_2$OH	メタクリル酸ヒドロキシエチル，メタクリル酸ヒドロキシプロピル	メラミン樹脂	
-CH-CH- 　　\O/	メタクリル酸グリシジル	カルボキシル基含有ポリマー	酸性—MAA, AA（内部）；NH$_4$Cl, PTSA 塩基性—DMAEMA（内部）；四級アンモニウム化合物

AA：アクリル酸　NAA：メタクリル酸　PTSA：p-トルエンスルホン酸　DMAEMA：メタクリル酸ジメチルアミノエチル

他にアクリルの優れた点として，一般に粘着付与剤を必要としないことがある．これは，アクリルモノマーの適当な選択によりポリマーにタックを付与できることによる．このような物性によりアクリル粘着剤は粘着剤市場においてかなりのシェアを占めている．

アクリル粘着剤は，主に各種テープ，ラベル，シール，装飾用フィルムに用いられている．また，ラミネート用，特にフィルム-フィルムラミネート用接着剤用途もある．さらに，自動車や各種機器の防音用パッドにも多用されつつある．

粘着剤として好適なアクリル粘着剤は，4あるいはそれ以上の炭素数のアルキルエステルがベースになっている．n-ブチルや2-エチルヘキシルアクリレートが最も多く使われている．これらのアクリレートは，他のモノマーと共重合される．例えばアクリロニトリル，メチルメタクリレート，他のアクリレート，スチレン，酢酸ビニル，$α, β$-不飽和カルボン酸などであり，要求物性に応じて選択される．アクリル自身のもつ，このような多様性により，接着物性の大きく異なる製品の設計が可能である．例えば，永久接着型のラベルや高性能テープから再はく離性のラベルやフィルムまでさまざまである．

アクリル粘着剤は，有機溶剤の溶液型，水性エマルジョン型，不揮発分100%型（ホットメルト）で用いられる．従来，有機溶剤溶液として供給されてきたが，最近では水性エマルジョンが開発され，溶剤型に性能が匹敵するものも多い．水系は，高速塗付機によるフィルム塗付が可能であり，低コスト，安全性，環境保護などで明らかに有利であることから，その使用量は急速に伸びてきている．一方，アクリルホットメルトも同様の長所があるが，適当な溶融粘度の下で十分な凝集力を得ることが技術的に難しいため，限られた使用にとどまっている．

配合　天然ゴム系の粘着剤と異なり，アクリル接着剤は，しばしば即時使用可能な形で供給される．天然ゴム系接着剤は時間と費用のかかる素練りを経て，溶剤に溶解される．その上，天然ゴム系では，粘着付与剤樹脂と抗酸化剤を配合しなければならないが，アクリル系では両方とも不要である．アクリル粘着剤は，紫外線や酸化に対して安定であるが，ゴム系は，二重結合が存在するために弱い．一般にアクリル粘着剤では，モノマーを適当に選択することでポリマー自身にタックを付与できるため，粘着付与剤は必要とされない．しかし，非常に高いタックが必要な場合には，ゴム系で使われるような粘着付与剤，例えばロジンエステルや低分子量の芳香族系ポリマーがアクリル粘着剤に加えられる．

水系接着剤の配合では，粘度とレオロジー特性の二つが決定的因子となる．一般の塗付機は，機種により好適粘度が異なる．レオロジー特性により流動性や平滑性が決まる．

溶剤型粘着剤では，粘度は溶剤の種類や不揮発分濃度で調節される．アクリル接着剤溶液は，一般にニュートン流動を示す．水性エマルジョンでは配合前の接着剤の粘度は約100 cPと低いため，増粘剤が必要となる場合がある．水性エマルジョン型粘着剤は，非ニュートン流動を通常示し，攪拌強さによってかなり粘度が異なることが経験的に知られている．通常，エマルジョンはチクソトロピーを示す（攪拌により粘度が低下する）が，まれにはダイラタンシーを示す場合もある．つまり，攪拌につれて粘度が上昇する．攪拌速度と粘度との関係は，エマルジョン型粘着剤では常に測定しておかなければならない．

アクリル系エマルジョン型粘着剤に広く使われている増粘剤には，アルカリ可溶のアクリルエマルジョン，ポリビニルアルコール，セルロース誘導体がある．増粘剤を適切に選ぶことで種々の塗付方式に最適化される．

このことは，即塗付タイプの水系粘着剤をさまざまな塗付方式に合わせて設計するときに非常に便利である．例えばリバースロール塗付，カーテン塗付，グラビヤ塗付，スプレー式などがある．このような種々の方式に適合するために必要な粘着剤の主要物性として，以下の点がある．

○良好な流動性，平滑性（レオロジー）
○低発泡性
○基材への良好なぬれ特性
○機械的強さ
○均一で優れた乾燥性

水系粘着剤は，界面活性剤の添加を必要とする場合がある．これは攪拌による凝集を防いで分散を安定させたり，シリコーン離型紙などの低エネルギー表面へのぬれを良くする．しかし，過剰な界面活性剤は発泡原因となり，塗付に悪影響を及ぼす．消泡剤により発泡を抑制できるが，ある種の消泡剤はぬれ特性を悪化させ，フィッシュアイや凹凸面の原因となる．美しい塗付面を得るには，界面活性剤と消泡剤を注意深くバランスさせることが必要である．

物性と評価　粘着剤用の接着剤に要求される物性は，使用条件によって大きく異なる．用途に応じて，それぞれのテストがあるが，最も広く行われているのははく離接着力，保持力（クリープ），タックの三つである．これらのテストには標準手順が定められており，PSTC，ASTM，タグラベル製造協会によるものがある．

はく離接着力は，二つの基材間の接着を破壊するのに必要な力である．通常，接着基材を表面から180°，場合によって90°の角度で引き剥がすが，一定の速度で注意深くコントロールされた環境内で測定される．場合によっては，被着材表面ではなく接着剤層での破壊がおこる．これは凝集破壊と呼ばれ，永久接着用途には一般に許されるが，再はく離用途には好ましくない．

保持力は基材方向に加わった静的な力に対するテープの抵抗力を示す．これは接着剤の凝集強さの尺度となる．通常，一定の接着面積で一定の荷重をかけたときに垂直面からずり落ちるに要する時間であらわされる．

タックは接着剤の瞬間的な接着性あるいは付着性を示

す．表面現象であり，必ずしも接着剤の性能とは結びつかない．いくつかのタック測定法がある．クイックスティックは90°の角度で表面から引き離すのに要する力であり，テープはそれ自身の重量のみで接着されているものとする．ループタックでは，ループ状にされたテープがテープ自身の圧で接着される．ローリングボールタックでは，鋼球を接着剤の上にころがり落とし，停止するのに要した距離で表示される．数値が大きいほどローリングボールタックは低いことになる．クイックスティック（またはループタック）とローリングボールタックとの相関は乏しい．粘着付与剤を高濃度に配合すると，クイックスティックやループタックなどの瞬間的な接着力には優れるが，ローリングボールタックでは劣る．他にポリケンプローブがある．これはある条件下に先の平坦なプローブを接着剤に接触させた後，引き離すのに必要な力を測定する機器である．グラム単位で測定され，gタックと表示される．

コンタクト接着

コンタクト接着剤は，素早く高い接着力が必要な場合に用いられる．接着剤を接合する両面に塗り，十分に乾燥させた後，一般には手で，産業用途ではニップローラーや加圧機で圧着される．オープンタイムは数分から数時間までさまざまである．

コンタクト接着剤の用途としては，家具，高圧成形プラスチックのカウンタートップ，パーティクルボード，事務機器類，冷延鋼によるハニカムボード組立，スチールドアやカーテンウォール用の発泡体などがある．他にも，おもちゃ，スポーツ用品（皮製品など），アルミホイル，プラスチックフィルム，プラスチック，発泡体などの小型製品の組立に用いられている．

コンタクト接着剤は家庭においてもさまざまな用途に用いられている．非多孔質の表面を素早く強く接着する必要がある．例えばチップボードのような非多孔質表面へはペイントブラシやローラーで塗られる．

水系アクリルのコンタクト接着剤は，溶剤を含まないので，吸引や引火による事故がない．この他にも，次のような利点がある．
- 耐熱性
- 透明性
- 広い適用範囲（プラスチック，金属も含まれる）
- 配合のしやすさ
- 良好な作業性（ブラシ，スプレー，ローラーで塗工できる）
- 清掃，除去の容易さ

かつては，アクリル系にはオープンタイム（接着可使時間）が短いものがあったが，最近では家庭でも接着時間を調節できる．透明になってから数時間たてば良好な接着力が得られる．

加熱，加圧接着

加熱接着では，非接着性（タックフリー）のフィルムを基材に貼り，加熱による流動で接着剤が他方の基材へ貼合せ時に移行し，冷却によって接着する．オープンタイムは非常に短く数秒間である．一般に，アクリル系は結晶性の他のポリマーよりも施工時間が長い．典型的な非結晶性であり，融点や凝固点が結晶性ポリマーのようにシャープではないことによる．この接着技術はコンタクト接着や粘着のように短時間で強い接着力が得られるが，いうまでもなく，熱に弱い基材にはむかない．典型的な使用例は，ヒートシール性の食品包装であり，自動車用ドアパネルのような種々の真空成形作業においても用いられる．

アクリルが使われるのは，セロファンを金属フィルムや金属蒸着したポリエステルフィルム，ポリプロピンフィルムへヒートシーリングする場合である．これらのフィルムは主に食品包装用途に使用される．他に，表装用途がある．透明あるいはエンボス加工したビニルフィルムを木質基材に貼りつけることで，高価な木目仕上げ調になる．

真空接着

真空接着は，自動車のドアパネル，計器パネル，サイドパネルなどの塩化ビニル内装部品に用いられる．接着工程は，接着剤をファイバーボードやプラスチック（通常ABS基材）にスプレーした後，乾燥し，真空成形ユニット間で，あらかじめ熱した塩化ビニルをABS樹脂やチップボードに貼り合わせて真空下，室温で数秒間保持される．凹凸部にフィットするように塩化ビニルが数百%引き伸ばされる場合があるので，短時間のうちに十分な接着強さを出す必要がある．

成形された基材には通常，凹凸や溝があるので，穴のあいた金属鋳型に密着させ，ファイバーボードやプラスチック表面を穴を通じて十分に真空にする．ABSのように，それ自身空気の流れを止め，真空の妨げになる基材には穴が開けられる．

ウェットラミネート型接着剤

ウェットラミネートは迅速な接着法であるが，比較的接着強さが低い．オープンタイムが短いので，基材は接着剤がウェットの間に素早く貼り合わせる．さらに少なくとも一方の基材は，水や溶剤揮発のために多孔性でなければならない．乾燥は基材の貼り合わせ後である．実施例として，プリントした塩化ビニルフィルムをカーテンウォールの生地に接着したり，塩化ビニルを織物類や家具保護用の発泡体に貼る例がある．ウェットラミネーションには水性接着剤がもっぱら使用されるが，それは不燃性であり，アクリルベースのように低毒性が特徴である．揮発性の液体は多孔質の基材を通過し，接着完了後は環境中に放出されるので，この二つの特徴は特に重要である．

ウェットラミネートではさまざまなポリマーを選択でき，T_g −40℃の常態付着性の粘着剤から，フィルム生成には不向きなかなり固いポリマーまで使用される．一般に，低T_gポリマーは柔軟なラミネートに，硬質のものは製品組立に用いられる．

主として粘度 5000〜10000 cP の水性アクリルエマルジョンポリマーが，プラスチックフィルムに塗付されるが，ロール塗付で塗付量は 15〜35 ポンド/連である．塗付後 2〜3 フィートで，他方の基材（例えば，綿/ポリエステル繊維，ポリウレタン，発泡体など）がウェット状態の接着剤に圧着され，ラミネートされたフィルムはいくつかの加熱ロールとランプステーション，最後に冷却ロールを経て巻き取られる．ライン速度は比較的遅く，通常 30〜90 フィート/min である．まず手による主観的な接着テストがあるが，生地や発泡体が破壊する程度であればよい．より精密なテストはラミネート後少なくとも 24 時間エージングしてから行われる．これは，一般的なテスト機械による T ピールテストなどである．耐水性を調べるには，前処理したラミネートを一夜水に浸した後，T ピールを測定する（前処理条件は，普通 50% RH，75°F で 3〜7 日のエージングである）．

典型的なウェット接着剤には，フィルム，紙，プラスチックシートを，ファイバーグラス，繊維，薄い連続気泡発泡体，合板，チップボードなどの非孔質表面への接着がある．基材の表面エネルギー，有孔性，貼合せや乾燥の技術，エンドユーザーの要望によって，接着剤を注意深く選択する必要がある．

塩化ビニルフィルム，紙，ホイルをファイバーグラスに接着してさまざまな絶縁製品がつくられる（例えば，防音タイル，絶縁ロール，厚手のファイバーグラス積層板，ファイバーグラス成形品/難燃処理したホイルボート）．通常，接着剤は紙，フィルム，ホイルに塗付，あるいはスプレーされる．

各種の塩化ビニル，スチレンフィルムが繊維，発泡体に接着されて，カバン，スポーツ用品，ランプシェード，衣料品などのソフトグッズがつくり出される．技術的には通常，グラビヤロールによって接着剤をフィルムに塗付する．場合によっては，繊維や発泡体に貼り付ける前に部分的に乾燥される．ウェット時のタック（付着性）は重要である．冷却時，二つの基材間で縮みに差がある場合があり，特に薄いフィルムでは，最終製品の表面にさまざまな欠陥を生じることになる．

ビニルフィルム，含浸紙，布が，合板，チップボード，スチールなどに貼りつけられて種々の化粧板がつくられる．擬似木目製品から繊維コート事務用品まで幅広い．一般に接着剤は，硬質基材にロール塗付やスプレーによって塗付される．合板やチップボードにロール塗付する場合，表面から接着剤が吸収されるため，十分な膜厚を得るには重ね塗りが必要となる．プライマーやシーリングコートは上塗りの前に完全に乾かされる．上塗りは半乾き状態で（加熱する場合もある）化粧板表面に貼り合わされる．柔軟性のあるフィルムを事務機などの金属表面にラミネートする場合には，接着剤は通常，スプレー塗付される．硬質のプラスチックシート（高圧成形プラスチック）をチップボードにウェット接着するには，接着剤が完全に乾くまで，可能ならば架橋が始まるまで，表面に保持しておく必要がある．接着剤はロールあるいはスプレーによってチップボードに塗付される．

充填接着剤

アクリル接着剤はさまざまな被着材に接着するが，セルロース，皮，布，セラミック，ホイル，プラスチック，金属，種々の発泡体の接着には充填アクリルが優れている．典型例として，パネルや下床用接着剤，装飾れんが用マスチック，セラミックタイル用接着剤，カーペット用接着剤，床タイル用接着剤，コンタクト接着剤がある．

アクリルでは顔料濃度を高くできる．際立った顔料分散力，接着性，耐候性により，アクリルは顔料とバインダーの比を高く配合できる．つまり，アクリル本来の性能を維持しつつ，高いコストパフォーマンスの配合が可能である．

広範囲の接着特性をもつアクリルエマルジョンは，種々の用途に応じて，さまざまな配合で使用される．生産者にとっては倉庫管理費の低減につながる．

充填接着剤は構築用途や日曜大工用に設計されている．基本組成は，ベースポリマー，炭酸カルシウムやクレイなどの充填剤，溶媒は，界面活性剤，分散剤，保存剤，増粘剤からなる．配合の用途に応じてきめ細かく設計される．例えば，れんが用マスチック，カーペットタイル用，床タイル用，セラミックタイル用，下床用，パネル用である．

れんが用マスチック　れんが用マスチックは充填剤量が最も多く，装飾用れんがや石板の接着に，内装・外装を問わず用いられている．れんが用マスチックとしてのアクリル樹脂の長所は，幅広い接着適性，耐水性，耐候性，柔軟性の永続，広い配合処方である．

表 25.4 に示した配合は代表的なものである．さらに細

表 25.4 れんが用マスチック接着剤―応用例

成　分	重量部
Rhoplex AC-64 固形分 60%	100.0
Triton X-405	1.4
Tamol 850	0.7
Foamaster	0.4
抗菌剤	0.2
プロピレングリコール	5.0
Varsol	2.0
Camel Carb	50.0
#60 Sand	25.0
#45 Sand	25.0
Sno Cal Clay	20.0
Cellufloc	6.0
Hi Sil 422	5.0
Acrysol ASE-60/水 (1/1)	1.5
水	1.5

かく調整することで，色合いや作業性を改善できる．

カーペットタイル接着剤　カーペットタイルや長尺カーペットは，種々の接着剤で床に接着されている．例えば，充填剤を含まない粘着剤をブラシ，ペイントローラー，波形こてで塗付するものから，塩化ビニルや塩化ビニルアスベストタイル用と同様に充填率の高いものまである．

カーペットタイル用水系アクリル樹脂の特徴は次の通りである．
○耐水性
○耐候性
○種々の表面への接着性
○無溶剤安全性

表 25.5に再はく離および永久接着型カーペットタイル用接着剤の配合を示す．

表 25.5

成分，重量部	再はく離	永 久
Rhoplex N-619 (高タック PSA)	—	100
Emulsion E-1791 (低タック粘着剤)	100	—
Acrysol ASE-60 (増粘剤)	0.75	0.8
Triton X-155 (界面活性剤)	—	0.3
物理的性質		
pH	9.2	6.7
粘度 (#4/20 rpm), cP	2000	5000
固形分, %	55	55

床タイル用接着剤　床タイル用マスチック接着剤は，充填剤の配合を多くして，塩化ビニルやビニルアスベストタイル，寄木床，カーペットその他の床用材料の接着用に設計されている．**表 25.6**の配合は非多孔質基材の接着にも使えるが，接着剤が完全に乾いてから基材を貼り合わせる必要がある．

少なくとも一方が多孔性の基材なら，ウェットラミネート法，すなわち接着剤が乾く前に二つの表面を合わせ

表 25.6　ウェットマスチック床タイル用接着剤―永久接着粘着剤

成　分[a]	重量部
Rhoplex N-580 (55%固形分)	100.0
水	1.8
プロピレングリコール	3.0
Nopco NXZ	0.09
Triton X-405	2.5
Stabilite® エステル#10/キシレン (70/30)	76.7
水酸化アンモニウム (10%)	2.0
Gold Bond R Silica (300メッシュ)	80.55
Acrysol ASE-60/水 (1/1)	5.0
定　数	
顔料/バインダー比	6/1
ロジン/バインダー比	1.5/1
固形分, %	71.5
粘度，ブルックフィールド，#4/0.3 rpm, cP	2000000
pH	8.0
凍結，融解安定性，サイクル	5

a：缶中に存在する場合は抗菌剤の使用が望ましい．

たときに接着強さは最大となる．三つの系の粘度は，もちろん，それぞれの用途に応じて調整可能である．顔料/バインダー比を大きくすれば，多少，性能は落ちるが，低RMC（原料コスト）での配合が可能となる．

セラミックタイル　セラミックタイル用接着剤は，高充填のマスチック接着剤で，タイルを壁や床に接着するのに用いられる．高充填であっても，高い接着力と耐水性，および良好な作業性――例えば，こてによる扱いやすさ，十分なオープンタイム，長期保存性が必要である．

エマルジョン E-1997 (**表 25.7** 参照) 主体のセラミックタイル用接着剤は，次の特徴を有する．こて塗りの容易さ，ウェット接着性，種々の基材への接着性とその物性の永続性．

表 25.7　セラミックタイル用接着剤―高接着力

成　分[a]	重量部
Emulsion E-1997 (49%固形分)	210.0
プロピレングリコール	10.0
水	70.0
Tamol 731	5.0
尿　素	30.0
消泡剤	1.0
炭酸カルシウム	500.0
Acramine Clear Concentrate NS 2 R	14.0
定　数	
顔料/バインダー比	5/1
固形分, %	76.0
概略オープンタイム	15～30 min
保存性 (1カ月, 50°C)	良　好
凍結融解安定性	5+cycles
ANSI #1, ウェットタイプ	80 psi
粘度，TE/4, poise	600000

a：缶中に保存する場合は抗菌剤の使用が望ましい．

表 25.7 に示したセラミックタイル用接着剤は ANSI I，II 規格に適合する．大幅なコスト低減も，顔料/バインダー比を6対1にすることにより，ANSI規格に適合したままで達成することができる．同様に，再貼付け性やオープンタイムの改良も，Paraplex® WP-1のような加塑剤をポリマーエマルジョン100に対して5部配合することで可能である．

構造用接着剤

構造用接着剤とは，無溶剤型の液状，反応性，かつ耐久性のあるもので，耐久性を要求される基材に用いられる．化学的に次の6種のタイプがある．アクリル，嫌気性，シアノアクリレート，エポキシ，シリコーン，ウレタン．厳密に言えば前者三つは，アクリル系であるが，ここでは最初のもののみを取り扱う．しかし，アクリルと嫌気性接着剤とは，化学的にも物性的にも重なる部分が多い．過去20年間にアクリル接着剤は長足の進歩を遂げてきたので，今日，構造用のものは「変性」アクリル

接着剤と呼ばれる.

化 学 と 技 術

初期のアクリル構造用接着剤は組成的に非常にシンプルであったので,その基本技術を示せば十分と思われる,一例として

成　分	重量部
1.　メタクリル酸メチル	85.0
ポリメタクリル酸メチル	15.0
N,N-ジメチルアニリン	0.5
2.　過酸化ベンゾイル	0.5

成分が混合された後,接着剤のポットライフは約30分である.混合物は被着材の間でフリーラジカル機構で重合する.フリーラジカルは,ジメチルアニリンで活性化された過酸化物の分解で供給される.実際上,被着材はメチルメタクリレートの重合の反応容器となり,生成したプラスチックは被着材に接着する.

変性あるいは第二世代アクリル構造用接着剤は,上記のものより複雑である.変性アクリル接着剤では,被着材の間で重合したアクリルは耐衝撃性プラスチックとなって被着材に接着する.BrigasとMuschiattiによる次の配合は,初期の変性アクリル構造用接着剤をあらわしている.

成　分	重量部
メタクリル酸メチル	85
メタクリル酸	15
エチレングリコールジメタクリレート	2
クロロスルホン化ポリエチレン	100
クメンハイドロパーオキシド	6
N,N-ジメチルアニリン	2

クロロスルホン化ポリエチレンは,メチルメタクリレートの重合にともない,小さなゴムの島領域となって分離する.この島領域は,ガラス状態のポリメチルメタクリレート中に荷重によって生じる破壊エネルギーを吸収する.ゴム層とガラス層の相互のつながりが,エネルギーがゴム層へ効率よく移るために必要である.

保存性がよく非混合タイプで二液表面活性型と呼ばれる改良品が,文献18)に次のように記されている.

成　分	重量部
メタクリル酸メチル	85
メタクリル酸	15
エチレングリコールジメタクリレート	2
クロロスルホン化ポリエチレン	100
クメンハイドロパーオキシド	0.4

この例では,アニリン活性化剤のかわりにブチルアルデヒドとアニリンの縮合物が用いられている.これを接着剤の塗付より先に一方,もしくは両方の被着材に薄いフィルム状に塗る.活性化剤は接着剤と接触するとフリーラジカルを放出する.放出されたフリーラジカルは接着剤層に広がって重合させる.この現象はアクリルに限られる.この反応過程の難しさは,放出されたラジカルが活性化剤から離れたところでは消滅しがちなことである.このことから,接着剤層の厚みは実際上,限られてくる.

TobackとO'Connor[19]による別の配合では,ヒドロキシプロピルメタクリレートを変性アクリル構造用接着剤に流動性および反応性付与を目的として用いている.

ヒドロキシエチルメタクリレート3mol,トルエンジイソシアネート3mol,ポリプロピレントリオール1molの縮合生成物がゴム相となる.

Leesは,分離しつつあるゴム相は最適の粒径で分散することが難しいことを指摘した.MoserとSlowikは,耐衝撃性プラスチックに使用されているようなあらかじめ生成したゴム層を用いることを発表した.好ましい耐衝撃改良剤は,核と殻モデルで示される.そこでは,架橋したアクリルあるいはブタジエン主体のエラストマーが,外側の固い熱可塑性ポリマーにグラフトしている.

次の二つの配合例は耐衝撃性改良剤の効果も示している.ともにアルミニウム基材間で重合される.基材には,あらかじめブチルアルデヒドとブチルアミンの縮合物の薄いフィルムが塗付されている.

成　分	重量部 A	重量部 B
ブタジエン-スチレン/メタクリル酸 メチル核/殻ポリマー	30	—
メタクリル酸ヒドロキシプロピル	60	77
アクリロキシプロピオン酸	10	14
Cab-O-Sil® (増粘剤)	—	9
クメンハイドロパーオキシド	2	3

耐衝撃性改良型の配合Aは,2200psi(15MPa)の重ね合せ引張り強さを示す(ASTM法D1002).また,80in-lb(9Nm)以上の耐衝撃強さを示す(ASTM G-17落下荷重法).比較例Bでは960psi(6MPa)のせん断強さで,20in-lb(2.3Nm)の耐衝撃強さである.

照 射 架 橋

アクリル構造用接着剤中のモノマーの重合は,電子線や紫外線照射によっても開始される.ただし,被着材や充填剤が照射の妨げになってはならない.アクリルモノマーは,メタクリルモノマーよりも一般に照射に敏感である.電子線は接着剤中に直接フリーラジカルを発生させるが,紫外線硬化では増感剤や光開始剤を必要とする.

適 用 方 法

アクリル構造用接着剤は反応性が高いので,常に二液型である.二液表面活性型,別名無混合型と呼ばれるが,これは特殊な塗付機を必要としない.すでに記したように,接着剤を塗って両面を貼り合わせる前に活性化剤を

塗っておくだけでよい．

二液混合型のアクリル接着剤は，同じ型のエポキシ接着剤のように秤量機あるいは秤量混合機で塗付される．各液は容器に秤りとられた後，直ちに混合塗付されるか，または静置混合槽に入れられた後，直ちに接着面へ供給される．秤量混合機のシンプルなものは，各液を送り出す2筒のシリンジと，それに続く静置混合部を含むシリンジである．この混合部は，右回りと左回りのらせん形で，中心をずらして接合している．より複雑なものでは，自動組立ラインに組み込まれている．

一般の使用例

変性あるいは強靱化アクリル接着剤は，1980年初頭より，車両のガラス繊維強化プラスチック窓パネルに金属補強した枠を取り付けるのに用いられている．トラック車体の組立にも同様な使用例がある．他の輸送用用途として，貨車の側面ドア用部品の接着がある．これらは，亜鉛めっきしたスチールである．接着剤による接合は，スポット溶接接合の際に必要な表面処理を不要にした．2液前混合アクリル接着剤は，製造上や使用上のすべての要求にかなう唯一のものである．すなわち，最少の表面処理，高速硬化，衝撃や高湿度，水，油への耐性である．

シート状スチールは，通常，アクリル接着剤で接着される[25]．風力発電用の木/アルミ製の羽根は，アクリル構造用接着剤で接合される．他の用途として，飛行機の窓，パラボナアンテナ，太陽エネルギーモジュール，戸外標識，コンピューターハウジング，沪過膜がある[27]．

第二世代二液型アクリル接着剤により，スポーツカーメーカーは5マイル/時の衝撃に耐えるバンパーを組み立てることができるようになった[28]．

[**David R. Gehman**／柳田良之 訳]

付録：この章で名前をあげた原料の供給会社

Acramine Clear Concentrate NS2R	Mobay Chemical Company
Acrysol thickeners	Rohm and Haas Company
Balab 3056A	Witch Chemical
Camel Carb	Campbell Company
Cellufloc	Georgia-Pacific Corporation
Cellulose Flock #CP-40	International Filler Corporation
Composition T	Dow Chemical Company
Cymel	American Cyanamid
Dowper	Dow Chemical Company
Duralmite	Thompson, Weinman & Company
Ethyene glycol	Eastman, Shell, Dow
Foamaster	Diamond Shamrock Corporation
Formica	American Cyanamid
Gold Bond R Silica	Tammsco Inc.
Hi Sil 422	PPG Industries, Inc.
Methocel E-4M	Dow Chemical Company
Nopco NXZ	Nopco Chemical Division
Pa. Limestone	Pfizer
Paraplex WP-1	Rohm and Haas Company
Petinos Sand	Petinos Company
Propylene glycol	Ashland, Dow, Olin, Union Carbide
Rhoplex acrylic emulsions	Rohm and Haas Company
Robond acrylic resin	Rohm and Haas Company
Stabelite Ester #10	Hercules, Inc.
Tamol dispersants	Rohm and Haas Company
Texanol	Eastman
Tide	Proctor and Gamble
Triton surfactants	Rohm and Haas Company
Varsol	Exxon
Vinol 540	Air Products and Chemicals, Inc.

参 考 文 献

1. Brendley, W. H., "Fundamentals of Acrylic Polymers, Paint and Varnish Production," Rohm and Haas, July 1973.
2. Rohm and Haas Company Technical Report Bulletin MM-27 (1968).
3. Hadley, D. J., et al., "Acrylic Ester Polymers and Copolymers," *Plastics Inst. Trans. J.*, **33,** 237ff (Dec. 1965).
4. Rehberg, C. E., and Fisher, C. H., *Ind. Eng. Chem.*, **40,** 1429 (1948).
5. Fox, *Bull. Am. Phys. Soc.*, No. 3 (1956).
6. Flory, "Principles of Polymer Chemistry," pp. 56, 57, Ithaca, NY, Cornell University Press, 1953.
7. Helman, S. M. (to Minnesota Mining and Manufacturing Company), U.S. Patent 4,175,418 (1979); Ulrich, E. W. (to Minnesota Mining and Manufacturing Company), U.S. Patent 2,973,286 (1961).
8. Andrew, R. W., Gehman, D. R., and Sweens, B. J. M., *European Adhesives and Sealants* (1985).
9. Mooncai, W. W., *Adhesives Age*, p. 28 (October, 1968).
10. Wood, T. G., *Adhesives Age*, p. 19 (July 1987).
11. Sanderson, F. T., and Gehman, D. R., "Acrylic Thickeners for Latex Adhesives," PSTC Technical Seminar (June, 1983).
12. Costanzo, J. A., and Gehman, D. R., "Aqueous Acrylic Pressure Sensitive Adhesives for Labels and Overlays," TAPPI Conference (Fall, 1983).
13. Satas, D., *Adhesives Age*, p. 38 (June, 1970); Johnston, J., *Adhesives Age*, p. 20 (April, 1968).
14. Pressure Sensitive Tape Council, "Test Methods for Pressure Sensitive Tape," 1985.
15. American Society for Testing and Materials, "Annual Book of ASTM Standards, Part 22," D-903, D-2979, and D-3121 (1981).
16. Gehman, D. R., and Sanderson, F. T., *Adhesives Age*, p. 23 (December 1977).
17. Baus, R. E., et al. (to Rohm and Haas), U.S. Patent 4,501,845.
18. Brigas and Muschiatti (to E. I. duPont de Nemours and Co.) U.S. Patent 3,890,407 (1975).
19. Toback and O'Connor (to Loctite Corporation), U.S. Patent 3,591,438 (1971).
20. Lees, W. A., *J. Adhesion* **12,** 233–240 (1981).
21. Moser and Slowik (to Rohm and Haas Company), European Patent Application 87304 (1983).
22. Lees, W. D., *Adhesives Age*, **24**(2), 23–31 (1981).
23. Seeds, A., *Int. J. Adhesion Adhesive* **4**(1), 17–21 (1984).
24. Gordon, S., *Mechanical Engineering*, pp. 60–65 (Sept. 1983).
25. *Int. J. Adhesion Adhesives*, **5**(4), 201–206 (1985).
26. Lees, W. A., Supplement to *Polymers Paint Colour J.*, pp. 8–10 (Sept. 2, 1981).
27. Lord Corporation PB 10-3000 (1985).
28. *Int. J. Adhesion Adhesives*, **5**(1) 51 (1985).

26. 嫌気性接着剤

　嫌気性接着剤は，酸素が存在する状態では，室温で長期間貯蔵できる低粘度液またはペースト状の一成分型であるが，表面の間に閉じ込めて空気を排除すると速硬化して，強い結合を発現する．この最初の嫌気性接着剤はGeneral Electric社の研究者によって，1940年代後半に開発された[1]．彼らは，テトラエチレングリコールジメタクリレートを60〜80℃の温度で空気を吹き込んで酸化した後，冷却下エアレーションを継続している間は，液状を保つことを発見した．しかしながら，エアレーションを停止したり，顕微鏡スライドガラス間に薄膜状にはさむと，液は速い架橋反応によって固体重合物に変化した．

　酸化されたジメタクリレートとして知られている"Anaerobic Permafil"はGeneral Electric社によって市場開発されたが，成功しなかった．このものは本質的に不安定なために，取扱い，充填，輸送上にわずらわしい制限をともなうからであった．しかし，安定性の問題はやっかいな酸化プロセスを，クメンヒドロペルオキシドの調合に置換することによって解決できた[2]．この組成物は重合を防ぐためには酸素の存在が不可欠であるが，その酸素量は，液充填量を半分にした小さいポリエチレン容器の壁を透過する空気量で十分であって，これで室温で1年間，液状で貯蔵することが可能となった．

　先に述べた酸化ジメタクリレートよりも安定性のよいクメンヒドロペルオキシド配合組成物はガラス間隙ではゆっくり重合するが，ある種類の金属面にはさむと速硬化して接着する．初期の研究者らはねじのゆるみ止めや金属フランジのシーリングに嫌気性接着剤が有効であることを予見した．そうして，この接着剤の市場開発の好機をめざして，The American Sealants社（後に，Loctite社となる）が1953年に設立された[3]．

　最初の嫌気性接着剤Loctite Sealant Aについて，すぐに低強度タイプのC，そして，高粘度タイプのDが開発された．不活性な基材面を接着させるための表面処理剤も開発された．その後，30年間に数多くのグレード開発と改良がなされた．しかし，嫌気性接着剤の基本的な有用性は最初から明らかであった．彼らは従来からの複雑なメカニカルなゆるみ止め，シーリング，嵌合構造に対する必要性をなくすることによって，製品組立のデザインを簡略化し，コスト低減を可能とする方法をユーザーに提案した．嫌気性接着剤は取扱いが容易であり，室温で速く接着できる．接着強度はユーザー要求にしたがって変えることができる．この接着剤は溶剤を含有せず，接着部から外へはみ出した液は容易に取り除くことができる．嫌気性接着剤化学の発展によって，いくつかの新製品が生まれた．例えば，鋳物の加工性と強度を高めるための金属細孔含浸剤，組立時よりも前もって塗付されたドライタイプのゆるみ止めねじやガスケット，そして，硬化のための装置が不要な耐久性のよい構造用接着剤があげられる．

嫌気性接着剤の化学

硬化機構と安定剤

　嫌気性接着剤の化学は次の競争的な二つの化学反応を基礎としている．

$$P_n{}^{\cdot} + M \longrightarrow P_{n+1}{}^{\cdot}$$
$$P_n{}^{\cdot} + O_2 \longrightarrow P_nOO^-$$

ここで，$P_n{}^{\cdot}$ は遊離基（開始剤からの開裂基，成長末端基）を示し，Mはビニル単量体を示している．光の照射がなく，温度が低いなどのため遊離基の生成速度が遅く，液中の酸素濃度が高い状態では，重合反応は抑制される．Permafilシステムでは，酸化された樹脂が分解して遊離基を発生しやすいので，この遊離基と反応させて重合を禁止するために大量の酸素が必要であった．一方，クメンヒドロペルオキシドは非常にゆっくり分解するので，系内の遊離基は少なくなり，安定化のために必要な酸素量は少なくてすむ．ある種の金属面に対して嫌気性接着剤の活性が高いのは，金属面に遷移金属が存在するためと説明できる．遷移金属イオンは，ヒドロペルオキシドと次式に示すような1電子転移反応で遊離基を発生させる．ここで，Tは遷移金属を示している．

$$T^{2+} + ROOH \longrightarrow T^{3+} + RO^{\cdot} + OH^-$$

　嫌気性接着剤の反応性と安定性のバランスを改良しようという目的から，貯蔵時に有害な作用をせずに重合反応を促進する化合物の探索が継続された．その結果，ト

リアルキルアミンがこの目的に合うことがわかり[4]，第1世代の Loctite 嫌気性接着剤に応用された．おそらく，アミンはヒドロペルオキシドイオンを極性化する働きをしているであろう．この系は被着材の性質に敏感であって，銅や鉄含量の多い表面で速硬化するが，カドミニウム，亜鉛めっき表面では硬化が遅いか，あるいはまったく硬化しない[5]．その後の研究で，o-ベンゾイックスルホイミド（サッカリン）とジアルキルアリルアミンとの共促進剤系はほとんどの材料表面で硬化速度を高めることが証明された[6]．長期間の貯蔵でジアルキルアリルアミンのゆるやかな自動酸化がおき，硬化速度が低下することがモデル実験で示唆されて，アミンの重要性が強調された[7]．また，アミンは高温でのみヒドロペルオキシドと反応すること，そして，スルホイミドは反応開始で同様に重要な働きをすることが明らかにされた．前もって調製したスルホイミド/アミン塩を使って，アクリル重合の開始に成功した[8]．少量の水分が系内に共存することは，この硬化反応系の機能を高めるようである[9]．

嫌気性接着剤反応性の次の改良はヒドラジド系促進剤の導入によってなされた[10]．しかしながら，さらに活性の高い硬化系の導入は貯蔵安定性が確保されるときにのみ可能となる．初期の組成物ではキノン系重合禁止剤を10～1000ppmのレベルで使用した[11]．より活性な組成物において，貯蔵時の重合を禁止するために多量の重合禁止剤を配合しても接着剤の性能を低下させただけであった．この問題のブレークスルーは嫌気性組成物中の微量混入金属を除去する方法を開発することにより達成された[12]．それは組成物を不溶性のキレート試薬で処理することであり，鉄分を100ppbまたはそれ以下の含有量とすることができる．この処理によって安定性が改良される事実は微量遷移金属が遊離基発生プロセスに敏感に作用することに目を向けさせることになった．

単量体と樹脂

初期の嫌気性接着剤の最も大きな欠点の一つは硬化物が比較的もろいことであった[13]．それほど高い接着強さを必要としない場合には，可塑剤の配合によって問題は軽減できる．しかし，より根本的に欠点を解決するには接着剤の重合成分を設計し直す必要があった．短鎖ポリエチレングリコールのジメタクリレート単量体は重合時に速いゲル化を生じ，比較的極性の高いセグメントからなる高度網目架橋物となる．そこで，硬化物のもろさの問題はアクリル基間のポリエチレングリコールセグメントを柔軟性の炭化水素基とジイソシアネートから誘導されるセグメントに置き換えることで解決された[14]．

接着剤の脆性改良は数多くの樹脂合成を通じて検討された．例えば，ポリテトラメチレングリコールや水添ビスフェノール-A をベースとするセグメントをジイソシアネートとヒドロキシアルキルメタクリレートでキャッピングする方法がある[15]．ポリブタジエン骨格を同様な方法でエンドキャッピングすると，硬化物の柔軟性は一段と向上した[16]．他の研究者はキャッピング剤として，アクリル基とイソシアネート基を有する化合物が優れていることを見出した[17,18]．引張り接着強さ，伸び，硬度，引裂き強さなどのバリエーションとして，メタクリル酸メチルと末端アクリレートのブタジエン/アクリロニトリルエラストマーからなる嫌気性接着剤が最近紹介されたが[19]，この接着剤硬化物マトリックスはゴム状ドメインとガラス状ドメインが海島構造に分散することが述べられている．

嫌気性接着剤にアクリル基以外の重合基を導入する試みもなされている．分子内部に不飽和結合を有するモノアクリレート系接着剤は二次的な架橋反応によって耐熱性が改良されることが報告された[20]．三官能のアリル単量体のみで構成した嫌気重合型接着剤も提案されているが[21]，大部分の嫌気性接着剤製品はいまなおアクリル系単量体と樹脂を構成成分としているものである．

応用のための構成

プライマー

組立速度の点から速い硬化が必要となる場合または本質的に不活性な被着材を接着する場合にはプライマーがしばしば必要となる．プライマーは硬化反応を促進する成分からなっている．もし，プライマーを接着剤に直接混合すると貯蔵安定性が損なわれるので，接着剤とプライマーは別々に販売されて使用されている．良いプライマーの基準として，接着剤との相溶性，硬化反応の促進効果，接着強さの発現を阻害する作用がないなどの条件がある．各種チアゾール[22]，ブチルアルデヒド/アニリン付加物[23]，チオ尿素[24]がプライマーとして有効である．微量の遷移金属は嫌気性接着剤の硬化反応を促進するので，銅キレート化塩を含有するプライマーがよく使用されている[25]．その他，酸性プライマーは接着剤中のフェロセンと反応して，硬化反応促進に有効に作用する金属イオンを放出させるのに使用できる[26]．

プライマーは不燃性，低毒性溶剤で希釈した溶液として販売されており，使用時には被着材面にスプレーまたはブラシで塗付される．

硬化組成物のマイクロカプセル

接着剤の硬化システムで特に活性な成分を別々に分離する特殊な技術に，微小な薄膜内に活性成分を内包する，すなわちマイクロカプセル化する方法がある．これは必要なときに薄膜を破壊して内包成分を放出することができる．これはプレコート型のドライゆるみ止めねじの基礎技術となっている[27]．この材料はボルトにドライなフィルムとして塗付され，長期間安定に貯蔵できる．このボルトで組み立て締め付けると，マイクロカプセルが破壊されて，ねじゆるみ止め組成物として作用する．

嫌気性接着剤組成物を低融点ワックスの中に固定化することによって，硬化系成分を別々に分けるマイクロカ

プセル化化技術が最近開発された[28]．ワックススラリーは酸素共存下に比較的低温で塗付され，ボルトのねじ部で固体状となる．ボルト締付けで酸素は排除され，硬化反応が始まる．

充填剤

ある用途，例えば多孔質金属のシーリングでは，嫌気性接着剤は低粘度で流れやすい液体でなければならない．しかし，ガスケットのような他の用途では比較的大きな間隙を埋めることが多い．このような場合には，接着剤は流れたり，垂れてはならない．微粉状ポリエチレン充填剤を配合すると有機材料ベースのチクソトロピー接着剤となる[29]．自己配列能のあるシリカ充填剤を配合してもチクソトロピー接着剤は得られる．これらのガスケット材はコーキングガンで線状に塗付可能であり，また，細いスクリーンステンシルを通してスクリーン印刷することが可能である．

可塑剤と増粘剤

嫌気性接着剤のユーザーの要望のうち，最初から変わらないものの一つは各種粘度のグレードおよび最終接着強さの異なるグレードのシリーズ化であった．物理的性状の調節の方法として，有機系接着剤の粘度の増減は増粘剤または反応型希釈剤の配合で実施されており，接着剤硬化物の最終接着強さの低減は非反応型可塑剤の配合で実施される．通常使用する増粘剤としてポリエステル，ポリスチレン，ポリアルキルアクリレートまたは共重合体，ビスフェノール-A/マレイン酸ポリエステルなどがある．主要な反応型希釈剤は低分子量の単官能アクリル酸エステルである．従来からの可塑剤にはポリエチレングリコールのオクタン酸エステルがある．

添加物が接着剤の活性と安定性の微妙なバランスにどう作用するかを調べることが嫌気性接着剤組成物の添加物を選択する基本姿勢である．接着剤の性能を損なう恐れがある微量不純分について，添加剤を注意深く分析しなければならない．

市販嫌気性接着剤

表 26.1～26.4 に市販されている嫌気性接着剤を選んで示す．表中の未硬化時と硬化物の物理的性状は特定用途に合うように調合された組成物のものである．多くの製品は品番の確認が容易なように着色によりコード化されている．

嫌気性接着剤の取扱い方法

健康と安全性

たいていの嫌気性接着剤は本質的に低毒性のアクリル酸エステル系オリゴマーで構成されている．それぞれの

表 26.1 嫌気性接着剤：ねじゆるみ止め用

用途	グレード	液色	許容すきま (mm)	粘度 (mPa·s) (平均値)	破壊トルク/脱出トルク (N·m)	硬化速度（室温） プライマーなし 固定/最終	硬化速度（室温） プライマー併用 固定/最終
プレコートねじ；高強度	Dri-Loc/200	黄	—	—	25/12	10 min/72 hr	—/—
〃 ；中強度	Dri-Loc/202	緑	—	—	23/12	10 min/72 hr	—/—
〃 ；低強度	Dri-Loc/203	銀	—	—	19/85	10 min/72 hr	—/—
小ねじ ；低強度	222	紫	0.13	1000	4.5/2.5	20 min/24 hr	5 min/24 hr
一般用 ；中強度	242	青	0.13	1000	7/4	20 min/24 hr	5 min/ 6 hr
大径ボルト；高強度	262	赤	0.13	1500	21/18	20 min/24 hr	5 min/ 6 hr
充填用 ；高強度	271	赤	0.18	500	18/25	20 min/24 hr	5 min/ 6 hr
耐熱用	272	赤	0.18	7000	17.5/27	30 min/24 hr	5 min/24 hr
高粘度	277	赤	0.25	6500	12/17	60 min/24 hr	10 min/ 2 hr
低粘度	290	緑	0.10	12	7/22.5	10 min/ 2 hr	—/—

注）温度−55～150℃の範囲で表中の性能を発現する．グレード 272 は上限 232℃まで使用できる．

表 26.2 嫌気性接着剤：シーリング用

用途	グレード	液色	許容すきま (mm)	粘度 (mPa·s) (平均値)	実用温度範囲 (℃)	硬化速度（室温） プライマーなし 固定/最終	硬化速度（室温） プライマー併用 固定/最終
一般用；ねじ	パイプシーラント テフロン入り /592	白	0.50	200000	−55～204	24 hr/72 hr	15 min/5 hr
液圧系継手用	ハイドロリックシーラント /569	茶	0.13	400	−55～150	45 min/ 2 hr	—/—
一般用；フランジ	ガスケットエリミネーター /515	紫	プライマーなし 0.25 プライマー併用 1.25	350000	−55～150	1 hr/12 hr	15 min/2 hr
高温用；フランジ	ガスケットエリミネーター /510	赤	プライマーなし 0.25 プライマー併用 0.50	350000	−55～204	4 hr/12 hr	30 min/4 hr
高充填；即シール	ガスケットエリミネーター /504	橙	0.75	1500000	−55～150	30 min/12 hr	—/—

26. 嫌気性接着剤

表 26.3 嫌気性接着剤：嵌合用

用途	グレード	液色	許容すきま (mm)	粘度 (mPa·s) (平均値)	せん断接着強さ (DaN/cm²) (鋼)	硬化速度（室温） プライマーなし 固定/最終	硬化速度（室温） プライマー併用 固定/最終
一般用	RC/601	緑	0.13	100	210	10 min/1〜6 hr	5 min/20 min
高温用	RC/620	緑	0.13	7000	210	30 min/8〜10 hr	5 min/8〜10 hr
高強度	RC/680	緑	0.38	2000	280	30 min/4〜6 hr	5 min/4〜6 hr

注）温度−55〜150℃の範囲で表中の性能を発現する．グレード RC/620 は上限 232℃まで使用できる．

表 26.4 嫌気性接着剤：接着用

用途	グレード	液色	許容すきま (mm)	粘度 (mPa·s) (平均値)	せん断接着強さ (DaN/cm²) (鋼)	硬化速度（室温） プライマーなし 固定/最終	硬化速度（室温） プライマー併用 固定/最終
耐衝撃用 高はく離用	speedbonder/324	薄茶	1.00	18000	300	−/−	3 min/24 hr
耐久性用	speedbonder/325	薄茶	1.00	20000	180	−/−	5 min/24 hr
速硬化用	speedbonder/326	こはく	0.50	12000	225	−/−	2 min/24 hr

組成物は接着改良剤や硬化成分などの添加剤を含有している．それゆえ，この接着剤に過度のまたは繰り返し皮膚接触すると敏感な人は皮膚炎症をひきおこす．皮膚に付着した接着剤は水で洗い流さねばならない．非水系のハンドクリーナーは接着剤を拭き取るのに役立つ．適切な塗付装置を使用することによって，接着剤が皮膚に接触するのを避けるのがよい．

嫌気性接着剤が比較的低毒性であることを示す例として，Loctite パイプシーラント 567, 592 などの製品は米国農業省から獣肉や鳥肉加工機械の組立に使用することが許可されている．プライマー類は通常揮発性溶剤を含有しているので，換気のよい作業環境で使用しなければならない．

容器包装

常温で最低1年間，適正な状態下安定性が得られるように，嫌気接着剤は硬化成分と安定剤をバランスさせて調合されている．高温で貯蔵するとラジカル重合が促進されて製品の寿命が相当に短縮される．長期間にわたって，強い光にさらされると接着剤の寿命は短くなる．そこで，嫌気性接着剤は光を遮光するための不透明な容器に充填されている．

絶対に守らねばならない容器の条件は酸素を定常的に供給する必要性からくるものである．嫌気性接着剤による酸素の消費は連続プロセスである．それゆえに，接着剤のどの部分も空気と接触しやすい容器デザインでなければならない．接着剤の貯蔵安定性は次のような場合に優れている．すなわち，薄い器壁の容器＞厚い器壁の容器，低密度ポリエチレン容器＞高密度ポリエチレン容器，小容器＞大容器となる．

器壁を薄くして，取扱い時には構造的に強い容器で，容量に対する表面積比を高くする巧妙な解決法が，最近，開発された[30]．この方法は硬いプラスチック枠の囲いと柔軟なアコーディオン型容器から成り立っており，接着剤を直接，容易に塗付しやすくなっている．

塗付装置と応用技術

連続組立作業では，嫌気接着剤を正確に計量して塗付しなければならない．小ねじにゆるみ止め接着剤を点滴する，あるいは多孔質の鋳物にシーリング材を含浸するなどの各種用途に合った自動組立システムが考案されている．これらのシステムは製品コスト低減の達成に重要な役割を果たす．すなわち，嫌気性接着剤を使用することによって，省資材，組立サイクルの短縮，省力化などが可能となる．

最初の最も簡単な塗付機の一つはチューブポンプ機構を応用したもので，ねじのサイズに応じて接着剤を $0.01 \sim 0.04 \, ml$ の範囲で塗付量をコントロールできた[31]．最新の点滴装置はピンチバルブ，ダイヤフラムまたはソレノイドバルブからなる送液ラインに空気圧で接着剤を送るものである．接着剤はスプリングで押さえたチップ付きハンドガンまたは被着材の形状に合わせて設計した塗付機ヘッドから基材に塗付される．ねじゆるみ止め剤やシーリング材は少量ずつ分割して多数のパーツに同時に塗付することができる．

フランジ用接着剤は粘稠な，あるいはチクソトロピーの液体である．複雑なパターンはプログラム化した図形ラインまたはステンシルを通してスクリーン印刷で接着剤を塗付する．嫌気性組成物はメッシュの上に薄く塗付しても硬化したり乾固しないので，スクリーン印刷によく適合している．

真空含浸にはもっと手の込んだ装置が必要となる．典型的なプロセスでは，シーリング材の入った槽内の液面上に鋳物部品をバスケットに入れつり上げる．次いで，鋳物孔から空気を除くため，槽内を減圧にする．バスケット内の部品を液に浸漬して，槽内の圧をもどして部品の孔部やクラックにシーリング材を浸透させる．過剰なシーリング材は遠心分離で除いてから，温洗浄水に浸漬しながら，硬化反応を完結させる．

塗付装置としては嫌気性接着剤に適合する材料で構成されなければならない．その部品類は接着剤を不安定に

用途と性能

ねじゆるみ止め

　嫌気性接着剤によって解決できた最初の機械設計上の問題は，ねじが横にずれるような繰返しの荷重によって生じる金属ねじのゆるみまたは巻戻り防止である．このゆるみは，ねじ締結部が振動にさらされるときにおこる問題である．ねじゆるみ止めに対する嫌気性接着剤の効果は横軸衝撃および振動試験で証明されている．この試験はボルト-ナット締結部に空気ハンマーで直角に繰り返し衝撃と振動を加える方法である．図26.1に示すように，横への動きをともなう巻戻し力に対して，化学的なねじゆるみ止めが，テストでは効果的なことを証明した．たいていの従来の機械的ゆるみ止め方法では，この最も厳しいテストに失敗している[32]．

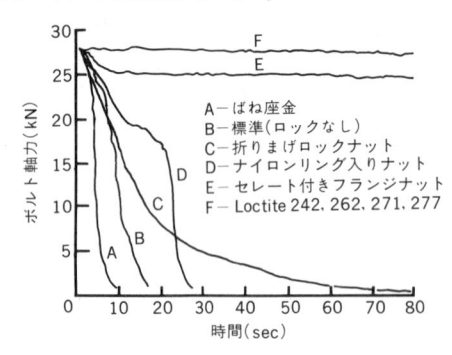

図 26.1　各種ゆるみ止めの性能比較（衝撃・振動試験，3/8″-16ボルト・ナット）

　振動に対するゆるみ止め効果とともに，接着剤はユーザーに次のような利点をもたらした．すなわち，戻しの破壊トルク（締結ねじを戻すに要するトルク），脱出トルク（最初のゆるみから，さらに戻すに要するトルク），軸力（締結時のクランプ力）の数値を前もって予測することが可能となったことである．市販の接着剤は標準ボル

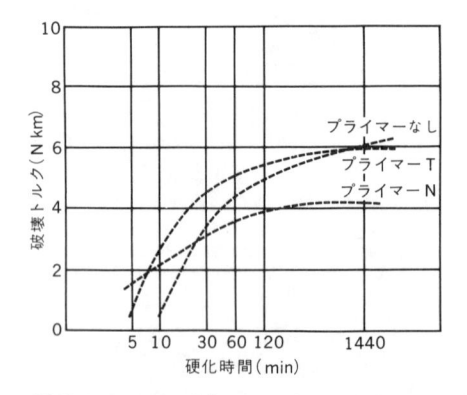

図 26.2　Loctite 242/プライマー併用の接着立上り（3/8″-16油面鉄ボルト・ナット）

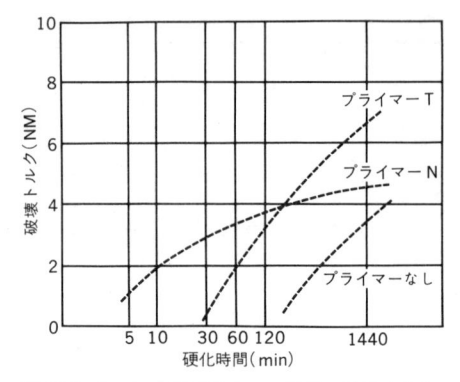

図 26.3　Loctite 242/プライマー併用の接着立上り（3/8″-16カドミニウムめっきボルト・ナット）

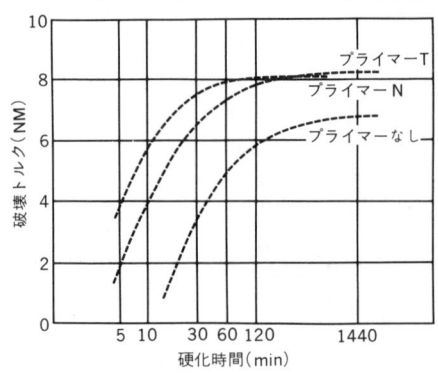

図 26.4　Loctite 242/プライマー併用における接着立上り（3/8″-16リン酸/油処理ボルト・ナット）

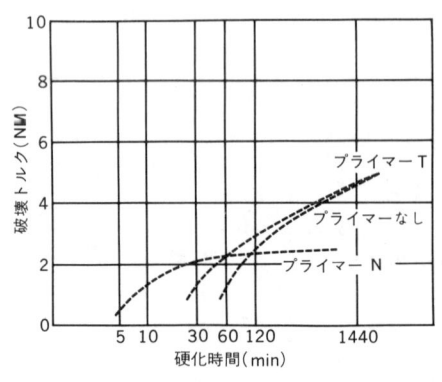

図 26.5　Loctite 242/プライマー併用における接着立上り（3/8″-16亜鉛めっきボルト・ナット）

ト-ナット締結での破壊トルク，脱出トルクにしたがってグレードをとりそろえている．図26.2～26.5に，典型的なねじゆるみ止め用嫌気性接着剤として，Loctite 242の締結性能を示した．

　実際，嫌気性接着剤によるゆるみ止めは多様な分野で使用されている．例えば，タイプライターの小ねじ，キャブレター調整ねじ，レール固定ボルト，水圧管の接続部，ブルドーザーのボルトなどである．

シーリング

　嫌気性接着剤が大きなインパクトを与えた二大用途は

26. 嫌気性接着剤

多孔質金属の含浸硬化と液体ガスケットである．これらの用途に適合する接着剤は未硬化状態では物理的性状はそれぞれ極端に異なっているが，硬化物はシーリング材として適合する共通の特徴をともにもっている．両グレードは硬化して，たいていの工業用液体に対する耐性をもち，被着材表面の不完全さを補う効果を有し，また硬化時に収縮せず，クラックが生じない材料に変わる．

含浸用シーリング材は非常に低粘度の液体であるので，単に基材に塗付したり，先に述べたように減圧下に塗付すると，鋳物，溶接部，粉末成形物の孔部，クラック，表面欠陥部へ浸透する．嫌気性シーリング材は，その取扱いの容易さと清潔さから古いタイプのシーリング材を置き換えつつある．過剰の液を除去したとき，望む部分で硬化がおこる．樹脂で含浸した鋳物は優れた機械的性質をもつ．含浸プロセスの最も印象的な利点の一つは含浸硬化物の機械加工性が改良されることである．それは鋳物のボイドやひびが充填されて表面の平滑性が達成されるからである．

嫌気性ガスケット材は非常に粘稠で，チクソトロピーなペーストである．これらの性状はたれたり，浸透する傾向を低減させ，空隙の充填性能を高めるものである．典型的な液体ガスケット材は完全硬化物の性質に達するまでには数時間を要するが（**図 26.6** 参照），Loctite Gasket Eliminator 504 のようなグレードは比較的大きな空隙でも，瞬間的な圧シールできるように配合されている

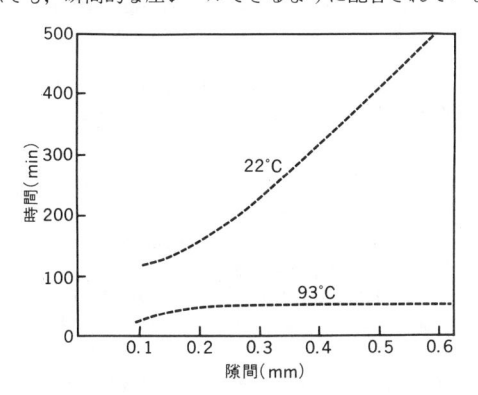

図 26.6 Loctite 504 の硬化時間（鉄フランジ，プライマーなし）

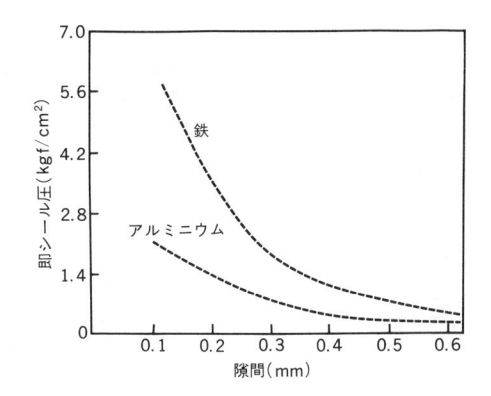

図 26.7 Loctite 504 のフランジ即シール性能（フランジ隙間 0.5 mm）

（**図 26.7** 参照）．用途はトランスミッションハウジング，ポンプ，サーモスタット，車軸カバー，コンプレッサーなどである．場合によっては，液体ガスケット材を従来のガスケットに塗付して変形に対する耐性を付与するのに使用されることがある．

嵌合固着

ベアリングや歯車などのシリンダー組立の設計では，従来は構造的な完全さを嵌合部に求めていた．しかしながら，注意深く加工した嵌合部でも金属と金属の接触面積は比較的小さい．その結果，引抜き強さは低下する．嫌気性嵌合接着剤は両面の空隙部を充填して，嵌合面の機械的接着力を増大させる．はめあい部品の場合に，接着剤は他の方法では得られない構造上の完全性を与える．

嵌合用接着剤は高温にさらされても優れた接着強さを有するよう配合されている．例えば Loctite 620 は，149 ℃，2000 時間加熱し，その温度で試験したとき，せん断接着強さが 50% 増加する．204 ℃で長時間加熱すると接着強さの増加は少ない．232 ℃，2000 時間加熱後でさえ，その接着強さは初期の 75% を保持している．

構造接着

嫌気性接着剤が最近用途拡大した分野は構造的な面接

表 26.5 Loctite Speedbonder 324 硬化物の性状

接着性能			硬化物の性状	
接着層膜厚 (mm)	0.05	0.50	熱膨張係数 (10^{-5}cm/cm/℃)	12.6
試験結果			熱伝熱係数 (W/m・K)	0.12
引張りせん断接着強さ (DaN/cm²) (ASTM D-1002-65)			絶縁耐力 (V/mm)	34000
アルミニウム	230	250	体積抵抗 (10^{12} Ω・cm)	3
鋼	225	300	比誘電率	
衝撃接着強さ (J/cm²) (ASTM D-950-54)	2.1	7.3	100 Hz	5.5
T-はく離接着強さ (kN/m) (ASTM D-1876-61)			1 kHz	5.3
アルミニウム	5	—	1 MHz	5.5
鋼	10	8	誘電正接	
			100 Hz	0.039
			1 kHz	0.033
			1 MHz	0.045

着である．従来の構造用接着剤を嫌気性接着剤が置き換えていく動機は，取り扱いやすい，計量不要で可使時間の問題がない，低毒性，嫌気性重合による速硬化などである．新規な合成樹脂を導入することによって，嫌気性接着剤硬化物の性質の範囲は広がり，引張り接着強さ，衝撃接着強さ，はく離接着強さが改良された．プライマーや加熱によって硬化を促進することも可能である．

典型的な構造用嫌気性接着剤，Loctite 324 の物理的性状と接着性能を**表 26.5** に示す．以前の嫌気性接着剤と異なり，機能的に設計した樹脂をベースにしたこの接着剤は，0.5mm 隙間でも，隙間なしの場合と同様の接着性能を発現する．嫌気性接着剤のバランスのとれた性能のゆえに，異種材の構造接着に適用される．例えば，自動車のガラスと金属，スピーカーマグネット，火災警報機，刃物の装飾木の接着がある．

最近の進歩

界面活性剤レジン

嫌気性含浸シーリング材の利点の一つは，そのプロセスの清潔さにある．初期の嫌気性シーリング材は未硬化状態で水性洗浄液に溶解するので，過剰の液を除去しやすかった．新規の組成物では界面活性剤を添加したものが開発された[33]．この場合，未硬化の液を除去するには，ただの水で洗浄すればよく，運転コストと廃水処理を低減できる．

二元硬化システム

特定の接着用途では，一液型の嫌気接着剤の長所に少々耐久性は低下しても「瞬間接着性を有する」他の硬化機構をあわせもたせる要望がある．例えば，従来の嫌気性重合成分，ラジカル重合単量体と感圧接着性を与える粘着付与剤成分を含有する組成物が開発された[34]．二つの硬化機構を組み合わせた接着剤は瞬間の接着性を有し，遅い嫌気性重合で高接着強さが発現するまでは接着の位置調整ができる．

速い組立と接着力のゆっくりした発現によるもう一つの接着法は嫌気性と紫外線硬化の組合せである[35]．配線板にエレクトロニクス小部品を取り付ける場合，板上に接着剤を点滴する．それから接着剤点滴の上に小部品を乗せ，小部品の底部とともに，周辺部に接着剤のフィレットを形成するようにセットする．紫外線照射することで，フィレットを硬化させて小部品を固定し，次いで，小部品底部でゆっくり嫌気性硬化を進めて接着する．

紫外線プライマー処理

接着剤を直接硬化させる代わりに，ある条件下では，嫌気性接着剤のプライマーを紫外線で置き換えできる[36]．この技術では，被着材に液を塗付し，次いで，所定時間塗付面を紫外線照射する．接着剤は液状を保っているが，嫌気性重合に敏感になっており，被着材両面を合わせると接着力が発現する．

[**John M. Rooney and Bernard M. Malofsky**
／木村　馨・藤本嘉明 訳]

参 考 文 献

1. Burnett, R. E., and Nordlander, B. W. (to General Electric Co.), U.S. Patent 2,628,178 (Feb. 10, 1953).
2. Krieble, V. K. (to American Sealants Company), U.S. Patent 2,895,950 (July 21, 1959).
3. Grant, E. S., "Drop by Drop: The Loctite Story," Loctite Corporation, 1983.
4. Krieble, V. K., U.S. Patent 3,041,322 (June 26, 1962).
5. Pearce, M. B., *Appl. Polym. Symp.*, **19,** 207 (1972).
6. Krieble, V. K. (to Loctite Corporation), U.S. Patent 3,218,305 (Nov. 16, 1965).
7. Humphreys, R. W. R., in "Adhesive Chemistry," L.-H. Lee (ed.), pp. 603–615, New York, Plenum Publishing Corporation, 1984.
8. Okamoto, T., and Matsuda, H., *Nippon Setchaku Kyokaishi*, **20**(10), 468 (1984).
9. Okamoto, T., Mori, H., and Matsuda, H. (to Okura Kogyo Kabushiki Haisha), U.S. Patents 4,433,124 (Feb. 21, 1984) and 4,546,125 (Oct. 8, 1985).
10. Rich, R. D. (to Loctite Corporation), U.S. Patent 4,321,349 (Mar. 23, 1982).
11. Krieble, R. H., U.S. Patent 3,043,820 (July 10, 1962).
12. Frauenglass, E., and Gorman, J. W. (to Loctite Corporation), U.S. Patent 4,262,106 (Apr. 14, 1981).
13. Murray, B., and Baccei, L., *SME Paper No. AD75-792* (1975).
14. Gorman, J. W., and Toback, A. S. (to Loctite Corporation), U.S. Patent 3,425,988 (Feb. 4, 1969).
15. Baccei, L. J. (to Loctite Corporation), U.S. Patent 4,309,526 (Jan. 5, 1982).
16. Baccei, L. J. (to Loctite Corporation), U.S. Patent 4,295,909 (Oct. 20, 1981).
17. Hoffman, D. K. (to Dow Chemical Co.), U.S. Patent 4,320,211 (Mar. 16, 1982).
18. Frisch, K. C., Lock, M. R., and Stuk, G. J. (to Dow Chemical Co.), U.S. Patent 4,451,627 (May 29, 1984).
19. Drake, R. S., and Siebert, A. R., in "Adhesive Chemistry," L.-H. Lee (ed.), pp. 393–407, New York, Plenum Publishing Corporation, 1984.
20. Werber, G. P. (to Eschem Inc.), U.S. Patent 4,569,977 (Feb. 11, 1986).
21. Brenner, W., U.S. Patent 4,216,134 (Aug. 5, 1980).
22. Toback, A. S., and Cass, W. E. (to Loctite Corporation), U.S. Patent 3,625,930 (Dec. 7, 1971).
23. Toback, A. S. (to Loctite Corporation), U.S. Patent 3,616,040 (Oct. 26, 1971).
24. Hauser, M., and Malofsky, B. M. (to Loctite Corporation, U.S. Patent 3,970,505 (July 20, 1976).
25. Bich, G. J., Burke, T. M., and Smith, J. D. B. (to Westinghouse Electric Corp.), U.S. Patent 4,442,138 (Apr. 10, 1984).
26. Malofsky, B. M. (to Loctite Corporation), U.S. Patent 3,855,040 (Dec. 17, 1974).
27. Krieble, V. K. (to Loctite Corporation), U.S. Patent

3,489,599 (Jan. 13, 1970).
28. Cooke, B., and Wrobel, P. (to Loctite Corporation), U.S. Patent 4,497,916 (Feb. 5, 1985).
29. Werber, G. P. (to Loctite Corporation), U.S. Patent 3,851,017 (Nov. 26, 1974).
30. O'Donovan, M., and Lennox, A. (to Loctite Corporation), U.S. Patent Des. 255,870 (July 15, 1980) and U.S. Patent Des. 255,871 (July 15, 1980).
31. Haviland, G. S., U.S. Patent 3,386,630 (June 4, 1968).
32. Haviland, G. S., *Mechanical Engineering*, **105**(10), 17 (1983).
33. DeMarco, J. (to Loctite Corporation), U.S. Patent 4,069,378 (Jan. 17, 1978).
34. Douek, M., Schmidt, G. A., Malofsky, B. M., and Hauser, M. (to Avery Products Corporation and Loctite Corporation), U.S. Patent 4,118,442 (Oct. 3, 1978).
35. Grant, S., and Wigham, J., *Hybrid Circuits*, **8**, 15 (1984).
36. Conway, P., Melody, D. P., Woods, J., Casey, T. E., Bolger, B. J., and Martin, F. R. (to Loctite (Ireland) Ltd.), U.S. Patent 4,533,446 (Aug. 6, 1985).

27. シアノアクリレート系接着剤

アルキルシアノアクリレート系接着剤は，多くの接着剤の中でもユニークなものであって，外部からエネルギーを加えることを必要とせず環境条件によって硬化する唯一の一液型瞬間接着剤である．この特徴と多様な物質に接着できる性能とによって，多くの用途における理想的な接着剤となった．その容量当りのコストは少し高いが，実質上は大変経済的である．というのは，一般に1カ所固定するのにたった1滴ですみ，装置も炉も高価な放射線源も必要とせず，室温でほとんど瞬間的に硬化するからである．

この化合物は1947年Goodrich社のAlan Ardisによって初めて合成され，加熱すると硬く透明なガラス状の樹脂ができたと報告された[1,2]．この化合物の接着剤としての性質は1950年代はじめ，Eastman Kodak社の科学者達がシアノアクリレートモノマーの物性を測定中に偶然アッベ屈折計のプリズムを接着してしまうまで発見されることがなかった．

シアノアクリレートの研究によって得られた最初の商業上の成果は，1958年にメチルエステルを主成分とする接着剤として紹介されたEastman 910®である．この接着剤は当初は面白いもの，高価で珍奇なものと考えられていたが，次第に従来の接着剤や機械的な方法では組み立てることができない小型部品用の接着剤，というユニークでその本質にぴったりした地位を築き上げはじめた．今日では1000トン以上の各種シアノアクリレート系接着剤が世界中で販売されている．その大半は1滴だけ使えば足りてしまう用途である．多種類のシアノアクリレートエステルがつくられてきたが，商業的に重要なのは比較的わずかなものだけである（**表 27.1**）．今日その取引き量の90％以上がエチルエステルで占められているのは，接着性能，貯蔵安定性，製造しやすさの組合せが優れているからである．硬化速度と接着強さのいずれもアルキル基の長さが増加するにしたがって低下する傾向にある．メチルエステルの使用量が減少し続ける一方で，アリルエステルは架橋性の耐熱グレードとして現在盛んに売られている．また，アルコキシアルキルエステルは低臭・低白化という性質でその用途を見出し始めている．

現在，世界中にはシアノアクリレート系接着剤の六大製造業者がいる．すなわちアメリカのLoctite社，National Starch社（Parmabond），ドイツのHenkel社，日本の東亞合成化学，住友化学，アルファ技研である．

シアノアクリレートの反応性は，二つの強い電子吸引基（XとYで示される）の存在に帰することができる．

$$CH_2=C\overset{X}{\underset{Y}{\diagup\!\!\!\diagdown}} \qquad \text{ここで} \quad X=CN \quad Y=COOR$$

これらの基によって，二重結合は弱塩基による攻撃を非常にうけやすくなる．電気陰性基をもつほとんどのモノマーは接着剤に似た作用をおこす．接着剤的作用を示すこのタイプの分子には，アルキル-2-シアノアクリレート[3]，ジアルキルメチレンマロネート[4,5]，アシル-アクリロニトリル[6]，そしてα-置換ビニリデンアルキルスルフィン酸エステルとスルホン酸エステル[7]の一部が含まれ

表 27.1 シアノアクリレートモノマーの物性

エステルの種類	メチル	エチル	イソプロピル	アリル	ブチル	イソブチル	メトキシエチル	エトキシエチル
外 観	←――――――――――――――透明，無色液体――――――――――――――→							
臭 気	強い刺激臭	←―――――刺激的なアクリル臭―――――→					←―ほとんど無臭―→	
	催涙性			催涙性				
粘 度 (cP)	2.2	1.9	2.1	2.0	2.1	2.0	2.6	5.0
比 重	1.10	1.05	1.01	1.05	0.98	0.99	1.06	1.07
沸 点 (℃)	48〜49	54〜56	53〜56	78〜82	83〜84	71〜73	96〜100	104〜106
(mmHg)	2.5〜2.7	1.6〜3.0	1.0〜2.5	6.0	3.0	1.9〜2.2	2.6〜3.3	5.0
屈折率	1.4406	1.4349	1.4291	1.4565	1.4330	1.4352	—	1.4470
重合熱 (kcal/mol)	13.8	13.9	1.62	15±1	15±1	16.0	—	—
引火点 (°F)	181	181		180	185	199		265

ている．

アルキル-2-シアノアクリレートの合成

1947年 Alan Ardis は，二つのルートで合成した[1,2]．一つ目のルートは，アルキル-3-アシロキシ-2-シアノプロピオネートを熱分解し，アルキル-2-シアノアクリレートとカルボン酸を得るものである[1]．

二つ目のルートは今日最も商業的に支持されている方法であり，塩基の存在下でアルキルシアノアセテートとホルムアルデヒドとを Knoevenagel 縮合反応[2,8]させてポリ(アルキル-2-シアノアクリレート)を得るものである．

$$n\,CH_2\begin{array}{c}CN\\|\\|\\COOR\end{array} + nCH_2O \xrightarrow{base*}{\Delta}$$

$$\left[CH_2-C\begin{array}{c}CN\\|\\|\\COOR\end{array}\right]_n + nH_2O$$

この反応は通常系内からの水の除去で促進し，発熱反応によって生じる熱を放散させるため，無水有機溶媒中で行われる[8]．

ポリシアノアクリレートは 140～260℃ に加熱され，解重合によってシアノアクリレートエステルにもどされる．

$$\left[CH_2-C\begin{array}{c}CN\\|\\|\\COOR\end{array}\right]_n \xrightarrow[P_2O_5,\Delta]{(ARO)_3PO} CH_2=C\begin{array}{c}CN\\|\\|\\COOR\end{array}$$

回分式操作によれば 80% 以上の収率が容易に得られる．この反応をモノマーの再重合をおこすことなくスムーズに行うためには，最初の反応液中の塩基触媒を少量の無水リン酸などの酸性物質を加えて中和することが必要である[2]．さらに昇温時にフリーラジカルが発生して再重合をおこすのを防ぐためには，系内にヒドロキノン，カテコールなど[2]のラジカル捕捉剤を加えるべきである．また重合を防ぐためには新しいモノマーに亜硫酸ガスのようなアニオン安定剤も加えなければならない．

アルキルシアノアクリレートの解重合のための連続法プロセスが提案されている[9,10]．ごく最近のある特許では，最初の重合を押出機中で実施し，ガス状の副生成物をその脱ガスゾーンで取り除く方法について論じている[11]．つくられた原料ポリマーに，亜硫酸ガス雰囲気中でヒドロキノンと五酸化リンを混合することにより，安定化されたメチルシアノアクリレートが製造できる．

安定剤と重合禁止剤

シアノアクリレートモノマーは反応性の高い化合物であり，アニオン重合機構あるいはラジカル重合機構によってポリマー化しようとする．二つの反応ルートのうちではアニオン反応がはるかに支配的であり，少量の水のような弱塩基によってさえ開始しうるが，過酸化物の存在下で高温や紫外線や熱にさらされるとラジカル重合も開始しうる．これらのモノマーの極端なアニオン重合性は初めのうち作業者に気づかれなかったが，これはおそらくぞんざいな前処理を行っていたため不純分が多く過剰に安定化された製品となっていたのであろう．当初，重合はほとんどの場合モノマーを加熱することによって実施されていた．1951年代はじめ Eastman Kodak 社の Coover と Shearer によって亜硫酸ガスで安定化されたより純度の高いシアノアクリレートモノマーが使用されるまでは，その特異的な重合性と接着性が発見されることがなかった．

シアノアクリレート系接着剤が実用可能な貯蔵安定性を維持するためには，アニオン重合禁止剤とラジカル重合禁止剤の両方が必ず必要である．純度の高い製品をつくり出すための生産プロセスの進歩と浸透性の低い包装の開発とによって，今日では数年の貯蔵安定性を有するシアノアクリレートの安定化システムができ上がっている．

アニオン重合禁止剤

塩基性触媒によって進行し始めたシアノアクリレートのアニオン硬化反応の停止剤としては当然酸が考えられる．ルイス酸とプロトン酸のいずれもが使用され有効であった．

NO, SO_2, SO_3, BF_3 および HF などの酸性ガスは，液体状でも気体状でもモノマーの安定化剤として優れている[3,12,13]．これは蒸留工程で，不安定なモノマーが蒸留塔の中で早く重合してしまうのを防ぐのにも有用である．同時に，これらの酸性ガスは客先で，充填した容器の上部空間でポップコーン重合がおこるのを防ぐのにも有用である．

少量の脂肪族および芳香族スルホン酸や鉱酸のような強いプロトン酸も安定剤として使用されてきた[14]．不揮発性のスルホン酸と気体の安定剤とを組み合わせると相乗効果があるといわれている[15]．カルボン酸とその無水酸も安定剤として使用された報告があるが，一般的には強酸よりも効果が少ない．

酸の強度と濃度は安定剤を選択する場合の重要な変数となる．酸が高濃度だと過剰に安定化させてしまい，重合速度や接着剤の硬化速度をひどく低下させ，接着剤の早期の機能低下にも微妙に作用する．水は最も一般的な重合開始剤として知られているにもかかわらず，シアノアクリレート中には驚くほど高濃度(数千 ppm 以上)の

水が含みうることが示されている。水は，強酸の安定剤との組合せによってモノマーを加水分解させ，カルボン酸を生成して極端に硬化速度を遅らせる。したがって，酸の濃度は貯蔵安定性を確保するのに必要最低限とすることが最も望ましい．

それ以外にもアニオン重合禁止剤として効果のある化合物が報告されている。有機硫黄化合物を，製造における熱分解または解重合工程の前でプレポリマーのスラリー中に加えると安定なモノマーが得られるという。この化合物としてはアルキル硫酸塩，スルホン，スルホキシド，アルキル亜硫酸塩，3-スルホレンが含まれる。ホウ酸キレートも安定剤として報告されており，スルホン酸のトリメチルシリル化誘導体も同様である[18]。イミダゾール亜硫酸ガス付加体もシアノアクリレート系接着剤の潜在的 SO_2 源になるという報告がある[19]。

ラジカル安定剤

通則によれば，ラジカル安定剤はアニオン重合速度に対してはほとんど影響を与えないので，その種類や濃度はアニオン重合禁止剤のような極端な効き方をすることがない。最も一般的に使用されている禁止剤はヒドロキノン（キノンとはいっても本来のキノンではないが）であり，ヒドロキノンのメチルエーテルとメトキシヒドロキノンについての報告もある。カテコールやピロカテコールなどのヒンダードフェノールも使用されるが，ヒドロキノンに比べての優位性は小さいか，ほとんどない。

シアノアクリレートの硬化機構の主体はアニオンによるものであるので，熱や紫外線によってゲル化するのを防ぐために加えられるラジカル安定剤の濃度は比較的高くすることが可能であり，実際にしばしば高濃度で使用される。ラジカル安定剤の濃度が百から数千 ppm の範囲では，シアノアクリレートの硬化性能に与える作用はないか，あっても小さいかである．

前述のようにアルキル-2-シアノアクリレートは常温で弱塩基の存在によるアニオン機構によって急速に重合する。この反応は大きな発熱をともなう。実際の重合はこのページ下の3式に示されるものである．

この反応は用いられたモノマーがすべて消費されるか酸性種の存在によって成長が中断されるまで継続されるであろう。電気陰性度の高いニトリル基（－CN）とアルコキシカルボニル基（－COOR）がモノマー中の二重結合の反応性を高め，アルコールや水のような弱塩基が急速な重合を開始させる。一般には，この機構によって形成されるのは比較的低分子量の連鎖である．

実質上すべての物質はその表面に吸着された薄い水分層をもっていることが，ユーザーが2-シアノアクリレートの反応性が高いと感じることへの簡単な説明になる。シアノアクリレート系接着剤の薄い層が接着されるものの表面に広がると，接着剤と吸着水分との間の接触により高速度で発生したカルバニオンによって重合が急速におこる。水分子中のヒドロキシル基は重合の開始を効率的なものにする。接着界面にはシアノアクリレートの薄い膜しか存在しないので，重合は超高速で完結して部品の瞬間的な固定が行われることになる．

アルキル-2-シアノアクリレートの重合がラジカル機構の道をたどる場合には次のような反応が連続的に起きる．

重合の化学

この反応の活性化エネルギーは 30 kcal/mol と高いことや，反応速度は温度やラジカル濃度によって影響されることなどのために，アニオン機構の方がはるかにおきやすくなる．一般的にはラジカルによっておこされる重合の方が高分子量のポリマーを得ることができる．

充填剤と添加剤

アルキルシアノアクリレートモノマーの典型的な粘度は 1～3 cP の範囲にあり，多くの工業的用途で使いやすい粘度よりもはるかに低い．水のように薄い接着剤を使用すると界面から流れ落ち，接着剤が不足した欠こう（膠）部のある継ぎ手となり，接着強さが低下してしまう．流れて移動した接着剤がその近くの表面に接着してしまう可能性があるならば，同じようなことがおきて人体組織にも強く接着する危険性がありうることになる．

したがって，第一番にするべきことは，シアノアクリレートの粘度を調整することであり，そのために種々の可溶性ポリマーからなる増粘剤を用いて粘度調整がされた．増粘剤と充填剤はシアノアクリレートと親和性がなければならないし，アニオン硬化を容易に開始させる引金となってもならない．モノマーの基本的粘度を増加させるために使用されてきたポリマーにはポリメタクリレート（最も一般的である），ポリアクリレート，ポリシアノアクリレート，ポリビニルアセテート，焼成したポリアクリリックス，ポリ乳酸，セルロースの硝酸エステルやその他のエステル，例えばアセテート，プロピオネート，ブチレートが含まれる[3,22,23]．

最近，シアノアクリレートにゴム弾性充填剤を加えて，本質的に硬いポリマーの柔軟性と強靱性を増強することが行われている．その例として(a) アクリロニトリル/ブタジエン/スチレン共重合体，(b) メタクリレート/ブタジエン/スチレン共重合体，(c) エチレンとメチルアクリレートまたはビニルアセテートの共重合体が報告されている[24～26]．これについては「最近の進歩」の項を参照されたい．

初期には，種々のタイプのエステル系可塑剤は貯蔵中に接着強さが徐々に低下するのを防ぐために効果があることが報告されており，その例としてはシアノ酢酸エステル，コハク酸エステル，アジピン酸エステル，セバシン酸エステル，フタル酸エステル，アシルエステル，ホスホン酸（亜リン酸）エステル，リン酸エステルがある．アルキル芳香族エーテルも用いられてきた[27,28]．耐熱性を改良するための可塑化処方としてフタル酸のアリル，メタリル，クロチルエステルが良いと主張されている[29]．さらにシアノアクリレート接着剤の脆性を軽減し，耐衝撃性，耐熱性，耐湿性を改良する目的で，多価カルボン酸とその無水物を用いるという提案がある[30,31]．没食子酸，没食子酸エステルおよび没食子酸のタンニン誘導体が同様の目的で使用された[32,33]．

無機充填剤はこれらのものを加えると不安定になるため，これまで使用されることがなかった．最近，Loctite 社によって垂直面にも天井面にも適用できる安定なチクソトロピック性ゲルが製造されている．これにはシラン処理した疎水性シリカが使用されており，このシリカは乾燥剤であり，シアノアクリレート系接着剤中において従来のシリカよりも安定なものである[34]．このゲルの接着性能はニュートン流体である従来のシアノアクリレート系接着剤と同等である．

シアノアクリレートは本質的には幾種類もの着色ができる．化学構造的に区分けされた安定な染料を用いて着色されたシアノアクリレートは，化粧用や自動組立操作において検査がしやすい接着剤として使用されている．

最近 10 年間において行われた重要な仕事として，酸性物質上や多孔質物質上でシアノアクリレートのアニオン重合を促進するための添加剤の研究があるが，この添加剤については「最近の進歩」の項で触れることにする．

硬化した接着剤の性質

シアノアクリル酸の低級アルキルエステルは硬化すると無色の硬い樹脂になり，広範囲の物質に対してよく接着し，高い引張りせん断強さを示す．しかし硬化物は硬く，はく離強さと衝撃強さは低い．低級エステルに 5～10％のポリメチルメタクリレートを加え高粘度化すると，硬さが若干減少し，低粘度の接着剤の 2 倍の衝撃強さを示し，はく離強さも改善される．簡単な構造のシアノアクリル酸エステルの諸物性を表 27.2 に掲げた．一般的にいえることは，

○ エステル基の長さが増加すると，硬化速度，引張り強さ，引張りせん断強さ，衝撃強さは低下する．
○ エステルのアルキル鎖が長くなると，高温での強度も低下する．一般にシアノアクリレートは 60～70℃以上での長期耐熱性は保証できない．
○ 耐溶剤性は通常の極性が強い直鎖状の高分子量ポリマーと同様である．非極性溶媒中ではほとんど影響をうけないが，溶解性パラメーターが近似した溶媒中では徐々に強度が低下する（表 27.3 参照）．シアノアクリレート系接着剤の長所として耐湿性をあげることはないけれども，注意深く接着性能を調べてみると，被着体の種類によっては非常に優れた耐湿性を示す例がある．

アリル-2-シアノアクリレートや β-アルコキシアルキルといった特殊エステルについて述べた報告もある．

アリルエステル系を用いた接着剤については，1970 年代に Eastman 社によって耐熱性接着剤として紹介されたのが最初であり，現在では Permabond 社が Powerbond という商標名で出している．このエステルの硬化速度と最終接着強度はエチルエステル，プロピルエステルに似ているが，第 2 ステージにおいてアリル基のラジカル反応による架橋が進行しうる．この架橋反応の速度は遅く，その効果を出すには高温（350°F）におく必要が

表 27.2 シアノアクリレート系接着剤の一般的性質

モノマーの種類	メチル エステル	エチル エステル	イソプロピル エステル	アリル エステル	ブチル エステル	イソブチル エステル	β-メトキシ エチルエステル	β-エトキシ エチルエステル
ポリマー物性								
軟化点 (°C, ビカット)	165	126	154	78	165	107	—	52
融点 (°C)	205	—	179	—	—	192	165	103
屈折率 (n_D^{20})	1.45	1.45	1.45	—	—	1.26	1.4	1.48
誘電率 (1 MHz)[a]	3.34	3.98	3.8	3.3	5.4	—	—	—
誘電正接 (1 MHz)[a]	—	—	2.04	0.02	—	—	—	—
体積固有抵抗 (MΩ·mm)	—	3×10^{15}	9×10^{12}	7×10^{14}	5.37×10^9	—	—	—
引張り強さ[b] (psi, 鋼/鋼)	4500	4000	3000	—	—	2960	3550	4400
伸び率 (%)	<2	<2	<2	10	—	<2	—	—
曲げ弾性率[c] (psi)	4.93×10^5	3.00×10^5	—	2.54×10^5	—	—	—	—
硬度 (ロックウェル)	M 65	M 58	R 18	—	—	—	—	—
右記溶剤に可溶	←			N-メチルピロリドン, DMF, CH_3NO_2				→
接着性能								
セットタイム (秒, 鋼/鋼)	10～15	10～15	10～15	10～15	10	20	35	5
Al/Al	20	20				20	15	5
ニトリルゴム/ニトリルゴム	5	5				5	5	3
ABS/ABS	20～30	10～15				20	5	3
引張りせん断強さ[d] (psi, 鋼/鋼)	3200	2500	3030	3120	2280	1420	2700	2400
Al/Al	2500	2000	1530	950	1030	1420	1650	1700
衝撃せん断強さ[e] (ft·lb/in²)	4～10	5～10	—	—	5.3	—	9～11	2.25

注) a: ASTM D-150, b: ASTM D-638, c: ASTM D-790, d: ASTM D-1002, e: ASTM D 950-54

表 27.3 一般的メチルシアノアクリレート系接着剤の耐溶剤性[48] (溶液温度 24°C)

	引張りせん断強さ (浸漬1ヵ月) (psi)
溶剤なし (比較)	2040
1,1,1-トリクロロエタン	2540
ガソリン	2730
アセトン	26
イソプロピルアルコール	3000
10 W-30 モーター油	2470
ナフサ	1640
トルエン	1680

注) 被着材:鋼/鋼

ある。この反応中に第1ステージで生成した直鎖状のポリマーは柔軟化するので、用途によってはその間部品を保持しておく必要がある．

エチルシアノアクリレートのエステル部の β-炭素にメトキシ基あるいはエトキシ基をつけたアルコキシアルキルエステルは，シアノアクリレート系接着剤を実質上無臭化させたものである．1957年に Eastman 社によって最初に報告されたが，現在では数社によって製造されており，安定性や硬化速度についての改良も行われている．このエステルについても「最近の進歩」の項でさらに詳述する．

耐熱性を改良した重要なモノマーであるビス-シアノアクリレートは次のように合成される．まずシアノアクリレートモノマーとアントラセンとからディールス-アルダー反応によって得られた付加物にグリコールを反応させる．生成した中間体に過剰のマレイン酸無水物を反応させることによってビスモノマーが得られる[39～44]．このモノマーを用いることによって耐熱性や耐溶剤性が改良されるといわれているが，製造がむずかしく，最終製品の純度が低いという問題がある．このモノマーのもつ理論上の利点も，不純物があることによって損なわれてしまう．

シアノアクリレートとビス-シアノカルボアルコキシブタジエンとを共重合させることによって耐熱性，耐溶剤性を改良したという報告もある[45]．

シアノアクリレート系接着剤の流動性，速硬化性，強靭性を改良した最近のいくつかの興味ある，有意義な業績については「最近の進歩」の項で触れる．

長所と問題点

シアノアクリレート系接着剤のもつ多くの長所についてはすでに論議されたことであり，その特徴の組合せについても明らかになっている．ここにそれらを順次整理してみる．

○使いやすい：シアノアクリレートは一液型接着剤であり，混合，締付け固定，外部エネルギー，長期の硬化時間を必要としない．たいていの場合，1滴落とすと部品に吸着した湿気によって活性化され，指で押えつけると数秒で接着される（表27.3参照）．

○硬化速度が早い：重合は数秒ないし数分内に自然発生的におこる（表27.4参照）．

○多種の材料に強く接着する：金属，プラスチック，ゴムなど広範囲の物質に適応でき接着力が高い（表27.5参照）．

○経済的である：最少量（1平方インチ当り1滴）の接着剤でよいため，接着のコストは通常1ヵ所ごとに1ペニー以下ですむ．

その一方，シアノアクリレート系接着剤にはいくつか

表 27.4 種々の被着材組合せにおける接着速度と接着強さ[57]

被着材の種類	接着速度	接着強さ
ガラス-ガラス	速硬化	高（初期）
アルミニウム-アルミニウム	中程度	中程度
鋼-鋼	中程度	高
ガラス-ゴム	速硬化	高
磁器-磁器	速硬化	高
ポリエチレン-ポリエチレン	中程度	中程度
ポリエステル-ポリエステル	速硬化	中程度
Tenite®アセテート-Tenite®アセテート	中程度	高
Tenite®ブチレート-Tenite®ブチレート	中程度	高
金属-コルク	速硬化	高
金属-フェルト	速硬化	高
ガラス-コルク	速硬化	高
ガラス-フェルト	速硬化	高
木材-木材（かえで）	遅硬化	高
金属-皮革	中程度	高
金属-ゴム	速硬化	高
ゴム-ゴム	速硬化	高
ゴム-ボール紙	速硬化	高
ガラス-鋼	中程度	高
ナイロン-ナイロン	速硬化	中程度
ガラス-Tenite®ブチレート	中程度	中程度
鋼-ネオプレン	速硬化	高

表 27.5 メチルシアノアクリレート系接着剤の接着特性[57]
接着剤：Eastman 910®

被着材種類	接着後の経過時間	引張りせん断接着強さ (psi)
鋼-鋼	10 分	1920
	48 時間	3000
アルミニウム-アルミニウム	10 分	1480
	48 時間	2700
ブチルゴム-ブチルゴム	10 分	150[a]
SBR ゴム-SBR ゴム	10 分	130[a]
ネオプレンゴム-ネオプレンゴム	10 分	100[a]
SBR ゴム-フェノール樹脂	10 分	110[a]
フェノール樹脂-フェノール樹脂	10 分	750
	48 時間	—
フェノール樹脂-アルミニウム	10 分	650
	48 時間	920
アルミニウム-ナイロン	10 分	500
	48 時間	1440
ナイロン-ナイロン	10 分	330
	48 時間	1400
ネオプレンゴム-ガラス繊維強化ポリエステル	10 分	110[a]
アクリル樹脂-アクリル樹脂	10 分	810[a]
	48 時間	790[a]
ABS-ABS	10 分	640[a]
	48 時間	710[a]
ポリスチレン-ポリスチレン	10 分	330

a：材料破壊

のよく知られた問題点があって，その用途に制限があり，万能型接着剤とは見なされていない．この欠点を取り除くことが，多くの製造業者にとって，製品を差別化するための研究開発における重要な目標となっている．

シアノアクリレート接着剤の代表的な用途

シアノアクリレート系接着剤がきわめて広範囲にわたり種類に富んだ用途で成功したのは，そのユニークな性質によるものである．自らがもつ室温で硬化する性質は，たいていの物の表面に接着する能力に結びついており，小型でぴったりと合う部品を組み立てるにはシアノアクリレート系接着剤を用いるのが最も簡単な方法となった．シアノアクリレート系接着剤を使用することはごく当り前のことになっており，毎日のように多数の人がそれを用いて多くの物を組み立てていることは確かなことである．

自動車業界では，シアノアクリレートを組立工程前にウェザーストリップを自動車ボデーやゴム製ガスケットの位置に接着するのに使用している．またポリカーボネートのポジショニングクリップをサイドウィンドウや交流発電機の警報機の部品に接着するためや，ゴム製ガスケットをサーモスタットに接着するのにも使用している．自動車用途で最も通常に行われているのは，軟質塩化ビニルでつくられたサイドトリムストリップの修理用である．

シアノアクリレートは，レコードプレイヤーのニードルカートリッジや接触防止型ビデオカセットのような小型電気部品の接着には理想的な接着剤である．電気コイルの末端固定や変圧器の積み重ねにはシアノアクリレート系接着剤が使用されている．プリント基板の回路にリード線をつけて修正するときも基板自身の修理にも使われ，高再生度オーディオスピーカーには，二液型や加熱硬化型エポキシ系接着剤よりもシアノアクリレート系の使用量の方が増加している．

化粧品分野では，口紅容器，コンパクトの鏡，アイシャドウ容器，化粧筆の先端，化粧用スポンジの組立に使用されている．

スポーツ用品やおもちゃも重要な用途範囲である．運動靴，水中マスク，トロフィー，発泡ゴム製猟銃用衝撃防止パット，そして洋弓の矢羽根などの接着にシアノアクリレートの特徴が活かされている．ゴム製ないしプラスチック製人形セットのおもちゃの家具をはじめ，多くのおもちゃの製造にもシアノアクリレートが利用されている．

現在多くの医科用，歯科用部品の製造にシアノアクリレートが使われ，この場合成形価格は問題にされることはない．軟質塩化ビニルチューブの接着には従来使用されてきた毒性のある溶剤にシアノアクリレートが代わりつつある．

アメリカでは認可にならなかったが，それ以外の国々ではシアノアクリレートの細胞組織への強い接着力を活かして外科用途で化学縫合剤や止血剤として使われている．ベトナム戦争では，戦死の主因である大量出血を止めるために Eastman Kodak 社が開発したシアノアクリレートのスプレーセットが軍医によって使われ，多くの人命を救った．

木材や紙のような酸性あるいは多孔質の材料上での硬化速度を早める表面不活性型添加物を新たに加えること

によって，各種の接着剤が使われていた一般消費者向け市場で，シアノアクリレートの用途に限界はなくなった．制限があるとすればユーザーの工夫があるかどうかだけである．耐熱性，耐湿性，力学的特性を改良したシアノアクリレート系の新しい強靭な接着剤は，従来エポキシ系接着剤だけが採用されていた分野にも侵入している．今後シアノアクリレートの用途が引き続き拡大されていくかどうかの鍵は，その性質を自由に変えられるかどうかにかかっている．

うまく使いこなすための条件

シアノアクリレートを使用して接着するためには，この接着剤は，接着する材料の湿気を含んだ表面層に接触したとき，接着剤と材料の界面において重合を開始するのだということを忘れてはならない．重合は全体が均一に進むのではなくて，界面から接着剤層の中心に向かって進行していく．そのためシアノアクリレート系接着剤は隙間充塡用接着剤としては有効ではない．隙間の間隔が大きい場合には主鎖の成長が重合禁止性分子によって停止されてしまう見込みが非常に大きい．

すべての接着剤において，接着強さと耐久性を高めるための鍵は被着材を清浄にすることである．まず最初にすべての離型剤，油や残っている酸性物質などを取り除くことが必要であり，アセトンやナフサでぬらした布で表面を拭い取ってやるのがよい．表面が酸性である場合には，弱アルカリ性溶剤で洗浄するか，界面活性剤で処理するのが好ましい．金属を接着する場合には，表面を溶剤で洗浄し，サンドペーパーで磨いた後もう一度溶剤洗浄すべきである．

表面をきちんと調整したあとは，接着剤の使用量を界面を満たすのに必要最少限の量（1平方インチ当り1滴が望ましい）にするように注意する．量が多すぎると硬化が遅くなる．

接着時間を早くするには，できるだけ新しい接着剤を用いるべきである．古い接着剤は，酸性の安定化剤によって次第にモノマーが加水分解され，カルボン酸をつくるために接着が遅くなってくる．接着剤の品質を保つためには，容器のふたをきちんと締め，冷暗所に保存しなくてはならない．シアノアクリレートはポリエチレン，ポリプロピレン，アルミニウム製の容器に入れて保存するのが安心である．

毒　　性

現在シアノアクリレートモノマーの毒性データは不足しているが，この主な理由は，モノマーの重合速度が早すぎてたいていの試験（吸入毒性試験などのような）ができないためである．

McGeeら[46]はシアノアクリレートの蒸気濃度が3ppm以上になると鼻，喉を刺激し，5ppm以上では目に刺激を与えることを示したが，試験データがまだ完全にそろっているわけではないので，蒸気は吸わないようにすべきである．メチルシアノアクリレートだけには，TLV＝2ppm，短時間許容濃度＝4ppmというデータがある[47]．これらの物質にさらされている作業者は十分な換気のもとにおかれなければならない（TLVとは米国工業衛生学会によって定められた連続的にさらされた場合の許容濃度 threshold limit value である）．

シアノアクリレートポリマーをラットに経口で投与すると6400mg/kgで死ぬという報告がある[48]．この接着剤をモルモットの皮膚に24時間さらした後の刺激は緩いものであったが，本当に皮膚の感度と吸収に関して行われた結果かどうか疑わしい．

シアノアクリレートは可燃性液体と考えられ，そのモノマーと硬化物はいずれも燃焼を助ける作用をするであろう．したがって，シアノアクリレートを扱う場合には火炎，火花，高熱を避けなければならない．

この物質は接着力が強いだけでなく重合時の発熱も急激なものであるから，皮膚に付着しないようにしなければならないのは当然である．

最近の進歩

すでに述べたように，シアノアクリレートは多くの用途で使用されているが，さらにそれを拡大しようとするためにはいくつかの問題があることが知られている．最近，これらの点を解決するための多くの研究開発がなされつつある．その一部はすでに前節までに述べているが，次のような問題である．

○構造用接着剤としての欠点
　　耐衝撃性・耐はく離性が低いこと
　　耐熱性が低いこと
　　いくつかの溶剤に侵されること
　　加熱に対してもろいこと
　　耐湿構造熱サイクル性に乏しいこと
○多孔質や酸性表面上での硬化性が鈍いこと
○充塡性が低いこと
○液が垂れ流れやすいこと
○刺激臭
○光沢表面・透明表面を曇らせること

これら性能上の短所について検討し，解決する上での重要な進歩がここ数年間にわたってなされてきた．

高靱性接着剤

シアノアクリレート系接着剤が真の構造用接着剤となるためには，長期の耐久性，耐熱性，耐湿性，耐溶剤性が欠けていると考えられる．それは，このポリマーが熱可塑性であることとか，充塡剤含有量が少ない場合に硬化収縮がかなり大きいことなどにも一部関係がある．一方，一般にこの接着剤は湿気によって攻撃され，通常低下すると予想されるレベルよりもっと高い接着強さをもつこと

27. シアノアクリレート系接着剤

表 27.6 熱老化による強度低下[a]

接着剤の種類	引張りせん断接着強さ (psi)			衝撃接着強さ (ft-lb/in²)		
	室温 5日後	熱老化 2時間 250°F	熱老化 24時間 250°F	室温 5日後	熱老化 2時間 250°F	熱老化 24時間 250°F
高粘度エチルエステル系	3020	2750	1410	8.5	9.6	2.0
耐衝撃用 "A"	2930	1700	360	7.8	1.4	1.0
耐衝撃用 "B"	3080	1730	1330	10.2	5.7	2.2
Black Max®(ゴム配合強化品)	3090	3770	3920	10.2	13.7	9.1

注) 接着試験片：サンドブラスト処理した鋼によるラップせん断試験片.
"A" および "B" は市販シアノアクリレート系接着剤.
a：強度測定は室温下で実施.

が認められており，初期に Eastman 社によって報告された文献[48]や O'Connor と Zimmermann によって示された結果[49]には，シアノアクリレートで接着された金属/ゴム片は長期の耐候性を有していることが示されている.

1970年代遅くにシアノアクリレートのもろさを低減するための方法が何人かの研究者によって検討されたが，それはゴム弾性付与剤か衝撃改良剤である．シアノアクリレートのはく離強さを改良し，耐衝撃性，耐熱性を上げるため，ABS, MBS, MABS 樹脂[24,25]およびアクリルポリマー[26]が優れていることが示された．さらに酸性の耐衝撃性改良剤や接着促進剤が脆性を下げ，接着耐熱性を改良するとの報告がなされている[30〜32]．この高靱性接着剤の効果は著しいもので(表 27.6)，特に耐熱老化性において明らかである．通常の接着剤が短い加熱時間で接着力を低下させるのに対し，高靱性接着剤は初期の強度を十分保持している．同じ改善効果は湿熱サイクルテストにおいても見られ(表 27.7)，これまでに述べたような耐湿性の低い従来のシアノアクリレートに比べ際だっている．添加物の少ない従来の接着剤がこのような欠点をもつ理由として室温では完全に硬化していないからだと説明するむきもあるが，熱を加え後硬化させても収縮がおこることを考えると正当な理由ではない．接着剤

表 27.7 磨きアルミニウム接着片における湿熱サイクル試験

接着剤の種類	室温 5日後	湿熱サイクル試験	
		25サイクル	50サイクル
Pacer TX 100[a]	733	250	6
Pacer MR 150[a]	1827	—	—
Henkel 8400[b]	933	375	213
Loctite Tak Pak®[c]	1273	260	210
Loctite 498-TCR*[c]	1987	860	543
Loctite Black Max®[c]	2410	2130	1865

注) 接着試験片：ヒ素添加アルミニウム材のラップせん断試験片は3Mスコッチブライトパッドにて研磨，試薬グレードのアセトンで洗浄.
サイクル試験条件 (3時間サイクル)：
　30 分×-20°F・1 時間照射・150°F へ
　-30 分×150°F×95% RH・1 時間照射・-20°F へ
* TCR=耐熱サイクル (thermal cycle resistant) 用
接着剤メーカー：a：Pacer Technology
　　　　　　　b：Henkel Adhesives
　　　　　　　c：Loctite 社.

が材料表面で活性化されたとき，界面の1層でまず硬化するので，応力はこの界面に集中する．ゴムや靱性付与剤の働きはこの応力を取り除くことかもしれない．驚くべきことに，いくつかの場合に熱安定性には変わりがないにもかかわらず，熱間強度が改善された．

耐 熱 性

常時 60〜80°C を越える温度に置いた場合のシアノアクリレート接着剤の耐熱性には依然問題が残っている．すでに記述したように，この解決法として当初は側鎖を飽和アルキル基からアリル基に変えることが行われた．この場合，耐熱性の増加は，アニオン重合とその後におこる架橋の2段階の硬化機構によっている．しかし，実際には架橋は非常に遅いので，その反応がおこるまで接着する組立部品を支えておかねばならない[50,51]．

多官能カルボン酸およびそれらの酸無水物はシアノアクリレート接着剤の耐熱性および耐衝撃性を改良するという[30,31]．ポリマーの熱分解温度は変わらないままで，加熱下での熱間強度が実質上改良されている．

硬化性の改良

種々の物質とくにアニオン重合を禁止あるいは遅延する酸性表面をもつ物質上でのシアノアクリレートの硬化しやすさに関する問題が依然として残されている．これを克服するために，多くの製造業者は市販の塩基性の表面活性剤で前処理を行ってきた．しかし，高い生産性を求められる組立工程において第二の成分を使用することは必ずしも望ましいことではない．最近公告または公開された特許には，木材や多孔質表面で使用する場合の硬化促進用添加剤として，クラウンエーテル[52]，シラクラウン[53]，カリクサレン[54]，および種々の直鎖ポリアルキレンエーテル[55,56]を用いるとよいことが示されている（図27.1 参照）．これらの添加剤は，前述のような問題をもつ物質の上での硬化速度を早めたり，低い相対湿度条件での硬化促進に著しい効果をもっている．湿度の低い冬期の数カ月における硬化速度の低下は，高速の自動車組立ラインで重大な問題をひきおこす可能性がある．これらの添加剤の作用機構は必ずしも明確でないが，クラウン化合物の場合は，相間移動触媒がその表面上でアルカリ金属といろいろな相互作用をおこすことによく似ている

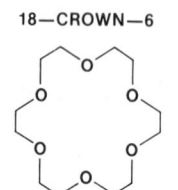

1,4,7,10,13,16-hexaoxa-
cyclooctadecane

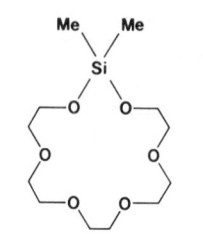

1,1-dimethylsila 17-crown-6

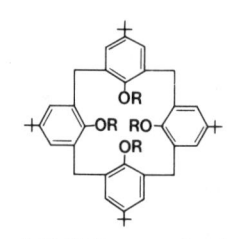

5,11,17,23,tetra-t-butyl
25,26,27,28 tetra (2-ethoxy-20X0)
ethoxy-calix-4-arene

図 27.1 難接着面用の硬化促進剤

通常のエチルシアノアクリレート

エトキシエチルシアノアクリレート

メトキシエチルシアノアクリレート

ルシアノアクリレート接着剤が開発され，販売されるようになった．これはエチルシアノアクリレートのエステル基側鎖の β-炭素にメトキシ基またはエトキシ基をつないだだけの構造である．

これらのモノマーは実質上無臭であり低い蒸気圧をもつので，白化も大幅におきにくいか，またはおきない．性能はメチルエステル，エチルエステルと同等，あるいはそれ以下である．金属やゴムでの硬化速度は非常に早いが，プラスチック上での硬化速度は通常のシアノアクリレートより遅い．ごく最近このタイプで速硬化性の製品が実用化されつつある．この接着剤の製造コストが下がり，硬化性が改良されれば，多くの用途で低級エステルタイプから置き換わっていくことが期待される．

[H. W. Coover, D. W. Dreifus, and
　　 J. T. O'Connor／木村　馨・藤本嘉明 訳]

チクソトロピック性ゲル

一般的なポリ（メチルメタクリレート）樹脂と種々の疎水性ヒュームドシリカとを組み合わせることによって，シアノアクリレートの高チクソトロピック性ゲルが有用で高濃度なものになった．一般に無処理のシリカを加えると，それがもっている吸着水によって少なくとも部分的には非常に不安定な製品となる．この新製品は立体的な形をした接着面をもつ部品に使いやすく，垂直面でも垂れ落ちることがなく，接着面からの接着剤の移動を全体的に防ぎ，不都合なところに流れていかないようにする．新しいゲルは，ユーザーの皮膚の上に飛散したり流れたりすることが大幅に減るので，安全性は大きく改善された．最近，一般消費者向け市場にユーザーがもっと親しみやすい瞬間接着剤として紹介されたゲルは，より広い用途を見つけつつある．このタイプで硬化性を改良し，表面の影響をうけにくい種類も紹介されたので，シアノアクリレートはよりいっそう万能型接着剤の方向に進んでいくであろう．

低臭・低白化性シアノアクリレート

シアノアクリレートを換気の良くないところで連続して使ったことがある人は皆，きつい刺激性のあるアクリル臭のことを知っている．この臭いのもとであるシアノアクリレートモノマーは比較的高い蒸気圧をもっているので，未硬化部分から蒸発し，接着部分の周辺に白い霞のように沈着する．光沢がある部品，修飾用部品，透明部品ではこのために使いにくいことがあり，他の接着剤に変えなければならないこともある．換気に頼ることはいつでも使える手段ではない．そこでアルコキシアルキ

参　考　文　献

1. Ardis, A. E. (to B.F. Goodrich Co.), U.S. Patent 2,467,926 (1949).
2. Ardis, A. E. (to B.F. Goodrich Co.), U.S. Patent 2,467,927 (1949).
3. Coover, H. W., Jr., and Shearer, N. H., Jr. (to Eastman Kodak Co.), U.S. Patent 2,794,788 (1957).
4. Coover, H. W., Jr., and Shearer, N. H., Jr. (to Eastman Kodak Co.), U.S. Patent 2,763,585 (1956).
5. Coover, H. W., Jr., and Shearer, N. H., Jr. (to Eastman Kodak Co.), U.S. Patent 3,221,745 (1965).
6. Toyo Rayon K. K., British Patent 1,168,000 (1969).
7. Shearer, N. H., and Coover, H. W., Jr. (to Eastman Kodak), U.S. Patent 2,748,050 (1956).
8. Joyner, F., and Hawkins, G., U.S. Patent 2,721,858 (1955).
9. Imoehl, W., and Borner, P., U.S. Patent 3,728,373 (1973).

10. Imoehl, W., Konigsborn, U., and Borner, P., U.S. Patent 3,751,445 (1973).
11. Wanczek, H., and Bartl, H. (to Bayer AG), DE Patent 3,320,756 (1983).
12. Joyner, F. B., and Shearer, N. H. (to Eastman Kodak), U.S. Patent 2,756,251 (1956).
13. Ito K., and Kondo, K. (to Toa Gosei), U.S. Patent 3,557,185 (1971).
14. Kawamura, S., et al. (to Toa Gosei), U.S. Patent 3,652,635 (1972).
15. Lizardi, L., Malofsky, B., Liu, J. C., Mariotti, C. (to Loctite), UK Patent GB 2,107,328B (1985).
16. Coover, H. W., Jr., and Wicker, T. (to Eastman Kodak), U.S. Patent 3,355,482 (1967).
17. Schoenberg, J. E. (to National Starch), U.S. Patent 4,182,823 (1980).
18. Sieger, H., and Tomaschek, H. (to Teroson), U.S. Patent 4,565,883 (1986).
19. Sweeney, N. P., and Thom, K. F. (to 3M), U.S. Patent 3,993,678 (1976).
20. Coover, H. W., and McIntire, J. M., in "Handbook of Adhesives," 2nd Ed., I. Skeist (ed.), pp. 569–580, New York, Van Nostrand Reinhold, 1977.
21. Park, J. I., in "Cyanoacrylate Resins—The Instant Adhesives," H. Lee (ed.), p. 45, Pasadena Press, 1981.
22. Wicker, T., and Shearer, N. A. (to Eastman Kodak), U.S. Patent 3,178,379 (1965).
23. Wicker, T., and McIntire, J. M. (to Eastman Kodak), U.S. Patent 3,527,841 (1970).
24. Gleave, E. R. (to Loctite Corp.), U.S. Patent 4,012,945 (1978).
25. Millet, G. H., et al. (to 3M), U.S. Patent 4,560,723 (1985).
26. O'Connor, J. T. (to Loctite Corp.), U.S. Patent 4,440,910 (1984).
27. Joyner, F. B., and Coover, H. W. (to Eastman Kodak), U.S. Patent 2,784,127 (1957).
28. O'Sullivan, D. J., and Bolger, B. J. (to Loctite), U.S. Patent 3,699,127 (1972).
29. Wicker, T. H. (to Eastman Kodak), U.S. Patent 3,354,128 (1967).
30. O'Sullivan, D. J., and Melody, D. P. (to Loctite), U.S. Patent 3,832,334 (1974).
31. Yamada, A., and Kimura, K. (to Toa Gosei), U.S. Patent 4,196,271 (1980).
32. Schoenberg, J. E. (to National Starch), U.S. Patent 4,139,693 (1979).
33. Millet, G. (to 3M), U.S. Patent 4,511,686 (1985).
34. Litke, A. E. (to Loctite), U.S. Patents 4,447,607 (1984) and 4,533,422 (1985).
35. Thomsen, W. F., and van Bramer, P. T. (to Eastman Kodak), U.S. Patent 3,699,076 (1972).
36. Zollman, H. T. (to Eastman Kodak), U.S. Patent 4,062,827 (1977).
37. Nikata, T., Kawazoe N., and Takenaka, T. (to Sumitomo, Taoka), U.S. Patent 4,405,750 (1983).
38. Kusayama, S., Nishi, E., and Stock, H. (to Pacer), U.S. Patent 4,297,160 (1981).
39. Buck, Carl J. (to Johnson and Johnson), U.S. Patent 3,975,422 (1976).
40. Buck, Carl J. (to Johnson and Johnson), U.S. Patent 4,033,942 (1977).
41. Buck, Carl J. (to Johnson and Johnson), U.S. Patent 4,012,402 (1977).
42. Buck, Carl J. (to Johnson and Johnson), U.S. Patent 4,013,703 (1977).
43. Buck, Carl J. (to Johnson and Johnson), U.S. Patent 4,041,062 (1977).
44. Buck, Carl J. (to Johnson and Johnson), U.S. Patent 4,041,063 (1977).
45. Gerber, A.H. (to Lord Corp.) British Patent 1,374,464 (1974).
46. McGee, W.A., Oglesley, F.L., Raleigh, R.L. and Fassett,D.W., "The Determination of a Sensory Response to Alkyl 2-cyanoacrylates Vapor in Air," Am. Ind. Hyg. Assoc. J. 29, 558-561 (1968).
47. From Threshold Limit Values for Chemical Substanc in Workroom Air by the ACGIH for 1975, Cincinnati, American Conference of Government Industrial Hygienists, 1975.
48. Thomsen, William, from Schneberger, G., Adhesives in Manufacturing, publ. Marcel Dekker Inc., 1983, p. 305.
48. Catalog Eastman 910 (Eastman Kodak Co.) 1971.
49. O'Connor, J.T. and Zimmerman, "Factors Affect Adhesion of Cyanoacrylate Adhesive to Bright Anodized Surfaces," paper to American Electroplaters Society, Denver, CO (1976).
50. Halpern, B.D., Dickenstein, J., and Hoegerle, R. (to Borden), U.S. Patent 3,142,698 (1964).
51. Kato, H., Tsuzi, I., Azuma, K., and Tatemishi, H. (to Toa Gosei) U.S. Patent 3,825,580 (1974).
52. Motegi, A., Isowa, E., and Kimura, K. (to Toa Gosei) U.S. Patent 4,171,416.
53. Liu, J.C., (Loctite) European Patent Application, EP-142327 (1985).
54. Harris, S.J., McKervey, M.A., Melody, D.P., Woods, J., and Rooney, J.M. (to Loctite) U.S. Patent 4,556,700 (1985).
55. Motegi, A. and Kimura, K. (to Toa Gosei) U.S. Patent 4,170,585 (1979).
56. Shiraishi, Y., Nakazawaki, Nakata, C., Ohasi, K. (to Sumitomol Taoka) U.S. Patent 4,377,490 (1983).
57. Coover, H.W. Jr. in "Handbook of Adhesives," I. Skeist, (ed) pp. 409-414, New York, Van Nostrand Reinhold, 1962.

28. ポリアミドおよびポリエステル高性能ホットメルト接着剤

ホットメルト接着剤は数世紀間知られてきた．歴史的には，天然ワックス，ロジン，ピッチやその他の天然の物質をいろいろな用途に合わせて，単独で使ったり，あるいは混合物にして使ってきた．しかし，合成ポリマーベースのホットメルトは，まだ1950年代の初期まではこの市場に出現していなかった．

伝統的には，ホットメルト接着剤は，通常，要求物性をバランスさせるために，高分子量のポリマーと低分子の樹脂をコンパウンドしてつくられてきた．ホットメルトの大きな特徴は，合成樹脂と石油からつくられるポリマーが利用されていることである．中でも，優れた特性をもったホットメルトを与えるポリアミドやポリエステルがある．

これらの二つのタイプのポリマーに対する化学としては，DuPont社のWalace Carothersのパイオニア的な仕事があげられる．彼らは，最初の合成繊維としてナイロン66（ポリヘキサメチレンアジパミド）を開発した．彼らはまた，脂肪族ポリエステルを研究していたが，融点が低くすぎて繊維にはできなかった．しかしイギリスにおいて，J. R. WhinfieldとJ. T. Dickson（Calico Printers Association）〔イギリス特許578,079 (1946)〕らは，芳香族ジカルボン酸からポリエステルを開発した．その中には，現在，主に合成繊維として使われているポリエチレンテレフタレート（PET）が含まれている．

ほとんどのポリアミドやポリエステルは縮合ポリマーであり，二塩基酸とジアミンとが反応すればポリアミドになり，ジオールと反応するとポリエステルになる．二塩基酸から誘導される場合の化学構造は次のようにあらわされる．

$$\left[\begin{matrix}O & O \\ \| & \| \\ C-R-C-NH-R'-NH\end{matrix}\right]_n \text{ Polyamide}$$

$$\left[\begin{matrix}O & O \\ \| & \| \\ C-R-C-O-R'-O\end{matrix}\right]_n \text{ Polyester}$$

もしも，カプロラクタムや他のラクタムの開環によって生産されると，ポリアミドは次のようになる．

$$\left[\begin{matrix}O \\ \| \\ C-R-NH\end{matrix}\right]_n$$

ポリエステルとポリアミドの同族系統では，ポリエステルの融点（T_m）は，ポリアミドのそれよりもかなり低くなる．主鎖内の炭素原子が増加するにつれてポリアミドの融点は減少し，一方，ポリエステルの融点は増大し，図28.1に示されるようにポリエチレンの融点に近づく．

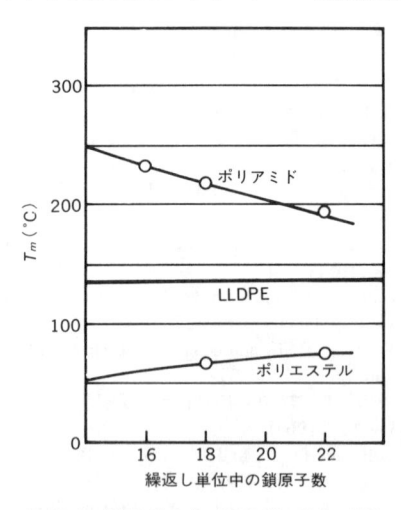

図 28.1　繰返し単位中の鎖原子数と融点の関係

ポリエステルの低い融点は，C−O結合の柔軟性と低融解熱に関連している．ポリアミドが十分に高い融点をもつのは，近接したアミド結合間に作用する分子間水素結合によるものである．ポリマーの結晶構造を調べると，融点がポリエステルとアミド基の間隔によって影響をうけることがわかる．炭素数が同じであれば，ポリアミドの方が高結晶性であり，高い融点を示す．この様子は図28.2に示している．炭素鎖の長さを変えるために，デカメチレングリコールと二塩基酸からつくられるポリエステルの場合やセバチン酸とジアミンからつくられたポリアミドの場合を図28.2に示している．

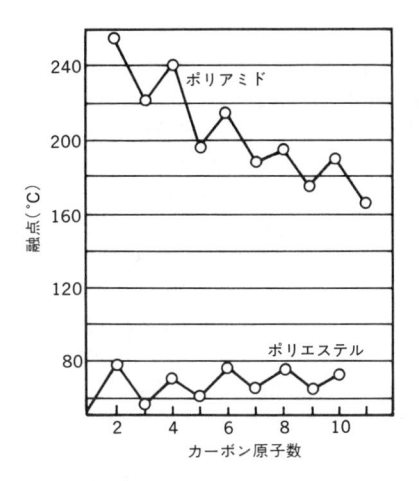

図 28.2 カーボン原子数と融点の関係

4) 炭素鎖の短いポリアミドコポリマーやターポリマー.

最初の二つのクラスのホモポリマーは,すべてエンジニアリングプラスチックやナイロン繊維用のものである.三番目のクラスのものは低融点/高融点のポリアミドに属する.四番目のものは,さまざまなモノマーから誘導された非常に大グループのポリアミドであり,非常に特殊なホットメルト接着剤となる.

ダイマー酸ベースポリアミド

C_{18} 不飽和脂肪酸の二量体化で炭素数 36 個の鎖の長さの二塩基酸が生成する.Wheeler は商品化されたダイマー酸（メチルエステル）においては,数個の C_{36} が交互に二塩基構造になって存在し,C_{13} のものと会合して C_{54} になると推定している.

ポリアミド

ポリアミドやポリエステルは,繊維用として開発されたために,あまりにも融点が高く,かつセットタイムが早すぎて接着剤用には向いていない.そのため化学者達は,低融点で,しかもセットタイムが遅くなるようなコポリマーを研究してきた.ホットメルト接着剤に使われているポリアミドやポリエステルは,繊維用に使われないモノマーベースかコモノマーベースのものがほとんどである.ホットメルト用ポリアミドの一般的なモノマーは次の通りである.

二塩基酸:
　ダイマー酸（二量体化脂肪酸）
　ドデカン酸
　セバシン酸
　アジピン酸
アミノ酸とラクタム:
　カプロラクタム
　1,1-アミノウンデカン酸
ジアミン:
　エチレンジアミン
　ヘキサメチレンジアミン
　ジエチレントリアミン
　トリエチレンテトラミン
　ピペラジン
　ジピペリジルプロパン
　ポリオキシプロピレンジアミン

これらのモノマーから広範囲のポリアミドが開発されている.それらは次の四つのクラスに分類できる.
1) ラクタムとアミノ酸から得られるポリアミド.
2) 炭素鎖の短い二塩基酸とジアミンの縮合によって得られるポリアミド.
3) 炭素鎖の長い植物性オイル誘導体ベースの二塩基酸と炭素鎖の短いジアミンから得られるポリアミド.

[構造式 2B]

この混合物を分子蒸留すると高純度のダイマー酸が得られる．ダイマー酸とエチレンジアミンのような短い鎖のジアミンとの反応は，シャープな融点をもったアモルファスポリアミドになり，セットタイムが早くなる．このことはNorthern Regional Laboratory（米国農業省）の化学者らによって発見された[3]．間もなくして，これらのジアミンは，液状のエポキシ樹脂と反応して化学量論的な割合で架橋構造をつくることがわかった[4]．エポキシ樹脂の量を化学量論的な割合よりかなり低くすることによって，ホットメルト接着剤として機能するようなものにすることができた[5]．

最初に，商品化されたダイマー酸ベースポリアミドは，General Mills社から出された"Versamid"なる商品名のものである．現在は，Henkel社から出ている．これらの樹脂の特性を**表 28.1**に要約している．

それから少し後に，ダイマー酸の最初の生産者であるEmery Industries社が"Emerez"なる商品名で熱可塑性ポリアミドの市場に参入してきた．**表 28.2**にこれを示している．

ホットメルト用のこれらの固体状のポリアミドは，ダイマー酸とエチレンジアミンの反応によってつくられた．エポキシ用の架橋剤として設計された反応性樹脂は，ダイマー酸と化学量論的に過剰なジエチレントリアミンか，またはトリエチレンテトラミンとの反応によってつくられた．ダイマー酸とエチレンジアミンとの反応によって生成されたポリアミドは，約105〜110℃の軟化温度を示す．ダイマー酸の代わりに，アジピン酸やアゼライック酸のような鎖の短い二塩基酸を使うと軟化温度が5〜25℃向上する．これらの樹脂はいくぶんもろくなる．また，多孔質な基材には良く接着するが，柔軟性の改良や非多孔質面への接着性が改良がなされないと，その用

表 28.1 Henkel社の樹脂

Versamid 反応性樹脂				
特　性	100	115	125	140
アミン価	83〜93	210〜220	290〜320	350〜400
軟化点（℃）ASTM E-28 改	43〜53	粘稠な液体	液体	液体
フラッシュ点（℃）ASTM D-92	325	295	265	185
灰分（wt %）	0.05	0.05	0.05	0.05
比重（25℃/25℃）	0.98	0.99	0.97	0.97
ポンド/ガロン（25℃）	8.2	8.3	8.1	8.1
色（ガードナー）	12 max	12 max	12 max	12 max
粘度（cP）				
25℃	—	—	45000〜55000	12500〜17500
40℃	—	50000〜75000	8000〜12000	3000〜6000
75℃	—	3100〜3800	700〜900	200〜600
150℃	700〜1200	—	—	—
Versamid 熱可塑性樹脂				
特　性	900	930	940	950
アミン価	3〜8	3〜8	3〜8	3〜8
軟化点（℃）ASTM E-28[a]	180〜190	105〜115	105〜115	90〜100
針入度（25℃）ASTM D-5 改	2	3	4	15
フラッシュ点（℃）ASTM D-92	350	339	332	291
灰分（wt %）	0.05	0.05	0.05	0.05
比重（25℃/25℃）	0.98	0.98	0.98	0.98
ポンド/ガロン（25℃）	8.2	8.2	8.2	8.2
色（ガードナー），固体	12 max	12 max	12 max	12 max
粘度（cP）				
150℃	—	3000〜4500	1500〜3000	700〜1500
200℃	300〜400	—	—	—

a：環球法．

28. ポリアミドおよびポリエステル高性能ホットメルト接着剤

表 28.2 Emery Industries 社の Emerez 樹脂

特 性	1530	1540	1532	1535
アミン価 (mg KOH/g) ASTM D-1980-61	4	4	4	4
酸価 (mg KOH/g) ASTM-D-2074=62 T	4	4	4	4
軟化点 (℃) ASTM E-28	105〜115	105〜115	105〜115	127〜135
灰分 (wt %)	0.05	0.05	0.05	0.05
比重 (25℃/25℃)	0.98	0.98	0.98	0.98
ポンド/ガロン (25℃)	8.2	8.2	8.2	8.2
色 (ガードナー)	12 max	12 max	12 max	12 max
粘度 (cP), 160℃	2100〜2700	1200〜1800	2800〜3300	500〜1000

途は限定されたものとなるであろう．例えば，反応性ポリアミドと固体状の熱可塑性樹脂を混合することでホットメルト接着剤ができる．この接着剤は金属や他の基材と良く接着し，また柔軟性も改良されている．いろいろな物性も，また粘着付与剤，可塑剤などとのコンパウンド化によって改良される．次に，それらを示す．

粘着付与剤：
 ＊ロジン
 ＊二量化ロジン
 ＊ロジンエステル
 ＊ケトン樹脂
 改良フェノール樹脂
 マレイン酸樹脂

可塑剤：
 ＊パラトルエンスルホンアミド
 ＊N-エチルパラトルエンスルホンアミド
 ＊N-シクロヘキシルパラトルエンスルホンアミド
 トリフェニルホスフェート
 トリブチルホスフェート
 フタル酸エステル
 カストール油

＊印：最も一般的な改質剤である．

最初の頃のポリアミドは，比較的に低分子量であり，良好な接着剤をつくるのにはかなりのコンパウンドが必要であった．しかしダイマー酸の純度が向上するにつれて，高融点，高強度，しかも優れた接着性をもった高性能のポリアミドが General Mills（現在は Henkel）社から "Versalon" の商品名で出された（**表 28.3**）．Versalon 1140 は，特徴のある接着特性をもったポリアミド群である．それはビニルに対して広い範囲で良好な接着性を示す第一のポリアミドであった．アメリカ特許 3,377,305 に登録されているように[5]，このポリアミドは二級のヘテロ環をもったジアミンベースのものと思われる．その後，Union Camp 社がダイマー酸のもう一つの供給者になり，種々のダイマー酸ベースポリアミドを "Uni-Rez" の商品名で紹介している（**表 28.4**）．原料ソースが明らかにされるにつれて，ダイマー酸から誘導された特殊なホットメルトポリアミドが Emhart 社の Bostik Division や Terrel Industries 社や Dexter Hysol 社から出されている．これらのポリマーのいくつ

表 28.3 Henkel 社の Versalon 樹脂

特 性	1112	1165	1175	1140
軟化点 (℃), ASTM E-28	112	165	172	140
比 重	0.95	0.98	0.95	—
粘度 (cP)				
190℃	3700	4000	8000	—
225℃	1600	1500	2200	8500
抗張力 (psi), 23℃	2000	850	2100	700
伸び (%), 23℃	300	600	450	900

表 28.4 Union Camp 社の Uni-Rez ポリアミドのグレード

特 性	2651	2622	2643	2641	2624	2665
融 点 (℃)	100	107	124	138	162	165
粘度 (cP, 190℃)	9000	900	2000	8500	7500	8500
色 (40% n-ブタノール中)	5	6	5	4	6	5
ポンド/ガロン (25℃)	8.0	8.2	8.1	8.2	8.1	8.1
抗張力 (psi)	550	1400	400	700	1400	2000
伸び (%)	900	50	250	700	500	500
張力モジュラス (psi)	12000	36000	9000	7000	25000	55000
張力インパクト (ft-lb/in^2)	160	5	120	150	50	70
低温時衝撃荷重 (% 合格率−20℃)	100	—	—	—	—	—

表 28.5 Bostik 社のポリアミドホットメルト接着剤

特性	4254	4252	7279	7228
軟化点 ASTM E-28	112	132	163	182
溶融粘度 (cP)				
149℃	5300	—	—	—
177℃	—	5600	—	—
204℃	2300	2200	7000	7000
破壊時張力 (psi)	1100	2100	1500	1400
破壊時伸び (%)	75	200	100	60

かを表 28.5 と 28.6 に示している.

ほとんどのポリアミド接着剤は次のような特徴があげられる.

* 融点がシャープである.
* 種々の基材および表面処理された PE や PP のような基材への接着性に優れる.
* 優れた色調と低臭気
* 良好な水蒸気バリヤー特性
* 良好な耐薬品性と耐油性
* 耐ブロッキング性

ほとんどのポリアミド, 特にダイマー酸ポリアミドは酸化されやすい. そのため酸化防止剤を添加するか, あるいは窒素で溶融表面を覆い, 熱安定性の改良をする必要がある. 水添化されたダイマー酸ベースポリアミドはかなり酸化されにくくなっているが, かなりコストが高い.

安定剤のタイプはポリアミドによって変わる. 一般的には酸化防止剤が使われる. 最も一般的なものは, ヒンダードフェノール系, リン系, リン酸エステル系, ヒンダード芳香族アミン系のものである.

これらの接着剤は, いくつかの形態で利用できる. ペレット, モノフィラメント, 粉末樹脂, ビレットやスティックである. ペレットと粉末樹脂は, 標準のバルクホットメルトアプリケーターで利用できる. モノフィラメントは, 最初, Bostik 社によって開発され, 特殊な溶解装置で使われている. ビレットは, その表面のみを加熱グリッドとの接触で溶かすような改良されたバルク溶融装置で利用される. スティックは, ガンや溶融装置を内蔵したハンドタイプのもので利用できる.

ポリアミド用のホットメルトアプリケーターは数社から出されている. 例えば, Nordson 社, Meltex 社, Bostik 社, Fastening Group, Graco/LTI 社などである.

組成と接着性

いろいろなポリアミドが広い範囲の接着特性を有している. それらは, 多孔質の基材と極性な表面に良く接着する. しかしセッティングの早いタイプのものは, 金属を予熱してぬれをよくしないと, 金属との接着は良くない. 一般のポリアミドは, ほとんどがビニルとの接着が良くない. セッティングの遅いポリアミドは, ジピペリジルプロパンを反応させることによって合成され, ビニルや冷たい金属との接着性が改良されている. これらのポリアミドの耐熱性は, 高くないが, 耐油性と耐溶剤性がある.

アプリケーションシステム

Emhart 社の Bostik 部門は, 製靴工程で皮革を接着するのに, ポリアミドホットメルトを使うことを開発した. 1953 年, この会社は, ポリアミドホットメルトをモノフィラメントの形で使うプロセスを商品化した. この組成物は, 約 105℃ の融点をもち, 商業的に利用可能なポリアミドを適当にコンパウンド化することによってつくられている. それを使用するときには, 少量の接着剤を必要なときに溶融できるようにした特殊に設計された溶融槽に供給される. この特許化されたプロセス[6]は, 縫う操作の前に, 靴の上部皮革を折り畳むのに使われている. その後, 同じ会社が靴の先端部分にポリアミドをフィラメントの形状で供給し, 溶融プリントするプロセスを開発した. ホットメルトをプリントされた皮革は, スチームで柔らかくされ, 靴型に合わせて成形される. 冷却されるにつれて頑丈なボックスが得られる. スチームによって柔らかくなるこのポリアミドの性質が, 柔らかくされたアッパーを容易に靴型に合わせてつくれるようになる. ポリアミドは, また他の接着工程, 例えばサイド, つま先やヒールシートのラスティングにも使われている. ポリアミドの他の用途では, 高融点ポリアミドの良好な耐油性にメリットを見出している. 例えば, 160℃ 以上の高融点のポリアミドはオイルフィルター用の紙接着に使われている. この用途では, 149℃ に耐えるポリアミドが使われている. プラスチックの接着用に設計されたポリアミドは, 電気製品の熱収縮スリーブや電気コネク

表 28.6 Terrell 社の Terlan ポリアミド接着剤

	230	652	685	1560	1583
軟化点 (環球法) (℃)	110	174	191	139	160
溶融粘度 (cP)					
149℃	5000	—	—	—	—
191℃	—	9500	—	—	—
204℃	—	—	—	3500	—
210℃	—	—	—	—	12000
232℃	—	—	8500	—	—
破壊時張力 (psi)	1200	2200	2000	400	2200
破壊時伸び (%)	50	100	100	1200	400

ター用に使われている．二級のジアミンを含んだポリアミドは，軟化温度が広く，接着性に優れ，かつ活性化が容易なため選ばれる．特に高融点をもつように設計されたポリアミドは，モジュラスが非常に低く，電気コネクターをカプセル化するのに役立つ．このタイプのポリアミドは，電子レンジのガスケット用にNordson社のFoam Melterを使って発泡化させて使われる．

ナイロンタイプのポリアミドホットメルト

ラクタムのホモ重合か鎖の短い二塩基酸とジアミンの反応によって得られる高融点のポリアミドは，繊維やエンジニアリングプラスチック用に適している．ラクタムやアミノ酸から誘導されたナイロンは，アミノ酸中の炭素原子の数によって決められる．一方，二塩基酸とジアミンから誘導されたナイロンは，ジアミンと二塩基酸各々の炭素原子の数に応じて二つ得られる．

モノマー	ナイロンNo.	融点(℃)
カプロラクタム	ナイロン6	225
ラウリルラクタム	ナイロン12	180
1,1-アミノウンデカン酸	ナイロン11	185
アジピン酸+ヘキサメチレンジアミン	ナイロン6-6	264
アゼライン酸+ヘキサメチレンジアミン	ナイロン6-9	210
セバシン酸+ヘキサメチレンジアミン	ナイロン6-10	222
ドデカン二酸+ヘキサメチレンジアミン	ナイロン6-12	212

これらのポリアミドは，あまりにも融点や溶融粘度が高すぎるので，非常に特殊な用途以外にはホットメルト用に適しない．しかし，上述のモノマーベースのコポリマーやターポリマーのポリアミドは，ポリマー中の規則性が壊れることによって結晶性が低下し，またアミド基間の水素結合の生成を少なくするから，融点が低下し，柔軟性が増大したものになる．

水素結合の減少と低融点化は，また二級ジアミンを縮合することによって達成され，得られた－CO－NR－基は隣接分子と水素結合ができなくなる．ナイロン6-6のアミド基の50%をN-メチル化すると，軟化温度は120℃低下する．三つ以上のモノマーを重合すれば，水素結合がさらに壊され，その結果，融点と耐薬品性が低下したポリマーが得られる．多くのターポリマーが合成され，また商業的に利用されている．このクラスのポリアミドは，多くがホットメルトナイロンタイプポリアミドであり，繊維接着用として広く使われている．ターポリマーの例は次の通りである．

ターポリマー	生産者
ナイロン6, 6-6, 6-10	DuPont
ナイロン6, 6-6, 12	EmserWerke, Huels,
	Rilsan (div. ATO Chemie)
ナイロン6, 6-6, 6-12	Bostik
ナイロン6, 6-9, 6-12	Bostik

これらの組成は三成分ダイヤグラムでプロットされる．そして，接着剤用として望ましい融点をもった組成の範囲が示される．アメリカ特許3,919,033から引用される組成の例は**図28.3**に示されている[6]．これらのホットメルト接着剤の多くが繊維接着に使われている．それらは，スチームで柔らかくなるから，接着はアパレル作製工程で広く使われているスチームプレスで達成できる．スチームによる活性化は，一般には，繊維の融点以下の温度で達成される．したがって，十分に低い温度であるから合成繊維にダメージを与えない．また，スチームは容易に繊維に浸透し，接着相に素早く到達できる．

炭素鎖の長さが増加するにつれて，一般には，ナイロンの水分の吸収性は減少する．**表28.7**からわかるように，高融点のナイロンは低融点のナイロンより水分吸収が少ない．また偶数のナイロンは，奇数のナイロンより水分吸収が少ない．**表28.8**に示すように，水分を吸収すると，抗張力がやや減少し，伸びが著しく増大し，また，それ相当に柔軟性モジュラスが減少する．繊維接着に使われる接着剤は洗濯やドライクリーニングにさらされるから，スチームによる活性化と耐洗濯性のバランスが必要であることは明らかである．耐温水洗濯性はポリアミドの組成で変化する．スチームでホットメルトが活性化されるのが早ければ早いほど耐洗濯性は劣ってくる．多くのドライクリーニング性のある衣服は，特に140°F以上の温度で耐洗濯性に劣る．一方，耐洗濯性と耐ドライ

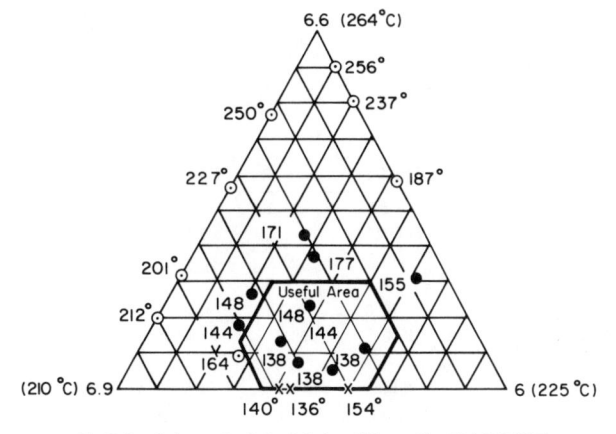

図28.3 ナイロン6, 6-6, 6-9 ターポリマー系の三成分相関図

表 28.7 ナイロンの水吸収特性

状　態	6-6	6	6-10	6-12	11	12
24時間, 100% RH, 73°F, %	1.5	1.6	0.4	0.4	0.3	0.25
平衡, 50% RH, 73°F, %	2.5	2.7	1.5	1.5	—	—
飽和, 100% RH, 73°F, %	9.0	9.5	3.5	3.0	1.9	1.4

表 28.8 ナイロンの主な特性に及ぼす水分(平衡)の効果

ナイロン のタイプ	最大抗張力 10^3 psi		最大伸び %		柔軟モジュラス 10^3 psi	
	ドライ	50% RH[a]	ドライ	50% RH[a]	ドライ	50% RH[a]
6-6	12.0	11.2	60	300	410	175
6	11.8	10.0	200	300	395	140
6-10	8.5	7.1	20	220	285	160
6-12	8.8	7.6	150	340	290	180
11	8.0	7.6	120	330	170	150
12	8.0	7.6	250	270	180	165

a：平衡

クリーニング性が良好なポリアミドが合成されたが、これはスチームでは容易に活性化しない。同一の融点をもっているが、異なる耐洗濯性とスチーム活性をもったポリアミドが商業的に利用されている。例えば、次に示す二つのポリアミドターポリマーは同じ融点をもっているが、非常に異なった活性化温度と耐温水洗濯性をもっている。

ポリアミド	融点	スチーム活性化温度	最大耐温水性	耐ドライクリーニング性
ナイロン 6,6-6,6-9	150°C	105°C	50°C	優れる
ナイロン 6,6-9,6-12	150°C	135°C	95°C	優れる

ナイロンターポリマーの主な供給者は、Emhart 社、Emser Werke 社、Rilsan 社、Atochem 社である。代表的なポリアミドの物性を表 28.9〜29.11 に示している。これらの繊維用接着剤は、いくつかの形態で利用できる。最も一般的には、パウダー、ペレット、フィルム、スパンボンドウェブやモノフィラメントのような形態である。

パウダーは、いろいろな粒子径のものが利用できる。例えば、0〜74 μm、74〜210 μm、210〜400 μm など。パウダーは不織布や織布の中間織物に応用される。パウダーは、ドライクリーニングや洗濯の前後に外観をよくするために、いろいろな織物への接着用として織物生産者に売られている。多くの縫製操作がこうして簡略化される。また、軽量化されたシェル繊維がよい品質の織物をつくるのに使われる。

0〜74 μm のパウダーは、アクリルラテックス、VAEラテックスのような分散剤とバインダーを添加して、水中に分散される。こうして得られたペーストは、穴の開いたシリンダーを通して中間の繊維にされ、乾燥され、部

表 28.9 Bostik 社のポリアミドホットメルト接着剤

特　性	4214	4222	4232	4930
比　重	1.085	1.08	1.095	1.07
融点幅				
環球法 (°C)	130	130	135	152
融点 (DSC[a]) (°C)	110	102	115	135
粘度 (cP), 180°C	425000	190000	300000	325000
抗張力 (psi)	6000	5000	7500	7500
伸び (%)	500	600	450	350

a：differential scanning calorimeter (示差走査熱量測法).

表 28.10 Rilsan 社のプラタミド樹脂

特　性	H 105 P	H 165 P	H 003 P	H 005 P	H 006 P
比　重	1.08	1.10	1.05	1.08	1.09
融点幅 (°C)	115〜125	105〜115	105〜115	115〜125	145〜150
接着開始温度 (°C)	115	90	90	115	140
水分吸収 (68°F) 65% RH (%)	3.5	2.0	2.0	3.5	2.0
最大水分吸収 20°C 水中 (%)	10.0	6.0	6.0	10.0	6.0
粘　度 (P, 150°C)	21000	5600	5200	8200	3200 (160°C)
特　徴	高粘度	低粘度 可塑性 高柔軟性	低粘度	中粘度	低粘度

28. ポリアミドおよびポリエステル高性能ホットメルト接着剤

表 28.11 Emser Werke 社の Griltex ポリアミド

特　性	1 P	2 P	4 P	5 P
融点幅 (℃)	110〜120	120〜130	105〜115	80〜85
溶融粘度 (P, 160℃)	7000	5000	1000	1300
メルトインデックス (g/10分, 160℃)	14	20	100	75
水分吸収 (%)	2.5	2.5	2.0	2.5
接着温度 (℃)	140〜160	140〜160	120〜140	95〜120
圧着時間 (秒)	12〜20	12〜20	10〜15	10〜15
スチームによる再活性化	スチームで溶融する 可	スチームでは溶融しない 不可	スチームで溶融する 可	スチームで溶融しない 不可
耐ドライクリーニング性（パークロロエチレン）	非常に良好	非常に良好	非常に良好	非常に良好
耐洗濯性 (℃)	60	95	40	40
用　途	全フロント部品の接着用	耐高温洗濯性が必要な接着用	圧力や温度に敏感な用途レース繊維, 縁貼り	皮革の接着用皮革や毛皮

分的に溶融される．

　74〜210 μm のパウダーは，ドライパウダードットプロセスによって散布され，赤外線ヒーターで融解され，それから冷却されて織物工業向けの販売用としてロールに巻かれる（図 28.5 を参照）．

　粗い 210〜400 μm のパウダーは，中間の繊維に均一に散布された後，繊維面を赤外線ヒーターで加熱して融解させ，繊維を冷却してからカレンダーを通しロールに巻かれる（図 28.4 参照）．

　すべての場合に，接着剤を単離したドットを含んだ繊維が最終の製品となる．断続的なパターンは，溶融された繊維の風合いに影響を与える．ドットが近ければ近いほど手触りが硬くなる．

　フィルムは，ナイロン 6, 6-6, 12 (Rilsan 社, Emser-Werke 社) あるいはナイロン 6, 6-9, 6-12 (Bostik 社) のようなポリアミドをリリースペーパー上に押し出すことによって得られる．このフィルムは，ラベル，装飾品を織物上で接着するのに使われる．

　スパンボンドナイロンは，着物工場における繊維接着用として使われる不織布ウェブになり，また家庭裁縫用として，小間物屋でいろいろな幅と重量のものが利用できる．このタイプのウェブは Bostik 社や Pellon 社から

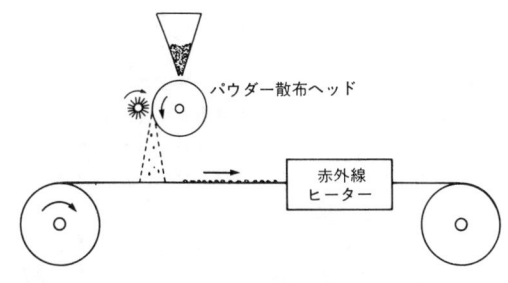

図 28.4 パウダー散布プロセス

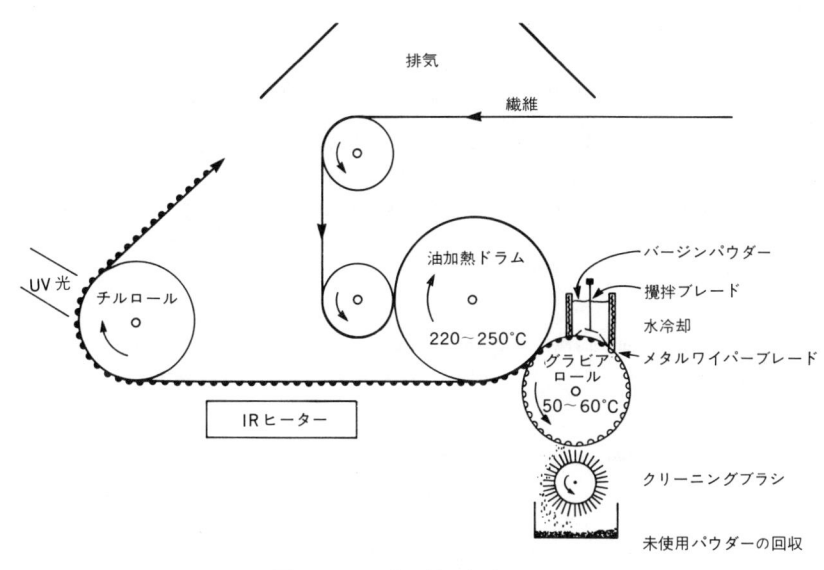

図 28.5 パウダーポイントプリンター

出ている.

ペレットは，パウダーのように，以下で述べるRoto-therm ホットメルトプロセスによって繊維の上にドットパターンでプリントされる．接着剤をプリントした繊維は，アパレル生産者に使われたり，あるいは繊維と他の基材を連続的にラミネートする用途に使われる．

ポリアミド生産者は，それらをいろいろな形態で供給している．Rilsan社は，ナイロンポリマーを基本的にはパウダーとモノフィラメントの形で供給している．Bostik社は，ペレット，パウダー，スパンボンドウェブ，フィルムの形で供給している．また，Emser-Werke社はペレットとパウダーを供給している．

ポリエステル

ポリエステルは，二塩基酸と多官能OH含有物質との反応生成物である．直鎖の飽和ポリエステルも不飽和ポリエステルも商業的に重要となってきた．不飽和ポリエステルはジオールと不飽和二塩基酸，一般的には無水マレイン酸から得られるオリゴマーである．これらの低分子量のポリマーは不飽和モノマー，通常はスチレンであるが，パーオキサイド触媒の存在下に高度に架橋させて網目構造にされる．グラスファイバーで強化されるとガラス強化ポリエステル（FRP）になる．

直鎖状の飽和ポリエステルは，いろいろな特性をもった，次のようなクラスに大分類される．

クラスA：芳香族二塩基酸，ジオールとヒドロキシ酸から誘導された高融点で高分子量のファイバーグレードやエンジニアリングプラスチックタイプのもの．

クラスB：脂肪族二塩基酸と過剰のジオールから誘導された低分子量のポリエステルポリウレタンの合成のときの中間体として適しているが，通常は，分子量が1000～3000の粘稠な液体のもの．

クラスC：クラスA（繊維グレード）とクラスBのポリエステルの融点をもった高分子量の直鎖状の飽和ポリエステル．

ホットメルト接着剤として利用できるのは，最終クラスのポリエステルである．利用できるポリエステルの組成と物性は，広く変化し，クラスAとクラスBの間に落ちつく．代表的には，脂肪族ジオールと芳香族二塩基酸から誘導されており，テレフタル酸が有名であるが，10000～30000の高分子量に合成される．ポリエチレンテレフタレートポリエステルが高融点となるのは，パラ位のフェニル基が鎖を剛直にする効果である．テレフタレートポリエステルと相当する同数の炭素原子をもったアジピン酸ポリエステルと比較すれば，このことがわかる（ページ下に示す構造式＊1参照）．フェニル基上のカルボキシル基の位置がポリマーの融点を大きく変える．例えば，エチレングリコールとフェニレンジカルボン酸から誘導されたポリエステルの場合には，融点はそれぞれ＊2に示したようになる．

ポリエチレンテレフタレート（PET）は広く繊維やフィルムに使われている．ときどき少量のイソフタル酸が物性改良のために使われる．ホットメルト用のポリエステルは，一般には，1種以上の酸と1種以上のグリコールからなるポリマーである．主なモノマーとその物性は次ページに示す表の通りである．

		T_m (°C)
*1	—O(CH$_2$)$_2$—OC—⌬—CO— Poly(ethylene terephthalate)	265
	—O(CH$_2$)$_2$—O—OC(CH$_2$)$_6$CO— Poly(ethylene adipate)	45
	—O(CH$_2$)$_4$—O—OC—⌬—CO— Poly(butylene terephthalate)	225
	—O(CH$_2$)$_4$—O—CO(CH$_2$)$_6$CO— Poly(butylene adipate)	42

		T_m (°C)
*2	(1,2-COOH benzene) + Ethylene glycol → Poly(ethylene terephthalate)	256
	(1,3-COOH benzene) + Ethylene glycol → Poly(ethylene isophthalate)	103
	(1,2-COOH benzene) + Ethylene glycol → Poly(ethylene phthalate)	78

		融点(°C)	分子量
〔酸 類〕			
テレフタル酸	HOOC—⟨benzene⟩—COOH	昇華性 300°C	166
イソフタル酸	HOOC—⟨benzene⟩—COOH	348	166
アジピン酸	$HOOC(CH_2)_4COOH$	149	142
アゼライン酸	$HOOC(CH_2)_7COOH$	106	188
セバシン酸	$HOOC(CH_2)_8COOH$	133	202
ダイマー酸	Structures shown earlier in chapter		
〔ジメチルエステル類〕			
テレフタル酸ジメチル	H_3COOC—⟨benzene⟩—$COOCH_3$	140.8	194
アジピン酸ジメチル	$H_3COOC(CH_2)_4COOCH_3$	8.5	170
アゼライン酸ジメチル	$H_3OOC(CH_2)_7COOCH_3$	—	216
セバシン酸ジメチル	$H_3COOC(CH_2)_8COOCH_3$	26.4	230
イソフタル酸ジメチル	H_3COOC—⟨benzene⟩—$COOCH_3$	68.0	194
1,4-シクロヘキサンジメタノール	H_3COOC—⟨S⟩—$COOCH_3$	50	200
〔グリコール類〕			
エチレングリコール	$HOCH_2CH_2OH$	12	62
1,4-ブタンジオール	$HOCH_2CH_2CH_2OH$	20	90
1,6-ヘキサンジオール	$HO(CH_2)_6OH$	42	118
1,4-シクロヘキサンジメタノール	$HOCH_2$—⟨S⟩—CH_2OH	—	164

ポリエステルの合成において，酸またはそのメチルエステルが使用される．その反応は2段階である．

第1段階

$$x\text{HOOC}-R'-\text{COOH} + (1+x)\text{HO}-R''-\text{OH} \underset{\text{Cat.}}{\overset{\triangle}{\rightleftarrows}}$$

$$2x\text{H}_2\text{O} + \text{HO}[R''-\text{O}-\underset{\underset{\text{O}}{\|}}{\text{C}}-R'-\underset{\underset{\text{O}}{\|}}{\text{C}}-\text{O}]_x R''-\text{OH} \quad \text{(Polyester Prepolymer)}$$

第2段階

$$-\text{HO}[R''-\text{O}-\underset{\underset{\text{O}}{\|}}{\text{C}}-R'-\underset{\underset{\text{O}}{\|}}{\text{C}}]R''-\text{OH} \underset{\text{Vac.}}{\overset{\triangle}{\rightleftarrows}} \quad \text{High molecular weight polyester (+ excess glycol)}$$

第1段階では酸が過剰のグリコールと200～240°Cの高温で反応し，低分子量のプレポリマーを生成し，さらに水やメチルアルコールを副生する．この反応は，大気圧か減圧下で進行する．プレポリマーが生成するように酸が使われるときには，酢酸亜鉛のようなエステル化触媒が選択される．ジメチルエステルが使われるときには，テトライソプロピルチタネートのようなトランスエステル化触媒が使われる．

第2段階では多縮合反応であるが，プレポリマーは，エステル交替反応触媒の存在下に高度に真空にされて，240～270°Cの高温下で反応させてつくられる．

これらの反応は，第1段階では副生成物である水やメタノールを，また第2段階では過剰のグリコールを取り除くことによって反応促進される．第1段階では反応時に不活性ガスによるパージすることによって，また第2段階では真空にすることによってこれが達成できる．

多くの触媒が，ポリエステル生成用として文献に記載されている．最も一般的に使われるものとしては次の通りである．酢酸鉛，酢酸ナトリウム，酢酸カルシウム，酢酸亜鉛，有機スズ化合物，チタニウムエステル，三酸化アンチモン，ゲルマニウム塩など．

触媒の選択は，モノマーや接着剤の用途による．例えば，もし接着剤が食品包装用途に使用されるのであれば，触媒はFDAに認可されたものでなければならない．例えば，酢酸ナトリウム，酢酸カルシウム，酢酸亜鉛など．

ポリアミドと同じように，ポリエステルホモポリマー

は，ホットメルトにはほとんど使われない．融点，柔軟性，結晶化速度などの物性が良くバランスとれているのは，ほとんどコポリマーの場合である．ポリアミドと同じように，共重合によって広い物性をもったポリエステルになる．コポリマーのいくつかは，ホモポリマーより低融点になる．最低の融点をもったコポリマーの例を図 28.6 および図 28.7 に示している[9]．

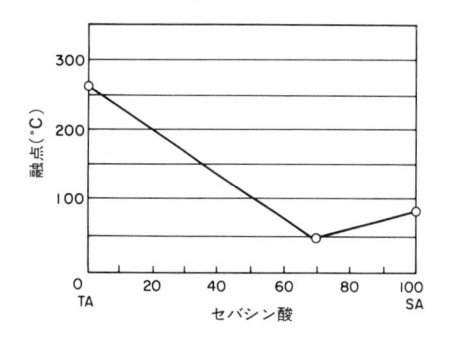

図 28.6 エチレンテレフタレート/セバケートコポリマー

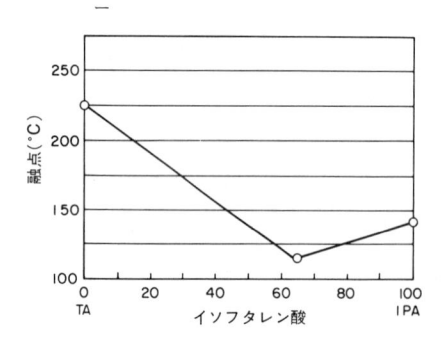

図 28.7 ブチレンテレフタレート/イソフタレートコポリマー

コポリマーの物性は，融点とともに変化する．コポリマーは，その組成が最低の融点に近づくにつれてさらに柔軟になる．実際，テレフタル酸/セバシン酸コポリマーの場合，50/50 モル比付近で性質がエラストマー的になる．DuPont 社によって，弾性繊維として広い範囲にわたって研究された．最低融点をもったものは，エチレンテレフタレート/アジペートやブチレンテレフタレート/セバケートコポリマーの場合にも観察される．また，例えばブチレンテレフタレート/イソフタレートポリマーの場合には，セバシン酸やアゼライック酸などのモノマーを添加することによって物性がさらに改良される．一般的には，脂肪族鎖を導入すれば融点が低下し，柔軟性が増大し，接着特性が良くなり，さらに結晶性ポリエステルの場合には結晶化速度が早くなる．ターポリマーの場合，三成分ダイヤグラムにプロットすれば，ナイロンターポリマーの場合に観察されたのと類似のものが得られる．ホットメルト用のポリエステルは結晶性か非晶性である．結晶性ポリエステルの場合，結晶化速度と結晶化度は組成によって大きく影響をうける．主鎖の構造が規則的であればあるほど結晶化速度は早くなる．

結晶性ポリエステルは，テレフタル酸のような対称性の酸と直鎖状のジオールから誘導される．ジオールの炭素鎖が長ければ長いほど融点と T_g が低くなり，また結晶化速度が早くなる．

グリコール中の炭素原子が偶数の場合には，結晶性が増大し，より高融点になり，結晶化速度の早いポリエステルになる．

	T_g(°C)	T_m(°C)
エチレンテレフタレート（PET）	80	256
1,3-プロパンジオールテレフタレート	—	217
1,4-ブタンジオールテレフタレート	—	222
1,6-ヘキサンジオールテレフタレート	—	148

融点と T_g の低下するのは，より高分子量のジオールの長い鎖のために鎖の剛性が減少するからである．同じような効果が，長い鎖の二塩基酸とテレフタル酸との共重合するときにも得られる．例えば，テレフタル酸とセバシン酸のエチレングリコールとのコポリエステルでは，柔軟な分子によって易動性が増大するために，融点が低下するばかりでなく，室温でかなり早く結晶化する．

ポリマーの結晶化は，特性がいくつか変化することによってわかる．不透明性の発現，モジュラスの増大，伸びの減少，収縮性，比重の増大などである．

結晶形態が変化する温度はコポリマーの組成に依存するが，必ず T_g よりはるかに高い．いくつかのコポリマーは室温で結晶化する．一方，他のコポリマーでは，結晶化速度を早くするために加熱後冷却しなければならない．結晶化の早いポリマーでは，非晶状態で凍結されたサンプルを使った DTA 分析によって，極大を示す結晶化温度が観察される．この分析技術を使えば，T_g，結晶化温度，T_m を測定することができる．例えば非晶性ポリエステルでは，T_g 80.8°C，結晶化温度 164.3°C，T_m 251.5°C を示す（図 28.8 参照）．

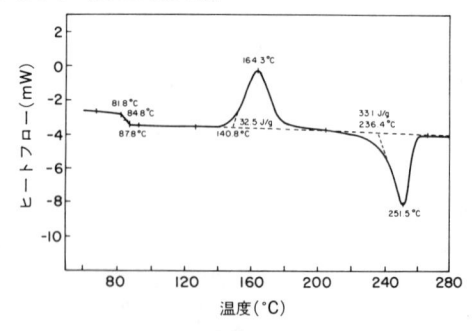

図 28.8 ポリエチレンテレフタレートの主な三つの相変化を示す DSC サーモグラム；T_g 81.8°C，結晶化開始 140.8°C，融点（T_m）251.5°C（Courtesy The E. L. DuPont de Nemours and Company）

一般的には，高結晶性ポリマーは，よりシャープな融点を示す．結晶性ポリマーは，融点に到達するまではその特性を保持しているから，この点が接着剤の場合には重要なことである．一般的には，結晶性ポリマーは非晶性ポリマーほど溶解しないが，優れた耐溶剤性を示す．

28. ポリアミドおよびポリエステル高性能ホットメルト接着剤

表 28.12 Bostik 社のポリエステルホットメルト接着剤

特　性	7102	4101	7106	4117	7199	4177	4156	7116
色	淡い黄褐色	淡い黄褐色	淡黄色	灰白色	灰白色	灰白色	灰白色	淡い黄褐色
形　状	グラニュー	ペレット	グラニュー	ペレット	グラニュー	ペレット	ペレット	グラニュー
融点幅								
（°F）	200〜248	248〜271	245〜260	282〜288	344〜350	356〜360	309〜314	
（°C）	94〜120	120〜133	118〜127	136〜142	173〜176	180〜182	154〜156	
モルフォロジー	結晶性	結晶性	非晶性	結晶性	結晶性	結晶性	結晶性	結晶性
セッティングスピード	遅い	中程度	中程度	中程度	非常に速い	非常に速い	速い	中程度
比　重	1.25	1.27	1.25	1.28	1.28	1.25	1.28	1.25
酸価 (mg KOH/g)	1〜2	2〜4	—	1〜2	—	—	—	—
水酸基価 (mg KOH/g)	1〜4	2〜4	—	2〜3	—	—	—	—
T_g (°C)	−5	−5	5	−6	−2	−3	−9	−6
溶融粘度 (215°C)	70000	40000	50000	220000	20000	24000	27000	20000
抗張力 (psi)	2500	3400	1500	4700	2000	2500	3500	3500
伸び (%)	700	570	250	400	200	300	400	400

表 28.13 Eastman 社のポリエステルホットメルト接着剤

特　性	FA-250	FA-252	FA-300
形　状	ペレット	ペレット	ペレット
色	白色	白色	白色
密　度	1.25	1.28	1.24
融　点 (°F)	212	230	266
溶融粘度 (210°C)	100000	140000	96000
極限粘度	0.72	0.85	0.72

結晶状態では，これらのポリマーの外観は不透明である．非晶性ポリマーは，ネオペンチルグリコールのような側鎖基をもったモノマーからか，あるいは鎖の規則性がほとんどないようなマルチポリマーから誘導される．もちろん，これらは結晶化しない．これらのポリマーは，ほとんどの場合，透明であり，ブロードな融点範囲をもっており，溶解性があり，したがって耐溶剤性はほとんどない．ときどき結晶化中に生ずる収縮が接着剤には有害な影響を与える．したがって，接着剤の接着性評価は結晶化がおこってから行うことが重要である．非晶性ポリマーも，また冷却時に収縮するが，その影響はずっと少

ない．

ホットメルト用のポリエステルは数社が生産している．アメリカでの主な供給者は，Bostik, Goodyear Chemicals, Eastman Chemicals, Whittaker 社である．これらの生産会社の主な製品を**表 28.12〜28.15** に示している．ヨーロッパの供給者は，Emser-Werke (**表 28.16**), Dynamit Nobel, Huels の各社である．

ポリエステルホットメルトは，ほとんどの場合，高い溶融粘度をもった高分子量の製品である．このために，それらはポリオレフィンポリマーホットメルトより高い温度で，しかも高粘度が扱える装置で塗付される．ポリエステルは，塗付温度で水が存在すると加水分解されるので，通常，これらの製品は溶融する前に乾燥される．加水分解を最小限に抑えるために，溶融状態での滞留時間は小さくするような塗付装置が推奨される．好ましい装置としては，押出機やグリッドに接触した製品だけが溶融するようなホットグリッドバルクメルターがあげられる．

ポリアミドとは違って，ポリエステルは溶融状態で長

表 28.14 Whittaker 社 (DuPont の祖先) の固体ポリエステル接着剤

コード	49000	49001	49002	49003
外　観	強靱，固く	柔かい	非常に強靱	強靱，柔軟
	こはく色	プラスチック	柔軟	淡い灰色
	非タック	淡い灰色	淡い灰色	非タック
	77°F	ややタックあり	非タック	77°F
		77°F	77°F	
臭　気	なし	なし	なし	なし
比　重	1.33	1.28	1.23	1.17
融点幅 °F (°C)	245〜275	110〜170	260〜300	190〜230
	(118〜135)			
抗張力 (psi, 77°F)	1500〜2500	—	1000〜1500	—
伸び (%, 77°F)	600〜1000	>2000	500〜1500	>2000
色の安定性	優れる	優れる	優れる	優れる
酸　価	0.5〜2.5	0.5〜2.5	0.5〜2.5	0.5〜2.5
水酸基価	5.0〜15.0	5.0〜15.0	5.0〜15.0	5.0〜15.0
耐電圧 (V/mil)	2700	—	3200	—
接着強度，180°はく離 (77°F, lb/in)				
3 mil Mylar/Mylar 接着厚み 0.2〜0.3 mil	4〜6	4〜6	4〜6	4〜6
3 mil Mylar/銅箔 接着厚み 0.4〜0.5 mil	6〜8	4〜6	6〜8	4〜6

表 28.15 Goodyear 社の "Vituff" ポリエステルホットメルト接着剤

製品	代表的特徴	融点 (℃)	塗付温度 (℃)	塗付粘度 (P)	セッティング速度	T_g (℃)	死荷電 (Al/Al kg)
VFR 4302	皮，ビニル，ウレタン，他の多孔質基材への強力な接着．耐熱性とシャープな融点．	207	240	94	非常に早い	−10	250°F
VFR 4444	4302 ほど固くない．セットタイムが早く，多孔質基材への優れた接着性．	190	220	770	早い	30	250°F
VFR 4751	4444 の低粘度タイプ．セッティングが早い．耐熱性がある．	185	220	240	早い	30	250°F
VFR 5126	耐水耐溶剤性に優れ，強力で柔軟性がある．繊維用．	174	220	670	中程度	−2	200°F
VFR 4980	広範な基材へ良好な接着性を与え，強靱で柔軟性がある．熱により再活性化される．	124	220	770	遅い	22	170°F
VFR 5125	非常に柔軟で強靱性がある．金属（予熱），熱可塑性プラスチック，例えばビニル，ポリカーボネート，フェニレンオキサイド，ABS，ナイロン，ポリエステルなどに良く接着する．	115	210	130	遅い	−9	155°F
VAR 5898	5121 の高融点タイプ．木，金属（予熱），ほとんどの熱可塑性プラスチックへの優れた接着性．優れた汎用の高性能接着剤	123	218	185	中程度	−20	225°F
VAR 5899	5898 の低粘度タイプ．プロダクトアッセンブリー用にオープンタイムが長い．汎用の高性能ホットメルト．	130	204	90	中程度	−8	225°F
VAR 5893	シャープな融点を有した柔軟性のあるタイプ．多孔質基材へのすぐれた耐熱接着性がある．	200	240	100	非常に早い	−10	250°F
VAR 5831	金属（予熱），熱可塑性プラスチックへの優れた接着性を示す．非常に柔軟性のある接着剤．熱可塑性プラスチックフィルムへの接着に利用．PET(Mylar) (Tedlar)，PU，ビニルなど．サービス温度は中程度．	149	218	250	遅い	−10	150°F
VMF 400	金属（予熱），プラスチックへのすぐれた接着性を示す．固いが非晶性の接着剤．包装用接着剤として FDA にパスしている	185	240	5000	遅い	66	160°F
VMF 415	柔軟で強靱な非晶性の接着剤．プラスチックフィルム(PET，ビニル) への優れた接着性を示す．	180	220	2360	遅い	5	160°F
VAR 5825[a]	最も強靱で柔軟な接着剤．電気製品，繊維製品などのプロダクトアッセンブリー用である．	160	220	400	早い	0	220°F
VAR 5821[a]	サービス温度が高い．押出グレードは電線用．PET より柔軟である．	220	275	250	早い	75	300°F plus

a：VAR 5825 と VAR 5821 はポリエステルブレンド品，他はポリエステル．

表 28.16 Emser Griltex 社のポリエステルホットメルト接着剤

特性	6G	8G
形状	グラニュー	グラニュー
色	灰白色	灰白色
溶融粘度(200℃)	200000	150000
融点 (℃)	130〜140	105〜115

時間おかれても炭化するようなことはない．その代わり，溶融粘度や分子量が低下する．物性低下を避けるために，ポリエステルは塗付温度を最低にし，かつ溶融装置での滞留を最短にする．ホットメルトの加水分解の抑制に失敗すると接着剤本来の特性に劇的な低下を生じさせる．

用 途

ポリエステルは，次に示す二つの方法で接着剤として使われている．

（1）ポリエステルホットメルトが基材に塗付された後，直ちに二つの基材が貼り合わされると接着が形成される．

（2）接着剤をあらかじめフィルム状，ウェブ状，パウダー状にされたものを基材に置き，その後加熱して活性化し，圧着されると接着が達成される．

最初のカテゴリーに属するものとして，ポリエステルが製靴産業で使われており，靴の各パーツをまとめて製靴するのに使われる．接着剤はモノフィラメントの形か，ペレット状で供給され，溶融され基材へ塗付されると直ちに接着が形成される．この用途の接着剤は，170～190℃の高融点の非常にセッティング時間が早い結晶性ポリエステルである．このタイプのポリエステルで靴のつま先部分の接着は2秒以下の圧着時間で達成できる．

高融点の結晶化速度の早いポリエステルが，織物とプラスチック基材への連続的なラミネーションに使われる．接着剤は，押出機やグリッドタイプバルクメルターで溶融され，溶融状態でグラビアコーティングロールに供給される．塗付される接着剤の量は，グラビアセルの特性，接着剤のレオロジー，基材への接着剤の親和性などによって調べられる．接着剤の付着量コントロールは，パターンの模様と接着剤の量によって達成される．

ホットメルトグラビアコーティングマシンは，カリフォルニア州 Anaheim にある Rototherm 社によって開発されてきた（図 28.9 および図 28.10 参照）．このプロセスでは，接着剤は基材の一つにコーティングされて，接着剤がまだ高温の状態で第二の基材にラミネートされる．

もう一つのカテゴリーの接着剤として，フィルム状，パウダー状，ウェブ状，モノフィラメントのように前加工されたものがあり，これらはポリエステルホットメルトの主要な部分となっている．この場合，接着剤は，基材上に塗付された後，加熱圧着される．フィルム型接着剤は，特別に設計されたヒートプレスを使って，ラベル，デコラ，刺繍品などを着物と接着するのに使われる．パウダー状の接着剤は，女性や男性の着物をつくるときの織布や不織布に使われる．パウダーは，ウレタン発泡体に塗付し，加熱活性化して織物にラミネート化するウレタン発泡体のインラインラミネーションによる室内装飾品をつくるのに使われてきた．

オープンメッシュのポリエステル接着剤のウェブは，衣服産業ではいろいろな着物のパーツを補強するのに有用である．

ホットメルトタイプのポリエステルは，高融点ファイバーと一緒に混合されてファイバー状に紡がれ，接着剤は，不織布の中では結合剤として作用する．

パウダー化された接着剤は，不織布用のバインダーとしても作用する．

アプリケーションの方法と適性な接着剤の選択は，多くのことを考慮する必要がある．
① ホットメルトの熱安定性と特性
② 生産システムへの適合性
③ 塗付温度と方法
④ 基材の物性，熱に対する敏感性，多孔性など
⑤ ラミネート品の感触
⑥ 最終接着の理想的な性能

ポリエステルにはいくつかの優れた特性がある．
① 各種基材への接着性
② 可塑化 PVC への優れた接着性
③ 優れた耐水性
④ 優れた耐熱性
⑤ 低温柔軟性
⑥ 非常に良好な耐紫外線性
⑦ 優れた電気特性
⑧ 良好な耐油性，耐グリース性

いくらか欠点もある．
① 塗付するには特殊な装置が必要である．
② 高温時に加水分解しやすい．

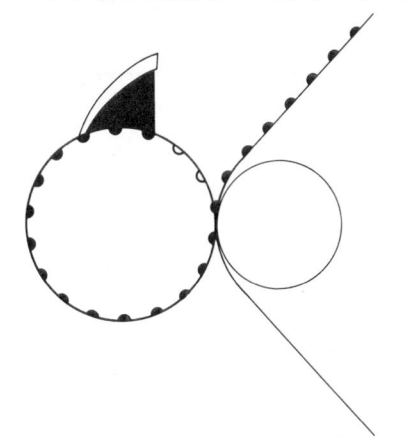

図 28.9 ロト・グラビアプリンティング（Courtesy Rototherm 社）

図 28.10 代表的なホットメルトのプリントパターン（Courtesy Rototherm 社）

相溶性

ポリエステルホットメルトは，一般には配合しては使われない．しかし特許文献には，ポリウレタン，ポリエチレン，炭化水素樹脂などを含んだコンパウンドが，特殊な用途に使われている例がある．

ポリエステルポリアミド

多くのポリエステルポリアミドが文献に報告されている．いくつかは特許として登録されている．広く知られている開発品の一つにMonsanto社のポリエステルアミドがあげられる．米国特許3,650,999によれば，"Montac"と呼ばれるこれらのコポリマーは，PETやPBTのような芳香族ポリエステルとダイマー酸との反応によってつくられた末端が，カルボン酸になったプレポリマーをジアミンと反応されることによって，構造用接着剤として適した融点と柔軟な特徴のある接着特性をもったブロックポリエステルアミドができる[10]．これらのブロックコポリマーは，ポリエステルから誘導された結晶性ブロックとポリアミドから誘導された非晶性ブロックをもっている．特許に記載されたコポリマーの代表物性を**表28.17**に示している．

これらの接着剤は，自動車のSMC部品の接着用に開発された．二液ポリウレタンや二液エポキシのような二液接着剤システムに匹敵するような接着剤が特許請求項目となっている．融点207℃の結晶性の"Montac"5500

表28.17 ポリエステルアミドブロックコポリマー（例1～7，U.S.特許3,650,999）

特性	1	2	3	4	5	6	7
結晶性PET (%)	30	60	60	60	30	60	60
ポリアミド (%)	70	40	40	40	70	40	40
抗張力 (psi)	750	3300	3000	3100	1600	2800	3900
伸び (%)	490	370	300	500	450	310	290
極限粘度	0.75	0.68	0.61	0.59	0.89	0.67	0.79
融点 (℃)	174	185	205	155	168	196	185
接着強度 (psi)							
鋼/鋼	985	1620	2300	1700	1410	2340	1590
アルミ/アルミ	1140	1620	1800	1760	1500	2040	1000
耐クリープ性(hr)	>192	>192	>174	>174	>186	168	<100
抽出物(トルエン/イソプロパノール) (%)	<1	<1	<1	<1	<1	<1	<1
比率(芳香族PET/脂肪族PA)	30/70	60/40	60/40	60/40	30/70	60/40	60/40

表28.18 Monsanto社の"Montac"樹脂の特徴

代表的なMontac樹脂の特性						
樹脂タイプ	比重	T_g[a]	融点[a]	抗張力[b]	伸び[b]	溶融粘度@294℃(480°F)
Montac 5500	1.20 g/cc	35℃	207℃	4000 psi	420%	70000 cP
Montac 5550	1.13 g/cc	−15℃	168℃	2000 psi	600%	55000 cP
代表的接着性能　25℃/77°F：鋼/鋼						
樹脂タイプ	引張りせん断強さ[c]		T-ピール[d]		耐クリープ性[e] 5-lb 荷重(1″×1″ Overlap)	
Montac 5500	2800 psi		1 ppiw		168 時間 @150℃	
Montac 5550	1600 psi		35 ppiw		168 時間 @150℃	

各種基材への接着性		
優れる	良好～優れる	可
鋼，アルミ	ガラス繊維強化ポリエステル	ゴム
ガラス	（例，SMC，HMC）	クロムメッキ
セラミック	"Nyrim"を使った系	高圧メラミンラミネート品
皮革	ウレタン RIM	
木	PC/PBT ブレンド	
パーティクルボード	ABS	
	ナイロンポリエステル	
	PVC	

優れた耐環境性：水分，湿度，有機溶剤，UV性，サーマルショック，耐塩腐食性

a：Perkin-Elmer DSC-2
b：ASTM D-63-80 改
c：ASTM D-1002-72
d：ASTM D-1876-72
e：接着破壊するまでの時間

を使えば，30秒間の圧着で構造接着ができることが特許請求されている．この急速固化接着剤の開発は，仮固定する必要性を減らし，サイクルタイムを減少させる．生産性が改良されるので，接着剤が高価格であっても，二液型の接着剤とのコスト競争力があると示されている．Monsanto 社は，二つのタイプの主なポリマーを供給している．表 28.18 にそれらのポリマーの物性を示す．

[Conrad Rossitto／宮本禮次 訳]

参 考 文 献

1. Billmeyer, F. W., Jr., "Textbook of Polymer Science," 3rd Ed., New York, John Wiley & Sons, 1984.
2. Wheeler, D. H., Milun, A., and Lima, F., "Dimer Acid Structure—Cyclic Structures of Clay-Catalyzed Dimers of Normal Linoleic Acid: 9-*cis*, 12-*cis*, octadecadienoic Acid." *J. Amer. Oil Chem. Soc.* **47,** 242 (1970).
3. Cowan et al. (to U.S. Dept. of Agriculture), U.S. Patent 2,450,940 (Oct. 28, 1948).
4. Renfrew et al., "Thermosetting Resinous Compositions From Epoxy Resins and Polyamide Derivatives From Polymeric Fat Acids" (to General Mills, Inc.), U.S. Patent 2,705,223 (Mar. 29, 1955).
5. Peerman, D. E., and Vertnick, L. R., (to General Mills), U.S. Patent 3,377,303 (April 9, 1968).
6. Morris, T. C., and Chaplick, A. M., "Thermoplastic Polyamide-Epoxy Adhesive" (to B.B. Chemical Co.), U.S. Patent 2,867,592 (Jan. 6, 1959).
7. Chaplick, A. M., and Rossitto, C. (to United Shoe Machinery), U.S. Patent 3,316,573 (May 2, 1967).
8. Norbury, J., and Rawstron Gill, W., "Fabric Bonding Process Utilizing Powdered Interpolyamides", (to Imperial Chemical Industries Ltd.), U.S. Patent 3,919,033.
9. CA **55** 21656 (October 1961); Original Reference: Kozlov, P.V., and E.F. Russkova Vysokomolekulyarnye Soedineniy and 1-918-24 (1959).
10. Ashley, F., "Poly(Ester-Amide) Block Copolymer Hot Melt Adhesives" (to Monsanto Company), U.S. Patent 3,650,999 (March 1, 1972).

29. 高温用有機接着剤

高温用有機接着剤は，金属，セラミック，プラスチック，およびこれらの複合材料などの接着に必要である．これらは，航空宇宙，自動車，コンピュータ，電機，家庭用品，石油などさまざまな産業で使われている．一般に高温での安定性が必要であるが，他の環境条件での安定性も必要である．使用温度だけでは接着剤や材料を選択できないことがある．実際に材料を接着する接合プロセス（はんだ付けなど）での耐熱性が重要である．接合プロセス温度は，使用温度よりはるかに高い．この章では，長期間（例えば数千時間）232℃（450°F）で使用可能な接着剤と，短時間（例えば数分）なら538℃（1000°F）以上の暴露に耐える高温用有機接着剤について述べる．

高温用接着剤は，特性の組合せの上での特徴が必要である．この組合せは用途によって違う．化学的性質から，望ましい全特性をもつ高温用接着剤は実際にはない．例えば現在開発中の耐熱性ポリマーを用いた高温用の構造用接着剤は，揮発分を含まないので，粘着テープのようなタックやドレープがない．高温用構造用接着剤の主な要求特性は次の通りである．

- タックとドレープのある接着テープ
- 揮発分が発生しにくい穏やかな条件で接着されること
- 各種の被着体や表面処理剤と相溶性があること
- 使用条件（温度，圧力，環境）下での機械的特性
- 再現性と信頼性
- 補修可能であること
- 低価格

高温用接着剤の開発を成功させるためには，次のような要因に注意すべきである．

- ポリマー：純度，分子量，分子量分布，ガラス転移点（T_g）または軟化点（HDT），流動特性
- 接着テープ：支持体，処理，充填剤，乾燥条件，膜厚，流れ性，揮発分量，雰囲気温度での安定性
- 被着体：タイプ，表面処理，プライマー
- 接合条件：温度，時間，圧力

さまざまな用途での厳しい条件を見るために，いくつかの例をあげる．作業性と性能と値段のバランスが好ましいことが最も重要である．高速航空機のサンドイッチ構造に用いられる構造用接着剤は，セルを良く接合し，圧力下で−54〜232℃で長期間の熱履歴後も機械的特性を保持し，また航空機用オイルや溶剤にも耐えなければならない．セラミック基板に薄い絶縁フィルムを接着したものが集積回路やコンピューターに使用されているが，ここでは誘電率と熱膨張係数が低く，接合プロセスでは400℃の不活性気体中で数時間耐えることが必要である．フライパンなどの内面の焦げつき防止コーティングと外面の装飾コーティングは，アルミ基材によく接着し，耐摩耗性に優れ，傷がつきにくく，調理の際の高温や油に耐え，洗剤にも耐えることが必要である．自動車エンジンの高温作動部品（例えばコンロッドやピストンピンなど）の合成基板は，ある種の接着剤と見なされるが，機械的疲労やひずみに対してきわめて強く，製造コストが低くなければならない．

この章の第一の目的は，高温用有機接着剤の新製品や開発中の製品を，特に宇宙航空用の材料に注目しながら，紹介していくことである．ポリマーの合成法や接着条件などの詳細は引用文献に譲りたい．高温用有機接着剤の中には商品化されているものも少なくない．それらについての情報は販売会社から手に入れることができる．航空宇宙用途の高温用有機接着剤は，主として変性フェノール樹脂，強化ビスマレイミド，縮合型または付加型ポリイミドからなる．

接着剤の性能比較は，慎重に行わなければならない．接着剤の性能に影響する条件は評価方法によって異なる．条件とは，ポリマーの特性，支持体，被着体，表面処理，プライマー，接合条件，エージング条件，試験条件などである．したがって，試験が別々の機関で行われた場合には接着剤用ポリマーの正当な比較をすることはむずかしい．

高温用有機接着剤の歴史

1950年代に開発されたエポキシフェノール樹脂よりさらに機械的特性と耐熱性に優れた接着剤の開発検討が

＊商標やメーカー名はNASAの公式な支持を示すものではない．

表 29.1 高温用構造接着剤の開発

発表年(推定)	接着剤	最高使用温度 (°C)	
		10 分間	100 時間
1956	変性エポキシフェノール	316	232
1964	ポリベンズイミダゾール	538	316
1965	ポリイミド	371	316
1970	ポリキノキサリン	538	316
1971	ポリフェニルキノキサリン	316	316
1974	ポリアリルスルホン	260	260
1975	アセチレン末端イミド	316	316
1975	LARC-TPI	232	232
1978	ノルボルネン末端イミド	316	260
1978	NR-150 B 型ポリイミド	316	316
1981	アセチレン末端フェニルキノキサリン	288	260
1983	フェニルエチニル基含有ポリフェニルキノキサリン	232	232
1985	半含浸ポリイミド	232	232
1986	ポリアリレンエーテル	232	232

始まったのは，実は 1960 年代初期であった．多くの新しいポリマー系が開発され，高温用接着剤として評価された．縮合型ポリイミド（PI）は総合的な特性が最も好ましいポリマーとして発展した．縮合型ポリイミド接着剤は過去にいくつか商品化され，いくつかが今でも販売されている．高温用有機接着剤の開発の歴史を**表 29.1**にまとめた．左の欄に接着剤の特性が最初に報告された年を示す．右の欄には 10 分間と 100 時間の最高使用温度を示す．10 分間の最高使用温度は，ガラス転移点（T_g）の影響をうけることがある．接合プロセスや後硬化で架橋が進んだ場合に，10 分間最高使用温度以上の耐熱性を示すポリマーがあることは確かである．しかし，表 29.1 の温度以上でのポリマーの接着強さは報告されていない．ASTM の引張りせん断試験（TSS）で 232°C でも優れた強度を示すポリマーがあるが，流れ性が少ないことや揮発分の発生などにより，他の試験片（例：サンドイッチ構造）での評価では同様な特性は示さないと思われる．

ベンズイミダゾールポリマー

芳香族複素環状化合物の中で最初に高温用接着剤として評価されたのは，ポリベンズイミダゾール（PBI）であった．1961 年に最初の報告が発表されたが[1]，芳香族ビス（オルトジアミン）と芳香族ジカルボン酸ジフェニルエステルとの反応について述べられている．3,3′,4,4′-テトラアミノビフェニルとイソフタル酸ジフェニルの縮重合によるPBI の合成は，次の通りである．

PBI 系の高温用接着剤に関する研究は，このポリマーに集中していた．このポリマーは高分子量になると，435°C 近い T_g をもつようになる[2]．また，470°C，2000 psi で圧縮成形することにより機械的強さに優れたレジン成形物[2]あるいは接着成形物が得られる[3]．この成形条件が，ほとんどすべての用途で不可能であることは明らかである．このため，高温用接着剤としての PBI の初期の研究では，ほとんど低分子量のプレポリマーが用いられている[4]．プレポリマーは改良により良好な流れ性とぬれ性を示したが，重合反応が終わるまでに高温が必要であった．フェノールや水分などの揮発分が大量に発生したので，特に広い接着面でボンドラインにボイドができるという加工プロセス上の問題が発生した．このように加工プロセス上の困難はあったが，PBI によって良好な接着強さが得られた[5,6]．pH 15〜7 でモリブデンステンレスでの TSS では，25°C で 4000 psi，300°C では 2500 psi（空気中暴露 100 時間後）および 1100 psi（同 200 時間後），特に 538°C では 1100 psi（空気中 10 分暴露後）の引張りせん断接着強さを示した．PBI を含む芳香族複素環状のポリマーの多くは低温で良い接着特性を示す．PBI の TSS は，−196°C で 4600 psi である．さらに PBI の TSS 耐疲労性（1 メガヘルツ）は−196°C では 2200 psi であり，25°C の 1500 psi に比べ優れていた[5]．

現在，PBI の低分子量プレポリマー（固有粘度 0.05〜0.10 dl/g）[7]および高分子量ポリマー（固有粘度 >0.6 dl/g）[8]が商品化されている．

イミダゾールの水素をフェニル基で置換した**1**[9]やアリレン基で置換した**2**も[10]，接着剤として検討されている．

$$n\ H_2N\text{-}C_6H_3(NH_2)\text{-}C_6H_3(NH_2)\text{-}NH_2 + n\ H_5C_6O_2C\text{-}C_6H_4\text{-}CO_2C_6H_5 \xrightarrow[-2nC_6H_5\text{-}OH]{-2nH_2O}$$

(1)

1

[構造式 2]

これらは式(1)のPBIに比べてさらに熱的に安定であるが、イミダゾール水素がないため分子間の相互作用が少なく、熱可塑性が高く低い T_g をもつ。1および2のポリマーの接着特性は25℃では優れていた（>4000 psi）が、200℃以上では熱可塑性のため低下した。

[構造式 3]

ベンズイミダゾールの一種として、3の構造に代表されるポリベンズイミダゾキナゾリン[11]がある。小さな複合物では、ポリベンズイミダゾキナゾリンは、371℃空気中200時間後も優れた安定性を示す[12]。しかし、チタン（Ti 6 Al-4 V）用の接着剤として簡単に評価したところでは、TSSは25℃で3000 psi以下であり、316℃ではさらに低下した。316℃で接着強さが低かったのは、ポリマーの耐熱性ではなく、接合条件が悪かったためである。

ベンズイミダゾールを用いた接着剤の最近10年間の研究で、本質的に新しいといえる報告はない。ほかの高温用接着剤と同様、PBIも接合プロセス上の問題があり、第一には揮発分の放出によって特性が十分に発揮できない、また好ましい流動性を得たりプレポリマーを反応させるために高温が必要である。現在利用できるベンズイミダゾールポリマーの中には、高温用接着剤としてどんな用途にでも使用可能なものはない。

キノキサリンポリマー

キノキサリンポリマーには二つのタイプがある。一つはキノキサリン環に置換基をもたないもので、もう一つはキノキサリン環にフェニル基などの置換基をもつものである。芳香族ビス（o-ジアミン）と芳香族ビス（グリオキサール）からの非置換ポリキノキサリン（PQ）の合成は、1964年に発表された[13~15]。

3,3′,4,4′-テトラアミノビフェニルと4,4′-オキシビス（フェニルグリオキサルヒドレート）とのステップ重合による代表的ポリキノキサリンの合成を式(2)に示す。

表29.2に各種ポリキノキサリンの T_g を示した。この合成法では、3種の異性体がランダムに配列された不規則な立体配置のポリマーが得られる。異性体を含むため、ポリキノキサリンは非結晶性であり、m-クレゾールなどの溶媒中に、環の閉じた高分子の形で溶ける。溶解度が20%（重量/体積）あるいはそれ以上であるので、キャリヤー（例：112 E-ガラス）に溶媒とともにしみ込んでから、溶媒の乾燥がおこる。式(2)のポリキノキサリンは、非晶質のホウ素を充填した場合、371℃でエージング後371℃雰囲気下で、有機系接着剤中最高の接着力を示すことが報告されている。ホウ素充填ポリキノキサリン接着剤（112 E-ガラス）を344℃、426℃および455℃の各温度で1時間、200 psiの加圧で接合すると、ステンレスでのTSS強度は25℃で3350 psi、316℃で2280 psi（316℃×200時間後）、371℃で2540 psi（371℃×50時間後）、538℃で1325 psi（538℃×10分後）という値が得られた[17]。高温用接着剤としてさまざまな用途に使用されるポリキノキサリンは、接合条件が最も重要であることは明らかである。おおよそ400℃で接合される場合、バックの材料・シーリング材・オートクレーブの治具の調整、被着体表面の劣化、接着剤の劣化が問題となる。

ホウ素充填のポリキノキサリンは、371℃および538℃で高い接着力が得られたにもかかわらず、それ以外の研究は報告されていない。ポリキノキサリンの研究は、まだ価値のある分野であろう。式(2)のポリキノキサリンはおおよそ300℃の T_g をもつが、300℃より非常に高い温度で高い接着力を示す。明らかに高温での接合プロセス中にホウ素充填剤との架橋または相互作用があり、加工前の耐熱性を上回る材料になっている。ポリキノキサリンは商品化されていない。ホウ素充填ポリキノキサリンの研究は、高温用接着剤として有望なポリキノキサリンの開発の一部に貢献したことは確かである。

[反応式 (2)]

29. 高温用有機接着剤

表 29.2 ポリキノキサリンのガラス転移点

X	Ar	T_g (°C)
—	(p-phenylene)	376
—	(diphenyl ether)	305
—	(bis-phenyl ether, n=2)	235
—	(bis-phenyl ether, n=3)	216
$-SO_2-$	(p-phenylene)	342
$-\overset{O}{\underset{\|}{C}}-$	(p-phenylene)	318
$-O-$	(p-phenylene)	206

フェニルキノキサリンポリマー

ポリフェニルキノキサリン (PPQ) はポリキノキサリンに似ているが, 溶解性・加工性・耐酸化性に優れている. ポリフェニルキノキサリンの芳香族ビス (o-ジアミン) とビス(フェニル-α-ジケトン) の反応による合成は, 1967 年に初めて報告された[18]. 最初に発見されて以来, ポリフェニルキノキサリンの化学的性質・機械的性質・物理的性質は盛んに研究された[19]. 3,3′,4,4′-テトラアミノビフェニルと 4,4′-オキシビス(ベンジル) の反応によるポリフェニルキノキサリンの代表的合成法を式 (3) に示した.

いくつかの代表的なポリフェニルキノキサリンの T_g を**表 29.3** に示した.

ポリフェニルキノキサリンは高温用接着剤として評価されているが[21,22], 特に表 29.3 のポリフェニルキノキサリンが注目されている. アメリカの超音速旅客機(SST)

$$(3)$$

366   29. 高温用有機接着剤

表 29.3 ポリフェニルキノキサリンのガラス転位点

Y	Ar	η_{inh} (dl/g)	T_g (°C)
—	—C₆H₄—	2.2	370
—	—C₆H₄—	1.3	318
—	—C₆H₄—O—C₆H₄—	1.2	290
—O—	—C₆H₄—	1.9	279
—CO—	—C₆H₄—	2.3	288
—SO₂—	—C₆H₄—	1.4	324

開発計画の一部で，ポリフェニルキノキサリンは，232°C で長時間使用されるチタン/チタン，チタン/PI，チタンコア（サンドイッチ構造）の接着用に評価された．フッ化リン酸で表面処理したチタンの TSS は，25°C で 4740 psi, 232°C で 3500 psi（空気中 10 分後），3350 psi（同 8000 時間後）である[23]．TSS は，232°C，1000 psi の負荷重下で 60 日後も少しのクリープも示さなかった．チタンの表皮材とポリイミドのコアからなる 14×14 インチのサンドイッチ構造物の特性を**表 29.4** に示す．さらにチタン/チタンパネルのクライミングドラムはく離試験片で，25°C で 70 in-lb/3 in 幅の接着力を示した．各種ポリフェニルキノキサリンの接着試験片は，揮発分の少ないテープ（112 E-ガラス，0.5% 以下）を用いてオートクレーブ中 50～100 psi で 25°C から 400°C まで 1 時間で昇温し，400°C で 0.5 時間 50～100 psi で保持してつくられた．

式 (3) のポリフェニルキノキサリンについての最近の研究では，チタン表面のクロム酸やリン酸による陽極酸化がみられる．これはフッ化リン酸処理に比べ耐湿性に優れるが，耐熱性が劣る．クロム酸陽極酸化したチタンの TSS は，25°C で 5000 psi（凝集破壊），232°C 空気中で 2000 psi（232°C×5000 時間後）（混合破壊），232°C×10000 時間後では低い接着強さ（100% 界面破壊）を示した[24]．陽極酸化されたチタンの表面は接着温度が 370°C 近くになると劣化する．これが 232°C で長時間エージングした後の接着力が低下する要因であろう．

この最新の研究[24]では，陽極酸化されたチタンの式 (3) のポリフェニルキノキサリンでのウェッジオープン接合試験片は，油圧油（Skydrol）・湿気（60°C，相対湿度 95%）・232°C でのクラック生成に優れた耐久性を示した．ポリフェニルキノキサリンの加工性を示すために，4×4 フィートのチタンパネル（半分は金属-金属接着で

表 29.4 ポリフェニルキノキサリン（PPQ）サンドイッチ試験片の接着特性

測定条件	はく離接着強さ (in-lb/3 in width)		引張り接着強さ (psi)	
	Ti コア	PI コア	Ti コア	PI コア
25°C	28	34	800	950
232°C 10 分後	—	—	750	825

29. 高温用有機接着剤

表 29.5 ポリフェニルキノキサリン (PPQ) の接着特性[22]a

試 験 片	引張りせん断接着強さ (psi)				
	25℃	288℃	288℃ 300 時間後	316℃	316℃ 300 時間後
Ti/Ti[b]	440	2500	2400	300[e]	500[e]
Ti/710 HTS[c,f]	2000	3100	2800	1600	1900
710 HTS/710 HTS[f]	3000	4200	2600	3000	2100
NR 150 B 2 HTS/[d] NR 150 B 2 HT[f]	6000	3700	3300	2800	2500

  PPQ は固有粘度 0.61 dl/g, T_g=318℃, Ti/Ti 用は A 1100 処理 112 E-ガラス, テープは揮発分 4% 以下に乾燥. 他のパネル, 支持体なし, PPQ は揮発分 4% 以下.
   a：接合条件：200 psi 圧力下, 25〜400℃, 〜30 分で昇温, 400℃ で 20 分保持, 260℃ に冷却してプレスから抜く.
   b：表面処理：Ti(6 A 1〜4 V), フッ化リン酸処理.
   c：Monsant 社製ポリイミド複合体 Skybond 710 と Hercules 社製高張力カーボンファイバー強化の単方向複合体. 表面軟研磨.
   d：DuPont NR 150 B 2 と Hercules 社製高張力カーボンファイバーの単方向複合体.
   e：熱軟化破壊.
   f：被着体の複合体は, すべてせん断型の複合体破壊であった.

半分はポリイミドコアのサンドイッチ構造）が作成された．接着構造は緻密なボンドラインをもっていることが超音波（C-スキャン）で確認され，接着力の強さはチタンパネルの各部分から試験片をとって確かめられた．

4

4 の構造のポリフェニルキノキサリンは T_g が 318℃ で，チタンと高温用複合材料の接着や高温用複合材料同士の接着に評価された[22]．このポリフェニルキノキサリンの分子量は，加工性と接着力のバランスが最適となるように決められた．チタン/チタン，チタン/複合材料，複合材料同士の TSS 接着力を**表 29.5**にまとめた．710 HTS（ポリイミド複合材料）の接着強さは 25℃ より 288℃ の方が高いが，これは試験中に TSS の接着力が向上し，もろい材料が高温下でかえってタフになるためである．710 ポリイミドのマトリックスは，25℃ では架橋密度が高いためにもろいが，高温下では熱可塑性材料のように柔らかくなり，高い接着力を示す．NR 150 B 2 マトリックスはこれと対照的で，タフで T_g が高く，熱可塑性ポリイミドであり，広い温度範囲で高い接着力を示す．NR 150 B 2 のチタン/チタン接着試験片の熱可塑性による接着破壊は 316℃ でおこる（ポリフェニルキノキサリンの T_g は 318℃）といわれていたが，NR 150 B 2 HTS/NR 150 B 2 HTS 接着試験片の接着力は，316℃ で 2800 psi であった．しかし，NR 150 B 2 HTS/NR 150 B 2 HTS 接着試験片を 1500 psi 荷重下 316℃ でエージングすると，15 分以内で熱可塑性接着破壊がおこる．

4 のポリフェニルキノキサリン接着試験片の，沸騰水中 3 日エージング後の接着力を**表 29.6**に示す．フッ化リン酸表面処理は湿気の影響をうけやすく，沸騰水中 3 日間のエージングで接着力が低下する結果になっている．陽極酸化表面はフッ化リン酸処理表面より湿気の影響をうけにくいが，ポリフェニルキノキサリンは 3 日間の沸騰水中で水分を吸収し熱可塑性になり，288℃ での熱可塑性接着破壊と同様な接着破壊が生じる．一般にポリフェニルキノキサリンは湿気を吸収しにくいといわれているので，この沸騰水中 3 日間での接着破壊は意外であった．複合材料の接着試験片は，3 日の沸騰水中エージング後も良好な接着強度を示す．

ポリフェニルキノキサリンは各種の機関で評価され，高温用構造用接着剤としても有望である．ポリフェニルキノキサリンの開発の限界は，コストの関係で商品化されていないことである．式 (2) のポリフェニルキノキサリンの商品化を検討しているメーカーもあるが，テトラアミンに発癌性の疑いがあることや，ビスベンジルの合成法の問題，そして市場性に疑問があることなどが開発意欲を低下させ，商品化の障害となっている．ポリフェニルキノキサリンの研究メリットが期待できるのは，非晶質ホウ素を充填剤とし高温（例えば 400℃ 以上）で硬化

表 29.6 ポリフェニルキノキサリン接着試験片の沸騰水浸漬試験 (3 日)

試験片[a]	表面処理	引張りせん断接着強さ (psi)		破壊モード
		25℃	288℃	
Ti/Ti	フッ化リン酸処理 (PF)	<1000	—	100%界面
Ti/Ti	リン酸陽極処理 (A)	3530	730	25℃, 20%界面 288℃, 熱変形
Ti/710 HTS	A/軽研磨	2750	2620	複合
710 HTS/710 HTS	軽研磨	2650	2950	複合

  a：接合条件は表 29.5 参照.

させる方法である．ポリキノキサリンでは非晶質ホウ素との組合せで高温用接着剤として優れた特性を示すことがわかっているが，ポリフェニルキノキサリンではまだ確認されていない．

架橋型フェニルキノキサリンポリマー

接着剤として検討された架橋型フェニルキノキサリンポリマーには二つのタイプがある．一つは，アセチレン（エチニル基）に代表される反応性末端をもった末端反応性フェニルキノキサリンオリゴマーである．もう一つは，側鎖にアセチレン（エチニル基）などをもった高分子量の直鎖ポリフェニルキノキサリンである．アセチレンは，加熱により複雑な反応をして架橋する．その結果，架橋した樹脂の T_g は，架橋していない直鎖のポリマーより高くなる．

アセチレン末端フェニルキノキサリンオリゴマー（ATPQ）の合成は，1975年に最初に報告された[25]．1976年に報告された別の合成法では，o-ジアミノ末端フェニルキノキサリンオリゴマーを 4-(4-エチニルフェノキシ)ベンジルで末端封鎖し，ATPQ を合成する方法が述べられている（式(4)）[26]．

高分子量の直鎖ポリフェニルキノキサリンに比べて，ATPQ の最大の利点は加工性に優れることである．一般的に低温では，オリゴマーの方が同じ構造のポリマーより流動性に優れている．また，アセチレンは反応時に揮発分の発生がない．各種のアセチレン末端複素環状オリゴマーで問題となるのは，アセチレンの反応がポリマーの溶解より先におこり，流れやぬれが悪くなることである．にもかかわらず，式(4)（$n=2$）の ATPQ のチタン/チタン TSS は，25°C で 4730 psi，260°C で 1350 psi（500時間後），316°C で 1525 psi である[27]．接着試験片は，316°C，50 psi，1 時間で接合された．架橋後の ATPQ は直鎖ポリフェニルキノキサリンより熱酸化性雰囲気下で不安定であるが，加工性は改善される．ATPQ は商品化されていない．

1981年に，エチニル基（アセチレン）やフェニルエチニル基を側鎖にもつ高分子量ポリフェニルキノキサリンが報告された[29]．このポリフェニルキノキサリンは，各種の塩素系溶剤やフェノール系溶剤に可溶であり，フィルムのキャストや媒体への含浸や補強が可能となる．加熱により，エチニル基やフェニルエチニル基は架橋反応する．その結果，架橋したポリマーは溶剤に不溶となり，高い T_g をもつ．フェニルエチニル基を側鎖にもつポリフェニルキノキサリンには接着剤用に評価されたものもあるが，側鎖にエチニル基をもつポリフェニルキノキサリンは耐熱接着試験片の製造が困難である．

フェニルエチニル基を 10 mol% もつ直鎖ポリフェニルキノキサリンおよび架橋型ポリフェニルキノキサリンを 5 に示し，表 29.7 に引張りせん断接着力を示す．側鎖フェニルエチニル基の架橋の効果は，204°C や 232°C などの高温で明らかである．式(5)には接着剤として評価中の代表的フェニルエチニル側鎖ポリフェニルキノキサリンの構造を示す．

チタン/チタン引張りせん断強さと硬化条件の関係を

表 29.7 引張りせん断接着強さ

ポリマー	T_g (°C)	成形条件				平均引張りせん断接着強さ (psi)		
		最高温度 (°C)	圧力 (psi)	時間 (hr)	ポストキュアー (°C)	26°C	204°C	232°C
No C≡C−C_6H_5	256	316	200	0.5	2@371	4930	2810	2370
10 mol % C≡C−C_6H_5	281	329	200	2.0	2@371	4400	3240	3100

29. 高温用有機接着剤

5

$$(5)$$

where 80% of Ar = –⟨⟩–O–⟨⟩–O–⟨⟩– and X = H

20% of Ar = –⟨⟩–O–⟨⟩– and X = C≡C–C$_6$H$_5$

表 29.8 ポリフェニルキノキサリンの Ti/Ti 引張りせん断接着強さ

ポリマー (T_g, ℃)	成形条件	引張りせん断接着強さ (psi)		
		25℃	232℃	316℃[b]
No C≡C–C$_6$H$_5$ (255)	RT～343℃, 100 psi, 0.5 hr 保持	5600	3800	熱可塑性
20% C≡C–C$_6$H$_5$ (262)	RT～343℃, 300 psi, 0.5 hr 保持	4430	3240	840
20% C≡C–C$_6$H$_5$ (278)	RT～343℃, 300 psi, 4 hr 保持	2600	2800	1240
20% C≡C–C$_6$H$_5$ (283)	RT～343℃, 300 psi, 0.5 hr 保持；16 hr @ 316℃	2300	3180	1350
20% C≡C–C$_6$H$_5$ (272)	RT～343℃, 300 psi, 0.5 hr 保持；16 hr @ 316℃ no glass carrier, 30 phr MD 105 Al	4670	4400	1170

表 29.8 に示す．アルミニウムを充填した接着力試験片の，232℃ で 4400 psi が際だっている．側鎖にフェニルエチニル基をもつポリフェニルキノキサリンは開発段階であり，商品化はされていない．

イミドポリマー

ポリベンズイミダゾールが高温用接着剤として開発されていた頃，ポリイミド (PI) も注目されていた．初期のポリイミドの合成には，芳香族酸無水物と芳香族ジアミンからポリアミド酸（アミック酸）を生成する反応が含まれていた．ポリアミド酸は脱水環化反応 (cyclo-dehydration) によりポリイミドになる[32,33]．ポリイミドが接着剤として使用されるとき，熱的に脱水環化反応が完了する．初期のこの研究以来，ポリイミドのいろいろな合成法が考案された．ポリイミド合成の代表的反応経路を式 (6) に示す．式中 3, 3′, 4, 4′-ベンゾフェノンテトラカルボン酸無水物 (BTDA) は 3, 3′-ジアミノベンゾフェノンと反応し，ポリイミドの前駆体であるポリアミド酸を生成する．表 29.9 にポリイミドの T_g を示す．ポリイミドについての報告がいくつかある[35～38]．

初期のポリイミドは不溶性で加工しにくいものがほとんどであった．可溶性のポリアミド酸は，加工可能なポ

$$\text{(chemical reaction scheme)} \tag{6}$$

リイミド前駆体として使われた．ポリアミド酸は常温で不安定であり，イミド化反応で生成する水分により加水分解される（この反応は常温でも起こる）[39]．ポリアミド酸型の接着剤を使用するときのもう一つの問題は，加熱によってポリイミドに変化する際に水分が発生することである．水分が発生するため，特に広い面積の接着で接合プロセス上の問題が発生する．つまり接着面のボイドにより機械的強さが低下するのである．このような問題にもかかわらず，ポリアミド酸型のポリイミド接着剤は，現在商品化されている．

ポリアミド酸型とポリイミド型を使ったポリイミド接着剤は，かなり評価されている．揮発分の発生を解決するため，BTDA の縮重合で得られたポリイミドと 1,3-ジアミノベンゼンを用いて約 400°C, 200 psi で軟化する接着試験片を得た．チタンの TSS では，25°C で約 3000 psi，空気中 288°C×100 時間後で約 2000 psi である．

式(6)のポリイミドは 25°C から 232°C まで優れた接着力を示す．このポリマーは，構造と性能の関係の研究から発展して開発されたものであり[41,42]，LARC-2 (Langley Research Center の略) および LARC-TPI として知られるようになった[42,43,44]．T_g は，測定方法や分子量によってさまざまである．接着剤の初期の研究で，ビス（2-メトキシエチル）エーテル（ダイグライム）が，ポリアミド酸で接着テープを製造する際の優れた希釈溶剤であることが発見された．チタンの TSS 試験片は，25°C で 6180 psi, 225°C で 2600 psi, 250°C で 950 psi (T_g 付近では熱可塑性による破壊がみられる)．その後の研究で，LARC-TPI 接着試験片は荷重下で航空機用溶剤や湿気に対して優れた耐久性を示すことがわかった[45]．この研究により，（クロム酸陽極酸化）チタン TSS において，25°C で 4800 psi, 232°C で約 3400 psi が示された．別の LARC-TPI の研究では，クロム陽極酸化したチタンの TSS で，232°C 空気中で，初期に約 2000 psi あるが，10000 時間後に約 3500 psi，さらに 32000 時間後も約 3500 psi を保つことが示された[46]．この 232°C×32000 時間エージング後の 232°C での結果は，有機接着剤について報告されている中で最高である．

高強度のサンドイッチ構造をつくるには，LARC-TPI は流動性に乏しいことが問題であった．LARC-TPI の接着接合生成のため，最終的に 343°C, 200 psi の条件が一般的であった．しかし最近では，溶融粘度の低い半結晶性低分子量 LARC-TPI が複合体作業で用いられるようになった[47]．この低分子量物は，接着作業とくにサンドイッチ構造の接着でも有用である．この半結晶性低分子量 LARC-TPI は少量の揮発分を発生しながら成長反応が進み，比較的高分子量の非晶質ポリイミドになる．半結晶性低分子量 LARC-TPI は，現在，接着剤として評価されている．

芳香環の間にカルボニル基やエーテル基が結合した新しいポリイミドが最近報告されている[48,49]．その中には，T_g が 222～247°C で，融点 (T_m) が 350～442°C の半結晶性のポリイミドもある．6 の構造をもつ代表的ポリイミドの特性を**表 29.10** に示した．薄いフィルムでの引張り強さとモジュラスと破壊靱性 (G_{Ic}，臨界応力ひずみエネルギー開放率)と，チタンにおける TSS が非常に優れている．このポリイミドは，非晶質型で T_g が 222°C であることから予想されるように，チタン/チタン TSS で 232°C では明らかな熱可塑性破壊をおこす．しかし，チタン/チタン TSS に 300°C×5 時間のアニーリングまたは 232°C×1000 時間のエージングをすることにより，結晶性が増加し，232°C での強度は飛躍的に増加する．ポリイミドの結晶化した部分が T_g 以上の温度で優れた保持力を示

29. 高温用有機接着剤

表 29.9 ポリイミドのガラス転移温度

Ar	η_{inh} (dl/g)	T_g (°C)
(p-phenylene)	0.35	326
(m-phenylene)	0.41	297
(naphthalene)	0.64	365
(biphenyl)	0.40	337
(−C₆H₄−CH₂−C₆H₄−)	0.38	291
(−C₆H₄−O−C₆H₄−)	0.46	285
(−C₆H₄−S−C₆H₄−)	0.35	283
(−C₆H₄−SO₂−C₆H₄−)	0.31	336
(−C₆H₄−O−C₆H₄−O−C₆H₄−)	0.35	229

6

[構造式] 7

表 29.10 ポリイミド (6) の特性

ガラス転移点		222℃	
結晶化温度		350℃	
耐溶剤性		優	
フィルム特性			
温度 (℃)	25	177	232
引張り接着力 (psi)	22000	14.2	5.2
〃 モジュラス(psi)	630000	540000	245000
伸び (%)	8.3	21.1	76.1

破壊靱性 (G_{Ic}) at 25℃ : 37.8 in-lb/in²

接着特性		
評価条件	Ti/Ti 引張りせん断接着強さ (psi)	破壊状態
25℃	6250	>95%凝集
25℃ after 1000 hr@232℃	7120	~100% 〃
25℃ after 72 hr water boil	5140	~90% 〃
177℃	4150	>95% 〃
232℃	880	~95%界面
232℃ after 1000 hr@232℃	2740	~50%凝集
232℃ after 5 hr@300℃	2800	~80% 〃
232℃ after 100 hr@316℃	3670	>95% 〃

a: Pasa Jell 107 表面処理；接着条件, 400℃, 1000 psi, 15 min.

すのである.

高温用ポリマーではないが，興味あるポリイミドを **7** に示す．このポリマーについて述べるのは，25℃でのチタンのTSSの平均強さが他のどんな有機ポリマーより高いからである．25℃で7850 psi, 93℃で5400 psi, 121℃で4045 psiが報告されている[50]．このポリイミドのT_gは155℃で，揮発分を含まない接着テープから260℃, 100 psiでTSS試験片をつくることができる．高温でも短時間 (15分以下) ならば，このポリマーを熱可塑性ポリマーとして加工することができる．

ほかにもたくさんの高温用ポリマーが接着剤として評価されたが，LARC-TPIよりもチタンでのTSSが高いものはなかった．またLARC-TPI以外のポリイミドの接着条件は，LARC-TPIと同じか，さらに厳しいものであった．LARC-TPI以外の高温用ポリイミドには，すべてに共通の問題がある．それはポリアミド酸からの揮発分の発生であり，あるいは溶解粘度の高さやポリイミドとイミドモノマーの併用である．ポリアミド酸やモノマー混合物の使用では高品質が要求される．金属-金属または金属-ハニカム結合の，面積が広い部品の製造には勧められない．ボイドのない結合面と強い接着力を得るために，揮発分を除くことは困難である．このポリイミドは，金属-金属接合あるいは複合材料同士の接合の場合でも広い面積の接合をさせるときには，比較的高い圧力が必要である．しかし，サンドイッチ構造では溶解粘度が高すぎてセル付近に十分にフィレットを形成させない．さらに，高圧を加えると心材がつぶれてしまうかも知れない．

最近のポリイミド接着剤の研究は，高温での特性はそのままで接合プロセスを改良する方向である．代表的な例は，アセチレン末端低分子量イミドオリゴマーを高分子量ポリイミドとブレンドする方法である[51]．混合物は，普通の加工温度では比較的低い溶解粘度である．アセチレンは，低圧 (50 psi) 下での加熱により揮発分を発生しないで反応して，高分子量ポリイミド中に準IPN網目構造を生成する．反応性低分子量オリゴマーは高分子量ポリイミドの加工性を向上させ，高分子量ポリイミドは低分子量オリゴマーが硬化した樹脂の耐久性を向上させる．チタンでのTSSは，25℃で3300 psi, 232℃で初期2800 psi, 232℃×1000時間後3000 psiであった[51]．これ以外の組合せも高温用接着剤や複合材料に利用できる可能性があるので，検討されている．

ポリアミド酸接着剤はいくつか商品化されている．FM 34 B-18はよく知られている[52]．LARC-TPIのポリアミド酸型も，接着テープの製造用原料に使用されている[53]．その他，芳香族ポリイミド接着剤として紹介されているいくつかのポリイミドが商品化されている[54]．

付加型ポリイミド

エチニル基 (アセチレン) とノルボルネン基 (ナディック基) の2種の官能基をイミドオリゴマーの末端につけ，加工性に優れる高温用ポリイミド接着剤の開発が行われた．エチニル基は熱により揮発分の発生をともなわずに反応する．一方ノルボルネン基は，(反応条件によるが) 逆ディールス-アルダー反応により少量のシクロペンタジエンの発生をともなって熱的に反応する．ナディック末端アミド酸オリゴマーは，一般には200℃以下の熱によってすべてナディック末端ポリイミドオリゴマーに変わる．ナディック基の熱的反応は，200℃以下では遅く，275℃以上では速い．しかし，エチニル末端のポリアミド酸オリゴマーのイミドへの反応は複雑である．それはエチニル基自身の反応が150〜200℃でおこるからである．化学反応によりエチニル末端のポリアミド酸を相対するポリイミドに変化させる方法が好ましい (例：無水酢酸と有機塩基) ．化学反応条件下では，エチニル基は未反応のままである．

高融点または高軟化点のエチニル末端のオリゴマーの問題の一つに，オリゴマーが溶解や軟化する前にエチニル基が反応してしまう問題がある．エチニル基が反応すると，オリゴマーの融点や軟化点はさらに高くなる．したがって，ある種のエチニル末端のオリゴマーは，ある種のイミドと同様に，処理表面を十分にぬらすことができない．反応性オリゴマーでは，昇温速度が重要であることは明らかである．十分なぬれと流れが得られるので速い昇温速度が好ましいが，装置面で不可能なことがある．オートクレーブやプレスではゆっくりと加熱されるが，同じ機能で予備加熱可能な器具があればより速く加熱することができる．

エチニル末端封鎖イミドオリゴマーの研究が最初に発表されたのは 1974 年である[55,56]．アセチレン末端イミドオリゴマーの硬化樹脂[57,58]とその複合材料の特性も報告されている[57~59]．この材料は最初は HR-600 と命名されたが，その後 Thermid 600（60）となった．8 のエチニル末端イミドオリゴマーは，このような材料の代表である．7 の材料の硬化後のチタン/チタン TSS は，25°C で 3200 psi，232°C で 1900 psi（1000 時間後），260°C で 1200 psi（1000 時間後）である[61]．エチニル基の熱的反応を遅くするためヒドロキノンが用いられている[62]，ゲル化時間が長くなるので加工性が向上する．チタン/チタンでの TSS は，25°C で 3800 psi，288°C で 2100 psi，288°C で 2550 psi（500 時間後）が報告されている[62]．この接着力は，50 psi プレス加圧下で 25°C から 316°C まで 1.5 時間で昇温し，316°C で 1.5 時間保持して接合した値である．接着物は，さらに放圧下で 343°C×4 時間ポストキュアーされている．

反応性イミドオリゴマーの加工性改良のための研究には，エチニル末端イソイミドオリゴマーの合成も含まれている．エチニル末端のアミド酸オリゴマーは，トリフルオロ無水酢酸やジシクロヘキシルカルボジイミドなどで処理されて脱水環化反応をおこし，相当するイソイミドオリゴマーになる．エチニル末端のイソイミドオリゴマーは，エチニル末端イミドオリゴマーよりも溶解性と加工性に優れている[63]．加熱硬化は一般には 300～350°C で行われるが，このときイソイミドはイミドに変化する[64]．硬化後のエチニル末端イソイミドのチタン/チタンでの TSS は，HR-600 について報告されている値とほとんど同じである．さまざまな構造のエチニル末端アミド酸・イミド・イソイミドオリゴマーが商品化されている[60]．

ナディック末端イミドオリゴマーは 1970 年に発表され[65]，PMR-15 の開発につながった（PMR は，*in situ* Polymerization of Monomeric Reactant の略で，数平均分子量 M_n 1500 のオリゴマーを合成する方法である）[66]．PMR-15 は，ジェットエンジン部品などの高温用複合材料のマトリックス樹脂として用いられている．ナディック末端イミドオリゴマーが初めて接着剤として評価されたのは 1979 年であり[67]，LARC-13（M_n=～1300，9）と呼ばれる材料が使われた．LARC-13 は比較的低い圧力（50 psi）で接合され，最終的に 329°C で硬化される．その後，放圧下 343°C でポストキュアーされる．チタン/チタン，チタン/複合材料，複合材料同士での TSS が試験された．チタン/チタンでの TSS は，25°C で 3300 psi，260°C で 2800 psi である[67]．複合材料同士の TSS は，25°C で 5000 psi，316°C で 2200 psi と高い[67]．ポリイミド複合体のスキンと LARC-13 接着剤を用いた Beveld ハニカムパネル（約 2×3 フィート）が作成され，25°C および 260°C の静的条件下で優れた特性を示した[67]．LARC-13 は，オリゴマーの合成原料のジアミンと 3,3-ジアミノジフェニルメタンのコストと供給に問題があり，商品化されていない．PMR-15 型の接着剤（BXR 10314-151 C）は商品化されている[52]．

アリレンエーテルポリマー

UDEL®（ポリスルホン，T_g 約 190°C）[68]，RADEL®（ポリフェニルスルホン，T_g 約 220°C）[68]，Kadel-II®（ポリケトン，T_g 約 160°C，T_m 約 340°C）[68]，Victrex® PES（ポリエーテルスルホン T_g 約 220°C）[65]，Victrex® PEEK（ポリエーテルエーテルケトン，T_g 約 143°C，T_m 約 343

8

9

29. 高温用有機接着剤

表 29.11 ポリアリレンエーテルの特性

Ar	R	$\eta_{inh}(dl/g)$	M_p(g/mol)	T_g(°C)
-C6H4-CO-C6H4-CO-C6H4-	H	0.95	28,300	223
-C6H4-CO-C6H4-CO-C6H4-	CH$_3$	1.24	—	257
-C6H4-CO-C6H4-CO-C6H4-	H	1.7	39,900	243
-C6H4-CO-C6H4-O-C6H4-CO-C6H4-	H	Insoluble	—	231
-C6H4-CO-naphthyl-CO-C6H4-	H	1.29	—	252
-C6H4-CO-C6H4-	H	1.00	34,000	252
-C6H4-CO-C6H4-	CH$_3$	0.37	—	294
-C6H4-SO$_2$-C6H4-	H	0.67	26,700	280
-C6H4-SO$_2$-C6H4-	CH$_3$	0.64	—	310

10

29. 高温用有機接着剤

°C)[65]などのポリアリレンエーテルは，商品化されている高機能性エンジニアリングプラスチックである．これらの耐熱耐酸化特性は素晴らしいが，T_g で使用温度を決定するので高温用接着剤とはみなされていない．どのポリマーも，充填剤を添加しても，232°C で長期間応力がかかる条件では機械的特性を保持できない．高温下で使用可能な新しいポリアリレンエーテルが開発中である．一例として，高い T_g と T_m をもつ新しい PEEK（例：HTX，$T_g=205$°C，$T_m=386$°C, 化学的構造が異なる）は，多くの機関に試作品が供給されている．

PEEK の場合，半結晶性ポリマーであるので，（クロム酸陽極酸化）チタン/チタンでの TSS は，25°C で 6370 psi，177°C で 2590 psi，232°C で 1770 psi である[70]．ポリマーの結晶化した部分が T_g 以上の温度でも荷重を保持している．しかし，177°C で 1000 psi の荷重では，TSS においてクリープが観察される．結晶化が進むとクリープは減っていくと思われる．この TSS 試験片は，約 380°C，200 psi，0.5 時間で接合された．先に述べたように，接合プロセス温度が高いことは熱可塑性プラスチックが構造用樹脂として採用される際の問題となっている．しかし，これは多分誤解である．いろいろな製造工程，例えば金属の成形やセラミックの加工などで高温が幅広く使われているからである．強靭性のある高温用ポリマーを用いるとややマイルドな条件で接着接合構造をつくることができるだろう．

アリレンエーテルポリマー（Polymer 360 または Astrel 360）は 1970 年代に商品化されたが[71]，接着剤としての基本的評価はまだ続いている[72]．このポリマーは，ビフェニル基とフェニル基が酸素とスルホン基で結合した構造をしており，T_g は約 290°C である．T_g が高く溶解粘度が高いので，TSS 試験片の接合には 400°C の温度と 200 psi の圧力が必要である．チタン基材で，25°C で 4600 psi，232°C で 3700 psi，260°C で 3170 psi の強度が得られた[73]．耐溶剤性の評価結果は報告されていない．アリレンエーテルポリマーは非晶質なので，油圧用液体や塗料用はく離剤などの溶剤で攻撃されやすい．

ポリアリレンエーテルの研究[74]の一部として，**表 29.11** のような高い T_g のポリマーが合成された．表 29.11 の最初のポリマーと，そのエチニル末端オリゴマーである 10 の化合物が接着剤として評価された[75]．チタン/チタンの TSS では**表 29.12** の通りである．エチニル末端のオリゴマー硬化物が，25°C と 93°C で対応する未架橋高分子量のポリマーより低い接着強さを示しているが，油圧用液体中で 72 時間浸漬した後の 25°C での強度は，架橋が進むためかいくぶん高くなる．高温用接着剤の定義は 232°C（450°F）での長期使用に耐えることであるので，この 2 種類のポリマーは高温用接着剤とみなすことはできない．しかしこの結果は，少量の架橋の導入により高温下での接着強度と油圧用液体に対する安定性が改良されることを示している．

11 のアリレンエーテルポリマーの（クロム酸陽極酸化）チタン/チタン TSS は，−54°C で 3620 psi，25°C で 3380 psi，177°C で 3070 psi（初期）と 3210 psi（1000 時間後），232°C で 2440 psi（初期）と 2590 psi（1000 時間後）である[76]．クライミングドラムでのチタン/チタン引張はく離接着強さは，25°C で 16.3 in-lb/in 幅である．油圧用液体（Skydrol）の存在下で荷重下では，チタン/チタン TSS は強い攻撃をうける．揮発分を 0.5% 含むテープ（A 1100 処理 122 E-ガラス）を用いた最終的な接合条件は，343°C，100 psi，1 時間である．このポリマーは熱可塑性であるので接合温度での時間は数分まで減らすことができる（接合条件下で化学反応がまったくない）．高温用接着剤とみなすことができるポリアリレンエーテルは，まだ商品化されていない．

表 29.12 ポリアリレンエーテルの Ti/Ti 引張りせん断接着強さ

評 価 条 件	引張りせん断接着強さ (psi) 破壊時	
	直鎖型 PAE	エチレン末端 PAE ($M_n\sim 4000$ g/mol)
25°C	5450（凝集）	4300（混合）
93°C	4550（〃）	4200（〃）
150°C	3500（〃）	3800（〃）
25°C after 72 hr soak in hydraulic fluid	1500（∼50% 〃）	4400（〃）

a：Pasa-Jell 1107 表面処理，50 psi で室温から 260°C に上げ，260°C で 0.5 保持．

11

その他のポリマー

内部で利用するためまたは顧客へのサービスのため，いろいろな会社や組織で高温用接着剤の開発が必要であったが，この関連の情報はほとんど極秘であり内容の発表もなかった．高温用接着剤として有望な接着剤の例の一つに，式(7)の1,3-ジシアナトベンゼン(ジシアン酸レゾルシノール)の硬化物がある．

$$NCO-\bigcirc-OCN \xrightarrow{heat} \text{（トリアジン環構造）} \quad (7)$$

表 29.13 ジシアン酸レゾルシノール樹脂の引張りせん断接着強さ

被着体 (表面処理)	評価条件	接着強さ (psi)
2024 TS Al[b] (ジクロメートエッチング)	26°C	5940
	216°C	5490
	216°C after 233 hr at 232°C	4470
17-7 PH SS[c] (リン酸エッチング)	26°C	5720
	232°C	5680
	232°C after 233 hr at 232°C	5560
8-1-1 Ti[c] (フッ化リン酸エッチング)	26	5260
	177	5340

a：硬化 1.5 hr at 177°C, 0.25 hr at 232°C, 1 hr at 288°C, 20 psi下．
b：単純重ね継手(シングルラップ)
c：二重重ね継手(ダブルラップ)

初期的な接着特性は**表 29.13**に示してある．ダブルラップ TSS にはステンレスとチタン被着体が用いられている．シングルラップの被着体にはアルミニウムが用いられた．TSS 試験におけるピールモーメントは，ダブルラップの TSS では除かれている．その結果，一般的にもろい物質はシングルラップよりダブルラップで強い接着強さを示す．表 29.13 に示されるように，232°C×233 時間後 232°C での TSS 接着強さは素晴らしい．表 29.13 より長いエイジングテストは行われていない．ジシアン酸レゾルシノールのように，素晴らしい可能性がありながら，継続の評価が行われていない物質がたくさんある．供給性・毒性・耐湿性・耐溶剤性・保存安定性・加工性などの問題点があるために，接着剤の開発が進まないことが多い．ジシアン酸レゾルシノールは商品化されていないが，他のジシアン酸エステルには商品化されているものもある[78]．しかし，これらのジシアン酸エステルの接着特性は報告されていない．ジシアン酸レゾルシノール接着剤の研究は，企業によって蓄積された技術の典型であり，一般には利用できない．

接着剤用の耐熱性ポリマー以外にも，多くの耐熱性ポリマーが報告されている．しかし，このようなポリマーの，接着剤としての研究は報告されていない．化学的情報や性能についての情報は，多くの文献に見つけられる(例：文献 79~81)．ポリキノリン，ポリキナゾリンジオン，高フェニル含有ポリイミドなど有望なポリマーの接着剤としての研究は，他の高温用ポリマーの問題点(例：溶解粘度が高いことや揮発分が多いこと)のため役立っていない．

まとめ

いくつかのポリマーが高温用接着剤としての可能性をもっている一方，欠点をもっていることも確かである．例えば，流れ性が低いために高温高圧が必要になること，揮発分が発生するため加工上の問題があり接着強さの低下もおこりやすいこと，コストが高いために特殊な高機能用途以外に応用しにくいことなどである．このような高温用接着剤の状況を改善するため，次に示す重要項目を達成する研究が必要である．

・揮発分のない組成物による接合加工性の改善
・高 T_g，耐溶剤性，強靱性ポリマーの，揮発分の発生をともなわないワンポットでの合成法開発
・高温での耐久性に優れたポリマーの開発
・特にチタンや複合材料などの被着体の表面処理
・接着テープと接着構造物の革新的な低価格製造法
・非破壊試験の改善
・低コスト高温用接着剤

この章の初めで述べたように，要求特性が変化に富んでいるので，一つの接着システムでどんな用途にも使える高温用接着剤はない．結果として，高温用接着剤は特定の用途のために開発されることが多く，過去 20 年の高温用接着剤の開発は散発的であった．これは第一に，市場がはっきりしなかったためである．今後，軍事分野で新しい市場が開拓され，商業用の高速輸送分野(正式には超音速輸送)にも波及するだろう．この二つの分野は，高温用構造接着剤に一定の有望な市場をもたらしている．高温用接着剤の加工性と特性が向上すれば，さらに大きな市場が形成されて高温用接着剤のコストを下げるので，他の用途への展開の刺激となるだろう．

[Paul M. Hergenrother／浜田裕司 訳]

参考文献

1. Vogel, H., and Marvel, C. S., *J. Polym. Sci.*, **50**, 511 (1961).
2. Ward, B. C., *Soc. Mfg. Eng., Fab. Composites Conf.*, Baltimore, MD, Sept. 9, 1986, Paper No. EM-86-704.
3. Powers, E., Celanese Specialty Operations, Charlotte, NC, personal communication.
4. Levine, H. H. (to Whittaker Corporation), U.S. Patent 3,386,969 (1968).
5. Levine, H. H., in "Encyclopedia of Polymer Science and Technology," H. F. Mark, N. G. Gaylord, and N. W. Bikales, eds., Vol. 11, p. 188, New York, Intersciences Publishers Inc., 1969.
6. Levine, H. H., et al., AFML-TR-64-365, Pt. 1, vol. 1, Dec. 1963.
7. Technical Bulletins, Acurex Corporation/Aerotherm

Division, Mountain View, CA 94039; PBI prepolymers 2801 and 2803, PBI 1850 laminating material and PBI 850 adhesive.
8. Celazole® PBI Technical Bulletins, Celanese Specialty Operations, P.O. Box 32414, Charlotte, NC 32414.
9. Levine, H. H., Loire, N. P., and Delano, C. B., AFML-TR-67-63, 1967.
10. Sayigh, A. A. R., Tucker, B. W., and Ulrich, H. (to Upjohn Co.) U.S. Patent 3,708,439 (1973).
11. Loudas, B. L. (to 3M), U.S. Patent 3,503,929 (1970).
12. Aponyi, T. J., and Delano, C. B., *Soc. Adv. Matl. Proc. Eng. Ser.* **19**, 178 (1974).
13. deGaudemaris, G. P., and Sillion, B. J., *J. Polym. Sci.*, **B2**, 203 (1964).
14. deGaudermaris, G., Sillion, B., and Preve, J., *Bull. Soc. Chim. France*, 1793 (1964).
15. Stille, J. K., and Williamson, J. R., *J. Polym. Sci.*, **B2**, 209 (1964).
16. Wrasidlo, W., *J. Polym. Sci.*, *A-2*, **9**, 1603 (1971).
17. Hergenrother, P. M., and Levine, H. H., *J. Appl. Polym. Sci.*, **14**, 1037 (1970).
18. Hergenrother, P. M., and Levine, H. H., *J. Polym. Sci. A-1*, **5**, 1453 (1967).
19. Hergenrother, P. M., "Polyquinoxalines," in "Encyclopedia of Polymer Science and Engineering, H. F. Mark, N. M. Bikales, C. E. Overberger, and Menges, eds., Vol. 13, p. 55, New York, John Wiley & Sons, Inc., 1988.
20. Hergenrother, P. M., *J. Macromol. Sci.—Revs. Macromol. Chem.*, **C6**(1), 1 (1971).
21. Hergenrother, P. M., *Polym. Eng. Sci.*, **16**(5), 303 (1976).
22. Hergenrother, P. M., and Progar, D. J., *Adhesives Age*, December issue, 38 (1977).
23. Hergenrother, P. M., *SAMPE Quart.*, **3**, 1 (1971).
24. Hendricks, C. L., and Hill, S. G., *SAMPE Quart.*, **12**, 32 (1981).
25. Kovar, R. F., Ehlers, G. F. L., and Arnold, F. E., *Polym. Prepr.*, **16**(2), 247 (1975).
26. Hergenrother, P. M., *Div. Org. Coat. Plast. Chem. Prepr.*, **36**(2), 264 (1976).
27. Hergenrother, P. M., *Polym. Eng. Sci.*, **21**(16), 1072 (1981).
28. Hergenrother, P. M., *Macromolecules*, **14**, 891 (1981).
29. Hergenrother, P. M., *Macromolecules*, **14**, 898 (1981).
30. Hergenrother, P. M., *J. Appl. Polym. Sci.*, **28**, 355 (1983).
31. Hergenrother, P. M., paper presented at the 1984 International Chemical Congress of Pacific Basin Societies, Honolulu, Hawaii, December, 1984.
32. Edwards, W. M. (to DuPont), U.S. Patent 3,179,614 and 3,179,634 (1965).
33. Endrey, A. L. (to DuPont), U.S. Patents 3,179,631 and 3,179,63 (1965).
34. Gibbs, H. H., and Breder, C. V., *Polym. Prepr.*, **15**(1), 775 (1974).
35. Sroog, C. E., "Polyimides," in "Encyclopedia of Polymer Science and Technology, H. F. Mark, N. G. Gaylord, and N. M. Bikales, eds., Vol. 11, p. 247, New York, John Wiley and Sons, Inc., 1969.
36. Adrova, N. A., Bessonov, M. I., Lavis, I. A., and Rudakov, A. P., "Polyimides—A New Class of Thermostable Polymers," Stamford, CT, Technomic Pub. Co., 1970.
37. Bessonov, M. I., "Polyimides—Class of Thermally Stable Polymers," Leningrad, USSR, Nauka, 1983.
38. Mittal, K. L., "Polyimides," Vols. 1 and 2, New York, Plenum Press, 1984.
39. Bower, G. M., and Frost, L. W., *J. Polym. Sci., A-1*, 3135 (1963).
40. Burgman, H. A., Freeman, J. H., Frost, L. W., Bower, G. M., Traynor, E. J., and Ruffing, C. R., *J. Appl. Polym. Sci.*, **12**, 805 (1968).
41. Bell, V. L., Stump, B. L., and Gager, H., *J. Polym. Sci., Polym. Chem. Ed.*, **14**, 2275 (1976).
42. Bell, V. L. (to NASA), U.S. Patent 4,094,862 (1978).
43. Progar, D. J., and St. Clair, T. L., *Natl. SAMPE Tech. Conf. Series*, **7**, 53 (1975).
44. St. Clair, A. K., and St. Clair, T. L., *Sci. Adv. Matl. Proc. Eng. Series*, **26**, 165 (1981).
45. Hendricks, C. L., and Hill, S. G., in "Polyimides," K. L. Mittal, ed., Vol. 2, p. 1103, New York, Plenum Press, 1984.
46. Hendricks, C. L., and Hale, J. N., in *Welding, Bonding, and Fastening 1984 Symposium Proceedings*, NASA Conference Publication 2387 (1985), p. 351.
47. Johnston, N. J., and St. Clair, T. L., *Intl. SAMPE Tech. Conf. Series*, **18**, 53 (1986).
48. Hergenrother, P. M., Wakelyn, N. T., and Havens, S. J., *J. Polym. Sci., Pt. A, Polym. Chem.* **25**, 1093 (1987).
49. Hergenrother, P. M., and Havens, S. J., *SAMPE J.*, **24**(4), 13 (1988).
50. Harris, F. W., Beltz, M. W., and Hergenrother, P. M., *Intl. SAMPE Conf. Series*, **18**, 209 (1986).
51. Hanky, A. O., and St. Clair, T.L., *Soc. Adv. Matl. Proc. Eng. Series*, **30**, 912 (1985).
52. American Cyanamid Co., Bloomingdale Products, Havre de Grace, MD 21078.
53. Mitsui Toatsu Chemicals, Inc., New York NY 10017.
54. Serlin, I., Lavin, E., and Markhart, A. H., "Aromatic Polyimide Adhesives and Bonding Agents," in "Handbook of Adhesives," I. Skeist, ed., 2nd Ed., p. 597. New York, Van Nostrand Reinhold Company, 1977.
55. Bilow, N., Landis, A. L., and Miller, L. J. (to Hughes Aircraft Co.), U.S. Patent 3,845,018 (1974).
56. Landis, A. L., Bilow, N., Boschan, R. H., Lawrence, R. E., and Aponyi, T. J., *Polym. Prepr.*, **15**(2), 533 and 537 (1974).
57. Bilow, N., Landis, A. L., and Aponyi, T. J., *Sci. Adv. Matl. Proc. Eng. Series*, **20**, 618 (1974).
58. Bilow, N., and Landis, A. L., *Natl. SAMPE Tech. Conf. Series*, **8**, 94 (1976).
59. Hergenrother, P. M., and Johnston, N. J., *Div. Org. Coat. Plast. Chem. Prepr.*, **40**, 460 (1979).
60. National Starch and Chemical Corporation, Bridgewater, NJ 08807.
61. Bilow, N., Landis, A. L., Boschan, R. H., and

Fasold, J. G., *SAMPE J.*, **18**(1), 8 (1982).
62. Kuhbander, R. J., and Aponyi, T. J., *Natl. SAMPE Tech. Conf. Series*, **11**, 295 (1979).
63. Landis, A. L., and Naselow, A. B., *Natl. SAMPE Tech. Conf. Series*, **14**, 236 (1982).
64. Gay, F. P., and Berr, C. E., *J. Polym. Sci. A-1*, **6**, 1935 (1968).
65. Lubowitz, H. R. (to TRW Systems), U.S. Patent 3,528,950 (1970).
66. Serafini, T. T., Delvigs, P., and Lightsey, G. R., *J. Appl. Polym. Sci.*, **16**, 905 (1972); (to NASA) U.S. Patent 3,745,149 (1973).
67. St. Clair, T. L., and Progar, D. J., *Sci. Adv. Matl. Proc. Eng. Series*, **24**(2), 1081 (1979).
68. Amoco Performance Products, Inc., Bound Brook, NJ 08805.
69. ICI Americas, Inc., Wilmington, DE 19897.
70. Hendricks, C. L., Boeing Aerospace Co., personal communication.
71. Minnesota, Mining and Manufacturing Co., St. Paul, MN 55144.
72. Maximovich, M. G., *Proceedings of 29th Annual Conference, Reinforced Plastics/Composites Institute*, The Society of the Plastics Industry, Inc., section 18-C, p. 1 (1974).
73. Maximovich, M. G., Lockheed Missile and Space Center, personal communication.
74. Hergenrother, P. M., Jensen, B. J., and Havens, S. J., *Polymer*, **29**, 358 (1988).
75. Hergenrother, P. M., Havens, S. J., and Jensen, B. J., *Intl. SAMPE Tech. Conf. Series*, **18**, 454 (1986).
76. Terbilcox, T. F., Hill, S. E., and Hendricks, C. L., Final Report on NASA Contract NAS1-15605, Phase V, February 1987.
77. Gosnell, Rex B., Cape Composites, personal communication (work done at Whittaker Research and Development).
78. Interez Inc., Jeffersontown, KY 40299.
79. Reviews on particular polymers in *"Encyclopedia of Polymer Science and Technology"*, H. F. Mark, N. M. Bikales, C. E. Overberger, and Menges, eds., 2nd Ed., New York, John Wiley and Sons, Inc., 1987 and 1988.
80. Cassidy, P. E., "Thermally Stable Polymers," New York, Marcel Dekker, Inc., 1980.
81. Critchley, J. P., Knight, G. J., and Wright, W. W., "Heat-Resistant Polymers," New York, Plenum Press, 1983.

30. シリコーンシーリング材とはく離材

シリコーンは，きわめて広い範囲の物理的特性をもった合成高分子である．低粘度から高粘度の液体もあれば硬化性ゴム（生ゴム）あるいは固体樹脂もある．シリコーンは，極端な温度や紫外線，赤外線あるいは酸化分解などに対して，特有の優れた耐久性をもっている．シリコーンが有機的特性と無機的特性を兼ね備えているのは，ケイ素原子と酸素原子の結合の繰返しからなるユニークなシロキサン骨格をもっているからである．このポリシロキサン骨格は，すべてのシリコーン化合物に共通である．

この多才な特性をもつシリコーンに他の物質や充填剤を混合して，莫大な種類の製品が製造され，広範な用途で使用されている．

この章では，シリコーン製品の中で最も多く使用されているシーリング材の製品群・化学・用途について述べる．さらに離型用シリコーン製品について述べる．離型用シリコーン製品は，接着特性より「はく離」特性が必要な場合に使用される．

室温硬化システム

室温硬化（RTV）とは，低分子量のポリマーが成長反応と架橋反応を同時に行ってゴム状の硬化物となる硬化反応のことである．硬化反応は，室温硬化型シリコーン製品を使用する時点で始まる．室温硬化の第一の利点は，低分子量のポリマーを使うので，簡単に注いだり伸ばしたり加工したりできることであり，機械で圧力を加えたり成形装置を用いたりしなくても簡単に使用できる．

室温硬化型のシリコーン製品は，一成分型と二成分型があるが，いずれも数カ月あるいは数年にわたる貯蔵安定性をもっている．一般に，反応性の原料を二つに分けられる二成分型の製品の方がより優れた貯蔵安定性を示す．しかし一成分型でも脱酢酸型シーリング材のように製造後3年から4年の間使用可能な製品もある．

ポリマー

すでに触れたように，シリコーンシーリング材の主成分は低分子量ポリシロキサンで，中でも両末端シラノール封鎖ポリジメチルシロキサンが最も多く使用されている．

$$HO-\underset{\underset{CH_3}{|}}{\overset{\overset{CH_3}{|}}{Si}}-O-\left(\underset{\underset{CH_3}{|}}{\overset{\overset{CH_3}{|}}{Si}}-O\right)_n-\underset{\underset{CH_3}{|}}{\overset{\overset{CH_3}{|}}{Si}}-OH$$

式中の重合度 n は，約 300～1600 である．

このようなポリシロキサンは，原料シロキサンの平衡反応によって製造され，2000～150000cP の粘度範囲のシロキサンが代表的である．原料シロキサンについては，後で述べる．シロキサンの工業製造では，金属ケイ素が出発原料である．粉砕された金属ケイ素と塩化メチルを加圧流動層内で銅触媒によって反応させる．この反応ではメチルクロロシラン類の混合物が得られるが，反応条件を細かくコントロールすることによって，工業的に有用なジメチルジクロロシランの収率を高くすることができる．

$$Si + CH_3Cl \xrightarrow[\text{銅触媒}]{\text{加熱・加圧}} CH_3-\underset{\underset{CH_3}{|}}{\overset{\overset{CH_3}{|}}{Si}}Cl + Cl-\underset{\underset{CH_3}{|}}{\overset{\overset{CH_3}{|}}{Si}}-Cl +$$

トリメチルクロロシラン　ジメチルジクロロシラン

$$+ CH_3-\underset{\underset{Cl}{|}}{\overset{\overset{Cl}{|}}{Si}}-Cl + Cl-\underset{\underset{Cl}{|}}{\overset{\overset{Cl}{|}}{Si}}-Cl$$

メチルトリクロロシラン　テトラクロロシラン

精留されたジメチルジクロロシランは，水と反応して加水分解物となる．加水分解物には環状シロキサンオリゴマーと直鎖状シロキサンオリゴマーが含まれている．直鎖状シロキサンオリゴマーは，両末端に水酸基（シラノール）をもった低分子量のポリマーである．

この加水分解混合物は，各種の触媒による縮合反応や平衡反応で重合されてポリマーとなる．高分子量のシロキサンポリマーを製造するために，環状シロキサンオリゴマーだけを重合させる場合がある．

平衡反応用の塩基性触媒には，水酸化リチウム[2]，水酸

化ナトリウム[2]，水酸化カリウム[2]，水酸化セシウム[3]，カリウムアミド[4]などがある．酸性触媒には，硫酸系[5]またはエチル硫酸系[6]，クロロ硫酸系[7]，リン酸系[8]，ピロリン酸系[9]，硝酸系[9]，亜セレン酸系[10]，ホウ酸系[11]などがあり，活性白土[12,13]も用いられる．高分子量のポリシロキサンを製造するためには，水酸化カリウム系の触媒を用いるのが一般的であり，他の触媒は特殊な用途で使用される．この製造プロセスで製造されるポリシロキサンの一つは，式(1)の両末端シラノールポリシロキサンである．

ジメチルポリシロキサンに特殊な特性を与えるために，メチル基以外のアルキル基，フェニル基，シアノエチル基，トリフルオロプロピル基などの側鎖が導入される．例えば，ジメチルポリシロキサンに5 mol%のジフェニルシロキサン単位を導入すると，さらに脆化点の低いエラストマーが得られる．ジメチルシロキサン単位だけのエラストマーは$-65°F$までゴム弾性を示すが，このジフェニル共重合エラストマーは$-130°F$までゴム弾性を示す．

ジメチルポリシロキサンは極性が低いので，炭化水素によく溶け，燃料油で膨潤しやすい．メチル基を極性の高いシアノエチル基やトリフルオロプロピル基に変えると，エラストマーの極性が高くなり，非極性油に対する耐油性が向上する．このような特殊なポリマーは，耐油性が必要な用途で大変有用な接着剤またはシーリング材の原料となっている．

架橋システム

シリコーンシーリング材の製造に必須の成分は，架橋剤である．架橋剤はポリマーの末端と反応し，ポリマー鎖の成長と架橋を行い，エラストマー特性をもった硬化皮膜を形成する．三官能または四官能のシランが，架橋に必要である[23,24]．

$$R-\underset{A}{\overset{A}{Si}}-A \qquad B-\underset{B}{\overset{B}{Si}}-B$$

架橋剤とポリマー末端のシラノール基（水酸基）の反応や，架橋時の水分との反応を速やかにするため，触媒が併用される．普通は，アルキルスズエステルなどが用いられる[14]．

架橋によって新しいシロキサン結合ができる．

$$-Si-O-Si-$$

架橋の際に，架橋剤の官能基は簡単な分子（揮発性があるとよい）として脱離し，架橋剤のシリコーン原子が架橋構造に取り込まれる．脱離した低分子化合物は，ゴム状シーリング材の架橋ポリシロキサンから揮発していく．

何年もの間，たくさんのオルガノシランが架橋剤として検討されたが，商業化のためには，反応速度，副生成物の性質，そしてコストが重要である．これまでに用いられたシラン架橋剤は，アルコール[14~17]，有機酸[18]，アミン[19]，ケトオキシム[20]，アルドキシム[21]，アミド[22]などを副生成物として発生するものである．いくつかの例を次に示す．

メチルトリアセトキシシラン
$$CH_3Si(OCOCH_3)_3$$

メチルトリメトキシシラン
$$CH_3Si(OCH_3)_3$$

メチルトリス(メチルエチルケトオキシミノ)シラン
$$CH_3Si\left(-ON=C\begin{matrix}CH_3\\C_2H_5\end{matrix}\right)_3$$

メチルトリス(シクロヘキシルアミノ)シラン
$$CH_3Si(-\overset{H}{N}-C_6H_{11})_3$$

メチルトリス(N-メチルアセトアミド)シラン
$$CH_3Si(-\overset{CH_3}{N}-COCH_3)_3$$

テトラエトキシシラン(正ケイ酸エチル)
$$Si(-OC_2H_5)_4$$

一成分型シーリング材では，アセトキシ型，メトキシ型，オキシム型が世界中で広い市場を形成している．四官能の正ケイ酸エチルは二成分型の製品で使用されている．

充填剤

さまざまなタイプの充填剤が，一成分型および二成分型RTVに使用されている．充填剤の添加によってポリマー系は，十分に補強される．これはポリマー-充填剤間，充填剤-充填剤間の相互作用による．十分な補強のためには表面積が広いことが不可欠である．最も多く使用されている充填剤は，シランを高温で燃焼させてできる高純度の「フュームドシリカ」である．無処理のフュームドシリカを用いて，無色半透明なRTVが得られる．有機ゴムの補強剤であるカーボンブラックも，シリコーンポリマーの補強充填剤として有効であるが，着色が制限されるのが致命的な欠点である．シリカを充填したRTVは顔料によって任意の色が得られ，工業的にフュームドシリカが標準となっている．

シリコーン接着剤用には他にもいろいろな充填剤が使用されているが，特性を向上させるものもある．例えば酸化鉄は耐熱性を向上させる．酸化亜鉛，珪藻土，粘土，硝子ミクロバルーンなども特殊な目的で使用される．チクソトロピー性など特殊な性質を付与する添加剤もある．非反応性のシリコーンオイルも，未硬化物の押出し性や硬化エラストマーの可塑剤として添加されることが

ある．普通の組成物はこのような充填剤成分と数パーセントの顔料からできている．酸化チタン，カーボンブラック，各種金属酸化物，クロム酸化合物，硫化物などが製品の調色用によく用いられる．ステアリン酸処理または未処理の炭酸カルシウムは，補強硬化はないが，代表的な増量充填剤である．

製品と特性

莫大な数のRTVシリコーンシーリング材が商品化され，メーカーの数も世界中で増え続けている．これはシリコーンシーリング材の技術が多様であり，さらに進歩し続けていることを示している．シリコーンシーリング材は1960年代に高価で魅力的なものとして登場した．現在では市場競争で原料コストや製造コストが低下し，低価格の有機系シーリング材が独占していた市場でも競争力のあるものになってきた．次のセクションでは，代表的なシリコーンシーリング材の特性について述べる．

レオロジー

流動性やセルフレベリング性のあるものから，ペースト状のものや，チクソトロピー性があり，垂直な面に塗っても垂れない物まで，一成分型，二成分型を問わず，幅広い粘度とレオロジー特性のシリコーンシーリング材が製造可能である．

エンドユーザーにとってありがたいことに，シリコーンシーリング材は極端な高温や低温でも粘度や押出し性がそれほど変わらない．代表的な建築用シリコーンシーリング材はチクソトロピー性があり，有機系シーリング材が増粘により使用できなくなるような，零度以下の低温でも，室温の場合とほとんど同様に使用することができる．セルフレベリング性のシリコーンシーリング材は，一般に粘度が10000から50000 cPである．チクソトロピー性シリコーンシーリング材の吐出性は，特定の吐出口と吐出圧の条件での単位であらわされる．一般的な吐出性は，1/8インチの吐出口 90 psigで100～1000 g/minである．

硬化特性

硬化反応の選択と硬化触媒の種類や添加量によって，一成分型，二成分型を問わず硬化スピードの調整が可能である．二成分型の場合，架橋剤の加水分解用に水分が添加してあるので，深部（1 cm以上）硬化性に優れている．オクチル酸スズなどの活性の高い硬化触媒を使用すると数分でゲル化するが，ジブチルスズジラウレートなどの低活性硬化触媒を用いると，ゲル化時間を数時間まで伸ばすことができる．

一成分型シーリング材は空気中の水分によって硬化するので，水分を遮断する容器中に保存される．シーリング材の硬化は，気温や湿度により12時間から72時間で完了する．脱酢酸型シーリング材などの急速硬化型の場合，表面から3 mmの硬化に，25℃，50% RHで24時間かかるが，硬化の遅いタイプでは48～72時間である．シーリング材の硬化には，空気との接触が必要である．表面のゴム状被膜形成や深部硬化には，気温と湿度の影響が最も大きい．高温高湿下では，硬化反応は速くなる．シリコーンシーリング材は溶剤を含んでいないので，硬化の際の肉やせ（縮み）はほとんどない．副生成物の揮発による肉やせが若干みられる程度である．

一成分型シーリング材で十分な貯蔵安定性を得るためには，完全なパッケージが重要である．工業用製品はすぐに使われることが多いが，家庭用シーリング材は長い流通経路を経て消費者の手に渡るので，数年間の在庫許容期間が必要となることがある．少量のパッケージにはアルミニウム製チューブが過去10年間使用されてきた．1970年代になって，アルミ箔のコーキングカートリッジからプラスチック製カートリッジに変化した．現在では，プラスチック製カートリッジが工業用および家庭用ともにシリコーンシーリング材業界の標準パッケージとなっている．工業用途では，防湿シール付きでプラスチック製あるいは金属製のペール缶またはドラム缶にパッケージされることもある．

二成分型RTVゴムは最初の室温硬化型シリコーンで，接着剤としてでなくポッティング剤として開発された．主剤には，シラノール末端のポリマーと充填剤と架橋剤のエチルシリケートと水が含まれる．主剤は，硬化剤と接触しなければ貯蔵安定性に優れ，使用する際に硬化剤と混合され，硬化剤に含まれる数%のスズエステルによって架橋（硬化）する．ここ数年工業的な重要性が増すにつれて，二成分型シーリング材の改良が進み，非常に複雑な組成になった．最近では硬化剤中に架橋剤を含み，また硬化促進剤や密着性向上剤の有機反応性シランを含むこともある．2液の混合比率は10対1あるいはそれ以上のことが多いが，機械化によって十分な精度で混合と塗付ができるようになった．

二成分型シーリング材は，ガラス窓の工場生産で，二重ガラスの周囲のシールに用いられる．二成分型シリコーンシーリング材は，このガラスをフレームに取りつける工程でも構造用接着剤として使用されることが多い．接着力の発現が比較的早く，深部硬化性に優れ，硬化速度のコントロールが可能な点など，二成分型シーリング材の長所が評価されるにつれて，工業用接着剤やガスケットなどの用途にも使用されてきている．

耐候性

シロキサン結合は優れた耐オゾン性や耐紫外線性をもっているので，有機系シーリング材のように添加剤で耐候性を改良する必要はない．シリコーンシーリング材は，長期の屋外暴露でもクラックやシュリンク（肉やせ）が発生しないので，商業用途に防水用やガラス施工用の構造用シーリング材として高く評価されている．また，家庭用でも同様である．シリコーンシーリング材は耐久性

図 30.1 はめ殺しガラス窓の工場生産

図 30.2 高層ビルの目地シール

が非常に優れて頻繁にメンテナンスする必要がないので，メンテナンスコストまで考えると高い初期コストも相殺される（図30.1，図30.2参照）．

強度と伸び特性

初期の二成分型シリコーンシーリング材は，補強用充填剤を含まず強度の低いものであった．用途は電気電子部品用のポッティング剤が主で，強度や引張り特性は重要でなかった．

一成分型シリコーンシーリング材が開発され，四半世紀にわたり改良が加えられたので，広い範囲で特性を変えて種々な用途での要求に対応できるようになった．低・中・高のように，強度で表30.1のように分類してみた．それぞれの用途は次の通りである．

○ 低強度低モジュラスタイプのシリコーンシーリング材は，ビルの建築や防水に使用される．そこでは，シーリング部分の動きを吸収するため，伸びが最大

表 30.1 RTV（低温硬化）シーリング剤の強度

	低	中	高
引張り強さ (psi)	100～200	250～600	600～1200
伸び (%)	100～1200	100～700	300～1000
ショアーA硬度	10～30	20～60	25～60
引裂き強さ (lb/in)	10～20	20～80	80～200

であることが必要である．低モジュラスシーリング材は，基材から界面破壊せずに伸びることでシーリング効果を保っている．

○ 中強度シリコーンシーリング材は，工業用か一般消費者用かを問わず，建築用途全般に適している．強度，接着性，電気特性などのバランスに優れているので，接着剤やシーリング材などの広い用途で使用可能である．

○ 高強度一成分型シリコーンシーリング材は，補強用に処理率の高い処理シリカを使用し，脱酢酸硬化型か脱アルコール硬化型である．高強度一成分型シリ

コーンシーリング材は，高度な接着性やシーリング特性が必要な航空機用途で使用されることが多い．加熱硬化型のシリコーンゴムガスケットの接着にはシリコーンシーリング材が最も適している．

耐 熱 性

シリコーンゴムは，高温（低温）雰囲気下でも特性がほとんど変化しないことはよく知られている．これも炭素化合物には見られないシロキサン骨格の特性によるものである．すなわち，シロキサン分子の優れたフレキシビリティであり，また優れた耐酸化性である．さらに，耐熱性充塡剤や（酸化鉄などの）耐熱添加剤などの使用により，400°F で1年間でも著しい劣化のないほどに耐熱性を向上させることができる．表30.2 に示すように，短時間ならばさらに高温でも使用可能である．

表 30.2 一液型シーリング剤の耐熱性

暴露条件	初期	7 日	
		@480°F	@600°F
引張り強さ (psi)	350	390	420
伸び (%)	400	540	300
ショアー A 硬度	33	28	45
引裂き強さ (lb/in)	50	43	40

電 気 特 性

シリコーンエラストマーの極性の低さから，シリコーンシーリング材も電気絶縁性に優れており，耐コロナ性と高電圧イオン化にも強い．シリコーン接着剤やシーリング材は高温でも電気特性の劣化がない．これは有機系の材料に比べて酸化分解をうけにくいからである．

室温硬化型シリコーンゴムの代表的な電気特性を表 30.3 に示した．

表 30.3 RTV（室温硬化）シリコーンゴムの代表的電気特性

体積抵抗 (Ω·cm)	3×10^{15}
誘電圧 (V/mil at 75 mil)	500
誘電率 @ 60 Hz	2.8
誘電損失 @ 60 Hz	0.0028

シリコーンシーリング材の用途

ユニークな耐久性と弾性接着特性により，シリコーンシーリング材は，工業用[25]・建築用[26]・一般消費者用など広範な用途で確実にシェアを伸ばしている．25年前シリコーンシーリング材は，類いまれな高性能をもつ高価で魅力的な特殊製品と考えられていたが，現在はそうではない．ここ十年で，有機系材料が高価になり，シリコーンの製造コストが低くなったので，シリコーン接着剤やシリコーンシーリング材は広い用途で，特に耐久性を考えたトータルコストからみると十分な価格競争力をもつようになった．特に工業用高機能接着剤への新しい要求が続々とあらわれるので，工業用シリコーン接着剤の用途は無限に広がっていくようである．

工業用接着剤およびシーリング材

一成分型シリコーンシーリング材は，接着型と非接着型の両方のガスケットに使用され，自動車エンジンまわりのきわめてきびしい条件で使用可能である．自動車産業では何年も前から，オイルパン・バルブカバー・ウォーターポンプをはじめ，エンジンに直接接するシーリング用に RTV シリコーンシーリング材を使用している．このようなシーリングにはシリコーンの優れた特性が必要である．高温での耐久性，長期の寸法安定性，硬化時の収縮の少なさ，時には金属への接着・耐油性などである．たいへん重要な例であるが，シリコーン液状ガスケットは，FIPG（Formed In Place Gasket）と呼ばれ，現場で簡単に塗付することができるうえに，有機ゴム成形品のガスケットでは不可能だが，表面の荒れを平坦にし，隙間を埋めることができる．このため，接着部分の表面仕上げを省略できる．シリコーン液状ガスケットは，ペール缶やドラム缶からポンプを通じてロボットの自動ディスペンサーで塗付される（図30.3参照）．

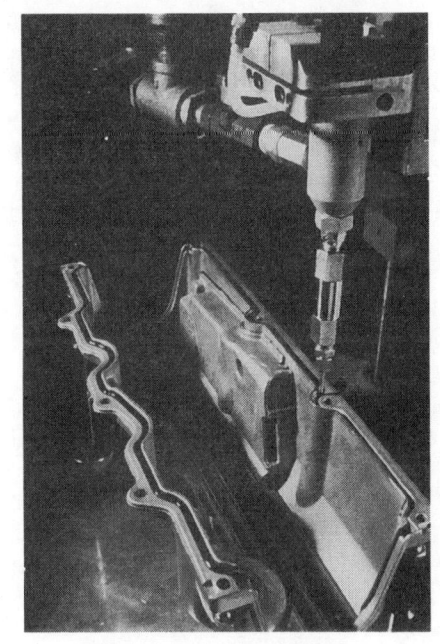

図 30.3 自動車用 FIPG の現場成形

シリコーン液状ガスケットは，エンジン以外にも，レンズの組立，変速機のハウジング，後部車軸カバーなどグリースや油圧用液体の漏れや，気密の漏れを嫌う作動部分に使用されている．

ミラーの固定や外装用トリムの接着などの細々した用途もたくさんある．温度変化が激しく，常に振動しているような部分では，長期安定性や耐候性と同じく，シリコーンの振動吸収剤としての性能も望ましい特性である．エンジンの補修の際に，ガスケットの補修も必要であり，同じシーリング材をコーキングガンやチューブに

詰めた製品の，非常に大きな二次市場を形成している．自動車関係の二次市場として，壊れたフロントガラスなどの交換の際の，シーリングガスケットなどもある（図30.4参照）．

図 30.4 自動車フロントガラスの交換時のシール

　二成分型RTVシーリング材も優れた電気特性をもっているので，自動車用の用途は多い．最近は，どんな自動車でも電子部品が使用されており，衝撃・熱・水分・埃などから守る必要がある．シリコーン透明ポッティングゲルは，この用途にぴったりであり，広く使用されている．シリコーンポッティングゲルは，縮まないので電子部品を完全に覆うことができ，保護コーティングや封止剤として使用されている．ポッティング剤の硬化システムは，ケイ素に結合した水素とビニル基の白金触媒による付加反応であり，副生成物がまったく発生しない．一成分型シーリング材は空気中の水分によって硬化するが，付加反応型は加熱硬化である．二成分型シリコーンシーリング材のユニークな用途として，自動車のバンパー内部に用いられるゲルがある．このシリコーンゲルはバンパー内部で硬化し，低速での衝突の際に衝撃吸収剤として働く．

　一成分型RTVは，自動車関係用途以外にもほとんどの産業でシーリング材・接着剤・あるいはガスケットとして使用されている．自動車関連用途では，シリコーンRTVをドラム缶やペール缶から圧搾空気ポンプで送り出してシーリングすることが多いが，プラスチックカートリッジから自動または手動のコーキングガンでシーリングすることもある．ごく少量のシーリングにはチューブが使用されている．

　スチームアイロンや洗濯機からホームエレクトロニクス製品まで，家電製品にはシリコーンシーリング材が使用されていることが多い．シリコーンシーリング材は，一般に高接着力・電気特性・耐熱性・耐久性が要求される部分の接着剤や，電気接点封止用のガスケットとして使用されている．

　その他の製造業では，流れ性のある一成分型シリコーンシーリング材が，電子回路基板のコーティングや封止パッケージとして使用され，振動・水分・熱・埃などから回路を守っている．すでに述べたシリコーンゲルと同じように，封止用シリコーンも必要に応じて切り取ったり補修したりすることができる．

　航空宇宙用シリコーンは最先端用途であり，さらに伸び続けている．これはシリコーンシーリング材が極端な高温や低温に耐え，さまざまな放射線に耐えるからである．はるか宇宙の高真空下でも揮発性物質を発生しないように設計されている航空宇宙用シリコーンシーリング材は，太陽電池の固定に使用され，人工衛星用の精密な光学部品や電子部品に不純物が接触することを防ぐための封止剤として働いている．スペースシャトルの耐熱タイルの固定など，広い温度範囲で弾性を維持することが必要な用途にも，シリコーンシーリング材が使用されている．

　特殊製品でありながら一般用にも使用可能なシリコーンシーリング材が，大手のメーカーによって製品化されている．すでに述べたが，酸化鉄を含有し550〜600°F（288〜316℃）で使用可能なRTVシーリング材は，その一例である．RTVの硬化システムは縮合反応であるので，酸性（酢酸）・中性（メタノール）・アルカリ性（シクロヘキシルアミン）などの副生成物がわずかに発生する．そのため，硬化システムによっては電子部品の組立などには使用できないことがある．腐食性がなく，酢酸やアミンのように作業環境に影響しない，中性の副生成物が発生するような，中性硬化RTVが主流になってゆくであろう．特に耐炎性が重要な用途（航空機用）に用いられている耐炎シーリング材も，特殊シーリング材の一つである．前に述べたフルオロシリコーンポリマーを使用すると，耐ガソリン性シリコーン接着シール剤ができる．フルオロシリコーンは極性が高いので，特に航空機関連用述で重要とされる耐ガソリン性が向上する．

建築用シーリング材

　シリコーンポリマーは耐久性に優れているとすでに述べてきたが，シリコーンシーリング材は耐候性が優れているので，グレージングや各種の防水などの建築用に最適である．シリコーンシーリング材は施工された目地の動き（伸び縮み）に追随できるよう，低モジュラスまたは中モジュラスのシーリング材が使用されるのが普通である．シリコーンシーリング材はどんな気象条件下でも数十年間特性を維持し，ひび割れ・裂け・縮み・チョーキングなどの劣化現象がおこらない．シリコーンシーリング材はまた，有機系のシーリング材に比べ，低温での施工が簡単である．また，陶板・金属・プラスチックなどほとんどの建材にプライマーなしで優れた接着性を示す．

　低モジュラスシリコーンシーリング材はゴム弾性に優れているので，比較的動きの大きい目地に対して，高温や低温でも追随し，防水性を保つ．

　はめ殺しガラス窓の周囲のシールに二成分型シリコーンシーリング材が用いられていることはすでに述べたが，建築分野で最近流行のカーテンウォール工法では，二成分型シーラントと一成分型シーラントの両方を使用

する．あらかじめ工場で組み立てられたガラス窓をビルの鉄骨に接着していくのである．この例では，シリコーンシーリング材は，防水や気密のためのシーリング材としてだけでなく，構造接着剤としての機能も必要である．

シリコーンの耐候性を大変よく生かした用途に，ポリウレタンフォームなどにシリコーンゴム皮膜を吹き付けてできる屋根材がある．ポリウレタン自身が吹き付けられ，発泡して断熱材となる．その表面に短時間硬化型の二成分型シリコーンRTVを吹き付けて，ポリウレタンの耐候性を上げる．この方法だと，広い屋根でも継目なしで一気に施工することができ，冷暖房費の節約と長期の耐久性保証が一度に可能である．

一般消費者向けシーリング材

DIYで，家・自動車・家電製品を修理する際に使用される家庭用シリコーンシーリング材の市場は，この十年で確実に伸びている．

バスタブコークでおなじみの酢酸タイプや，半透明で汎用タイプのホビーグルーなどの他にも，新製品が開発されている．新製品は，硬化の際に酸アルカリや臭いの発生がなく，プライマーなしでいろいろな被着体に接着するものが好まれている．また，色もバラエティに富み，アルミチューブ入りかプラスチックカートリッジ入りである．家庭用シーラントは，製造後使用されるまでの期間が長いので，気密製の高いパッケージと長い貯蔵安定性が必要である．防かび剤入りで臭いの少ないバスタブ用シーリング材が商品化されている．各種の自動車専用シーリング材が販売されており，中にはエンジンまわりのウォーターポンプやサーモスタットバルブのガスケット用など高温に耐える製品もある．

カートリッジ入りの家庭用シーリング材は，外構の目地などの防水用をはじめ家庭の内外で万能のシーリング材として使われている．消費者にとってのメリットは，やはりシリコーンシーリング材は耐久性に優れ，メンテナンスがいらないことである．

はく離性シリコーン

シリコーンの硬化皮膜の非粘着性は，さまざまな非接着製品やはく離製品の基本特性である．粘着テープの背面のはく離処理用やラベル用のシリコーンはく離コーティング剤が最もよく知られている．モールド用RTVも，はく離用シリコーン製品の一つである．

非粘着物質には低表面張力の皮膜が必要だが，ジメチルポリシロキサンの皮膜は，パーフルオロエチレン以外では最も低い表面張力をもっている．それで，シリコーン表面は，粘着剤などに対してきわめて優れた離型性を示す．これまでに述べたシリコーン接着剤には，通常，極性の密着性向上剤が添加されている．また接着剤が硬化する際に，被着体との間に接着性の結合を生成しやすい．それでも硬化したシリコーン接着剤の表面は表面張力が低く，有機系の接着剤は簡単には接着しない．シリコーンはく離剤の硬化皮膜では，シリコーン主鎖の極性の酸素は内部を向き，基材との密着に働き，ケイ素に結合した非極性のメチル基は表面を向いて，表面の離型性に寄与しているように示されている．この構造は，シリコーンの塗付や硬化の条件をまったく考慮していないが，よく引用されている．

型どり剤

シリコーンRTV型どり剤は，離型性が優れているので，原型を精密に再現することができる．代表的な型どり剤用RTVは，SiHをもつ架橋剤とビニル基をもつジメチルポリシロキサンの反応で高分子量化と架橋が進む付加反応型である．

$$\begin{array}{c} \diagdown \\ \diagup \end{array} Si-H + H_2C=CH-Si(CH_3)_2-O-etc.$$

$$\xrightarrow{白金触媒}$$

$$\begin{array}{c} \diagdown \\ \diagup \end{array} Si-CH_2-CH_2-Si(CH_3)_2-O-etc.$$

付加反応では副生成物がまったく発生せず，白金触媒は，ほんの5ppmで効果がある．シリコーンRTV型どり剤は，二成分型の室温硬化型が基本であるが，経済性や生産性をあげるために加熱されることも多い．型どり剤を混合し，原型の上から注ぎ，加熱硬化する．シリコーンでとった型にウレタンやスチレンなどの有機系のポリマーを注ぎ硬化させると，非常に精密な複製ができ，しかも簡単に取り出すことができる．シリコーン型どり剤は，複雑な木目の模造や化粧板の型どりなど，家具産業で広く利用されている．さらに柔らかいシリコーン型どり剤は，付加反応型でなく，縮合反応型で商品化された．低モジュラスの製品は，より柔らかく，引っかきに強いように設計されている．この特性によって，さらに複雑で下部のえぐれたものでも，うまく型どりでき，精密に複写することができる．

はく離コーティング

はく離用シリコーンRTV製品は，二成分型またはそれ以上の成分を混合して使用する．希望の塗付量で均一に基材へ塗付するためには，非常に多くの塗付方法がある．シリコーン塗付された基材は，加熱オーブンにはいり，加熱硬化に十分な温度と時間で硬化が完了する．

はく離用シリコーンは加熱硬化型に分類されているが，実際の硬化反応は塗付容器（反応性シリコーンポリマー・架橋剤・触媒・反応抑制剤・希釈剤）で調整された瞬間に始まっている．シリコーンポリマーの分子量・希釈溶剤の使用・製品形態による塗付方法などの条件は，いずれも塗付前のシリコーン浴の増粘を防ぎ，しかも塗付後の硬化を速くするために工夫された条件である．

両末端シラノールポリマー
（n は 4000 以上）
溶解型の原料

メチル水酸基
シリコーンポリマー
（$m = 10 \sim 50$）

$$\mathord{>}\!\!\text{Si–OH} + \text{HSi}\!\!\mathord{<} \xrightarrow{\text{スズ触媒}} \mathord{>}\!\!\text{Si–O–Si}\!\!\mathord{<} + \text{H}_2\uparrow$$

　加熱硬化型のシリコーンはく離剤は，型どり剤と同じく，ビニル基とSiHの付加反応で硬化する製品が多いが[27]，縮合反応で硬化する製品もある．縮合反応は，SiHをもった低分子量の架橋剤と両末端にシラノール（SiOH）をもつポリマーとの反応である．はく離剤の両末端シラノールポリマーは，シーリング用のポリマーに比べはるかに分子量が高い．縮合型の硬化反応を上に示す．

　SiH基は，たいへん反応性が高いので，はく離剤用原料の架橋剤と両末端シラノールポリマーを混合すると，室温でもゲル化するくらいに縮合反応は容易におこる．ゲル化を防ぐために，シリコーン原料ポリマーを希釈して混合するのが普通である．また，希釈しなければ粘度が高過ぎて基材に塗付ができない．

　縮合型のシリコーンはく離剤は，二成分型で販売されている．ベース（A液）は，両末端シラノールの高分子シリコーンポリマー（直鎖状高分子シリコーンポリマーはシリコーンガムと呼ばれている）と，架橋剤のメチル水素シロキサンを含有する高濃度の溶液である．硬化剤（B液）は，スズ錯体の溶液である．主剤（A液）と硬化剤（B液）を混合する際に，さらに溶剤を加えて5〜10%の濃度に希釈して塗工浴を調整する．こうして調整した塗工浴は，リバースロールコーター・ロトグラビアコーター・マイヤーバー・ドクターブレードなどで塗付するのに適した粘度をもっている．

　塗工浴の高濃度化や省溶剤化のためには，シラノール含有シリコーンポリマーの分子量を下げて低粘度にする必要があるが，塗付浴のポットライフ（使用可能時間）が室温でも数分になってしまい，実用に即さない．スズ触媒用の反応抑制剤（ただしシリコーンはく離剤の硬化性は低下させない）は，まだ知られていないので，無溶剤型シリコーンはく離剤の開発には別の硬化システムが必要である．

　無溶剤型シリコーンはく離剤において，式(5)の付加反応は多様性の点で，たいへん重要になっている．第一に，付加反応では，無溶剤でコーティング可能な程度までポリマーの粘度を低くすることができる．白金やロジウムなどの貴金属が硬化触媒であるが，これらはシリコーンポリマーに可溶である．また，室温での反応を防ぐために，反応抑制剤も添加されている．反応抑制剤の添加により，ポットライフが十分に長くなり，塗工浴調整後も室温で増粘しにくくなった．反応抑制剤は白金などの硬化触媒に配位しているが，加熱されると配位がはずれて，硬化反応が速やかに進む．

　無溶剤型の重要な特徴は，溶剤の除去のための加熱が必要ないことである．加熱のエネルギーはすべて硬化のために働く．無溶剤型のもう一つの利点は，溶剤回収装置が必要ないことである．溶剤回収装置の設備投資や環境規制を心配する必要がない．

　シリコーンはく離剤の各種粘着剤に対するはく離抵抗は，ポリマーの分子量や架橋密度によって，かなり自由に変えることができる．低分子量のポリマーが密に架橋した場合，硬化皮膜はレジンのように硬くなり，はく離抵抗は高くなる（重はく離タイプ）．一方，高分子量のシリコーンガムが緩やかに架橋し，架橋点間距離が離れた硬化皮膜は，ゴム状で柔らかいので，はく離抵抗は低くなる（軽はく離タイプ）．軽はく離タイプのはく離剤と，重はく離タイプのポリマーあるいは軽はく離タイプのポリマー単独で販売し，コンバーターではく離剤を塗付する際に，自由にブレンドすることにより，特定の用途に適したはく離特性・硬化性・ポットライフをもった塗工浴を自由に配合することができる．

　ラベルやパッケージは身近でいたるところにあるが，そのほとんどにシリコーンはく離剤が使用されているので，はく離処理される基材も千差万別である．最も一般的な基材はスーパーカレンダークラフト紙である．シリコーンはく離剤は，クラフト紙に約 $1\,\text{g/m}^2$ 均一に塗付される．PETやポリエチレンをはじめ，各種のプラスチックフィルムなど非極性の基材にシリコーンはく離剤が塗付されることも多い．

　塗付方法の選択は，考慮すべき条件が多く，複雑である．硬化温度や時間は，基材のフィルムや紙の耐熱性によって決定される．硬化中の熱や乾燥による基材の変形も考慮しなければならない．また，ピンホールがなく，はく離特性が優れたはく離紙を製造するためには，硬化前のシリコーン溶液の基材への染み込みも考慮すべきである．

放射線硬化型シリコーン[28〜29]

大手のシリコーンメーカーは、放射線硬化型コーティング剤の開発にかなりの時間をかけてきている。無溶剤型コーティング剤では、放射線のエネルギーが溶剤の乾燥や基材の温度上昇に消費されず、すべてシリコーンポリマーの硬化に費やされるので、放射線硬化コーティング剤は無溶剤型が検討されている。放射線としては、紫外線と電子線がある。温度上昇がまったくなく、放射線の強度によって硬化をコントロールできることが、目標である。

放射線硬化の考えは確かに魅力的であるが、放射線硬化型シリコーンが加熱硬化型シリコーンにとって変わるには、いくつかの問題点がある。シリコーンポリマーそのものは紫外線や電子線に対して反応性が低いので、反応性の高い有機基をかなり導入する必要がある。アクリル基・エポキシ基・メルカプト基などを導入したシリコーンポリマーは、高価になる。さらに紫外線硬化の場合、有機系の光増感剤の添加が必要であるが、光増感剤はシリコーンポリマーに溶けにくい。光反応性基の極性のため、シリコーンのはく離性能が低下し、反応性の高い粘着剤では経時変化によってはく離が重くなりやすい。

低エネルギーで硬化する放射線硬化型シリコーンはく離剤は、硬化装置のスペースが少なく、ラインスピードが速く、熱に弱い基材の使用が可能であるので、商品化のために化学的な検討と装置面での検討が、いまなお続けられている。

[John W. Dean／浜田裕司 訳]

参 考 文 献

1. Rochow, E. G. (to General Electric Co.), U.S. Patent 2,380,995 (Aug. 7, 1945).
2. Hyde, J. F. (to Dow Corning Co.), U.S. Patent 2,490,357 (Dec. 6, 1949).
3. Hurd, D. T., and Osthoff, R. C. (to General Electric Co.), U.S. Patent 2,737,506 (Mar. 6, 1956).
4. Hurd, D. T., Osthoff, R. C., and Corrin, M. L., *J. Amer. Chem. Soc.*, **76**, 249 (1954).
5. Patnode, W. I., and Wilcock, D. F., *J. Amer. Chem. Soc.*, **68**, 358 (1946).
6. Andrianov, K. A., Dzhenchelskaya, S. I., and Petrashkov, Y. K., *Soviet Plastics, Plast. Massy*, No. 3, 20 (1960).
7. Marsden, J., and Roedel, G. F. (to General Electric Co.), U.S. Patent 2,469,883 (May 10, 1949).
8. Warrick, E. L., and McGregor, R. R. (to Dow Corning Co.), U.S. Patent 2,435,147 (Jan. 27, 1948).
9. Hurd, D. T., *J. Amer. Chem. Soc.*, **77**(2), 998 (1955).
10. Reiso, N., and Yushi, K. K., Japanese Patent 3,738 (Jan. 19, 1955).
11. Warrick, E. L., and McGregor, R. R. (to Dow Corning Co.), U.S. Patent 2,431,878 (Dec. 2, 1947).
12. Britton, E. C., White, H. C., and Moyle, C. L. (to Dow Chemical Co.), U.S. Patent 2,460,805 (Feb. 8, 1949).
13. Knopf, H., Beerwald, A., and Brinkmann, G. (to Farbenfabriken Bayer Co.), West Germany Patent 957,662 (Feb. 15, 1954).
14. Berridge, C. A. (to General Electric Co.), U.S. Patent 2,843,555 (July 15, 1958).
15. Nitzsche, S., and Wick, M., Wacker-Chemie Co., U.S. Patent 3,127,363 (Mar. 31, 1964) (West German Application—Aug. 5, 1955).
16. Weyenberg, D. R., Dow Corning Co., US Patent 3,334,067 (Aug. 1, 1967).
17. Smith, S. D., and Hamilton, S. B. (to General Electric Co.), U.S. Patent 3,689,454 (Sept. 5, 1972).
18. Ceyzeriat, L. (to Rhone-Poulenc Co.), U.S. Patent 3,133,891 (May 19, 1964) (French application—July 12, 1957).
19. Nitzsche, S., and Wick, M., Wacker-Chemie Co., U.S. Patent 3,032,528 (May 1, 1962) (West German Application—Feb. 20, 1959).
20. Sweet, E., Dow Corning Co., U.S. Patent 3,189,576 (June 15, 1965).
21. Boissieras, J., Ceyzeriat, L. F., and Lefort, M. J. C. (to Rhone-Poulenc Co.), French Patent 1,432,799 (Mar. 25, 1966).
22. Golitz, D., Damm, K., Muller, R., and Noll, W. (to Farbenfabriken Bayer Co.), U.S. Patent 3,417,047 (Dec. 17, 1968) (West German Application—Feb. 6, 1964).
23. Noll, W., "Chemistry and Technology of Silicones," 2nd Ed., New York, Academic Press, Inc., 1968.
24. Klosowski, J. M., and Gant, G. A. L., "The Chemistry of Silicone Room Temperature Vulcanizing Sealants," A.C.S. Symposium Series 113, Washington, D.C., American Chemical Society.
25. Klosowski, J. M., "Silicone Sealants as Adhesives," 14th National SAMPE Technical Conference, 1982.
26. Wilson, R., "Silicone Glazing Gaskets," *Elastomerics*, **120** (5), 12 (1988).
27. Eckberg, R. P., "High Solids Coatings," **8**(1), 17 (1983).
28. Eckberg, R. P., "Radcure 84 Conference Proceedings," Atlanta, GA (1984).
29. Muller, U., Timpe, H. J., and Rasler, H., *Plaste und Kautschuk*, **1987**(5), 183.

31. 有機多官能性シランカップリング剤

有機多官能性シランの開発と使用量の増大は，複合材料が多方面にわたって用途を拡大し続けていることと密接に関係している．第二次世界大戦の材料不足を満たすために開発された粗削りの積層材から，複合材料は，とどまることのない性能向上の求めに応じて洗練された材料へと進化してきた．広範囲の機械的性質が得られることに加えて，現今の複合材料の多くは固有の電気特性を備え，各種の製作技術に対応でき，悪環境暴露後でもその性能を失うことなく，しかも経済性の実現を果たしている．この挑戦は実に偉大である．

ここでいう複合材料とは，有機ポリマーとガラス繊維および/あるいは特殊充填剤の組合せである．有用な有機ポリマーの中で対象とするのは，熱硬化性および熱可塑性樹脂の両方とエラストマーである．ガラス繊維はロービング，チョップドストランド，マット，織布などいろいろな形態で用いられ，その選択は製作方法と要求性能により行われる．特殊充填剤には広範な素材があり，精製天然鉱物や合成品も含まれるが，主体となるのはクレイ，シリケート，そしてシリカである．

ガラス繊維の高強度，高弾性率は有機ポリマーに対する強化材として明らかに有力ではあるが，特殊充填剤の機能も進化し続けている．元来，ゴム用補強剤として選ばれた充填剤の使用例を除けば，充填剤は複合材料の流動性を調節したりコストを低下させるために用いられている．さらに最近の開発では，充填剤が，特に表面修飾によって流動性とコストへの有効性を保ちつつ複合材料の性能に大きく貢献していることを示している．

ここでの複合材料全体に共通することは，有機ポリマーと繊維や充填剤間の接触面が大きいことである．加工の容易さと得られる複合材料の性能を同時に最適化するには，繊維や充填剤の表面を最小の有機ポリマーでぬらし，理想的にはそこに結合することが必要である．この章は，繊維/充填剤表面のぬれを促進するため有機官能性ケイ素化合物を使用し，ポリマーと繊維/充填剤間の結合を確立，この結合が過酷な環境下で維持されることについて説明する．

理　　論

現代のプラスチック系複合材料のマトリックス樹脂は多くの機能をもっている．それは複合材料の製造方法に影響を与え，使用環境を制限し（耐溶剤性，耐オゾン性など），使用温度範囲を制約し（酸化，解重合），複合材料の経済性に影響する．しかし，最も決定的な機能は複合材料に加えられた応力を高弾性率の鉱物質相に伝えることである．応力を低弾性率のマトリックス樹脂から高弾性率の鉱物質強化材に効率的に伝達するためには，マトリックス樹脂が鉱物質強化材に接着していることが必要である．さらに複合材料が実用性をもつためには，代表的な使用条件，一般には高湿度・高温度下で接着が保持されなければならない．

界面における直接測定法がないことから界面接着を向上させるためのメカニズムに関して注目すべき仮説が提出されている．

Bikerman[1]は，界面破壊はほとんどおこりえないと考えるべきで，界面における分子間力は両成分の凝集強さよりも強い，と主張した．

Zisman[2]は，所望の接着を達成するには樹脂が強化材をぬらさなければならない，という要件を強調した．彼はマトリックス樹脂の表面張力が強化材の表面エネルギーより低いことをぬれの要求条件としている．これらの条件はほとんどの熱硬化性樹脂と未処理強化材（ヒートクリーンファイバーガラス）の使用で経験することができる．この組合せは，シラン処理強化材でつくった複合材料より乾・湿いずれの状態下でも機械的強さの低い複合材料となってしまう．この理由はおそらく，未処理強化材の表面上にある水の存在がマトリックス樹脂による強化材の完全なぬれを阻害するためと考えられる．

有機ポリマーと繊維状ガラスのような異種材料の結合に対して強化プラスチックおよび充填プラスチックの分野で異なった方法が開発された．この方法はカップリング剤，すなわち二官能性材料を用いるもので，有機ポリマーと基材の双方とに反応し，共有結合を形成できるものである．シランカップリング剤は有機官能性シランモ

31. 有機多官能性シランカップリング剤

表 31.1 代表的有機多官能性シランカップリング剤と適用樹脂

Union Carbide シラン	化 学 名	熱硬化性樹脂[a]	熱可塑性樹脂[b]	エラストマー[c]	Dow Corning シラン
A-143	γ-クロロプロピルトリメトキシシラン	エポキシ	ナイロン		Z-6076
A-150	ビニルトリクロロシラン	ポリエステル			
A-151	ビニルトリエトキシシラン	ポリエステル			
A-172	ビニル-トリス(β-メトキシエトキシ)シラン	ポリエステル		EPM, EPDM, BR	
A-174	γ-メタクリルオキシプロピルトリメトキシシラン	ポリエステル, ビニルエステル	ポリスチレン, ポリエチレン ABS, ポリプロピレン	XLPE	Z-6030
A-186	β-(3,4-エポキシシクロヘキシル)エチルトリメトキシシラン	ポリエステル, エポキシ	ポリスチレン, ABS, SAN ナイロン, TPポリエステル		
A-187	γ-グリシドキシプロピルトリメトキシシラン	ポリエステル, エポキシ メラミン, フェノール			Z-6040
A-188	ビニルトリアセトキシシラン	ポリエステル	アセタール		
A-189	γ-メルカプトプロピルトリメトキシシラン	エポキシ, フェノール	ナイロン, ポリカーボネート	NR, IR, BR, SBR,	Z-6062
A-1100	γ-アミノプロピルトリエトキシシラン	エポキシ, メラミン	PVC, PP, PE, PMMA	EPM, EPDM, CR,	Z-6020
A-1120	N-β(アミノエチル)-γ-アミノプロピルトリメトキシシラン	フェノール	TPポリエステル, PPO ナイロン, PVC	NBR	
A-1160	γ-ウレイドプロピルトリエトキシシラン	エポキシ, メラミン フェノール			
A-1111	ビス(β-ヒドロキシエチル)-γ-アミノプロピルトリエトキシシラン	エポキシ	アセタール, ポリカーボネート, ポリスルホン, ナイロン		
A-1106	γ-アミノプロピルシリコーンの水溶液 専用アミン	エポキシ, メラミン	ナイロン		
A-1128	ビニルベンジルアミン官能性シラン	エポキシ, ポリエステル	ナイロン, ポリオレフィン		Z-6032

a: 熱硬化性樹脂と該当シランは同一線上に掲示してある。加えて, A-1100 と A-1120 はエポキシ, メラミン, フェノールいずれにも適している。
b: 熱可塑性樹脂のうちポリスチレン, ポリエチレン, ABS およびポリプロピレンは A-174 と A-186 のいずれかを用いる一方, ポリスチレン, ABS, SAN, ナイロンおよびTPポリエステルは A-186 か A-187 を, ナイロン, PPO は A-1100 か A-1120 いずれかを使用する。
c: EPM 以下 4 種のエラストマー (上段) は A-151, A-172, または A-174 が, NR 以下 8 種のエラストマー (下段) は A-189, A-1100, または A-1120 が該当する。

ノマー類(表31.1)で,二元反応性をもっている.この特性は分子の一端にある官能基(通常クロロ,アルコキシ,またはアセトキシ)が加水分解し,シラノール(SiOH)を形成し,次いでガラスやシリカ質基材上の類似官能基と縮合することを可能としている.金属やその他非シリカ質基材の場合には,SiOHの金属酸化物との縮合,あるいはエステル基と表面上にある水の単分子層との加水分解が可能である.シラン分子の他端は,ビニル,メタクリロキシ,アミノ,エポキシ,あるいはメルカプトといった有機官能基で,有機マトリックス樹脂と共反応することができる.

樹脂と強化材間の界面をカップリング剤によって架橋することで良好な接着が得られ,共有結合の安定性がこの接着を高湿度下でも維持する.良好なぬれは,複合材料の製作を速めるためにも各種組成分間の接触を促進するためにも望ましく,その結果必要な化学反応がさらに効率を上げることが認められている.

界面におけるシラン反応機構に関する最初の包括的研究の一つは,StermanとBradleyによって報告されている[3].この研究は三つの重要な点から成り立っている.

(1) ファイバーガラス上のシランは,ガラス繊維間の毛細管にシランが蓄積されるために最適な複合材料の性能を達成するには理論的単分子層より多くが必要である.

(2) シランカップリング剤は,水溶液から適用され,乾燥したときファイバーガラスに強く接着する.

(3) シランの有機官能基は,最適な複合材料特性を発揮するためにマトリックス樹脂のそれとマッチしなければならない.

Plueddemannら[4]は,不飽和ポリエステルとエポキシ複合材料の両方で広範な有機官能性シランの性能を公表したときに,この後者の点を確証している.

Marsden[5]は,複合材料と一連の有機官能性シランの性能を,アミン反応性をもつがマトリックス樹脂と相溶性が違うもの,潤滑性をもつもの,帯電防止効果をもつイオンのタイプについて述べている.これらのシランは二つのタイプがある.$ROOCCH_2CH_2NHCH_2CH_2SiX_3$と$[R_3NCH_2CH_2CH_2SiX_3]^+Cl^-$である.どちらの場合も,R基はマトリックス樹脂との相溶性と処理ファイバーガラスの潤滑性を変化させるため,イオン性シランの場合は帯電防止効果をもたせるため変えている.これらの材料は未だファイバーガラス用処理剤として商品化されていないけれども,ファイバーガラス強化材料の重要な諸性質のいくつかに影響を与える方法となろう.

この間に樹脂と強化材間の化学結合が界面の力学にどう影響するかを説明しようといくつかの試みがなされた.KuminsとRoteman[6]は,シランカップリング剤を含む樹脂と強化材間の中間弾性率の境界層を提唱した.Erickson[7]は,強化材とシランカップリング剤,あるいはそのいずれかが樹脂成分を選択的に吸着し,界面における樹脂の性質を樹脂本体に対比して変化させられていることを示唆した.

応力緩和機構はPlueddemann[8]によって提案された.カップリング剤と強化材間に水の存在下で応力をうけた結合が形成され,加水分解すると仮定した.彼はまた界面にある樹脂は硬く,ゴム状でないことを要求した.硬い界面の要求は強化樹脂に対しては真実である.しかしながら,鉱物質充填ゴムにシランカップリング剤を使用することで得られる優れた補強性は,興味ある疑問を提起する.強化樹脂と強化ゴムに対する作用機構は同じなのか.硬い界面を生み出すシラン/ゴム/充填剤の相互作用は全部の弾性系にも共通するのだろうか.これらの問題は未だ解かれていない.

要約すれば,有機官能性シランはマトリックス樹脂と強化材を接着することにより強化複合材料の諸性質を改良し,維持するのにきわめて有効である.各種のシランカップリング剤が市販され,目下の要求を満たしていることは,特に熱硬化性樹脂に対して明らかである.熱可塑性樹脂とエラストマーを強化するためにシランカップリング剤を使用する新しい技術が,いま開発されつつある.界面変性に関してこれらの要求項目が明らかにされようとしている.各種製品が現在のシランカップリング剤技術を用いてつくり出されており,この系の潜在的能力を引き出すため技術者に挑戦を求めている.

応 用

おそらく強化複合材料の諸性質を改善し維持する有機官能性シランの効能を最も意味深く確証するのは,これらの材料の商業用途での使用である.複合材料の最終用途を列挙すればほとんど無限で,日々拡大している.本節の目的は,一般的な用例のいくつかを検討し,シランカップリング剤の使用によって得られる性能向上の大きさを示すことにある.

熱硬化性樹脂

ガラス繊維強化熱硬化性樹脂は,長い間複合材料産業そのものであった.界面改質剤としての有機官能性シランの開発は,熱硬化性樹脂を用いて行われ,この応用分野がシランカップリング剤の最初の商業化と判定されている.複合材料によって創出される諸性能の範囲は,強化熱硬化性樹脂において適切に示されている.高性能はファイバーガラス・フィラメントワインディング複合材で得られる一方,性能の下限は特殊充填樹脂によって供

表31.2 各種ガラス強化ポリエステル樹脂複合材料[a]の曲げ強さ

	ガラス含量 (wt %)	曲げ強さ ($psi \times 10^{-3}$)
チョップドストランドマット	35～45	30～40
織布ロービング	55	40～50
朱子織ガラスクロス	62	65～90
一方向ロービング	70	150～180

a:一般用ポリエステル樹脂;市販強化品.

される複合材である．FRP の分野では，必要強度は使用するファイバーガラスの量と配向のさせ方を選択することでつくり込むことができる．表 31.2 は，汎用ポリエステル樹脂と，各種形状のファイバーガラスを用いて得られる曲げ強さの範囲を示している．

固有の複合材料用途に対する特定熱硬化性樹脂の選択は多くの因子，例えばコスト，硬化条件，使用温度，電気的性質などに支配される．熱硬化性樹脂はすべてファイバーガラスで強化することができるが，最適性能を得るには樹脂に適したシランカップリング剤をガラスに適用しなければならない．表 31.3 は 4 種類の熱硬化性樹脂からつくった複合材料の初期性能と保特性能に及ぼす当該シランの効果を示している．

熱硬化性樹脂を強化するためのファイバーガラスの使用に加えて，大量の特殊充塡剤が複合材料をつくるために熱硬化性樹脂に使用される．樹脂に充塡剤を加える理由は多く，コスト低減，レオロジーのコントロール，収縮抑制などがある．しかし多くの場合，充塡剤の添加は機械的，電気的性質ともに大幅に低下させるし，特に浸水後に低下を示す．有機官能性シランの使用は，樹脂-充塡剤混合物へのインテグラルブレンドにしろ充塡剤表面への前処理にしろ，この性能低下を防止するか大きく減らすことができる．得られた代表的結果を表 31.4 に示す．この表は，3 種類の鉱物質充塡剤を充塡したエポキシ樹脂の機械的性質と電気的性質に及ぼすいくつかのシランカップリング剤で得られた効果をあらわしている．浸水後の電気的性質の保持が印象的である．

同様の強度向上は，鋳物の中子やシェルモールドでシランカップリング剤を用いたときに見出される．鋳物シェルモールドは，砂と樹脂の薄肉でこわれやすい複合材で，各種の精密ユニットの鋳込みを，特に自動車工業において可能とする．フェノール樹脂やフラン樹脂と砂の混合物にアミノシランを添加すると，モールドと中子は強化され，取扱い時の損傷や不利な環境における劣化に耐えるようになる．表 31.5 と 31.6 はシランを添加する際の選択肢を示している．同じ樹脂濃度での性能向上，あるいは同一性能を低樹脂濃度で達成できることがわかる．

表 31.3 ガラス強化[b] 熱硬化性樹脂に対するシランの効果

樹脂の種類	シラン	曲げ強さ (psi)	
		乾	湿
ポリエステル	コントロール	60000	35000
	A-174	87000	79000
エポキシ	コントロール	78000	29000
	A-186	101000	66000
メラミン	コントロール	42000	17000
	A-187	91000	86000
		乾	高温[a]
フェノール	コントロール	69000	14000
	A-1100	85000	50000

a：260°C，100 hr 老化後 260°C で試験
b：181 番手ガラスクロス

表 31.5 フェノール樹脂と鋳物砂を用いたシェルモールドに対する A-1100 の効果[a]

フェノール樹脂固形分	コントロール	A-1100((砂に対し)0.025 wt %)	改善率
3.5%	587	777	32
2.5	成形不能		

a："dog bone" 試験片の引張り強さ

表 31.4 充塡エポキシ樹脂複合材料[a] に対するシラン添加剤の曲げ強さ，電気特性に及ぼす効果

充塡剤／シラン[b]	曲げ強さ (psi×10⁻³)		誘電率[c]		誘電正接[c]		体積抵抗率 (Ω·cm)		絶縁耐力 (V/mil)	
	乾	湿[c]	乾	湿[c]	乾	湿[c]	乾	湿[c]	乾	湿[c]
クリアレジン	18.1	16.0	3.44	3.43	0.007	0.005	>8.2×10¹⁶	>8.1×10¹⁶	>414	>413
50% Wollastonite[d] Nyco										
コントロール（シランなし）	15.8	9.8	3.48	22.10	0.009	0.238	4.9×10¹⁶	3.3×10¹²	>391	77.6
A-186	18.1	13.3	3.42	3.57	0.014	0.023	1.9×10¹⁶	2.4×10¹⁵	>400	388
A-187	18.7	15.2	3.30	3.42	0.014	0.016	1.8×10¹⁶	1.2×10¹⁵	>356	372
A-1100	16.7	12.6	3.48	3.55	0.017	0.028	1.2×10¹⁶	2.0×10¹⁵	>408	>410
50% Minusil 10μ[f]										
コントロール（シランなし）	22.4	10.3	3.39	14.60	0.017	0.305	>8.4×10¹⁶	5.1×10¹¹	>381	103
A-186	22.0	14.5	3.48	3.52	0.016	0.023	>8.0×10¹⁶	1.4×10¹⁵	>367	>360
A-187	23.2	21.4	3.40	3.44	0.016	0.024	>8.2×10¹⁶	1.7×10¹⁵	>357	>391
A-1100	20.0	12.0	3.46	3.47	0.013	0.023	>8.1×10¹⁶	1.8×10¹⁵	>355	>355
50% ASP-400[g]										
コントロール（シランなし）	14.1	10.0	4.35	8.07	0.018	0.163	3.5×10¹⁶	4.2×10¹³	>344	280
A-186	12.4	10.7	3.43	6.54	0.012	0.059	2.4×10¹⁶	2.5×10¹⁵	>375	>407
A-187	14.6	11.1	3.17	3.26	0.012	0.093	1.8×10¹⁶	1.4×10¹⁴	>382	>356

a：ERL 2774 (Union Carbide Plastics Division) 100 部，MNA 80 部，BDMA 0.5 部に充塡剤 50% を含む複合材料．
b：シラン量は充塡剤に対し単分子層となるようにした．
c：沸騰水 72 hr 浸漬後試験
d：Interpace Corporation.
e：ASTM D-150 により 1000 サイクルで測定
f：クリスタリンシリカ，Pennsylvania Glass Sand Corp.
g：カオリンクレイ，Minerals and Chemicals Division, Phillip Corp.

表 31.6 鋳物砂コンポジット[a]用フラン樹脂バインダー中のアミノシランカップリング剤 A-1100 の効果

% バインダー	% A-1100 (対バインダー)	引張り強さ (psi)		引っかき硬さ		可使時間
		65% RH	93% RH	60% RH	93% RH	
2.0	0	153	84	94	93	14
2.0	0.4	318	248	95	93	15
1.2	0	120	68	89	80	25
1.2	0.4	212	115	93	85	28

a：フランバインダー，レークサンドをリン酸 (85%) 35%で固めた"未焼成"コンポジットに関する Quaker Oats, Ltd. Chemical Research Division によるデータ．

表 31.7 フェノール樹脂接着 Al_2O_3 コンポジット[a]の曲げ強さに及ぼすアミノシランカップリング剤 A-1100 の効果

Al_2O_3 粒度	乾燥曲げ強さ (psi)		曲げ強さ改善率 (%)
	シランなし	シランあり	
12	2070	3060	+48
20	2988	4086	+37
36	4176	5328	+28
60	5544	6408	+16

a：これらの試験用コンポジットは Al_2O_3 92 wt %，粉末と液状のフェノール樹脂 80/20 混合物 8 wt %の配合物で，A-1100 は Al_2O_3 重量に対し 0.1 wt %を適用した．

表 31.7 は，アルミナを充填した研削砥石にアミノシランカップリング剤を添加すると強度が著しく増大することを示している．砥石の安全限界が向上することは，摩擦熱の発生時や湿式研磨条件下で明らかである．

金属充填樹脂の概念は工具産業と金型工業において有用である．用途によっては，コストも時間もかかる金属モールドの製作が，比較的安価で容易に製作できる金属充填樹脂系によって代替されつつある．表 31.8 は，この複合材料における強度向上にシランカップリング剤がいかに寄与しているかを示している[9]．

砂充填エポキシ樹脂は，人造石フロアリング，コンクリートハイウェイ，橋脚などの補修キットとして，そのほか使用簡便で速硬化するコンクリート代替物が要求される用途に有用性を見出している．表 31.9 は，これらの系でシランカップリング剤を使用して得られる強度改善を初期と環境老化後の両方について示している．

熱可塑性樹脂

有機官能性シランと高反応性熱硬化性樹脂の硬化中の共反応性は意外でなく，特定樹脂に対して最適シランが示す特異性を容易に説明することができる．しかしながら熱可塑性樹脂は，一般にほぼ完全に反応しており，普通の加工・成形条件下ではまったく不活性であると考えられる．したがって，樹脂と有機官能性シラン処理強化材間の同様な特異性が熱可塑性樹脂複合材料に存在することは驚くべきことである．

Plueddemann[10] と Sterman および Marsden[11] の両者は，ガラス強化熱可塑性樹脂における有機官能性シランの使用について発表している．Plueddemann は熱可塑性樹脂を"反応性"と"非反応性"のカテゴリーに区分し，反応性ポリマーはシランカップリング剤と化学的に反応する一方，非反応性ポリマーはシラン処理表面と溶解性パラメーターであらわされるように相溶性を示すことを提唱した．Sterman と Marsden は，シラン処理表面のマトリックス樹脂によるぬれが望ましいことは認め

表 31.8 エポキシーアルミニウムコンポジット[a]に対するシラン添加の曲げ強さ，圧縮強さに及ぼす効果

シラン添加	曲げ強さ (psi)		圧縮強さ (psi)	
	初期	72 hr 煮沸	初期	72 hr 煮沸
なし	620	470	2110	2100
1 wt % A-1100	1240	1310	2970	3220
1 wt % A-186	1240	1200	3700	3990
1 wt % A-187	1110	1030	3230	3430

曲げと圧縮強さ用試験片は室温 16 hr 後 177°C 2 hr 硬化した注型品から切り出した．
a：61.5 wt % アルミニウムニードル．

表 31.9 砂充填エポキシ樹脂コンポジットに対する各種シラン添加の効果

樹脂含量 (%)	試験片状態調節	引張り強さ (psi)			
		コントロール (シランなし)	A-187[a]	A-1100[a]	A-186[a]
15.0	乾燥	925	1225	1030	1040
	凍結-融解[b]	500	800	835	790
	8 hr 煮沸	215	440	355	500
12.5	乾燥	850	1150	1120	900
	凍結-融解[b]	—	435	740	510
	8 hr 煮沸	100	260	285	300
10.0	乾燥	705	730	750	570
	凍結-融解[b]	—	155	190	120
	8 hr 煮沸	110	140	200	145

a：シラン濃度は砂に対し 0.1 wt %．
b：凍結-融解サイクル；常温 24 hr 水浸漬，−30°C 8 hr，室温 16 hr．

表 31.10 ガラスクロス強化熱可塑性樹脂[a] の機械的性質に及ぼすシラン処理の効果

樹脂名	シラン	コントロールに対する曲げ強さ改善率[b] (%)		
		乾	湿[c]	高温 (°C)
ポリスチレン	A-174	100	95	70(93)
ポリ塩化ビニル	A-1111	83	100	—
ナイロン	A-1111	110	160	150(204)
ポリカーボネート	A-1100	30	60	20(121)
ポリメタクリル酸メチル	A-1100	45	90	25(93)
ABS 樹脂	A-187	145	228	145(66)

a: ラミネートは 181-タイプガラスクロス 11 プライ, 樹脂 40〜45%を含む.
b: コントロールはヒートクリーンドガラスクロス強化材.
c: 49°C 温水浸漬 16 hr.

ながらも, 熱可塑性樹脂のシラン処理ファイバーガラスによる強化に対する最良のメカニズムとして, マトリックス樹脂とシラン間の化学結合を提唱した. その後の論文[12]において, 彼らはオレフィン系シランとポリプロピレンのような非反応性樹脂間の反応が, フリーラジカル源の添加によって促進できることを示した. 表 31.10 は, 各種熱可塑性樹脂を用いてガラス繊維強化した複合材料にシランカップリング剤を使用して得られる強度改良の大きさを示している.

もしガラス強化熱可塑性樹脂の希望が実現するなら, 表 31.10 に示したプロトタイプ積層板をつくったようなゆっくりした技術よりむしろ高速で, 低ユニットコストのチョップドガラス強化樹脂の射出成形によって複合材料がつくられるに違いない. 射出成形法はガラス繊維の寸法に厳格な品質規定を設けている. マトリックス樹脂をガラスにカップリングさせるのに加えて, シランは高せん断混合中にガラスを保護し, 繊維をマトリックス樹脂中によく分散できるようにしなければならない.

これに関してファイバーガラスメーカーは顕著な仕事を残した. 表 31.11〜31.13 b は 30% ガラス/70% 樹脂の射出成形複合材料の諸性能を示す. 樹脂としてナイロン, ポリブチレンテレフタレートおよびポリプロピレンを用いている. どの場合でも, 非サイズバージンロービングの使用が樹脂単独より高強度をもたらし, 表 31.10 より予測されるようにシランカップリング剤の使用がバージンガラスの場合より大幅に向上している. しかしながら, 個別に見ると最高値は完全サイズで得られており, このサイズ剤がガラスを潤滑させ保護すると同時に, 含有シランカップリング剤がガラスとマトリックス樹脂間の接着発現に寄与している.

一般的な有機官能性シランの使用は, 充填熱硬化性樹脂の節で述べたように, 充填熱可塑性樹脂にも混合効果が試みられてきた. Orenski と共同研究者[13]はウォラストナイト高充填エンジニアリング樹脂に Union Carbide A-187 と A-1100 を使用して好結果を得たと報告している. このアプローチを反応性の乏しい熱可塑性樹脂, 例えばポリオレフィンに拡張しようと試みたがうまくいかなかった.

表 31.11 ガラス強化ナイロン 66 (30%ガラス-70%ナイロン 66) の物理的性質

サイズ	曲げ強さ (psi)	曲げ弾性率 (psi×10⁵)	引張り強さ (psi)		引張り弾性率 (psi×10⁵)		熱変形温度 (°C)
			乾	湿	乾	湿	
市販品 No.1	39100	11.1	25800	21600	17.4	14.4	253
市販品 No.2	30800	9.3	21400	18800	16.8	13.2	255
A-1100	24900	7.7	14800	14600	15.8	11.4	259
A-1160	29200	7.4	18700	16400	14.4	12.2	244
A-186	30100	9.3	22400	19000	16.0	13.2	245
A-187	31300	10.0	20500	15800	15.2	14.4	249
バージンロービング	17100	8.1	10000	8600	15.4	10.4	237
ガラスなし	12600	2.4	8900	8300	3.1	2.7	74

表 31.12 a ガラス強化 PBT[a] の乾燥物理性能

サイズ	曲げ強さ (psi)	曲げ弾性率 (psi×10⁵)	引張り強さ (psi)	引張り弾性率 (psi×10⁵)	アイゾット衝撃強さ		熱変形温度[d] (°C)
					ノッチ[b]	ノッチなし[c]	
ガラスなし	13800	3.5	7600	3.5	0.7	8.4	70
バージンロービング	16000	9.6	9300	11.2	0.7	5.2	201
市販品 No.1	30700	11.3	19100	12.2	2.1	13.8	220
市販品 No.2	30300	10.3	18500	11.7	2.1	12.7	219
市販品 No.3	28900	9.5	18700	12.5	2.4	12.8	221
A-1100	23600	10.5	14200	11.9	0.9	7.5	207
A-186	22200	10.6	24300	12.0	1.3	8.7	211
A-187	24700	10.2	14400	11.7	1.4	9.6	213

a: Celanese J-105 熱可塑性ポリエステル, ポリブチレンテレフタレートガラス含量 30%.
b: ft-lb/inch of notch.
c: ft-lb/inch of width.
d: 264 psi.

表 31.12 b　ガラス強化 PBT の湿潤強さ保持率

サイズ	引張り強さ (psi)					引張り弾性率 (psi×10⁵)		
	乾	16 hr 湿[a]	% 保持率	煮沸 1週間[b]	% 保持率	乾	16 hr 湿[a]	煮沸 1週間[b]
ガラスなし	7600	7500	99	1700	23	3.5	2.8	3.0
バージンロービング	9300	8400	90	3000	33	11.2	8.3	7.0
市販品 No.1	19100	18500	97	9500	50	12.2	11.6	10.4
市販品 No.2	18500	18000	97	12200	66	11.7	11.8	10.5
市販品 No.3	18700	17700	95	10300	55	12.5	12.1	10.0
A-1100	14200	13100	92	6600	47	11.9	10.3	8.5
A-186	14300	12900	90	5200	36	12.0	11.3	8.5
A-187	14400	13800	96	6000	42	11.7	11.6	8.7

a：50℃温水 16 hr
b：100℃沸水 1 週間

表 31.13 a　強化ポリプロピレン[a]の乾燥物理性能

サイズ	曲げ強さ (psi)	曲げ弾性率 (psi×10⁵)	引張り強さ (psi)	引張り弾性率 (psi×10⁵)	アイゾット衝撃強さ		熱変形温度[d] (℃)
					ノッチ[b]	ノッチなし[c]	
ガラスなし	6600	1.5	4500	2.2	0.5	14.5	61
バージンロービング	8100	5.3	4900	9.5	0.9	5.0	119
市販品 No.1	13800	4.8	8300	8.5	3.3	7.7	152
市販品 No.2	10500	5.2	6600	8.1	2.6	6.1	148
市販品 No.3	12100	4.9	7600	7.9	3.7	8.0	138
A-1100	9900	4.8	5600	8.8	1.9	5.3	138
A-174	10900	5.3	6000	8.8	2.5	6.7	146

a：Hercules Pro-Fax 6523 プリミックス，チョップドストランド 30 wt % 含有
b：ft-lb/inch of notch.
c：ft-lb/inch of width.
d：264 psi.

表 31.13 b　強化ポリプロピレン[a]の湿潤物理性能

サイズ	引張り強さ (psi)		% 保持率	引張り弾性率 (psi×10⁵)	
	乾	湿[b]		乾	湿[b]
ガラスなし	4500	4300	96	2.2	1.9
バージンロービング	4900	4300	88	9.5	5.5
市販品 No.1	8300	7200	87	8.5	6.6
市販品 No.2	6600	6100	92	8.1	6.6
市販品 No.3	7600	7200	95	7.9	7.0
A-1100	5600	5000	89	8.8	5.8
A-174	6000	5400	90	8.8	7.4

a：Hercules Pro-Fax 6523 プリミックス，チョップドストランド 30 wt % 含有
b：煮沸 24 hr 後．

充填熱可塑性樹脂の諸性能を向上させるため，一連の有機ケイ素化学薬品を用いる別のアプローチが提案された．この新しいアプローチは，マトリックス樹脂を無機充填剤にカップリングさせることは必要だが，複合材料の全性能を最適化するには不十分であるとする考え方である．有機ケイ素化学薬品は充填剤-マトリックス境界において多官能強化促進効果を，① 充填剤とマトリックス樹脂のカップリング，② 充填剤粒子近接領域のマトリックス樹脂の変性，を通して上げることができる．これらの相間変性は，結果として複合材料の機械的諸性質を改善し，衝撃強さを向上させ，充填剤の分散を良くし，押出速度を速める．樹脂によっては，これらのマトリックス変性がまた熱変形温度を向上させ，カップリングの仕方で長期熱老化性を改良する．

このアプローチからもたらされた最初の製品は，Godlewski[14]により紹介されたポリオレフィン/マイカ複合材料である．Union Carbide PC-1 A と PC-1 B (専用品) の二成分添加剤の使用が，マイカ充填ポリプロピレンとマイカ充填高密度ポリエチレンに相当な性能向上をもたらしたことは**表 31.14** と **31.15** に示す通りである．これらの材料は，マイカを前処理しても配合中にインテグラルブレンドして用いてもよい．性能向上に加えて，これら製品の使用は押出速度を増大させるといわれる．これら製品はもともと充填ポリプロピレン用に導入されたものであったが，最近の研究[15]ではガラス繊維強化ポリオレフィン類にも同様に有用であることが示された．**表 31.16** に示したその結果は，PC-1 A と PC-1 B の使用がポリプロピレン相溶強化材を含むガラス繊維強化ポリプ

表 31.14 50%マイカ[a]充填ポリプロピレン[b]複合材料

	添加剤なし	UCARSIL PC-1 A/PC-1 B[c]併用
引張り強さ (psi)	4300	7070
曲げ弾性率 (psi×10³)	1430	1210
曲げ強さ (psi)	7400	10600
ノッチ付アイゾット衝撃強さ (ft-lb/in)	0.13	0.20

a: Grade 200 HK. Marietta Resources 社.
b: Pro-Fax 6523 PM Powder, Hercules 社.
c: 4/1 比で全体に対し 1.25%.

表 31.15 50%マイカ[a]充填高密度ポリエチレン[b]複合材料

	添加剤なし	UCARSIL PC-IA/PC-IB[c]併用
引張り強さ (psi)	3510	5530
曲げ弾性率 (psi×10³)	510	590
曲げ強さ (psi)	5080	7260
ノッチ付アイゾット衝撃強さ (ft-lb/in)	0.23	0.27

a: Grade 200 HK. Marietta Resources 社.
b: G-7006, Union Carbide 社.
c: 2/1 比で全体に対し 1.5%.

表 31.16 30%ファイバーガラス[a]強化ホモポリマー PP[b]

	複合材料性能	
	OSC[c]なし	2% UCARSIL PC-1 A/PC-1 B[d] (3/1 比) 併用
引張り強さ (psi)	6140	8850
曲げ弾性率 (psi×10³)	750	750
曲げ強さ (psi)	9100	12600
ノッチ付アイゾット衝撃強さ (ft-lb/in)	1.5	1.4
ノッチなしアイゾット衝撃強さ (ft-lb/in)	3.2	4.3

a: OCF-885 BD (3/16 in).
b: PRO-FAX 6523.
c: Organosilicon Chemicals.
d: インテグラルブレンド

表 31.17 65% ATH[a]/HDPE[b] 複合材料における性能向上

	未充填 HDPE	65% ATH 複合材料	
		UCARSIL FR-1 A/FR/1 B なし	UCARSIL FR-1 A/FR-1 B[c]併用
引張り強さ (psi)	3080	2750	4750
曲げ強さ (psi)	3250	3850	6050
曲げ弾性率 (psi×10³)	150	320	350
ガードナー衝撃強さ (in-lb/in)	—	10	200
ノッチなしアイゾット衝撃強さ (ft-lb/in)	—	2	14

a: Alcoa Hydral 710.
b: G-7030 From UCC.
c: UCARSIL FR-1 A/FR-1 B (1/1 比) ATH 量に対し 2%.

ロピレン複合材料に大きな性能向上をもたらすことを示している.

複合材料の燃焼特性を変えようとする継続的試みは, ATH (アルミナトリハイドレート) 充填高密度ポリエチレンに関心が集中した. ATH を HDPE に高充填しようとすると加工の困難性と複合材性能の劣化に突き当たる. Godlewski[16)]は二つの新材料, Union Carbide FR-1 A と FR-1 B (専用品) の使用が HDPE への ATH の高水準混入を容易にし, かつ**表 31.17** に示すように複合材料の諸性能を大幅に向上させると報告している.

エラストマー

鉱物充填エラストマーは, 複合材料に共通する特性の多くを有しているとはいえ複合材料とは一般に考えられていない. この主要因は連続有機ポリマー相と不連続分散鉱物相間の大きな界面領域の存在である. 充填剤のポリマーによるぬれの悪さは, 低レベルの貯蔵エネルギーでも負荷をうけている系では小胞が形成されることによって明らかであることはよく知られている. これら小胞はしばしば応力集中点として作用し, よくぬれ, あるいは接着した系の場合よりはるかに低レベルの貯蔵エネルギーで終局的破壊をおこす. 熱硬化性および熱可塑性樹

表 31.18 過酸化物硬化 EPDM の物理的性質に及ぼすシランカップリング剤の有機官能性の効果

シランモノマー	性　能	
	300%モジュラス (psi)	引張り強さ (psi)
コントロール，シランなし	420	895
アミル (A-16)	410	995
メチル (A-162)	500	1050
ビニル (A-172)	1110	1380
メルカプト (A-189)	1200	1540
アミノ (A-1100)	1440	1640
メタクリルオキシ (A-174)	1660	1660

脂の場合について述べたように，この界面は固有エラストマーの硬化機構に関与するように選ばれたシランカップリング剤の使用によって効果的に架橋することができる．Ranney と Pagano[17]は鉱物充塡 EPDM 系におけるシラン官能性と得られたエラストマー物性間の関係を研究した．表 31.18 にその結果をまとめてある．

明らかにアミル(A-16，アミルトリエトキシシラン)とメチル(A-162，メチルトリエトキシシラン)置換体のような飽和脂肪族シランの使用は，このフリーラジカル系における反応性の欠如によりほとんど効果がない．引張り性能にいくぶん増加が観察されたのは，充塡剤-エラストマー間のぬれ向上によるものであろう．

有機官能性カップリング剤すべてがモジュラスと引張り強さに大幅な改善を与えるが，その程度はこの過酸化物硬化系ではその相対反応性によって違っている．メタクリルオキシプロピルトリメトキシシラン(A-147)がビニルシラン(A-172)よりはるかに効果的であるのは，二重結合部分の相対反応性から予想されたことである．連鎖移動反応ができるγ-メルカプトプロピルトリメトキシシラン(A-189)は，モジュラスと引張り強さの向上に比較的有効である．γ-アミノプロピルトリエトキシシラン(A-1100)がまた高レベルの充塡剤-エラストマー界面結合を与えることは，物理的性能データからも明らかである．

表 31.18 のシランなし鉱物充塡エラストマーによって示される物理的性能の低さに加えて，別の 2 因子が鉱物充塡剤の使用を制限している．それは曲げによって生ずる発熱（充塡剤のエラストマーによるぬれの悪さに関係

表 31.19 シリカ充塡 SBR コンパウンドに対するメルカプトシランカップリング剤の効果

SBR 1502	100	100	100
Hi-Sil 233	60	60	—
N-285 ブラック	—	—	60
メルカプトシラン A-189	—	1.5	—
300%モジュラス (psi)	725	1980	2220
引張り強さ (psi)	2680	3760	3520
伸び (%)	580	460	460
硬さ	71	67	74
Goodrich 式フレクソメーターΔT (℃)	47	27	41
圧縮永久ひずみ，%(B)	25	12	20
ピコ摩耗指数 (%)	81	131	170
道路摩耗指数	79	114	110

するようだ）と耐摩耗性の悪さで，特に道路摩耗（road wear）に関連した場合である．Wagner[18]はこれらの性能に及ぼすメルカプト-官能性シラン(A-189)の効果を研究し，カーボン(HAF)ブラック充塡剤を用いた場合の結果と比較した．表 31.19 は彼の結果をまとめたものである．

予期されていたようにメルカプトシランは，モジュラスと引張り強さをカーボンブラック配合物のそれと同程度の数値まで高めている．Goodrich 式フレクソメーターによる試験において，過酷な問題として知られる発熱は 27℃ であった．これはカーボンブラックで得られた値より間違いなく低い．メルカプトシランはまた圧縮永久ひずみとピコ摩耗指数を改善する．重要なことは，道路摩耗指数（road wear index）がカーボンブラック配合物と同等にまで向上することである．

現在，シランカップリング剤のエラストマー分野における最大関心事は，電線・ケーブル用途である[19]．白色充塡 EPM および EPDM ケーブルの電気的性質は，高湿度条件下で急速に劣化する．充塡剤/ゴム界面における水の吸着による．シランの使用は水の浸入を防止し，電気的性質を維持する．表 31.20 は，各種シランのクレイ充塡 EPM 配合物の電気的性質に及ぼす効果を示している．

表 31.20 シランカップリング剤を含むハードクレイ充塡 EPDM の電気的性質

	なし	シラン			
		A-172	A-174	A-189	A-1100
S.I.C (固有誘導キャパシタンス) (kC/sec)					
老化前	2.91	3.00	2.91	2.93	2.94
7 日	6.08	3.35	3.30	3.53	5.04
14 日	6.84	3.58	3.31	3.69	5.57
誘電正接 (sec/cycle-Ω-F)					
老化前	0.009	0.008	0.005	0.007	0.007
7 日	0.182	0.025	0.017	0.024	0.101
14 日	0.188	0.024	0.018	0.024	0.100

シランカップリング剤はいまや鉱物充塡剤とともに乗用車タイヤ（トレッド，カーカス，およびサイドウォール），オフロードタイヤ，エンジンマウント，および多くの特殊用途としてのコンベヤーベルト，ガスケット，イグニッションワイヤ，ホース，ソリッドゴルフボールなどに使われている．

SBR，天然ゴム，およびブチルゴムを採用している自動車部門がゴムの最大需要部門である一方，ニトリルゴム，クロロプレンゴム，EPDM，その他特殊エラストマーにおけるメルカプトシランあるいはアミノシランと鉱物充塡剤の組合せが，高性能ゴム製品を得るための新しくて刺激的な技術を提供している．

［James G. Marsden／永田宏二 訳］

参 考 文 献

1. Bikerman, J. J., "The Science of Adhesive Joints," New York and London, The Academic Press, 1961.
2. Zisman, W. A., "Surface Chemistry of Glass Fiber Reinforced Plastics," presented at 19th Annual Meeting SPI, Feb., 1964.
3. Sterman, S., and Bradley, H. B., "A New Interpretation of the Glass-Coupling Agent Surface Through Use of Electron Microscopy," presented at 16th Annual Meeting SPI, Feb., 1961; "A New Interpretation of the Glass-Coupling Agent," *Surface Through Use of Electron Microscopy, SPE Transactions* (Oct. 1961).
4. Plueddemann, E. P., et al., "Evaluation of New Silane Coupling Agents for Glass Fiber Reinforced Plastics," presented at 17th Annual Meeting SPI, Feb., 1962.
5. Marsden, J. G., A-1100: "Evolution of a Family of N-Functional Silanes," presented at 27th Annual Meeting SPI, Feb., 1972.
6. Kumins, C. A., and Roteman, J., "Effect of Solid Polymer Interaction on Transition Temperature and Diffusion Coefficients," *J. Polymer Sci.*, **A1,** 527 (1963).
7. Erickson, P. W., "Historical Background of the Interface; Studies and Theories," presented at 25th Annual Meeting, SPI, Feb. 1970.
8. Plueddemann, E. P., "Adhesion Through Silane Coupling Agents," presented at 25th Annual Meeting SPI, Feb. 170.
9. Ziemianski, L. P., "A Survey of the Effect of Silane Coupling Agents in Various Non-glass Filled Thermosetting Resin Systems," presented at 22nd Annual SPE Conference, Montreal, Canada, Mar. 1966.
10. Plueddemann, E. P., "Silane Coupling Agents for Thermoplastic Resins," presented at Annual Meeting SPI, Feb., 1965.
11. Sterman, S., and Marsden, J. G., "The Effect of Silane Coupling Agents in Improving the Properties of Filled or Reinforced Thermoplastics," presented at Annual Meeting SPE, Mar. 1965: The Effect of Silane Coupling Agents in Improving the Properties of Filled or Reinforced Thermoplastics," *Polymer Eng. Sci.*, **6**(2) (Apr. 1966).
12. Sterman, S., and Marsden, J. G., "The Effect of Silane Coupling Agents in Improving the Properties of Filled or Reinforced Thermoplastics II," presented at Annual Meeting SPI, Feb., 1966.
13. Orenski, P. J., Berger, S. E., and Ranney, M. W., "Silane Coupling Agents—Performance in Engineering Plastics," presented at Annual Meeting SPI, Feb. 1973.
14. Godlewski, R. E., "Organosilicon Chemicals in Mica Filled Polyolefins," presented at Annual Meeting SPI, Feb. 1983.
15. Godlewski, R. E., "Performance of Organosilicon Chemicals in Fiberglass Reinforced Homopolymer and Copolymer Polypropylene," presented at Annual Meeting SPI, Jan. 1986.
16. Godlewski, R. E., *Proc. 42nd Ann. Tech. Conf. SPE*, 229–233 (1984).
17. Ranney, M. W., and Pagano, C. A., "Silane Coupling Agent Effects in Ethylene Propylene Diene Terpolymers," The American Chem. Soc., Rubber Division Meeting, Miami, Florida, Apr. 1971.
18. Wagner, M. P., "Non-black Reinforcers and Fillers for Rubber," *Rubber World*, 46 (Aug., 1971).
19. Ranney, M. W., Sollman, K. J., and Pickwell, R. J., "Silane Coupling Agents in Sulfur-Cured EPDM Elastomers," Paper No. T-71, A.C.S. Rubber Division meeting, Cleveland, Ohio, Oct. 15, 1971.

32. 非シランカップリング剤

基材の表面処理は優れた接着構造物を得るための重要な一因子である．基材表面を変性あるいは処理することは，通常，長期負荷と環境暴露に耐える結合を得るための基本である．複合材料技術においてカップリング剤という用語は，最適物理的性能とその長期保持を得るために充填剤および強化材の表面を処理するために用いられる化学品，を指すために使われている．カップリング剤は二官能性をもつ化学分子で，一方の分子は充填剤や強化材表面に接着し，もう一方の分子が別の材料，すなわちポリマーマトリックスに結合する．これによって二つの異種材料間に結合した橋が形成される．

カップリング剤は通常二つの異なった方法で適用される．第一の方法は，広く利用されている方法でもあるが，カップリング剤を充填剤または強化材の表面に適用するものである．典型的には，充填剤や強化材をカップリング剤の希釈溶液で処理し，次いで溶剤を揮発させるやり方で行われる．目的はカップリング剤の制御された均質薄層あるいは単分子膜を処理表面上に形成させることにある．適用水準は通常，処理される材料の重量比 0.1% と 1.0% の間に範囲している．第二の方法は，インテグラルブレンド法で，処理すべき材料の重量比約 1～2% のカップリング剤を樹脂に添加するやり方である．この方法の性能は，カップリング剤が複合材料の後加工工程中に界面に移行する程度に左右される．

カップリング剤はポリマーをマトリックスとする複合材料に加工助剤としての利便をも与える．ある種の高充填液状ポリマーにおいて，比較的少量の適当なカップリング剤を配合に加えたとき粘度が急低下したことがある．

シランが目下のところ支配的カップリング剤であり，その内容は前章に述べられている．ここでは非シラン系材料を扱い，ポリマーマトリックス複合材料の加工を改善し性能を向上させるためカップリング剤として使われている例を述べる．

チタネート／ジルコネート

Kenrich Petrochemicals 社によって生産されているチタネート類とジルコネート類は，近年多くの関心を集め，多くの複合材料系の加工特性と最終性能に著しい改善効果を与えるものと期待されている[1]．

チタネートおよびジルコネートカップリング剤の代表的一般構造を図 32.1 に示す．ある複合材料系において，チタネートの有効性について提唱されたメカニズムの一つを図 32.2 に示した．無機充填剤または繊維表面での水和の水が，有機官能性チタネートの単分子層で置換される．この無機／有機界面におけるぬれの向上が，有機マトリックスによる間隙空気の置換度を増大させる．Kenrich による分散試験は，炭酸カルシウムに対して重量で 0.5% のチタネートカップリング剤が 50% 炭酸カルシウム充填フタル酸ジオクチルの粘度を 177000 cP から 2600 cP まで低下させることを示した．図 32.3 は，TiO_2 に対し重量で 1% のチタネートの添加が，40% フタル酸ジオクチル系を非流動性粘度から非常に流動する状態へ変化させたことを示している．

有機金属カップリング剤（添加剤）の加工助剤，接着促進剤，および物理的性能増強剤としての多様なポリマー分野における使用は，文献[1~4]や Kenrich 社発行の Reference Manual によく記載されている．

ガラス繊維，ケブラー，および炭素繊維の各種ゴム，エポキシ，および過酸化物硬化不飽和熱硬化性樹脂基材への接着改良は，微量の有機チタネートまたは有機ジルコネートカップリング剤を各種ポリマーマトリックス中に含有させることにより達成されてきた[2]．Kenrich ジルコニウム（IV）ネオアルケノレート－トリス（3-アミノ）フェニレート化合物である LZ 97 の，無水物硬化エポキシ／ファイバーガラスパイプに対する 0.2% 添加は，界面接着力に劇的な増大をもたらした．図 32.4 は LZ 97 なしの対比物が複合材料内で明らかにファイバーガラスストランドを見せているのに対し，チタネート添加物は界面接着を改善していることがガラス繊維の分離が外観的にみられないことでわかる．

強化複合材料中の非対称有機チタネートおよびジルコネートによって付与される接着性の増進は，多重機構の相互作用の結果であることは明らかである．それは配位子－固有界面ぬれ増強，基材粒子と樹脂マトリックス間の

32. 非シランカップリング剤

チタネート/ジルコネートカップリング剤の性質		
チタネートまたはジルコネートのタイプ	用途/利点	化学構造
モノアルコキシチタネート	ステアリン酸官能性；ポリオレフィンへの鉱物充填剤の分散を助ける	$CH_3-CH(CH_3)-O-Ti(O-P(=O)(OH)-O-P(=O)(OC_8H_{17})_2)_3$
キレートチタネート	湿潤環境における安定性増大	$\begin{array}{c}O\\\|\\C-O-Ti(O-P(=O)(OH)-O-P(=O)(OC_8H_{17})_2)_3\\\|\\CH_2-O\end{array}$
四級チタネート	水溶性	$\begin{array}{c}O\\\|\\C-O-Ti(O-P(=O)(O^-)-O-P(=O)(OC_8H_{17})_2)_3\\\|\\CH_2-O\quad R-N^+(R)-R\end{array}$
配位チタネート	ホスファイト官能性；エポキシ粘度の低下；w/o 硬化促進	$(RO)_4Ti \cdot (HP(OC_{13}H_{27})_2)_2$
ネオアルコキシチタネート	高温用熱硬化性樹脂およびポリウレタンに関連する前処理の省略	$R*-O-Ti(O-P(=O)(OH)-O-P(=O)(OC_8H_{17})_2)_3$
ネオアルコキシジルコネート	過酸化物硬化および空気硬化の促進；例．ポリエステル SMC/BMC	$R*-O-Zr(O-P(=O)(OH)-O-P(=O)(OC_8H_{17})_2)_3$
複素環チタネート	特殊用途向超高熱性能	$R\begin{array}{c}O\\ \diagup \diagdown \\ Ti \\ \diagdown \diagup \\ O\end{array}R$

図 32.1 チタネート/ジルコネートカップリング剤の代表的一般構造（Kenrich Petrochemicals 社提供）

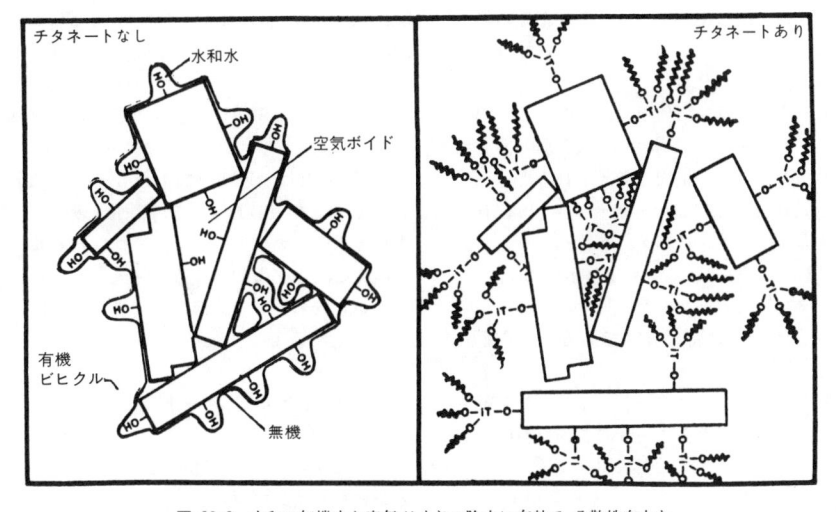

図 32.2 水和の無機水と空気ボイドの除去に有効で, 分散性向上をもたらす三有機官能性チタネートの単分子層析出に対して提案されたメカニズム

図32.3 40% TiO_2/DOP 分散液中にチタネート 1 wt% を添加すると粘度の著しい変化が生ずる．左側の材料はチタネートを含まないもの．(Kenrich Petrochemicals 社提供)

図32.4 フィラメントワインディングエポキシ管．左側の対照体はガラス繊維ワインディングが酸無水物硬化エポキシ管壁を通して突出していることを示している．LZ 97 を 0.2% 含む右側のサンプルは同一強化度であるが，エポキシと強化材のほぼ完全な界面接着のゆえに見かけ上ガラス繊維は見当たらないことを示している．

一次化学結合形成，および多くの場合，マトリックス再重合と強化材表面変性などが含まれよう．特定用途で主体となる独自機構はその系に依存するものと思われる．例えば，カップリング剤によって得られる加工性の増進は，$CaCO_3$ 充填ポリオレフィンで観察される性能全般の向上に対する主要因と思われるし，一方，アミノジルコネートをガラス充填ナイロンに使用することによる機械的性質の改善は，カップリング剤のガラス表面と樹脂マトリックスへの結合の結果が主因と考えられる[3]．

Monte と Sugerman[3] は特定の有機チタニウム/有機ジルコニウム誘導カップリング剤が，本質的に大きく異なる $CaCO_3$ 充填ポリプロピレンとポリ塩化ビニル，ガラス充填ポリウレタン，およびケブラー強化エポキシの各複合材料の衝撃強さ向上に特に有効であることを示した．

有機チタネートと有機ジルコネートカップリング剤およびその同類は，ポリマーラミネートの各種材料間，および金属表面や無機表面へのラミネート/コーティング間の接着促進に有効である．

Kenrich 社はチタネートとジルコネートカップリング剤の研究を行い，その材料を接着剤と複合材料向けに生産するきわ立った企業である．この努力は，その製品に関する多くの特許にみることができる．U. S. Patent 4,600,789（July 15, 1986）および 4,623,738（November 18, 1986）は，Kenrich 社の G. Sugerman と S. J. Monte に与えられたもので，新世代の第 4 カーボンタイプ（ネオアルコキシ）カップリング剤であり，400℃で無充填ポリマーに導入したときでさえ新奇な熱安定性を示すものである．

DuPont 社は一連の有機チタネート，TYZOR TPT, TBT, および TOT をもち，表面を変性して親油性や親水性とするために使われる．これらの製品は分散助剤で樹脂や塗料中への顔料分散を促進する．表面を変性することから接着剤との相溶性も高まり，それによって接着が促進される．

ジルコアルミネート

ジルコアルミネートまたはアルミニウム-ジルコニウム金属有機コンプレックスは，カップリング剤および接着促進剤として有用であることが証明されている．

1985 年 9 月 3 日，二つの特許が L. B. Cohen に与えら

れ，Cavedon Chemical 社に帰属した．U. S. Patent 4,539,048 と 4,539,049 で，アルミニウム-ジルコニウム金属有機コンプレックスが"カップリング剤として有用"と記載している．これらのコンプレックスは"繊維状および微粒子状無機物質そしてある有機微粒子の表面を化学的に変性し，それによって疎水性で親有機性の繊維および微粒子が得られ，充填剤や繊維の高充填を容易にするレオロジー的性質が改善される"例をガラス繊維強化ポリエステル積層板で示した．積層物の性能はメタクリレートシランカップリング剤で得られたものと同じ，メタクリレートクロミッククロライドより優れていた．Cohen の U. S. Patent 4,764,632（1988 年 8 月 16 日）によれば，多官能性アミノジルコアルミネートは高温用接着促進剤として有効であるという．

ジルコアルミネートカップリング剤はシラン類と同類である．その製品ラインのどれもが有機官能性と無機バックボーンを有し，その結果一端がマトリックス樹脂と相互反応し，無機成分が充填剤や強化材表面に対して親和性をもつことになろう．

このタイプの材料の代表的構造を図 32.5 に示す．Cavedon 社の製品（表 32.1）にはアミノ，カルボキシ，オレオフィリック，メタクリルオキシ，およびメルカプト官能性が含まれている．

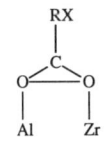

図 32.5 ジルコアルミネートカップリング剤の代表的構造（RX は有機官能基）

このカップリング剤製品群の潜在可能性は多数の出版物[5~9]に記載されている．

Cavco Mod 接着剤への応用

Cavco Mod CPM は未処理ポリエチレンに対する接着増進のため青色ポリアミドインキに用いられてきた．これは PE，PP およびポリエステルフィルムのコロナ放電の在来工程が，Cavco Mod の使用によって除かれるかも知れないことを示す最初の報告である．

Cavco Mod APG は，エポキシ接着剤の金属および非金属基材に対する結合を向上させるために用いられてきた．それは $CaCO_3$/エポキシの粘度を低下させ，各種基材に対する接着を増強するためにも使用されてきた．また U. S. Patent 4,690,966（L. B. Cohen, 1986）に記載されていたように，ゴムと金属基材間の結合を増大させるため接着剤に用いられている．

Cavco Mod C は，ゴム系コーティング剤のスチールに対する接着促進のためフェノール系プライマーに使われている．

その他のカップリング剤

クロムコンプレックス

ガラスフィラメント用カップリング剤として用いられた最初の市販品の中に，DuPont 社によって販売されていた Volan がある．この材料はカルボン酸と 3 価の塩化クロムとの配位錯体である．Volan は通常，業界で"A"仕上げとして知られる特殊処理と洗浄工程によりガラス織布に適用される．この仕上げは米軍規格 MIL-F-9118 A（1954 年 10 月 11 日）に認定され，長年ガラスフィラメント強化材用標準仕上げであった．しかしながら，その使用はシランがより高性能であることを，特に耐水性に関して証明したとき以来，先細りとなった．長期耐水性の促進試験にしばしば用いられた方法に，ファイバーガラス積層品を沸騰水に 2 時間暴露するやり方がある．この単純試験において，カップリング剤なしのガラスフィラメントを含む積層品は，曲げ強さの大幅な低下を示し，約 40% ものオーダーであった．Volan A 処理はこの試験で良好な曲げ強さ保持率を示すであろうけれども，適正に選択したシランなら優れた曲げ強さ保持率を与えることになろう．

Chemical Abstracts Index によると Volan の主成分名称は，メタクリレートクロミッククロライドハイドロオキサイドである．CAS 登録番号は 15096-41-0．構造を図 32.6 に示す．

表 32.1　Cavedon ジルコアルミネート

官能性	Cavco Mod 製品	推奨樹脂
アミノ	A APG	エポキシ，ナイロン，フェノール，ウレタン，フラン，メラミン，PVC
カルボキシ	C, C-1 CPM, CPG, C-1 PM	ポリブチレンテレフタレート，アクリル，SBR
オレオフィリック	F FPM	PE, PP, ポリブタジエン
メタクリルオキシ	M	不飽和ポリエステル
メタクリルオキシ/オレオフィリック	M-1 MPM, MPG, M-1 PM	PE, PP, ポリブタジエン ABS
メルカプト	S SPM	NBR, SBR, EPDM ネオプレン

図 32.6 メタクリレートクロミッククロライド

表 32.2 ポリプロピレン/クレイ複合材料に及ぼす SMA レジンの効果

複合材[a] PP/クレイ[b]/SMA レジン	引張り強さ (psi)		曲げ弾性率 (psi)	極限伸び (%)
	降伏	破断		
70/30/0	—[c]	3340	374000	4.6
70/30/1.3 SMA 1000	4280	4020	423000	4.4
70/30/1.3 SMA 2000	4060	3600	426000	5.3
70/30/1.3 SMA 3000	4270	4160	451000	4.1

a:複合材は 70/30 クレイ/PP の SMA レジン 3.0 部含有濃縮品をバージン PP で希釈して作製した.
b:Hydride 10 (Georgia Kaolin 社).
c:降伏せず.

ポリマー添加剤

カップリング剤の機能を果たすポリマー添加剤がある[10]. アクリル酸変性ポリプロピレンは, 充填および強化ポリプロピレンコンパウンドの諸特性を改善するために用いられてきた. 図 32.7 は, アクリル酸変性ポリプロピレンをマイカ充填ポリプロピレンに添加したときに得られた引張り強さの向上を示している.

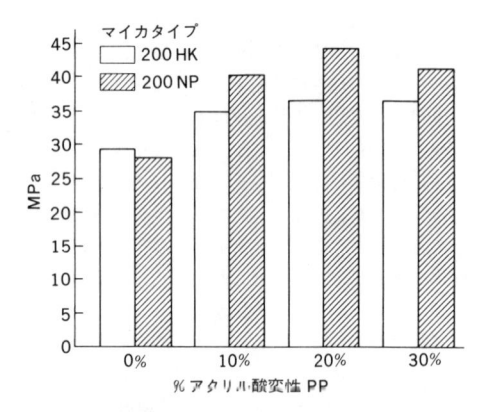

図 32.7 酸変性ポリプロピレン/マイカ複合材料. 酸変性 PP は未処理マイカ (200 HK) 充填 PP の引張り強さをより高価な表面処理マイカ (200 NP) およびカップリング剤無添加の PP より高水準に引き上げる.

BP Performance Polymer 社は, アクリル酸をグラフトしたポリプロピレンのグレードをいくつかもっている. この変性ポリプ ピレンはポリプロピレンコンポジット中のマイカ, タルク, およびガラス繊維への接着向上に寄与する.

スチレンと無水マレイン酸の共重合体が SMA レジンの商標で Sartomer 社により製造されている. グレード 1000, 2000, および 3000 は, それぞれスチレン-無水マレイン酸比 1:1, 2:1, および 3:1 の未変性共重合体である. これらは充填および強化熱可塑性樹脂複合材料における接着力向上, 分散性改善, 粘度低減, および機械的性質の改良を与えることが示されている. 図 32.8 は SMA レジンの構造を示す. 表 32.2 は SMA レジンをポリプロピレン/クレイ複合材料に添加して得られた引張り強さと引張り弾性率の向上を示している.

SMA レジン変性ポリエチレンを未変性樹脂とアルミニウムと鋼に対する接着性で比較した. 表 32.3 は, 適する SMA レジンの約 10% 添加により接着強さが大幅に向上することを示している.

表 32.3 SMA レジン変性ポリエチレンの T 型はく離強さ

基 材	SMA レジン (wt %)	T 型はく離強さ (lb/in)	
		アルミニウム	鋼
LDPE[a]	—	0.1	0.3
LDPE[a]	1000(10)	0.2	0.6〜1.6
LDPE[a]	3000(10)	0.1〜2.3	0.5〜2.8
LDPE[b]	—	0.3	0.2
LDPE[b]	1000(10)	4.1〜5.3	3.7
LDPE[b]	3000(10)	0.2	0.4

a:Dylan 2020 F (ARCO Polymers 社).
b:Super Dylan SDP 640 (ARCO Polymers 社).

フッ素系界面活性剤

DuPont 社は Zonyl の商標で一連のフッ素系界面活性剤を生産しており, 充填剤のぬれと接着を改良するための樹脂用添加剤としての利用を推奨している.

[Harry S. Katz／永田宏二 訳]

図 32.8 SMA レジン

参 考 文 献

1. Katz, H. S., and Milewski, John V., "Handbook of Fillers for Plastics," New York, Van Nostrand Reinhold Co., 1987.
2. Sugerman, G., Monte, S. J., Gabayson, S. M., and Chitwood, W. E., "Enhanced Bonding Of Fiber Reinforcements to Thermoset Resins," SAMPE Technical Conference, Minneapolis, MN, Sept. 1988.
3. Sugerman, Gerald, and Monte, Salvatore J., "The Usage of Organometallic Reagents As Catalysts And Adhesion Promoters In Reinforced Composites," Composites Interface Symposium, Case Western Reserve University, Cleveland, Ohio, June 1988.
4. Monte, S. J., and Sugerman, Gerald, "New Titanates and Zirconates For Tire Cord Adhesion," Presented at the 7th Annual Meeting and Conference of the Tire Society on Tire Science and Technology, The University of Akron, Akron, Ohio, March, 1988.
5. Cohen, L. B., "Zircoaluminate Surface Modifiers Present New Opportunities In Pigmented Plastics," SPE RETEC, Coloring of Plastics, Philadelphia, Oct. 2,3, 1984.
6. Cohen, L. B., "Mineral Filled Resins: In Situ Surface Modification With Zircoaluminate Metallo Organic Coupling Agents," SPE ANTEC, Paper 636, New Orleans, Apr. 1984.
7. Cohen, L. B., "Irreversible Surface Modification with Zircoaluminate Coupling Agentsa: High Performance in Composite Materials," Society of the Plastics Industry, 39th RP/C Conf., Houston, Jan. 16-19, 1984.
8. Cohen, L. B., "Zircoaluminates Strengthen Premium Range Of Chemical Coupling Agents," *Plastics Eng.*, **39**(11), pp. 29-32 (1983).
9. Cohen, L. B., "The Chemistry and Reactivity of Zircoaluminate Coupling Agents for Filled and Reinforced Plastics," Society of the Plastics Industry, 41st RP/C Conference, Jan. 1986.
10. "Polymers as Modifier Additives," *Plastics Technol.*, 15-19 (July 1988).

33. エラストマー系粘着剤，接着剤用樹脂

エラストマー系の粘着剤や接着剤は工業用途や家庭用途において幅広く使われている．感圧粘着テープやラベル，ホットメルト型の包装用接着剤，使い捨て商品，建築用接着剤，ホットメルト型の製本用接着剤は，ここ数年急速な市場拡大を示している接着剤システムのほんの2～3の例に過ぎないのである．さらにエラストマー系接着剤は航空機や自動車，建築業界から求められる高強度の構造用途にも開発が進められてきている．このように接着剤システムにおいて幅広い物性を得ることができるのは，(a) 天然ゴムや合成ゴムによりバラエティに富んだ物性が得られるためであり，(b) 粘着付与樹脂，補強樹脂，充填剤，可塑剤，架橋剤などの多種多様の改質成分が粘着，接着剤に配合可能であるためといえる．

歴史的背景

最初に上市されたゴム系接着剤は単なる天然ゴムの溶液に過ぎなかった．生ゴムの接着剤としての物性は1791年頃の昔から認められており，その当時はゴムのナフサ溶液が防水織物製品のラミネートに使われていた．後には，このような接着剤はさらに塗付後に加硫されるようになった．19世紀中頃になると天然ゴムラテックスを使用した接着剤がつくられはじめた．ロジンの配合が有益であることは知られてはいたが，初期の溶剤型ゴムセメントでは樹脂が配合されることもまれであった．これら初期の頃の接着剤の強度は低いものであったが，それでもほとんどの接着の要求を満たすことはできたのである．

第二次大戦中には合成ゴムが開発されたことにより，広い範囲の被着体へ応用可能な接着剤や，さらに高温での使用が可能な新型の接着剤も出現した．スチレン-ブタジエンコポリマーやブタジエン-アクリロニトリルコポリマーが新しい接着剤に応用された．同時期に塩素化ゴム，ポリクロロプレン（ネオプレン）ゴム，多硫化ゴム（ポリサルファイドゴム）が開発され，これらをベースにした重要な接着剤もまた開発された．その後，カルボン酸変性エラストマー，シリコーンゴム，ポリウレタンが続いて開発された．

エラストマーと熱硬化型樹脂との混合系が数多く紹介されるようになり，エラストマー系接着剤の応用範囲が構造接着用途へと広がっていった．この混合系は一般に反応性フェノール樹脂とネオプレンゴムまたはニトリルゴムとからなっている．高強度と低クリープ性がこの接着剤の基本的特性である．

1965年には熱可塑性ブロックコポリマーが商業的に紹介され，高性能のホットメルト型の感圧接着剤の開発が進められた．この末端ブロックがスチレンで中間ブロックがイソプレン，ブタジエンあるいはエチレン-ブチレンであるブロックコポリマーは粘着剤，接着剤工業やシーリング材工業の中でも最も急成長している分野に使用されるエラストマーとして定着してきている．

粘着剤，接着剤の構成成分

一般にエラストマー系の粘着剤，接着剤は，エラストマーと粘着付与樹脂あるいは改質樹脂を基本構成成分として含んでいる．また他にいろいろの添加成分をも含んでいる．

1) エラストマー
2) 粘着付与樹脂または改質樹脂
3) 可塑剤，軟化剤
4) 充填剤
5) 顔料
6) 架橋剤
7) 酸化防止剤

エラストマーとはゴム弾性をもつ天然あるいは合成のポリマーである．これらの物質は高い伸びとすばやく力強く弾性回復する性質とを有している．粘着，接着剤用途に用いられるエラストマーの例を示す．

・天然ゴム
・アクリル系コポリマー
・スチレン系ブロックコポリマー
・ブチルゴム
・塩素化ゴム
・ポリイソブチレン
・スチレン-ブタジエンゴム（SBT）

- ポリクロロプレン（ネオプレン）
- シリコーンゴム
- エチレン-プロピレンコポリマーゴム
- ポリウレタン
- エチレン-プロピレンターポリマー（EPDM）

エラストマー系粘着剤，接着剤に配合される粘着付与樹脂（改質樹脂）としては，石油留分の重合物，テルペン類の重合物はもちろんのこと，ウッドロジン，ガムロジン，トール油ロジンの誘導体も使用される．これらは重量平均分子量が1000以下の低分子量樹脂であり，分子量が2000を越えるのはまれである．さらに，高性能の接着剤では熱可塑性あるいは熱硬化性のフェノール樹脂が混合される場合も多い．粘着付与樹脂はこの章の主題なので，後に詳しく述べることにする．

可塑剤と軟化剤にはジオクチルフタレート（DOP），ジイソブチルフタレート（DIBP）のようなフタル酸系のもの，ラノリンのような天然油脂系のもの，石油精製により得られるパラフィン系オイル，ナフテン系オイル，芳香族系オイルなどの石油系のものが使用される．ロジン系や石油系の液状樹脂は粘着付与と可塑化の両目的を達成することができる．充填剤としては，カーボンブラック，酸化亜鉛，クレイ，炭酸カルシウム（チョーク，ホワイチング），ケイ酸カルシウム，硫酸バリウムが使用される．これらの充填剤は配合物のコスト低減，硬さの増加，耐摩耗性改良，凝集力の改良に効果を発揮する．架橋剤はエラストマーの凝集力を増加する目的で接着剤に配合される．初期の天然ゴム系粘着剤システムにおいて，一般的に最もよく使われた架橋剤は硫黄であったが，その後ほとんどの用途で，有機過酸化物やイソシアネート系の架橋システムが硫黄に代わって使われるようになった．接着剤配合に使われる酸化防止剤はゴムコンパウンドに使われるものと同じで，芳香族アミン，置換フェノール，ハイドロキノン類などである．一般にエラストマーや樹脂には，貯蔵中や輸送中の経時変化を抑制する目的でその製品に0.1～0.3wt%の酸化防止剤があらかじめ混合されている．さらに接着剤を配合する際には，加工中と使用中の酸化劣化を防止する目的で酸化防止剤が追加添加される．接着剤配合物中には3～4種類の酸化防止剤が含まれているのが普通である．

上述の成分に加えてゴムラテックスと樹脂エマルジョンをベースにした水性接着剤ではさらにいろいろなものが添加されている．保護コロイド，乳化剤，増粘剤，乳化安定剤などの添加剤の機能は主として水性接着剤の安定性を得ることであり，最終組成の接着物性を高めるために必ずしも必要なものではない．実際に，分散安定性と接着特性との妥協点を慎重に考慮し，配合を決定しなければならない．経時中に添加剤が移行すると，感圧接着剤のタック低下をひきおこしたり，支持体への滲みだしをおこしたりする場合もある．ラテックス系接着剤において乳化安定剤の使用が不適切な場合には，最終的に耐湿性が低下する場合もある．

エラストマー系粘着剤，接着剤の種類

いろいろなエラストマーをベースに使用したラテックス型，溶剤型，ホットメルト型の感圧接着剤はここ数年来急速な成長を遂げてきた．さらにはスチレン系熱可塑性エラストマーをベースにしたホットメルト型の組立用接着剤は，使い捨ておむつや他の衛生用品の生産に欠かすことのできないものになってきている．一方，現行のエラストマー系接着剤の開発が感圧接着剤を中心に行われているとはいっても，依然として溶剤型およびラテックス型のゴムセメントやマスチック接着剤が大量に生産されている．

ゴムセメント

ゴムセメント，マスチック接着剤や感圧接着剤を調製する場合には天然ゴムの混練りや素練りが必要である．天然ゴムラテックスを凝集させて得られるエラストマークラムを，高温下で互いに異なった速度で回転している金属製2本ロールの間を繰り返し通したり，あるいはバンバリー型ミキサー中で練ったりするのである．この操作により，ポリマーは強いせん断力をともなった圧縮をうける．非常に強いせん断力によってエラストマー分子鎖は機械的に切断され，ゴムの分子量が低下する．混練りする前のゴムは本質的には弾性体であり，高負荷下でも永久変形に耐えることができるが，混練りの後には軟らかく変形しやすくなり，脂肪族系溶剤や芳香族系溶剤に溶解するようになる．

実際問題として，ゴムの適当な混練り条件を決定し制御することはなかなか難しい．多種多様な合成ゴムがあるように，生ゴムのような天産物にもいろいろな種類のものがある．ゴムの種類によって素練りの効果も異なってくる．混練りの操作には熟練技術が必要であり，一種芸術的でさえあるといえる．ロールの温度，回転速度，周囲の雰囲気，混練り時間，ロール間の隙間のすべてが変数であり，混練り機械が替わればもちろんだが，同じ機械であってもそれぞれのバッチ操作間でもまったく同じものを得ることは困難である．一定の凝集力をもつ接着剤配合を得るためには，混練りによる分解を同程度に制御する必要があり，架橋により凝集力を再生させない限りは，混練り程度の違いは天然ゴム系感圧接着剤のせん断力に対する抵抗性に特にはっきりと現れる．

サイズエクスクルージョンクロマトグラフィーのような洗練された技法により，ゴムの分子量を測定し素練りの効果を検査することは可能ではあるが，測定に長時間を要する．通常は回転ディスク型のムーニー粘度計[1]によって天然ゴムの粘度が測定されている．これは，混練り時間など混練り条件の影響を知ることができる簡便な方法である．接着剤を配合する場合にはムーニー粘度計がうまく利用されていて，混練り後のムーニー粘度とゴムの最終物性との相関をとっている．

一般にゴムセメントはエラストマーを混練機で練り，これを取り出して溶剤に溶解して製造される．このゴムを溶剤に溶解する溶剤希釈（cutting）はチャーン(Churns)の名で知られている低速混合器，あるいは高速回転の可能な高速混合器を使用して行われている．天然ゴムやSBRの溶解には一般にトルエン，ヘキサン，ナフサのような溶剤が使われる．ニトリルゴムやネオプレンゴムのような極性ポリマーにはメチルエチルケトン(MEK)，メチルイソブチルケトン(MIBK)，塩素系溶剤のような極性溶剤が単独で，あるいは無極性溶剤との混合溶剤として使われる．接着剤メーカーで使用される混合溶剤は，溶解力だけでなく乾燥時間を制御する相対的な揮発速度も考慮して最終的に決定される．希望の接着性能を得るために必要な添加剤はこの溶解過程でゴム溶液に混合されている．

ゴムセメントの場合と同様に感圧接着剤配合においても天然ゴムの混練りと溶剤希釈は重要な工程である．天然ゴム系の粘着テープやラベルは感圧接着剤工業が急成長するために重要な役割を果たした．このテープ，ラベルに関しては後にもっと詳しく述べることにする．

溶剤型のゴムセメントは通常10〜25％の固形分濃度，1000〜30000 cPの範囲の粘度で供給される．ゴムセメントは，はけ，スプレー，ドクターブレード，リバースロールコーター，ハンドローラー，こてなどのいろいろな方法で塗付される．それぞれの塗付方法において接着剤を適切に塗付するには，それらに適した粘度に設定する必要がある．

塗付後，自然乾燥あるいは加熱オーブン，加熱トンネル中での強制乾燥により溶剤が取り除かれる．ゴムセメントとしては，家庭や学校で広く使われている強度の低い単純な天然ゴム系のセメントからポリクロロプレンと反応性フェノール樹脂をベースにした構造接着用のコンタクト型の接着剤に至るまでの広い範囲の性能のものがある．

ラテックス系接着剤

ゴムラテックスはゴム粒子が水に分散した二相系よりなっている．ゴムがうまく分散するよう，またゴム粒子が塊になり凝集したりしないように，保護コロイドや他の安定剤がラテックス中に配合されている．天然ゴムはある種の熱帯の樹木，特に *Hevea brasiliensis* からラテックスとして採取される．35〜40％固形分の状態で，ゴム粒子は直径1〜3 μm の小球体である．

乳化重合により製造されている合成ゴムはラテックスの形態での供給が可能である．商業的に最も興味あるラテックスはSBR系，アクリル系，ネオプレン系，エチレン-酢酸ビニル系の合成ゴムラテックスである．ゴムラテックス，特に天然ゴムとSBRはカーペットや家具製品などの裏打ち用接着剤，鞄用，靴用，製本用接着剤，タイル用マスチック接着剤，タイヤコードのディッピング接着剤，木工用接着剤に長い間使われてきている．

環境問題により有機溶剤の使用が制限され，粘着テープ，ラベルや缶シーリング材，コンタクト型接着剤の配合においてゴムラテックスが使用されるようになってきた．適当なゴムラテックスや粘着付与樹脂のディスパージョン（分散物）が入手できるようになったのでラテックス系への変更が可能となり，天然ゴム，SBRやアクリルラテックス系感圧接着剤は接着剤工業の重要な一部分となってきている．粘着付与樹脂分散物の製造に関しては，後ほどさらに詳しく述べることにする．

ラテックス系接着剤には溶剤系に比べていくつかの利点がある．環境面からの制約が少ないことに加えて，ラテックス系は火災の危険性がほとんどなく，装置の洗浄が容易であり，より高い固形分濃度で使用することも可能である．ゴムラテックス系の場合は，相当する溶剤系に比べてかなり高い固形分濃度においても粘度は低い．

固形分40％の天然ゴムラテックスは固形分15％の混練りされたゴムのトルエン溶液の粘度よりもかなり低い．さらに，ラテックス形態での天然ゴムは混練りされたゴムに比べて分子量が高い．分子量の高いゴムを感圧接着剤に配合した場合には，せん断力に対するより高い抵抗性を得ることができる．

ラテックス系接着剤でゴムと樹脂を配合する場合の重要な問題点は個々のラテックスの相溶性である．分散剤にはカチオン系，ノニオン系，アニオン系のものがある．ゴムラテックスと樹脂分散物を混合したとき，固形分が凝集するのを防ぐためには分散剤システムの化学的性質をよく知っておく必要がある．

溶剤系のゴムセメントはラテックス系に比べて最終的により高い接着強度が得られるが，依然としてラテックス系も広く使用されていて，ある特別な接着の要求に対して特に必要とされる場合も多い．溶剤系の場合は多孔質の被着体に滲み込みやすいので，接着表面に十分な量の接着剤をのせて満足できる接着強さを得るためには数回繰り返して塗工する必要がある．他方，ラテックス系では多孔質表面上でも滲み込みが少なく，より良好な保留性（hold-out）を発揮するので，1回塗りで十分に良好な接着強さを得ることができる．

マスチック接着剤

マスチック接着剤はラテックス系，溶剤系の特殊な種類の接着剤に属するものである．マスチック接着剤のユニークな特色は非常に高粘度であることである．ほとんどのマスチック接着剤が天然ゴム，SBRまたはその混合物をベースにしている．そして何らかのアスファルトやビチューメンが原材料コストを低くするために添加される場合が多く，粘着付与樹脂や充填剤もまた広く使用されている．

工業用途や建設建築工業において低い接着強さで十分なところではマスチック接着剤が大量に使われている．すなわち，ビニールやゴム，木でできた床タイル，天井や陶壁用のタイル，ビニールやリノリウムのシート，屋

内外用カーペットなどの据付けや貼付け、あるいは自動車工業では断熱材、消音材、裏打ちパッドなどの固定用に使われている．

陶製タイルや木製床材に用いる単純な配合のラテックス型のマスチック接着剤では、適当な粘着付与樹脂の高固形分溶液（固形分80%以上）を十分な攪拌の下にSBRラテックスに添加し分散することによってつくられている．さらに，これに充填剤が配合される場合もある．このようなマスチック接着剤はこてで床や壁に塗り付けられ，接着剤表面上に乾燥皮膜が形成する前にタイルをすばやく押さえつけて貼り付けられる．

感圧接着剤

ゴム系の接着剤工業の中でも，感圧接着剤は最も急成長した分野の一つである．粘着テープやラベルは多種多様な用途に使用されている．例えば
・テープ用途
　　包装用
　　医療用
　　マスキング用
　　事務/一般消費者用
・ラベル用途
　　永久接着型ラベル
　　再はく離型ラベル
　　低温/冷凍庫用グレード
　　フィルム状，箔状ラベル

ゴムセメントや包装用ホットメルト型接着剤とは異なり，感圧接着剤は使用温度で永久的に粘着性を示すように配合されている．感圧接着剤用に特別に設計された粘着付与樹脂とポリマーが開発されたことによって，このような製品の配合が可能となった．感圧接着剤の特徴は接着表面に対して瞬時に接着することである．適切な樹脂とポリマーを選択することによって，多種多様な粘着特性を有する粘着剤を得ることができる．例えば，はく離の際に界面破壊するものから凝集破壊するものまで多様な破壊様式のものが設計可能であり，永久接着タイプあるいは再はく離タイプなど多種の粘着剤を得ることができる．このような配合の原理は粘着付与樹脂の項でより詳しく説明する．

粘着テープの最初の応用用途はサージカルテープ（絆創膏），電線や鉛管用などの絶縁テープなどであった．これらは布を支持体にしたテープであり，通常接着表面からきれいに剥がす必要のないものであった．後になって，一般用途の家庭用マスキングテープや高温でも耐えうる自動車塗装用のマスキングテープなどが開発された．現在ではポリプロピレンフィルムを支持体にした包装用テープが粘着テープ工業の重要な部分を占めるようになってきている．

粘着テープやラベルはさまざまな素材の支持体とともに供給されている．例えばクレープ紙，アルミ箔，織布，セロファン，クラフト紙，酢酸セルロース，ポリエステルフィルム，ポリエチレン，ポリプロピレン，可塑化塩化ビニル，ガラス繊維織布および他の柔軟性のあるものなどがあげられる．感圧接着剤は溶剤型，ラテックス型，ホットメルト型，ラジエーションキュアー式の100%固形型のいずれかの形態で塗付される．塗付方法としては，ロールコーティング，カレンダーコーティング，スロットダイコーティング，リバースコーティングなど多様な方法が利用されている．

粘着用途向けに特別に設計されたエラストマーが開発されたことによって感圧接着剤は大きく成長した．カルボキシル化SBRラテックスや溶剤型あるいはラテックス型のアクリル系と同じように，天然ゴムは感圧接着剤用途においても重要なエラストマーである．スチレン末端ブロックとイソプレンやブタジエンやエチレン-ブチレンのゴム相中間ブロックからなる熱可塑性ブロックコポリマーとスチレン-ブタジエンマルチブロックコポリマーは，感圧接着剤工業の中でも特に急成長した分野である．これらのブロックコポリマーは高い安定性をもち，応用用途範囲も広いので，高性能の接着剤システムへの配合も可能である．これらコポリマーは独特なブロック構造をもつ分子からなっているので，接着剤に配合する場合には特に考慮すべき課題がある．これに関しては粘着付与樹脂の項でさらに詳しく述べることにする．

ホットメルト型接着剤

最近数年の内に，ホットメルトの形態で塗付される接着剤は接着剤工業の重要な一部分になってきている．環境問題により，溶剤系接着剤からラテックス系接着剤への転換が進められたのと同様に，適切なホットメルト型接着剤システムの開発も進められてきた．熱や酸化に対してより安定な改質樹脂やエラストマーが開発されて，ホットメルト型接着剤は目ざましい成長をとげた．

これら熱可塑性のホットメルト型接着剤は100%固形分の不揮発性物質からなっている．すなわち，水，溶剤などを含まないということである．これらは室温では固体であるが，135～177℃（275～350°F）の塗付温度では溶融し流動する．ホットメルト型接着剤は溶融塗付後貼り合わされ，冷却されて固体状態に戻ることにより，最終的な接着強さを発現する．

厳密にいうと，初期の頃のホットメルト型接着剤はゴムベースの接着剤の定義の範疇にはない．天然ゴムやランダムSBRのようないわゆる"ゴム"ポリマーは，高分子量なので低温ではたやすくは溶融しないし，さらに高温にさらすと熱劣化や分解がおこる恐れが強い．しかしながら，いくつかの合成ポリマーの中にはホットメルト型接着剤配合の構成成分として広く役に立つものもある．すなわち，ポリアミド樹脂，ポリエステル樹脂，エチレン-酢酸ビニル（EVA）コポリマー，エチレン-エチルアクリレート（EEA）コポリマー，低分子量ポリエチレン，アタクティックポリプロピレン（APP）やある種のビニルエーテル類などはホットメルト型接着剤に広く

1965 年にスチレン系トリブロックコポリマーが商業化され，1980 年代初頭にはスチレン-ブタジエンマルチブロックコポリマーが紹介されてホットメルト型接着剤の応用分野は大きく広がった．これらのポリマーによって，使い捨て紙おむつや他の衛生用品のような製品組立用途にホットメルト型接着剤の用途が大きく広がっただけでなく，これらコポリマーはホットメルト型感圧接着剤用途への適用も可能であり，感圧接着剤工業の発展にも大きく貢献した．生産速度が速いということ，原材料コストが比較的安いということ，および溶剤の除去回収の必要性がないということは，製造工程上，非常に経済的である．

エラストマー系接着剤での樹脂の機能

樹脂の種類

エラストマー系接着剤が使用され始めた初期の段階で，天然ゴムのみからなる単純な配合物では最終接着剤としての物性が非常に低いことはすでによく知られていた．また，商業的に使用可能であるたいていの合成エラストマーは，そのままではタックはほとんどなかった．これは，エラストマー同士あるいは他の被着体表面に対してもやはりタックはなかった．一方，改質剤をエラストマーに添加することにより接着剤の性能特性が改良されることもわかってきていた．

粘着付与樹脂と改質樹脂には，異なった化学的様式と物理的性質をもつたくさんの種類の製品がある．新たに接着剤を配合する者にとって，提供される樹脂の品数の多さにはただ当惑するばかりであり，適当な樹脂を選定するには混合してテストしてみるほかないようにも思える．しかし，エラストマーと樹脂に関する知識を集約することにより，特定の配合系に対する最適の改質樹脂を選択するための系統的な研究方法も紹介されている．この系統的研究方法に関しては後でより詳しく述べることにする．

粘着付与樹脂と改質樹脂という二つの用語は混同して使われている場合が多い．厳密にいえば，接着剤配合に添加されるすべての樹脂はその配合系の物性を変性するので，それらはすべて改質樹脂と見なされるべきである．エラストマーに添加される大部分の樹脂はタックを増加させたり接着物性を向上したりするので，これらは正確には粘着付与樹脂と呼ばれている．EVA 系やポリエチレン系のように感圧型ではないホットメルト型接着剤に使われる樹脂は主に溶融粘度の低減やオープンタイムの制御のために混合されるので，これらはより正確な表現では改質樹脂と呼ばれている．またブロックコポリマーベースの感圧接着剤の開発にともない，さらに異種の樹脂，すなわち末端ブロック補強樹脂と称されるものも広く使われるようになってきた．これらの樹脂はコポリマ

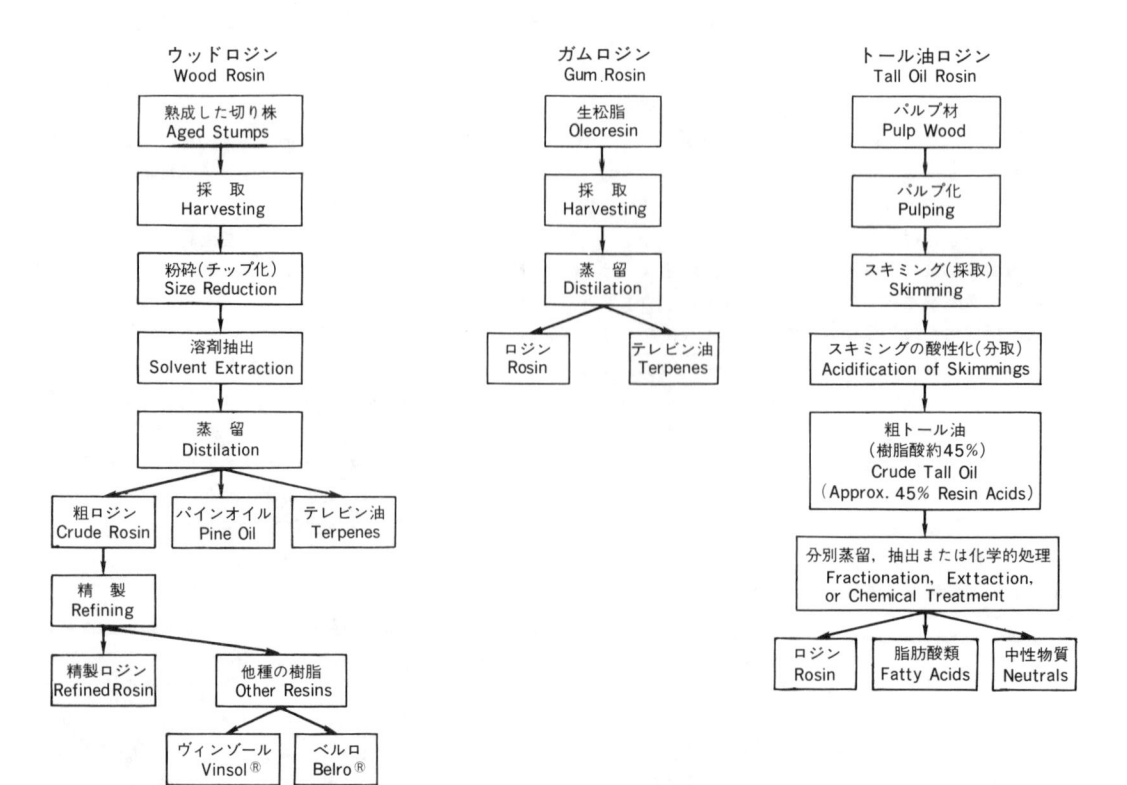

図 33.1 松から得られるロジン類

33. エラストマー系粘着剤，接着剤用樹脂

一のスチレンブロックとのみ相溶し，接着剤配合のせん断力に対する抵抗性を増加する働きがある．

改質樹脂は次のように特徴づけられる．
(1) 低分子量の熱可塑性オリゴマー（分子量200～2000）
(2) 室温で粘稠液体から固く脆いガラス状のものまで
(3) ロジン誘導体や石油留分，テルペン留分，コールタール，純モノマーの重合物など
(4) 無色透明から茶褐色，黒色までの色調の範囲
(5) 脂肪族系，芳香族系炭化水素溶剤や他の多くの一般有機溶剤に溶解する

また一般的に，これらの樹脂は化学的性質にもとづいて次の3種類に分類される．
① ロジン，変性ロジン，ロジン誘導体
② 炭化水素樹脂
③ テルペン系樹脂

ロジン系樹脂はガムロジン，トール油ロジン，ウッドロジンの3種のロジンから製造される．図 33.1 には，松の木からロジンを得るための原料ソースと生産工程を示した．

低品位のマスチック接着剤や建築用接着剤の用途には未変性の生ロジンが使われる場合もある．しかし，一般

図 33.2 アビエチン酸

に酸化や熱に対する安定性を増すため，あるいは軟化点，溶融粘度という物理的性質を特定の範囲内に調整するために種々の変性がロジンに施される．ロジンは三環構造の不飽和樹脂酸と少量の中性成分からなる複合混合物である．樹脂酸としては 12 個以上の異性体が同定されている．図 33.2 に構造を示したアビエチン酸が最もよく知られている樹脂酸である．ロジンはカルボキシル基と二重結合の部分を中心に変性が行われ，その誘導体が製造されている．二重結合の部分は異性化，水素添加，脱水素，重合，ディールス-アルダー付加などの反応が行われている．カルボキシル基については，塩の形成，エステル化，水素化分解，アンモノリシス，脱カルボキシル化の各反応が行われている．図 33.3 にはロジン誘導体メーカーの Hercules 社で行われているロジン誘導工程スキームを示した．

石油樹脂は使用される原料モノマーの化学的性質によ

*1 ハイドロアビエチルアルコール

酸価	ドロップ法軟化点(℃)
*2	樹脂名

*3 ペンタエリスリトール　*4 L＝液状

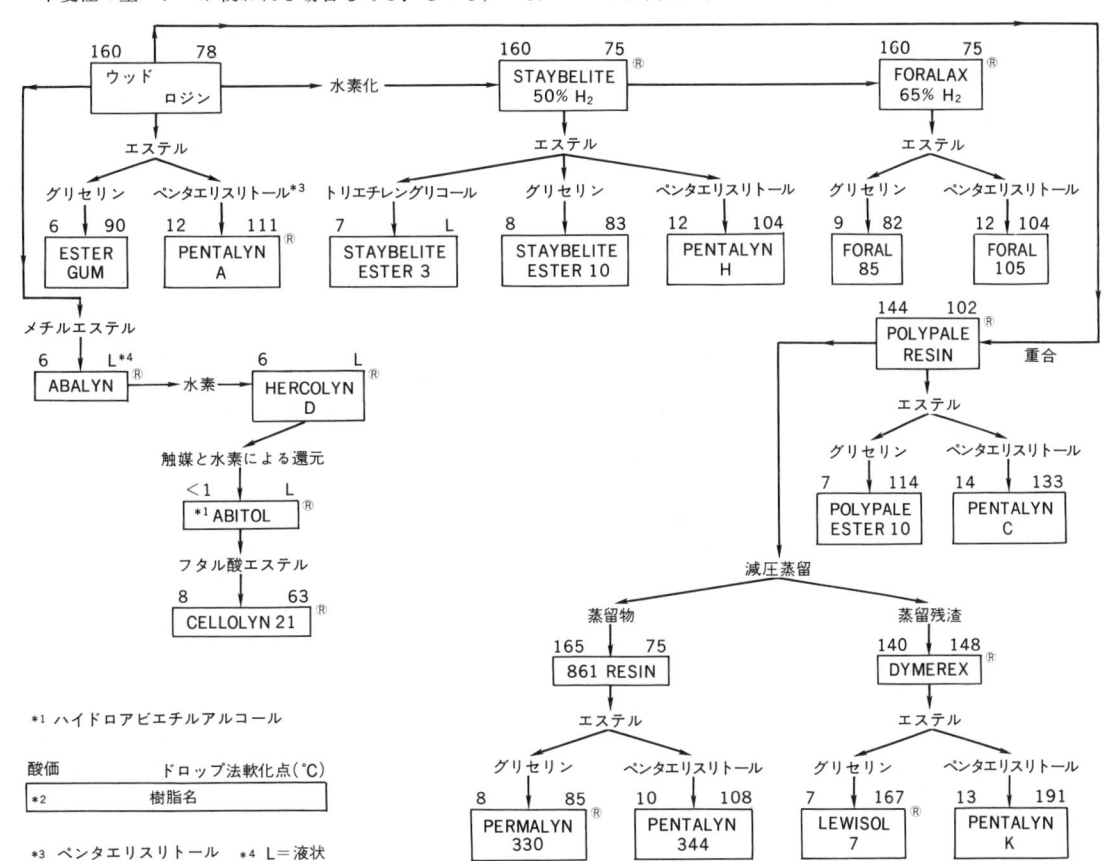

図 33.3 Hercules 社のロジン誘導体

って分類される．例えば脂肪族系，芳香族系，脂環族系あるいは脂肪族系/芳香族系の混合といった原料モノマーがあげられる．商業的に入手可能である主な樹脂は下記の5種類に分類できる．
　（1）　脂肪族系樹脂（C-5系）
　（2）　芳香族系樹脂（C-9系）
　（3）　芳香族系/脂肪族系樹脂（C-5/C-9系）
　（4）　スチレン，α-メチルスチレン，ビニルトルエンをベースにした純モノマー系樹脂
　（5）　水素添加樹脂

表 33.1　改質樹脂の種類と性状

樹脂の種類	商品名	酸価	軟化点 ドロップ法[a]	軟化点 環球法[b]	メーカー
ロジン					
ガムロジン		165		78	中国，ブラジル
トール油ロジン		163		80	5, 6
ウッドロジン	Pexite®	160	80	73	1
変性ロジン					
重合ロジン	Poly-pale resin	144	102	95	1
水添ロジン	Staybelite	160	76	68	1
不均化ロジン	Dymerex resin	140	148		1
ロジンエステル					
ペンタエリスリトール-ウッドロジン	Pentalyn A	12	111		1
グリセリン-水添ウッドロジン	Staybelite Ester 10	8	83		1
ペンタエリスリトール-水添ウッドロジン	Pentalyn H	12	104		1
グリセリン-過水添ウッドロジン	Foral 85	9	82		1
ペンタエリスリトール-安定化ロジン	Pentalyn 344	10	104		1
炭化水素樹脂					
脂肪族石油系	Piccotac® シリーズ	0		70〜115	1
	Escorez® シリーズ	0		90〜115	2
	Wingtack® シリーズ	0		86〜115	3
芳香族石油系	Piccovar® シリーズ	0		10〜60	1
	Picco® 5000 シリーズ	0		70〜140	1
	Nevchem® シリーズ	0		70〜150	4
ジシクロペンタジエン系	Piccodiene® 2215	0		115	1
熱反応型	Neville® LX シリーズ	0		90〜155	4
芳香族変性脂肪族石油系	Hercotac® 1149	0		96	1
	Super Sta-Tac®	0		80〜100	7
ポリテルペン樹脂					
α-ピネン	Piccolyte® A シリーズ	0		115〜135	1
d-リモネン	Piccolyte C シリーズ	0		10〜135	1
β-ピネン	Piccolyte S シリーズ	0		10〜135	1
芳香族変性	Zonatac® 105	0		105	5
フェノール変性テルペン	Nirez® 2000 シリーズ	0		122〜148	7
ポリテルペン	Nirez 1000 シリーズ	0		10〜135	7
純モノマー系樹脂					
スチレン/α-メチルスチレン	Kristalex® シリーズ	0		25〜140	1
α-メチルスチレン/ビニルトルエン	Piccotex® シリーズ	0		75〜120	1
スチレン	Piccolastic® シリーズ	0		5〜75	1
水添石油樹脂					
脂環族系	Regalrez® シリーズ	0		18〜138	1
	Escorez 5000 シリーズ	0		80〜120	2
	Super Nirez シリーズ	0		100〜120	7
	Regalite® シリーズ	0		70〜120	1
補強用樹脂					
	Endex® シリーズ	0		155〜160	1
	Kristalex 5140	0		140	1
	Cumar® Lx-509	0		155	4

a：ハーキュリーズドロップ法
b：ASTM E 28-67 環球法

〔メーカー略記号〕
1. Hercules　　3. Goonyear Chemicals　　5. Arizona Chemical　　7. Reichhold Chemicals
2. Exxon Chemical　　4. Neville Chemical　　6. Union Camp

テルペン系樹脂にはポリテルペン樹脂，芳香族変性テルペン樹脂，フェノール変性テルペン樹脂などがあり，α-ピネン，β-ピネン，d-リモネン，ジペンテンを主原料にして生産される．上市されているいろいろな樹脂製品に関して，その化学的分類，製品名，物理的性質やメーカーを表33.1にまとめた．

タック

接着剤に対する樹脂の機能および樹脂の選択に関して論ずる前に，タックと接着力に関して少々説明を加える必要がある．まず，適切な接着剤を製造するには三つの基本物性の評価が必要である．
(1) タックまたはぬれの性質
(2) 接着強さ
(3) 凝集力

なかでもタックは，特定の用語を使って意味を明確に定義するのが難しい言葉である．タックはいろいろな物理的性質の組合せを表現し，意味している場合が多い．

指による圧力を用いるタックの測定方法は，普及している簡単な手法ではあるが，明らかに定量的ではない．接着剤技術においてタックは，ある物質（接着剤）を低い貼合せ圧力で，他の表面と接触させたとき，測定可能な強さの接着強さが直ちに形成されるような性質と定義されている．このようにタックは"瞬間的な"接着であり，最終的な強度ではない．タック強度の形成に必要な時間は最高接着強さの発現に要する時間と比べて非常に短い．接着剤を貼り合わせ，圧力なしに表面に貼りつけ，直ちに剥がすという粘着テープ，ラベルのタック測定方法は，クイックスティック法として知られている．

接着剤のレオロジー的な性質および接着剤と接触表面との表面エネルギーの働きとによってタックが発現する．樹脂を添加することにより配合物のレオロジー的性質と表面エネルギーの両方が改質され，接着剤に適当な流動性とぬれの性質が付与される．タックは温度，貼合せ圧力，貼合せ速度およびはく離速度，接触時間に敏感に影響をうける．

接着剤の強度は，接着剤が表面に接触することによりつくられる結合の強さに起因している．やはりここでも，この最終の強さは温度，貼合せ圧力，接触時間に依存している．感圧接着剤の接着力は通常，はく離試験により測定される．

凝集力は接着剤の内部強度または引裂きに対して抵抗する接着剤の能力に起因する物性である．被着体表面から接着剤をきれいに剥がすためには，接着剤の凝集力が接着表面との接着力より強いことが要求される．接着される表面の状態に左右されるタックや接着力とは異なり，凝集力は被着体により何の影響もうけない．

粘着付与樹脂の機能

粘着付与樹脂は接着剤自体のぬれ性の改良，極性の増加および粘弾性変化などによって無極性エラストマーの接着性を高めるものである．1960年代後半頃から，樹脂がどのようにエラストマーの粘弾性を変性するかを解明しようとする試みがいろいろと行われてきた．1966年にC. Dahlquist[2]はクリープコンプライアンスをもとにして感圧接着剤の性能を定義した．さらにSherriff，Auberyら[3]は低分子量樹脂の天然ゴムへの添加の影響を論証実験し，ゴム-樹脂混合系での粘弾性とはく離力との関係に関して検討を行った．

最近ではClassとChu[4]が，樹脂-エラストマー混合系の体系的研究に動的粘弾性の測定を拡張利用することにより，樹脂の構造，濃度，分子量がエラストマーの粘弾性に与える影響を明らかにした．エラストマー単独あるいはエラストマーと樹脂の混合系に関する動的粘弾性測定データの典型例を図33.4に示した．G'は弾性モジュラスまたは貯蔵モジュラス，G''は粘性モジュラスまたは損失モジュラスであり，G''/G'の比は$\tan\delta$曲線を与える．$\tan\delta$曲線で極大を示すときの温度は動的なガラス転移温度に対応している．ClassとChuは，このような動的粘弾性の測定によって，樹脂がエラストマーの粘弾性に与える影響を容易に求められることを示した．エラストマーと相溶する樹脂を添加した場合は室温でのエラスティックモジュラスG'が低下し，$\tan\delta$のピーク温度すなわちガラス転移温度が上昇する．逆に，エラストマーと相溶しない樹脂を添加すると室温での弾性モジュラスG'が増大し，$\tan\delta$曲線において二つの別の極大ピークがあらわれる．

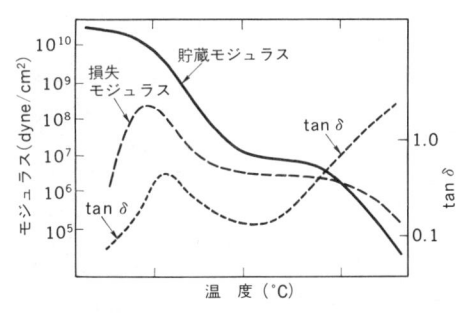

図33.4 ポリマー類の粘弾性特性

Chuはまた多数の市販感圧接着剤の粘弾性測定を行い，弾性モジュラスとガラス転移温度が感圧接着剤性能の特色を把握する上での重要な粘弾性であることを示した．さらにChu[5]は，最近になって優れた総説を発表し，動的機械的測定による感圧接着剤の特徴把握に関して概説し，接着剤を配合する場合にこれらのデータがどのように手助けとなるかを検討した結果を報告している．

粘着付与剤の選定

粘着付与剤としての樹脂の有用性を決定する主要因子には次の三つがあげられる．
(1) 化学構造
(2) 分子量
(3) 分子量分布

別の重要な因子としてさらに4項目があげられる．
(1) 軟化点
(2) 初期色調
(3) 加熱色調安定性
(4) 酸化や紫外線に対する安定性

低分子量樹脂によるエラストマーの変性に関しては，エラストマーに対する樹脂の相溶性（あるいは溶解性）が重要な因子である．相溶性はタックの生成に欠かせないものではあるが，相溶性があるからといって必ずしも要望される接着剤物性が得られるわけではない．レオロジーの研究が進むにしたがって，接着剤の性能は樹脂-エラストマー混合系の使用温度での弾性モジュラスとガラス転移温度に深く関連することが明らかにされた．一般に，粘着付与樹脂のガラス転移温度はエラストマーより高いので，樹脂の添加量が増加するにつれて樹脂-エラストマー混合系のガラス転移温度は上昇する．また樹脂とエラストマーの相溶性の良否によって，弾性モジュラスが低下するか否かが決定される．ほとんどの接着剤配合は相溶している樹脂-エラストマー混合系を使用しており，要望する弾性モジュラスとガラス転移温度を得るために樹脂とエラストマーの適当な組合せの配合を使用している．

接着剤を製造する場合，エラストマーに添加する樹脂の量を適当に加減することにより，要望するレオロジー物性をもつ配合物に調整している．樹脂-エラストマー混合系においては，樹脂濃度の変化にともない接着剤物性も変化する．図33.5は天然ゴムとロジンエステルの混合系における樹脂濃度とプローブタックの関係を図示している．樹脂量に対応するこの型の曲線は感圧接着剤系を代表する典型例といえる．図33.5において，樹脂量が40％に達するまではタックの上昇はほとんど見られない．40％から60％の樹脂量の間で急激にタックが増加し，続いて樹脂量が65％を越えると同じように急激にタックが低下する．65％以上では，系内の樹脂量が多くなり過ぎて不相溶の部分があらわれ，タックが急降下する．樹脂量に対応する曲線での最大値はエラストマーに対する樹脂の全体的な相溶性によって決定される．一般に，化学的によく似た樹脂で軟化点の低いものは軟化点の高い樹脂と比較して樹脂の添加量がより多い点で最大値を形成する．

相溶性の簡単な試験方法は樹脂とエラストマーの混合系の透明性を観察する方法である．この方法は，溶液状態で1：1に調製された混合物をガラス板上にキャストした後，溶剤を蒸発させることにより得られるキャストフィルムの透明性を観察し判定される．良好な相溶性を示すものは透明なフィルムとなるのに対して，多少不相溶であるものは曇っていたり濁ったりしたフィルムとなる．また，溶剤による曇点あるいはホットメルトの曇点の試験はより定量的に相溶性を判定する方法といえる．溶剤曇点試験は樹脂が類似の化学的性質のエラストマーに相溶するという考えにもとづいている．すなわち，脂肪族系樹脂は天然ゴムのような脂肪族系のエラストマーの効果的な粘着付与剤となり，芳香族系樹脂はSBRのような芳香族系エラストマーに対して有効である．ロジンエステルのような樹脂はいろいろな違った種類のエラストマーと幅広く相溶する．一般に溶剤曇点試験は，脂肪族系，芳香族系および極性をあらわす3種類の溶剤系で行われる．Hercules社で使用されている溶剤は次の3種類である．

(1) 無臭ミネラルスピリット（OMS），脂肪族系溶剤
(2) ジアセトンアルコール/キシレン（DACP），極性混合溶剤
(3) メチルシクロヘキサン/アニリン（MMAP），芳香族系混合溶剤

樹脂は試験溶剤に室温あるいは高温で溶解される．溶解後溶液は冷やされ，濁り始めの温度と完全に濁ったときの温度とが記録される．曇点が低いということはその類似の溶剤によく溶解するということを示し，その樹脂が使用溶剤と同じ化学的性質のエラストマーに対して良好な溶解性をもつことが推測される．経験則として，70℃以上の曇点の樹脂は相溶性が劣ると判定され，0℃以下の曇点の樹脂は優れた相溶性を示すものと判定される．下記4種類の型の樹脂の曇点の測定結果を**表33.2**に示している．

ロジンエステル（Staybelite Ester 10, Foral 85,

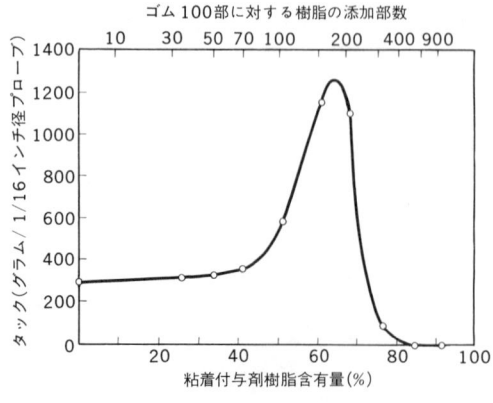

図33.5 天然ゴムとロジンエステル混合系におけるプローブタックと樹脂濃度の関係

表33.2 樹脂の曇点

樹脂	DACP (°C) 極性溶剤	MMAP (°C) 芳香族系溶剤	OMSCP (°C) 脂肪族系溶剤
Staybelite ester 10	< 0	< 0	< −10
Foral 85	< 0	2	< −10
Foral 105	< 0	15	< −10
Piccotex 120	< 0	10	60
Piccotex 75	< 0	0	−22
Piccolyte S-115	56	87	< −10
Piccolyte S-135	61	95	< −10
Piccopale 100	70	97	10
Piccotac B	55	90	< −10

Foral 105)
芳香族系純モノマー樹脂（Piccotex）
ポリテルペン樹脂（Piccolyte）
C-5系脂肪族系樹脂（Piccopale, Piccotac）

ロジンエステルはすべての混合系で低い曇点を示しているので，ほとんどのエラストマーと広く相溶することが予想される——実際にこのことは一般によく知られている．これに対し他の樹脂はより選択的な相溶性しか示さない．C-5系脂肪族系樹脂は，極性溶剤と芳香族系の混合溶剤に対しては曇点が高く，脂肪族系溶剤OMSに対する曇点は低いので，天然ゴムのような脂肪族系エラストマーによく相溶し，SISブロックコポリマーの場合にはイソプレン中間ブロックとのみ選択的に相溶する．溶剤曇点のほかには，樹脂/ポリマー混合系でのホットメルト曇点試験などが行われている．

初期の接着剤性能だけでなくエージング後においても接着特性を維持するために，適切な粘着付与樹脂を選択する必要がある．すなわち，粘着付与樹脂を選定する場合には色調の維持や酸化や紫外線による劣化に対する抵抗力も重要な問題として考慮する必要がある．未変性のウッドロジンのグリセリンエステルやペンタエリスリトールエステルは，配合直後にはかなり良いタック特性を示すが，エージング後は樹脂が酸化され特性が低下する．水素添加や重合により安定化されているロジンエステル，例えばForal 85やForal 105などを接着剤に配合するとエージング後も優れた接着剤特性が得られる．

炭化水素樹脂の場合，その安定性は化学構造に大きく依存している．C-5系脂肪族系樹脂やテルペン系樹脂は分子中に不飽和結合が残っていて酸化されやすいので，エージング後も良好な物性を保つように酸化防止剤が添加される．構造によりかなり差はあるが，一般に芳香族系樹脂は酸化に対する抵抗性は良好である．現在入手可能な改質樹脂の中では，水素添加樹脂が最も安定である．この樹脂はできる限り不飽和結合をなくすために，芳香族系，脂肪族系や脂環族系樹脂を水素添加することにより得られている．無色透明の初期色調であり，酸化や紫外線あるいは加熱時の色調安定性がよいので，これらの樹脂は高性能の応用用途に使用されている．

スチレン系ブロックコポリマーの開発にともない，樹脂メーカーはブロックコポリマーに適応可能な特別な樹脂を開発することが必要となった．これらのブロックコポリマーには基本的に2種類の型がある．最初の型は"トリブロックコポリマー"と称されるもので，ゴム状の中間ブロックと熱可塑性のポリスチレン末端ブロックとからなっている．Shell Chemical社のクレイトンポリマーやEnichem社のヨーロピアンポリマーのような線状トリブロックコポリマーとPhillips Petroleum社で最初に製造され，現在はFinapreneの商標でPetrofine SA社より販売されている放射状ブロックコポリマーが代表的なものである．線状トリブロックコポリマーは，接着剤工業において最も広く使われているブロックコポリマーである．

2番目の型のポリマーは"マルチブロックコポリマー"と称されるもので，スチレンとブタジエンのコポリマーであり，Stereonの商標でFirestone Synthetic Rubber and Latex社より販売されている．このコポリマーはトリブロックの場合よりスチレン量が多いが（トリブロックの最高が30%に対しマルチブロックは通常43%），スチレンブタジエントリブロックコポリマーを配合使用する場合と同様の配合技術が適用可能である．

ブロックコポリマーは通常のエラストマーとほとんど変わりない物理的性状なので，要望する接着剤特性を発現させるためには改質樹脂が必要である．タック性能を得るには中間ブロックに相溶する樹脂を配合することが必要であり，熱に対する高い抵抗性や強度特性を得るには末端ブロックに相溶する樹脂を配合することが必要である．樹脂メーカーは，望まれる相とのみ選択的に相溶するような樹脂の設計が必要となった．両相に相溶する

表 33.3 ブロックコポリマー用改質樹脂

A. 中間ブロック用粘着付与剤
　ロジンエステル類
　C5脂肪族系石油樹脂
　テルペン樹脂類
　芳香族変性脂肪族系樹脂
　水添石油樹脂
B. 末端ブロックに相溶する樹脂
　ロジンエステル類
　芳香族系石油樹脂
　低分子量樹脂
C. 末端ブロック補強用樹脂
　高軟化点芳香族系石油樹脂

表 33.4 粘着物性比較——分子量および分子量分布の影響

	Piccotac 95	Piccotac B	Piccopale 100
配合			
SIS	100	100	100
Piccotac 95	100		
Piccotac B		100	
Piccopale 100			100
粘着物性			
クイックスティック (oz/in)	66	38	1
180° はく離力 (oz/in)	105	80	35
保持力 (min)	>10000	>10000	—
SAFT (°C)	105	105	—

樹脂が求められる特別な場合もあるが，その樹脂は効果的な粘着付与剤とはなるものの，配合系の凝集力は大きく低下してしまう．ブロックコポリマーに使用される改質樹脂類を**表 33.3**に記載した．

3 種の脂肪族系 C-5 樹脂の粘着付与効果に対する分子量と分子量分布の影響について検討した結果を**表 33.4**に示した．これら 3 種の樹脂の軟化点は 92～100°C の範囲のものである．化学構造にもとづいて考えると，3 種の樹脂はすべて SIS ブロックコポリマーのイソプレン中間ブロックに相溶するはずである．分子量が最も高く分子量分布が最も広い Piccopale 100 を配合した粘着剤の粘着物性はよくなかった．Piccotac B は中間的な分子量と分子量分布であり，配合物はほどよい粘着物性を示した．これに対して分子量が最も低く分子量分布も最も狭い Piccotac 95 は最高の粘着物性を示した．これらのデータは，同系統の樹脂では，最も分子量が低く分子量分布が最も狭い樹脂が最高のタック物性を示すことを示している．しかし，一方では感圧接着剤のせん断力に対する抵抗性を最高にしたいという要望もあるので，最終的に配合決定された粘着剤が必ずしも最高のタックを示すわけではない．

ラテックス系感圧接着剤

1970 年代に有機溶剤の使用に関する政府の規制が制定され，ラテックス系感圧接着剤の開発が大きく進められたことはすでに述べた通りである．現在，天然ゴムラテックスだけでなく，多くの合成エラストマーラテックスも上市されている．しかしながら，これらラテックスのほとんどが感圧接着剤配合に申し分なく適合していたわけではなかった．したがって，ラテックスメーカーと樹脂メーカーはそれぞれ感圧接着剤用途によく合うような SBR 系，アクリル系，酢酸ビニル-エチレン系ラテックスの開発と，これらエラストマーの効果的な粘着付与剤となる樹脂エマルジョンの開発プログラムを進めてきている．

一般に，樹脂分散物の調製は 2 種類の方法で行われている．直接法では，液状樹脂が乳化剤水溶液中に直接添加され，激しく撹拌されて分散される．樹脂が室温で固体ならば，有機溶剤に溶解するか加熱溶融した溶融物を水相に添加したりして製造されている．使用した有機溶剤は最終的に不要となるので乳化後除去される．

反転法の場合には，乳化剤を加えた樹脂相へ徐々に水を滴下し，まず油中水滴型エマルジョンを形成させる．さらに水を添加していくと，水が連続相となる反転ポイントに到達し，分散物は水中油滴型エマルジョンに反転する．反転ポイントで粘稠物に十分なせん断力を加えて撹拌することにより，微細な粒子径の分散物が得られる．反転後にはさらに水が添加され，一般的に 55～60% 濃度の希望の固形分となるよう調整される．

樹脂メーカーは，次の八つの重要なエマルジョン物性を管理しながら分散物を製造している．

（1）　固形分
（2）　pH
（3）　粒子径
（4）　粘度
（5）　機械的安定性
（6）　表面張力
（7）　凍結-解氷安定性
（8）　イオントレランス

エラストマーラテックスに樹脂分散物を添加混合する際には多くの因子を考慮する必要があり，特に両者の乳化剤システムが矛盾なく両立できることを確認しておかねばならない．樹脂分散物の多くはロジン酸よりなるアニオン系乳化剤でつくられているので，これらのエマルジョンの pH は 10～12 くらいになる．もしこのような樹脂エマルジョンが pH の低いエラストマーラテックスに混合されるとしばしばラテックスショックをおこし，エラストマーと樹脂が凝集したりする．樹脂エマルジョンにあらかじめ添加剤を加えておくことによりラテックスショックを最低限に抑えることができるが，樹脂分散物の pH が低いものであってもラテックスとの適合性が常に保証されるわけでもない．

アニオン系乳化剤配合系は強い酸や多価（金属）カチオンにより凝集しやすい．先にも述べたが，添加剤は樹脂エマルジョンのイオントレランスを増すことが可能であるが，注意深く試験し確認しておく必要がある．

せん断力に対する安定性はラテックス系接着剤にとって重要な問題である．ポンプ移送中や塗付作業中はラテックスに強いせん断力が加わり，もし十分な機械的安定性がない場合には凝集をおこし，細かい粒子状の凝集物を生成したりする．

両者の適切な適合性と安定性が得られれば，エラストマーと樹脂の混合物を調製することは可能である．しかし，溶剤系やホットメルト型の接着剤と異なり，ラテックス系接着剤特有の問題点が残されている．溶剤系やホットメルト型のシステムでは塗付されるときには樹脂とエラストマーはほぼ完全に混合されており，溶剤除去や冷却により希望の接着剤物性を得ることができる．これに対し，ラテックスシステムでは各成分は完全には混合していないので，単に室温で水を除去するだけでは希望するタック水準を得ることができないのが普通である．分子レベルで成分を混合し，希望する接着剤物性を得るためには，塗付後加熱することが必要である．どの程度加熱する必要があるかは，通常，添加した粘着付与樹脂の軟化点水準によって決定される．低軟化点樹脂はよりたやすくエラストマーに拡散するので，少しの加熱で十分である．**図 33.6**に，この過程をスキームにあらわした．

たとえ適当な接着剤物性が得られても，乳化剤がエージング後の接着物性に及ぼす悪影響についても考慮する必要がある．エージング中に乳化剤が接着剤表面へ移行してくると接着力が低下する．さらに乾燥フィルムの耐

図 33.6

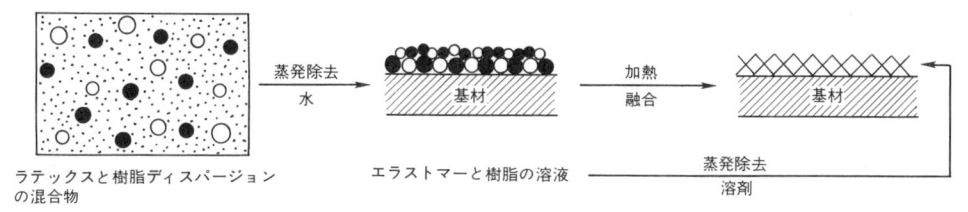

湿性に関しても考慮しておく必要がある. 乳化剤の中には, 大気中の湿気を吸着し接着剤の表層で再乳化しやすいものがあり, このような接着剤は結果的に接着力が低下する.

樹脂メーカー, エラストマーメーカーと接着剤配合メーカーは互いの知識を集約し, ラテックス系接着剤についての多くの因子を制御しようと試みている. その結果はラテックス系接着剤, 特に粘着テープやラベル用粘着剤の応用用途の成長へとつながっている.

感圧接着剤試験方法

Pressure Sensitive Tape Council (PSTC)[6] は感圧接着剤のタック, 接着力, せん断接着物性についての一連の試験手順を詳しく説明している. 最も一般に使われている試験は次の4方法である.
(1) 90°クイックスティック
(2) 180°はく離力
(3) ローリングボールタック
(4) 室温あるいは高温でのせん断接着性

クイックスティックは, 試験表面に接着剤と支持体の重量のみの圧力で貼り合わせたときにどれくらい強く感圧接着剤が接着するのかを測定する方法である. 試験片は貼合せ後, 直ちにはく離される.

はく離接着力は, 粘着テープまたはラベルを試験表面から所定のはく離角度, はく離速度で引き剥がすのに要する力である. はく離接着力は, 接着剤の最終的な接着強さの測定値を与えるものであり, 貼合せからはく離までの接着時間は所定の時間とする必要がある. この試験では, 接着剤テープやラベルは所定の力で試験表面に貼り付けられる.

ローリングボールタックはユニークな独特の試験方法である. 所定重量, 所定直径のボールを傾斜板上を転がし, 粘着面を上にして平面上に固定した接着剤試験片上を転がすという方法である. ボールが止まるまでに, 試験片上を転がった距離より接着剤のタック物性を測定する.

せん断接着力は, テープに加えられた一定荷重のせん断力に対する抵抗性を測定する方法である. 標準試験板から板表面と平行の方向へ粘着テープを引張ってずらすのに要する力である. ある距離をテープが滑る時間によって通常測定される. この試験により接着剤の凝集力が測定される.

プローブタックは, 直径 0.5 cm のプローブを接着剤フィルムに所定貼付け圧力で所定時間接触させる試験である. プローブを接着剤から引き剥がすのに要する力がタックの測定値となる.

謝 辞

この章を執筆するにあたり, 長年にわたって樹脂の化学や接着剤の応用研究に寄与してきた Hercules 社の多くの同僚の貢献に対し深く感謝したい. この章の資料は彼らの労作から編集されたものである.

[John S. Autenrieth and Kendall F. Foley
／倉地啓介 訳]

参 考 文 献

1. Mooney, M., *Ind. Eng. Chem., Anal. Ed.*, **6,** 147 (1934).
2. Dahlquist, C. A., Proc. Nottingham Conf. on Adhesion (1966). In "Adhesion: Fundamentals and Practice," London, MacLaren and Sons, Ltd.
3. Aubrey, D. W., and Sherriff, M., *J. Polym. Sci., Polym. Chem. Ed.*, **16,** 2631 (1978); **18,** 2597 (1980).
4. Class, J. B., and Chu, S. G., *J. Appl. Polym. Sci.*, **30,** 805–825 (1985).
5. Chu, S. G., "Handbook of Pressure Sensitive Adhesive Technology," 2nd Ed., D. Satas, ed., New York, Van Nostrand Reinhold Co., 1988.
6. Wherry, R. W., "Resin Dispersions for Water Based Pressure Sensitive Adhesives," Pressure Sensitive Tape Council Seminar, May, 1979.

III

被着材と接着技術

34. プラスチックの接着

最近のプラスチック製品には，独特の設計で生産されたものや，製造上における多くの利点をもつものが多い．しかし，複雑な形状のプラスチック製品を注型によって生産するとき，注型時の収縮ひずみがつきもので，何らかの後加工を必要とする．プラスチック製品には，1回の注型によって生産するにはあまりにも複雑な形状であったり，あるいは金属製品，セラミックス製品，エラストマー製品などがもつ物性を要求されるものもある．

複雑な形状のプラスチック製品は，いくつかの注型部品を組み立てて生産する．どのような組立方法を採用するかは，製品形状を設計する過程においてたいへん重要である．そして，注型品に影響を与える他の要因と合わせて検討すべきである．こうすることにより，注型品を組み立てた後で不具合を発見するというリスクをさけることができる．製品組立において，接合工程は，たいへん重要である．なぜならば，製品の形状，材質および生産工程上の要因と関連があるからである．

接着接合の利点

材料の用途拡大　接着接合によって，プラスチック同士およびプラスチックとエラストマー，金属，ガラス，セラミック，木材などの異種材料との接合が可能である．

均一な応力分散　接合部の応力が分散されていることは，プラスチック成形品の組立において，たいへん重要である．機械的な締付けにおいては，接合部の一点に応力が集中する．

硬い金属の場合，応力の一点集中に耐えられるが，プラスチック部品は柔軟で，応力集中には耐えられない．リブ，さし込み部，突起形状部においては，特別の硬さが必要である．機械的な組立を前提にしたプラスチック成形品においては，設計段階において接合部のことを考慮しなければいけない．しかし接着接合の場合には，接着面積を広くとることおよび適正接着剤を選定することを除けば，特別の設計を必要としない．

水密接合（シーリング接着）　水密接合（シーリング接着）が必要ならば，接着剤による接合で可能になる．機械的な接合においては，Oリングのような特別のシーリング材料（パッキン）が必要である．Oリングのような特別のシーリング材料を使用する仕様においては，サイズのことのみならず，コストや接合部の形状など，設計段階において総合的な対応が必要である．

注型の簡素化　複雑な形状の製品を，注型だけでつくることは不可能である．多くの場合，形状の単純な注型物をつくり，それらを接着剤でつなぎ合わせて，複雑な形状の製品に仕上げる．この方法は，コスト面からみても，たいへん有利である．

接着表面の相互作用

一般的に，優れた接着強さを得るためには，被着材表面と接着剤間の相互作用が重要なファクターになる．マクロ的にみるならば，多孔質面に対する接着剤の投錨効果を考えなければいけない．そしてミクロ的にみるならば，被着材表面への接着剤のぬれを考慮しなければいけない．ともあれ，被着材表面と接着剤間の相互作用に関する理論なしに，接着を語ることはできない．

接着の対象表面として考える場合，プラスチックと，金属や他材料を区別して考える必要がある．

D. W. Aubrey は，被着材表面と接着剤の相互作用を，次の項目に分けて説明している[1]．

機械的な投錨効果

ほとんどの材料は，表面がでこぼこであったり，小さい穴があいており，硬化前の接着剤が流れ込む可能性がある．もしも理想的な多孔質面が存在するならば，接着強さや耐久性は機械的な投錨効果によって発揮される．機械的な投錨効果にもとづく接合の接着強さや耐久性は，被着材の下層物質（孔質内の性質）と接着剤の相互作用により支配される．被着材に対して適正な接着剤が選定されるならば，トラブルのない理想的な接着ができる．表面が多孔質でない場合でも，ミクロ的な視野でみるならば，かなりポーラスな状態である．当然のことながら，被着材表面と接着剤の間で機械的な投錨効果が期待できる．

物理的な吸着とぬれ

プラスチック表面へ液状接着剤を塗付すると，接着剤と被着材の間で，互いに引き合う力が働く．引き合う力の大きさは，被着材表面に対する接着剤の表面張力と直接に関連がある．接着剤の構成成分間では，この力は逆に働く．

接着剤の構成成分が，被着材に対して完全になじんだ状態であるならば，液状のままであっても満足な強さが得られる．そして，接着剤が硬化するならば，はく離強さや引裂き強さが増大する．

プラスチックの接着においては，金属表面に対するのと同じような接着剤のぬれは期待できず，当然のことながら接着面の表面処理が必要になる．

分子拡散と相互侵入

金属，セラミックス，および他の無機金属の接着において，接着剤と被着材表面の相互侵入は考えられず，両者の間にははっきりとした境界が認められる．

しかしプラスチックの接着においては，接着界面において，物理的な相互侵入が考えられる．熱や溶剤によるプラスチックの接着は，接着界面において相互侵入がおこっている例である．

他の例を紹介するならば次のようである．硬化前のシアノアクリレート系接着剤は，ある種のプラスチックに対して溶剤として働く．現実に，プラスチックの表面を溶かし，接着界面においては相互侵入がおこっている．結果として，耐湿性および他の環境条件における耐性が改善される．この接着剤が無機材料の接着に使用された場合には，接着界面において相互侵入はおこらない．

ホットメルト性接着剤がプラスチックの接着に使用され，被着材表面が熱によって溶融されるならば，接着剤および被着材の界面において相互侵入が行われる．

接 合 方 法

溶接，ろう接，接着剤接合によって金属を接合したとき，接合後に接合部を見ただけで接合方法を判別することができるが，プラスチックの接合においては，界面における相互侵入が可能であることから接合方法を判別することがむずかしい．例えばドープセメントによってプラスチックを接着したとき，接合部分から，溶接であるのか，あるいは接着剤接合であるのかを判別することはむずかしい．プラスチックの接着においては，接着剤と被着材の界面において相互侵入が行われるか否かにより，接着強さが異なってくる．

溶剤接合とドープセメント

多くの熱可塑性プラスチックは，有機溶剤やその組合せによって溶着される．溶剤接合では，まず溶剤が接合面にしみ込み，両接合面を溶解させる．そして溶剤が乾燥した後では，接合界面の分子が相互に会合し，強力な接着強さが発揮される．

溶剤接合は操作が簡単で，コストも安いが，接合面がフィットしていること，および適正溶剤が選定されることが大切である．異種プラスチックの接合であっても，両プラスチックが溶剤に可溶であるならば，溶剤接合は可能である．しかし，被着材の一方または双方が無機材料であったり熱硬化性プラスチックである場合には，溶剤接合は不可能である．

溶剤へ被着材と同種のプラスチックを少量溶解させたドープセメントは，接合面にギャップがある場合に有効である．ドープセメントは溶剤によって被着材の表面を溶解させることに加え，溶解されたポリマーによってギャップが埋められる．もし被着材が多孔質であるならば，機械的な投錨効果も形成可能である．被着材表面が多孔質で溶解されない場合でも，被着材表面のぬれが優れていれば，十分な接着強さが得られる．ドープセメントの場合，単独溶剤の場合よりも広範囲の被着材に適用でき，かなり大きなギャップを埋めることができる．

溶剤接合においては，優れた接着強さを得るためには，接合条件に注意を払わなければいけない．塗付後，貼合せまでの時間を長くとれば，貼合せ可能時間は短くなる．塗付後から貼合せまでの時間が短ければ逆である．貼合せまでの時間が短ければ接合部に溶剤が残る．逆に，貼合せまでの時間が長すぎる場合には，接合部の表面が乾きすぎ，接着不良をおこす原因になる．

溶剤やドープセメントを取り扱うときに重要なことは，溶解性と乾燥速度を考慮しながら溶剤を選び，それらを上手に組み合わせることである．また接合条件についても十分なる検討が必要である．

熱溶接，超音波溶接，高周波誘導溶接

熱溶接，超音波溶接，高周波誘導溶接は，被着材であるプラスチック表面を融点以上に加熱し，接合後に圧縮し，その状態で冷却することにより接合が完成する．被着材であるプラスチックの接合面において相互侵入がおこり，プラスチック自体の強さにも匹敵する接着強さが得られる．

熱溶接はホットガスやホットプレートによって溶接する方法であり，超音波溶接は超音波振動でプラスチック接合面を摩擦することにより加熱溶接する．高周波誘導溶接は，被着材表面および接着剤を強磁性で誘導加熱することにより溶接する方法である．

接 着 剤 接 合

接着剤接合は，いくつかの接合方法の中で最も広く利用されている接合方法である．ほとんどのプラスチック相互および異種材料との接合が可能である．

プラスチックの接着剤接合では，接着剤と被着材との関係において，いくつかの基本事項がある．

（1）ほとんどの場合において機械的な投錨効果が期待できる．なぜならば，多くの表面はミクロ的にみるな

らば多孔質であるからである．しかし機械的な投錨効果の程度は，表面が緻密で平滑な成形品ではあまり期待できない．

（2） 物理的な吸着は，接着剤が被着材表面をぬらす程度によって異なる．ぬれに優れる場合には，接着強さに吸着の効果が加わる．良好なぬれがなければ優れた接着強さは得られない．

（3） 接着剤接合においては，接着界面において分子拡散や相互侵入がおこっている．接着剤の溶剤によってプラスチック表面が溶解され，接着界面においてポリマー分子の相互侵入がおこる．

接着技術

表面ぬれ指数

液状接着剤の被着材表面へのぬれは，接着剤の表面張力が被着材表面の表面張力より小さいときにおこる（第3章，第4章を参照）．この条件が満たされない場合には，被着材表面で液状接着剤は広がらず，球状になってしまう．ちょうどワックスのきいた自動車塗面の水滴のようである．

金属表面においては，ぬれは容易におこる．清浄な金属表面は数百 dyne/cm 以上の優れたぬれ張力をもつ．推論であるが，表面張力 35 dyne/cm の接着剤でも金属表面上でのぬれは悪くない．もし，ぬれに関してトラブルがおこるとするならば，それは被着材表面の汚染によるものである．被着材表面の汚染度合いを簡単にチェックする方法としては，表面に水滴をたらし，ぬれ具合を観察するのがよい．表面張力が 73 dyne/cm の水が被着材表面をよくぬらすようであれば，接着剤の表面張力がやや低くても，ぬれに関するトラブルはおこらない．

不運にも，プラスチックのぬれは簡単に解決できる問題ではない．なぜならば，プラスチックおよび接着剤がポリマーであるがゆえに，プラスチックのぬれ張力と接着剤の表面張力が近似しているからである．理想条件のもとでは，接着剤がプラスチック表面をぬらすことができても，テフロン，ポリエチレン，ポリプロピレンのようなプラスチックはぬれ張力が低いために，通常の接着剤では表面処理なしには接着できない．

表面処理

接着におけるプラスチックの表面処理は，たいへん重要である．表面処理は，表面があまりにも平滑で機械的な投錨効果が期待できないときや，表面の臨界表面張力が低すぎてぬれが悪いときに必要である．プラスチック表面の汚染物質としては，注型時の離型剤および可塑剤や配合物のブルーミングが考えられる．

表面処理方法としては次のものがある．

溶剤浄化および研磨処理 最も簡単な表面処理方法は洗浄および研磨である．まず溶剤を浸した布で拭きとり，次いで研磨して，もう一度溶剤で洗浄する．ケイ砂による研磨は最も効果的な方法である．酸化アルミニウム布もまた効果的である．市販のサンドペーパーは，しばしば木材仕上げに使用する滑剤を含んでいるために，使用しないほうがよい．溶剤を浸した布は，あらゆる表面汚染物を取り去るのに使用される[2]．

接着効果について洗浄とサンディングの間に大きな差はないが，洗浄やサンディングを行うことにより，表面汚染物によるトラブルがなくなることは事実である．もう一つの恩恵として，汚染被着材の表面層を取り除くことにより接着剤のぬれがよくなり，接着強さが大きくなる．

火炎処理 火炎処理はプラスチック表面の改質に利用される．火炎処理はガス炎の酸化炎部分にプラスチック表面をあてることにより行われる．プラスチック表面はすばやく溶解し，冷却固化するときに酸化される．火炎にあてる時間は数秒である．工業的には特別のガスバーナーを使用するが，実験室的には通常のガスバーナーを空気中で操作することにより行われる．

火炎処理はポリエチレンやポリプロピレンの表面処理方法として広く使用されるが，熱硬化性プラスチック，ポリエステル，ポリアセタール，ポリフェニレンサルファイドにも有効である．

化学的浄化処理 化学的浄化処理は，しばしばプラスチックの接着性を改良する目的で行われる．最も一般的な方法はクロム酸のような強酸で酸化することである．テフロンのようなフロン系ポリマーは，金属ナトリウムの有機溶剤分散液へ浸漬されることにより，表面がエッチングされる．このようにして改質された表面は，ぬれおよび接着性が改良される．すでに，このような処理がなされたテフロン（PTFE）が市販されている．

プラズマ処理 プラズマによる表面処理は新技術であり，ぬれ改良には有効な方法である．低圧不活性ガスが無電極の高周波放電またはマイクロ波励起によって活性化され，準安定な励起種が生成し，この励起種がポリマー表面と反応する．プラズマガスのタイプは多種類の化学反応を開始させるために選ばれる．原子が重合体表

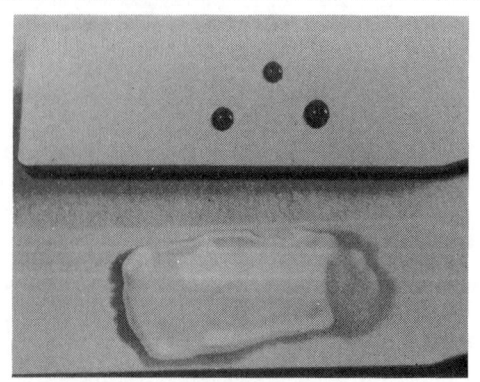

図 34.1 プラズマ処理する前のポリプロピレン板上の液滴(上)，処理後の液滴は広がっている(下)．このときの液の表面張力は 35 dyne/cm である．

34. プラスチックの接着

面から放出され,強力でぬれのよい架橋表面が生成する.図 34.1 から明らかなように,表面のぬれは大幅に改善される.プラズマ処理を行うためには密閉した部屋が必要である.小さくて高価な部品を一度に多量処理するときに適する.大きな材料の場合,経済的にきびしいのが現状である[3)].

Landrock は各種プラスチックの表面処理方法に関するまとめを行った[4)].

溶解度パラメーター

本書の第2版で,Miron と Skeist は,プラスチック用接着剤を設計するときに溶解度パラメーターがたいへん重要であると説いている.この溶解度パラメーターに関する概念は,第1章において議論された.表 34.1 はプラスチックの溶解度パラメーターについてまとめたものであり,表 34.2 は溶剤の溶解度パラメーターおよび分極性についてまとめたものである[5,6)].

表 34.1 プラスチックの溶解パラメーター

	δ,ヒルデブランド
ポリテトラフルオロエチレン	6.2
ポリクロロトリフルオロエチレン	7.2
ポリジメチルシロキサン	7.3〜7.6
EPDM	7.9
ポリエチレン	7.9〜8.1
ポリスチレン	8.6〜9.1
PMMA	9.3
PVC	9.5〜9.7
アミノ樹脂	9.6〜10.1
エポキシ樹脂	9.7〜10.9
ポリウレタン	10.0
エチルセルロース	10.3
PVC-PVAe 共重合樹脂	10.4
ポリエチレンテレフタレート	10.7
酢酸セルロース	10.4〜11.3
硝酸セルロース	9.7〜11.5
フェノール樹脂	11.5
塩化ビニリデン樹脂	12.2
ナイロン 6,6	13.6

表 34.2 溶剤の溶解パラメーター

	溶剤パラメーター (δ,ヒルデブランド)
n-パーフルオロヘキサン	5.6
n-ヘキサン	7.3
シクロヘキサン	8.2
酢酸アミル	8.45
1,1,1-トリクロロエタン	8.3
四塩化炭素	8.6
トルエン	8.9
酢酸エチル	9.1
トリクロロエチレン	9.2
メチルエチルケトン	9.3
クロロホルム	9.3
酢酸メチル	9.6
シクロヘキサノン	9.9
テトラハイドロフラン	9.9
ジオキサン	10.0
アセトン	10.0
二硫化炭素	10.0
ニトロベンゼン	10.0
ジメチルホルムアミド	12.1
ニトロメタン	12.6
エタノール	12.7
ジメチルスルホキサイド	13.4
エチレンカーボネート	14.5
フェノール	14.5
メタノール	14.5
水	23.2

Miron と Skeist の2人は,過去のデータを比較することにより,プラスチックの溶解性に関する多くの事実を知った.例えば次のようなことである.ポリスチレン (8.6〜9.1) はトルエン (8.9) には溶解するが,ヘキサン (7.3) やアセトン (10.0) には溶解しない.テトラヒドロフラン (9.9) やシクロヘキサノン (9.9),あるいはこれらの混合液は,PVC パイプ (9.5〜9.7 で可塑剤を含んでいない) を接着するドープセメントの溶剤として使用される.酢酸セルロース (10.4〜11.3) はアセトン (10.0) と少量のエタノール (12.7) の混合液には溶解しない.溶剤はプラスチックの安くて有用な接合剤である.溶剤による接合は,接着剤と被着材の界面において,両者の相互侵入が行われ,優れた接着強さになる.

プラスチック用接着剤が溶剤を含有していたり,溶剤そのものであるならば,溶剤選択の基準は被着材表面の溶解パラメーター (SP値) になる.すなわち,被着材表面の SP 値と溶剤の SP 値を近似させてやることが重要である.しかし接着剤接合において,被着剤表面の溶解性だけを考えて接着剤を選定することは一般的ではない.選定した接着剤の溶解パラメーターが被着材の溶解パラメーターに近似しているならば,接着剤と接着剤の界面において相互侵入がおこり,より強固な接合になる.

接着剤およびプラスチックの相溶性

金属および無機材料を接着するとき,接着剤と被着材間の相溶性が重要である.これらの被着材表面が接着剤によって溶解されたり,損傷をうけるような場合はほとんどないが,プラスチックの接着においてはクレージングやひずみによるクラックに注意しなければいけない.これらは,接着剤や溶剤が,内部応力が不均一な被着材へ塗付されたときにおこることがある.表面の柔らかい

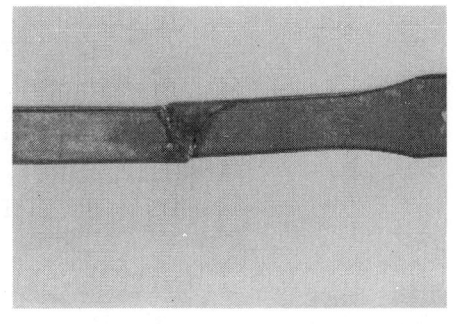

図 34.2 ポリエーテルイミドの棒が相溶性の悪い溶剤にさらされたときに発生したクラック

部分や弱い部分にクラックが発生する．溶剤型接着剤は目にみえないクラックにしみ込み，損傷を大きくする．このことにより，無傷の部品が不良品になるようなこともある（**図 34.2** 参照）[5,6]．

クラックのおこる条件をまとめるならば，次のようになる．

- 部品のひずみは外部要因でおこるものと，注型時の硬化収縮によるものがある．
- 液状接着剤であっても，硬化したものはクラックの原因にはならない．
- プラスチックのひずみに対する影響は，環境条件にもよるが，数分から 10 日前後である．

ひずみクラックをさける方法として，次の処理がとられる．

- ひずみを低くおさえるような作業方法をとる．ひずみが注型中におこるのであれば，注型条件をおだやかにしたり，注型後，アニーリング（熱処理）を行う．
- 接着剤の必要最少量を使用する．そして可能な限り，すばやく硬化させる．
- 可能な限り，余分な接着剤を取り除く．
- 洗浄溶剤やプライマーは，プラスチックと相溶性がよいものを使用する．
- 疑問が生じたときは，プラスチックメーカーおよび接着剤メーカーと共同で解決する．

プラスチックの接着設計

金属や他のエンジニアリング材料と比較して，プラスチックの引張り強さや弾性係数は小さいが，熱膨張係数は大きい．これらの物性をよく理解したうえで接合部を設計したり，接着剤の選定を行わなければいけない．

次に，これらの物性と接合部の関係について，手短かに説明する．

プラスチックの引張り強さは小さいので，重ねつぎ（ラップジョイント）が一般的であり，接合部の強さはプラスチック自体よりも大きくなる．**図 34.3** を参照しながら考えたい．

$0.875\,in^2$ に働くせん断強さは，$0.125\,in^2$ の断面積をもつ被着材プラスチックの引張り強さよりも強い．それゆえ，被着材プラスチックは接合部以外で破壊する．もしも組立部品としての強さを高めたいのであれば，重ね合せ（ラップ）の長さを大きくするのではなく，ラップの幅を長くすべきである．このように設計することにより，接合部と他の部分とのバランスがとれる．しかし，接合部が厚かったり，プラスチック自体の強度が大きい場合は別である．

約 30 万 psi の弾性係数をもつ熱硬化性プラスチックは，同一形状の金属よりも百倍以上の弾性係数をもつことになる．それゆえ，接着設計のときに金属においては無視できる弾性係数も，プラスチックの場合には無視できない．ラップジョイントの場合，応力はラップ部全体に均一に分散された状態になるはずであるが，**図 34.4** にみられるように被着材が弾性変形する場合には，曲げそ

プラスチックの破壊荷重
$.125\,in^2 \times 7000\,lbs/in^2 = 875\,lbs$

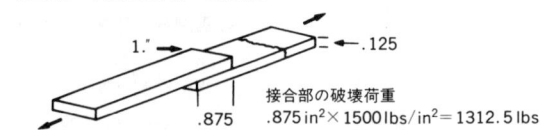

接合部の破壊荷重
$.875\,in^2 \times 1500\,lbs/in^2 = 1312.5\,lbs$

- プラスチック破壊 875 lbs
- 5/8 インチのラップ長さでプラスチックの破壊値と同じ強度が得られる

図 34.3 重ねつぎ部の面積が大きいときには，接着部分が破壊する前にプラスチックが破壊する

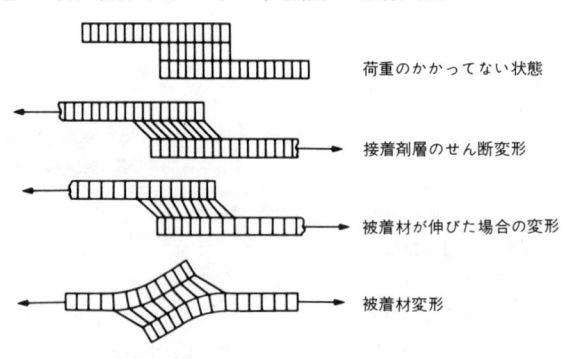

荷重のかかってない状態

接着剤層のせん断変形

被着材が伸びた場合の変形

被着材変形

図 34.4 引張りせん断試験片に引張り強さをかけたときのイラスト図

の他のひずみがオーバーラップした被着材の端末に集中する．

ラップジョイントにおけるこれらのひずみの一点集中を緩和するためには，弾性のある接着剤を使用したり，被着材の厚さや硬さを調節したり，ラップ長さを短くしたり，接着層を薄くすることである[7]．

熱膨張係数の異なる被着材を接合する場合，接合被着材が冷熱を繰り返されることにより，接合部にせん断ひずみが発生する．無機材料同士の接着，例えば鉄とアルミニウムの接着，アルミニウムとガラスの接着の場合，熱膨張係数の差はさほどないが，接着のときには注意を要する被着材料の組合せである．

プラスチックを接着する場合，熱膨張係数が根本的に異なるために，無機材料の場合以上に注意を要する．設計の段階において，プラスチック材料の性質を理解し，設計に反映させるべきである．しかし設計段階において，やむをえず大幅に熱膨張係数の異なるプラスチックを使用する場合には，弾性に富む接着剤を選定したり接着層を厚くすることにより対応することができる．Schneberger は応力変形（ひずみ）を吸収できるような弾性に富むプライマーの使用をすすめている[8]．極端な場合には，ゴム緩衝材がひずみ吸収材として被着材の間に接着

表 34.3 プラスチックと適正接合方法の関係

プラスチック	接着剤	溶剤接合	熱溶接	超音波溶接
ABS	Y	Y	Y	Y
アセタール	Y	N	Y	Y
セルロース	Y	Y	Y	Y
ナイロン	Y	N	Y	Y
ポリカーボネート	Y	Y	Y	Y
ポリエーテルイミド	Y	Y	Y	Y
ポリエチレン	N	N	Y	Y
ポリメチルメタクリレート	Y	Y	Y	Y
ポリエチレンオキサイド	Y	Y	Y	Y
ポリフェニレンサルファイド	Y	N	N	N
ポリプロピレン	N	N	Y	Y
ポリスチレン	Y	Y	Y	Y
ポリウレタン	Y	N	N	N
PVC	Y	Y	N	N
テフロン	Y	N	N	N
ジアリルフタレート	Y	N	N	N
エポキシ	Y	N	N	N
メラミン	Y	N	N	N
フェノール	Y	N	N	N
熱可塑性ポリエステル	Y	N	Y	Y
熱硬化性ポリエステル	Y	N	N	N
ユリア	Y	N	N	N

表 34.4 プラスチック相互および異種材料との接着における適正接着剤の選定表[a,b]

接着剤コード No.	1	2	3	4	5	6	10	11	12	13	14	21	22	23	24	25	26	27	41	42
熱可塑性																				
ABS				Y	Y	Y		Y	Y	Y			Y	Y	Y	Y		Y		
アセタール				Y		Y			Y	Y			Y	Y	Y			Y		
セルロース				Y	Y			Y		Y					Y		Y		Y	
ナイロン				Y	Y						Y		Y	Y		Y		Y		
ポリカーボネート				Y	Y				Y	Y			Y	Y		Y		Y		
ポリエーテルイミド					Y				Y	Y			Y	Y	Y	Y				
ポリエーテルスルホン			Y	Y	Y	Y	Y			Y	Y			Y	Y				Y	
ポリエチレン				Y		Y			Y	Y			Y	Y	Y				Y	
ポリエチレンテレフタレート				Y	Y		Y			Y			Y	Y	Y					
PMMA	Y	Y	Y	Y	Y	Y	Y			Y				Y	Y	Y				Y
変性ポリフェニレンオキサイド				Y	Y	Y	Y			Y					Y		Y			Y
ポリフェニレンサルファイド				Y	Y				Y	Y	Y								Y	Y
ポリプロピレン	Y	Y			Y				Y	Y									Y	Y
ポリスチレン		Y	Y						Y	Y	Y								Y	Y
ポリウレタン					Y	Y					Y			Y	Y					
PVC				Y	Y		Y			Y	Y			Y	Y		Y		Y	Y
テフロン					Y			Y				Y	Y							
熱硬化性																				
エポキシ				Y	Y					Y		Y	Y	Y	Y	Y	Y	Y		
メラミン			Y	Y	Y					Y			Y	Y					Y	Y
フェノール			Y	Y	Y	Y				Y			Y	Y		Y			Y	Y
ポリエステル			Y	Y	Y					Y			Y	Y	Y	Y	Y	Y	Y	
ユリア	Y	Y	Y	Y	Y					Y	Y			Y	Y	Y		Y		Y
その他																				
セラミック			Y		Y	Y	Y		Y				Y	Y		Y	Y	Y		
繊維				Y	Y	Y			Y				Y						Y	
皮革	Y			Y	Y	Y				Y			Y	Y					Y	
金属				Y	Y	Y	Y			Y			Y	Y	Y	Y	Y	Y	Y	
紙			Y	Y		Y				Y			Y	Y		Y				
ゴム	Y	Y	Y	Y	Y	Y	Y	Y	Y	Y	Y		Y		Y	Y		Y		
木材	Y	Y	Y				Y		Y				Y	Y	Y				Y	Y

（注） Y…適合　N…不適合．

エラストマー系	熱可塑性樹脂	熱硬化性樹脂	その他
1. 天然ゴム	10. アクリル樹脂	21. レゾルシノール・フェノール	41. ゴムラテックス
2. 再生ゴム	11. 硝酸セルロース	22. エポキシ	42. 樹脂エマルジョン
3. クロロプレンゴム	12. ポリアミド	23. 反応性アクリル	
4. ニトリルゴム	13. EVA	24. ブチラール	
5. ポリウレタン	14. シアノアクリレート	25. ポリエステル	
6. SBR		26. 嫌気性	
		27. シリコーン	

されることがある.

接合方法の選定

接合方法の選定は，接合と化学技術の組合せとみるよりも，組立方法を決定することであると考えたほうがよい．接着剤による接合は，ねじやつぼくぎのような接合方法となんら変わらず，物を組み立てる手段として使用されるものである．異なるところは，他の接合方法が目でみてわかるのに対し，接着剤接合のメカニズムはなかなか理解しにくい．機械的な留め具は容易に見ることができるが，接着剤の接合メカニズムは専門家だけのものになっている．

プラスチックの接合方法を選定するときに考慮しなければいけないことは，接合された物品が機能する環境や製造工程である．

表34.3および図34.4は組立方法や接着剤のタイプを決定するときのポイントになるものである．このほかに，組立方法を決定するときに考えなければいけないことは経済性である[9].

接着剤の試験方法

表34.5はプラスチックの接合方法を評価するときのテスト方法に関するリストである．Riceはテスト方法の多くをまとめた[10]．Annual Book of ASTM Standards の Vol. 15.06 を参考にしたらよい．より詳細に知りたければ，この本の5章を参照して欲しい．

[Richard T. Thompson／若林一民 訳]

表34.5 プラスチック接合部の試験方法[10]

テスト方法	詳述
1. 引張り試験	
ASTM D 897	接着剤接合を評価するための引張り試験
ASTM D 1344	ラップ試験片での引張り試験
ASTM D 2095	治具を使用しての引張り試験
2. せん断試験	
ASTM D 4501	ブロックを使用する方法
ASTM D 3163	ラップジョイントの場合
ASTM D 3983	被着材が厚い場合
3. はく離試験	
ASTM D 903	180° はく離
ASTM D 1781	ドラムに巻き付けてはく離する
4. 割裂試験	
ASTM D 3807	エンジニアリングプラスチック用割裂試験
5. 接着	
ASTM D 3808	スポット接着試験
6. 接着剤-プラスチックの相溶性	
ASTM D 3929	相溶性を評価するためのベントビーム法
7. ぬれ試験	
ASTM D 2578	プラスチックフィルムのぬれ張力測定試験

参 考 文 献

1. Aubry, D. W., "Bonding in Flexible Joints," Joint Symposium on Adhesive Bonding of Flexible Materials, The City University, London, September 25, 1985.
2. "Standard Practice for Preparation of Plastics Prior to Adhesive Bonding," ASTM D 2093, *Annual Book of ASTM Standards*, Vol. 15.06, 1986.
3. Coopes, I., and Gifkins, K., "Gas Plasma Treatment of Polymer Surfaces," *J. Macromol. Sci.—Chem.*, **A17**(2), 217-226 (1982).
4. Landrock, A. H., in "Adhesive Technology Handbook," pp. 84-106, Park Ridge, NJ, Noyes Publications, 1985.
5. Thompson, R., "Guidelines for Plastic Bonding with Anaerobic and Cyanoacrylate Adhesives," *SPE 37th Annual Technical Conference*, pp. 996-999, 1979.
6. "Standard Practice for Evaluating the Stress Cracking of Plastics by Adhesives Using the Bent Beam Method," ASTM D3929.
7. Thompson, R., "Five Design Considerations for Adhesive Bonded Plastic Joints," SME Paper AD85-776, Atlanta, Georgia, 1985.
8. Schneberger, G., "Polymer Structure and Adhesive Behavior," in "Adhesives in Manufacturing," pp. 51-56, New York, Marcel Dekker, 1983.
9. Thompson, R., "Adhesive Bonding," in "Modern Plastics Encyclopedia," pp. 350-352, New York, McGraw-Hill, 1985.
10. Rice, J. T., "A Classification Outline for the American Society for Testing and Material (ASTM) Committee D-14's Adhesive Standards," SME Adhesives '85, Atlanta, Georgia, 1985. See also Chapter 5 in this Handbook.

35. 繊維とゴムの接着

1888年にJ. B. Dunlopが開発したタイヤには，補強繊維として亜麻糸が使用されていた．しかし，コスト安であるとの理由から綿糸にとってかわられた．その後，第二次世界大戦まで，この綿糸が補強繊維としてタイヤに使われた．当時は，綿糸とゴムの接着に接着剤は使用されず，綿糸の起毛繊維がゴム層に絡み合うことによって，実用上十分な強度が得られていた．しかし，タイヤが高性能化するにつれ，補強繊維として人造繊維が使用されるようになった．

1940年には，人絹（レーヨン）が多くのタイヤに使用されるようになった．人絹繊維とゴムを接着することは，人絹繊維の表面が平滑であることから，機械的な接着が期待できず，困難であった．DuPont社の2人の化学者（W. H. Charch, D. B. Maney）は，天然ゴムラテックスにレゾルシノール-ホルムアルデヒド樹脂を配合した接着剤が，人絹コードと未加硫ゴムの接着に優れていることを発見した[1]．この接着剤は，1947年にはナイロンコードの接着に使用され，そしてガラス繊維がラジアルタイヤのコードとして使用されたときにも使われた．

レゾルシノール-ホルムアルデヒド樹脂

レゾルシノールの分子構造は，フェノールの分子構造によく似ており，環状水素位が置換された構造である．二つの水酸基が電子供与体として働き，1個のオルト位と2個のパラ位が置換される．条件が同じならば，レゾルシノールの反応性はフェノールよりも高く，ホルムアルデヒドとの縮合物は図35.1の構造である[2]．

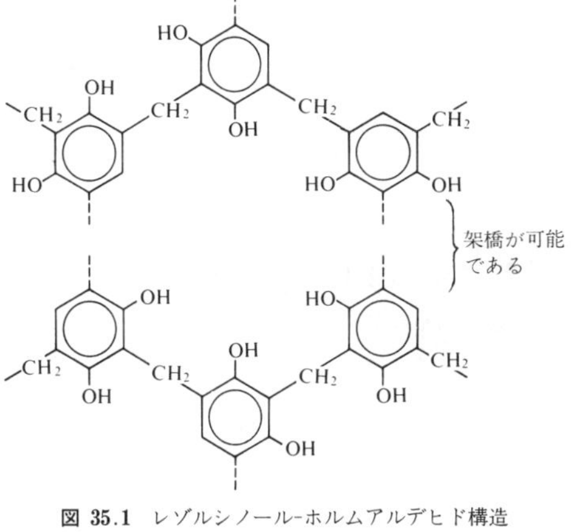

レゾルシノール-ホルムアルデヒド樹脂(RF)は，レゾルシノールとホルムアルデヒドのモル比を変えることにより，幅広い性状のものが製造される．例えば，ホルムアルデヒド比が低い場合にはシロップ状の液状であり，高い場合には架橋した熱硬化性樹脂になる．タイヤコー

表35.1 ノボラックRFLタイヤコード用浸漬液の組成

レジン溶液	(%)不揮発分	部（ドライ）	部（ウェット）
Penacolite R-2200 レジン	70	19.02	27.17
NaOH 溶液	50	1.40	2.80
ホルムアルデヒド	37	2.88	7.78
水	—	—	267.29
総不揮発分		23.30	305.04
ラテックスとレジン溶液			
レジン溶液	7.64	23.30	305.04
ビニルピリジンラテックス	41.00	100.00	244.00
		123.30	549.04

総不揮発分：22.46%
F/R（ドライ）：15.14/100 部
レジン/ラテックス（ドライ）：19.02/100 部

表35.2 タイヤコード用繊維浸漬液

レジン溶液	(%)不揮発分	部（ドライ）	部（ウェット）
レゾルシノール	—	16.10	16.10
ホルムアルデヒド	37	5.24	14.16
NaOH	50	1.26	2.52
水	—	—	251.12
		22.60	283.90

総不揮発分：7.96%
23℃で6時間熟成

ラテックスとレジン溶液			
レジン溶液	7.96	22.60	283.90
VPラテックス	41.10	100.00	243.31
水	—	—	17.68
		122.60	544.89

総不揮発分：22.5%
室温で18時間熟成

図35.1 レゾルシノール-ホルムアルデヒド構造

ド用接着剤として使用されるノボラックタイプの樹脂は，ホルムアルデヒド比が低く，レゾルシノールとホルムアルデヒドの比率が 1/0.4 から 1/0.75 のもので，酸性触媒下で製造される．このようにして製造された樹脂は，70～75% 不揮発分の液状，あるいは脱水されて，もろい固状で販売されている（**表 35.1** 参照）．

レゾールタイプの樹脂は，アルカリ触媒のもとで製造され，ゴムラテックスに混合してタイヤコード用接着剤として使われる（**表 35.2** 参照）．

ラテックスの種類

最初は，天然および SBR ラテックス（L）にレゾルシノール-ホルムアルデヒド樹脂を混合した接着剤が使用されたが，やがてビニルピリジンとの三元共重合物（ブタジエン/スチレン/ビニルピリジン）をラテックスに混合したものにとってかわられた．理由としては，ゴムと繊維の接着に優れていることが確認されたからである．**図 35.2** は，この三元共重合物の構成成分の化学構造式を示したものである．

ビニルピリジンの三元共重合物が優れた接着性を示す理由として，次の三つの説がある．その一つ目は，加硫された三元共重合物自体が優れた接着性を示すことである．二つ目は，極性の高いビニルピリジン三元共重合物とタイヤコードとの双極子相互の引き合いによるものである．そして三つ目は，ピリジン原子核がビニルピリジン三元共重合物層とゴム層の引き合いを助長することによるものである．

図 35.3 はタイヤコードの製法を示したものである．この図によるならば，まず繊維がレゾルシノール-ホルムアルデヒドを混合したラテックスに浸漬され，150°Cにおいて乾燥される．次いで 175～240°C で加熱処理される．

接着の評価

静的な接着評価

静的な接着評価は，ゴム層に埋め込まれたコードを引き抜くことによりなされる．テスト方法としては，H-テスト，T-テスト，および U-テストがある．これらのテスト方法において，接着強さは埋め込まれているコードの長さ，荷重割合およびテストサンプルの温度によって影響をうける[3,4]．コードの引抜きテストは，タイヤ走行時の温度を想定し，100～130°C において実施される．図 35.

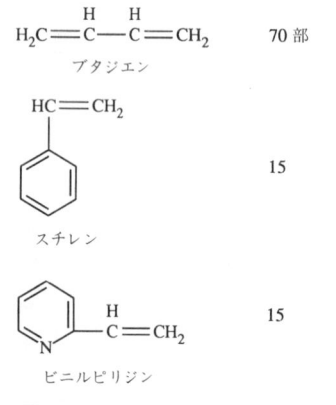

図 35.2 FRL 接着浸漬液の構成成分

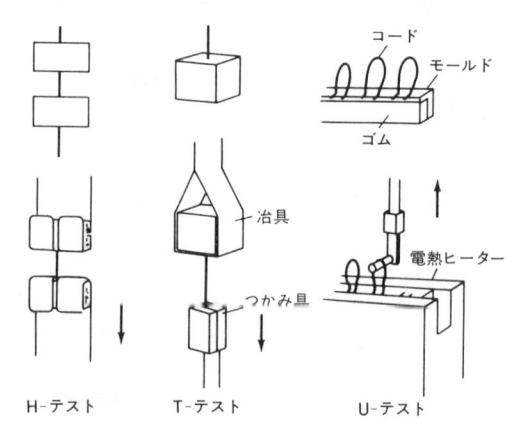

図 35.4 タイヤコードの引抜きテスト試験法

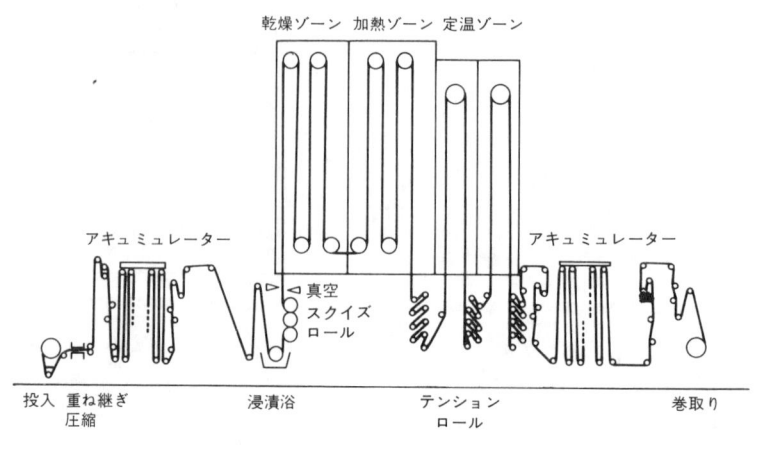

図 35.3 タイヤコードの処理工程図

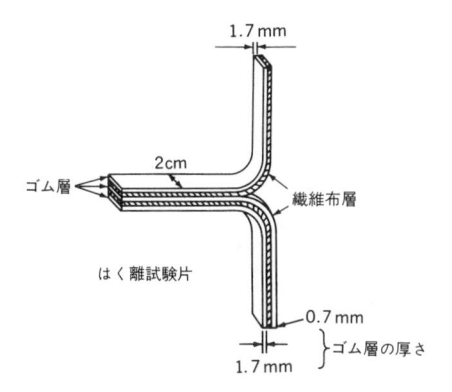

図 35.5 繊維とゴムのはく離接着試験法

4 は引抜きテスト試験法を示したものである．

繊維布とゴムの接着は，繊維布とゴム層をひきはがすことによって評価することもしばしばある．図 35.5 はゴム層/繊維布層（内）対ゴム（内）/繊維布/ゴム層からなっている．この試験片は室温および指定の温度下で接着強さが測定される．

接着に影響を与えるファクター

レーヨンやナイロンがゴム層に対して優れた接着強さを示すためには，多くのファクターを克服しなければいけない．

RFL（レゾルシノール-ホルムアルデヒド混合ラテックス）**接着剤におけるホルムアルデヒド/レゾルシノール比の影響**　高接着強さを得るためのホルムアルデヒド対レゾルシノールの比率は 2 対 1 のものがよい（図 35.6 参照）．

接着剤中の RF レジンとラテックス比の影響　接着強さは RF レジンとラテックスの比率によって影響をうける．レジンが多すぎると硬いコードになり，疲労特性が悪くなる．一方，ラテックスが多くなると，接着剤の皮膜強さが劣り，接着強さが低くなる．レジンとゴムの比率は 1 対 4.5 から 1 対 6.0 くらいのものがタイヤコードとして優れた性能を与える（図 35.7 参照）．

RFL の付着量による影響　一般に，コードに対する RFL の付着量が増加するにしたがって接着強さが大きくなる．図 35.8 に示されるように，ゴム対コードの接着においては，4〜6% の付着量により満足な接着強さが得られる．

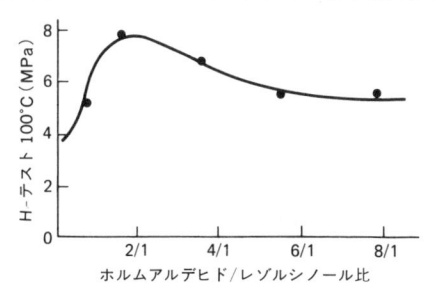

図 35.6 ホルムアルデヒドとレゾルシノール比の接着性への影響

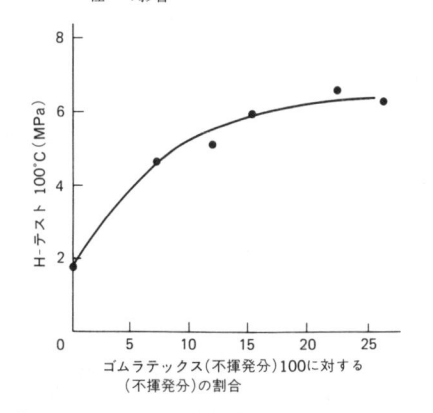

図 35.7 ゴムラテックス（不揮発分）100 重量部に対する RF（不揮発分）の割合と接着強さの関係

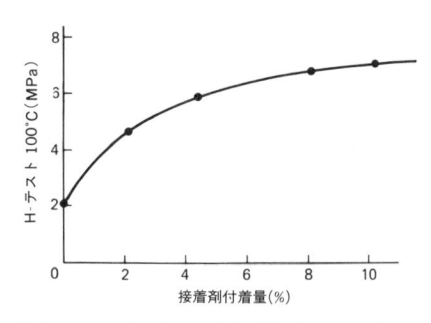

図 35.8 コードに対する RFL 付着量のゴムに対する効果

接着における RFL の pH の影響　レゾルシノールとホルムアルデヒドの反応に触媒として水酸化アンモニウムが使用されるが，8.0 を越える pH である場合に，満足な接着強さは得られない．しかし，ラテックスに混合した場合の RFL の pH が 9.5 近辺に調整されるならば，満足のいく接着強さが得られる．pH の調整には水酸化ナトリウムが使用される（図 35.9 参照）．

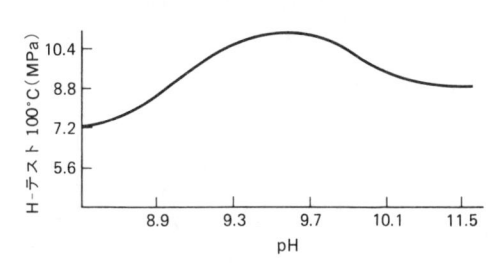

図 35.9 RFL の PH とゴムに対する接着性の関係

RFL の接着理論　タイヤコードの RFL 処理においては，繊維の性質がたいへん重要である．レーヨンやナイロンは RFL 処理によって容易にゴムとの接着を可能にするが，ポリエステルコードの接着は困難である．これはポリエステル繊維の性質と化学構造によるものである．

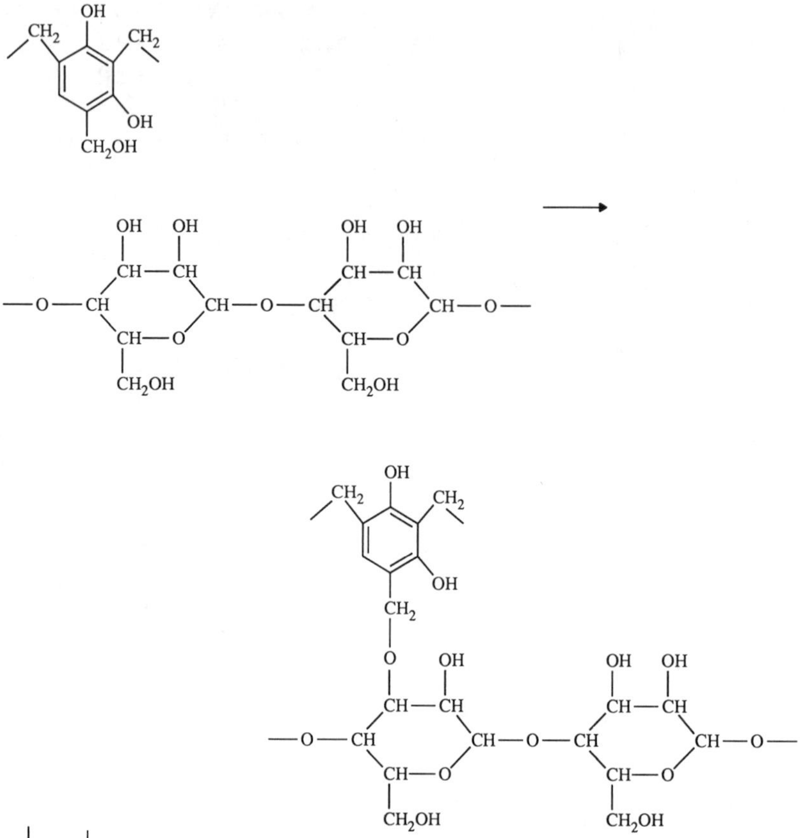

35. 繊維とゴムの接着

図 35.10 RFL のレーヨンタイヤコードに対する Moult の接着理論

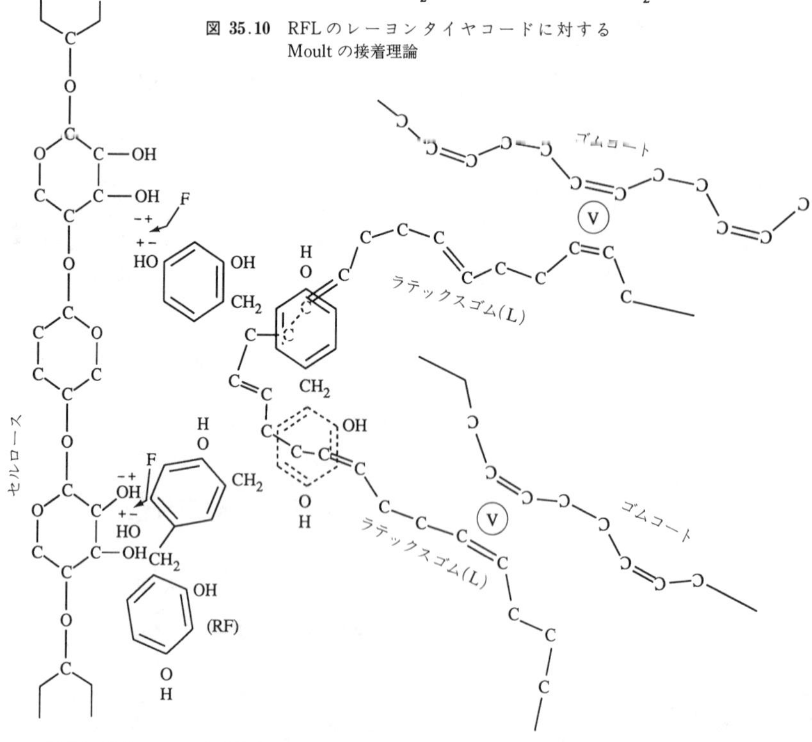

F＝双極子の引合いまたは水素結合　V＝架橋結合
図 35.11 レーヨン-RFL 接着に関する Wilson の提案

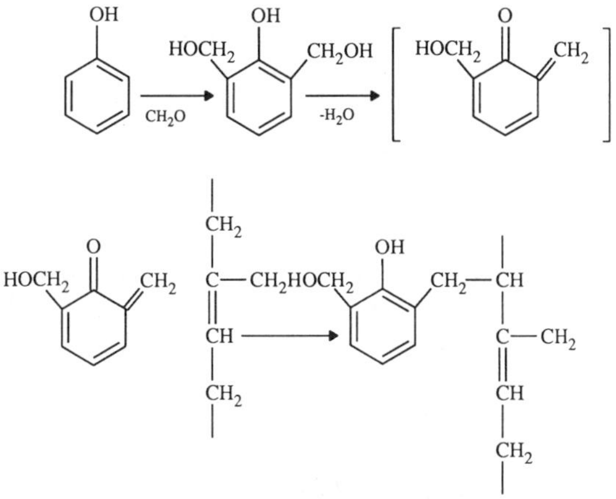

図 35.12 RFL とゴムの接着に関する Van der Meer の提案[47]

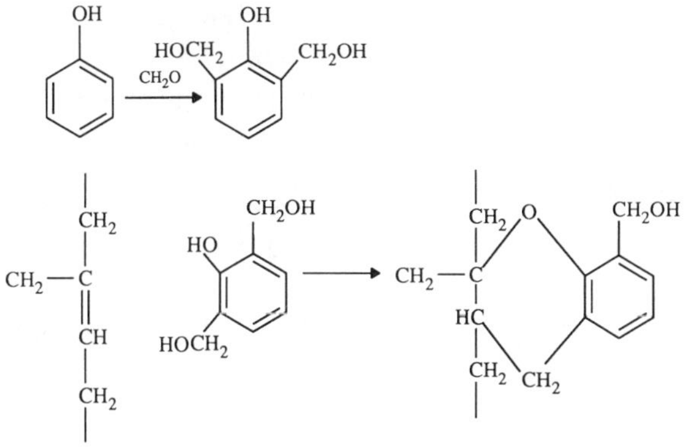

図 35.13 RFL とゴムの接着に関する Greth の理論[47]

RFL のレーヨンやナイロンに対する接着性については いくつかの説がある．レーヨンはポリマー鎖中に水酸基を含んでおり，ナイロンはアミド基（CONH）を含んでいる．図 35.10 は RFL のレーヨンに対する接着構造を示したものである．同じことがナイロンに対してもいえる[5]．すなわち，レーヨンやナイロン中の活性水素と RF 分子中のメチロール基の化学反応である．

M. W. Wilson は，レーヨンやナイロン中の活性基と RF 間の双極子による引き合いであると説明した[6]．また，Wilson は繊維表面と RF 間の水素結合によるものであると，彼のレポートの中で報告している．図 35.11 はこの説明を構造式で行ったものである[6]．

ここで一つの疑問が生じてくる．すなわち，ゴムと繊維の接着において，単なる物理的な絡み合いにより接着強さが発現するものか，あるいは化学結合によるものか，ということである．Dlugosz[7] は電子顕微鏡により接着剤フィルムを観察して次の報告を行った．接着剤層は 2 相に分かれており，樹脂層がラテックス層を中に閉じ込めた架橋構造をとっている．以上のことから彼は，接着剤の機能は機械的に絡み合った二つの相によるものである，との結論を得た．

一方，フェノール-ホルムアルデヒド樹脂がジエン系ゴムの架橋剤になることはよく知られている．この絡み合いを説明するためには，次の二つの基本理論が必要になる．

第一は van der Meer の説である[8]．すなわち，フェノールとホルマリンを反応させるとメチレンキノンの中間体を形成し，これが天然ゴムのイソプレン基中の活性水素と反応して架橋結合をつくるというものである（図 35.12 参照）．

第二は，Greth の説である[9]．すなわち，レゾルシノールのベンゼン環とジエン系合成ゴム中のブタジエン基との間で，環化するというものである（図 35.13 参照）．

ポリエステルタイヤコードの接着

ポリエステルタイヤコードは，ポリエステル繊維に活性水素がないことから，RFL 接着剤との間に水素結合が期待できず，接着性はよくない．ポリエステルとゴムの接着において重要なことは，ポリエステル表面をイソシアネート化合物またはブロック化イソシアネート化合物によって処理することである．イソシアネート（NCO）化合物は，ポリエステルとゴムの両者に作用し，効果的な表面処理剤になる．ポリエステルは，まずイソシアネ

35. 繊維とゴムの接着

図 35.14 ブロック化イソシアネートの解離反応

ート溶液によって処理され，乾燥後，RFLによって再び処理される．しかしポリエステルのイソシアネート溶液処理は，V-ベルトの場合を除き，経済性の優れたものではない．なぜならば，有機溶剤の回収，換気，毒性についての対策が必要であるからである．

イソシアネートは，フェノール，オキシム，ラクタム，マロネートのような活性水素をもつ化合物と反応し，付加物をつくる．図 35.14 は，これのモデル図である．これらの付加物はブロック化イソシアネートと呼ばれ，水に対して安定である．ブロック化イソシアネートは，使用時にはブロックがはずれ，フリーのイソシアネート状態になり，反応性がでてくる．汎用なものはフェノールでブロックされたイソシアネートである．

1957年に，Du Pont 社がブロック化イソシアネートをベースにして，タイヤコードの浸漬液を開発した[10]．このシステムは D-417 と呼ばれ，フェノールでブロック化されたメチレン-ビス(4-フェニルイソシアネート)および水溶性エポキシからなっている．このものはポリエステルの処理剤として使用され，RFL は上塗り剤あるいは中塗り剤として使用される．

Hylene MP[a]	3.56 部
Nagase 010 A エポキシド[b]	1.34
エアロゾル OT	0.10
水	95.00
	100.00 部

a) Du Pont 社 ブロック化イソシアネート
b) 長瀬産業，日本

D-417 浸漬液の主生成物はポリウレタンであることは，イソシアネートとエポキシドの反応であることから理解できる．ポリウレタン構造を形成するための水酸基はエポキシ樹脂のエポキシ基開環によるものである．

ポリエステル表面に付着した浸漬液が硬化するときにポリエステル基との反応が考えられるが，反応の可能性は低いものである．ポリウレタンとポリエステルの接合は，化学反応であるよりも，むしろ物理的な絡み合いと考えられている．Iyengar は，メチレン-ビス(4-フェニルイソシアネート)とエポキシドからなるポリウレタンの結合エネルギー密度は 10.5 であると報告している[11]．またポリエチレンテレフタレートの結合エネルギー密度は 10.3 である．以上のように，結合エネルギー密度が近似していることから，ポリウレタンとポリエステルの相溶性はきわめて優れている．そして Voyutskii の拡散理論からも説明できるものである[12]．

図 35.15 は RFL 上塗り剤を塗付したときの中塗り剤の付着量を接着性から評価したものである．接着性と経済性を考慮した場合の理想的な付着量は 1% である．

ポリエステルタイヤコードの熱処理条件は，ゴムとの優れた接着性を得るためにたいへん重要である．ポリエステルとゴムの接着においては，230～240℃ がよいとされている．また，210～220℃ のやや低い温度が RFL 上塗り剤を塗付したときに必要である．

図 35.16 は，D-417 二段階接着システムによって，ポリエステルを接着するときの熱処理条件を示したものである．D-417 中塗り剤の熱処理条件がグラフで示されて

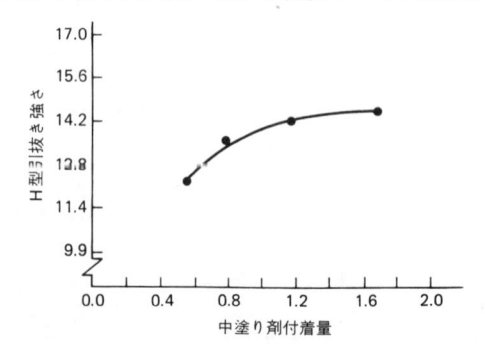

図 35.15 中塗り剤の付着量と接着性 (H-テスト) の関係

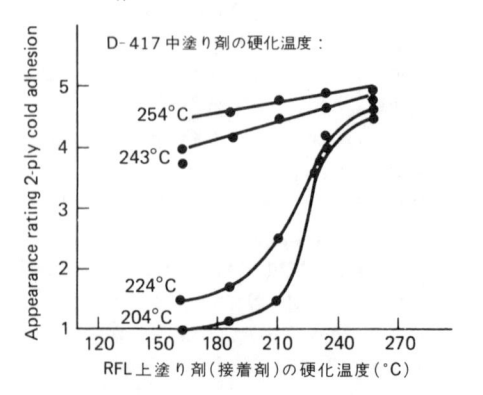

図 35.16 ポリエステルを接着するときの硬化温度の影響

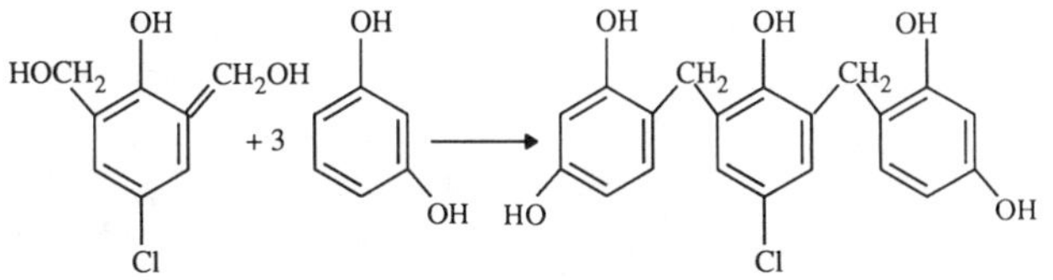

図 35.17 ポリエステル用接着浸漬液の反応メカニズム[47]

いる．図中，縦軸はポリエステルの引抜き強さを示したもので，1 は弱い接着強さを示し，5 はポリエステル表面に 100% ゴムが付着した状態の強い接着強さを示している．また図 35.16 から，中塗りおよび上塗りで，高接着強さを得るためには熱処理が必要であることも理解できる．

ポリエステル用接着浸漬液

最初のポリエステル用接着浸漬液は ICI 社によって開発された[13]．この接着剤はレゾルシノールとホルマール化されたクロロフェノールの共重合物からなる．樹脂の反応メカニズムは図 35.17 に示す通りであり，接着用浸漬液の組成は表 35.3 に記してある．

表 35.3 ポリエステル浸漬用1工程接着剤

組　成	部 (重量)
Koppers Penacolite R-2200 レジン (70%)	3.4
水酸化ナトリウム	0.17
水	18.8
Pexul (20%)	30.0
ビニルピリジンラテックス (38%)	31.8
水	12.6
ホルムアルデヒド (37%)	1.0
水	1.0
	98.8

他の多くのポリエステル用接着浸漬液は，開発後の 15 年間は特許になっていた．RFL 浸漬液の接着活性剤は，通常イソシアネートやトリアリルシアヌレート，トリフェニルシアヌレートなどのシアヌレートである．他の接着活性剤としては，ポリエステルに使用される縮合ポリマーと類似のものが使用された．このことについてより詳細に知りたければ，Rubber Chemistry and Technology Vol. 58, No. 3 (1985) を参照して欲しい．

紡績中に行えるポリエステルの化学活性化

ポリエステル技術にとって重要なことは，Fiber Industries 社が紡績中にポリエステル繊維の表面を活性化することに成功したことである[14]．このことは，ゴムと繊維の接着において標準的な上塗り剤だけでの接着を可能にした．紡績された繊維は，表 35.4 に示す組成の仕上げ溶液に浸漬され，次いで高温にして加熱処理することにより造膜させる．

その後，ポリエステル繊維の表面を活性化させるための多くの試みがなされたが，すべて紡績中に繊維表面を活性化させるものであった．これらコード処理剤のほと

表 35.4 紡績中にポリエステル繊維表面を活性化するのに使用される溶液の組成

0.1%	0.1% 炭酸ナトリウム
5.0%	エピクロルヒドリンとグリセリンのグリシジルエーテル (エポキシ当量 140~160)
5.0%	約 60% のジメチルシロキサンを含有する水溶液
5.0%	75% エトキシ化モノオレエート (20 mol ポリオキシエチレン) と 25% エトキシ化オクチルフェノール (12 mol ポリオキシエチレン) を含有する水溶液
84.9%	水

んどは，エポキシドとシランを主成分にするものであった．添加剤として使用されるものはブロック化イソシアネートやシアヌレートである．

ガラスタイヤコードとゴムの接着

ガラスタイヤコードは，わずかではあるが，ベルトや乗用車のラジアルタイヤに今なお使用されている．しかしながら，タイヤにおけるガラスの使用には限度がある．なぜならば，ラジアルタイヤにおいてはスチールワイヤの方が優れているからである．しかしながら，ガラスコードの研究はタイヤの性能にとって重要な，動的性質を改良するために続けられた．そして Lin は満足のいく結果を得た[15]．

彼は接着剤組成中の 1 成分であるビニルピリジン三元共重合ラテックスの一部をブタジエンラテックスに置き換えた．このポリブタジエンラテックスに浸漬されたガラスコードは耐寒性が改良された．これはポリブタジエンのガラス転移温度が，ビニルピリジン-スチレン-ブタジエンゴムのそれよりも低いことによるものである．

アラミド繊維の接着

最近 15 年間における注目すべき進歩の一つは，ゴム補強材としての芳香族ポリアミドである．アラミド繊維の使用により，ラジアルタイヤがより進歩し，またホース，コンベヤベルト，トランスミッションベルトなどの機械的な進歩につながった．これらの高強度繊維の製造法は，1971 年に S. L. Kwolek に与えられた特許に詳述されている[16]．

ポリベンズアミドとポリ(p-フェニレンテレフタルアミド)の混合溶液は液晶性がある．これらのポリアミド溶液が紡糸口金から出てくるとき，分子配向し，繊維形成能が出てくる．それゆえ，紡糸口金から出た繊維は高分子配向したものになる．最終仕上げの終了した繊維は，

他の繊維と比較して非常に強靱なものである．

Iyengarはゴムに対するアラミド繊維の接着メカニズムについて詳細に報告している[17]．被着材（この場合はアラミド繊維）と接着剤の熱力学的な相溶性がアラミド繊維表面への接着性をよくするための鍵になる．このような相溶性は，被着材と接着剤の溶解度パラメーター（δ）が近いときに出てくる．

Iyengar[17]は，ゴムと繊維の接着において2段階の接着工程を提案した．第1工程はアラミド繊維の下塗り剤で，表35.5に示す通りである．第2工程はRFL接着剤で，表35.6に示す組成である．

表35.5 アラミド繊維とゴムの二段階接着用接着剤の第1バット液の組成

長瀬 NER 010 A（エポキシ）[a]	2.22 部
10%水酸化ナトリウム	0.28
5%エアロゾルOT[b]（75%）	0.56
水	96.64
合　計	103.06 部

a：長瀬産業，日本
b：American Cyanamid 社

表35.6 アラミド繊維とゴムの二段階接着用接着剤の第2バット液の組成

	部	
	ウェット	ドライ
水	141.0	
I．水酸化アンモニウム（28%）	6.1	
RFレジン（75%）	22.0	16.5
II．ビニルピリジンラテックス（41%）	244.0	100.0
水	58.0	
III．ホルムアルデヒド（37%）	11.0	4.1
水	58.0	
IV．HAF カーボン分散液（25%）	60.3	15.1
合　計	600.4	135.7

アラミド繊維用接着システムのほとんどは，第1工程ではエポキシドまたはブロック化イソシアネートが主成分として使われ，第2工程の上塗り剤ではRFLが主成分である．Wenghoeferは，前記のものとは異なる下塗り剤について特許をとった[18]．この下塗り剤は，ビス（β-アジド-ホルミルオキシエチル）イソフタレートからなる．乾燥後，コードはフェノール樹脂系接着剤に浸漬され，そして230℃で60秒間加熱処理される．Van Gilsの特許では，下塗り剤はビニルピリジンラテックス，トリメチロールフェノール，レゾルシノール-ホルムアルデヒド樹脂および水からなる[19]．General Tire & Rubber 社の特許で，Elmerは，フェノール-アルデヒド樹脂とビニルピリジンラテックスからなる水性接着剤を発明している．処理は3回繰り返される[20]．アラミド繊維用接着剤については，将来においてもゴム補強用接着剤として改良が重ねられるものと考える．

タイヤコードとゴムのRFLによる接着での大気汚染の影響

RFLが塗付されたタイヤコードとゴムの接着において，RFL浸漬されたコードは，ゴムが加硫される前においては紫外線，窒素酸化物，亜硫酸ガス，空気の影響をうける．Iyengarは次の提案をしている[21]．すなわち，オゾンにさらされたRFLはゴムラテックスのブタジエンの二重結合をオゾンが攻撃することから接着力が悪くなる．そしてゴムの加硫状態も悪くなる．以上のことをSolomonは赤外線（IR）吸収スペクトルによって証明した[22]．RFLフィルムをオゾンにさらすと，1720 cm^{-1}においてIR吸収が増加する．すなわち，カルボニル結合が増加するからである．オゾンの影響をうけてないフィルムでは，1720 cm^{-1}にIR吸収はあらわれない．生成したカルボニル結合はゴム中の二重結合とオゾンの反応によるものであり，ゴムの加硫性能および接着性能を悪くする．

図35.18は，湿度とオゾンが共存したときの影響を，ナイロン，レーヨン，ポリエステルを例として示したものである[22]．同じオゾンレベルの場合，ゴムとコードの接

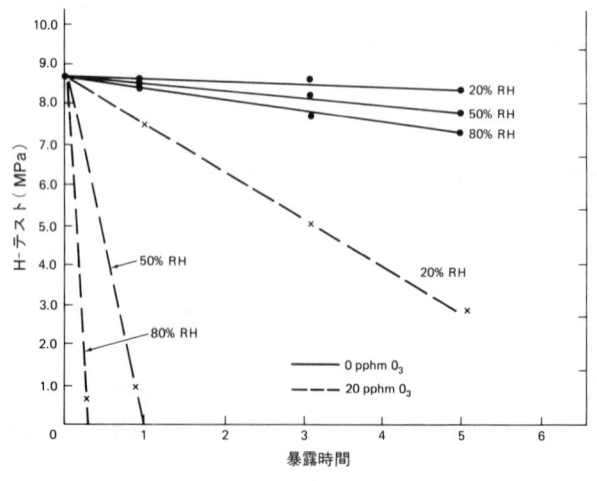

図35.18 温度とオゾン濃度を変えた場合のナイロンのH-テスト結果

着強さは湿度が高くなるにしたがって悪くなる.

大気中におかれたときの悪影響を少なくするための方法がいくつか提案されている. ゴムラテックス粒子をカプセルに封じ込めることにより, オゾンとジエン系ゴムの反応をおさえることができる[23]. メチルメタクリレート, アクリル酸, N-メチロールアクリルアミドのポリマーが, レーヨン, ナイロン, ポリエステルタイヤコードの浸漬液として使用される RFL に添加して使用される. Adams は, 大気汚染物の影響をおさえるために, N, N'-エチレン-ビス-ステアリン酸アミドを, タイヤコード用接着剤に添加した[24]. マイクロクリスタリンワックスやフィッシャー-トロプシュワックスが, コードの乾燥処理工程中に, ゴムに対する接着強さを減少させないために, コード浸漬用接着剤へ添加される[25]. RFL に浸漬された繊維の接着ロスをなくすための重要なファクターは, 浸漬繊維ロールを, クラフト紙とボール紙の積層紙ですばやく包み込むことである. このことにより, 繊維表面が直接大気中にさらされることを防ぐことができ, ほとんどの場合において接着ロスをなくすことができる.

真ちゅうめっきスチールワイヤとゴムの接着

スチールベルトタイヤの性能は, 他の繊維で補強されたタイヤの性能と同じく, タイヤコードとゴムの接着強さによって決まってくる. 真ちゅうめっきされたスチールタイヤコードを使用することによって, ゴムとスチールコードの接着強さが高まる. ゴムと真ちゅうの接着メカニズムを解明するために, 多くの仮説が立てられ, 基礎的な研究が行われた. そして, ゴムと真ちゅうの界面やスチールコード表面を分析するため, 専用に開発された分析機器が使用された.

ゴムと真ちゅう接着の特質

Sanderson は, 100 年以上も前に, 硫黄加硫可能なゴムに真ちゅうが接着することを見出した[26]. この接着メカニズムに関する研究は, ラジアルタイヤの出現により, より拍車がかかった.

Buchan と Rae の 2 人は次のような仮説をたてた[27,28]. 下図のように, 真ちゅう表面の銅原子と架橋ポリマー分子中の硫黄原子との間で化学結合が行われる.

$$\begin{array}{c} -C- \\ | \\ Cu-S-C- \\ | \\ -C- \end{array}$$

Van Ooij は, スチールコード表面とゴム-真ちゅう界面の解析に, 最初に XPS (X線光電子分光) を使用した[29~31]. 彼は界面に反応生成物の薄膜がいつも形成されていることを観察した. 彼は化学分析によって, この薄膜の組成が Cu_xS, ZnS, ZnO であり, トップ層はいつも

Cu_xS であることを確認した. そして彼は次のような仮説をたてた. 化学量論的ではないが, Cu_xS が, ゴムの架橋反応における触媒として, ゴムと金属の接着に作用するということである.

しかし, Van Ooij が次のようなクレームをつけた[32]. すなわち, 銅とゴムの間に化学結合が存在しないという事実があることである. それは, ゴムに Cu_xS をミル(混練り)しても補強効果やポリマーに対する接着性が改善されないということである. Van Ooij は次のように説明している. 優れた接着強さを得るために重要なことは, Cu_xS が形成されているいないにかかわらず凝集力が高いことおよび表面を亜鉛華(酸化亜鉛)でおおわれた真ちゅうに対して優れた接着力を示すことである. 同様に重要なことは, 一度形成された Cu_xS 層の下層で進行する二次的な腐食反応の割合に応じて, ZnO が ZnS になることである. 図 35.19 は真ちゅうめっきスチールの酸化物層の概要図である.

Ooij のモデルで, 真ちゅうはゴムに対して優れた接着強さを発揮する. なぜならば, サルファイドは接着強さや凝集強さに優れるのみならず, 非常に多孔質である. その結果, ゴム分子が加硫中にこの層に入り込むからで

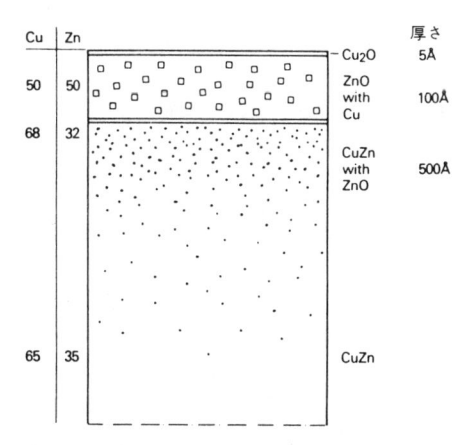

Cu	Zn		厚さ
50	50	Cu_2O	5Å
		ZnO with Cu	100Å
68	32	CuZn with ZnO	500Å
65	35	CuZn	

図 35.19 真ちゅうめっきスチールの酸化物層の概要図[48]

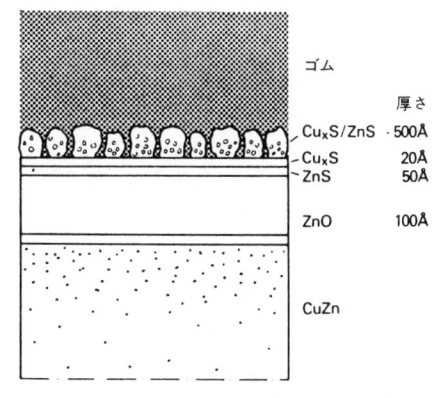

図 35.20 ゴムと真ちゅうの接着における接着界面の機械的な絡み合い

(ゴム / Cu_xS/ZnS 500Å / Cu_xS 20Å / ZnS 50Å / ZnO 100Å / CuZn)

ある．図35.20はこのモデル図である．

真ちゅう成分やめっき量が反応性や接着性に及ぼす影響

真ちゅうめっきの条件について，最初に，しかも詳しく研究したのはMaeselleとDebruyneであった[33]．彼らは，真ちゅうや銅の含有量，めっき条件，めっき量，電着による機械的なひずみ，熱処理方法，化合物の成分などについて研究した．彼らの報告によれば，平均めっき量における真ちゅうの適正銅含有量は，接着試験に使われるゴム組成物にもよるが，60%，67〜70%，75%であった．真ちゅうめっき厚さが$0.2\mu m$以内で，真ちゅう中の銅含有量が68%のときに，ゴムに対する接着性が最も優れていた．今日，タイヤ補強の目的で使用されるワイヤのほとんどが真ちゅうめっき厚さで$0.2\mu m$であり，銅含有量が70%，亜鉛含有量が30%のものである．

ゴム対真ちゅうめっきスチールワイヤの接着に関わるその他の要因

ゴム組成物の影響 Buchanは合成ゴムと同じく，天然ゴムについて配合組成や真ちゅうに対する接着性について研究した[34]．しかし，今日のゴム工業でみられるように，配合組成においては経験的な面での進歩が著しい．多くの接着性に関するデータから，いくつかの配合組成に関する結論が導かれている．まとめれば次のようになる．

（1）接着反応において，硫黄は大へん重要である．良好な接着を得るための最低配合量は2部である．一般的に，良好な接着強さを得るための硫黄と促進剤の割合は，硫黄4に対して促進剤1である．

（2）スルファミド系促進剤が，ゴム工業においてはゴムと真ちゅうの接着に使用されている．Bertrandは，N-シクロヘキシル-2-ベンゾチアゾールスルホンアミド(CBS)，N,N-ジシクロヘキシル-2-ベンゾチアゾールスルホンアミド(DCBS)が高接着強さを発揮すると報告している[35]．超促進剤であるテトラメチルチウラムジサルファイド(TMTD)やテトラメチルチウラムモノサルファイド(TMTM)の少量とスルホンアミドの組合せは接着力が悪くなる．

（3）Hicks, Lyon, Chirico, Ulmerの4人は，カーボンブラックを配合することにより強度が上がり，50〜60部の添加で最高に達した[36,37]．カーボンブラックの添加効果やその性質について，機械的な面での報告が，他の研究成果としてなされた．

（4）亜鉛華とステアリン酸はゴム組成物中では重要な成分である．

CarpenterはZnOの効果について詳細に調べている．亜鉛華を2部，5部，8部添加して，物性比較を行った．その結果，最高接着強さを得るためには亜鉛華の粒形が平均的であることが重要であると報告している[38]．Hicksは15部亜鉛華を添加したとき，最も優れた強度を得ている[39]．

以上のように結果は異なるが，亜鉛華についての他の研究でも同じことがいえる．これは亜鉛華の効果が，ゴム組成物中の他の成分の影響をうけることが大きいためと思われる．ステアリン酸は加硫の初期段階ではステアリン酸亜鉛になっているといわれている[40]．しかし，ステアリン酸亜鉛の形成には多くのファクターがあり，ゴム接着力への影響を調べるのは困難である．

（5）ゴム工業で使用される酸化防止剤は，ゴムと真ちゅうの接着においては，影響を与えるファクターにはならない．

ゴムと真ちゅうの接着における接着促進剤

ほとんどのタイヤ会社は，スチールコードの表面コンパウンドとして，コバルト塩やHRHシステムの変形物を採用した．

コバルト塩 Barkerはステアリン酸コバルト，ナフテン酸コバルトおよびホウ素をコーティングした有機金属化合物の効果を真ちゅうに対する接着性で調べた[41]．彼は次のように結論づけた．適当に調整されたコンパウンドにおいて，コバルト塩の使用による初期接着の改善は認められなかったが，いくつかの組成において耐水蒸気性が改良された．他の試験においても同傾向であった．

HRHシステム WeaverはHRHやその応用システムのように，実用可能な接着システムに関するまとめを行った[42]．HRHでは真ちゅうめっきされたワイヤへの接着性を改良する目的で，ゴムに対してヘキサメチレンテトラミン(ウロトロピン)，レゾルシノール，含水シリカが加えられる．通常，1.5部のヘキサメチレンテトラミン，2.5部のレゾルシノール，そして15部のシリカが，ワイヤの浸漬液へ加えられる．CunninghamやHart[43,44]によって提案されたレゾトロピン(レゾルシノール-ホルムアルデヒドの予備縮合レジン)や，Koppers社[45]のPenacolite Resin B-18のように，ヘキサメチレンテトラミンと反応可能なレジンはゴムとワイヤの接着に使用される．

Van Ooijは電子顕微鏡によってゴムと真ちゅうの界面を観察することにより，コバルト塩およびHRHが，真ちゅう表面に，基本的には同じ結晶生成物を形成することを発見した[46]．それゆえ，真ちゅうとゴムの接着メカニズムは，コバルト塩およびHRHともに，同じでなければならない．そして，接着性の違いは，ゴムの性質(架橋度合い，硬化割合，モジュラスなど)や真ちゅう表面をおかす度合いの違いによって説明される．明らかに，HRH-NRコンパウンドに対する真ちゅうの接着は，ゴムと繊維の接着と同じように水素結合によるものであるとは説明できない[47,48]．

[**Thomas S. Solomon**／若林一民 訳]

参 考 文 献

1. Charch, W.H., and Maney, D.B. (to E.I. du Pont Co.), U.S. Patent 2,128,229 (August 30, 1938).
2. Noe, J.P., et al., *Rubber Plastics News*, **14** (May 29, 1978).
3. Kenyon, D., *Trans. Inst. Rubber Ind.*, **38**, 165 (1962).
4. Wood, J.O., *Rubber Chem. Technol.*, **40**, 1014 (1967).
5. Moult, H., in "Handbook of Adhesives," 2nd Ed., I. Skeist (ed.), p. 495, New York, Rheinhold Publ. Corp., 1962.
6. Wilson, M.W., *TAPPI*, **43**(2), 129 (1960).
7. Dlugosz, 5th Internatl. Conf. Electromicroscopy, S.S. Breese (ed.), Vol. 1, 1962.
8. van der Meer, S., *Rubber Chem. Technol.*, **18**, 853 (1945).
9. Greth, A., *Angew. Chem.*, **51**, 719 (1938).
10. Shoaf, C.J. (to E.I. duPont Co.), U.S. Patent 3,307,966 (March 7, 1967).
11. Iyengar, Y., *J. Appl. Polym. Sci.*, **15**, 267 (1971).
12. Voyutskii, S.S., *Adhesives Age*, **5**, 30 (1962).
13. ICI, Belgian Patent 688,424 (1967); French Patent 1,496,951 (1967).
14. Fiber Ind. Inc., B.P. 1,328,804 (July 25, 1973).
15. Lin, K.C., et al. (to Owens-Corning Fiberglas Corp.), U.S. Patent 4,060,658 (November 17, 1977).
16. Kwolek, S.L. (to E.I. du Pont Co.), U.S. Patent 3,600,350 (August 17, 1971).
17. Iyengar, Y., *J. Appl. Polym. Sci.*, **22**, 801 (1978).
18. Wenghoefer, H.M. (to E.I. du Pont Co.), U.S. Patent 4,102,904 (April 5, 1984).
19. Van Gils, G.E., et al. (to General Tire and Rubber Co.), U.S. Patent 3,888,805 (July 19, 1975).
20. Elmer, O.C. (to General Tire and Rubber Co.), U.S. Patent 4,404,055 (October 11, 1983).
21. Iyengar, Y., *J. Appl. Polym. Sci.*, **19**, 855 (1975).
22. Solomon, T.S., "Adhesion Retention of Tire Cords Using Carboset Resins in Cord Adhesives," presented at the Rubber Division ACS Meeting, Atlanta, GA, March 27, 1979.
23. Solomon, T.S., (to BFGoodrich Co.), U.S. Patent 3,968,295 (July 6, 1975).
24. Adams, H.T. (to Uniroyal, Inc.), U.S. Patent 3,816,457 (April 8, 1975).
25. Hartz, R.E., and Adams, H.T., *J. Appl. Polym. Sci.*, **21**, 525 (1977).
26. Sanderson, E., British Patent 3288 (1862).
27. Buchan, S., and Rae, W.D., *Trans. Inst. Rubber Ind.*, **20**, 205 (1945).
28. Buchan, S., and Rae, W.D., *Trans. Inst. Rubber Ind.*, **21**, 323 (1946).
29. van Ooij, W.J., *Surface Sci.*, **68**, 1 (1977).
30. van Ooij, W.J., presented at an International Conference on Surface Physics and Chemistry, Grenoble, France, June 1–3, 1977; *les Couches Minces*, 308 (1977).
31. van Ooij, W.J., *Kautsch. Gummi Kunstoffe*, **30**, 739 (1977); ibid., **30**, 833 (1977).
32. van Ooij, W.J., *Rubber Chem. Technol.*, **57**, 442–445 (1984).
33. Maeselle, A., and Debruyne, E., *Rubber Chem. Technol.*, **42**, 613 (1969).
34. Buchan, S., "Rubber to Metal Bonding," London, Crosby Lockwood and Sons, 1959.
35. Bertrand, G., *Adh. Elastom. Conf. Int. Caout. Sess.*, **34**, 109 (1970).
36. Hicks, A.E., and Lyon, F., *Adhesives Age*, 21 (1969).
37. Hicks, A.E., Chirico, V.E., and Ulmer, J.D., *Rubber Chem. Technol.*, **45**, 26 (1972).
38. Carpenter, G.T., *Rubber Chem. Technol.*, **51**, 788 (1978).
39. Hicks, A.E., presented to the Eighth Annual Lecture Series, Akron Rubber Group, Akron, OH, March 3, 1971.
40. Porter, M., in "Organic Chemistry of Sulfur," A. Oae (ed.), Ch. 3, p. 71, New York, London, Plenum Press, 1977.
41. Barker, L.R., *NR Technol.*, **12**, 77 (1981).
42. Weaver, E.J., *Rubber Plastics News*, July 1978.
43. Cunningham, W.K., and Hart, D.R., abstract in *Rubber Chem. Technol.*, **48**, 346 (1975).
44. Cunningham, W.K., and Hart, D.R., abstract in *Rubber Chem. Technol.*, **48**, 1103 (1975).
45. Koppers Product Application Guide, Compounding No. 1, 1975.
46. van Ooij, W.J., *Rubber Chem. Technol.*, **52**, 605 (1979).
47. Takeyama, T., and Matsui, J., *Rubber Chem. Technol.*, **42**, 159 (1969).
48. van Ooij, W.J., *Rubber Chem. Technol.*, **57**, 421 (1984).

36. 木材の接着

　木材を接着することは古代エジプトのファラオ王の時代にまでさかのぼり，当時熟練達者な職人達がにかわを用い，装飾用の単板による象眼を製作した．今日，木材接着加工製品は主に住まいの構造材や家具として使われ，家具は実用のみならず工芸面にも継続されている．木材の接着技術は木材科学，木材工学，さらに化学，工学，材料科学を含め複合した学際的研究によって進展してきた．接着加工される木材の寸法，形状はさまざまで，ハードボードのような微細な繊維状のものから長大な構造用集成材ラミナまで及ぶ．接着剤は初期に用いられたにかわではなく，発展した化学工業により製造される特徴ある合成樹脂である．[1]

　樹脂と被着材との相互作用の本質が，木材接着加工に対峙する飽くなき挑戦とチャンスを進めてきた．木材は寸法的には異方性であり，化学的にいえば不均質な基材であるので，その性質は温湿度などの気候条件の影響をうける．木質複合材料の特質は，木材小片の寸法，形状，製造工程の違いにより変わる．接着剤システムを化学的に取り扱えば，木材と接着剤の望ましい結合をし，結果として良好な接着を生み出し，有用な木材接着製品になる．以後に，最近の木材接着技術の応用例における挑戦とチャンスについて概要を述べる．

木材の接着

木質複合体における接着のメカニズム

　接着の形成には数種類の熱力学的および動力学的パラメーターが含まれている．接着剤は液状か乾燥パウダーとして塗付される．接着の第1段階では，液状樹脂は粘度調節されて，顕微鏡的に見れば粗い木材表面上を流動し，表面の凹凸に浸透したり，ふさいだりして被着材間の空隙を埋めるようになる．接着剤のモビリティは加熱や溶液化，その両者に依存する．流動状の接着剤は木材繊維をぬらし，浸透し，吸収される．汚れを取り除き，木材繊維と付着するため接着剤には強い引力が必要である．もし，溶媒があれば，それは接着剤ポリマーよりも大きい速度で繊維内に吸収されて，ほとんどの接着剤は木材界面や，2，3層の細胞層に残留する．接着剤の木材への流動が大きすぎても小さすぎても接着の問題が生じる．

　熱硬化性樹脂の硬化工程には加熱圧締法が適用される．樹脂の粘度は，はじめは加熱によって可塑性を帯びて低下する．その後，粘度は樹脂のポリマー分子の架橋反応によって増大し，その動力学は加熱の影響をうける．樹脂が固化してその反応が完了したときに熱圧締を解除する．熱可塑状である時間が木材中へ流動する量を調節することになり，おのおのの段階で入念に操作されねばならない．集成材製造のような常温接着の場合には，樹脂に化学触媒を添加し，加圧硬化させる．

　溶媒の散失は化学的架橋とともに接着剤の硬化に影響する．過度の溶媒は結果として流動性を高め，過浸透（strike-in）する．また溶媒が少なければ流動性が悪くなって接着層が過乾燥（dryout）となる．溶媒の散失，架橋の割合は加熱により増加するが，おのおのの速度は温度により異なる．接着剤ポリマーと木材ポリマーとの実際の接着には三つのメカニズムの組合せが考えられている．すなわち，機械的結合，物理的親和力および化学的共有結合である．これら三つのメカニズムの関係はいまだに接着剤化学者間で論議されている．

　機械的結合　接着剤が木材表面に塗付され，浸透したりぬれるとき，接着剤ポリマーは多孔質木材繊維と顕微鏡的あるいは分子的に見ればからみ合って機械的結合を形成している．接着剤の接着強さに対するこれらの結合の寄与の程度は，容易に分離できず，測定も不可能である．接着剤は木材表面の損傷した繊維の中に浸透していると考えられる．木材の中に2本から6本の繊維への浸透，分子の大きさでみれば繊維細胞壁への侵入が，一般に耐久性ある構造用接着には必要であると考えられている．この浸透は極微小な破壊を改善して接着剤と木材との中間的な機械的性質をもつような領域を与えるので，他の接着のメカニズムが関わる付加的な表面をつくり出すために必要である．

　物理的親和力　木材と接着剤間の物理的親和力はファンデルワールス力や水素結合からなる．この物理的吸引（固有接着）はたいへん強く，特に繊維細胞壁の炭水化物の極性水酸基と接着剤ポリマーとの水素結合があ

る．多くの接着剤化学者は，第一の接着メカニズムとして，この物理的親和力を考察している．細胞壁への溶剤の湿潤性や接着剤ポリマーを考えると，木材と接着剤との界面形成における第1段階としてはある面ではとても重要である．

化学的結合 電子共有による木材繊維と接着剤間の共有化学結合は架橋型接着剤では可能である．しかし，このような結合の存在は耐水性接着剤にとっては本質的でない．分子間親和力が耐水性接着剤にとって必要である．

接着形成に影響する因子

木材繊維と接着剤の結合は一般の熱力学や動力学パラメーター，およびそれらの相互作用とのバランスにある．これらの中で，不足したり，接着形成の別の局面があれば，結果として不満足な品質の複合体となる．接着には湿潤性が必要で，接着剤の浸透，拡散にとって第一であるが，ぬれが良いからといって接着が良いとは保証できない．接着剤の塗付，品質は最終接着製品に強く影響する．木材の比重や表面特性も，また接着剤と基材との相互作用に影響する．

湿潤性 良い湿潤性とは接着剤と木材基材との密接な分子間接触と同義的であり，良好な接着となるには重要である．木材表面の自由エネルギーを熱力学的に計算することは困難である．というのは，木材の膨潤によりこの値は非平衡であり，特に水が溶媒のときは湿潤性も変化する．接触面の測定は，実際に接着する温度ではあまり測定されず，またたいへん難しく，抽出成分とか比重，多孔性や面粗さが異なるなどの木材の性質が測定値に影響を与えてしまう．非極性の抽出成分の存在や表面の劣化，木材の加熱，乾燥，これらのすべてが表面自由エネルギーやぬれを減少させる傾向がある．水素結合をもつ溶媒との相互作用が異なるため，リグニンは極性溶媒に出会うと炭水化物よりもやや膨潤性が劣る．強固に付着した繊維と接着剤がぬれると良好なる接着となるであろう．水性アルカリとか水性フェノール成分が木材表面成分を膨潤したり溶解するため，湿潤性が乏しいところれらの接着剤システムはときには制限をうける．

拡散と浸透 フェノール-ホルムアルデヒド樹脂やユリア-ホルムアルデヒド樹脂のような熱硬化性縮合ポリマーは，硬化のとき副産物として水が生成する．仮に，水もまた溶媒となれば，溶媒としての水が逆に硬化を抑制するような界面では水の濃度が減少するように拡散がおこることが必要条件である．水やほかの溶媒があると，低分子量ポリマーは流動し，細胞の割れ目や細胞壁に浸透しやすい．このクロマトグラフ的効果が浸透の始まりである．仮に噴霧状接着剤や非溶媒型接着剤であったり，あるいは溶媒が蒸発して接着層から拡散すれば，浸透は硬化レオロジーの熱可塑の段階で終了する．接着剤が加圧や加熱によって流動するとき，ぬれや拡散は熱可塑状のときにおこる．熱硬化型接着剤のゲル化が始まると接着剤ポリマーが固化する．空隙充填性があり，細胞への浸透が十分で，良好な接着形成のために接着剤が界面に十分残留するようであれば，ゲル化する前の浸透や拡散の量は決まってくる．木材は吸湿性であるので，その含水率は温度や湿度に強く影響される．乾燥したあと水分の脱吸収は，特に水性接着剤のときには溶媒拡散の速度や量が影響をうけ，水分もまた硬化レオロジーのときの熱可塑相に影響を及ぼす．木材製品製造工業において接着剤を使用する際には，樹脂の吸湿性，硬化特性を取り扱うことが拡散と浸透に対するニーズに応じた基礎となる．

接着剤塗付 接着剤はローラースプレッダーやカーテンコーターを用いる合板や集成材では連続皮膜として塗付される．スプレー塗付は構造用合板の製造では当り前のようになった．パーティクル，フレーク，ファイバーボードでは表面積に応じて少量の接着剤がスポット接着されるが，スプレーノズルで液状点滴塗付するか，接着剤パウダーが木片表面と一時的に結合するように，溶融ワックスやワックスエマルジョンを混合したパウダー状で塗付する．パーティクルボードの製造では最小量の接着剤で最大限のボード特性が得られるような理想的な接着剤散布が明らかにされている．連続した接着剤皮膜となるときのコストは，木材小片寸法が小さくなれば木材の表面積が大きくなるのでとても高くなる．理想的に接着剤を塗付する方法やその測定法には議論を要する．木材小片形状，接着剤の小滴，その滴の大きさ，さらに接着剤の表面張力など，これらすべてが塗付に影響を与える．

理想的な接着剤塗付を定義づけることは難しいが，接着の問題がしばしば非理想的な接着剤塗付であることを示してくれる．粗い小片，細かすぎる小片に過度の接着剤が塗付されると接着トラブルが生じる．もし小片がまったく接着剤を留めていなかったら接着の問題はもっと劇的に生じる．効率の悪いブレンディングであれば複合体の強度が減少する．すなわち，個々のフレークやパーティクルに接着剤が塗付されないからである．複合材製造工場にとって，塗付する接着剤量が増加すれば原材料コストが上がり，効率が上がらないブレンディングとなる．スクリーン分別化と種々の小片サイズへの接着剤塗付条件を決定することが，塗付課題を解決し，接着剤と木材とのブレンドシステムを設定する手助けとなる．

接着剤の特性 接着剤の特性は，流動し，ぬれて細胞壁に浸透する能力や，前述した温度や時間の制限内で硬化する能力に依存する．硬化した接着剤は複合材に必要な物理的強度特性を与えるための十分な凝集力をもたねばならない．機器，測定方法と同様に，確立した技術の助力により，硬化レオロジーに影響する接着剤配合因子が明確になる．接着剤の化学構造は液体あるいは固体状態のどちらも核磁気共鳴装置（NMR）によって分光分析できる．IRやUV法も適用できる．高速液体クロマトグラフ法（HPLC）は低分子量樹脂の分析に，ゲル浸透ク

ロマトグラフ法 (GPC) は高分子量樹脂の分析が可能である。GPC は絶対分子量測定に際してはレーザー光散乱法を組み合わせた装置もある。硬化度はゲル化時間や硬化ストローク法，さらには示差走査熱量計 (DSC) によって定量分析できる。熱機械分析法 (DMA) やねじり自由振動法 (TBA) は硬化レオロジーの解析に利用できる。破壊力学は硬化樹脂や複合体の物理的強度特性を解析するために応用される。上記の各手法は，最終製品の要求により密接にマッチするような樹脂の特性を解析するために多少有用な機器類である。

被着材としての木材

表面構造と組織 木材の表面は微視的レベルでみれば粗い。その粗さは，木材固有の解剖学的構造と表面仕上げ法に原因している。木材は構造的には繊維状細胞によって構成されている。表面の組織は樹種はもちろんのこと，広葉樹，針葉樹までさまざまである。木材のもつ繊維状性質のため木理が配向し，樹木によっていろいろなタイプがある。未成熟材は樹木の生命の最初の1年間で形成され，相対的には短繊維で構成されている。1年の成長により年輪である春材と夏材を形成し，それぞれ比重や多孔性が異なる。これらの因子は浸透性，比重，圧縮性と同様，組織上も異なる。複合材用の木材を調整するとき，木材の表面仕上げ加工にはのこ挽き，プレーナー加工，製材，熱的機械的パルプ化，あるいはもっと表面粗さが大きい機械加工などがある。その結果，繊維が損傷し，細胞内腔がむき出して，一般的には不規則で粗くなり，良好な接着加工が期待できなくなる。

損傷をうけていない繊維へ接着剤が浸透するには投錨効果が必要である。木材同士の良好なる接触を保証するため，またフェノール樹脂やアミノ樹脂の場合，縮合の副産物である水から生成される水蒸気を含むため，工程中は加圧が必要となる。木材同士の接触はきわめて密接でなければならないし，耐久性ある接着剤にとっては接着層は繊維直径よりも薄くなければならない。ファイバーボードのような小繊維から集成材のようなラミナまで，接着加工する木材の形状がさまざまであるので，機械加工や製材技術の範囲は広い。しかし少なくとも一つの肝要なことがある。それは，被着木材の違い，木材表面仕上げ機械に対して適度な管理をすれば，生産ラインをダウンさせるような問題は最少にできることである。

表面の化学構成 木材表面は，その組織と同様，異なった化学成分からできている。繊維を切断すると断面は三つの部分に分けられる。その3部分とは，第一に細胞腔，第二に切断された細胞壁，第三に繊維間に存在するもので中間ラメラ，すなわち個々の繊維間の接合部である。その中で細胞壁が大部分を占めるが，接着の際に最も重要となるのは各層の化学成分である。

木材繊維を例えていえば，補強したコンクリートに類似している。配向したセルロース高分子がミクロフィブリルの束を構成しており，これらは炭水化物 (多糖類) のポリマーによって包まれている。そして非結晶フェノール環をもつリグニン高分子の連続した網目が，炭水化物の骨格に相互貫通し，つなぎ合っている。多数の水酸基が，強い極性をもつ炭水化物と水素結合している。リグニンはアルキルフェノールであるため，極性がなく，フェノール環に付加することができる。繊維をどこで切断してもリグノセルロースのマトリックスが多量に存在する。それに加えて，各種の新陳代謝の副産物と原形質体残基が存在する。

顕微鏡で見ると，露出した細胞腔には微細な突起物が見られる。この層には，主に新陳代謝でできた副産物と原形質体残基が生成されている。

リグノセルロース細胞壁は，S_3, S_2, S_1, P の4層に細別される（**図 36.1**)。S 層は，セルロースミクロフィブリルの配列において，第1壁層（外壁）と異なる第2壁層（内壁）である。また，S_2 層は第2壁層（内壁）の大部分を占めている。S_1 層は，第1壁層 P（外壁）に隣接しており，第2壁層（内壁）のフィブリル配列は見られない。中間ラメラは主に個々の木材繊維を結合させるリグニンを含んでいる。[2]

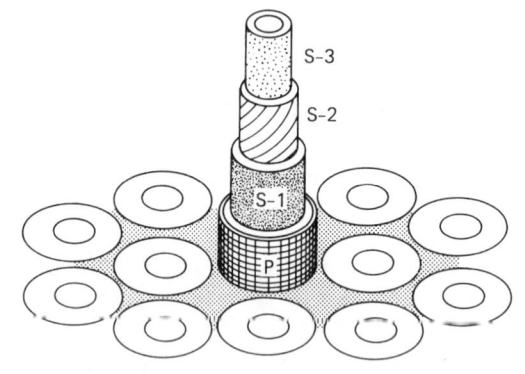

図 36.1 リグノセルロースの構造

木材繊維には，すでに述べた細胞壁ポリマーに加えて，抽出成分（低分子量有機物）がそれぞれ異なった割合で存在している。通常微量 (5% 以下) であるが，ある種の心材や不健全材には 10～30% まで存在することがある。辺材では細胞が死滅すると，抽出成分はその繊維に沈着し，心材に変わる。抽出成分の化学構成はいろいろで，接着性に影響を与える。水溶性の糖やタンニンは乾燥中に木材表面に移動することがある。しばしば心材部に存在する酸性の抽出成分はぬれを低下させ，接着剤の浸透阻害，硬化阻害などの接着性の問題をひきおこす。テルペンや脂肪酸のような無極性抽出成分もまた接着性を阻害することがある。木材繊維表面には細胞質のほとんどの化学成分は極性や分子量が異なった状態で存在するが，多くの極性あるいは無極性接着剤によって容易に接着することができる。

接着形成における被着材の物理的，化学的構造の影響

接着形成に影響を及ぼす被着材の物理的特性には，木

材の構造上の特徴や物理的性質がある．また，化学的特徴には木材の主成分，少量の成分，抽出成分などがある．

木材の細胞は表面粗さ，組織，多孔質，比重，硬さ，圧縮性などが異なる．粗い表面では，接着に不可欠な木材同士の良好な接触を得るための圧力が必要である．硬い高比重材では圧縮が困難である．そのような材では，加圧下でも材表面が密着せず接着が困難となる．高比重材ではさらに接着剤の浸透が遅い．一つの接着製品で比重の分布があれば，部分部分によって異なった品質の接着となる．

木材は吸湿性を有し，周辺環境によって水分の出入りがある．水分が放出されると繊維壁がつぶれ，収縮する．繊維壁が水分を吸収すると膨張する．木材は恒温恒湿状態になれば平衡になる．しかし，ほとんどの工場施設周辺の環境状態は一定ではない．木材は接着工程前，工程中，工程後において水分の出入りがあり，収縮や膨張をする．これらの寸法変化は接着工程に影響を及ぼす．接着層に加わる応力は，十分な凝集力を発現する以前の硬化工程中に発生する．木材の収縮，膨張は接着製品が製造された後でも接着層に応力を加える．その応力が生じる可能性があるため，木材は通常，使用される状態に近い含水率まで乾燥される．

化学的にみれば，木材の抽出成分は接着形成に大きく影響する．それはぬれ特性を低下させる．また物理的な欠点をひきおこすような阻害となる．抽出成分は界面における接着剤の望ましい硬化を阻害する．抽出成分が木材のpHや緩衝特性に鋭敏ならば大きな問題となる．このときは外部触媒システムによって木材の緩衝作用問題を改善できる．

被着材の表面が加熱や乾燥中に化学的変化をおこすと，熱的に不活性となる．この熱的不活性木材の表面は，ぬれが悪くなり，接着剤の水分を吸収しにくくなる．そして，抽出成分の表面への移動や熱分解，水酸基の酸化，ほかの化学変化をひきおこす可能性がある．

接着剤システム

多くの接着剤は，住宅，家具，その他の非構造用のために木材を堆積接着することに使用されている．これらの接着では，水性酢酸ビニルエマルジョン（PVA）が一般的な木材接着剤であるが，耐水性がなく，一定荷重下ではクリープしやすい．エポキシ系やウレタン系接着剤は価格が高いので限定されて使用されている．[3]

構造用接着として最も多量に使用される木材用接着剤は，熱硬化性フェノール-ホルムアルデヒド樹脂（PF），ユリア-ホルムアルデヒド樹脂（UF），およびそれらの誘導体である．PF類は外装用接着剤であり，UF類は内装用接着剤である．それぞれの接着製品や接着工程では多少異なった接着剤が要求されるので，多くの種類のPFやUFが利用される．工場生産ボードには，イソシアネート架橋樹脂はPF類やUF類ほど使用されていない．イソシアネート架橋樹脂は，外装用に適した耐久性，耐水性をもっているが，接着剤のコストがPFやUFよりはるかに高い．

フェノール樹脂

一般的性質 フェノール樹脂は，一般的にアルカリ触媒されたフェノール-ホルムアルデヒドポリマーの水溶液である．典型的な樹脂は固形分が約40%，フェノール：ホルムアルデヒド：水酸化ナトリウムのモル比が1：2：0.75ほどであり，平均10～50のフェノール分子が結合している．それらは乾燥パウダーとして粉末スプレーされる．フェノール-ホルムアルデヒド樹脂は加圧下で加熱によって硬化する．その結果，結合は高い耐水性と耐熱性をもっている．フェノール樹脂で接着された木材製品の耐久性と耐候性は外装用として評価されている．

レゾルシノールはフェノールの誘導体であり，ベンゼン環に付加した水酸基をもっている．活性の高いオルト，パラ位にある水酸基はホルムアルデヒドと容易に反応する．フェノールの一部をレゾルシノールに置換したフェノール-レゾルシノール（PRF）は，フェノール樹脂よりも硬化が促進される．PRF樹脂や，レゾルシノールですべてのフェノールが置換されたレゾルシノール-ホルムアルデヒド（RF）樹脂は，常温硬化が必要な集成材用に使用される．それらは加熱をしなくても硬化する．その接着は耐水性，耐熱性があり，外装用として使用される．フェノールやレゾルシノールは主としてフェノール樹脂として用いられるフェノールであるが，種々のフェノール誘導体は量的には少ないが，要求される性能を与えるために共重合されている．

化学構造 ポリフェノールは，フェノールやフェノール誘導体とホルムアルデヒドを架橋剤として二段階反応によって生成する．図36.2のように，第1段階では付加反応してメチロール化する段階である．ホルムアルデヒドは活性オルトやパラ位の水素と反応したメチロール化フェノールである付加生成物となる．モノ，ジ，トリメチロール誘導体の可能性がある．第2段階では同図の縮合段階である．水が縮合の副産物として生じるが，これはメチロール水酸基と，隣接した活性水素との反応によって形成される．付加縮合段階の生成物は接着剤の骨格である高分子網目をつくる．樹脂を形成する反応段階では，一般的に加熱，冷却，最適攪拌，減圧蒸留，還流などにより，温度を上昇させて化学反応物を合成する．

その樹脂の性能は，合成のパラメーターを変えることによって加減できる．それらの変数には，ホルムアルデヒドとフェノールのモル比，触媒，添加率，合成中の原料の濃度，使用する触媒のタイプ，合成中の温度調節，脱水段階の存在，中和，目標不揮発分，分子量の程度，特別な特性を与える添加剤の有無などがある．合成パラメーターを変化させると高分子網目の分子や結合性能が変わる．調節できる特性としては分子量，分子量分布，

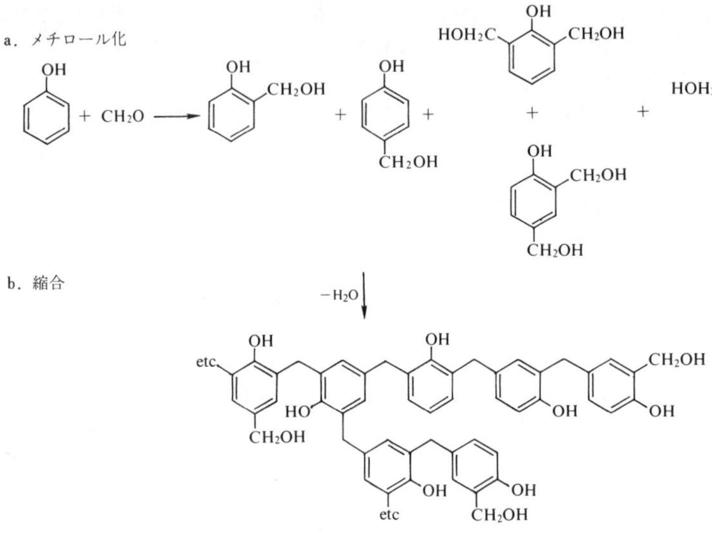

図 36.2 PF樹脂生成反応

官能基，硬化レオロジー，粘度，硬化速度である．接着剤の分子量や結合特性を評価することによって濃度を調整し，工場性能が調節できる．

塗付　PRFやRFは主に集成材の製造において常温接着で使用される．PFは主にハードボード，合板，配向ストランドボード(OSB)，ウェハーボードに使用される．パーティクルボードにはPFはあまり使用されない．PFは一般にUFのように粘性を発現しないので，コール板を用いないパーティクルボード製造ラインでの使用は容易でない．樹脂は適度な液状で塗付されるが，空隙充填性，水分量コントロール，硬化特性を改善するため，しばしば充填剤や増量剤を混合する．樹脂は粉末塗付するか，溶融ワックスかワックスエマルジョンを添加して塗付する．フェノール樹脂で製造された製品は一般に外装用に用いられる．

アミノ系樹脂

一般的性質　アミノ系樹脂は，一般的に酸硬化型ユリア-ホルムアルデヒド(UF)ポリマーの水溶液である．典型的な樹脂はユリアとホルムアルデヒドのモル比が1：1.2，固形約60％である．UFは，木材が酸性でなければ加熱加圧で硬化し，一般的には酸触媒で硬化する．その接着は耐水性がなく，特に温水に弱い．ホルムアルデヒドはUFが分解されてゆっくりと放出する．低濃度であっても，放出ホルムアルデヒドは換気の悪い部屋ではやっかいである．

メラミンは三つの官能アミノ基をもち，6個の炭化窒素が共鳴安定した複素環からなる．メラミンはユリアの耐久性を増強させるため，メラミン-ユリア-ホルムアルデヒド(MUF)の中でユリアと共重合されるが，コストが高くなる．メラミン(MF)はユリアに代わって使われ，

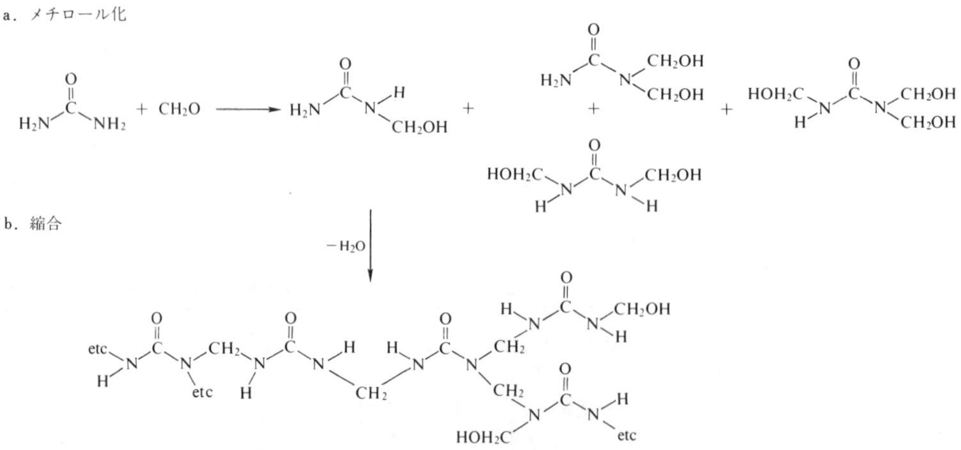

図 36.3 UF樹脂生成反応

化学構造 UF, MF, MUFは, RFのところで述べた化学成分と同様に, 別々の付加（メチロール化）段階と縮合段階で高分子化する（図36.3）. ユリア分子には四つの反応する部位があるが, 三つの部位で集中してメチロール化する.

合成の調製は, PFと同様, 樹脂の性能を変化するために行われる. モル比, 触媒システム, 原料濃度とその添加割合, 目標不揮発分, 脱水段階, 添加剤が, 樹脂に特別な性能を与えたり, 改善するために変えられる. 調節される性能としては分子量, 分子量分布, 官能基, 硬化レオロジー, 粘度, 硬化速度などである.

塗 付 UFは主にコール板, 無コール板法によるパーティクルボード工程や, 中比重ファイバーボード（MDF）の製造に使われる接着剤である. それらはタックの発現がよく, 一般的に適度な液状として使われる. 樹種がサザンパインやオークのような酸性でなければ, 酸触媒が用いられる. UFで接着された製品は内装用として使用される. MUFやMFを使用すれば, 接着耐久性を増加させ, 耐水性をもたせ, 硬化速度を促進し, 潜在的なホルムアルデヒド放出量を低減できる.

ジイソシアネート

一般的性質 ジイソシアネート樹脂は一般に液状であり, 低分子モノマーとオリゴマーの混合物である. 樹脂は硬化の際に化学反応しても副成生物のような溶媒は発生しないので, 理論的には100％不揮発性である. イソシアネートは反応性が高く, 熱圧により硬化する. 接着後は水や熱に対する抵抗性も高い. イソシアネートで接着した木製品は屋外で使用可能な耐久, 耐候性がある. ジイソシアネートはPFやUF樹脂と反応できるが, 一般的には固形分当りのコストはPFやUFよりも高い. 典型的なジイソシアネートは, モノマー単位としてメチルジフェニルジイソシアネート（MDI）の異性体が基本となる. 他のタイプのイソシアネートも使用される. トルエンジイソシアネート（TDI）はたいへん反応性が高いが, 一方揮発性もたいへん高い. TDIは揮発性が高く, 反応性も高いので, 人間の肺の中で架橋してしまい, それゆえ木材工場でのホットプレスには利用できない. ポリメリックMDI（PMDI）は低蒸気圧, 高反応性, 適度な粘度という利点があるので, 木材接着剤としてはPMDIが主要な割合を占めている（図36.4）.

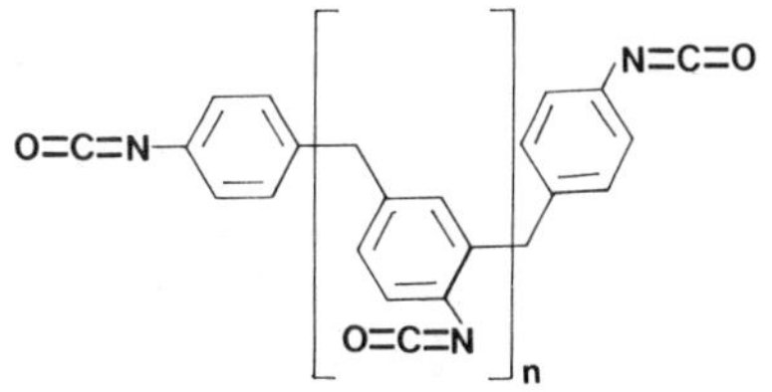

図 36.4 ポリメックメチレンジイソシアネート（PMDI）の典型的構造

化学構造 イソシアネートの反応基は $-N=C=O$ である. 二重結合部分に付加反応がおこる（図36.5）. $-N=C=O$ 基はアルカリあるいは酸性下で活性水素と反応する. 水, アルコール, ポリオール, 水酸基, アミンと反応すると同様に, 容易に自己縮合がおこる. 多量の水分があるとジイソシアネートは不活性になるので, 木材含水率は注意して調整する必要がある. イソシアネートと木材基材との間には間違いなく強い共有結合が存在する. $-N=C=O$ 基はまた金属との反応性が高い. 樹脂の特徴は, 樹脂に使われるモノマーを変えたり, ポリオールのような付加剤と反応させて変成できる.

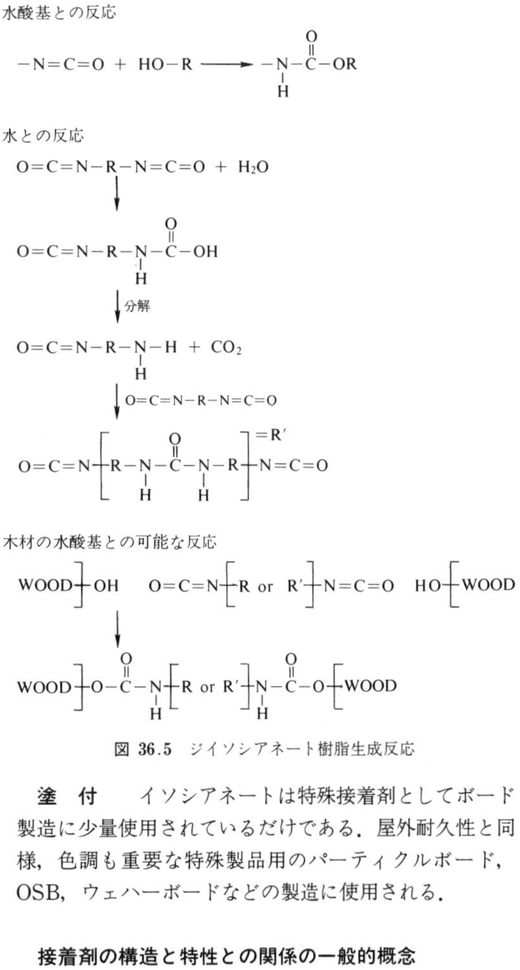

図 36.5 ジイソシアネート樹脂生成反応

塗 付 イソシアネートは特殊接着剤としてボード製造に少量使用されているだけである. 屋外耐久性と同様, 色調も重要な特殊製品用のパーティクルボード, OSB, ウェハーボードなどの製造に使用される.

接着剤の構造と特性との関係の一般的概念

樹脂化学は, 熱力学, 動力学的知識, 半経験的理論ならびに製法技術が混ざりあったものである. 化学者はプラント試験の前に, 性能を予測するため装置や方法を模索している. 化学的分析, 粘弾性特性, 機械的分析, パイロットプラントによる評価, 破壊力学, 統計解析すべてが有効な方法である. 実験室試験はフィールド試験で遭遇する可能性の状況を考慮して設定される. 傾向が明確になれば理論的な説明を構築する.

樹脂の特性は, 化学的あるいは他の方法で, その特性

を示す構造上のデータをもとに予測される。データは実験室あるいはパイロットプラントで何度も試験されるので、その傾向を分析して導入された理論を確立するためにもフィールド試験が必要になる。一般的にいえば、仮に実験室実験が適切に実行されれば、同様な傾向がフィールド試験にもみられるであろう。管理された実験室やパイロットプラント実験と日々の工場操作との差異により、この傾向の大きさが異なる。そのときには、工場操作、環境条件を調整するため製法を変換する必要がある。樹脂を製造する化学者は樹脂構造を操作できる技術をもっている。工場での操作や環境特性のために、樹脂化学というものは長年の熱力学、動力学、半経験的理論ならびに配合技術が混沌としたままである。

合板, 木材複合材の製造

合板および木材の複合材は、建設、船舶用、装飾品のような特殊な市場用に製造される。最終製品に対する要求、すなわち内装用か外装用かにより接着操作が変わる。単板パネル製品としては構造用、化粧合板がある。単板積層材（LVL）は挽材と競合する単板製品である。集成材はしばしば重構造あるいは装飾的に利用され、壮大な梁として用いられる。構造用合板は外装用で、フェノール樹脂で接着されている。化粧合板は壁パネルや針葉樹床タイルなどの内装用で、ユリア樹脂で接着される。両タイプの合板とも直交に配向した単板を積層して熱圧締される。

木材部材の厚みが増せばホットプレスからの熱伝導が制限され、より反応性の高い樹脂システムが必要になる。高周波加熱（RF）接着も使用される。LVL は、熱伝導が可能な厚さならば、熱圧硬化される。一方、PRF 樹脂システムは常温硬化型である。PRF は集成材の製造に使用され、常温圧締により硬化するが、一般には触媒を添加して硬化を促進する。

構造用合板、化粧合板、LVL（単板積層材）、集成材用接着剤は添加剤、充填剤、触媒などを含む樹脂の異成分混合物である。単独で樹脂を使用するよりも、現場で種々混合して接着剤糊液とする。[4]

他の成分を樹脂に混合すると、接着剤のコストは全体に低下する。しかし、コストは接着剤糊液を使用することによって得られる利益の一部にすぎない。小麦粉のような増量剤は接着剤糊液の水分量を調整するために使用される。接着剤の水分量の操作は、ある極端な条件であるが、乾燥しすぎた材や極端なときには高含水率材のときに浸透過多になる接着剤の性質を調整するために行われる。樹種、周辺温度、木材の平衡含水率に影響を与える相対湿度によって、工場技術者によって接着剤糊液の水分量を調節する必要がある。ヤシガラ粉のような充填剤は接着剤糊液の中に消化されずに残留する。このことは、接着剤が適度に硬化したときの接着層の物理的強度を高めることになる。接着剤の膨張や収縮にともなう応力によって接着層に破壊が始まると、接着剤の破壊が広がる。応力がクラックに集中したり、熱硬化性樹脂が硬化の際にもろくなって破壊が大きくなる。クラックの広がりが充填剤の粒子に接触すると応力が全体に広がるが、粒子によってクラックの広がりが止まり、クラック付近で応力は分散される。

合板製造では接着層は、一般的にいえば、連続フィルム状であるといえる。単板の表面は常に粗く、平滑でなく、レースチェック（裏割れ）をもつ。合板のコア層には死節や単板の横はぎのときの隙間などの空隙がある。単板間の空隙充填や接着剤のかさを増大させるために、接着剤糊液に樹脂を混合することがある。触媒は硬化速度を調節するために糊液に添加される。接着剤の可使時間は接着塗付できるようにほどよく調整される。

ボードの製造

単板積層材の接着剤は連続皮膜となるが、ボード製造ではスポット接着（結合）となる。木片パーティクルには、ハードボードやファイバーボードの繊維状サイズのものから、パーティクルボードの中のファイバーや小片の混合物、配向ストランドボード用の細長い小片、ウェハーボード用の幅広の木片などがある。フェノール樹脂は第一にハードボードならびに配向ストランドボード、ウェハーボードに使用され、ユリア樹脂はファイバーボード、パーティクルボードの製造に使用される。一方、限定されるが、フェノール樹脂とイソシアネート樹脂がパーティクルボードに使用されている。

ハードボードはウェットまたはドライ工程で製造される。木材チップをファイバーやパルプにするために熱機械的あるいは機械的解繊によって行われる。水分を含んだファイバーがスクリーン上で抄造され、ウェット工程では熱圧されて高比重のものが製造される。樹脂（一般にファイバー重量に対し、PF 固形分 1〜2%）、ワックス、保持剤、耐水剤が添加されたスラリー状である。住宅用サイディングはこの製造法による商品の一つである。反対に、樹脂がブレンドされた乾燥チップによりマットが成形される方法は、ドライ工程のハードボードである。低比重のインシュレーションボードはファイバー、ワックス、結合剤を少量添加するか、あるいは無添加のまま製造される。ウェット工程では、ボードの特性はパルプ添加剤の調整、成形因子、プレスサイクル、プレス温度、プレス時間および表面コーティングにより調整できる。

中比重繊維板（MDF）の製造に用いるファイバーはスラリー状ではない。木材チップはチップを柔らかくして高圧解繊される。チップは蒸煮釜から取り出され、高圧から低圧に移送され、ロータリーディスクリファイナーに送られる。熱機械的パルプは解圧条件とリファイニング（精砕）を組み合わせて製造される。ファイバーはリファイニングのあとドライヤーへ輸送される。ユリア樹脂とワックスはリファイナーとドライヤーとの間、送風

ブレンディングの内で塗付される．樹脂はドライヤーの中では少しも硬化は進行しない．あるいは，樹脂はファイバーが乾燥されたあと，普通のブレンダーによって混合される．混合されたファイバーはマットに成形され，ホットプレスされる．樹脂の硬化促進用に高周波加熱が使用されることもある．一般的に，MDFは固い端面と平滑な表面であるので，家具産業界に用いられる．固い端面はエッジ加工するのに適しており，平滑な表面はビニルプリントやペーパーをオーバーレイするのに都合がよい基材である．

パーティクルボードは，製材工場から出る削りくずや木材チップを機械的に細かいサイズ（幅0.5～3mm，長さ1～30mm）に破砕された削片を用いて製造される．チップの貯蔵管理，シェービング，乾燥条件がパーティクルの品質をコントロールする．比重や小片寸法がマットの特性や製品ボードの物性に影響する．良質なパーティクルが機械的あるいは送風によって選別され，マットの表層に落下される．一方，粗いパーティクルはコアや中央部分に用いる．成形工程では，表層とコア層ではブレンディングが別々に操作され，異樹種を用いることもある．前述の操作に加えて，含水率，樹種の混用，プレス加圧，息抜き時間，プレスサイクル条件が製品ボード物性に影響する．床に使用する場合には破壊係数が重要な材質指標となる．家具材料として使用可能なパーティクルボードは付加価値が高い．パーティクルボードは，表面のより平滑さ，より強固なコアが生産できれば，MDFと競合するようになる．一般に，パーティクルボードやMDFは内装用であるので，UF樹脂が使用される．MUF，PFおよびイソシアネート樹脂は高い耐久性，放出ホルムアルデヒドの低減対策用に使用される．

配向ストランドボード（OSB）は，寸法的には繊維方向が長く（2～10cm），半径方向には狭く（0.1～2cm）破砕される．木材は異方性であるので，ストランドは合板における単板層と同様に表層とコア層を直交させる．こうするとボードの寸度安定性が高くなる．OSBはシージング，サイディングに利用する合板と競合するが，屋外耐久用にはPF樹脂やイソシアネート樹脂で接着される．

ウェハーボード用のチップは，フレークやウェハー（幅1～4cm，長さ3～8cm）に削片される．液状PF樹脂，またはサイジング剤の溶融ワックスやワックスエマルジョンを混合した粉末PF樹脂で付着される．ウェハーボードはシージングやサイディングに使用される．

将来展望

将来の展望とは，将来予測される市場あるいは政府の規制によって変動する傾向を予想することである．新たな挑戦によって開拓される市場が利益を増加し，品質の改良（結果的には利益をもたらす）によって刺激をうける．接着剤原料を変換することで，樹脂システムの相対的な価格の構造を変えることが可能である．政府の規制は現在の樹脂システムや所定の樹脂システムで実行されている潜在的な負担を変更しうる．

ドライヤーの容量は多くの合板工業において制限をうける要因であり，ほとんどのボード製造工程でエネルギーコスト高の原因である．高含水率で単板やパーティクルボードが接着できれば，コストの低減ができ，ボード，合板工場の生産性を上げることになる．今日，また将来の市場の傾向として，高含水率の木材を接着する接着剤硬化システムを開発させることがある．

工業的に望まれるパーティクルボードの向上とは，製品の品質を改善する方向への挑戦である．多くの製造パラメーターの中に，ボードの品質を向上させる条件がある．シングル樹脂システムから，表層ならびにコア層両方に樹脂を添加するシステムへ移行することが，表面の品質向上をめざす樹脂システムを改善するチャンスである．樹脂システムにメラミン樹脂を共用すると，ボードの表面性能が上がるが，コスト高をまねく．

接着剤原料の供給は入手可能な石油に密接に結びついている．フェノール合成用のトルエンや他の原料は，無鉛ガソリンのオクタン促進剤に使用されている．原料が入手可能であるかということ，あるいはその価格はしばしば変動する．接着剤メーカーは原料を変換することに挑戦しているし，ボード工業は接着剤コストを低減させることに挑戦している．木材資源の利用の副産物として得られる常温硬化型フェノール物質は世界各地で樹脂に応用されているが，アメリカ合衆国では現在のところ経済的でない．しかし，これらの経済性は石油資源の利用を根本的に変えようとする課題である．

政府の規制はこれまではボード製品から放出されるホルムアルデヒドに集中してきた．このホルムアルデヒド放出はユリア樹脂だけのことではない．最近は樹脂の調製によって放出は大幅に低減できる．しかし，多孔質であるボード表面からの放出低減は困難である．ボード表面やUF樹脂を改良しても政府の付則規制を通過させることは不可能である．イソシアネート樹脂は高価であるが，反応性が高く，ユリア樹脂に代わる可能性があるが，ボード製造に際し健康上有害の可能性がある．特にホットプレス時には刺激臭が強い．規制当局にとっては工場労働者の健康問題が今後生じるであろう．

将来果敢に挑戦するチャンスは産業界の独創性に依存する．現在の市場にある製品は5年前までのコンセプトのものであり，10年前まではこのチャンスがあることは認識されていなかったものである．将来の10年間では新しいボードの製品，新しい接着剤塗付，革新的な接着剤システムに出会うであろう．いくつかの将来への挑戦は時流にもとづいて予測され，将来への挑戦は明確に予想できない．しかし，過去になされた挑戦と合致するチャンスを組み立て，独創的な集約的な工業化における可能性を探し出し，予想できない将来への挑戦が創造されれば，効果的で有効なる解決が社会に利益をもたらすであ

ろう．

[Lawrence Gollob and J. D. Wellons／滝　欽二訳]

参 考 文 献

Bryant, B. S., "Wood Adhesion," in "Handbook of Adhesives," 2nd Ed. I. Skeist (ed.), pp. 669–678, Van Nostrand Reinhold, New York, 1977.

Pizzi, A. (ed.), "Wood Adhesives: Chemistry and Technology," Vol. 1, Vol. 2 New York, Marcel Dekker, 1983, 1989.

Wellons, J. D., "Adhesives for Wood," "Encyclopedia of Materials Science and Engineering" in M. B. Bever, (ed.), pp. 73–78, New York, Pergamon Press, 1986.

Wellons, J. D., "Bonding in Wood Composites," in "Adhesion in Cellulosic and Wood-Based Composites," J. F. Oliver (ed.), pp. 127–146, New York, Plenum Press, 1981.

37. シーリング材とコーキング材

シーリング材とコーキング材は，同種または異種の被着材が取り合う目地，隙間，空隙を埋めるために使われる．そして，このような構造体の不連続部を経済的かつ簡便にシールして機能的要求を満たそうとするものである．その目的はシールされる構造体が最大限の機能を発揮できるよう，雨水や天候などの外的要素を分割したり制御したりすることにある．今日，建築用シーリング材やコーキング材は数多く使われ，産業用や個人用消費の市場は増大しつつある．これらの材料には，広範囲の温度，外的ストレス，目地ムーブメントの存在下において

[代表的用途]

建具周囲目地　　プレキャストルーフ

カーテンウォール　　砂利止めフランジ

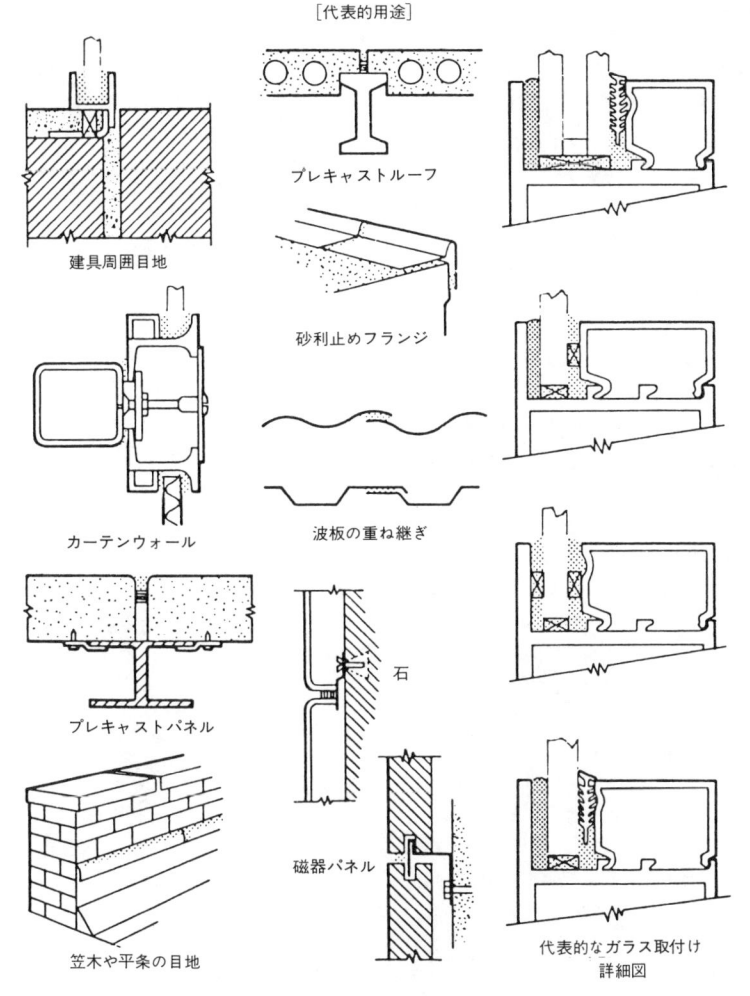

　　　　　　　　波板の重ね継ぎ

プレキャストパネル　　石

　　　　　　　　磁器パネル

笠木や平条の目地　　代表的なガラス取付け詳細図

図 37.1　シーリング材の建築向け用途

適当な被着材間の目地をシールして接着することが要求される．シールの対象となるのは多くの種類のガラス，コンクリート，石，木材，スチール，アルミ，プラスチックなどである[1~11,87,98,102]．

コーキング材は弾性性能がほんのわずか要求されるか，もしくはほとんど要求されない目地をシールするのに使われる材料である．シーリング材は接着性能をもつ弾性材料である．シーリング材/接着剤とは接着性能をもつ弾性材料で，接着したときに構造強さを発揮できるものをいう．これらの材料は未硬化のマスチックから硬化する弾性シーリング材，未硬化のテープから押出成形テープまでを含み，材料のタイプは瀝青質から高モジュラスのシリコーンポリマーまで高範囲にわたる．ここではシーリング材とコーキング材を大，中，小のムーブメント別に分類することにする[98]．

過去40年以上にわたって，非常に多くの種類のシーリング材とコーキング材（特に高性能のシーリング材）が輸送，航空機，建築分野の新しいハイテクの要求を満たすために開発されてきている（図37.1参照）．シーリング材の性能に対する要求が高まったきっかけは，1950年代初期に新しい建築設計としてカーテンウォール構造が導入されたことである．すなわち，基礎の据付け，温度変化，風圧がカーテンウォールのパネルに与えるストレスを補正できるようなシーリング材が必要になってきた．硬化したシーリング材は，温度変化，雨水，日光，環境汚染物質のような劣化要素に耐えつつ接着性を発揮し，ムーブメントに追従しなければならない[80]．

高層ビルの建設で生ずる積載荷重や静荷重によってカーテンウォールパネル同士が相互にシフトするときに発生するストレスをシーリング材は吸収しなければならない．シーリング材に発生するこれらのストレスは，せん断，圧縮，引張りの三つである．シーリング材は多くの種類のカーテンウォール材料の熱膨張や取付け誤差の補正をしなければならない．表37.1にこれらの被着材の線膨張係数を示す．シーリング材はカーテンウォールの汎用被着材であるアミルやガラスをシールしなければならないが，アルミはガラスの2.5倍の線膨張係数を有している．シーリング材はカーテンウォールシステムに働く正負の風圧で発生するストレスを吸収しなければならない．また，カーテンウォールパネルが風圧で曲げやたわみをうけるために斜めに圧縮されたり引張られたりする．例えば $8' \times 10' \times (3/8)''$ の板ガラスは120 mphの風荷重をうけたときに中心部で $1(1/8)$ インチたわむ．このようなストレス下において，シーリング材は広範囲の環境条件の中で，長期にわたってカーテンウォール構造を水密と気密に保たねばならない．さらにシーリング材はムーブメント追従性と接着性，そして許容できる外観を維持しなければならない[102]．

この章で今日入手可能なシーリング材とコーキング材の各種タイプをざっと見ることにする．各種ポリマーのタイプ別に代表的な配合例と性状を示し，シーリング材

表37.1　汎用建築材料の線膨張係数 (in/in・°F×10^{-6})

材料	値
クレイ，石（れんが，クレイまたは頁岩）	
れんが，耐火粘土	3.6
タイル，クレイまたは頁岩	3.3
タイル，耐火粘土	2.5
コンクリート	
砂利骨材	6.0
軽量構造物	4.5
コンクリート，石	
骨材用シンダー	3.1
高密度級骨材	5.2
膨張頁岩の骨材	4.3
膨張鉱滓の骨材	4.6
火山性軽石の骨材	4.1
金属	
アルミニウム	13.0
真ちゅう，レッド230	10.4
青銅，アーチ385	11.6
銅，110	9.8
鉄	
グレイ鋳鉄	5.9
練鉄	7.4
一般用鉛	16.3
モネル合金	7.8
ステンレススチール	
タイプ302	9.6
タイプ304	9.6
構造用スチール	6.7
亜鉛	19.3
板ガラス	5.1
プラスター	
石膏骨材	7.6
パーライト	5.2
バーミキュライト骨材	5.9
プラスチック	
アクリル	40~50
Lexan®	37.5
フェノール	25~66
Plexiglas®	39
ガラス繊維強化ポリエステル	10~14
ポリ塩化ビニル	33
ビニル化合物	24~40
石	
花崗岩	6.2
石灰石	3.5
大理石	7.3

とコーキング材をどう選定し，テストし，適切に施工するかについて記すことにする．

形状，タイプ，性能

形状

チューブまたはカートリッジ　10.7オンスから1クォートのカートリッジに充填されたもので，手動もしくは電動ガンで施工される．

バルク材料　一成分または多成分型で1.5~50ガロン単位で売られている．ナイフで施工するかカートリッジ（図37.2参照）もしくはメカニカルな吐出装置に通して使う．多成分型（二成分以上）は通常，電動ドリルミ

図37.2 コーキングカートリッジを用いたシーリング材の施工

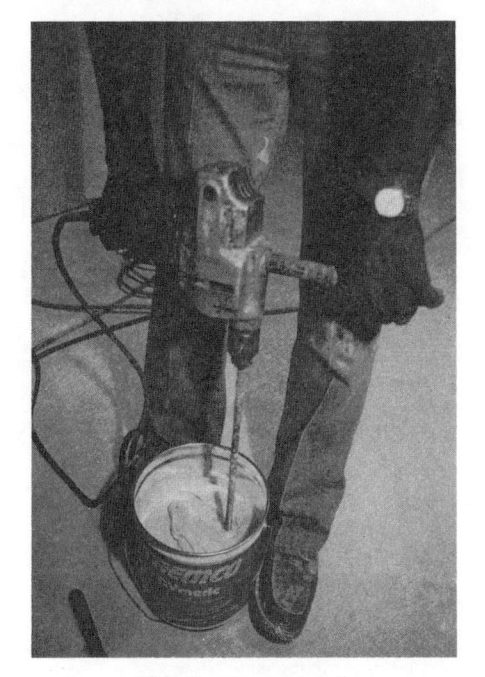

図37.3 パワーミキシング

キサー（**図37.3**参照）または自動計量混合装置で混合される．

押出成形テープ ブチルゴム，ネオプレン，塩化ビニルのリボンまたは型物で，発泡品と未発泡品がある．これらはラバーコア，ラバーロッドスペーサー，アルミ製シムを接着剤またはシーリング材の中に埋め込んだ形の複合体として供給されることもある．

タイプ

シーリング材とコーキング材はカートリッジ，バルク，押出成形テープなど以下の九つのタイプが存在する．

加熱流し込み型シーリング材 これらは適切な作業性と性状（特に接着性）を得るために所定の温度で溶融しなければならない．吐出は1回の操作で終わるべきであり，再溶融して使うことはメーカーの許可がない限りすすめられない．

常温流し込み，多成分反応硬化型シーリング材 これらは化学反応により通常はポリマーが架橋して硬化する．主剤，硬化剤，カラーマスター（もし必要なら）は十分かつ均一に混合されなければならない．シーリング材メーカーの指示にしたがって硬化剤の全量を混合前に主剤中に移すことが重要である．この材料は混合容器から直接，シールを要する目地に充填することができる．

ノンサグ，未硬化シーリング材 これらは垂直目地に打設するときに目に見えるスランプがなく，十分なチクソトロピー性を有している．ナイフまたはカートリッジを用いて目地に充填し，被着材界面に対し圧入するが，適切に充填するためには加熱が必要になる場合もある．

ノンサグ，一成分反応硬化型シーリング材 これらは化学反応により通常はポリマーが架橋して硬化する．被着材の界面に良く濡れるようにナイフ，カートリッジ，バルク用吐出装置で充填する．バルク用充填ガン，ノズル，バルク用吐出装置の各種タイプの使用にあたってはメーカーの指示にしたがうことが重要である．

ノンサグ，多成分反応硬化型シーリング材 これらもまた化学反応により通常はポリマーが架橋して硬化する．主剤，硬化剤，カラーマスター（もし必要なら）をメーカーの指示通り混合する．混合したのち，シーリング材はカートリッジに充填するか，自動計量装置から吐出するか，もしくはナイフで充填する．

加熱軟化型ノンサグシーリング材 これらを適切に

表37.2 シーリング材とコーキング材の性質

性　質	代表的な単位
未硬化状態	
1. 皮張り時間	分
2. タックフリータイム	時間
3. スランプ	インチ
4. 押出し性	グラム/分
5. フロー	秒
硬化状態	
1. 硬度	ショアA
2. 最大伸び時の応力	ポンド/in^2
3. 最大荷重時の伸び	％
4. モジュラス	ポンド/in^2
5. 引裂き強さ	
6. はく離強さ	
施工関連	
1. 耐UV性	
2. 耐オゾン性	
3. 汚染/ゴミ付着性	
4. 変色	
5. 施工温度範囲	
6. 使用温度範囲	
7. 接着性	
8. 耐久性	
9. 相溶性	
10. 圧縮セット	
11. 耐溶剤性	
12. 耐用年数	
価　格	
1. 材　料	
2. 施　工	

吐出したり充填するには加熱を必要とする．メーカーが推奨する温度までオーブン，加熱容器，もしくは沸騰水で加熱する．正しく施工し良い性能を発揮させるには施工前に加熱し過ぎないよう，またメーカーが推奨する最低温度を下まわる温度で施工しないよう注意が必要である．

帯状シーリング材——コールドアプライドマスチック　これらには離型紙が付着させてあって扱いやすくなっている．適当な長さに切ったシーリング材を被着材の一面に離型紙はそのままにして接着させる．次に紙をはがし，もう一方の被着面をシールしたい位置に接着させる．正しい保管，取扱い，施工のための指示にしたがうことが重要である．

帯状シーリング材——ホットアプライド成形ストリップ　このシーリング材もまた離型紙付きで供給される．適当な長さにシーリング材を切断した後，離型紙をはがし，シールを必要とする隙間にはめ込む．そしてメーカーが推奨する温度まで加熱する．加熱されて軟化したシーリング材が被着材の接着界面に連続して接触するように注意しなくてはならない．

コンプレッションシール　これらはあらかじめ成形された弾性発泡体で，あらかじめ圧縮された形，もしくは圧縮されない形で供給される．このシーリング材は屋外と屋内の両方の接着に利用される．この成形物を目地の中に圧縮させて挿入することでシール効果が得られる．正しい保管，取扱い，施工のための指示にしたがうことが重要である．

性　　能

シーリング材とコーキング材は大・中・小のムーブメント別に以下の三つに分類できる．それらは表37.2に示すようにテスト性能が大幅に変化する[98]．シーリング材やコーキング材を選定するのにポイントとして考慮されねばならない性能は許容伸縮率，接着性，耐用年数そして材料費である．シールされる構造体が正しく設計され，アセンブリーされているなら，重要な性質はシーリング材やコーキング材が駄目になるまでに受け入れられるムーブメント量で，引張りを＋％，圧縮を－％であらわす．接着性はシーリング材やコーキング材が被着材に対してそれぞれのストレス下においてどのくらい接着するかを示すものである．シーリング材は表面からきれいにはがれること（接着破壊）もあり，シーリング材と被着材の界面に何ら影響を与えずにシーリング材内部で切れること（凝集破壊）もある．シーリング材やコーキング材は

表 37.3　シーリング材の特徴

	許容伸縮率	利　点	欠　点
小ムーブメントコーキング材			
油／樹脂ベース	±5%	コストが最も安い，施工や仕上げが容易，プライマー不要，色調安定性良好，皮張りが早い	復元性なし，硬化が遅い，被着材を汚染する，中程度の収縮，動かない目地に適する
ポリブテン／ポリイソブチレン	±5%	接着性良好，低収縮性，非常に優れた耐UV／オゾン性，低コスト，耐水性良好	汚れの付着，低凝集力，耐溶剤性に劣る，被着材を汚染する，動かない目地に適する
中ムーブメント用コーキング材／シーリング材			
ラテックス	±7.5%	皮張りと硬化が早い，直接塗料がのる，良好な接着性／耐UV性，施工／清掃の容易性	収縮性大，耐水性に劣る，0°F以下で凍る，ほとんどが室内用
ブチル	±7.5%	接着性良好，耐水性良好，色調安定性良好，ラフな目地清掃で可，ネオプレンガスケットをキャップできる	硬化が遅い，収縮性大，復元性低い，比較的柔らかい
ハイパロン	±12%	非常に優れた耐UV／オゾン性，非透水性，かなり良い復元性，柔軟性保持	硬化が遅い，高コスト，収縮性大，ガン施工性が悪い，室内用に使えない
ネオプレン	±12%	アスファルトと相溶する，耐水性良好，金属への接着性良好，低コスト	収縮性大，暗色しかできない，硬化が非常に遅い，木／石を汚染する
溶剤型アクリル	−7.5%〜+12%	プライマー不要，非常に優れた接着性，非常に優れた耐UV性，耐薬品性良好，非汚染性，しっかりと硬化する	最大目地幅が3″/4，復元性が悪い，硬化途上の強い臭い，耐水性に劣る，硬化が遅い
大ムーブメント用シーリング材			
ポリサルファイド	±25%	良好な耐UV／水性，石に対する非汚染性，早い深部硬化性，良好な接着性／耐久性，色調の選択幅が広い	硬化途上のわずかな臭い，耐UV性／復元性が次のシーリング材より劣る，多孔質面にはプライマーが必要
ウレタン	±25%	非常に優れた耐UV／オゾン／引裂き／薬品性，非常に優れた復元性，低収縮性，6″までの最大目地幅，20〜30年の製品寿命	淡色系の変色，耐浸水性に劣る，プライマー塗付が必要
シリコーン	±25%〜±50%	非常に優れた耐UV／オゾン／熱性，無収縮性，20〜30年の製品寿命，非常に優れた復元性，非汚染性	目地清掃が絶対に必要，硬化途上のわずかな臭い，汚れの付着，コンクリート／アルミニウムに対する接着が困難

天候，温度，環境によって寿命が左右される．常に考慮されるのは全体コストで，これには材料費，施工費そしてライフサイクルコスト（性能と寿命）が含まれる．**表37.3**には各種シーリング材とコーキング材について，それらの特徴を記した[6,10,98]．

シーリング材，コーキング材，グレージングコンパウンドに使用するポリマー

シーリング材，コーキング材，グレージングコンパウンドは通常，いろいろな種類のポリマービヒクルに対し，40〜80％もの多くの配合剤を投入してつくる．15種類ほどのポリマーがそれぞれの施工で必要とされる貯蔵安定性，作業性，物理特性，耐久性を最低コストでシーリング材に付与するために単独もしくはブレンドで使用される．それらのポリマーについてコストが安いものから順に述べることにする．

アスファルトおよび他の瀝青質類

アスファルト材料は溶剤で希釈したもの，エマルジョン，もしくは加熱して溶融したもので供給される．ハイソリッドの配合物に対してはゴムが補強材として使われるが，これは良い接着性と低収縮性を得るためには不可欠のものである．一般に，このシーリング材は50〜60％のアスファルト混合物（針入度10〜110），20〜30％の粉末ゴム（タイヤのスクラップ），20％の環状炭化水素を含有する．そして250〜400°Fで施工される．耐久性は，もし適切に施工されるなら5年にもなる．

含油樹脂類

植物油がバインダーとしてパテ，弾性グレージングコンパウンド，建築用コーキングコンパウンドなどに使われる．

パテ 木製サッシのグレージングに使われるパテは，一般に亜麻仁油のほか，炭酸カルシウムあるいは炭酸カルシウムと酸化チタンの混合物をブレンドしたものである．配合処方を**表37.4**に示す．11〜12％の油を含むため，酸化により乾いて，ほとんど伸縮不可能な，かたくて柔軟性のない材質になる．パテは木製または金属製サッシに対してナイフで施工できるようバルク状で供給

表 37.4 亜麻仁油含有パテ[a]

	タイプI wt %	タイプII wt %
炭酸カルシウム（最大）	88	79
酸化チタン	—	10
亜麻仁油（最小）	12	11
計	100	100
lb/gal	18.3	19.6
不揮発分（％）	99+	99+

a：Federal Spec. TT-P-791 a, modified；白鉛を酸化チタンに置換．

される．パテのほとんどは工業用，商業用，補修用としてグレージングの用途に使われるが，かなりの量が住宅のグレージング用として素人にも使われ続けてきている[102]．

弾性グレージングコンパウンド 吹込み大豆油（または亜麻仁油）をベースとし，精選した炭酸カルシウムと繊維状充填剤，そして大型ガラス回り目地の施工性を良くするためにわずかの量の脂肪酸を入れてつくる．ほとんどは工業用，産業用の建築に，そしてそれらの補修用に使われる．

表 37.5 弾性グレージングコンパウンド（プロフェッショナル施工用）

	wt %
清浄な未精製大豆油	0.7
熟成した亜麻仁油（吹込み）	2.0
大豆の脂肪酸	0.2
ミネラルスピリット	1.8
炭酸カルシウム（微細）	30.0
〃 （粗大）	55.5
繊維状タルク	3.5
計	100.0
lb/gal	18.6
不揮発分（％）	98

建築用コーキングコンパウンド オイルベースのコーキングコンパウンドと呼ばれ，15〜20％の吹込みまたは加熱処理した植物油（通常は大豆油）と5〜8％の脂肪酸とポリブテンからなる．ポリブテンは経時で硬化しないので，コンパウンドの脆化を防ぐのに効果的である．炭酸カルシウムは通常，多目に配合し，それにたれ止め効果を付与するために繊維状タルクや他の繊維状充填剤を配合する．3〜4％までの溶剤が作業性を良くするためによく加えられる．オイルベースのコーキングパウンドはグレージングコンパウンドより粘度が低いのでナイフよりもカートリッジで施工される[102]．

表 37.6 建築用コーキングコンパウンド（乾性油ベース，ガングレード，中間色）

	lb	gal
吹込み大豆油	245	30.0
ポリブテン（分子量920〜950）	110	15.0
大豆脂肪酸	16	2.0
炭酸カルシウム（微細）	800	35.6
繊維状タルク	200	8.4
6％ナフテン酸コバルト	4	0.5
ミネラルスピリット	55	8.5
計	1430	100.0
lb/gal	14.3	
不揮発分（％）	96	

ポリブテン

C_4のオレフィンはポリブテン，ブチルゴム，ポリイソブチレンの三つのタイプに分類できる．ポリブテンはほとんど線状の，ブテン-1の低分子量ホモポリマーで，主ポリマーまたは変成用ポリマーとしてシーリング材に配

合される．ポリブテンは比較的低価格で，乾くことのないべたつきのあるポリマーである．以下の3タイプのコンパウンドの配合に使用される．

（1）不乾性マスチックシーラー：弾力性や汚染性が問題とならない金属-金属の隠し目地，例えばカーテンウォール構造物の隠し目地に使われるシーリング材，吸音シーリング材，自動車パネル用シーリング材，ギャップ充填剤など．

（2）ロープ状コーキング材，押出成形テープ：あまり重要でないグレージング用やウェザーストリップ用，または小さな窓フレームの固定用コンパウンドなど（**表37.7** は代表的なロープ状コーキング材の配合を示す）．ナイフで施工できるマスチックシーラーもほぼ同じパーセントの低分子量ポリブテンを含むものと思われる．ロープ状コーキング材やポリブテンは100フィートまでの長さのロールで売られている．

表37.7 ポリブテンベースのシーリング材（ロープ状コーキング材）

	wt %
ポリブテン（分子量1300～1500）	27.4
ワセリン	3.2
トール油の脂肪酸	0.6
繊維状タルク	34.4
炭酸カルシウム	32.6
酸化チタン（ルチル）	1.8
計	100.0
lb/gal	13.8
不揮発分（％）	99+

（3）可塑性を付与するための添加剤：含油樹脂コーキング材，ブチルコーキング材やテープ，ある種の弾性シーリング材に使用される．

ブチルゴムとポリイソブチレン

ポリイソブチレン，PIBは高分子量のホモポリマーである．ブチルエラストマーはイソブチレンに，それを架橋させるのに十分な量のイソプレン（0.5～2.5％）を加えた共重合体である．ほとんどのブチル配合物はテープやガングレードの液状コーキング材のような一成分型である．これらにはポリブテンのような可塑剤，粘着付与剤，炭酸カルシウムや繊維状タルクのような充填剤が配合される．二成分型の硬化ブチルシーリング材も市場に出ている．解重合させたブチル，すなわちあらかじめ素練りされたブチルカットバックもまた混練や押出しを容易にする目的でシーリング産業では使われている．クロロブチルゴムも生産されているが，これはシーリング材にはあまり使われず，ほとんどテープに使われている．

一成分型ブチルコーキング材[12,13]　これらは含油樹脂コーキング材と比較して耐候性，耐オゾン性，ガスや蒸気の不透過性などに優れている．正確にいうと弾性体ではないが，10～15％までのムーブメントの目地に対しては問題なく使える．これらは未加硫ブチルエラストマーを溶剤に溶かしたもので，17～20％のポリマー量を有し，不揮発分は約75～85％である．これらはかなり収縮するが，不揮発分を上げるために充填剤や可塑剤を配合することもできる．3％ほどの少量の無水ヒマシ油の添加は皮張りを早くして汚れの付着を少なくするのに効果がある．これらのコーキング材はガンで施工する．代表的な配合処方を**表37.8**に示す．

表37.8 ブチルコーキングコンパウンド（ガングレード，アルミ色）

	lb	gal
ブチルゴム（035グレード，ミネラルスピリット中50％NV）	388	55.0
石油樹脂（ミネラルスピリット中60％NV）	74	10.0
水添ロジン，メチルエステル	8.5	1.0
変性エチルアルコール	1.3	0.2
アミン変性ベントナイト	25	1.7
炭酸カルシウム（微細）	400	17.8
繊維状タルク	100	4.2
アルミペースト（ミネラルスピリット中73.5％NV）	34	2.5
ミネラルスピリット	50	7.6
計	1080.8	100.0
lb/gal	11	
不揮発分（％）	74	

二成分型シーリング材[14～17]　二成分型ブチルシーリング材は室温硬化型である．分子量が小さく半固体であるために水蒸気透過率が小さく容易に施工できる．これらのシーリング材は炭酸カルシウム，酸化チタンが充填され，ポリブテンで可塑化される．この他，エポキシやシラン系の接着付与剤が添加されることもある．硬化はp-キノンジオキシムがパーオキサイドで活性化されてすすむ．

押出成形テープ[18～20]　ブチル押出成形テープは，通常は加硫された半固体で感圧接着剤付きである．100％固体であるため収縮や溶剤揮発の心配がない．離型紙付のロール状で売られ，しばしば液状シーリング材や固体のスペーサーやシムと一緒に使用される．これらにはトレーラーやモービルホームに使われる，安価でポリブテンをたくさん充填したテープから，高層ビルや自動車のフロントガラスのグレージングに使われる，部分もしくは全体加硫をしたポリブテン量の少ないテープまで各種のものがある．

標準的な性能を有する代表的なブチルテープは，20～22％の未加硫ブチルポリマー，20～25％の高分子量ポリブテン，炭酸カルシウムまたはシリカ，酸化亜鉛またはフェノール系の酸化防止剤からなる．部分加硫は表面積の大きい充填剤を入れて激しく混練することで達成される．このようにするとテープの強度と弾性が上がり，圧縮セットが少なくなる．

高性能の弾性ブチルテープは高層建築物の大きなガラスや自動車用フロントガラスのグレージングに使われ

表 37.9 ブチルゴム系建築用シーリングテープ（ライトグレー色）

	lb	wt %
ブチルゴム（268 グレード）	100	21.2
表面処理炭酸カルシウム	200	42.4
沈降性含水シリカ	50	10.6
表面処理酸化亜鉛	10	2.1
フェノール系酸化防止剤	2	0.4
ポリブテン（分子量 1300）	100	23.3
カーボンブラック（ファーネス，FEF）	0.1	0.02
計	472.1	100.0
lb/gal	13	
不揮発分（%）	99	

る．これらは通常，架橋ブチルエラストマー（20～40%），ポリブテン，樹脂系粘着付与剤，カーボンブラックや板状タルクなどの補強充填剤を含有する．クロロブチルゴム組成物は，もっと早く十分に加硫することが必要な用途に使用される．

ホットメルト，現場吐出型シーリング材 数社のブチルゴム製造メーカーとシーリング材メーカーは最近，ブチルテープを開発した．これは前もって混練された高粘度の熱可塑性組成物で，タルクを打粉したリボン状のものをポリメリック・シーラント・アプリケーター（PSA）に入れて使用する．PSA の中でコンパウンドは加熱され，目地に押し出されて均一な目地を形成し，直ちに冷却されて，油分が付着したり，あまり清掃をしなかった表面に対しても所定の接着力を発揮する．これらのホットアプライド後成形ブチルテープは複層ガラスや自動車用フロントガラス（図 37.4），カーテンウォール，コンクリートパイプ，PC 構造物の目地，そしてコンビネーショングレージングのベッディングコンパウンドとして成功のうちに使われてきている[22～26,86,91]．図 37.5 は複層ガラスユニットに特許製品の押出成形テープを使用している写真であるが，テープの中にはスペーサーと乾燥剤が封入されている．この特許製品は，シーリング材とスペーサーと乾燥剤が普通は別々に適用されるのに，三つを一緒にして 1 回で操作できるようにしたものであ

図 37.4

図 37.5

表 37.10 ブチルホットメルトシーリング材（黒，ホットアプライド）

	lb	wt %
架橋ブチルゴム	100	27.8
カーボンブラック（Statex RH）	100	27.8
ナフテンゴムプロセスオイル	120	33.3
テルペンフェノール樹脂	40	11.1
計	360	100.0
lb/gal	9.5	
不揮発分（%）	99	

る．表 37.10 に代表的なブチルホットメルトシーリング材の配合処方を示す．

ポリイソブチレン

ホモポリマーとしてのポリイソブチレン（PIB）は永久に残留タックが残る．シーリング材に使われる PIB のほとんどは他のシーリング材やテープ（ほとんどがブチルテープであるが）の改質に使われる．その残りはグレージング用のベッディングコンパウンドに，通常はコンビネーショングレージングシステムの一部として使用される．PIB の低分子量のものはブチルコーキング材の改質に使われ，ブチルエラストマーを含有する高分子量のものはブチルテープに使われる．また両者ともに PIB 系ベッディングコンパウンドになる．少量の PIB は複層ガラス用シーリング材の配合にも使われる[102]．

ハイパロン

DuPont 社のクロロスルホン化ポリエチレンであるハイパロンは，カーテンウォール，プレキャストパネル，外壁のグレージング，屋根のジョイントなどのシーリング材としてわずかに使われている．これはネオプレンの優れた機械的性質をもっているだけでなく，非常に優れた色調安定性，耐久性，耐オゾン性をもっている．一成分型であるがために，欠点としては貯蔵安定性が比較的悪い，最終物性に達するまでの硬化時間が長い，溶剤の

表 37.11 ハイパロンベースのシーリング材（ガングレード，白）

	wt %
Hypalon 40	1.7
Hypalon 30	15.7
塩素化パラフィン（低粘度）	17.5
繊維状タルク	2.6
チクソトロピー性付与剤	2.6
沈降性含水シリカ	5.2
酸化チタン（ルチル）	14.0
タルク	8.8
三塩基性マイレン酸鉛	7.0
水添ロジン	0.3
2-メルカプトベンゾチアゾール	0.2
テトラメチルチウラムジサルファイド	0.1
キシロール	10.4
ジブチルセバケート	9.3
石油系可塑剤	2.9
イソプロピルアルコール	1.7
計	100.0
lb/gal	10.9
不揮発分（%）	88

揮散による収縮が比較的大きい，などがある．また硬化システムが複合化しているために硬化後に硬くなり過ぎてしまう欠点も考えられる．

ハイパロン系コーキング材は主にガングレード用に生産され，カートリッジやバルクで供給される．代表的な組成を**表 37.11** に示す．硬化システムは三塩基性マレイン酸鉛（金属酸化物の供給源かつ酸の捕捉剤）とゴムの促進剤である MBTS やチウラム M とからなる．

ネオプレン（ポリクロロプレン）

硬化物は油，薬品，オゾン，酸化，熱に対する抵抗性，良好なモジュラス，耐久性，耐摩耗性などの素晴らしいエラストマー的性質をもっている反面，初期の色調と色調安定性の悪さ，ガン施工用配合物の硬化時間の長過ぎなどの欠点も有している．用途も通常は耐油，耐薬品に関連した部位が多く，例えば化学工場のプラント，自動車，船舶，コンクリートパイプのシールなどに，また少量ではあるがハイウェイジョイント用成形ネオプレンの潤滑剤兼接着剤として使われている．

ネオプレンシーリング材は1液2液ともに，最も汎用されている GN と W タイプのネオプレンが使われている．二液型の組成物は 25～30% のネオプレン，ジオクチルセバケートや樹脂系の可塑剤，フェノール系酸化防止剤，カーボンブラックやハードクレイなどの補強充填剤，酸化亜鉛や酸化マグネシウムなどの硬化速度調整剤兼酸捕捉剤などからなる．ポリアミン（例えばテトラエチレンペンタミン）のような硬化促進剤は，ネオプレンにより 5～10 phr が使われる[28]．また，熱硬化型フェノール樹脂も効果がある．**表 37.12** に配合例を示す．

一成分型は 35% 以下のネオプレンを含有する．貯蔵期間は硬化剤の量を減らし，キシロールのような溶剤で不揮発分が 55% くらいになるまで希釈すると延長することができる．その他のネオプレンを含有するシーリング材としては，ネオプレン/ハイパロンのガングレードコーキング材と自動車，ボート，トレーラーのモールやトリムの取付けに使うネオプレンフォームの感圧接着剤付テープがある．

SBRとその他エラストマー

シーリング材に少量使われているバインダーとしてのエラストマーには，スチレン-ブタジエンゴム（SBR），ニトリルゴム，再生ゴムがある[102]．

SBR このエラストマーは良好なタックを付与し，コンパウンディングを容易にする．配合量は 12～15% の範囲で，さらにタックを上げるための変性ロジンや紫外線/オゾン防止剤と一緒に使われる．SBR は溶液濃度が高いので，ガングレードの配合物の押し出し性能を満足させるにはキシロールのような溶剤を 35～40% も加えねばならない．そのため，このシーリング材はかなり収縮が大きい．耐候性はよくない．配合例を**表 37.13** に示す．

表 37.12 ネオプレンベースのシーリング材

	部（重量）
A 成分	
Neoprene（タイプW）	100
酸化マグネシウム	4
酸化防止剤	2
炭酸カルシウム	150
石油系プロセスオイル	30
アミン変性ベントナイト	3
酸化亜鉛	5
計，A 成分	294
B 成分	
ブチルフェノール-ホルムアルデヒド樹脂（熱硬化）	45
キシロール	115
酸化亜鉛	7
計，B 成分	167
lb/gal（混合物）	11.5
不揮発分（混合物）（%）	80

表 37.13 スチレン-ブタジエンベースのシーリング材

	wt %
スチレン-ブタジエンゴム	12
重合ロジン	19
水添ロジン，メチルエステル	2
芳香族系可塑剤	2
クレイ	17
繊維状タルク	10
トルオール	26
キシロール	12
計	100
lb/gal	9.5
不揮発分（%）	60

ニトリルゴム ガン施工に合うシーリング材をつくるには多量の溶剤を必要とするので，あまり使用されていない．再生ゴムはアスファルト系シーリング材に使用される．

熱可塑性エラストマー スチレン-ブタジエン-スチレンのブロック共重合体で，ホットメルト系シーリング材に使うこともできる．これは通常の SBR より加工が容易である．

塩化ビニル製感圧テープ 自動車の用途には塩化ビニルのプラスチゾルが使われる．感圧接着剤をつけた塩化ビニル独立気泡体のテープがブチルのグレージングテープにかわってあるグレージングの用途には使われている[29,30]．他の用途としては，自動車，トラックやトレーラー，モービルホーム，スチール製建築物，金属ドアーのガスケット，遮音材などがある．片面，両面テープともにいろいろな厚さ，幅，密度のものが存在する．感圧接着剤はアクリルタイプであるといわれている．

塩化ビニル発泡体のテープはポリサルファイド，シリコーン，アクリルシーリング材などと複合させてコンプレッションシールとして使われる．こうすると，良好なはく離接着力だけでなく，良好な伸びや耐圧縮セット性が得られる．塩化ビニル発泡体のセルは独立していることが必要で，そうでないと防水性能を損なうことがある．塩化ビニルテープは通常のブチルテープより施工しやすく，ガングレードのコーキング材やベッディングコンパウンドより安く施工できるといわれている．

アクリル溶剤型

アクリル溶剤型コーキング材は 15 年以上にわたってグレージングや工業用途の小さな目地に使われてきている．最初のコンパウンドは不揮発分が 90% あり，室温で押し出すのは非常に困難で，カートリッジを 120°F に加熱しなければならなかった．このシーリング材はプライマーなしで汎用建築用部材によく接着し，非汚染性で，耐久性が良く，色調変化が少ない．ただし，ポリマーが弾性的でないために伸長性は良いが復元性に乏しい．後になって，このシーリング材は 50〜60°F でも押し出せるように不揮発分を小さく配合するようになった．これは作業性を容易にするが，やり過ぎると収縮や耐久性にとってはマイナスとなる．

代表的なアクリル系シーリング材（**表 37.14**）は，37〜40% のアクリルポリマー，炭酸カルシウムやタルクなどの充填剤，増粘兼チクソトロピー性付与剤としてのフュームドシリカを含有する．他の配合剤としては，充填剤の分散媒兼被着材表面のオイルやグリースの浸透材としてのパインオイル，フュームドシリカを活性化させるエチレングリコール，粘度調整をして押出し性を容易にするキシロールなどがある．溶剤含有量（10〜15%）が多いためにかなりの収縮が見られるが，溶剤がゆっくりと抜けていくためにいくぶんか緩和され，目地の動きに対して十分なストレスの解除が可能となる．

アクリル溶剤型コーキング材はカートリッジまたはバルクで供給される．用途は，ほとんどが工業用のシーリングかグレージングであるが，カーテンウォール目地，コンクリート屋，石材パネル，フラッシングやスカイライトのような金属-石の取合い目地にも使われる[32,33]．

表 37.14 アクリル溶剤型シーリング材
（室温施工，ガングレード，自然色）

	lb	gal
アクリル溶液ポリマー（83%不揮発分）	545	62.8
キシロール	75	10.3
パインオイル	6	0.6
エチレングリコール	9	1.0
炭酸カルシウム（微細）	22	18.7
繊維状タルク	17	0.7
タルク	96	4.3
焼成シリカ	28	1.6
計	1198	100.0
lb/gal	12	
不揮発分（%）	84.5	

アクリルエマルジョン

アクリルエマルジョンは作業性がよく，ほとんどの建築部材によく接着し，清掃が容易で，ノンブリージングであり，非汚染性である．また乾燥が早いので，施工後すぐに塗装が可能である．さらに，収縮が小さく，柔軟性に富み，復元性がよく，耐紫外線性と色調安定性に優れる．

代表的なガングレードのアクリルエマルジョン系シーリング材（**表 37.15**）は約 18% のアクリルポリマーと 9〜10% のポリメリック可塑剤を含有する．ソジウムポリメタホスフェートは，水溶性ポリアクリレートとともに粉体原料の主たる分散媒として使われる．非イオン系界面活性剤は湿潤剤兼乳化剤としての働きをする．少量（2% 以下）のグリコール類がしばしば凍結防止剤として使われる．ミネラルスピリット（約 2%）は皮膜形成を遅らせる働きをする．アクリルエマルジョン系は，屋内では風呂場，幅木，トリムなどに，屋外ではグレージング，組積工事，屋根，サイディングなどに使われる．

表 37.15 アクリルエマルジョン系シーリング材
（ガングレード，白）

	lb	gal
アクリル溶液ポリマー（55%不揮発分）	430.2	48.2
非イオン系界面活性剤	9.5	1.0
ソジウムポリメタホスフェート（アニオン系）	10.7	0.5
ポリメリック可塑剤	124.2	14.9
ミネラルスピリット	26.9	4.1
水分散剤（ポリアクリレート系）	1.3	0.1
炭酸カルシウム（微細）	692.1	30.7
酸化チタン（ルチル）	17.7	0.5
計	1312.6	100.0
lb/gal	13.1	
不揮発分（%）	83	

ポリ酢酸ビニル

酢酸ビニル単独または共重合体のシーリング材やコーキング材は 1950 年代後半から上市されている．これら低品質の材料は，ほとんどが住宅用途で風呂場，壁タイル，

幅木などに使われる。ポリ酢酸ビニルをジブチルフタレートで可塑化したラテックスコーキング材または新しい酢酸ビニル-アクリルエマルジョン共重合体の一つをもとにしたラテックスコーキング材も、アクリルエマルジョン系コーキング材と同様、作業性は良いが、柔軟性に乏しく、経時で硬くなるので屋外用としては耐久性に劣る。

代表的なポリ酢酸ビニル系コーキング材の配合は、**表37.16**に示すように25～28%の共重合体に前述のアクリルエマルジョン系と類似の界面活性剤、調整剤、粉体類を添加する。トータル不揮発分は70%と低く、新しい高不揮発分タイプの酢ビ共重合体エマルジョンを使って改良はできるが、大きな収縮の可能性はいつでも存在する。

表 37.16 ポリ酢酸ビニル系シーリング材
(浴槽タイル用、白、低収縮)

	lb	gal
酢ビ共重合体エマルジョン (65%不揮発分)	537	59.0
キシロール	9	1.3
ヒドロキシエチルセルロース溶液 (QP 30000 グレード、水中2.5%)	125	15.0
プロピレングリコール	33	3.8
ウルトラマリンブルー	0.3	0.01
酸化チタン (ルチル)	148	4.2
炭酸カルシウム (微細)	247	11.0
ケイ酸アルミニウム	123	5.7
計	1222.3	100.0
lb/gal	12.2	
不揮発分 (%)	74	

ポリサルファイドとポリメルカプタン

ポリサルファイド系シーリング材 建築、グレージング、船舶、航空機などに35年以上も使われている[40～42,84]。持ちのよい弾性ポリサルファイド系シーリング材のベースとなっているのは液状ポリサルファイドポリマーである。このシーリング材は一成分型と二成分型があり、ガングレードの材料としてカートリッジかバルクで供給される。これらは目地の動きによく追従できるエラストマーで、水、ほこり、薬品、その他の汚染物質やきびしい環境に対して満足できる抵抗性をもつと同時に、接着性が良い。硬度については、カーテンウォールのシールや高層ビルのグレージングに使う柔らかいゴム (ショアー A=20) から、穿孔やよどんだ水に耐えねばならない注入床目地やコンクリート舗装目地に使う硬いゴム (ショアー A=50+) まである。これらは20年以上の性能維持が通常は期待できる。

液状ポリサルファイドポリマー (LPポリマー) を最初に生産したのはThiokol Chemical社であった。シーリング材に使われるほとんどのLPはビス (2-クロロエチル) エーテルと多硫化ナトリウムの縮合ポリマーで、少量の1,2,3-トリクロロプロパンがLPポリマーを分岐させるために使われる。最終製品はチオール基を端末にもつポリホルマールで、ジサルファイド結合を意図的にもたせてある[43]。シーリング材に使われる二つの代表的なLPは次のような性質を有している。

	LP-2	LP-32
モル架橋率[a]	2	0.5
分子量	4000	4000
粘度 (poise)	400	400
% SH	1.75	1.75

a：製造時に使われる1,2,3-トリクロロプロパンのmol%。

LPポリマーは通常、高原子価状態の金属酸化物または金属過酸化物で酸化されて硬化する (航空機の用途にはダイクロメートと二酸化マンガンが使われる)。二酸化鉛のような酸化物は、メルカプタン基と反応してジサルファイド結合をつくりながらポリマーを架橋させ、高分子化させてゆく。硬化は硫黄と水で促進し、ステアリン酸で遅延する。

二酸化鉛は好ましい硬化剤として長い間使われているが、白や淡色の組成物には使用できない。他に使われている硬化剤としては、二酸化マンガン、酸化テルル、過酸化バリウム、過酸化カルシウム、過酸化亜鉛、ジブチル錫オキサイドなどがある。シラン系接着付与剤がポリサルファイド系シーリング材にはよく使われる[51]。鉛は有毒なので、皮膚に触れるのは避けるべきである。

二成分型ポリサルファイド系シーリング材 いろいろな配合組成のものが市場に出まわっているが、それらはすべてLPポリマーを含む主剤と架橋剤を含む硬化剤とからなる (昔、自動車のフロントガラスに使われたシーリング材は硬化剤が2種類あった)。

代表的な建築用シーリング材の主剤は35～50%のLPポリマーを含む。塩素化ターフェニルや塩素化パラフィンが、以前には弾性的性質を若干犠牲にしてもコストを下げるために増量剤として使われた。しかし人体に対する安全面から、それらはフタル酸系可塑剤に置き換えられた。可塑剤は、このほかに作業性と可塑性も改善することができる。2～3%のフェノール樹脂やエポキシ樹脂が接着付与剤として使われる。少量のステアリン酸と硫黄 (1%以下) が硬化速度と硬化度を調整するために使われる。焼成シリカやアミン変性ベントナイトクレイ、あるいは両者が一緒に垂直目地のシーリング材が硬化途上にスランプしないようにするために増粘剤として使われる。充填剤はゴムの補強はするが、硬化に悪影響を及ぼさないようなものを選択する。表面処理をした炭酸カルシウムが最も一般的で、焼成クレイやルチル型の酸化チタンも使われる。黒色の組成物ではSRF (**表37.17**参照) のような良質のカーボンブラックが使われる。

二成分型ポリサルファイド系シーリング材は、16～24時間で最終の強度、接着力、弾性的諸物性の80～90%に達するまでに硬化する[78]。性能上は全体的には満足できるが、欠点ももっている。すなわち、あらかじめ計量された材料が供給されても、現場では正確かつ完璧にそれらを分散させることが絶対に必要になる。硬化速度は高

表 37.17 二成分型ポリサルファイド系シーリング材
(ガングレード, グレー)

	lb	wt %
主　剤		
液状ポリサルファイドポリマー	100	54.42
液状フタレート可塑剤	20	10.89
沈降性表面処理炭酸カルシウム	35	19.05
酸化チタン(ルチル)	10	5.44
カーボンブラック(ファーネス)	5	2.72
ステアリン酸(シングルプレス)	1	0.54
有機変性ベントナイトクレイ	3.0	1.64
フュームドシリカ	2.5	1.36
フェノール樹脂	5	2.72
γ-アミノプロピルトリエトキシシラン	0.15	0.08
昇華イオウ	0.1	0.05
トルエン	2	1.09
主剤の小計	183.75	100.00
硬 化 剤		
二酸化鉛(テクニカル)	7.5	50.00
ステアリン酸	0.75	5.00
ジブチルフタレート	6.75	45.00
硬化剤の小計	15.00	100.00
lb/gal(混合物)	13.5	
不揮発分(%)	99+	

表 37.18 ポリサルファイド系シーリング材
(一成分型, ガングレード, 白)

	wt %
液状ポリサルファイドポリマー(LP-32)	50
エポキシ化大豆油	4
焼成シリカ	2
表面処理炭酸カルシウム	5
酸化チタン(ルチル)	22
水和石灰	2
合成ゼオライト	2
過酸化カルシウム	4
フタル酸系可塑剤	2
γ-アミノプロピルトリエトキシシラン	1
トルエン	4~6
計	100
lb/gal	12
不揮発分(%)	96

注)乾燥雰囲気で生産され,包装されること.

温高湿ほど加速され,低温低湿ほど遅延される.最大の接着力を得るためには目地を慎重に清掃する必要がある.プライマーは石材のように表面が不均一であるものに使用する.プライマーは塩化ゴム溶液が主体で,シラン系接着付与剤を添加する場合と添加しない場合がある.

二成分型ポリサルファイド系シーリング材はカーテンウォール,建物の伸縮目地,PCコンクリート目地,複合グレージング,複層ガラスのシール,高速道路,空港,橋梁などの目地,運河や内陸水路の目地,自動車用フロントガラス,航空機の建造や燃料タンクのシール,各種船舶の建造および補修用などの各種建造用途に使われている.

一成分型ポリサルファイド系シーリング材　1962年に上市された一成分型ポリサルファイド系シーリング材は現在,数社によって製造されている.利点としては,建築現場での計量や混合が不要なこと,したがって品質が工場生産の保証に依存できること,材料ロスが最少におさえられること,二成分型でおこりがちな作業時間や可使時間の問題が発生しないことなどがある.

このシーリング材は,いくつかの重要な相違点を除けば二成分型と類似の方法で配合される.硬化剤は過酸化カルシウム(約2%)のようなアルカリ酸化物で,水分で活性化された後LPポリマーの鎖延長,架橋を行う.貯蔵安定性(アルミホイルでライニングされた密閉カートリッジで6ヵ月以上)を確保するためには十分に乾燥した配合剤を使うこと,生産工程や包装工程で水分を完全に除去することが必須となる.モレキュラーシーブや酸化バリウムのような吸湿剤も,安全のためによく使われる.配合物は,約25~35%のLPポリマー(LP2またはLP 32)と,押出し性改善のためのトルエン(約4~6%)のような芳香族系溶剤を含む.推奨配合例を表37.18に示す.

一成分型ポリサルファイドは50%以上の相対湿度では早く皮張りをするが,その後の反応は温度,相対湿度,目地の幅・深さ比に依存しながら,ゆっくりと中心部に向かう.硬化はゆっくりと進み,最終物性の約50%に達するのに7日,湿度が低い場合には30日もかかることがある[45~47,95].

ポリメルカプタン　シーリング材に使われるメルカプタン端末のポリプロピレンオキサイドポリエーテルは1960年代に開発された.配合組成や硬化過程は,チオール基を利用する点で共通性があるため,LPポリマーのポリサルファイドと類似している.

シーリング材用途のこのポリマーは5000~6000の分子量をもっていた.このポリマーがシーリング材メーカーによって大変に興味をもたれた理由は,ポリサルファイドより価格が安いことであった.しかし,ポリマーの品質と硬化速度がバッチごとに再現性がなく,市場で使ったところ,耐薬品性と動的性質がポリサルファイドより劣ることが判明した.第2次世代のポリメルカプタンが1974年に紹介された[81,82,94].

ポリウレタン

ポリウレタンは弾性シーリング材の配合に使われる最も多様性のあるポリマーシステムである.一液型または二液型のガングレードとしてカートリッジかバルクで供給される.用途は複層ガラス,自動車用フロントガラスなどで,ポリサルファイドの使われ方と類似している.

ほとんどのポリウレタンシーリング材は,ポリヒドロキシ化合物(そしてジアミン)とポリイソシアネートを反応させてポリウレタン(またはウレタン-尿素)ゴムをつくるシステムをとっている.骨格の組成,NCO/OH比,触媒量を変えることで幅広い配合組成物と性質を最

終ユーザーに提供できる．開発当初のウレタンは非常にモジュラスが高く，その凝集力が被着材に対する接着力を上まわったために接着不良がおきた．またガラスとの接着力は，ガラス越しの紫外線によって容易に弱められてしまった．現在では接着力改善のためにプライマーが使用される．また，配合組成が改善されて架橋密度とモジュラスを低下させることができるようになった．

ウレタンシーリング材は優れた伸びと復元性，非常に優れた耐摩耗性と引裂き抵抗性を有している．例えば凹み抵抗性に優れるため，床目地用材料，高速道路や空港の目地材料として，またクレイやコンクリート製パイプの成形ガスケットとして適当である．低温特性（-40℃以下）はポリサルファイドより優れる[52,53,93,96]．

ウレタンシーリング材のポリヒドロキシ成分は，ほとんどがヒドロキシル基を端末にもつ飽和ポリエステルまたはポリエーテルである．ウレタンシーリング材に使われるほとんどのポリエステルは，二塩基酸（アジピン酸，無水フタル酸など）とグリコールやトリオール（プロピレングリコール，グリセリン，トリメチロールプロパンなど）の標準的縮合物である．ポリエステルベースのウレタンシーリング材は硬く，しっかりしており，比較的接着力も良いが，加水分解しやすく，屋外での耐久性に劣る．

ポリエーテルポリオールはウレタンシーリング材のヒドロキシル過剰成分として一般に好ましいものである．これらは通常，ヒドロキシル基を端末にもつ，分子量が400〜4000のポリプロピレンオキサイド縮合物である．トリオールは三次元構造にするために少量使用する．ポリエステルに比較してポリエーテルウレタンは加水分解安定性に優れ，低モジュラスを与えるが，接着力にいくぶん劣る．

ウレタンシーリング材に使われる最も一般的なポリイソシアネートはトルエンジイソシアネート（TDI）である．TDIは一般にイソシアネート端末のプレポリマーをつくるためにあらかじめ反応させる．シーリング材に使われる他の芳香族ポリイソシアネートとしては，ジフェニルメタンジイソシアネート（MDI）とポリメチレンポリフェニレンイソシアネート（PAPI）がある．すべての芳香族ポリイソシアネートはウレタンを光に当てたときに黄変させる．

無黄変のウレタンシーリング材は脂肪族または環状脂肪族ポリイソシアネートを使うことで，もしくはベンゼン環のNCO基を1個以上のメチレン基で除去したコンパウンドを使うことで得られる．例えばヘキサメチレンジイソシアネート（一般には水と反応して毒性の少ないビューレットとしたもの），メチルシクロヘキシルジイソシアネート，ダイマー酸ジイソシアネート，キシレンジイソシアネートなどがある．これらの材料はTDIよりかなり高価なので，使用量は限られる．

ほとんどのウレタンシーリング材に使われるイソシアネート端末のプレポリマーには，ポリエステル，ポリエーテル，その他ポリオールを形成するブロックが使われる．次の二つの方法により硬化して弾性体となる．すなわち，二成分型の場合はヒドロキシル過剰の反応体（ポリエステルやポリエーテル）を添加し，一成分型の場合は水分を吸収したのち炭酸ガスを放出しながらポリウレアを生成する．

二成分型ポリウレタンシーリング材　ポリサルファイドと同様，二成分型ポリウレタンシーリング材にはユーザーから期待される多くの用途と品質に適合するように多くの配合組成が考えられている．ほとんどの場合，NCO/OH当量比は約1.05〜1.10である．一成分型は，液状のイソシアネート端末プレポリマーに酸化チタン（白色の場合），炭酸カルシウム，タルク，シリカなどを加えたものである．硬化剤成分はヒドロキシル端末のポリマーに主剤と同様に粉体を入れ，メチレンジアニリンのような少量の触媒を加えるが，この触媒はイソシアネートと反応してスランプ止め剤としての働きもする．配合物の混練は製品の貯蔵安定性を高めるため，乾燥した雰囲気で加熱して行う．ポリマー含有量は通常，50〜70％の範囲である．建築現場での2液の混合は完全に行われなければならない．可使時間は1〜4時間で，その後24〜48時間で大体すべての弾性的性質が得られる．代表的な処方例を**表37.19**に示す．

表 37.19　ポリウレタン系シーリング材（二成分型，ガングレード，白）

	重量部	%
A成分		
ポリエチレングリコール-イソシアネートプレポリマー（2.6％フリーイソシアネート）	100	100
B成分		
酸化防止剤	0.65	0.5
ポリプロピレングリコール（分子量=2000）	62	47.3
酸化チタン（ルチル）	7.86	6.0
炭酸カルシウム	49	37.2
タレ止め剤	10.4	8.0
スズ系触媒	1.81	2.0
計	131.72	100.0
lb/gal（混合物）	11.5	
不揮発分（％）	99+	

建築用途では動きの大きい垂直目地と，硬さ，頑丈さ，耐摩耗性，耐くぼみ性が重要となる水平目地や床目地がある．また，複層ガラス用シーリング材としても適している．

ウレタンは速硬化の性質をもつので，自動車のフロントガラス用シーリング材としてのよい候補となる．ウレタンはまた高速道路や空港のシーリング，航空機の建造，船舶などに使われる．

一成分型ポリウレタンシーリング材　1000〜2000のNCO当量をもつイソシアネートプレポリマーが一成分型ポリウレタンシーリング材の配合には使われる．代

表的なガングレードのコンパウンドは，30〜60％のプレポリマー，酸化チタン，炭酸カルシウム，シリカ，作業性を良くするための5％までの脱水トルエンが配合される．貯蔵安定性をさらに良くするために，除去できなかった水分を吸着させる目的でモレキュラーシーブを配合することもある．一成分型ポリサルファイドシーリング材と同様，本シーリング材の製造は乾燥した原料を減圧下で加熱しながら行い，すべての水分を完全に除去する．代表的配合例を表37.20に示す．

表37.20 ポリウレタン系シーリング材，湿気硬化（一成分型，ガングレード，白）

	wt %
酸化チタン（ルチル）	2.0
炭酸カルシウム（微細）	34.5
沈降性シリカ	6.0
モレキュラーシーブ	1.0
イソシアネートプレポリマー[a]	30.0
フタレート系可塑型	23.0
オルガノシラン（エポキシ官能基）	1.0
紫外線吸収剤	0.5
トルオール	2.0
計	100.0
lb/gal	11.5
不揮発分（％）	98

a：プレポリマー（3％未反応イソシアネート）；

ポリプロピレングリコールジオール（当量＝1000）	67.7
ポリプロピレングリコールトリオール（当量＝1600）	19.1
トルエンジイソシアネート	13.1
ジブチル錫ジラウレート	0.1
	100.0

ウレタンは湿気硬化なので目地には制約があり，一成分型ポリサルファイドと同様の硬化の遅れがある．ウレタンは水蒸気の透過性が良いので，同じ目地ならポリサルファイドより硬化はいくぶん早い．容器が十分に密閉されていれば1年までの貯蔵安定性が得られる．1,2,4-トリメチルピペラジンのような触媒を使うと硬化は早くなるが，貯蔵安定性が低下する．

生産中の水に対する敏感性を減じ，貯蔵安定性を上げ，湿潤接着性を上げる方法がある．それはポリオールをTDIで鎖状に延長させて分子量を10000〜15000にし，その後γ-アミノプロピルトリメトキシシランで化学量論的にエンドキャップしてすべてのフリーNCO基と反応できるようにするものである．配合を終えた一成分型ポリウレタンシーリング材において，このプレポリマーは，メトキシ基の加水分解とシロキサン重合によって硬化することになる．

シリコーン

シリコーンゴムは耐熱性，低温柔軟性，屋外耐久性において突出して優れている．二成分型は熱硬化（HTV）と室温硬化（RTV）のタイプのものが開発されている[75〜97,101,104,105]．

シリコーンシーリング材は建築，工業，消費者市場でいろいろな用途に使われており，そのシステムの多様性はシリコーンのいろいろな高耐久性能から引き出されたものである．これらの性質は，幅広いレオロジー的性質（ノンサグとセルフレベリングを含む）をもつために作業が容易にできること，速硬化性，優れた弾性的性質（伸縮性，高復元率など），熱的安定性，紫外線，オゾン，化学薬品に対し低収縮でよく耐えることなどをいう．また，シリコーンは良好な離型性と電気絶縁性を発揮する．シリコーンは低・中・高モジュラスの一成分型RTVシーリング材の配合が可能で，表37.21に基本的配合を示す．

シリコーンシーリング材のRTV硬化は通常，ジメチルシロキサン中間体が加水分解し，それらが縮合してポリシロキサンをつくることで達成する．網状結合は，ジブチル錫ジラウレートのような有機金属石けんの触媒作用により三官能のオルガノシランが縮合することでおこる．ビニル基を含むポリシロキサンは有機過酸化物によって網状化する．いろいろな粘度の一成分，二成分型シリコーンエラストマーが作業性や性能の要求に応じて配合される[101,105]．

表37.21 シリコーンシーリング材

成　　分	％
低モジュラスの基本配合	
（N-メチルアセトアミド鎖延長剤と ジエチルヒドロキシルアミン架橋剤）	
シラノールポリマー（4000 cs）	46.0
炭酸カルシウム	50.0
メチルビニルジ（N-メチルアセトアミド）シラン	3.0
アミノキシシロキサン共重合体	0.7
中モジュラスの基本配合（オキシム）	
シラノールポリマー（80 mcs）	60〜80
シリコーン可塑剤	5〜20
フュームドシリカ（表面処理有/無）	2〜6
炭酸カルシウム（表面処理有/無）	20〜30
オキシム架橋剤	5〜7
スズ触媒	0.05〜0.1
高モジュラスの基本配合（アセトキシ）	
シラノールポリマー（20 mcs）	80〜85
フュームドシリカ（表面処理有/無）	6〜10
アセトキシ架橋剤	5〜7
スズ触媒	0.05〜0.1

一成分型シリコーン 一成分型シーリング材に使われる液状シリコーンプレポリマーは通常，二つ以上がブロックされた，加水分解可能な端末基をもつメチル置換のポリシロキサンである．これらの基とはアセトキシ，ケトオキシム，アルキルアミノ，ベンズアミドなどをいう．配合物が目地に押し出され，外気の水分に触れると，端末基が加水分解をして酢酸などを放出する．酢酸は臭いと金属，石灰石，セメントに対する腐食性があるので，ケトオキシムでブロックしたシリコーンが好まれる．不安定なSi-OHセグメントは直ちに縮合してSi—O—Si結合を形成して三次元構造を作る．表皮は30分以内にタックフリーとなり，その後は湿度と目地形状に応じたスピードで表面から中へ向かって固まっていく．

このタイプのシリコーンシーリング材は無色（透明）の配合も望めば可能である．ポリマー含有量は60〜70％

（40～50％のポリシロキサンと20％以下のジメチルシロキサンやメチルフェニルシリコーン可塑剤）である。充填剤としては酸化チタン，シリカ，炭酸カルシウム，乾燥クレイなどが使われる。焼成シリカがノンサグタイプのシーリング材のたれ調整剤として使われる。

一成分型ポリサルファイドやポリウレタンと同様，一成分型シリコーンは生産中，貯蔵中において水分に触れさせてはならないが，シリコーンの貯蔵安定性は素晴らしくよい。カートリッジを途中まで使った場合は，先端で固まったゴム状の栓が水分のそれ以上の進入を遅らす働きをする。

一成分型シリコーンの幅広い性質がその用途を拡大した。工業用途を列挙すると次のようになる。

- 自動車用バルブカバー，オイルパン，サーモスタット，リアーアクスルカバー，オートマチックトランスミッションハウジング，テールライトアセンブリーなどに使うフォームインプレイス型ガスケット
- バックミラーを接着するような自動車用接着用途
- 皿洗い器，洗濯機，掃除機，電気スチームアイロンなどの家電製品のガスケット
- 航空機用窓やドアのガスケット
- コネクターや端末を電子的に被覆する用途
- サーキットボードや電気部品を保護するためのコンフォーマルコート
- ファブリックコーティング
- 複層ガラスの二次シール

耐候性，動きに対する追従性，ガラスや金属に対する接着性が良好であるために，シリコーンシーリング材は伸縮目地，建具周囲目地，亀裂誘発目地，ノンストラクチュラルグレージング，ストラクチュラルグレージングのような建築用途に広く使われる[58-62,55]。シリコーンシーリング材は信頼性，多様性，耐久性のために消費者市場に多くの用途を見出している。例えば，バスタブ，自動車，フロントガラス，窓，耐熱性ガスケット，一般家庭用などである。

二成分型シリコーンシーリング材　2成分のうち，ボリウムの大きい方の成分はヒドロキシル端末のポリシロキサンとエチルオルトシリケートのような架橋剤を含んでいる。硬化剤は有機金属触媒，例えばジブチル錫ジラウレートをペースト状にしたものである。両者を混合すると全体の硬化が始まる。

二成分型シリコーンは航空機，電気用ポッティングや絶縁被覆に使われる。工業用，建築用の用途としては高性能複層ガラスユニットの二次シールとストラクチュラルグレージングがある。特殊用途のためにポリマー鎖に沿って存在するペンダントメチル基は他の有機性基に置換できる。一般的にはフェニル，シアノエチル，トリフルオロプロピル基などである。メチル基の一部をフェニルで置換するとシリコーンシーリング材の耐寒性と耐酸化性が改善される。環境温度に対する抵抗性はポリマー中のフェニル％の機能によるものと思われる。例えば，5.3mol％のジフェニルシロキシ単位の置換はシーリング材の脆化点を$-85°F$から$-165°F$まで下げる。トリフルオロプロピルやシアノエチルのような極性基を付加すると硬化シーリング材の耐溶剤性を向上できる。これらの極性基がシリコーンポリマーを非極性の有機燃料やオイルに対して相溶しにくくする結果，耐油性が向上する。繰り返しいうが，耐溶剤性はポリマー中のトリフルオロプロピルの濃度による。

フルオロポリマー

高価なフルオロエラストマーは自動車，化学薬品処理，電気用途のみならず，少量ではあるが軍用航空機の耐熱，耐油シールに使われる。基本的なフルオロエラストマーはフッ化ビニリデンとヘキサフルオロプロパンの共重合体である。硬化は2成分システムにより，酸化マグネシウムや二塩基性亜リン酸鉛で活性化した状態でヘキサメチレンジアミンカルバメートのようなジアミンを反応させてHFを引き抜くことで達成すると思われている。

硬化したシーリング材は高温で長時間耐えることができ，他のエラストマーより弾性的，機械的，化学的，電気的性質に強い。連続で$450°F$に耐え，断続では$600°F$が可能である。$400～450°F$での圧縮セット性は優れるが，耐寒性（圧縮セット性を含む）はシリコーンやフルオロシリコーンに比べ劣る。

ホスホニトリル化フルオロエラストマーは，ホスホニトリルを骨格にもち，端末にトリフルオロエトキシやヘプタフルオロブトキシ基をもつものである。このゴムは$-100°F$から$300°F$までの温度範囲で使用でき，耐溶剤性があって不燃性である。

シーリング材の選定，目地設計，施工

シーリング材やコーキング材を選定するには多くのファクターを考慮する必要がある。包括的なポリマーテクノロジー，物理的形態，シーリング材の分類，スペック，物理性能などはすべてシーリング材やコーキング材にかかわる重要なポイントである。表37.22に本章で扱ったシーリング材の基本性能の概要を述べる。表37.22に見られるように，これらのほとんどのシーリング材は建築用に使われる。本章の初めで述べたように，シーリング材とコーキング材は低，中，高の追従能力で分類でき，選定は基本的には追従能力，接着性，耐用年数，材料費をベースにしてなされる。表37.23に，これらシーリング材とコーキング材の主用途を記す。

次に適材の選定の詳細，建築用シーリング材/コーキング材のための適切な目地設計と施工について記す。

シーリング材の選定

どんなシーリング材を使いたいかが明確になって初めて目地設計が可能になる。この決定にあたって最も重要なファクターはシーリング材の伸縮能力である。主なシ

37. シーリング材とコーキング材

表 37.22 シーリング材の選定と適用のためのガイド（ポリマータイプ別シーリング材，コーキング材，グレージング材）

性　　質	アスファルト 瀝青質	アスファルト 含油樹脂	ポリブテン	ブチル	ハイパロン	ネオプレン	スチレンブタジエン	溶剤型アクリル	アクリルエマルジョン	ポリ酢酸ビニル	ポリサルファイド	ポリウレタン	シリコーン	フルオロポリマー
不揮発分 (wt %)	70~90	96~99+	99+	74~99+	85~90	80~85	60~70	80~85	80~85	70~75	90~99+	94~99+	98+	99+
ポンド/ガロン (lb/gal)	9~12	14~20	13~14	10~13	10~11	11~12	9~10	12~13	12~14	12~13	12~15	11~12	10~12	14~16
最大目地ムーブメント (%±)	5	5	5~10	10~15	10~15	10~15	5~10	10~15	5~10	5	25	25~40	25~50	10~20
復元性[a]	P	P	NA[b]	F~G	F	P~F	P~F	F	F	P~F	F	G	E	F~G
収縮率 (%)	10~20	4	1	1~20	10~15	10~20	20~30	10~20	10~20	20~25	10	6	2	1
耐用年数（外部，年）[c]	1~2	2~10	5~10	5~15	5~15	5~15	3~10	5~20	2~20	1~3	10~20	20+	30+	10~20
硬化方法	揮発	酸化	未硬化	揮発	反応	反応	揮発	揮発	揮発	揮発	反応	反応	反応	反応
使用温度範囲														
最大°F	150	150	180	200	225	210	180	180	180	150	250	250	400	500
最小°F	0	0	−40	−20	−25	−25	−10	0	0	0	−40	−40	−90	−10
汎用被着材への接着性	優	優	優~秀	優	良~優	良	良	秀	優	良~優	優	優	良~優	良
タイプ (1成分, 2成分, テープ)[d]	1	1	1, T	1, T	1	1	1	1	1	1	1, 2	1, 2	1, 2	2

a : E=10%以下の圧縮セット，G=10~20%，F=20~30%，P=<30%
b : NA=適用不可
c : マイルドからとビアーな環境境下で
d : 適切なプライマーを使うとすべての材料の接着性は向上する．

37. シーリング材とコーキング材

表 37.23 シーリング材とコーキング材の用途（ポリマータイプ，適用別）

ポリマータイプ	建築 住宅[a]	建築 工業・商業	プレハブ住宅[b]	複層ガラス	自動車[c]	ハイウェイ[d]	空港	航空，宇宙[e]	船舶[f]	その他[g]
アスファルト，瀝青質					X	X	X			
含油樹脂	X	X	X						X	
ポリブテン	X	X	X	X	X					
ブチル[h]	X	X	X	X	X					X
ハイパロン	X	X								
ネオプレン		X								
スチレン-ブタジエン[i]		X								X
PVC		X								
溶剤型アクリル		X								
アクリルエマルジョン	X	X								
ポリ酢酸ビニル	X	X								
ポリサルファイド[j]	X	X	X	X	X	X	X	X	X	
ポリウレタン		X		X	X	X	X	X		
シリコーン[k]	X	X		X	X	X	X	X		X
フルオロポリマー								X		
その他[l]		X								X

a：住宅──家，建築上のメンテナンスと補修，工業・商業──商業用，プロ職人による施工，OEM，メンテナンス補修
b：プレハブ住宅，モジュール住宅，モービルホーム，リクレーション用乗物，キャンピングカー
c：トラック，トレーラーを含む自動車用，アフターマーケットを含む．
d：ハイウェイ，橋，運河，ダム，内陸の水路．
e：航空機に使う電気用，電子用シーリング材を含む．
f：アフターマーケットを含む．
g：パイプシール，市販されない電気的，電子用途への適用，器具，化学処理装置を含む．
h：ポリイソブチルを含む．
i：ニトリルゴムを含む．
j：ポリメルカプタンを含む．
k：フルオロシリコーンを含む．
l：テレケリックブタジエン共重合体，ポリプロピレン，EPDM，ポリイソキサゾリン，エポキシ樹脂，ポリイミドを含む．

ーリング材メーカーはシーリング材の許容伸縮率を設計目地幅に対してプラス，マイナス何％というかたちであらわしている．例えば±25％の許容伸縮率をもったシーリング材を1″幅の目地に使った場合，そのシーリング材は何ら界面はく離や凝集破壊（引裂き）をおこさずに¾″の圧縮または1¼″の引張りに耐えられることを意味する．特定の状況下で適正な材料を選定する場合，耐用年数，硬度，硬化時間，作業性能，被着材に対する接着性，耐候性，耐汚染性，耐薬品性，復元率なども考慮されねばならない（表37.22，表37.23参照）．

ムーブメントに対する許容能力

低ムーブメント用シーリング材（コーキング材） この中にはポリブテン，ポリイソブテン，オイルベース，樹脂ベースのコーキング材がある．これら低コストのシーリング材はわずか±5％程度の許容伸縮率，遅い硬化速度（120日），低いショアーA硬度，比較的短い耐用年数（平均して約6，7年），わずかの耐候性と耐薬品性をもつ．したがって，これらのシーリング材は主に屋内の動かない目地に使われる．

これらの用途は住宅用ドアや窓フレームの周囲の目地，サイディング，屋内ダクトなどである．一般に被着材表面は最低限の清掃でよく，接着性は良好で，1成分のカートリッジで供給される．

中ムーブメント用シーリング材 これらは前述のものよりもっと高い性能を有する．ラテックスやブチルは±7.5％の許容伸縮率をもつ．ハイパロン，ネオプレン，溶剤型アクリルは±12.5％である．硬化時間はラテックスで約5日，ハイパロンやネオプレンで30日，ブチルで120日である．耐用年数はほとんどの中ムーブメントシーリング材では10年であるが，ネオプレンは20年まで可能である．

中ムーブメント用シーリング材はコーキング材より耐用年数は長く，かなり性能も良いが，価格も高い．用途も多様化しており，ラテックスシーリング材はラテックスペイントと相溶するので，コーティング用途として適し，清掃が容易である．そのため，塗装を必要とする室内用シーリング材としても使える．ブチルはほとんどの表面によく接着し，耐水性が良い．そのため，ドア敷居，フラッシング，金属やビニルのサイディング，ダクトのエンドパイプの貫通孔などに使われる．

ハイパロンシーリング材は良好な耐紫外線，耐オゾン，耐化学薬品性を示す．そのためドアや窓回り，あるいはコンクリートパネルなどの，やや動きのある外部目地に使われる．ネオプレンシーリング材やアスファルトコンクリートや瀝青質と相溶性があるため，道路用途によく使われる．最後に溶剤型アクリルは±12.5％の許容伸縮率をもち，抗張力が大きく，耐候，耐薬品性が良く，圧

縮したあと元の形によく復元する．そのため，比較的硬化速度が早い（14〜21日）こともあって，外部の動きの大きい目地に使われることもある．

大ムーブメント用シーリング材　ポリサルファイド，ポリウレタン，シリコーンなどをいう．

ポリサルファイドは高耐久性シーリング材では第1世代のものであった．すなわち，1950年代初期に建築市場に導入された．しかし，1970年代半ばから建築用ポリサルファイドはウレタンやシリコーンに置き換えられている．ポリウレタンが1成分，2成分を配合するのに最も多様化されているポリマーである．ノンサグタイプのウレタンシーリング材は動きの大きい建築用目地に，セルフレベリングタイプの室温注入型のシーリング材は交通用途の水平目地に使われる．シリコーンは工業用，消費者用，建築用の市場においてたくさんの用途に使われてきた．非常に優れた復元性，ムーブメント追従性，耐候性をもっているためにストラクチュラルグレージング用シーリング材/接着剤として広く使われてきている．図37.6は4種のストラクチュラルグレージングのディテールを図示しているが，このうち二つはガラスが2辺で支持（バットグレージング）され，他の二つは4辺で支持（ストップレスグレージング）されている．

これらのシーリング材の耐用年数は20年，もしくはそれ以上である．伸縮ムーブメントの範囲はポリサルファイドで±25%，ポリウレタンで+40/-25%，低モジュラスシリコーンで+100/-50%である．値段はある種の低ムーブメント用シーリング材の7倍にもなる．

バックアップ材

バックアップ材を目地に使う第一の目的は，目地中のシーリング材の深さをコントロールして適正な形状係数を保つことにある．他の目的は，床やパティオの水平目地においてシーリング材を支持し，かつ補強することに

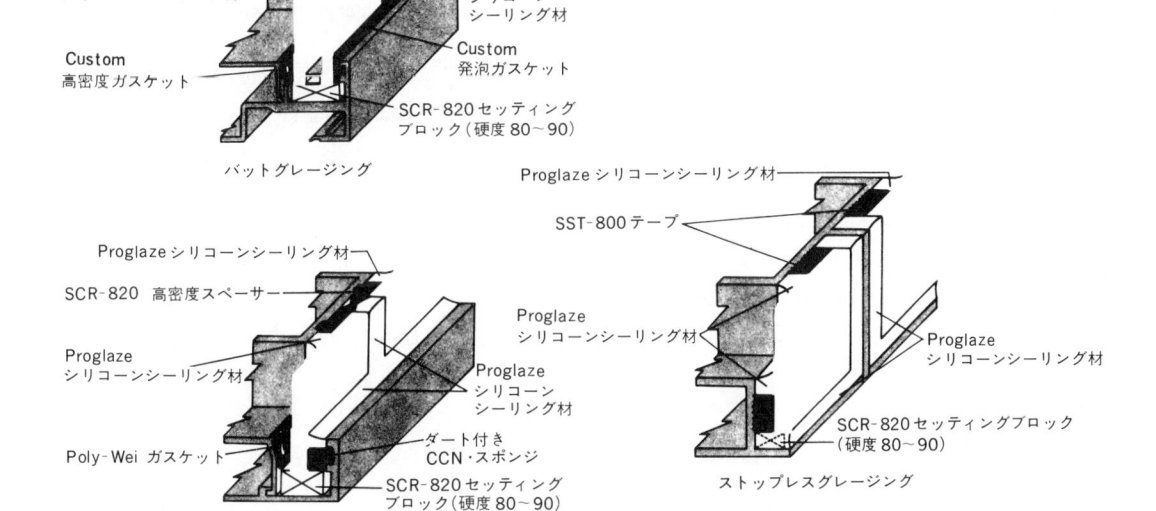

図 37.6

表 37.24 シーリング材の仕様

[建築連邦規格]

TT-S-00227E (11/4/69)	Sealing compound elastomeric type, multicomponent (for caulking, sealing, and glazing buildings and other structures)
TT-S-00230C (10/9/70)	Sealing compound elastomeric type, single component (for caulking, sealing, and glazing buildings and other structures)
TT-S-01543A (6/9/71)	Sealant compound, silicone rubber base (for caulking, sealing, and glazing buildings and other structures)
TT-C-598B (3/17/58)	Caulking compound, oil and resin base type (for masonry and other structures)
TT-S-001657 (10/8/70)	Sealant compound, single component, butyl rubber based, solvent release type (for buildings and other types of construction

[ASTM 規格]

ASTM C570-72 (reapproved 1984)	Standard specification for oil and resin base caulking compound for building construction
ASTM C669-75 (reapproved 1981)	Specification for glazing compounds for back bedding and face glazing of metal sash
ANSI/ASTM C834-76 (reapproved 1981)	Standard specification for latex sealing compounds
ASTM C836-84	Standard specification for high solids content, cold liquid-applied elastomeric waterproofing membrane for use with separate wearing course
ANSI/ASTM C920-79	Standard specification for elastomeric joint sealants
ASTM C957-81	Standard specification for high solids content, cold liquid-applied elastomeric waterproofing membrane with integral wearing surface

[被層ガラス]

ASTM E774-84a	Standard specification for sealed insulating glass units

[自動車]

AMS-3087E	Compound, insulating and sealing, silicone

[ハイウェイ/橋梁]　American Association of State Highway and Transportation Officials (AASHTO)

SS-S-200E(3)	Sealing compounds, two-component, elastomeric, polymer type, jet fuel resistant, cold applied

[米軍規格]

MIL-A-46106(2)	Adhesive-sealants, silicone, room temperature vulcanizing, general purpose
MIL-A-46146 (2) AMD 3(MR)	Adhesive-sealants, silicone, RTV, noncorrosivity (for use with sensitive metals and equipment)
MIL-A-47040(1) (1) (MI)	Adhesive-sealants, silicone, room temperature vulcanizing, high temperature
MIL-C-15705A(1)	Caulking compound (liquid polymer polysulfide synthetic rubber formula #112 for metal enclosures)
MIL-C-46867(MI)	Compound, caulking, conductive
MIL-C-47070(MI)	Compound, polyurethane
MIL-C-47113(MI)	Compound, heat sink, silicone
MIL-C-47121(MI)	Compound, sealing, polysulfide rubber
MIL-C-47164(MI)	Compound, plastic polyurethane
MIL-P-47170(1)(MI)	Primer, silicone rubber sealant
MIL-P-47216(MI)	Primer, polyurethane
MIL-P-47275(MI)	Primer, silicone

MIL-S-11030E	Sealing compound, noncuring (polysulfide base)
MIL-S-11031B	Sealing compound, adhesive, curing (polysulfide base)
MIL-S-11388B	Sealing compound for metal container seams
MIL-S-12158C(AT)	Sealing compound, noncuring, polybutene
MIL-S-14231C(1)	Sealing compound, joint, two-component, for bolted aluminum or steel petroleum storage tanks
MIL-S-22473D(4)	Sealing, locking and retaining compounds
MIL-S-23586C(3)	Sealing compound, electrical, silicone rubber, accelerator required
MIL-S-2869B	Sealing compound, synthetic rubber, hose cover repair
MIL-S-3105C	Sealing compound, inert (for use in ammunition)
MIL-S-3927C(1)	Sealing compound, thread, polymerizing, room temperature
MIL-S-4383B(2)	Sealing compound, top coat, fuel tank, Buna N type
MIL-S-45180C	Sealing compound, gasket, hydrocarbon fluid and water resistant
MIL-S-46163(1)	Sealing, lubricating and wicking compounds—thread locking, anaerobic, single component
MIL-S-47122(MI)	Sealing compound
MIL-S-47123(1)(MI)	Sealant, ablative, silicone base, room temperature curing and primer
MIL-S-47162(1)(MI)	Sealant, silicone rubber, room temperature vulcanizing
MIL-S-47165(MI)	Sealing compound, high tear strength
MIL-S-47245(MI)	Sealant, electrically conductive
MIL-S-48112(MU)	Sealing compound, butyl rubber sealant (for use with ammunition)
MIL-S-7916C	Sealing compound, thread and gasket, fuel, oil and water resistant
MIL-S-81732(1)(AS)	Sealing compound, electrical, high strength, accelerator required
MIL-S-8516E(2)	Sealing compound, polysulfide rubber, electric connectors and electric systems, chemically cured
MIL-S-8660B(4)	Silicone compound
MIL-S-8784B	Sealing compound, low adhesion, for removable panels and fuel tank inspection plates

[海 軍]

MIL-C-18225D(3) (ships)	Caulking compound, synthetic rubber base, wooden deck seam application
MIL-C-81947A	Coating compound, thermal insulation, 3 component, intumescent
MIL-S-15204C(2) (ships)	Sealing compound, joint and thread, high temperature
MIL-S-17377D (ships)	Sealing compound, boiler casing
MIL-S-19653A (ships)	Sealing compound (wood beddings) fortified
MIL-S-23498(1) (ships)	Sealing compound, bearing preservation, synthetic rubber base
MIL-S-24340 (ships)	Sealing compound, deck, polyurethane (polyester base)
MIL-S-2912D(1) (ships)	Synthetic rubber compound, acid and oil resistant (for lining battery compartments on submarines)
MIL-S-81733B(2) (ships)	Sealing and coating compound, corrosion inhibitive

「航空機]

MIL-C-83983 (USAF)	Compound, sealing, fluid resistant
MIL-S-38228(2) (USAF)	Sealing compound, environmental, for aircraft surfaces
MIL-S-7124B	Sealing compound, polysulfide, accelerator required, for aircraft surfaces
MIL-S-88315(1) (USAF)	Sealing compound, aluminum structure, pressure and weather sealing, low density
MIL-S-83318(1) (USAF)	Sealing compound, low temperature curing, quick repair, integral fuel tanks and fuel cell cavities
MIL-S-83430(3) (USAF)	Sealing compound, integral fuel tanks and fuel cell cavities intermittent to use to 360°F (182°C)
MIL-S-83432 (USAF)	Sealing compounds, adhesive bonded structure

MIL-S-8802D(1) AMD2 (USAF)	Sealing compound, temperature resistant, integral fuel tanks and fuel cell cavities, high adhesion

表 37.25　ASTM 建築シーリング材の試験法

1. American Society of Testing and Materials (ASTM C-24)
2. The 1986 Annual Book of ASTM Standard on Building Seals and Sealants in Volume 04.07
3. ASTM C-24 Active Technical Committees. The ASTM C-24 Committee was organized in 1959 to develop standards for building seals and sealants. Currently, the following 18 technical subcommittees are identified:

   - C-24.12　Oil and Resin Base Glazing and Caulking Sealants
   - C-24.15　Hot Applied Sealants
   - C-24.16　Emulsion Sealants
   - C-24.18　Solvent Release Sealants
   - C-24.32　Chemically Curing Sealants
   - C-24.35　Structural Sealants
   - C-24.40　Backup Materials
   - C-24.50　Tape Sealants
   - C-24.70　Lock Strip Gaskets
   - C-24.72　Compression Seal Gaskets
   - C-24.80　Building Deck Waterproof Systems
   - C-24.82　Criteria for Evaluation of Sealant Testing Laboratories
   - C-24.83　Statistical Analysis
   - C-24.84　Insulating Glass Sealant Compatibility
   - C-24.85　Sealants for Acoustical Applications (inactive)
   - C-24.86　Solar Collector Seal Applications (inactive)
   - C-24.87　International Standards

4. List of ASTM C-24 Standards

C-510-77 (reapproved 1983)	Test for staining and color change of single or multicomponent joint sealants
C-570-72 (reapproved 1984)	Specification for oil and resin-base caulking compound for building construction
C-603-83	Test for extrusion rate and application life of elastomeric sealants
C-639-83	Test for rheological (flow) properties of elastomeric sealants
C-661-83	Test for indentation hardness of elastomeric type sealants by means of a Durometer
C-669-75 (reapproved 1981)	Specification for glazing compound for back bedding and face glazing of metal sash
C-679-71 (reapproved 1977)	Test for tack-free time of elastomeric type joint sealants
C-681-84	Test for volatility of oil and resin-based, knife-grade, channel glazing compounds
C-711-72 (reapproved 1983)	Test for low-temperature flexibility and tenacity of one-part elastomeric solvent-release type sealants
C-712-72 (reapproved 1983)	Test for bubbling of one-part elastomeric solvent-release type sealants
C-713-84	Test for slump of an oil base knife-grade channel glazing compound
C-717-84d	Definition of terms relating to building seals
C-718-72 (reapproved 1983)	Test for UV cold box exposure of one-part elastomeric solvent-release type sealants
C-719-79	Test for adhesion and cohesion of elastomeric joint sealants under cyclic movement
C-731-82	Test for extrudability after package aging of latex sealing compounds
C-732-82	Test for aging effects of artificial weathering on latex sealing compounds
C-733-82	Test for volume shrinkage of latex sealant compounds
C-734-82	Test for low-temperature flexibility of latex sealing compounds after artificial weathering
C-736-82	Test for extension/recovery and adhesion of latex sealing compounds after artificial weathering
C-741-85	Test for accelerated aging of wood sash face glazing compound

37. シーリング材とコーキング材

C-742-73 (reapproved 1984)	Test for degree of set for wood sash glazing compound
C-765-73 (reapproved 1984)	Test for low temperature flexibility of preformed tape sealants
C-766-84	Test for adhesion after impact of preformed tape sealants
C-771-74 (reapproved 1980)	Test for weight loss after heat aging of preformed sealing tapes
C-772-74 (reapproved 1980)	Test for oil migration or plasticizer bleed-out of preformed sealing tapes
C-782-74 (reapproved 1980)	Test for softness of preformed sealing tapes
C-790-84	Practices for use of latex sealing compounds
C-792-75 (reapproved 1980)	Test for effects of heat aging on weight loss, cracking and chalking of elastomeric sealants
C-793-75 (reapproved 1980)	Test for effects of accelerated weathering on elastomeric joint sealants
C-794-80	Test for adhesion-in-peel of elastomeric joint sealants
C-797-75 (reapproved 1981)	Recommended practices and terminology for use of oil and resin based putty and glazing compounds
C-804-83	Standard practice for use of solvent-release type sealants
C-834-76 (reapproved 1981)	Specification for latex sealing compounds
C-836-84	Specification for high solids content, cold liquid-applied elastomeric waterproofing membrane for use with separate wearing course
C-879-78 (reapproved 1984)	Methods for testing release papers used with preformed tape sealants
C-898-84	Guide for use of high solids content, cold liquid-applied elastomeric waterproofing membrane with separate wearing course
C-907-79 (reapproved 1984)	Test for tensile adhesive strength of preformed tape sealants by disk method
C-908-84	Test for yield strength of preformed tape sealants
C-910-79 (reapproved 1985)	Standard test for bond and cohesion of one-part elastomeric solvent release type sealants
C-919-84	Practice for use of sealants in acoustical applications
C-920-79	Specification for elastomeric joint sealants
C-957-81	Specification for high solids content, cold liquid-applied elastomeric waterproofing membrane with integral wearing surface
C-961-8	Test for lap shear strength for hot applied sealing compounds
C-962-81	Guide for use of elastomeric joint sealants
C-972-82	Test for compression/recovery of tape sealants
C-981-83	Guide for design of built-up bituminous membrane waterproofing systems for building decks
C-1016-84	Test for determination of water absorption by sealant backup (joint filler) material
C-1021-84	Practice for laboratories engaged in the testing of building sealants
C-2202-84	Test for slump of caulking compounds and sealants
C-2203-84	Test for staining of caulking compounds and sealants
C-2249-74 (reapproved 1984)	Predicting the effect of weathering on fact glazing and bedding compounds on metal sash
C-2376-84	Test for slump on face glazing and bedding compounds on metal sash
C-2377-84	Test for tack-free time of caulking compounds and sealants
C-2450-75 (reapproved 1981)	Test for bond of oil and resin-base caulking compounds
D-2451-75	Test for degree of set for glazing compounds on metal sash
D-2452-75 (reapproved 1981)	Test for extrudability of oil and resin-base caulking compounds
D-2453-75 (reapproved 1981)	Test for shrinkage and tenacity of oil and resin-base caulking compounds

ある．建築のタイプによっては，このバックアップ材があらかじめ目地に設置されているものもある——例えば舗装工事に時として使われるプラスチックやコルクのボードの目地などがそうである．

　バックアップ材はシーリング材中のどんな溶剤によっても影響をうけてはならない．アスファルト，コールタール，ポリイソブチレンを含有するバックアップ材は決して使ってはならない．これらのしみ出しやすい油は，ある種のシーリング材と適合せず，接着破壊をひきおこすことがある．また，これらの物質は多孔質の被着材を汚染する可能性が強い．

　ネオプレン，ウレタン，ポリウレタン，ポリエチレンフォーム，コルクボード，ファイバーボード，木綿ロープ，ジュートなどがバックアップ材として使われてきている．フォーム類はほとんどはみ出さずに圧縮できるため，最もうまく使えてきた材料である．これらのほとんどの目地に適合するように丸と角の断面のものがあり，ひも状で容易に入手できる．ネオプレン，EPDM，ブチルのゴムチューブは高価だが良質のバックアップ材である．本質的にチューブはシーリング材がはく離したときに部分圧縮された状態でウォーターバリヤーとして働くので，シーリング材と一緒に二重のシール効果を発揮する．

　連続気泡と独立気泡の両方のバックアップ材が使用されている．独立気泡は水をシーリング材に接触させないが，バックアップ材を最初に目地に押し込んだところで問題が発生する．すなわち，押し込むときにバックアップ材に穴があくと，ガスがゆっくりと未硬化のシーリング材の中に入っていき，接着界面で問題がおこる．この発泡現象は，暑い日にシーリング材が未硬化のうちに外壁が日光に照らされると非常に目立つようになる．これを解決するには連続気泡のフォームを使えばよい．連続気泡フォームは湿気硬化の一成分型シーリング材を使うときには好ましい．理由は，シーリング材は両サイドから硬化が始まるからである．しかし連続気泡は，次第に水分で飽和して接着不良を発生させたり，水が凍結して破壊したりする．適当にガスが透過する外壁であれば，この問題の発生を防止できると思われる．理想的な解決方法はなく，どんなバックアップ材を使うかはシーリング材の種類と建築現場の状態によって決める．

　注意すべきことを一言いうと，独立気泡からのガス放出は，バックアップ材を目地に押し込むときに鋭い工具を使わなければ防ぐことができる．こうすればバックアップ材を傷つけずにすむからである．

規　格　類

　シーリング材やコーキング材の選定にあたっては，性能の評価方法を理解する必要がある．シーリング材メーカーの性能データは定量的で，かつ他材料との比較ができなければならない．この方法とは，ある用途にあるシ

表 37.26　仕様の出所

ASTM Specifications
　American Society for Testing and Materials
　1916 Race Street
　Philadelphia, PA 19103
　(215)299-5400

AASHTO Specifications
　The American Association of State Highway and
　　Transportation Officials
　444 North Capitol Street, NW
　Suite 225
　Washington, DC 20001
　(202)624-5800

Federal Specifications
　Business Service Center
　General Services Administration (regional offices)
　7th and D Streets, SW
　Washington, DC 20407

Military Specifications
　Commanding Officer
　U.S. Naval Supply Depot
　5801 Tabor Avenue
　Philadelphia, PA 19120

ANSI Specifications
　American National Standards Institute Inc.
　1430 Broadway
　New York, NY 10018
　(212)354-3300

U.S. Army Corps of Engineers
　Chief Specification Section
　Box 60
　Vicksburg, MS 39180

ーリング材またはコーキング材を使うことがふさわしいかどうかを決定するために使われるのである．テスト方法や規格類は ASTM, Bureau of Standards, Adhesive and Sealant Council, その他の機関により発行されている．

　表 37.24 にシーリング材とコーキング材に関する米国の重要な規格類を表示する．**表 37.25** は建築用シールとシーリング材の ASTM によるテスト方法を示し，**表 37.26** はシーリング材とコーキング材に関する規格類の発行機関を示している．

[Joseph W. Prane, Michael Elias and
　　　　　　　Russell Redman／広石真孝 訳]

参　考　文　献

1. Reid, W. J., "What's Ahead for Adhesives and Sealants," *Adhesives Age*, 21 (Apr. 1970).
2. Cook, J. P., "Construction Sealants and Adhesives," New York, Wiley-Interscience, 1970.
3. "Polymers for Sealing, Caulking Uses Develop a Broader End-Use Pattern," *Chemical Marketing Reporter*, 33 (Feb. 13, 1967).

4. Prane, J.W., "Vehicles for Sealants and Caulking Compounds," *Amer. Paint J.*, 96, (Apr. 6, 1964).
5. Prane, J. W., "Pigmentation of Joint Fillers," in "Pigment Handbook," Vol. II, p. 151, New York, John Wiley and Sons, 1973.
6. Damusis, A. (ed.), "Sealants," New York, Van Nostrand Reinhold, 1967.
7. Zakim, J., and Shihadeh, M., "Results of a Seven-Year Study [on Sealants]," *Glass Digest*, 68 (Sept. 1965).
8. Kelfer, H., "Caulks and Sealants," *Amer. Paint J.*, 72 (Aug. 22, 1966).
9. Amstock, J. S., "Reclassification of Joint Sealants," *Adhesives Age*, 18 (Feb. 1964).
10. Panek, J. R., "Know Your Sealants. Part I," *Buildings*, (April 1970).
11. Blatt, Maurice, "Joint Sealing Compound," U.S. Patent 3,806,481 (Apr. 23, 1974).
12. Dalton, R. H., McGinley, C., and Paterson, D. A., "Developing a Quality Standard for Butyl-Polyisobutylene Solvent Release Sealants," *Adhesives Age*, 41 (Nov. 1973).
13. Berejka, A. J., and Higgins, J. J., "Broadened Horizons for Butyl Sealants," *Adhesives Age*, 21 (Dec. 1973).
14. Del Gatto, J., "Enjay's New Mayonnaise Butyl," *Rubber World*, 41 (June 1969).
15. "New Butyl Rubbers Offer Advantages as Window and Construction Sealant," *Adhesives Age*, 30 (Sept. 1969).
16. Stucker, N. E., "A New Polymer Makes the Scene [Butyl LM-Insulating Glass]," *Glass Digest*, 56 (Nov. 1970).
17. "Enjay Butyl LM-430—Sealants—Compounding Guide," Enjay Polymer Labs [now Exxon Polymer Labs] EPL-7204-597, March 1972.
18. Paterson, D. A., "XL Butyl Rubber Improves Preformed Sealant Tapes," *Adhesives Age*, 25 (Aug. 1969).
19. Klemm, F., and Leibowitz, L., "Butyls Enter the High Performance Field," *Adhesives Age*, 37, (Nov. 1973).
20. Risser, A. J., "Joint Sealants," U.S. Patent 3,759,780 (Sept. 18, 1973).
21. Malloy, F. P., "Preshimmed Tape," *Glass Digest*, 42 (Feb. 15, 1971).
22. "Extruding Stiffer Sealant Tapes," *Adhesives Age*, 49, (Nov. 1972).
23. Kutch, E. F., "Hot Melt Butyl Sealant Provides High Adhesion Properties," *Adhesives Age*, 33 (Aug. 1973).
24. Scheinbart, E. L., and Callan, J. E., "A Systems Design Approach for Butyl Sealant Tape Manufacturing," *Adhesives Age*, 17 (March 1973).
25. Massalena, J., "Sealing of Extruded Tape," U.S. Patent 3,767,503 (Oct. 23, 1973).
26. Callan, J. E., "Crosslinked Butyl Hot Melt Sealants," Adhesives and Sealants Council Spring Technical Meeting, March, 1974.
27. Wormser, E. S., "Hypalons—Overlooked, but of High Performance," *Glass Digest*, 66 (Dec. 15, 1971).
28. Purvis, T. A., "Dry Sealing Systems [with Neoprene Gaskets]," *Glass Digest*, 50 (Dec. 15, 1971).
29. Girard, D. G., and Waldenberger, D., "New Material Makes Its Debut [PVC Foam Tapes]," *Glass Digest*, 62, (Dec. 15, 1971).
30. Sullivan, C., "PVC Foam Tape: New Sealant for Recreational Vehicles," *Adhesives Age*, 28, (April 1973).
31. Rohm and Haas, RC-34, "Acryloid CS-1," Mar. 1967; RC-42, "Room Temperature Gunnable Sealants Made with Acryloid CS-1," Sept. 1967.
32. Fussl, R., "Polyacrylate Dispersions—A New Basic Raw Material for Sealing Compounds in Building," *Kunststoffe*, **61**, 633 (Sept. 1971).
33. Miller, F. L., "Acrylics [Sealants]—Long Service Life," *Glass Digest*, 7 (Dec. 15, 1971).
34. Gorman, J. W., and Toback, A. S., "Polyurethane Polyacrylate Sealant Compositions," U.S. Patent 3,425,988 (Feb. 4, 1969).
35. Lees, W. A., "Self-Hardening Acrylic Sealants and Adhesives," *Adhesives Age*, 26 (Jan. 1972).
36. Plonchak, M., "Applications Grow for Anaerobic Sealants and Adhesives," *Adhesives Age*, 45 (Nov. 1972).
37. Gillis, T., and Schendel, D., "Make Room for Aqueous Acrylic Caulks," *Adhesives Age*, 34 (Nov. 1971).
38. Toogood, J. B., "A Latex Producer Looks at the Sealant Industry," *Adhesives Age*, 27 (Nov. 1972).
39. Rohm and Haas, "Rhoplex LC-40—Acrylic Emulsion Polymer for Caulks and Sealants."
40. Dupler, J. F., Jr., "A Decade of Experience [with Polysulfides]," *Glass Digest*, 66 (May, 1965).
41. Petrino, D. A., "That All-Important Second Look [Polysulfides]," *Glass Digest*, 40 (Dec. 15, 1971).
42. Panek, J., "Polysulfide Sealants for Plastics," *Adhesives Age*, 32 (Nov. 1973).
43. Bertozzi, E. R., "Chemistry and Technology of Elastomeric Polysulfide Polymers," *Rubber Reviews*, 114 (Feb. 1968).
44. Amstock, J. A., "The Single Component Compound [Polysulfide]," *Glass Digest*, 70 (May, 1964).
45. Santaniello, A. F., "Polysulfide Sealant Meets Needs of World Trade Center," *Adhesives Age*, 32 (Nov. 1972).
46. Gallagher, J. P., "Recreational Vehicles—A New Market for Polysulfide-Based Sealants," *Adhesives Age*, 39 (Nov. 1971).
47. Box, J. A., "A Thorn in the Side [Insulating Glass]," *Glass Digest*, 52 (Sept. 15, 1971).
48. Harries, R. W., "Role of Adhesives and Sealants in the Automotive Industry," *Adhesives Age*, 45 (Sept. 1970).
49. Wolf, R. F., "Rubber Use in 1972 Autos," *Rubber Age*, 69 (Oct. 1971).
50. Petrino, D. A., "L-1011 Tri Star Places New Demands on Aircraft Sealants and Adhesives," *Adhesives Age*, 15 (Feb. 1972).
51. "UCC and USM Corp. Jointly License Sealant Technology," *Adhesives Age*, 54 (Sept. 1970).

52. Bedoit, W. C., Jr., "Urethanes in the Seventies," *J. Cellular Plastics*, 110 (May, June 1971).
53. Swanson, F. D., and Price, S. J., "Chemistry of Urethane Adhesives with Silane Coupling Agents," *Adhesives Age*, 23 (June 1973).
54. Hale, W. F., and Conte, L. B., Jr., "New Intermediates for Urethane Sealants," *Adhesives Age*, 29 (Nov. 1971).
55. NASA, "Elastomeric Sealants [in Aerospace Program]," in "Adhesives, Sealants, and Gaskets," Chapter 3, SP-5066, 1967.
57. Pierce, O. R., and Kim, Y. K., "Fluorosilicones as High Temperature Elastomers," *J. Elastoplastics*, **3**, 82 (Apr. 1971).
58. "Silicone Sealant Waterproofs Spires of Museum Towers," *Adhesives Age*, 27 (Dec. 1972).
59. "Silicone Adhesive/Sealant Makes Ceramic Range Tops Watertight," *Adhesives Age*, 32 (Feb. 1973).
60. Smith, J. C., "Silicone Adhesives for Joining Plastics," *Adhesives Age*, 27 (June 1974).
61. Smith, J. C., "[Silicones for] Stringent Glazing Specifications," *Glass Digest*, 42 (Dec. 15, 1971).
62. "Tunnel Walls Sealed with Silicone Sealant." *Adhesives Age*, 40 (Jan. 1973).
63. "Silicone Rubbers in Automotive Applications," *Rubber World*, 43 (Apr. 1971).
64. "Vistalon 404 Sealing Tape," Enjay Polymer Labs [now Exxon Polymer], AID-301, 1970.
65. Cantor, S. E., "RTV Adhesive System Based on Ethylene-Propylene Diene Terpolymer," *Adhesives Age*, 17 (June 1974).
66. "Hycar Reactive Liquid Polymers," B. F. Goodrich Chemical Co., 1972.
67. Dolezal, T. P., Johnson, G. K., and Pfisterer, H. A., "Liquid Dibromopolybutadiene in Adhesives and Sealants," *Adhesives Age*, 30 (July 1971).
68. Richard, J. C. III, "New Polymer Offers Advantages for Elastomeric Sealants," *Adhesives Age*, 22 (July 1970).
69. Lieff, M., "Epoxy-Based Materials—An Aid to OSHA Compliance," *Adhesives Age*, 22 (July 1980).
70. MacDonald, N. C., "Standard Test Methods for Adhesives," *Adhesives Age*, 21 (Sept. 1972).
71. Hann, G., "Sealant Specificiations from the Producers' Standpoint," *Adhesives Age*, 24 (Mar. 1973).
72. "Developing Testing Standards for Building Joint Sealants—Job of ASTM Committee C-24," *Adhesives Age*, 47 (Nov. 1973).
73. Karpati, K. K., and Handegord, G. O., "A Rational Approach to Building Sealant Testing," *Adhesives Age*, 27 (Nov. 1973).
74. Jemal, R., "Viscosity Measurements in Adhesive and Sealant Systems," *Adhesive Age*, 37 (May 1974).
75. Karpati, K. K., "Mechanical Properties of Sealants. I. Behavior of Silicone Sealants as a Function of Temperature," *J. Paint Technol.*, **44**(565), 55 (Feb. 1972).
76. Karpati, K. K., "Mechanical Properties of Sealants. II. Performance Testing of Silicone Sealants as a Function of Rate of Movement," *J. Paint Technol.*, **44**(569), 58 (June 1972).
77. Karpati, K. K., "Mechanical Properties of Sealants. III, Performance Testing of Silicone Sealants," *J. Paint Technol.*, **44**(571), 75 (Aug. 1972).
78. Karpati, K. K., "Mechanical Properties of Sealants. IV. Performance Testing of Two-Part Polysulfide Sealants," *J. Paint Technol.*, **45**(580), 49 (May 1973).
79. Skeist, I. (ed.), "Handbook of Adhesives," 1st Ed. New York, Van Nostrand Reinhold, 1962.
80. Yaroch, E. J., "The Curtainwall's Chief Problem," *Glass Digest*, 48 (Feb. 1966).
81. Kenton, J. R., "Polythiol-Based Sealants," U.S. Patent 3,798,192 (Mar. 19, 1974).
82. Doss, R. C., and Marrs, O. L., "New Polymercaptan Polymer for Elastomeric Sealants," *Adhesives Age*, 25 (Nov. 1974).
83. "Silicone Building Sealant Handles Cold Weather and Joint Movement,"*Adhesives Age*, 18 (Nov. 1974).
84. Bethke, J. J., and Ketcham, S. J., "Polysulfide Sealants for Corrosion Protection of Spot-Welded Aluminum Joints," *Adhesives Age*, 29 (Nov. 1974).
85. Devine, A. T., "Sealants: A Comparative Evaluation of Performance in Two Typical Joint Configurations," *Adhesives Age*, 37 (Nov. 1974).
86. Toogood, J. B., "Sealants: A New Market for Hot Melts," *Adhesives Age*, 46 (Nov. 1974).
87. Day, R., "Common-Sense Guide to Caulks and Caulking," *Popular Science*, 107 (Sept. 1974).
88. "Sealant Performance Characteristics," *Strucutral Sealant Newsletter*, No. 18, Jan. 1968, Thiokol Chemical Corp.
89. Bouchey, G. J., "ASTM C-24 Sealant Report: Task Group Examines Glazing for Insulating Glass Units," *Adhesives Age*, 27 (July 1984).
90. Karpati, K. K., "Quick Weathering Test for Screening Silicone Sealants," *J. Coating Technol.*, **56**, 29–32 (March 1984).
91. Armstrong, J. S., and Duffy, J. W., "Advantages of Urethane Insulating Glass Sealants," *Elastomerics*, **116**, 22–26 (June 1984).
92. Anderson, J. B., "A Method for Finding Engineering Properties of Sealants," *J. Eng. Mechanics*, **111**, 882–892 (July 1985).
93. Oxley, C. E., *Elastomerics*, **111**, 29–32 (Nov. 1979).
94. Lamb, C. M., and Williams, R. P., "New Polymercaptan One-Component Sealant," **22**, 44–46 (Nov. 1979).
95. Ghatage et al., "Polysulfide Sealants," *Rubber Chem. Technol.*, **54**, 197–210 (May/June 1981).
96. Feldman, D., "Polyurethane and Polyblend Sealants," *Polymer Eng. Sci.*, **21**, 53–56 (Jan. 1981).
97. "Sealants Beads Precisely Applied," *Machine Design*, **55**, 8 (Oct. 20, 1983).
98. Panek, J. R., and Cook, J. P., "Construction Sealants and Adhesive," 2nd Ed., New York, John Wiley and Sons, 1984.
99. Elias, M., "Silicone Sealant Technology, Markets Continue to Grow," *Adhesives Age*, 8 (May 1986).
100. "Editorial Advisory Board 1985 Review/1986 Forecast," *Adhesive Age*, 17 (Jan. 1986).

101. Noll, W., "Chemistry and Technology of Silicones," New York, Academic Press, 1968.
102. Skeist, I. (ed), "Handbook of Adhesives," 2nd Ed., New York, Van Nostrand Reinhold, 1977.
103. Cochran, H., and Lim, C., "The Effect of Fumed Silica in TRV-1 Silicone Rubber," presented at the 127th Meeting, Rubber Division, American Chemical Society.
104. Toporcer, L. H., and Crossan, I. D., "Low Modulus Room Temperature Vulcanizable Silicone Elastomer," U.S. Patent 3,817,909 (June 18, 1974).

38. テープとラベルの粘着剤

粘着剤（PSA）とは，室温で，活性的かつ永久的な粘着性をもち，指または手の圧力以上のものを必要とせず，簡単な接触で，いろいろな異なった表面に，しっかりと結合する固形状の物質である．それらは，マスキングテープ，事務用テープ，救急絆そしてラベルのような，普通の，日常的な製品として用いられている．

真の粘着剤は，溶剤や熱によって活性化することを要求せず，広範囲の表面に，しっかりと結合する．その活性的な粘着性にもかかわらず，指で取り扱うことができるし，残留物を残すことなく，平滑な表面から取り除くことができる[1]．

最初の重要な商業的粘着剤は，天然ゴムとウッドロジンの混合物であった[2]．その後，ロジンは，ゴムに必要な粘着性を与える粘着付与剤といわれる物質の分類の一つに位置づけられた．天然ゴムとロジンの混合物については，塗装工程中で保護をするマスキング分野での要求に合致し，これは粘着工業の原型となった．次いで，その他のエラストマーが利用され，もとのウッドロジンにも，種々の粘着付与剤の特性を与えるべく化学的な変性がなされた．炭化水素系粘着付与剤も加えられ，また他の弾性的ポリマー，特にポリアクリレートも第二次大戦後登場した．

改良された粘着剤の利用は，その用途に爆発的な成長をもたらした．第二次大戦後の1億ドル以下の生産から，最近この工業は，製造段階において約30億ドル[3]と膨張している．テープは，この市場の約60%と思われ，デカールを含むラベルは約30%である．残りは，装飾，保護シート，衛生ナプキン，床タイル，種々の医療用の応用，太陽コントロールフィルム，電磁波シールド，そして多くの特殊な用途に利用されている．粘着剤の市場は，さらにはく離コーティングの生産を必要とする．それは，製品の取扱い，転写に必要な粘着剤に対して低接着である表面を必要とするためである．

もともとの粘着製品は，適当な支持体上で粘着剤の溶剤を乾燥することによって製造された．1970年代において，溶剤のコスト増加に大気中への発散に関する取締り規則によって，この工業は，水ベース（エマルジョン）粘着剤，そして100%固形すなわち，いわゆるホットメルト粘着剤（HMPSA）の方向へ転じた．これらの市場の力は，粘着剤原料の選択に関して強い影響を持ち続けている．

ゴムベースの粘着剤は，現在も粘着市場の最も大きな構成となっているが，天然ゴムは，スチレン-イソプレン-スチレン（S-I-S）ブロックコポリマーに，この分野での主要な炭化水素エラストマーをして取って代わられつつある．なぜなら，S-I-Sポリマーは，それ自身をホットメルト処方の中に広範囲に導けるが，それと対照的に天然ゴム粘着剤は，まだほとんどが溶剤ベースだからである．炭化水素エラストマーをベースとするラテックスの利用は，相対的に少量であり，スチレン-ブタジエンラテックスと天然ゴムラテックスにほとんど限定される．しかしながら，アクリル粘着剤の場合は，エマルジョンが溶剤型粘着剤を消費量において越えている．

これらの傾向は，水ベースとホットメルト配合が，徐々に溶液ポリマーを置き換えていくことが継続すると期待されていることである．粘着剤の放射線重合または架橋という新しい技術は，現在は，工業的には小規模であるが重要である．少なくとも，粘着製品の二つの大手生産者が電子線の放射を利用する製造ラインを操作していると報告されているが，紫外線放射の利用も近く成長するかも知れない．

構　　成

粘着製品は，基本的には支持体または基材上に粘着剤を塗工したものよりなっている．ほとんどの支持体は柔

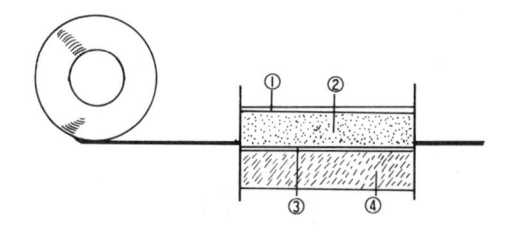

図 38.1　粘着テープの構成
1：はく離コーティング，2：支持体，3：プライマー，4：粘着剤．

軟性のあるフィルム，ホイル，または織布である．しかし，硬い基材または相手に結合させる目的物やその形状のものに直接粘着剤を塗工した多くの製品も利用されている．理想的な構成は図38.1に示される．

製　造

粘着剤は，その性質に依存する種々の方法によって支持体に適用される．溶液またはラテックスは支持体またははく離ライナーなどの動いている基材上に塗工され，乾燥炉の中で連続的に乾燥するという操作になる．もし粘着剤がはく離紙すなわちはく離ライナー上に塗工された場合は，その後，目的の支持体とラミネートされ，粘着剤をその支持体に転写させる．そのライナーは保持するか，取り除くかである．

ホットメルトすなわち100%固形粘着剤は，ホットメルトコーター，カレンダー，またはエクストルーダーのいずれかを用いて支持体に適用される．ほとんどの目的に対しては，25〜50 μm のオーダーの厚みで相対的に薄いが厚いものでは300 μm くらいのものもあるだろう．一般的に100%固形粘着剤は，それ自身，溶液やラテックスより重厚なコーティングに向いている．

乾燥ライン　乾燥炉のラインは，数百万ドルのオーダーの大きな資本投資を必要とする．そして，同じラインで，しばしば溶液と水系とを取り扱うように用いられることがある．計量装置は，最大の適応性をもつリバースロールコーターか，安価な費用のナイフオーバーロールコーターかのいずれかであろう．薄いフィルムに対しては，過剰な物質を取り除くのにワイヤ巻きロッドが用いられる．ラテックスコーティングの難しさのために，エアナイフやフレキシブルブレードのような装置が，これらの製品に対してときどき用いられることもある．

テープのコーティングは支持体に直接なされるが，対照的にラベル粘着剤は，常にはく離ライナーの上にコートされ，それから紙または他の支持体にラミネートされる（ニップロール）．製品はこの構成で使用され，販売されている．

必要な乾燥のステップは，相対的に泡，その他を避けるため，遅くしなければならない．基材の商業的な乾燥スピードは常に1分間当り23〜48 m に限定される．ホットエアオーブンは，乾燥機の最も普通のタイプである．ときどきは赤外線加熱法で補足されるということもある．

溶剤操作において，最近の乾燥では，溶剤を燃料として焼却するか，活性炭に吸収し凝縮させることによって回収するかのいずれかの方法がとられる[4]．水系の乾燥での必要なエネルギーは，実際には溶剤より少なくなる．なぜなら，温める空気の必要度が少なくなるからである．溶剤の場合は，爆発限界の濃度を避けるため，空気量を大きくしなければならない．

ほとんどすべての場合において，粘着剤は，広幅の材料に塗工され，テープに対しては狭幅にスリットされ，ロール状に巻き取られる．その他の製品に対しては，さいの目または望ましい形状に切断する．

ホットメルト塗工　ホットメルト粘着剤は，それが用いられる設備に適した粘度になるように加熱される．それから，ロールを背にした基材の上に移送される．一般的なホットメルトコーターの設備は，粘度の限界があるが，エクストルーダーは，高粘度の物質を取り扱うことができる．そのために，ホットメルトコーティングに適する粘着剤は分子量に限界がある．最も一般的な機械は，溶融ポリマーを貯蔵槽からスロットダイを通して移送するものである．しかし他の設備が用いられることもある．

押出コーティングは最近，二，三の大手粘着剤製造会社によってのみ実用化されているが，高分子量の組成のものを利用できることで，その重要性が認められてきた．ゴムベースの粘着剤に対しても，インラインで，ゴムと粘着付与剤の混合を，この設備は与えることができる．アクリル粘着剤に対して，二軸エクストルーダーは，溶液またはエマルジョンを揮発して取り除き，100%固形状でスロットダイを通して供給することができる．ホットメルトコーターとエクストルーダーは，粘着剤を1時間当り450 kg 以上供給できる可能性をもっている．

ホットメルトマシンは，エクストルーダーより投資資金がより少なくてすむ．それで幅狭のコーターは，ラベル製造会社や小さなテープメーカーで用いられている．エクストルーダーは単独の大量生産においてのみ正当化される．

カレンダーリング　主要なこの古い技術は，粘着剤に対して，その重要性を減少しつつある．なぜなら，それはいまだ厚いコーティングに対してのみ好ましい方法で，粘着剤厚みが300 μm という厚さのパイプラップにカレンダー法は用いられている．また，このカレンダー法は，基材に粘着剤を埋めさせる必要性のあるような重厚な応用の布を基材とするダクトテープに使われている．粘着の新しい製品に対してカレンダー法が利用されるかどうかは何ともいえない．

支　持　体

粘着製品に対して発見された無数の応用のために，多くの支持体材料または基材が最終用途の要求を満足させるのに必要となっている．テープやラベルに対して，紙，フィルム，布，そしてホイルのような薄くて柔軟性のあるような材料が，支持体のほとんどのシェアをもっている．他の製品，床タイルやネームプレートでは，支持体は硬く厚くすることができる．その他の支持体，例えばVelcro ストリップのようなものは中間の硬さにすることができる．

紙は最も広く用いられる支持体であり，実際，ラベル市場の約80%を構成している．最も一般的に用いられている125〜150 μm 厚のものについて，紙はフィルムよりコストが安いが，層間はく離という問題がある．したが

ってテープの目的には，紙は，スチレン-ブタジエンまたはアクリルのラテックスのような高分子の飽和剤を含浸させることによって強化している．しばしば紙は，粗面になじみやすくするためにクレープ（ちりめん加工）されている．紙テープは，マスキング，包装，電気絶縁，識別用，つなぎ用などに用いられる．自動車工業では，塗装マスキングに大量に使われている．たくさんの応用の中で，包装部門では紙はフィルム，特にポリプロピレンフィルムに置き換えられている．ラベルに用いられる紙基材にはあまり含浸紙は使われていない．ほとんどは，印刷性能の良いクレイコート紙である．

フィルム支持体は，単位厚み当り紙より強い強度があり，さらに透明性と耐水性という利点がある．セロファンを最初に粘着製品に用いられたフィルムであるが，今では，透明な事務・家庭用テープの分野ではセルローズアセテートに置き換えられている．二軸延伸ポリプロピレンは，紙おむつ，結束，そしてその他の包装分野で，紙の市場に近づいて大量に使用されている．他に広く用いられているフィルムはポリエステルであり，装飾シートと同様に，電気と包装分野で適用されている．ポリ塩化ビニルは，電気テープ，救急絆，医療製品，装飾シートとラベルに使用されている．ポリエチレンは，地下の移送パイプ用の厚手の防食保護テープ以外にはほとんど用いられていない．使用量の少ないフィルムには，ナイロン，ポリイミド，金属蒸着ポリエステル，フルオロカーボン，そしてポリウレタンがあり，それらは市場の特別な要求に適用されている．

多くのフィルムが，繊維で強化されたり，織布でラミネートされたりして，ダクトテープ市場の重要部分や金属ネームプレートに使われたりしている．

織布，布基材は，医療テープ，救急絆，電気テープに使われる．その他，特別な支持体の中には金属箔や発泡体も含まれる．

はく離コーティングとライナー

はく離コーティングは粘着技術の本質的な特徴である．粘着テープは，しばしばロール状のものを軽く巻き戻すために，反対面に粘着しないものをコーティングする必要性がある．ラベル，そしてその他の特別な製品は常に付着しない，すなわち，はく離コートされたライナーを背面にもっている．あるテープでは，はく離中間ライナーを入れて巻かれたものもある．はく離ライナーは，ほとんどが低エネルギー表面をもつ高分子材料でコートされているか，粘着剤があまり付着しない低エネルギー表面のフィルムで構成されているかである．支持体が下塗り処理や化学的処理で粘着剤と良好な密着性があるという場合以外の，密着性に乏しく，しかもはく離処理がされない場合は，特に注意する必要がある．

支持体の反対面（図38.1参照）の非常に薄いフィルムとして適用されるはく離コーティングは，シリコーンまたはアルキドまたは長鎖脂肪族炭化水素物を含む共重合物である．このように，例えばエチレンビスステアリルアミドを塗工剤として加えることもできるし，減多にないが単独で使用することも可能である．共重合物として，ステアリルアクリレートのようなモノマーを含むアクリレートまたは酢酸ビニルの架橋可能なエマルジョンもある．表面に集中する傾向をもつ低エネルギー炭化水素類を含むポリマーや原料が，量的には少ないが用いられることもある．

シリコーンコーティングは，はく離ライナーの分野では完全に主役だが，テープのはく離コーティングでは（面積で）約1/4を占めている．最も一般的なライナー材料はクラフト紙である．すなわち，ある領域ではポリエチレンをコートした紙がある．シリコーン剤は，溶液（最も一般的である）か，自己架橋のポリ（ジメチルシロキサン）のエマルジョンかであり，それは塗工され，乾燥炉で連続操作で乾燥される．無溶剤すなわち100%固形分のコーティングも開発されている．無溶剤の電子線硬化コーティングも，将来的には受け入れられるが，現在は，市場の非常に小さな部分を占めているに過ぎない．自製のはく離ライナーは，多くの粘着テープ，ラベル製造会社によって行われているが，ほとんどは製紙メーカーからライナーストックとして購入されている．

粘着剤の分類

炭化水素系エラストマーである天然ゴムは，粘着剤をつくるために最初に使用された原料であり，今日でも幅広く使用されている．ゴムベースといえば，今日では天然ゴムと同様に多くの新しい合成ゴムを含めた言葉である．すべてのゴムベース粘着剤には成分として必ず粘着付与剤が入っており，重量成分比として35〜50%が普通である．これら粘着性を向上させる原料として，その他のエラストマーも使用され，粘着剤を配合する上で重要な役割を構成している．

粘 着 付 与 剤

粘着付与剤は当初，木材からとれるロジン（松やに）からつくられていた．このようなウッドロジンは古い切株から船舶用品の塗料原料として取り出したものである

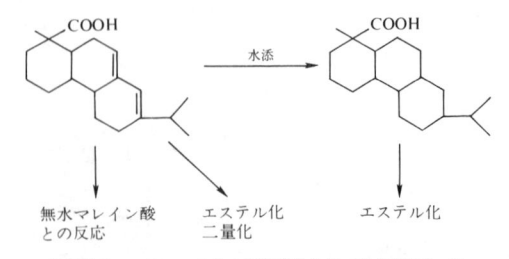

図 38.2　ロジンエステル系粘着付与剤の化学構造（ロジンはアビエチン酸とともに他の成分も含まれる）

が，各種不飽和酸すなわちアビエチン酸やレボピマール酸を主な成分としている．老化安定性やベースポリマーとの親和性を向上させるため，水素添加，不均化，グリセリンやペンタエリスリトールのエステル化（**図38.2**）によってこれらの酸を変性している．今日では無変性ロジンを使用することはまれで，部分水添ロジンエステルの使用量が増加している．

木の切株からテルペン油もとれるが，これも粘着付与剤のもう一つの原料として重要である．テレピン油の主要構成物であるジペンテンおよびα, β-ピネンをカチオン重合すると，テルペン系粘着付与剤が生成される（**図38.3**）．製紙産業の副産物としてのトール油は，ロジンの原料として最近は木の切株を上まわっている．トール油からのロジンは，ウッドロジンと非常に似ており，同じように変性されている．

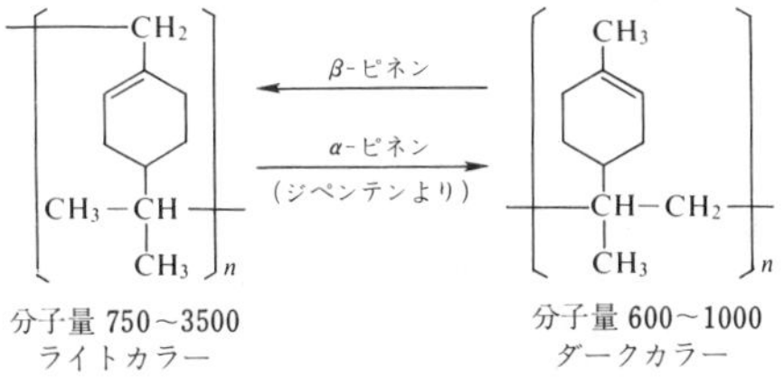

図38.3 テルペン系粘着付与剤の化学構造

不飽和石油留分のオリゴマー重合によってできる比較的低価格な粘着付与剤は，今日の粘着剤製造に最も多く使用されている．C_5およびC_9留分が原料として使用されているが，前者は粘着剤のベースポリマーとの幅広い親和性があるところから産業的に重要な地位を占めている．

特にα-メチルスチレンとビニルトルエンの共重合物，クマロンインデン樹脂などの芳香族をもつ粘着付与剤も多く使用されている．

粘着付与剤はすべて低分子量の物質であり，分子量は大体300から3000の範囲に入っている．一部は液体であるが，広く使用されている粘着付与剤はもろい固形物で，環球式軟化点が大体60～115℃である．最も効果的な挙動として，粘着付与剤は，混合するエラストマーと溶解度パラメーター（SP値）が近くあるべきである[5]．したがって，脂肪族系炭化水素の粘着付与剤は極性のアクリル粘着剤に用いられない．

ラテックス系粘着剤に用いる場合，粘着付与剤は水に分散させるが，ベースポリマーエマルジョンの界面活性剤と親和性のある分散剤を使用することが重要である．

ゴムベース系粘着剤

天然ゴム 天然ゴム，cis-1,4-ポリイソプレンは天然のラテックスとして得られるが，粘着剤の主原料として使用されるものは固形物であり，梱包されたゴム状の塊りである．粘着剤に使用される天然ゴムのタイプは淡色のペールクレープか暗色で比較的安価なスモークドシートである．このゴムの塊を使用する前に，分子量を低くするため素練りをする必要がある．

天然ゴムベースの粘着剤は溶液型として販売されており，通常トルエンを混合したC_6～C_7の脂肪族系炭化水素に，固形分約35％として溶解している．

このエラストマーは大体どんな粘着付与剤でも使用できるが，テルペン系やC_5系炭化水素がよい．粘着付与剤によるが，天然ゴム100部に対し粘着付与剤50～70部のとき，タックが最高になる（後述参照）．複数の粘着付与剤を混合するとより良い特性が得られる．粘着剤の混合物には，クレイなどの充填剤でコストを下げたり，石油系のオイルや低分子量のポリイソブチレンを可塑剤として使用する．酸化防止剤は主鎖に不飽和基のある天然ゴムを酸化分解から守るために常に加えられる．代表的な配合を**表38.1**に示した．

表38.1 天然ゴム系粘着剤の代表的配合例

A.	一般用途，透明	
	素練りしたペールクレープ	100
	ポリテルペン樹脂（MW 750）	90
	酸化防止剤	2
	ヘプタン	350
B.	一般用途，顔料入り	
	素練りしたペールクレープ	34
	C_5系石油樹脂（s. p. 95℃）	34
	ディキシークレイ	20
	酸化チタン	11
	酸化防止剤	1
	（カレンダー加工可能）	
C.	医療用テープ	
	素練りしたスモークドシート	100
	ロジンエステル（s. p. 95℃）	90
	ラノリン	20
	亜鉛華	50
	酸化防止剤	2
	（塗工可能な粘度，溶剤）	
D.	マスキングテープ	
	素練りしたペールクレープ	100
	ポリテルペン樹脂（s. p. 115℃）	41
	炭酸カルシウム	58
	レゾールフェノール樹脂	51
	酸化防止剤	2
	ヘキサン/トルエン（70/30）	450

天然ゴムラテックスは限られた範囲に粘着剤に使用されている．この場合，粘着付与剤は水に分散する必要がある．天然ゴムと化学構造的に同じである合成ポリイソプレンを溶解する場合，天然ゴムのように素練りする必要はない．それにもかかわらず，粘着剤に使用される合成ポリイソプレンは天然ゴムの1/10である．それは，天然ゴムに比較して価格が高く凝集力が低いためである．これらの理由や，その他のエラストマーとの競合のため，合成ポリイソプレンの成長は期待されていない．

ブロックコポリマー A-B-Aの三つのブロックを形成するブロックコポリマーは，粘着剤の中で最も多く使用されている炭化水素系エラストマーである．なおA

はポリスチレンブロックであり，Bはポリイソプレン，またはポリブタジエンで構成されている．これらコポリマーの商品名は，Kratonといい，アメリカ国内ではShell Chemical 社のみが製造している．真中のブロックがポリイソプレンで形成されているコポリマーの方がはるかに普及している．これはブタジエンが真中にあるコポリマーに比較して，より高いタックが得られる粘着剤をつくることができるからである．これらブロックコポリマーはポリスチレンが重量比で 15～30% あり，分子量が大体 100000 である[6]．

これらブロックコポリマーはドメイン構造を形成する．すなわち，いろいろなポリマーのポリスチレンブロックがドメインに集まって熱可逆的に架橋の働きをする．無定形の末端単位であるポリスチレンをガラス転移温度以上に熱すると，このブロックコポリマーは典型的な熱可塑性プラスチックとしての挙動を示し，ポンプや押出機で送り込むことができる．冷却するとポリスチレンドメインが再形成され架橋したゴムのような挙動を示す．このように熱可逆的に"架橋"ができることにより，Kraton のホットメルト粘着剤が可能になった．現在このようなブロックコポリマーベースの粘着剤は，ほとんど 100% がホットメルト粘着剤（HMPSA）の市場向けである．

ブロックコポリマーは溶剤系粘着剤の分野でも広く使用されている．天然ゴムより価格は高いが，分子量が低いので高固形分溶液ができて，明らかに経済的であり，環境問題でも利点がある．

真中のブロックをジオレフィンの水添によってつくられた S-B-S 型のブロックコポリマー，Kraton G もまたホットメルト粘着剤によく使用されている．S-I-S コポリマーに比べてタックが低いにもかかわらず，酸化分解により強い抵抗力があるからである．ポリイソプレンは，主に主鎖の切断により劣化し，一方，ポリブタジエンは架橋する傾向をもつので，S-I-S と S-B-S ポリマーの混合物がときどき劣化の効果を最小にするために使用されることがある．

ホットメルト市場に的をしぼって，同じようなブロックコポリマーが最近 Firestone 社によって紹介された．その製品は Stereon 840 A といい，スチレン-ブタジエンのマルチブロックコポリマーである．これはスチレン分が比較的高く，Kraton に比べていくぶん分子量が低いものである．Stereon を使用した代表的配合例を**表 38.2**に示した．

表 38.2 Stereon 840 A を使用した代表的な粘着剤配合例

Stereon 840 A	47.0
水添ロジンエステル (s. p. 100℃)	31.5
ナフテン系オイル	30.0
酸化防止剤	1.5

ブロックコポリマーのタック向上策として，SP 値 δ のまったく違う二つの粘着付与剤をたびたび使用するところが他のエラストマーと違うところである．一方の粘着付与剤の δ が 9 以下で，真中のブロックと親和性があり，もう一つの粘着付与剤の δ は 9 以上で T_g の高い末端ブロックと親和性のよいものを選ぶためである．真中のブロックコポリマーのための粘着付与剤は主に C_5 留分系石油樹脂やテルペン樹脂である．末端ブロックのためには α-メチルスチレン樹脂やクマロン樹脂を使用し，T_g を高くし，ポリスチレンドメインを強化したり硬くするために使用される．溶融粘度を下げるため多くの配合がオイルを使用するが，ポリスチレンドメインに入り込んでドメイン部分を軟化させないように芳香族の少ないオイルがよい．Kraton ブロックコポリマーを使用した代表的配合を**表 38.3**に示す．

表 38.3 S-I-S ブロックコポリマーをベースにした粘着剤配合例

A.	溶剤型配合	
	ブロックコポリマー (Kraton 1107)	100
	水添ロジンエステル (s. p. 104℃)	84
	液状水添ロジンエステル	35
	酸化防止剤	1
	ヘキサン/トルエン (70/30)	180
B.	ホットメルト	
	ブロックコポリマー	100
	C_5 系石油樹脂 (s. p. 95℃)	100
	ナフテン系オイル	40
	酸化防止剤	2
C.	高せん断ホットメルト	
	ブロックコポリマー	100
	クマロン-インデン樹脂 (s. p. 155℃)	60
	ナフテン系オイル	40
	酸化防止剤	4

スチレン-ブタジエンランダムコポリマー 粘着剤に使用する SBR は一般的にエラストマーとして使用されている SBR ではない．この用途に使用されるエラストマーは比較的高温でエマルジョン重合したもので，広い分子量分布とゲル分を含んでおり，この広い分子量分布とゲル分が粘着剤として利点をもたらすのである．この分野における SBR の使用量は天然ゴムと大体同じである．

粘着剤に使用される SBR の大部分はゴムの塊を溶剤に溶かして使用する溶液型粘着剤である．ラベル用が主な用途である．好ましい粘着付与剤はロジンエステルと β-ピネン樹脂であり，C_5 炭化水素樹脂は使用されない．代表的な溶液型配合を**表 38.4**に示す．

最近 SBR ラテックスも粘着剤に使用されるようになったが，粘着付与剤の水分散に高いコストがかかることや，酸化安定性のよいアクリルとの競合で成長が限定されている．SBR ラテックスが使用される用途はラベルやデカールである．

ポリイソブチレンとブチルゴム イソブチレンのホモポリマー，PIB はいろいろな分子量の製品が商品化されており，主鎖に二重結合がなく，水やガスに対し低透過性であるという利点がある．粘着剤の配合として分子量が 725000～2000000 の高分子 PIB と低分子 PIB とを

38. テープとラベルの粘着剤

表38.4 SBR系溶液型粘着剤の配合例

A. 一般用テープ	
SBR	100
水添ロジンエステル (s.p. 104℃)	75
酸化防止剤	2
トルエン	180
B. 再はく離ラベルストック	
SBR (ムーニー粘度 54)	100
水添ロジンエステル (s.p. 105℃)	50
可塑化用オイル	37
酸化防止剤	2
トルエン	200
C. マスキングテープ	
SBR (ムーニー粘度 54)	100
C_9系石油樹脂	150
臭素化メチルフェノリックレゾール	20
樹脂酸亜鉛	5
酸化防止剤	2
ヘキサン/トルエン (60/40)	275

混合して使用する。低分子 PIB は可塑剤としての機能があり，粘着表面のぬれをよくする効果がある。粘着付与剤として C_5石油樹脂とポリテルペン樹脂が好ましい。PIB は低エネルギーポリマーなので，極性のある表面との粘着にはロジンエステルを使用することもある。PIB 系粘着剤は溶剤系が多く，石油留分（ナフサ）が適した溶剤である。

PIB 系粘着剤の主な用途は，低タックと低粘着力が望まれる再はく離用ラベルである。代表的な PIB 系配合を表38.5に示す。

表38.5 ポリイソブチレン系粘着剤の配合例

A. 再はく離ラベル	
PIB (MW 200万)	100
ポリブテン (MW 1200)	70
液状水添ロジンエステル	35
C_5系石油樹脂 (s.p. 100℃)	45
酸化防止剤	1
ヘプタン	1000
B. 医療用テープ	
PIB (MW＞100万)	100
PIB (MW 55000)	30
亜鉛華	50
水酸化アルミナ	50
ホワイトオイル (薬局方)	40
フェノリックレゾール	50
酸化防止剤	1
（塗工可能粘度，溶剤）	
C. ビニル床タイル	
ブチルゴム (MW 450000)	100
PIB	20
テルペンフェノール樹脂	70
ミネラルスピリット	360

ブチルゴムはイソブチレンと少量のイソプレン（0.8～2 mol%）との共重合物である。PIB と違ってブチルゴムは架橋できるので，低凝集力を改善することができる。ブチルゴム系粘着剤の主な用途はガスや石油パイプの防食用ラッピングテープである。このテープの支持体には，カーボンブラックを充填した厚いポリエチレンや PVC のフィルムが使用されている。粘着剤は 300 μm 以上と厚く，一般的な粘着付与剤ばかりでなく，充填剤が多く混合されている。このテープはカレンダー製造が適している。代表的なパイプラップ粘着剤の配合は表38.6に示される。

表38.6 カレンダーによるパイプラッピングテープの代表的配合例

ブチルゴム (MW 350000)	100
ポリブテン (MW 900)	100
カーボンブラック	90
タルクまたはクレイ	200
プロセスオイル	50
C_5系石油樹脂 (s.p. 105℃)	75
無定形ポリプロピレン	50

再生ゴム　スクラップのゴム製品を高温で蒸解したり素練りして再生したゴムで，溶剤にとけるゴム分と架橋されたゴムおよび約30%のカーボンブラック，少量の油分，樹脂，架橋剤からなっている。タイヤから再生されたゴムは SBR と NR の混合物であり，タイヤのインナーチューブから再生されたゴムはブチルゴムが主成分である。再生ゴムは安価であるため，ダクト用やパイプラッピングテープに使用されている。

エチレン-ビニルアセテートコポリマー（EVA）　ビニルアセテート分が40%以上の EVA が粘着剤用途に使用されている。この EVA は粘着付与剤を多量に必要とするが，一時はホットメルト粘着剤の基本原料であった。しかし現在は，ほとんど完全にブロックコポリマーに置き換えられてしまった。スチレン系ブロックコポリマーに比較して多少安いが，EVA はタックが低く，特に高温でのせん断強さが弱いため競合に勝つことができなかった。

アクリル

ポリ（アクリルエステル）は一般にアクリルと称されているが，1950年代の半ばに初めて紹介されてから，米国内の粘着市場の 1/4 を占めるまでに成長した。Ulrich[7]のこの分野におけるパイオニア的研究によって，アクリルエステルのかなりタックのある普通のポリマーに約10%極性のモノマーを付加することにより，性能の高い粘着剤に変えられることが明らかになった。C_4～C_{12}アルコールのアクリルエステルホモポリマーは T_g が大体 -50～-75℃で，粘着剤の主成分である。

経済的な理由から，世界的に最も使用されているエステルはブチルおよび 2-エチルヘキシルアクリレートである。アメリカにおいて最も大きな粘着テープメーカーである3M社は，オキソ法で合成したイソオクチルアルコールエステルの使用量が最も多いと報告している。その他のデシルおよびイソデシルアクリレートのようなアクリルエステル，そしてラウリルメタクリレートのようなメタクリレートエステルは，必要な低 T_g のホモポリ

表 38.7 アクリル系粘着剤の代表的な成分例

A. 一般用テープ		D. 自己架橋型粘着剤	
2-エチルヘキシルアクリレート	75	2-エチルヘキシルアクリレート	89.5
ビニルアセテート	20	ジメチルアミノエチルメタクリレート	7.0
アクリル酸	4	アクリル酸	3.0
N-メチロールアクリルアミド	1	グリシジルメタクリレート	0.5
B. ぬれ性のいい高タック粘着剤		E. 後架橋型粘着剤	
イソオクチルアクリレート	95.5	2-エチルヘキシルアクリレート	72.5
アクリル酸	4.5	ビニルアセテート	18.9
水添ロジンエステル(s. p. 85℃)	50.0	エチルアクリレート	5.2
C. 硬く, 位置修正ができる粘着剤		無水マレイン酸	3.4
イソオクチルアクリレート	57.5	塗工溶液に 0.3 金属アルコキシドまたは	
メチルアクリレート	37.0	アセチルアセトネートを加える	
アクリル酸	7.5		

マーをつくれるが, 現在は商業的消費にはあまりに高価になり過ぎている. 多数のコモノマーが特許に記載されているが, アクリル酸は最も普遍的な極性コモノマーである. その他, アクリルアミド, アクリルニトリル, ヒドロキシエチルアクリレートやアミン基のモノマーなどが商業的に利用されている.

ビニルアセテートやエチルアクリレートのように, いわゆる変性モノマーは, T_g をあげるためにアクリル系粘着剤にしばしば含まれている（この後の理論の項を参照）. アクリル系粘着剤の配合を表 38.7 に示す.

アクリル系粘着剤は主鎖が飽和しているので, 老化安定性の点でゴムベース粘着剤に比べてはるかに優れている. アクリル粘着剤はまた, 無色でモノマー比を調整することにより特別な用途に適合できるよう容易につくり変えることができる. 一般論として, アクリル系はゴム系に比べて極性のある表面にはよく接着するが, 低エネルギーの表面に対してあまりよく接着しない[8]. アクリル系は屋外暴露によって色が変化したり接着特性を失うことはないが, 一般論として, タックや粘着力の点で最良のゴムベース粘着剤に比べていくぶん低い. もう一つの特別な違いとして, アクリル系は, 優れた特性を得るために粘着付与剤を加える必要がない. しかし, それでも粘着力やタックをあげるためにロジンエステルなどの粘着付与剤を含むものも多い. アクリル系は酸化防止剤や粘着付与剤を必要としないので, 一般的に皮膚への刺激が少なく, 医療用にしばしば使用されている[9].

アクリル系は, はじめ溶液タイプの粘着剤のみ使用されていたが, 溶剤の価格上昇と 1970 年代のクリーンエア条例の改正が水系タイプをつくり出す強力な動機となっている. 今日では, アクリルエマルジョン粘着剤が溶液タイプを上まわっている. そして将来, エマルジョンタイプの使用量が加速化されると予想している. かつて商業化されたアクリル系ホットメルト粘着剤[10] はもはや市場から消え, 放射線による後架橋型が少量残っているのみである. ホットメルトに必要な低分子量で適当なせん断強さのある粘着剤を開発することはきわめて困難なことである.

溶液型の粘着剤の場合, 分子量が増加すると溶液粘度が増すので分子量が限られる. 反対にラテックスの場合, 分子量とラテックス粘度と特別な関係がないので, この要因がラテックス粘着剤を左右することはない. ただし, タック改良を目的として, ポリマーを低分子化するためにエマルジョン配合に連鎖移動剤を混合することもある. 溶液型粘着剤の低分子量をおぎなうために, 乾燥工程で架橋することは一般的に行われている. 乾燥工程で, ポリマーのカルボキシル基への架橋剤としてメラミン樹脂[11], 多機能金属, すなわちアルミニウムアセチルアセトネート[12] またはチタニウムアルコキシド[13] の可溶性変性体などがある. ラテックス系ポリマーでも, 酢酸亜鉛のようなものによって架橋されているものもある. 重要性が増しているものとして, ポリマー中で架橋メカニズムが働く自己架橋型粘着剤がある[14,15].

架橋しないで, 凝集力をあげる最近のアプローチとして高 T_g ペンダント側鎖のついたポリマーをあげることができる. 互いに親和性のないペンダント側鎖が S-I-S と同じような形態のドメインを形成する. このようなペンダント側鎖型のポリマーをつくる方法として, 一つは通常のアクリル系ポリマーにスチレンやメチルメタクリレートをグラフト重合するものと[16], もう一つは, 低分子ポリスチレンの末端にメタクリレートを付加した後に共重合するものがある. 最近, 紹介された製品として Arco Chemical 社の Chemlink 4500 マクロマーモノマーがある. これはアクリルエステルと極性モノマーを共重合するとき, このモノマーを加えてポリスチレンのペンダント側鎖をつくるものである[17]. マクロマーを使用

表 38.8 マクロマーを使用した代表的な粘着剤配合例

A. 粘着付与樹脂を添加しない場合	
Chemlink 4500[a]	15
2-エチルヘキシルアクリレート	80
アクリル酸	5
B. 粘着付与樹脂を添加する場合	
Chemlink 4500[a]	15
1-デシルアクリレート	82.9
アクリル酸	2.1
水添ロジンエステル (s. p. 85℃)	97.0
トリオクチルトリメリテート（可塑剤）	16

a : Arco Chemical 社.

した配合例を表38.8に示す.

アクリル系粘着剤はラベルや各種のテープに使われる. 特に, 透明な事務用, 結束, 転写, 医療や金属箔テープなどである.

シリコーン

シリコーン系粘着剤の用途は, 表面エネルギーが高低どちらの表面に対しても優れた粘着性を示し, 500°C以上でも粘着の機能を発揮するにもかかわらず, 高価格のために限定される. シリコーン系粘着剤を製造する原料は, はじめ Dow Corning 社や General Electric 社でつくられていた.

シリコーン系粘着剤の二つの基礎構成物は樹脂とゴム分からなっており, ゴム系粘着剤における粘着付与剤とエラストマーの関係にいくぶん似ている. この樹脂は, シリシックまたはポリシリシック酸 (ハイドロゾル) とトリメチルクロロシラン様のものとの反応により, OH基の部分をトリメチルシロキサン基に転換することによりつくられる. Si-OH 基の残余の濃度は, 樹脂の分子量よりも重要でないが, 5000以下であることが望ましい. ゴムは, 末端に OH 基をもつ高分子量のポリシロキサンである. ジメチルおよびジメチル-ジフェニルポリシロキサンの両方が使われている. 通常ゴム分の6〜12 mol%のジフェニルシロキサン含有は, 粘着剤に高タックと高粘着力をもたらすことになる. 粘着剤をつくる最も簡単な方法は適当な溶剤, 普通にはトルエンで樹脂とゴム分を混合することである. 塗付するために溶液として使用され, また分子内や分子間に Si-O-Si 形をできるだけ多くつくりだし, できるだけ高い凝集力を得るために加熱することが普通である. 粘着剤の物性は樹脂/ゴム分の配合比, ゴム分のタイプ, 塗工前の混合したときの加熱量によって決まる. ジメチルタイプのゴム分を使用した, 樹脂/ゴム分配合の効果を図38.4[18]に示す. 部分的にジフェニル化したゴム分がベースの粘着剤が比較的高いタックと粘着力を示す.

シリコーン系粘着剤は, ほとんど独占的にテープとして使用される. ポリエステルフィルムを支持体として広く使用されており, 特にめっきするときの配線板のマスク用に, 電気絶縁用に, 紙のつなぎなどに使用されている. ガラスクロスを支持体としたテープは, 高温時のマスキング, 絶縁に使用される. 特別な高性能なシリコーンテープの支持体としてポリイミドやポリ(テトラフルオロエチレン) が使用されている.

種々のポリマー

炭化水素系エラストマー, アクリル, および少量だがシリコーン系以外の他のポリマーの粘着剤への応用はほとんど商業的には成功していない. 特許文献には, 製紙工程で紙ロールをつなぐ紙支持体の再生粘着剤の基礎成分として, いくつかの水可溶で, 適当な架橋をされるものが記述されている[19,20]. 特許文献はまた, この他ポリウレタン[21], ポリウレタン-アクリル混成物[22], アイオノマー[23], ポリエステルブロックエラストマー[24]を使用した業績が明らかになっている. しかし, 市場に出たのは再生粘着剤のみである.

商業的に成功した二つの系列について以下記述する.

ビニルアセテート共重合物 粘着剤としてはエマルジョンタイプのみである. ビニルアセテートコポリマーの用途はまだ比較的小さく, 永久粘着型のラベル用に限られている. この中の一部の場合, 使用する前にアクリルラテックスを混合して使用することもある. ビニルアセテート系粘着剤はタック, 粘着力, せん断強さのバランスが優れている. アクリル系を加えると, 時間とともに粘着力がよくなる. アメリカでは Air Products 社だけが製造しており, 粘着剤としての配合は明らかにしていない. 特許[25]では, ビニルアセテートとアクリル酸を含有したジオクチルマレートとの大体1対1の共重合物であることを示しているだけである.

ポリ(ビニルアルキルエーテル)混合体 Union Carbide 社および GAF 社から入手可能なビニルエチルエーテルポリマー系粘着剤は医療用途に使用されている. これは水蒸気が透過しやすいため, 皮膚に長時間使用した場合でも患者に不快感を与えず, 価値あるものである. 量は少ないが, ポリビニルイソブチルエーテルをベースにした粘着剤もある. PIBの場合と同様に, 高分子量と低分子量のポリマーを混合している(表38.9に示す). すなわち, 低分子量ポリマーによって被着体面に広がり, 高分子量ポリマーによって凝集力を高めることができる. この種の粘着剤としての主な欠点は, 簡単に架

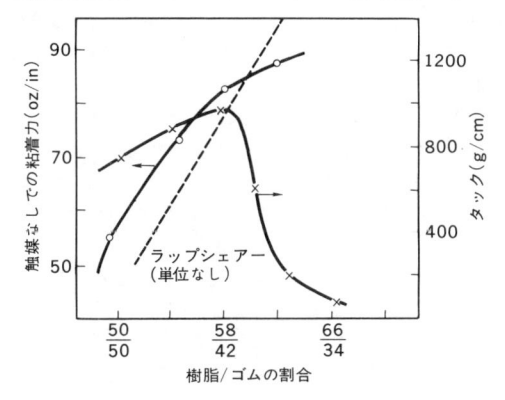

図38.4 シリコーン粘着剤の樹脂-ゴムの割合がタック, 粘着力, せん断強さに及ぼす効果[18]

表38.9 ポリビニルアルキルエーテル系粘着剤配合

A	ポリ(ビニルイソブチルエーテル) 型	
	PVIBE(MW 100000)	180
	PVIBE(MW 40000)	585
	PVIBE(MW 10000)	135
	酸化防止剤	5
B	ポリ(ビニルエチルエーテル) 型	
	PVEE Red(粘度 0.3)	50
	PVEE Red(粘度 4.0)	25
	樹脂酸亜鉛	5

橋できないので，せん断強さが低いということである．

理　　論

　他の接着剤と同様に，粘着剤の粘着物性は二つの基本的な考え方にもとづいている．すなわち，被着体表面へのぬれと広がりの能力と，その表面から剝がすときに抵抗する能力である．良好な結合を得ることは，接着剤と被着体の相対的な表面エネルギーに，決して100％というわけではないが，かなり強く依存している（すべての接着現象の基礎）．一方，破壊力への抵抗は，粘着剤の場合は，その粘着剤の粘弾性挙動の性質の機能による．構造接着剤と違い，粘着剤の場合は液体から固体への相変化がない．表面エネルギーと特に粘弾性的性質は，粘着挙動を理解する基礎である．この後で，表面エネルギーについての簡単な議論をする．粘弾性挙動については，粘着剤が評価される三つの基本規準であるタック，粘着力，せん断抵抗の議論の中で取り上げる．

表面エネルギー

　接着剤と被着体間の結合強さを最高にするために，固体面上の液体（接着剤）のぬれと広がりが必要である．それは表面間の密着，すなわち界面のボイドやギャップを排除することを得るためである．粘着剤は室温ではかなり粘稠であるが，それは固体表面のくぼみや割れ目に流入することを意味しているが（顕微鏡的には平滑ではない），適当な圧力下で短時間で密着されることが経験的に示されている．このように，固体表面のでこぼこの中に流入し，望む密接な界面を得る粘着剤の能力は，大部分は，2相の相対的な表面エネルギーによって決定される．

　表面張力は，液体では容易に決定できるが，固体では簡単ではない．固体の表面エネルギー値を求めるために，Zisman[26]によって開発された臨界表面張力 γ_c の概念が利用されている．一般論として，液体は，液体の表面張力よりも，より高い表面張力すなわち自由表面エネルギーをもつ表面に広がるであろう．

　これらの表面エネルギーは，熱力学的な接着仕事 W_A ——それはまた二つの表面を引きはがすに要する仕事をあらわしているが，それを計算することが基本である．W_A は，粘着テープを被着体から引きはがすに要する力より，はるかに小さいことを強調しなければならない．経験的なはく離力は，後で指摘するように，粘着剤と支持体のバルクの粘弾性的性質からの影響度が大きく含まれるということである．それでもやはり W_A とはく離力は関連している．

　W_A は，二つの古典的な方程式によってあらわすことができる．

$$W_A = \gamma_S + \gamma_L - \gamma_{SL} \qquad (1)$$
$$W_A = \gamma_L(1+\cos\theta) \qquad (2)$$

θ は接触角であり，γ_{SL} は界面張力，γ_S と γ_L はそれぞれ固体と液体の表面エネルギー，すなわち表面張力（実際の測定では蒸気のある界面が含まれているが，簡略化のために無視している）である．

　接触角がゼロ（$\gamma_L < \gamma_S$）のときに適用される最初の方程式は，接着力は γ_L が γ_S に近づく点で増加し，それから減少する（γ_S が γ_L より大きいときに γ_{SL} は最小になることはないであろう）．それはまた，γ_{SL} が最も重要な結合強さの規準であることを経験的観察で強化するものである[27]．

　第2の方程式（Young-Dupré）は接触角がゼロでないときに適用され，θ がゼロに近づくとき，W_A は $2\gamma_L$ に近づくことを指摘している．これは，W_A の最高には，γ_L は最高になるべきであり，ゼロ接触角の低さで一致するという結論を導いている．

　このように，熱力学的な考えにもとづいて，最高の結合強さは，粘着剤の表面エネルギーが被着体のそれを越えることはないが，最も近いところで得られる．しかし，特殊な粘着剤で，被着体の γ_c 値が増加するとき最高粘着力が連続的に増加するものもある．このことは，液体の γ_L がすべての被着体より大きいときのみ唯一事実といえる．

　被着体の γ_c が増加するとき，予期される最高結合強さを，遠山[28]はゴム系，アクリル系の粘着剤について実験的に観察した．遠山は，粘着剤の γ_L を PIB ベースの粘着剤，30 dyne/cm² から NR ベースの粘着剤約 36 dyne/cm² までの値を求めた．ただし，Dahlquist[29]によって求められた値より若干，数値が高い．そして被着体の γ_c とはく離力のプロットにおいて，粘着剤の1ないし2 dyne/cm² の範囲における被着体の γ_c 値のところで，はく離力の最高値が得られることを示した．

　上記の最も簡単な議論は非常に重要な事実を無視している．それは表面エネルギーは，分散力（粗っぽくはファンデールワールス力）と極性力の貢献によってつくられているということである．後者は，おそらく簡単な配向力の相互作用だけでなく，酸-塩基の相互作用[30]も考えられる．ここでのキーポイントは界面張力は極性に依存するということである．すなわち，粘着剤と被着体の極性の差である．もし分散力のみの働きなら γ_{SL} は0になる．このように真の効果的な固体表面のエネルギーは，液体との間での可能性のある相互作用に依存する．この考え方は，γ_S すなわち γ_c が等しく，γ_S^p の極性成分の違う二つのケースで，片方に粘着剤がより強く結合するという特殊粘着の例を説明できる．他の方法での表現では，適当な熱力学的なぬれに対し2相の表面張力が類似し，2相の極性が合うことが非常に重要ということである．

　この表面エネルギーの基本によって，粘着剤が低 γ_c の固体によく結合しないだけでなく，極性のより強いアクリル粘着剤がガラスのような極性表面によく着き，ゴムベース粘着剤がポリオレフィンのような低極性の表面によく着くことの理由が理解される．

タック

専門外の人にとっては，はっきりしないタックの性質は，しばしば付着性と同意語であったり，指の表面に粘着剤が付着することによって評価されている．ASTMはタックを次のように定義している．"他の表面に接触すると同時に測定しうる結合強さを形成せしめる物質の性質"[31]．それゆえに結合形成時間はタックの中での一つの関数であり，接触後の破壊に対する力である．それは，定義の中で測定しうる強度といった意味である．言い換えれば，タックは結合と破壊の両方の力を含むということがある．

タックの定量的な数値は，試験の方法に依存するであろう．表面に粘着剤を接触するときの圧，接触時間，除去の速さ，すべてが測定値に大きく影響する．いわゆる感圧という言葉は，結合強さが接触圧によって影響されるということから生じたものであることに注意しなければならない．

直ぐに，すなわち短時間接触によって，良好な結合を発揮するためには，粘着剤は，先に議論したように，被着体の表面エネルギーと相対的な好ましい表面エネルギーをもつのみならず，低粘度で低弾性率すなわち高い変形性をもつことである．

低粘度は，粘着剤のすべてのポリマーに必要ではないが，鎖のある分岐は，適用温度で，短時間で被着体の表面にぬれるための十分な高い運動性にとって必要である．それゆえに，粘着剤が適切に機能するためには，粘着剤は低い T_g（-10から-40℃が代表的）をもたなければならない．それは，セグメント単位の跳躍頻度が高いこと，ぬれるために十分な低い粘性をもつこと，そして，短時間で被着体表面に広がるということを意味する．

Sheriff[32]は，ある濃度範囲でのゴムと粘着付与剤の混合物を用いて次のことを発見した．低周波数においては，(Weissenberg rheogoniometer を用いて) エラストマーのせん断モジュラス G^1 の相と，動的粘性 η^1 の相の両方とも粘着付与剤が加えられると低下すること，一方，高周波数側では，図38.5で示されるように，樹脂混合物の G^1，η^1 の両方とも，ゴムのみの値より高くなることである．低い周波数ほど，より長い時間に相当し，それは結合の時間であり，たとえ短いといえども，はく離すなわち破壊の時間に比べればそれは長くなる．したがって，低粘度であり，より高いコンプライアンスの粘着剤は，樹脂のないゴムでなされるよりタック試験で決められた時間内で被着体表面により多く接触（ぬれと広がりが強められる）することができる．粘着剤は，常温で，$10^6 \sim 10^8$ ポイズの粘度範囲をもっている[33]．

タックの他の成分，破壊に対する力は，次の項（はく離接着力）で十分論じられる．タックに対する考え方としては，結合過程に重きをおくことである．

タックは，Dahlquist[34]が粘着剤のタックと複素引張り弾性率 E^* の両方を温度の関数として実験で示したように，弾性率に関係させることができる．1サイクル/秒における E^* は温度によって低下することが認められるが，10^7dyne/cm^2 以下においてタック値が認められる温度となる．約35℃において，タックは最高値に達し，そのモジュラスは 10^6 dyne/cm^2 に近づく．Kraus[35]は，粘着付与剤とスチレンブロックポリマーの研究において満足できる結合を得るには，引張り貯蔵モジュラス E' が35Hzにおいて約 10^7dyne/cm^2 を越えてはならないと結論している．

Bates[36]はエネルギー項としてタックを表現する方法を開発している．

粘 着 力

粘着力の定量値は，支持体に塗工されている粘着剤を，一定のはく離速度で特定の表面から引きはがすときに要する力を測定することが含まれている．一方，タックの測定は，それぞれ秒単位内で結合と破壊が生じるということであり，粘着力試験は特定の，しかし試験表面上に粘着剤をかなり長時間おかれた後に測定されることである．さらに，その表面への接触を強めるそれ相応の圧を加えるので，良好な結合が得られることが意味されている（もし粘着剤が被着体よりも高い表面エネルギーをも

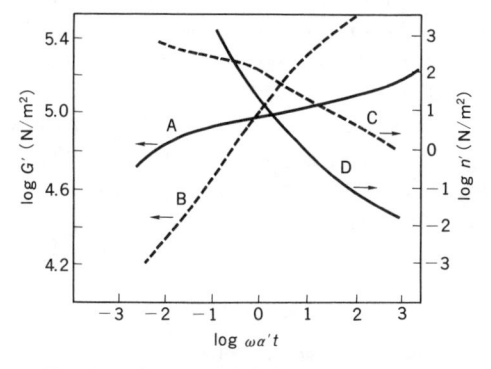

図38.5 天然ゴムと粘着付与剤混入天然ゴムの振動数に対するせん断モジュラス，動的粘度の比較マスターカーブ（AとD，天然ゴム，BとC，50%炭化水素樹脂で粘着化された天然ゴム）

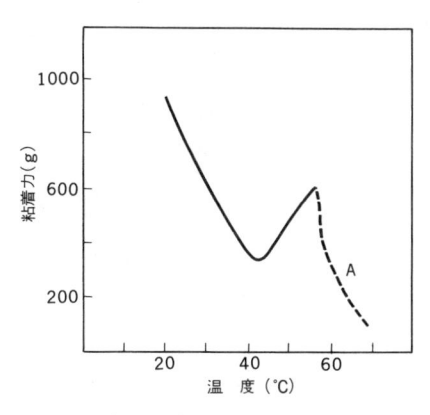

図38.6 粘着剤の粘着力に及ぼす温度効果（A：凝集破壊）

っていたり，粘着剤が低いコンプライアンスであり，高い粘度をもっていたりした場合には，このような現象は明らかにおこらないが），破壊に要する力は，粘着剤の粘弾性変形として測定されるだろう．実際に多くの研究者は，はく離条件下での粘着剤の粘弾性応答と粘着力を関係づけている[37～39]．

温度に対する粘着力のプロット[40]，図38.6は，図38.7に示されるはく離速度に対する粘着力の関係とちょうど逆になっている．両方の曲線は，両図ともにAは凝集破壊が主体であり，接着破壊に変化する近くの点に接着力の最高値が得られている．低速度すなわち高温の領域においては，粘着剤は流動変形をうけ，試験板上に粘着剤が残留したり割れたりする．一方，高速はく離すなわち低温領域では異なった破壊モードであり，粘着剤は高度の弾性的な応答をし，ゴム的な挙動であり，被着体表面からきれいに剥がれることは明白である．

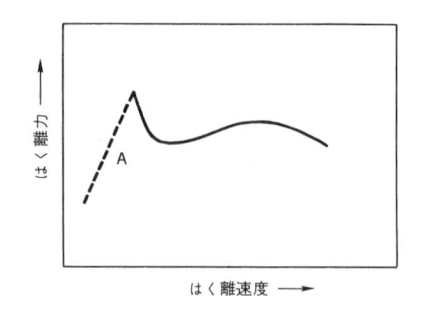

図38.7 はく離力に及ぼすはく離速度の効果（A：凝集破壊）

時間-温度換算則，そしてWLF方程式[40a]のシフトファクターを用いて，引張り速度とはく離力との関係のマスターカーブ[41～43]を，ある選ばれた温度，通常は296Kでつくることは可能である．代表的なマスターカーブを図38.8に示す．天然ゴムベースの粘着剤を用いての，AubereyとSheriff[44]のはく離速度とはく離力，変形周波数と貯蔵モジュラスの曲線の比較では，粘性流動からゴム域への変化は粘着剤の組成に無関係に，同じ $\log G^1$ においておこっていることが示されている．

下記に述べられるように，粘着剤の T_g の上昇は，周波数軸に沿って左にマスターカーブを移動させる結果となる[45]．この研究は，はく離力は粘着剤の粘弾性状態に依存していることを確かなものとしている．単純な粘弾性物質の性格は，変形速度の増加によって，その弾性率が増加するということである．

商業的な粘着剤の配合目的は，常温で，流動とゴム域の境界，ただしゴム側（きれいな界面はく離）で，標準試験で用いられるはく離速度に近い条件で，粘着力が得られるようにすることである．

流動からゴム挙動域はガラス転移温度近くで生じるので，はく離速度に対するはく離力曲線の凝集から界面はく離へ変化する点は粘着剤の T_g に依存するであろう．実用目的では，試験方法による引張り速度で，ゴム状すなわち，きれいにはがれる最高値を生じる T_g をもつ粘着剤の配合をつくることが望ましい．天然ゴムと粘着付与剤混合系においては，その目標の T_g は，樹脂の約40wt%によって得られている[45]．

凝 集 力

粘着剤の内部応力すなわち適用された荷重に対する流動やクリープに対するその抵抗は，凝集力に関連している．PSTCは凝集力を"粘着剤の分離抵抗の能力"として定義している[46]．低凝集力の粘着剤は変形で糸引きをおこし[47]，割れにより被着体表面に粘着剤が残留する．

凝集力は，せん断抵抗と等しくすることができる．そして，保持力によってしばしば評価される．すなわち，支持体に静荷重を適用し，テープが試験板から落下する時間，またはある時間内でのクリープする距離を測定する（次項の試験方法を参照）．無定型高分子のせん断抵抗は，せん断力に対する粘弾性応答の粘性成分の関数であり，定常流動粘性に関連することを示すことができる[48]．

粘着剤の粘性流動を制限する，すなわち凝集力を増加させるには，分子量を増加し，その結果，鎖のからみ合いと架橋が与えられなければならない（この一般化からはドメインポリマーでおこるケースは当然除外される）．粘着剤で認められる架橋の範囲と分子量の増加は，前に指摘したように，接合過程での高いコンプライアンスをもつポリマーに対する必要な限界がある．架橋がない場合，流動を最小にするためには，かなり高分子量(100万以上)にならなければならない．一方，ある部分は，短時間のコンプライアンスをもつ物質で構成されねばならない．架橋の場合は，高せん断粘着剤で物性の良好なバランスは，ゲル部分濃度が30～50%が適当であることが発見された[49]．

粘着剤のせん断抵抗は，もちろん温度に依存する．そして，高凝集力であることの明白さは，昇温による保持力測定の中にしばしば含まれている．

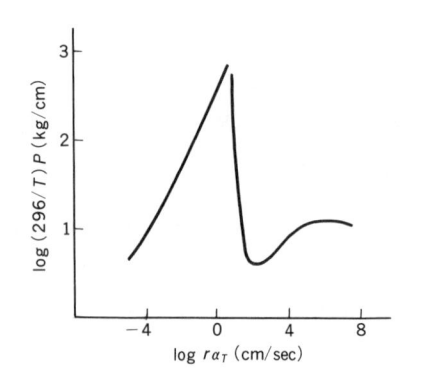

図38.8 WLF方程式にしたがう代表的な粘着剤のはく離速度と温度の関係のマスターカーブ

試 験 方 法

粘着製品を評価するための標準化された試験方法は，ASTM (American Society for Testing and Materials) および PSTC (Pressure-Sensitive Tape Council) が原典になっている．加えて，多くの試験方法がアメリカ政府[50]や外国の代表機関，さらに産業のいろいろな分野を代表する機関によって提供されている．テープメーカーは，主に ASTM や PSTC の試験方法にもとづいた試験結果によって，その製品の説明を行っている．

はく離強さやせん断強さの試験では，実際のテープ形状の試験片を使用するが，タック試験の場合には，テープ形状と同様に別の形状の試験片でも試験することができる．はく離やせん断の試験では，特別な表面粗さをもったステンレス鋼を試験片として用いている[51]．

タック測定

平面プローブ（プローブタック）を用いてのタックの測定は，科学文献の中ではほとんど一般的に使われているが，工業的な文献の中ではローリングボールタックがしばしば用いられている．

プローブタックの条件は，ASTM[52]の中で記述されている．図 38.9 に示された Polyken プローブタックテスターが一般的な装置として使用されている．Hammond[53]によって開発されたこの装置では，ロードセルに直結した直径 5mm の平面ロッドをプローブとしている．この装置では，粘着剤と接触するようにプローブを機械的に持ち上げ，あらかじめ設定した時間だけ接触しておく．接触時間は 0.1 から 100 秒まで 10 段階に切り替えられる．それから，プローブを一定速度で引きはがす．この速度は 0.02 から 2cm/s まで変速することができる．ある支持体に塗工されている粘着剤は，プローブが通過できる底に穴のある逆にされた金属カップの平面底に付着されている．このように接触圧はカップすなわち，いろいろな質量をもった環状の重りによって変化させることができる．このプローブの材質を変化させることができるが，ステンレススチールのプローブがほとんど使われている．一般的に報告されている試験条件は，接触圧 100 g/cm，接触時間 1s，引張り速度 1cm/s である (100, 1, 1)．

プローブタックの値は，特定の試験条件のもとに標準的な機械力によって，プローブの移動に要する力を測定したものである．この力については，理論の章で説明したように粘着の初期の段階でいかに結びつきがよいかということと，結びつきが破壊されるときの粘着剤の粘弾性的挙動によるものである．例えば非常に軟らかい粘着剤は，早くよく接着して，モジュラスや粘度の高い粘着剤に比較すると短い接触時間で高いタックの値が得られる．ただし，接触時間を長くするとこのような差は観察されない．Polyken プローブタックテスターは，試験条件をかえて，比較試験だけでなく研究目的にも使用することができる．

プローブタックの値は粘着剤の厚さによっていくぶん増加するが，厚さが 0.25mm 以上になると一定の値に達する[53]．また，このタックの値は支持体の性質によっても影響される．これは，粘着剤が破壊されるとき測定される力には支持体のひずみによって消費されるエネルギーを含んでいることと，粘着剤の表面粗さによってプローブと密接に接触するために時間が必要だからである．

プローブタックの実験値は，すべての条件を規定してグラムの単位で表現する．500g (100, 1, 1 の条件) はかなり良好な値である．非常にタックの高い粘着剤，特にゴムベースの粘着剤では 1500g というような高い値を示す．

ローリングボールタックテストは，傾斜した面をボールが転がり落ち，斜面の末端から水平に固定したテープに接触することにより実施される．ボールがテープ上を転がり停止するまでの距離をタックの測定値とする．この測定には長い歴史があり，いろいろな方法がためされてきた．多くの方法が今でも使用されている．一般に同じだと思われている標準化された ASTM[55] と PSTC[56] の方式でさえ，斜面の傾斜にいくぶん違いがある[54]．図 38.10 は PSTC の装置の概要図である．

テストで条件をかえる要素として，ボールの大きさと重量および傾斜面の端末におけるボールの速度と傾斜面の形状がある．現在の標準的な方法では直径 7/8 インチのスチールボールを使用する（このボールは使用する前に表面の粘着残留物を注意深く取り除いて汚れのないようにしておく）．傾斜面の角度は 22° であり，速度を決める斜面上のボールを離す点は，底から約 6 インチのところにある．

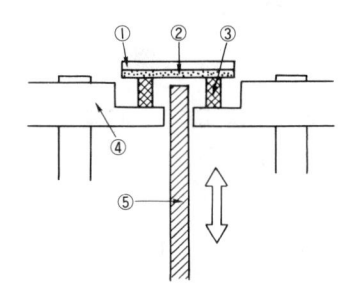

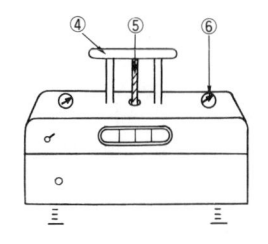

図 38.9 Polyken プローブタックテスターの図
1：支持体，2：粘着剤，3：重り，4：わく，5：プローブ，6：時間コントロール．

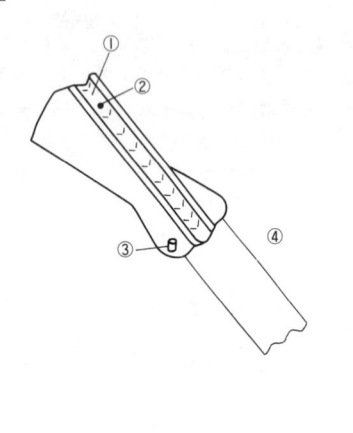

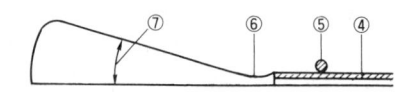

図 38.10 PSTC ローリングボールタックテスター図
1：V 型凹，2：離す機構，3：水平器，4：テープ試料，
5：⅞″径鋼球，6：底のカーブ，7：21°30′の角度

PSTC 試験法 No.6 を用いてのローリングボールタック値は，市販粘着剤では約 0.1 インチから 10 インチであり，1 インチ以下のものは明らかに粘着性の高い粘着剤と考えられる．

クイックスティックという言葉もタックと同義語として使用され，PSTC では次のように定義している．"テープの自重以外の何の圧力もかけないで，すばやく表面に接着する能力であり，テープの自重以外何の圧力もかけないで標準的な表面に接着し，その表面から 90° はく離強さとして測定されるもの"[57]．クイックスティックのための PSTC 試験方法は別名 Chang テスト[58] として知られている．これは"圧力なし"でテープを貼りつけ，テストパネルを 12 in/min の定速で 90°角はく離を行う特別なジグを使用するものである．しかし不幸にも，テープは平らな表面から引張られるので，粘着剤が表面から離れるほんの少し前に圧縮される部分ができることである．"無圧"の状態が乱れて，テープがパネルを圧するような結果としての力が加わってしまうのである[59]．さらに，硬い支持体を使用すると粘着剤が表面によく接触しないことがある．本質的には，このテストは一般的なはく離試験とよく似ており，定義されているようなクイックスティックやタックの測定でないようなことがしばしばある．

粘着力測定

表面からテープをはく離するために要する力は，はく離の角度，引張り速度（図 38.7 参照），テスト表面の平滑性，表面エネルギー，テープを表面に貼りつけたときの圧力，テスト開始までの接着時間，また前項で議論したはく離破壊の形態などに依存する（図 38.6 参照）．さらに支持体の性質も試験結果に影響する[57]．したがって，正確なテープの比較試験を行うためには，はく離試験の条件を特定することが必須である．もし粘着剤を評価するのであれば，テープの支持体についても同じように行う必要がある．それでも，標準化された試験条件にしたがえば，この試験は実際的にも理論的にも非常に有効な値が得られる．

PSTC の方法[60] では，はく離角度(180°)，速度(12 in/min)を規定し，1 インチ幅のテープ試験片をクリーンなスチールパネルの上に置き，標準化されたゴムカバーロールを長手方向に次々に 5 回通すことによって接触圧をコントロールしている．多くの研究室では接着時間を長くとった後に試験を行っているが，PSTC によるはく離試験では接着時間が 1 分以内で試験を行っている．今日，ほとんどすべての試験でインストロン(Canton 社)のような引張り試験機を使用して一定速度で試験を行っている．

測定値は，オンス/インチ(oz/in)として表現される（大部分の試験片は 1 インチ幅である）．最終用途によっては 25 oz/in ほどの低いはく離強さでも受け入れられるが，高いせん断力を要求される用途のテープは 100〜150 oz/in の高い値で設計される．

せん断力測定

せん断力の古典的な測定方法は，垂直な試験板にテープ片を貼りつけ，そのテープ片におもり（重り）をつけることと粘着剤が破壊したときの時間を記録することから構成されている．この保持力 (holding power) の試験では，試験板に接触した粘着面積に大きく依存されることから，PSTC の測定では[61] スチールの試験板に粘着した表面積を 1 平方インチと規定している．はく離の力を防止するため，図 38.11 に示すように，試験板を垂直から 2°傾けた棚で確保して，テープと試験板との角度が 178°になるように形づくられる．破壊強さは，テープの

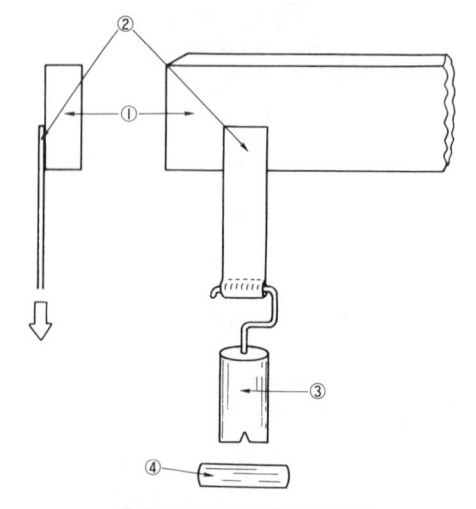

図 38.11 PSTC 保持力試験の図
1：板，2：板に接触しているインチ平方のテープ，3：重り，4：吸収パッド

ずれの距離またはテープが完全に試験板から分離することによって規定される．後者の場合は，おもりが落下する時間を自動的に記録する器具を使用することができる．

テープが分離するときの形状から有効な情報が得られる．すなわち，低凝集力かクリープに対する抵抗力の弱い粘着剤では，割れて，試験板に粘着剤が残ってしまう．反対に架橋しすぎた粘着剤とか，良好な粘着力を得ようと粘度を上げすぎた粘着剤を使用すると，突然はく離したり試験板に粘着剤を何も残さないで落下することがある．

テープのせん断強さがどんなものであれば満足できるかということは，もちろん製品の意図した用途によって決まる．測定には，いろいろなおもりを使用するし，温度もいろいろかえる．報告されている最も一般的な測定では，1000 g のおもりを使用し，接着面積は 25×25 mm である．常温 (70°F) で 1000 時間保持されていれば適当な凝集力があると見なされている．より高温で使用できるよう設計された多くのテープの場合は，保持力テストは 100°F とか 150°F に温度を上げて，それぞれの研究室で測定している．

温度変化を関数として (SAFT) せん断力を測定する相関試験は，粘着剤を比較するためにたびたび用いられる方法である．すなわち，毎時 40°F 温度上昇する炉におもりをつけたテープを入れておき，テープが分離したときの時間と温度を記録するものである．より高温で分離すれば明らかにせん断強さが大きいことになる．

いろいろな測定方法

ある特定の用途に使用するテープの性能を評価するためにテープのユーザーやメーカーが導入した測定方法は多すぎて，ここでは詳細に議論できない．もちろん，その中の多くのものは今まで述べてきた一般的測定方法の変形であるが，ある特定の用途に対してはテープの強度を多分より正確に測定するものである．例えば，包装用テープを評価するために，一定圧で互いに 90°に保持した段ボールの試験板で行う測定方法がある[62]．

連邦政府，自動車メーカーや各産業の協会などによって，その他多くの測定方法が開発されている．その他のテストとしては，テープとその背面との粘着力，テープロールの巻戻しの重さ[63]とか，いろいろな環境条件によるテープの挙動を測定するものである．PSTC だけでも 30 以上の測定方法があり，上記の業界からは 100 以上のものが提出されている．

応 用

粘着製品は多方面に大量に使用されているので，そのすべての用途を完全に一覧表にすることは事実上不可能である．産業のそれぞれの部門で粘着剤は，いろいろな形状をもって利用されている．ここで示すことができるすべては，大きな応用部門の一部である．

テ ー プ

前述したように，テープは粘着剤用途の中で代表的な形状をなしたものである．重要なテープの応用部分には，包装，マスキング，つなぎ，電気絶縁，熱と空調ダクトのシーリング，保持，包み，台紙，医療，救急絆の皮膚への付着などが含まれる．テープに対する消費者の利用は，一般の人に親しめると同時に工業的にも利用される．例えばマスキングテープは，家庭と工場の両方において塗装に利用されている．しばしば同じテープが一つ以上の用途に利用されている．メーカーは，たとえ種々な製品に対し，支持体や粘着剤を少し変更するのみという意味であったとしても，その工業や最終用途に合った製品を与えるのが好ましいといっている．

テープの大量の用途は，工業によって分類された下記によって述べられる．

包 装 テープの最高の使用量は包装部門である．多くのテープが製造過程で利用されている．段ボールのシールやカートンの引裂きストリップである．そのようなテープの重要な支持体は延伸ポリプロピレンフィルムであり，それは無可塑塩ビフィルムや紙テープのほとんどを置き換えてきたものである．強化プラスチックテープも重要である．それは主にポリエステルフィルムを支持体としたもので，強化繊維を粘着剤中に埋め込んだ形となっている．ただ単に値段が安いということで区別されている大量のテープ，例えば紙マスキングテープのようなものは，包装作業で品質要求度の少ない場合に利用されている．食品工業での冷凍テープは，低温での特性で低 T_g 粘着剤が要求される．

病院での利用 テープは病院で大量に用いられている．それらは傷口のカバーや保護，包帯や静脈内への針の保持，サージカルドレープ，患者の関節の動きの固定である．集積された汗の水分による浸軟を避けるために，皮膚への適用には水分を透過させることがおそらく必要であり，そのために多くのテープは孔開きの支持体，例えば布，織布と不織布の両方，そして孔開きフィルムが利用されている．他の支持体には透明フィルムと発泡体が含まれる．強化された支持体を用いる興味ある利用法は，皮膚の小さな切開の縫合に置き換えて傷口を閉じる細長片である．

救急と健康保持 病院で使われている多くのテープが薬局や一般の商店でも販売されている．救急絆は最も多量に使われている．それは可塑化塩ビ，または布が支持体となっており，それらのほとんどはきれいな着色品であるが，装飾したり，透明にすることもできる．

テープの非常に大きな消費市場は紙おむつ部門である．一般に使い捨て紙おむつはリリースライナーと重ねられてテープが保持されており，それはポリエチレン基材に付着するようになっている．

女性用生理ナプキンは粘着テープによって位置が保持

される．この市場の大きさは，衣類に固定する必要のないタンポンの普及によって限定される．

スポーツ製品の産業では，健康分野で考えられるものとして，傷ついた関節や筋肉を支え，傷害を保護する結束テープの利用がある．これらの運動競技用テープは，巻や引裂きが容易な変形性のある布を支持体としたものであり，粘着剤も除去が容易なものでなければならない．スポーツ産業では，ホッケーの打球棒の刃を巻いたり，野球バットの柄を巻いたりするところにテープが使われている．

グラフィックアートと事務用品 グラフィックアートの補助として用いられるテープは常に美術品や事務用品を供給する店で売られている．これらの多くの製品は，基材にデザインや象徴の模様を印刷したものであり，それらの用途はデザインや象徴を描く必要をなくしたものである．幅狭の各種カラーのテープは，棒グラフ，作図などに用いられている．

オフィス部門で最も多量に使用されている製品は，よく知られている透明テープである．かつてはセロファンテープとして知られていたものであるが，最近では，アセテートフィルム上にアクリル粘着剤を塗ったものが通常使用されている．

写真またはエレクトロニクス分野において，ストリッピングテープと呼ばれている光遮断テープは，下図は見えるが，現像液に感応する光の波長は遮断する透明な赤のフィルムが利用されている．

電気工業 伸びのあるフィルム支持体に，通常，黒の粘着剤をもった一般的な電気テープに加えて，変圧器やモーターの絶縁を目的とする装置産業に用いられる多くのテープがある．これらの製品は，粘着剤が低導電性であることが要求される．テープは温度抵抗の点で格付けされる．最高温度にさらされるものに対しては，シリコーン粘着剤が特別な支持体，すなわちガラスクロス，ポリビニルフルオロライド，テフロン，またはポリイミドフィルムなどと用いられねばならない．テープは，はんだ付けの絶縁にも，ワイヤ末端の固着，織布支持体で，ワイヤ組立の保護，クッションにも用いられる．ハーネステープは電線の束をたばねるのに用いられる．

エレクトロニクス工業の特別な製品として，静電気防止シールドのためのアルミホイル支持体テープ，配線板やマイクロウェーブ部品の静電気シールドに対する銅箔テープなどが含まれる．

自動車工業 テープは，自動車車体の装飾に，サイドモールドの固着に，電気用品に用いられるが，最大の用途は塗装のときの表面のマスクがある．したがって，このようなマスキングテープは耐溶剤性であり，焼付けサイクルの温度に耐えねばならない．しかも，その後きれいにはく離することが必要である．ゴム系の架橋粘着剤が広く用いられている．

防食保護 地下輸送鋼管ラインは，しばしばコールタールや溶融結合エポキシコーティングで保護されているが，ビニル支持体のテープと大量のポリエチレンテープが防食保護に用いられている．石油パイプラインのような大口径のパイプは，常に，地下に設置される前に，地上で機械巻きされる．テープは，通常のものとは違い，支持体が $300\mu m$ から $375\mu m$ の厚みをもち，ブチルベースの粘着剤もほぼ同じ厚みをもっている．パイプライン工業では，そのロールは $45cm$ 幅（$18in$）で $244m$（800フィート）である．最近，国内のパイプライン工事は減少しているが，パイプラップのかなりの量が輸出されている．

建設 熱を隔離したり空気を調節する配管用のダクトテープは，建設工業の中で大量に使用されている品目である．多くのダクトテープは，ポリエチレンで強化された布が支持体として用いられているが，別形として広く使用されているものに高せん断のアルミニウムホイルテープがある．いろいろな組立物で，永久接着剤が硬化するまで，一時的な保持に使われる別のテープもある．また，テープは建設中に，塗装職人や電気職人によっても用いられている．発泡体の支持体に粘着剤を塗ったものも，戸や窓のすき間をふさいだり，シーリング材の代わりにギャップを埋めるのに用いられている．

その他 鉛箔テープは，電気板，X線板のマスキング，ゴルフクラブの組立に，そして音の減衰に用いられている．両面テープは，材料のウェブが，ある操作で連続的に供給する工業で，ロールの最終部分とロールの最初の部分をつなぐのに用いられている．製紙工業では，水分散可能な粘着剤をもった紙テープがスクラップ紙の再生紙を供給するのに用いられる．マスキングテープは，鉄道車両の小さな応用から，あらゆるものの塗装に用いられている．装飾やマーキングの目的で，型付きのテープも用いられている．道具として，多くの製品は出荷中の表面や端を保護するのにテープを用いている．強化テープは，財布やハンドバッグや靴を製造するときに使用されている．

ラベルとデカール

印刷やダイカット以前の，はく離紙，粘着剤，表面材の前段階の組合せであるラベル原反の製造はテープの製造に類似しているが，大いに考慮すべき点は表面材が印刷可能な望ましい性能をもっていることである．以前ラベルは，永久，再はく離，冷凍型として分類されていたが，用途によって，通常，工業用，データ記録，事務小売り用に分類される．

ロール原反として生産される工業用ラベルは，価格と同様に，製品の広告，描写，見分けなどに用いられ，ラベル事業の最も大きな部分を構成している．大量のラベルが，医薬，化粧品，消費材，自動車そして耐久商品の工業で消費されている．主要なラベル貼りに加えて，特種な広告や，値段札に適用するなどの二次的なラベルの応用がある．例えば食品工業では，機械が利用され，品物を計り，ラベル上に重量，値段，単価を印刷する．二

次ラベルはほとんど完全に粘着剤ベースだが，瓶などの主要なラベル貼りでは，価格の安い水活性の糊のものと競合する．しかしながら，粘着ラベルの用途は成長することが期待されている．それは，粘着ラベルの適用は投資資金が小さく，作業スピードが早いということに基礎がおかれているからである．

コンピューターによって印刷される電気的なデータ処理ラベルは，ほとんど紙の表面材である．アドレスを含む多くの種類の情報が，これらのラベル上に印刷される．

事務用の分類の中では，相対的に市場は小さいが，空白またはあらかじめ印刷されたラベルが，商品目録の管理調査，とじ込み，そして，その他の多くの目的に用いられている．小売店においては，容器や包装の上に価格をスタンプしていたものが，紙ラベルによってほとんど置き換えられている．

紙の表面材がラベル事業の主役であるが，ラベルとデカールのかなり大きな部分に，より高価な支持体であるポリエステルおよびカレンダーによるPVC支持体が利用されている．抵抗性をもつフィルム製品の代表的な応用には，カートンの船積みのラベルや，装置や事務備品へのネームプレート，エムブレムの取付けがある．機能の条件によってラベルと区分しにくいが，デカールは，しばしば透明フィルムまたは光沢のある色と反射の金属箔を表面材原反としてもったものである．ある透明ラベル原反は，他のラベルまたは印刷物をカバーし保護するのに用いられている．

その他の製品

テープやラベル以外の粘着剤をベースとした製品がこの分類の中に当てはまる．このような製品には，他の表面に付着させるために粘着剤を利用するという，それぞれの品目以外のシート製品が含まれる．テープとラベルのような大きな事業ではないけれども，これらの製品の市場は数億ドルである．多くの製品に対して，はく離ライナーは本質的な成分である．

輸送中のプラスチックや磨かれた金属表面を保護することに用いられる粘着剤をコートしたシートの大きな市場が存在する．きれいにはく離されることが粘着剤の本質であり，普通支持体には紙またはポリエチレンが使われる．

屋外で交通管理に使われる反射標識，屋内での方向指示をする標識は，粘着剤によって据えつけ，取り付けられる．

商業的に重要な製品に，自動車の内装やステーションワゴンの車体の両方に使われる木目のビニルシートがある．印刷されたビニールは，多くの他の表面に装飾取付け品として使用されている．

テープ形状でない粘着製品の医療での利用は，かなり広範囲にわたっている．あらゆる種類と大きさの傷用包帯が粘着剤で固定される．比較的新しい製品は，主に粘着剤が塗工された，高い蒸気透過率をもつ透明で弾性的なポリウレタンフィルムよりなっている．別の利用法として，材料が皮膚に適用され，無菌状態で，それを通し切開手術できるものもある．粘着剤が保持された考案品には，人工肛門形成のシールに使われるものや，経皮吸収薬に使われるものがある．後者の場合に，薬品は粘着剤の中に含まれ，そこから放出されるだろう．使い捨ての心電図電極は粘着剤で固定される．病院と家庭の両方で使われれるものとして，片面塗工された粘着剤で固定する弾性包帯がある．薬局で売られているもので，そこまめを保護緩衝するそこまめパッドは，粘着剤で皮膚に固定する発泡体またはモールスキン片で形状カットされたものより構成されている．

3M社の"Post-it"記録メモは，それぞれのシート背面のトップに，はく離できる粘着剤をもった小さな重ねられた紙シートである．インクや鉛筆で記録のできるこの小さな紙シートは，手紙，報告書，本の頁などに繰り返し付着させることができ，取り除くときに紙を破るようなことがない．その粘着剤は，粘着性の架橋型の微小球アクリル系のもので，紙に対して点接触する．アメリカ特許3,857,731(1974)を参照．この比較的新しい製品は，止め金やクリップによって紙に記録メモを取り付ける古い方法に対し，非常に高価にもかかわらず成功的に競合している．グラフィックアートの事務所または店において，大きなサイズ以外で，前に記述したテープの構成に似た少量のフィルムが消費されている．そのフィルムシートは希望するサイズや形状片にカットすることができる．

装飾棚と引出しのカバーリングに対するかなり大きな市場が存在する．いろいろな家庭で広範囲に使用されている．ロールから所要の大きさにカットすることができるこれらのビニールシートは，表面を保護し，一方，家具，棚，その他の上に置かれるとき，審美的な目的の役割をなしている．粘着剤が塗工された床タイルも，家庭で用いられている．ほとんどの床タイル製造メーカーは，厚い粘着剤を裏にもったビニルタイルをつくっている．通常，この粘着剤は，低価格の何か，例えばアタクチックポリプロピレンまたはEVAのようなものをベースにした構成よりなっている．それは経験的に，設置後にタイルにかかるせん断力が小さいという理由による．床備品の利用として，カーペットや角型木製床に，粘着剤を裏に塗工したものもある．

光沢のある金属蒸着されたポリエステルフィルムが，窓を透過する日照を減少させるためガラスの上に貼られる．これらの日照調整フィルムのほとんどは，付着のために粘着剤が塗られている．

至る所にある"Velcro"(マジックテープ)は，粘着剤によって，いろいろな表面に取り付けられている．例えば自動車内面の先端の内張りは，せん断抵抗をもった粘着剤で自動車の屋根に取り付けられたVelcro片に固定されている．

粘着剤の厚さ

いろいろな支持体に適用される粘着剤の重量と厚みは，その製品の使用目的と使用方法の両方に依存する．乾燥炉で加工されるコーティングでは一般的に薄く，25～75μm くらいである．一方，カレンダーによるコーティングでは，一般的に 100μm 以上の厚みである．さらに，布，あるいは別の有孔物，または粗面の支持体は，しばしば支持体の中に浸透していく粘着剤の量を埋め合わせるべくコーティング量を多くすることが要求される．**表 38.10** はいろいろな製品に対する代表的な粘着剤の厚さを示している．

表 38.10 各種粘着製品の粘着剤厚み

製 品	近似塗工厚み (mils)
紙ラベル	1.0
紙転写テープ	1.0
プラスチックラベルとデカール	1.0～1.5
PVC 指包帯	1.5～2.0
シリコーン電気テープ	1.5～2.0
紙おむつ用テープ	1.5～2.0
ポリエステル包装用テープ	2.0～3.5
ポリプロピレン結束ベース	2.5～4.0
アセテート事務用テープ	2.5～3.0
アルミ箔ダクトテープ	2.5～3.5
印刷可能コンピューターテープ	3.0
多孔孔開き医療用テープ	3.0～4.0
訓練者用テープ	4.0～5.0
Velcro 片	5.0～7.0
ガラス強化ポリエステルテープ	5.0～7.5
フィルムラベルとデカール	6.0
紙マスキングテープ	6.0～7.0
コーティングされた布包装用テープ	12.0
防食保護テープ	12.0～15.0

[Samuel C. Temin／福沢敬司 訳]

参 考 文 献

1. "Glossary of Terms Used in Pressure Sensitive Tape Industry," Pressure Sensitive Tape Council (PSTC), Glenview, IL 1959.
2. Drew, R. G. (to 3M Co.), U.S. Patent 2,156,380 (May 2, 1939).
3. "Pressure Sensitive Adhesives Market," New York, Frost and Sullivan, 1984.
4. Anon., *Adhesives Age*, **21**(3), 40 (1978).
5. Kodama, Y., Proceedings, PSTC Technical Seminar, 1983, p. 14.
6. Harlan, J. T., and Petershagen, L. A., "Thermoplastic Rubber (A-B-A Block Copolymers) in Adhesives," in "Handbook of Adhesives," 2nd Ed., I. Skeist, ed., Chap. 19, p. 304, New York, Van Nostrand Reinhold Co., 1977.
7. Ulrich, E. W. (to 3M Co.), U.S. Patent Reissue 24,906 (Dec. 13, 1960).
8. Fries, J. A., *Int. J. Adhesion*, **2**, 187 (1982).
9. Krug, K., and Marecki, N. M., *Adhesives Age*, **26**(12), 19 (1983).
10. Sanderson, F. T., and Gehman, D. R., Proceedings, PSTC Technical Seminar, 1980, p. 87.
11. Groff, G. L. (to 3M Co.), U.S. Patent 4,396,675 (Aug. 2, 1983).
12. Milker, R., and Czech, Z., *Adhaesion*, **29**(3), 29 (1985).
13. Blance, R. B. (to Monsanto Co.), U.S. Patent 3,532,708 (Oct. 6, 1970).
14. Knapp, E. C. (to Monstanto Co.), U.S. Patent 3,284,423 (Nov. 8, 1966).
15. Ley, D. A., and Burkhard, H. (to Amer. Cyanamid Co.), U.S. Patent 4,522,973 (June 11, 1985).
16. Sunakawa, M., Takayamo, K., Matsuoka, N., and Moroshi, Y. (to Nitto Electric Ind. Co., Ltd.), U.S. Patent 4,500,683 (Feb. 19, 1985).
17. Milkovich, R., and Chiang, M. T. (to CPC International, Inc.), U.S. Patent 3,786,116 (Jan. 15, 1974).
18. Simoneau, E. T., G. E. Corp., private communication, 1986.
19. Gleichenhagen, P., and Wesselkamp, I. (to Beiersdorf AG), U.S. Patent 4,413,082 (Nov. 1, 1983).
20. Ohhaski, I., Mori, T., and Shimojo, S. (to Nippon Synthetic Chem. Ind. Co., Ltd.), Japanese Patent 76 06,236 (Jan. 19, 1976); C. A. **84**, 165830t (1976).
21. Anderson, R. L. (to Anchor Continental, Inc.), U.S. Patent 4,049,601 (Sept. 20, 1977).
22. Lee, Y. S. (to B. F. Goodrich Co.), U.S. Patent 4,214,061 (July 22, 1980).
23. Agarwal, P. K., and Makowski, H. S. (to Exxon Research and Eng. Co.), U.S. Patent 4,359,547 (Nov. 16, 1982).
24. Japan Atomic Energy Research Institute, Japanese Patent 81,167,716 (Dec. 23, 1981); C. A. **96**, 144139g (1982).
25. Lenney, W. E. (to Air Products), U.S. Patent 4,507,429 (Mar. 26, 1985).
26. Zisman, W. A., *Adv. Chem. Ser.*, **43**, 1 (1964).
27. Mittal, K. L., *Polym. Eng. Sci.*, **17**(7), 467 (1977).
28. Toyama, M., and Ito, T., *Polymer-Plast. Technol. Eng.*, **2**(2), 161 (1973).
29. Dahlquist, C. A., "The Significance of Surface Energy in Adhesion," in "Aspects of Adhesion 5," D. J. Alner, ed., pp. 183–200, London, University of London Press, Ltd., 1969.
30. Fowkes, F. M., et al., *J. Polym. Sci., Polym. Chem. Ed.*, **22**(3), 547 (1984).
31. ASTM D1878-61T, ASTM Bull. No. 221,64 (1957).
32. Sherriff, M., Knibbs, R. W., and Langeley, P. G., *J. Appl. Polym. Sci.*, **17**, 3423 (1973).
33. Ref. 28, p. 179.
34. Dahlquist, C. A., "Tack," in "Adhesion, Fundamentals and Practice, The Ministry of Technology," Chap. 5, p. 143, New York, Gordon and Breach, 1969.
35. Kraus, G., Rollman, K. W., and Gray, R. A., *J. Adhesion*, **10**(3), 221 (1979).
36. Bates, R., *J. Appl. Polym. Sci.*, **20**, 2941 (1976).
37. Aubrey, D. W., "Viscoelastic Basis of Peel Adhesion," "Adhesion 3," K. W. Allen, ed., Chap. 12, pp. 191–205, London, Applied Science, 1978.

38. Yamamato, S., Hayashi, M., and Inoue, T., *J. Appl. Polym. Sci.,* **19,** 2107 (1975).
39. Gent, A. N., and Hamed, G. R., *Polym. Eng. Sci.,* **17,** 462 (1977).
40. Bright, W. M., "The Adhesion of Elastomeric Pressure-Sensitive Adhesives: Rate Processes," in "Adhesion and Adhesives, Fundamentals and Practice," J. Clark, J. E. Rutzler, Jr., and R. L. Savage, eds., pp. 130–138, New York, John Wiley and Sons, Inc., 1954.
40a. Williams, M. L., Landel, R. F., and Ferry, J. D., *J. Am. Chem. Soc.,* **77,** 3701 (1955).
41. Aubrey, D. W., Welding, G. N., and Wong, T., *J. Appl. Polym. Sci.,* **13,** 2193 (1969).
42. Tsuji, T., Maskuoka, M., and Nakao, K., "Superposition of Peel Rate, Temperature and Molecular Weight for T-Peel Strength of Polyisobutylene," in "Adhesion and Absorption of Polymers," Vol. 12A L. H. Lee, ed., pp. 439–453, New York, Plenum, 1980.
43. Gent, A. N., *J. Polym. Sci., Pt. A-2,* **9,** 283 (1971).
44. Aubrey, D. W., and Sherriff, M., *J. Polym. Sci., Polym. Chem. Ed.,* **18,** 2597 (1980).
45. Aubrey, D. W., "Pressure Sensitive Adhesives—Principles of Formulation," in "Developments in Adhesives," Vol. I, W. C. Wake, ed., Chap. 5, p. 140, London, Applied Science, 1977.
46. Pressure Sensitive Tape Council, "Glossary of Terms Used in Pressure Sensitive Tape Industry," 7th Edition, 1976, PSTC, 1201 Waukegan Road, Glenview, Illinois 60025.
47. Kaelbe, D. H., *Trans. Soc. Rheology,* **9**(2), 135 (1965), Fig. 9.
48. Woo, L., "Study on Adhesive Performance by Dynamic Mechanical Techniques," paper presented at the National meeting of American Chemical Society, Seattle, Washington, March 1983.
49. Ref. 45, p. 132.
50. Particular specifications can be obtained for the issuing Federal Agency or Department or the Commissioner, Federal Supply Service, General Services Administration, Washington, D.C.
51. Pressure Sensitive Tape Council, "Test Methods for Pressure Sensitive Tapes," 7th Edition, 1976, Appendix B, p. 11. See Ref. 46 for address.
52. ASTM D 2979-71 (Reapproved 1982), "Annual Book of Standards," Vol. 15.06 (1983), p. 254.
53. Hammond, Jr., F. H., "Polymer Probe Tack Tester," ASTM Special Technical Publication No. 360, 1964, pp. 123–124.
54. Johnson, J., *Adhesives Age,* **26**(12), 34 (1983).
55. Ref. 52, ASTM D 3121-73 (Reapproved 1979).
56. Ref. 51, Test Method No. 6.
57. Ref. 51, Test Method No. 5.
58. Chang, F. S., *Rubber Chem. Technol.,* **20,** 847 (1957).
59. Johnson, J., *Adhesives Age,* **11**(4), 20 (1968).
60. Ref. 51, Test Method No. 1.
61. Ref. 51, Test Method No. 7.
62. Ref. 51, Test Method No. 14.
63. Ref. 51, Test Method No. 8.

39. 研磨砥石

　現代文明は，研磨砥石なしには存在しえなかっただろう．1825年には，シェラックを結合剤として砂粒，エメリー，ダイヤモンドなどを棒状や車輪状の研磨砥石に成形し，研磨に用いていた．1857年にはゴム結合剤を用いた砥石が登場し，南北戦争直後にはケイ酸ナトリウムやビトリファイドで結合された砥石が登場した[1]．そして1923年には，フェノール樹脂で結合された砥石が登場した．1940年には，ダイヤモンド砥石用にメタルボンドが用いられた．

　研磨砥石は，研磨粒子，結合剤そして，気孔からなる立体的な製品である．求める研磨剤の特性を引き出すためには，その3要素それぞれの量を的確にコントロールする必要がある．研磨砥石の形は，棒状，車輪状，扇型，さまざまな径の円柱状，円錐状，球状など，多種多様である．そして，動力側のチャックにはまるように，金属のロッドをつける．研磨砥石は立体的につくられた製品である．研磨作業の際にはすべての有効成分をすり減らしてしまうまで，その鋭さを保ちながら砥石自身も削られていく．一方，塗付研磨材は，その1層の研磨層がなくなってしまえば使い物にならなくなってしまう．

結合剤の役割

　どんな仕様の砥石でも，研削能力を決めるのは研磨粒子と結合剤の種類と量である．この章は接着剤について述べるものであるので，研磨材については他書にゆずる[2]．研磨砥石における結合剤の主な役割は，構造接着剤の役割と同じである．その機能は，研磨粒子を求める形に保持し，機械的強さと固さを付与することである．さらに，結合剤によって多様な機能を組み込むことも可能である．研磨砥石のテクノロジーの奥深さは，こういった結合剤の多様な機能によってもたらされる．結合剤は，大変困難な研削作業中でも，研磨材の形状を保持する必要があるので，強靭さと耐熱性に優れた物であることが要求される．また同時に，目詰まりを防いで素速く研削したり，美しい表面仕上げをしたり，あるいは加工変質を少なくするためには，結合剤はもろく，熱に敏感で，弱いことも必要となる．水やアルカリ性の冷却剤に対しても耐久性が必要となる．

　多くの金属では，研磨中に清浄な金属表面と空気によって酸化被膜を生じ，この酸化被膜が金属と，研磨粒子・結合剤，あるいは金属それ自身との接触を妨げる．これによって研磨作業が容易になる．空気より速く清浄金属表面と反応したり，溶けて保護膜として表面を覆ってしまう物質のことを活性研削助剤（active grinding aid）と呼ぶ．このような物質の最も一般的な使用方法は，油や水性の冷却剤の中に入れて湿式研磨に用いるか，研磨材の結合剤に含浸したり充填剤として加えたりして乾式研磨に用いる．充填剤や充填剤の組合せを慎重に選択すると，砥石の研削能力は飛躍的に向上する．効果的な充填剤としては，氷晶石，蛍石，フルオロホウ酸塩，硫黄，二硫化鉄，ポリ塩化ビニリデン，ポリ塩化ビニル，スズ，鉛とアンチモン化合物が知られている．活性の充填剤は，結合剤の性質上，製造プロセスが高温であることから，金属やガラスの結合剤に直接混合することはできない．しかし，砥石を製造後，空孔があるものは，砥石の補強のために，いろいろな物質を含浸して潤滑性をあげたり，活性研削助剤を組み込むことができる．エポキシ樹脂，油脂，ワックス，グラファイトや硫黄はビトリファイド砥石に頻繁に添加され，時には有機結合剤にも添加される．例えばフェノール樹脂のような有機結合剤には，黄鉄鉱，ポリ塩化ビニリデン，氷晶石，そして硫化カリウムやフッ化カリウムなどのカリウム化合物が適している．

実 用 例

　工業的に広く用いられている研磨砥石および塗付研磨材の発展は，機械の発達に依存してきた．とはいえ，そのような機械も手作業をもとにして発達している．研磨砥石（あるいは研磨材のベルト）の機能を発揮するためには，機械に（その機械が簡単なものでも複雑なものでも）取り付けなければならない．

　現在ある研磨機械の馬力は，低いものから高いものまで多岐にわたる．低いものでは，数分の1かそれ以下の馬力で動く歯科用ドリルのような軽い機械から，1½～3

馬力のアップトゥロール型，センターレス型ポータブルグラインダーや，200～300 あるいは 500～600 馬力すら出るモーターを搭載した厚板グラインダーまである．紙パルプ用のグラインダーは 10000 馬力ものモーターを搭載している．

　研削操作は四つの大きなカテゴリーに分類される．定量送り研削，定荷重研削，定馬力研削，切断の 4 操作である．結合剤の種類や操作にあった砥石の選択は，作業の詳細と研削機械の馬力，速度，湿式か乾式かの外部環境，そして研削物によって決まる．また，仕上げる部分の寸法の精度や，仕上げ・表面の状態によっても決まる．この章は研削砥石選定についての情報を提供することを目的とする．その情報とは，研削砥石の種類，大きさ，研磨材の形，研磨材・結合剤・気孔の体積的割合，製作プロセス，機械の処理も含めた使用後の処理についてである．

　ゴム，シェラック，およびアルキド樹脂の結合剤は効果的な結合剤ではない．しかしながら，定量送り，定荷重，切断作業で美しい仕上を必要とするときや，加工変質をおさえたいとき，あるいはある一定の力までしかかけられないときや，速い切断が要求されるときに適した結合剤である．

　有機結合剤でつくられた砥石の中では，フェノール－ホルムアルデヒド（レジノイド）の結合剤が圧倒的に用いられている．鋳物工場や製鉄所で用いられるような定荷重，定馬力での作業では，乾式研磨，粗削仕上げ用の砥石に，レジノイド結合剤を使うのがほとんどである．速さは，周速毎分 4900 m (16000 ft) が一般的である．レジノイドを用いた砥石は，弾力性（破壊抵抗）が要求される切断処理に広く用いられている．他のどの研削作業よりも速いスピードが要求される切断や，実質的に速い回転速度と研削速度を要求するドリル研削，およびカムシャフト研削においても広く用いられている．

　ビトリファイド研磨砥石は全体の約半分を占めるが，高速化の要求が高まるにつれ，その座をレジノイド結合剤にゆずりつつある．ビトリファイド結合剤は定量送り研削に広く用いられている．というのも，寸法的にばらつきがなく，安定した処理ができること，湿式での優れた実用性や，目詰まりしにくく，砕けやすいという利点をもっているからである．この性質ゆえに砥石表面の形状や鋭さを保持するための成形やドレッシングが容易に行える．しかし，脆性と熱衝撃に敏感なことから，切断などの作業には用いられない．

　メタル結合剤は，最大の強さ，耐久性，耐熱性を要求されるような，最も困難な研削作業に用いられる．そしてこの結合剤によって，ダイヤモンドのような特殊な研磨材が，研磨材としての実力を発揮する．この研磨材の主な操作方法は定量送り研削である．メタルボンドでダイヤモンドを結合させた部品を鉄鋼板の表面にろう付けした砥石に代表される，メタル結合剤の切断用砥石は，非常に困難な切断作業に用いられる．セラミック，カーバイド，サーメット，岩石，新しい複合材料といった非金属の切断に用いられる．

有機結合剤製品

　有機結合剤は，ポリマーの種類や硬化のメカニズムによって多くのグループに分類できる．研磨砥石産業では，熱可塑性樹脂を結合剤に用いることはほとんどない．その理由として，熱可塑性樹脂にはこすれて汚れやすいという望ましくない傾向があるのに対して，熱硬化性樹脂にはクリープや外部応力によるクラックに対して優れた耐久性を示す利点があるからである．

　市販されている有機結合剤には，フェノール樹脂，変性フェノール樹脂，アルキド，ポリエステル，シェラック，ポリウレタン，エポキシ，そして天然ゴム，合成天然ゴム，CRS，ネオプレン，アクリルゴムなどのゴムがある．そしてポリイミド結合剤は，ダイヤモンドや窒化ホウ素の結合剤としての用途が開発されている．

　このような結合剤は，配合により熱的機械的特性を広い範囲で変えることができる．硬化温度が最高 400℃ まで達するポリイミドのような耐熱性のポリマーを含むものを除いて，硬化温度は 225℃ までと比較的低い温度範囲にある．このように硬化温度が低いと，メタル結合剤 (650℃) やビトリファイド結合剤 (～1250℃) の製造プロセスでは混合できなかった熱に敏感な物質も直接加えることができる．さらに，有機結合剤硬化物の低温での強度を変えずに高温での強度をあげるには，結合剤の配合や硬化条件を変えればよい．これは，砥石そのものの機械的強さを変えずに研削特性を変えることができるのと同様である．加えて，有機結合剤で出しうる限りの強度を出せば，ビトリファイド結合剤やメタル結合剤では経済的にも技術的にも適さない高速回転での使用が可能になる．

有機結合剤による砥石の調製方法

　有機結合剤にはさまざまな量の充填剤（通常は鉱物）を微粉末にして熱硬化性樹脂の中に混合してある．その母材は液状樹脂あるいはモノマー，ゴム状あるいはプラスチックの中間体，粒状の固体樹脂などを含む混合物からできている．触媒，促進剤，可塑剤，共反応成分，成形剤などの添加剤も混合されることが多い．そして，結合剤の母材や混合物の調製に，さまざまな混合のテクニックが用いられる．一般的には，主な結合剤の成分をはじめに混合し，研磨粒子と結合剤を合わせて成形機に注入する方法がとられる．

　研磨粒子と結合剤の混合物をつくる典型的な製法は，まず共反応成分や可塑剤，あるいは樹脂を溶かす溶媒といった液体と研磨粒子をミキサーの中で混ぜて研磨粒子をぬらす．それから粉体の樹脂を加え，ぬれた研磨粒子の上に粉体をコーティングして乾いた混合物をつくる．ぬれた研磨粒子の上の粉体の積層量は，用いた粉体と液

体の割合によって決まる．このような混合物は，比較的流動しやすく，冷間圧縮成形機の中に容易にかつ均一に広げることができる．

合成樹脂やゴム状の成分を混合するときは，単純な攪拌では混合できない．そのような材料を混練したり，研磨剤との混合物を調製するには，ニーダー，バンバリーミキサー，ロールミルを使う．混合物を成形機の中に容易に広げたり詰めたりすることができない場合は，ゴム製品のシートのように，シート状に伸ばし，製品の形に切り出す方法がとられる．液状の結合剤の場合は，脱泡処理をして，あるいはしないで，成形機の中に流し込む方法がとられる．

ほとんどの製品の成形は，厚さ方向に定圧で圧縮するか，密閉式金型が用いられる．冷間成形する混合物は，砥石としての形状が硬化により定まるまでの間，すなわち成形から加熱による粘度の低下を経て硬化するプロセスにおいて，それ自体の形状を保持できる配合になっていなければならない．そして，多孔性の未焼成砥石が硬化する場合，揮発成分の蒸発によって膨張したり，加熱による粘度低下によって曲がったりしない配合でなければならない．

熱間圧縮成形，一般的には流出式の成形機によれば，さらに高強度高密度の製品を得られる．フェノール樹脂では，熱盤を約165℃で用いる．このような熱間成形のサイクルは，オーブンで硬化する前の予備硬化か，製品を一度に硬化してしまうサイクルとして使われる．

近年，リキッドキャスティングシステムを応用して，研磨材製品の生産を簡素化し，製品のコストを下げようという動きが業界内にある．ポリウレタン結合剤や最近ではエポキシ結合剤を用いて汎用のプロセスや製品が開発されている．このような液体の研磨材用結合剤の可能性はまだまだ残されている．

結合剤の特徴

シェラック　シェラック結合剤は，多くの人が知っているような，溶液塗料の形をとったものではない．研磨材製品用のシェラックは，エステル縮合によって強靱で，耐水性も比較的よく，熱に敏感な結合剤とするため長時間（長い日数）延伸焼成してある．強靱性，良好な接着特性，そして熱に非常に敏感なことから，砥石の目詰まりを防ぎながら高速の研削が可能となる．これにより，切断能力は高く，部品に与える熱的ダメージも少なく，他の結合剤では得られない良好な光沢仕上げが可能となる．しかしながら，摩耗が大変速いことや，強度に限界があることから，ゴムや他の結合剤に置き換わってきている．

ゴム　ゴム結合剤は，シェラックのすぐれた切断特性と，ゴムのさらにすぐれた強靱性，耐水性，耐熱性をあわせもっている．ほとんどのゴム結合剤は，硫黄の添加度の高い固いタイプのゴムである．しかしながら，ゴム結合剤の物理的特性は，柔らかいものから高い引張り強さにも高弾性率を示すようなエラスティックなものまで多岐にわたる．このような違いは，ゴムのタイプや硫黄の添加度，共反応物，充填剤の種類の選択によって実現できる．ゴム系の結合剤は，活性研削助剤を充填剤として，あるいはポリマー構造の一部として（有機ハロゲン化物や硫黄化合物など），組み込むのに適している．

フェノール樹脂　置換フェノール，そしてホルムアルデヒド以外の試薬がフェノール結合剤の樹脂として用いられていることもあるが，フェノール系の研磨材の主軸はフェノールとホルムアルデヒドの反応生成物である．すなわち，ヘキサメチレンテトラミンで架橋されたレゾールや微粉化ノボラックである．広い温度範囲にわたって最大強度および剛性を得ることができ，性能においてこのポリマー系に肩を並べるものはほとんどない．コストパフォーマンスの面で比較しても，他のどの系も構造的にも熱機械的にも匹敵できない．

フェノール樹脂の中間体と種々の有機物やポリマーの架橋剤がよい相溶性を示すので，フェノール結合剤を用いると，研磨材製品として多種多様なものをつくることができる．エポキシ，さまざまなゴム，ポリ塩化ビニル，ポリビニルホルマール，ポリビニルブチラールなどを重合釜の中でフェノール樹脂と反応させたり，研磨粒子を混合するときに加えたりすることがある．このような変性剤によって，強靱性や耐水性が向上し，回転強さや破断強さを保ちながら柔軟な研削作業が可能になるといった，結合剤の品質向上が期待できる．

エポキシ結合剤　過去約20年間，膨大な数の会社がエポキシ樹脂を用いた研磨材製品を開発してきた．粉末被覆のテクノロジーを用いて粉末エポキシから冷間および熱間圧縮製品が開発された．例えば，ビスフェノール-Aや臭素化ビスフェノール-Aの粉末樹脂などがあげられる．他には，研磨粒子，充填剤，軟化剤，例えば可塑剤やポリスチレンビーズ，フェノール樹脂のビーズ，ガラスの中空小球といった中空物質などと液体のエポキシ樹脂を混合してキャストする製品があげられる．研磨材のリキッドキャスティング法は，圧縮成形では困難な大きさや複雑な形状の砥石に，特に効果的である．また，研磨微粒子を含んだたいへん小さな砥石や，複雑な形の砥石をつくるときにも有用である．このような製品は射出成形工程での製造が可能である．エポキシ樹脂は，液状でも粉体状でも用いることができ，相対的に低コストでありながら広範な硬化特性が期待できることから，研磨材の結合剤として広く用いられている．一般的に，エポキシ樹脂結合剤はシェラックやアルキド樹脂，ゴム結合剤よりも強度や耐熱性において優れていると考えられているが，フェノール樹脂結合剤よりは劣ると考えられている．

特殊結合剤　ポリウレタン系は，配合によってさまざまな架橋密度や，機械的特性，熱的特性を変えることができる．しかしながら，研磨材の結合剤としてほとんど用いられることはなかった．この系が結合剤として開

発されたのは約20年前のことで,大型の練りロールの粉砕用に用いられて市販されている.それは,切返しが深く,砥石の回転速度が速く,原料のはがれが良いといった特性を備えている.そのほか高速回転の研削作業用にも用いられてはいるが,市販品としては成功しているとはいえない.

アルキド樹脂や不飽和ポリエステル樹脂,ポリビニルアルコールをベースにした結合剤が開発されている.こういった結合剤は,配合によって強化することも可能であるが,たいへん温和な条件で目詰まりのない研削作業で,極微細な研磨材が必要な場合の結合剤としてしか用いられない.その例としては,ナイフの刃出し,注射針,裁縫針,写真製版用グラビアロール,圧延用ロール,研削困難な物質の切断などがあげられる.現在,さまざまな高性能のポリマーがつくられ,特に一般的な有機物が用いられる温度以上の高温でも特性が発揮できるように設計されたものがある.それらを研磨材の結合剤として用いる努力が精力的になされている.その中で,研磨材としての利用に道が開けたのはポリイミド系のみである.ポリイミド,ポリマレイミド,ポリアミドイミドには,高温でも高強度を保持できるといった特性や,強靱性,耐溶媒性,耐研磨性や潤滑性といった利用価値の高い特性がある.しかし,コストが高くつくことや製作しにくいことなどから,このような物質が用いられるのは,他のものでは代用できない特性を引き出したいときのみである.例えば,カムやドリルフルートなどを研削するときのダイヤモンド砥石に用いる結合剤があげられる.

ビトリファイド製品

ビトリファイド結合剤は金属工作産業,特に機械製造業で広く用いられている.このガラスタイプの結合剤の原料は溶融粘土,すなわち長石である[3].これに耐火性の物質や融剤を加えて望ましい組成にする.乾燥粘土や他の結合成分を微粉砕し,選別し,混合して乾燥状態の結合剤をつくる.そして,水でぬらした研磨粒子を加えてミキサーで混合し,粒子のまわりを結合剤でコートする.その混合物を冷間圧縮成形して,砥石の形にする.

未焼成の砥石を扱うときに十分な機械的強さをもたせるため,でんぷん糊やデキストリン,ユリア-ホルムアルデヒド樹脂,フェノールホルムアルデヒド樹脂といった有機ポリマーを用いて研磨粒子のぬれを促進させることも行われる.焼成中,これらの有機物は分解して炭化物となり,ガラスの結合剤が焼結したり溶解してガラス質自体の強度が発現するまでの間の一時的な結合強さをもたせる役目をする.その後に,結合剤に色むらや劣化をおこすことなく炭化した残留物を焼きつくすことが必要である.

空気乾燥の後,冷間圧縮成形した未焼成の砥石をキルンの中で焼成する.そのとき,回分式でも連続式でも約1250℃で適当な時間焼成する.

製品としての条件を満たすものをつくるとき,ビトリファイド結合剤は原料固有の焼成温度範囲が決まっていることが多い.近年では,焼成温度範囲が比較的広く,その結果として品質にばらつきのない製品をつくることのできるガラスから結合剤をつくっている.

ケイ酸塩砥石は,ケイ酸ナトリウムと充塡剤を基本的な成分として混合し,金型に注入し,圧縮する.そして,きわめて低い温度(約260℃)で焼成する.この砥石は,ビトリファイド結合剤ほどは強くないのが特徴である.この結合剤は,目詰まりを避けることが必要なときや,機械の条件(低速回転など)が許すときのみにしか用いられない.しかし,この結合剤を用いれば,たいへん大きな半径の砥石をつくることができる.ケイ酸塩結合剤はより強く,そしてさらに特徴あるほかの結合剤にとって変わられてきている.

オキシクロライド結合剤は,塩化マグネシウムと酸化マグネシウムの混合物で,いくつかの用途に用いられてきた.この結合剤は低温に保っておけばよく,焼成の必要がない.この結合剤は,ケイ酸塩の結合剤と同様に,柔らかく,目詰まりを避けた作業に用いられる.しかしながら,冷却媒体には弱いという性質があるので,この結合剤は,ごく限られた用途にしか用いられない[4].

メタル結合剤製品

メタル結合剤はもっぱらダイヤモンド砥石に用いられ,それは高い機械強さを要求されるところで使用される.また,電気めっきを施した窒化ホウ素の結合剤としても用いられるが,これについてもたいへん研削しにくいものや超硬板用の研削砥石として用いられる.メタル結合剤製品は,研磨粒子と金属粉を混合し,その混合物を求める形に圧縮し,不活性ガス雰囲気中で焼結させてつくる.あるいは,研磨粒子と金属粉を混合し,熱間圧縮する方法もある.また,研磨粒子と金属粉の混合物を圧縮しておき,続けて溶融金属の中に含浸する方法もある.他には電気めっき法があげられる.これは,研磨粒子の周りに電気めっきを施し,その金属層を利用して,金属マンドレルにしっかりと固定する方法である.メタル結合剤の種類としては,柔らかいブロンズから鋼の結合剤,そして耐久性の良いセメンタイトまでさまざまな種類がある.有機質タイプの接着剤は実質的には用いられない.ただし,ダイヤモンドを研磨粒子として焼結した砥石のリムの部分と金属,あるいは非金属のコアを接着する用途には用いられる.

その他の接着剤の用途

研磨砥石は,成形して焼成しただけでは,まだ使える状態にはなっていない.そのような砥石同士を結合させたり,他のものに砥石を結合させたりするのに接着剤を用いる.そして,その接着剤にはさまざまな種類がある.

そのような接着剤は通常室温硬化のものが使われるが，その理由は使い勝手のよさだけでなく，ビトリファイド結合剤の砥石と鋼のようにまったく違う被着体を結合しなければならないからである．研磨材製品は湿潤環境で使われたり使用中高温になったりするので，接着剤としては，耐水性や耐熱性に優れたものが用いられる．

研磨砥石で最も接着剤が用いられる用途は，研磨砥石や研磨砥石の部品を接着することであろう．特に，適当な研削機械に装着できるようにビトリファイド研磨砥石と鋼の板を接着するのに用いられる．そのような接合部は，使用中にうける複雑な熱的疲労や外部環境による疲労に強くなければならない．今まで用いられてきた一般的な接着剤はゴム製品を原料にしたものである．そういった接着剤は，エポキシ樹脂を原料にした弾力のある接着剤にとってかわられてきている．そういった用途のエポキシ系接着剤は，樹脂に可塑剤を添加したり，エポキシ樹脂や硬化剤の中に可塑的に働くセグメントを導入して，高弾性を示すようにつくられている．また砥石を板に装着する際に，たいへん剛直な接着剤や耐熱性の高い接着剤が必要なときはフェノール系の接着剤を加えることもある．適した配合や硬化条件ならば，エポキシとフェノール系接着剤は研磨砥石の結合剤自身よりも優れた結合強さを示す．

次に多い接着剤の用途としては，砥石を研磨機械に装着するために必要な加工をするときに用いられる．小さな研磨砥石の装着は，ドリルの先を機械に装着するときと同じように，まず金属製のマンドレルに接着し，そのマンドレルを機械のチャックにはめるのである．有機結合剤の場合は金属製のマンドレルとの一体成形が可能であるが，高温で焼成しなければならないビトリファイド結合剤製品では，この方法は使えない．そこで，ビトリファイド結合剤製品の場合は，焼成した研磨砥石を金属マンドレルに差し込んで，後から固定しなければならない．こういった製品は，厳しい機械的条件に耐え，高温にも耐えなければならない．この接合部分の接着には，酸化銅-リン酸セメントが広く用いられている．その他，融点の低い合金や，フェノール樹脂，エポキシ樹脂などを含有した接着剤を用いることもある．

パルプストーンは，製紙工業において木材をパルプに粉砕するために用いられ，大きな径を有する（〜6 ft；〜180 cm）．一度装着されると，何年間も高温湿潤の環境でトラブルもなく稼働し続けることを要求されるので，しっかりと据えつける必要がある．ビトリファイド砥石の部品に，フェノール樹脂やエポキシ樹脂で金属製のボルトを接着する．そして，砥石と砥石の間に弾力性のあるゴムのようなシートをはさみ，砥石をリング状に組み立てて，金属の骨組みにボルトで固定する．フェノール樹脂やエポキシ樹脂はこのような用途にも用いられてきた．リングを組み立て終わった後に，コンクリートのコアをキャストして，研磨砥石が完成する．

不飽和ポリエステルやエポキシ樹脂などの室温硬化系接着剤はねじと砥石円盤とを接着する用途に用いられることが多い．無機物質，例えばリサージや加硫セメント，低融点の金属のようなものも，砥石の据えつけに用いられる．

研磨砥石の裏に保護板を取りつけるため，樹脂をねじの形に射出成形して用いることもある．

ゴムやセルロースタイプの溶剤系接着剤は，ガスケットや吸取り紙を取り付けるのに用いられる．ケイ酸ナトリウムやでんぷん，デキストリン，ラテックスなどの水性接着剤は，ラベル張りなどのさまざまな用途に用いられる．

気孔のある研磨砥石の強度を高めたり，研削能力を意図して落としたりするのに，液状の硬化樹脂を気孔に含浸することがある．例えば，ビトリファイド砥石にエポキシ樹脂を含浸すると，圧縮方向の強さが増強するだけでなく，円盤が回転して飛び散るのも防ぐ効果がある．その結果，作業の高速化が可能になるのである．

[**William F. Zimmer, Jr.**／大和育子 訳]

参 考 文 献

1. Pinkstone, William G., "The Abrasive Age," Lititz, Pennsylvania, Science Book Service, Sutter House, 1974.
2. Coes, L., Jr., "Abrasives," New York, Springer-Verlag, 1971.
3. Houghton, P. S., "Grinding Wheels and Machines," p. 16, London, E. & F. N. Spon Ltd., 1963.
4. Lewis, Kenneth B., and Schleicher, William F., "The Grinding Wheel," 3rd Ed., Cleveland, Ohio, The Grinding Wheel Institute, 1976.

40. 塗付研磨材

塗付研磨材は研磨粒子（グリット）とバッキング（基材）からできており，研磨粒子を接着剤により，バッキングに塗付した製品である．工業的に用いられている塗付研磨材の場合，接着剤は積層されている．はじめの接着層は一次塗付（make）と呼ばれ，粒子をバッキングの上に接着させる役割をする．一次塗付の後に塗付して粒子を覆う上部の接着剤は二次塗付（size）と呼び，粒子を補強して適当な強さで結合させる役割をする．二次塗付剤の中に塗付研磨材の性能を向上させる目的で反応性の充塡剤も配合される．バッキングは，それが布の場合，バッキング自身にも何層かの接着剤や充塡剤を含んでおり，それらはバッキングに適当な粘りや，必要な特性を付与する役割をもつ．

塗付研磨材製品の砥粒はさまざまな大きさがあり，大きなものは16グリットから小さなものはミクロンやそれ以下のものまである．そして塗付研磨材の形状もさまざまで，シート，ディスク，ロール，フラップ，円板，ベルトなどが一般的である．塗付研磨材は研磨砥石と異なる製品である．塗付研磨材は研磨粒子を表面に接着してある製品であるのに対し，研磨砥石は，主に研磨粒子を結合剤で結合し，製品の形に成形した物である．塗付研磨材はその表面だけを使うことを目的としてデザインされているが，一方，研磨砥石は，研削能力を持続させるため砥粒が壊れて，新しい粒子が常に露出しているようにデザインされている．

歴　史

初めて塗付研磨材が世に現れたのは，13世紀にさかのぼる．中国人が砕いた貝殻を研磨粒子として，これを羊皮紙に天然ゴムで塗付したのが始まりである[1]．また，鉱石を動物の皮などに塗付したものも用いられた．そして時代が下って，膠（にかわ）やワニスが粒子と紙や布の接着に用いられた．

今では，塗付研磨材は，単に表面を平滑にしたり磨いたりするだけでなく，激しい研削作業，例えばベルトの方向に1インチ当り5〜7in³/minの研削も珍しくなくなってきている．バッキングの進歩は，研磨粒子の性能の進歩と歩みを同じくしており，塗付研磨材は，今日の研磨材料に要求される特性を最も効果的に実現できる製品である．

今日では，研磨粒子も天然の鉱物から合成研磨粒子へと進歩しており，アルミナ-ジルコニアや，セラミックのアルミナなどが研磨粒子として用いられている．普通のアルミナもまだ広く用いられてはいるが，これら新しい研磨粒子の方が強靱さも大きく勝り，大量の物質を効果的に研磨する能力も高い．シリコンカーバイドも，剃刀のように鋭い硬度が要求される用途で広く用いられている．

新しい研磨粒子の特性を遺憾なく引き出すには，新規な性能のよい接着剤を開発する必要がある．この接着剤についても，開発の長い歴史があり，魚や動物の皮から採集した膠から，ユリア-ホルムアルデヒド樹脂，エポキシ樹脂，フェノール樹脂，放射線硬化樹脂へと進歩している．この進歩は，研磨材製品を使う産業界からの接着剤に対する絶えざる要求の結果である．

バッキング

バッキングの種類

塗付研磨材のバッキングにはさまざまな種類のものがある．塗付研磨材産業で使われるバッキングは，一般に紙，綿布，バルカンファイバー，合成繊維およびフィルムの5種類である．さらに，これを組み合わせた上記複合材料も使われる．一般的に言って，紙タイプのバッキングは強靱さは要求されないが，廉価であることが必須の条件の場合に用いられる．綿布は，紙よりも強靱でありながら，かつ廉価であることが必要な場合に用いられる．バルカンファイバーは，円板状に塗付研磨材を加工するときに用いられる．というのも，円板状の研磨材のバッキングは，堅牢でどんな方向にも強くなければならないからである．塗付後のバルカンファイバーの厚さは0.030インチ（30ミル）で，ポータブルタイプの研磨機に装着して使われることが多い．合成繊維は，ポリエステル，ポリエステル-綿混紡，レーヨン，ポリエステル-ナイロン混紡が用いられ，フィルムの場合はポリエステ

ルが一般的に用いられる．合成繊維のバッキングが物理的にも最も強く頑丈で，研磨特性を最重要に考える場合に用いられる．このようなバッキングを使うのは，エンドユーザーが操作性を重視している場合なので，そのバッキングの性能が最大限に発揮される使用法で用いられる．最後に複合材料は，前記のバッキングそれぞれ単独では対応できないような，特殊な要求に応えるために使われる．通常このような複合材料が用いられるのは，きわめて頑丈な研磨性能が要求されるときか，特別な仕上りが要求されるときである．

いろいろなバッキングの種類の中でも生成りの繊維材料（綿糸工場でつくった未加工の繊維）は，さまざまな種類の繊維製品をつくることができる点で特筆すべきである．さらに，同じ生成りの繊維材料から異なった処理を施せば，まったく異なる特性をもつバッキングをつくることができる．バッキングは，材質だけでなく，バッキングの重量や織り方によっても分類できる．例えば，バッキングの織り方には平織り，綾織り（太綾や細綾），サテン織り，メリヤスなどがあげられる．

布用含浸接着剤

布の含浸に用いる接着剤は，動物の皮からとった膠やでんぷん糊のような簡単なものから，熱硬化系接着剤や放射線硬化系接着剤のような複雑なものまでさまざまなものがある．一般的に用いられているのはラテックス系接着剤で，さまざまなポリマーやコポリマーを含んでいる．この接着剤の利点は，膠やでんぷんでは得られない，優れた接着性や柔軟性にある．布の含浸に用いる典型的なラテックスは，合成ゴムやビニル系樹脂，アクリル樹脂を原料につくられている．またバッキングに好ましい特性を付与するために，炭酸カルシウムなどの充填剤や増粘剤を加えたりする改質が行われる．

放射線硬化樹脂も布用含浸剤として用いられる．今日では紫外線硬化や電子線硬化系が用いられ，ほかに類を見ない特性を引き出している．こういった接着剤の利点の一つは，エネルギー感応型であるということ，すなわち架橋するのに最小限のエネルギーを与えればよいということがあげられる．第二の利点は，放射線硬化樹脂が実質100%固体になるという点である．すなわち，反応性のモノマーを，ベースとなるオリゴマーの粘度をおとすために希釈剤として用いると（溶剤の代わりに），蒸発が事実上おこらないので，変形がおきにくいのである．第三の利点は，こういった接着剤は放射線を照射するとすぐに硬化し，加熱する必要がないという点である．ただし，硬化反応中は発熱する．

布の含浸用に最も用いられる放射線硬化樹脂は，エポキシアクリレートとウレタンアクリレート，そして相互侵入網目（IPN）をつくる特殊な硬化系[2]などが用いられる．25〜40%のフェノール樹脂やほかの熱硬化性樹脂を含む混合物が，特に有用である．

研磨粒子

研磨粒子の種類

今日では，大変さまざまな研磨粒子が塗付研磨材に用いられている．その中で典型的なものは，エメリー，クロッカス（酸化クロム），ガーネット，白色溶融アルミナ，褐色アルミナ，熱処理アルミナ，合金ジルコニア，セラミックス，シリコンカーバイドなどがあげられる．このような研磨粒子は価格も物理特性もさまざまである．

研磨粒子の多様性

それぞれの研磨粒子には，その特性を生かす適用分野がある．例えばシリコンカーバイドはガラス，木，ある種の合金などの研磨に用いられるが，ホワイトキャストアイロンを除いて，合金鉄の研磨には勧められない．一方，アルミナージルコニア研磨粒子はさまざまな物質の研磨に使用される．

一般的に研削作業中研磨粒子は，研削物の融点（600〜1800℃）ほどの高温にさらされる．例をあげていえば，木材製品は溶けないので，研削作業をするときはシャープで，強靭で研磨粒子のエッジのもちがよいものを使用しなければならない．金属や合金ではほかの問題が生ずる．というのも，研削作業中に研削物が高温になるため，研磨粒子が研削する金属や空気中の酸素や接着剤と反応しやすくなってしまうからである．よって，研磨粒子を選ぶには，研削される物質との反応性を考慮する必要がある．

研磨粒子を選ぶには，与えられた研削条件の中で最も効率よく研削作業ができるものを選ぶ．研磨粒子の種類を選ぶ際に，研削される物質を考慮するのに加えて，はかにもいくつかの条件を考慮する必要がある．例えば，作業スピード(sfpm)，操作速度と圧力，湿式研磨か乾式研磨か，研削機械の種類，物質の形状などがあげられる．

塗付方法

研磨粒子は，重力塗付や静電塗付，あるいはその両方の方法で，バッキングに塗付される．研磨粒子の種類によっては，第三の方法がとられることもある．それは，研磨粒子を接着剤の中に混ぜ込み，その懸濁液をバッキングに塗付する方法である．しかしながら，この方法は極微細な研磨粒子の場合にしか使うことができないので，使用範囲はきわめて限られている．

重力塗付　この方法は，研磨粒子をトレイの中に入れてそのトレイを振動させたり，あるいは供給ロールを使って，一次塗付したバッキングの上に研磨粒子を垂直に落として塗付するものである．この方法によって塗付すると，研磨粒子の方向がランダムになってしまう．しかしながら，この方法は簡単なので，静電塗付をする前の予備的な塗付方法として用いられている．

静電塗付　この方法は，塗付研磨剤をつくるときに

40. 塗付研磨材

最も広く用いられている．研磨粒子をベルトコンベヤーの上に乗せて静電場の中に運ぶ．それと同時に，バッキングを研磨粒子のコンベヤーの上に通す．その結果，研磨粒子は，静電荷によってコンベヤーの上からバッキングの方へ舞い上がり，バッキングに塗付される．この方法によると，研磨粒子はバッキングに対して垂直な方向にそろったまま塗付されることになる．このときに，面白いことには，研磨粒子の両端のうち，よりとがったほうが下になって塗付されるのである．この事実こそ，静電塗付による塗付研磨剤が良好な研磨能力をもつ所以である．すなわち，重力塗付の研磨粒子がランダムについているのとは異なり，静電塗付の場合，常に研削物に対して研磨粒子の角のうち最もとがった角が突きだしているのである．

接着剤

今日もっとも一般的な塗付研磨材用の接着剤といえば，膠，ワニス，ユリア-ホルムアルデヒド樹脂，放射線硬化樹脂，レゾール-フェノール樹脂などがあげられる．使用条件によって，一次塗付も二次塗付も，その要求特性を満たすように配合を変える．先にあげた接着剤の複合効果によって，経済的にも実装的にも効果の高い製品をつくることができる．

接着剤に要求される必須条件

膠は，主に紙や布製品に用いられ，安価で，あまり負荷のかからないような作業に使われ，乾式研磨で用いられる．膠の原料はざらざらの粒状なので，水に溶かして使用する．動物の皮を原料にした膠は研磨材工業界では最も用いられている接着剤であり，充填剤や可塑剤，分散剤などを混ぜて変性して用いられる．他の膠，例えば骨を原料にした膠や魚を原料にした膠は，皮を原料にした膠と違ってゲル状にならないのであまり用いられない．

膠は，原料として使いやすい材料であり，研磨中の加熱した状態より少しでも温度が下がれば容易にゲル化して，ある程度の粘度を保つ性質がある．この容易にゲル化する性質によって研磨粒子をバッキングに保持し，かつ粒子の方向性を一定にすることができる．動物の膠は廉価であり，その点が紙製の研磨材に要求される最も重要な点なのである．

ワニスは，主に耐水紙の研磨材製品に使われる．こういった製品には，ある程度の柔軟性をもった耐水性接着剤が必要となる．今日用いられているスパーワニスは，主にフェノール樹脂で変性したキリ油である．典型的なスパーワニスは，キリ油とレゾールフェノール樹脂をほぼ等量混合したものに，速乾剤として，一般的にナフテン酸コバルトやナフテン酸マンガンを混合したものである．ワニスは空気中の酸素によって重合し，硬化する．

ユリア-ホルムアルデヒド接着剤は，膠やワニスよりもっと高い要求特性のものに用いられる．この接着剤は，紙にも布にも用いられる．ユリア樹脂は膠やワニスよりも耐熱性や強度にすぐれている．そして，ユリア樹脂は一般的には液状で，塩化アンモニウムやほかの酸触媒によって硬化する．よって，この触媒硬化反応を妨げる物質を充填剤として加えることができない．妨害物質として典型的なものには炭酸カルシウムがあげられるが，硫酸カルシウムのような他の充填剤は使用することができる．

フェノール樹脂は，紙，布，合成繊維バッキングの製品に用いられる．この接着剤は，他の接着剤に比べ，最も強度および耐熱性に優れている．今日の高機能塗付研磨材はフェノール樹脂なしには考えられない．典型的なフェノール樹脂接着剤は，塩基硬化系で水溶性であり，含水率は $50 \sim 300\%$ のものである．ほとんどの一次および二次塗付用フェノール樹脂は2,3種類の樹脂の混合物であり，一般には高い（例えば$1:8$）F/P比（ホルムアルデヒド対フェノールの比）のものと，低い（例えば$1:1$）F/P比のものを混合する．フェノール樹脂系の接着剤は加熱硬化が必要である．縮合重合の開始温度は約$200 \sim 250°F$（約$95 \sim 120°C$）であり，硬化処理は最終的な硬化の前に一次塗付用または二次塗付用のオーブンでBステージまで前硬化処理を行う．また，特別に設計された二次塗付用オーブンで一度に完全に硬化処理を行う．

放射線硬化樹脂も一次塗付および二次塗付用の接着剤に配合される．この樹脂の他に類を見ない利点は，高エネルギーの放射線を照射すると，フリーラジカル反応で即硬化反応がおこるという点である．紫外線硬化樹脂の場合，光開始剤が配合されている．それは，フリーラジカルの寿命を伸ばす働きがあり，連鎖成長を促進し，樹脂を重合させる働きがある．電子線硬化樹脂の場合は開始剤は必要ない．なぜなら，高エネルギーの電子が樹脂に吸収されることによってフリーラジカルが発生するからである．放射線硬化樹脂の硬化処理は通常窒素雰囲気下で行われる．もしも空気中で放射線を照射すると，空気中の酸素によって，表面にフリーラジカルより安定な過酸化物をつくってしまい，連鎖成長を止めてしまうので，樹脂の表面しか硬化がおこらないのである．

一般的に，塗付研磨材はループ乾燥機を搭載した設備によって製造されるので，莫大な床面積が必要なことが多い．それだけでなく，ループ乾燥機を用いることの欠点は，サスペンションロッドによってスティックマークがつくことや，接着剤と研磨粒子が移行することがあげられる．それに対し，放射線硬化樹脂はループ乾燥機を使用する必要がなく，それと同時に，それらに起因した不良を防ぐことができる．というのも，放射線硬化樹脂は急速に硬化するので，塗付した研磨剤を硬化させるために長いオーブンの中に吊り下げておく必要がないからである．

放射線硬化樹脂のもう一つの利点は，この接着剤によって製品をつくると急速に硬化するため，研磨粒子の方

向が最も望ましい方向のまま固定されることである．一方熱硬化性樹脂の場合，加熱していくにつれ，いったん粘度の減少がおこるので，研磨粒子も硬化樹脂も流動しやすくなり，研磨粒子の方向がそろわなくなることがある．

放射線硬化樹脂接着剤は，一般にはエポキシアクリレート，ウレタンアクリレート，エポキシ-ノボラックアクリレート，イソシアネートアクリレートなどを使っている．

コーティング剤の配合

塗付研磨材の製造用に使用される結合剤は一般に複雑な配合になっている．高性能塗付研磨材に使用される接着剤は，かなりの高熱に耐え，バッキングに研磨粒子をしっかりと結合させ，研削助剤がある場合には研削助剤の効果を引き出し，ある一定時間の使用を可能にするだけの耐久性が要求される．これはすなわち，充填剤が高度に分散し，添加剤が良好なぬれ性を発揮するようにバランスよく配合され，発泡もなく，硬化中にたれてこないような最適な流動性をもっていなければならない．典型的な充填剤としては，炭酸カルシウム，氷晶石，フルオロホウ酸カリウム，氷晶石のカリウム塩，硫酸カルシウム，ステアリン酸亜鉛などがあげられる．その他の充填剤は，流動性を調節したり，平滑性を上げたり，摩擦抵抗を上げたり，耐荷重性を上げたりする目的で使用される．

実験計画法

塗付研磨剤をつくり上げるにはいろいろなファクターを考慮に入れなければならない．そして，接着剤中に配合される成分の効果を識別したり，検討しなければならないことがある．実験計画法は，塗付研磨剤の接着剤の配合を決めるのに最良の方法であり，これによって決めた配合の製品は，性能を最大限発揮することが期待される．

例えば2種類の異なる活性研削助剤を混合し，その性能を向上させるとき，実験計画法を用いれば，それぞれの助剤の最適量を決めることができる．さらに，性能を最大限に発揮できるように，脱泡剤や分散剤などの量も同時に決定することができる．反応性の充填剤を混合することにより，それぞれの融点より低い融点をもち，その充填剤を活性化するのにより少ないエネルギーですむ，共融混合物を得ることができる．金属や合金を研削するときは，多くの化学反応が同時におこり，それによって塗付研磨材の性能が左右される．反応性の充填剤が性能を上げるために含有されているとき，結合剤と金属の間で反応がおこる．このときに実験計画法を用いれば，配合の中の成分が製品の性能によい方向に働くのか，あるいは悪影響を及ぼすのか，判断することができる．数学的なモデルやコンピューターグラフィックスを使えば，エンジニアが配合の中の各成分間の相互作用や各成分が製品の性能に与える影響を予想できるようになる．

実　用　例

研削作業物

塗付研磨剤で研磨できるものは多岐にわたり，木材や木材製品，プラスチック，塗装板，ガラス，皮，ゴム，金属および合金，そして複合材料などがある．実質的には，すべての物質を研磨することができる．

作業に必要な動力

作業に必要な動力は，最小限の力ですむ手作業から，数百馬力も消費する研磨機までさまざまである．さまざまな利用法や求める表面の仕上り方の違い，研磨する量の違いなどによって，さまざまな塗付研磨材製品がある．

特　　　徴

ほとんどの塗付研磨材製品は，1500～11000 sfpm（1分当りの表面距離［フィート］）の研磨速度で用いる．供給圧力は，低いもので1 psiから，高いものでは800 psiまで変化する．

塗付研磨材は，それぞれ用途が決まっているのが普通である．例えば，湿式研磨用，乾式研磨用，炭素鋼用，特殊な飛行機用合金用，木材表面仕上げ用，木材研削用，帯電防止処理済み，耐負荷用，表面処理用などがある．

コンタクトホイール

コンタクトホイールは，研磨する厚さや表面をどの程度に仕上げるかコントロールしながら塗付研磨材のベルトを支持し，研磨ベルトを動かすために使われるものである．円盤の素材はさまざまで，鋼，アルミニウム，ゴム，ウレタン，布などがあげられる．最も一般的なものはアルミニウムの円盤をゴムで覆ったもので，表面はのこ歯状に凹凸をつけてある．柔らかなゴムを使用している円盤に塗付研磨材を装着して作業すると滑らかな仕上がりになるが，固いゴムを使用している円盤に比べると，削りかすの除去能力に満足できないところがある．のこ歯状の凹凸は塗付研磨材の研削能力を増強するように意図されている．これによって，一般的には研磨粒子がはがれ落ちるのを抑え，研磨粒子が砕けるようになるので，結果的に塗付研磨材の寿命を伸ばし，作業者にとってみれば，より少ない労力で作業できることになる．この凹凸によって，研磨する表面へかかる単位面積当りの圧力が上昇する．

研磨材の接触幅とコンタクトホイールの表面の溝の幅の比は，ランド トゥ グループ比（land to groove ratio）と呼ばれている．これは，その円盤自体がどの程度研磨する能力があるか決定するものである．この比が高いものは，研磨する能力があまり高くなく，むしろ表面を滑らかに仕上げるために使うのに向いている．

のこ歯の角度も，また円盤自体の研磨能力を左右する．

とはいえ、ほとんどの円盤は45°の角度がついている。コンタクトホイールは、塗付研磨材その物の機能に大きく影響を及ぼす。すなわち、塗付研磨材の可能性を大きく広げることができるのである。

コンタクトホイールを使わないで塗付研磨材を使う方法も数多くあるが、その代わりに何らかの研磨材を支持する物体が必要になる。例えば、定盤法やスラック オブ ウェブ (slack-of-web) 法などである。あるいは、手、板、ロールなどで支持することもある。

塗付研磨材の可能性

塗付研磨材は、基本的なデザインのほかは、塗付研磨材の形を曲げたり外部環境に合わせてデザインを変えることができる。外部環境には、裏打ち材やコンタクトホイール、ランド トゥ グルーブ比、作業速度、湿式研磨の場合は潤滑剤の濃度や種類なども含まれる。塗付研磨材が研磨砥石よりも優れているのは、この塗付研磨材のもつ多様性に由来する。すなわち、塗付研磨材は研磨砥石よりも多くの作業方法があるといえる。

研磨粒子をいったん塗付すれば、それを好みの形や、その塗付したジャンボロールの大きさを上限として好みの大きさに切り取ることができる。あるいは、塗付研磨材をいくつかの部分に分割したり、部分的に幅の広いベルトにすることも可能で、ジャンボロールよりも大きな塗付研磨材にすることも可能である。こういった部分的に幅の広い研磨ベルトは、継ぎ目が一つ以上あり、塗付するときの塗付方向でなく、むしろ塗付方向に垂直な方向にベルトを切り出すことが多い。塗着研磨材のベルトの幅は、継ぎ目が一つのものなら、細いもので1/4インチから、広いものなら68インチのものまであり、継ぎ目が二つの製品なら130インチのものまである。

塗付研磨材の継ぎ目

継ぎ目は、塗付研磨材を切り出して端のないベルト状にしたり、円柱状にするとき、研磨材の端と端を結合させる場所である。継ぎ目には、一般的に2種類の継ぎ方がある。それは、重ね合せ継手と突合せ継手の2種類である。重ね合せ継手は、塗付研磨材の両端を適当な処理をした後、適当な接着剤を選んで加熱圧着する方法である。突合せ継手は、もっと簡単で、両端の基材の裏に適当な接着剤を塗付し、両端を突き合わせて、特殊強化されたスプライシングテープを貼る。そして、加熱圧着して製品にするのである。この二つの基本的な方法のほか、研磨材の実装法に合わせていろいろな方法がある。

継手を接着する接着剤は、一般にポリウレタン系の接着剤を用いる。架橋剤としては三官能のイソシアネートが好まれる。これは、最終製品としての耐熱性を考慮してのことである。加熱圧着した後の継手は24から48時間後に最大強度が発揮される。

塗付研磨材の屈曲

塗付研磨材は、研磨粒子でバッキングを覆い、一次塗付、二次塗付などでフェノール樹脂やユリア-ホルムアルデヒド樹脂などの熱硬化系の接着剤で固めた複合材料であるので、一般には剛直である。そこで、柔軟性をもたせるために、塗付研磨材を割り込む方法がとられることがある。割込みによって塗付層に亀裂が入り、微小な島ができる。それがちょうつがいのように働いて、剛直な熱硬化性樹脂を用いているにもかかわらず、塗付研磨材に柔軟性をもたせることができる。柔軟性に富んだ接着剤を用いれば望むような柔軟性を得ることができるが、作業中の耐熱性が満足できない。また同時に、柔軟性に富む接着剤の場合には、研磨粒子を保持する力が不足し、研磨能力が落ちる。

PSA製品

感圧性粘着剤 (PSA) は、PSA裏打ち製品として、板状やシート状といった特殊なかたちに成形されて使用される。こういった塗付研磨材製品は、バッキングをPSAでコーティングしてあり、機械的な方法を用いずにさまざまなパッドに固定することができる。これには中程度から高強度の粘着剤を用いており、あまり圧力をかけなくともパッドにしっかりと固定できる。

PSAには、ホットメルト、エマルジョン、溶剤系、放射線硬化系などもある。ホットメルトおよび放射線硬化系は100%固形分で溶剤を使用していないので、溶剤回収のための装置が不要である。

市　　場

塗付研磨材を使用する市場はたいへん広い。自動車、冶金、金属工業、スポーツ用品、木材、家具、飛行機、輸送業界などほんの一例である。例えば、大きさのそろっていない木材にかんなをかけて大きさをそろえるのに、伝統的な刃物のかんなに変わって、研磨材のベルトが用いられている。ここでの研磨材の利点としては、塗付研磨材の方が速く切削でき、刃物より良い切れ味が持続し、釘や固いものなどに当たったときでも刃物ほど損傷が大きくないことなどがあげられる。今日、塗付研磨材は、表面仕上げだけでなく、切削の面でも広く利用されるようになってきている。自動車産業では、塗付研磨材を自動車の車体の傷をなおすときに用いるだけでなく、新車を製造するときにも仕上げ用に使用している。木材工業の、切削および表面仕上げ用塗付研磨材の使用法は、塗付研磨材を活用するにあたっての一つのすばらしいお手本であるといえる。

機械的方法

塗付研磨材は、さまざまな種類の機械に装着されて使用される。研磨機械は、作業物の供給の仕方や使用する研磨材の種類（形状）によって分類できる。手で持つタイプのやすり、定盤タイプ、バックスタンドタイプ、半

自動タイプ，自動研磨機などに分類される．さらに，スルーフィード機械や巨大な合金の表面を磨くコンピューター制御のガントリーグラインダーなどもある．塗付研磨材は，コンピューターで制御された研磨機械にも搭載されて，特殊な金属片の研磨にも使用されている．塗付研磨材は，他のどの方法よりも美しい仕上りが期待でき，速く，低温で，廉価に，研磨することができる．塗付研磨材は，研磨粒子，バッキング，そして接着剤の絶妙なコンビネーションによって類いまれな能力を付与されて，現在さまざまなところで活躍しているのである．

[Anthony C. Gaeta／大和育子 訳]

参 考 文 献

1. "Coated Abrasives—Modern Tool of Industry," Cleveland, Ohio, Coated Abrasives Manufacturers' Institute, 1982.
2. Caul, Lawrence D. and Forsyth, Paul F. (to Carborundum Abrasives), "Resin Systems for High Energy Electron Curable Resin Coated Webs," U.S. Patent 4,588,419, May 13, 1986.

41. 建築用接着剤

接着剤やシーリング材の歴史は古く，これらの材料は聖書の時代から使用されてきた．そして，第二次世界大戦後の合成樹脂の開発により大きく発展した．この10年間を振り返っても，新しい接着剤や新しい建築材料が次々と利用されてきている．

今日，建築産業を含むすべての産業で接着剤が利用されている．慎重な接着操作を要求される接着剤がある一方で，こて，ブラシ，スプレーなどを利用し，現場で容易に塗付できる接着剤もある．一般に，建築工事においては建築現場における接着剤の利用が多く，仮に工場接着が実施されるとしても設備が十分に整備されていないケースが多い．そこで，本章においては建築現場において利用される接着剤を中心に解説する

初めに，工場接着と現場接着に共通する問題として，接着剤の選定に際して考慮すべき要因について述べる．次に，建築工事の中で接着剤の利用が多い床仕上材，壁仕上材，天井仕上材などの取付けについて述べ，接着剤，仕上材料，下地の間の接着について解説する．そして，最後の部分では接着に関係するトラブルの原因とその対策について述べる．すなわち，本章では建築分野における接着剤について基礎的，実際的側面から解説し，専門的な考察は他章にゆずることとする．

接着剤の選定に関する考察

接着剤の選定は以下の五つの質問に答えることから開始される．

（1）「接着剤にどのような性能を要求するか？」

まず，接着剤に期待する性能項目のリストを作成する必要がある．すなわち，乾燥時間，必要な接着強さ，耐用年数，接着した部材が使用される環境条件などの項目について要求を明確にする．

（2）「リストの性能項目を接着剤に期待することが妥当かつ実際的であるか否か？」

例えば，ほとんどの接着剤は水中で継続的に使用できない．一方，建築工事では300°Fまたは400°F以上の高温条件下で継続的に暴露されることはない．犠牲にできる要求項目があれば，それらの項目も別途リストする必要がある．

（3）「工事設備，工程，建築設計，特殊な現場工具などに関連する選定上の制約があるか？」

（4）「保険契約，地域の建築法規，労働安全衛生，およびその他の行政指導などにより接着剤選定が制限されるか？」

（5）「接着剤の変更，必要な接着装置・器具の整備，代替案としての建築設計の変更などを総合的に勘案してどのような選択がコスト的に有利となるか？」

以上述べた基本的質問に答えることにより多種にわたる接着剤の中から選定の幅を狭くすることが可能である．さらに，絞られた接着剤の中から①適用性，②性能，および，③コストを検討し，最終的に接着剤を選定する．

適 用

検討すべき事項は以下の通りである．

（1） 下地と被着材の性質　表面状態はどのようであるか．すなわち，平滑であるか，粗面であるか，水平であるか，垂直であるかなどをチェックする．低粘度の接着剤を使用する場合，粗面の材料は平滑面を有する材料に接着しにくい．建築では頻繁に遭遇するケースであり，このような場合はギャップ充填性のよい高粘度接着剤を使用する必要がある．

接着面は土，ほこり，油，グリスなどが除去され，乾燥している必要がある．接着複合体の強度は最も弱い接着箇所の強さよりも高くはならないことを理解すべきである．例えば，鋸くずが付着している木材をそのままコンクリートに接着すれば，その接着複合体は鋸くずの含まれる接着層で破壊する．

また，接着剤は被着材との相溶性が良好でなくてはならない．一方，ポリスチレンフォームは溶剤型接着剤により侵されることがある．また，ポリビニル化合物やその他のプラスチックを接着する場合，接着剤や被着材に含まれる可塑剤の移行によりトラブルの発生することがある．

次に，被着材の強さを考慮することも重要である．ほとんどの木材はせん断応力200～400psiで破断する．こ

のような被着材を接着するために，せん断接着強さが1000 psi 以上の接着剤を選ぶことは無意味であろう．また，低密度のグラスファイバー不織布をコンクリートや金属材料に接着する場合には，グラスファイバーを一体化している凝集強さを上回る強さは要求されない．

(2) 表面の微細構造　ほとんどの接着剤は，溶剤や水分が蒸発することにより固化し，接着層を形成する．このようなタイプの接着剤では非多孔質の被着材同士を接着できない．非多孔質の被着材同士を接着するためには，すでに乾燥しているコンタクト系接着剤や粘着剤を利用する方法，触媒で硬化する接着剤やホットメルト系接着剤を利用する方法などある．

また，被着材の微細構造は接着剤の乾燥にも著しい影響を与える．木材と石こうボードは両者とも多孔質材料であるが，より多孔質である石こうボードの方が乾燥時間は短い．

被着材への接着剤の吸収・浸透程度により接着性が変化することもある．ペーパーハニカムコアの接着がその極端な実例であろう．十分な接着性を確保するためには，塗付量を増加し，ハニカムコアの側面や端面まで接着剤が届くようにする必要がある．孔のサイズは異なるが，多孔質材料の接着についても同様のことが指摘できる．ある種のスラグブロックの表面は高い吸収・浸透力を有しているため非常によく接着するが，そのような接着を実現するためには接着剤が接着層に残存しなければならない．したがって，高粘度接着剤が使用される．

(3) 推奨される塗付方法　被着材によって接着剤の塗付方法が限定されることが多い．大面積の場合にはスプレーやローラーによる接着剤塗付が要求される．また，薄いプラスチックや布を接着する場合もスプレーやローラー塗りが便利である．

(4) 適用可能な塗付方法　一つの接着剤について，多くの塗付方法を適用できる場合が多い．例えば，接着剤をビード状に押し出して塗付する場合を考えよう．工場接着では新たな自動塗付装置を設置するかも知れないし，Do it yourself 的な大工仕事で使用するなら，コーキングガンによる押出し塗付が最も合理的である．また，コストダウンを図るためには，他の分野で実績のある接着剤塗付方法を導入することも検討する必要がある．

(5) 望ましい粘度　例えば，ブラシによる接着剤塗付では低粘度の接着剤が要求される．高粘度のマスチック状接着剤はブラシにより塗付できない．

(6) 要求される乾燥条件　接着剤の乾燥速度および硬化速度は重要な因子である．特に，強制乾燥を利用できない場合には硬化速度のコントロールが重要な問題となる．速乾性の溶剤型接着剤，乾燥速度の遅いエマルジョン型接着剤，または特別な溶剤を混合した接着剤などの中から条件に合致するものを選定する必要がある．もし乾燥のための特別な装置（赤外線，強制乾燥など）が利用できるなら異なった選定が可能となるが，建築現場では特別の乾燥装置・設備は期待できない．

接着剤の性能

接着剤を選定する場合に，前述した接着剤の適用性と以下に述べる接着剤の性能は同時に考慮されることが多い．接着剤に要求される性能基準としては次のような項目があげられる．

(1) 指定温度における最低の引張り，せん断，またははく離強さ　ほとんどの場合，列挙した接着強さの一つだけを考慮すれば十分である．また，接着剤には被着材の強さより高い強さは要求されない．

(2) 使用可能な最低および最高温度　多くの接着剤は $-10°F$ から $+150°F$ の範囲で使用可能である．一方，常に $200°F$ 以上の高温で使用する場合，通常の温度範囲における性能評価は必要ない．また，$-30°F$ あるいはそれ以下の低温領域で使用する場合は脆化現象という問題が生じる．さらに，最高および最低の温度が継続的に作用するのか，断続的に変動して作用するのかを考慮する必要がある．

(3) 接着層の柔軟性　織物やプラスチックフィルムを接着する場合には柔軟性を有する接着層が要求される．硬質の被着材を接着する場合でも，接着層に耐衝撃性を付与するためには適度な柔軟性を与える方がよい．運搬を繰り返すような接着複合体の場合にも接着層の柔軟性が要求される．また，工場内で製造された建築部材を現場へ搬送する場合は，搬送にともなって生じるせん断力などにも耐える必要があり，バランスのとれた剛性と柔軟性が要求される．

(4) 水分・光に対する抵抗性　接着層近傍が露出するような場合は良好な耐水性を有することが要求される．また，太陽光などに起因する紫外線は SBR やその他のエラストマー系接着剤を劣化させるので注意が必要である．

(5) 油，グリス，溶剤に対する抵抗性　このような性能を確保するためには，接着剤の改質が必要となることが多い．

(6) 耐酸性，耐アルカリ性，耐薬品性　特殊な環境条件に耐えるためには，接着剤の改質が必要となることが多い．

(7) 耐老化性　建築分野では耐久性が重要である．接着剤製造者は酸素老化性テスト（ASTM D 572）の結果を耐久性の指標とすることが多い．一般的には，このテストで 500 時間以上耐えられる接着剤が建築用接着剤として使用できる．

(8) 耐候性　接着剤は，耐候性試験のような劣化外力を直接にはうけないことが多い．接着剤は紫外線に直接暴露されることはない．しかしながら，シーリング材はガラスや他の透光材料を通じて紫外線の影響をうけることがあり，このような場合には考慮する必要がある．耐候性試験には紫外線照射のほかに温湿度の繰返し作用が含まれる．

(9) 接着剤の色 接着剤の色による外観変化も考慮すべき要因の一つであろう．例えば，半透明の被着材を接着する場合に透過して見える接着剤の色が問題となる．また，端部に見られる接着層の色も問題になる．

コストの検討

接着剤の選定に関する第三の検討項目はコストである．コストは最終的に検討されることが多く，特別な場合を除外すれば，接着剤の適用性や性能と比較してその重要性は低い．コストに影響を与える要因は次のようである．

(1) イニシャルコスト コストの検討を単に接着剤の価格だけで検討することは不適切である．接着剤の価格を検討するのでなく，接着剤を工場ラインまたは建築現場で使用した場合のコストを評価すべきである．そして，このような評価は接着剤の適用性や性能と密接に関係している．しかし，一般には以下のような順序で検討するのが妥当であろう．

(2) 要求性能 要求性能のレベルはコストに支配性な影響を与える．コストは要求性能のレベルが設定されることによって決定されるものである．

(3) 技術サービス 接着剤製造業者や商品としての接着剤を選定する場合に，技術的な実績，経験，品質とサービスに関する一般的な評価を考慮することが大切である．コストの低い接着剤を選定すれば，イニシャルコストは有利である．しかし，ラインの停止，不良品の返却，接着剤の変更などの事態を考慮すると，接着剤製造業者の技術サービス体制がコストに大きく影響する．

(4) 適用性の検討 接着剤にはそれぞれ限定された適用方法がある．そのため，保有している装置・設備の種類によって接着剤選定の幅が限定されてしまうことが多い．また，所有する装置・設備に合致した接着剤を特別に調整することは非常に経費がかかる場合が多い．しかし，このような適用性に関連する要求は，接着剤に要求される諸性能と比較すればそれほど重大ではない．前述したように，コストを基本的に支配するのは接着剤に要求される性能レベルである．

(5) 塗付量 塗付量はコストに直接つながっているが，その塗付量には多くの因子が関係している．一般に，低粘度接着剤の方が塗付性が良好であり，少ない量で塗付できることが多い．しかし，接着性からみれば，低粘度の接着剤を少ない塗付量で使用するのは避けるべきである．

接着剤の塗付装置は，塗付効率や接着の仕上りに大きな影響を及ぼすが，それと同様に塗付量にも大きな影響を与える．したがって，コストにも大きな影響を与えることになる．

今までに述べたことをまとめるならば，接着剤の選定に関しては，まず被着材の性質を知り，要求性能と適用方法を勘案して初期の接着剤選定を行う必要がある．このような第一次の選定によって使用できる接着剤の種類は絞られるが，さらにコストに関する検討を行う．その際，適正な塗付量を守るよう注意しなければいけない．

塗付量のデータ

マスチック状接着剤はビード状の押出し法またはこて塗りによって塗付される．接着剤の押出しは自動装置または一般的なコーキングガンにより実施されることが多い．

表 41.1 カートリッジガンから押し出すビードの太さと塗付長さの関係

容積	ビードの太さ（直径）				
	1/8 インチ	3/16 インチ	1/4 インチ	5/16 インチ	3/8 インチ
スモールカートリッジ（10 オンス）	123 フィート	54 フィート	30 1/2 フィート	19 1/2 フィート	13 1/2 フィート
スモールカートリッジ（10.5 オンス）	129 〃	57 〃	32 〃	20 1/2 〃	14 〃
ラージカートリッジ（29 オンス）	355 〃	158 〃	89 〃	57 〃	39 〃
1 ガロン（128 オンス）	1569 〃	597 〃	392 〃	251 〃	174 〃
5 ガロン（ペール缶入り）	7845 〃	3485 〃	1960 〃	1255 〃	870 〃
52 ガロン（ドラム缶入り）	81588 〃	36244 〃	20384 〃	13052 〃	9048 〃

1000 フィートのビード長を得るためには，おおよそ以下の量が必要である．
1/8 インチ直径のビードでは 2/3 ガロン
1/4 インチ直径のビードでは 2 1/2 ガロン
3/8 インチ直径のビードでは 5 3/4 ガロン

表 41.2 4 フィート×8 フィートパネルを接着する場合の接着剤塗付パターン

	32 フィート	40 フィート	42 フィート	44 フィート	50 1/2 フィート
ビード長さの合計					
所要接着剤量（オンス）					
ビード直径 1/8 インチ	2.6	3.3	3.4	3.6	4.1
ビード直径 1/4 インチ	10.5	13.1	13.7	14.4	16.5
ビード直径 3/8 インチ	23.5	29.4	30.9	32.3	37.1

表 41.3 コテ塗りにおける塗付量

コテの種類	塗付量 (平方フィート/ガロン)
角型ノッチ	34
（幅 3/16 インチ，深さ 1/8 インチ，間隔 5/16 インチ）	
ノコギリ型	54
（幅 3/16 インチ，深さ 1/8 インチ，間隔 3/16 インチ）	
V ノッチ型	
（幅 3/16 インチ，深さ 1/8 インチ，中心間隔距離 1/2 インチ）	66
（幅 3/16 インチ，深さ 3/16 インチ，中心間隔距離 7/16 インチ）	41
（幅 3/16 インチ，深さ 3/16 インチ，中心間隔距離 9/16 インチ）	54

表 41.1 に押出し法によるマスチック状接着剤の塗付量に関するデータを示すが，これらの数値は作業者の技能レベル，温度，塗付システムの効率などにより変化する．また，**表 41.2** には押出し塗付の標準パターンを示す．

こ て 塗 り

こてを用いた塗付では接着剤の乾燥時間，こての角度，こての摩耗度などにより塗付量が異なってくる．**表 41.3** にはこてを 45°に傾けて塗付した場合の標準塗付量が示してある．また，典型的なこての形状を**図 41.1** に示す．

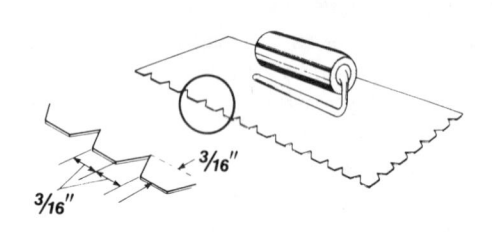

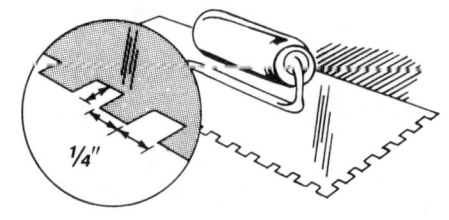

図 41.1 （上）タイルボード用接着剤の塗付に用いられる V ノッチ付きこての例
　　　　　（下）床仕上材用接着剤の塗付に用いられる角型ノッチ付きこての例

他の塗付方法による塗付量

前述したように塗付量には多くの要因が関与するが，これらの影響を考慮して塗付可能量を正確に述べることは非常に困難である．また，接着剤の粘度，樹脂固形分なども塗付方法により異なってくる．**表 41.4** では，接着剤の粘度が 8000～10000 cP，樹脂固形分が 30～50％ の範囲にある．

建築産業における接着剤の利用

表 41.5 には建築工事で利用される接着剤，および被着材である下地材と仕上材料の組合せを示してある．しかし，表 41.5 に示された組合せから単純に使用接着剤を選定するのは危険であり，表 41.5 は接着剤の性能，適用箇所，コストなどを比較検討するための参考資料として利用すべきである．

表 41.6 は一般的な接着剤の特性を示しており，接着剤の性能評価に役立つ．表 41.5 と表 41.6 をあわせて利用することにより，使用すべき接着剤の候補を選定できよう．

床

接着剤を使用する第一の部位として床があげられる．床仕上材料の種類は多く，木材，弾性仕上材（ビニル床タイル，ビニル床シートなど），硬質仕上材（タイル，天然スレート，れんがなど），さらにカーペットなどの繊維材料が利用される．これらの床仕上材は適切な接着剤により容易に施工できるが，これら個別材料の接着について説明する前に二つの問題について触れておく必要がある．一つは APA (American Plywood Association；アメリカ合板協会) の接着床組工法であり，もう一つは床仕上材料の接着に先だって実施される床下地工事である．

床の改装や模様替えを行う場合には既存の床が新しい

表 41.4 スプレー，ブラシ，およびローラー塗りにおける塗付量の比較

スプレー塗り	
スプレーガン (#365)	250～350 平方フィート/ガロン
スプレーチップ (#66)	
圧送圧力 55 ポンド	
カップ圧力 8 ポンド	
ブラシ塗り（中程度の塗付）	175～225 平方フィート/ガロン
ローラー塗り	300～350 平方フィート/ガロン
（カーペット接着のためスチップルローラーを使用）	

表 41.5 接着剤の選定表

仕上材	れんが・石材	スラグコンクリートブロック	現場打ちコンクリート	石こうボード	しっくい	ハードボード	金属	パーティクルボード	合板	木材
ブリック、ベニア	D,b,e	D,b,e	D,b,e	B,D,f,h,m	B,D,f,h,m	B,D,f,h,m	D,b,e,k	B,D,f,h,m	B,D,f,h,m	B,D,f,h,m
カーペット	B,f,h,m	B,f,h,m	B,F,H,M	B,f,h,m	B,f,h,m	B,f,h,m	B,f,h,m	B,F,H,M	B,F,H,M	B,F,H,M
タイル、天然スレート石、石材	B,c	B,c	B,c,f	B,F,c,h	B,F,c,h	B,F,c,h	B,c	B,F,c,h	B,F,c,h	B,F,c,h
ケイ酸カルシウム板およびコルク材	B,d	B,d	B,d,f,h,m	B,d,f,h,m	B,d,f,h,m	B,d,f,h,m	B,d,f,h,m	B,d,f,h,m	B,d,f,h,m	B,d,f,h,m
幅木	D,L,b,h	D,L,b,h	D,L,b,h	D,L,b,h	D,L,b,h	D,L,b,h	D,b,h	D,L,b,h	D,L,b,h	D,L,b,h
人工大理石	B,D	B,D	B,D	B,D,h	B,D,h	B,D,h	B,D	B,D,h	B,D,h	B,D,L
装飾縁材	B,D	B,D	B,D	B,D,f,m	B,D,f,m	B,D,f,m	B,D	B,D,f,m	B,D,f,m	B,D,f,m
石こうボード	B,D	B,D	B,D,f,m	B,D,a,f,m	B,D,a,f,m	B,D,a,f,m	B,D	B,D,a,f,m	B,D,a,f,m	B,D,a,f,m
ハードボードパネル	B,D	B,D	B,D,f,m	B,D,a,f,m	B,D,a,f,m	B,D,a,f,m	B,D	B,D,a,f,m	B,D,a,f,m	B,D,a,f,m
断熱ボード	B,D	B,D	B,D	B,D,f,h,m	B,D	B,D,f,h,m	B,D	B,D,f,h,m	B,D,f,h,m	B,D,f,h,m
金属	B,D,k	B,D,k	B,D,c,k	B,D,h,k,m	B,D,h,k,m	B,D,h,k,m	B,C,D,E,K	B,D,h,k,m	B,D,h,k,m	B,D,h,k,m
大理石	B,D,k	B,D,k	B,D,k	B,D,k	B,D,k	B,D,k	B,D,c,k	B,l	B,l	B,D,k
木質パーケット	B,D,h,k	B,D,h,k	A,B,d,h,k	A,B,d,h,k	A,B,d,h,k	A,B,d,h,k	B,D,c,e,h,k	A,B,d,h,k	A,B,d,h,k	A,B,d,h,k
プラスチック積層材	b,c,d,e	b,c,d,e	b,c,d,e	D,E,c,b	D,E,c,b	D,E,c,b	b,c,d,e	A,D,E,b,c	A,D,E,b,c	A,D,E,b,c
合板および合板パネル	B,a,d,f,m	B,a,d,f,m	B,a,d,f,m	A,B,d,f,m	A,B,d,f,m	A,B,d,f,m	B,D,f,m	A,B,d,f,m	A,B,d,f,m	A,B,d,f,m
ポリスチレンフォーム	A,B,F,H,M	A,B,F,H,M	A,B,F,H,M	A,B,F,H,M	A,B,F,H,M	A,B,F,H,M	B,F,H,M	A,B,F,H,M	A,B,F,H,M	A,B,F,H,M
ポリウレタンフォーム	A,B,D,F,H,M	A,B,D,F,H,M	A,B,D,F,H,M	A,B,D,F,H,M	A,B,D,F,H,M	A,B,D,F,H,M	B,D,h	A,B,D,F,H,M	A,B,D,F,H,M	A,B,D,F,H,M
床下地材	B,D	B,D	B,D	B,D,a,m	B,D,a,m	B,D,a,m	B,D	B,D,a,m	B,D,a,m	B,D,a,m
タイルボード（壁用ボード）	B	B	B	B,l	B,l	B,l	B,d	B,l	B,l	B,l
プラスチック製浴槽およびシャワー器具	B	B	B	B,f,h,m	B,f,h,m	B,f,h,m	B	B,f,h,m	B,f,h,m	B,f,h,m
ビニル床仕上材	F,h,m	F,h,m	F,h,m	F,h,m	F,h,m	F,h,m	F,h,m	F,h,m	F,h,m	F,h,m
木質フロアー材（帯状、タイル状）	B,c,d,k	B,c,d,k	B,c,d,k	B,d,k	B,d,k	B,d,k	B,d,k	B,d,k	B,d,k	B,d,k
木材および合板	B,D,k	B,D,c,f,h,k	B,D,a,c,f,h,k,m	A,B,F,d,h,k,m	A,B,F,d,h,k,m	A,B,F,d,h,k,m	B,D,c,e,k	A,B,F,I,J,M,d,g,h,k	A,B,F,I,J,M,d,g,h,k	A,B,F,I,J,M,d,g,h,k

接着材の種類（大文字で示した接着剤が一般的に使用されるが，場合によっては小文字で示した接着剤も使用される）

- a. ポリ酢酸ビニル
- b. SBR（溶剤型）
- c. エポキシ樹脂
- d. ネオプレンゴム（溶剤型）
- e. ニトリルゴム
- f. ラテックス・エマルジョン
- g. ホットメルト
- h. アクリル樹脂（ラテックス）
- i. 膠
- j. レソルシノール
- k. ポリウレタン
- l. ロジン系樹脂
- m. エチレン-酢ビ共重合樹脂

表 41.6 各種接着剤の一般的性質

接着剤	硬化システム	塗付方法	施工可能な温度領域 (°F)	適用可能な温度領域 (°F)	70°Fにおけるせん断強さ[a] (psi)	耐油性 耐グリス性	耐水性	耐候性	耐酸・耐アルカリ・耐薬品性	初期接着性または未硬化時の接着強さ	硬化後の凝集力	多孔質材料同士の接着	多孔質材料と非多孔質材料との接着	非多孔質材料同士の接着
ポリ酢酸ビニル	水の蒸発（加熱，加圧）	ブラシ，スプレー，ローラー，流し塗り	35°~100°	-20°~180°	100~4000	G	P~E	P~F	P~F	F	E	E	G	P
SBR（スチレンーブタジエンゴム）	溶剤の蒸発	ブラシ，スプレー，ローラー，押出しコテ	0°~120°	-20°~200°	50~700	P~F	F~G	F~E	P~F	F~G	F~G	F~G	G	G
エポキシ樹脂	硬化剤との反応	ブラシ，流し塗り，押出し	40°~100°	-20°~350°	50~5000	E	G	G~E	G~E	F~G	E	E	E	E
ネオプレンゴム	溶剤の蒸発（加熱）	ブラシ，スプレー，押出し	0°~120°	-40°~300°	20~500	G~E	G~E	G~E	G	G~E	G~E	G	G	E
ニトリルゴム	溶剤の蒸発（加熱）	ブラシ，スプレー，押出し	0°~120°	-40°~300°	20~500	E	G~E	G	G	G~E	G	G	G	E
ラテックス・エマルジョン	水の蒸発	ブラシ，スプレー，ローラー，押出し，コテ	40°~100°	-30°~200°	50~300	P~F	P~G	P~G	P~F	P~F	F~G	E	G	P
ホットメルト	冷却	ブラシ，流し塗り，押出し	140°~350°	-20°~Melt	20~500	P~F	G	F~G	F~G	F~G	F~G	G	G	G
アクリルラテックス	水の蒸発または触媒硬化による架橋	ブラシ，流し塗り，押出し，コテ，スプレー	0°~100°	-40°~400°	10~300	F~G	F~G	G~E	F~G	P~G	F~G	G~E	F~E	F~E
膠	水の蒸発または冷却	ブラシ，流し塗り，押出し	70°	-20°~200°	500~4000	G	P	F	F	F	E	E	G	P
レゾルシノール	水の蒸発・架橋（加熱・加圧）	ブラシ，流し塗り，押出し	70°	-20°~250°	1000~4000	G	E	G	G	F	E	E	G	P
ポリウレタン	水または溶剤の蒸発・架橋	ブラシ，スプレー	40°~120°	-40°~300°	20~700	P~G	F~E	G~E	G	F~G	F~G	G	G	G
ロジン系樹脂	溶剤の蒸発	コテ，押出し	40°~100°	0°~180°	20~200	P~F	F~G	P	P	G~E	G~E	G	G~E	G
エチレン-酢ビ共重合樹脂ラテックス	水の蒸発	ブラシ，流し塗り，押出し，スプレー，コテ	35°~100°	-20°~200°	50~500	P~G	F~G	F~G	F~G	P~G	F~G	F~G	G	F~G

注：a) 被着材の熱伝導性，厚さ，高温下での要求接着強さ等によって変化する。
b) 被着材，接着層の厚さ，接着剤の塗付方法などにより変化する。E=Excellent (優)，G=Good (良)，F=Fair (可)，P=Poor (不可)

41. 建築用接着剤

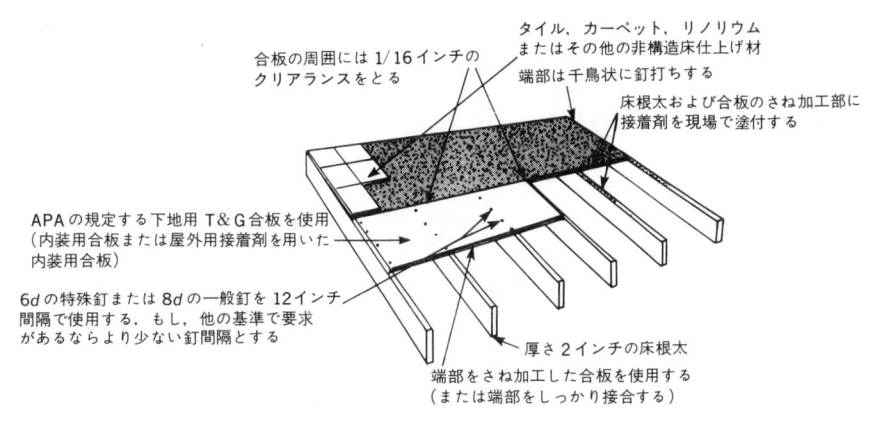

図 41.2 の説明ラベル:
- 合板の周囲には1/16インチのクリアランスをとる
- タイル、カーペット、リノリウムまたはその他の非構造床仕上げ材 端部は千鳥状に釘打ちする
- 床根太および合板のさね加工部に接着剤を現場で塗付する
- APAの規定する下地用T&G合板を使用（内装用合板または屋外用接着剤を用いた内装用合板）
- 6dの特殊釘または8dの一般釘を12インチ間隔で使用する。もし、他の基準で要求があるならより少ない釘間隔とする
- 厚さ2インチの床根太
- 端部をさね加工した合板を使用する（または端部をしっかり接合する）

図 41.2 APA接着床組工法（APA：アメリカ合板協会による）

床仕上材料の接着下地となることが多い．しかし，一般の新築工事，屋根裏部屋工事，地階工事，車庫増築工事などの場合には床仕上材料を接着するための床下地をつくらねばならない．このような床下地の施工においても接着剤は重要な役割を果たす．

1960年代の中ごろよりAPAは品質・性能の高い，しかも使用材料を節約できる接着床組工法を開発するため精力的な研究を実施した．APAの接着床組工法は構造用合板と床根太を接着剤により強固に一体化させる技術である．このような床下地の剛性は非常に高く，構造的には床根太と構造用合板が連続T字型の梁を形成したように挙動する．したがって，床根太と構造用合板の接着は既往の釘接合のみによる床組と比較して床剛性を増加させる．例えば，床根太に構造用合板を1枚接着すると床剛性は顕著に増加する（5/8インチ厚の構造用合板と2インチ×8インチの根太を使用した場合で25%増加）．また構造用合板の突合せ部分をさね加工して接着すれば，剛性はさらに高くなる（上記と同様の場合で50%増加する）．接着床下地を釘接合のみの床下地と比較すると，前者は短期的荷重に対してたわみが少ないだけでなく，長期的荷重に対してもたわみが少ないことも判明している．また，APAの接着床組工法には構造性能以外にも歩行の際のきしみ音が消えるなどの長所がある．さらに，APAの実施した一連の試験によって，経済的にも有利であり，構造物全体の構造性能を向上させることも明らかにされた．すなわち，APAの接着床組工法では従来の釘接合工法における床根太間隔16インチを24インチに広げることができるため，およそ1/3の床根太を省略できる．そして，構造性能は従来の床根太16インチ間隔の釘接合による床組より向上している．APAの試験によれば，さらに多くの床組設計において梁（床根太・大引きなど）のスパンを拡大できることが示されている．APAの接着床組工法の標準設計例を**図41.2**に示す．

接着剤の側から見ると，APAは床組用接着剤に対して要求性能にもとづく厳しい仕様を確立している．APAおよび関係当局が仕様書の中で規定している使用接着剤は一定の実験室試験に合格するものでなくてはならない．しかも，その試験は，実際に現場で接着した部材の中からランダムに取り出した試験体を用いて，独立した第三者機関が実施しなければならない．このようなAPAの接着剤基準は使用者に対する品質保証を明確にする上で重要である．しかし，建築分野においてこのような例が他にほとんど認められない．以上のような点から，新築工事および増改築工事においては，APAの接着床組工法の採用が推奨される．

床下地の養生

床仕上げの下地にはいろいろな種類がある．仕上材料を接着する前に，まず床下地を検査することが重要であろう．床下地の欠陥は仕上げに直接的に影響するため，床仕上げの前に下地が健全であることを確認する必要がある．

現場打ちコンクリート　床下地として，今日，最も使用されているのがコンクリート下地である．コンクリート下地ではコンクリートスラブ下の含水状態が問題となる．コンクリートスラブの品質が良好であるという理由のみでは水分の影響を無視できない．下からの水分を防止するため，建築技術者にはコンクリートを打ち込む前に適当なプラスチックシートを敷くことが要求される．一方，コンクリート自身の表面が湿っていることは必ずしも有害ではない．床仕上材料や接着剤の種類によって有害性が決定される．

新しく施工されたコンクリートスラブまたは年数を経過しているコンクリートスラブの表面含水状態を調べるための実際的な方法は次のようである．およそ36インチ平方のポリエチレンシートをコンクリート表面をきれいにしてテープにより貼り付ける．もしコンクリートスラブが含水状態であるなら，48時間以内にポリエチレンシートの内面に結露による水滴が発生する．この方法により仕上材を施工する前の含水状態のチェックが可能である．

また，コンクリートの表面が荒れていたり，欠損部があったりする場合，仕上材の接着は非常に困難である．さらにコンクリートに特別の硬化剤を使用した場合，硬

化剤が表面に浮き出て塩の結晶となることがあり，接着を阻害する．仕上材を接着する前に，表面の阻害成分を除去する必要がある．また，コンクリートのひび割れ，欠損，不陸等はモルタル塗りなどにより修整する．当然であるが，コンクリート表面にほこり，土，油分などが残存していてはならない．

コンクリートスラブはしばしば湿っているが，その上に木材による床下地を施工する場合は図41.3に示すような防湿対策が施される．ころばし根太は建築用接着剤によりスラブにしっかりと固定した方がよい．また，アスファルト系接着剤を使用する方法もある．

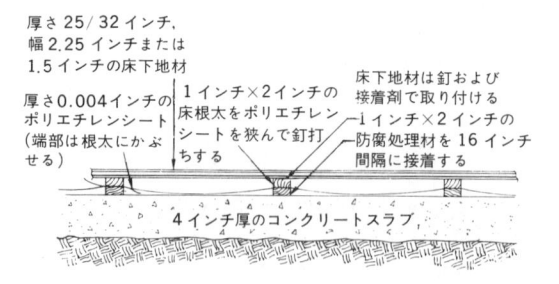

図 41.3 コンクリートスラブ上のころばし根太による床下地

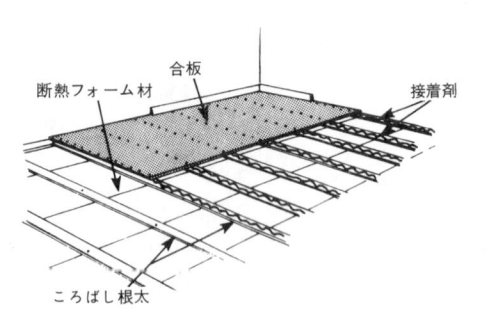

図 41.4 コンクリートスラブ上の断熱床下地

また，コンクリートスラブ上の床下地には図41.4に示すように断熱材を挿入することが望ましい．

木質系床下地　合板は床下地材としてよく使用されるが，パーティクルボード，フレークボード，ウェハボードなども使用される．これらの下地材のほとんどは合板と同様に取り扱われている．床下地材と床仕上材との間に大きな隙間が生じるような場合には適当な木質系充填剤を使用する必要がある．また，すべての釘頭は木材と同じ高さに打ち込んでおき，決して釘頭が出ていないようにする．一般に，床下地が施工されてから他の工事が行われるため，床下地の上には，ほこりや土が集積しやすい．これらは，仕上工事の前には除去しなければならない．

既存の床仕上げ　既存の床仕上材の上に新しい床仕上材を施工することは少なくない．多くの場合，このような施工に問題はないが，潜在的には以下のような問題がある．例えば，ビニル床タイルやビニル床シートの表面にはワックスやほこりの層が形成されており，接着を阻害する．このような場合には阻害物質を除去する必要がある．また，既存の床仕上材が床下地材にしっかりと接着しており，はく離しないことを確認する必要がある．

一方，既存の床仕上材を除去する場合は，既存の床下地に残存している古い接着剤を完全に除去する必要がある．古い接着剤は新しい接着剤との相溶性が悪いことがある．また，可塑剤などの移行による接着阻害がおこる可能性もある．

既存の床下地処理に関する技術情報を求める場合には，単に床システムの施工業者のみでなくて，床材や接着剤の製造業者からも情報を求める必要がある．

床　　材

木質系床材　木質系床材はおそらく11世紀の中ごろから使用されており，現在に至るまで最も利用されている床仕上材である．カシ，カバ，ブナ，カエデなどの広葉樹やマツ，モミなどの針葉樹が床材に利用されている．また，板材，積層材，ブロック材などの木質系床材が接着剤により施工されている．

幸いなことに，木質系床材に利用される接着剤は以下のように限定されているため，選定は比較的簡単である．

（1）アスファルト系接着剤：数年前まで，木質系床材の多くはアスファルト系接着剤により接着されていた．残念なことに，アスファルトの蒸気が可燃性であり，作業者にとって危険であることが指摘されてから使用されなくなってきた．しかし，経済的に有利なことから，今日でも利用される場合がある．性能からみれば，接着強さはかなり低く，可燃性でもあるため，多くの利用者が溶剤型SBR系接着剤を使用するようになっている．

（2）溶剤型ゴム系接着剤：現在，木質系床材の多くはこのタイプの接着剤を利用している．これらの接着剤は1,1,1-トリクロロエタンまたは他の炭化塩素系溶剤によりSBRなどの樹脂を溶かしているため難燃性である．また，高い接着強さを有し，柔軟性もある．したがって，通常の膨張・収縮に耐え，下地を破壊することなしに接着を維持できる．このタイプの接着剤はこてにより塗付されることが多い．

（3）ポリ酢酸ビニル系接着剤：今日ではあまり使用されないが，フィンガータイプの床材や下地用床材の接着にエマルジョン系接着剤が利用される．この接着剤は水性ではあるが非常に早く乾燥し，フィンガータイプの床材がずれることはない．接着剤は3〜5時間で乾燥し，仕上げの研磨が可能となる．このようなポリ酢酸ビニルエマルジョン接着剤によるフィンガータイプの床材接着やその研磨作業には施工者の熟練が要求される．

（4）エポキシ樹脂系接着剤：エポキシ樹脂系接着剤も場合によっては利用されるが，接着強さが木材強度より高く，必要以上に高価であり，取扱いも複雑である．また，接着強さが高くて接着層が硬質であることから，膨張・収縮などによりはく離しやすい．

木材は水分により劣化しやすいということを常に考慮

することも重要である．水分の作用する場所にはどのようなタイプの木質系床材も施工すべきではない．水分は木質系床材を施工する場合の唯一，最大の問題点である．

プラスチック系弾性床材　便利性，施工の容易性，長期の耐摩耗性などがプラスチック系床材使用の主たる理由である．非常に多くの材料，デザイン，色が選定可能である．

プラスチック系弾性床材はシートとタイルに大別される．シート状床材は長さが12フィート以上の巻物となっている．シート状床材の長所は，床仕上材の継目が少ないこと，壁から壁までの連続デザインが可能なことである．このような床シートは，カーペットも含めて，ラテックスまたはエマルジョン系接着剤で接着される．接着剤はこてにより下地に塗付され，接着した後の位置ずれを直すのに十分な時間を残してから硬化する．

接着作業にあたっては床材製造業者と接着剤製造業者の両者の技術資料を参照することが必要であり，長期信頼性を有する接着剤を使用する．また，フォーム状のクッションで裏打ちされたビニル床シートに通常の床シート用接着剤を使用すると接着性がよくない場合があるので注意する．カーペットや床シートがフォーム状クッションで裏打ちされている場合には，材料の切れ端を利用して試験接着をするのがよい．また，正しい塗付量を確保するためノッチ付きのこてを使うことも推奨される．

ビニル床タイル：ビニル床シートに使用されているラテックスまたはエマルジョン系接着剤がビニル床タイルにも利用される．しかし，ビニル床タイルの場合，その大きさが9インチ×9インチまたは12インチ×12インチと小さいことから，より低粘度の粘着剤を利用することもできる．接着剤はブラシ，こて，ローラーにより塗付できる．一般には接着剤塗付後に一定の放置時間をおき，粘着性が発現したところでビニル床タイルを貼り付ける．この接着剤は貼合せ後に非常に早く強度を発現するため，接着直後あるいは接着作業中にビニル床タイルの上を歩くことができる．このような低粘度の接着剤によるビニル床タイルの施工は素人にも簡単にできる[1]．

ビニル系床仕上材に共通する問題は端部の納まりである．端部の接着では別途に樹脂系接着剤を使用する．通常，壁からおよそ1.5インチまたは2インチ離れた場所に壁にそって接着剤を帯状に押し出し，床材を接着する．もう一つの方法として壁の方まで床材を立ち上げて接着することもある．この場合，粘着性に優れたネオプレン系接着剤が選ばれる．まず，接着剤を塗付せずに床材を立ち上げて接着部分となる壁下端部に鉛筆などでマークする．その後，床材と壁下端部の両方にネオプレン系接着剤を塗付し，溶剤が揮散するのを待って，すばやく接着する．

また，コンクリート壁などの下端部には幅木などが取り付けられる場合もある．この場合，カートリッジタイプのSBR系溶剤型接着剤を使用することが多く，押出し法により幅木に接着剤を塗付し，コンクリート壁下端部に貼り付ける．このような接着剤は「建築用接着剤」という名称で販売されている．

硬質床仕上材　硬質床仕上材の例としては，陶磁器質タイル，モザイクタイル，石張り，天然スレート，大理石などがある．これらはすべて接着剤で貼付け可能であり，下地材としてはコンクリートスラブ，合板，合板に類似の木質系材料などが用いられる．下地は乾燥しており，ほこり，土，油などが除去されていなければならない．このような硬質床仕上材の接着には同様な接着剤が使用されていることが多い．

陶磁器質タイル・モザイクタイル：陶磁器質タイルは他の硬質床仕上材と比較して薄いため，接着剤は比較的浅いノッチのついたこてで塗付される．余分な接着剤は除去しなければならず，タイルを接着したのちに動かしてはならない．タイルを動かすと接着剤が目地部分に押し上げられる原因となる．溶剤型SBR系接着剤，ニトリルゴム系接着剤，SBR系ラテックス型接着剤などが使用される．接着剤は24～48時間で硬化するようなものが望ましい．そのため溶剤型接着剤の方がより適している．ラテックスやエマルジョン系接着剤では硬化がより遅くなる．タイル目地を早く充填するために，目地充填中にタイルがずれないためにも，接着剤の早い硬化が要求される．

石張り：石張りも接着剤で施工可能である．石張りの場合には材料が厚いことから，比較的大きいノッチのついたこてで接着剤を塗付することになる．ここでも，目地充填のために接着剤が早く硬化する必要がある．また，接着による石張りでは目地充填剤の選定が重要である．接着された仕上材はムーブメントをうけるため，硬質の目地充填剤はひび割れを生じやすい．それを避けるためにはラテックスで変性した柔軟性のある充填剤を利用するのがよい．

天然スレート：天然スレートには大きさの標準化されたものと標準化されていないものがある．多くのスレートはランダムに切断されており，それが一つのデザインになっている．接着剤によるスレートの接着は標準化されたスレートについてのみ適用可能である．標準化されたスレートは一定の形状・寸法に切断加工されており，厚さも統一されている．標準化されていないスレートは厚さがばらばらであるため，厚みのあるポルトランドセメントにより固定される．また，標準化されたスレート床材を接着する場合にも柔軟性のある目地材を使用した方がよい．

大理石：大理石の接着は他の硬質床仕上材の場合と同様に考えてよいが，接着剤の色に配慮が必要である．大理石は比較的透明であることから，暗色の接着剤を使用すると表面が暗色になる．したがって，明るい色の接着剤を選定することが望ましい．

その他にも新しい硬質床仕上材があるが，接着剤として，エラストマー系接着剤，溶剤型SBR接着剤などを使用することが多い．また，水性のエマルジョン系接着剤

を使用することは少ない．また，比較的大きい硬質床仕上材の接着面にはある程度のギャップが存在するため，それらのギャップを埋めることができるような接着層を形成する必要がある．そのためには，適正なノッチのこてにより適正な厚さの接着層を下地面に塗付する必要がある．

壁および天井

壁仕上材の接着工法は第二次世界大戦後に急速に発展した．種々の壁仕上材を接着するため，それぞれの壁仕上材に合致する接着剤が開発されている．

コンクリートやれんがの壁では壁仕上材を施工する前に，ポリスチレンフォーム，ポリウレタンフォーム，グラスファイバーなどの断熱材を施工することが一般的になっている．ポリスチレンフォームの接着ではポリスチレンフォームを侵さないような接着剤を使用するよう注意する．

壁周囲の縁飾り材もコンクリートやれんがに直接的に接着するが，その接着剤には高品質の建築用接着剤が使用される．

石こうボードは接着剤により縁材や桟材に接着されて，壁仕上材になったり，他の壁仕上材の下地になったりする．接着剤としては建築用接着剤あるいはパネル用接着剤と称されるものが利用されるが，石こうボード用とラベルに表示されていることが多い．

パネルは接着仕上げされる材料の中で代表的なものである．表面仕上げの施された合板や広葉樹材のパネルが接着される．通常はパネル用接着剤と称される製品を使用するが，特別の接着剤を必要とする場合もある．また，合板やハードボードパネルを石こうボード下地に全面接着する場合もあり，接着剤は石こうボードの全面にこて塗りされる．このような接着ではカートリッジタイプの接着剤より長い作業時間が要求されるため，タイルボード用接着剤という名称で市販されている接着剤を使用する．この接着剤は合板，ハードボードだけではなく，他のパネル材の接着にも利用できる．

床仕上材を壁仕上材として利用することは一般的ではない．例えば，木質フロアータイルやカーペットを壁仕上材とすることはほとんど行われない．もし壁仕上材とするならば，床仕上げとは異なり垂直面において十分な保持力を有する接着剤を使用する．

陶磁器質タイルおよびモザイクタイルの接着にも専用の接着剤が必要とされる．ラテックスまたはエマルジョン接着剤が利用されることが多く，壁にこてで塗付される．

特殊な壁仕上材としてプラスチックラミネートシートがあげられる．このような材料は汚れ防止などのため壁に接着されることがあり，壁の表面がプラスチックラミネートの表面よりも粗いため，カウンタートップなどに接着する場合よりも高粘度の接着剤を選定する．

壁仕上材の下地

床仕上げの場合と同様に，壁仕上げでも良好な下地をつくることが重要である．多くの壁は完全な垂直に仕上がっていないため，垂直に補正するための縁材，桟木などが必要である．また，壁が湿っていたり，汚れていたりしていては壁仕上材の接着に不適である．

コンクリートおよびれんが系の下地　現場打ちコンクリート壁の場合に注意することは，型枠の取外しを容易にするために使用された油脂分や離型剤である．このような成分がコンクリート表面に残存する場合は良好な接着が期待できない．したがって，仕上材の接着に際しては，コンクリート表面から油脂分や離型剤を除去する必要がある．一方，れんが壁の場合は油脂分や離型剤は使用されない．しかし，目地に充塡されるモルタルがれんが表面にはみだして凹凸面をつくることが多く，ワイヤブラシによる清掃が必要となる．また，コンクリート壁やれんが壁が湿潤状態にある場合は，十分に乾燥させてから仕上材を接着する必要がある．もし湿潤状態のまま仕上材を施工すると，時間の経過とともに仕上材に不都合が生じてくる．

既存のしっくい仕上げおよび石こうボード　既存のしっくい仕上げや石こうボードには塗料が何層にも塗られていることが多い．これらの上に仕上材を接着する場合は，塗膜がしっかりと接着されていること，新しく使用する接着剤が塗膜を膨潤・軟化させないことを確認する必要がある．旧塗膜の上に接着剤を塗付してから24時間後の接着性を評価することでチェックするのが一般的である．また，旧塗膜が劣化してはく離がみられるようならば，旧塗膜を完全に除去しなければならない．

プラスチックフォーム　壁仕上材を施工する前に，ポリエチレンフォームやポリウレタンフォームを施工することが一般的になりつつある．特に，コンクリート外壁やレンガ外壁の場合に施工されている．ポリウレタンフォームは通常の壁仕上材用接着剤中に含まれる溶剤で侵されることはないが，ポリスチレンフォームは侵される場合が多い．したがって，ポリスチレンフォーム接着用に開発された接着剤を使用する必要がある．

また，下地の不陸は壁仕上材を施工する前に修整すべきであるが，部分的な小さい隙間などはパネル用接着剤を充塡することで修正することもある．

壁仕上材用接着剤の種類

建築用接着剤　残念なことに，市場で販売されている「建築用接着剤」には品質上の大きな開きがあり，低品質のものから高品質のものまで同一の名称で販売されている．これら接着剤の品質を確認するための一つの方法は，接着剤に表示されている認定マークである．もし，接着剤がAPAの品質基準であるAFG-01の規格に合致するものであるなら，その品質は信頼できる．

また，接着剤のラベルに表示されている注意事項を十分に理解する必要がある．表示がないのにポリスチレン

フォームの接着にも利用できるなどと勝手に考えてはいけない．また，処理木材に適用できる接着剤であることもラベルに表示されている．現在，何種類かの処理木材が市場で販売されているが，これらの材料には専用の接着剤が推奨されている．しかし，高品質の建築用接着剤を使用しても十分な接着性を得られる場合が多い．また，ほとんどすべての建築用接着剤は縁材や桟木にパネルを支障なく接着することができる．これらの接着剤はカートリッジに充填されており，コーキングガンにより帯状に押し出して塗付する．これらの接着剤はギャップを充填する効果があり，正しい塗付量を守れば十分な接着性能が得られる．

また，多くの高級な建築用接着剤が開発されており，木製デッキを除いた屋外部材の接着にも利用されている．さらに，釘や金属製ファスナーを使用できないような表層部材のスポット接着にも利用されている．ネオプレン系マスチック状接着剤のように金属部材の接着に適した高温用接着剤も何種類か利用されているが，屋根部材のように夏期に200〜250°Fとなる厳しい温度条件下では注意が必要である．

パネル用接着剤　一般的に，パネル用接着剤は仕上処理されている合板パネルあるいはハードボードパネルを接着するために使用される．これらの接着剤には高品質の建築用接着剤に要求されている耐高温性，高い接着強さなどは必要ない．接着破壊は被着材である木材部分でおこる場合がほとんどであり，パネル用接着剤の界面ではく離することはない．パネル用接着剤は典型的な高粘度マスチック状接着剤である．

タイルボード用接着剤　高粘度接着剤であるためノッチ付きのこてにより塗付される．接着剤は4フィート×8フィートまでの面積を有する大きなシートに塗付された後，壁面に接着される．タイルボード用接着剤にはパネル用接着剤には求められていない長い可使時間が要求される．すなわち，大面積に接着剤をこて塗りして接着するまでの間，接着剤が乾燥せずに粘着性を保有していなければならない．タイルボード用接着剤は一般に既存の壁へ仕上材を接着する場合に使用される．下地となる既存の壁はきれいに清掃する必要があり，また接着剤を塗付するためのこても清掃する必要があり，ノッチに古い接着剤などが固着していると塗付量が少なくなってしまう．

フォームボード用接着剤　ポリスチレンフォームのボードは溶剤に侵されやすいため，溶剤系接着剤はほとんど使用できない．フォームボード用接着剤を使用する場合，事前にフォームボードを接着して溶剤に侵されるか否かを確認する必要がある．

石こうボード用接着剤　石こうボードの取付けに1950年代から接着剤が使用されている．接着剤を使用することにより，必要な釘の本数を大幅に低減し，釘頭の処理や釘打ち工程を削減できるようになった．また，胴縁に接着された石こうボードの壁は，釘打ちに比較して，せん断力が大幅に向上する．石こうボード用接着剤はマスチック状接着剤であり，ギャップ充填性は良好である．したがって，釘打ちの場合と比較して仕上りが平滑になる．今日では，石こうボードの取付けはほとんど接着剤により行われている．

陶磁器質タイルおよびモザイクタイル用接着剤　これらの接着剤は一般的にエマルジョン系接着剤であり，可使時間が長く，垂直面でもタイルがずれないような接着性を有している．すべてのタイル用接着剤はノッチ付きのこてにより塗付されるが，推奨されるノッチ間隔は接着剤のラベルに表示されている．

木材用接着剤　木材用接着剤は家具やキャビネットの製作と関係づけて理解されることが多いが，建築工事においても重要である．住宅，商業用ビルなどの用途に関係なく，ドア，窓，下地板，および多くの仕上工事において木材用接着剤が利用されている．

ポリ酢酸ビニルをベースとした白色のエマルジョン系接着剤はよく知られており，幅広く利用されている．しかし，最近ではオレフィン系の黄色接着剤に移行しつつある．黄色の接着剤がすべてオレフィン系接着剤とは限らないが，オレフィン系接着剤の長所としてはサンドペーパー処理の可能なことがあげられる．ポリ酢酸ビニルでは接着層が軟化してサンドペーパー処理が困難である．また，オレフィン系接着剤の方がポリ酢酸ビニルエマルジョンよりも硬化が早く，粘着性に富んでいる．

膠は硬化が遅いことから建築工事では使用されなくなってきた．建築工事で使用する場合は作業性が重要であり，膠よりポリ酢酸ビニルエマルジョンやオレフィン系接着剤の方がはるかに優れている．

天井材の接着

数年前まで吸音天井材は接着剤により取り付けられていたが，最近は格子状の桟に落とし込む取付け方法に移行している．しかし，いまだに天井材を接着剤によって取り付ける例もあり，低分子の粘着付与剤を添加した接着剤が使用されている．

天井材を接着剤で貼り付ける場合，接着層に天井材の自重が継続的に作用する．また，天井材の端部はさね加工してあり，天井材は一体化されている．そのため，天井材の自重は連続した大型ボードと同様に考えられる．したがって，天井材の接着には凝集力の大きい接着剤が必要となる．このような事情から，天井材の接着にはゴム系接着剤は使用されず，粘着性を付与したマスチック状樹脂系接着剤が使用される．

水平表面材の接着

水平表面材としては，プラスチック積層材，人造大理石，アクリル樹脂系表層材などが使用される．このような仕上材料の下地材としては合板が主流であったが，最

近ではハードボード，パーティクルボード，ウェハボードなども下地材として利用されている．

プラスチック系積層材の接着にはコンタクト系接着剤が利用される．コンタクト系接着剤は，水性，可燃性の溶剤型，難燃性の炭化塩素系溶剤型の3種類に分類されるが，ネオプレンをベースとしたものが幅広く利用されている．また，アクリル樹脂をベースとしたコンタクト系接着剤も数種類あるが，建築分野では実績がない．

水性のコンタクト系接着剤は現場で達成できる圧縮圧力より高い圧縮圧力を要求するため，キャビネット製造などの工場接着に利用されることが多い．また，水性のコンタクト系接着剤は被着材に浸透するため，接着剤が不足する傾向がある．そのために，接着剤の2～3回塗りが下地材とプラスチック積層材の両面に実施される．

一方，溶剤型接着剤は現場での取扱いに注意が必要である．通常の換気処理だけでは火災や溶剤中毒の危険性を低減するのに不十分な場合があり，数年前から問題となってきた．そのため，連邦政府は消費者安全委員会を通じて数年前から20°F以下の沸点を有する溶剤型接着剤を全面禁止している．このような背景から，現在では炭化塩素系の溶剤を使用した接着剤が主流となっている．炭化塩素系の溶剤型接着剤はコスト的に多少高いが，安全性の点でははるかに有利である．また，接着性能は以前の溶剤型接着剤と同等である．

人工大理石やアクリル樹脂板は必ずしも合板やパーティクルボードに接着するとは限らない．高品質の建築用接着剤を利用してフレームに直接接着することも行われる．SBR系建築用接着剤はこのような用途に十分使用できるが，通常のマスチック状建築用接着剤を使用する場合は十分な性能を期待できないことが多い．また，人造大理石やアクリル樹脂板は比較的透明であるため明るい色の接着剤を選定する必要がある．

特殊な接着剤

特殊な性能を有する多くの接着剤が建築工事や建築産業の中で利用されている．以下に示す接着剤がすべてではなく，将来的には，このような接着剤の利用が増加するものと期待される．

シアノアクリレート系接着剤

速い硬化速度，高い接着強さから，しばしば「スーパー接着剤」などと呼ばれている．嫌気性の瞬間接着剤であり，プラスチック，ガラス，金属などの非多孔質な平滑面の接着に適している．硬化時間が短いため接着操作には十分な注意が必要であり，注意を怠ると自分の指まで接着することになる．

エポキシ樹脂系接着剤

エポキシ樹脂は，建築現場で利用されるより，工場における製品製造に利用されることが多い．一般に二成分型の接着剤であり，硬化剤の種類によって接着剤の性質が変化する．硬化剤には種々の化合物を利用することが可能であるが，その中でもアミン化合物がよく利用される．しかし，硬化剤に毒性があったり，硬化にともない発熱するため，取扱いには注意が必要である．一般に，ポリアミド化合物を硬化剤にした方が取扱いは容易である．また，主剤と硬化剤は十分に混練する必要がある．このように，取扱いが難しいため現場での利用が遅れている．

レゾルシノール系接着剤

レゾルシノール-フェノール-ホルムアルデヒド系接着剤は耐水性を高度に期待できる数少ない接着剤の一つである．しかし，反応硬化型接着剤であり，混練後の可使時間に制限がある．レゾルシノール系接着剤は45°F以上の室温で硬化が可能であり，耐水性を要求される木質構造部材の接着に使用されている．

ニトリルゴム系接着剤

この接着剤は1930年代に「Buna-N接着剤」という名称で航空機用接着剤として開発された．一時期カーテンウォールの接着に利用されたが，粘度が低いことから使いにくく，現在では粘度の高いマスチック状接着剤が使用されるようになっている．一方，ニトリルゴム（アクリロニトリル-ブタジエン）系接着剤が建築用として利用される場合もある．フェノール樹脂をブレンドしたニトリルゴム系接着剤は，低価格のSBR系建築用接着剤よりも，優れた耐熱性，耐油性，接着強さを有している．

ポリサルファイド系接着剤

ポリサルファイドはシーリング材のベースポリマーとして知られているが，高い強度性能，耐水性，柔軟性を有する接着剤としても利用可能である．まだ接着剤として利用されていないが，大気中の水分により硬化する一成分型接着剤としての利用が可能であろう．使用する場合に，サルファイドの臭気が問題となる．

シリコーン系接着剤

シリコーンもシーリング材として利用されてきたが，安定したゴム弾性を有することなどから建築用接着剤として種々の応用が可能である．従来はシリコーンをベースとした接着剤がたくさん出現するであろう．

ホットメルト系接着剤

エチレン-酢酸ビニル共重合体，ポリアミド，ポリエチレンおよびその他の樹脂をベースとしたホットメルト系接着剤は電気的接着装置と一緒に利用される．これらの接着剤は非常に狭い温度範囲に融点があり，すばやく溶融して，温度が2～3度低下すると再び固化する．したがって，スピード接着を期待できるが，大きな面積の接着よりはスポット接着に適している．また，ホットメルト

系接着剤の硬化時間が短いために，秒単位の接着操作が必要とされる．

接着のトラブルと対策

一般に，トラブルが発生しない建築工事はほとんどない．接着工事についても例外ではなくトラブルは発生する．しかも残念なことに，他の要因によって生じたトラブルの責任が接着剤のみに転嫁されるケースが多い．トラブルを解決するためには，その根本的原因を十分に認識する必要がある．以下に述べるようなケースは実際にしばしば認められることである．

耐凍結性

ラテックスおよびエマルジョン系接着剤は水が分散媒となっているため凍結する可能性がある．有機溶剤などの添加による耐凍結性接着剤も市販されているが，それ以外のラテックスおよびエマルジョン系接着剤は凍結により性能が低下する．このような接着剤には「凍結させないこと」と表示されているので注意して使用する．都合のよいことに，凍結により劣化した接着剤は容器の中で凝集固化するため使用できない場合が多い．一方，耐凍結性接着剤と称される製品は凍結融解を数多く繰り返しても性能が低下しない．

不適切な貯蔵

冬期に接着剤を使用する場合には，使用の24〜48時間前から室温に放置する必要がある．凍結しなくても，接着剤の温度が低い場合は粘度が高くなり，塗付が困難になる．

また，カートリッジタイプの布製容器に充填されている接着剤を高湿度環境下で保存すると，接着剤が劣化したり，場合によっては溶剤が揮散して固化することがある．このような劣化は接着剤を使用する段階まで気づかれないことが多い．

不適な接着剤の使用

接着剤は用途に応じて適切な種類を選定する．部分的に他の接着剤で代用したり，残り物の接着剤を用途以外に使用するとトラブルが発生する．

接着剤が被着材に与える影響

適切な接着を行うには被着材と接着剤との相溶性が良好でなければならない．接着剤中の溶剤によってポリスチレンフォームが侵される場合のあることは前述したが，その他にも接着剤中の成分が被着材に移行して悪影響を及ぼす場合がある．もし，接着剤中の溶剤やその他の成分が被着材に悪影響を与える危険性があるなら，事前に被着材の小片を接着して結果を確認する必要がある．

接着に不適な被着材

表面が汚れている場合　最もよく認められるケースである．ほこり，土，はく離した塗膜，油分，グリスなどは事前に除去しなければならない．また，表面の洗浄にガソリンや灯油を使用すると，洗浄後に油性の不揮発分が残存し，接着を阻害する．また，洗浄のために有機溶剤を使用するときには安全衛生，火気などに注意する．

既存の壁・天井・床などに残存するワックスは新しい仕上材を接着する前に完全に除去する必要があり，場合によっては薬品や合成洗剤を使用する．また，既存の下地にタイルの浮きや欠損部分などが存在する場合は，劣化した部分を除去した上で，ポリマーセメントモルタルやセルフレベリングタイプの床材などで埋め戻しを行い平滑にする．

充填不可能な大きさのギャップが存在する場合　下地の不陸に由来するギャップも接着に関するトラブルの中で高い割合を示している．下地が新しく仕上げたコンクリート面だとしても必ずしも平滑ではなく，水の停滞するような部分の存在することが多い．このような表面に天然スレートやタイルなどの硬質仕上材を接着すれば，接着界面にギャップが生じることは避けがたい．わずかなギャップであれば接着剤によるギャップ充填効果を期待できるが，ギャップが大きい場合には接着剤のみによる対応は不可能であり，ポリマーセメントモルタルなどを用いて表面を再度平滑に修正仕上げする．

未乾燥の下地　もう一つの大きな問題は湿っている下地である．多くの接着剤は湿潤面に接着しにくい．特に，湿ったれんが壁やコンクリート面においてこのような問題が顕著である．れんが壁やコンクリート表面は乾燥しているように見えても，雨水の浸入や水圧などにより経時的に湿潤化する場合がある．このように下地が湿っている場合には，耐水性接着剤と表示されているものであっても十分な性能は期待できないであろう．

不適切な接着操作

不適切な塗付量　壁仕上材や床仕上材の接着においては塗付量の不足によるトラブルが発生することが多い．正しいノッチのこてを使用したとしても，こての角度が不適切であったり，大面積を一度に塗付しようとして接着剤が途切れたりすれば適正な塗付量は守れない．

長すぎるオープン堆積時間　接着剤の表面が過度に乾燥して接着性が低下する場合がある．原因としては，こてのノッチ形状が不適切なこと，下地が過度に乾燥していること，高温・低湿度の環境条件にあること，塗付してから貼合せまでの時間が長すぎることなどが考えられる．

（1）不適切なこて塗りおよびカートリッジからの押出し：オープンタイムや可使時間は接着剤の組成にもとづいて製造業者により決定されている．通常，カートリッジガンから押し出すタイプの接着剤はこて塗りタイプの接着剤より短いオープンタイム，可使時間に設定され

ている．そのような情報はラベルに表示されている．また，細かいノッチ付きのこてによる塗付や細いビードの押出しでは乾燥が早まるため，オープンタイムや可使時間は短くなる．

（2）下地の性質：微細構造や水分などの吸収特性は材料により異なる．例えばパーティクルボードは木片から構成されているが，その表面は粗であり，接着剤の吸収速度は他材料と比較して大きい．そのため，オープンタイムや可使時間が短くなる傾向にある．また，同じコンクリート表面であっても，鋼製型枠から脱型したものと，通常のコンクリート面とでは微細構造が異なる．前者の方が表面が密であり，より長いオープンタイム，可使時間を期待できる．また，金属やガラスは接着剤を吸収しない．一般的には，表面の微細構造が粗であるほどオープンタイム，可使時間は短くなると考えられる．

（3）温湿度条件：温度が高い場合には接着剤の乾燥が早く，作業時間が短くなる．しかし湿度が高い場合には，温度が高くても接着剤の乾燥は遅くなる．また気流が存在する場合には，接着剤の表面が急激に乾燥する傾向にある．

（4）長すぎる待ち時間：貼合せまでの待ち時間が長すぎれば，上述した問題と同様に接着不良を生じることになる．接着が適切に行われていることをチェックするために，貼り合わせた直後に一部を引きはがし，接着剤が被着材をぬらしていることを確認するとよい．

被着材の位置修正および不適切な圧締　被着剤を正しい位置に接着することは重要であるが，コンタクト系接着剤の場合には修正が不可能なため慎重な位置決めを必要とする．その他の接着剤の場合でも，接着剤の硬化途中に位置ずれを修正すると欠膠部分を生じやすい．

また，圧締が不均一であったり，不十分であると接着が十分に行われない．

硬化する前の不適切な取扱い

良好な接着層が形成されたとしても，接着剤が硬化する前に接着部材を移動したり運搬したりすれば，接着は破壊されてしまう．このような硬化時間は接着剤の種類により異なり，大きな幅を有している．例えば，木材用接着剤では数分で硬化するものがある．一方，速乾性ゴム系マスチック状接着剤と称されるものは十分な接着強さを発現するまでに通常 12～24 時間の養生を必要とする．いずれにしても，接着剤製造業者の表示にしたがって適切な養生を行う必要がある．

接着部材の用途に合致しない接着剤の選定

「接着した部材を，最終的にどのような環境下で，どのように利用するのか？」ということが最も重要である．用途が屋外用の接着部材であるのに，耐水性の接着剤を使用していないという例はしばしば見受けられる．一方，多くの接着剤製造業者はラベルに「耐水性」という表現を用いているが，この表現は必ずしも屋外用であることを意味していない．もし屋外用接着剤として利用可能であるなら，単に「耐水性」と表示せずに，接着剤が性能を発揮する条件を表示するはずである．現状においては，ほとんどの接着剤は真の耐水性を有していないため，屋外用に使用すべきではないと考えられる．

次に，温度条件も重要な検討事項である．特に屋根用・天井用接着剤の選定では，通常の条件下とは異なった厳しい高温に暴露されるため注意が必要である．また，木材には十分に接着しても，鉄骨部材への接着性が乏しい場合もある．さらに接着強さも重要な検討項目である．数百 psi のせん断応力で破断するような下地材に数千 psi の強度を有するエポキシ樹脂を使用することは無意味であろう．

製造業者の取扱い要領を読まない場合

接着剤製造業者の取扱い要領にしたがって接着剤を使用すれば通常のトラブルは避けることができる．また，接着剤の価格に関して述べるなら，時間，労働力，材料費をすべて含めたトータルコストのほんの一部分であると結論できよう．

［Robert S. Miller／本橋健司 訳］

参 考 文 献

Miller, Robert S., "Home Construction Projects with Adhesives and Glues," Franklin International, 2020 Bruck St., Columbus, OH 43207, 1983. Installation procedures for all types of flooring are elaborately detailed in this book.

42. 電気産業における接着剤

電気産業における接着剤の使用は急速に拡大している。これは、接着剤が電気/電子のマーケットの特殊な要求に適した特性へ向けての開発がなされていることによる。その上、電気産業が接着剤の信頼性を信用したこともある。

電気産業に使用されている接着剤における最近の大きな進展には次のようなものがある。

（ⅰ）特殊仕様の表面実装用接着剤の出現
（ⅱ）ポリイミドの使用量と種類の増加
（ⅲ）ダイ取付け接着剤とICのダイの周辺に用いる材料の高純度化
（ⅳ）平面ディスプレイのシールに用いる高分子量のエポキシの使用

接着剤は、電気/電子の分野の中で、集積回路の固定から巨大な発電機のコイルの接合など多方面で使用されている。接着剤の失敗は、コンピューターの機能を停止し、町を暗黒化し、ミサイルの誤射などを生じたりする。

機械的な固定に加えて、電気分野へ適用する接着剤には、熱伝導性、導電性や電気絶縁性、衝撃に備える耐衝撃性、シール、基板の保護などが求められる。種々の適用に求められる特性は、数分から多くの年月にわたる寿命の間必要である。動作温度は−270℃から500℃である。また、1マイクログラム以下や1トン以上の量で使用されている。接着剤の選択は、これらの条件に加えて、接着強さ、熱伝導性、使用方法、硬化温度、耐候性などに左右される。

エポキシ樹脂は優れた接着性、適合性、適用の容易さ、良好な電気特性、耐候性など多才なことから接着剤として広く使用されている。

シリコーンは、フレキシブルであり、広い温度範囲、高周波数、高湿下の用途などで使用されており、また大気汚染に抵抗性がある。

ホットメルトは、小さな接着強さと制限された温度範囲の許容される用途で使用されている。また、高速組立に重要である。

アクリルは優れた電気的特性、安定性、良い耐候性、光の透明性、速硬化性などから使用されている。

ウレタン接着剤は柔軟性でねばりがあり、極低温から125℃まで耐久性がある。

プレコートしたポリビニルブチラールは大きな接合をつくり、容易に製作できる。

多くの組成のセラミックスとガラスが、高温度用とハーメチックシールに使用されている。

接着剤は、1液の液体、2液の液体、粉末、溶液、フィルム、熱可塑性の棒、成形したペレットなどの形状で利用できる。

マイクロエレクトロニクス

ダイボンディング

マイクロエレクトロニクスでの接着剤の大きな三つの用途は、ダイボンディング、回路部品の基板への接合、電子パッケージのシールである。接着剤の作業温度は、チップの特性を劣化する共晶による接合よりも、より低温である。ダイボンディングでは、直径が0.003″程度の小さな接着剤の小滴が、基板上の正確な場所に塗付される。ICチップは接着剤のところに正しく置かれ、ついで、接着剤は加熱硬化される。塗付された接着剤の量と場所はきわどいもので、多量になると接着層が厚くなりすぎる。粘度と表面張力は、チップをその場に保持するのに十分なだけ高いことが望ましい。また、低粘度であったり、場所がずれると、流動したりして回路のパッドを絶縁してしまう。（粘度低下の）希釈は、充填剤の沈降をもたらし、チップは正しい位置からのずれを生じる。1液または2液の特別に処方されたエポキシとポリイミドの接着剤がダイの取付けに使用されている。

ポリイミドがダイボンディング用接着剤として数年前から一般化している。これは、一般的なエポキシ樹脂は故障の原因となるイオン性不純物を含有しているためである。ポリイミドは、製造方法からエポキシよりも本来不純物が少ない。また、エポキシよりも高温でより安定であるが、常に溶剤に溶解した形で塗付され、高い硬化温度が必要である。一般に使用されている最近のエポキシ樹脂の処方では、イオン性不純物は50ppm以下の含有量である。**表42.1**にエポキシ樹脂の成分を示した。これらは、硬化した接着剤の特性に影響する。**表42.2**には、

表 42.1　エポキシ IC 接着剤の構成

ベースレジン
1. ビスフェノール A：エピクロルヒドリン樹脂 (bis A)．最も広く使用されており，室温で液体．
2. ノボラックエポキシ樹脂：高温で適する．もろく，室温で分子量の大小により半固体，固体．
3. 固体の bis A：プレフォームやフィルムに適

硬化剤
1. ジシアンジアミド＋促進剤：
　　一液用，長い保存性，150℃硬化
2. 酸無水物＋促進剤
3. 芳香環置換尿素

充填剤
　　Al_2O_3，BN，MgO，SiO_2，粒子の大きさ 1〜2 ミクロン

反応性希釈剤（低粘度のものを混入する）
　　ブチルグリシジルエーテル (BGE)
　　フェニルグリシジルエーテル (PGE)

溶　剤
1. ブチルセロソルブ（印刷用）
2. キシレンあるいは MEK（スプレー用）

表 42.2　代表的なエポキシダイ取付け用接着剤の特性

保存寿命	一液性……6 ヵ月
硬化条件	一液性……125℃/1 hr or 150℃/30 min 　　　　　270℃/24 sec 二液性……120℃/15 min
抵抗率	$10^{12}\Omega\cdot cm$ (150℃)
引張り接着強さ	1000 psi（金の表面）
ガス放出量	$<10^{-6}$ Torr (125℃/24 hr) 重量減 (max)　1% 凝集物 (max)　0.1%
使用温度	特性が永久的に劣化しない環境条件 400℃/5 min 150℃/1000 hr
補修性	接着強さは 200〜250℃で低下するので，チップを破損することなく取りはずしができる．
特記事項	硬化剤　一〜二級アミンの使用は不可 薬　品　水やアンモニアを放出するものは使用不可 イオン性不純物　Cl，Na，K の含有量は 50 ppm 以下

代表的なダイ取付け用接着剤の特性を示した．接着剤は 400℃となるリードボンディングの工程で生じる熱圧縮などのストレスに耐えることができなければならない．

ある種のチップはガス状の大気汚染に非常に敏感である．溶剤とある種の硬化剤，例えばアミンやフッ素化合物が，CMOS や他の IC に影響すると報告されている．すべての有機系接着剤は，気密シールしたパッケージの中で水蒸気を放出する．水蒸気のレベルはチップの劣化を避けるために 15000 ppm 以下を保つことが望ましい．接着剤には水と結合する吸収剤を加えることで，これらの問題を解決することができる．エージング中の接着剤からは，他の化学物質が放出される．また，異種のチップは汚染物への感度に差があるので，個々の回路について選択した接着剤の処方をチェックしなければならない．

チップの保持に加えて，ダイボンディング用接着剤はチップからヒートシンクへ熱を伝達しなければならない．これは接着剤に高い熱伝導性と接着層中のボイドが最少であることを要求している．導電性接着剤はチップの裏に使用され，回路との接続を行う．例えばアースなど（導電性接着剤については他の章で述べる）．

部品の取付け

マイクロエレクトロニクスにおける接着接合の次のレベルは，パッケージされた IC チップ，コンデンサーや抵抗などの混成回路への接着である．ダイボンディング接着剤と同等の性質をもったエポキシ系が使用されている．多数のチップへの適用では，接着剤はセラミック基板の上にスクリーン印刷されることが多い．また，ガラスクロスを支持体としないものや，支持体としたフィルム接着剤も同様に使用されている．フィルムは固体のセミキュアのエポキシで，チップのパッケージサイズに切断できる．加熱によりエポキシは融解し，硬化サイクルの間チップを固定している．

接着フィルムの製造に用いた溶剤は，完全に除去できないことが多い．硬化サイクルの間に，溶剤はガス溜りをつくり，品質の悪い，気泡の多い接着層となる．ある回路では，溶剤が部品の電気的特性に影響を与える．

パッケージのシーリング

フィルム接着剤は IC パッケージのシールにも使用されている．フレームの形に切断されたフィルムは，接合するたなに置かれ，ふたをかぶせる．ユニットは接着剤が融解するまで加熱され，硬化する．このプロセスでは，目的の場所に接着剤の正しい量を保証し，接着剤の流出を最小とする．

セラミックのフリットや金属のはんだは，気密シールの必要な IC パッケージのシールに使用されている．セ

表 42.3　ガラス/セラミックシーリング剤

タイプ
1. 安定化ガラス：溶融し，熱可塑性プラスチックのように相変化せずに固体となる．70%の鉛を含む．
2. 結晶化ガラス：溶融し，高温用セラミックのように結晶化する．小さな熱膨張率を示し，不透明である．430〜500℃の低温で作業できる．

用　途
　　ブラウン管 (CRT)，IC パッケージ，液晶ディスプレイ，放電管，ダイ接着

適用方法
1. スラリー法
   a) ガラス粉末をニトロセルロースかエチルセルロースをバインダーとしてアミルアセテートかブチルカルビトールに分散する．
   b) スラリーを基板上にスクリーン印刷や他の方法で置く．
   c) 200℃以下の温度で溶剤を蒸発させる．
   d) 150〜300℃でバインダーを焼き出す．
   e) ガラスを 450℃で 1 時間溶かす．
2. プリフォーム法
   乾燥し，溶解する用意をする．

ラミックは基板にサスペンションの形で塗付される．溶剤を揮発させ，バインダーを焼いて除く．ついで，カバーを乗せてガラスフリットを接着の生じるまで溶融する．セラミックとガラスの特性は表42.3に示した．

プリント配線板

250℃のはんだ付け温度に耐える必要性から，積層したプリント配線板の銅箔の接着に使用できる接着剤には制限がある．ベースレジンに十分な接着強さがあれば，積層の作業の間に銅箔の接着は可能である．もし，硬化したボードへ銅箔を適用する場合には，はじめにBステージのエポキシや熱可塑性樹脂をコートし，ついで加熱して接着する．Bステージのエポキシやポリビニルブチラールのフィルムは，プレコートの代わりに使用できる．

銅箔とポリエステルフィルムとを熱可塑性のポリエステル接着剤で接着したものがフレキシブル配線板のベースである．この場合，他の接着剤を使用するよりも低温での操作温度が得られる．一方，Du Pont社のKaptonのようなポリイミドフィルムでは，高温用のフレキシブル回路基板として使用でき，熱可塑性のFEPテフロンのコーティングやエポキシ，アクリル，ポリイミドなどの接着剤を用いて銅箔を接着する．

プリント回路の組立時には，衝撃や振動は避けられないので，部品を回路板にコーティング材や接着剤で所定の場合に保持する必要がある．アミン硬化剤を用いて低温で硬化する充填剤を多量に配合したエポキシがしばしば用いられる．接着剤の熱膨張率が被着材の熱膨張率から大きく異なっていると，熱サイクルにより接着部にクラックが生じる．クラックを防止するため，接着する前に，ガラス部品では，柔軟性のあるシリコーンゴムなどのクッションを用いることが必要である．

大型装置

発電機や変圧器をはじめとする大型装置に対する物理的，電気的な要求はますます高度になりつつある．これらは悪い環境下で20〜40年間，高温度で運転されなければならない．移動したコイルに生じるサージ電流や高い回転スピードは装置に物理的なストレスをもたらす．装置の多くの部位の大きさは，炉中での接着剤の硬化の可能性を妨害している．銅や他の金属の熱伝導は，実際的でない局部加熱をもたらす．室温で硬化する接着剤は，これらの困難を解消する．

コイルのような部品は，しばしば接着され，組立の前に絶縁処理がなされる．コイルの周辺の高電圧絶縁は，エポキシやポリエステル，シリコーンなどのワニスを含浸した織布で形成されている．コイルの内部にはガラスやポリエステルのクロスを巻きつける．クロスはその後のレジンを含浸するときにスペーサーとして働く．結果として，強化した織布は高い絶縁耐力をもった強力で均一な構造の中にコイルを保持している．フェニル変性のシリコーンは220℃以上の含浸剤として使用される．また，巻きつけた織布の中によく浸透し，防湿性も良い．185℃までの温度で動作するものでは，イソフタル酸をベースとしたポリエステルかシリコーンRTVが使用される．155℃以上の温度で，高電圧の絶縁を必要とする場合には，二塩基酸の無水物を硬化剤としたエポキシ樹脂が含浸剤として選ばれている．

Bステージのエポキシとポリエステルを含浸したガラスクロスは，発電子，トランス，コイルなどの結合や結束に使用されている．この強化した材料は，他の部品とのショートを防止するために注意深く絶縁して使用されていた鉄の結束機を置きかえている．ガラスクロスやNomexに用いたアクリル樹脂は，Du Pont社のFreonsや溶剤，油などに抵抗性があるので，気密性と一般目的のモーターの組立に使用されている．

感 圧 接 着 剤

感圧接着剤のテープはトランスコイルの外層のリードワイヤの保持や固定をはじめとして，コンデンサーの包装，リード線とコイルの保護，その他の同様な適用箇所に使用されている．接着剤を支持するフィルムには，故障なく絶縁を保持する材料が使用されている．天然ゴムをベースとした感圧接着剤は，架橋しなければ耐溶剤性に乏しい．また，多くの変性が可能である．合成ゴムは天然ゴムよりも安定であり，耐溶剤性，耐オゾン性が良好である．アクリルの感圧接着剤は，最良の特性のバランスをもっている．高い温度でエージングした後でも優れた電気特性と耐溶剤性を保持しており，必要あれば架橋も可能である．シリコーンは180℃の動作に適したただ一つの感圧接着剤である．また，他の接着剤よりも低い温度で使用できる．接着テープの支持体には，ポリエステル，ポリエチレン，ポリ塩化ビニル(PVC)，ポリイミド，ポリテトラフルオロエチレン(PTFE)などがある．

感圧接着剤とマグネットワイヤとの相性のチェックは重要なことであり，ワイヤエナメルの劣化や絶縁耐力の低下があってはならない．高濃度の硫黄と塩素は特に水分や汚染物の存在下で，銅線に不利な作用をする．

マイカの接着

マイカボードを作成するために，シェラックやアルキド樹脂がマイカ片の接着に使用されている．マイカは電動機や発電機，トランスの絶縁材料として使用する形状にプレスしてある．マイカテープはモーターや発電機のスロット絶縁に使用されている．マイカテープは，マイカフレークをガラスクロスやティッシュペーパーにシェラックやシリコーン樹脂で接着したものである．

表 示 素 子

液晶表示素子の接着シールは，防湿性に優れ，液晶成分の劣化を生じないような接着剤を選択し，注意深く行

われている．硬化剤を用いない高分子量のエポキシ樹脂がシーリング材として広く使用されている．あるメーカーでは，Bステージのエポキシ樹脂を塗付した厚さ0.0005インチのフィルムスペーサーを使用している．表42.3に示したガラスシールは液晶表示素子や放電管表示素子に使用されている．

表面実装用接着剤

プリント配線板上には，表面にマウントしたものやスルーホールにさし込んだ部品があり，チップ部品ははんだ付けの前に基板上に固定する必要がある．何種類かの特殊な接着剤がこの目的のため開発されている．これらの接着剤は，基板のハンドリングやクリーニング，フラックス塗付，はんだ付けなどの間，部品を正しい位置に固定し，また，これらの処理作業の間，接着強さが低下したり，形状の変化があってはならない．

接着剤ははんだ付け作業ののちには，最小の機能があればよい．ただし，環境試験の間に導電性となって回路の信頼性を低下してはならない．また，熱サイクルや機械的な取扱いの間に，部品へのストレスを増加してはならない．一方，部品の交換が必要な場合には，接着剤ははんだの金属の温度で柔らかくなり，パーツの取りはずしのできることが必要である．

最近使用されている接着剤の多くは，部品固定に使用するのに必要な硬化物の特性は有しているが，適用にあたっての必要特性は十分でない．高速の接着剤塗付機で使用する接着剤には，長い可使時間とスムースな流動性が必要である．塗付した接着剤の形状は，スランプすることなく形状を保持し，硬化時を通して部品を固定するのに十分な強さが必要である．また接着剤は，ディスペンサーの先端が離れるときに糸を引いたり，尾を引いたりしてはならない．また，接着剤の成分は硬化時にコンタクトパッドの上に移行して，はんだ付けを妨害してはならない．熱や紫外線照射で短時間に硬化する必要がある．

表面実装用部品の固定に必要な特性をもったいくつかのタイプの接着剤が開発されている．代表的な接着剤の特性を表42.4に示した．これらの接着剤は，シルクスクリーンやディスペンサー，ピントランスファーなどで塗付できる．

表 42.4 代表的な表面実装用接着剤

	1液エポキシ	1液エポキシ（冷蔵）	紫外線硬化メタアクリレート*
保存寿命（室温）	3ヵ月	4時間	6ヵ月
硬化時間 150°C	3分	5秒	40秒
120°C	10分	10秒	2分

* 硬化にはUVランプが必要．10〜30秒のUV照射で部分的に硬化し，加熱で完全に硬化する

利用できる接着剤の形状

（i）**二液性**　エポキシ，ポリウレタン，シリコーン

[利点]　非常に長い保存寿命，非常に早く硬化する．室温で固定ができる．特性は使用した異なった硬化システムによって変化する．

[欠点]　ポットライフが短い．多く混合すると無駄になる．配合や混合が不正確の場合，悪い結果が生じやすい．

[適用]　一般の用途，プリント回路の部品の固定など

（ii）**一液性—加熱硬化**　エポキシ，ポリイミド

[利点]　混合作業を必要としない．ポットライフが長い．無駄を生じない．

[欠点]　硬化に高温が必要．保存寿命と保管条件に注意が必要．

[適用]　ICチップの接着，含浸剤．

（iii）**一液性—湿気硬化**　RTVシリコーン，ポリサルファイドゴム

[利点]　シリコーンを含む多くの材料によく接着する．室温で固化．使用しやすい．

[欠点]　いくつかのシリコーンは酢酸を放出する．通気性のある被着材にしか使用できない．

[適用]　シリコーンガスケットの固定，ワイヤハーネスのシール

（iv）**フィルム—支持体の有無**　Bステージのエポキシ，フェノール変性ゴム，ポリブチルブチラール

[利点]　正確な量と形状で正しい場所に適用できる．均一な接着層が得られる．広がりの調節が可．

[欠点]　高価，編み合わせた表面は同一方向とする．加熱と加圧が必要．

[適用]　ICパッケージのシール．印刷配線板の銅箔の接合．

（v）**予備成形品—固体，融解して粘性液体，加熱硬化**　Bステージエポキシシリンダー

[利点]　適切な箇所に正確な量の接着剤が置ける．流動性のコントロール，無駄が出ない．高い生産性．

[欠点]　高価，硬化サイクルに注意が必要．

[適用]　真空チューブのキャップシール，スイッチ端子のシール

（vi）**熱可塑性プラスチック**　EVAベースのホットメルト

[利点]　高速適用と固定，無駄がない．安価．

[欠点]　加熱装置が必要．中程度の接着強さ，高温では使用不可．

[応用]　配線の固定，スピーカコーンのボイスコイルの接着．

（vii）**感圧接着剤**　ポリエステルテープを用いたゴム，アクリル系のPSA．

[利点]　室温の簡易接着，接着剤を塗付した支持体，は

く離が容易．
[欠点] 温度範囲が狭い，低い接着強さ，クリープ．
[適用] トランスコイルの保護，コイルのリード線の位置決め．

(viii) **溶剤システム**　ゴム，ゴム-フェノール，アクリル．

[利点] 早い適用，安価，接着方法の多様性，被着材の多様性．
[欠点] 溶剤の揮発が必要．硬化時の収縮大．
[適用] ラベル，絶縁性の積層．

〔Leonard S. Buchoff／柳原栄一 訳〕

43. 伝導性接着剤

　重合した材料は，一般には優れた絶縁物である．樹脂の多く，例えば現在，最良の接着剤として使用されているエポキシ樹脂は，熱と高電圧の両方から金属や他の表面を絶縁する能力により重用されている．しかし，多くの重要な産業，特にエレクトロニクスの分野では，接着剤が熱や電気の一方または両方の伝導性であることが求められている．それゆえ，伝導性接着剤では価格や他の多くの物理的性質と同様に伝導率も**表 43.1**に示した金属粉末や他の特殊な充填剤を多量に混合することに依存している．

電気伝導性

　表 43.1には，最近の電気伝導性接着剤とコーティング剤に用いられる銀，銅，金，その他の金属の導電率と比重を示した．また，酸化物を充填剤としたものと充填剤を加えない絶縁物についても示した．

　多数の金属の粉末を用い伝導性接着剤がつくれるにもかかわらず，現在，最も性能のよい伝導性接着剤は，銀のフレークか粉末を用いたものである．銀は比較的高価であるのが欠点であり，最近では，銅の1オンス30セントに対して5～8ドルで取引きされている．しかし，銀の価格はこの9年間は安定であり，銅をはじめとする他の安価な金属粉末で得られない，安定な伝導性の利点が銀にはある．

　図 43.1には，表面に酸化膜や吸着した有機物の分子膜のある粒子の接触点で生じる抵抗を示したものである．表面酸化膜は，伝導性プラスチックへの多くの金属の利用を除外している．アルミニウム粉末は接着剤工業で補強用充填剤や装飾用の顔料として広く使用されている．しかし，酸化膜のある粒子の接触点は絶縁性となるので，電気伝導性のプラスチックの作成には使用できない．

　薄く，導電性のある酸化物をつくる金や銀では，粉末として使用しても，$0.001\,\Omega/\mathrm{cm}$ 程度の安定した抵抗値

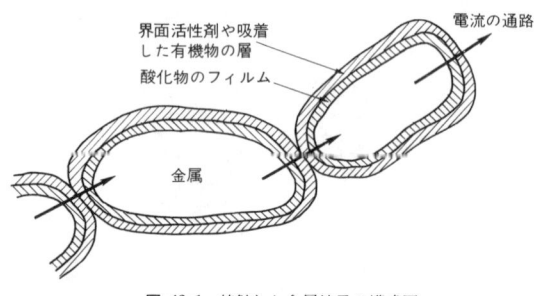

図 43.1 接触した金属粒子の模式図

表 43.1 金属，導電性プラスチック，種々の絶縁物の電気伝導性 (25°C)

物　質	比重 (g/cm³)	ρ：体積抵抗率 ($\Omega\cdot$cm)
銀	10.5	1.6×10^{-6}
銅	8.9	1.8×10^{-6}
金	19.3	2.3×10^{-6}
アルミニウム	2.7	2.9×10^{-6}
ニッケル	8.9	10×10^{-6}
白金	21.5	21.5×10^{-6}
共晶はんだ	—	$20\sim30\times10^{-6}$
導電性ガラス接着剤	—	1×10^{-5}
銀入エポキシ接着剤	—	1×10^{-4}
グラファイト	—	1.3×10^{-3}
ニッケル入りエポキシ接着剤	—	1×10^{-2}
グラファイト，カーボン入りコーティング剤	—	$10^{2}\sim10^{1}$
酸化物入りエポキシ接着剤	1.5～2.5	$10^{14}\sim10^{15}$
エポキシ接着剤（充填剤なし）	1.1	$10^{14}\sim10^{15}$
マイカ，ポリスチレン，その他の絶縁物	—	10^{16}

が得られる．

金を添加した接着剤と銀のマイグレーション

金を添加した接着剤は，銀を添加したものと比較して，高価であったり，導電性が小さいにもかかわらず，ときどき電子組立で使用を指定されている．金を添加した接着剤は1960年代の初期に発行された軍の仕様書にも必要とされている．

金でなければならない理由は，銀を用いたアクリル，エポキシなどの樹脂で生じる銀のマイグレーションの防止にある．銀のマイグレーションはすべての高分子試料のもつ水の浸透性に依存している．水分が存在すると，銀イオンは硬化した樹脂から溶出し，回路のどこにでも再沈殿する．

マイグレーションのテストでは，銀入りの接着剤と近くの導体の間に一定のDC電圧を印加する．接着剤側を陽極として，印加電圧は1V/mil程度である．電極間の表面の上に凝結した水蒸気は，銀イオンの陰極へのマイグレーションを可能とし，デバイスを短絡させる金属銀の導電路をつくる．マイグレーションは伝統的に，モノリシックICよりもハイブリッドICの方で問題とされている．それは，接着剤のフィレットがハイブリッド基板上では，より他の導体に接近しやすいためである．

エポキシ樹脂で発生する銀のマイグレーションは，他の熱硬化性樹脂や導電性ガラス接着剤の場合と比較しても，何ら差がない．銀イオンはすべてのガラスやポリマーから同じような状況で抽出することができる．接着剤のT_gを高くすることは，マイグレーションの低減に多少の効果はあるが十分ではない．また，純度の高い(Na^+, Cl^-などの含有量の少ない)接着剤でも，銀のマイグレーションの防止にはさほど効果がない．すでに推測したように，表面上の水のフィルムにイオンの存在することが必要であり，電池がつながれて，銀イオンの移送が始まるのである．

金を用いたインクや接着剤に代わる低価格なものとして，純銀に代わって，銀-パラジウム合金が導体として使用されている．合金中のパラジウムの含有率が30%以上になると，マイグレーションはMil. Std. 833 Bを満足して長時間発生しなくなる．一方，導電性の低下はさほどなく，価格は純銀の場合よりもわずかに増加するだけである．ニッケル粉末を用いた接着剤も，マイグレーションの発生を防止するためにしばしば使用されているが，金や銀と比較して電気伝導性の小さいのが欠点である．

最良の方法は，銀ベースのインクや接着剤の上に，ポリマーコーティングや注型樹脂を用いて，イオンがマイグレーションするためのパスを取り除くことである．電子工業では，シリコーンのゲルやコーティング剤がこの目的のためにしばしば使用されている．これは，シリコーンがイオン性不純物の量が少なく，広い温度範囲でフレキシブルであるなどの利点による．

低価格の導電性接着剤

純銀を使用しないで導電性を得るための努力がなされ，いくつかの低価格の導電性接着剤が，ここ20年の間に市場にあらわれている．あるものはニッケルやカーボンの粉末をベースとしたものであり，銅は，表面の酸化物の除去のために酸洗をしたり，表面を薄く銀でコーティングして使用されている．電磁波シールドや他の低コストへの適用では，高い電気伝導性を必要とせず，高い温度にも放置されないので，銅やニッケル粉末を用いた接着剤で十分な特性が得られる．しかし銅を用いた場合には，高温度で粒子の表面に酸化膜が生じるので，電気伝導性が不安定となる欠点がある．銅を用いたエポキシ樹脂では，空気中で150°C, 48時間放置すると抵抗が100倍になることもある．銀をコーティングしたガラスビーズは，銀をコーティングした銅よりも安定ではあるが，流動性と導電性に限界がある．

導電性プラスチックには，多くの技術を含み，その中には，金属粒子の大きさや形状もあげられる．銀は一般的に，小さなフレーク状で使用されている．コストを最小とするため(銀の充填量を最小とする)，球や立方体の粒子よりも数多くの接触点と高い導電性が得られるので，棒やフレーク状のような異方性の粒子が使用されている．しかしフレーク状の粒子は，接着やコーティングのプロセスの間に，被着材の表面と平行に配向しやすい．接着の場合，電気伝導性は接着層に垂直の方向に必要なのであり，粒子の配向は導電性を低下させるので不利である．

空気の泡や溶剤の泡から生じるボイドは，接着層の品質の点からしばしば問題となる．また，これらのボイドは電気や熱の抵抗を増加させ，接着強さを低下させるので望ましいものではない．このため，最近の傾向としては，一液性で，無溶剤である銀を用いた接着剤が多い．これらは，出荷する前に接着剤メーカーでプレミックスされ，脱気されており，ボイドの原因となる空気の泡や溶剤，その他の揮発性の物質は含んでいない．

導電性接着剤とはんだとの比較

銀を添加した接着剤が，Sb や Pb, Ag をベースとしたはんだに代わって使用されることが増加している．導電性接着剤の適用の増加している理由のいくつかを説明する．

（1）電気伝導性接着剤は，はんだよりも強くて，丈夫な結合を与える．高性能のエポキシ樹脂接着剤の充填剤として用いられているアルミニウム粉末は，ASTM-D 1002で測定すると一般には良好な接着強さを与える．銀を添加した接着剤は，アルミニウムを添加した構造用接着剤よりも小さな接着強さしか得られないが，それでも，はんだで結合したものよりも強力で丈夫であることが多い．

（2）エポキシ樹脂接着剤は，多くの表面をぬらし，接着する．実際，金属，ガラス，セラミック，プラスチ

ックなどに使用できる．普通のはんだは，一定の金属しかぬらさない．ケイ素やアルミナ，酸化タンタルなどの表面では，金めっきか他のコストの高い表面改質をしないとはんだ付けができない．

（3）導電性接着剤は，はんだが流動するのに必要な温度よりもより低温で硬化し，熱の影響をうけやすい部品の周辺でも使用できる．二液性の導電性エポキシ樹脂は，室温で硬化する．

（4）導電性接着剤は，はんだ付けで必要なフラックスやフラックス除去の作業を必要としない．

熱伝導性

金属粉末を添加した接着剤は，熱と電気の両方を伝導する．しかし，パワーデバイスや発熱する部品をヒートシンクや他の金属と接着する場合には，熱伝導は必要であるが，電気伝導は必要ない．ここで使用される接着剤は高い熱伝導と絶縁性が求められる．熱伝導性のコーティング材は，高電圧の絶縁と同様に，防食を目的にスプレーコートされることもある．

表 43.2 には，いくつかの金属の熱伝導率を示した．酸化ベリリウム，酸化アルミニウムや，樹脂の充填剤の有無などである．図 43.2 には，エポキシ樹脂の熱伝導率について，熱伝導性充填剤の体積分率でも示した．

酸化ベリリウムは，最も熱伝導性のある絶縁体であり，焼結体の形でヒートシンクに使用されている．しかし，熱伝導性接着剤には，毒性のあることと高価なためあまり使用されていない．

酸化アルミニウムは安価であり，優れた接着強さを与える．また，エポキシ樹脂やシリコーン樹脂に粘度の増加する前に高充填に加えることができる．しかし研磨材なので，ディスペンサーなどに摩耗をはじめ他のダメージを生じることがある．酸化アルミニウムを添加した高い熱伝導率の接着剤では，グリットや他の大きな粒子を取り除く処置をしないと，薄い接着層を得ることができない．熱の流量は熱伝導率と接着層の厚さの比に比例するので，可能なかぎり薄い接着層が求められている．

最近の 100% 固体のエポキシ樹脂接着剤では，重さで 70% の酸化アルミニウム（アルミナ）を含んでおり，熱伝導率は表 43.2 に示したように，イギリス単位（Btu）で 0.8～1 となる．表 43.2 には，便利なように他の単位への換算チャートも示した．アルミナを多量に添加したエポキシ樹脂の熱伝導率は，充填剤を添加しないものよりも 10～12 倍ほど大きいが，それでも金属やはんだよりも小さい．それにもかかわらず，熱の流量は接着した多くの部品に対して十分である．例えば 0.91 の熱伝導率の接着剤で，厚さを 3 mil (75 μm) とすると，表面で 20 W/cm^2 の熱の伝達が可能であり，ヒートシンクの温度上昇 ΔT は約 10°C となる．

$$K = 0.91 \text{Btu/hr} \cdot ft^2 \cdot °F/ft$$
$$= 0.91 \times 0.0173$$
$$= 0.016 \text{W/cm}^2 \cdot °C/cm \quad （表 43.2）$$

もし熱の流量 $q=$ パワー/面積$=20 \text{W/cm}^2$ で，また材厚 $x = 3 \text{mil} = 0.0075 \text{cm}$ ならば

$$\Delta T = \frac{qx}{K} = \frac{20 \times 0.0075}{0.016} = 9.4°C$$
$$= \Delta T \quad （界面を横切る）$$

充填剤を添加しないエポキシ樹脂接着剤では，熱伝導率が約 0.1 であり，同じデバイス，接着厚さ，パワーレベルとすると，ΔT は 100°C に達する．

永久的な接着を必要としないこともしばしばある．それは，ある種の部品では，ヒートシンクや他の取り付けた場所から，容易に，繰り返して取りはずす必要の生じることがある．ねじのような機械的な接合では，部品とヒートシンクの間に不必要なエアギャップが残り，熱の

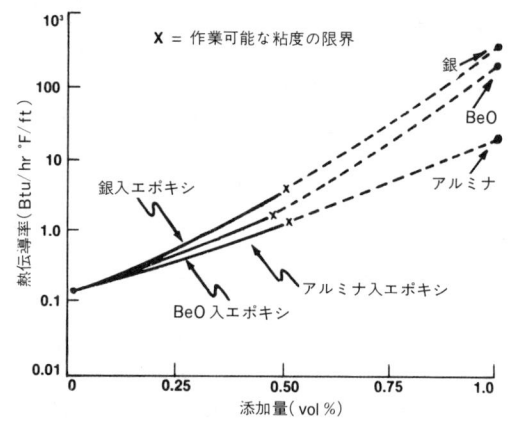

図 43.2 樹脂の熱伝導率と充填剤の添加量

表 43.2 金属，酸化物，伝導性接着剤の熱伝導率

材　料	熱伝導率 (25°C) (Btu/hr·°F·ft²/ft)
銀	240
銅	220
酸化ベリリウム	130
アルミニウム	110
スチール	40
共晶はんだ	20～30
酸化アルミニウム（アルミナ）	20
エポキシ樹脂（銀入り）	1～4
〃　　（アルミニウム 50%）	1～2
〃　　（アルミナ 75 wt %）	0.8～1
〃　　（　〃　　50 wt %）	0.3～0.4
〃　　（　〃　　25 wt %）	0.2～0.3
エポキシ樹脂（充填剤なし）	0.1～0.15
発泡プラスチック	0.01～0.03
空気	0.015

〔熱伝導率単位の換算表〕

g·cal/cm²·sec/cm	W/cm²°C/cm	Btu/ft²·hr·°F/ft	Btu/ft²·hr·°F/in
1.0	4.19	242	2900
0.23	1.0	58	690
4.13×10^{-3}	0.0173	1.0	12.0
3.44×10^{-4}	1.44×10^{-3}	0.083	1.0

蓄積が生じる．多量の充塡剤を添加したシリコーンコンパウンドがこのエアギャップを除くために使用されており，このコンパウンドはサーマルグリースと呼ばれている．そこでは，特殊な熱可塑性シリコーン樹脂が使用されており，硬化や架橋はしない．それゆえ，デバイスは補修のため動かしたり再配置ができるのである．サーマルグリースは分解したり，揮発物を生じることなく，長時間にわたって高温に放置したのちでもシリコーンがしみ出してはならない．充塡剤には酸化亜鉛が一般的であり，最大粒子の大きさはきっちりと接触するためには1 mil以下であることが望ましい．最近のサーマルグリースはこれらの要求を満足し，先の例のように0.9以上の熱伝導率をもつものもある．

ダイボンド用接着剤

銀を添加したエポキシ樹脂とポリイミド樹脂のダイボンド用接着剤がダイ（半導体のシリコーンチップ）とハイブリッドやモノリシックICの基板や発光ダイオード（LED），その他のデバイスとの接着に広く使用されている．導電性接着剤は，従来からのダイ取付け法であるAu-Si共晶はんだを用いる方法から，大幅なコストの節約を可能としている．接着剤は，裸のケイ素，金，銅，アルミナなど多くの表面を，共晶はんだで必要とする金のメタライゼーションを必要とせずに接着できる．また，ごしごし洗ったり，焼き出しも必要としない．

はんだ付けでは300℃以上の作業温度が必要である．一方，接着剤はより低温度で硬化し，LEDなどの熱に弱いデバイスの歩留りを向上している．その上，エポキシ樹脂は，はんだやガラスよりも柔軟性があり，冷却する間に大きなダイで発生するクラックを防止できる．図43.3には，ICのパッケージの一般的な方法を示した．低価格のプラスチック（エポキシ）パッケージはP-DIP（プラスチック・デュアル・インライン・パッケージ）と呼ばれ，ゲーム機，計算機，時計，TV，ラジオ，オーディオ機器などの多くの消費財（民生用機器）の生産に使用されている．

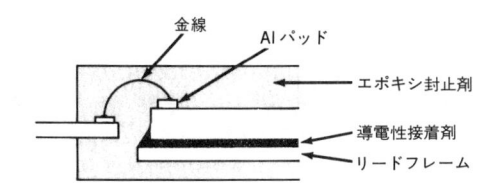

図 43.3 レジンモールドICの形状（P-DIP）

ダイボンド用接着剤の要求性能

良好なダイボンド用接着剤に必要な特性は，最終的にICや他のデバイスの性質に依存している．しかし，一般的には，高速で，高い生産性に必要な要求特性と，最終的なデバイスの寿命を低下させたり，機能を損なうことのないために必要な信頼性の要求とに区別できる．

粘度と流動特性

ダイボンド用接着剤はクリーム状のチクソトロピックなペーストで，高速で吐出され，乾燥，糸引きなど流動性の問題がなく，高い歩留りと高い生産性を可能としなければならない．多くのICでは，リードフレームや他の基板上に吐出された少量の注意深く形づくられた接着剤でつくられており，自動のダイボンディング装置が使用されている．接着剤は硬化する前にチップが移動しないだけの十分なグリーン強さ（未硬化の状態での接着強さ）が必要であり，また，適切なフィレットの高さと形をつくることも必要であり，さらに硬化の前や途中で樹脂がしみ出してはならない．

高温接着強さと熱安定性

ダイボンド用接着剤は，一般に短時間の硬化で，その後のワイヤボンディングの間に生じるダイの移動に抵抗するために，十分な高温接着強さをもつことが必要である．接着剤の温度は，ある種のワイヤボンディングでは300℃になることもある．最近のエポキシやポリイミド接着剤は，ワイヤボンディングの間に生じる横の応力に抵抗するだけの十分な接着強さを有している．

他の電子機器組立のための高純度接着剤

導電性接着剤は，ダイ取付けのほか，多くの電子部品の組立に使用されている．エポキシペーストは，コンデンサーや他の部品をハイブリッド部品の中や，プリント回路基板の上に取り付けるのに使用されている．一般に，これらの電子部品の組立では，回路組立で腐食などの問題をひきおこす不純物や汚染物を放出しない高純度の接着剤が求められている．水や他の腐食の可能性のある蒸気の放出ガスは，通気性のない金属やセラミックでパッケージされた軍用，医療用その他の高信頼性回路の分野で，信頼性の問題がシビアになっている．エポキシ樹脂はもちろんのこと，すべての有機物は，水と有機物の蒸気を硬化の途中や後でも放出する．硬化中に放出される蒸気は，主として溶剤か粘度の低下に用いた低分子量の希釈剤である．もし，これらの蒸気が大気中に脱出できるのであれば，揮発物は硬化の間に取り除かれ，溶剤を多量に用いて生じる接着剤の発泡とか，接着した部品の浮きあがりなどを除いて，長期間の信頼性の問題で困ることはない．

表 43.3 第1世代の一液性ダイボンドエポキシ樹脂接着剤の構成

エポキシ A	重量%	エポキシ B	重量%
Epon 828[a]	5.0	RDGE	27.6
ジシアンジアミド	2.0	BF_3・MEA	0.8
硬化促進剤（尿素系）[b]	1.4	溶 剤	2.8
BGE	2.8	銀粉末	68.8
銀粉末	68.8	計	100.0
計	100.0		

a：Shell Chemical 社．
b：2,4-ジクロルベンゼン尿素

接着剤を硬化し，ダイをパッケージしたのちに，接着剤からさらに揮発物の放出されることは望ましくない．特に，揮発物が水蒸気と結合すると腐食の生じることが多い．表43.3には，二つのエポキシ樹脂接着剤の組成を示した．これは，1980年代に電子部品のアセンブリーに使用されていた一液性の銀入りエポキシ接着剤の代表的なものである．表43.3中のエポキシAは，潜在性硬化剤として知られているジシアンジアミドで硬化している．

$$N\equiv C-N-C\begin{array}{c}NH\\ \\NH_2\end{array}$$

ジシアンジアミドは結晶性で，水に可溶な粉末であり，約150℃で溶融することなく分解する．エポキシ樹脂とは室温では反応せず，融点以上に加熱されると反応して非常に大きな接着強さと強靱性をもった接着剤となる．これらの理由から，ジシアンジアミドは30年以上にわたって，一液性のエポキシペースト，テープ，フィルムの作成に使用されている．また，これらの接着剤は，航空機の組立をはじめ，大きな接着強さを必要とする組立産業で使用されている．180℃以下の温度で硬化したい場合には，表43.3に示したように塩素化した尿素化合物などを促進剤として使用することが一般的である．硬化している間，エポキシ樹脂，ジシアンジアミド，尿素の組合せは反応して，アンモニアをはじめとする低分子量のアミンを含む副生成物を生じ，これら副生成物は樹脂が硬化したのちでも長期間にわたって放出が続くことが知られている．アンモニアに水の蒸気が加わるとアルカリ性となり，アルミニウムのメタライゼーションやボンディングパッドがおかされる．

表43.3中のエポキシBは，ルイス酸の塩であるBF₃のモノエタノールアミン塩で硬化するものである．1970年代の初めにアメリカで市販されていた初期の金や銀を添加した一液性のダイボンド用接着剤は，この硬化剤を使用している．150℃に加熱すると，BF₃・MEAはBF₃ガスを遊離し，BF₃はエポキシの硬化に酸触媒として働く．

$$BF_3\cdot MEA \rightarrow BF_3 + CH_3-CH_2-NH_2$$

BF₃は強い酸であり，水蒸気があるとアルミニウムや他の金属を腐食する．また，硬化の間にエポキシ樹脂のネットワークの中に化学的に結合されないので，BF₃の蒸気はパッケージしたのちでも硬化したエポキシ樹脂から放出が続いている．

表43.3に示したエポキシBはRDGE（レゾルシノールジグリシジルエーテル）を用いたものである．この樹脂は，低粘度であり，硬化したのち大きな接着強さの得られることから広く使用されていた．しかし，RDGEは強い発癌性物質であることがわかり，現在では多くの接着剤メーカーとユーザーで使用を禁止している．

現代の伝導性エポキシ樹脂接着剤に使用されている樹脂，溶剤，硬化剤は，硬化したのち放出する可能性のある残留気体が最小となるものを選択している．現代のエポキシ樹脂接着剤は，高純度のbis-Aエポキシ樹脂からなり，フェノールノボラック樹脂で硬化するものが一般的である．これらの混合物はBやF化合物を含まず，1982年前に得られたエポキシ樹脂接着剤よりも，アンモニアや他の腐食性気体の発生量は少ない．

塩素化合物と他の抽出できるイオン性不純物

Cl⁻，Na⁺，K⁺などのイオン性不純物は，アルミニウムのボンディングパッドや他のメタライゼーションを腐食し，FET回路の中の酸化物の絶縁耐力を低下させたり，高信頼のICで種々の問題をひきおこす．最近まで，多くの伝導性エポキシ樹脂接着剤は，多量の抽出できる塩素イオンをはじめ種々のイオン性不純物を含んでいた．例えば表43.3の接着剤では，代表的な数値として，100℃の水で24時間抽出すると600 ppm以上のCl⁻と200 ppm以上のNa⁺が抽出される．

ポリイミド樹脂はエポキシ樹脂よりも塩素化合物の含有量が小さい．この理由から，多くのICメーカーでは，高い信頼性の必要とする箇所にはエポキシ樹脂よりもポリイミドの伝導性接着剤を選択している．しかし，ポリイミドは大変に高価であり，接着強さも小さく，またエポキシ樹脂よりも硬化や加工が困難である．

最近，多くのアメリカと日本のエポキシ樹脂メーカーでは，抽出可能な塩素や加水分解性塩素の含有量が，1980年代以前のエポキシ樹脂より非常に少ない，新しい高純度のエポキシ樹脂を開発し，上市している．接着剤のメーカーでは，これらの高純度のエポキシ樹脂を伝導性接着剤，コーティング剤，封止剤などの生産に使用しており，塩素の含有量は10 ppm以下であり，ナトリウムは5 ppm以下の含有量である．

高純度の接着剤を得るための他のアプローチは，無機の接合剤（ガラスなど）を用いる方法である．伝導性のガラス接着剤は，セラミック封止の半導体や他の高信頼のICでダイ取付けに用いられている．伝導性ガラス接着剤は，銀粉末と低融点のホウ酸鉛，ガラス粉末，溶剤，バインダー，その他の添加剤などから成り立っている．接着時には，はじめに100℃付近で溶剤を揮発させ，ついで400〜430℃に加熱して残っている有機物（バインダー）を焼き出し，永久的で，完全な無機の接合を形成するためにガラス粉末を融解する．ガラスの高い熱伝導率にかかわらず，銀入りガラス接着剤はさらに3〜5倍の熱伝導率をもち，電気伝導性は銀を添加したエポキシやポリイミドよりも10倍以上も大きい．

将来の生産性の向上は，種々のBステージの手法を可能とする新しいエポキシ樹脂接着剤からおこるであろう．これらの接着剤は，例えば，フィルムとして供給され，ダイの分割の前にシリコンウェハの背面に取り付けられ，乾燥して粘着性のないBステージのフィルムとなり，その後，LEDやICの基板に直接接着することができるようになる．これらのBステージ接着剤の速硬化

(5～10秒) は300℃以上の温度で完結できる．

伝導性テープ接着剤

自動組立の他の手法として，銀を添加したり酸化物を添加したテープの表面にエポキシ樹脂を用いることがある．これらのテープは，ガラス布にエポキシ樹脂接着剤を含浸してつくられ，タックフリーのフィルムの形でBステージとなり，テープはロール状にスリットされたり，カスタムメイドのプレフォームにダイカットされたりする．生産にあたって，使用者はプリフォームを接着する部品の下に置くか，機械を用いてテープのロールからプリフォームを切断したりパンチしたりする．どちらの場合でも，テープは正確にコントロールされた接着層の厚さをもたらし，ボイドを取り除き，余分なフィレットの形成を防止する．また，160℃以上の温度で急速に硬化することが可能であり，接着層の厚みのコントロールは接着した部品と基板との間の熱膨張のミスマッチから生じる応力を低減することもできる．

［**Justin C. Bolger**／柳原栄一 訳］

44. 航空宇宙工業における構造用接着剤

接着剤は，航空宇宙工業では航空機（軍用機および民間機），ミサイル，人工衛星の構造部位の接合に非常に多く使用されている．シーリング材は窓のシールや燃料タンクのシールなどに使用されている．ホットメルトや粘着剤は航空機の内装用（主に装飾用パネル）に用いられているが，熱硬化性接着剤は構造強度を担う部位に使用される．

本章では，主として航空機の構造強度を担う部位の組立に用いられる構造用接着剤について扱うこととする．一般的にこの分野で現在使用されている接着剤は，ミリタリースペック Mil-A-25463 もしくは MMM-A-132 の要求特性を満足するものである．Mil-A-25463 は，メタルハニカムとメタルスキンのサンドイッチ構造に対する接着剤の要求特性に対して設定されたものである．一方 MMM-A-132 は，メタルとメタルの航空機のフレーム構造（メタルスキンとメタルスキンまたはメタルスキンとメタルスパーやストリンガー）接合に対する接着剤の要求特性に対して設定された．両方のスペックは，接着剤に対する強度の要求値を使用温度それぞれ $-67 \sim 180°F$，$-67 \sim 300°F$，および $-67 \sim 500°F$ と分類して定義している．それに加えて，塩水噴霧，湿度，種々の航空機用液体（例えばジェット燃料，解氷剤，油圧油）などの一定期間の暴露後の強度保持率についても数値が設定されている．

最も必要とされる接着剤の特性は，負荷重下における最大クリープ値であろう．例えば MMM-A-132 では，せん断重ね継手にて $75°F$，1600 psi 負荷重下で，192 時間に 0.015 インチ以上のクリープがあってはならないと規定している．高温におけるクリープ値の限度は，特定の接着剤に対する使用温度の定義に役立っている．同様にして，Mil-A-25463 はサンドイッチ構造の負荷重下におけるクリープたわみの厳重な限界値を規定している．

航空機構造において，熱硬化性接着剤の使用には実際的な目的のため，クリープに対する抵抗性は必須の項目である．一方，例えば $180°F$ でのクリープ抵抗性をもつ熱可塑性接着剤は，融点が非常に高くなり，実用工程上，実際に使うことは非常に難しい．

航空機会社の発行するスペックは，通常上記のミリタリースペックの一方，または両方の要求値を使用している．さらに特定の用途に対する厳重な要求特性が加えられる．例えば，エンジンナセル用の接着剤の場合には，$300°F$ もしくはそれ以上の温度における何千時間エージング後の強度保持率の要求値が設定される．人工衛星に使用される場合には，宇宙空間での使用を満足する超高真空条件下での放出気体量が設定される．

航空宇宙工業における接着接合の発展

航空機構造について最初の接着剤の応用は，1920 年頃にさかのぼることになろう．木製のストリンガーにニトロセルロースを含浸させた布を貼りつけ，軽量のフレームを組み立てたときである．この用途に対する木材用接着剤として，最初はカゼイン，次にユリア-ホルムアルデヒド樹脂，そしてフェノール-ホルムアルデヒド樹脂が使用された．

航空機の構造が木材からアルミニウムに変遷するにしたがって，高い応力に対抗できる，より高性能な接着剤が要求された．イギリスの De Bruyne of Aero Research 社は，パイオニア的に優れた金属接着用の最初の商業ベースでの開発を行った．この接着システムは，Redux として知られており，1940 年代中期に最初に De Havilland and Bristol 社により使用された．Redux のプロセスは以下のようである．

被着材の表面に液状のフェノール樹脂を塗付する．多量の粉末状のビニル樹脂で液状物の上をおおい，そしてビニル樹脂がぬれるのを待って，過剰のビニル樹脂を振りはらう．加熱・加圧過程で，フェノール樹脂の架橋が始まる前にビニル樹脂がフェノール樹脂に溶解し，結果として従来の木材接着用に使っていた未変成のフェノール樹脂に比べ高い強靭性を示すものであった．幸いなことに，フェノール樹脂とビニル樹脂の組成比は厳密にコントロールする必要がないため，このシステムにおいて信頼性の高い接着が行える．

今日においても Redux は使用されているが，大部分はフィルム形状で供給される接着剤におきかわっている．Redux システムに対し，フィルム状接着剤の利点は

以下のようである．1) フィルム接着剤は望む厚さに正確にコントロールされて供給される．2) 組成が厳格にコントロールされている（フェノール樹脂とビニル樹脂の比）．結果として，航空機製造において接着剤を塗付する個人の技能に依存することが少なくなった．

De Bruyneの仕事は，Consolidated Vultee社のChance-VoughtとMartinにより続けられた．Chance-Voughtは，アルミニウムスキン/アルミニウムスキン構造とともにアルミニウムスキンとバルサ材のサンドイッチ構造を研究していた．一方Martinは，アルミニウムスキンとアルミニウムハニカムの接合の研究を行っていた．

これらの仕事をささえていたのは，ビニル-フェノール，エポキシ-フェノールおよびニトリル-フェノール系のフィルム接着剤であった．これら初期の接着剤は，縮合反応をするフェノールを含んでいるため，熱硬化過程で水を生成する．そのため，メタルとメタルの接着において発泡を最小にするために高い圧力が必要であった．一方サンドイッチ構造の接合においても，縮合によって生成する揮発物の退路を確保するため穴のあいたハニカムが用いられた．ハニカム構造の組立において，接着パネルの端部のシールは，湿度，塩水または悪影響のある液体の浸入を防ぐために必要である．もし端部のシールに使用中に欠陥が生じたときには，低高度または高高度サイクルの繰返しの結果として多量の水がパネルに浸入する．

航空器用接着剤の主な改良は1950年代後半で，エポキシ樹脂を基材とした接着剤の導入によりもたらされた．というのも，この接着剤は付加反応により架橋がおこり，硬化中に揮発物が生成しない．したがって低圧で硬化ができ，また穴のあいてないハニカムサンドイッチ構造が使用可能となった．他にも種々の改良が以下のように行われ，さらに信頼できる接着構造が得られるようになった．1968年防錆接着プライマーの開発，1969防錆アルミニウムハニカム．1974年アルミニウムの表面処理に対するリン酸陽極酸化プロセスの開発である．

ごく最近の進歩は，過去10年間で構造部位における非金属複合体の急激な増大である．これらの物質は，いわゆるプリプレグといわれ，アラミドや，ガラス，カーボン繊維の無方向性繊維または織布をベースとして熱硬化性のエポキシ樹脂で含浸されている．これらの開発を進めるため，1) プリプレグとコキュアーすることが可能であり，また 2) 複合材それ自身または複合材と金属被着材，ハニカムに使用できる接着剤が開発されている．

接着構造のタイプと利点

接着接合の利点は，機械的接合に比べた軽量化と疲労強さの向上とにある．この2点は，航空機工業において重要な項目であり，接着接合が大いに使用される結果となった．

接着は結果として，金属やコンポジットの板材（スキン，ダブラーなど）の厚さを減らすことにより重量低減に結びついた．機械的な接合は，接合部位が不連続であるという固有の問題があり，結果として接合点に局部応力を発生させる．応力集中の結果，接合部位間のスキンのゆがみや引張り荷重下での低強度化，また高応力集中の接合部位における早期の疲労破壊などが発生する．これらの総合結果として，薄板の機械的接合は，強度的特性において優れたものとはいえない．接着接合はその連続性という本質のため，局部応力集中を減らす．そのため，薄板接合において究極の強度特性を発現させる設計が可能となる．

設計する要因として，接着剤の弾性率，接着剤層の厚さ，重ね継手の幅などがある．低い弾性率の接着剤は，加えられたせん断応力下では，高弾性率接着剤よりも多くひずむので，低弾性率の接着剤は接合端部における応力集中を減少させる．したがって接合端部より，より奥にまでせん断荷重が伝わり，結果として均一な応力の分布となる．せん断ひずみの大きさは，加えられた荷重のもとでは接着剤層厚さと比例する．したがって，応力分布に関しては接着剤層の厚さの増加と接着剤層の弾性率の減少とは同じ影響を示す．一度接着剤の弾性率と接着剤層の厚さが決まると，設計者は接合部分の重ね継手の幅を決めることができるようになる．なぜなら，設計者は接合部位における加えられた荷重の伝わる部分を求められるからである．もちろん最適な接合幅は，被着材の厚さや弾性率によっても異なる．

上記の議論からも明らかなように，接着剤の剛さは求められていない特性である．一般的に接着剤の弾性率は，加えられた荷重のもとでクリープに耐えられる最低の値にされている．接着剤の弾性率は熱と吸湿により低下するので，湿潤状態での最大使用温度における弾性率の値が接着剤選定に必要となる．この点に関して，R. B. Krieger[12]の二つの論文でより詳細に述べられている．

ほかに航空機工業で一般に使用されている接着構造のタイプとしてハニカムサンドイッチパネルがある．これは六角形のハニカムと薄板の接着接合からなっている．このタイプの構造は非常に重量低減に効果的で，非常に高い重量当りの剛性を示す．このタイプの構造を製作す

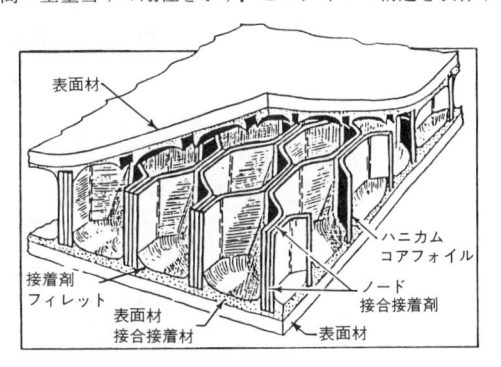

図44.1 ハニカムサンドイッチ構造

るのには，接着接合以外に経済的に有効な方法がない．
図 44.1 にハニカムサンドイッチパネルの構造を示す．このタイプのパネルの設計の自由度には実際上制限はない．スキンの厚さ，ハニカムの厚さ，ハニカムセルの大きさ，ハニカム材のホイル厚さ，接着剤の厚さなどすべてが特定の設計要求に適合させるために変えうる値である．さらにスキン層の追加，ダブラー，スパー，補強材などを応力が集中する部位に接合することができる．ハニカム構造の最も効率的な点は，その重量の大部分が表面の引張りや圧縮の荷重がかかるスキン部分に集中していることである．さらに全表面のねじれを防ぐために，ハニカムはせん断荷重を均一にスキンに伝達するように働く．スキンとスキンの接合で述べたように，接着接合では機械的接合で生じる応力集中が除かれるため，特に薄板接合においては非常に優れた疲労特性が認められている．ハニカムは特定の設計により要求される荷重に耐えるため，$2 \sim 40 \mathrm{lb/ft}^3$ の密度のものがある．

スキン-スキン接着とハニカムサンドイッチ接着接合は，金属被着材または非金属コンポジット被着材または両者のコンビネーションに応用できる．というのも，機械的接合で発生する応力集中には，金属に比べコンポジットは非常に弱い．特定の方向の剛さを増すために一方向に配向した繊維を含むコンポジットに対しては真に重要な問題である．

高弾性率の接着接合コンポジットにおいて，コンポジット内部での低い荷重で生じる層間はく離は一番多く発生する問題である．低弾性率の接着剤を使用することにより，この問題を最小限にすることができる．

高温度使用の高弾性率コンポジットは，比較的低い衝撃強さしかもたない傾向にある．衝撃強さに対して劇的な改良が，いわゆるインターリーフフィルムを使うことによりなしとげられる．これは流動性のまったくない，低弾性接着剤からなっており，硬化中にも決してコンポジットプリプレグに混じることはない．まったく内部で混合がないため，プリプレグの樹脂の弾性率は低下せず，さらに構造の剛さも保持される．

コンポジット構造に対する接着剤の最終の使用は，接着剤を表面に重ねることである．この応用は，次の工程である塗装に対し，装飾用の平滑な表面をつくり出すため低流動性の接着剤をコンポジットの硬化の前に表面に貼りつける．インターリーフフィルムと同様，表面プライ用接着剤はコンポジット表面の多孔性を減少するのに効果的である．これはウェットウイングにおける燃料もれを防止する応用につながり，またコンポジットスキンやサンドイッチ構造での湿度透過を防止する応用につながる．

衝撃強さの改良についてのコンポジットの接着やインターリーフの使用の詳細は R. E. Roliti と K. R. Hirschbuehler の論文[3,4]で述べられている．

接着構造例

図 44.2 に，近代の航空機においてどの程度の接着部位があるかを簡単に示す．機体表面材とティアーストラップはほとんど接着接合されている．内部の床はハニカムコアと表面材が接着接合されている．ドア，隔壁，フラップ，スポイラー，翼前縁，尾翼も接着接合である．接着接合されたエンジンナセルのハニカム構造の詳細を図 44.3 に示す．最終組立で，外側には表皮材が，内側には騒音を減少させるために穴のあいた表皮材が貼りつけら

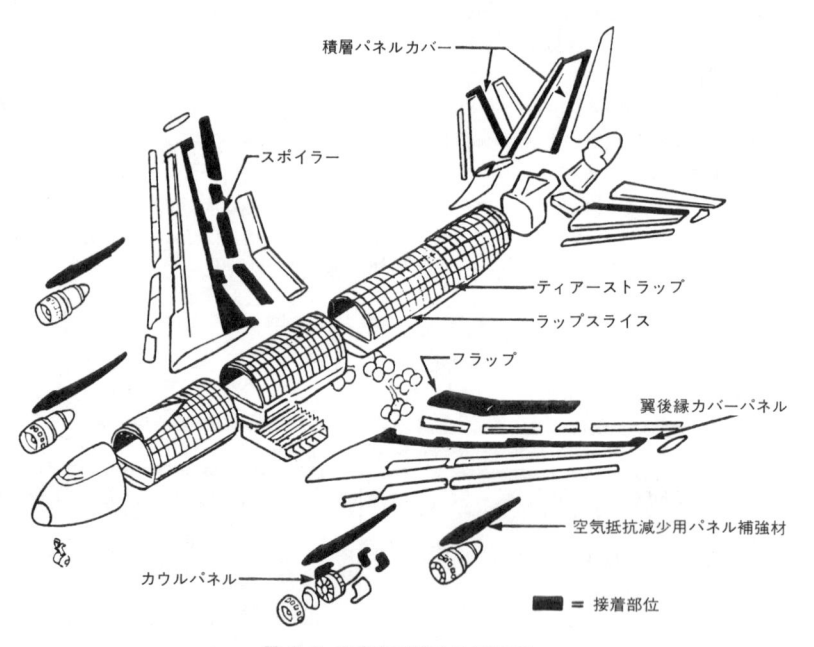

図 44.2 接着接合部位を示す概要図

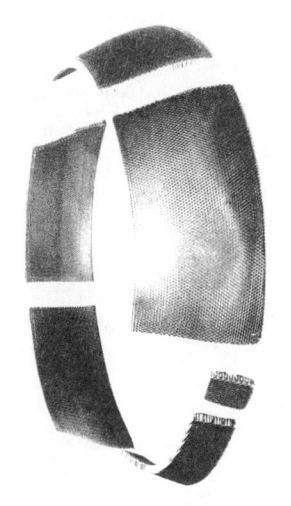

図 44.3 ハニカムエンジンナセル

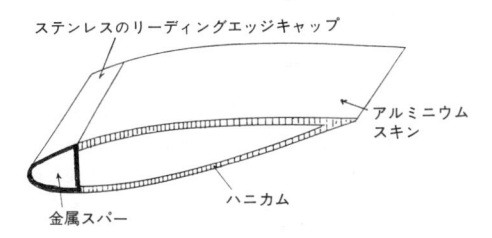

図 44.4 接着されたヘリコプター回転翼

れる.

　図 44.4 にハニカム接合によるヘリコプターのブレードを示す. この応用では，特に疲労特性が要求される. 機械的接合における初期のブレードの疲労寿命は 100 時間以下であった. 接着接合により応力集中を減少させることで, 現在の疲労寿命は数千時間を越えている. 翼前縁におけるスチールスパーの接合では剛直性の向上とともに衝撃荷重に耐えうるようになる. ブレードのルートエンドにおける多層のダブラーの接着接合は, 疲労応力が最も大きくなるところでの補強として役立っている.

　図 44.5 に翼後縁フラップのハニカムサンドイッチ構造の断面図を示す. 主翼構造に取り付けるスパーキャップ近接部分には補強のため高密度ハニカムが使われる.

接着剤の構造

　フィルム状の接着剤が航空機工業では圧倒的に多く使用されているが, 発泡性または等方性のフォーム接着剤, ペースト状接着剤, プライマーなど, すべてが接着接合を完成させるために必要なものである.

　フィルム状接着剤は, はく離紙にコーティングされた形状で供給される. 接着剤のタックの強さにもよるが, ポリエチレンのライナーも使用される. 全部ではないが, 多くのフィルム状接着剤は織物のキャリヤーを含んでいる. このキャリヤーは, 接着剤を取り扱う過程でのもろさを改良するとともに, 接着層の厚さを一定に保つのにも役立つ. 初期の頃には, 綿やナイロンの織物がキャリヤーとしてよく使用されていた. 耐湿性の向上のため, 過去 15 年間に開発されたほとんどの接着剤にはガラス繊維やポリエステル繊維の織物が使用されている. フィルムの取扱い特性により, タックの強さがほとんどないものから非常に強いものまで多様である.

　接着剤の厚さは特定用途に合うように, また多様である. 被着材の厚さが均一で, 平滑な場合, 接着剤は薄い 5 mil のものが通常選ばれる. 組立において大きな, または種々の大きさのギャップがある場合, 接着剤の厚さとして 15 mil またはそれ以上のものが使用される.

　ハニカムパネル（図 44.1）の試験では, サンドイッチ構造の設計において最も重要な要素である接着剤の厚さを明らかにしなければならない. 接着剤フィレットの大きさと表面材接合用接着剤の厚さは, ハニカムコア材の表面材接合用接着剤への侵入深さを決定するものである. このことが, どれくらいの大きさのせん断荷重を接着剤が表面層に伝えることができるかを示すものである. 人工衛星や他の軽量荷重構造において使用される非常に軽量用のサンドイッチパネルに対しては, 非常に軽量の接着剤が適当である. 比較的厚い表面材で組み立てられる大荷重用パネルに対しては, 厚い, 重い接着剤が要求される. 図 43.1 からも明らかなように, 接着剤には厳密な流動制御が必要とされる. 接着剤はフィレットを形成するのに十分な流動特性を有すべきであるが, ハニカムセルを伝わって流れ落ちるようではいけない.

　発泡性のフォーム接着剤は, ハニカム同士の継目や, サンドイッチパネルの端部に用いられる. これらのフォームは硬化過程で硬化に先立って発泡する. 低密度高発泡フォームは軽量構造に適している. 一方, $30 \sim 40 \mathrm{lb/ft^3}$ の低発泡フォームは大荷重構造に使用される.

　等方性のフォームは一般的にペースト状で, 熱硬化型または二液性の室温硬化型として供給されている. これらのものは通常, 中空ガラス球を含有していて, 一般的に $40 \mathrm{lb/ft^3}$ の密度である. これらのペースト状フォームの主な用途（ポッティング材としても知られているように）は, ハニカムパネルの部分的補強である. 航空機構

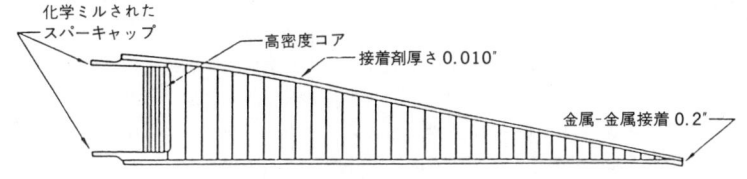

図 44.5 翼後縁フラップ

造において，他の部品をハニカムパネルに取り付けるためにボルトを埋め込むときなど，その部位を補強するために使用される．サンドイッチパネルの断面図を図44.6に示す．ねじ留め金具に対し，より優れた保持力をもたせるための等方性フォームの使用部位を示している．

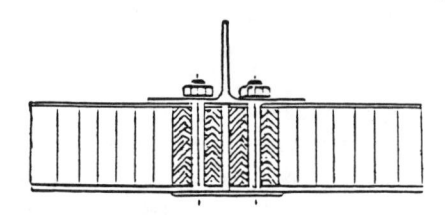

図44.6 ハニカムの極部補強用充填剤

等方性フォームは，一般的に厚さは20〜40milのシート状でも供給される．この厚さの範囲では伝統的なハニカムは実際的に実用性がなく，コンポジット表面材との大変薄いサンドイッチ組立にこの等方性フォームの使用が見出されている．

ペースト状接着剤は通常チクソトロピックな特性がある．多くは，フィルム状接着剤では実際的に使えない程度の大きなギャップを詰める用途である．他の用途としては，圧力がかけられない接合部位や等方性フォームでは十分な強度が得られない部位への高密度ポッティング剤としてである．ペースト状接着剤は，例えば翼とエンジンのパイロンジョイント部分を空気力学的にスムーズにするための成形剤としても使用される．ペースト状接着剤は，一液熱硬化型または二液室温硬化型両者とも航空機工業で使用されている．

接着プライマーは接着システムを完成するためには絶対的に必要なものである．優れた接着特性は簡単な洗浄（溶媒脱脂）のみで得られることはあるが，それら接着接合が劣悪な環境下，例えば塩水噴霧とか100％湿度条件下では安定した強度を得るのはまれである．アルミニウム，チタン，他の多くの合金では，安定した接着表面を得るため特別な処理が要求される．アルミニウム合金では2024-T3と7075-T6は航空機工業で最も多く接着接合に使われている材料で，ここではこれらの合金に対するプライマーのみに限って記述する．

アルミニウムに対して広く使われている3種類の表面処理には，①クロム酸-硫酸エッチング，②クロム酸陽極酸化，③リン酸陽極酸化がある．これらすべては，接着に適するようにアルミニウム表面の酸化層をコントロールしている．残念ながら，これらの酸化層は長期間保管されると水和する．接着プライマーの一つの機能は，この酸化層の水和を阻止することである．

多くの航空機製造会社は，表面処理された金属は8時間以内にプライマー処理を行うことを規定している．実際，安全な保管時間は相対湿度に逆比例する．特に低い湿度環境では，数時間の保管期間では有害な状況は生じない．しかし，接着作業場の上限と規定されている65％の相対湿度では，表面処理からプライマー作業の限度時間は8時間と用心深く決められている．

過去20年の間に多くの種類の防錆剤入りのプライマーが開発されている．これらのプライマーがもつ第二の機能は，金属界面に対し，水和安定性を改良し，塩水噴霧における発錆を防ぐことである．表44.1に2024-T3アルミニウムのせん断重ね継手試験片の塩水噴霧に対する強度保持率の違いが示されている．試験片の両方は250°F硬化のエラストマー変性エポキシ接着剤で接着され，一方はBR® 123プライマー（防錆剤含有なし），他方はBR® 127プライマー（防錆剤含有）で処理されている．両者のプライマーはAmerican Cyanamid社製である．

表44.1 強度保持率に対する塩水噴霧の影響

暴露時間	せん断強度 (psi)	
	BR® 123 プライマー	BR® 127 プライマー
初期	5875	5680
30日	3490	5890
90日	1460	4970
180日	0	4480

データが示すところでは，BR® 127防錆剤含有プライマーの場合，塩水噴霧180日後で初期強さの80％の強度が保持されている．BR® 123の場合には，180日間暴露後は，接着層のさびのためほとんど実用的な強度を有していない．

これは，アルミニウムクラッド材に指摘されているクラッドコーティングの宿命的性質により，接着層における発錆はベアーの合金よりもより影響されやすいためである．例えば，同様の試験を2024-T3ベアーアルミニウムで実施すると，180日間の塩水噴霧後のBR® 127とBR® 123の初期強さからの保持率はそれぞれ95％および70％とより小さな違いとしてあらわれる．

接着剤の化学組成

すでに指摘しているように，航空機工業で使用される構造用接着剤の主なものはフィルム状接着剤である．それゆえ，他のタイプへの一般的な評価を少し行うこととするが，ここではフィルム状接着剤に限って議論することにする．

多くの場合，フォーム状接着剤に使用される樹脂，硬化剤などはフィルム状接着剤に使用されるそれらとほとんど同じである．発泡フォーム接着剤で明らかに異なっているのは，発泡剤が含まれていることである．一方，等方性フォーム接着剤は中空硝子球が密度低下目的のため加えられている．

一液性熱硬化型ペースト接着剤には，固形樹脂の代わりに液状樹脂が使われている．二液性室温硬化型ペースト接着剤は，一般的に反応性アミン硬化剤により硬化する．一方，一液ペースト接着剤やフィルム接着剤は，潜在性アミン硬化剤が好まれて使用される．

表44.2に，今日使用されている主な接着剤の組成とそ

44. 航空宇宙工業における構造用接着剤

表 44.2 種々のフィルム状接着剤の強度特性

接着剤組成	製品名	各種温度におけるせん断強度 (psi)								金属はく離強度 lb/in. width	サンドイッチはく離強度 in.·lb/in. width
		−67°F	75°F	180°F	250°F	300°F	350°F	400°F	500°F		
二相系強靱化エポキシ	FM® 73 (0.085 psf)	6	6	4	1.5	—	—	—	—	70	40
	FM® 87 (0.085 psf)	6	6	4	3	—	—	—	—	70	40
	FM® 300 (0.10 psf)	5	5	4.5	4	3	—	—	—	30	20
二層型ニトリル-エポキシ	FM® 61 (0.075 psf)	3.5	3	2.8	—	2.7	1.6	—	—	15	25
ニトリル-エポキシ	FM® 1000 (0.08 psf)	7	7	3.5	2.2	—	—	—	—	140	80
ビニル-フェノール	FM® 47 (0.075 psf)	3.5	4.5	4	2	—	1.4	—	—	10〜15	20
ビニル-エポキシ	FM® 96 (0.075 psf)	3	3.7	4	4	2.5	—	—	—	10〜15	15
	FM® 400 (0.10 psf)	4	4	—	—	—	2.8	2	0.8	10	15
高温用エポキシ	FM® 350 NA (0.10 psf)	4	4	—	3.6	—	3.5	2	—	10	8
	FM® 355 (0.10 psf)	3.3	3.1	—	—	—	3.2	—	—	10	8
ニトリル-フェノール	FM® 238 (0.05 psf)	4	4	3	2.5	1.7	—	—	—	70	—
エポキシ-イミド	HT® 424 (0.135 psf)	3.2	3.5	—	—	2.7	—	—	2	<10	10
ビスマレイミド	FM® 32 (0.10 psf)	2.8	2.8	—	—	—	3	3	2	<10	6
付加型ポリイミド	FM® 35 (0.135 psf)	3	3	—	—	—	3	—	2.7	<10	6
縮合型ポリイミド	FM® 36 (0.10 psf)	3	2.8	—	—	—	2.7	—	2.7	<10	7

530　　　　　　　　　　　　44. 航空宇宙工業における構造用接着剤

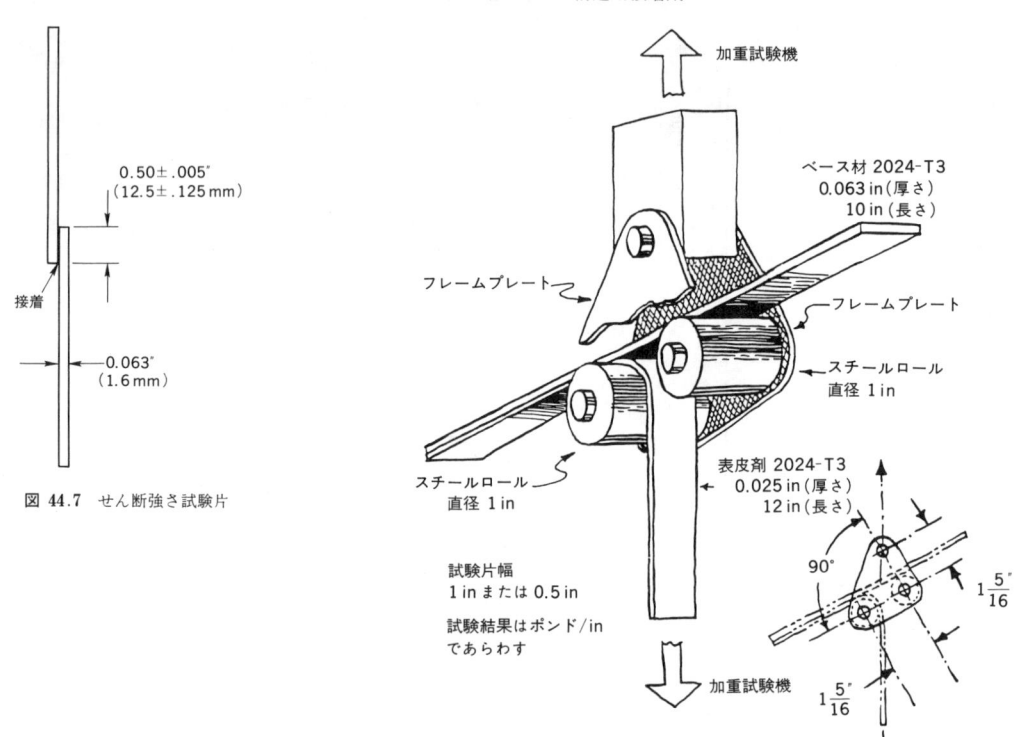

図 44.7　せん断強さ試験片

図 44.8　フローティングローラー式金属はく離

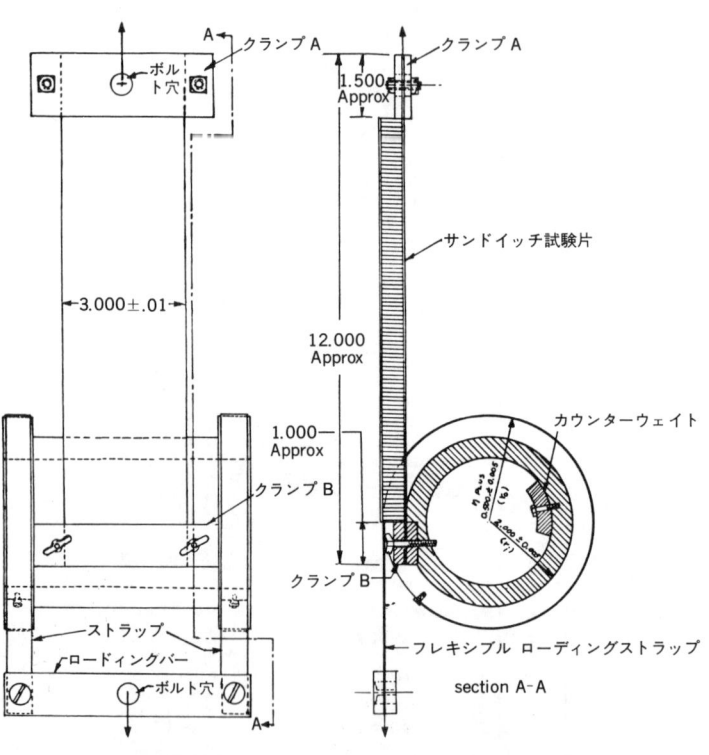

図 44.9　ハニカムクライミングドラムの試験装置

の典型的な機械的特性を示す．多くの種類のはく離試験やせん断試験が今日行われており，混乱を避けるため，この表で示す試験項目における試験片形状を**図44.7, 44.8, 44.9**に示す．この表に示されている多くの接着剤では種々の厚さのものが入手できる．

表44.2のデータは，一般に使用されている最も厚い接着剤による値である．せん断強さは接着剤の厚さによりほとんど変化しないが，サンドイッチはく離の値は大きく厚さに依存し，薄い接着剤の場合には特に低くなる．大荷重下での使用温度限界は，持続した荷重下でのクリープ試験より考慮される．多くの場合，小さい荷重下ではより高温まで使用可能となる．

ここでは全部 American Cyanamid 社製の接着剤のデータを示している．というのも，筆者が最もこの製品群をよく知っているからである．American Cyanamid 社は，この項目をカバーする完全な製品群を供給している．多くの場合，同様の接着剤は他社からも供給されている．

ビニル-フェノール

この系は，航空機工業において最も初期のタイプである．ビニルフェノールは安価なことと，金属と木材の接合に非常に優れた特性を示すため，今日もなお使用されている．FM® 47 接着剤はこのタイプである．このタイプの不都合な主な点は，縮合反応により硬化することである．熱硬化中に気体が発生し，結果として硬化物が多孔性になることである．このタイプは室温で保管され，350°F で硬化される．使用温度の上限は 180°F を少し越えたところである．

エポキシ-フェノール

このタイプの接着剤も縮合反応により硬化する．それゆえビニルフェノール系と同様硬化プロセス中に気体が発生する．この系の主な利点は，250°F という低温硬化にもかかわらず優れた高温での強度が得られることである．高温での長期間の暴露による酸化安定はあまりよくないが，1000°F というような高温でも短時間の暴露後の強度保持率は非常に高い．このような理由でミサイルに非常に多く応用されている．この系は，室温ではある限られた保存安定性しかないため，0°F での輸送や保管が奨められている．

ニトリル-フェノール

この接着剤は，ほとんど流動性がなく，ハニカム接合に向かないため，シートとシートの接着に限られて使用されている．強度保持は，250°F 以上で良好で 300°F で悪くない程度である．室温におけるはく離強さは優れている．しかしガラス転移温度が比較的高いため，低温での金属へのはく離強さは低い．推奨されている硬化温度は 350°F である．流動性が悪いため，最大の特性を出すには高圧（100 psi 以上）での接合が要求されている．

初期エポキシ接着剤

エポキシ樹脂は航空機用接着剤メーカーですぐに利用された．それは 1950 年代に始まり，さらに変性エポキシ接着剤が開発され，上市された．エポキシを基材とした接着剤の主な利点は架橋が付加反応によって生じることである．そのため低圧力下での接合が可能となり，穴のあいていないハニカム構造の接合が可能となった．

ビニル-エポキシ

FM® 96 はこのタイプに属する初期の接着剤である．これは 300°F まで中程度の強度を有する．酸化安定性が非常に優れていて，エンジンナセルやほかに連続して 300°F までの高温にさらされる部位の使用に供される．高分子のビニル樹脂により強靱化の改良がなされた．その結果，中程度の金属へのはく離強さやサンドイッチはく離強さが得られるようになった．このタイプの接着剤は室温での輸送や保管が可能で，硬化温度は 350°F である．

ニトリル-エポキシ 2 層系

FM® 61 で代表されるこのタイプの接着剤は，低流動性のニトリル-エポキシ層の上に高流動性のエポキシ層を重ねることにより得られる．サンドイッチパネルの製作において，高流動性エポキシはハニカム側に使用され，フィレット形成を行わせ，低流動性のニトリル-エポキシは表面材側になるように使用され，はく離強さを高める．金属に対するはく離強さはそれほどよくないが，サンドイッチはく離強さはかなり高い値を示す．300°F までの高温での強度保持率はよい．この接着剤は室温で安定である．硬化温度は 350°F が推奨されている．

ナイロン-エポキシ接着剤

ナイロン-エポキシ接着剤は最も高い強靱性をもつ構造接着剤に属する．せん断強さは 7000 psi を越えることも可能である．サンドイッチはく離強さも金属はく離強さも非常に高く，それぞれ 140 in・lb/in や 80 lb/in 程度を示す．高いナイロン含有量のため，この接着剤は吸収した水分により可塑化の影響をうけやすい．そのため高温，多湿下（100% 湿度，140°F）での連続した荷重下での特性は，他のエポキシタイプの接着剤に比べよくない．それにもかかわらず，このタイプの接着剤は，適当に選定された構造において非常に優れた耐久性と一定疲労応力に対する無比の抵抗性を与える．推奨される硬化温度は 350°F で，使用可能温度は 180°F である．この接着剤は室温で保管可能である．

最近のエポキシ樹脂

過去 20 年の間に，優れた特性をもつエポキシ系の接着剤の開発に大きな進歩が見られた．これらの改良は①強靱化へのユニークな方法の発見，②多官能エポキシ樹脂の応用の 2 点から可能となった．

すでに述べたような強靱化エポキシ接着剤は，相溶す

るエラストマーにより可塑化された架橋エポキシ樹脂よりなる一相系である．一相系でのガラス転移温度 (T_g)（これはおおよそ軟化点に相当する）はエポキシの T_g とエラストマーの T_g の中間になる．正確な接着剤の T_g は，エラストマーとエポキシ樹脂の組成比，およびそれぞれの T_g に依存することになる．いくつかのエラストマーの T_g は 0°F 以下で，高度に変性された場合，T_g は極端に低下し，結果として接着剤の耐熱性は大きく低下する．

現在の強靱化エポキシ技術では，最初はエポキシ樹脂と相溶し，硬化過程で均一な小さな粒子として析出するエラストマーを混合することよりなっている．図 44.10 に二相系の顕微鏡写真を示す．高軟化点のエポキシが連続相となり，接着剤の T_g は変化しないが，分散しているエラストマーは接着剤に低い弾性率と強靱性を与える．強靱性とはく離強さが改良されるのは，加えられた応力によって開始するクラックの伝播がしなやかな分散粒子によって止められるためと説明されている．

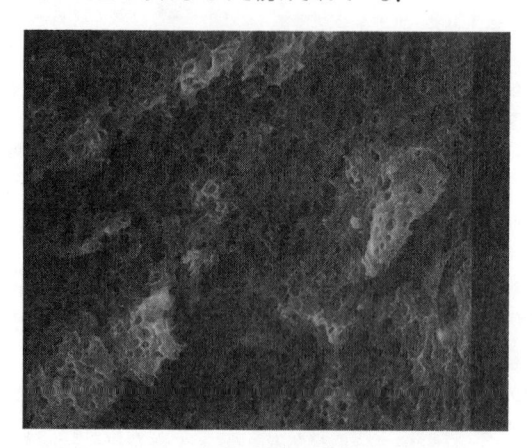

図 44.10　二相強靱化エポキシ

最も初期のエポキシ接着剤は二官能のビスフェノール樹脂を基材としたものである．エポキシ製造業者が多官能樹脂を紹介したときの最初は，ノボラック型エポキシ樹脂であった．それから多官能の特殊な樹脂が紹介された．航空機用接着剤メーカーはそれらを使用し，高温使用用途の接着剤を開発した．多くの場合，これらの高温用接着剤は分散されたエラストマーを含有する二相系の強靱化タイプである．

二相系強靱化エポキシ

これらの接着剤は航空機工業において，構造用接着剤として現在最も高い市場占有率を示している．FM® 73 と FM® 87 はこのタイプの 250°F 硬化型の代表的なものである．最高使用温度はそれぞれ 180°F と 250°F である．両者とも制御された流動特性をもち，優れた金属はく離強さとサンドイッチはく離強さを示す．FM® 300 は 350°F 硬化で，300°F までの温度で優れた強度保持率を示す．一相系の例えば FM® 96 と比較すると，二相系の利点が見られる．FM® 300 は 300°F における優れた強度特性，および高い金属はく離強さとサンドイッチはく離強さを示す．このバランスのとれた特性と制御された流動特性のため，この接着剤はコンポジット接着およびコンポジットの粗さをなくし，平滑にするための表面プライに多く使用されている．この接着剤のまったく流動しないグレードは，複合体構造の耐衝撃性改良のためのインターリーフ材として有効である．

これら三つの接着剤は 0°F で保管しなければならない．保管後は最大 90°F での作業場温度で約 10 日間使用することができる．

高温用エポキシ

三つの高温用エポキシ接着剤の特性は，表 43.2 にまとめて示してある．FM® 400 は補強用の充填剤としてアルミニウム粉を含有した高温用接着剤である．この接着剤は 400°F まで非常に優れた強度保持率を示す．しかし，この温度において酸化安定性は必ずしも優れたものではない．このような理由のため，接着剤の主な用途は高温に長時間暴露されるようなエンジンナセルのような場合よりも高速の軍用機に使用される用途である．金属はく離強さは中程度，サンドイッチはく離強さはかなり高い．

FM® 355 もまた 400°F での良い強度保持率を示す．この接着剤は充填剤が使用されていないので，レーダーを透過することが要求される用途に向いている．このタイプの接着剤も高温用コンポジットの接着に用途が見出されている．

FM® 350 NA は 350°F 硬化系で，350°F まで良い強度保持率と酸化安定性を示す．そのため何千時間も 300〜350°F の温度にさらされるエンジンナセルの用途に向いている．この支持物のないタイプの接着剤はハニカムコアの上に網状に（熱収縮を用いて）塗付することができる．このプロセスによりハニカムの端部の上に接着剤を塗付したような状態となり，ハニカムは穴のあいた表面材にその穴を埋めることなく接着することができる．この種の構造は，FAA 規格を満足するような騒音吸収用エンジンナセルの音響パネルの組立に使用される．

FM® 355 と FM® 350 NA は両者とも二相系である．たとえ金属はく離強さやサンドイッチはく離強さが中程度であっても，これらの値は未変性の高温用エポキシで得られるそれらの値に比べ，より高い．

ビスマレイミド

ビスマレイミド接着剤は，長期間の 400°F までの暴露と短時間の 450°F の暴露に適したものである．優れた電気特性を有し，特に高エネルギーレードーム（レーダーアンテナの覆い）の組立に適している．現在，この系で有効な接着剤はかなり剛いもので，そのため低い金属はく離強さと低いサンドイッチはく離強さを示す．これらは付加反応系であり，硬化中に揮発物は発生しない．そのためプロセスを単純化させることができ，低圧力で発

泡のない接着層を形成させることができる．これらの系は通常，加圧下で数時間350°Fで硬化され，その後加圧下または常圧で400〜450°Fで後硬化される．

ポリイミド

二つのタイプのポリイミドが現在使用されている．縮合タイプのポリイミドは最初に紹介されたタイプである．これは芳香族ジアミンと芳香族二酸無水物の反応物をベースとするもので，500〜600°Fで長時間，1000°Fまでの温度では短時間暴露に対して優れた抵抗性をもっている．縮合成生物の揮発物に加え，接着剤を柔軟にし，流動性を与えるための高沸点溶媒の存在のため，接着接合プロセスは非常に複雑である．揮発物の除去を促進するため，これらの接着剤は一般的に高真空下で操作される．縮合タイプのポリイミドは加圧下350°Fで硬化される．350°F，2時間の硬化により，加圧なしで500〜600°Fで後硬化するに十分な初期強さが発現する．

付加反応タイプのポリイミドは芳香族ジアミンと芳香族二酸無水物からなるが，それに加えナディックイミド末端基をもっている．この系もまた接着剤フィルムを柔軟にする溶媒を含んでいる．この接着剤の硬化は，初期は低圧で縮合反応により進行する．しかしながら，通常の縮合反応タイプのポリイミドと違うのは，縮合反応が完了し，溶媒が飛散した後で，これら接着剤はなお熱可塑性である．この点で圧力と温度をあげ，接着層を硬化させる．T_g はナディック末端基の付加反応を通して増大する．典型的なプロセスは1)軽い加圧の下で室温から400°Fまで1時間で昇温，2) 400°Fで30分間保持，3)圧力を100 psiに上げ温度を550°Fに上昇し，2時間550°Fで保持する．このプロセスにより空孔のない接着層が得られる．

付加型ポリイミドの酸化安定性は，縮合型ポリイミドと同程度ほどは優れていない．長時間500°Fでの暴露には限界があり，短時間暴露での強度保持も600°Fまででならばよい．

ポリイミド接着剤は優れた電気特性を有し，高温レードームに適している．これらは非常に高温となるエンジンナセルにも使用される．

プロセスでの考察

この項では，プロセスでの作業方法や，接着構造の品質や耐久性に影響する重要な要素について論じる．取り扱う項目は，①表面処理，②適当な保管とハンドリング，③接着作業場の環境の制御，④接着プロセスの制御，⑤接着接合の品質の検証である．

表面処理

航空機工業では，接着構造の組立には多くの種類の被着材が使用されている．これらには熱可塑または熱硬化型コンポジットと同様，アルミニウム，ステンレス鋼，チタン合金などがある．多くの金属被着材は，油を除き，表面をエッチングし，また時には制御された酸化膜を付着させるために酸やアルカリ溶液に浸漬して処理される．最も広く使われているアルミニウムの場合，一般的に使用される表面処理の方法はクロム酸-硫酸エッチング，クロム酸陽極酸化，リン酸陽極酸化である．非金属被着材では，それらの特定の組成にもよるが，グリットブラスト，サンドペーパー，ピールプライの利用，酸またはアルカリによるエッチング，火炎処理，プラズマエッチングなどである．広く使用されている被着材の適当な表面処理の詳細は接着剤供給者により一般的に説明されている．

金属被着材の場合，接着の耐久性を向上させると同時に表面への汚れの付着や，水和反応から守るため，プライマーが一般的に用いられる．プライマーの特性に依存するが，厚さは0.1から2milと大きく差がある．接着剤を適用する前に，プライマーは溶媒を除くため空気乾燥または加熱乾燥，時には熱硬化される．

高はく離強さを出すエラストマー変性エポキシ樹脂は，プライマーにより大きく特性が左右される．金属に対する初期接着強さはプライマーがなくても優れた値を示すが，多湿下での耐久性は悪くなる．例えば，プライマーを塗られていないチタンのFM®73によるせん断接着試験片を1000 psiの荷重下で140°F，湿度100%で放置すると，約3日間ではく離する．一方，BR®127でプライマー処理された試験片は同じ条件下で1年間はく離しない．

表面の汚れ，不適当に維持された酸溶液，不適当なすすぎ，また他の要素も接着接合の多湿条件下で耐久性の低下をもたらす．耐久性を保証できる適当な表面処理であるかを評価するために，多くの航空機製造会社で使用されている効果的な加速試験はウェッジテストである．この試験では，接着している被着材の間にくさびを打ち込む．試験片が安定化するまで1時間待ち，くさびによる割れ目の長さを記録する．その次に，この試験片を140°F，湿度100%のキャビネット中に1時間放置する．この条件下で，割れ目の成長は非常に小さく，かつ接着剤と被着材間のはく離ではなく接着剤の凝集破壊であるべきである．図44.11にアルミニウム接着のプロセス制御にしばしば用いられるウェッジテストの試験片を示す（この技術はもちろん他の被着材にも応用できる）．

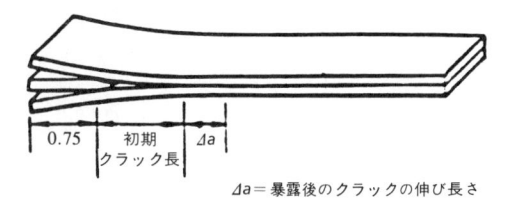

Δa = 暴露後のクラックの伸び長さ

図44.11 ウェッジテスト試験片

保管とハンドリング

多くの構造用接着剤は極性樹脂を基剤としており、それゆえ多湿条件下で暴露されると吸湿する。このため、接着剤のロールは輸送や保管の間の吸湿を防ぐため、防湿バッグに入れられている。接着剤が0°Fで保管されている場合、接着剤表面への水の凝集を避けるため防湿バッグを取り除くには約16時間凍結物を放置させておく必要がある。

接着剤を高湿度下に暴露させることを避けることの必要性はこの業界ではよく理解されている。このため、多くの接着作業所の湿度は65%以下にする必要がある。コンポジットでは、湿度に対する暴露を減少させる必要性についての理解が低い。被着材による少量の吸水量でも高温での硬化中に蒸発し、結果として空孔の多い接着層をつくることになる。

接着作業

均一な厚さの平板は、しばしば熱プレスで接着される。しかし、多くの航空機接着組立は曲面である。このため接着は加熱、加圧のできるオートクレーブで一般的に行われる。オートクレーブのプロセスでは、要求された曲面をもつ治具により支持され、ガラスまたはポリエステルのブリーダークロスで数層包み、耐熱性の不透過性のバッグに入れる。このレイアップされたものを加圧させたオートクレーブ中に置く。バッグの内部は大気中か、または真空ポンプと連結し通気されている。オートクレーブは望む圧力まで圧縮空気、窒素、または他の比較的不活性なガスで加圧される。

ブリーダークロスの役割は、あふれた接着剤を吸収し、とらわれている空気や、反応による揮発物の通り道を供給することである。縮合型ポリイミドの場合、バッグは比較的高真空で脱気される。このことは、硬化の始まる前に接着剤を柔軟にするために使用されている高沸点溶媒の沸点を低下させるためにも重要である。

昇温速度は一般に最終硬化温度まで1～10°F/minである。時には特定の組立に対し遅い昇温速度が規定されている。これは、熱ひずみを最小にし、熱応力を最小にするため硬化中温度を均一に保つためである。

多くの付加反応型接着剤の熱硬化圧力は約40 psiである。しかし軽量のサンドイッチパネルの場合は、ハニカムの崩れを防ぐため15 psiぐらいが使用される。

一方、大型の板材同士を接合する場合は空孔を減らし、とらわれている空気を圧縮するために100 psiが用いられる。大きい板材同士の接合では、タックのないもの、または片側のみタックを有する接着剤の使用は空孔を減らす効果があることが見つけられている。組立中にとらわれている空気を真空で引くことにより、空孔は実質的に消滅させることができる。

接着品質の検証

接着工程が制御されているかを検証するために、プロセスコントロールパネルがしばしば製造組立中に接合され、接着強さが試験される。せん断強さ、金属はく離強さ、サンドイッチはく離強さがしばしばこの目的のため測定される。

接着組立では、空孔の有無を調べるため非破壊検査が行われる。ある種の接着剤は容易に空孔の存在を見つけられるようにX線に映るような配合にされている。表面のタッピングによっても大きい空孔は見つけることができる。しかし、この方法は超音波を使った非常に小さい空孔をも検出できる精巧な装置に広く置き換わっている。

[Robert E. Politi／杉井新治 訳]

参 考 文 献

1. Krieger, R. B., ''Stress Analysis of Metal to Metal Bonds in Hostile Environment,'' 22nd National SAMPE Symposium, Vol. 22, April 1977.
2. Krieger, R. D., ''Fatigue Testing of Structural Adhesives,'' 24th National SAMPE Symposium, Vol. 24, May 1979.
3. Hirschbuehler, K. R., ''An Improved Performance Interleaf System Having Extremely High Impact Resistance,'' SAMPE Quart., **17**(1), (October 1985).
4. Politi, R. E., ''Factors Affecting the Performance of Composite Bonded Structure,'' 19th International SAMPE Technical Conference, Vol. 19, October 13-15.

45. 自動車工業における接着剤

自動車工業での接着剤の利用は，その工業と同じくらい古くから始まっている．初期の木材やキャンバスの接着に使われていた接着剤は，もはや金属，ガラス，プラスチック，ゴム，種々の織物を，それら同士，そして相互に，あるいは，塗装面へ接着可能なものへと置き換わっている．それらは構造的に保持できる強度またはシーリング材として利用されている．自動車用接着剤は，ここ20年間精巧になり，高機能になってきている．この傾向は，重量軽減の必要性，防食性，環境を意識したコストなどの新たな要求によるところである．本書の第1版からの最も大きな変化は，素材としてプラスチックと鋼材の使用が増加したこと，接着剤およびシーリング材の塗付がロボットにより自動化されたこと，そして非破壊試験や統計的品質制御が利用されるようになったことである．

自動車における特殊な要求項目

自動車用接着剤は，接着特性と多かれ少なかれ独立したいくつかの要求を満足している必要がある．それらは以下のような条件下で使用できなければならない．
（1）未経験労働者（高い転職率）が扱える．
（2）高い生産性（時には時間当り100台の製造ライン）で，短時間一定の作業時間で扱える．
（3）最小の表面洗浄．突然にまたは徐々に汚染されることがあっても扱える．
（4）健康や安全性が高い．
（5）硬化時間，圧力，温度の幅が広く，ペイントオーブンで硬化可能である．
（6）複雑な計量や混合を必要としない．

これらの要求特性が満たされ，接合されると，接着接合は苛酷な条件下で車の寿命の間はその特性を保持しなければならない．大量生産品の中で近代の自動車ほど複雑な要求項目をもつものはない．$-40°C$（$40°F$）から$90°C$（$200°F$）まで機能し，温度変化，塩水，燃料，オイル，多湿，振動，衝撃，洗剤，ほこりなどに耐えなければならない．接着剤はこれらの要求を満たせるようになり，車の寿命と同じ耐久性をもち，自動車工業および接着剤工業の両者に貢献している．

構造接着剤

現実的な目的からして，構造接着剤は機械的荷重を伝達することができるものと定義できる．一般的には熱硬化樹脂であり，エポキシ，フェノール，ポリウレタン，ポリエステルなどであるが，他にもいくらかの種類がある．しかし，例外として，いくつかのプラスチゾルがある．

構造接着剤は応力集中を減少させ，平滑な外形が得られ，寿命や特性が増大するなどの利点のため使用される

表 45.1 一般的な自動車用構造接着剤の応用

用　　途	樹　　脂	注
ボデーとルーフの補強パネル	ビニルプラスチゾル	油面接着
ダブルシェルールーフ	ビニルプラスチゾル	油面接着，振動防止
フードのインナーとアウターパネル	ビニルプラスチゾル	油面接着，振動防止
ブレーキシュー	ニトリルフェノール	耐熱，耐衝撃性
クラッチとトランスミッションバンド	ニトリルフェノール	耐熱，耐衝撃性
ウインドシーリング材	ポリサルファイド，ウレタン	最も有用な方法
プラスチックバンパー	ウレタン	特性向上
ディスクブレーキパッド	フェノール	耐熱性
FRPボデーパネル（スポーツカー，トラック）	ウレタン，ポリエステル	25年以上の実績
ラジエータータンク	エポキシ	はんだの代替
プラスチックロードフロアー	ポリオレフィン	電磁硬化
フードヘムフランジ	ビニルプラスチゾル	防振性

ようになってきている．また，それらは構造組立分野において，コストを上昇させない範囲内で有用である．**表45.1**に一般的な自動車用構造接着剤を示す．ここに示されている樹脂は一般的なもので，供給者や使用者の要求により変性される場合もある．

表45.1で示されている最も古くからの用途の一つとしてフードインナーとアウターパネルの接着がある．自動車のフードとルーフは「石油缶」のようで，もしインナーの補強材がなければ高速で振動する．フードインナーの補強材はわずかの溶接打痕も避けるために接着される．溶融したチョコレートのような高粘度のペースト状プラスチゾル接着剤がフードインナーとアウターパネルの組立で使用される．アウターパネルはインナーパネルの周囲でヘミングされ，この部品はペイントオーブンの工程まで動かないように固定されている．最近のプラスチゾルは硬化時に金属表面の薄い油膜を吸収する能力を有している．接着前の洗浄は歴史的に難しい問題であったため，油面接着性はこの工業において大きな価値がある．

このプラスチゾルは（熱硬化系ではないが）広い接着面積に低荷重が付加される部位に使用されて，構造接着剤としての機能を果たす．これらは実質的にはく離や割裂応力をうけることなく，静的というよりむしろ動的な引張り応力をうける．そのためここでは接着剤の低温流動（クリープ）特性は重要な項目とはならない．

エポキシは，種々の車やトラックボデーの接着に使われている．この接着剤は4秒の誘導加熱により半硬化される．最終的な硬化はペイントオーブンで行われる．

ダブルシェル工法による屋根構造では，伝統的な溶接組立の約半分に使用し，堅固なゆれのない製品をつくっている．プラスチゾルは最小限の表面処理で使用でき，接着層厚さが厳密でなくてよいので非常に効果的である．

ブレーキライニングへの接着剤の応用は1949年に始まった．この技術はさらにディスクブレーキパッド，クラッチフェース，および変速機のバンドにも使われた．

ブレーキライニングには，**図45.1**に示すようにニトリルフェノールのフィルム接着剤が使われる．組立物は加熱・加圧下で硬化される．何百万個ものすばらしい特性の接着ブレーキシューが製造されたこのプロセスは，特定の要求に対応した優れた接着剤配合によりなしとげられた．ブレーキライニングは高温（149℃）での衝撃とせん断応力に耐えなければならない．この接着剤フィルムは，耐熱性とせん断強さに優れたフェノールと耐衝撃性をもつニトリルゴムを組み合わすことで実現された．

ディスクブレーキパッドは180℃以上の高温に耐えなければならない．そこで接着剤はフェノールが使われる．洗浄されたシューの上にフェノールがスプレー塗付され，加熱により溶媒が取り除かれる．接着剤の塗付されたシューが未硬化のブレーキパットに組み付けられる．最終組付け物は172℃で6895 kPa（1000 psi）で12分間加熱硬化される．

エポキシは，自動車工業では伝統的にあまり使用されていない．その理由は，コスト的な問題と，かなりきれいな接着表面が要求されるためである．それらは耐久性，強度，または塗付特性において，コスト的な増大があってもそれが評価できる場合のみ使用されている．それはルーフレールリテイナーの接着やルーフとクォーターパネルの組立接合に使用されている．徐々にではあるが，一液配合として広く使用されるようになってきている．

他に構造用接着剤の自動車での応用としてガラスと金属の組立があげられる．フロントガラスとリアーガラスは大きく，しばしば曲面である．ガラス板は金属の開口部にしっかりと締めつけなければならない．接着剤は空気，ほこり，水の侵入を妨げ，ガラスにひび割れを生じるような機械的振動を吸収しなければならない．理想的にはガラスと金属の接着組立は，ボデー全体の強度にも寄与しなければならない．伝統的にはこれらのガラス板は，ブチルゴムテープでシールされ機械的な締めつけを行うか，またはシールと保持を同時に架橋ポリサルファイド物質で行うかどちらかであった．もちろん，後者の技術は接着工程によるもので，より強い構造を与える．

近年，フロントガラスやリアーガラス組立用のポリサルファイド接着剤はポリウレタン接着剤と置き換えられた．ウレタンは適当な振動に対しダンピング効果をもちながらより堅い組立構造を与える．フロントガラスやリアーガラス組付け工程では二つの接着剤が使用される．その一つのホットメルト接着剤でガラスの内面の外側端部に小さな断面のゴムの成形物（ダム）を取り付ける．次に二液性のウレタン接着剤がガラスの上のダムの内側にビード状で塗付される．次にガラスが金属の開口部に押しつけられ，ウレタンが変形し金属表面をぬらす．ゴム製のダムはウレタンがボデー表面の外部にはみ出すのを防止する．ウレタンは硬化を続け，たいへん強い，気密性の高いガラスと金属の接着が得られる．

嫌気性接着剤もいくつかの構造用用途に使用されている．ディップスティックの保持，エンジンブロックの締

図 45.1 接着ブレーキシューは長年使用されている．

結組立やベアリングの組立などである．

二液性ウレタンの他の用途として，トラックボデーや車のSMCの組立と，ガラス板とサンルーフのヒンジとの接合などである．SMCの応用により軽量化と組立労働時間の短縮ができる．電解腐食や空気や水の漏れなどもまた低減できる．

保持用接着剤

保持用接着剤は，構造的な荷重を伝達することなく，一つの物質を他へ付着させることを第一の機能とするものである．時には保持用接着剤でもかなり大きい荷重を担うこともある．しかし，担う荷重は自動車の構造強度保持には必要でない．例として室内バックミラー取付け用のボタンがある．これはポリビニルブチラールによりフロントガラスに接着されている（図45.2）．もしミラーに何かがあたると，その接着部位は大きなへき開の力に耐える必要がある．しかしミラー取付け用ボタンは，自動車構造の必要不可欠な部分ではない．

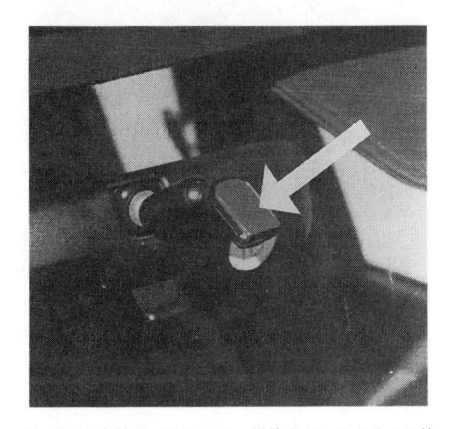

図 45.2　内装用バックミラー保持ボタンはガラスに接着される．

表 45.2　典型的な保持接着剤の応用

内装用	
トリムパネルファブリック	水性感圧性
ドアパネルファブリック	エポキシスプレー
天井ファブリック	溶剤系接着剤
カーペット接着剤	ポリエチレンホットメルト
防音パッド	溶剤系接着剤
ウェザーストリップ	溶剤系接着剤
ワイヤーハーネスクリップ	ビニルプラスチゾル
計器用ばね	ポリアミドホットメルト
ヘム用接着剤	ポリアミドホットメルト
外装用	
ボデーサイドモール	アクリル感圧性
木目調フィルム	アクリル感圧性
ストリッピング	アクリル感圧性
ウェザーストリップ	アクリルフォームテープ
ビニルルーフ	感圧性
ミラーと金属保持体	シリコーン
プラスチックヘッドランプ	二液性ウレタン
種々のねじゆるみ止め	嫌気性

低い強度要求のため，保持用接着剤にはしばしば熱可塑樹脂が使用される．ホットメルトや感圧型接着剤が組立速度の点で特に一般的である．

客室の内部または外部を基準として，保持用接着剤を外装用と内装用に分けることは便利である．外装用接着剤は一般に内装用接着剤に比べより苛酷な環境や，機械的荷重にさらされる．

典型的な内装用保持接着剤の応用を表45.2に示す．一つの主な機能は，ドアの車内側やサイドウォールトリムパネルに対し，ビニルやABSのフィルムを保持することである．ABSやビニルシートはドアやトリムパネルのくぼんだところにしばしば真空引きで製造されるため，パネルのくぼんだところは裏側からクリープして緩んだりする傾向があった．引張られているシート状のものではこのような現象が予想されるので，例えばエポキシのように真空成形時に熱硬化し，クリープ性のなくなる接着剤を使用することによりこの現象に打ちかつことができる．シートがあまり引張られないようなパネルではホットメルトや溶剤系接着剤が使用できる．プラスチックシートドアやトリムパネルの端部が包み込むように確実に保持される場合では，ホットメルトのヘミング用接着剤の使用例がある．

ネオプレンやSBR溶剤系接着剤は，車の内装として，ルーフライニング，防音パッド，ドアやドア開口部へのゴム製ウェザーストリップの接合に使用される．ポリアミドタイプのホットメルト接着剤は，カーペットと床の接着剤やまたアンカー器具測定用ばね（anchor instrument gauge springs）用として使用されている．

外装用保持接着剤（表45.2）は，一般的にアクリル系感圧型またはネオプレン溶剤系である．それらは使用期間での耐久性，低温での柔軟性，接着速度，取扱いの容易さにより選ばれる．ホットメルトは外装用としてほんの少し使用されているのみである．特にランプのハウジングとかビニルルーフのシームなどの二次組立ラインにおいて使用されている．

ビニルルーフは，伝統的にネオプレン溶剤系が使用さ

図 45.3　接着剤により接着されたビニルルーフ

れる（図45.3）が，最近は感圧系になる傾向がある．ビニル織物をルーフに置き，中心から外側へ手で押さえながらしわや気泡を巻き込まないように圧着する．ビニル織物の中にある継ぎ目は，組付け前にホットメルトで接着されている．

第二に重要な外装用接着剤は，装飾用ストリップ（図45.4）や木目調ビニルシートを種々の外板に貼り付ける用途である．これらの接着剤は，高い粘着力と低温での柔軟性が必要なため第一はアクリルテープである．図45.5にボデーと同じ色をドアハンドルのインサートに貼ったところを示す．このカラーマッチングは，色付きの感圧テープをドアの取っ手のくぼんだところに貼り付けることにより完了する．

種々の文字やマークが装飾用ストライプとして一般的に接着剤により接着される（図45.6）．図45.7に示すようなストライプでは，コストの高いマスキング，ペイントそして硬化操作などが不要である．文字やマークを貼り付けることは自動車製造者の立場からすると重要で挑戦的なことである．装着用の穴を開ける作業部所で部品保管の必要性がなく，大きな省力化になる．また穴を開ける操作自体も不要となる．

図45.4 自動車に多く使用されている接着トリムストライプ

図45.5 ペイントの代替としてのボデーカラードアハンドル

図45.6 接着された自動車の文字

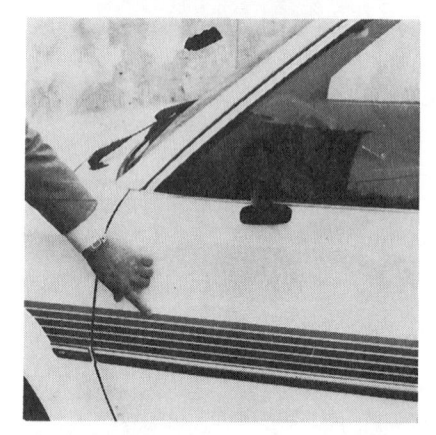

図45.7 ペイントの代替としての接着ストリップ

木目装飾は，ある種の車種ではオプションとして一般的である．これらのビニルシートにはアクリル系の接着剤が使われており，薄い石けん水を塗付して広くフィルムを貼り広げる．この石けん水はビニルシートを適当な部所へスリップさせながら固定できる．そして，ビニルシートの下部にある石けん水をスキージ（ゴムヘラ）で絞り出して，接着が完了する．

他に2種類の保持用接着剤には言及する価値がある．それらはシリコーン接着剤とねじゆるみ止め用接着剤である．

シリコーン接着剤はほとんどの（全部ではないかもしれないが）アメリカの自動車工場で外装サイドミラーのフレームへの接着に使用されている．ここは振動のため機械的接合が適さない部位である．ここでの低温衝撃と疲労強度特性に対し，他の多くの種類の接着剤では不適当である．室温架橋型のシリコーンは十分な高温での柔軟性と非常にすぐれた保持力を示す．

嫌気性のねじゆるみ止め接着剤は，ジメタクリレートなどのような不飽和ポリエステルモノマーが大気中の酸素により重合禁止されているものである．ボルトを締めつけるなどのように接着剤層から酸素が除外されると，接着剤が反応し，結果として固化した接着剤が二つの部

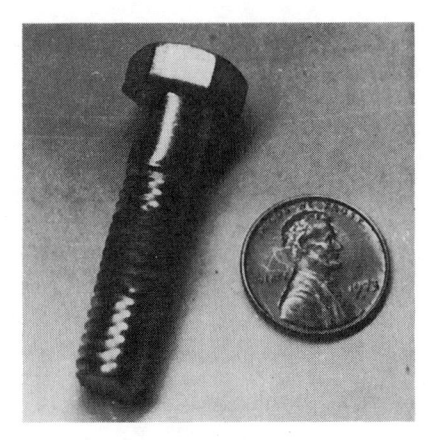

図 45.8 塗付加工されたねじゆるみ止め剤

品を固める.

図45.8にカプセル化されたねじゆるみ止め剤の塗付されたボルトを示す. ねじが所定の位置で締めつけれるとき, 接着剤はねじ山の間にしみだし, 結果として有効な固着力が発生する. ねじゆるみ止め剤は, 振動によるゆるみが問題となるような部位に広く使用されている. オイルパンやドア内部の部品固定などが典型的な例である. より信頼性のある組立に対する要求の増大とともに嫌気性, またはほかの種類のゆるみ止め剤の使用も増大する.

シール用接着剤（シーリング材とガスケット）

これらの接着剤の第一の機能は, 発錆を減少させたり, 快適さを増したりするために, 空気, ほこり, 水をシールすることである. 多くの場合, シール機能と同時に保持接着剤の機能をも有する. 一般的にこれらは低強度のため, 構造用の応用はない. 典型的なシール用接着剤を**表45.3**に示す.

非常に多くのシール用途例を最近の自動車において肉眼で目にすることはないだろう. 低粘度のゴムのようなシーリング材は, 実質的にほとんどすべての金属-金属接合部にスポット溶接の前に使用される. 多くのこれらの接着剤には加熱により発泡することができる化学物質が含まれており, 加熱により発泡性のシーリング材となり, 湿気, 空気, ほこりなどをシールすることができる. また電解腐食も減少させる.

ポリエチレンのホットメルト型のシーリング材は組立後に塗付するのが困難な場所に使用される. スティックまたは棒状のシーリング材が組立中の適当なときにドアやロッカーパネル内に置かれる. 車体がベークオーブンで加熱されるときにシーリング材が溶融し, 重力により流動し, シールが必要とされる部位に接着する.

他のいくつもの種類のボデーシーリング材は溶接接合部位よりはみ出し, 湿気の侵入防止, 発錆の抑制に効果がある. 瀝青炭 (bituminous) 製品はこれらシーリング材の一例である. これらの物質は非常に凝集力が低く, 一般に塗装されない部分に使用される. このシーリング材は防火用開口部に非常に多く使われる. 温度変化に対しクラックを生じることもなく, 湿気を減少させる能力を有している.

ポリビニルのシーリング材は, ビニルルーフによりおおわれる鉛ボデーソルダーのかわりに使用される.

フォームインガスケットは接着シーリング材としての最終の例である. この製品は種々の形状のガスケットの保管が必要でなくなり, 組立作業を非常に効率よく実施することができる. これらはちょうど一対になっている部位の片側に手動や自動で塗付する. またシルクスクリーンによっても塗付できる. 一般的にシリコーンやポリエステルが選ばれている. というのも, 接着特性, 高温での強さ, 低温における柔軟性, ほとんどの薬品に対する抵抗性などの特性に優れているからである.

将来の方向

数年先には, 自動車用接着剤には相当明るい見込みがある. 現在応用されている接着剤は徐々に受け入れられるところが増えるだろう. 特にボデー構造の部分とホットメルトおよび感圧性の保持接着剤の分野であろう. 将来を予言することにはリスクがあるが, 次記のような製品が開発されることを予期することはもっともだと思われる.

表45.3 典型的自動車用シーリング材
（シーリング材とガスケット）

型	特徴	用途
溶接併用	低粘度, 場合により発泡性 熱可塑性, 伸縮性	溶接される金属間, ヘムフランジの内部 水に対するシール, 防錆性
ホットメルト	ポリオレフィン	組立後に塗付不可能な部位 (箱の内部等)
ボデーシーリング材	瀝青質 (bituminous)	防火壁回りのシール, インテリアボデージョイント, ボデードレイン 空気と水のシール
	PVC	高い凝集力を必要としない外装ペイントの下部
	エポキシ	プラスチックボデーソルダー
ガスケット	シリコーン	耐熱性, 耐寒性, 耐燃料特性のよい塗付型のガスケットとして

（1） 表面の清浄性にあまりこだわらない接着剤．数年来自動車以外の用途で使用されているアクリル系接着剤はこの方向性を象徴している．

（2） 高速硬化構造用接着剤．構造用ホットメルト接着剤はそう遠いものではない．時間，場所，治具を節約することは非常に重要である．

（3） 金属-金属接合へのアクリル接着剤の応用．

（4） 低温硬化性．この開発により非常に多くの燃料と固定治具を節約することができる．保管安定性と硬化温度という板ばさみに対して新しい取組みが必要である．たぶん電磁的，または摩擦誘導による活性化などが可能であろう．

（5） 金属やプラスチックの全接着による部位の可能性は，接着剤の硬直性の利点を生かした，ドアやデッキリッドから始まるだろう．

[**Gerald L. Schneberger**／杉井新治 訳]

46. 計量，混合，吐出装置：基本設計

反応性接着剤の多くの配合物は，主剤と硬化剤をきっちりした比率で混合することが必要である．この章では，この目的のための装置の基本設計を取り扱うことにする．

ほとんどの一般的な計量，混合，吐出機は，ギヤポンプとピストン，あるいはその組合せを中心に設計されている．この章は両方のシステムがどのように機能するか，その強みと弱みについて説明してみよう．

機械の選定に際してはいくつかの質問に答えなければならない．
（1）取り扱う材料は何か：エポキシか，ポリウレタンか，シリコーンか，など．
（2）計量に影響する材料特性は何か：粘度（レオロジー），混合比，充填か未充填系か，研磨材含有の有無，ポットライフ（可使時間）は？
（3）適用部位，生産速度，必要塗付量，連続塗付か間欠塗付か．

ギヤポンプシステム

一般的なギヤポンプ計量システムの回路図を**図46.1**に示す．これら装置の駆動と監視部分を支配する精巧さはメーカーごとに異なり，コストも違ったものになる．

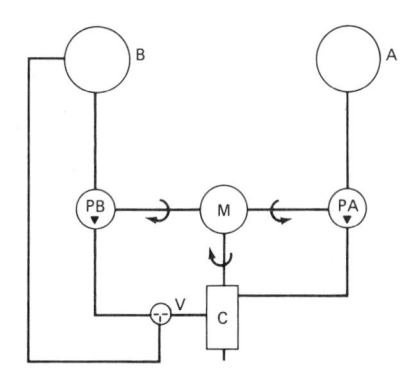

図46.1 ギヤポンプ計量回路
PA：主剤計量ポンプ，PB：硬化剤計量ポンプ，V：三方バルブ，M：駆動モーター，C：ミキサー，A：主剤タンク，B：硬化剤タンク．

図46.1でAとBは供給タンクを示す．タンクAは通常，主剤用でタンクBは硬化剤用である．これらのタンクは1/4ガロンから55ガロン（0.95～20 l）までいろいろある．ASMEタンクの場合，圧送圧力は75～80 psiである．タンクは加熱や冷却が可能で，電動モーターかエアモーター駆動の攪拌機を取り付けることもできる．

タンクは液面計を取り付ければタンク内の材料の量を感知することができる．これらのセンサが信号を送るとポンプ装置が作動し，タンクを満たしてくれる．あらかじめ定めておいた液面に達するとセンサが充填装置を止めるよう信号を出す．このようなシステムは，主要な材料の供給が維持される限り機械を完全自給のものにしてくれる．

PAとPBは計量ポンプをあらわす．これらのポンプは固定押しのけ型で，ギヤ，ダイヤフラム，あるいはピストンのいずれかを用いてポンプで送られる材料を追い出す．ただし，ギヤポンプとピストンポンプはあるがダイヤフラムポンプは一般的ではない．

ギヤポンプは扱う材料の抵抗によって精度が異なる．機械設計者は取り扱う材料の特性と生産要件にしたがって特定のポンプを選択する．粘度が500 cP以上の材料であればポンプの精度は不要で，50～500 cP粘度範囲の材料ならポンプ作業ができる．ポンプスピード（rpm）はポンプキャビテーションが生じないスピードとしなければならない．

ギヤポンプは高精度の計量装置で，適正に使えばすばらしい仕事をすることができる．しかしながら，研磨性の充填剤を含む材料や高充填材料は，作動部品の潤滑を妨げるから使用することができない．充填剤はポンプ内にこびり付き，ポンプの故障をひきおこす．他方，比較的高粘度ではあるがポンプ作動ができる材料は，滑りが最小であるためほとんど100%の効率でポンプを動かすことができる．

ギヤポンプシステム（図46.1）の利点はその単純性にある．このシステムにはチェックバルブがない．三方バルブ（V）は硬化剤をミキサーからタンクへ戻すためのもので，ミキサーでの混合比を抑制したり，主剤でミキサーを洗浄する目的のものである．

Mはポンプの駆動源を示す．これは単純ギヤヘッドモーターで，ギヤまたはチェーンとスプロケットを介してポンプに連結している．これにはサーボモーター駆動系を用いることもできる．この組立に際しては，比率を任意に変えてもよい．ギヤやスプロケットに対しては，比率変更を行うためにこれらを物理的に変えなければならない．

Cは機械のミキサーをあらわす．最も普及している二つのタイプは，ダイナミックミキサーとモーションレスミキサーである．

ダイナミックミキサー

このミキサーは単純なチャンバー内回転（通常は翼付）攪拌機である．翼端とミキシングチャンバー内径間のスペースは非常に小さい．通常，A剤（主剤）がチャンバーに入り，B剤（硬化剤）が後に続く．場合によってはチェックバルブを用いて機械のB側に主剤が侵入するのを防ぐ．これはB側の圧力低下によるもので，もしこれが生じた場合はバルブが閉じA剤が入ってくるのを防いでくれる．

ミキサーは電動機かエアモーターいずれかで駆動し，スピードは1700から20000rpmである．

ミキサーのシャフトシールはV-リングパッキンからメカニカルロータリーシールまで幅がある．ミキサーが耐えられる背圧とスピードの程度によってシャフトシールの方式が決まる．

V-リングパッキンはシールの寿命を伸ばすため，特に高速・高圧では潤滑が必要である．メカニカル（ロータリー）シールは潤滑を必要としないが，スピードと圧力に制約があり，シールの製造業者によってレッドラインが引かれている．シャフト径0.500～0.625in範囲のシールに対する最大スピードは，100psiの圧力下で約4500rpmである．

ダイナミックミキサーは，ミキサースピード，大きさ，および滞留時間（混合物がミキシングチャンバー内で費やす時間）を変えることができるため，いろいろな配合組成物を混合できる．

欠点はメンテナンスを要することで，主にクリーニングとシール交換が必要である．早期シャフトシール破壊なしに高背圧を得ることはできない．さらに，機械装置であるから駆動させるエネルギーが必要で，それが混合物を通して翼のせん断作用により発生する熱に加えてシールの摩擦熱を生み出す．混合温度は120°F(49℃)を超えることもあるが，これは材料のミキサー通過速度と混合されている主剤・硬化剤の温度に左右される．扱い中の材料のゲル化時間は公表時間より長いことはありえず，おそらくミキサーの発熱によって短くなっていることに留意しなければならない．経験則として，温度が10℃上昇するごとにポットライフは半分になることを知っておくとよい．

モーションレスミキサー

このミキサーは2成分を混合するのに機械的エネルギーを必要としない．混合は材料の流れに対向する幾何学的形状物によって行われる．モーションレスミキサーは可動部分がなく，安価な使い捨てミキサーの出現としてまた分解してきれいにできるミキサーとして機械設計上二者択一的に考えるべきものである．

モーションレスミキサーはダイナミックミキサーと違って，あらゆる配合物を混合できるわけではない．混合はミキサーの出口端における流れを制限して背圧を高めるか，流量（材料がミキサーを通過するスピード）を増すことによって促進される．良好な混合物を得るための次のステップは，背圧を高めるためのもう一つの混合エレメントをつけたすことである．モーションレスミキサーはある配合物の混合に優れていたとしても，別の配合物の混合では失敗に終わることも認識しなければならない．

モーションレスミキサーの成否に影響を及ぼす因子は材料粘度（レオロジー），混合比，流量，および主剤・硬化剤の相溶性である．もし主剤(A)と硬化剤(B)の粘度が大幅に違う場合，例えば50000cP(A)と50cP(B)のようなとき，低粘度の材料はミキサーを通してちょうどネズミの巣のようになり，混合不良をおこす．もし配合物が100部当り3～5部の混合比を必要とするなら，混合するのは困難であろう．

ミキサーはまた大きな背圧（粘度に依存する）を生じ，ダイナミックミキサーによりつくり出される圧力より5～10倍にもなる．加えて，狭い通路が徐々に閉じられ（材料の滞留層の硬化により），流れを悪くするので，機械のポンプ装置に背圧の形で負担をかけることになる．

この点で，使用しようとする材料は機械適性があるかどうかを注意して選ばなければならないことが明らかである．供給業者はこれを確認できなければならない．もし可能なら，非研磨性の充填剤かまったく充填剤を含まないものを主張し，合理的に入手しやすいものにする．できれば100部当り1～2部といった混合比率は避けるべきである．常時計量装置と材料の状態に注意しながら操作するのはほとんど不可能に近いからである．主剤と硬化剤を混合したとき色が変化するものを求めてもよい．正しい混合を確証できるし，ミキシングチャンバーの清掃にも都合がよい．

結論として，両ミキサーとも適切な配合物で使用すれば優れた器具である．

計量シリンダーシステム

この型式の計量システムに対する基本回路図を図46.2に示す．主剤(A)と硬化剤(B)両タンクは前述したギヤポンプシステム，混合方法と同様に組み入れてある．

EとFで示した弁はチャージバルブと呼ばれる．この弁の機能は計量ピストン（シリンダー）PAとPBが吐出

46. 計量，混合，吐出装置：基本設計

図46.3 (a) と (b) に示すデザインは，非研磨性材料を使用しているときに有用であるが，ポリウレタンシールと硬質クロムめっきシリンダー内壁の組合せを用いると研磨性材料でもある程度うまくいく．図46.3(a)と(b)のシリンダーは，それぞれタンクにつながり，シリンダーの軸受側に潤滑剤を供給するのに加えて計量シリンダーから空気を追い出す．これはイソシアネートやポリウレタンのような感湿性材料を使用する場合には不可欠なものとなる．潤滑剤は通常不活性可塑剤である．

設計の観点からいえば，図46.3(a)が優れている．というのはピストン部分が2点（1と2）で支持されているからである．このピストンロッド組立物は，図46.3(b)または(c)で示されるシリンダーよりも大きな側荷重をうけることができる．図46.3(c)に示すシリンダーは，ブラインドロッドシリンダーで，適切なシャフトスクレーパーとシールを装備していれば，研磨性材料でもよく作動するだろう．

チェックバルブC,D,E,Fはシステムの心臓部である．もしこれが詰まると，最良の計量ピストンやミキサーでも比率ずれ状態を直すことはできない．これらのバルブ類は複雑さとコスト面で，単純なばね式，チェックバルブからスプール，ポペットあるいはロータリーデザインのいずれかといった高価で強力なバルブまで範囲がある．バルブ型式の選定は取扱い材料にもとづいて行うこと．

ばね式チェックバルブ（逆止弁）

このバルブ（**図46.4**）は比較的安価で，低粘度液ではよく作動する．油圧回路と空気圧回路では広く用いられているが，高粘性材料を制御するのに使うといくつかの制約が出てくる．圧力が急変すると一時的に開放されたままになる．

ばね式バルブは大きなストレーナーともいえる．特に低比率系で，液体の流速が低いところでそうなる．この

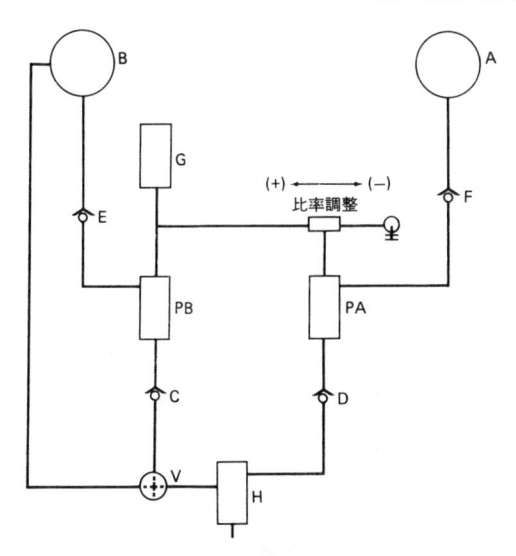

図46.2 単動計量システム
A, B：材料タンク，C, D：吐出チェックバルブ，E, F：装填チェックバルブ，G：駆動シリンダー，H：ミキサー，PA：主剤シリンダー，PB：硬化剤シリンダー，V：硬化剤バイパスバルブ．

弁を通して材料を前方へ送り出そうと動くとき，タンクに材料が戻るのを防ぐことにある．

弁CとDは吐出弁と呼ばれる．その機能は，材料がチャージングサイクル中に計量シリンダーに吸い戻されるのを防ぐことにある．

PBとPAは計量ピストンを示す．これには図46.3(a)に示すV-リングシールを付けたもの，カップ型ピストン［図46.3(b)］，またはブラインドロッドシリンダー［図46.3(c)］がある．

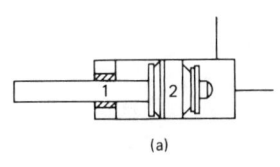

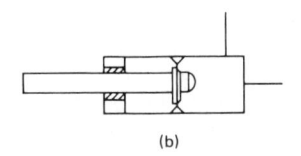

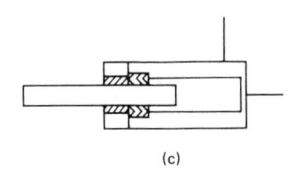

図46.3 ピストンシール
(a)シェブロンV-リングシール，(b)ピストンカップ型シール，(c)ブラインドロッド（ピストンなし）シリンダー．

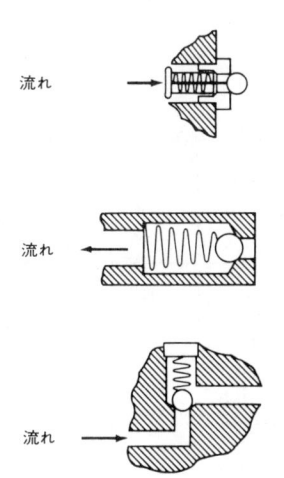

図46.4 チェックバルブ配置

場合，バルブはき裂開口となり，非常に狭い開口を通して液体が流れ，結果として汚染物が球と弁座間に捕えられることになる．ある場合は湿気によって生成した結晶がバルブ問題をひきおこすこともある．

加圧した材料タンクから，あるいはトランスファーポンプから操作しているとき，吐出チェックバルブに必要な開閉ばね圧は，装填サイクル中にトランスファーポンプで発生する最大圧力より高くなければならない．さもないと吐出チェックバルブを開けてしまい，未計量の材料がミキシングチャンバーに入ってしまう．これは吐出ノズルに材料の液だれが連続して生ずることを観察すれば容易にチェックできる．

パワーチェックバルブ

これらのバルブは通常，ソレノイド，空気圧シリンダー，または機械的連係によって駆動される．もし適切に設計されていれば追出し装置としては機能しないだろうし，系の圧力では閉じたままになろう．

これらバルブの弁座は通常軟らかく，テフロン，ポリエチレン，ナイロンのようなプラスチックでつくられている．バルブは何サイクルか駆動したときにそれ自身の弁座形状に納まる傾向がある．このバルブの弱点は作動軸で，そこにはシールも含まれる．この軸はポペットスプールと駆動部を連結する．もしこのシールが壊れると，たとえ内部シールが良好であってもバルブは修理しなければならない．

コストに関してはパワーチェックバルブは，ばね式チェックバルブより高価である．設計上の違いによるだけでなく，操作には制御装置が必要なためである．パワーバルブのコストにもかかわらず，このバルブは材料や操作条件におかまいなく作動し続けることを知っておくのも慰めになる．

各種アクチュエーター（ソレノイド，エアシリンダー，およびロータリーアクチュエーター）の一つで動作しているパワーバルブは，それ自体がマイクロプロセッサー制御の機械ともいえる．

図46.2で述べた機械は単動計量装置に分類される．この装置は一度シリンダーPAとPBが吐出してしまうと，再装填に時間がかかる．もし材料が低粘度であればこの時間は2〜5秒ですが，高粘度になると再装填時間は15〜30秒，あるいはもっと長時間になってしまう．

多くの用途で重要な要因は，計量シリンダーに材料が合理的な時間内に再装填されるようタンクA（主剤）とB（硬化剤）を加圧しなければならないことである．さらに，材料の加熱は再装填時間を短縮する．もしシリンダーの適切な再装填が行われないと比率違い条件が存在することになる．

図46.5の回路図は複動計量システムを示す．操作原理は図46.2の場合と同じである．この装置では，機械はトランスファーポンプAとBで駆動し，計量シリンダーに材料を装填（充填）する．装填バルブと吐出バルブは，塗付サイクルに合わせて計量シリンダーに材料を満たすことを可能にする．再装填時間は不要である．このシステムがどのようにして動くかを図46.5にしたがって説明する．

信号が与えられるとトランスファーポンプAとBがポンプ作動を始める．同時にすべての装填バルブと吐出バルブが指示された位置にシフトする．主剤側ではバルブCVAが5の線を閉じ，加圧された材料が4の線を通って計量シリンダーPAに流入する．シリンダーPAが動くと，8の線を閉じたバルブDVAを通って材料が押され，7の線を通ってミキサーGに流入する．硬化剤（B）側でも順序は同じである．そして両側とも同時に作動する．シリンダーPAとPBがその行程（移動長さ）の端末に達すると，リミットスイッチが働き，全部の装填バルブと吐出バルブに切換信号を送り，材料の流れとシリンダーPA, PBの移動方向を逆にする．

図46.2と46.5で吐出チェックバルブを個別に示したが，実際はすべてのチェックバルブは計量シリンダーに応じて一つか二つのシングルユニットに連結している．

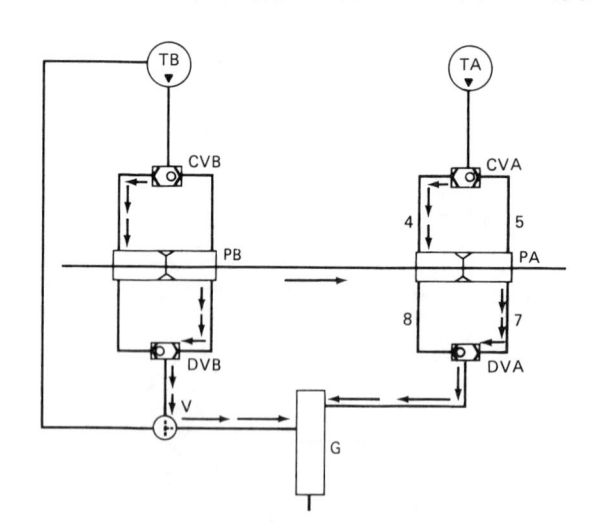

図 46.5 複動シリンダー型計量システム
CVA, CVB：装填（吸込）バルブ，DVA, DVB：吐出しバルブ，PA, PB：計量シリンダー，V：硬化剤バイパス，TA：主剤トランスファーポンプ，TB：硬化剤トランスファーポンプ，G：ミキサー．

46. 計量，混合，吐出装置：基本設計

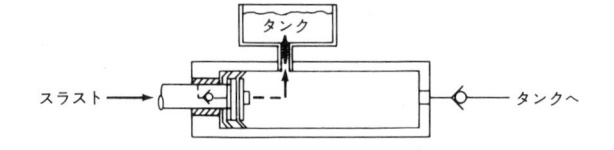

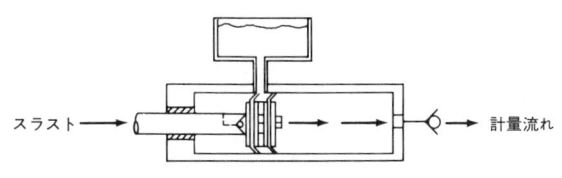

図46.6 ピストン装填チェック

別の設計では装填チェックバルブはピストンそのものである（図46.6）．図46.6のピストンが前方へ駆動すると材料は計量段階がスタートするまでタンクに押し戻される．ピストンシールの前縁がタンクポートを通過し，シリンダー壁に接触したときに計量が始まる．このような装置が二つシングル駆動につながっているのを見れば，比較的簡単な二成分計量装置であることがわかる．ここで注意することがいくつかある．主剤（A）と硬化剤（B）のピストンの両方が計量段階に入るのは正確でなければならない．両ピストン間の進みも遅れも比率違い条件を構成してしまう（その程度は進み遅れ具合による）．再装填では，ピストンが引き戻され，計量チャンバー内が真空になる．もしこれが十分に強ければ，真空でピストンシールがつぶれ，材料がチャンバーに入ってくる．これは計量サイクル中にピストンシールが回復して密封するかぎり問題はないが，ピストンが計量ゾーンから抜かれるときにもし再装填が制御されていないと，真空洩れによって生ずる材料の突発的波打ちが一時的に吐出しチェックバルブを開け，未計量の材料がミキシングチャンバーに入ることになる．図46.6に示すロッドセーフティバルブはこの問題を解消してくれる．

アクセサリー類

ポジティブカットオフ

この装置は通常ディスペンスノズルに配置してある．その機能は液だれ防止にある．糸引きなしに精密なショットサイズを必要とするところに使われる．

ポジティブカットオフは機械のサイクルとタイミングが合わなければならない．ディスペンスボタンが押し下

表46.1 計量，混合，吐出装置の供給先一覧

Accumetrics Box 843 Elizabethtown, Kentucky	Hardman Industries, Inc. 600 Cortlandt Street Belleville, New Jersey 07109
Amplan, Inc. 200 Egel Avenue Middlesex, New Jersey 08846	Liquid Controls 7576 Freedom Avenue N.W. Box 2747 North Canton, Ohio
APC INC. 1123 Morris Avenue Union, New Jersey 07083	Maguire Products, Inc. 6 Miller Road Edgemont, Pennsylvania 19028
Ashby Cross Company, Inc. 20 Riverside Avenue Danvers, Massachusetts 01923	Otto Engineering Corp. 2 Main Street Carpenterville, Illinois 60110
Fluidyne Instrumentation 2930 Lakeshore Avenue Oakland, California	Pyles Industries, Inc. 28990 Wixom Road Wixom, Michigan 48096
Glenmarc Manufacturing, Inc. 300 South Harbor Suite 600 Anaheim, California 92805 or 330 Melvin Drive Northbrook, Illinois 60062	Resi-Mix 26 Ashmont Avenue Whitinsville, Massachusetts 07588 Sealant Equipment & Engineering Co. 2100 Hubbell Oak Park, Michigan 48237
Spray Equipment	
Binks Manufacturing Company Franklin Park, Illinois	Zicon Mt. Vernon, New York

げられた途端に開き，ディスペンスボタンが解除された後数ミリ秒単位で閉じるようにセットされなければならない．デザインは単純なシーサー配置からピンチバルブ，コラプシブルチューブ，ダックビルバルブのようなバルブ類の操作にまで及ぶ．最良のものは混合樹脂と接触しないで操作できるものである．

ポットライフガード

この装置はミキシングチャンバー中で混合樹脂が偶発的に硬化するのを防止する．装置は簡単なフリップ-フロップタイマー回路である．第1タイマーはオフタイム（ディスペンスサイクルの終了から第1タイマーにプログラムしたプリセットタイムまでの時間）をモニターする．この時間は混合物のポットライフ（ゲル化時間）にもとづく．このタイマーがタイムアウトしたとき第2タイマーが作動開始する．このときディスペンサーがスタートする．これはタイマーが止まるまで続き，時間がくるとディスペンサーは停止する．これをパージタイムと呼び，ミキサー容積の一機能である．

結論として反応性材料をディスペンシングする方法はいろいろある．われわれは計量，混合，吐出装置がコンピューター制御の生産ラインに組み込まれつつあることをみてきた．ディスペンサーは二軸または三軸割出しテーブルと点塗付，線塗付能力をもつロボットでうまく稼働する．

構造組立物の生産に接着剤の使用が増大するにつれ，ディスペンサーに対するニーズが広がるはずである．ロボット化や自動化の世界に道を見つけるとともに機械の制御はさらに複雑なものとなろう．

装置供給業者

表46.1は計量，混合，吐出装置，およびスプレー装置の供給業者を示す．

[Harold W. Koehler／永田宏二 訳]

47. シーリング材および接着剤のロボット塗付装置

接着剤およびシーリング材の塗付（ホット，ワーム，またはコールド）は，ロボットの適用に対してよく知られた市場になってきた．ロボットは接着剤やシーリング材を塗付するのに産業界全体で用いられており，品質向上，労働コストと材料コスト削減に役立っている．自動車部門はその中にあってロボットの適用で先行している．本章はこの部門を中心に独自の自動化用途に結び付いた判定基準のいくつかを述べ，適用対象物と接着剤/シーリング材塗付装置間の関係を強調することとしたい．成功例は接着剤/シーリング材，塗付装置，治工具，ロボットの能力と限界を考慮した結果である．

ロボットと塗付装置の選択は，シーリング材と接着剤の塗付工程を自動化するときに，まず重要である．塗付するための要求事項をすべて考慮して装備すれば好結果をも生むことになる．

ロボットは現在，接着剤とシーリング材を塗付するために自動車工業全体で使われている．自動化要求は車体への風防ガラスの接着，ドアの製造，室内シームシーリング，および車体組立におけるシーリング材の塗付などで検討されよう．これらが自動車工業におけるシーリング材，接着剤のロボット塗付の大部分を占めると考えられる．

ロボット塗付装置

吐出系の3要素はポンプシステム，デリバリーまたはヘッダーシステムおよび吐出ガンあるいは吐出バルブである．必要流量を所望のビードで吐出させるには，各要素の慎重な選定が必要である．3要素のどれか一つでも性能が欠落していると自動吐出システムの利点が制約されることになろう．

ポンプシステム

ポンプシステムは二つのバルクアンローダー，材料を一般の転換マニホールドに配送する2本の送りホース，

引用文献：Robotic Dispensing of Cold Sealants and Adhesives—New Advancements, 1987 Fall Seminar of The Adhesive and Sealant Council.

およびシステムコントローラーからつくり上げるのが典型的である．二つのバルクアンローダー（AとB）は，材料の連続流れを与えるためにロボットシステムに普通選択される．バルクアンローダーは，用途と材料要求条件によってピストンかギヤポンプのいずれかを装備している．

説明のためにここでは加熱吐出システムを用いているが，システム可変部分の多くは，冷間吐出システムの場合と同じである．代表的加熱シーリング材塗付において（図47.1），バルクアンローダーAはオンラインアンローダーとなっている．オンラインアンローダーは材料を塗付温度に電熱で加熱し，必要な温度，圧力，流れで転換マニホールドにポンプで送るユニットである．バルクアンローダーBはスタンバイアンローダーで，通常，セットバック（ゆるい）温度に設定しておき，システムコントローラーから命令されたとき最小時間でシーリング材が塗付温度に達するように時間配分してある．

二つのバルクアンローダーに対する制御論理は次のようである．

- バルクアンローダーAは必要に応じて材料を吐出ガンにより供給する一方，バルクアンローダーBは要求があるまで（ゆるい温度で）スタンバイして待つ．
- バルクアンローダーAがあらかじめ決めておいたレベル（低ドラムとして知られる）に達すると，リミットスイッチが信号をシステムコントローラーに送り，それによってバルクアンローダーBの設定温度をセットバック温度から必要塗付温度（通常Aと同じ）に上昇させる．
- バルクアンローダーAが空ドラムに達すると，もう一つのリミットスイッチが信号をシステムコントローラーに送り，バルクアンローダーAに材料がなくなったことを知らせる．すると，システムコントローラーは自動的にバルクアンローダーBをオンライン状態に切り換え，作業者に転換がおこったことと材料の入った新しいドラムが必要であることを信号で知らせる．バルクアンローダーAは塗付温度のままとなっており，ドラム伴板を簡単に外せるよう

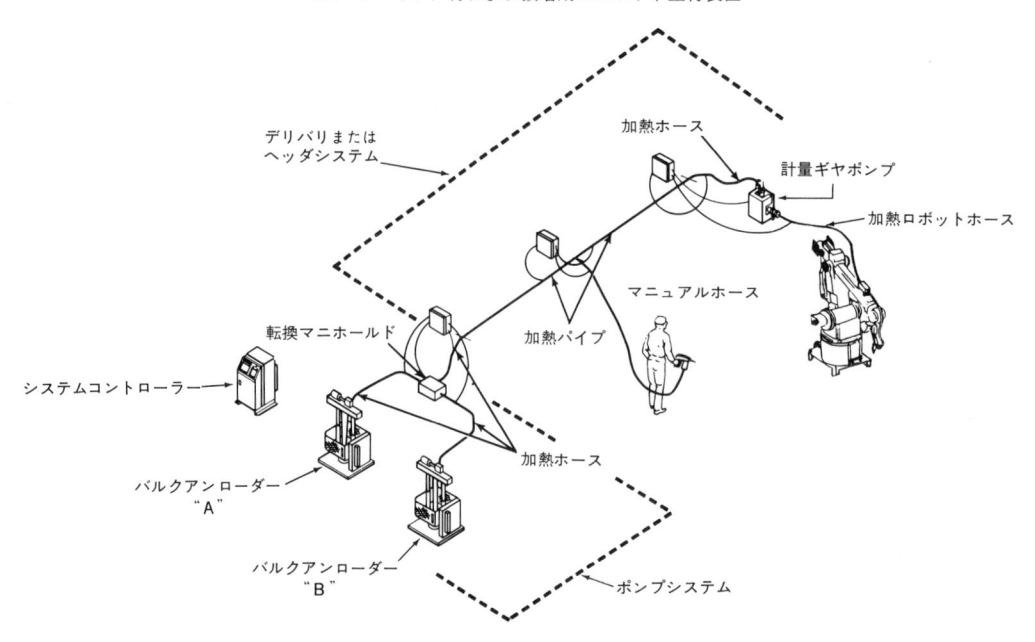

図47.1 ロボットおよびマニュアル塗付部分をもつ代表的吐出システム機器構成

にしている．伴板を上昇させた後，空ドラムを除去，新ドラムに代替し，伴板を再挿入してから伴板の下にある空気を追い出す（トータル時間は訓練と習熟度により3～8分を要する）．次にアンローダーAに付いている準備完了ボタンを作業者が動作させるとドラムAはシステムコントローラーによりスタンバイモードにおかれる．

バルクアンローダーは普及サイズとして5，55，および300ガロンの3通りがある．適するサイズを選ぶには適用対象といくつかの考察が必要である．第一にドラム交換する間隔の許容時間を決めなければならない．1回当りのビード塗付容積と1時間当りの吐出回数がドラム交換の間隔時間を指示する．いくつかの材料は非常に長いポットライフをもち，したがって容器のサイズに融通がきく．別の考慮事項は大型ドラムの経済性と荷役に対する工場実務である．保存性の短い材料や1日の材料使用量が少ないところでは小さいドラムサイズが適している．例えば，自動車ドアの組立工程では約 $2.1\,in^3$（$34.4\,cm^3$）の材料が必要である．もし時間当り120枚のドアを生産する必要があるなら，時間当り $252\,in^3$（$1.09\,gal$, 約 $4\,l$）がポンプシステムから供給されねばならない．この場合，適切なバルクアンローダー/材料容器は55ガロンであって，5ガロンでも300ガロンでもない．55ガロンドラム1本で現場のバルクアンローダ当り6.3日分が間に合う．これに対し5ガロンドラムでは4.6時間，300ガロン容器で34.4日になる．適正サイズで二連式バルクアンローダーであれば計画的ドラム交換が非常ドラム交換の代わりに行うことができる．二連式アンローダーはまた故障時やシステム保守の間に相互にバックアップとなり，自動チェンジオーバーシーケンスでさえ連続ビード吐出を可能とする．

システム設計と制御が材料の使用状態とほかのシステム条件を監視して連続生産を確保する．よく設計された自動制御システムのもう一つの特色は，診断機能で，特にヒーターの故障位置や温度センサの配置を正確に示すものである．供給路全体の温度変動を監視し，即座にフィードバックするようなシステムは，推論認識制御に比べて有利である．推論認識の一例は，最低設定温度を監視するために設計したコントローラーである．推論認識においては実際の走行温度が最低設定温度に達したとき警報が鳴る．推論温度認識機構のためにシステムの故障が検出される前に20分の時間遅れが経過してしまう．システム内の正確なヒーター故障とその位置を即座に制御するシステムは，無駄な生産を防止しシステムのトラブルシューティングを単純にする．即時フィードバックはまた危険動作不能時間が発生する前に保守を信号で知らせる．

ロボットシステムにしばしば求められるもう一つのシステム制御の特徴は，自動化インターフェースカードで，これでロボット，セルコントローラーおよびシステムコントローラー間に信号を送受し合うことができる．SYSTEM READYのような信号は大きな機能不良もなく，システムが塗付温度に達することを示す．ロボット吐出システムにおけるシステム制御の特色で忘れてならないのは，単純化したガン洗浄能力である．ロボットからの洗浄信号がいかに仕事を楽にするかを知っている熟練者を配置できない場合には，その目的に対してシステムコントローラーに簡単に配置したボタンが重要である．これら特徴のすべてが動作不能時間を最小にするために必要で，そのことがロボットシステムを計る尺度になって

いる．

ヘッダーシステム

デリバリーあるいはヘッダーシステムは通常フレキシブルホースと硬質パイプから成り立っている．このシステムの設計はプラントのレイアウト，吐出材料，および必要な瞬時吐出量と整合するものでなければならない．基本的な要因は材料と吐出量の二つである．吐出すべき各材料（接着剤またはシーリング材）は，ヘッダーサイズ（ホースとパイプの内径）および吐出量にもとづく独特の固有ポンプ圧を必要とする．もし十分なシステム圧力が確保できるなら，提案されたシステム配置に対してシステム圧力低下を評価決定するために計算を行わねばならない．システム設計を立証するための試験も行う必要がある．これらの計算や試験は瞬時吐出量を決定するために最大ロボット速度と吐出すべきビードサイズを考慮に入れなければならない．有効サイクルタイムは瞬時吐出量の計算には不十分情報である．有効吐出時間と最大ロボット速度はまた吐出システム要素部品の正しい選定にきわめて重要である．

これ以外に加熱および非加熱吐出/ヘッダーシステムで考慮することは，システム構成または再設計に対するモジュール性，バックアップ温度センサ，ホースとパイプ寸法，保守の容易さ，ロボットサイクル中やロボット保守に関してロボットに取り付けるホースの経路選択がある．

吐 出 ガ ン

長年，ロボット吐出バルブを設計するために多くの試みがなされてきた．それぞれの設計における進歩は，ロボットと同一性能水準をもつ吐出装置を設計しようとするもので，革新というより進化であったといってよい．吐出バルブの設計の多くは，ロボットが応答速度の点で問題となった性能基準と同じ困難に出会っている．最近，Nordson 社は Pro-FLo™ システム（特許出願）として知られる可変オリフィス吐出ガンを発売した．これはすべてのシステムがねらっていた設計基準—ロボットと同等またはそれ以上の応答速度，に合致している．Nordson Pro-FLo™ システム（図 47.2）は均一なビード付着を達成するためにロボットが速度を調整するのに応じて材料の流量を調節する能力をもっている．

ビード制御，またはビード付着量管理は製造工程および吐出材料のレオロジーの両方から行われる．工程要件は材料を吐出させるために短いサイクル時間を指示するかも知れない．したがって，経路精度とサイクル時間制約に合致させるには速度変化とアクセサリーが必要である．しばしば相反するこれらの制約に応じるため，ロボットがその速度を変動させるのにともない，付着量管理が均一ビード吐出においてより重要になる．材料が新たに開発されると，吐出量はコストとともに吐出装置の選定に重要な役割を演ずる．吐出材料が微量であったり大量であったりすると，その使用量とともに品質にマイナス効果があらわれる．

ロボットを用いて材料付着量を均一化する鍵は，装置とロボット間のインターフェースである．ロボットは吐出ガンから連続フィードバックシステムで電気信号を送受する．ロボットから吐出システムに送る信号は，ガンのオン/オフのような基本機能を取り扱い，一方，吐出システムは故障条件を示す診断信号を提供，トラブルシューティングを支援する．これらの信号は品質（ビード付着量確認），システム保全および動作不能時間をチェックするための人力を極小化する助けとなるゆえに重要である．

ビード管理の代表的方法

ビード管理の代替方法にはポンプとガンの組合せ，ショット計量システム，およびロボット速度の変更や液圧，空気圧の変動に応じたガンオリフィスサイズの電空制御がある．各方法の相対メリットを検討してみよう．

ロボット吐出に対する最も簡単な方法はポンプとガンの組合せである．ポンプはバルクコンテナから材料を抜き出し，分配系で液圧を生じさせるために用いる．ガンは流れをオンとオフに切り換え，同時に材料へ定流動抵抗を与えるために用いる．流動抵抗が大きくなればなるほど，当然圧力は低下し，流量やビードサイズを増大させるに必要なポンプ圧はますます高くなる．この種のシステムには多くの欠点がある．ロボットサイクル中のポンプ圧の出力変動は流量（ビードサイズ）変動をもたらし，結果としてビード付着量に影響し，工程仕様に合わなくなる．ロボット速度の変動はガンのオン/オフ以外にビード無制御につながり，ビードサイズがまた不安定になる．ロボット速度の変化の結果として，最小ビードサ

図 47.2 ヘムフランジ用接着剤のロボット塗付
BOC-Lansing's Reatta Craft Centre にて，Nordson® の Pro-Flo™ システムの特徴が示されている．

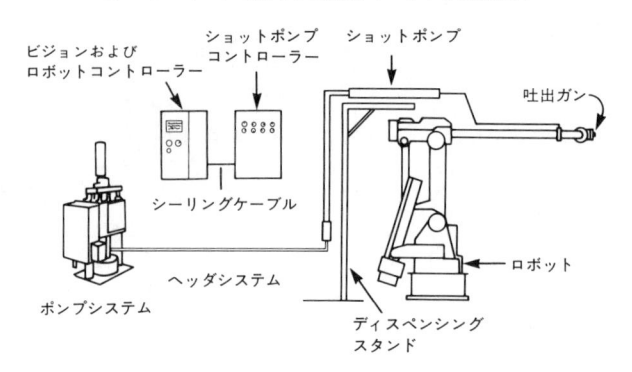

図 47.3 ショットメーター装備のための代表的システム構成

イズがいつも適用されるようにするためしばしば過剰の材料が塗付される.

この種の簡単なポンプとガン吐出装置は，一定の終始変わらないビードを与えるため，一定のロボット速度を必要とする．しかしながらサイクル時間，生産性目標，および最新標準に合格するのに必要な品質などの目的を達成するため，ロボット速度は経路精度を，特にコーナリングで維持するよう変動される．以上述べた装置構成と限界は，製品品質と生産性に責任をもつ生産/工程技術者をくじけさせることがしばしばある．

ショットポンプとしてよく知られるプログラマブル転送ポンプは，接着剤およびシーリング材のロボット吐出に利用できるもう一つの装置類である (**図 47.3**)．ショットポンプシステムでは吐出ガンは，固定ニードル-弁座配置をもち，一定のオリフィス径を与える．

ショットポンプは空気圧，油圧，あるいは電気的に制御される．ショットポンプコントローラーは，ロボットからの出力制御信号を処理して，ロボット信号に比例するショットポンプ出力を変えることによりビード管理を行う．このロボット出力制御信号は，一定DC電圧でも可変DC電圧でも，ロボットツールセンターポイント (TCP) 速度に比例するものであればよい．この技術は定圧と固定オリフィスの従来法より高度な制御を可能とする．しかしながら，ショットポンプ吐出システムの適用に影響する制約がいくつかある．

第一の制約はショットポンプとショットポンプコントローラー用の所要床面積である．第二の制約はショットポンプとガンチップ間の距離である．代表的にはショットポンプは吐出ガンチップまでの1ホース長に限りがあり，それ以上では応答遅延が必要流体出力変動をひきおこす．ガンチップにおける材料流量の遅延変化を補償するために，ロボットメーカーはシステムを前加圧したり，材料出力を予想してロボットをプログラミングしたり，両方を試みている．加圧と非制御圧力低下からもたらされるシステムヒステリシスは，時に全体のビード管理を不良にすることがある．

先述したように吐出システムの性能特性をモデル化したり，それをロボットプログラミングで補償したりすることは可能である．しかしながら，吐出機器構成の複雑さにより全体のビード管理は最適化しえないのが実情である．ロボット信号を変化させるシステム応答時間は，200ミリ秒から1秒以上まで変動すると報告されている．現在のロボットは進歩して30ミリ秒程度で応答することが知られている．毎秒20インチのロボット速度で200ミリ秒の応答では4インチまででビードサイズは不正確になり，計量出力がロボット信号の後方に遅れてしまう．

ショットポンプに関連した残り二つの問題点は制限吐出量と"パッキングアウト"として知られる条件で，いずれもポンプ自体に直接属するものである．これらの二つは相互に関連がある．適正寸法のショットポンプは吐出サイクル中に材料全量をシリンダー内に移送する．その結果，システムは吐出量増加の要求に対して応えられない．吐出装置を最初に特定したときと実際の据付け日の間に，材料の吐出要件が変更されることがある．自動車の設計変更や製造/金型能力に合致させるためである．もしショットシリンダーが仕様に比べて大寸法であれば，規定量の材料を適用ごとに移送できないだろう．シリンダー中に残った材料は，次に繰り返し高圧をうけ，時としてキャリヤーのスクィーズ・アウトにより充填剤の締固めをひきおこす可能性がある（プラスチゾルの場合）．この締固めはパッキングアウトとしても知られ，各適用ごとにサイクルが後退・前進を繰り返すとシリンダー内に固形プラグを生成することになる．問題はこの固形プラグの小片が壊れて吐出中にノズル目詰まりをひきおこしたときに生ずる．いったんノズル目詰まりがおこると，ショットポンプは一般にシステムを加圧し続けるため過剰圧力条件を解放しようとシステム構成部品の最弱個所が破壊するに至る．

プログラマブル転送ポンプの別方式に電気サーボモーター駆動のギヤポンプの使用がある．これらのポンプはショットポンプに関連したと同じ欠陥をもっている．ギヤポンプの慣性によって生ずる応答遅延は，ポンプと吐出ガン間の距離と同様に限界制御とビード全長にわたる不良応答につながる．加えて，ロボットから信号をうけ，制御信号をサーボモーターのコントローラーに送り，サ

ーボモーター/ギヤポンプ結合を確保するのに必要なコントロールパネルによって所要床面積が使い果たされる．

ポンプ摩耗がギヤ計量システムに関連したもう一つの問題である．というのは，高い上流圧からふたの反対側へポンプ洩れをおさえるため公差がきつく保持されねばならないからである．加えて，取り扱う材料の多くは研磨性充填剤を多く含むので，さらに過剰のポンプ摩耗をひきおこす．

吐出技術の進歩

現在のロボット応用技術の挑戦に対応して，自動吐出への新しいアプローチが開発され，その中にロボット速度の関数としてガンオリフィスサイズの電空制御も含まれている．システムはロボット-入力指令信号と同等以上のスピードで応答することができる．システムはまた広範囲の材料類を取り扱えるよう設計されており，正確なビードプロポーショニングのためにロボット入力指令電圧と流量間の線形関係（図47.4）を特徴としている．製品の特徴は，さらにゼロに近い所要床面積，保守の容易さ，修復性，多くのガン型式に対応する部品互換性モジュールコンポーネントなども含まれる．最終的に，ガン設計は自動化に広く適応するため，ガンからガンへの精度と繰返し性を確保するためダウエルピンと案内はめあいを取り入れる．

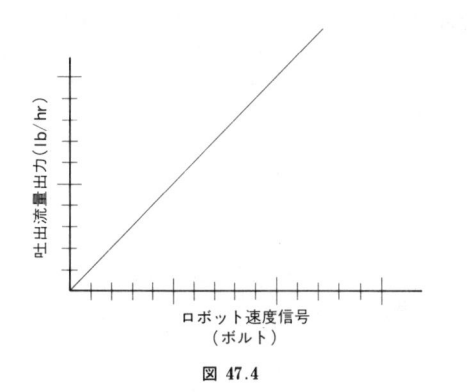

正確な計量と流量調整のため，そして速応答時間を確保するため流量調整はガンノズル近くで生ずる．これを行うには加圧材料をガンに流入させ，可変オリフィスを通す．可変オリフィスは最高の耐摩耗性のため硬いカーバイド製のニードルと弁座で構成される．ニードルと弁座の下流で，かつノズルの前で，圧力変換器がディスペンサーのフィードバック制御に圧力フィードバックをかける（図47.5）．ノズル圧制御はシステムの液圧，空気圧いずれもその変動を補償するために用いられる．

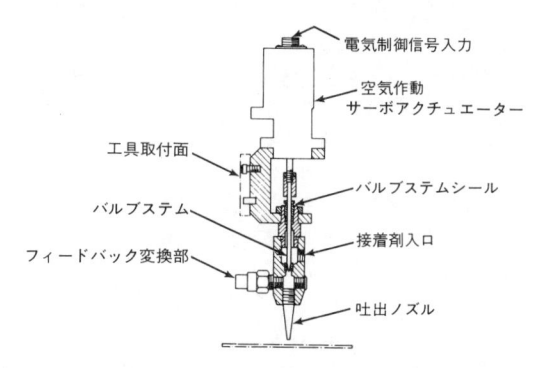

図47.5 可変オリフィス吐出ガン（Nordson社提供）

図47.6はフィードバック制御を図示したもので，動作順序が示されている．線図はロボット信号，空気圧サーボ，液圧/空気圧供給，圧力フィードバック，およびノズル-オリフィス間の関係を示す．線図で見られるように，入力ロボット信号における変化は制御ノズル圧に変化をひきおこし，その結果ガンのオリフィスサイズが調整され，正確に制御された材料流量が供給される．

四つの手動制御が使いやすさと最大制御性を確実にするため用いられる．第一の制御はパージ機能である．ロボットからの簡単なスイッチ閉鎖によりシステムはパージモードになり，システム制御設定値を通して十分に制御可能状態となる．パージ値が増大すると流量増加にな

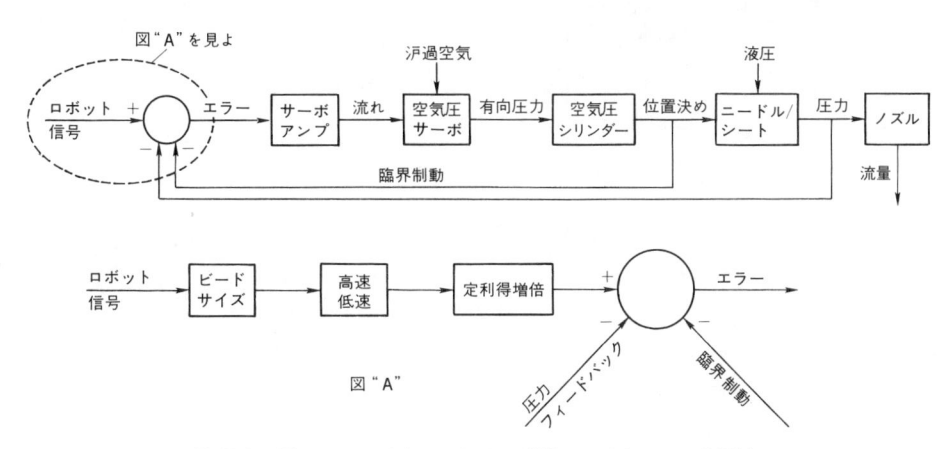

図47.4

図47.6 可変オリフィス吐出ガン用アナログ制御ループ（Nordson社提供）

り，パージ設定値が低いと流量減少になる．パージサイクル中，ロボットは定時スイッチ閉鎖により時間通りガン使用有効時間を制御する．第二の制御設定値は吐出サイクル中のビードサイズを制御する．ビードサイズ制御機能と入力ロボット信号は増倍されて重なり，比例制御をつくる．入力信号と流量間の直線関係を確保するため二つの付加制御が用いられる．これは高速と低速と呼ばれるもので，粘度のせん断速度依存性のような材料特性を補償する．これらの制御は材料の非線形性を線形関係に広範囲の流量にわたって変化させる．

図47.7と47.8はサンプル経路の進路におけるシステムによる応答速度をあらわしている．経路(図47.7)は4 in/sから16 in/sまでの速度変化をもつ．倒立圧力変換器信号と付随するロボット指令信号は，図47.8の応答カーブに示す通りで，これはまたどのようにしてシステムがポンプウィンクを補償するかを示している．ポンプウィンクはピストンが方向を変えたときに生じ，システム供給圧にディップをひきおこす．ポンプウィンクのようなポンプ供給圧力の変動は電空制御吐出ガンにより極小化され，均一な材料流量をもたらす．

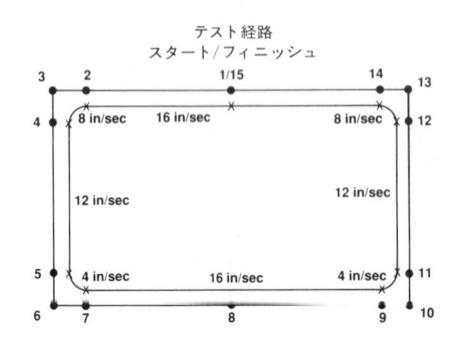

図47.7 速度変化をもつテスト経路（Nordson社提供）

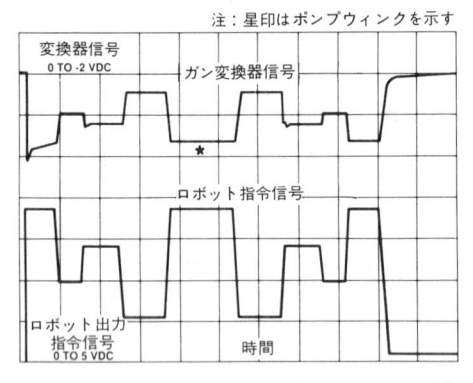

図47.8 可変オリフィスガンのロボットからの入力指令信号に対する応答（Nordson社提供）

応　　用

接着剤およびシーリング材の塗付は多くの産業でロボットを用いて行われている．接着剤およびシーリング材のロボット塗付の具体例を自動車産業にみてみよう．この業界がロボット塗付の応用では大部分を占めるからである．

インテリアシームシーリング

この用途は，自動車の車体一体化に必要な接合部のシーリングを含んでいる．これらのシールは，車内を湿気，ダストおよび風騒音からシールするため厳しいものがある．不適切なシームシーリングから生ずるいかなる品質欠陥も，自動車メーカーにとっては費用のかさむ補修が求められることになる．インテリアシームシーリングに適用されるビードは，一般に幅0.75～1.50 in，厚さ0.05～0.125 inのリボン状外観をもっている．このリボン状付着を達成するため空気混合エアレスペイントチップを用いる．空気混合はホーンとフェースエアのいろいろな組合せを用い，ファンまたはコニカルスプレーパターンをつくる．コニカルスプレーパターンが圧倒的に使われるのは，基材に相対してスプレーパターンのオリエンテーションのないことが求められるからである．実際の結果は，指向性スプレーパターンを得るのにロボット手首を方向づける時間はわずかで，吐出する時間が多くなっている．ロボットがその速度を変化させるのに応じてビード管理を行わないと材料付着が不均質になってしまう．

図47.9は自動車シャーシのシールすべき代表的シーム箇所を示す．このシーリング工程は工場内のペイントショップとして知られる場所で見られるのが普通である．シーリング材は上塗り塗装工程前に直接塗付される．その後ペイントオーブンで塗装とシーリング材の両方が硬化する．

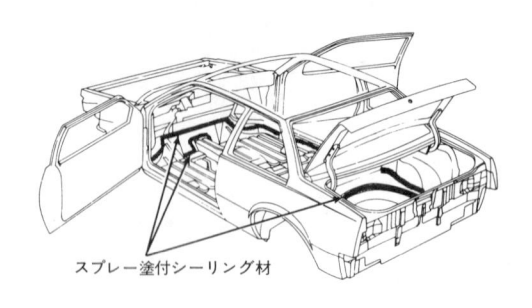

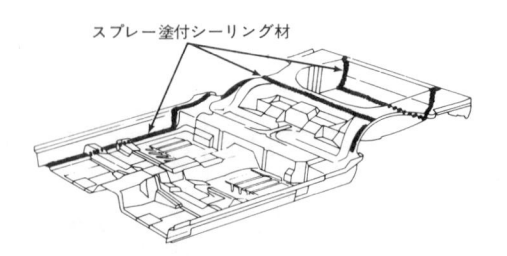

図47.9 自動車シャーシ上にロボットでシールされる代表的シーム個所

ロボットによるシームシーリング用の代表的装置構成は，高応答性可変オリフィスガン，再循環ポンプシステムおよび材料温度調整素子を含む．

インテリアシームシーリング用に適用される材料は，ほとんどプラスチゾルシーリング材である．これらプラスチゾル材料は懸濁成分粒子間の相互作用を促進するために設計した複雑なレオロジー的性質をもち，独特のポンプ特性を得ている．これらの相互作用は網目を形成し，材料の固有粘度を上昇させる．しかしながら，材料がポンプ，管継手，ホース，および管によりせん断をうけると網目が壊れ，粘度は低い安定した値に戻る．このようなせん断による粘度低下を示すレオロジー挙動の材料をチクソトロピックという．チクソトロピック材料の挙動は自動車ボデーの向きに関係なく流れ，したたり，だれなしにスプレーすることを可能とする．毎日の生産始業前のシステム全体にわたる材料再循環は材料粘度を安定化させ，一定したスプレーパターンとリボン付着を確実なものとするが，ロボット設備の成功には厳しいものがある．

スプレーパターンとリボン付着に影響する別な材料特性は温度による粘度変化である．一般に材料温度が上昇するにつれ（通常雰囲気温度の変化による），材料粘度は低下する．材料粘度に及ぼす温度変化の衝撃を最小にするため材料の温度状態調節を行うことができる．これには二つのやり方がある．最初の技術はヘッダーシステムに水ジャケットを取り付け，粘度安定化のために加熱，冷却を行うものである．慣習的に温度は21℃にセットし，材料粘度を安定化させている．この種のシステムの大きな欠点はコスト，信頼性，および保守である．水路，熱交換器，ポンプ，装備の複雑さなどの理由から，このようなシステムのコストは高いことがしばしばある．システムの信頼性と保守がまた重要な役割を演ずる．特に，もしポンプや熱交換器が壊れると材料温度が変動してしまう．材料がもはや温度調節されないがゆえにスプレーパターンやリボン付着が変化することになる．

第二の温度調節方法は，分配経路を横切ってヒーター類とセンサ類を使用するものである．この方法はヘッダー系で材料に熱を加え，最高周囲温度と同温度に調節する．システムは，材料温度を所望塗付温度に徐々に上昇させるゾーン温度管理を装備したモジュラー配管ネットワーク（図47.1に同じ）を利用する．このシステムを正しく適用するために必要な二つの基本情報は，材料の温度-粘度曲線と推奨される最高材料塗付温度である．材料温度は周囲温度と同じであるから，貯蔵中や輸送中のバルクドラムでは材料温度を上昇させて最高周囲温度よりいくぶん低くしておくと粘度変化が最小になる．材料粘度が安定化していれば自動車のシーム上に均一なスプレー付着が可能になる．この型式の材料温度調節装置は，均一加熱と温度管理のためにヒーターテープを機械巻きした配管をもつヘッダーシステムを装備しなければならない．制御系は測定精度が高く，±0.6℃の温度管理を必要とする．最大動作可能時間はモジュラー/ゾーン温度管理で達成される．ゾーンの1カ所でも設定温度から外れるとコントローラーが自動的にそのゾーンを切り換え，システムの残り部分が適切な温度調節で動作し続けるようになっていなければならない．図47.10は，ロボットのスプレーシーリング材塗付ガンが車体内側に入り込んで材料のリボンを自動車のシーム個所に塗付しているところを示している．

自動車ドアの接着接合

自動車の市場占有率争いが激化し，メーカーが防錆保証期間を延長するにつれて，スポット溶接よりむしろ構成材の接着接合が必要組立技術になってきた．現在の自

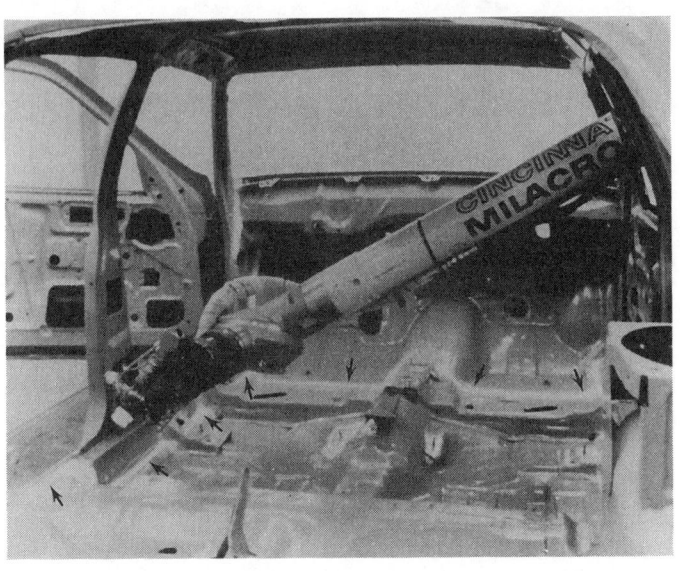

図47.10 ロボットによるシームシーリング（矢印がシーム個所）

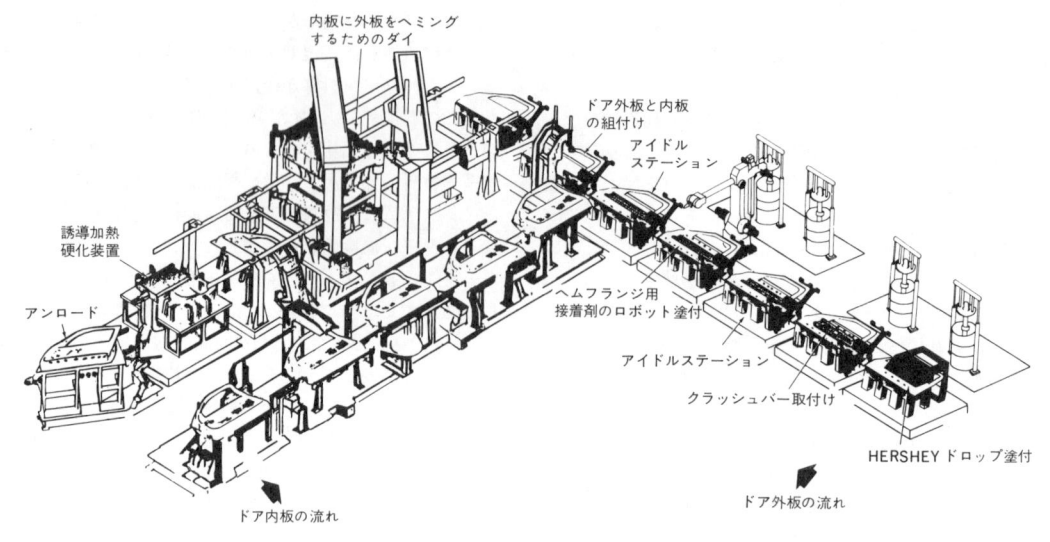

図 47.11 スタンピング工場または最終組立工場のボデーショップにおける代表的ドア組立ライン

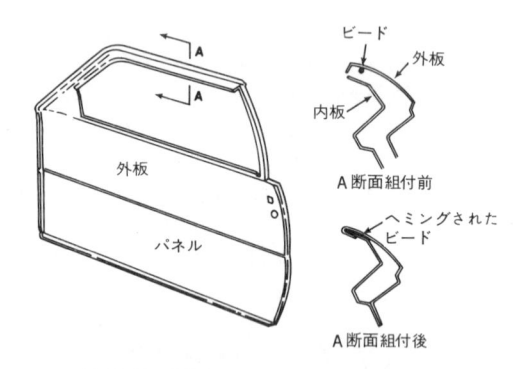

図 47.12 自動車ドアヘムフランジの接着剤接合

動車の多くは両面亜鉛めっき薄鋼板で組み立てられている．亜鉛めっき鋼板はスポット溶接されると亜鉛が消失し，錆びやすい個所を残す．さらに自動車の特定個所におけるスポット溶接は重労働であり，補修や顧客受渡しでの修整に時間を要することもある．

この応用例は自動車ドアのヘムフランジの接着接合についてである．ヘムフランジ接着に対してドアは内板と外板でつくられる．内板はロックとウィンドウ機構，同様に各種トリム材，ヒンジおよびクラッシュバーが配置され，一方，外板はデザイン輪郭を与え，着色塗装を受け入れる．

ドアの組立工程は外板ドアパネルに構造用接着剤の塗付を必要とする．次の組立段階で内板と外板を組み付け，最終的にヘミングダイを用いて外板の周縁を内板に折り重ねてヘムを形成させる．構造接着を達成するためには正確なビード配置と均一な材料付着が決め手となる．これらの要求条件は，高速生産と結びついてヘムフランジ接着をうまくロボット自動化に適合させている．図47.11はヘミングダイと誘導加熱硬化設備を完備したドア組立ライン全工程を示している．誘導加熱硬化装置は，材料を局部加熱することによって，組立工場の塗装焼付炉で最終硬化させるまでの受渡しや荷役中にドアを正しい位置に保持するのに十分なグリーン強度まで硬化させる．

図47.12は内・外板を組み付ける工程を示している．ヘムがダイにより形成されると材料ビードは押しつぶされ，2枚のドアパネル間に接着剤の薄い皮膜を形成する．もし材料の塗付量が少な過ぎるとパネル間の皮膜結合が低くなり，逆に塗付量が多過ぎると過剰の接着剤がヘミング操作中にヘム部から押し出され（スクィーズ・アウトとして知られる），ダイを汚してしまう．この接着剤がダイ上にたまりはじめると，ときとしてドア組立物に転移して最終塗装をかけた後に費用のかかる再加工を余儀なくされることになる．はみ出しによる別の問題点はヘミングダイに対する保守の増大である．時間が経つと材料がダイ上に積み重なり，固化し，ついにはダイ仕様を維持するための再加工が必要になる．

ヘムフランジ用途の要件を満たす最善の解決法は，プログラムした経路にそって吐出ガンを動かすロボットを使用することと，速度変化があってもビードサイズを適当に制御するのに十分な応答性をもつ吐出システムを利用することである．ドアに対し，0.12 in のビードを 100 in 長さに4秒でロボットが吐出することもまれではない．一般に2台のロボットが使われる．1台はウィンドウフレームの周辺に接着剤を塗付し，もう1台がドアの下半分の周囲に接着剤を塗付する．2台のロボットは相互にバックアップして最大生産量を確保するようにシステムを組むことがしばしばある．ロボットの一方がある種の故障をおこすと，もう一方のロボットがデグレードとして知られるモードで動作し，両ロボットのプログラムとも生産を維持する態勢に入っているようにしなければ

ならない.材料を吐出するロボット速度の上限は毎秒30 in で平均速度は毎秒20 in である.ヘムフランジ接着には材料の温度調節がまた適切でなければならない.この用途に対して材料は約28℃ に加熱され,粘度を安定化させるとともに材料が油面鋼板をぬらすのに十分な熱を確保し,生産工程でヘミングされるまでビードの動きをおさえるだけの良好な接着性を与える.

ウインドシールド接着およびボデーショップシーリング

図47.13 と 47.14 は,ウインドシールド接着式ボデーショップシーリングに対するロボットシステムの機器構成例を示す.応用例はすべてロボットの評価に関する要件を同じようにもっている.ロボット化での一般考察事項は,接着剤およびシーリング材の適用部位と必要なビード形状(丸,平,あるいは三角),瞬間流量または吐出速度,ロボットスピード,精度および繰返し性,そしてロボットの作業スペースである.

ウインドシールド接着はしばしば毎秒10～18 in での三角ビードの吐出を必要とする.底辺寸法 0.400 in で高さ 0.470 in の三角ビード吐出は,所望のビード断面を得るためガンノズルを常にガラス面に向けることが求められる.

ウインドシールド接着に従来から使われている材料は一液性湿気硬化型ウレタンである.これらのウレタンはときに高粘度であるため,ロボット吐出量を満足するには高圧をかけなければならない.

ボデーショップにおけるロボットシーリングは,シームシーリングやドア組立と同様にダストや湿気を封止し,亜鉛めっきの焼失による腐食から溶接部位を保護する機能をもっている.吐出ビードは通常直径0.160～

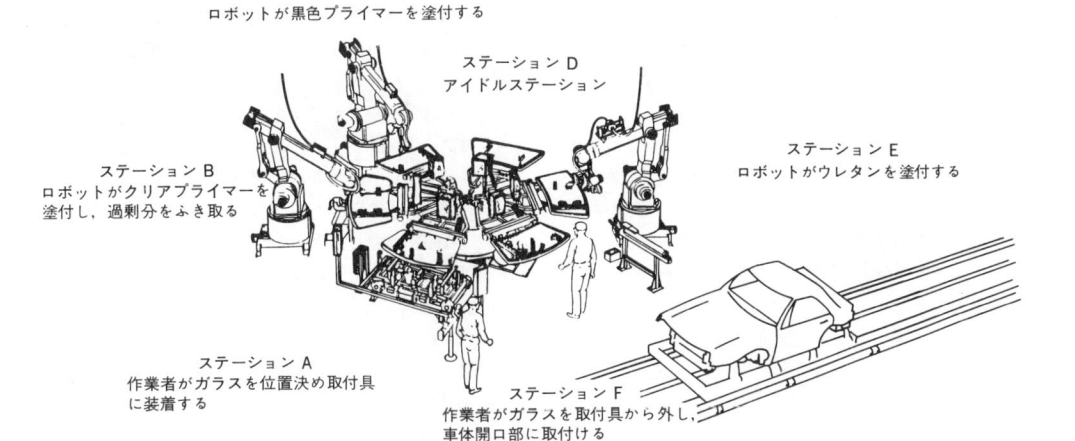

図 47.13 トリムラインにおける風防ガラスへのプライマーとウレタンのロボット塗付

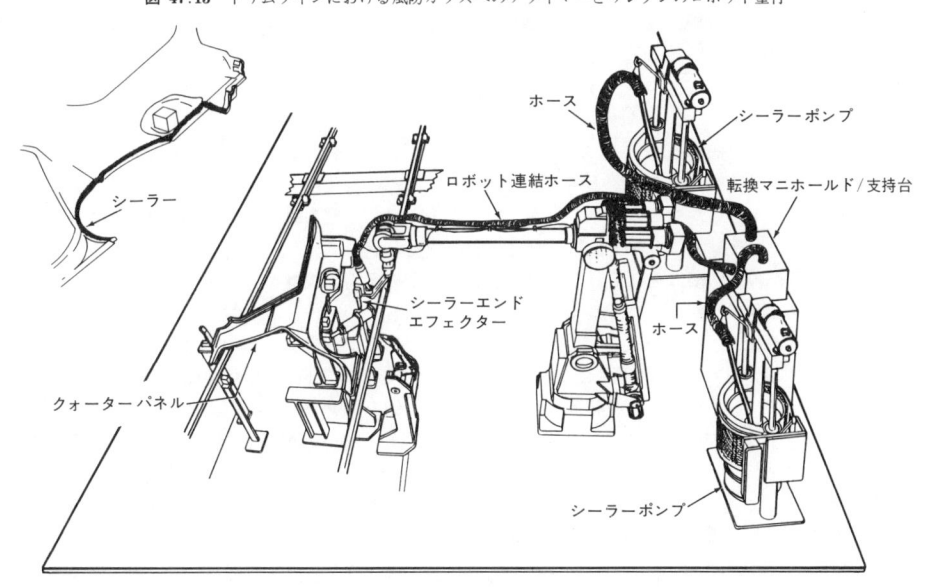

図 47.14 ボデーショップにおけるロボットシーリング

0.200 in，吐出速度は毎秒約 20 in である．この系に用いられるロボットシステムは図 47.1 と同じである．

ボデーショップシーリングに用いられる材料は塗付温度で変わる．慣習的にコールド（または周囲温度）材料が薄鋼板車体組立中に塗付される．場合によってはコールドボデーショップシーリング材が製造作業を遂行するうえで問題をおこすことがある．例えばリン酸化成処理中などである．この工程で材料の溶出があると，上塗り塗装やリン酸塩ウォッシャーに影響する品質問題や工程問題がひきおこされる．最善の解決法はホットアプライドウェルダブルシーリング材を吐出することである．この材料は油膜を通して鋼板に食いつき，良好な接着を確保してくれる．

ロボットシステムの開発*

接着剤，シーリング材，あるいはガスケットを用いてプロダクトアセンブリー用のロボットシステムを開発するときは，次の手順が参考になろう．

チームの編成
・管理能力，組織力，および技術的手腕に優れた代表者たちでプロジェクトチームをつくる．装置には高性能電子機器，機械，塗付装置，およびインターフェース装置を含むため有能なチームを確立することが重要である．
・もしコンサルタントが考えられるなら，ロボット工学に経験を積み，製造工程に明るい人を選ぶ．

適正作業の選定
・初めは単純に．あまり複雑なことは含めないようにする．特にあなたがロボット初体験の場合には．
・始めるにあたって，製造工程に大きな変更を要しないように作業を確認する．
・塗付装置は唯一の型式を必要とするように作業を限定する．
・作業のための材料要件を決める．
・もし塗付が一軸か二軸移動だけを必要とするなら，他の自動化方式の方がよいかも知れない．しかしながら，単純作業のバッチはどこか中央位置で結合させ，ロボットにほかの方法ではそれぞれが独自の装置設計を必要とする各種操作をこなせるようなフレキシビリティを与えることができる．
・1 台のロボットで処理できる製品の種類は，そのメモリー容量で制限される．ロボットが記憶できるポジションとプログラム両方の数をチェックすること．
・ロボットの作業場において部品が正確に位置決めされるかを確かめること．新規取付具の設計には既存取付具を修正するより高価にならないようにするのが普通である．
・ワークフローチャートをつくること．

目的の明確化
［品　質］
・ホットメルト（接着剤またはシーリング材）のビードの精度，均一性，および稠度に対する要件を明確にすること．
・装置の品質記録を討論すること．システムが確実に動作する期待時間間隔と実用条件を見きわめること．
・誰がシステムの据付けとサービスについて責任をもつのか明らかにしておくこと．
・システムに適用する標準類を明確にしておくこと．

［生産性］
・塗付のサイクルタイム目標を確定しておくこと．
・システムの動作不能時間の下限と頻度を明確にしておくこと．
・バックアップ手順を開発しておくこと．

［コスト節減］
・材料および労働節減を計算しておく．
・装置，生産分析，および装置の再配置に対する出費を明確にすること．
・租税支払い猶予期間を調べておくこと．

［安全性］
・必要なシステムと注意事項を定めておくこと．

［訓　練］
・全従業員に対する影響を考え，どんな再訓練を含めるかを考慮すること．
・訓練を必要とする者とシステムの対象部品を明確にすること．
・訓練の仕方と場所を決めておく．
・ほかの製造作業に対し自動化を進めることの利点を認識すること．

［将来要件］
・将来におけるニーズとプロセスがどう変化するか，その変化に対してロボットシステムのフレキシビリティはどのように寄与できるか，を討論すること．

システムの設計
・材料，塗付装置，およびロボット業者を設計段階の初期から参加させること．
・装置の各部品の相互関係を理解し，これらの相互関係を調整できる納入業者一社を明確にしておく．
・ユーザーの製品と材料でのトライアルを求めること．
・どのように部品を位置決めするかを明らかにし，部品仕様を設計，管理すること．
・現設備を改造するにはどのくらいの費用がかかるか決定しておくこと．

---

* *Adhesives Age*, April 1983, Publication of Communication Channels Inc., Atlanta, GA, USA. から許諾を得て掲載．

謝　辞　本章をまとめるにあたりご助言，ご指導を戴いた Nordson 社の自動車事業グループ，マーケットアナリストである Sharon Dodson 氏に深謝申し上げます．

［Herb Turner／永田宏二 訳］

索　　引

ア

青色ポリアミドインキ　401
アクリルエマルジョン　453
アクリル系接着剤　16, 318
アクリル系粘着剤　17, 476
アクリル酸変性ポリプロピレン　402
アクリルホットメルト　321
アクリル溶剤型コーキング材　453
アクリロニトリル　148
アスファルト　129, 181, 449
アスファルト/再生ゴム分散系　129
アスファルト系接着剤　506
アスベスト　237
アセタール　307
アセチレン末端フェニルキノキサリンオリゴマー　368
アタックチックポリプロピレン　297, 304
圧縮永久ひずみ　396
圧縮成形　238
アップサイドダウン法　139
後硬化　239
アニーリング　421
アニオン安定剤　337
アニオン系乳化剤　414
アニオン重合機構　337
アニオン重合禁止剤　337
アビエチン酸　409
アプリケーション　350
アプリケーター　183
アミドアミン　255
アミノ系樹脂　440
アミノ酸　347
アミノ樹脂　247
アミノフェノール　237
アミロース　109
アミロペクチン　109
アミン　254
アミン官能性液状ニトリルゴム　158
アミン末端ブタジエン-アクリロニトリルゴム　257
アラミド　237
アラミド繊維　431
アリレンエーテルポリマー　373, 375
アルカリカゼイン溶液　100
アルカリ触媒　234
アルキド　236
アルキド樹脂　489, 491
アルキルシアノアクリレート　336
　　──の解重合　337
アルキルスズエステル　380

アルコーリシス反応　293
アルコキシアルキルシアノアクリレート接着剤　344
アルミナ-ジルコニア　493
アルミナ-ジルコニア研磨粒子　494
アルミニウムクラッド材　528
泡調整剤　288
アンカーコート用接着剤　126
アンチブロッキング剤　122
安定剤　166
アンモニア水　100
アンモニアラテックス　124, 127

イ

イージークリーンアップ　293
硫黄　222
イオン散乱分光法　34
イオン性不純物　522
イオントレランス　414
閾値強さ　47
イソイミドオリゴマー　373
イソシアネート　260
　　──の自己反応　262
イソシアネート架橋樹脂　439
イソシアネート硬化　214
イソシアネートプライマー　263
イソシアネートベース接着剤　260
イソシアネート補強型接着剤　128
イソブチレン系ポリマー　133
イソプレン　450
一液型接着剤　340
一液性湿気硬化型ウレタン　555
一次塗付　493
一成分型シリコーン　457
一成分型シリコーンシーリング材　382
一成分型ポリウレタン系シーリング材　456
一成分型ポリサルファイド系シーリング材　455
一成分型RTV　384
糸引き性　136
鋳物　236
　　──の中子　391
インシュレーションボード　442
インターフェイズ　31
インテグラルブレンド　391, 394
インテグラルブレンド法　396
インテリアシームシーリング　552

ウ

ウインドシールド　144
ウインドシールド接着　555
ウェッジテストの試験　533
ウェットグラブ性　153
ウェットタック　287, 293
ウェットボンディング接着剤　124
ウェットラミネーション　218
ウェットラミネート型接着剤　322
ウェハーボード　440, 443
ウォーターバリヤー　466
ウォームボックス法　236
ウォラストナイト　393
ウッドロジン　472
海島構造　329
裏割れ　442
ウレタン系接着剤　439

エ

永久架橋　294
　　熱可塑性ゴムの──　190
永久タック　134
エージング　413
液状膠　92
液状天然ゴム　123
液状ニトリルゴム　152
液状ニトリルゴムエマルジョン　153
液晶表示素子　515
液状ブチルゴム　134
液状ポリサルファイドポリマー　454
液だれ　544
エクストルージョン法　143
エステル化触媒　355
エステル交換反応　307
枝分かれ高分子　110, 284
エチニル基末端封鎖イミドオリゴマー　373
エチレン　278
エチレン-アクリル酸エチルコポリマー　305
エチレン-アクリル酸共重合物　196, 202
エチレン-アクリル酸コポリマー　305
エチレン-エチルアクリレート　202
エチレン-酢酸ビニル-カルボン酸ターポリマー　305
エチレン-酢酸ビニルコポリマー　20, 296, 300
エチレン-ビニルアセテートコポリマー　475

エチレン-メタクリル酸コポリマー 305
エチレングリコール 354
エチレンコポリマー 296
X線光電子分光法 34
エッチング 39
エッチング処理 58
エポキシ 439
エポキシ-フェノール 525, 531
エポキシ結合剤 490
エポキシ樹脂 199, 225, 233, 525, 531
エポキシ樹脂系接着剤 251, 506, 510, 522
エポキシ当量 251
エポキシノボラック樹脂 251
エポキシフェノール樹脂 362
エポキシマトリックス 157
エマルジョン 183, 277
エマルジョンSBR 169
エラストマー 5, 50, 181, 208, 318, 402
——のミクロ構造 163
エラストマー系改質剤 257
塩化ビニル製感圧テープ 453
塩酸カゼイン 97
エンジニアリングプラスチック 238
遠心分離ラテックス 120

オ

王冠用接着剤 127
凹凸表面 31
応力-ひずみ特性 175
応力緩和機構 390
応力集中 525
応力集中点 395
応力分散 418
オージェ電子分光法 33
オートクレーブ 534
オープン堆積時間 511
オープンタイム 320, 322
オープンタック 218
オープンタック時間 208
オーブンベーク法 236
オキシクロライド結合剤 491
押出成形テープ 447, 450
押出速度 394
オゾンからの保護 184
オゾン劣化防止剤 184
帯状シーリング材 448
織物 117
織物/ビニルフォームラミネーション用接着剤 153
オレフィン系シラン 393
オレフィン系接着剤 509
温度による粘度変化 553
温度状態調節 553
オンラインアンローダー 547

カ

加圧接着 322
カーテンウォール 144
カーテンウォール構造 446
カーテンウォール工法 384
カーテンコーター 437
カーテンコーティング 217
カーテン塗付 321
カートリッジ 446
カーペットシーミングテープ 303
カーペットタイル接着剤 324
カーボン紙 95
カーボンブラック 380
カーボンレスペーパー 239
改質樹脂 408
解重合ゴム 123
解重合ラテックス 125
外装用接着剤 439
回転研磨器 93
界面 35
界面活性剤 166, 281
界面はく離 460
火炎処理 420
化学結合 429
化学的結合 437
化学的浄化処理 420
化学の前処理 71
化学反応固化 32
化学縫合剤 341
過乾燥 436
架橋型フェニルキノキサリン 368
架橋系接着剤 129
架橋系ラテックス接着剤 127
架橋構造 348, 429
架橋剤 380, 405, 476
架橋反応 339
架橋密度 320
拡散 437
核磁気共鳴 233
象具用接着剤 20, 24
家具用ホットメルト接着剤 302
過酸化物 325
可使時間 456
過浸透 436
加水分解 270
加水分解性塩素 522
ガスケット 94, 330, 381, 384, 539
カゼイン 96
カゼイン糊 105
　——の規格 106
　——の耐久性 107
　——の特性 107
　——の配合 104
カゼイン溶液 99
カゼインライム糊 103
可塑剤 136, 152, 179, 285, 309, 349, 405
　——の移行 278
可塑剤/オイル 165, 180
可塑度残留率試験 121
型どり剤 385
片持ちばり 44
カチオン性スターチ 112
活性化エネルギー 339
活性研削助剤 488

活性水素 429
カップリング剤 6, 48, 388, 396
割裂 44
割裂強さ 76
家庭機器用接着剤 26
家庭用シリコーンシーリング材 385
家庭用接着剤 29
可とう性 261
可とう性エポキシ樹脂 252
カナリーデキストリン 113
加熱硬化性アクリル樹脂 320
加熱接着 322
壁紙用接着剤 117
壁仕上材 508
可変オリフィス 551
紙おむつ 301, 408
紙加工 94
紙コーティング 167
紙接着用接着剤 72
紙箱 117
ガムテープ 93, 117
カラー 74
ガラス細工 93
ガラス充填ナイロン 400
ガラス繊維 238, 388
ガラス繊維間の毛細管 390
ガラス繊維強化熱硬化性樹脂 390
ガラス繊維強化プラスチック 326
ガラスタイヤコード 431
ガラス転移温度 175, 239, 283, 314, 412
ガラス転移点 285, 363
ガラスフィラメント用カップリング剤 401
ガラス用接着剤 222, 522
加硫剤 152
カルシウムアルミニウムシリケート 238
カルボキシル化エラストマー 196
カルボキシル化オレフィン共重合ポリマー 202
カルボキシル化ゴム 200
カルボキシル化酢酸ビニル-エチレンコポリマー 285
カルボキシル化ニトリルゴム 197
カルボキシル化ネオプレン 203
カルボキシル化ビニル共重合樹脂 203
カルボキシル化ブタジエン-アクリロニトリル共重合物 198
カルボキシル化ポリアクリレート粘着剤 201
カルボキシル化ポリマー 195
カルボキシル化ラテックス 165
カルボキシル含量 195, 201
カルボキシル反応性液状ニトリル共重合物 199
カルボキシル反応性液状ポリマー 199
カルボキシル末端ブタジエン-アクリロニトリル樹脂 257
カレンダー法 143

索　引

カレンダーリング　471
ガン　304
感圧性接着剤　168, 169, 304, 320, 407, 515
感圧性粘着剤　320, 497
環境暴露　80
ガングレード　457
感湿性材料　543
含浸用シーリング　333
間接食品添加物　295
完全けん化PVA　291, 293
ガン洗浄能力　548
乾燥　150
乾燥ゴム　121
乾燥皮膜　281
カンチレバービーム　44
感熱性フェノール樹脂　233
官能基含有テレケリック型液状ポリマー　150
官能性硬化剤　158
含油樹脂類　449
缶用塗料　309
顔料　136, 152

キ

機械的結合　436
機械適性　542
気孔　488
基材　493
擬似塑性型接着剤　286
希釈剤　256
気体不透過性　136
キノイド加硫　137
キノザリンポリマー　364
ギブス自由エネルギー　35
気密シール　514
逆止弁　543
ギャップ充填性　499
ギヤポンプ計量システム　541
キャンバスシューズ　126
吸湿性　437
球状蛋白質　98
牛乳蛋白質　96
凝固　150
凝集エネルギー密度　193
凝集破壊　41, 448, 460
凝集力　125, 207, 411, 456, 480
　——を低下させる可塑剤　180
強靱化　199
強靱性　339
強靱性向上剤　158
強度試験　72
強度保持率　524, 528, 531
共沸混合物　150
共有結合　388
強力攪拌機　216
極性接着剤　129
許容伸縮率　448, 460
許容濃度　342
キレート試薬　329
金属-金属接着剤　198

金属イオン封鎖剤　166
金属酸化物　33
金属充填樹脂　392
金属繊維　237
金属被着材の表面処理　71

ク

クイックグラブ接着剤　124
クイックスティック　411, 415, 482
空隙充填性　437
空胞生成剤　50
靴の接着　217
靴用接着剤　30
クメンヒドロペルオキシド　328
クライミングドラム　76
グラインディング　150
クラウンエーテル　343
クラッチ板　156
グラビア塗付　321
グラフトコポリマー　12, 129
グラフト天然ゴム　130
グラフトポリマー　209
クリープ　77
クリーミング剤　120
グリーン強度　51, 554
グリーンタック　123
グリセリン　113
グリット　493
グリットブラスト　38, 39
グレージング　449
クレジル酸　237
クロム酸陽極酸化　528, 533
クロロブチルゴム　135
クロロフルオロ炭化水素　242
クロロプレン　206

ケ

ケイ酸塩砥石　461
ケイ酸ナトリウム　236
計量シリンダーシステム　542
計量ポンプ　541
ケースシーリング　300
外科用接着剤　123
外科用テープ　141
化粧合板　442
化粧板　241, 249
結合剤　189, 488
結晶化速度　356
結晶化度　207, 356
結晶性　314
結晶性ポリマー　356
ケブラー強化エポキシ　400
ゲル化剤　294
ゲル化時間　381
ゲル含量　164
ゲル浸透クロマトグラフィー　233
ゲルポリマー　207
けん化度による物性の変化　291
嫌気性ガスケット材　333
嫌気性嵌合接着剤　333

嫌気性接着剤　5, 17, 324, 328, 334, 536
嫌気性ポリウレタン接着剤　265
研削砥石　392
建設用接着剤　22
懸濁重合　307
建築材料の接着　217
建築用コーキングコンパウンド　449
建築用シーリング材　384
建築用接着剤　167, 189, 499, 508
研磨材　93, 234
研磨処理　420
研磨砥石　488
研磨布紙　235
研磨粒子　488, 493, 494

コ

コイル状ホットメルト型接着剤　142
膠 → にかわ
高アミローススターチ　115
高温用エポキシ接着剤　532
高温用接着促進剤　401
高温用有機接着剤　362
硬化　3
硬化機構　328, 343
硬化剤　166, 224, 252
硬化触媒　255
硬化性の改良　343
硬化阻害　438
硬化速度　340, 343
好気性接着剤　5
高機能性エポキシ樹脂　252
高強度一成分型シリコーンシーリング材　382
工業用シリコーン接着剤　383
高極性ゴム　153
抗菌剤　289
航空宇宙用シリコーン　384
航空機用接着剤　25, 525
抗酸化剤　321
硬質床仕上材　507
高充填剤配合ラテックス接着剤　126
高周波加熱接着　442
高周波誘導溶接　419
高靱性接着剤　342
合成ゴム　404
合成ゴムラテックス　123
合成ポリイソプレン　123
合成ワックス　299
構造用合板　442
構造用シーリング材　381
構造用接着剤　71, 155, 156, 158, 200, 201, 243, 307, 318, 324, 360, 524, 535, 554
高速攪拌機　216
合板　241, 249, 440
合板せん断試験　74
高比重材　439
鉱物質強化材　388
鉱物充填エラストマー　395
高沸点溶剤　287
高分子量ポリイソブチレン　138

高分子量ポリフェニルキノキサリン 368
コーキングガン 500
コーキング材 211, 445
コーティング 94, 235
コーティング剤 134
コールドボックス法 236
コールドラテックス 164
コールドラバー 149
固化 32
固形ゴム系溶剤型粘着剤 125
骨膠 90
コニカルスプレーパターン 552
コポリマー 278
ゴム/金属の接着 156, 197
ゴム/帆布ラミネーション用接着剤 153
ゴム結合剤 490
ゴムセメント 405
ゴム引き毛織物 128
ゴム引きコイア 128
ゴムビヒクル 263
ゴムベース系粘着剤 473
ゴム用安定剤 184
ゴム用伸展油 179
コラーゲン 88
コロイド安定剤 166
コロイド分散液 210
コロナ放電 40
コンクリート型枠 242
コンクリート下地 505
コンクリート接着剤 226
混合 138
混成回路 514
コンタクト型アセンブリー接着剤 188
コンタクト接着 218
コンタクト接着剤 203, 243, 322
コンタクトセメント 209
コンタクトホイール 496
混練り 406
コンプレッションシール 448, 453
コンプレッションセット 128
コンポジションボード 242

サ

サージカルテープ 407
サーマルグリース 521
再シール性接着剤 126
再湿型接着剤 293
サイジング 94
サイズ剤 393
再生ゴム 452, 475
最適固形分濃度 137
サイドシーム用接着剤 301
再はく離性粘着ラベル 141, 475
再パルプ化 301
酢酸ビニル 276
酢酸ビニル-エチレンエマルジョン 279
サッカリン 329

酸-塩基説 36
酸エッチング 40
酸化亜鉛 219
酸化アルミニウム 520
酸化スターチ 111
酸カゼイン 97
酸化ベリリウム 520
酸化防止剤 128, 152, 211, 219, 271, 350, 405
酸化防止策 183
酸化マグネシウム 211, 213
三次元構造 457
酸素ボンベ老化試験 184
酸素老化性テスト 500
サンドペーパー 235
酸無水物 255

シ

ジアゾナフトキノン 239
シアノアクリレート 342
　――の硬化機構 338
シアノアクリレート系接着剤 17, 336, 338, 340, 341, 510
ジアミン 346, 347
ジアルキルアリルアミン 329
ジイソシアネート 441
シートモールディング 237
シーリング材 129, 133, 189, 222, 312, 380, 445, 539
　金属容器の―― 127
　――の施工 458
シーリング接着 418
シーリングテープ 136, 144
シール用接着剤 539
シェラック 489
シェラック結合剤 490
シェルモールディング法 236
シェルモールド 391
ジオール 354
紫外線からの保護 184
紫外線安定剤 184
紫外線吸収剤 271
紫外線硬化 325
紫外線照射 325
死荷重型 79
紙管 116
脂環式アミン 254
脂環族系樹脂 299
磁器タイルの接着剤 170
敷物用アンカーコートバッキング用接着剤 127
軸力 332
自己架橋性ポリ酢酸ビニル 284
自己拡散係数 51
自己消火性 136
自己融着性 143
示差走査熱量測定 233
ジサルファイド結合 454
ジシアン酸レゾルシノール接着剤 376
ジシアンジアミド 255, 522

支持体 407, 471
システム応答時間 550
システムコントローラー 547
自然酸化 270
下地材と仕上材料の組合せ 502
自着 51
自着性封筒 124
室温硬化 379, 457
室温硬化型 450
　――のシリコーン製品 379
湿気硬化 457, 466
しっくい仕上げ 508
湿潤剤 288
湿潤性 437
湿熱サイクルテスト 343
自動化インターフェースカード 548
自動車の接着 217
自動車の内装用接着剤 127
自動車工業における接着剤 535
自動車シャーシ 552
自動車ドア 553
自動車用接着剤 25, 535
ジヒドロキシジフェニルメタン 231
ジブチルジチオカルバミン酸亜鉛 127
脂肪族アミン 254
脂肪族系C-5樹脂 414
脂肪族二塩基酸 354
締固め 550
ジメチルジクロロシラン 379
射出成形 238
射出成形複合材料 393
自由エネルギー 35
重合 277
重合禁止剤 329
重合調整剤 164
収縮ひずみ 118
集成材 242, 438, 440
充填剤 128, 136, 166, 181, 214, 220, 237, 257, 288, 330, 339, 380, 405
充填接着剤 323
柔軟化エポキシ樹脂 158
重力塗付 494
縮合型ポリイミド 363
樹脂加硫 137
シュリンク 381
瞬間接着剤 302, 336
準IPN網目構造 372
使用可能温度範囲 175
衝撃強さ 77, 312
照射架橋 325
蒸発ラテックス 120
消泡剤 288, 321
乗用車タイヤ 396
初期接着性 277
植毛カーペット 167
ショットポンプ 550
処理ファイバーガラスの潤滑性 390
シラノール 379, 390
シラン 48, 380
シラン架橋剤 380
シランカップリング剤 388

シラン系接着付与剤　454
シラン反応機構　390
シリコーン　379, 457, 461
シリコーン液状ガスケット　383
シリコーンエラストマー　383
シリコーン系接着剤　510, 538
シリコーン系粘着剤　477
シリコーンゴムの耐熱性　383
シリコーンゴムの電気特性　383
シリコーンシーリング材　380
シリコーンポッティングゲル　384
シリコーンRTV型どり剤　385
シリコンカーバイド　493, 494
ジルコアルミネート　400
ジルコネートカップリング剤　398
シロキサンオリゴマー　379
シロキサン結合　380
シロキサン骨格　383
真空含浸　331
真空接着　322
靱性付与剤　343
診断機能　548
真ちゅうめっきされたスチールタイヤコード　433
浸透　437
浸透阻害　438
深部硬化性　381

ス

水系ポリウレタンラテックス接着剤　268
水酸化ナトリウム　112
水蒸気バリヤー特性　350
水性酢酸ビニルエマルジョン　439
水性接着剤　405
水素結合　56, 351
水素結合指数　214
水滴試験　282
水密接合　418
水溶性構造接着剤　318
推論認識　548
スクィーズ・アウト　554
スクリーン印刷　331
スズエステル　381
スターチ　109
　　糊化した――　114
　　流動性のある――　111
スターチ系接着剤　113
スタンバイアンローダー　547
スタンバイモード　548
スチールワイヤ　434
スチレン-ブタジエン-イソプレンブロックコポリマー　305
スチレン-ブタジエンゴム　163, 425, 474
　　――の供給会社　171
スチレン-ブタジエンランダムコポリマー　474
スチレン系ブロックコポリマー　20, 413
ストラクチュラルグレージング　458,

461
砂型　236
砂強化バインダー　314
砂充填エポキシ樹脂　392
スパーワニス　495
スパッタリング　34, 37
スプライシングテープ　143
スプレー　217, 500
スプレー型接着剤　169
スプレー乾燥ラテックス　122
スプレー式塗付　321, 437
スプレー適性　210
スポット接着　442, 509
スポンジ　315
スラリー法　216
スランプ　447, 454
スロットダイコーター　304

セ

脆化温度　314
製靴産業　359
脆化点の低いエラストマー　380
成形材料　237
製紙　114
静電気への安全対策　182
静電塗付　494
製本用接着剤　28
製本用ホットメルト接着剤　300
積層成形　315
積層接着剤　169
石油樹脂　409
セグメント化EVAポリマー　305
絶縁テープ　407
石けん　113
接合堆積　71
接合砥石　234
石こう壁材　217
石こうボード　508
石こうボード用接着剤　509
接触角　35, 57
切断　489
接着のトラブルと対策　511
接着の非破壊試験　46, 52
接着剤に要求される性能基準　500
接着剤の取扱い　71
接着剤接合　419
接着剤選定　69
接着剤塗付機　516
接着剤配合物の冷却と再溶融　183
接着剤パウダー　437
接着試験法　42
接着仕事　36
接着接合の利点　2
接着促進剤　400, 434
接着強さ　411
接着特性　350
接着破壊　41, 448, 466
接着フィルム　306
接着付与剤　224
接着床組工法　502
セットタイム　296, 347, 348

セパレーター　241
セメンタイト　491
ゼラチン　88
ゼリーガム　111, 113
ゼリー膠　92
セルフレベリング性シリコーンシーリング材　381, 461
セルロース　438
遷移金属　329
遷移金属イオン　328
繊維とゴムの接着　425
繊維接着　351
繊維破砕試験　46
潜在性硬化剤　522
線状トリブロックコポリマー　413
せん断試験　73
せん断接着力　415
せん断弾性率　75
せん断貯蔵弾性率　50

ソ

相間移動触媒　343
双極子　429
双極子間力　56
相互侵入　419
走査型電子顕微鏡　33
相対表面エネルギー　57
増粘剤　124, 152, 167, 286, 293, 321, 330, 339
相分離　213
相溶　31
相溶性　360, 412, 421
増量剤　286
ゾーン温度管理　553
促進耐候試験　79
速度-温度等価原理　49
ソルージョンSBR　169
ゾルポリマー　207
損失モジュラス　411

タ

耐炎性　250
耐オゾン性　381
耐温水洗濯性　351
耐加水分解性安定剤　271
耐ガソリン性シリコーン接着シール剤　384
ダイカット性　141
耐火ドア　105
大気汚染　432
耐久型繊維用接着剤　129
耐久性　342
耐久性試験　79
ダイグライム　370
耐光安定性　299
耐候性　343
耐コールドフロー性　136, 137
耐紫外線性　381
耐湿性　339
耐衝撃改良剤　325

耐衝撃性　225, 339
大豆蛋白質　98, 101
耐洗濯性　351
帯電防止効果　390
耐ドライクリーニング性　351
ダイナミックミキサー　542
第二世代アクリル構造用接着剤　325
耐熱性　339, 343
耐熱性接着剤　339
耐熱性ポリマー　376
耐フロー性　135
ダイボンディング　513
ダイボンド用接着剤　521
ダイマー酸　347, 348
耐薬品性　350
タイヤコード　250, 426
　——の引抜きテスト試験法　426
タイヤコード浸漬剤　168
タイヤブラック再生ゴム　129
耐溶剤性　339
ダイラタンシー　43, 321
タイルボード用接着剤　509
タイル用接着剤　125
タッキファイヤー　165
タック　49, 125, 297, 411, 479
タック時間　212
タック試験　481
タックフリー　457
脱酢酸型シーリング材　379
脱脂　58
脱出トルク　332
脱水環化反応　369
脱泡剤　288
タフトカーペット用アンカーコート　126
多硫化ナトリウム　223
炭化水素樹脂類　298
炭化はく離　40
タンク　541
炭酸飲料用PETボトル　303
単純重ねせん断試験　73
弾性グレージングコンパウンド　449
弾性モジュラス　412
単繊維引張り試験　46
炭素鎖　346
単動計量装置　544
タンニン　438
断熱材料　242
蛋白系接着剤　96, 103
単板積層材　442
段ボール　114, 117
段ボール工業　294

チ

チウラムジサルファイド　206
チェックバルブ　543
チオシアン酸塩　99
置換フェノール　234
チクソトロピー　209, 447, 521, 553
チクソトロピー性ゲル　339, 344
チクソトロピー性シリコーンシーリング材　381
チクソトロピー接着剤　330
チタネートカップリング剤　398
チタン/チタン引張りせん断強さ　368
チタンコアの接着　366
窒素と水蒸気の透過性　178
チャージバルブ　542
中間ブロック相溶樹脂　178
中強度シリコーンシーリング材　382
抽出成分　438
鋳造用砂のバインダー　30
中比重ファイバーボード　441, 442
超音波溶接　419
超けん化　294
超重合　201
貯蔵安定性　329, 337, 381, 457
貯蔵硬化　121
貯蔵モジュラス　411

ツ

使い捨て材料製造用接着剤　29
突合せ接合　73

テ

低アンモニアラテックス　126
低温加硫促進剤　127, 152
低温素練り　151
低温用粘着付与剤　141
定荷重研削　489
低強度低モジュラス型シリコーンシーリング材　382
低収縮性樹脂　8
低臭・低白化　336
低臭・低白化性シアノアクリレート　344
低速電子線回折　33
定馬力研削　489
低沸点溶剤　287
低分子量液状ブチルゴム　138
低分子量液状ポリイソブチレン　138
低分子量ポリエチレン　300
低密度ポリエチレンベースホットメルト接着剤　300
定量送り研削　489
テープ　470, 483
テープ接着剤　269
デカール　470, 484
適格検査　69
テキスタイル接着剤　269
デキストリン　113
デグレード　554
テトラエチルチウラムジサルファイド　211
テトラエチレングリコールジメタクリレート　328
テルペン系樹脂　411
テルペン系粘着付与剤　473
テルペンフェノール樹脂　213, 219
テルペンベース樹脂　299
テレフタル酸　354

電気/電子用接着剤　25
電気産業における接着剤　513
電気絶縁テープ　136
電気伝導性接着剤　518
電気用テープ　142
電空制御　549
電子吸引基　336
電子線架橋のホットメルト接着剤　305
電子線架橋用粘着剤　191
電子線照射　325
電子線マイクロプローブ　33
電磁波シールド　519
電子パッケージのシール　513
天井材　509
展性配合物　154
伝導性接着剤　518
伝導性テープ接着剤　522
天然ゴム　404, 412
天然ゴム系接着剤　321
天然ゴム溶剤型接着剤　128
天然ゴムラテックス　120, 123

ト

砥石のグレード　234
凍結　511
陶磁器質タイル用接着剤　509
導電性接着剤　13, 514
導電性プラスチック　519
銅箔　515
投錨　31
投錨効果　418
道路摩耗　396
ドープセメント　419
特殊結合剤　490
毒性　243, 260, 343
独立気泡　466
塗付機　331
塗付研磨材　493
塗付装置　183
ドメイン　172
ドライクリーニング性　351
ドライボンディング接着剤　124
ドライヤー　442
ドライゆるみ止めねじ　329
ドラム伴板　548
トランスファー成形　238
トリオール　456
トルエンジイソシアネート　441, 456
か-トルエンスルホン酸　242
曇点　412

ナ

内装用接着剤　439
内部拡散　51
内部拡散効果　31
内部粘性　47
ナイロン　351, 429
ナイロン織物用接着剤　158
ナディック末端イミドオリゴマー

索 引

373
生ゴム 121
軟化剤 128, 405
難接着被着材 134
難燃性 136
難燃性可塑剤 285
難燃性接着剤 7

ニ

ニーダー 138
二液型ブチルゴムベース自己架橋型接着剤 140
二塩基酸 346, 347
　——の無水物 515
膠(にかわ) 88, 493, 495
　可塑化された—— 92
肉やせ 381
二元硬化システム 334
二酸化鉛 224, 454
二酸化マンガン 224
二次イオン質量分析 34
二次塗付 493
二重ねせん断試験 73
二重片持ちばり法 44
二重ガラスの周囲のシール 381
二重貼り合せ接着剤 167
二成分型シリコーンシーリング材 458
二成分型ポリウレタン系シーリング材 456
二成分型ポリサルファイド系シーリング材 454
二成分型RTVゴム 381
二成分型RTVシーリング材 384
二相構造 173
ニトリル-フェノール 525, 531
ニトリルゴム 148, 452
ニトリルゴム/エポキシ接着剤 157
ニトリルゴム/フェノール接着剤 155
ニトリルゴム系接着剤 510
ニトロン 239
乳化剤 149
乳化重合 163, 406
乳酸カゼイン 97
ニュートン流動 321
尿素 99, 113, 247
尿素ホルムアルデヒド樹脂 113

ヌ

布と金属の接着剤 170
布用接着剤 29
ぬれ 31, 35, 297, 388, 411
ぬれ性向上剤 166

ネ

ネオプレン 206, 452
ネオプレン接着剤 207
ネオプレンラテックス 218
ねじゆるみ止め 332

ねじり破壊 43
熱安定性 299
熱可塑性 318
熱可塑性アクリルポリマー溶液 319
熱可塑性エラストマー 453
熱可塑性ゴム 172
　——の永久架橋 190
　——の商品名 173
熱可塑性樹脂 3
　——の溶剤 176
熱可塑性樹脂複合材料 392
熱可塑性ブロックコポリマー 404
熱可塑性ポリアミド 348
熱活性アセンブリー接着剤 188
熱硬化 457
熱硬化性樹脂 5, 308
熱硬化性接着剤 314, 494, 524
熱サイクル 515
熱処理 421
熱伝導 520
熱分解 337
熱変形温度 394
熱膨張係数 423
熱溶接 419
練り 215
燃焼特性 395
粘弾性 312, 411
粘着剤 5, 28, 168, 169, 470
　——の厚さ 486
粘着テープ 140, 407
粘着付与剤 5, 49, 128, 133, 136, 152, 165, 298, 321, 349, 470, 472
粘着付与剤エマルジョン 125
粘着付与樹脂 408
粘着ラベル 134
粘着力 479
粘着力測定 482
粘土 236
粘度降下剤 142
粘度調整剤 297

ノ

濃縮ラテックス 120
ノーベーク法 236
ノズル 304
ノズル目詰まり 550
伸びないロッドの引抜き試験 45
ノボラック 230, 426
糊化したスターチ 114
ノンサグ 457
ノンサグタイプのシーリング材 458, 461
ノンブリージング 453

ハ

パージタイム 546
パーティクルボード 249, 441, 443
ハードボード 440
背圧 542
配向ストランドボード 440, 442, 443

配線基板 241
ハイソリッドラテックス 124
ハイタックセメント 154
ハイパロン 451
ハイパロン系コーキング材 452
パイプラップテープ 142, 475
ハイブリッド 6
バインダー 101, 189
　鋳造用砂の—— 30
　摩擦材料の—— 30
パウダー 352
破壊のエネルギー基準 41, 43
破壊応力 43
破壊トルク 332
吐出ガン 549
吐出し弁 543
白色セメント配合 155
はく離 42
はく離強度 282
はく離コーティング 472
はく離試験 411
はく離性シリコーン 385
はく離接着力 125, 415
はく離抵抗 75
はく離用シリコーンRTV 385
刷毛塗り 217
バスタブ用シーリング 385
破断強さ 78
バッキング 167, 493
パッキングアウト 550
白金触媒 385
バックアップ材 461
バッグ用接着剤 115
パッケージのシーリング 514
バッチ式混合装置 182
バッチ生産方式 149
発泡接着シート 158
発泡体 242, 315
発泡ホットメルト装置 304
発泡ポリスチレンの接着剤 170
パテ 449
ハニカム 525
ハニカムコア 500
ハニカムサンドイッチ 525
パネル用接着剤 509
バフ研磨 93
はみ出し 554
パラフィンワックス 181, 299
パラホルムアルデヒド 248
バリヤーシーリング材 145
バルカンファイバー 493
バルクアンローダー 547
ハロゲン化ブチルゴム 135
パワーチェックバルブ 544
はんだ 519
パンチング特性 240
反転法 414
反応型希釈剤 330
反応型コンタクト接着剤 189
反応型接着剤 5
万能型接着剤 341, 344
反応射出成形 238

反応性イミドオリゴマー 373
反応性液状ポリマー 150
反応性オリゴマー 12
反応性希釈剤 256
反応性接着剤 318
　——の配合 541
バンバリー混合機 182
汎用ゴム配合物の強度改質 188

ヒ

ビード管理 549
ヒートシンク 514
非汚染性安定剤 134
引裂き 460
引き剥がし強度 282
引き剥がし試験 44
非金属被着材用接着剤 198
非結晶性 314
皮膠 90
非黒色顔料 152
非晶性ポリマー 357
非シランカップリング剤 398
ビス-シアノアクリレート 340
ビスクロロエチルホルマール 223
ビスフェノールAベースエポキシ樹脂 251
ビスマレイミド接着剤 532
微生物劣化 270
非相溶 31
非多孔質基材 324
非置換ポリキノキサリン 364
被着材 70
　——の性質 499
　——の線膨張係数 446
ビチューメン 3
引張り応力 43
引張り試験 43, 72
非伝導性スプライシングテープ 143
ビトリファイド結合剤 489, 491
ヒドロキシメチルフェノール 232
ヒドロキノン 337
ビニル-フェノール 525, 531
ビニルアセテート共重合物 477
非破壊検査 534
非反応性希釈剤 256
180度はく離試験 76
表面エネルギー 57, 478
表面研磨 59
表面酸化物 32
表面実装用接着剤 516
表面処理 37, 58, 71, 420
表面張力 57, 388, 419
表面ぬれ指数 420
比例制御 552
疲労強さ 77
ピン 74
品質記録 556
ヒンダードアルキルフェノール類 239
ヒンダードビスフェノール 211, 219

フ

ファイバーガラスの量と配向 391
ファイバーボード 438
フィードバック制御 551
フィールドラテックス 120
フィッシャー-トロプシュワックス 433
フィルター 241
フィルム 269, 353
フィルム型接着剤 7, 514, 527
フィレット 372
フィンガージョイント 74, 242
封止材 235
封筒用接着剤 117
フーリエ変換核磁気共鳴 230
フーリエ変換赤外スペクトル 233
フェノール-ホルムアルデヒド樹脂 439
フェノール-レゾルシノール樹脂 439
フェノール系プライマー 401
フェノール樹脂 229, 235, 237, 250, 439, 490, 495
フェノール樹脂接着剤 229
フェノール樹脂バインダー 234
フォームアプリケーター 304
フォーム接着剤 527
フォームボード用接着剤 509
フォトレジスト 239
付加型ポリイミド 372
不乾性マスチックシーラー 450
不揮発分調整剤 293
複合材料 388
複層ガラス 134, 145, 451
複動計量システム 544
不織布 167, 301
縁貼り 302
付着量管理 549
ブチラール樹脂 236
ブチルコーキング材 139, 143
ブチルゴム 133, 450
ブチルゴムコーキング 144
ブチルゴムベース繊維ラミネーション用接着剤 138
ブチルゴム用硫黄加硫系 137
ブチルゴムラテックス 135
ブチルテープ 450, 451
ブチルフェノールジアルコール 213
t-ブチルフェノール樹脂 212
フッビニルデン 458
沸水浸漬試験 367
フッ素系界面活性剤 402
物理的親和力 436
ブナゴム 260
部分けん化PVA 291, 293
不飽和二塩基酸 354
不飽和ポリエステル樹脂 491
フュームドシリカ 380
プライマー 235, 329, 455, 528
ブラウン運動 49

プラスチゾルシーリング材 553
プラスチゾル接着剤 536
プラスチックの接着 418
プラスチックの接着設計 422
プラスチックの表面処理 71
プラスチック系弾性床材 507
プラスチック製カートリッジ 381
プラスチックフォーム 508
プラスチックボトル 303
プラスチックボトル用ラベル 302
プラスチックラミネート 217
プラズマ処理 40, 420
フラッシュドア 105
ブリーダークロス 534
ブリーディング 33, 127
フリーラジカル付加反応 318
ブリスター試験 45
フリップ-フロップタイマー回路 546
ブリティッシュガム 114
プリプレグ 525, 526
プリントサーキットボード 156, 158
プリント配線板 515
ブルーミング 33
フルオロポリマー 458
フルフリルアルコール 105
ブレーキシュー 156
ブレーキライニング 156, 237, 536
フレキシブル配線板 515
プレポリマー 338, 457
フローティングローラー 76
プローブタック 412, 415, 481
プロダクトアッセンブリー用接着剤 302
ブロック圧縮せん断 74
ブロック化イソシアネート 267
ブロック化イソシアネート化合物 429
ブロックコポリマー 13, 172, 297, 413, 473
プロフィロメーター 33
ブロム化クレゾール 241
ブロモブチルゴム 135
ブロンズ 491
分岐剤 164
粉砕 150
分散型レゾール 232
分散剤 406
分散助剤 400
分子拡散 419
分子量と粘度の関係 292
分子量調節剤 149
粉体 183, 270

ヘ

平滑基材 31
平均せん断応力基準説 43
平衡含水率 442
ペースト 113
ペースト状接着剤 528
ペーパーコーティング 101, 114
ペールクレープ 121

索引

ヘキサフルオロプロパン 458
ヘキサメチレンテトラミン 233
ヘッダーシステム 549
ペプタイザー 123
へベアプラスMG 122, 129
ヘムフランジ接着 554
弁座 544
ベンズイミダゾールポリマー 363
変性剤の商品名 289
変性ニトリルゴム 158
変性ブチルゴム 135
ベンゾイックスルホイミド 329
ペンダントグループ 150

ホ

ホイール 304
ホイールコーター 304
芳香族アミン 255
芳香族二塩基酸 354
芳香族ポリアミド 237
芳香族ポリアミド繊維 238
ホウ砂 112
ホウ酸化デキストリン 113
放射状ブロックコポリマー 413
放射線硬化型コーティング剤 387
放射線硬化接着剤 5, 494
放出ホルムアルデヒド 440, 443
防食用ラッピングテープ 475
防錆剤入りプライマー 528
包装容器 299
包装用接着剤 26, 116, 318
包装用テープ 407
ホウ素充填ポリキノキサリン接着剤 364
放射線重合 470
防腐剤 100
飽和脂肪族シラン 396
飽和ポリエステル 354
補強剤 128, 224
保護安定化剤 281, 283
保護コーティング剤 135
保護コロイド 232, 281
——としてのカゼイン 101
保湿剤 288
保持用接着剤 537
保持力 480, 482
ポストベーク 239
ポッティング剤 381
ホットアプライドウェルダブルシーリング材 556
ホットタック性 297
ホットプレス 442
ホットボックス法 236
ホットメルト 4, 321, 451, 471
ホットメルトアプリケーター 296, 304, 350
ホットメルト型アセンブリー接着剤 188, 189
ホットメルト感圧接着剤 297
ホットメルトグラビアコーティング 359

ホットメルトシーリング材 145
ホットメルト接着剤 141, 155, 202, 296, 314, 346, 407, 510, 536
——の用途 299
ホットメルト粘着剤 141, 185, 470, 471
ポットライフ 386
ポットライフガード 546
ホットラテックス 164
ホットラバー 149
ボデーショップ 555
ホモポリマー 278
ポリアミド 255, 346
ポリアミド酸 369
ポリアミドホットメルト 350
ポリアリレンエーテル 375
ポリイソシアネート 456
ポリイソシアネート接着剤 262
ポリイソブチレン 134, 450, 451, 474
ポリイソブチレンラテックス 135
ポリイミド 369, 370, 513, 533
——のT_g 369
ポリイミド接着剤 370
ポリイミドフィルム 515
ポリウレタン 455, 461
——の安定化 270
ポリウレタンエラストマー 265
ポリウレタン化 264
ポリウレタンガム接着剤 266
ポリウレタン構造用接着剤 265
ポリウレタン接着剤 20, 260, 536
ポリエーテル 456
ポリエステル 346, 354, 456
ポリエステルタイヤコード 429
ポリエステルフィルム 515
ポリエステルホットメルト 357
ポリエステルポリアミド 360
ポリエステル用接着浸漬液 431
ポリエチレンテレフタレート 346, 354
ポリオレフィン 296, 300
ポリオレフィン/マイカ複合材料 394
ポリクロロプレン 206, 452
ポリ酢酸ビニル 17, 276, 453
ポリ酢酸ビニルエマルジョン 125, 277, 281, 302
ポリ酢酸ビニル系接着剤 506
ポリサルファイド 222, 253, 461
ポリサルファイド系シーリング材 454
ポリサルファイド系接着剤 510
ポリサルファイドポリマー 222
ポリシアノアクリレート 337
ポリシロキサン 379, 458
ポリスチレンフォーム 499
ポリビニルアセタール樹脂 307
ポリビニルアルキルエーテル混合体 477
ポリビニルアルコール 281, 291, 491
——の溶液粘度 292
——の溶解しやすさ 291
ポリビニルフェノール 239

ポリビニルブチラール 4, 239, 309, 314
ポリビニルホルマール 308, 314
ポリフェニルキノキサリン 365
ポリブテン 449, 450
ポリベンズイミダゾール 363
ポリベンズイミダゾキナゾリン 364
ポリマー 449
ポリマー濃度 177
ポリマーラミネート 400
ポリメリックシーラントアプリケーター 451
ポリメリックMDI 441
ポリメルカプタン 455
ホルマール樹脂 236
ホルムアルデヒド 230, 248
ホルムアルデヒド架橋 294
ホワイトグルー 276
ホワイトデキストリン 113
ポンプウインク 552
ポンプ摩耗 551

マ

マイカ充填ポリプロピレン 402
マイカボード 515
マイグレーション 519
マイクロカプセル 329
マイクロクリスタリンワックス 433
マイクロバルーン 243
マイクロワックス 299
マクロマー 476
曲げ強さ 75
摩擦材料のバインダー 30
摩擦複合材 237
マジックテープ 485
マスキング 472
マスキングテープ 407, 473, 483
マスターバッチ 139, 169, 216
マスチック 129, 134
マスチック状樹脂系接着剤 509
マスチック状接着剤 406, 501
マスチック配合 136, 210
末端ブロック相溶樹脂 178
マッチ 94
マトリックス樹脂 388
——との相溶性 390
摩耗材料のバインダー 30
マルチブロックコポリマー 413

ミ

未架橋系接着剤 133
未架橋ラテックス 126
ミキサー 542
ミクロフィブリル 438
ミネラル繊維 237
ミリタリースペック 524

ム

ムーニー粘度 164, 216

568

ム

ムーニー粘度計　405
ムーブメント　448, 460
無極性接着剤　129
無溶剤型シリコーンはく離剤　386

メ

目地設計　458
目地ムーブメント　445
メタノーリシス反応　293
メタル結合剤　489, 491
メチルクロロシラン　379
メチルジフェニルジイソシアネート　441
メチル水素シロキサン　386
メチルメタクリレートグラフト化率　130
メチロールフェノール　231
メモリー性　301
メラミン　247
メラミン-ホルムアルデヒド樹脂　247
メラミン-ユリア-ホルムアルデヒド　440
メルカプタン　222, 253
メルカプトベンゾチアゾール亜鉛　127
メルトインデックス　298

モ

モーションレスミキサー　542
網状結合　457
木材の接着　241, 436
木材の表面仕上げ　438
木材用接着剤　72, 103, 509
木質系床材　506
木質系床下地　506
木部破損　74
モジュラス　396, 456
モノマー　276
モノマー・ポリマー転化率　150
モルホロジー　174

ヤ

ヤングの式　35

ユ

有機系シーリング材　381
有機結合剤　489
有機多官能性シラン　388
融点　346, 356
誘導加熱硬化　258
誘導加熱硬化装置　554
遊離基　328
床材　506
床仕上材料　502
床下地　505
床タイル用接着剤　324
油性コーキング　144
油面鋼板　555

油面接着性　536
ユリア　247
ユリア-ホルムアルデヒド　440
ユリア-ホルムアルデヒド樹脂　247, 439
ユリア樹脂　495

ヨ

溶液重合　163, 307
溶液重合SBR　164
溶液粘度　176, 177
溶解性　176
溶解度(性)パラメーター　10, 57, 174, 193, 214, 309, 312, 392, 421, 432
溶解プロセス　137
溶剤　166, 287
溶剤型ゴム系接着剤　506
溶剤型ネオプレン接着セメント　208
溶剤型粘着剤　135, 141
溶剤揮発型シーリング材　143
溶剤系接着剤　537
溶剤浄化　420
溶剤接合　419
溶剤法　143
溶媒　4
溶融粘度　177, 312
溶融ワックス　440
予備架橋ラテックス　126

ラ

ライニング　235
ラクタム　347
ラジアルタイヤ　433
ラジカル安定剤　338
ラジカル重合機構　337
ラジカル捕捉剤　337
ラップせん断　42
ラテックス　105, 426
ラテックス系感圧接着剤　414
ラテックス系接着剤　123, 406
ラテックス系粘着剤　125
ラテックスコーキング材　454
ラテックスゴム手袋用フロック接着剤　128
ラベル　407, 470, 484
ラベル用接着剤　117, 302
ラミネーション用接着剤　152, 269
ラミネート　239
ラミネート紙類　303
ラミネートビーム　242
ラミネート用接着剤　102, 116, 318
ランドトゥグルーブ比　496

リ

リグニン　438
リグノセルロース　438
リバースロール塗付　321
リブドスモークドシート　121
リミットスイッチ　547

硫酸カゼイン　97
流動性のあるスターチ　111
流動抵抗　549
両性スターチ　112
両面粘着テープ　5
臨界表面張力　9, 36
林産物に対する接着剤　24
リン酸陽極酸化　39, 525, 528, 533

ル

ルイス酸　522
ループ乾燥機　495

レ

冷却固化　32
冷水ラベル用接着剤　102
冷凍用溶剤型粘着ラベル　141
レースチェック　442
レーヨン　429
レオロジー特性　321
瀝青質類　449
レギュラーコーンスターチ　109
レザー/靴底用接着剤　157
レザー/ゴム用接着剤　157
レザー/ビニル用接着剤　157
レザー/レザー用接着剤　157
レザーボンディング　127
レジノイド結合剤　489
レゾール　230, 231, 426
レゾルシノール-ホルムアルデヒド樹脂　425, 439
レゾルシノール系接着剤　510
劣化の保護　183
劣化環境暴露後の残存接合強さ　78
レドックス触媒　163
れんが用マスチック　323
連鎖移動反応　396
連続気泡　466
連続式混合装置　182
連続生産方式　149
レンネットカゼイン　97, 98

ロ

ロープ状コーキング材　450
ロープ状ホットメルト型接着剤　142
ローラーコーティング　217
ローラースプレッダー　437
ローラー塗り　500
ローリングボールタック　415
ローリングボールタックテスト　481
ロールコーター　304
ロジン　472
ロジンエステル　299, 321, 412
ロジン系樹脂　299, 409
ロジン変性のフェノール樹脂　235
ロッドセーフティバルブ　545
ロボットシステムの開発　556
ロボットツールセンターポイント　550

索　　引

ロボット塗付装置　547
ロンドン力　56

ワ

ワークフローチャート　556

ワックスエマルジョン　440
ワックスコーティング剤　142
ワックス混合のホットメルトアセンブリ
　　ー接着剤　189
ワックス状コーンスターチ　109
ワックス状スターチデキストリン
　　114

ワックスブレンド　142
ワックス類　299
ワニス　493, 495

欧 文 索 引

A

Aステージレジン　233
aminimides　267
APP　297, 304
ASTMの規格　71
ATR法　33
Au-Si共晶はんだ　521

B

Bステージ　495, 515
Bステージ樹脂　237
Bステージレジン　232

C

Cステージレジン　232
C_5系脂環族系樹脂　298
C_9系芳香族系樹脂　298
Chase型摩擦試験機　237
cis　163
cis-1,4-ミクロ構造　149
CTBN-エポキシ付加物　158
CVゴム　122
CVラテックス　120

D

Desmocoll　266

E

EEA　202, 305
EPDMケーブル　396
EVA　475
EVAコポリマー　20, 296, 300

F

FIPG　383
F/P比　495

G

GPC　233
GR-S　163

H

HAラテックス　121, 125
hildebrand　10
HRHシステム　434
HTV　457

I

ICチップ　239, 513
IISRP番号方式　168
Impranil　269
IPN　13

K

Kevlar　237, 239
Knoevenagel縮合反応　337

L

LAラテックス　121
LA-TZラテックス　121
LARC-TPI　370
LARC-13　373
Leukonat接着剤　263
LPポリマー　454
LVL　442

M

MDI　441
MG 10ラテックス　130
MI　298
MMAグラフト天然ゴム　122
Mondur　265
MUF　440
Multranil　266
Multron　265

N

NEMA Code　240
Nomex　515
Nordson Pro Floシステム　549

O

OSB　440, 443

P

PBI　363
PEEK　375
PET　346, 354
PETボトル　303
PF　439
PI　363
Polystal　261
PPQ　365
PQ　364
PRF　439
PSA　451, 470, 497
PVA(PVOH)　291
PVB　4

R

RF　439
ricing　140
RTV　379, 457
　──の硬化システム　384
RTVシリコーンシーリング材　381

S

S-B-S　172
S-EB-S　172
S-EP　172
S-I-S　172
$(S-I)_n$ラジアルブロックポリマー
　　192
SAFT　178, 193
SBR　163, 452, 474
SBRラテックス　164, 407
SiH基　386
SMAレジン　402
SMR (Standard Malaysian Rubber)
　　121

T

T_g　239, 363
T型はく離試験　76

tan δ 曲線　411
TDI　441, 456
the Forest Products Laboratory (FPL法)　38
trans　163
trans-1, 4 構造　207
Tuftane　270
Tyrite　265

U

UF　439, 440
Ultramoll　270

UV 照射による架橋用粘着剤　191

V

VAE エマルジョン　279
Velcro　485
Volan　401
Vondic　269
Vulcabond TX　264

W

weak boundary layer　34, 40

WLF 式　49

Y

Young-Dupre の式　57

Z

Zisman plot　36

資　料　編

―― 掲載会社索引 ――

（五十音順）

カネボウ・エヌエスシー株式会社……………………………………… 1
コニシ株式会社…………………………………………………………… 2
住友スリーエム株式会社………………………………………………… 3

Kanebo-NSC Features & Benefits

あらゆる被着体に対応する多様で高性能の接着剤!!

Features & Benefits

こんな商品を創りたい!
この商品の此所を直したい!
そして、トータルコストを抑えたい!
そんなご要望に役立ちたいと私達は願っています。

私共は、こう努力する
- 御客様の便益を考える。
- 御客様の製品が常に安定していることを願っている。
- 常に性能を追求している。

そして御客様は
- 作業がし易い。
- 安心して使える。
- 製品に自信が持てる。
- トータルコストが下がる。

当社の製品

紙器・包装・感圧・製本用
特殊機能性接着剤
化粧板・集成材・木工・家具・
住設機器・建築パネル・事務機器・
自動車・車輌・電気・音響機器用
接着剤

カナダ・イギリスをはじめ、世界23ヶ国に系列又は、合弁事業を有する世界のトップクラスの樹脂・接着剤メーカー。

カネボウ・エヌエスシー株式会社

本社・大阪営業所	TEL (0727) 28-4704	FAX (0727) 27-2194
東京営業所	TEL (03) 3263-4701	FAX (03) 3263-4705
名古屋営業所	TEL (052) 583-8606	FAX (052) 583-8608
静岡出張所	TEL (054) 282-1287	FAX (054) 282-2077
広島出張所	TEL (082) 234-9322	FAX (082) 234-9323
四国出張所	TEL (0878) 66-2287	FAX (0878) 66-2296
福岡出張所	TEL (092) 715-5378	FAX (092) 752-0024
日野工場	TEL (0748) 53-1111	FAX (0748) 53-1119
技術研究所	TEL (0727) 28-1719	FAX (0727) 28-3519

一般木工用 速硬化性 ハネムーン型 接着剤
ボンドHB2

ボンドHB2は，ハネムーン型水性接着剤で被着材に主剤とプライマー（硬化促進剤）を別々に塗布し貼り合せることにより極めて速く硬化する全く新しいタイプの木工用接着剤です．短時間の圧締で優れた初期接着力が得られるため作業能率が大幅に向上します．また耐水性を要する用途には主剤に架橋剤を添加するのが有効で，添加割合によりJIS K-6801（ユリア樹脂），JIS K-6802（フェノール樹脂）に規定する高度な耐水性が得られます．

■用　途
木工一般（特に縁貼り），Vカット面の接着，家具の組立，フラッシュパネルの製造，木材の幅ハギ，合板同士の接着等，短時間圧締を要求される用途．

■特　長
（1）　初期接着力発現性に優れ，作業能率が大幅に向上します．
（2）　水性で使い易く，2液反応型でありながら可使時間の制約が有りません．
（3）　耐熱，耐水性に優れ，ボンド架橋剤X（別売り）を主剤に添加して使用するとさらに耐水性が向上します．

■性　状

項　　目	HB2主剤	HBプライマー
主 成 分	変性SBR	ジアルデヒド化合物
外　　観	乳白色ディスパージョン	水状透明液
固 形 分	51.0～54.0％	15.0～20.0％
粘度(25℃, 10r/min)	20～60Pa・s(20,000～60,000cp)	────
pH	7.5～8.5	1.4～4.0
比　　重	────	1.07～1.11

■作業標準

プライマー塗布	ハケ，布，ローラー等で30～50g/m²
主 剤 塗 布	ローラー，ハケ等で200～300g/m²
堆 積 時 間	30秒以内（主剤塗布量により延長可能）
圧 締 圧 力	0.1～1.5MPa｛1～15kgf/cm²｝（被着材による）
圧 締 時 間	10秒～数分（被着材による）
養 生 時 間	30～60分以上

※ 詳しい資料請求は下記へご連絡下さい．

Kコニシ株式会社　ボンド事業部

本　社　大阪市中央区平野町2－1－2（沢の鶴ビル）☎ 06(228)2990
　　　　支店＝東京，札幌，仙台，北関東，名古屋，中・四国，福岡　　営業所＝沼津，金沢，岡山，高松
工　場　栃木，浦和，東京，滋賀，鳥栖

資料編　　　　　　　　　　　　　　　　3

高機能構造用接着剤

| 製品名 | 特長および用途 |

■**エポキシ系一液加熱硬化形接着剤**〔加熱硬化によって強固に接着するペースト状接着剤〕

- **EW1RS**　高強度，優れたPCT耐久性．室温保存可能品．電気・電子関連の金属・フェライト・セラミックス・耐熱プラスチックなどの組み立てにおける接着に適する．（120℃硬化）
- **EW2**　高強度・高耐久性．加熱硬化中に適度に広がり気密性を向上させる．フェライトコア接着・シーム熔接の代替に適する．（120℃硬化）
- **EW2NS**　特に高強度・高耐湿性を要求される部位の接着に適する．加熱硬化中に液だれしない．各種金属に対してすぐれた接着力を示す．（120℃硬化）
- **EW3LT**　低温硬化でせん断強度・剥離強度共にバランスのとれた特性を示す．PET・PBTなど各種プラスチック同士，またはプラスチックと金属の接着に適する．（80℃硬化）
- **SW2214**　高せん断・高剥離接着強さを示す．加熱硬化中の液だれがない．自転車フレームの組み立てなど各種金属・繊維強化プラスチックに対して信頼性の高い接着実績．（120℃硬化）
- **SW2214HT**　高耐熱タイプ．Tgが約150℃で高温条件下で常時使用することが出来る．各種金属部品の接着・組み立てに適する．（120℃硬化）
- **XA7416**　ポンプで吐出しやすく硬化中の液だれもしない低粘度ペースト状．各種金属部品の組み立てに適する．（120℃硬化）

■**エポキシ系熱硬化性フィルム接着剤**〔室温では弱粘着性のあるフィルム状，加熱硬化によって強固に接着する〕

- **AF163-2**　航空機用途に開発された接着剤．平板同士の接合，ハニカムの接着に多くの採用実績を有するフィルム状接着剤．（120℃硬化）
- **AF191**　高温耐熱性の接着剤．高温における長期間の劣化に対して優れた耐久性を示す．航空機エンジンナセル，人工衛星に採用実績．（180℃硬化）
- **AF3024**　加熱により発泡する低密度・高強度の充填材．ハニカムのスプライス，ボルト穴などの部分補強用途．（120～180℃硬化）

■**エポキシ系二液室温硬化形接着剤**〔二液を混合して用いる接着剤〕

- **DP110**　可使時間10分の速硬化タイプ．各種金属やプラスチックの接着に．計量混合作業が不要なカートリッジ入り．
- **DP460**　可使時間60分で大物部品の組み立てに対応できる．二液タイプでは最高水準のせん断接着強さと剥離接着強さを示す．高強度を要求される各種金属部品の接着．カートリッジ入り．
- **EC2216**　可使時間90分．可とう性に富んだ万能接着剤．高剥離接着強さ，優れた接着特性．各種プラスチック及び金属の接着に適する．
- **EC3569**　可使時間30分．エラストマーによる強靭化により常温および低温で優れた接着強度を発揮．各種金属およびプラスチックの強接着を実現．
- **EC3578**　可使時間120分．常温で接着し，耐熱性を発揮する接着剤．アウトガスが少ないので，真空系用の部品の接着に適する．

住友スリーエム株式会社 3M

本　　社	〒158 東京都世田谷区玉川台2－33－1	東京玉川郵便局　私書箱43号
東京支店	〒158 東京都世田谷区玉川台2－33－1	
名古屋支店	〒454 名古屋市中川区西日置2－3－5（名鉄交通ビル）	
大阪支店	〒532 大阪市淀川区西中島4－1－1（日清食品ビル）	
相模原事業所	〒229 神奈川県相模原市南橋本3－8－8	

接 着 大 百 科（普及版）　　　　定価はカバーに表示

1993年10月25日　初　版第1刷
1997年 1月20日　　　　第2刷
2010年 2月25日　普及版第1刷

		みず	まち	ひろし
監訳者		水	町	浩
		ふく	ざわ	けい じ
		福	沢	敬 司
		わか	ばやし	かず たみ
		若	林	一 民
		すぎ	い	しん じ
		杉	井	新 治

発行者　朝　倉　邦　造
発行所　株式会社　朝倉書店
　　　　東京都新宿区新小川町 6-29
　　　　郵便番号　162-8707
　　　　電　話　03(3260)0141
　　　　F A X　03(3260)0180
　　　　http://www.asakura.co.jp

〈検印省略〉

Ⓒ 1993〈無断複写・転載を禁ず〉　　　新日本印刷・渡辺製本

ISBN 978-4-254-25259-0　C 3558　　　Printed in Japan